KOLLOIDCHEMIE

VON

JOACHIM STAUFF

DR. PHIL.
APL. PROFESSOR FÜR PHYSIKALISCHE CHEMIE
AN DER UNIVERSITÄT FRANKFURT A.M.

MIT 294 ABBILDUNGEN

SPRINGER-VERLAG BERLIN HEIDELBERG GMBH
1960

ISBN 978-3-642-87210-5 ISBN 978-3-642-87209-9 (eBook)
DOI 10.1007/978-3-642-87209-9

Vorwort

Die Aufgabe, ein Lehrbuch der Kolloidchemie in Angriff zu nehmen, bereitete dem Verfasser eingestandenermaßen Unbehagen, weil das Material, das sich in den letzten Jahrzehnten angesammelt hat, kaum übersehbar geworden ist und von dem Lehrgebäude der Kolloidchemie, in dem es hätte gesammelt, geordnet und übersehbar zur Schau gestellt werden sollen, nur noch überalterte und zusammengeflickte Teile vorhanden waren, in denen man sich kaum noch zurechtfand und über die manches abfällige Wort zu hören war. Es blieb daher nichts anderes übrig, als zunächst zu versuchen, das Gebäude — um bei dem Bild zu bleiben — soweit als möglich in Ordnung zu bringen, neue Abgrenzungen, neue Einteilungen nach einem Plan vorzunehmen, der eine bessere Übersicht gestattete und der vor allem im Zusammenhang mit den allgemeineren Disziplinen der Physik und Chemie gebracht werden konnte. Wichtig sollte nicht zuletzt sein, die Zugänge zu benachbarten Gebieten, vor allem zu solchen, die sich aus der Kolloidchemie selbst entwickelt haben, offen zu halten. Da zu ihnen scharfe Abgrenzungen oft nicht möglich sind — z. B. zur Physik und Chemie der Grenzflächen, zur makromolekularen Chemie u. a. m. —, muß man sich damit abfinden, eine Anzahl der Räume des Gebäudes mit ihnen gemeinsam zu bewohnen. Solche Gegebenheiten erfordern aber — im Bild des Wohngebäudes klare rechtliche — beim Lehrgebäude klare begriffliche Verhältnisse. Leider hat die Kolloidchemie im Gegensatz zu ihren Mitbewohnern in diesen Übergangsräumen auf die begriffliche Klarheit wenig geachtet. Die Folge davon war — wie es besonders das Beispiel der makromolekularen Chemie zeigt —, daß die fraglichen Räume von anderen als alleiniges Eigentum beansprucht wurden, obwohl sie an sich gemeinsam zu bewohnen gewesen wären.

Im Zuge der Neuordnung wird nun in diesem Buch versucht, das Wissensgebiet so einzuteilen, daß als Gegenstand der Beschreibung das kolloide System im Mittelpunkt steht. Es wird — wenn auch erst an einer Stelle, wo es auch didaktisch faßbar ist — begrifflich eindeutig als disperses System, also als Mischung mit endlicher Mischungsentropie definiert, in welchem das Volumen der beweglichen oder fixierten Einheiten *einer* Mischungskomponente erheblich größer als das der anderen ist. Das erfordert eine getrennte Besprechung, ähnlich wie in der Thermodynamik, von Systemen mit und ohne Veränderung der Größe, Gestalt und Struktur der dispergierten Substanz und führt zur Einteilung in dispersionsinvariable und dispersionsvariable Systeme. Statt der gebräuchlichen Zweiteilung in lyophile und lyophobe Systeme wird die

Dreiteilung STAUDINGERS in Dispersionskolloide, Assoziationskolloide und Makromoleküle vorgenommen, da sie auf thermodynamische und reaktionskinetische Prinzipien zurückführbar ist. Grenzflächeneigenschaften und Absorptionserscheinungen werden nicht der Kolloidchemie zugerechnet, sondern als Gebiete angesehen, deren Kenntnis genauso notwendig ist wie die Kenntnis der Thermodynamik der Mischungen, der Elektrochemie, der Röntgenstrukturanalyse usw.

Nun soll betont werden, daß der Standpunkt, von dem das Gebiet gesehen und beschrieben worden ist, der der physikalischen Chemie ist. Es möge weiterhin betont werden, daß den theoretischen Zusammenhängen bewußt der Vorzug gegeben wurde, und zwar aus zwei Gründen. Einmal ist eine einigermaßen übersichtliche und verständliche Darstellung des experimentellen Materials des Gebiets und seine Deutung nicht in den vernünftigen Rahmen eines Buches zu pressen; das würde man vielleicht mit einer Mikrofilmkartei besser erreichen. Zum anderen will man aus Lehrbüchern nicht experimentieren lernen, sondern höchstens die Anlage und Deutung von Experimenten, die mit bestimmten Fragestellungen verknüpft sind. Hierzu genügt keine Beschreibung der Phänomene und keine Deutung, die sich allein auf diese bezieht und sich damit zufrieden gibt, dazu eigene, nur hierfür geprägte Begriffe zu benutzen. Es müssen vielmehr die größten Anstrengungen unternommen werden, um die Zusammenhänge mit den allgemeinsten physikalischen Gesetzmäßigkeiten herzustellen, was bedeutet, das auch komplizierte Einzelerscheinungen durch eine gut fundierte allgemeine Theorie zu verstehen und zu beschreiben sein sollten. Überhaupt wird weit mehr Wert darauf gelegt, die wesentlichen Phänomene dem Verständnis nahe zu bringen, als bei der Beschreibung des Stoffes eine Vollständigkeit zu erreichen. Das geht natürlich nicht ohne Zuhilfenahme mathematisch formulierter physikalisch-chemischer Zusammenhänge. Doch wurde darauf geachtet, daß ihr Verständnis ohne Benutzung weiterer Literatur möglich ist; aus diesem Grunde wurden die erforderlichen Grundlagen für das Verständnis der thermodynamischen und statistisch-thermodynamischen Beziehungen sowie für die Beziehungen, die zur Ableitung der Lichtstreuungstheorie benötigt werden, in einem Anhang behandelt.

Für die Analytik kolloider Systeme ist die Besprechung einer Reihe von Untersuchungsmethoden notwendig. Doch konnte sie auf das Notwendigste beschränkt werden, da für diese Methoden — wenn auch unter anderer Bezeichnung — genügend Handbücher zur Verfügung stehen.

Dem Verfasser möge verziehen werden, wenn er bei der Behandlung der Zusammenhänge nicht anders konnte, als einen subjektiven Standpunkt einzunehmen, wobei allerdings der Wunsch, dem Leser das Verständnis zu erleichtern, maßgebend war. Wenn dies zum kritischen Nachdenken anregt, so wird das Ziel um so eher erreicht, wenn auch der Leser zu einem anderen Standpunkt gelangen sollte. In einigen Abschnitten wurden neue Ansichten entwickelt (Grenzflächenaktivität, Absorption aus flüssigen Mischungen, Thermodynamik und statistische Thermodynamik dispersionsvariabler Systeme). Bei der Theorie der

Assoziationskolloide ist ein persönlicher Standpunkt eingenommen worden, was hier nochmals besonders betont sei.

Für die Überprüfung der Literaturzitate habe ich Herrn Dr. E. ÜHLEIN zu danken. Besonderer Dank gebührt aber meiner Frau, die durch die Übernahme der Last der Schreibarbeit und ihre vielseitige verständnisvolle Hilfe bei schwierigen Strecken einen wesentlichen Anteil am Zustandekommen des Buches hat.

Bad Soden/Taunus, im Oktober 1959

J. STAUFF

Inhaltsverzeichnis

Seite

I. Allgemeine Einführung 1

§ 1. Einleitung 1
§ 2. Historische Entwicklung 8
§ 3. Begriffe und Definitionen 21
§ 4. Konventionelle Einteilung der kolloiden Systeme 26
§ 5. Theorie kolloider Systeme 29
§ 6. Beziehungen zwischen Zahl, Volumen und geometrischen Abmessungen der dispergierten Substanz 32
§ 7. Volumenpolydisperse monoforme Systeme 35
§ 8. Grenzfläche der dispergierten Substanz 39
§ 9. Feinstruktur disperser Systeme 41
§ 10. Definition und Einteilung inkohärenter kolloider Systeme . . . 42

II. Physikalische Eigenschaften dispersionsinvariabler Systeme 43

§ 11. Kinetische Erscheinungen 43
§ 12. Brownsche Bewegung 44
§ 13. Diffusion 49
§ 14. Sedimentationserscheinungen 60
§ 15. Rotationsbewegungen (Rotationsdiffusion) 73
§ 16. Fließverhalten (Viskosität kolloider Systeme) 77
§ 17. Thermodynamik dispersionsinvariabler kolloider Systeme 97
§ 18. Mischungen mit mehreren nicht reagierenden Komponenten . . 98
§ 19. Osmotisches Gleichgewicht und andere Sonderfälle 107
§ 20. Statistik 116
§ 21. Statistische Thermodynamik der Mischungen 126
§ 22. Mischungen mit ungleich großen Partikeln. Athermische Mischungen 134
§ 23. Optische Eigenschaften 150
§ 24. Brechungsindex 151
§ 25. Lichtstreuung 154
§ 26. Lichtabsorption 174
§ 27. Mikroskopie kolloider Systeme 179
§ 28. Optische Doppelbrechung 180

III. Bestimmung der Größe, Gestalt und Struktur kolloider Partikeln . 194

§ 29. Bestimmungen der Partikelgröße. Dialyse, Ultrafiltration . . . 194
§ 30. Ultramikroskopie 197
§ 31. Elektronenmikroskop 202
§ 32. Messungen der Diffusion 209
§ 33. Sedimentation im Schwerefeld 214
§ 34. Sedimentation im Zentrifugalfeld 221
§ 35. Osmotischer Druck 230
§ 36. Lichtstreuung 235
§ 37. Viskositätsmessungen 242
§ 38. Polydispersität 247
§ 39. Bestimmung der Gestalt kolloider Partikeln. Allgemeines . . . 254
§ 40. Reibungskoeffizient 257
§ 41. Strömungsdoppelbrechung 259

Seite
§ 42. Bestimmung der Feinstruktur 262
§ 43. Strukturen kristallisierter Körper und deren Bestimmung . . . 266
§ 44. Strukturanalysen kolloider Systeme 278
§ 45. Röntgenkleinwinkelstreuung 285

IV. Grenzflächenerscheinungen 290

§ 46. Grenzflächenerscheinungen 290
§ 47. Thermodynamik der Grenzflächen 297
§ 48. Grenzflächen von flüssigen Mischungen (Grenzflächenaktivität) . 306
§ 49. Grenzflächenfilme 312
§ 50. Meßmethoden der Grenzflächenspannung 322
§ 51. Adsorption 326
§ 52. Theorie der Adsorption aus flüssigen Mischungen 332
§ 53. Ionenadsorption 342
§ 54. Adsorptionskräfte und -energien 350
§ 55. Adsorption an und von kolloiden Systemen 358
§ 56. Experimentelle Methodik der Adsorptionsmessung 367

V. Elektrische Erscheinungen in kolloiden Systemen 371

§ 57. Elektrische Eigenschaften kolloider Systeme 371
§ 58. Elektrische Erscheinungen an Membranen 378
§ 59. Elektrische Doppelschicht 383
§ 60. Elektrokinetische Erscheinungen 394
§ 61. Elektrophoretische Methoden 406

VI. Dispersionsvariable Systeme 418

§ 62. Dispersionsvariable Systeme 418
§ 63. Versuch einer statistisch thermodynamischen Behandlung eines einfachen kolloiden Systems 429

VII. Dispersionskolloide 441

§ 64. Dispersionskolloide. Allgemeines 441
§ 65. Besondere Methoden zur Herstellung von Dispersionskolloiden . 445
§ 66. Stabilisierung von Dispersionskolloiden 457
§ 67. Allgemeine Eigenschaften von Dispersionskolloiden 465
§ 68. Koagulation 470
§ 69. Koagulationsgeschwindigkeit 482
§ 70. Stabilität von Dispersionskolloiden 496
§ 71. Emulsionen 509
§ 72. Gasdispersionen und Schäume 519
§ 73. Stabilität von Schaum und Emulsionen 522
§ 74. Aerosole 528

VIII. Assoziationskolloide 534

§ 75. Assoziationskolloide 534
§ 76. Größe, Gestalt und Struktur der Seifenassoziate 545
§ 77. Assoziationskolloide (andere als Seifen) 563
§ 78. Seifen in Öl 565
§ 79. Solubilisation durch Seifen 567
§ 80. Theorie der Assoziationskolloide (insbesondere der Seifen) . . . 574

IX. Makromoleküle und Makroionen 587

§ 81. Makromoleküle 587
§ 82. Neutrale Makromoleküle 592
§ 83. Polyelektrolyte (Makro-Ionen) 602
§ 84. Amphotere Polyelektrolyte 616
§ 85. Struktur der Proteine 636

Seite

§ 86.   Denaturierung der Proteine 648
§ 87.   Proteinwechselwirkungen 655
§ 88.   Struktur der Nucleinsäuren 660
§ 89.   Ungeladene Polyaminosäurederivate 662

X. Gele 665

§ 90.   Gele 665
§ 91.   Physikalische Eigenschaften der Gele unter Bewahrung ihrer Struktur 673
§ 92.   Physikalisch-chemische Eigenschaften der Gele unter Bewahrung ihrer Struktur 678
§ 93.   Veränderungen der Gelstruktur 693
§ 94.   Membranen 701
§ 95.   Kapillarsysteme 703
§ 96.   Feste disperse Systeme 709

Anhang 713

I.   Thermodynamik 713
II.   Statistische Mechanik und Thermodynamik 718
III.   Lichtstreuung einzelner Moleküle 726
IV.   Optische Methoden zur Bestimmung von Konzentrationsgrenzen 731

Sachverzeichnis 737

Berichtigungen

S. 112, Gl. (19.24), (19.25) u. (19.26) *lies* jeweils μ_1 statt μ_i.

S. 113, Gl. (19.29) muß der Klammernausdruck richtig heißen:

$$\left(M_i - V_i \sum_i x_i M_i \Big/ \sum_i x_i V_i \right).$$

S. 113 Fußnote 1: 2. Zeile *lies*:

$$\overline{S}\, dT - \overline{V}\, dP + x_1\, d\mu_1 + x_2\, d\mu_2 = 0.$$

S. 149, Tab. 22.I vorletzte Formel *lies* χ_h statt χ_h^2.

I. Allgemeine Einführung

§ 1. Einleitung

Es ist wohl heute nicht mehr zu bezweifeln, daß die Theorie des atomaren Aufbaus der Materie das fruchtbarste ist, was uns zur Beschreibung der in unserer Umwelt auftretenden materiellen Objekte zur Verfügung steht. Ihr verdanken wir das Verständnis nicht nur des physikalischen Verhaltens materieller Zustände, sondern auch ihrer Veränderungen, die durch chemische Reaktionen hervorgerufen werden. Wir schreiben den verschiedenen *Atomen* als Elementen durch die Erfahrung gesammelte und theoretisch abgeleitete Eigenschaften zu und geben ihnen zur Kennzeichnung Namen und Symbol, die dem Kundigen als Schlüssel dienen.

Bei ausreichend gesammelten Erfahrungen wäre es denkbar, daß wir uns mit den Kenntnissen über die Atome begnügen könnten. Wir könnten dann die Eigenschaften jeder beliebigen Materie durch die Eigenschaften ihrer Atome beschreiben; die Genauigkeit und Zuverlässigkeit unserer Angaben hinge dann nur von der Genauigkeit der Daten der Atome und des Funktionierens unserer Beschreibungsmethode ab. Ob dieses Verfahren zweckmäßig und bequem ist, ist eine andere Frage. Im gegenwärtigen Zeitpunkt wird es wohl ohne weiteres niemand einfallen, etwa ein Gasgemisch aus Wasserstoff, Sauerstoff und Wasserdampf *allein* aus den atomaren Daten der H- und O-Atome mit Hilfe eines komplizierten mathematischen Apparates — der statistischen Mechanik — zu beschreiben. Der Grund hierfür liegt in unserer Erfahrung, daß die Atome sich zunächst zu Einheiten zusammenfinden, die wir chemische Verbindungen nennen. Mit diesen Verbindungen läßt sich eine Beschreibung der Materie schon leichter durchführen, vor allem, wenn diese in räumlich geordneten Kollektiven auftreten, die wir Moleküle nennen. Wir kennzeichnen sie in der chemischen Formel symbolisch durch Art und Zahl der Atome, aus denen sie sich zusammensetzen, und können in Strukturformeln angeben, wie sie untereinander verbunden sind. Wenn wir auch wegen der Verschiedenartigkeit der chemischen Bindung aus der chemischen Formel nicht sofort eindeutig ablesen können, ob die betreffende chemische Verbindung eine räumlich zusammengehörige Einheit bildet, die unter allen äußeren Umständen (Aggregatzuständen) erhalten bleibt, so können wir doch in jedem Falle schließen, daß die Atomarten der Verbindung immer gemeinsam und in einem bestimmten Verhältnis zueinander auftreten. Die chemische Formel

bezeichnet also immer ein Kollektiv von Atomen: Die Ursache der
Kollektivbildung ist das Vorhandensein von Wechselwirkungen zwischen
den Atomen, welche auf deren individuellen Eigenschaften beruhen
(chemische Bindung). Hierüber liegen viele Erfahrungen vor, die den
eigentlichen Inhalt der Chemie bilden und mit deren Hilfe es möglich ist,
die Eigenschaften, Herstellung, Umsetzung der Verbindungen bis in
feine Einzelheiten anzugeben und zu verstehen. Es ist dem Kundigen in
den meisten Fällen möglich, zu entscheiden, ob es sich bei einer Verbindung um Moleküle handelt — bei welchen die räumliche Anordnung
stabil ist und eine körperliche Einheit darstellt und deren Atome durch
covalente Bindungen gekoppelt sind —, oder um eine Ionenverbindung,
die als solche nur im Gitterverband eines Kristalls durch COULOMBsche
Kräfte zusammengehalten wird.

Falls es sich um Materie handelt, die allein aus einer einzigen chemischen Verbindung besteht, so sprechen wir von reinen Stoffen oder Substanzen. Nur in gewissen einfachsten Fällen genügt zu ihrer Beschreibung die Angabe einer Zahl der vorhandenen Atomkollektive einer
bestimmten chemischen Formel. Im allgemeinen müssen wir Angaben
darüber machen, in welchem der Aggregatzustände — gasförmig, flüssig
oder fest — die Materie auftritt, ob auch noch Wechselwirkungen von
den Molekülen ausgehen, von welcher Art und welchem Ausmaß diese
Wirkungen sind, welche Form und Größe die Moleküle besitzen usw.,
kurz eine größere Reihe von Angaben, die über das hinausgehen, was der
Chemiker darüber sagen kann und über die der Physiko-Chemiker Auskunft geben können sollte. Es ist einzusehen, daß eine Kenntnis der
Daten der Moleküle bis in feinere Einzelheiten notwendig ist, um hieraus
Materie zu konstruieren, aber auch, daß das Problem noch sehr erhebliche Schwierigkeiten birgt. (Bislang lohnt es sich jedenfalls immer noch,
für jede reine chemische Verbindung einen ausführlichen Steckbrief abzu-
fassen, in dem ihre charakteristischen Merkmale, möglichst mit Hilfe
genauester Meßzahlen angeführt sind.) Doch kommt es hierauf zunächst
nicht an, sondern auf die Frage, ob es prinzipiell möglich ist, solche materiellen Gebilde aufzubauen. Etwa kann bei einer gegebenen Zahl von
N_2-Molekülen, gegebenem Druck und Temperatur das Volumen des
Gases berechnet werden, oder bei gegebener Geometrie der Elementarzellen von CaF_2 der makroskopische Kristall konstruiert werden, auch
sollte ein gleiches für flüssige Stoffe möglich sein. Die Frage wäre grundsätzlich zu bejahen, wenn die wahrnehmbare Materie wirklich eine eindeutige Summe ihrer identischen Einheiten wäre und die Konstruktion
aus wiederholbaren Schritten bestünde. Ist dies wirklich der Fall? Bei
Gasen wahrscheinlich, bei Flüssigkeiten und Festkörpern sicherlich nicht
immer. Treten doch in realen Kristallen sog. Überstrukturen auf, ebenso
wie in Flüssigkeiten Gebilde wahrgenommen werden, die nicht den
Molekülen der chemischen Formel entsprechen. Es existieren in reinen
Stoffen bereits Organisationsformen, die über die Organisation der
Atome zu Molekülen hinausgehen. Erst die Berücksichtigung solcher
höheren Kollektive führt zu der Materie, wie sie sich in Wirklichkeit
darbietet.

Nun besteht die Materie unserer Umwelt in den seltensten Fällen aus reinen Stoffen im hier gebrauchten Sinne; allenfalls findet man reine Stoffe in den Laboratorien der Chemiker und Physiker und manchmal in der Technik, wo sie ganz besonderen Zwecken dienen. Im allgemeinen haben wir es mit Systemen von mehreren Stoffen zu tun, deren Mannigfaltigkeit so groß ist, daß sie von einer naturwissenschaftlichen Disziplin allein gar nicht übersehen werden kann. Da wir die Materie vom Standpunkt der physikalischen Chemie betrachten wollen, kommt es darauf an, ihre Eigenschaften und Veränderungen auf möglichst wenige beobachtbare und berechenbare Daten möglichst einfacher Bausteine zurückzuführen.

Materie aus mehreren Stoffen kann nun in groben Zügen durch zwei Extremfälle beschrieben werden; entweder ist sie eine *Mischung*, innerhalb welcher sich keine physikalische oder chemische Eigenschaft diskontinuierlich ändert oder sie ist ein Gebilde, wo solche diskontinuierlichen Änderungen auftreten, wo sich also an verschiedenen Stellen auch verschiedenartige Substanzen befinden. Erstere wird als *homogen*, letztere als *heterogen* bezeichnet. Einfachste Beispiele sind für homogene Systeme etwa Alkohol-Wasser-Mischungen und für heterogene Systeme Benzol-Wasser-Gemische. Für jedes dieser Systeme lassen sich einfache Gesetzmäßigkeiten herleiten, die ihre Eigenschaften hinreichend genau umreißen; sie sind Bestandteil der klassischen physikalischen Chemie. Und doch stellt die Einteilung in diese beiden Systeme eine Vereinfachung dar, die nicht ausreicht, um *sämtliche* denkbaren Anordnungsmöglichkeiten zu einem materiellen System zu erfassen.

Im Bilde der Organisation der Atome zu Materie könnten Mehrstoffsysteme nach dieser Einteilung nämlich nur in zwei Zuständen vorkommen. Betrachten wir der Einfachheit halber zwei Molekülarten A und B, die keine Kräfte aufeinander ausüben: Diese könnten wir theoretisch entweder nur vollständig „mischen", — dann wären die niedrigsten Organisationsformen die Moleküle selbst und die Verteilung der Moleküle in der Materie gehorchte den Gesetzen des Zufalls; oder jede Molekülart ist nur in *einem* bestimmten räumlichen Bereich als reiner Stoff anzutreffen, dann sind die Bereiche der Art A von denen der Art B scharf abgegrenzt. Außer der molekularen Organisationsform tritt hier eine räumliche Organisation im Bereiche der Arten A und B auf, die wir als „Phasen"[1] bezeichnen. Nun sind aber noch viele andere Organisationsmöglichkeiten der Einheiten A und B möglich; z. B. könnten wir die gesamte Menge von A und B so verteilen, daß 2, 3, 10 oder 10 000 Moleküle A jeweils ein räumliches Kollektiv bilden und diese Molekülanhäufungen gleichmäßig unter die Moleküle B verteilen. Umgekehrt könnten wir solche Anhäufungen von B in A verteilen. Wir könnten auch zuerst kleine Kollektive der Moleküle A in einem großen der Moleküle B, letz-

---

[1] Die Phase ist nach GIBBS dadurch definiert, daß ihre Begrenzungsfläche vernachlässigbar klein gegen ihr Volumen sein soll; genauer: die Grenzflächenenergie soll gegenüber dem chemischen Potential vernachlässigt werden können (vgl. § 3).

teres wieder in einem größeren von A und so fort anordnen. Wir könnten den Anhäufungen bestimmte geometrische Formen geben, wir könnten sie sich gegenseitig berühren oder nicht berühren lassen; die Verhältnisse werden noch komplizierter, wenn zwischen den „Molekülen" Kräfte wirksam sind, — kurz wir könnten eine Mannigfaltigkeit der Anordnungen konstruieren, die außerordentlich groß und kaum zu übersehen ist. Die Zahl der Anordnungen wächst, wenn mehr als zwei Stoffe beteiligt sind.

Diese ganze Mannigfaltigkeit wird von der gebräuchlichen Einteilung der Mehrstoffsysteme überhaupt nicht erfaßt, woraus zu folgern wäre, daß die Einteilungsprinzipien unzureichend sind. Wir können somit nicht alle materiellen Mehrstoffsysteme beschreiben. Nun erhebt sich aber die Frage, ob hierfür überhaupt eine Notwendigkeit besteht; wenn es sich nur um rein gedankliche Konstruktionen handelte, könnten wir uns damit begnügen, sie als Möglichkeiten zur Kenntnis zu nehmen. Die belebte und unbelebte Natur präsentiert uns jedoch eine überraschende Fülle materieller Gebilde, die solche komplizierten Strukturen besitzen; es bleibt uns also gar nichts anderes übrig, als uns damit zu beschäftigen. Wir müssen einen Weg finden, der uns eine Ordnung der Erscheinungen ermöglicht, diese Ordnung muß aber so beschaffen sein, daß sie sich nicht außerhalb der bereits bestehenden stellt. Eine andere Methodik, andere Prinzipien und Begriffe als die der physikalischen Chemie — also eine eigene Wissenschaft — könnte wohl eine in sich geschlossene Ordnung schaffen, das damit entstandene Wissensgebäude würde aber die Aufgabe der Naturwissenschaft eher erschweren als fördern, da besondere Schlüssel erforderlich wären, um es zu erschließen, und eigene Pläne, um sich darin zurechtzufinden.

Um noch einmal zusammenzufassen: Wenn ein Teil der Aufgabe der Naturwissenschaft darin besteht, die in unserer Umwelt auftretenden materiellen Systeme zu beschreiben, ihren Aufbau zu verstehen und die dadurch gewonnenen Erkenntnisse sich gegebenenfalls nutzbar zu machen, so genügt es nicht — nicht einmal für die Strukturbeschreibung —, nur die niedrigste Organisationsform der Atome zu chemischen Verbindungen oder Molekülen zu betrachten. Übergeordnete Organisationsformen der chemisch kleinsten Einheiten führen besonders bei Mehrstoffsystemen zu einer großen Mannigfaltigkeit der materiellen Struktur. Hierin stellen die klassischen homogenen und heterogenen Systeme nur zwei von einer großen Anzahl von Anordnungsmöglichkeiten dar.

Die Beschreibung der Materie, die uns auch noch weiter als Leitbild dienen soll, bekommt aber noch einen besonderen Aspekt, wenn wir uns diejenigen Systeme etwas näher betrachten, die wir in der belebten Natur antreffen. Wir wollen dabei die Strukturen und Wirkungen der lebenden Organismen, die sich dem unbewaffneten und bewaffneten Auge offenbaren, der Biologie überlassen und uns nur damit beschäftigen, was die anatomische Biologie nicht mehr erfaßt. Also etwa das Zell- oder Blutplasma, das klassisch physikalisch-chemisch betrachtet eine homogene Flüssigkeit darstellt und das zunächst als einer der einfachsten Bestandteile des Organismus erscheint. Ist nun wirklich eine solche Flüssigkeit homogen im Sinne einer strengen Definition des Begriffs?

Hierzu müssen wir etwas vorgreifen. Es hat sich herausgestellt, daß solche biologischen Flüssigkeiten Moleküle enthalten, die aus einer sehr großen Anzahl von Atomen bestehen (bis zu 10^9 Atomen pro Molekül). Diese Atomkollektive sind durchaus als Moleküle anzusehen, da die Atome untereinander „covalent gebunden" sind. Die Substanzen lassen sich vielfach kristallisiert darstellen und zeigen eindeutig definierbare Eigenschaften reiner Substanzen. Es sind zum mindesten bei vielen von ihnen kaum Zweifel möglich, daß es sich um echte Moleküle, allerdings riesiger Größe handelt. (Daß es der Chemie gelungen ist, ebenfalls sehr große Moleküle, wenn auch anderer Art, herzustellen, soll an dieser Stelle nur deswegen erwähnt werden, um zu demonstrieren, daß solche Moleküle existieren.) In biologischen Flüssigkeiten treffen wir also Systeme an, die aus Mischungen von sehr großen Molekülen mit Wasser bestehen.

Wir wenden nun das Kriterium der homogenen Mischung an, das jetzt schärfer gefaßt werden muß. Die Mischung wird als Kontinuum aufgefaßt, das von der Existenz diskreter materieller Einheiten, Molekülen oder anderer Korpuskeln deswegen keine Kenntnis zu nehmen braucht, da sie nicht unmittelbar wahrnehmbar und daher unwesentlich sind. Wenn sich auch von Molekül zu Molekül die Eigenschaften diskontinuierlich ändern, so sind die Moleküle so klein, daß wir dies in keinem der die physikalische Chemie interessierenden Fälle — insbesondere nicht in der Thermodynamik — bemerken würden. Die auf Grund dieser Definition abgeleiteten Gesetzmäßigkeiten sind somit nur streng gültig, solange die Voraussetzungen der unbemerkbaren Kleinheit der Moleküle erfüllt ist. Wenn wir aber Mischungen mit Molekülen sehr großer Dimensionen betrachten, so trifft die Voraussetzung nicht mehr zu; wohl ändern sich die Eigenschaften diskontinuierlich nur von Molekül zu Molekül, doch sind die Dimensionen der Moleküle sehr ungleich und können bei großen Molekülen durchaus in den Bereich unserer direkten Wahrnehmbarkeit — etwa durch das Elektronenmikroskop — rücken. Die Gültigkeit der Auffassung als Kontinuum beruht also auf der postulierten *Klein*heit der Moleküle und ist hinfällig bei hinreichend großen Molekülen.

Nun aber erhebt sich wieder die Frage, ob die Wahrnehmbarkeit großer Molekülarten neben kleinen nicht wahrzunehmenden Arten, oder mit anderen Worten das Auftreten beobachtbarer Diskontinuitäten neben nicht zu beobachtenden so wesentlich ist, daß wir sie in Betracht ziehen müssen. Werden die Gesetzmäßigkeiten der homogenen Mischungen wesentlich geändert oder nicht? Obwohl die Beantwortung dieser Frage nur nach eingehender Beschäftigung mit den Einzelheiten beantwortet werden kann — wie es in den nachfolgenden Kapiteln geschehen soll —, sei hier die Antwort vorweggenommen. Sie lautet, daß der Zustand homogener Mischungen mit sehr großen Molekülen nicht nur durch deren Zahl — wie es bei kleinen Molekülen der Fall ist —, sondern auch durch ihre Größe, Gestalt und Struktur bestimmt wird. Dies sind aber geometrische Größen, die in einer Kontinuumstheorie nicht enthalten sind, auch gar nicht enthalten sein können, wenn sie sich nicht selbst widersprechen will. Die auf dem Kontinuumsbegriff aufgebaute klassische physikalische Chemie, insbesondere die Thermodynamik, steht hier vor Schwierigkeiten, die sie nur durch eine Erweiterung ihrer begrifflichen Fundamentierung erreichen kann. Dies ist ihr auf einem methodisch andersartigen Weg, der statistischen Thermodynamik, gelungen, doch gehört deren Erörterung in ein anderes Kapitel.

Bei dem Versuch einer Ordnung der Materiebeschreibung stoßen wir auf zwei Wegen auf Organisationsformen der Atome, die entweder dem Molekülbegriff oder dem Begriff der homogenen Phase oder beiden nicht genau entsprechen. Wir sahen, daß es Kollektive von Atomen, Ionen oder Molekülen gibt, für die der eigentliche Begriff des Moleküls nicht zutrifft, da dieser einer chemischen Verbindung von Atomen durch covalente Bindungen vorbehalten ist, die aber auch keine Phasen sind, da sie keine zusammenhängenden Massen mit vernachlässigbar kleinen Grenzflächen darstellen. Wir wissen andererseits, daß es Atomkollektive gibt, die zwar chemisch als Moleküle anzusehen sind, aber wegen ihrer Größe, Gestalt und Struktur wahrnehmbare Diskontinuitäten zeigen, die sich in Mischungen aus „kleinen“ Molekülen nicht bemerkbar machen. (Natürlich machen sich auch die Diskontinuitäten der vorerwähnten Kollektive, die keine Moleküle sind, in Mischungen bemerkbar.)

Diese besonderen Atomkollektive werden nun als *Kolloide* (TH. GRAHAM) bezeichnet, man spricht von *kolloiden Zuständen* und *kolloiden Substanzen*; die Lehre von der Physik und Chemie der Kolloide wird *Kolloidwissenschaft* oder der Einfachheit halber *Kolloidchemie*[1] genannt. Liegen die Kolloide als „chemische“ Moleküle vor, so bezeichnet man sie als *Makromoleküle* (STAUDINGER) (vgl. § 81).

Wenn die hier gegebene Beschreibung der Kolloide versucht, *ohne* quantitative Maßstäbe auszukommen, kann doch auch sie, wie alle anderen erörterten, *mit* solchen Maßstäben operierenden Beschreibungen, nie scharf sein, da dies in der Natur des zu definierenden Gegenstands liegt. Die Schwierigkeiten erwachsen einerseits aus dem Begriff des Moleküls selbst — das physikalisch gesehen nur eine Partikel darstellt, chemisch aber mit der Vorstellung eines bestimmten Bindungszustandes verknüpft ist —, andererseits aber aus Begriffen wie Kontinuum, Homogenität und Phase, die eng mit dem Begriff „Wahrnehmbarkeit“ verknüpft sind, so daß letzten Endes alles von der Empfindlichkeit der uns zur Verfügung stehenden Beobachtungsmöglichkeiten abhängt.

Untersuchen wir z. B. die Homogenität eines Stoffes. Solange uns nur ein grobes Beobachtungsinstrument zur Verfügung steht, das nur ebenso grobe Diskontinuitäts-Effekte zu erkennen gestattet, brauchen wir uns

---

[1] Es wäre genauer Kolloid-Physikalische-Chemie zu sagen, ein derart monströses Wort ist aber überflüssig, denn die Bezeichnungen Elektrochemie, Photochemie werden ebenfalls für Gebiete der physikalischen Chemie verwendet. Da vielfach unter „Kolloidchemie“ die rein chemischen Vorschriften zur Herstellung von Kolloiden verstanden werden, sei betont, daß sie hier Gegenstand einer physikalisch-chemischen Betrachtungsweise ist.

um feinere Züge nicht zu kümmern. Solche würden unsere Meßergebnisse nicht beeinflussen und brauchten bei einer Theorie zur Beschreibung dieser Meßergebnisse überhaupt nicht berücksichtigt zu werden. Die Grenze der Wahrnehmbarkeit der Diskontinuitäten liegt bei der Beobachtungsgrenze des „groben" Instruments. Mit einem empfindlicheren Instrument würde die Wahrnehmbarkeit einen anderen Grenzwert besitzen, mit einem noch empfindlicheren wieder einen anderen usw. (bis man schließlich auf die Grenze stößt, die durch die Ungenauigkeitsrelation HEISENBERGS gegeben ist, welche in Dimensionen liegt, die um mehrere Größenordnungen kleiner sind als die, die hier in Betracht kommen). Die Frage der Homogenität unseres Mediums ist somit eine Frage der Genauigkeit unserer Beobachtungsmöglichkeiten.

Ähnlich ist es mit dem Phasenbegriff. Der Dampfdruck kleiner Tröpfchen steigt nach THOMSON mit abnehmendem Tröpfchenradius (vgl. § 47). Beträgt die Genauigkeit unseres Meßinstruments zur Feststellung des Dampfdrucks etwa 1%, so kann die Gesamtheit der Tröpfchen als eine einzige Phase betrachtet werden, wenn sie von einer Größe sind, die eine Dampfdruckerhöhung von weniger als 1% verursacht. Bei einer Meßgenauigkeit von 0,1% wäre dies dann nicht mehr möglich. Natürlich gilt hier die Entscheidung, ob Phase oder nicht, nur hinsichtlich des Dampfdrucks, keineswegs für andere Effekte.

Es ergibt sich hieraus, daß eine scharfe Abgrenzung des Gebietes durch Verwendung der klassischen Begriffe gar nicht möglich ist, denn die Übergänge zum Begriff „homogen" einerseits und „heterogen" bzw. „Phase" andererseits sind fließend; es ist also dem Beobachter oder Schilderer überlassen, aus Zweckmäßigkeitsgründen, die in sein eigenes Ermessen gestellt sind, Grenzen „abzustecken". Wenn wir jedoch davon ausgehen, daß die klassischen homogenen und heterogenen Systeme nur ideale Grenzfälle einer großen Mannigfaltigkeit von Organisationszuständen der Atome, Ionen und Moleküle sind, so werden wir nicht nur der Notwendigkeit einer Abgrenzung der kolloiden Systeme enthoben, sondern *gewinnen* eine Betrachtungsweise, die *alle* möglichen Fälle umfaßt. Wir dürfen uns daher nicht in einem dieser Gebiete allein bewegen, sondern müssen unsere Beschreibung der Materie so vornehmen, daß die beiden idealen Grenzfälle stets darin enthalten und als solche erkennbar sind. Das gilt sowohl für reine Stoffe als auch für Mehrstoffsysteme.

Die hier erörterten Schwierigkeiten beruhen im Grunde genommen darauf, daß die physikalische Chemie, insbesondere die klassische Thermodynamik, ihre Gesetzmäßigkeiten formuliert hatte, ehe man Näheres über die kolloiden Zustände wußte. Doch enthebt uns das nicht der Notwendigkeit, die Dinge so zu ordnen, daß sie ihren Platz in der offengelassenen Lücke des Ordnungssystems finden, zumal sich dies als ungemein nützlich erwiesen hat.

Die Definitionsschwierigkeiten treten nicht auf, wenn wir von den Atomen, ihren Organisationsformen einfacher und komplizierter Art und den zwischen ihnen auftretenden Bindungen und Kräften ausgehen, und das Verhalten ihrer „Gesamtheiten" mit Hilfe der Methoden der statistischen Mechanik beschreiben. Da die dabei auftretenden mathematischen Schwierigkeiten erheblich sind, wird die Darstellung oft recht schwerfällig; in verschiedenen Fällen ist diese Methode jedoch so erfolgreich, daß es sich lohnt, sich ihrer zu bedienen.

§ 2. Historische Entwicklung

Das Wort *Kolloid* ist von TH. GRAHAM[1] im Jahre 1861 aus dem griechischen Wort κόλλα, der Leim für eine Gruppe von Substanzen abgeleitet worden, die mit dem Leim eine Reihe von gemeinsamen Eigenschaften besaßen. Doch war er nicht der erste, der den Gedanken aussprach, es könne Lösungen geben, die nicht „echt" seien. SELMI[2] kam bereits 1847 auf Grund seiner Untersuchungen über „Lösungen" von Preußischblau, Casein und anderen Stoffen zu der Erkenntnis, daß es Aufschlämmungen gebe, in denen die aufgeschlämmte Substanz unsichtbar ist. Ebenso sprach BERZELIUS von As_2S_3-Lösungen mit größeren „durchsichtigen" Teilchen. FARADAY[3] probierte 1857 eine neue Methode aus, um rote Flüssigkeiten durch Reduktion von Goldsalzen in Wasser herzustellen, die, in einen scharfen Lichtkegel gebracht, diesen als grünlich leuchtende Spur hervortreten ließen. Die Darstellung solcher als „aurum potabile" (MACQUER 1794) bezeichneten Goldtinkturen waren aber schon den Alchimisten bekannt, wie auch das leuchtend rote Goldrubinglas JOH. KUNCKEL bereits Ende des 17. Jahrhunderts berühmt machte. FARADAY deutete die Streuung des Lichtes seiner Goldlösung wie auch des Rubinglases durch das Vorhandensein diskreter kleiner Teilchen aus elementarem Gold, obwohl er es nicht beweisen konnte, denn sie waren im Mikroskop unsichtbar.

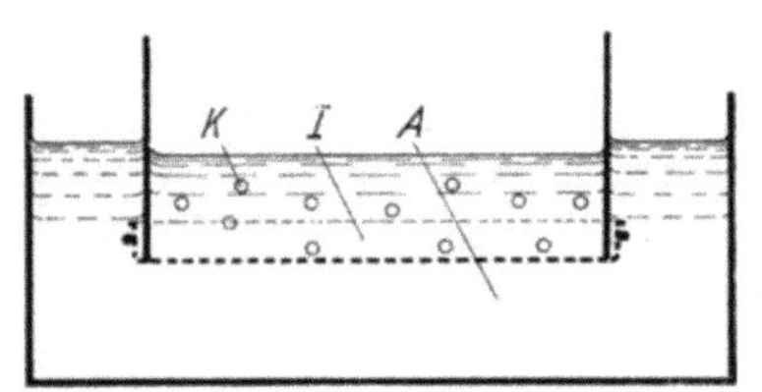

Abb. 2.1. GRAHAMS Dialysator (*K* Kolloid, *I* Innen-, *A* Außenflüssigkeit). Die Poren der Membran lassen das Kolloid nicht durch

Daß man dennoch GRAHAM als eigentlichen Entdecker der Kolloide ansieht, hat seine Berechtigung, denn von ihm konnte das Wesentliche nicht nur erkannt, sondern auch experimentell gestützt werden. Er beobachtete, daß seine als „Kolloide" bezeichneten Stoffe sehr viel kleinere Diffusionsgeschwindigkeiten besaßen als etwa anorganische Salze. Eine schärfere Trennung konnte er mit seinem berühmt gewordenen Experiment der *Dialyse*, d. h. einer Diffusion gelöster Stoffe durch eine tierische Haut bewerkstelligen (Abb. 2.1). Er fand Stoffe, die ohne weiteres durch diese Haut wanderten und andere, die es nicht konnten und schloß daraus, daß diese aus Teilchen bestehen müßten, die größer als die Poren der Haut sind. Er konnte auf diese Weise Kolloide von „normalen" Substanzen trennen; seine Methode hat sich deswegen bis heute

---

[1] GRAHAM, TH.: Philos. Trans. Roy. Soc. London **151**, 183 (1861); J. chem. Soc. London **1864**, 318.

[2] SELMI, F.: Nuovi Ann. d. Scienza Naturali di Bologna, Ser. II. 8, 401/31 (1847).

[3] FARADAY, M.: Philos. Mag. (4) **14**, 512 (1857).

erhalten. Da er nun glaubte, eine Parallele zwischen dem Dialysiervermögen der gelösten Teilchen und ihrer Kristallisationsfähigkeit gefunden zu haben, teilte er sie ein in *Kristalloide* und *Kolloide*. Alle kristallisierten Substanzen, so meinte er, würden in Lösung in kleine Teilchen zerfallen, große Diffusionsgeschwindigkeit besitzen und dialysierbar sein; Kolloide hingegen sollten nicht kristallisieren, kleine Diffusionsgeschwindigkeit besitzen und nicht dialysierbar sein. Zum Unterschied gegenüber den „echten" Lösungen nannte er kolloide Lösungen *Sole*.

Als man späterhin erkannte, daß auch kristallisierbare Stoffe in Form kolloider Lösungen wie Kolloide in kristallisiertem Zustand erhalten werden können, glaubte man, bei den entsprechenden kolloiden Formen besondere allotrope Modifikationen ein und derselben Substanz vorliegen zu haben, die für das Auftreten des kolloiden Zustands verantwortlich seien. (Beispiele hierfür — kristallisierter und amorpher Schwefel, Selen usw. — waren aus der anorganischen Chemie zur Genüge bekannt.)

In der Zeit von 1870—1910 lernte man einen großen Teil der Eigenschaften der Kolloide kennen. Tyndall (1869) beschäftigte sich mit der von Faraday (s. o.) entdeckten Lichtstreuung beim Durchstrahlen *kolloider* Lösungen und fand, daß das Streulicht polarisiert ist. Diese Erscheinung wird als *Tyndall-Effekt*[1] bezeichnet. Theoretisch wurde sie kurze Zeit danach von Lord Rayleigh[2] weitgehend aufgeklärt.

Mit der Entwicklung der physikalischen Chemie gegen Ende des 19. Jahrhunderts begann auch die Erörterung der Natur der kolloiden „Lösungen". Einerseits besaßen sie Eigenschaften „echter" Lösungen, andererseits waren sie Suspensionen fein zerteilter Materie ähnlich. So konnten beispielsweise im Gegensatz zu den eigentlichen Suspensionen im Mikroskop keine Partikeln oder Diskontinuitäten erkannt werden, kolloide Lösungen konnten diffundieren und zeigten osmotische Erscheinungen. Andererseits waren gerade diese Effekte bei Kolloiden erheblich kleiner als bei echten Lösungen, und der Tyndall-Effekt wie auch die Unfähigkeit, durch tierische Häute zu diffundieren, entsprach mehr einem suspensionsartigen Zustand. Die kolloiden Lösungen hatten sowohl Ähnlichkeit mit echten Lösungen als auch mit groben Suspensionen, besaßen aber darüber hinaus Eigenschaften, die bei keinem dieser beiden auftraten. Damit begannen die Schwierigkeiten der Einteilung, die bis zum heutigen Tag noch nachwirken. Barus und Schneider (1891)[3] sprachen sich für die Auffassung als Suspensionen aus, Picton und Lindner (1892)[3] bevorzugten hingegen die Lösungstheorie. Im

---

[1] Es hat sich eingebürgert, die Erscheinung der Lichtstreuung schlechthin als Tyndall-Effekt (Tyndall-Kegel) zu bezeichnen; unter diesem wurde aber ursprünglich nur die Polarisation des Streulichtes verstanden, wie dies ältere Lehrbücher in durchaus richtiger Weise anführen. Man könnte gerechterweise höchstens den Namen Faraday-Tyndall-Effekt erwägen; da aber die magnetooptische Drehung als Faraday-Effekt bezeichnet wird, spricht man wohl am besten nur von Streulicht.

[2] Lord Rayleigh (J. W. Strutt): Philos. Mag. (4) **41**, 107, 274, 447 (1871).

[3] Vgl. dazu R. Zsigmondy: Kolloidchemie: Ein Lehrbuch. 3. Aufl., Leipzig 1924; Kolloid-Z. **26**, 1 (1920).

Sinne der damals das Feld beherrschenden Thermodynamik hieß die Frage: Sind kolloide Systeme homogene oder heterogene Systeme? Ein Ausweg aus diesem Dilemma wurde allerdings nicht gefunden; es blieb erst WOLFGANG OSTWALD vorbehalten, eine Lösung aufzuzeigen. *Doch wußte man bereits,* daß die kolloiden Systeme strukturell *zwischen* den echten Lösungen und den groben Suspensionen standen.

Nun war um die Jahrhundertwende der Streit um die Richtigkeit der verschiedenen Auffassungen in gewissem Sinne ein „Streit um des Kaisers Bart", denn es gab zwar eine weit entwickelte kinetische Theorie der Materie, doch noch keinen zuverlässigen Beweis für die körperliche Existenz der Moleküle. Die kinetische Theorie konnte zwar Erfolge in der richtigen Beschreibung des Verhaltens der Gase vorweisen, auch existierten bereits Messungen, aus denen die Zahl der Moleküle in einem bestimmten Volumen berechnet werden konnten. Zur Beschreibung des Verhaltens der Materie schien die Thermodynamik zuverlässiger zu sein, denn sie kam ohne die „Molekülhypothese" aus. Sie bedurfte allerdings

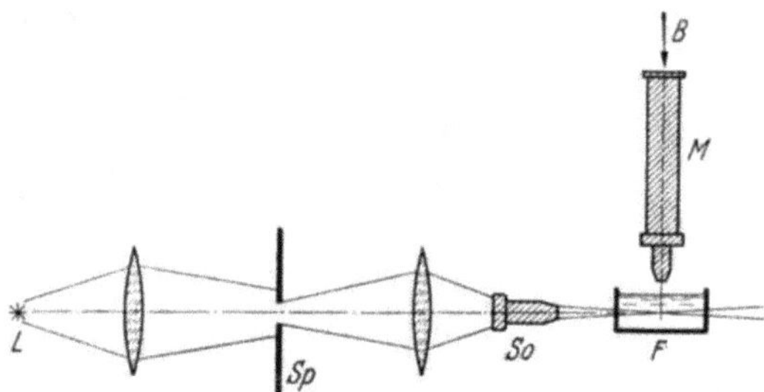

Abb. 2.2. Prinzip des Ultramikroskops nach SIEDENTOPF und ZSIGMONDY. (*L* Lichtquelle, *Sp* Spalt, *So* Beleuchtungsobjektiv, *F* untersuchte Flüssigkeit, *M* Mikroskop, *B* Beobachter)

des Kontinuumbegriffs, welcher durch die kinetische, auf Wirkungen diskreter Partikel beruhende Theorie, zum mindesten stark gestört, wenn nicht gar erschüttert werden konnte. (Die statistische Mechanik bzw. statistische Thermodynamik konnte auch diese Schwierigkeiten als nur scheinbare — d. h. durch Begriffsbildung entstandene — nachweisen.) Hielt man kolloide Lösungen für Lösungen sehr großer Moleküle, so mußten sie auch die Eigenschaften zeigen, die man aus einer kinetischen Theorie der Lösungen ableiten konnte. Die gelöste Substanz müßte in Form von Partikeln vorliegen, welche Bewegungen ausführen sollten, die von ihrer Masse und der Temperatur abhängig wären (vgl. § 12). Um dies nachzuprüfen, kam es nur darauf an, die Existenz der Partikel und ihre Bewegungen irgendwie nachzuweisen.

Als nun ZSIGMONDY der Nachweis diskreter Partikeln in Gold-Solen im Jahre 1903 mit Hilfe des von ihm gemeinsam mit SIEDENTOPF[1] erfundenen *Ultramikroskops* gelang (vgl. § 30), wurden damit nicht nur brennende Fragen der speziellen Kolloidchemie, sondern auch solche der allgemeineren physikalischen Chemie gelöst.

[1] SIEDENTOPF, H. u. R. ZSIGMONDY: Ann. Physik (4) 10, 1 (1903).

ZSIGMONDY benutzte die Erscheinung der Lichtstreuung kolloider Systeme; er beleuchtete eine Lösung mit einem starken, scharf gebündelten Lichtstrahl und beobachtete den Strahl senkrecht zu seiner Einfallsrichtung gegen einen dunklen Hintergrund mit einem stark vergrößernden Mikroskop. Hierbei konnte er deutlich sich abhebende Lichtpunkte sehen, die sich in heftiger Bewegung befanden. Diese Lichtpunkte waren zwar nicht die geometrischen Abbildungen der Teilchen, doch konnten sie nur durch Reflexion, Brechung und Interferenz des Lichtes an einem diskreten Teilchen entstanden sein. Nun ergab sich eine Möglichkeit, durch Auszählen der Lichtpunkte in einem bestimmten Lösungsvolumen Teilchenkonzentrationen zu ermitteln und daraus unter Berücksichtigung der Substanzmenge und -dichte Teilchengrößen zu bestimmen (vgl. § 30). Es bestätigte sich, daß die Teilchen kleiner waren als im normalen Mikroskop erkennbare Partikeln. Daß sie erheblich größer sein mußten als etwa die Moleküle „echter" Lösungen, ergab sich schon allein daraus, daß solche Lösungen auch im Mikroskop keine Lichtpunkte erkennen ließen, außer solchen von nur schwer zu entfernenden Verunreinigungen. Hiermit war nun ein großer Fortschritt erzielt worden, konnte doch jetzt das Verhalten kolloider Lösungen auf das Vorhandensein diskreter im Lösungsmittel gleichmäßig verteilter substantieller Partikel bestimmter Größenordnung zurückgeführt werden. Die Bewegungen der Teilchen erwiesen darüber hinaus die Richtigkeit der kinetischen Theorie, es konnte bestätigt werden, daß ihre Geschwindigkeit mit steigender Teilchengröße abnimmt und mit zunehmender Temperatur anwächst. Auch im normalen Mikroskop sichtbare kleinste Objekte zeigen eine heftig zitternde Bewegung, die nach ihrem Entdecker. dem Botaniker R. BROWN[1] allgemein BROWNsche Bewegung genannt wird. Die Bewegung der „Ultramikronen", wie ZSIGMONDY die nur im Ultramikroskop sichtbaren Teilchen nannte, ist erheblich heftiger, doch ebenfalls eine BROWNsche Bewegung, was durch Systeme, in denen „Mikronen" und „Ultramikronen" nebeneinander auftraten, demonstriert werden konnte.

Die Geschwindigkeit der Teilchen sollte nun im Mittel einen Wert besitzen, der sich aus der kinetischen Theorie errechnen läßt. Das von BOLTZMANN formulierte Gleichverteilungsprinzip der Energie gestattete, die einer bestimmten Temperatur entsprechende mittlere Geschwindigkeit anzugeben. Enttäuschenderweise waren die im Ultramikroskop ermittelten Geschwindigkeiten erheblich kleiner als man hätte erwarten sollen. War nun die kinetische Theorie falsch oder entsprach das Modell des kolloiden Systems doch nicht dem einer Lösung? Es war A. EINSTEIN[2] und M. v. SMOLUCHOWSKI[3] vorbehalten, die Erklärung zu finden: Die im Ultramikroskop beobachteten Teilchenbahnen waren nicht mit den unmittelbaren Teilchenbewegungen identisch, sondern stellten resultierende Verschiebungen aus dem beobachtenden Auge nicht erkennbaren

---

[1] BROWN, R.: Philos. Mag. (2) 4, 161 (1828); (2) 6, 161 (1829); (2) 8, 296 (1830).
[2] EINSTEIN, A.: Ann. Physik (4) 17, 549 (1905); (4) 19, 371 (1906).
[3] v. SMOLUCHOWSKI, M.: Ann. Physik (4) 21, 756 (1906).

sehr schnellen zitternden Bewegungen dar. Die auf dieser Grundlage formulierte quantitative Gesetzmäßigkeit (s. § 12) wurde dann ein voller Erfolg der kinetischen Theorie; es gelang die LOSCHMIDTsche Zahl (= Zahl der Moleküle im Mol) zu bestimmen. J. PERRIN[1] führte Messungen an Mastixsolen und einige Zeit später TH. SVEDBERG[2] an Goldsolen aus, ersterer erhielt im Mittel die Zahl $6,85 \cdot 10^{23}$, der letztere $6,2 \cdot 10^{23}$, was immerhin recht nahe an den heute wahrscheinlichsten Wert von $6,04 \cdot 10^{23}$ herankommt. Durch das Ultramikroskop ZSIGMONDYS konnte die Kolloidchemie somit den ersten entscheidenden Beweis für die körperliche Existenz der Moleküle erbringen.

Die andererseits dadurch ermöglichten Teilchengrößebestimmungen konnten nun zu einer besseren Abgrenzung des Gebietes der kolloiden Systeme führen. Um überhaupt ein Unterscheidungsmerkmal gegenüber den „echten" Lösungen und den groben Suspensionen zu haben, bezeichnete man als kolloide Lösungen solche, in denen die Partikeln lineare Ausdehnungen von $1—200\,\mathrm{m}\mu$ besaßen. Natürlich mußte solcher Definition eine Willkür anhaften, da die Eigenschaften der kolloiden Lösungen sich über die festgelegten Grenzen hinweg nur fließend ändern konnten. Doch endlich war etwas gefunden, was für das Verhalten der kolloiden Systeme von entscheidender Wichtigkeit war — die *Dimension* der kolloiden Partikel.

Wenn sie sich nur dadurch von den „kleinen" Molekülen unterschieden, müßten ihre Eigenschaften nicht grundsätzlich, sondern nur quantativ von diesen verschieden sein. Z. B. sollte die aus der kinetischen und statistischen Theorie abgeleitete barometrische Höhenformel (20.24), nach welcher die Zahl der Teilchen experimentell mit der Höhe abnimmt, auch auf Kolloide angewandt werden können; wegen des beträchtlichen Gewichts der Kolloide sollte sich aber eine Höhenverteilung auf einer viel kürzeren Strecke einstellen. PERRIN[3] konnte durch seinen berühmten Versuch mit Mastix-Solen die Richtigkeit dieser Vorstellungen bestätigen; physikalisch gesehen besteht zwischen Korpuskeln kolloider Dimensionen und Gasmolekülen *kein* Unterschied, beide sind kinetisch selbständige und unabhängig bewegliche Einheiten.

Trotz des Erfolges kinetischer Betrachtungsweisen und der Erkenntnis, daß die Teilchengröße das wesentliche Merkmal kolloider Lösungen ist, bestand gegenüber der klassischen Thermodynamik noch das alte Dilemma. Die Thermodynamik wurde durch die kinetische Theorie nicht umgeworfen, sondern gestützt; es bestand also kein Anlaß, ihre einmal geschaffene Systematik zu verlassen. Den Ausweg fand Wo. OSTWALD[4]. Er sprach den Gedanken aus, daß der Streit über die Zugehörigkeit der kolloiden Systeme zu den homogenen oder heterogenen Systemen sinnlos wäre, da die Frage falsch gestellt wäre. Wirkliche materielle Systeme entsprechen den Kriterien der thermodynamischen Systeme

[1] PERRIN, J.: C. R. Acad. Sci. **146**, 967 (1908); **147**, 475, 530, 594 (1908) CHAUDESAIGUES:. C. R. Acad. Sci. **147**, 1044 (1908).
[2] SVEDBERG, TH: Die Existenz der Moleküle. Leidzig 1912.
[3] PERRIN, J.: J. Chim. physique **3**, 50 (1905).
[4] OSTWALD, WO.: Kolloid-Z. **1**, 291 (1907).

niemals vollständig; in Wirklichkeit besteht die Materie aus *dispersen* Systemen, nur die Größenordnungen der verschiedenen Dispersitäten sind. verschieden. Von grobdispersen, makroskopisch erkennbaren Gemengen bis zu den fein dispersen Molekülen (Atomen, Elektronen, Kernbestandteilen usw.) gibt es alle Übergänge. Die kolloiden Systeme besetzen in diesen Größenordnungen nur einen bestimmten Abschnitt, den man allenfalls aus Zweckmäßigkeitsgründen begrenzen kann, wenn er sich auch durch besondere Merkmale hervorhebt[1]. OSTWALD meinte daher, daß das Gebiet der Kolloide eine Wissenschaft für sich sei, deren Eigengesetzlichkeiten es zu erkunden gelte.

Aus diesem Gesichtpunkt stellt Wo. OSTWALD[2] und etwa gleichzeitig VON WEIMARN[3] den Satz auf, daß der kolloide Zustand ein *allgemein möglicher Zustand* der Materie sei. Er müsse unabhängig von den jeweiligen Aggregatzuständen und durch eine besondere Systematik zu beschreiben sein. VON WEIMARN kam vor allem durch seine experimentellen Untersuchungen zu diesem Schluß. Er stellt eine außerordentliche Zahl der mannigfaltigsten kolloiden Systeme her und konnte dabei endgültig GRAHAMS These von dem Gegensatz Kolloid — Kristalloid widerlegen, da ihm eine große Zahl kristallisierender Substanzen im kolloiden Zustand begegnete. Kolloide sind demnach besonders fein zerteilte materielle Objekte, die sich in ihrer Struktur nicht von den bekannten makroskopischen Körpern zu unterscheiden brauchen; die Kleinheit ihrer Partikel verleiht ihnen jedoch Eigenschaften, die sich den physikalischen Eigenschaften der Moleküle schon weitgehend nähern.

Inzwischen hatte eine Entwicklung begonnen, die ein anderes wesentliches Merkmal kolloider Systeme herausarbeiten sollte. Wohl war das zuerst ins Auge fallende Merkmal des kolloiden „Atomkollektivs" die *Dimension*, doch konnte ein großer Teil ihrer Eigenschaften nicht unmittelbar darauf zurückgeführt werden. Bestimmte Wirkungen der Kolloide konnten nicht vom Teilchen als Gesamtheit, sondern nur von denjenigen Bezirken ausgehen, die in unmittelbarer Berührung mit dem „Lösungsmittel" standen. Für diese Bezirke sollte man ähnliche Wirkungen erwarten, wie sie von einer „Grenzfläche" ausgehen, mit den Eigenschaften von Grenzflächen — wie z. B. der Adsorption — begann man sich damals gerade zu beschäftigen. Nun sind an sich bei makroskopischen Systemen die Grenzflächenwirkungen relativ zu denen der Gesamtmenge einer Phase vernachlässigbar klein (z. B. der Energieinhalt). Wird diese aber — etwa in der in Abb. 2.3 gezeigten Weise — in immer kleinere Teile aufgeteilt, so muß die gesamte Grenzfläche des Systems bald sehr groß werden. Wie aus der auf S. 40 aufgeführten Tab. 8.I hervorgeht, wächst dabei das Verhältnis Grenzfläche zu Volumeneinheit — die spezifische Grenzfläche — außerordentlich stark

---

[1] Vgl. auch Wo. OSTWALD, Die Welt der vernachlässigten Dimensionen, 9.—10. Aufl. Dresden und Leipzig 1927. Eine Berechtigung dieser „Weltanschauung" kann man wohl schlechthin nicht abstreiten, da die Einteilung der Naturwissenschaften weitgehend durch die Dimensionen der Untersuchungsobjekte bedingt ist.

[2] OSTWALD, Wo.: Kolloid-Z. **1**, 291 (1907).

[3] VON WEIMARN, P. P.: Kolloid-Z. **2**, 76 (1907/08); Grundzüge der Dispersoidchemie. Dresden 1911.

an; besitzen die unterteilten Einheiten kolloide Dimensionen, so sind die Wirkungen der Grenzfläche schließlich nicht mehr vernachlässigbar.

Mit dieser Erkenntnis begann eine Entwicklung, welche zum Ziel hatte, wesentliche Eigenschaften der Kolloide auf das Verhalten ihrer Grenzflächen zurückzuführen, von denen man annahm, daß sie bei den kolloiden Partikeln genau so wie bei makroskopischen Gebilden vorhanden sein sollten. Sie wurde in großem Umfang zunächst durch FREUND- LICH gefördert, der besonders die Fähig- keit der Bindung fremder Stoffe an Grenz- flächen untersuchte.

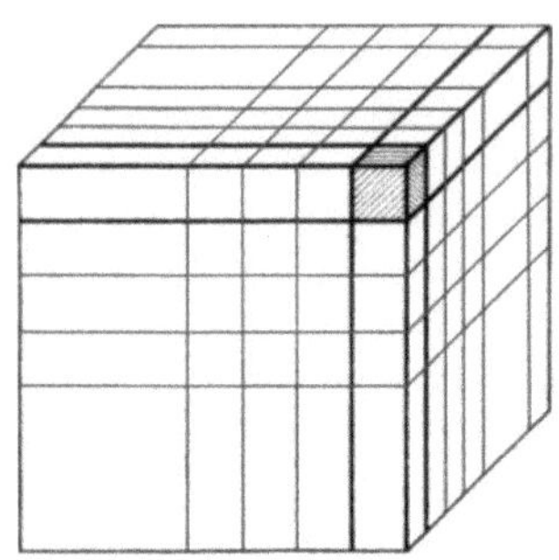

Abb. 2.3. Aufteilung eines Würfels. Das Verhältnis von Oberfläche zu Volumen (= spezifische Oberfläche) ist 6/a (a Kantenlänge)

Charakteristisch ist die Einteilung, die zunächst von PERRIN[1] und später von FREUNDLICH[2] entsprechend dem Verhalten der Grenzflächen der Partikeln gegenüber umgebendem „Lösungsmittel" eingeführt wurde und die auch heute noch üblich ist. Eine Klasse von Substanzen geht nämlich von allein in den kolloiden Zu- stand über, wenn man sie nur mit einem passenden „Lösungsmittel" zusammen- bringt. Sie sind „lösungsliebend": *lyophil*, während andere Substanzen nur mit Hilfe bestimmter Kunstgriffe in den kolloiden Zustand überführt werden können; sie sträuben sich dagegen und sind *lyophob*. Handelt es sich um wäßrige Systeme, spricht man von *hydrophilen* und *hydrophoben* Kolloiden. Ursache dieses Verhaltens ist die verschiedenartige Affinität der Partikelgrenzfläche zum Lösungsmittel; die lyophoben Kolloide müssen z. B. noch stabilisierende in der Grenzfläche sitzende Ladungen besitzen, um überhaupt existenzfähig zu sein, während die lyophilen die Tendenz haben, Lösungsmittel zu binden und dadurch stabil werden. Durch Zusatz von Salzen werden lyophobe Kolloide leicht ausgefällt, lyophile Kolloide lassen sich zwar auch durch Salzzusatz ausscheiden, doch sind die hierzu benötigten Mengen beträchtlich größer. Diese Einteilung konnte wenigstens ein experimentell einfach zu hand- habendes Unterscheidungsmerkmal zur Verfügung stellen, das gewisse Aufschlüsse über die Wechselwirkung kolloider Partikeln mit ihrer Umgebung geben konnte.

Mit diesem Unterscheidungsmerkmal kam aber eine neue Eigen- schaft der Kolloide in die Diskussion, nämlich ihre elektrische Auf- ladung. Daß Tonsuspensionen beim Anlegen einer elektrischen Span- nung zur Anode wandern, wurde bereits 1809 von REUSS[3] beobachtet, doch fand man diese als *Elektrophorese* bezeichnete Bewegung diskreter geladener Partikeln im elektrischen Feld auch bei kolloiden Lösungen.

<hr>

[1] PERRIN, J.: J. Chim. physique **3**, 50 (1905).
[2] FREUNDLICH, H.: Kapillarchemie, I. Bd. 4. Aufl. u. II. Bd. 2. Aufl. Leip- zig 1930 bzw. 1932.
[3] REUSS: Mémoires de la société impériale des Naturalistes de Moscou **2**, 327 (1809).

(REUSS berichtete aber auch über die Bewegung der Flüssigkeit relativ zur Tonaufschlämmung, ihm war also bereits die Erscheinung der Elektroosmose bekannt.) Die Erklärung und quantitative Deutung dieser Erscheinungen gab HELMHOLTZ[1] in seiner Theorie der elektrischen Doppelschicht, nach der sich auf beiden Seiten einer Grenzfläche, welche zwei Phasen teilt, Ladungen verschiedenen Vorzeichens befinden. Ist die eine Phase flüssig, so können sich die in ihr befindlichen Ladungen beim Anlegen eines elektrischen Feldes bewegen. Die für die Kolloide hieraus zu ziehende Lehre liegt darin, daß ihre Beweglichkeit im elektrischen Feld mit dem Vorhandensein elektrischer Ladungen gekoppelt sein muß. Falls man ihnen eine Grenzfläche zuerkennt, sie also als kompakte Materie ansieht, deren Einzelstücke nur sehr klein sind, sollte auch auf sie das Bild der HELMHOLTZschen Doppelschicht anwendbar sein. Für einen großen Teil der Kolloide traf das im Prinzip zu, obwohl Einzelheiten des Aufbaus der Doppelschicht später noch modifiziert werden mußten (GOUY 1910, STERN 1934).

Mit der elektrischen Ladung hing auch ihr Verhalten gegenüber Elektrolyten zusammen. SELMI (loc. cit.) beobachtete bereits die Ausfällbarkeit von Silberchlorid-, Preußischblau- und Schwefel-Solen durch Salze, doch erst SCHULZE[2] und später HARDY[3] konnten regelmäßige Zusammenhänge zwischen der fällenden „Kraft" von Elektrolyten und ihrer Wertigkeit nachweisen. Als SCHULZE-HARDYsche Regel leistet sie heute noch wertvolle Dienste (vgl. § 70).

Von WO. OSTWALD wurde bereits frühzeitig darauf hingewiesen, daß die dispergierte Materie verschiedenerlei Gestalt annehmen könne, obwohl zunächst nur wenige experimentelle Anhaltspunkte dafür vorhanden waren.

MAXWELL beobachtete bereits 1873, daß bei der Strömung bestimmter kolloider Lösungen optische Doppelbrechung auftrat. Eingehendere Aufklärung hierüber erhielt man erst durch die Untersuchungen von FREUNDLICH und seiner Schule. DIESSELHORST und FREUNDLICH[4] beobachteten in bestimmten strömenden kolloiden Lösungen nicht nur das Auftreten von Doppelbrechung, sondern auch eine Abhängigkeit der Intensität des Streulichts von der Strömungsrichtung. Im Gegensatz zu der damals vorherrschenden Kontinuumstheorie der Strömungsdoppelbrechung wurde von ZOCHER[5] die Vorstellung entwickelt, daß die optischen Erscheinungen in strömenden kolloiden Lösungen auf dem Vorhandensein von Stäbchen oder blättchenförmigen Partikeln herrührt. Zahlreiche Arbeiten konnten später nachweisen, daß die kolloid zerteilte Materie auch in verschiedener geometrischer Gestalt auftreten kann und somit die Ansichten ZOCHERS bestätigen. Als sehr viel später schließlich das Fließverhalten kolloider Systeme näher untersucht wurde, sollten

---

[1] v. HELMHOLTZ, H.: Ann. Physik (3) **7**, 337 (1879).
[2] SCHULZE, H.: J. prakt. Chem. (2) **25**, 431 (1882); (2) **27**, 320 (1883).
[3] HARDY, W. D.: Proc. Roy. Soc. London **66**, 110 (1899/1900); J. physic. Chem. **4**, 235 (1900); Z. physik. Chem. **33**, 385 (1899/1900).
[4] DIESSELHORST, H. u. H. FREUNDLICH: Physik. Z. **16**, 419 (1915).
[5] ZOCHER, H.: Z. physik. Chem. **98**, 293 (1921).

sich die Gestaltsfaktoren überhaupt als bestimmend für das Verhalten herausstellen.

Gegen Ende des ersten Jahrzehnts des 20. Jahrhunderts lag bereits eine solche Fülle von experimentellem und theoretischem Material vor, daß die ersten Darstellungen des Gesamtgebiets der Kolloidchemie erschienen. Davon geben die Bücher von Wo. Ostwald[1], H. Freundlich[2] und R. Zsigmondy[3] Zeugnis; obwohl bei allen die Beschreibung der Beobachtungen im Vordergrund steht, war die erkenntnismäßige Durchdringung des Gebiets so weit fortgeschritten, daß die grundlegenden Wesenszüge der kolloiden Systeme nach einheitlichen Gesichtspunkten herausgearbeitet werden konnten. Dimension, Gestalt, Grenzfläche als bestimmende Merkmale waren klar erkannt, Eigenarten und feinere Züge beobachtet und beschrieben. Vieles ließ sich mit den allgemeineren Erfahrungen der Physik und Chemie in Beziehung bringen, anderes blieb unerklärlich und verlockte als „Besonderes" zur Emanzipation[4].

Viele der damaligen Unklarheiten — wenn auch bei weitem nicht alle — können wir heute als rückblickende Betrachter auf die Unkenntnis der wichtigsten Merkmale einer bestimmten Klasse von kolloiden Systemen zurückführen, deren Eigenarten erst etwa zwei Jahrzehnte später erschlossen werden konnten.

Eine Reihe von Kolloiden, nämlich die von Perrin und Freundlich (loc. cit.) als lyophil gekennzeichneten Substanzen, besaßen *die* Eigenschaft, die Graham dazu geführt hat, sie als „Kolloide" im Gegensatz zu „Kristalloiden" anzusehen. Sie konnten nicht in kristallinem Zustand erhalten werden. Im Ultramikroskop waren bei ihnen keine Partikeln zu entdecken, obwohl sie nicht durch Pergament diffundierten. Auffallend war auch, daß sie fast ausnahmslos aus Substanzen bestanden, die Bestandteile lebender Organismen waren. Eiweiß, Stärke, Cellulose, Pflanzenschleime und -harze, aber auch Seife gehörten dazu. Für die Biologie und Medizin, aber auch für die Technologie dieser wichtigen Stoffe, mußte es von überragender Bedeutung sein, Wesentliches hierüber zu erfahren, ebenso wie vom heuristischen Standpunkt die Kenntnis der Unterschiede zwischen Abkömmlingen der anorganischen und der organischen körperlichen Welt sehr wertvoll sein mußte.

Wichtig war die schon frühzeitig angestellte Beobachtung, daß viele nicht kristallisierende Substanzen, vor allem organischen Ursprungs,

---

[1] Ostwald, Wo.: Grundriß der Kolloidchemie, 1. Aufl. Dresden 1909, 7. Aufl. (1. Hälfte) Dresden und Leipzig 1923.

[2] Freundlich, H.: Kapillarchemie, loc. cit.

[3] Zsigmondy, R.: Kolloidchemie, loc. cit.

[4] Dieser Zug zum Eigenleben war der allgemeinen Entwicklung des Gebietes zum Teil förderlich, zum Teil hinderlich; förderlich, als es dazu anspornte, das Gebiet zu einem in sich geschlossenen von einem Standpunkt übersehbaren System zu entwickeln, hinderlich, als es drohte, den Zusammenhang mit den ursprünglichen Wissensgebieten zu verlieren und sich durch Anschluß an viele andere Gebiete, mit denen wohl Berührungspunkte vorhanden waren, zu verzetteln. Im allgemeinen hat sich diese Tendenz jedoch nicht durchgesetzt und heute wird die Kolloidchemie *überwiegend* als ein Teilgebiet der physikalischen Chemie betrachtet.

doch nicht als amorph oder optisch isotrop anzusehen waren. Kannte man doch schon die Doppelbrechung von Cellulose- oder Gelatinefäden, eine Eigenschaft, die sonst nur an Kristallen beobachtet worden war. Andererseits zeigten solche Stoffe — außer dem bereits erwähnten Verhalten in Lösung, wodurch sie ihre kolloide Natur offenbarten — vielfach die Erscheinung der Quellung bei Berührung mit einem Lösungsmittel. Diese Quellung ging wie bei Gelatine oft einer Auflösung voraus. NÄGELI[1] glaubte daher, daß solche Stoffe einen ähnlichen Aufbau wie die Ackerkrume besäßen; Körnchen gewisser Ausdehnung und kristalliner Natur sollten wie in Abb. 2.4 dargestellt, durch Zwischenräume getrennt, ähnlich einem Mauerwerk reihenweise aneinandergelagert sein. In die Zwischenräume kann Lösungsmittel eindringen und das gesamte Gefüge aufweiten, wodurch eine Quellung der Substanz möglich ist, bis schließlich

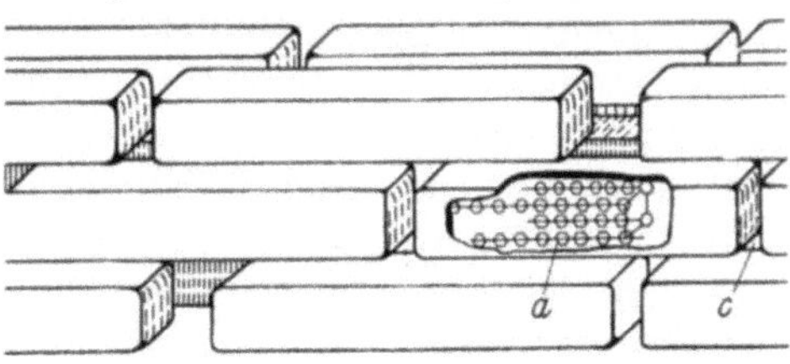

Abb. 2.4. Nach der NÄGELIschen Mizellartheorie vermuteter Aufbau einer Ramie-Faser [nach K. H. MEYER: Kolloid-Z. **53**, 8 (1930)]

die Krumen als selbständige Individuen in Lösung gehen. Aus mica = Krume leitete er für sie den Namen Mizelle (Mycel, Micelle) ab[2].

Da viele experimentelle Ergebnisse mit dieser Anschauung in Einklang zu bringen waren, wurde sie bis in die jüngste Zeit zur Erklärung des Aufbaus lyophiler Kolloide, besonders in ihren reinen Zuständen angesehen. Die „Mizellen" NÄGELIs sollten aus Aggregaten organischer Moleküle, die selbst ziemlich kompliziert gebaut waren und ein hohes Molekulargewicht besaßen, zusammengesetzt sein. Exakte Beweise konnten insofern nicht leicht erbracht werden, als die Bestimmung des Molgewichtes oder Partikelgewichtes zu dieser Zeit noch Schwierigkeiten bereitete. Die Analogie zu den in den ersten Jahrzehnten des Jahrhunderts im Blickpunkt des Interesse stehenden anorganischen Kolloiden schien so groß, daß man glaubte, die Struktur der beiden Arten könne nicht wesentlich voneinander verschieden sein.

Von J. LOEB[3] wurde allerdings schon die Ansicht vertreten, daß es sich bei den Proteinen um echte Moleküle mit ausgesprochenen individuellen Eigenschaften handeln müsse. Diese Ansicht erhielt eine starke

---

[1] Ostwalds Klassiker d. exakten Wissensch. Nr. 227. Leipzig 1928.

[2] Das Wort Mizelle ist als Begriff dadurch entwertet worden, daß es von verschiedenen Seiten in verschiedenem Sinne gebraucht worden ist. Mizellen sind nach KRATKY Kristallinterferenzen erzeugende Bereiche, nach COTTON und MOUTON und nach DUCLAUX werden hingegen darunter allgemein kolloide Teilchen einschließlich ihrer Hydrathülle und ihrer Gegenionen (vgl. § 60) verstanden. McBAIN und viele andere verwenden den Ausdruck für kolloide Partikeln der Seifenassoziate *ohne Gegenionen*. STAUDINGER versteht unter Mizellkolloiden das, was wir Assoziationskolloide nennen. Wir wollen den Begriff im allgemeinen nicht verwenden, sondern nur hier in historischem Zusammenhang bei Besprechung der NÄGELIschen Theorie.

[3] LOEB, J. u. R. F. LOEB: J. gen. Physiol. **2**, 189 (1921).

Stütze als THE SVEDBERG[1] durch seine Erfindung der Ultrazentrifuge eine Möglichkeit schuf, ganz allgemein Partikelgewichte aller Größen zu bestimmen.

Unter dem Einfluß der Erdschwere müssen sich die Partikeln einer Aufschlämmung (Ton oder ähnliches) wieder langsam absetzen. Wenn die Partikeln sehr klein sind, dauert dieser Prozeß sehr lange, doch kann man ihn erheblich beschleunigen, wenn man das System mit sehr hoher Umdrehungsgeschwindigkeit zentrifugiert, da die Zentrifugalbeschleunigung mit dem Quadrat der Umdrehungszahl anwächst. Aus der Sedimentationsgeschwindigkeit oder aus dem sich zwischen Diffusionsbestreben und Sedimentation einstellenden Gleichgewicht lassen sich Partikelgewichte ermitteln (vgl. § 34). Nun stellte sich bei der Untersuchung einer großen Zahl von gelösten Eiweißkörpern in der Ultrazentrifuge heraus, daß diese aus Partikeln einheitlicher Größe bestehen. Hieraus ergab sich die Berechtigung, sie den Gepflogenheiten der Chemie entsprechend als Moleküle anzusehen[2].

Eine Entscheidung über die *Struktur* der monodispersen Proteinpartikeln, insbesondere über den Bindungszustand der sie aufbauenden Atome und Atomgruppen, war damit noch nicht gefallen.

Von einem organischen Molekül sollte man erwarten, daß alle Atome durch *covalente* Bindungen miteinander verknüpft sind. In einem aus Molekülen bestehenden Aggregat oder Assoziat — und als solches wurde die „Mizelle" wohl angesehen — wird der Zusammenhalt dagegen durch Nebenvalenzen (vgl. § 80) verursacht. Daher sollte nach der Argumentation von STAUDINGER[3] ein solches Molekül durch chemische Umsetzungen seiner reaktionsfähigen Gruppen (z. B. OH-Gruppen) nicht in seiner Größe verändert werden. Wohl aber sollte sie sich ändern, wenn eine Mizellenstruktur vorliegt, da chemische Veränderungen die Wirkungen der Nebenvalenzen stark stören sollten.

Die Entscheidung über die Struktur einiger organischer lyophiler Kolloide sollte aber zunächst nicht bei den Proteinen fallen, sondern bei den zur gleichen Klasse der Kolloide gehörenden löslichen Cellulosederivaten. STAUDINGER stellte in der Tat fest, daß sich ihre Partikelgröße nicht wesentlich änderte, wenn an ihnen chemische Substitutionen (Veresterungen, Verseifungen) vorgenommen werden. Er sah daher diese großen Partikeln als sehr große Moleküle kolloider Dimensionen an und bezeichnete sie als *Makromoleküle*. In einer großen Zahl eingehender Untersuchungen konnte diese These in der Folgezeit erhärtet werden. Da sich dabei eigenartigerweise herausstellte, daß ein großer Teil dieser Substanzen aus sehr langen fadenförmigen Molekülen bestand, konnte

---

[1] SVEDBERG, TH. u. I. B. NICHOLS: J. Amer. chem. Soc. **45**, 2910 (1923); SVEDBERG, TH. u. H. RINDE: ibid. **46**, 2677 (1924).

[2] In späterer Zeit mußte die Berechtigung in jedem Fall eines einheitlichen Partikelgewichtes von Molekülen zu sprechen, eingeschränkt werden, da von SVEDBERG und anderen beobachtet wurde, daß auch Proteine durch relativ geringfügige Veränderungen ihres Lösungsmilieus reversibel zu Bruchstücken dissoziieren konnten, dies sollte wieder eine Stütze der Mizellartheorie sein.

[3] STAUDINGER, H. u. W. HEUER: Ber. dtsch. chem. Ges. **63**, 222 (1930).

eine Reihe schwer verständlicher Erscheinungen, wie z. B. die der optischen Anisotropie und der Quellung, zwanglos gedeutet werden.

Die Existenz der Fadenmoleküle brachte aber die bisherigen Definitionen kolloider Substanzen nach der Dimension in Schwierigkeiten. Ein Fadenmolekül konnte die Dicke eines einzigen Moleküls besitzen, aber eine Länge, die über die kolloiden Dimensionen hinausschoß; ein langer gestreckter Faden sollte daher nicht mehr als Kolloid anzusehen sein. Andererseits war von vornherein nicht einzusehen, daß solche Fäden immer in langgestreckter Form auftreten; wenn ihre einzelnen Atomgruppen wie die Glieder einer Perlenkette gegeneinander beweglich sind, sollte sich die Kette zu einem Knäuel zusammenballen können und auf diese Weise wieder der klassischen Definition der kolloiden Partikeln genügen. STAUDINGER schlug daher vor, eine Abgrenzung nicht nach der Dimension, sondern nach der in einer Partikel vorhandenen Menge von Atomen vorzunehmen (vgl. dazu S. 24).

Die Erkenntnis, daß kolloide Partikeln nicht nur in physikalischem, sondern auch im chemischen Sinne Moleküle sein können, war außerordentlich bedeutsam. Es gab demnach Substanzen, die infolge ihrer chemischen Konstitution gar nicht in der Lage waren, in anderen als in kolloiden Zuständen zu existieren.

Eine weitere Konsequenz der STAUDINGERschen Befunde war folgendes: Wenn extreme geometrische Gebilde wie glatte Fäden auftreten können, so sollten auch daraus ableitbare Strukturen möglich sein, also verzweigte Fäden, Netze, gefaltete und geknäuelte, spiralig aufgerollte, gitterförmige und andere mehr oder weniger komplizierte Anordnungen. Eine große Zahl solcher covalenter Verknüpfungen sind in der Folgezeit tatsächlich aufgefunden worden.

Für den synthetisch arbeitenden Chemiker waren die Anschauungen von STAUDINGER eine Fundgrube neuer Anregungen. Es entwickelte sich eine „Makromolekulare Chemie", die zu vielen praktischen Anwendungen führte, vor allem der weiteren Erschließung und Beherrschung des wichtigen Gebietes der Kunststoffe diente. Die organische Chemie kannte schon seit längerer Zeit Stoffe, die in der Lage waren, zu *polymerisieren,* wobei sich eine große Zahl kleinerer Einzelmoleküle durch covalente Bindungen untereinander verknüpfen und Polymerisate von hohem Molekulargewicht bilden. Die Natur dieser *hochpolymer Stoffe* wurde zuerst ebenfalls von STAUDINGER[1] erkannt.

Ganz glatt ließen sich die Schwierigkeiten der Verhältnisse, die bei den lyophilen Kolloiden auftraten, durch die makromolekulare Theorie nicht beseitigen. Eine Reihe lyophiler Kolloide entsprach in mancher Hinsicht eher der Mizellartheorie als den makromolekularen Vorstellungen. Der Prototyp dieser Klasse ist die seit langer Zeit bekannte Seife. Wenn auch durch die exakten Untersuchungen von KRAFFT und WIGLOW im Jahre 1895[2] nachgewiesen werden konnte, daß Seifenlösungen kolloi-

---

[1] Vgl. hierzu H. STAUDINGER, Organische Kolloidchemie, 3. Aufl. Braunschweig 1950.

[2] KRAFFT, F. u. H. WIGLOW: Ber. dtsch. chem. Ges. **28**, 2566 (1895).

2*

der Natur sind, war es doch McBain[1] vorbehalten, die wesentlichen Züge dieser kolloiden Systeme aufzuklären. Er erkannte z. B. als erster, daß der kolloide Zustand der Seifen in wässeriger Lösung ein thermodynamischer Gleichgewichtszustand ist. Die Seife, in Alkohol oder Aceton als normales Molekül mit seiner chemischen Formel entsprechend dem Molekulargewicht löslich, bildet in Wasser *freiwillig* kolloide Assoziate aus Molekülen (bzw. Ionen). Sie ist nach der Klassifikation von Perrin und Freundlich als lyophiles Kolloid anzusehen, denn die dafür zutreffenden Kriterien werden gut erfüllt. Die in den Seifenlösungen auftretenden Partikeln sind aber keine Makromoleküle, sondern wie erst neuere Untersuchungen feststellten konnten, Assoziate, entsprechen also einem wesentlichen Punkt der Nägelischen Mizellartheorie. Andererseits konnte nachgewiesen werden, daß diese „Mizellen" als solche in der reinen Seifensubstanz nicht vorhanden waren, da diese sich als normal kristallisierende Substanz darstellen ließ, ohne daß in den Kristallen irgendwelche gesonderten mizellaren Bereiche auftraten. Die Fähigkeit, in wässerigen Lösungen zu kolloiden Partikeln zusammenzutreten, mußte somit eine Eigenschaft des relativ kleinen Seifenmoleküls selbst sein, auf keinen Fall konnten dabei covalente Bindungen geknüpft werden, sondern die Assoziationsfähigkeit mußte auf der Wirkung von Nebenvalenzen beruhen. Die Ursache ihrer kolloiden Natur ist also eine völlig andere als bei den Makromolekülen.

Hieraus mußte sich nun ergeben, daß die lyophilen Kolloide keine in sich geschlossene Klasse sind. Man muß die Klasse der Makromoleküle von den im Wesen völlig anders gearteten Assoziationskolloiden unterscheiden. Dies ließ eine Zweiteilung der kolloiden Systeme nicht mehr als zweckmäßig erscheinen, und Staudinger schlug daher vor, eine Dreiteilung vorzunehmen, bei der in sich homogene Klassen auftreten: 1. Die Dispersoide, welche sich im wesentlichen mit den lyophoben Kolloiden decken, 2. die Mizellkolloide (die wir hier als Assoziationskolloide bezeichnen) und 3. die Makromoleküle. Diese Einteilung scheint die vernünftigste zu sein und sich auch allmählich durchzusetzen. Wir wollen die Einteilung unseres Stoffes auch nach ihr ausrichten.

Die Geschichte der Entwicklung der Ansichten über die Natur der lyophilen Kolloide lehrt uns aber vor allem eines. Nicht nur Größe, Gestalt der Partikeln und Wechselwirkung mit dem Lösungsmittel, sondern auch die Kenntnis ihrer inneren Struktur und ihrer Bindungszustände sind von Bedeutung für ihr Verhalten. Natürlich gilt dies auch für die lyophoben Kolloide, obwohl hier die Wirkungen der Grenzfläche die deutlicher sichtbaren Rollen spielen. Die Struktur der kolloiden Partikeln der meisten Systeme ist heute noch nicht annähernd bekannt, so daß wir noch weit davon entfernt sind, alle Erscheinungen zu verstehen und zu beschreiben. Nur in wenigen Fällen — wie z. B. bei den Fadenmolekülen hochpolymerer Substanzen — lassen sich die Bauprinzipien so eindeutig erkennen, daß Theorien ihres Verhaltens aufgestellt werden können, die von den Eigenschaften ihrer Einzelbausteine ausgehen (vgl. § 81).

---

[1] McBain, J. W. u. Millicent Taylor: Z. physik. Chem. **76**, 179 (1911).

Bei anderen Makromolekülen komplizierten Baus, etwa bei den Proteinen oder gar bei Kolloiden, die keine Makromoleküle sind, ist man von diesem Ziel noch weit entfernt.

§ 3. Begriffe und Definitionen

Da auf dem Gebiet der Kolloidchemie häufiger als anderswo Mißverständnisse auftreten, die auf der verschiedenen Deutung eines Begriffes beruhen, sollen in diesem Paragraphen diejenigen Begriffe näher definiert und erläutert werden, die wir vornehmlich verwenden wollen.

Konventionelle Begriffe

Allgemeine Begriffe. Materielle Körper bestehen aus Stoffen oder Substanzen, welche chemische Elemente oder Verbindungen sein können. Besteht der Körper aus einem einzigen reinen Stoff, so sprechen wir von einem *Einstoffsystem*, besteht er aus mehreren Stoffen, haben wir ein *Mehrstoffsystem* vor uns, ein *Zweistoffsystem* enthält zwei chemisch definierte Substanzen usw.

Einstoffsysteme können in einem der drei Aggregatzustände (gasförmig, flüssig, fest) auftreten. Sie bestehen dann aus einer einzigen *Phase*; sind zwei oder drei Aggregatzustände (z. B. Eis, Wasser, Wasserdampf) zugleich vorhanden, spricht man von einem *Mehrphasensystem*. Jede mögliche Modifikation der Substanz stellt ebenfalls eine Phase für sich dar (z. B. weißer und roter Phosphor). Einphasensysteme werden als *homogen*, Mehrphasensysteme als *heterogen* bezeichnet.

Homogene Systeme enthalten keine wahrnehmbaren Diskontinuitäten. Als Wahrnehmbarkeitsgrenze wird die Größe von 10 Å ($1\ \text{Å} = 10^{-8}$ cm) angenommen, was etwa der Größenordnung normaler Moleküle entspricht. Der Begriff der Homogenität ist also nur bedingt.

Eine *Phase* ist nicht nur durch ihre Homogenität definiert. W. Gibbs[1] fordert, daß ihre Grenzfläche gegenüber ihrer Masse vernachlässigbar klein ist. Wir können das dadurch ausdrücken, daß wir sagen: In einer Phase ist die Zahl der in der Phasengrenzfläche befindlichen Moleküle klein gegenüber der Zahl im Phaseninnern.

Mehrstoffsysteme können *Einphasen-* oder *Mehrphasensysteme* sein; bestehen sie aus einer Phase, spricht man von einer homogenen Mischung (z. B. Zuckerlösung). In bezug auf die Homogenität ist die gleiche Definition wie bei den Einstoffsystemen gültig. Beim Mehrphasensystem kann jede der einzelnen Phasen aus einem reinen Stoff oder aus einer homogenen Mischung bestehen (z. B. gesättigte Zuckerlösung mit festem Zucker als Bodenkörper).

Stoßen zwei endlich ausgedehnte Phasen aneinander, so entsteht eine *Grenzfläche* (Phasengrenzfläche), die im Falle einer gasförmigen und einer flüssigen oder festen Phase auch einfach Oberfläche genannt wird. Wir wollen den allgemeineren Ausdruck „Grenzfläche" verwenden und durch

---

[1] Collected Works of J. Willard Gibbs Vol. I. New York 1928.

die Zusätze fest/flüssig, fest/gasförmig, flüssig/gasförmig die jeweiligen Aggregatzustände der angrenzenden Phasen kennzeichnen.

Der Begriff der Grenzfläche hat nur einen Sinn, wenn sie die geometrische Trennfläche zweier in sich homogener Phasen darstellt. In der Grenzfläche dürfen ebensowenig wahrnehmbare Diskontinuitäten auftreten wie in der homogenen Phase, sie ist als Fläche ebenso an den Kontinuitätsbegriff gebunden wie der Raum. Da wir aber in beiden Fällen mit der Existenz diskontinuierlicher Einheiten von molekularen Ausdehnungen rechnen müssen, kann auch hier nur ein Kompromiß geschlossen werden. Wegen des Vorhandenseins von Atomen oder Molekülen ist der geometrisch exakte Ort der Phasengrenzfläche nicht mehr genau festzulegen, sondern über einen Bereich verwischt, der von der Ausdehnung der atomaren oder molekularen Dimensionen abhängig ist. Wir haben es in Wirklichkeit nicht mit einer Grenz*fläche*, sondern mit einer endlich ausgedehnten *Grenzschicht* zu tun. Daraus folgt, daß der Begriff „Grenzfläche" nur so lange sinnvoll ist als nicht zu berücksichtigt werden braucht, daß diese in Wirklichkeit eine Schicht ist, was immer dann der Fall ist, wenn eine Dimension der Schicht vernachlässigbar klein gegenüber den beiden anderen ist[1].

Wichtig ist, zu definieren, was unter einem *Molekül* verstanden werden soll. Physikalisch ist es nur als Partikel anzusehen, das eine „kinetische Einheit" darstellen kann, also imstande ist, sich als ganzes im Raum zu bewegen. Chemisch wird darin eine Verbindung gesehen, in welcher die Atome durch Hauptvalenzen miteinander verknüpft sind. Im Fall der Ionenbindung ergeben sich Schwierigkeiten mit der physikalischen Definition. Wenn die Verbindung in Lösung z. B. dissoziiert, bewegen sich ihre Dissoziationsprodukte nicht mehr gemeinsam. Wir wollen daher nur solche Verbindungen als Moleküle betrachten, die sich durch *richtungsabhängige covalente* Bindungen ihrer Atome auszeichnen; nur dadurch entstehen räumliche Einheiten, die gleichzeitig kinetische Einheiten sind und nur dann fallen physikalische und chemische Definition zusammen.

Konventionelle Begriffe der Kolloidchemie

Der Begriff des *dispersen* Systems stammt von Wo. OSTWALD. Er beruht auf dem Gedanken, daß in der realen Welt niemals materielle Körper auftreten, die den Kriterien der Ein- und Mehrphasensysteme streng gehorchen; so hat z. B. jede Phase einer heterogenen Mischung nicht zu vernachlässigende endliche Grenzflächen. Reale Körper sind vorwiegend nicht homogen, sondern Gemenge. Sie enthalten meist in sich homogene Bereiche verschiedener räumlicher Ausdehnung, die von groben makroskopisch erkennbaren Gebilden bis zu feinsten mikroskopisch nicht mehr wahrnehmbaren Partikeln reichen (z. B. Mineralien, Metalle, Holz, Textilien, Mauerwerk, Organismen usw.). Den Begriff des dispersen Systems macht man sich am besten an Hand eines anschaulichen Beispiels klar.

---

[1] Vgl. auch die Definition nach GUGGENHEIM in § 47.

In einem Medium A (beliebigen Aggregatzustands) sind die Stoffe B, C, D ... in Stücke beliebiger Größe und Form zerteilt. A wird als *Dispersionsmittel* bezeichnet B, C, D ... nennen wir die *dispergierten* Substanzen[1], da sie *nicht* unserer gegebenen Phasendefinition entsprechen. Das Ganze wird *disperses System* genannt. Bestehen A, B, C, D ... alle aus dem gleichen Stoff, der aber in anderem Aggregatzustand vorliegt als in A (Wassertropfen und Eiskriställchen in Wasserdampf), liegt ein disperses *Einstoffsystem* vor, allgemein hat man es jedoch mit dispersen Mehrstoffsystemen zu tun[2]. Besteht die dispergierte Substanz aus genau gleichgroßen körperlichen Einheiten, wird das System als *monodispers* (isodispers oder homodispers) bezeichnet, enthält es verschieden große Einheiten, nennt man es *polydispers*.

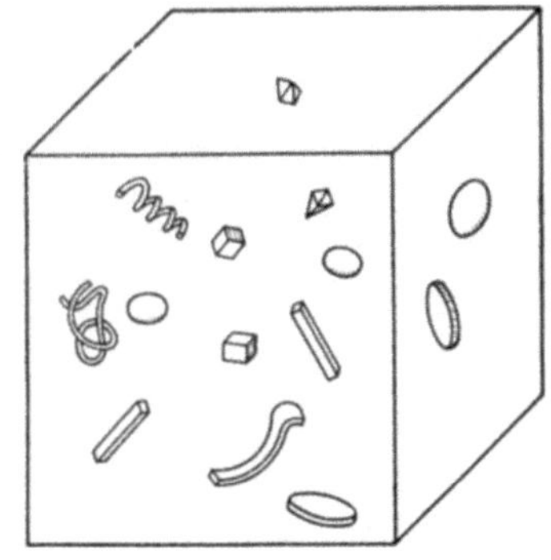

Abb. 3.1. Disperses System mit verschiedenen Partikelsorten

Prinzipiell ist es möglich, daß eine dispergierte Substanz B in mehreren verschiedenen Formen auftritt, wobei das Volumen jeder einzelnen Form gleich sein kann (z. B. Kugel und Prisma gleichen Volumens). Ein solches System kann als monodispers in bezug auf sein Volumen angesehen werden; zur endgültigen Definition fehlte aber noch die Angabe der Gestalt der dispergierten Substanz. Wir wollen solche Systeme, in denen nur ein einziger Gestaltstyp bzw. geometrische Form auftritt, als *monoform* bezeichnen; treten verschiedene Gestaltstypen auf, soll es *polyform* heißen.

Aus einem beliebigen kompakten Körper lassen sich auch noch auf andere Weise Systeme herstellen, in welchen die Definition der Phase nicht mehr gilt, doch ohne daß der Körper im obigen Sinne dispergiert wird. Man

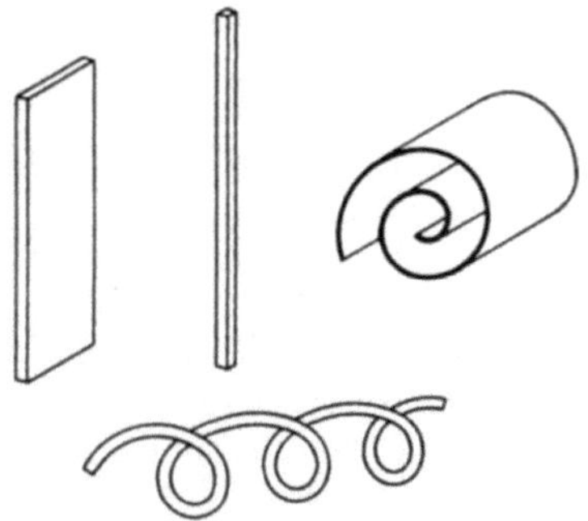

Abb. 3.2. Beispiele difformer Systeme

kann ihn nämlich zu einem Film auswalzen oder zu einem langen Faden ausziehen, wodurch seine Oberfläche ebenfalls sehr groß gegenüber seiner Masse wird. Solche Systeme bezeichnet Wo. OSTWALD als *difforme* Systeme; sie lassen verschiedene Wandlungen zu, durch Unterteilung eines Films entsteht wieder ein Faden und durch Unterteilung eines Fadens ein disperses System im obigen Sinne.

---

[1] Hier wird die Konvention durchbrochen, OSTWALD nannte $B, C, D, \ldots$ disperse *Phase*.

[2] Wo. OSTWALD kennzeichnet die Größe der dispergierten Substanz durch den Begriff Dispersitätsgrad, kleine Partikeln sind hochdispers, große Stücke niedrigdispers, es sind aber auch die Ausdrücke grobdispers, feindispers und sogar molekulardispers gebräuchlich, falls die Partikeln aus Molekülen bestehen.

Bei der Definition des Begriffes *Kolloid* ist insofern eine gewisse Willkür nicht zu vermeiden, als es keine Kriterien gibt, die die charakteristischen Merkmale scharf hervorheben und gegen benachbarte Begriffe abgrenzen. Die gebräuchlichste Definition ist aus der Größe hergeleitet. Danach wird als Kolloid ein Aggregat bezeichnet, welches *eine* lineare Dimension zwischen 1 und 200 mμ besitzt. Die untere Grenze fällt etwa mit den linearen Dimensionen normaler Moleküle zusammen, die obere mit der Grenze der Auflösbarkeit des Lichtmikroskops (etwa = der halben Wellenlänge des kurzwelligsten sichtbaren Lichts, vgl. § 27). Eine Übersicht über die bei materiellen Körpern auftretenden Dimensionen gibt Abb. 3.3. Es liegt in der Natur dieser Definition, daß die Grenzen fließend sind; so überschreiten viele noch als normal ange-

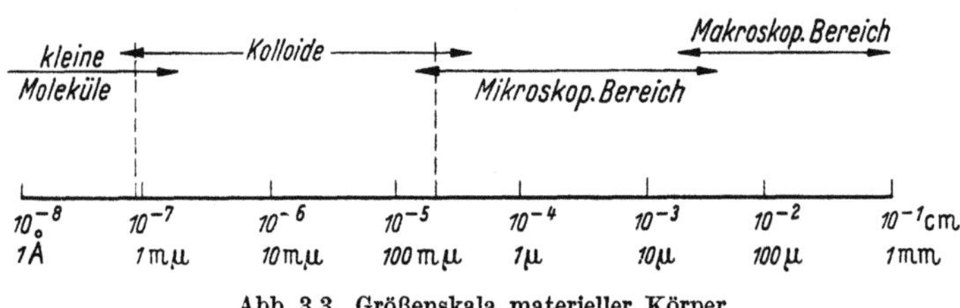

Abb. 3.3. Größenskala materieller Körper

sehenen Moleküle in ihrer Ausdehnung die Grenze von 1 mμ, andererseits zeigen größere Aggregate durchaus noch ein Verhalten wie es für Kolloide typisch ist.

Ganz allgemein ist die Verwendung einer Lineardimension als kennzeichnende Größe nicht sehr vorteilhaft; ist die Ausdehnung der Aggregate in allen drei Raumrichtungen ungefähr gleich, mag sie hingehen, ist aber eine Richtung bevorzugt, wie bei Film- und Fadenformen, so kann etwa die Länge eines Fadens mehr als 200 mμ, die Dicke jedoch weniger als 1 mμ betragen und keine der Dimensionen im kolloiden Gebiet liegen. STAUDINGER[1] hat deswegen vorgeschlagen, die Zahl der Atome, pro Aggregat zu benutzen, hiernach wäre ein Aggregat aus $10^3 \cdots 10^9$ Atomen als Kolloid zu bezeichnen.

Eine weitere Möglichkeit besteht darin, das Volumen der Aggregate zur Definition ihrer „Größe" zu verwenden. Bezieht man die lineare Dimension auf einen Würfel, so entsprechen die Kantenlängen von 1 mμ und 200 mμ Volumen von

$$1 \cdot 10^{-21} \text{ bis } 8 \cdot 10^{-15} \text{ cm}^3 \text{ (oder } 1 \text{ (m}\mu)^3 \text{ bis } 8 \cdot 10^6 \text{ (m}\mu)^3).$$

Diese Definition besitzt den Vorteil, daß sie von der Gestalt des kolloiden Aggregats unabhängig ist[2].

Die Materie befindet sich in *kolloidem Zustand*, wenn sie so fein dispergiert ist, daß die dabei entstandenen Körper unter den Begriff Kolloid fallen. Grundsätzlich kann jeder Stoff in den kolloiden Zustand

[1] STAUDINGER, H.: Organische Kolloidchemie, 3. Aufl. Braunschweig 1950.
[2] In § 10 u. 63 wird eine Definition des Kolloids gegeben, die sich auf statistisch thermodynamische Überlegungen stützt.

überführt werden (von WEIMARN, WO. OSTWALD). Er ist also ein allgemein möglicher Zustand.

Kolloide Systeme liegen immer dann vor, wenn in einem dispersen System die dispergierte Substanz der Definition des Kolloids gehorcht.

Unter *kolloiden Substanzen* werden solche verstanden, die von Natur aus Kolloide sind — wie z. B. die Makromoleküle — oder aber ohne äußeres Zutun in den kolloiden Zustand übergehen — wie z. B. die Assoziationskolloide.

Makromoleküle sind solche Aggregate, deren Atome untereinander (wie bei jedem Molekül) durch richtungsgebundene covalente Bindungen miteinander verknüpft sind und die eine solche Größe, Atomzahl, Volumen (oder thermodynamische Eigenschaften) besitzen, daß auf sie die gegebenen Definitionen des Kolloids zutreffen. Makromoleküle haben entweder eine Linearausdehnung zwischen 1 und 200 mμ oder $10^3 \cdots 10^9$ Atome pro Molekül oder ein Volumen von $10^{-21} — 8 \cdot 10^{-15}$ cm^3 (oder verhalten sich wie die in § 10 definierten Kolloide)[1]. Makromoleküle können aus ketten- oder fadenförmigen, netzförmigen, aber auch kompakten Gebilden bestehen.

Hochpolymere sind Makromoleküle, die aus einer einzigen Atomgruppierung, dem *Monomeren*, durch vielfach wiederholte Verknüpfung mit sich selbst entstanden sind. Die Polymerisation ist ein chemischer Vorgang (meist eine Polyaddition) und verläuft immer unter Neubildung von chemischen (covalenten) Bindungen (Beispiele siehe § 81). Als Hochpolymere werden auch Produkte aus Kondensationsreaktionen (Polykondensate) bezeichnet.

Weitere Begriffe, die im folgenden benutzt werden, aber nicht der Konvention entsprechen

Um einen Begriff für jegliche Art von räumlichen Anhäufungen oder Ansammlungen von Atomen, Ionen oder Molekülen, ungeachtet der zwischen ihnen bestehenden Bindungen, zu besitzen, soll hierfür das Wort *Aggregat* verwendet werden. Aggregate können auch echte Moleküle oder Ionenpaare sein.

Zum Unterschied davon soll der Begriff *Assoziat* nur solche Gebilde bezeichnen, die aus einer Anhäufung diskreter Moleküle (etwa durch Nebenvalenzwirkungen) entstanden sind.

Bestimmte Substanzen sind auf Grund ihres besonderen Molekülbaus in der Lage, freiwillig kolloide Assoziate zu bilden. Sie werden als *Assoziationskolloide* bezeichnet, da sie sich gegenüber anderen dadurch auszeichnen, daß sie sich im ungehemmten thermodynamischen Gleichgewicht befinden.

---

[1] Hauptvalenzbindungen, die wie z. B. bei der Ionenbindung des AgCl nicht an bestimmte Richtungen gebunden sind, führen nicht zu Molekülen definierter räumlicher Struktur, sondern zu gittermäßigen Anordnungen. Ein AgCl-Kristall wollen wir daher nicht als Makromolekül ansehen.

Dispersionskolloide[1] sind im Gegensatz zu kolloiden Substanzen solche Kolloide, die durch besondere Kunstgriffe und Maßnahmen in den kolloiden Zustand überführt worden sind. Sie sind thermodynamisch instabil und können sich, wenn auch vielfach sehr langsam, im Laufe der Zeit als makroskopische Phasen ausscheiden.

§ 4. Konventionelle Einteilungen der kolloiden Systeme

Da die meisten Einteilungen der dispersen bzw. kolloiden Systeme nur zwei oder drei gegensätzliche Eigenschaften herausstellen, ergeben sich meist nur einseitige Gesichtspunkte, die bei weitem nicht alle Merkmale erfassen. Obwohl vielfach Überschneidungen vorkommen, sind sie noch immer gebräuchlich und sollen deswegen hier angeführt werden.

Einteilung nach Aggregatzuständen

Eine gewisse Allgemeingültigkeit besitzt die Einteilung von dispergierter Substanz und Dispersionsmittel nach Aggregatzuständen nach Wo. Ostwald. Aus der Kombination der drei Aggregatzustände — fest, flüssig und gasförmig — des Dispersionsmittels mit jeweils drei Aggregatzuständen der dispergierten Substanz ergeben sich neun Möglichkeiten, die in der nachfolgenden Tabelle aufgeführt sind.

Tabelle 4.I

Dispersionsmittel	dispergierte Substanz	Bezeichnung	Vorkommen
gasförmig	gasförmig	—	nicht realisierb.
	flüssig	Aerosol	Nebel
	fest	„	Rauch, Staub
flüssig	gasförmig	Schaum	Schaum
	flüssig	Emulsion	nat. u. techn. Em.
	fest	(Dispersion)	die meisten koll. Systeme
fest	gasförmig	fester Schaum	Mineralien mit gasförmigen,
	flüssig	„	flüssigen,
	fest	feste Sole Vitreosole	festen Einschlüssen (Gläser, Legierungen)

Viele in der Tab. 4.I aufgeführten Systeme sind in der Natur weit verbreitet. Wenn man will, kann man sämtliche Makro- und Mikrostrukturen der realen Materie damit beschreiben, wenn auch meist komplizierte Ineinanderschachtelungen zu berücksichtigen sind, die jedoch in einer Analyse immer auf eines der angegebenen Systeme zurück-

---

[1] Diese sind identisch mit dem von Staudinger vorgeschlagenen Kennzeichen Dispersoide, aber auch mit dem schon länger bekannten Begriff der lyophoben Kolloide, vgl. w. u.

geführt werden können. Diese Einteilung versagt bei dem Versuch, Makromoleküle einzuordnen; wir können nicht angeben, in welchem Aggregatzustand sich ein Molekül befindet, da der Begriff des Aggregatzustandes im gebräuchlichen Sinne auf Moleküle selbst nicht anwendbar ist. (Es sei denn, wir sprächen vom molekularen Aggregatzustand, was zwar logisch, aber nicht üblich ist.) Eine Anwendung ist nur möglich, wenn wir uns auf solche dispergierten Substanzen beschränken, die keine Makromoleküle sind und die wir oben als Assoziations- und Dispersionskolloide bezeichnet haben.

Einteilung nach der Gestalt

Vom Standpunkt einer Morphologie kolloider Systeme ist die Gestalt das wichtigste Kennzeichen. So können je nach den Hauptmerkmalen eines geometrischen Körpers — Länge, Breite, Höhe — folgende Gestaltstypen unterschieden werden:

1. Sphärokolloide, globulare Kolloide, korpuskulare Kolloide (Abb. 4.1 a). Beschreiben wir die Gestalt durch drei Raumkoordinaten

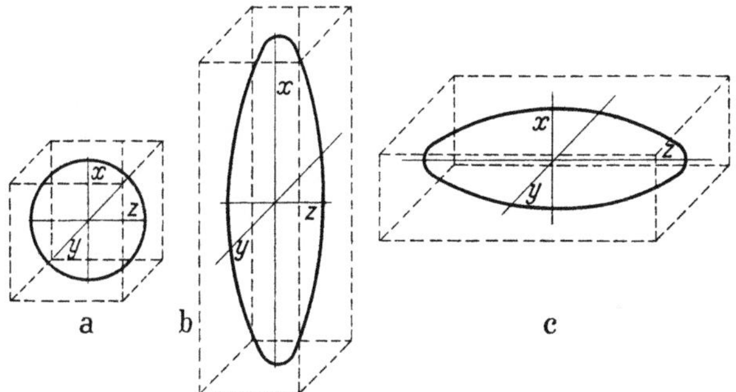

Abb. 4.1. Gestaltstypen. a) Kugel (Sphärokolloide), b) gestrecktes Ellipsoid (Linearkolloide), c) abgeplattetes Ellipsoid (Laminarkolloide) (im Schnitt in reguläre Körper eingezeichnet)

x, y, z entsprechend der Länge, Breite und Höhe im allgemeinen Sprachgebrauch, so sind hier alle drei Koordinaten gleich ($x = y = z$). Würfel und Kugel sind Prototypen dieser Klasse. Man nennt solche Gebilde *isometrisch* (isodimensional).

2. Linearkolloide, fibrillare Kolloide (Abb. 4.1 b). Ist eine Dimension x größer als die beiden anderen y und z, so kann ein Ellipsoid, ein Prisma oder Stäbchen entstehen; wird x sehr groß gegen y und z, entstehen Formen, wie die einer dünnen Stange oder eines Fadens.

3. Laminarkolloide (Abb. 4.1 c). Sind zwei Dimensionen y und z größer als die dritte x, so entsteht ein Ellipsoid von Scheibenform oder eine Platte, und wenn x sehr viel kleiner als y und z ist, eine Lamelle oder ein Film.

Die unter 2. und 3. aufgeführten Gestaltstypen werden wegen ihrer ungleichen räumlichen Dimensionen als *anisometrisch* (anisodimensional) bezeichnet.

Einteilung in anorganische und organische Kolloide

Eine Einteilung in anorganische und organische Kolloide mag für den Interessentenkreis dieser Gebiete nützlich sein, typisch kann sie kaum sein.

Lyophobe und lyophile Kolloide

Dieses von PERRIN[1] und FREUNDLICH[2] vorgeschlagene Einteilungsprinzip beruht auf der Eigenschaft mancher Kolloide, nur auf Umwegen in den kolloiden Zustand überführbar zu sein. Wenn sie es verabscheuen, in Lösung gebracht zu werden, bezeichnete man sie als *lyophob*. Andere, die ohne weiteres als solche in Lösung gehen, sind lösungsliebend und heißen daher *lyophil*. Der Name drückt aus, daß in einem Falle starke Wechselwirkungskräfte zwischen Kolloid und Dispersionsmittel auftreten, während sie im anderen Fall nicht vorhanden oder nur unbedeutend sind. Tatsächlich verbindet sich mit den beiden Begriffen eine große Zahl anderer gemeinsamer Merkmale, so die Empfindlichkeit gegen Elektrolyte, die Irreversibilität oder Reversibilität ihrer Zustandsänderungen, ihre thermodynamische Stabilität und in großen Zügen auch ihre Struktur und Bindungszustände. Anorganische Kolloide sind meist lyophob, organische Kolloide lyophil, doch gilt dies durchaus nicht allgemein. Während die Bezeichnung lyophobes Kolloid eine Klasse von kolloiden Systemen umreißt, die in ihrem Verhalten durchweg einheitlich ist, praktisch also keine Ausnahmen aufweist, sind die lyophilen Kolloide keine einheitliche Klasse, sondern müssen noch unterteilt werden. Assoziationskolloide und Makromoleküle sind beide lyophile Kolloide, die Ursache ihres Auftretens im kolloiden Zustand ist aber grundlegend voneinander verschieden.

Irreversible und reversible Kolloide

Nach H. R. KRUYT[3] kann man kolloide Systeme in irreversible und reversible Systeme einteilen, je nachdem, ob sich eine Kolloid irreversibel oder reversibel aus dem kolloiden Zustand abscheiden läßt oder nicht. Die Einteilung deckt sich im großen und ganzen mit der in lyophobe und lyophile Systeme, soll aber etwas anderes ausdrücken, nämlich ihre thermodynamische Stabilität oder Instabilität. Wie bei den vorhergehenden Einteilungsprinzipien sind aber die reversiblen Systeme nicht einheitlich, sondern müssen noch einmal unterteilt werden.

Dispersoide, Mizellar- und Molekülkolloide

Von STAUDINGER[4] wurde richtig erkannt, daß eine in sich homogene Klassifizierung am besten durch eine Dreiteilung der kolloiden Systeme vorgenommen werden kann. Der Begriff Dispersoid deckt sich mit dem von uns verwendeten Begriff, Dispersionskolloide[5]. Mizellarkolloide

---

[1] PERRIN, J.: loc. cit. S. 14. — [2] FREUNDLICH, H.: loc. cit. S. 14.
[3] KRUYT, H. R.: Colloid Science, Vol. I. Amsterdam 1952.
[4] STAUDINGER, H.: loc. cit.
[5] Unter Dispersoid kann man auch eine Substanz verstehen, die zwar fein verteilt ist, aber sich nicht im kolloiden Zustand befindet.

bezeichnen wir als Assoziationskolloide, um den Mißdeutungen des Begriffs der Mizelle nach NÄGELI aus dem Wege zu gehen. Daß Molekülkolloide und Makromoleküle identisch sind, versteht sich hingegen von selbst.

§ 5. Theorie kolloider Systeme (Systematik)

Die physikalischen Eigenschaften materieller Körper lassen sich im allgemeinen auf ihre stoffliche Zusammensetzung, ihre Masse oder ihr Volumen und ihre geometrischen Abmessungen zurückführen. In der Physik der Kontinua wird der betrachtete Körper als homogen angesehen, die feineren Züge seiner Struktur, wie etwa Bau und Anordnung der atomaren oder molekularen Bausteine aber außer acht gelassen. In der Molekularphysik werden diese hingegen in den Mittelpunkt der Betrachtung gestellt und versucht, das allgemeine Verhalten der Materie aus den Eigenschaften der Einzelbausteine herzuleiten. Beide Betrachtungsweisen müssen zum gleichen Ziel kommen, wenn die physikalischen Eigenschaften eindeutig durch die stoffliche Zusammensetzung bestimmt werden können, diese muß nur so definiert sein, daß sie auch einem eindeutigen physikalischen Zustand der Materie entspricht. Damit ist folgendes gemeint: Es genügt z. B. nicht, die chemische Formel eines reinen Stoffes oder die Formeln und die Mischungsverhältnisse eines Stoffgemisches anzugeben, zumindest muß der Aggregatzustand bekannt sein und — bei Stoffen, die in verschiedenen Modifikationen auftreten — auch noch die Art der Modifikation. Nun genügen bei Mischungen auch diese Angaben noch nicht, denn bereits zwei chemisch eindeutig definierbare Stoffe können in einer unendlich großen Mannigfaltigkeit miteinander vermischt werden. Für besondere Vorhaben, z. B. der thermodynamischen Behandlung, hat man sich mit verhältnismäßig einfach zu übersehenden Grenzfällen begnügt; nämlich der homogenen Mischung, in der sich verschiedene Moleküle von etwa gleicher Größe in statistischer Unordnung verteilen und die grobe heterogene Mischung, in welcher beide Stoffe in reinem Zustand räumlich voneinander getrennt sind[1]. Beispiele für homogene Mischungen sind: Gasmischungen, Lösungen eines Stoffes in einer Flüssigkeit oder in einem Festkörper. Beispiel für heterogene Systeme: Flüssigkeit in Gegenwart von Gas in einem abgeschlossenen Behälter, oder Benzol-Wasser, Eis-Wasser usw. Homogene Mischungen können als Kontinua angesehen werden, erfahren also in der Kontinuumsphysik die gleiche Behandlung wie reine Stoffe; in der Molekularphysik bereitet ihre Beschreibung durch die Anwendbarkeit statistischer Gesetze keine grundsätzlichen Schwierigkeiten. Physikalische

---

[1] Hier ist noch zu beachten, daß heterogene Systeme aus einer einzigen Molekülart bestehen können, die aber verschiedene Aggregatzustände besitzen (z. B. Eis/Wasser). Jeder Aggregatzustand entspricht einem besonderen „Stoff", so daß es zwar sinnvoll wäre, auch hier von verschiedenen Stoffen zu sprechen, doch hat sich in der Thermodynamik der Begriff der „Phase" eingebürgert, vgl. dazu die Definition in § 3.

Eigenschaften heterogener Mischungen werden meist nicht als Eigenschaften eines einheitlichen Systems beschrieben, sondern als solche seiner Einzelbestandteile, wobei allerdings zu beachten ist, daß die Stellen, wo die verschiedenen Stoffe oder Phasen aneinandergrenzen, Anlaß zu besonderen Phänomenen — wie etwa der Grenzflächenspannung — geben können.

Durch die Angabe „homogene" oder „heterogene" Mischung sind die betrachteten materiellen Körper so hinreichend definiert, daß ihre physikalischen Eigenschaften immer auf diese Zustände bezogen werden können (zumindest solange es sich um sog. thermodynamische Eigenschaften handelt). Liegen nun Mischungen vor, die diesen beiden Grenzfällen nicht mehr entsprechen, so bleibt nichts weiter übrig, als Angaben, die den gerade vorliegenden speziellen Mischungszustand beschreiben, zu machen. Hier kann nun auf die Vorstellung der Mischungen als *disperse* Systeme nach Wo. OSTWALD zurückgegriffen werden.

Durch die große Mannigfaltigkeit der Anordnungsmöglichkeiten bereits zweier Substanzen ist es nicht möglich, eine Systematik der Anordnungen völlig zu umgehen. Die Forderung nach einer Systematik muß immer auftreten, wenn es sich darum handelt, materielle Zustände, die morphologische Elemente enthalten, zu beschreiben (Beispiele: Kristallographie, Biologie). Wir wollen aber versuchen, die Systematik so einfach wie möglich zu gestalten, wenn ihr auch die Möglichkeit offen gehalten werden soll, im Bedarfsfall kompliziertere Fälle zu beschreiben.

Mischungen zweier oder mehrerer Substanzen lassen sich immer als disperses System auffassen, in welchem eine der Substanzen als Dispersionsmittel (Einbettungsmittel) dient, in welchem die anderen dispergiert sind.

Damit ist eine gewisse Willkür bei der Entscheidung, welcher Stoff Dispersionsmittel ist und welcher dispergierte Substanz, nicht ganz zu vermeiden. Meist wählt man den im Überschuß vorhandenen Stoff als Dispersionsmittel — wie bei Zerteilung von Gold in Wasser — oder aber den Stoff, der als kontinuierliches Medium auftritt und in sich zusammenhängt — kohärent ist. Bei Dispersionen diskreter Partikel ist die Wahl leicht, das sie umgebende Medium ist immer Dispersionsmittel; bei Systemen, in denen zwei Stoffe sich gegenseitig durchdringen und dabei vollständig zusammenhängen wie in netzartigen oder schwammigen Gebilden, die in Gelen und Kapillarsystemen auftreten, ist die Entscheidung nicht so einfach zu treffen.

Es ist daher zweckmäßig, zwischen *inkohärenten* und *kohärenten* dispersen Systemen zu unterscheiden. Bei den ersteren sind — wie in Abb. 5.1a schematisch dargestellt —, einzelne diskrete materielle Objekte (*A*), die nicht untereinander zusammenhängen, in einem zusammenhängenden Medium (*B*) eingebettet. Sie entsprechen dem Typ der Lösung und der Suspension. Wir bezeichnen sie allgemein als *Dispersionen*.

Bei den kohärenten Systemen hängt sowohl die dispergierte Substanz (*A*) als auch das Dispersionsmittel (*B*) zusammen, sie durchdringen sich gegenseitig wie Abb. 5.1b zeigt. Solche Systeme werden bei den Gelen gefunden. Es können weiterhin inkohärente disperse Systeme vom Typ der Abb. 5.1c auftreten, in denen grobe, nicht zusammenhängende Körper (C) durch mehr oder weniger feine Zwischenräume (K) getrennt sind (wie zum Beispiel bei einer Sandaufschüttung). Etwas Ähnliches gibt es auch bei kohärenten Systemen wie Abb. 5.1d zeigt, wo ein Fest-

körper wie von Hohlräumen durchzogen erscheint. Solche Systeme heißen nach MANE-GOLD[1] Kapillarsysteme. Der Typ der Abb. 5.1c entsteht aus Abb. 5.1a durch Wachstum der Partikeln und Verminderung der Dispersionsmittelmenge, ebenso Abb. 5.1d aus Abb. 5.1b durch Dickenwachstum der Strukturelemente. Wir wollen Systeme der Abb. 5.1c als *Pasten* und solche des Typs 5.1d als *Porenkörper* bezeichnen.

Eine bestimmte Menge eines reinen Stoffes A kann auf sehr verschiedene Art und Weise in einem reinen Stoff B verteilt werden. Wenige große oder viele kleine diskrete Einheiten von A können auftreten, welche

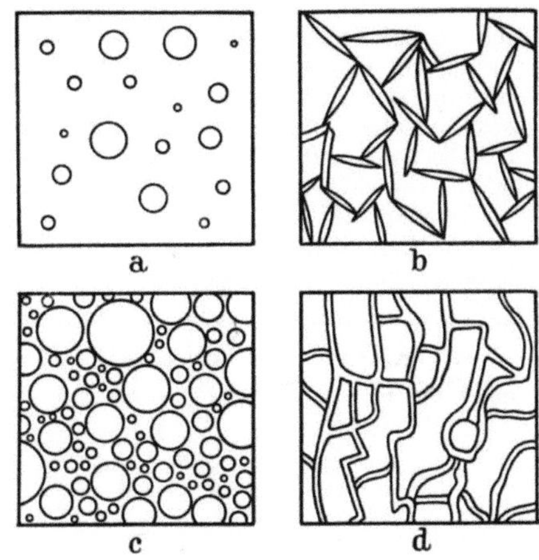

Abb. 5.1. Beispiele disperser Systeme (schematisch). a) inkohärentes System, verdünnt, b) kohärentes System, verdünnt, c) inkohärentes System, konzentr. (Paste), d) kohärentes System, konzentr. (Porenkörper)

verschiedene geometrische Formen annehmen (vgl. Abb. 3.1). Unter Umständen ist auch ihre Feinstruktur und damit auch ihre Dichte anders als im reinen makroskopischen Zustand. Zur Beschreibung des Systems ist darum anzugeben:

1. wie groß die *Zahl* der Einheiten ist,
2. welche geometrische *Form* sie besitzen,
3. wie groß ihre geometrischen *Abmessungen* sind und
4. welche *Feinstruktur* ihnen zukommt.

Die Angaben ihrer Massen oder Dichte sind in jedem Falle erforderlich[2].

Die Aufgabe der Beschreibung solcher Systeme wird etwas erleichtert, wenn wir sie zunächst so ordnen, daß wir eine Übersicht über die Bestimmungsstücke erhalten, die zur Kenntnis des zu beschreibenden Systems unbedingt notwendig sind.

---

[1] MANEGOLD, E.: Kapillarsysteme, Bd. I. Heidelberg 1955.

[2] Es sei von vornherein betont, daß nur in den seltensten Fällen sämtliche Angaben zu machen sind, zumeist muß man sich mit einen oder anderen oder mit angenäherten Angaben begnügen — zum Glück ist das aber für vieles ausreichend.

§ 6. Beziehungen zwischen Zahl, Volumen und geometrischen Abmessungen der dispergierten Substanz

Wir unterscheiden zunächst *monodisperse* und *polydisperse* Systeme (vgl. S. 34), je nachdem, ob die Einheiten der dispergierten Substanz einheitliche oder verschiedene Größen besitzen (vgl. dazu Abb. 6.1).

Mit der Angabe der „Größe" ist zunächst nicht viel gewonnen, denn wir müssen hinzusetzen, ob *eine* lineare Ausdehnung oder *mehrere* damit gemeint sind und um welche es sich handelt. Denn bei verschiedenen geometrischen Formen können wir in bezug auf die Größe zu verschiedenen Vorstellungen kommen. Im Sprachgebrauch hat sich leider die Angabe der „Größe" so eingebürgert, daß man ihr immer wieder begegnet. Meist wird ein mittlerer Partikeldurchmesser darunter verstanden und stillschweigend angenommen, daß es sich dabei um so etwas wie eine Kugel handelt. Zweckmäßiger wäre es, statt der Partikelgröße die Partikelmasse oder ihr Gewicht oder auch das Partikelvolumen als Kennzeichen einzuführen. In jedem Fall ist zu der Angabe,, monodispers" oder „polydispers" noch hinzuzufügen, auf was sich diese beziehen soll. Monodispers in bezug auf die Größe meint gleiche Partikeldurchmesser, monodispers in bezug auf das Volumen gleiche Partikelvolumen usw. Nur bei Makromolekülen ist die Angabe monodispers eindeutig; hierunter kann nur gleiches Molekulargewicht verstanden werden.

Diese Einteilung ist leider noch unzureichend. Wir müssen bedenken, daß ein bestimmtes Volumen oder eine bestimmte Lineardimension verschiedenen

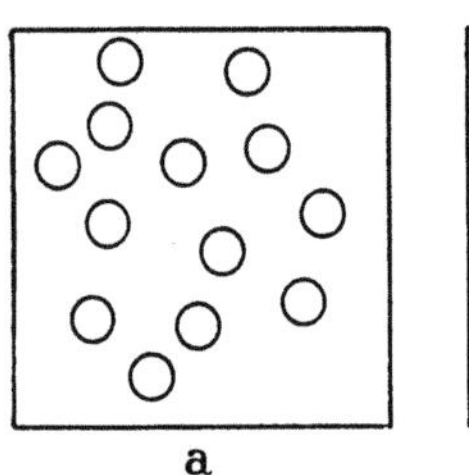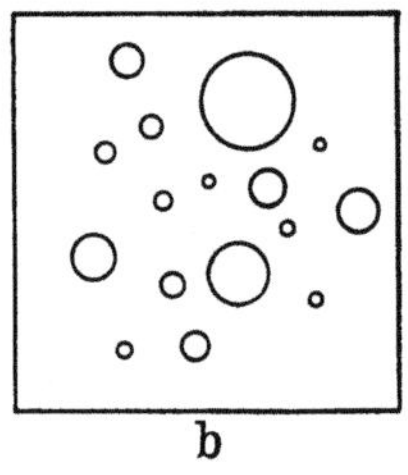

a   b

Abb. 6.1. Schema eines monodispersen (a) und eines polydispersen Systems (b)

geometrischen Formen eines Körpers entsprechen können. Wir können daraus eine Kugel oder Würfel, aber auch einen langgestreckten Zylinder oder eine dünne Scheibe formen. Daher ist es notwendig, zur Kennzeichnung noch zwei weitere Einteilungen vorzunehmen, je nachdem die dispergierte Substanz in einer einheitlichen *Gestalt* auftritt oder nicht. Im ersten Falle haben wir von *monoformen*, im zweiten von *polyformen* Systemen gesprochen. Notwendig ist, daß man bei der Aufstellung einer solchen Klassifizierung die Bezugsgröße der Dispersität festlegt. Obwohl von vornherein kein Grund dafür vorliegt, wollen wir uns in diesem Zusammenhang für die Dispersität in bezug auf das Volumen entscheiden. Um aber jede Verwechslung auszuschließen, wollen wir von volumenmonodispersen und von volumenpolydispersen Systemen sprechen[1].

Was nun die Beschreibung der Gestalt anbelangt, so müssen außer der Angabe der geometrischen Form oder bei Kristallen der Kristallklasse auch ihre Proportionen bzw. die Achsenverhältnisse der betreffenden geometrischen Form bekannt sein. Bei unregelmäßigen Körpern kommen noch die Achsenwinkel hinzu. Das Problem ist also dem sehr ähnlich, wie es bei der Beschreibung von Kristallen in der Kristallographie auftritt. Nun soll der Begriff „monoformes" System bedeuten, daß alle dispergierten Körper die gleiche geometrische Form und gleiche Propor-

---

[1] Es wäre zu empfehlen, wenn sich die Bezeichnungen größenmonodispers, volumenmonodispers und gewichtsmonodispers bzw. -polydispers einführen würden, damit in dieser Hinsicht keine Mißverständnisse entstehen.

tionen besitzen sollen (Beispiel: Prisma mit konstantem Achsenverhältnis). Körper gleicher Form, aber verschiedenen Proportionen, sollen als polyform angesehen werden (Beispiel: Prismen verschiedener Länge), ebenso wie Systeme verschiedener Form und gleicher Proportionen (Beispiel: Würfel und Kugel). Es ergeben sich somit folgende Kombinationsmöglichkeiten:

1. *Volumenmonodispers, monoform.* Die dispergierten Körper haben alle gleiches Volumen, gleiche geometrische Form und gleiche Proportionen (das System ist auch monodispers in bezug auf die Größe).

2. *Volumenmonodispers, polyform* (Abb. 6.2b). Partikeln haben gleiches Volumen, aber verschiedene Gestalt, d. h. entweder

I. verschiedene geometrische Form und verschiedene Proportionen, oder

II. gleiche geometrische Form und verschiedene Proportionen oder

III. verschiedene geometrische Form und gleiche Proportionen.

3. *Volumenpolydispers, monoform* (Abb. 6.2c). Partikeln haben verschiedene Volumen, aber gleiche geometrische Formen und Proportionen.

4. *Volumenpolydispers, polyform* (Abb. 6.2d). Partikeln haben verschiedene Volumen und verschiedene Gestalt, d. h. entweder

I. verschiedene geometrische Form und verschiedene Proportionen, oder

II. gleiche geometrische Formen und verschiedene Proportionen oder

III. verschiedene geometrische Form und gleiche Proportionen.

Die Frage lautet nun: Durch welche Bestimmungsstücke ist ein beliebiges disperses System hinsichtlich Zahl, Masse, Volumen und Gestalt eindeutig gekennzeichnet. Die Gesamtmenge, d. h. das Gesamtgewicht der dispergierten Substanz und des Dispersionsmittels können meist als bekannt vorausgesetzt oder analytisch bestimmt werden. Ebenso kann durch qualitative Beobachtungen sichergestellt werden, zu welcher der aufgeführten vier Gruppen das System gehört[1].

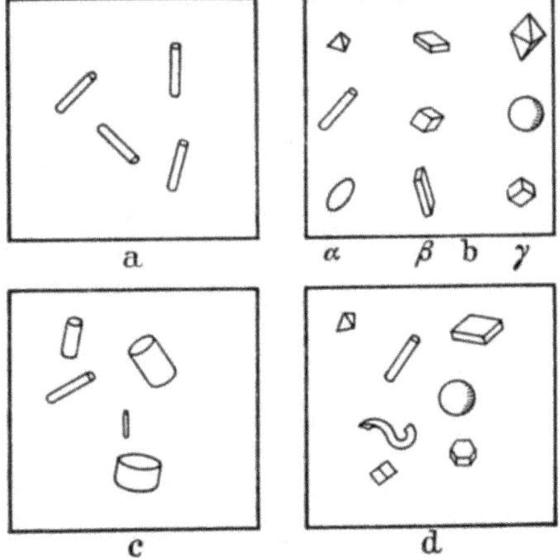

Abb. 6.2. Schema verschiedener Möglichkeiten bei Größe und Gestalt dispergierter Einheiten.
a) monodisperses, monoformes System, b) monodisperses, polyformes System, c) polydisperses, monoformes System, d) polydisperses, polyformes System.

Die Polyformität in b) kann sich beziehen auf α verschiedene Gestalt, verschiedene Achsenverhältnisse, β gleiche Gestalt, verschiedene Achsenverhältnisse, γ verschiedene Gestalt, gleiche Achsenverhältnisse

Zahl, Gewicht und Volumen sind jedes für sich eindeutig definierte Bestimmungsstücke; zur Kennzeichnung der Gestalt sind noch weitere Größen anzugeben.

---

[1] Dies kann eine wesentliche Aufgabe der kolloidchemischen Analyse sein, die nicht in allen Fällen einfach zu lösen ist. Es müssen z. B. zur Entscheidung, ob das System monodispers oder polydispers ist, vielfach mehrere Methoden zur Bestimmung des Partikelgewichts herangezogen werden, wobei eine ganz scharfe Aussage unter Umständen schwer zu machen ist.

Noch schwieriger ist es, experimentell eine Feststellung über einheitliche oder uneinheitliche Gestalt zu machen. Außer dem Elektronenmikroskop stehen für kolloide Systeme keine Methoden zur Verfügung, die die Gestalt *einzelner* materieller Einheiten zu ermitteln gestattet. Glücklicherweise sind aber gerade die Systeme mit uneinheitlicher Gestalt, wie durch mechanische Zerteilung grober Materie gewonnene Dispersionen, der elektronenmikroskopischen Beobachtung zugänglich. In anderen Fällen bestehen enge Zusammenhänge zwischen Gestalt und Struktur oder chemischer Konstitution (z. B. bei Fadenmolekülen).

Beschränken wir uns auf regelmäßige geometrische Formen, so genügt die Angabe der speziellen Form (Kristallklasse) dreier Achsen und zweier Winkel. (Unregelmäßige Formen sind der Beschreibung schwer zugänglich, für die Zwecke der Kolloidchemie genügt es in den meisten Fällen, diese Formen durch eine regelmäßige anzunähern.) Es sind also neben einer die Form aufbauenden Vorschrift — wie etwa einer Symmetrieklasse — maximal fünf Bestimmungsgrößen für die Gestalt anzugeben. D. h. zur Beschreibung einer einzigen Einheit der dispergierten Substanz sind sieben Maßzahlen und eine Vorschrift notwendig. Die Maßzahlen und Vorschriften sind bei polydispersen Systemen mit der Zahl der dispergierten Einheiten zu multiplizieren; dadurch wird eine so ungeheure Zahl von Bestimmungsstücken notwendig, daß ihre Ermittlung nicht mehr ohne weiteres möglich ist. In manchen Fällen bestehen jedoch zwischen den einzelnen Bestimmungsstücken Beziehungen, die ihre experimentell zu ermittelnde Zahl herabsetzt.

Das einfachste denkbare Beispiel möge das Gesagte erläutern: Es sei angenommen, daß ein volumenmonodisperses monoformes System vorliegt. Es seien nun: Z = Zahl der dispergierten Einheiten = Partikelzahl, v = Volumen der Einheit = Partikelvolumen, m = Partikelgewicht, d = Dichte. Beschränken wir uns auf geometrische Formen, die drei aufeinander senkrecht stehende Achsen besitzen, so läßt sich eine Beziehung zwischen dem Volumen v und den drei Achsen a, b, c angeben.

$$v = f(a, b, c). \tag{6.1}$$

Die Funktion $f(a, b, c)$ ist gleichzeitig die Aufbauvorschrift der speziellen geometrischen Form der Partikel (z. B. $v = a\,b\,c$ oder $v = 4\pi\,a^3/3$).

Zwischen m, v und d besteht die Gleichung

$$m = v \cdot d. \tag{6.2}$$

Da außerdem die Gesamtmenge m_g der dispergierten Substanz bekannt sein soll, gilt noch

$$m_g = Z \cdot m. \tag{6.3}$$

Mit V als Gesamtvolumen des Systems und der Gewichtskonzentration c_g erhält man

$$c_2 = \frac{Z}{V} = \frac{c_g}{m} = \frac{m_g}{m\,V}. \tag{6.4}$$

c_2 ist als Partikel- oder Teilchenkonzentration anzusehen. Außer den Funktion $f(\ )$ sind sieben unbekannte Größen zu ermitteln, diese Zahl vermindert sich wegen der drei zwischen ihnen bestehenden Beziehungen auf vier. Da nicht alle Parameter in allen Gleichungen vorkommen, können diese nicht beliebig gewählt werden. Ordnet man die in jeder Gleichung vorkommenden Parameter zu Gruppen, so ergibt sich folgendes Schema

m, Z	1	0	0
m, v, d	1	2	1
a, b, c, v	2	2	3.

Die in den senkrechten Reihen stehenden Zahlen geben die Zahl der Parameter an, die zu einer Gruppe von Bestimmungen gehören. Wird aus der ersten Parametergruppe eine Größe bestimmt, so braucht aus der zweiten Parametergruppe ebenfalls nur eine, aus der dritten Gruppe nur zwei Größen ermittelt zu werden. Wird aus der ersten Gruppe kein Parameter bestimmt, müssen aus der zweiten zwei und aus der dritten zwei bestimmt werden, usw. Die dann noch fehlenden drei Parameter können aus den Gl. (1) bis (3) berechnet werden.

Ist z. B. die Zahl der Partikeln eines kolloiden Systems bekannt, so erhalten wir sofort aus Gl. (3) ihr Gewicht m. Nun können entweder Volumen oder Dichte bestimmt werden, um aus Gl. (2) diese Größen auszurechnen. Von den Größen a, b, c müssen jetzt noch zwei bestimmt werden, die dritte kann durch Einsetzen von v in Gl. (1) errechnet werden.

Bei allen polyformen Systemen ist die Zahl der Bestimmungsstücke zu groß, als daß sich auch nur der Wunsch der Bestimmung lohnt. Hier begnügt man sich mit einer angenäherten Beschreibung, etwa indem man die Partikeln als Kugeln oder Ellipsoide oder ähnliches ansieht[1].

§ 7. Volumenpolydisperse monoforme Systeme

Da dieser Fall von besonderer Bedeutung gerade für kolloide Systeme ist, soll er etwas ausführlicher erörtert werden. Es handelt sich um ein System, wo Einheiten verschiedenen Volumens aber gleicher Gestalt auftreten. Hier ist die gesamte Substanzmenge m_g der Summe aller Einzelgewichte $m_1, m_2 \ldots m_i$ gleichzusetzen. Sind jeweils Z_1 Einheiten des Gewichtes m_1, Z_2 des Gewichts m_2 usw. vorhanden, so ist

$$m_g = Z_1 m_1 + Z_2 m_2 + \cdots Z_i m_i = \sum_1^i Z_i m_i. \tag{7.1}$$

Da i in den meisten Fällen eine große Zahl ist, könnte die Aufgabe der Bestimmung allein der Massen m_i und der Zahlen Z_i besonders bei

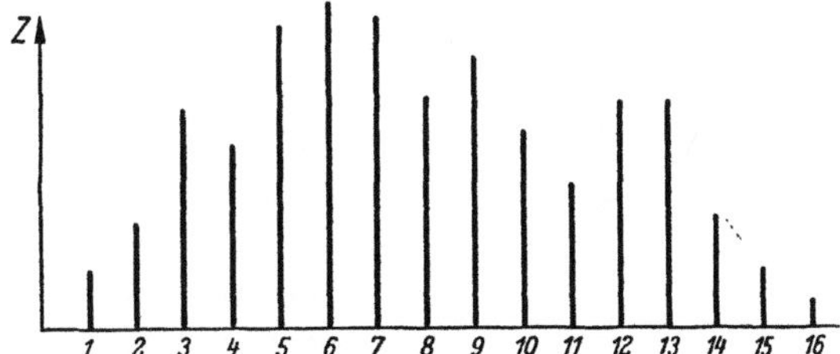

Abb. 7.1. Schema einer unstetigen Häufigkeitsverteilung. Z = Zahl der Partikeln. Die Zahlen der Abszisse geben die Zahl der Bausteineinheiten je Partikel (Atome, Atomgruppen, Ionen oder Moleküle) an. Die Masse m_i ändert sich um diskrete Beträge

kolloiden Systemen als ebenso unlösbar erscheinen wie im oben erörterten allgemeinen Fall des volumenpolydispersen polyformen Systems. Doch besteht hier eine Möglichkeit, die Kennzeichnung mit fast beliebiger Genauigkeit durch eine Näherungsmethode vorzunehmen, indem man darauf verzichtet, die Parameter jeder einzelnen Einheit zu kennen und sich mit den Mittelwerten des in Fraktionen eingeteilten Systems begnügt.

Da jeweils $Z_1, Z_2 \ldots Z_i$ Einheiten der dispergierten Substanz mit den Gewichten $m_1, m_2 \ldots m_i$ vorhanden sind, läßt sich Z als Funktion von m darstellen. Trägt man m als Abszisse und Z als Ordinate auf, wie in Abb. 7.1, so kann die Zahl der Einheiten mit bestimmten Gewichten m abgelesen werden. De facto ändert sich m nicht kontinuierlich, da die Masse eines Aggregats nur im diskreten Betrag veränderlich sein kann. (Zumindest um eine Atommasse, meist aber um Beträge der Massen

---

[1] Es läßt sich leicht ausrechnen, daß z. B. für volumenmonodisperse polyforme Systeme, in denen nur geometrische Körper mit rechtwinkligen Achsen auftreten, die Körper aber verschiedene geometrische Form und verschiedene Proportionen (Fall 2.III) besitzen, die Gesamtzahl der Bestimmungsstücke $= 2 + 3\,j\,k\,l\,m$ ist, wenn j die Zahl der Beziehungen zwischen dem Volumen und den Achsen a, b, c (Gl. (6.1)), k die Zahl der vorkommenden Achsen a, l die der Achsen b, m die der Achsen c sind.

größerer Atomgruppen.) Im Vergleich zum Gewicht der Partikeln sind diese Änderungen jedoch so klein, daß sie als infinitesimale Größen angesehen werden können. Es wird demnach kein größerer Fehler entstehen, wenn Z als stetige Funktion von m angesehen wird. Zweckmäßigerweise wird aber nicht Z, sondern der Anteil der Zahl der Einheiten bestimmten Gewichts an der Gesamtzahl als abhängige Größe angesehen.

Wenn Z_k die Zahl der Partikeln der Sorte k ist, so ist der Anteil an der Gesamtzahl $Z_k \Big/ \sum_1^i Z_i$, wenn $\sum_1^i Z_i$ die Gesamtzahl ist. Dieser Ausdruck wird auch als Häufigkeit der Partikeln der Sorte k bezeichnet, seine graphische Darstellung in Abhängigkeit von Partikelgewicht, für die Abb. 7.2 a ein Beispiel gibt, nennt man Häufigkeitsverteilungsfunktion (aber auch Größenverteilungsfunktion).

Vielfach wird lieber die hieraus durch Integration (oder Summierung) gewonnene Kurve zur Darstellung des Systems benutzt. Als Abszisse wird wieder, wie in Abb. 7.2 a, m_i, als Ordinate die Summe aller Partikeln der Sorten $1 \cdots k$ $\left(= \sum_1^k Z_k\right)$ im Verhältnis zur Gesamtzahl, also $\sum_1^k Z_k \Big/ \sum_1^i Z_i$ aufgetragen. Sie heißt Häufigkeitssummenlinie oder auch nur einfach Summenlinie.

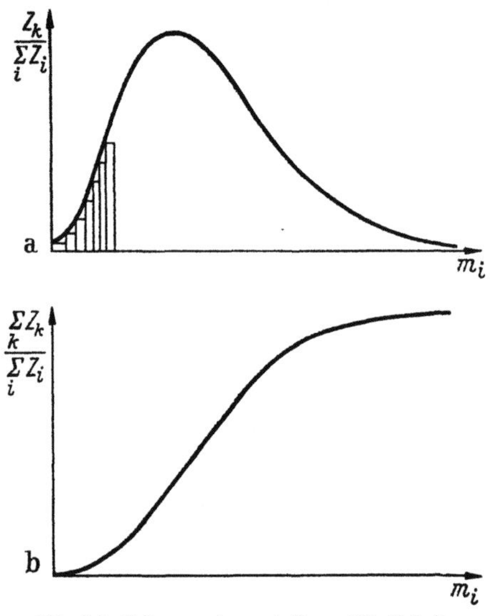

Abb. 7.2. Schema einer stetigen Häufigkeitsverteilung. a) Differentielle Verteilungsfunktion, b) Integrale Verteilungsfunktion (Summenlinie), Abszisse: Partikelmasse (vgl. Text)

In gleicher Weise wie Z kann auch das Produkt $Z \cdot m$ als Funktion von m dargestellt werden. Wird $Z\,m$ durch die Gesamtmasse $\sum_1^i Z_i\, m_i$ der dispergierten Substane dividiert, erhält man

$$\frac{Z_k\, m_k}{\sum_l^i Z_i\, m_i} \; (= \mathrm{m}_{\varrho_i})\,,$$

das als Massenanteil oder Gewichtsanteil angesehen werden kann[1].

Wenn es gelingt, eine der in Abb. 7.2 a bzw. 7.2 b dargestellten Funktionen experimentell zu ermitteln, ist damit das volumenpolydisperse monoforme System zur Genüge gekennzeichnet. In vielen Fällen ist es in

---

[1] Bei bekannter Dichte kann selbstverständlich auch das Volumen und bei bekannter Gestalt eine der Lineardimensionen als unabhängige Variable gewählt werden.

der Tat möglich, solche Systeme durch geeignete Methoden in Fraktionen
verschiedenen Partikelgewichts aufzuteilen (etwa durch fraktionierte
Ausfällung, durch Sedimentation usw. vgl. hierzu § 33, 34, 38). Jede
einzelne dieser Fraktionen enthält dann eine Anzahl Partikeln mit den
Gewichten zwischen m_k und $m_k + \Delta m_k$; also etwa die erste Fraktion Z_1
Partikeln mit $1 \cdots 10$ Masseneinheiten, die zweite Z_2 mit $10 \cdots 20$, die
dritte Z_3 mit $20 \cdots 30$ usw. Masseneinheiten. Durch Division jeder
Größe Z durch die Gesamtzahl erhält man die Häufigkeit. Setzt man
nun Rechtecke von der Höhe der Häufigkeit und der Breite Δm_k (in
unserem Beispiel zehn Masseneinheiten) zusammen, ergibt sich eine
stufenweise Annäherung der Häufigkeitskurve, so wie es Abb. 7.2a demonstriert. Diese wird natürlich um so genauer angenähert, je enger die
Fraktionen sind.

Ist die Fraktionierung indes nicht möglich, erhält man bei der experimentellen Bestimmung etwa des Partikelgewichtes aus der Partikelzahl
und der Gesamtmasse nach Gl. (6.3) nur Mittelwerte. Diese sind zur
Kennzeichnung oft ausreichend, geben aber auch häufig zu schweren
Irrtümern Veranlassung, da einem Mittelwert durch eine unendlich
große Zahl von Verteilungsfunktionen entsprochen werden kann. Die
Bestimmung einer Häufigkeitsverteilung ist daher vorzuziehen.

Mittelwerte von Partikelgewichten oder „-größen" unterscheiden
sich, je nachdem sie experimentell unmittelbar oder mittelbar bestimmt
worden sind. Man erhält nämlich andere Werte, wenn man etwa die
Einzelmasse m_k durch Messung eines physikalisch-chemischen Effektes,
der m_k proportional ist, *bestimmt*, als wenn man sie etwa aus der Zahl Z
und dem Gesamtgewicht nach Gl. (6.3) *errechnet*. Noch wieder andere
Meßwerte erhält man aus den Meßeffekten, die etwa m_k^2 oder m_k^3 proportional sind, obwohl sich solche Mittelwerte auch noch eindeutig definieren und berechnen lassen.

Wird z. B. durch direkte Auszählung oder durch Bestimmung des
osmotischen Drucks (§ 19, 35) die Gesamtzahl aller Partikeln eines polydispersen Systems in der Volumeneinheit ermittelt, so liefert diese mit
Gln. (6.3) und (7.1) folgenden Mittelwert

$$\overline{m}_N = \frac{m_g}{Z} = \frac{m_g}{\sum\limits_{1}^{i} Z_i} = \frac{\sum\limits_{1}^{i} Z_i\, m_i}{\sum\limits_{1}^{i} Z_i}. \tag{7.2}$$

Man nennt ihn *Zahlenmittelwert* der Partikelmasse.

Bei der Bestimmung von m durch bestimmte physikalische Methoden,
wie etwa der Lichtstreuung, erhält man einen physikalischen Effekt,
der m und der Gewichtskonzentration c_g proportional ist. (Als Gewichtskonzentration wird das Gewicht der dispergierten Substanz pro Volumeneinheit des Systems Gramm/cm³ definiert.) Es ist also

$$c_{g\,i} = Z_i\, m_i. \tag{7.3}$$

Wenn Q der gemessene Effekt und K eine Proportionalitätskonstante bedeutet, erhält man

$$Q = K\,(c_{g1}\,m_1 + c_{g2}\,m_2 + \cdots c_{gi}\,m_i) = K \sum_1^i c_{gi}\,m_i. \qquad (7.4)$$

Mit $\overline{m}_w$ als wirksamem Mittelwert der Einzelmassen gilt

$$Q = K\,\overline{m}_w \sum_1^i c_{gi}. \qquad (7.5)$$

Aus den beiden Gleichungen erhält man unter Berücksichtigung von Gl. (3)

$$\overline{m}_w = \frac{\sum\limits_1^i c_{gi}\,m_i}{\sum\limits_1^i c_{gi}} = \frac{\sum\limits_1^i Z_i\,m_i^2}{\sum\limits_1^i Z_i\,m_i}. \qquad (7.6)$$

$\overline{m}_w$ ist der sog. *Gewichtsmittelwert* der Partikelmasse.

Es können noch andere Mittelwerte vorkommen; dies hängt vom Exponenten der Größe m_i ab. Wenn ein Meßeffekt dem Quadrat der Masse und der Konzentration proportional ist, erhält man

$$\overline{m}_Z = \frac{\sum\limits_1^i c_{gi}\,m_i^2}{\sum\limits_1^i c_g\,m_i} = \frac{\sum\limits_1^i Z_i\,m_i^3}{\sum\limits_1^f Z_i\,m_i^2}. \qquad (7.7)$$

Diese Größe wird als Z-Mittelwert bezeichnet. Allgemein gilt

$$\left[\frac{\sum\limits_1^i Z_i\,m_i^{(1+a)}}{\sum\limits_1^i Z_i\,m_i}\right]^{\frac{1}{a}}$$

Bei $\overline{m}_N$ tragen große und kleine Einheiten des Systems im gleichen Maße zum Mittelwert bei; bei $\overline{m}_w$ fallen hingegen große Einheiten weit mehr als kleine ins Gewicht. $\overline{m}_N$ und $\overline{m}_w$ fallen bei monodispersen Systemen zusammen, wovon man sich mit Hilfe der Gln. (2) und (6) leicht überzeugen kann; bei polydispersen Systemen ist $\overline{m}_w$ aus den eben erwähnten Gründen größer als $\overline{m}_N$*.

Bei einigen Auswertungsmethoden zur Bestimmung der Polydispersität bedient man sich zur Definition des Mittelwerts gern der Integralform. Nach Gl. (7.3) kann gesetzt werden

$$dc_{gi} = m_i\,dZ_i = \frac{m_i\,N_L}{N_L}\,dZ_i = M_i\,dn_i, \qquad (7.8)$$

wenn das Gesamtvolumen konstant bleibt. Die Multiplikation von m_i mit der Loschmidtschen Zahl N_L gibt die Größe M_i ausgedrückt in Gramm-Molen, die wir allgemein als *Partikelmolgewicht* bezeichnen

---

* Über die Versuche, aus der Relation von $\overline{m}_w$ zu $\overline{m}_N$ Schlüsse über die Größenverteilung zu ziehen, sowie über weitere Beziehungen dieser Größen siehe § 38.

wollen. Bei Makromolekülen fällt sie mit dem echten Molekulargewicht zusammen. Gl. (7.2) kann dann in der Form

$$N_L \, \overline{m}_N = \overline{M}_N = \frac{\int\limits_0^\infty d\,c_g}{\int\limits_0^\infty \frac{dc_g}{M_i}} \tag{7.9}$$

geschrieben werden. Für (7.6) erhält man in gleicher Weise

$$\overline{M}_w = \frac{\int\limits_0^\infty M_i \, dc_g}{\int\limits_0^\infty dc_g} \tag{7.10}$$

und für

$$\overline{M}_z = \frac{\int\limits_0^\infty M_i^2 \, dc_g}{\int\limits_0^\infty M_i \, dc_g} \; . \tag{7.11}$$

Was die Beschreibung volumenpolydisperser polyformer Systeme anbelangt, ist bereits oben das Entsprechende gesagt worden. Es treten allerdings bei diesen Systemen zwei Fälle auf, die bei kolloiden Systemen häufig anzutreffen und von Bedeutung sind. Es gibt nämlich volumenpolydisperse Systeme aus stäbchen- oder blättchenförmigen Partikeln, die zwar alle die gleiche geometrische Form besitzen, deren Proportionen sich jedoch mit dem Partikelvolumen ändern, wobei entweder eine oder zwei geometrische Dimensionen konstant bleiben. Wenn z. B. bei einem zylindrischen Stäbchen das Volumen nur dadurch geändert werden kann, daß es sich der Länge nach ausdehnt, so ist die Länge die einzig veränderliche geometrische Variable. Nach der von uns gewählten Einteilung wäre das aber gleichbedeutend mit einer Gestaltsänderung. Das gleiche gilt für den Fall des Blättchens, in welchem die Dicke konstant bleibt und etwa der Radius als einzige Dimension veränderlich ist, oder für Rotationsellipsoide, deren Achsenverhältnis auch bei einer Volumenänderung konstant bleibt. Das Volumen dieser Körper läßt sich mit nur einer einzigen geometrischen Variablen — Länge, Radius oder einer Achse des Ellipsoids — beschreiben, eine Eigenschaft, die an sich nur bei monoformen Systemen auftritt. Das erlaubt, sie formell als volumenpolydisperse monoforme Systeme zu behandeln.

Für Fadenmoleküle, die wegen ihrer kettenartigen Struktur eine gewisse innere Beweglichkeit besitzen, und der wahrscheinlichsten zufälligen Anordnung entsprechende Knäuel ausbilden können, gilt zunächst das gleiche wie für starre Stäbchen. Nur müssen hier Beziehungen zwischen dem vom Faden eingenommenen Volumen und seiner Länge berücksichtigt werden, die von energetischen Einflüssen abhängig sind.

§ 8. Grenzfläche der dispergierten Substanz

Solange der Begriff der Grenzfläche in dispersen Systemen anwendbar ist, ist es auch sinnvoll, Angaben über die Größe der Grenzfläche zu machen. Bei sehr kleinen Partikeln indes, welche selbst Diskontinuitäten von der Größenordnung der Dispersionsmittelmoleküle besitzen — z. B. bei dünnen Stäbchen, Blättchen, Spiralen usw. mit Dicken einiger Atomradien — kann die Vorstellung von begrenzenden Flächen seinen Sinn verlieren. Dispersionsmittel und dispergierte Substanz durchdringen sich dabei je nach ihrer molekularen Struktur, so daß man am ehesten noch von einer Grenzschicht sprechen kann, deren flächenhafte Ausdehnung aber auch nicht groß gegen ihre Dicke ist und deren Dicke unter Umständen bis zur gleichen Größenordnung wie die lineare Ausdehnung der dispergierten Substanz absinken kann.

In den Fällen, wo die Vorstellung der Grenzfläche sinnvoll ist, bereitet es keine Schwierigkeiten, Angaben über die Größe der Grenzfläche zu machen, vor allem, wenn die geometrische Form der dispergierten Substanz bekannt ist. Das Ganze ist dann eine elementare Aufgabe der Geometrie.

Für viele Zwecke ist der von Wo. Ostwald[1] eingeführte Begriff der spezifischen Grenzfläche (Oberfläche) nützlich. Sie ist als das Verhältnis von Grenzfläche zu Volumen eines Körpers definiert, es gilt

$$O_{sp} = \frac{O_i}{V_i}.$$

Bedenkt man, daß die Oberfläche jeden Körpers eine eindeutige Funktion seines Volumens ist, so ist der Ausdruck für O_{sp} einfacher geometrischer Körper gleichzeitig charakteristisch für deren Gestalt. Es gilt, wie leicht einzusehen ist, z. B. für die Kugel $O_{sp} = 3/r$, für den Würfel $O_{sp} = 6/a$, Zylinder $O_{sp} = 2\,[(1/r) + (1/h)]$, rechteckiges Prisma $O_{sp} = 2\,[(1/a) + (1/b) + (1/c)]$ usw. Die spezifische Grenzfläche nimmt mit abnehmenden Lineardimensionen eines Körpers zu, was auch aus diesen Beziehungen hervorgeht. Von Wo. Ostwald ist sie vielfach als charakteristisches Kennzeichen des Zerteilungszustandes (Dispersitätsgrad) disperser Systeme benutzt worden. Wie sich die spezifische Grenzfläche bei der Zerteilung eines Würfels von 1 cm Kantenlänge ändert, veranschaulicht die nachfolgende Tab. 8.I, die von Wo. Ostwald herrührt.

Tabelle 8.I

Kantenlänge des Würfels	O_i/V_i
1 cm	6 cm²
10^{-1} „	$6 \cdot 10^{-1}$ „
10^{-2} „	$6 \cdot 10^{-2}$ „
10^{-3} „	$6 \cdot 10^{-3}$ „
10^{-4} „ $= 1\mu$	$6 \cdot 10^{-4}$ „
10^{-5} „	$6 \cdot 10^{-5}$ „
10^{-6} „	$6 \cdot 10^{-6}$ „
10^{-7} „ $= 1\,m\mu$	$6 \cdot 10^{-7}$ „ $= 6000\,m^3$

Bei allen Diskussionen der Grenzfläche ist zu beachten, daß bei kleineren Partikeln nicht nur die Wirkungen der Begrenzungsflächen des Körpers, sondern auch die der Begrenzungskanten und -ecken eine Rolle zu spielen beginnen. Auf Abb. 8.1 ist leicht zu erkennen, daß die von den in den Kanten und Ecken liegenden Atomen eines Kristalls ausge-

---

[1] Ostwald, Wo.: Grundriß der Kolloidchemie. 1. Aufl. Dresden 1909.

henden Kraftwirkungen anders sein müssen als die, der in der Grenzfläche selbst liegenden Atome. Die Zahl der je Volumeneinheit in den
Kanten und Ecken liegenden Atome nimmt mit abnehmender Größe der
Partikeln natürlich in ähnlicher Weise zu wie die spezifische Grenzfläche.
Reale Kristalle besitzen darüber hinaus auch keine „glatten" Oberflächen, Kanten und Ecken, wie es der Kristallgeometrie entsprechen
sollte, sondern sind durchsetzt von Fehlern, Löchern, Aufwachsungen
usw. (vgl. dazu § 46). Eine geometrische Systematik mit dem Ziel, die
Wirkungen der Grenzflächen usw. mit Hilfe von Modellen quantitativ zu
berechnen, scheint daher wenig Sinn zu haben.

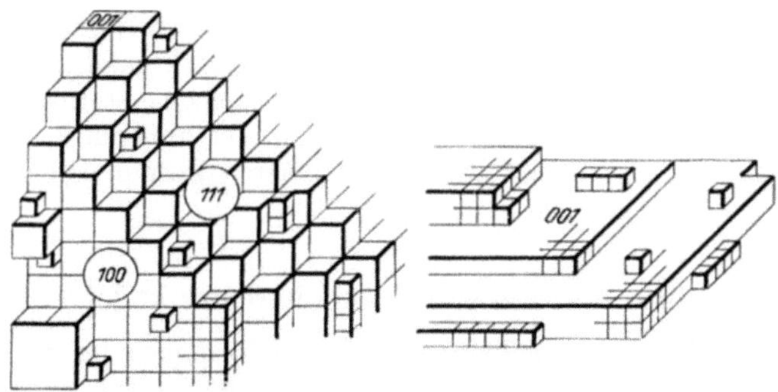

Abb. 8.1. Schematische Darstellung der Oberflächenstruktur eines Realkristalls. Durch Bildung von
Treppen und Aufwachsungen ist die Zahl der in den Kanten und Ecken liegenden Atome **viel größer**
als bei einem Idealkristall. Nach JIRGENSONS-STRAUMANIS, (loc. cit.) S. 70

§ 9. Feinstruktur disperser Systeme

Die Beschreibung eines dispersen Systems wäre nicht vollständig,
wenn nicht Genaueres über die Feinstruktur seiner Bauelemente ausgesagt werden könnte.

Unter Feinstruktur soll zur Unterscheidung vom Begriff der eigentlichen Struktur des Systems selbst — worunter z. B. Kohärenz oder
Inkohärenz der dispergierten Substanz zu verstehen wäre — der feinere
Aufbau der dispergierten Partikeln, der Bauelemente eines Gelgerüstes
usw. verstanden werden. Bei den Makromolekülen sind wesentliche
Züge der Feinstruktur bereits mit ihrer räumlichen Konstitutionsformel
vorgegeben. Das ist nicht immer eine Vereinfachung, denn bei komplizierteren Molekülen, wie etwa den Proteinen, ist die Konstitution überaus schwer zu ermitteln. Nur bei einfacheren Makromolekülen, wie den
Polymeren, ist sie genauer bekannt. Andererseits ist die Kenntnis der
Konstitutionsformel allein noch nicht ausreichend, da die räumliche
Anordnung des Makromoleküls in kohärentem oder inkohärentem dispergierten Zustand von äußeren Bedingungen wie von der Art des Lösungsmittels, von Fremdzusätzen, von der Konzentration usw. abhängen
kann. Die Bestimmung solcher räumlicher Konfigurationen ist eine
wichtige Aufgabe der Kolloidchemie.

Bei Dispersions- und Assoziationskolloiden ist die Frage nach dem
Feinbau identisch mit der Frage nach dem Ordnungszustand ihrer Bau-

steine; sind sie zu Kristallgittern angeordnet, ist ihre Struktur durch Röntgenanalyse grundsätzlich festzustellen; größere Schwierigkeiten entstehen, wenn keine hochgeordneten Zustände, sondern Zwischenformen wie flüssige Kristalle, teilweise Orientierungen usw. auftreten. Am leichtesten ist die Strukturfrage zu lösen, wenn die dispergierte Substanz gasförmig oder flüssig ist; die Unordnung, die mit diesen Aggregatzuständen verbunden ist, bleibt auch bei der Dispergierung erhalten und braucht nicht weiter diskutiert zu werden.

Natürlich bestehen enge Zusammenhänge zwischen Struktur und Gestalt, Struktur und Grenzfläche und in gewissen Fällen auch zwischen Struktur und Größe der Partikeln. Der Gittertyp der Kristalle bestimmt vielfach ihre Tracht (Stäbchen, Blättchen, Würfel usw.) und damit auch die Ausbildung der speziellen Grenzfläche. Das Makromolekül bestimmter chemischer Konstitution andererseits hat auch eine bestimmte Größe. Doch machen sich hier so starke Einflüsse der äußeren Bedingungen bemerkbar, daß die Suche nach allgemeineren Zusammenhängen fast aussichtslos ist.

§ 10. Definition und Einteilung inkohärenter kolloider Systeme

Da unser Interesse nicht den dispersen Systemen im allgemeinen, sondern den kolloiden Systemen gilt und bisher noch keine sie betreffende Definition gegeben wurde, müssen wir an dieser Stelle eine solche versuchen. Obwohl wir dabei etwas vorwegnehmen, was erst bei der Diskussion der thermodynamischen Zustandsbedingungen eingehender begründet werden kann (vgl. § 63), ist zu betonen, daß eine Abgrenzung des Gebiets der kolloiden Systeme nicht scharf sein kann, sondern fließend ist und eine *subjektive* Beurteilung einschließt.

Gegenüber dem homogenen System der „Einphasen"-Mischung wollen wir solche Systeme als „kolloide Systeme" bezeichnen, bei denen das Volumen und/oder die Gestalt der dispergierten Substanz *merkbare* Abweichungen gegenüber dem Verhalten der idealen, simplen oder regulären Mischung (vgl. Thermodynamik § 19) bedingen, die mit zunehmendem Volumen und/oder wachsender Gestaltsasymmetrie ebenfalls zunehmen.

Die Grenze gegenüber dem grobdispersen heterogenen System ist dadurch gegeben, daß die Wirkungen der Grenzflächen im Rahmen des Gesamtverhaltens — nicht für sich allein betrachtet (!) — *merkbare* Unterschiede hervorrufen und das System eine Mischungsentropie besitzt (vgl. § 6), die von Null verschieden ist. Systeme mit Grenzflächenwirkungen *ohne* Mischungsentropie sollen nicht als kolloide Systeme angesehen werden, sie sind Gegenstand der Grenzflächenchemie[1].

Für Mischungen mit flüssigem Dispersionsmittel würde diese Definition fordern, daß nur solche dispersen Systeme als kolloid betrachtet

---

[1] Vgl. dazu J. J. Bikerman: Surface Chemistry, 2. Ed. New York 1958; K. L. Wolf: Physik und Chemie der Grenzflächen. Bd. I. Berlin. Göttingen. Heidelberg 1957; W. D. Harkins: The Physical Chemistry of Surface Films, New York 1952; S. J. Gregg: The Surface Chemistry of Solids. New York 1951.

werden können, die überhaupt einen merklichen osmotischen Druck (oder Quellungsdruck) besitzen, der aber bei endlichen Konzentrationen niemals dem VAN'T HOFFschen Gesetz für ideal verdünnte Lösungen gehorchen dürfte (vgl. hierzu § 22).

Diese Abgrenzung fällt praktisch mit den konventionellen Grenzen entsprechend der Teilchengröße, Zahl der Atome pro Teilchen oder Teilchenvolumen zusammen, was letzten Endes daran liegt, daß sie auch nur der Inhalt einer Erfahrungstatsache ist (vgl. § 3).

In der Thermodynamik hat es sich als zweckmäßig herausgestellt, zwischen Systemen mit reagierenden und solchen mit nichtreagierenden Komponenten zu unterscheiden. Da die Veränderung disperser Systeme nicht in allen Fällen durch *chemische* Umsetzungen vor sich geht, würden solche Unterscheidungsmerkmale hier Mißverständnisse hervorrufen. In der physikalischen Chemie ist die Einheit das Molekül, hier die (kolloide) Partikel. Um aber die Unveränderlichkeit kolloider Systeme irgendwie zu kennzeichnen, müssen wir einen neuen Begriff einführen, wir wählen dazu den der *Dispersionsvariabilität*. Ein dispersionsinvariables System entspricht einem nicht reagierenden System der allgemeinen physikalischen Chemie. In einem solchen System erleiden die betrachteten Zustandsgrößen der kolloiden Partikeln, wie Volumen, Masse, Gestalt, Grenzfläche und Struktur keine Veränderungen[1]. Die Partikeln sollen sich somit von selbständigen Individuen, wie sie etwa die Moleküle darstellen, grundsätzlich nicht unterscheiden.

Im Gegensatz dazu sollen dispersionsvariable Systeme dem allgemeinen physikalischen System analog sein, in welchem chemische Reaktionen vorkommen können. Hier können also die Einheiten der dispergierten Substanz Veränderungen ihrer Parameter erleiden.

Damit ist die Einteilung unseres Stoffes gegeben; an den dispersionsinvariablen Systemen können wir alle physikalischen Eigenschaften studieren, sie bilden den ersten Teil des Buches. Wir brauchen dabei nicht auf den besonderen Charakter des Kolloids Rücksicht zu nehmen. Anders ist es bei der Behandlung der dispersionsvariablen Systeme, die im zweiten Teil des Buches behandelt werden und wo jede einzelne der drei Klassen, Dispersionskolloide, Assoziationskolloide und Makromoleküle für sich erörtert werden muß.

II. Physikalische Eigenschaften
(Inkohärente Systeme)

§ 11. Kinetische Erscheinungen

Alle Arten von Partikeln stellen „kinetische Einheiten" dar[2]. Hierunter wird ihre Fähigkeit verstanden, sich nur als Ganzes im Raum bewegen zu können; täten sie es nicht, müßten sie auseinanderfallen.

---

[1] Lange Fadenmoleküle können in Form von Knäueln oder gestreckten Fäden auftreten. Knäuelung und Streckungen sollen aber nicht als Zustandsänderung angesehen werden.

[2] Vgl. H. R. KRUYT: Colloid Science, Vol. I. Amsterdam 1952.

Mit der Bewegung der kinetischen Einheiten inkohärenter kolloider Systeme hängt nun eine große Zahl physikalischer Vorgänge zusammen, die als kinetische Erscheinungen bezeichnet werden. Sie umfassen Translations- und Rotationsbewegungen, die sowohl frei als auch erzwungen — d. h. durch äußere Kräfte hervorgerufen — sein können.

§ 12. Brownsche Bewegung

Wie schon in § 2 erwähnt, kann man bereits im gewöhnlichen Mikroskop erkennen, daß sich in einer Flüssigkeit suspendierte Teilchen (z. B. verdünnte Milch) heftig bewegen, und zwar um so stärker, je kleiner sie sind. Diese Brownsche Bewegung[1] läßt sich bei kolloiden Dispersionen besonders gut verfolgen, wenn dazu das Ultramikroskop benutzt wird. In ihm erkennt man schnell hin und her tanzende Lichtpünktchen, die einen lebhaften Reigen aufführen. Da die Brownsche Bewegung unabhängig vom Aggregatzustand des Dispersionsmittels und der dispergierten Substanz ist, nicht durch äußere Kraftfelder hervorgerufen wird, nichts mit elektrischen Vorgängen zu tun hat und sich auch mit der Zeit nicht verändert[2], haben Einstein[3] und von Smoluchowski[4] die allgemeine Wärmebewegung der Moleküle als Ursache hierfür angesehen.

Nach der kinetischen Theorie (Maxwell, Boltzmann) befinden sich alle Moleküle in dauernder Bewegung, deren Größe nur von der Molekülmasse und der Temperatur abhängt. Nach dem Gleichverteilungsprinzip von Maxwell besitzen alle Moleküle im Mittel die gleiche kinetische Energie der Translation. Es ist:

$$m_1 \overline{v_1^2}/2 = m_2 \overline{v_2^2}/2 = \cdots 3kT/2, \tag{12.1}$$

wenn $m_1\,m_2 \ldots$ die Molekülmassen, $\overline{v_1^2}, \overline{v_2^2} \ldots$ die mittleren Geschwindigkeitsquadrate, k die Boltzmannsche Konstante und T die absolute Temperatur bedeuten. Da für die Masse m_i keine obere Grenze existiert, müssen auch beliebig große Partikeln, die sich frei bewegen können, eine mittlere kinetische Energie von $\frac{3}{2}\,kT$ besitzen, natürlich wird dann das Mittel ihres Geschwindigkeitsquadrates entsprechend klein sein.

Man könnte nun denken, daß die Geschwindigkeiten, die man etwa durch kinematographische Aufnahmen der im Ultramikroskop sichtbaren Bewegungen messen kann, denjenigen entsprächen, wie sie durch Gl. (1) gegeben sind. Versuche von Exner[5] zeigten, daß dies nicht der Fall ist. Er verfolgte die Bewegung eines Teilchens und kam zu einer Bahn wie

[1] Benannt nach dem Botaniker Brown, der sie bereits 1828 entdeckte, loc. cit. S. 11.

[2] Derartiges wurde früher zur Erklärung der Erscheinung angenommen, näheres hierüber bei Freundlich, Kapillarchemie loc. cit.

[3] Einstein, A.: Ann. Physik (4) **17**, 549 (1905); (4) **19**, 371 (1906); Z. Elektrochem. **13**, 41 (1907); **14**, 235 (1908).

[4] von Smoluchowski, M.: Ann. Physik (4) **21**, 756 (1906).

[5] Exner, F. M.: Ann. Physik (4) **2**, 843 (1900).

sie Abb. 12.1 schematisch darstellt. Das Teilchen durchläuft in gleichen Zeitabschnitten verschiedene Strecken verschiedener Richtung. Aus den derart gewonnenen Geschwindigkeiten läßt sich der Mittelwert des Geschwindigkeitsquadrates

$$\overline{v^2} = (v_1^2 + v_2 + \cdots v_i^2)/i \quad (i = \text{Zahl der Messungen}) \qquad (12.2)$$

errechnen. Es wurde für Goldteilchen von $0{,}4\mu$ Durchmesser ein Wert von $4 \cdot 10^{-4}$ cm/sek für $\sqrt{\overline{v^2}}$ gefunden. Sind m_x und m_0 die Massen der Teilchen und des Dispersionsmittels (Wasser) und sind $\sqrt{\overline{v_x^2}}$ sowie $\sqrt{\overline{v_0^2}}$ die entsprechenden Mittelwerte der Geschwindigkeiten, so gilt nach Gl. (1):

$$\sqrt{\overline{v_x^2}} = \sqrt{\overline{v_0^2}}\, \sqrt{m_0/m_x}\,. \qquad (12.3)$$

Wird $\sqrt{\overline{v_0^2}} = 1{,}5 \cdot 10^4$ cm/sek, $m_x = 2{,}4 \cdot 10^{10}$ und $m_0 = 18$ gesetzt, ergibt sich

$$\sqrt{\overline{v_x^2}} = 0{,}41 \text{ cm/sek}.$$

Dieser Wert ist tausendmal größer als der experimentell gefundene. Dem Verfahren haftet aber dadurch eine Willkür an, daß die Zeitpunkte, in welchen die jeweiligen Orte des Teilchens festgestellt werden, frei gewählt sind. Das Teilchen kann in der Zeit, bis es an dem neuen Ort registriert

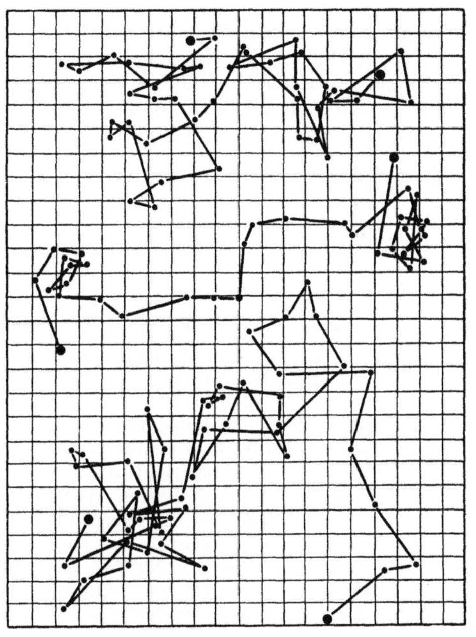

Abb. 12.1. In gleichen Zeitabständen beobachtete Verschiebungen von Partikeln, die der Brownschen Bewegung unterliegen. Nach Exner (loc. cit.)

wird, eine Zick-Zack-Bahn durchlaufen haben, ohne daß diese überhaupt festgestellt worden ist; seine Strecke kann erheblich größer sein als angenommen. Somit ist auch seine Geschwindigkeit erheblich größer. Erst wenn die Beobachtungszeiten so klein wären, daß man für eine gradlinige Bahn garantieren könnte, hätte man das Recht, von der wahren Geschwindigkeit zu sprechen.

V. Smoluchowski meinte daher, es sei überhaupt nicht möglich, die Geschwindigkeiten direkt zu messen, denn die Teilchenbewegung kommt in Wirklichkeit dadurch zustande, daß das Teilchen von allen Seiten eine große Zahl von Stößen erhält, die sich nicht in jedem Augenblick gegenseitig aufheben.

Die Zahl der Moleküle in einem Volumenelement ist nämlich nicht genau konstant, sondern unterliegt infolge der Molekularbewegung statistischen Schwankungen. Befinden sich darin etwa 10^{10} Moleküle, so macht es nichts aus, wenn ihre Zahl um einige Hundert Moleküle schwankt, die Dichte oder Konzentration ($= N/v$) ist praktisch unverändert. In einem kleinen Volumenelement aber, das nur etwa 100 Moleküle enthält, bedeutet die zusätzliche Anwesenheit eines einzigen Moleküls bereits eine Konzentrationsänderung von einem Prozent! Je kleiner das Volumenelement, um so größer ist demnach die Wahrscheinlichkeit der Schwankung.

Würde man alle Schwankungen registrieren, so stellte man fest, daß kleine Schwankungen am häufigsten auftreten, während große um so seltener werden, je größer sie sind. In einer großen Beobachtungsreihe gehorcht die Häufigkeit der Schwankung dem Gaussschen Fehlerverteilungsgesetz, das allgemein für die Verteilung zufälliger Abweichungen von einem Mittelwert gilt[1].

Wie die Dichte oder Konzentration in einem Volumenelement durch die zufälligen Bewegungen der Moleküle schwankt, so schwankt auch die Zahl der Stöße auf eine sehr kleine Fläche stark, wenn etwa nur 100 Moleküle in der Sekunde auftreffen, sie würde unmerklich schwanken, wenn es 10000 wären. Stellt man sich die

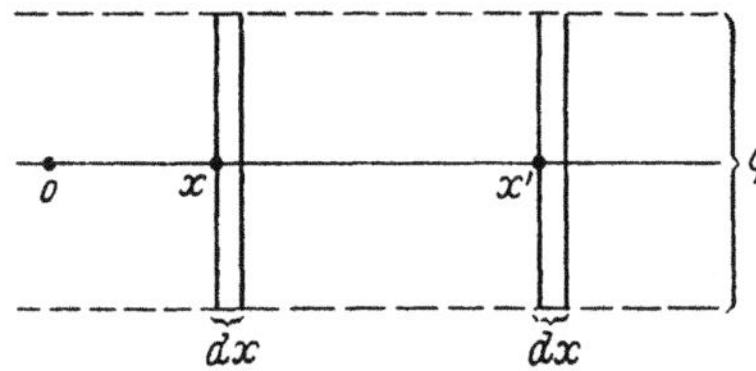

Abb. 12.2. Zur Ableitung der Einsteinschen Gleichung (vgl. Text)

Fläche als Film vor, der an einem feinen Faden beweglich aufgehängt ist, so würde dieser entsprechend den Stoßzahlschwankungen (genauer Impulszahlschwankungen) auch schwankende Bewegungen ausführen. Erhält die Fläche von beiden Seiten Stöße, so werden die Stoßzahlen nicht in jedem Augenblick gleich sein, sondern die Fläche wird abwechselnd einmal von dieser und einmal von jener Seite mehr Stöße empfangen und dadurch in zitternde Bewegung versetzt werden. Kolloide Teilchen bieten nun den stoßenden Dispersionsmittelmolekülen Flächen sehr kleiner Dimensionen dar, sie erhalten aus allen Raumrichtungen Stöße, die sich nicht in jedem Augenblick gegenseitig aufheben und führen deswegen Zitterbewegungen aus, die um so heftiger sind, je kleiner das Teilchen ist.

Durch den oben angeführten Vergleich ist zu erwarten, daß die mittlere „Zitterfrequenz" in der Größenordnung von $10^3 \cdots 10^4$ Schwankungen pro Sekunde liegen müßte, da aber auch erhebliche kleinere und größere Frequenzen vorkommen können, ist es praktisch hoffnungslos, die wirkliche Bewegung der Teilchen feststellen zu wollen.

Die beobachtbare Bahn der Teilchen stellt nur eine zufällige Verschiebung dar, die aus den nicht ausgeglichenen zufälligen Schwankungen resultiert. Als Zufallsbewegung muß aber die Verschiebung durch statistische Gesetze beschrieben werden können, daher kommt es nur darauf an, einen hierfür brauchbaren Zusammenhang herzuleiten.

Betrachten wir die Verschiebung der Teilchen in nur einer Richtung x, etwa in einem Rohr mit dem Querschnitt q. Zur Zeit $t = 0$ sollen sich bei x (vgl. Abb. 12.2) N Teilchen in dem Volumenelement $x + dx - x$ befinden (da der Querschnitt überall gleich ist, können wir ihn außer Betracht lassen). Die Wahrscheinlichkeit dafür, daß ein Teilchen hieraus nach einer gewissen Zeit τ in das Volumenelement zwischen $x' + dx$ und x' gewandert ist, hängt von der Zeitdauer der Beobachtung und dem Abstand zwischen x und x' ab, wir bezeichnen sie als

$$W_{(1)} = f_\tau (x' - x). \tag{12.4}$$

Die Wahrscheinlichkeit für das Vorkommen eines Teilchens zwischen $-\infty$ und $+\infty$ ist

$$\int_{-\infty}^{+\infty} f_\tau (x' - x)\, dx = 1, \tag{12.4a}$$

---

[1] Vgl. hierzu § 20.

also gleich der Summe aller Wahrscheinlichkeiten zwischen diesen Grenzen, denn irgendwo muß es ja sein. Die Zahl der Teilchen, die sich zur Zeit τ an der Stelle x' befinden, ist daher

$$N_{(x'\,\tau)} = \int\limits_{-\infty}^{+\infty} N_{(x,\,0)}\, f_\tau\,(x'-x)\,dx, \tag{12.5}$$

denn $N_{(x,\,0)}$ ist die Teilchenzahl zur Zeit $t = 0$ an der Stelle x und aus irgendeinem Volumenelement zwischen $-\infty$ und $+\infty$ müssen die Teilchen herstammen. Führen wir nun die Verschiebung $\xi = x' - x$ ein, so ist

$$N_{(x',\,0)} = \int\limits_{+\infty}^{-\infty} N_{(x'-\xi,\,0)}\, f_\tau\,(\xi)\,d\xi, \tag{12.6}$$

da $dx = -d\xi$ ist. Entwickeln wir diesen Ausdruck in eine Taylorsche Reihe links nach t, rechts nach x, erhalten wir

$$N_{(x',\,0)} + \tau\,\frac{\partial N}{\partial x} + \cdots = \int\limits_{+\infty}^{-\infty} \left(N_{(x',\,0)} - \xi\,\frac{\partial N}{\partial x} + \frac{1}{2}\,\xi^2\,\frac{\partial^2 N}{\partial x^2} + \cdots \right) f_\tau\,(\xi)\,d\xi. \tag{12.7}$$

$\dfrac{\partial N}{\partial t}$, $\dfrac{\partial N}{\partial x}$ und $\dfrac{\partial^2 N}{\partial x^2}$ sind für $t = 0$ am Ort x' Konstanten, können also bei den Einzelintegralen der Summe vor das Integralzeichen gesetzt werden.

Nach dem oben Dargelegten ist $\int\limits_{+\infty}^{-\infty} f_\tau\,(\xi)\,d\xi = 1$ und $\int\limits_{+\infty}^{-\infty} \xi f_\tau\,d\xi = 0$, da die Funktion unter dem Integralzeichen wegen $f_\tau\,(\xi) = f_\tau\,(-\xi)$ zu x' symmetrisch ist, m. a. W. das Herauswandern und Hereinwandern von Teilchen an der Stelle x' ist gleich wahrscheinlich. Es ergibt sich also:

$$N_{(x',\,0)} + \tau\,\frac{\partial N}{\partial t} = N_{(x',\,0)} + \frac{1}{2}\,\frac{\partial^2 N}{\partial x^2} \int\limits_{+\infty}^{-\infty} \xi^2 f_\tau\,(\xi)\,d\xi. \tag{12.8}$$

Das Integral auf der rechten Seite ist der Mittelwert von ξ^2, da er die Summe der Werte ξ^2 multipliziert mit der Wahrscheinlichkeit ihres Auftretens darstellt, es ist also

$$\int\limits_{+\infty}^{-\infty} \xi^2 f_\tau\,(\xi)\,d\xi = \overline{\xi^2}\,. \tag{12.9}$$

Diese Größe bezeichnet man als das mittlere Verschiebungsquadrat. Aus Gl. (12.8) wird daher

$$\frac{\partial N}{\partial t} = \frac{\overline{\xi^2}}{2\tau}\,\frac{\partial^2 N}{\partial x^2} \tag{12.10}$$

unter der Voraussetzung, daß τ und ξ klein sind (!), denn die Reihe wurde nach den ersten Gliedern abgebrochen.

Es ist jedoch leicht einzusehen, daß die Beziehung auch bei größeren Zeiten und Verschiebungen gültig sein muß. Betrachten wir eine Zahl i von Verschiebungen während einer längeren Zeit τ_g, so ist die einzelne Verschiebung in der Zeit τ_i jeweils unabhängig von den vorangegangenen, das Teilchen „erinnert" sich nicht, da es dauernd eine große Zahl von Zitterbewegungen ausführt. Es ist also die Gesamtverschiebung:

$$\xi_g^2 = (\xi_1 + \xi_2 + \cdots \xi_i)^2 = \sum_1^i \xi_i^2 + 2 \sum_{i\, \neq\, k}^{i,\,k} \xi_i\,\xi_k. \tag{12.11}$$

Da aber über eine längere Zeit ebenso viele positive wie negative Verschiebungen vorkommen, ist das zweite Glied der rechten Seite gleich Null. Nun ist aber

$$\sum_1^i \xi_i^2 / i = \overline{\xi_i^2}$$

die Definition des Mittelwertes von ξ^2, woraus folgt, daß

$$\overline{\xi_g^2} = i\,\overline{\xi_i^2}$$

sein muß. Da andererseits $\tau_g = i\,\tau_i$ ist, ergibt sich

$$\frac{\overline{\xi_g^2}}{\tau_g} = \frac{\overline{\xi_i^2}}{\tau_i} = \text{const} \quad (= 2D). \tag{12.12}$$

Dies ist das berühmte Einsteinsche Gesetz der mittleren Verschiebung, welches von ihm allerdings auf andere Weise abgeleitet worden ist[1].

Der Quotient vom mittleren Verschiebungsquadrat und dazugehöriger Beobachtungszeit ist also unabhängig von letzterer, er muß demnach eine Konstante sein. Wie im nächsten Abschnitt gezeigt werden wird, ist diese Konstante der Größe $2D$ ($D = $ Diffusionskoeffizient) gleichzusetzen, denn Gl. (10) stellt nichts anderes als das zweite Ficksche Gesetz für eine Diffusion dar, das auf diese Weise statistisch abgeleitet werden konnte.

Gl. (12) ist von Perrin und Chaudesaigues[2] an Gummiguttdispersion experimentell überprüft worden. Sie erhielten folgende Werte:

τ	30	60	90	120 sek
$\sqrt{\overline{\xi^2}}$	6,7	9,3	11,8	13,95
$\overline{\xi^2}/\tau$	1,5	1,45	1,55	1,62.

Die Brownsche Bewegung, m. a. W. die statistischen mittleren Verschiebungen von Partikeln, die durch unregelmäßige durch die Molekularbewegung verursachte Stöße hervorgerufen werden, hängen auf diese Weise eng mit den Erscheinungen der Diffusion zusammen. Quantitative Beobachtungen der Brownschen Bewegung werden daher vielfach vorgenommen, um Diffusionskonstanten zu ermitteln (Methodisches hierzu in § 32). Doch sind diese Methoden nur historisch interessant[3], denn die Bestimmung der Diffusionskonstanten kann genauer und bequemer an makroskopischen Objekten vorgenommen werden.

Mit der Brownschen Bewegung hängen eng die im kolloiden Lösungen beobachtbaren Schwankungserscheinungen zusammen. Wie oben bereits erörtert wurde, unterliegt die Zahl der Moleküle in einem kleinen

---

[1] Über eine allgemeinere Theorie der Brownschen Bewegung siehe H. A. Kramers: Physica **7**, 284 (1940); I. Prigogine u. R. Balescu: Physica **23**, 555 (1957); H. C. Brinkman: Physica **24**, 409 (1958); **22**, 29 (1956).

[2] Chaudesaigues: C. R. Acad. Sci. Paris **147**, 1044 (1908).

[3] In der Einsteinschen Gleichung für die Diffusionskonstante ($D = RT/N_L\,6\pi\,\eta\,r$) treten außer der Loschmidtschen Zahl N_L nur solche Größen auf, die der experimentellen Bestimmung direkt zugänglich sind. Eine Bestimmung von D mit Hilfe der Beobachtung des mittleren Verschiebungsquadrats konnte auf diese Weise zu einer Bestimmung von N_L führen, die auf dem Phänomen der Molekularbewegung beruht. Für die kinetische Theorie wie überhaupt für den Nachweis der körperlichen Existenz der Moleküle stellte dies einen großen Erfolg dar. (Vgl. hierzu Perrin-Lottermoser, Die Atome. Dresden-Leipzig 1923.) I. Nordlund [Z. physik. Chem. **87**, 40 (1914)] bestimmte durch photographische Registrierung der Bewegung von Hg-Tröpfchen den Wert $N_L = 5{,}9 \cdot 10^{23}$.

Volumenelement statistischen Schwankungen. Betrachtet man eine Dispersion kolloider Teilchen, so kann die Zahl der Teilchen in einem hinreichend kleinen Volumen durch die heftige unregelmäßige BROWNsche Bewegung nicht konstant sein, sondern muß hin und her schwanken. Dies ist im Ultramikroskop deutlich zu beobachten, wenn man mittels eines Okularnetzwerks ein kleines Volumen optisch abgrenzt. Zählt man in gleichen Zeitabständen die in einer Abgrenzung sichtbaren Teilchen, so findet man z. B. zunächst zwei Teilchen, dann 1, 0, 3, 2, 0, 1 usw. Teilchen, also relativ starke Änderungen.

Für die Wahrscheinlichkeit, daß man irgendeine Zahl n von Teilchen in einer solchen Beobachtungsreihe mit gleichen Zeitabständen in dem betreffenden Volumenelement antrifft, leitete v. SMOLUCHOWSKI[1] den Ausdruck

$$W(n) = \frac{e^{-\nu}\,\nu^n}{n!} \qquad (12.13)$$

ab. Hierin ist ν der Mittelwert der Teilchenzahl der Beobachtungsreihe. Setzt man

$$\delta = (n - \nu)/\nu,$$

so ergibt sich für den Mittelwert des Quadrats

$$\overline{\delta^2} = \frac{1}{\nu} \,. \qquad (12.14)$$

δ ist als Abweichungsgrad vom Mittelwert aufzufassen, der Mittelwert des Quadrats des Abweichungsgrads wird um so kleiner, je größer der Mittelwert der Teilchenzahl wird; d. h. bei kleinen Teilchenzahlen pro Volumen ist die Schwankung am größten[2] (Näheres in § 20).

Hieraus ist zu folgern, daß bei der Bestimmung von Teilchenkonzentrationen durch Auszählen im Ultramikroskop sehr viele Einzelbeobachtungen vorgenommen werden müssen.

Die Schwankungsgeschwindigkeit steht in Beziehung zum Diffusionskoeffizienten, sie wird durch die Zeit erfaßt, in welcher im Mittel bestimmte Teilchenzahlen pro Volumen während einer langen Beobachtungsreihe auftreten. Quantitative Beziehungen sind von v. SMOLUCHOWSKI[3] abgeleitet worden.

§ 13. Diffusion

Die translatorische Diffusion[4] ist wie die BROWNsche Bewegung kolloider Teilchen ebenfalls eine Folge der Molekularbewegung. Läßt man zwei Gase oder Flüssigkeiten in zwei getrennten Räumen aneinander

---

[1] BOLTZMANN, Festschrift 1904, S. 626, zit. nach FREUNDLICH, Kapillarchemie, Bd. I. 2. Aufl. Leipzig (1930).

[2] Diese Formel gilt nur für ideale Verhältnisse, d. h. bei Gültigkeit des VAN'T HOFFschen Gesetzes; bei konzentrierten Dispersionen und Wechselwirkungen zwischen den Teilchen sind Korrekturen zu berücksichtigen (Gl. (20.19)).

[3] Vgl. hierzu H. FREUNDLICH: loc. cit., S. 504ff.

[4] Wir müssen diese Art der Diffusion von der Rotationsdiffusion unterscheiden! (Vgl. § 15.)

grenzen, so wandern die Moleküle des ersten Stoffes mit der Zeit in den Raum des zweiten Stoffes und umgekehrt, bis sich eine gleichmäßige Verteilung beider Stoffarten über den ganzen Raum ausgebildet hat. Wenn eine hinreichend lange Zeit verstreicht, muß nämlich jede der beiden Molekülarten wegen ihrer zufälligen Bewegungen an jede Stelle des gesamten Raumes gelangen. Eine Diffusion findet auch statt, wenn Stoff 1 eine Lösung oder kolloide Zerteilung und Stoff 2 das Lösungsmittel ist; es wandert nun sowohl gelöster oder dispergierter Stoff als auch Lösungsmittel von 1 nach 2 (vgl. Abb. 14.3), da aber auch Lösungsmittel von 2 nach 1 wandert (Selbstdiffusion), erscheint der Vorgang als ausschließliche Wanderung der dispergierten Stoffe von 1 nach 2. Aus dem Gesagten folgt, daß auch eine Diffusion zweier verschieden konzentrierter Lösungen in Richtung der verdünnten Lösung vonstatten gehen muß[1].

Für die Geschwindigkeit der Diffusion gelten die beiden FICKschen Gesetze. Das erste Gesetz gleicht formal dem Gesetz der Wärmeausbreitung und besagt, daß die in der Zeiteinheit durch einen bestimmten Querschnitt q — etwa eines zylindrischen Rohres — diffundierende Substanzmenge dm/dt proportional dem in der Diffusionsstrecke herrschenden Konzentrationsgefälle $\dfrac{dc}{dx}$ ist. Es gilt also

$$\frac{dm}{dt} = - q\, D \frac{dc}{dx}. \tag{13.1}$$

Die rechte Seite ist negativ, da die Substanz in Richtung einer Konzentrations*abnahme* diffundiert. Findet Diffusion in allen Raumrichtungen x, y, z statt, so ist

$$\frac{dm}{dt} = - \mathfrak{q}\, D \operatorname{grad} c = - \mathfrak{q}\, D \left(\frac{\partial c}{\partial x} \mathfrak{i} + \frac{\partial c}{\partial y} \mathfrak{j} + \frac{\partial c}{\partial z} \mathfrak{k} \right). \tag{13.2}$$

Die in diesen Gleichungen auftretende Proportionalitätskonstante D ist die Diffusionskonstante (Dimension: cm^2/sek).

Fragt man (im eindimensionalen Fall) nach der Änderung der Konzentration mit der Zeit in der Diffusionsstrecke an einer bestimmten Stelle x, so gilt hierfür das zweite FICKsche Gesetz, das bereits im vorangegangenen Abschnitt statistisch abgeleitet wurde. Der Zusammenhang mit dem ersten Gesetz ergibt sich auf folgende Weise: In einem Rohr des Querschnitts q diffundiere eine gelöste Substanz, die im Raum 1 (Abb. 12.2) die Konzentration c_0 besitze und die zur Zeit $t = 0$ an der Stelle $x = 0$ an ihr reines Lösungsmittel grenze (x ist in Richtung der Diffusion positiv). Tritt nun an der Stelle x in der Zeit dt die Menge dm durch den Querschnitt q, so gilt Gl. (1), vorausgesetzt, daß D sich mit der Konzentration nicht ändert.

Die an der Stelle $x + dx$ durch den Querschnitt diffundierende Menge ist dm', und es ist

$$\frac{dm'}{dt} = - q\, D \left(\frac{\partial c}{\partial x} + \frac{\partial(\partial c/\partial x)}{\partial x}\, dx \right) = - q\, D \left(\frac{\partial c}{\partial x} + \frac{\partial^2 c}{\partial x^2}\, dx \right), \tag{13.3}$$

da sich das Konzentrationsgefälle an der Stelle $x + dx$ gegenüber x um $(\partial^2 c/\partial x^2)\, dx$ geändert hat (vgl. Abb. 12.2).

---

[1] Auch bei kohärenten Systemen findet eine Diffusion statt, man nennt sie dort Quellung (vgl. § 92).

Die Änderung der Konzentration in der Zeiteinheit in dem kleinen Volumen $q \cdot dx$ ist nun die Differenz zwischen der in der Zeit dt in das Volumen eintretenden und der aus ihm austretenden Menge:

$$\frac{dc}{dt} = \left(\frac{dm}{dt} - \frac{dm'}{dt} \right) \Big/ q\, dx \,,$$

woraus sich mit Gl. (1) und (3) ergibt:

$$\frac{dc}{dt} = D\, \frac{\partial^2 c}{\partial x^2} \,. \tag{13.4}$$

Diese Gleichung ist mit der statistisch abgeleiteten Gl. (12.12) identisch[1], wenn $D = \overline{\xi^2}/2\tau$ gesetzt wird.

Damit erhalten wir den im vorigen Abschnitt bereits erwähnten Zusammenhang zwischen Diffusionskonstante und mittlerem Verschiebungsquadrat.

Die Differentialgleichung (4) ist von einer Form, die viele Lösungen zuläßt, daher erhält man erst dann spezielle Lösungen mit physikalischen Aussagen, wenn die Randbedingungen festgelegt werden.

Großes Interesse gebührt dem Fall, daß gelöste oder dispergierte Partikel einer bestimmten Konzentration in ihr eigenes Lösungsmittel diffundieren, wie es auf Abb. 13.1 schematisch dargestellt ist. Zur Zeit $t = 0$ herrscht im Raum l. für alle negativen x die Ausgangskonzentration c_0, im Raum r. für alle positiven x die Konzentration $c = 0$. Wird ferner angenommen, daß D von der Konzentration unabhängig ist und die Räume l. und r. in der x-Richtung so ausgedehnt sind, daß die Konzentration während der Diffusion auch für sehr große x unverändert bleibt, so läßt sich Gl. (4) integrieren und man erhält:

$$c_{(t,\,x)} = \frac{c_0}{2} \left(1 - \frac{2}{\sqrt{\pi}} \int_0^y e^{-v^2}\, dy \right) \tag{13.5}$$

mit

$$y = x/2 \sqrt{Dt} \,.$$

Das Integral in diesem Ausdruck ist das bekannte Fehlerintegral, für dessen numerische Auswertung Tabellen[2] zur Verfügung stehen.

Abb. 13.1 zeigt einige Beispiele für die Konzentrationsverteilung nach verschiedenen Diffusionszeiten. Die resultierenden S-förmigen Kurven werden mit zunehmender Zeit immer flacher, bis sich — nach langer Zeit — die Konzentration im ganzen Raum gleichmäßig ($c = c_0/2$) verteilt hat.

Diffusionsmessungen werden im allgemeinen zur Bestimmung von D angestellt; diese wird in der Kolloidchemie zur Bestimmung von Partikelgewichten mit Hilfe der Sedimentationsgeschwindigkeit (vgl. § 14 und § 34) benötigt, doch können mit ihrer Hilfe vielfach Daten über geome-

---

[1] Es ist beachtenswert, daß die Gl. (12.12) insofern eingehendere Aussagen macht, als sich aus ihr die mittleren Bewegungen der diffundierenden Partikel ergeben. Dieser Fall ist ein deutliches und charakteristisches Beispiel für das Vorgehen der statistischen Methode, die von den Zuständen der einzelnen Partikel ausgeht und das wahrscheinliche Verhalten einer großen Zahl von Partikeln voraussagt.

[2] JAHNKE, E. u. F. EMDE: Tafeln höherer Funktionen. 4. Aufl. Leipzig 1948.

trische Abmessungen und Solvatation der diffundierenden Partikel direkt gewonnen werden (experimentelle Methoden der Diffusionsmessung und Auswerteverfahren finden sich in § 32).

Bei der experimentellen Beobachtung der Diffusion erhält man statt der Konzentrationsverteilung in der Diffusionsstrecke, also einer c—x-Kurve, oftmals weit bequemer die Abhängigkeit des Konzentrationsgradienten $\frac{dc}{dx}$ von x. Abb. 13.1 zeigt diese Funktion, die durch Differentiation der c—x-Kurven erhalten werden; sie haben die Form von GAUSSschen Fehlerverteilungskurven. Man erkennt dies leicht, wenn Gl. (5) differenziert wird, es ist

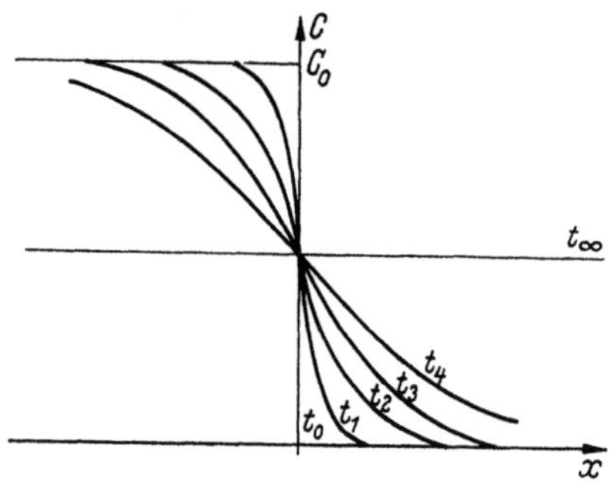

$$\frac{dc}{dx} = \frac{c_0}{2\sqrt{\pi D t}}\, e^{-x^2/4 D t}. \tag{13.6}$$

Das Maximum dieser Funktion liegt immer bei $x = 0$; bezeichnet man die Höhe des Maximums mit h, so ist

$$h = \frac{c_0}{2\sqrt{\pi D t}}, \tag{13.7}$$

woraus sich der Diffusionskoeffizient leicht zu

$$D = \frac{c_0^2}{4\pi t h^2} \tag{13.8}$$

errechnet. Diese Gleichung wird häufig zur Bestimmung von D angewandt.

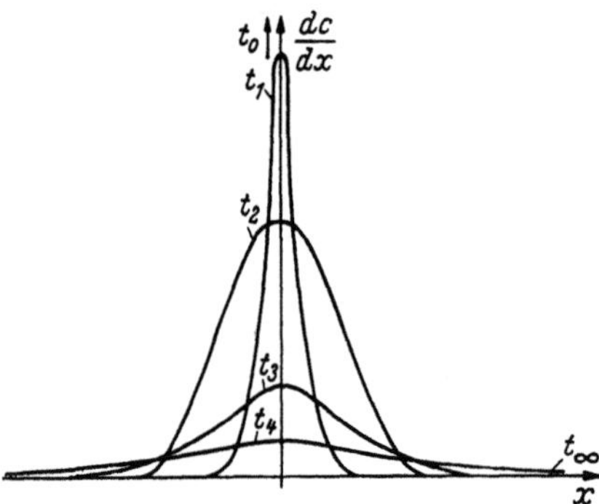

Abb. 13.1. Diffusionskurven. Zur Zeit $t = 0$ herrscht links die Konzentration c_0 und rechts die Konzentration 0; c steigt an der Stelle $x = 0$ sprunghaft auf c_0. Die Konzentrationsverteilung ändert sich zu den Zeiten $t_1 \cdots t_4$ nach Gl. (13.5) (oberes Bild). Der Diffusionsquotient der oberen Kurven ändert sich nach Gl. (13.6) (unteres Bild)

Die mathematische exakt darstellbare GAUSSsche Fehlerkurve läßt bei einem Vergleich mit experimentell gefundenen $\frac{dc}{dx}$-x-Kurven eine Prüfung zu, ob der beobachtete Diffusionsvorgang den FICKschen Gesetzen gehorcht. Vielfach trifft dies nicht zu, d. h. man kann mit den ermittelten Werten für D keine GAUSSsche Kurve konstruieren, die sich mit der experimentell gefundenen Kurve deckt. Der Grund ist meistens in einer Konzentrationsabhängigkeit von D zu suchen, die besonders bei höheren Konzentrationen auftritt. Berücksichtigt man dies bei der Ableitung des zweiten FICKschen Gesetzes, so erhält man

$$\frac{dc}{dt} = \frac{\partial\left(D\frac{\partial c}{\partial x}\right)}{\partial x}. \tag{13.9}$$

Von BOLTZMANN[1] ist eine Lösung dieser Gleichung für bestimmte Bedingungen angegeben worden; sie findet z. B. Verwendung bei der Auswertung der Diffusion

---

[1] BOLTZMANN, L.: Ann. Physik (3) **53**, 959 (1894).

von Lösungen (vgl. S. 59), in welchen Wechselwirkungen zwischen den Partikeln auftreten, sie lautet

$$D_{(c)} = -\frac{1}{2\,t}\frac{dx}{dc}\int_0^c x\,dc = -\frac{1}{2t}\frac{dx}{dc}\int_{-\infty}^x x\frac{dc}{dx}\,dx,\qquad (13.10)$$

vorausgesetzt, daß c eine Funktion von $x/t^{1/2}$ ist. $D_{(c)}$ ist der für die bestimmte Konzentration c gültige Diffusionskoeffizient.

Daß die Diffusionsgeschwindigkeit mit der Größe der diffundierenden Partikel zusammenhängt, erkannte bereits GRAHAM, es veranlaßte ihn zu seiner Einteilung in Kolloide und Kristalloide. Je größer ein Teilchen, um so langsamer diffundiert es, um so kleiner ist auch seine in einer bestimmten Zeit stattfindende mittlere Verschiebung. Diesen Einfluß der Dimension führte EINSTEIN auf die Reibung zurück, die die Bewegung eines Teilchens in einem zähen Medium hemmt.

Bewegt sich ein makroskopischer Körper durch eine Flüssigkeit, so treten an der Grenze zwischen dem Körper und der Flüssigkeit Reibungswiderstände auf, die um so größer werden, je schneller sich der Körper bewegt. Ist dx/dt die Geschwindigkeit des Körpers, so ist dieser Widerstand

$$\Re = f\frac{dx}{dt}.\qquad (13.11)$$

Der Proportionalitätsfaktor f wird als Reibungskonstante bezeichnet; sie hängt von der geometrischen Form und der Grenzflächenbeschaffenheit des Körpers ab. Nach STOKES gilt für glatte Kugeln

$$f = 6\pi\,\eta\,r\qquad (13.12)$$

(η ist die Viskosität der Flüssigkeit und r der Radius der Kugel).

Diese Gleichung ist zunächst für makroskopische Körper abgeleitet worden, so daß von vornherein Bedenken gegen eine Anwendung auf Partikeln bestehen sollten, die nicht nur selbst von der Größenordnung der strömenden Flüssigkeitsmoleküle sind, sondern deren beobachtbare Bewegung sich aus sehr schnellen und wechselnden Teilbewegungen zusammensetzt. Die Erfahrung hat aber vielfach bestätigt, daß man sich der Gl. (11) und sogar auch der Gl. (12)[1] bedienen kann. Eine vollständige theoretische Begründung hierfür konnte erst in letzter Zeit erbracht werden (vgl. w. u.).

Der Zusammenhang zwischen Diffusionskonstante und Reibungswiderstand ergibt sich auf folgende Weise:

Ein Standzylinder des Querschnitts q soll beispielsweise eine monodisperse, monoforme Dispersion kolloider Teilchen enthalten, die sich im Zustand der Diffusion befindet; man hat hierzu eine Dispersion bestimmter Konzentration in den unteren Teil des Zylinders gefüllt, sie vorsichtig mit reinem Dispersionsmittel überschichtet und sie dann geraume Zeit sich selbst überlassen, so wie es etwa Abb. 13.2 darstellt. Entsprechend dem nach oben gerichteten Konzentrationsgefälle — dc/dx diffundieren die Partikel von unten nach oben. Auf die Teilchen wirkt aber gleichzeitig noch die Schwerkraft ein, die sie nach unten zu ziehen bestrebt ist. Wenn die

---

[1] Vgl. z. B. die Messungen von NORDLUND an Hg-Tröpfchen, von SVEDBERG, WESTGREN u. a. an Goldsolen, die im Kolloidchem. Taschenbuch (Hrsgb. A. KUHN) 4. Aufl. Leipzig 1953, erwähnt sind.

Partikeln unter Einwirkung der von außen wirkenden Kraft durch die Flüssigkeit bewegt werden, treten an ihnen die erwähnten Reibungswiderstände auf; jede der Partikeln erlangt dann eine Geschwindigkeit, die gerade so groß ist, daß Schwerkraft $\Re_g$ und Reibungswiderstand $\Re_r$ sich die Waage halten. Es ist also

$$\Re_g = \Re_r = f\frac{dx}{dt} \tag{13.13}$$

entsprechend Gl. (11), wenn f die Reibungskonstante des Teilchens ist. In das sehr kleine Volumen $q \cdot dx$ des Zylinders soll nun in der Zeit dt die kleine Menge dm_d hereindiffundieren, für deren Geschwindigkeit Gl. (1) einzusetzen wäre.

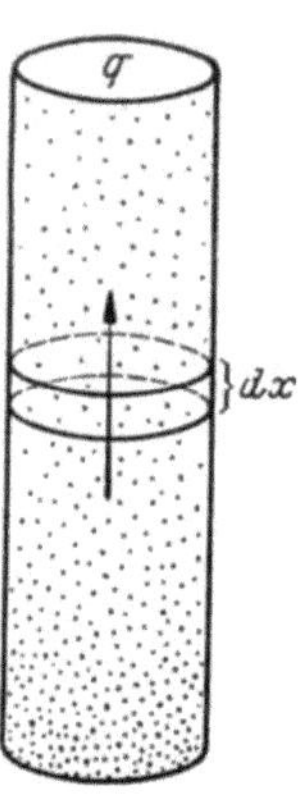

Die Konzentration c der kolloiden Partikeln im Volumenelement $q \cdot dx$ ist offensichtlich $c = dm/q\,dx$, für dm ergibt sich daraus $c \cdot q \cdot dx$. Jede der Partikeln erhält infolge der Schwerkraft die Geschwindigkeit $dx/dt = \Re_g/f$ entsprechend Gl. (11).

Aus dem Volumenelement $q\,dx$ wird in der Zeit dt die Menge dm_s herausfallen; es ergibt sich also

$$\frac{dm_s}{dt} = c \cdot q\frac{dx}{dt} = c \cdot q\frac{\Re_g}{f}. \tag{13.14}$$

Nach einer gewissen Zeit muß sich nun im System ein Gleichgewicht einstellen, wo die in der Zeit dt in das Volumenelement hineindiffundierenden Teilchenmenge dm_d gleich der herausfallenden Menge dm_s wird, die Konzentration c in dem Volumenelement wird dann konstant sein. In diesem Zustand ist $dm_s/dt = dm_d/dt$ und damit

Abb. 13.2.
Siehe Text

$$c\frac{\Re_g}{f} = -D\frac{dc}{dx}. \tag{13.15}$$

Nun gilt, wie in § 20 noch gezeigt werden wird, für die Konzentrationsverteilung eines im Gleichgewicht befindlichen System, das einer äußeren Kraft unterliegt, der BOLTZMANNsche e-Satz (barometrische Höhenformel), welcher lautet:

$$c = c_0\, e^{-E_p/kT} = c_0\, e^{-\Re_g x/kT}, \tag{13.16}$$

worin c_0 die Konzentration an der Stelle $x = 0$ also am Boden des Standzylinders und c die Konzentration an der Stelle x ist. Da die Schwerkraft konstant ist, kann die potentielle Energie $E_p = \Re_g x$ gesetzt werden (denn x ist die gesamte Strecke, die das Teilchen durchfallen kann). Schreibt man Gl. (16) in logarithmischer Form, so erhält man

$$\ln c - \ln c_0 = -\Re_g x/kT$$

und nach Differentation

$$\frac{d\ln c}{dx} = \frac{1}{c}\frac{dc}{dx} = -k\,\Re_g/kT.$$

Setzt man diesen Ausdruck in Gl. (14) ein, ergibt sich

$$\frac{\Re_g}{f} = D\frac{\Re_g}{kT}$$

oder

$$D = \frac{kT}{f} = \frac{RT}{N_L f}. \tag{13.17}$$

wenn statt der BOLTZMANNschen Konstante k die durch die LOSCHMIDTsche Zahl N_L dividierte Gaskonstante R verwendet wird. Für kugelförmige Partikel erhält man mit (12)

$$D = RT/N_L\, 6\pi\eta\, r. \tag{13.18}$$

Diese Gleichung ist ursprünglich von EINSTEIN[1] mit Hilfe der Vorstellung eines osmotischen Druckgefälles als treibende Kraft abgeleitet worden. Dies hat vielfach zu der wohl nicht zutreffenden Auffassung geführt, daß die Diffusion durch ein der BROWNschen Bewegung überlagertes Prinzip — eben den osmotischen Druck — zustande kommt. Osmotischer Druck und Diffusion sind jedoch Auswirkungen ein und derselben Erscheinung, nämlich der unregelmäßigen Wärmebewegung der Moleküle. Zur Herleitung des FICKschen Gesetzes für die Diffusion genügt eine statistische Berechnung der rein zufälligen Bewegungen der Moleküle *ohne* Berücksichtigung irgendwelcher Kraftwirkungen. Um Irrtümern vorzubeugen, wurde daher auf die an sich einfachere Ableitung der EINSTEINschen Gleichung verzichtet und die kompliziertere angegeben, die sich allerdings des BOLTZMANNschen e-Satzes bedienen muß, der aber seinerseits eine rein statistische Gesetzmäßigkeit ist (vgl. Anhang II).

Hiermit ist eine Beziehung zwischen Diffusionskonstante und der Dimension der diffundierenden Partikel hergestellt, die zur Ermittlung von Partikelgrößen herangezogen werden kann. Eine Bestätigung der Gl. (18) liefern z. B. die bereits erwähnten Messungen von NORDLUND (loc. cit. S. 48), die eine Berechnung der LOSCHMIDTschen Zahl ermöglichte.

Da die Diffusion eine Folge der unregelmäßigen Wärmebewegung der Atome und Moleküle ist, tritt sie in gasförmigen, flüssigen und festen Systemen auf[2]. Sie ist nach dem oben Gesagten nicht auf molekularzerteilte (homogene) Systeme beschränkt, sondern findet sich in allen dispersen Systemen mit mehr oder weniger frei beweglichen Partikeln.

Einige Diffusionskonstanten sind in Tab. 13.I zusammengestellt.

Tabelle 13.I

Substanz	M	D
NaCl	58,5	$1,39 \cdot 10^{-5}$ cm²/sek
Maltose	342	$0,42 \cdot 10^{-5}$,,
Lactalbumin	17 400	$0,106 \cdot 10^{-5}$,,
Lactoglobulin	40 000	$0,073 \cdot 10^{-5}$,,
Serumalbumin	70 000	$0,061 \cdot 10^{-5}$,,
Urease	480 000	$0,035 \cdot 10^{-5}$,,
Haemocyanin	$6,6 \cdot 10^{6}$	$0,0138 \cdot 10^{-5}$,,

Während im kolloiden und grobdispersen Gebiet die Bedenken gegen die Gültigkeit der STOKES-EINSTEINschen Gl. (18) um so eher zurücktreten, als die Partikeln größer werden, ist sie bei niedermolekularen Mischungen nur mit Vorsicht anzuwenden.

Die STOKESsche und dieser entsprechende Gleichungen sind für die Bewegungen makroskopischer Körper in einer als Kontinuum betrachteten Flüssigkeit abgeleitet. Sind die bewegten Körper von der Größenordnung der Flüssigkeitsmoleküle, so ist die Anwendung einer solchen Modellvorstellung nicht mehr zulässig. Allerdings läßt sich abschätzen[3], das das STOKESsche Gesetz solange gültig bleibt, als die mittlere freie Weglänge der Moleküle kleiner als der Radius der bewegten Partikel bleibt. Da jene in der Größenordnung 10^{-9} cm liegt, erreicht sie oft nur etwa 1% der Molekülradien. Für kolloide Teilchen ist diese Forderung immer erfüllt.

---

[1] EINSTEIN, A.: Ann. Physik (4) **17**, 549 (1905).

[2] Eine ausführliche Darstellung der Diffusion: JOST, W.: Diffusion. Darmstadt, 1957.

[3] Vgl. A. EUCKEN: Lbch. d. Chem. Physik, II, 2. Leipzig 1944, S. 1054ff.

Von verschiedenen Seiten wurden zur Umgehung dieser Schwierigkeiten andere Versuche zur Ableitung der Diffusionskonstanten unternommen. RIECKE[1] stellte eine Beziehung auf, die D mit der mittleren freien Weglänge l und der mittleren Molekulargeschwindigkeit verknüpft, er erhielt:

$$D = \text{const } \bar{l} \, (T/M)^{\frac{1}{2}} \text{ cm}^2/\text{sek}. \tag{13.19}$$

Da $\bar{l}$ ebenso wie die mittlere Molekulargeschwindigkeit für viele Flüssigkeiten von gleicher Größe ist, findet man diese Gleichung des öfteren[2] als Regel von der Form

$$DM^{\frac{1}{2}} = \text{const}$$

angegeben, welche trotz der Unzulänglichkeit der RIECKEschen Theorie oft bestätigt worden ist. Die Konstante besitzt für normale Flüssigkeiten einen Wert zwischen $5 \cdots 7$; es treten aber auch erhebliche Abweichungen auf, die meist als Assoziationserscheinungen sowohl der Flüssigkeitsmoleküle als auch der diffundierenden Substanz angesehen werden.

Neuere Versuche von K. SCHÄFER[3], eine Beziehung mit Hilfe des Löchermodells der Flüssigkeiten abzuleiten, führten in der Größenordnung zu richtigen Werten von D; ihr Wert liegt vor allem darin, eine plausible Begründung der Beziehung (19) zu liefern.

Ein gänzlich anderer Lösungsversuch des Diffusionsproblems beruht auf der Theorie der „absoluten Geschwindigkeitsvorgänge" von GLASSTONE, LAIDLER und EYRING[4]. Für kolloide Systeme ist nur von Bedeutung, daß die Diffusionskonstante von Molekülen, deren Größe den Lösungsmittelmolekülen entspricht, durch die mittleren Molekülabstände aller beteiligten Molekülarten beschrieben werden kann. Für kugelförmige Partikel, die erheblich größer als die umgebenden Flüssigkeitsmoleküle sind, kommt aber dann die STOKES-EINSTEINsche Formel (18) heraus.

Die Untersuchungen der Diffusion niedermolekularer Mischungen führten zur Entdeckung zweier Quellen von Komplikationen. Die erste betrifft die sog. Solvatation, worunter eine Anlagerung des Lösungsmittels an die gelösten Moleküle verstanden wird, die so fest ist, daß Teile des Lösungsmittels bei der Bewegung des gelösten Moleküls mitgeschleppt werden. Die zweite bezieht sich auf die Assoziation der Lösungsmittelmoleküle, wodurch sich manchmal das ganze Medium durchziehende Strukturen ausbilden können, die die Bewegung der gelösten Moleküle erheblich beeinflussen.

Ist das Verhältnis von mittlerer freier Weglänge der Dispersionsmittelmoleküle[5] zum Partikelradius r der dispergierten Substanz nicht mehr vernachlässigbar klein gegen 1, was z. B. bei Systemen mit gasförmigen Dispersionsmitteln (Aerosolen) vorkommen kann, so gilt das STOKES-EINSTEINsche Gesetz nicht mehr. Von einigen Autoren[6] werden Formeln für f angegeben, die je nach dem Verhältnis von $\bar{l}/r$ verschiedene Gestalt besitzen.

---

[1] RIECKE, E.: Z. physik. Chem. **6**, 564 (1890).

[2] Vgl. hierzu H. SPANDAU, Teilchengewichtsbestimmungen organischer Verbindungen mit Hilfe der Dialysemethode, Weinheim 1951.

[3] SCHÄFER, K.: Kolloid-Z. **100**, 313 (1942).

[4] GLASSTONE, S., K. J. LAIDLER u. H. EYRING: The Theory of Rate Processes, New York und London 1941.

[5] Bei Normalbedingungen etwa 10^{-5} cm.

[6] CUNNINGHAM, E.: Proc. Roy. Soc. London (A) **83**, 357 (1910); KNUDSEN u. WEBER: Ann. Physik **36**, 981 (1911); R. A. MILLIKAN: Physic. Rev. (2) **22**, 1 (1923); F. ZEILINGER: Ann. Physik (2) **75**, 403 (1924); P. S. EPSTEIN: Physic. Rev. (2) **23**, 710 (1924); G. KLEIN: Ph. D. Thesis London 1951 (zitiert nach R. Fürth in Kolloidchem. Taschenbuch. Hrsgb. A. Kuhn, 4. Aufl. Leipzig 1953, S. 62ff.

Es ist für

$$\bar{l}/r < 1: \quad \frac{1}{f} = \frac{1}{6\pi\eta\,r}\left(1 + A\,\frac{\bar{l}}{r}\right) \tag{13.20}$$

$$\bar{l}/r \approx 1: \quad \frac{1}{f} = \frac{1}{6\pi\eta\,r}\left[1 + \frac{\bar{l}}{r}\left(A + D\exp(\bar{v}\,r/l)\right)\right] \tag{13.21}$$

$$\bar{l}/r > 1: \quad \frac{1}{f} = \frac{3}{4\pi\,\bar{v}\,\varrho\,r^2}\cdot\frac{1}{\alpha} \qquad (\alpha = 1\cdots1{,}4) \tag{13.22}$$

($\bar{v}$ = mittlere Molekulargeschwindigkeit des Dispersionsmittels, ϱ_0 = Dichte, $A = 0{,}7\cdots0{,}9$; $D = 0{,}3$).

Ist die Diffusionskonstante bekannt, kann mit Hilfe der Gl. (17) eine allgemeine Reibungskonstante f festgestellt werden. Diese bedeutet physikalisch einen Reibungswiderstand, der von den besonderen geometrischen Abmessungen und der Beschaffenheit der Flüssigkeit abhängt. Nicht nur für die Kugel, sondern auch für andere geometrische Formen lassen sich Beziehungen herleiten, aus denen die Reibungskonstante berechnet werden kann, wenn man zunächst von der Komplikation durch Solvatation usw. absieht.

Um die Abweichungen zu berücksichtigen, bezieht man D oder f auf eine ideale Reibungskonstante f_0, die sich für jede Partikel bekannten Volumens berechnen läßt, wenn man annimmt, daß sie Kugelgestalt besitzt und nicht solvatisiert ist.

Der Radius einer Kugel, durch das Volumen V ausgedrückt, ist

$$r = (3\,V/4\pi)^{\frac{1}{3}}.$$

Das Volumen einer Partikel

$$v_j = M_j\,V_s/N_L,$$

worin $V_s = 1/\varrho_j$ das spezifische Volumen bedeutet (s. § 18).

ϱ_j ist die Dichte der nicht solvatisierten Partikel, $M_j = m_j\,N_L$ das Partikelmolgewicht (bei Molekülen das Molgewicht). Hieraus ergibt sich

$$r = (3\,M_j\,V_s/4\pi\,N_L)^{\frac{1}{3}} \tag{13.23}$$

und

$$f_0 = 6\pi\,\eta\,(3\,M_j\,V_s/4\pi\,N_L)^{\frac{1}{3}}. \tag{13.24}$$

Wenn das Partikel- oder Molgewicht der unsolvatisierten Partikel sowie V_s durch unabhängige Methoden (§ 34) bestimmt werden können, kann f_0 angegeben werden. Ein Vergleich der experimentell bestimmten Reibungskonstante f mit f_0 läßt sofort erkennen, ob die STOKES-EINSTEINsche Gleichung gültig ist oder nicht; bei ihrer Gültigkeit ist $f/f_0 = 1$*. Bei Abweichungen von der Kugelgestalt wird der als „Reibungsverhältnis" bezeichnete Quotient größer als 1. Allgemein gilt mit (18) und (24):

$$Q_f = \frac{f}{f_0} = \frac{RT}{D\,6\pi\,\eta\,N_L}\left(\frac{4\pi\,N_L}{3\,M_j\,V_j}\right)^{\frac{1}{3}}. \tag{13.25}$$

---

* Messungen von TH. SVEDBERG (Colloid Chemistry 2nd Ed. (Am. Chem. Soc. Monogr. Nr. 16) 1928) an annähernd kugeligen Goldsolen konnten Gl. (24) bestätigen. Es wurden nach Gl. (23) $r = 12{,}9$ Å gefunden, nach einer anderen unabhängigen Methode ergab sich $r = 13{,}3$ Å.

Von HERZOG, ILLIG und KUDAR[1] sowie von PERRIN[2] wurde der Einfluß der Gestalt auf die Reibungskonstante theoretisch untersucht. Um das Problem wegen der Mannigfaltigkeit der Gestaltsformen nicht zu sehr zu komplizieren, wurden die Konstanten nur für zwei Typen von Rotationsellipsoiden berechnet. Der eine Typ ist das langgestreckte (zigarrenförmige) (Abb. 13.3a), der andere das scheibenförmige Ellipsoid (Abb. 13.3b). Ist $2a$ die Rotationsachse, so ist im ersten Fall $b/a < 1$, im zweiten $b/a > 1$. Die Gestalt vieler kompakter Partikeln, vor allem die der Proteine, lassen sich durch solche Rotationsellipsoide annähernd beschreiben, zumal exakte geometrische Feinheiten den ziemlich geringfügigen Gestaltseinfluß nur unwesentlich verbessern könnten. Bei gestreckten oder geknäuelten Fadenmolekülen versagt diese Annäherung (vgl. w. u.).

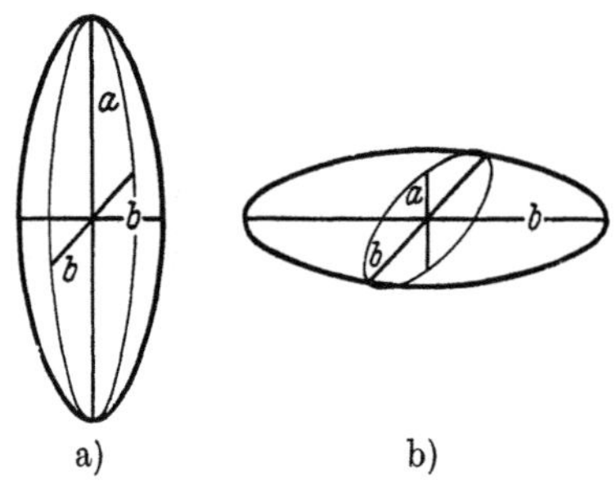

a)   b)

Abb. 13.3. a) Gestrecktes, b) abgeplattetes Rotationsellipsoid (schematisch)

Die Formeln von PERRIN sind für die Berechnung relativ umständlich, die Annäherung von f/f_0 entnimmt man am besten einer graphischen Darstellung von der Art der Abb. 13.4. Es ist dort zu erkennen, daß das Reibungsverhältnis auch bei beträchtlichen Abweichungen von der Kugelgestalt nicht sehr stark verändert wird.

Die Schwierigkeiten bei der Anwendung derartiger Formeln in der Praxis besteht darin, daß die Partikeln in den meisten Fällen Lösungs- bzw. Dispersionsmittel mitschleppen. Dieser Einfluß der Solvatation läßt sich aber in der Regel nicht gesondert erfassen, so daß bei Beobachtung eines Reibungsverhältnisses, das größer als 1 ist, sowohl die Möglichkeit einer Abweichung von der Kugelgestalt als auch die der Solvatation besteht.

Durch die Solvatation wird das Volumen der Partikeln und damit der Widerstand gegen die Strömung während der Bewegung vergrößert. An sich könnte solcher Volumenvergrößerung schon Rechnung getragen werden, wenn man nur genau wüßte, ob sich das Lösungsmittel nur anlagert oder ob es in die Partikeln eindringt.

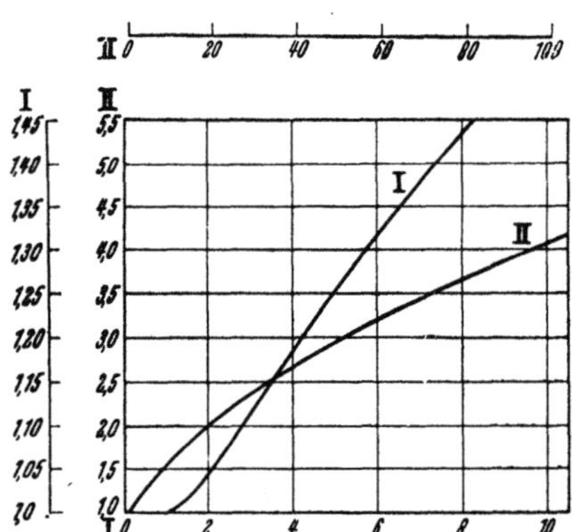

Abb. 13.4. Abhängigkeit des Reibungskoeffizienten f/f_0 vom Achsenverhältnis eines gestreckten Rotationsellipsoids nach F. PERRIN (loc. cit.). (Entnommen aus STUART: Physik der Hochpolymeren, Bd. II. loc. cit.)

Um Gestalts- und Solvatationseinfluß zu erfassen, wurde von ONCLEY[3] vorgeschlagen, das experimentell bestimmte Reibungsverhält-

[1] HERZOG, R. O., R. ILLIG u. H. KUDAR: Z. physik. Chem. A **167**, 329 (1933/34).
[2] PERRIN, F.: J. Physique Radium (7) **7**, 1 (1936).
[3] ONCLEY, J. L.: Ann. New York Acad. Sci. **41**, Art. 2, 121.

nis als Produkt zweier Quotienten aufzufassen und zu schreiben

$$f/f_0 = \frac{f}{f_e}\,\frac{f_e}{f_0}. \tag{13.26}$$

f_e/f_0 entspricht dem bereits oben behandelten Reibungsverhältnis einer nichtkugeligen zu einer kugeligen Partikel. Der Quotient f/f_e, mit f als experimentell bestimmter Größe, muß dann den Einfluß der Solvatation wiedergeben.

Kennt man die Menge w des pro Gramm dispergierter Substanz festgehaltenen Lösungs- oder Dispersionsmittels der Dichte ϱ_0 und das partielle spezifische Volumen V_{sj} der dispergierten Substanz, so gilt nach E. O. KRAEMER[1]

$$\frac{f}{f_0} = (1 + w/\varrho_0\,V_{sj})^{\frac{1}{3}}. \tag{13.27}$$

Von ONCLEY (loc. cit.) sind speziell für Proteine Diagramme berechnet worden, die bei Kenntnis des Hydratwassers der Partikeln die Achsenverhältnisse der als Rotationsellipsoide gedachten Moleküle abzulesen gestattet (vgl. Abb. 40.1, Näheres in § 40).

Komplikationen bei der Diffusion treten auf, wenn die Partikeln irgendwie aufeinander einwirken, sei es durch gegenseitige mechanische Behinderung infolge ihrer Größe, sei es durch anziehende oder abstoßende Kräfte. Wenn sich bei hohen Konzentrationen die Partikeln „im Wege" sind oder sich anziehen, können sie nicht so leicht diffundieren als wenn sie durch nichts behindert werden. An einer Diffusionsgrenze kommen aber alle Konzentrationen vor; auf der „verdünnten Seite müßten daher die Partikeln relativ schneller diffundieren als auf der „konzentrierten" Seite. Das erzeugt eine „Schiefe" oder Unsymmetrie[2] der Diffusionskurve (die umgekehrt auf nichtideales Verhalten schließen läßt).

Um Schwierigkeiten bei der Bestimmung der Diffusionskonstanten solcher Systeme zu umgehen, empfiehlt es sich, die Diffusion nicht zwischen der Lösung und seinem Lösungsmittel ablaufen zu lassen, sondern zwei wenig voneinander verschieden konzentrierte Lösungen zu untersuchen. Dann kann man von niederen bis zu höheren Konzentrationen einen Bereich „abtasten", aus der sich eine Beziehung zwischen Diffusionskonstante und Konzentration ergibt (POLSON[3], GRALÉN[4]).

Nach GRALÉN ist die Diffusionskonstante in solchen Fällen eine lineare Funktion der Konzentration der Form

$$D_{(c)} = D_0\,(1 + K_D\,c_y) \tag{13.28}$$

(D_0 = Diffusionskonstante bei unendlicher Verdünnung)

in der K_D eine Konstante ist, die nach POLSON[3] und G. V. SCHULZ[5] mit dem sog. zweiten Virialkoeffizienten B^* des osmotischen Drucks (vgl. § 19) auf folgende Weise zusammenhängt

$$K_D = 2\,B^*\,M_j/RT. \tag{13.29}$$

---

[1] KRAEMER, E. O.: in SVEDBERG-PEDERSEN: Die Ultrazentrifuge. Dresden u. Leipzig 1940. S. 52. — [2] Englisch: „skewness".
[3] POLSON, A.: Kolloid-Z. **83**, 172 (1938); ibid. **87**, 149 (1939).
[4] GRALÉN, N.: Dissertation Upsala 1944. S. 59ff.
[5] SCHULZ, G. V.: Z. physik. Chem. **193**, 168 (1944).

wogegen nach ROSENBERG und BECKMANN[1] auf der linken Seite noch eine Größe K_s zu substrahieren ist, die sich aus der Theorie der Sedimentation ergibt [vgl. folgenden Paragraphen Gl. (14.22)].

Eine erhebliche Beeinflussung der Diffusion kann durch elektrostatische Kraftwirkungen bei geladenen Partikeln auftreten. Viele kolloide Substanzen dissoziieren in große und kleine Ionen, die beide natürlich verschieden schnell diffundieren. Das gibt dann Veranlassung zur Entstehung eines Diffusionspotentials, welches die Diffusion erheblich beeinflußt [NERNSTsche Ionenbewegungsgleichungen, Gl.(14.25) und (14.26)][2]. Für Elektrolyte in großer Verdünnung lassen sich einfache Ausdrücke angeben. Es ist in verdünnten Lösungen

$$D = [(n + 1)\, u\, v/(n\, u + v)\,]RT.$$

Treten jedoch interionische Wechselwirkungen auf, werden die Verhältnisse komplizierter und bei geladenen kolloiden Partikeln — für die keine der DEBYE-HÜCKELschen Theorie entsprechende Theorie existiert — sehr unübersichtlich.

In der experimentellen Praxis hilft man sich dadurch, daß die Diffusionspotentiale durch Zugabe ausreichender Mengen Fremdelektrolyt unterdrückt werden.

§ 14. Sedimentationserscheinungen

Es ist praktisch unmöglich, ein materielles System nicht der Schwerkraft auszusetzen. In einem dispersen System, dessen Dispersionsmittel eine Flüssigkeit oder ein Gas ist, muß sich die Wirkung der Schwerkraft dadurch bemerkbar machen, daß die dispergierte Substanz je nach ihrer Dichte zu Boden sinkt oder nach oben steigt. Dieser Vorgang wird Sedimentation genannt, wobei er sich im engeren Sinne auf das Absinken bezieht; ein Aufsteigen wird auch als Flotation oder Aufrahmen bezeichnet, obwohl es sich dabei eigentlich auch um eine Sedimentation, nämlich der des Dispersionsmittels, handelt. Der sedimentierenden Wirkung äußerer Massenkräfte unterliegen natürlich alle Partikeln ungeachtet ihrer Größe; während sich jedoch das Absetzen gröberer Aufschlämmungen — etwa von Erde mit Wasser —, leicht beobachten läßt, dürfte die Feststellung eines solchen Effektes bei einer wässerigen Zuckerlösung schwierig sein. Jede Veränderung der gleichmäßigen Verteilung der dispergierten Partikeln ruft nämlich ein Konzentrationsgefälle hervor, das die entstandenen Unterschiede durch Diffusion auszugleichen strebt. Hierbei kann sich schließlich ein Gleichgewichtszustand einstellen, der zwar, wie Abb. 13.2 zeigt, zu einer unterschiedlichen Konzentrationsverteilung führt, aber doch verhindert, daß sich etwa die Zuckermoleküle unseres Beispiels auch nach sehr langen Zeiten auf dem Boden des Gefäßes ansammeln. 'Solche Sedimentationsgleichgewichte können in kolloiden Systemen eher beobachtet werden als anderswo,' da bei ihnen die physikalischen Voraussetzungen besonders günstig sind. So beobachtete PERRIN die auf Abb. 14.1 dargestellte Verteilung von Mastixteilchen. Es bildet sich ein Zustand heraus, der ein genaues Abbild der Dichteverteilung eines Gases in der Atmosphäre in

---

[1] BECKMANN, C. O., u. J. L. ROSENBERG: J. Ann. New York Acad. Sci. **46**, 329 (1945).

[2] Diese sind in § 14 aufgeführt, um sie mit der Sedimentation geladener Partikeln in Zusammenhang zu bringen. Vgl. dazu A. EUCKEN: Lehrbuch Chem. Physik. II,2. Leipzig 1944. S. 1096ff.

einem anderen Maßstab entspricht und auch den gleichen Gesetzmäßigkeiten gehorcht.

Zwischen der Geschwindigkeit, mit der ein Körper in einem flüssigen Medium[1] absinkt oder aufsteigt und den Dimensionen des Körpers bestehen einfache Beziehungen. Die Kraft, die auf einen Körper des Volumens v_j und der Dichte ϱ_j wirkt, ist, wenn ϱ_0 die Dichte des Dispersionsmittels und g die Erdbeschleunigung ist

$$\Re = v_j\,(\varrho_j - \varrho_0)\,g = v_j\,\varDelta\varrho\,g\,. \qquad (14.1)$$

Beim Fallen des Körpers in einem zähen Medium wirken Reibungskräfte auf ihn ein, die seiner Geschwindigkeit proportional sind und der Fallbewegung derart entgegenwirken, daß sich eine gleichförmige Geschwindigkeit einstellt. Ist $\Re$ die Reibungskraft, so gilt

$$\Re = (dx/dt)\,f\,. \qquad (14.2)$$

f ist die aus der Theorie der Diffusion (§ 13) bekannte Reibungskonstante. Wenn sich der Gleichgewichtszustand eingestellt hat, müssen beide Kräfte gleich sein, so daß gilt

$$\Re = \Re = v_j\,\varDelta\varrho\,g = (dx/dt)\,f\,. \qquad (14.3)$$

Hieraus erhält man die Sedimentationsgeschwindigkeit zu

$$\frac{dx}{dt} = \frac{v_j\,\varDelta\varrho\,g}{f}\,. \qquad (14.4)$$

Für Kugeln ist $V_j = 4\pi\,r^3/3$, hier kann auch das STOKESsche Gesetz [Gl. (13.12)] angewandt werden, sofern die Voraussetzungen für seine Gültigkeit erfüllt sind. Man erhält dann

$$\left(\frac{dx}{dt}\right)_{\text{Kugel}} = \frac{2\,r^2\,\varDelta\varrho\,g}{9\,\eta}\,. \qquad (14.5)$$

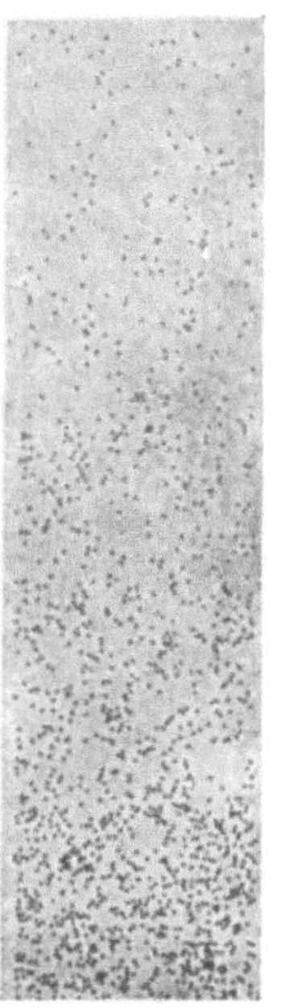

Abb. 14.1. Sedimentationsgleichgewicht eines Mastix-Sols nach PERRIN (entnommen aus A, EUCKEN: Grundriß d. physik. Chemie, 4. Aufl., Leipzig, 1934)

Diese von STOKES herrührende Gleichung ist für makroskopische Kugeln leicht nachzuprüfen. (Die Bestimmung der Sinkgeschwindigkeit kleiner Kugeln bekannten Durchmessers wird vielfach zur Bestimmung der Viskosität von Flüssigkeiten benutzt.)

Einen Überblick über den Zusammenhang zwischen Teilchenradius und Sedimentationsgeschwindigkeit für ein willkürliches Beispiel gibt Tab. 14.I. Daraus ist zu erkennen, daß die Geschwindigkeiten im Bereich typisch kolloider Dimensionen von der Größenordnung der Partikelradien werden; von dieser Größenordnung sind hier aber auch die durch die BROWNsche Bewegung verursachten Verschiebungen. Ist das Dispersionsmittel ein Gas, so kann für den Reibungskoeffizienten f je nach dem Verhältnis von Teilchenradius zur freien Weglänge der Gasmoleküle

---

[1] Für gasförmige Medien sind einige Besonderheiten zu beachten, vgl. § 74.

Tabelle 14.I nach Gl. (14.5) $\eta = 0{,}01$, $\Delta\varrho = 1$

r	dx/dt
1 mm	$2{,}18 \cdot 10^2$ cm/sek
Blutkörper $\{$ 10 μ	$2{,}18 \cdot 10^{-2}$,,
1 μ	$2{,}18 \cdot 10^{-4}$,, $= 2{,}18\,\mu$/sek
Koll. Gold $\{$ 0,1 μ	$2{,}18 \cdot 10^{-6}$,,
10 mμ	$2{,}18 \cdot 10^{-8}$,, $= 0{,}218$ mμ/sek
Proteine $\{$ 1 mμ	$2{,}18 \cdot 10^{-10}$,, $= 2{,}18 \cdot 10^{-3}$ mμ/sek

eine der Formeln (13.22, 13.23, 13.24) verwendet werden. Für Gase von etwa Atmosphärendruck kommt man mit dem STOKES-CUNNINGHAM-schen Gesetz (13.22) aus. Einsetzen dieser Gleichung in (4) ergibt dann für Kugeln

$$\left(\frac{dx}{dt}\right)_{\text{Kugel}} = \frac{2 r^2 \Delta\varrho\, g}{9\,\eta}\,(1 + A\,\bar{l}/r). \qquad (14.6)$$

$(A \sim 0{,}85)$

Diese Formel kann für die Sedimentation von Aerosolen mit Partikelradien kleiner als 1μ angewandt werden.

In der allgemeinen Gl. (4) läßt sich f durch die Diffusionskonstante nach Gl. (13.10) ersetzen. Man erhält

$$\frac{dx}{dt} = \frac{v_j\, \Delta\varrho\, g\, N_L\, D}{RT}. \qquad (14.7)$$

Die Bestimmung der Sedimentationsgeschwindigkeit hat in der Kolloidchemie insofern eine große Bedeutung, als hierdurch Bestimmungen von v_j und bei Kenntnis von ϱ_j auch solche der Partikelmasse m_j oder des Partikelmolgewichts M_j möglich sind. Eine Schwierigkeit der direkten Anwendung von Gl. (7) besteht jedoch darin, daß sich die Dichte ϱ_j bzw. $\Delta\varrho$ nicht ohne weiteres angeben läßt. In den meisten kolloiden Systemen ist die Dichte der Partikel nicht gleich der Dichte der makroskopischen Substanz mit Ausnahme einiger weniger Fälle, wie etwa bei den Edelmetallsolen. Ein einfacher Ausweg besteht darin, die Dichte oder deren reziproken Wert, das spezifische Volumen, der dispergierten Substanz zu bestimmen. Es muß nämlich die Volumenänderung dV des gesamten Systems bei einer Änderung der Gewichtskonzentration um dc_g demjenigen Volumen entsprechen, das 1 Gramm Substanz bei der vorgegebenen Konzentration c_g unter den speziellen Verhältnissen des Systems einnimmt. Diese Größe $\partial V/\partial c_g$ wird als partielles spezifisches Volumen V_{sj} bezeichnet und muß ihrer Definition gemäß, gleich $1/\varrho_j$ sein (Näheres siehe § 34).

Das Partikelmolgewicht M_j $(= N_L\, m_j)$ ist $N_j\, v_j\, \varrho_j$ gleichzusetzen, demnach ist

$$N_L\, v_j\, \Delta\varrho = M_j\, \Delta\varrho/\varrho_j = M_j\,[1 - (\varrho_0/\varrho_j)] = M_j\,(1 - V_{sj}\,\varrho_0).$$

Eingesetzt in Gl. (7) ergibt dies:

$$\boxed{\frac{dx}{dt} = \frac{M_j\,(1 - V_{sj}\,\varrho_0)\, D}{RT}\cdot g} \qquad (14.8)$$

Diese Gleichung ist die Grundlage für die Bestimmung von Partikelmolgewichten aus der Sedimentationsgeschwindigkeit.

In der Praxis würde die Anwendung der Theorie bei Systemen mit kleinen Partikeln (z. B. Proteinen) auf Schwierigkeiten stoßen, da, wie Tab. 14.I zeigt, die durch die Schwerkraft verursachten Geschwindigkeiten sehr klein sind.

Läßt man aber unser betrachtetes System mit Hilfe einer geeigneten Vorrichtung schnell in einem bestimmten Abstand um eine Achse rotieren, wie es Abb. 14.2 schematisch darstellt, so wird durch die dabei auftretenden Zentrifugalkräfte ebenfalls eine Sedimentation hervorgerufen, deren Geschwindigkeit bei hohen Umdrehungszahlen sehr groß sein kann. Maschinen, die Derartiges leisten, heißen Zentrifugen, und wenn sie hohe Umdrehungszahlen besitzen, Ultrazentrifugen (vgl. § 34). Bezeichnet x den Abstand von der Rotationsachse und u die Zahl der Umdrehungen in der Zeiteinheit, so ist die Zentrifugalbeschleunigung

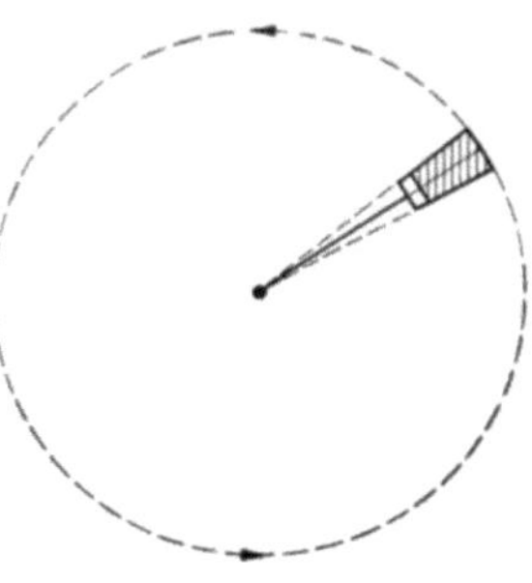

Abb. 14.2. Siehe Text

$$\gamma = (2\pi u)^2 x = \omega^2 x$$

(ω = Kreisfrequenz).

Wird in Gl. (7) die Erdbeschleunigung g durch $\omega^2 x$ ersetzt, erhält man für die Sedimentationsgeschwindigkeit im Zentrifugalfeld

$$\frac{dx}{dt} = \frac{v_j \, \Delta\varrho}{f}\, \omega^2 x = \frac{M_j \, (1 - V_{sj}\, \varrho_0)\, D}{RT}\, \omega^2 x \ . \tag{14.9}$$

Tab. 14.II zeigt für das in Tab. 14.I berechnete Beispiel die Sedimentationsgeschwindigkeiten im Zentrifugalfeld bei verschiedenen Umdrehungsgeschwindigkeiten.

Tabelle 14.II [nach Gl. (14.9) und (14.3)]

Umdrehungen/min	$\omega^2 x$	dx/dt für $r = 10\ \mathrm{m}\,\mu$ $\eta = 0{,}01$ Poise $= 1$ centiPoise		
6 000	2050 g	$4{,}47 \cdot 10^{-5}$ cm/sek	$= 1{,}61$	$\cdot 10^{-1}$ cm/h
24 000	32100 g	$7 \quad\cdot 10^{-4}$ „	$= 2{,}5$	$\cdot 10^{-1}$ „
60 000	205000 g	$4{,}47 \cdot 10^{-3}$ „	$= 16{,}1$	$\cdot 10^{-1}$ „

Wie aus der Tabelle hervorgeht, sedimentieren in stärkeren Zentrifugalfeldern auch kleinere Partikel mit gut meßbarer Geschwindigkeit. Durch die Entwicklung der Ultrazentrifuge durch Svedberg[1] (vgl. § 34) ist die Messung der Sedimentationsgeschwindigkeit bei hohen Umdrehungszahlen heute relativ leicht möglich. Die Meßtechnik ist so ausgebildet, daß die Methode für die Bestimmung von Partikelmolgewichten zu einer Standardmethode geworden ist.

---

[1] Th. Svedberg u. K. O. Pedersen: Die Ultrazentrifuge. Leipzig u. Dresden 1940.

Bei der Sedimentation kleiner Partikeln, welche bereits eine erhebliche BROWNsche Bewegung besitzen, ist, — wie bereits erwähnt — der Einfluß des Diffusionsbestrebens zu berücksichtigen.

Partikeln gleicher Größe seien in einem Volumen gleichmäßig über den ganzen Raum verteilt. Wenn die Sedimentation begonnen hat, bewegen sich sämtliche Teilchen mit gleichmäßiger Geschwindigkeit in einer Richtung. Dadurch sollte sich eine Grenze ausbilden, oberhalb welcher sich keine Partikel mehr befinden, da sie bereits sedimentiert sind (Abb. 14.3a). Hingegen muß mit fortlaufender Sedimentation die Konzentration unterhalb der Grenze dauernd ansteigen (Abb. 14.3 bei c_t). Auf diese Weise entsteht an der Grenze ein Konzentrationsgefälle, das eine Diffusion hervorruft, welche der Sedimentation entgegengesetzt ist und diese zu bremsen sucht. Bei entsprechender Dauer kann sich schließlich ein Gleichgewichtszustand einstellen, in welchem die Menge der in der Zeiteinheit aus einem Volumenelement heraus*sedimentierenden* Substanz gleich der Menge der hinein*diffundierenden* ist. Dieses Sedimentationsgleichgewicht läßt sich in folgender Weise formulieren:

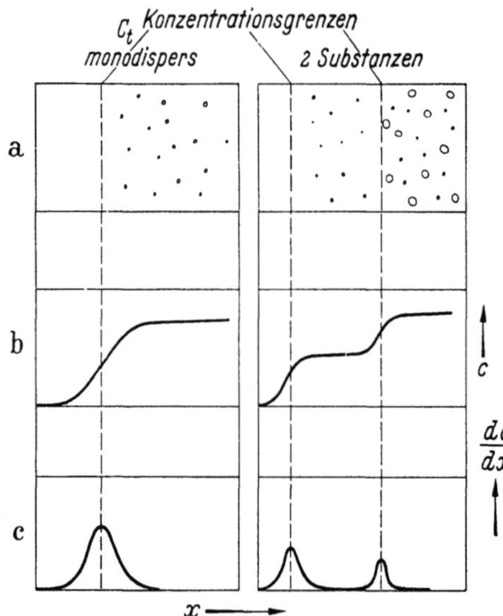

Abb. 14.3. Schematische Darstellung der Sedimentation eines monodispersen (links) und eines aus zwei Substanzen bestehenden Systems (rechts) bei gleichzeitiger Diffusion. a) Schema der Wanderung der Partikeln, b) Verlauf der c, x-Kurve, c) Verlauf der dc/dx, x-Kurve

Ist $q\,dx$ ein Volumenelement mit dem Querschnitt q und der Höhe dx (vgl. Abb. 13.2), so herrscht in ihm die Konzentration

$$c = \frac{dm}{q\,dx},$$

wenn dm die Menge der dispergierten Substanz bedeutet[1].

Nun ist die Diffusionsgeschwindigkeit durch das erste FICKsche Gesetz, Gl. (13.1) gegeben.

Die Geschwindigkeit, mit der die Menge dm sedimentiert, ist nach Gl. (8) unter Berücksichtigung von

$$\left(\frac{dm}{dt}\right)_{\text{Sed.}} = c\,q\,\frac{dx}{dt} = c\,q\,B_j\,D\,g \tag{14.10}$$

mit

$$B_j = v_j\,\Delta\varrho = M_j\,(1 - V_{sj}\,\varrho_0)/RT. \tag{14.11}$$

---

[1] Vgl. auch die Ableitung zur Berechnung der Diffusionskonstante, S. 54.

Die resultierende Menge, die in der Zeiteinheit durch den Querschnitt q wandert, ist also:

$$\frac{dm}{dt} = \left(\frac{dm}{dt}\right)_{\text{Sed.}} - \left(\frac{dm}{dt}\right)_{\text{Diff.}} = c\, q\, B_j\, D\, g + q\, D\, \frac{dc}{dx}\,. \qquad (14.12)$$

Im Gleichgewicht ist $\left(\frac{dm}{dt}\right)_{\text{Sed.}} = \left(\frac{dm}{dt}\right)_{\text{Diff.}}$, und $\frac{dm}{dt} = 0$, so daß sich ergibt:

$$- \frac{dc}{dx} = c\, B_j\, g\,. \qquad (14.12\,\text{a})$$

Diese Differentialgleichung läßt leicht integrieren, wenn danach gefragt wird, wie groß die Konzentration c an der Stelle x ist, wobei c_0 die Konzentration an der Stelle x_0 des betrachteten Systems (etwa an dessen Boden) sein soll. Es ist dann

$$-\int_{c_0}^{c} \frac{dc}{c} = \int_{x_0}^{x} B_j\, g\, dx \qquad (14.13)$$

und

$$\ln (c/c_0) = -\, B_j\, g\, (x - x_0)$$

oder

$$c = c_0\, e^{-\,B_j g\,(x - x_0)}\,. \qquad (14.14)$$

Man erhält also einen Ausdruck, der als barometrische Höhenformel bekannt ist und auch aus dem BOLTZMANNschen e-Satz abgeleitet werden kann.

Befindet sich das System in einem Zentrifugalfeld, so ist $(dm/dt)_{\text{Sed.}} = c\, q\, B_j\, \omega^2\, x$ und $dm/dt = q\,[c\, B_j\, D\, \omega^2\, x + D\,(dc/dx)]$, für $dm/dt = 0$ ist

$$- \frac{dc}{dx} = c\, B_j\, \omega^2\, x\,. \qquad (14.15)$$

Integriert man zwischen den gleichen Grenzen wie oben, erhält man

$$\ln (c/c_0) = -\, B_j\, \omega^2\, (x^2 - x_0^2)/2\,. \qquad (14.16)$$

Einsetzen von Gl. (11) für B_j und Auflösen nach M_j führt zu

$$\boxed{\; M_j = \frac{2\,RT\,\ln (c/c_0)}{(1 - V_{sj}\,\varrho_0)\,(x^2 - x_0^2)\,\omega^2} \;} \qquad (14.17)$$

Diese Gesetzmäßigkeit kann wie Gl. (8) zur Ermittlung von Partikelmolgewichten herangezogen werden; sie besitzt den Vorteil, daß die Diffusionskonstante nicht mehr darin auftritt und nicht gesondert bestimmt zu werden braucht.

Die Zeit, nach der sich das Sedimentationsgleichgewicht einstellt, muß natürlich von der Sedimentationsgeschwindigkeit und damit auch von der Diffusionskonstanten abhängen. Nach WEAVER[1] ist sie doppelt so groß wie die Zeit, die eine Partikel benötigt, um von einem zum anderen

---

[1] WEAVER, W.: Physic. Rev. (2) **27**, 499 (1926).

Ende des Sedimentationsraumes zu gelangen. Wie man aus Gl. (12) leicht ableiten kann, ist

$$t_{\max} = 2h^2/D \ln (c/c_0) \cdot 3600 \text{ Stunden}, \qquad (14.18)$$

wenn h die Länge der gesamten Sedimentationsstrecke bedeutet. Die Einstellzeiten werden um so kleiner, je größer D und je kleiner die Partikeln selbst sind; bei großen Teilchen kann $t_{\max}$ so groß werden, daß eine Gleichgewichtseinstellung außerhalb der Beobachtungsmöglichkeiten liegt.

Z. B. wäre für $h = 0,4$ cm, $c/c_0 = 3$ und $D_{20} = 7,3 \cdot 10^{-7}$, die dem β-Lactoglobulin mit $M_j = 38000$ entspricht

$$t_{\max} = 0,4^2/1,8 \cdot 10^3 \cdot 7,3 \cdot 10^{-7} \cdot 2,3 \log 3 = 110 \text{ Stunden}$$

für ein Protein mit einem Molgewicht von 480000 (Urease) und $D_{20} = 3,5 \cdot 10^{-7}$ hat $t_{\max}$ den Wert 230 Stunden. In der Praxis wird allerdings eine kleinere Einstellzeit genügen, da der Endzustand des Gleichgewichts nach Gl. (18) asymptotisch erreicht wird. Bei $70 \cdots 80$ v. H. der theoretischen Zeit ist die Annäherung bereits so groß, daß sie in dem Bereich der Meßgenauigkeit der Ultrazentrifuge fällt.

Von VAN HOLDE und BALDWIN[1] wird vorgeschlagen, das zu untersuchende System in sehr geringen Schichtdicken (≤ 1 mm) in die Ultrazentrifuge einzubringen, da $t_{\max}$ in quadratischer Abhängigkeit steht, ist der Einfluß erheblich. Beim angeführten Beipsiel verringert sich bei $h = 0,1$ cm die Zeit von 110 auf 6,88 Stunden.

Der Einfluß der Diffusion ist natürlich bei jeder Sedimentation wirksam. Daher bildet sich nur bei großen Partikeln mit kleiner Diffusionskonstante eine schärfere Sedimentationsgrenze aus; hier ist auch die Fallzeit kurz. Im Bereich kolloider Systeme, insbesondere bei den makromolekularen Substanzen nicht allzu hohen Molgewichts, ist die Sedimentationsgeschwindigkeit schon so klein, daß die Grenze der absinkenden Schicht durch die Diffusion verwischt wird. Es ist so, als ob eine Diffusionsstrecke — sonst durch Überschichten von Lösung und Lösungsmittel hergestellt, hier aber durch die Sedimentation entstanden —, langsam von einem Ende eines Gefäßes zum anderen wandert, wobei sie sich immer mehr und mehr ausbreitet. (Abb. 14.4 zeigt dies an dem Beispiel des Sedimentationsverlaufes zweier verschieden schwerer Substanzen.)

Die Grundlage für eine in neuerer Zeit vielfach mit Erfolg angewandte Methode der Bestimmung des Partikelmolgewichts, die ebenfalls nicht die Kenntnis von D benötigt, stammen von ARCHIBALD[2].

Geht man von der Differentialgleichung für die Sedimentation im Zentrifugalfeld Gl. (12) aus, welche die Substanzmenge dm beschreibt, die in der Zeit dt durch einen bestimmten Querschnitt der Sedimentationszelle wandert, so wissen wir, daß sie für $dm/dt = 0$ die Lösungen (15) bis (17) besitzt, die wir als Gleichung für das Sedimentationsgleichgewicht bezeichnet haben. ARCHIBALD wies darauf hin, daß diese Lösungen auch für alle Stellen gültig sein müssen, wo $dm/dt = 0$ ist, unabhängig davon, ob das Gleichgewicht eingestellt ist oder nicht, also etwa auch kurz nach Beginn der Sedimentation. Solche Stellen sind das obere und das untere Ende — Meniskus und Boden — einer Sedimentations-

---

[1] VAN HOLDE, K. E. u. R. L. BALDWIN: J. physic. Chem. **62**, 734 (1958).
[2] ARCHIBALD, W. J.: J. physic. Chem. **51**, 1204 (1947).

zelle, an diesen Stellen kann nämlich die dispergierte Substanz weder hinein noch heraus wandern.

Wenn x_0 und x_b die Rotorradien, c_0, c_b die Konzentrationen sowie $(dc/dx)_0$ und $dc/dx)_b$ die Konzentrationsgradienten am Meniskus und am Boden sind, so gilt

$$B_j = -\frac{1}{\omega^2 c_0 x_0}\left(\frac{dc}{dx}\right)_0 = \frac{1}{\omega^2 c_b x_b}\left(\frac{dc}{dx}\right)_b. \qquad (14.18\,\mathrm{a})$$

Werden diese Größen zu einer beliebigen Zeit bestimmt, so lassen sich ohne weiteres Partikelmolgewichte berechnen, die ebenfalls keine besondere Messung der Diffusionskonstante benötigen[1].

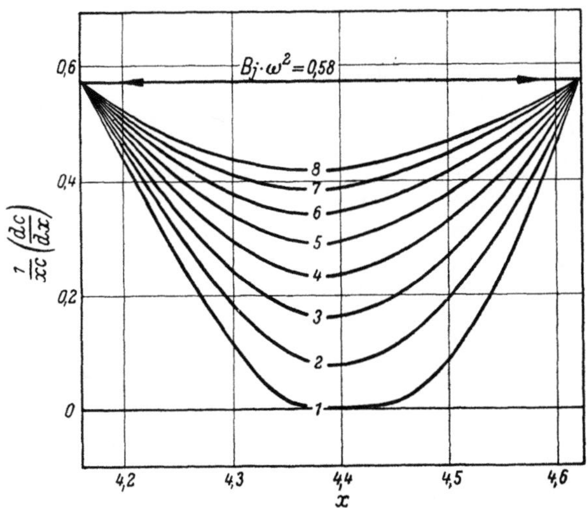

Abb. 14.4. Nach Gl. (14.18a) berechnete Kurven für $B_j\,\omega^2$ in Abhängigkeit von x für verschiedene Zeitpunkte (von 1—8 zunehmend) der Sedimentation. Alle Kurven münden am Meniskus (links) und am Boden (rechts) der Zelle in den gleichen Wert für $B_j\,\omega^2$. Nach ARCHIBALD loc. cit.

Die von ARCHIBALD nach verschiedenen Zeiten für ein bestimmtes $B_j\,\omega^2$ berechneten Werte zeigt Abb. 14.4, die erkennen läßt, wie bei x_0 und x_b alle Werte unabhängig vom Zeitpunkt zusammentreffen.

Die Verteilung der Substanzen während der Sedimentation läßt sich durch eine Differentialgleichung von LAMM[2] darstellen, die wir im Prinzip bereits in den Gln. (12) und (15) benutzt haben. Nach COHN und EDSALL[3] kann man dieser Gleichung auch folgende Form geben, wenn man die Zeitabhängigkeit der Konzentration darstellen will:

$$\frac{dc}{dt} = D\,\frac{\partial^2 c}{\partial x^2} - \frac{1}{f}\,\frac{\partial\,(\Phi\,c)}{\partial x}. \qquad (14.19)$$

---

[1] dc/dx wird durch die optische Aufnahmetechnik des PHILPOT-SVENSSON-Diagramms geliefert, x erhält man durch direkte Ausmessung. Einige Schwierigkeiten bereitet die Bestimmung von c_0 und c_b, doch ließen sich diese unter Beachtung gewisser Vorsichtsmaßregeln und Korrekturen durch Integration ermitteln. Vgl. dazu S. M. KLAINER u. G. KEGELES: J. physic. Chem. **59**, 952 (1955).

[2] LAMM, O.: Ark. Mat., Astronomi Fysik **21** B Nr. 2 (1929).

[3] COHN, E. J. u. J. T. EDSALL: Proteins, Amino Acids, and Peptides etc., New York 1943. S. 419ff.

5*

Darin ist Φ die auf *eine* Partikel wirkende Zentrifugalkraft ($\Phi = B_j\, D\, \omega^2\, x/N_L$).

Für besonders gelagerte Idealfälle, die aber in der Praxis häufig vorkommen, kann ein von PEDERSEN[1] angegebenes Lösungsverfahren dieser Gleichung angewandt werden. FUJITA[2] gelang eine allgemeinere Lösung für den Fall, daß die Sedimentationskonstante [Gl. (20)] linear von der Konzentration abhängt.

Ein Verfahren, das stochastisch-mathematische Methoden verwendet, konnte von GEHATIA[3] mit Erfolg zur Lösung der allgemeinen Differential-Gl. (19) angewandt werden.

Er erhielt für die Wahrscheinlichkeit, im Zentrifugalfeld eine Partikel, die sich zur Zeit $t = 0$ an der Stelle x_0 befunden hat, zur Zeit t zwischen x und $x + dx$ anzutreffen (vgl. § 13):

$$W(x_0 \to x_1\, t)\, dx = [1/2\, (\pi\, D\, \alpha\, t)^{\frac{1}{2}}]\, \exp\, [-\, (x_0\, e^{\beta\, t} - x)^2/4\, D\, \alpha\, t]\, dx,$$

worin $\beta = \omega^2\, s$ und $\alpha = (e^{2\beta t} - 1)/2\,\beta\, t$ bedeuten. Die Gleichung erfordert für die praktische Auswertung die Benutzung von Tabellen. Von GEHATIA sind aber auch hinreichend genaue Näherungslösungen angegeben worden, die eine Auswertung auf einfacherem Wege ermöglichen. Vorteilhaft ist, daß auf diese Weise sowohl s, D und B_j aus dem Verlauf einer einzigen c, x- oder dc/dx, x-Kurve der Sedimentation bestimmt werden können.

Das Gegeneinanderwirken von Sedimentation und Diffusion verlangt vom Beobachter der Wanderungsgeschwindigkeit, eine Stelle herauszufinden, deren Konzentration während der ganzen Wanderung definiert ist. Man wählt hierzu die Stelle des Wendepunkts der Diffusionskurve, an welchem die Konzentration den Wert $c/2$ besitzt. Die Wahl dieses „50%-Punktes" ist auch deswegen vorteilhaft, da dc/dx in Abhängigkeit von x direkt gemessen werden kann; der Differentialquotient hat aber beim „50%-Punkt" ein Maximum[4].

Für kolloide Substanzen, wie z. B. die Makromoleküle, ist die Sedimentationsgeschwindigkeit eine charakteristische Konstante. M_j, V_{sj} und D oder f sind Eigenschaften der Substanz, wenn diese in chemischer Zusammensetzung, Größe, Gestalt und Struktur eindeutig bestimmt ist. SVEDBERG[5] definierte eine Sedimentationskonstante durch folgende Gleichung:

$$s = \frac{\dfrac{dx}{dt}}{\omega^2\, x} \tag{14.20}$$

oder integriert:

$$s = \frac{\ln\, (x_2/x_1)}{\omega^2\, (t_2 - t_1)}$$

[1] SVEDBERG-PEDERSEN, loc. cit.
[2] FUJITA, H.: J. chem. Physics **24**, 1084 (1956).
[3] GEHATIA, M.: Bull. Res. Council Israel, 6A, 281 (1957); — u. E. KATCHALSKI: J. chem. Physics **30**, 1334 (1959); Kolloid-Z. **167**, 1 (1959).
[4] Vgl. Anhang IV. — [5] SVEDBERG u. PEDERSEN: loc. cit.

(näherungsweise für $x_2/x_1 < 1,4$; $s = 2\,(x_2 - x_1)/\omega^2\,(x_2 + x_1)\,(t_2 - t_1)$)
Mit Hilfe von (9) wird daraus

$$s = M_j\,(1 - V_{sj}\,\varrho_0)\,D/RT = B_j\,D. \tag{14.20a}$$

Es hat sich weitgehend eingebürgert, für Makromoleküle, die sonst
schwer zu kennzeichnen sind, die Konstante s anzugeben. Da s temperaturabhängig ist, bezieht man die Konstante auf 20 °C und bezeichnet
sie als s_{20}. (Weitere Einzelheiten in § 34).

Um die Verhältnisse nicht zu komplizieren, haben wir bisher stillschweigend angenommen, daß unsere zur Ableitung der Formeln benutzten Modellfälle nicht nur Teilchen einer einzigen Sorte und Größe enthalten, sondern auch noch, daß diese ein ideales Verhalten zeigen. Von
einem idealen Gas wird z. B. verlangt, daß das Volumen der einzelnen
Moleküle vernachlässigbar klein sein soll und daß keine Kräfte zwischen
ihnen auftreten. Dasselbe gilt hier auch, zum mindesten was die Kräfte
anbelangt. Vom Eigenvolumen der Partikel wird nur verlangt, daß es
die Sedimentation nicht stört; sie dürfen sich gegenseitig nicht beim
Fallen behindern. Klein sind die Partikeln wohl in keinem Fall, doch
fällt das bei hinreichend kleiner Konzentration nicht ins Gewicht. Wie
bei allen in der physikalischen Chemie aus Vereinfachungsgründen
idealisierten Systemen stellen auch unsere betrachteten Systeme und
Gesetzmäßigkeiten Grenzfälle dar; beim Übergang zu realen Verhältnissen hat man diesem Rechnung zu tragen. Allerdings hat die Erfahrung gezeigt, daß der Bereich der Gültigkeit der idealen Gesetzmäßigkeiten bei der Sedimentation — zum mindesten in wässerigen Systemen—
sehr weit zu sein scheint.

Zu den Idealfällen (im Sinne obiger Definition) sind noch die Fälle
zu rechnen, wo Partikeln verschiedener Masse auftreten. Sind nur zwei
Sorten vorhanden, wird jede von ihnen — bei hinreichend idealer Verdünnung — mit der ihr eigenen Geschwindigkeit sedimentieren. Für
jede Sorte bildet sich dann eine eigene Sedimentationsgrenze aus.
Abb. 14.3a zeigt an einem Beispiel (Mischung zweier Proteine), wie die
Sedimentationsgrenze der Substanz mit der größeren Masse vorauseilt.
Wird die Konzentration der gesamten Substanz (d. h. die Summe beider
sedimentierender Substanzen) an jeder Stelle x des Systems auf irgendeine Weise (vgl. § 34) gemessen, so erhält man eine c—x-Kurve, wie sie
Abb. 14.3b zeigt. Sie entspricht zwei Diffusionsgrenzen, die beide mit
verschiedener Geschwindigkeit wandern. Für später zu erörternde Meßmethoden ist es wichtig, sich den Verlauf des Differentialquotienten
dc/dx dieser Kurve in Abhängigkeit von x vor Augen zu führen, wie es
in Abb. 14.3c dargestellt ist. Hier ergeben sich zwei — im Idealfall —
GAUSSsche Fehlerkurven, deren Maxima den „50%-Punkten" der Konzentrationen beider Partikelsorten entsprechen (vgl. dazu auch Abb. 14.5).
Diese unabhängige Sedimentation jeder Teilchensorte ist die Grundlage
der Auftrennung polydisperser Systeme in verschiedene Fraktionen.
Sind mehr als zwei Sorten vorhanden, treten so viel Grenzen, Stufen oder
Maxima auf, als Sorten vorhanden sind, was nicht nur eine qualitative,
sondern auch eine quantitative Analyse eines Gemisches mit mehreren

— aber nicht zu vielen — Teilchensorten ermöglicht. Eine Grenze ist dabei durch die Leistungsfähigkeit der Beobachtungsinstrumente und der Intensität des Zentrifugalfeldes gesetzt[1].

Bei polydispersen Systemen, in denen Partikeln aller Größen vorkommen, ist ebenfalls eine Analyse möglich, obwohl man sich hier meistens begnügt, die Häufigkeitsverteilung fraktionsweise zu ermitteln.

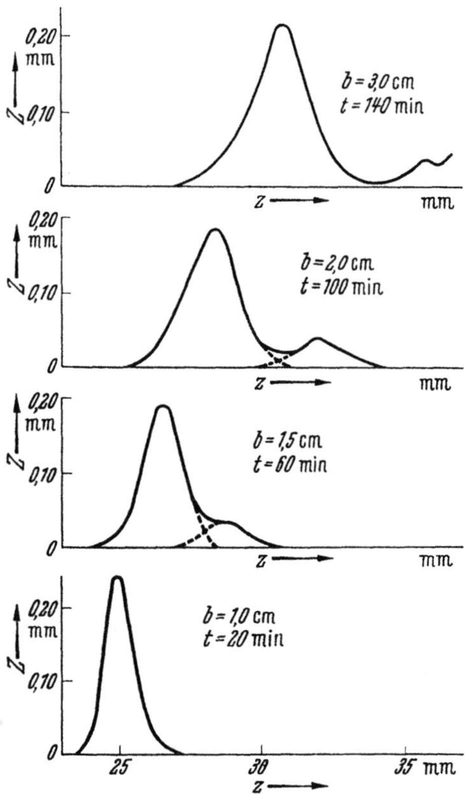

Abb. 14.5. Experimentelles Beispiel der Sedimentation eines Gemisches zweier verschieden schnell wandernder Substanzen. $Z = dn/dz$; b = Abstand des Hauptmaximums vom Nullpunkt. $(dn/dz = F \cdot dc/dz)$ (nach HENGSTENBERG, in STUART: Phys. d. Hochpolym. Bd. II)

Eine ausführlichere Darstellung dieser Methodik wird in § 34 gegeben.

Die Effekte, die durch nichtideale Verhältnisse bei der Sedimentation hervorgerufen werden, beruhen im wesentlichen auf gegenseitiger Beeinflussung der dispergierten Substanz, doch können auch die Eigenschaften des Dispersionsmittels störend wirken.

Bisher wurde stillschweigend angenommen, daß die betrachteten Systeme bei der Sedimentation an jeder Stelle die gleiche Dichte besitzen. In einem stärkeren Zentrifugalfeld ist dies aber nur für völlig inkompressible Systeme der Fall. Kompressible Flüssigkeiten werden durch die Zentrifugalkraft zusammengedrückt; da diese mit dem Abstand x zunimmt, ist der Druck am Boden einer Sedimentationszelle größer als oben; die Dichte des Systems muß in radialer Richtung größer werden. $\Delta\varrho$ ist dann nicht mehr konstant, sondern ändert sich mit x. Für Wasser ist dieser Effekt nicht sehr bedeutend. für die meisten organischen Flüssigkeiten mit höherer Kompressibilität sind jedoch Korrekturen notwendig.

Bei höheren Konzentrationen ist auch der Diffusionskoeffizient D keine Konstante mehr und das zweite FICKsche Gesetz hat die Form der Gl. (13.9), deren Auflösung nicht in jedem Fall möglich ist. Wenn D eine Funktion der Konzentration ist, wird auch s eine sein müssen. Man fin-

---

[1] Für die Berechnung des Auflösungsvermögens einer gegebenen Ultrazentrifuge, d. h. für den Unterschied von s, der gerade noch feststellbar ist, sind von SVEDBERG und PEDERSEN (loc. cit.) besondere Formeln angegeben worden.

det dann verschiedene Werte für s nicht nur bei verschiedenen Ausgangskonzentrationen, sondern auch während der Sedimentation, wo ja die Konzentration dauernd zunimmt. (Das kann dazu dienen, das Abweichen vom idealen Verhalten festzustellen.)

Das Verhalten eines nichtidealen Systems im Sedimentationsgleichgewicht ist aus kinetischen Betrachtungen, wie wir sie bisher angewandt haben, nicht ohne weiteres herzuleiten. Einfacher lassen sich geeignete mathematische Beziehungen aus thermodynamischen Überlegungen entwickeln (vgl. § 19). Es sei aber hier bereits erwähnt, daß die gleichen Korrekturen — wie Aktivitätskoeffizienten u. dgl.) anzubringen sind, die beim Übergang von idealen zu nichtidealen Lösungen nötig sind.

Beachtenswert sind diejenigen Abweichungen vom Idealfall, bei denen eine gegenseitige Behinderung durch besondere Größe und Form der Partikeln auftritt. Teilchen, die die Form von Kugeln oder nicht sehr langgestreckten Ellipsoiden besitzen, behindern sich in ihren Bewegungen erst bei sehr hohen Konzentrationen. So ändert sich z. B. die Sedimentationskonstante bei Proteinen relativ wenig mit der Konzentration, hingegen jedoch in erheblichem Maße bei langgestreckten relativ starren Fadenmolekülen wie Nitrozellulose. Hier müssen sich die Partikeln bereits bei ziemlich kleinen Konzentrationen gegenseitig beeinflussen. Mit steigender Konzentration können sich die Fäden schließlich so verfilzen, daß das dabei entstehende Netzwerk als Ganzes sedimentiert. (Man beobachtet in solchen Fällen, daß die Sedimentationsgrenze mit der Zeit nicht verwischt, sondern immer schärfer wird[1].)

Man kann die Konzentrationsabhängigkeit der Sedimentation auf die Änderung des Reibungsfaktors f zurückführen. Nach BURGERS[2] soll für kugelförmige Partikeln die Gleichung

$$f = f_0 \left(1 + K_s \varphi_2\right) \tag{14.21}$$

gelten, worin φ_2 der Volumenbruch (vgl. dazu § 16 und 19) und K_s eine Konstante bedeuten. Die Sedimentationskonstante ergibt sich daraus zu:

$$s = s_0/(1 + K_s \varphi_2) \tag{14.22}$$

($s_0 =$ Sedimentationskonstante, extrapoliert auf unendliche Verdünnung).

Die gleiche Beziehung erhielten auch BECKMANN und ROSENBERG[3], nur ist ihr K_s von $\sqrt{M_j}$ abhängig, wenn stark geknäuelte Fadenmoleküle vorliegen.

Um die Gln. (9) bzw. (20) etwa zur Berechnung von Partikelmolgewichten benutzen zu können, ist es notwendig, s_0 zu bestimmen, was aber durch Messung bei verschiedenen Konzentrationen und graphische Extrapolation auf die Konzentration 0 möglich ist.

Zwischen s_0 und dem Molgewicht bzw. der Länge von Fadenmolekülen wurden verschiedentlich direkte Beziehungen herzustellen ver

---

[1] Siehe SVEDBERG-PEDERSEN: loc. cit.
[2] BURGERS, J. M.: Proc. Kon. Akad. Wetensch. Amsterdam **44**, 1045, 1177 (1941). — [3] loc. cit. S. 60.

sucht (vgl. hierzu die Diskussion dieser Verhältnisse bei HENGSTENBERG[1]),
die auf Modellvorstellungen des mehr oder weniger geknäuelten Fadens
beruhen. —

Eine andere Abweichung vom Idealverhalten wird beobachtet, wenn
die sedimentierenden Teilchen elektrisch geladen sind. Handelt es sich
z. B. um Substanzen, die in Ionen verschiedener Größe dissoziieren,
welche mit verschiedener Geschwindigkeit sedimentieren, so tritt dadurch eine Trennung der Ladungen ein, die eine Potentialdifferenz erzeugt. Nun wird jedoch diese Trennung nicht beliebig fortschreiten, denn
die entstandene Potentialdifferenz hat die Tendenz, die durch die Sedimentation getrennten Ladungsträger wieder zusammenzuführen; sie
wird also — ähnlich wie bei der Diffusion — hemmend auf die schneller
und beschleunigend auf die langsamer sedimentierenden Ionen einwirken,
bis beide Ionenarten mit gleicher Geschwindigkeit sedimentieren. Die
Größe der Potentialdifferenz muß vom Unterschied der Sedimentationskonstanten bzw. der Massen der beiden Ionenarten abhängen. Sie verschwindet, wenn beide Ionen gleiche Masse besitzen.

Kolloide Partikeln sind in wäßrigen Zerteilungen fast immer elektrisch geladen und enthalten gleichzeitig entgegengesetzt geladene
Ionen (sog. Gegenionen), deren Massen und Sedimentationskonstanten
erheblich kleiner als die der kolloiden Teilchen sind. Der in solchen
Fällen auftretende Potentialgradient und die Änderung der Sedimentationsgeschwindigkeit der großen Partikel kann recht erheblich sein.
Man bezeichnet diese Erscheinung als „primären Ladungseffekt". Er
läßt sich nach TOLMAN[2] folgendermaßen berechnen: Betrachtet man
ein System aus großen Kationen der Wertigkeit n und kleinen einwertigen
Anionen, deren individuelle Wanderungsgeschwindigkeiten bei einem
Potentialgradienten von 1 erg/cm u und v sind, so braucht man nur die
insgesamt auf jedes Ion wirkende Kraft mit diesen Größen zu multiplizieren, um ihre wirklichen Geschwindigkeiten zu erhalten. Nach SVED-
BERG[3] kann man folgendermaßen vorgehen: Im Zentrifugalfeld wirkt
die Kraft $M_j^+ (1 - v_s^+ \varrho_0) \omega^2 x$, ausgedrückt in dyn ($=$ erg/cm). Durch
das entstandene elektrische Feld wirkt die Kraft $F \cdot dE/dx$ ($F =$ FARA-
DAY-Äquivalent) in Joule/cm. Da 1 Joule $= 10^7$ erg sind, erhält man:

$$u \left[M_j^+ \left(1 - V_s^+ \varrho_0 \right) \omega^2 x - n \, 10^7 \, F \, (dE/dx) \right]$$
$$= v \left[M_1^- \left(1 - V_s^- \varrho_0 \right) \omega^2 x + 10^7 F \, (dE/dx) \right] = dx/dt. \tag{14.23}$$

Nach Integration und Elimination von E wird daraus

$$M_j^+ \left(1 - V_s^+ \varrho_0 \right) + n \, M_1 \left(1 - V_s^- \varrho_0 \right) = s \, (n \, u + v)/u \, v. \tag{14.24}$$

Der zweite Faktor der rechten Seite hat die Bedeutung eines Reibungskoeffizienten, der erste ist die Sedimentationskonstante. Um wieder den
Reibungskoeffizienten durch die Diffusionskonstante auszudrücken,

[1] HENGSTENBERG, J.: in Die Physik der Hochpolymeren (Hrsgb. H. A. STUART)
Bd. 2, S. 433ff. Berlin/Göttingen/Heidelberg: Springer 1953.
[2] TOLMAN, R. C.: Proc. Amer. Acad. Arts Sci. **46**, 109 (1910).
[3] SVEDBERG-PEDERSEN: loc. cit.

können die NERNSTschen Ionenbewegungsgleichungen herangezogen werden. Da

$$dm^+/dt = w^+ c \quad \text{und} \quad dm^-/dt = w^- c$$

ist und nach NERNST gilt

$$w^+ = - u\left(\frac{RT}{c}\frac{dc}{dx} + n\, 10^7\, F\,\frac{dE}{dx}\right) \tag{14.25}$$

$$w^- = - v\left(\frac{RT}{c}\frac{dc}{dx} - n\, 10^7\, F\,\frac{dE}{dx}\right) \tag{14.26}$$

ergibt sich unter Berücksichtigung, daß $dm^+ = n\, dm^-$ ist

$$\frac{dm}{dt} = - \frac{(n+1)\, v\, u}{n\, u + v}\, RT\,\frac{dc}{dx}\,. \tag{14.27}$$

Diese Gleichung stellt das erste FICKsche Gesetz dar mit

$$D = \frac{(n+1)\, v\, u}{n\, u + v}\, RT\,. \tag{14.28}$$

Hieraus folgt:

$$f = \frac{n\, u + v}{u\, v} = (n+1)\, RT/D\,. \tag{14.29}$$

Aus den Gln. (24) und (29) erhält man:

$$M_j^+ = \frac{RT\,(n+1)\, s}{D\,(1 - V_s^+\, \varrho_0)} - n_1\, M_1\, \frac{1 - V_s^-\, \varrho_0}{1 - V_s^+\, \varrho_0}\,. \tag{14.30}$$

Wenn M_1^- klein im Verhältnis zu M_j^+ und n nicht sehr groß ist, kann das zweite Glied der rechten Seite vernachlässigt werden.

Für das Sedimentationsgleichgewicht leitet SVEDBERG unter den letztgenannten Bedingungen ab:

$$M_j^+ = \frac{RT\,(n+1)\,\ln\,(c_2/c_1)}{(1 - V_s^+\, \varrho_0)\,\omega^2\,(x_2^2 - x_1^2)}\,. \tag{14.31}$$

Aus diesen Beziehungen ist zu folgern, daß elektrisch geladene Partikeln, deren Ladung im umgebenden Medium durch kleine entgegengesetzt geladene Ionen neutralisiert wird, so sedimentieren, als ob ihr Partikelgewicht den $(n+1)$-fachen Betrag besäße. Setzt man einem solchen System überschüssigen Elektrolyt zu, wird der Potentialgradient dE/dx weitgehend unterdrückt und die Sedimentation wieder der Gesetzmäßigkeit für ungeladene Partikel gehorchen.

§ 15. Rotationsbewegungen

(Rotationsdiffusion)

Nicht nur translatorische Bewegungen kinetischer Einheiten treten in kolloiden Systemen auf. Wie bei kleinen Molekülen die Rotationen um bestimmte Molekülachsen bei einer Reihe von physikalischen Erscheinungen wie z. B. spezifischer Wärme, Ultrarotspektrum, Dielektrizitätskonstante usw. mitwirken, können solche Bewegungsformen auch bei großen Partikeln von Bedeutung sein. Doch führen sie hier zu speziellen Phänomenen, die bei kleinen Partikeln weniger bedeutsam sind.

Größere Teilchen, die in einem Medium kleiner Moleküle dispergiert sind, sollten durch die unregelmäßigen Molekülstöße nicht nur zu Translationsbewegungen, sondern auch zu Drehbewegungen veranlaßt werden. Dies wurde auch tatsächlich von PERRIN[1] an mikroskopisch sichtbaren wäßrigen Dispersionen von Mastix beobachtet. Solche großen nur geringe Zitterbewegungen ausführende Kügelchen besitzen manchmal deutlich erkennbare punktförmige Einschlüsse, die durch irgendwelche Zufälle entstanden sind. Durch diese Punkte konnten Drehungen der Kugeln festgestellt und verfolgt werden. Für die Rotation um einen Winkel β ergeben sich nun Gesetzmäßigkeiten, die weitgehend den Gesetzen der translatorischen BROWNschen Bewegung entsprechen. Es gilt nämlich für eine große Reihe von Beobachtungen der Winkeldrehungen in einer Zeit τ:

$$\frac{\overline{\beta^2}}{2\tau} = \text{const.} \tag{15.1}$$

Ebenso wie bei der translatorischen Diffusion läßt sich für die Rotation ein Gesetz ableiten, das dem ersten FICKschen Gesetz analog ist. Es gilt:

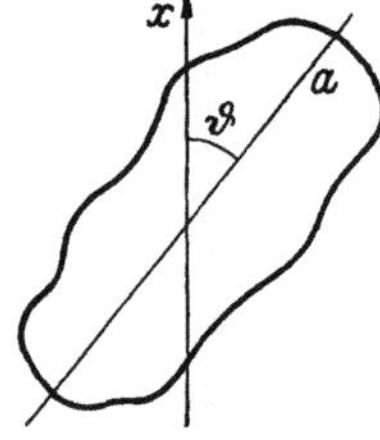

Abb. 15.1
Erläuterung im Text

$$\left(\frac{dn}{dt}\right)_{\vartheta} = -\,\Theta\,\frac{df(\vartheta)}{d\vartheta}, \tag{15.2}$$

$f(\vartheta)$ hat die Bedeutung einer „Winkelkonzentration"; es ist die Menge Substanz je cm³, deren Achse a einen Winkel ϑ mit der x-Richtung bildet, wie auf Abb. 15.1 dargestellt ist. Der Winkelgradient $df(\vartheta)/d\vartheta$ hat die gleiche Bedeutung wie der Konzentrationsgradient dc/dx.

Werden alle Partikeln mit ihrer Achse a durch eine von außen wirkende Kraft nach x ausgerichtet, so ist $df(\vartheta)/d\vartheta = \infty$, genau wie $dc/dx = \infty$ nach der Bildung einer Diffusionsgrenze ist. Wird die Kraft „abgeschaltet", so werden die Partikeln andere Lagen einnehmen, in denen der Winkel ϑ alle möglichen Werte annimmt, bis eine vollständig zufällige Verteilung entstanden ist, bei der alle ϑ mit gleicher Wahrscheinlichkeit vorkommen, wo also $df(\vartheta)/d\vartheta = 0$ ist.

Beim Wirken einer äußeren Kraft würden sich die Partikeln aber niemals *völlig* ausrichten, da die BROWNsche Bewegung dauernde Schwankungen um die „Ausrichtungen" hervorrufen würde; $df(\vartheta)/d\vartheta$ ist also nicht unendlich groß, sondern besitzt einen endlichen Wert, genau wie der Gradient einer *realen* Konzentrationsgrenze bei der Diffusion endlich ist.

Die Beziehung (1) läßt sich in der gleichen Weise ableiten, wie die für das mittlere Verschiebungsquadrat Gl. (12.12). Wenn man sich auf eine Ebene beschränkt, braucht die Ableitung nur für die Drehung um einen Winkel statt für eine Verschiebung um eine Strecke durchgeführt zu werden. Die Konstante Θ der Gl. (2) kann als Rotationsdiffusionskonstante bezeichnet werden, sie hat die gleiche Bedeutung jedoch eine andere Dimension als die eigentliche Diffusionskonstante.

---

[1] PERRIN, J.: C. R. Acad. Sci. Paris **149**, 549 (1909).

Zu einem dem zweiten FICKSCHEN Gesetz entsprechenden Ausdruck gelangt man durch folgende Überlegung. Die Menge dn, die in der Zeiteinheit den Winkel ϑ durchschreitet, ist durch Gl. (2) gegeben, für die Menge, die durch den Winkel $\vartheta + d\vartheta$ geht, muß dann gelten:

$$\left(\frac{dn}{dt}\right)_{\vartheta + d\vartheta} = -\Theta\left(\frac{df(\vartheta)}{d\vartheta} + \frac{d^2 f(\vartheta)}{d\vartheta^2}\right). \tag{15.3}$$

Wenn nun $df(\vartheta) = (dn)_{\vartheta + d\vartheta} - (dn)_\vartheta$ ist, erhält man

$$\frac{df(\vartheta)}{dt} = \left(\frac{dn}{dt}\right)_{\vartheta + d\vartheta} - \left(\frac{dn}{dt}\right)_\vartheta = -\Theta\,\frac{d^2 f(\vartheta)}{d\vartheta^2}. \tag{15.4}$$

Ist ω die Winkelgeschwindigkeit, mit der ein Körper um seine Achse rotiert, so gilt auch wie im Fall der Translation

$$\mathfrak{K}_r = f_r\,\omega,$$

worin $\mathfrak{K}_r$ die von außen wirkende die Rotation erzeugende Kraft und f_r der der Rotation entsprechende Reibungskoeffizient ist. Für Θ gilt dann allgemein

$$\Theta = kT/f_r.$$

Für Kugeln gilt

$$f_{\text{(Kugel)}} = 8\pi\,\eta\,r^3,$$

was PERRIN bei seinen oben erwähnten Messungen bestätigen konnte.

Für anisometrische Partikeln, deren Gestalt angenähert durch die Achsen eines Rotationsellipsoids dargestellt werden kann, läßt sich der Reibungskoeffizient im Verhältnis zu dem der Kugel berechnen. Bei bekanntem Partikelvolumen (oder Partikelgewicht und -dichte) gilt (vgl. S. 57)

$$f_{r0} = 8\pi\eta(3\,V_j/4\pi) = 8\pi\eta\,(3\,M_j/4\pi\,\varrho_j). \tag{15.6}$$

Verwendet man die Formeln, die von HERZOG, ILLIG und KUDAR[1] und F. PERRIN[2] abgeleitet worden sind, wie beim translatorischen Reibungskoeffizienten f, so erhält man wieder Beziehungen für gestreckte und abgeplattete Rotationsellipsoide.

$2a$ sei die Rotationsachse eines elongierten Ellipsoids und b die Äquatorachse. Rotiert die a-Achse um die b-Achse, so wird der Rotationsdiffusionskoeffizient ebenso wie der Reibungskoeffizient mit Θ_b und f_{rb} bezeichnet. (Als Index erscheint immer diejenige Achse, um welche der Körper rotiert.) Mit $q = b/a$ erhält man

$$\frac{f_{rb}}{f_{r0}} = \frac{\Theta_0}{\Theta_b} = \frac{2\,(1-q^4)}{\dfrac{3q^2\,(2-q^2)}{(1-q^2)^{\frac{1}{2}}} \ln\left[\dfrac{1+(1-q^2)^{\frac{1}{2}}}{q}\right] - 3q^2}. \tag{15.7}$$

Für sehr langgestreckte Ellipsoide, also für kleine Werte von q, vereinfacht sich diese Gleichung zu

$$\frac{f_{rb}}{f_{r0}} = \frac{3b^2}{2a^2}\,(2\ln(2a/b) - 1). \tag{15.8}$$

In allen Fällen ergeben sich Werte für das Reibungsverhältnis, die größer als 1 sind.

Für die Rotation um die a-Achse lassen sich ebenfalls Ausdrücke gleicher Art herleiten, ihrer Anwendung z. B. auf die Bestimmung von Partikeldimensionen steht im Wege, daß relativ große Änderungen der Parameter (Achsen wie auch

---

[1] loc. cit. S. 58. — [2] loc. cit. S. 58.

Achsenverhältnisse) nur kleine Änderungen des Reibungsverhältnisses hervorrufen. Dies gilt in gewisser Weise auch für Gl. (8).

Für abgeplattete Rotationsellipsoide ($a < b$, $q > 1$) erhält man nach J. Perrin für Rotationen der a-Achse um die b-Achse

$$\frac{f_{rb}}{f_{r0}} = \frac{\Theta_0}{\Theta_b} = \frac{2\,(1 - q^4)}{\dfrac{3\,q^2\,(2 - q^2)}{(q^2 - 1)^{\frac{1}{2}}}\,\mathrm{tg}^{-1}\,[(q^2 - 1) - 3\,q^2]^{\frac{1}{2}}} \, . \tag{15.9}$$

Für scheibenförmige Ellipsoide, in denen der Durchmesser $2b$ sehr viel größer als die Dicke $2a$ ist, gilt

$$\frac{f_{rb}}{f_{r0}} \approx \frac{4b}{3\pi\,a} \, . \tag{15.10}$$

Auch hier kann die Rotation um die a-Achse berechnet werden, doch gilt auch das oben Gesagte.

Bei Scheiben ($b \gg a$) gilt für die Rotation um die a-Achse ebenfalls angenähert

$$f_{ra}/f_{r0} \approx 4b/3\pi\,a$$

Gl. (10). Daher wird hier $\Theta_a = \Theta_c$ und unter Berücksichtigung von (7) mit $r^3 = a\,b^2$

$$\frac{1}{\Theta} \approx \frac{16\,\eta\,b^3}{3\,k\,T} \tag{15.11}$$

Bei allen in diesem Abschnitt angestellten Überlegungen und Ableitungen ist zu beachten, daß sie nur für „ideale" Systeme gelten, die vor allem die freie, weder durch räumliche Einengung noch durch Kraftwirkungen behinderte Bewegungsmöglichkeit der Partikeln voraussetzen.

Angeregt durch die Theorie der polaren Moleküle von Debye[1] hat sich für das Rotationsverhalten von Partikeln eine andere wichtige und viel benutzte Größe eingeführt: die sog. Relaxationszeit. Diesem Begriff liegt folgender Gedanke zugrunde: Werden bestimmte Achsen der Partikel durch eine äußere Kraft ausgerichtet, so ist die Ausrichtung, wie oben erwähnt, nicht vollständig, da sie durch die Brownsche Bewegung mehr oder weniger daran gehindert wird. Jedoch muß für diesen Zustand eine bestimmte Verteilung der Achsenrichtungen vorliegen, die durch eine Funktion $f_0(\vartheta)$ beschrieben werden kann. Nach Fortnahme der äußeren Kraft werden nun die Partikel je nach ihrer Gestalt, ihrem Reibungskoeffizienten und der Temperatur verschiedene Zeiten benötigen, bis ihre Achsenrichtungen wieder völlig regellos verteilt sind. Bezeichnet man als Relaxationszeit τ diejenige Zeit, die verstreicht, um $f_0(\vartheta)$ auf $f_0(\vartheta)/e$ absinken zu lassen, so hat man hierdurch ebenfalls ein Maß für das Rotationsvermögen. Eine genaue mathematische Analyse (vgl. Debye, loc. cit.) ergibt, daß für ein rundes Stäbchen oder ein Rotationsellipsoid die Beziehung

$$\tau = f_r/2kT \tag{15.12}$$

gilt und somit

$$\tau = 1/2\,\Theta \tag{15.13}$$

sein muß.

Da im allgemeinen in jeder Partikel drei Achsen rotieren können, bezeichnen τ_a, τ_b und τ_c die Relaxationszeiten der Rotationen der entsprechenden Achsen.

[1] Debye, P.: Polare Molekeln. Leipzig 1929.

Die Rotationsdiffusionskonstante wie auch die entsprechenden Reibungskoeffizienten indiziert man herkömmlicherweise mit den Bezeichnungen der Achsen, *um* die sich die Partikel drehen. Da die a-Achse im allgemeinen Fall sowohl um die b- als auch um die c-Achse rotieren kann, gilt $\tau_a = 1/(\Theta_b + \Theta_c)$ und entsprechend $\tau_b = 1/(\Theta_a + \Theta_c)$ und $\tau_c = 1/(\Theta_n + \Theta_b)$.

Bei Rotationsellipsoiden ist $b = c$ und somit

$$\tau_a = 1/2\,\Theta_b \quad \text{und} \quad \tau_b = \tau_c = 1/(\Theta_a + \Theta_i).$$

Die hauptsächliche Bedeutung der Rotationsdiffusion für kolloide Systeme liegt in der Möglichkeit, mit Hilfe der Größen Θ oder τ Aussagen über die Gestalt, zum mindesten über die Achsenverhältnisse der Partikeln machen zu können. Die hierzu erforderliche Bestimmung der erwähnten Größen kann in günstig gelegenen Fällen durch direkte Messung der Relaxationszeit von kurzzeitig im elektrischen Feld ausgerichteten Partikeln, mit Hilfe der Strömungsdoppelbrechung (vgl. § 41), vielfach auch durch die Viskosität (vgl. § 37) sowie der Messung der Frequenzabhängigkeit der Dielektrizitätskonstanten (vgl. § 84) vorgenommen werden.

Einige Rotationsdiffusionskonstanten von Proteinen sind in Tab. 15.I aufgeführt.

Tabelle 15.I. *Rotationsdiffusionskonstante nach Edsall*[1]

	T	Θ (sec^{-1})	Länge der Partikeln (2 a)
Myosin (Kaninchen)	3 °C	7	11 600 Å
Myosin (Schnecke)	25	1	28 000 Å
Myosin (Octopus)	25	3,5	18 000 Å
Tabakmosaikvirus (pH 6,8)	3	25	7 200 Å
„ (pH 4,5)	3	0,75	24 000 Å
Na-Caseinat (in 1,6 n Na$_2$SO$_4$)	20	700	2 200 Å
Fibrinogen	20 ?	~1200	~ 1 800 Å
Na-Thymonucleat	20 ?	180	4 500 Å

§ 16. Fließverhalten

(Viskosität kolloider Dispersionen)

In den vorangegangenen Kapiteln wurden die Bewegungen dispergierter Partikel und die damit zusammenhängenden Erscheinungen unabhängig vom Dispersionsmittel untersucht. Bewegungen des Dispersionsmittels wurden dabei nicht berücksichtigt, obwohl z. B. bei der BROWNschen Bewegung die kinetische Energie der Dispersionsmittelmoleküle durch Stöße auf die dispergierten Partikel übertragen wird und bei der Diffusion nicht nur die gelöste Substanz, sondern auch die Lösungsmittelmoleküle diffundieren. Eine Kinetik des Dispersionsmittels brächte aber grundsätzlich nichts anderes zutage, als was für die

---

[1] EDSALL, J. T.: Advances in Colloid Science. Vol. I. New York 1942. S. 310ff.

dispergierte Substanz auch gilt, wenn nur die Dimension der dispergierten Partikeln die gleiche Größe wie die des Dispersionsmittels annimmt.

Anders ist es allerdings, wenn ein gasförmiges oder flüssiges System durch Einwirkung einer äußeren Kraft in Bewegung gesetzt wird. Führt man in einem Gas oder einer Flüssigkeit eine Platte im Abstand x an einer anderen entlang, so bewegt sich die Flüssigkeit zwischen beiden Platten. Wie Abb. 16.1 demonstriert, wird in unmittelbarer Nähe der Wand eine dünne Schicht von Molekülen unbeweglich daran haften bleiben, in etwas größerer Entfernung wird sich eine Schicht bereits langsam bewegen, eine folgende bewegt sich noch schneller, bis schließlich die Geschwindigkeit der bewegten Platte erreicht wird. In der Richtung z senkrecht zu den Wänden findet ein Anstieg der Strömungsgeschwindigkeit dv/dz statt, der als Strömungsgefälle oder Strömungsgradient bezeichnet wird[1]. Bei kleinem z ist dv/dz praktisch konstant. Das hier entworfene Bild entspricht dem einer sog. laminaren Strömung, die zeitlich unveränderlich ist, überall die gleiche Richtung hat und deren Stromlinien parallel zueinander verlaufen.

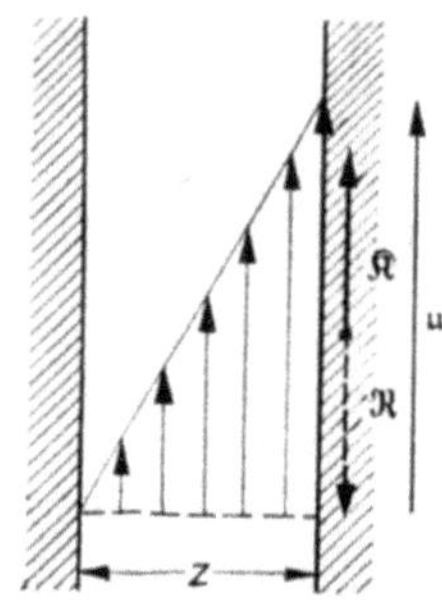

Abb. 16.1. Laminare Strömung zwischen einer mit der Geschwindigkeit u bewegten und einer feststehenden Platte. ($\Re$ = Kraft, mit der die Platte bewegt wird, $\Re$ = entgegengesetzt wirkende Reibungskraft)

In der Hydrodynamik wird hiervon die turbulente Strömung unterschieden, bei welcher z. B. Wirbel auftreten können und auch das Strömungsgefälle nicht mehr durch ein so einfaches Schema, wie das der Abb. 16.1 beschrieben werden kann, da sich das Bild der Stromlinien auch zeitlich dauernd ändert. Turbulenz tritt erst bei sehr hohen Strömungsgeschwindigkeiten auf; als Gesetzmäßigkeit für das Umschlagen von laminarer zu turbulenter Strömung ergab sich, daß

$$\varrho\, v\, r/\eta \approx 1200 \tag{16.1}$$

sein muß. Dieser Ausdruck wird als REYNOLDSsche Zahl bezeichnet[2].

Im Bereich der laminaren Strömung besteht nach NEWTON ein einfacher Zusammenhang zwischen der als Schubspannung bezeichneten Kraft $\Re$, die das Strömungsgefälle hervorruft und dem Strömungsgefälle selbst. Wirkt die Schubspannung innerhalb der Flüssigkeit auf eine Fläche der Größe F, die sich im Abstand z von einer anderen gleich großen Fläche mit der Geschwindigkeit v bewegt, so gilt

$$\Re = F\,\eta\,\frac{v}{z} \tag{16.2}$$

oder bei nicht konstanten Strömungsgefälle

$$\Re = F\,\eta\, dv/dz \tag{16.2a}$$

wie Abb. 16.1 demonstriert.

η ist eine Proportionalitätskonstante, die von der Eigenschaft der strömenden Flüssigkeit abhängt, sie wird als innere Reibung oder Viskosität bezeichnet. (Dimension dyn cm^{-2} sek, Einheit ist 1 Poise[3] = 100 centipoise, Wasser hat bei 20,2 °C eine Viskosität von etwa 1 centipoise.) Die Flüssigkeiten, die diesem Gesetz gehorchen — was durchaus nicht immer der Fall ist — heißen „NEWTONsche

---

[1] Ändert sich die Strömungsgeschwindigkeit in allen drei Raumrichtungen, so wird das Gefälle durch grad $v = dv/dx + dv/dy + dv/dz$ beschrieben.

[2] Vgl. hierzu etwa CHR. GERTHSEN: Physik. 5. Aufl. Berlin/Göttingen/Heidelberg 1958. S. 83ff.

[3] Abgeleitet von POISEUILLE, der das bekannte Durchflußgesetz von Kapillaren gleichzeitig mit HAGEN entdeckte.

Flüssigkeiten". Praktisch alle reinen Flüssigkeiten und der größte Teil der verdünnten niedermolekularen Lösungen erfüllen das NEWTONsche Gesetz, Abweichungen werden besonders bei kolloiden Lösungen häufig beobachtet. Dort ist η oft *nicht* mehr unabhängig von der Schubspannung, wobei die Art der Abhängigkeit verschiedenen Variationen unterliegt.

Welchen Einfluß hat die Zusammensetzung einer normalen flüssigen Mischung auf die Viskosität? Die Frage ist theoretisch nicht leicht zu beantworten, denn das Fließverhalten von binären Mischungen normaler, kleiner Moleküle ist keine einfache Funktion ihrer Zusammensetzung. Die Viskositäten solcher Mischungen können zwischen denen der Komponenten liegen, bei bestimmten Mischungsverhältnissen können sie aber auch größer oder kleiner als die derjenigen Komponente mit der jeweils höchsten oder niedrigsten Viskosität sein, was durch die z. Z. noch ungeklärten Verhältnisse der Wechselwirkungen zwischen den Molekülen der Komponenten zustande kommt. Auch die Viskosität verdünnter Mischungen läßt sich bisher noch nicht einwandfrei durch molekularphysikalisch durchsichtige Vorstellungen beschreiben[1].

Merkwürdigerweise sind es gerade die kolloiden Zerteilungen, deren Fließverhalten sich durch eine Reihe gut begründeter Gesetzmäßigkeiten darstellen läßt. Das liegt zum Teil daran, daß die kinetischen Einheiten in kolloiden Systemen groß gegenüber den Molekülen des Dispersionsmittels sind, das dann als Kontinuum aufgefaßt werden kann und die Anwendung hydrodynamischer Gesetze gestattet. (Dies gilt natürlich auch für die in den vorangegangenen Kapiteln behandelten Erscheinungen der Diffusion und der Sedimentation).

Wie weit Modellvorstellungen über Größe, Gestalt und Struktur der Partikeln das Viskositätsverhalten ihrer Dispersionen beschreiben können, soll nun erörtert werden.

a) Kugelförmige Partikeln. Für eine Flüssigkeit, welche die dispergierte Substanz in Form glatter nichtsolvatisierter Kugeln enthält, konnte EINSTEIN[2] ausschließlich durch Anwendung der hydrodynamischen Theorie ableiten, daß die Viskosität eine einfache Funktion des Gesamtvolumens der dispergierten Substanz ist. Bezeichnet man den Quotienten $V_2/(V_1 + V_2) = \varphi_2$, so gilt

$$\eta = \eta_0 \, (1 + 2{,}5 \, \varphi_2) \tag{16.3}$$

(V_1 = Volumen des Dispersionsmittels,

V_2 = Volumen der dispergierten Substanz)

η_0 ist die Viskosität des reinen Dispersionsmittels, φ_2 wird als Volumenbruch (in Analogie zum Molenbruch) bezeichnet. Die Größe $(\eta - \eta_0)/\eta_0$ wird spezifische Viskosität (η_{sp}), η/η_0 relative Viskosität (η_{rel}) genannt. Gl. (3) wird daher auch in der Form $\eta_{\mathrm{sp}} = 2{,}5 \, \varphi_2$ geschrieben.

Das EINSTEINsche Viskositätsgesetz ist ein Ausdruck für die Behinderung der Ausbildung eines einwandfreien Strömungsgefälles durch die dispergierten Partikeln. Dabei ist bemerkenswert, daß die Größe der

---

[1] Vgl. etwa S. GLASSTONE, K. J. LAIDLER u. H. EYRING: The Theory of Rate Processes. New York/London 1941. S. 477ff.
[2] EINSTEIN, A.: Ann. Physik **19**, 289 (1906).

Partikeln keinerlei Einfluß besitzt, unwesentlich ist auch, ob sie gleich oder verschieden groß sind[1].

Hierbei ist eine gewisse Idealität des Systems Voraussetzung, denn die Kugeln sollen groß gegen die Dispersionsmittelmoleküle sein, aber klein gegenüber den Dimensionen des zu beobachtenden Systems, ebenso dürfen sie sich nicht gegenseitig behindern, müssen also in geringer Konzentration vorliegen, die Strömung muß laminar und Einwirkungen der Gravitation und der Massenträgheit auszuschließen sein.

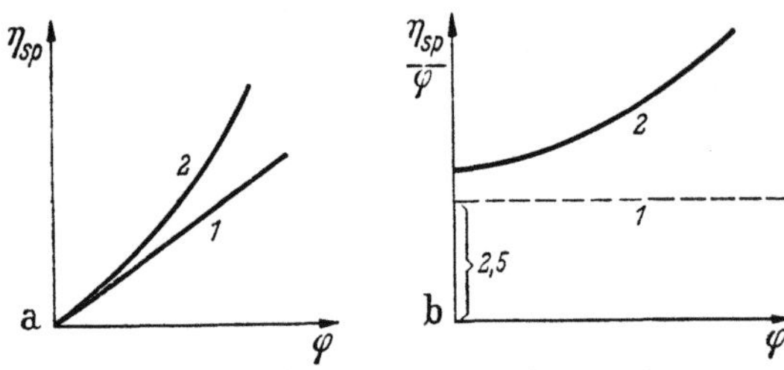

Abb. 16.2. a) η_{sp} in Abhängigkeit vom Volumenbruch φ; Kurve *1*, Idealverhalten nach Gl. (16.3) Kurve *2*, allgemeiner Fall. b) Reduzierte spezifische Viskosität η_{sp}/φ in Abhängigkeit von φ. Gestrichelte Linie *1*; Idealfall nach Gl. (16.3), Kurve *2*, allgemeiner Fall

Bei der Überprüfung der Abhängigkeit der Viskosität von der Konzentration an ausgedehnterem Versuchsmaterial[2] zeigte sich, daß eine lineare Abhängigkeit der Größe η_{sp} von φ_2 über einen größeren Konzentrationsbereich praktisch niemals beobachtet wird, sondern eine Funktion, die als Kurve 2 in der Abb. 16.2a u. b bezeichnet ist. Da im allgemeinsten Fall — also bei unbekannter Gestalt und Dichte (Solvatation!) der dispergierten Partikeln —, die Abhängigkeit der spez. Viskosität von der Gewichtskonzentration eine von vornherein nicht festliegende Funktion der Konzentration sein kann, andererseits aber die auftretenden Konstanten charakteristische Größen der dispergierten Substanz sein müssen, hat STAUDINGER[3] eine Größe eingeführt, die als *Viskositätszahl* $[\eta]$ bezeichnet wird. Sie ist gleich dem auf die Konzentration Null extrapolierten Wert der durch die Gewichtskonzentration dividierten spez. Viskosität.

$$[\eta] = \lim \left[\frac{\eta_{sp}}{c_g}\right]_{c_g \to 0} \quad \text{mit} \quad \eta_{sp} = n/\eta_0 - 1 \qquad (16.4)$$

(c_g = Gramm Substanz im cm³ Lösungsmittel)[4]. Man erhält sie auf einfache Weise durch Auftragen von η_{sp}/c_g (bzw. η_{sp}/φ_2) gegen c_g (bzw. φ_2),

---

[1] Das Gesetz ist durch Versuche mit Modellsubstanzen von F. EIRICH u. Mitarb. [Kolloid-Z. **74**, 276 (1936); **81**, 7 (1937)] überprüft und bestätigt worden. Nach A. BOUTARIC u. R. SIMONET [Bull. Acad. Roy. Belgique (5), **10**, 150 (1924)] sind auch die Viskositäten von Arsentrisulfidsolen verschiedener Teilchengröße kaum voneinander verschieden.

[2] PHILIPPOFF, W.: Viskosität der Kolloide. Dresden u. Leipzig 1942.

[3] STAUDINGER, H.: Organische Kolloidchemie. 5. Aufl. Braunschweig 1950.

[4] Die im angelsächsischen Schrifttum „intrinsic viscosity" genannte Größe ist im Prinzip mit der Viskositätszahl identisch, nur wird hier die Konzentration in Gramm pro 100 cm³ Lösungsmittel angegeben. Es ist zu beachten, daß auch der Strömungsgradient q möglichst klein sein muß, die Gl. (4) gilt daher an sich nur für $q \to 0$!

— wie in Abb. 16.2b dargestellt — und Extrapolation auf Null. Der Schnittpunkt der Kurve mit der Ordinate gibt $[\eta]$ an.

Ersetzt man in Gl. (4) c_g durch φ_2 erhält man

$$[\eta]_v = \lim \, [\eta_{\mathrm{sp}}/\varphi_2]_{\varphi_2 \to 0}. \tag{16.4a}$$

Da bei kleinen Konzentrationen $\varphi_2 = V_2/V_1 \simeq c_g/\varrho_2'$ ist, gilt auch

$$[\eta]_v \simeq \varrho_2' \, [\eta] \tag{16.5}$$

(ϱ_2' = Dichte der dispergierten Substanz im Zustand der Dispersion).

Eine mehr ins einzelne gehende Überprüfung experimenteller Ergebnisse bei Systemen mit kugelförmigen Partikeln führte nun vor allem zu zwei verschiedenen Abweichungen (Kurve 2, Abb. 16.2b):

1. Nichtlineare Abhängigkeit der Viskosität von der Volumenkonzentration und
2. Abweichung der Proportionalitätskonstanten vom Wert 2,5.

Die erste Abweichung — immer noch unter der Voraussetzung, daß eine gegenseitige Behinderung der Partikel nicht stattfindet —, wurde in Erweiterung der EINSTEINschen Rechnung von GUTH[1], Gold und SIMHA[2] darauf zurückgeführt, daß eine Strömung der Flüssigkeit um die Kugeln Störungen in der Gesamtströmung verursacht, die sich mit zunehmender Partikelkonzentration immer stärker bemerkbar machen. Danach soll folgende Gleichung gelten:

$$\eta_{\mathrm{sp}} = 2{,}5\varphi_2 + 14{,}1\varphi_2^2. \tag{16.6}$$

Neuere Rechnungen von EIRICH und RISEMANN[3] kamen zu der Gleichung

$$\eta_{\mathrm{sp}} = 2{,}5\varphi_2 + 9{,}6c_g^2 + \cdots, \tag{16.7}$$

die noch besser mit neuerdings ausgeführten Modellversuchen übereinstimmen[4].

Bis zu mäßigen Konzentrationen geben diese Ausdrücke die experimentellen Ergebnisse besser wieder als Gl. (3)[5].

Abweichungen der Proportionalitätskonstante vom Wert 2,5 treten bei sehr vielen kolloiden Systemen auf. Sie sind wahrscheinlich am häufigsten — kugelförmige Teilchen vorausgesetzt — auf die Unkenntnis des „wirklichen" Volumenbruchs zurückzuführen. Die Angabe von φ_2 bezieht sich im allgemeinen auf das Volumen der reinen (trockenen) dispergierten Substanz; diese bindet aber meistens unbekannte Mengen des Dispersionsmittels, so daß das „wirkliche" Volumen um einen erheblichen Betrag größer sein kann. Z. B. hat Glykogen, das als nahezu kugelförmig angesehen werden kann, einen Proportionalitätsfaktor von 12, der unabhängig von der Größe des Molgewichts des jeweils untersuchten Glykogens ist[6]. Die prinzipielle Gültigkeit des EINSTEINschen Gesetzes — Unabhängigkeit von der Partikelgröße — bei gleichzeitiger starker Abweichung der Konstanten durch die hier ganz offensichtliche

---

[1] GUTH, E.: Kolloid-Z. **74**, 147 (1936).

[2] GUTH, E. u. R. SIMHA: Kolloid-Z. **74**, 266 (1936).

[3] EIRICH, F. u. J., J. RISEMAN: J. Polymer Sci. **4**, 417 (1949); RISEMAN, J. u. R. ULLMAN: J. chem. Physics **19**, 578 (1951).

[4] EIRICH, F. u. J. SVERAK: Trans. Faraday Soc. **42** B, 57 (1946).

[5] Eine Formel, die auch kubische Glieder von φ_2 verwendet, ist von H. C. BRINKMAN [J. chem. Physics **20**, 571 (1952)] angegeben worden, weitere Formeln bei W. PHILIPPOFF: Viskosität der Kolloide. Dresden und Leipzig 1942. S. 169ff.

[6] HUSEMANN, E.: J. prakt. Chem. (2) **158**, 163 (1941). Die Molgewichte wurden im Bereich von $2 \cdot 10^4 - 1{,}5 \cdot 10^6$ variiert!

Bindung des Wassers durch die Glykogenmoleküle sind bei diesem Beispiel besonders instruktiv.

Es sei nun besonders darauf hingewiesen, daß kolloide Lösungen, die dem EINSTEINschen Gesetz gehorchen, ein Fließverhalten zeigen, das dem einer NEWTONschen Flüssigkeit entspricht; d. h. η ist unabhängig von der Schubspannung. Bei sehr hohen Konzentrationen und starker Solvatation treten jedoch Abweichungen auf (vgl. PHILIPPOFF, loc. cit.).

b) Anisometrische Partikel. Wesentlich andere Verhältnisse im Fließverhalten werden beobachtet, wenn die Gestalt der dispergierten Partikel von der Kugelform abweicht. Zur Behandlung der Erscheinungen ist es zweckmäßig, zunächst starre Teilchen zu betrachten, denen man zur vereinfachten mathematischen Berechnung die Form von Rotationsellipsoiden gibt, wobei zwischen gestreckten und abgeplatteten Rotationsellipsoiden unterschieden werden muß. Der häufig in der Natur vorkommende Fall der gestreckten Ellipsoide steht dabei im Vordergrund des Interesses.

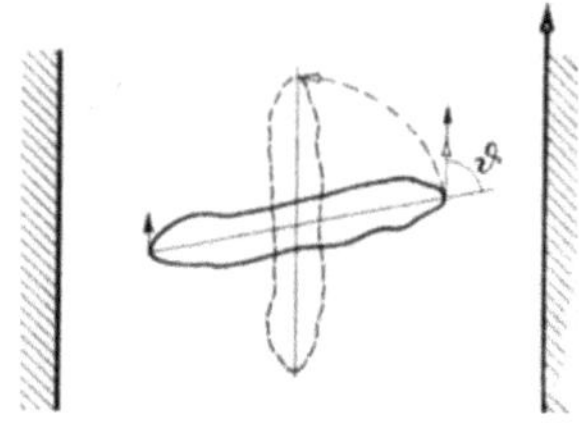

Abb. 16.3. Ausrichtung einer anisometrischen Partikel im Strömungsgefälle. Links ruhende, rechts bewegliche Wand. ϑ = Winkel zwischen Partikellängsachse und Stromlinien

Befindet sich ein langgestrecktes Teilchen in einer Flüssigkeit, deren Geschwindigkeit mit wachsendem Abstand von einer Begrenzungswand zunimmt — etwa zwischen zwei relativ zueinander rotierenden Zylindern —, so greifen, wie auf Abb. 16.3 skizziert ist, orientierende Kräfte am Teilchen an, die seine Längsachse in die Richtung der Stromlinien einzustellen bestrebt sind. Diese Kräfte ergeben sich als Resultierende der Reibungskräfte zwischen Flüssigkeit und Teilchen, welche an jeder Stelle des Teilchens der Strömungsgeschwindigkeit $\mathfrak{v}$ proportional sind. $\mathfrak{v}$ ist aber an den beiden Enden des Teilchens verschieden groß. Wie ohne weiteres aus der Abbildung ersichtlich ist, muß das auf das Teilchen wirkende Drehmoment am größten sein, wenn der Winkel ϑ, den die Längsachse des Teilchens mit den Stromlinien der Flüssigkeit bildet, einen Wert von 90° besitzt. Bei $\vartheta = 0$ ist es ebenfalls Null.

Wenn die Teilchen selbst keine durch die Temperaturstöße der Flüssigkeitsmoleküle verursachen Rotationsbewegungen ausführen, sollte nach einer gewissen Zeit ein Zustand erreicht werden, bei dem *alle* im Winkel $\vartheta = 0$ ausgerichtet sind. Normalerweise führen langgestreckte Teilchen aber BROWNsche Rotationsbewegungen aus, die die Ausrichtung erschweren, und zwar um so mehr, je größer ihr Rotationsdiffusionskoeffizient und je größer $df(\vartheta)/d\vartheta$ [vgl. Gl. (15.2)] ist. Die BROWNsche Bewegung ruft eine desorientierend wirkende Rotationsdiffusion hervor, die bei weitgehender Orientierung ($df(\vartheta)/d\vartheta$ groß) schneller verläuft, als bei nur schwacher Orientierung. Das Ausmaß der Orientierung, gemessen durch die Zahl der orientierten Partikeln pro Volumeneinheit, wird also sehr wesentlich durch die BROWNsche Rotationsbewegung abgeschwächt. Dann wird aber auch der Winkel der bei gegebenem Strömungsgefälle maximal möglichen Ausrichtung der Partikeln nicht mehr bei $\vartheta = 0$ gesucht werden können. [Im Beispiel der Abb. 16.3 wird eine zufällige Linksdrehung (entgegen dem Uhrzeiger) durch den Strömungsgradienten beschleunigt, eine Rechtsdrehung aber gebremst.] Der Winkel ϑ, bei dem die Rotationsgeschwindigkeit am kleinsten und damit die Wahrscheinlichkeit der Orientierung am größten ist, muß derjenige sein, bei dem sich die Wirkung des

Strömungsgradienten und der BROWNschen Bewegung gerade aufhebt. Bei völlig unregelmäßiger Verteilung ist $df(\vartheta)/d\vartheta = 0$ (vgl. § 15); durch eine erzwungene zunehmende Orientierung wird dieser Wert jedoch immer größer, dadurch wird auch die nun einsetzende rücktreibende Rotationsdiffusion entsprechend Gl. (15.2) immer stärker. Wenn die Geschwindigkeit der Ausrichtung gleich der Geschwindigkeit der rückläufigen Desorientierung wird, erreicht das System einen stationären Zustand. Da die Orientierungsgeschwindigkeit vom Strömungsgradienten $G = d\mathfrak{v}/dz$ abhängt, muß das Maximum der Ausrichtung mit steigendem G immer mehr zu kleineren Winkeln ϑ abfallen, kann aber den Winkel $\vartheta = 0$ nicht erreichen, solange eine merkliche Rotationsdiffusion vorhanden ist. Die Orientierung darf also nicht als statisch angesehen werden (vgl. PETERLIN[1]), in Wirklichkeit rotieren die Partikeln, nur ist ihre Geschwindigkeit beim Orientierungswinkel sehr viel kleiner als bei allen andern Winkeln.

Wegen des beispielhaften Charakters soll der Fall der Rotation eines Ellipsoides um die Längsachse in einer Ebene, die durch einen Strömungsgradienten hervorgerufen wird, nach dem Verfahren von BOEDER[2] behandelt werden. $f\,d\vartheta$* ist wieder die Zahl der Moleküle in der Volumeneinheit, deren Längsachsen einen Winkel zwischen ϑ und $\vartheta + d\vartheta$ einnehmen (vgl. § 15). Ändert sich nun durch die Strömung der Winkel der Längsachsen mit der Geschwindigkeit $d\vartheta/dt$, so ist die Zahl der Partikeln in der Volumeneinheit, die sich in der Zeiteinheit durch den Winkel ϑ bewegen

$$\left(f\,\frac{d\vartheta}{dt}\right)_{\vartheta}.$$

Entsprechend bewegen sich durch den Winkel $\vartheta + d\vartheta$

$$\left(f\,\frac{d\vartheta}{dt}\right)_{\vartheta + d\vartheta}.$$

Der Zuwachs der Teilchen mit Orientierungen zwischen ϑ und $\vartheta + d\vartheta$ in der Zeiteinheit, soweit er auf dem Strömungsgradienten beruht, muß gleich der Differenz der beiden Ausdrücke sein

$$\left(\frac{df}{dt}\right)_{\text{Ström.}} = \left(f\,\frac{d\vartheta}{dt}\right)_{\vartheta} - \left(f\,\frac{d\vartheta}{dt}\right)_{\vartheta + d\vartheta} = -\,\frac{\partial\left(f\,\dfrac{d\vartheta}{dt}\right)}{\partial\vartheta}. \tag{16.8}$$

Nun ist die zeitliche Änderung von f durch den Anteil der Rotationsdiffusion durch Gl. (15.4), das dem zweiten FICKschen Gesetz entspricht, gegeben; die Gesamtänderung muß daher gleich der Summe beider Einflüsse sein, und es muß gelten:

$$\left(\frac{df}{dt}\right)_{\text{gesamt}} = \left(\frac{\partial f}{\partial t}\right)_{\text{Ström.}} + \left(\frac{\partial f}{\partial t}\right)_{\text{Diffus.}} = \Theta\,\frac{\partial^2 f}{\partial\vartheta^2} - \frac{\partial\left(f\,\dfrac{d\vartheta}{dt}\right)}{\partial\vartheta}. \tag{16.9}$$

Im stationären Zustand ist $(df/dt) = 0$; integriert man gleichzeitig, so erhält man

$$\Theta\,\frac{df}{d\vartheta} - f\,\frac{d\vartheta}{dt} + \text{const.} = 0. \tag{16.10}$$

---

[1] PETERLIN, A., in H. A. STUART: Das Makromolekül in Lösung. Berlin/Göttingen/Heidelberg 1953. S. 539. — [2] BOEDER, P.: Z. Physik **75**, 258 (1932).
* Der Einfachheit halber wird im folgenden f statt $f(\vartheta)$ geschrieben.

Für die Geschwindigkeit $d\vartheta/dt$ eines Rotationsellipsoids mit der Rotationsachse a und der Achse $b\,(a > b)$ in einem Strömungsgefälle $q = dv/dz$ wurde von JEFFERY[1] folgende Gleichung angegeben:

$$\frac{d\vartheta}{dt} = - q\,\frac{(a^2\sin^2\vartheta + b^2\cos^2\vartheta)}{a^2 + b^2}, \qquad (16.11)$$

die sich für sehr langgestreckte Ellipsoide $(a \gg b)$ zu

$$\frac{d\vartheta}{dt} = - q\sin^2\vartheta \qquad (16.12)$$

vereinfacht. Die Rotationsgeschwindigkeit wird sowohl vom Achsenverhältnis wie von der absoluten Länge der Achse unabhängig. Setzt man Gl. (12) in (10) ein und dividiert durch Θ, ergibt sich:

$$df/d\vartheta + \sigma f\sin^2\vartheta = -\,\text{const} \qquad (16.13)$$

mit $\sigma = q/\Theta$. Diese Differentialgleichung ist von BOEDER nach f für den zweidimensionalen Fall aufgelöst worden. Seine Ergebnisse zeigt Abb. 16.4. Für $\vartheta = 0$, also in der ruhenden Flüssigkeit oder bei weitaus überwiegender Rotationsdiffusion $(\Theta \gg q)$, sind die Partikelachsen über alle Winkel gleichmäßig verteilt. Wird ein ausreichendes Strömungsgefälle erzeugt, ergeben sich die mit den verschiedenen Werten von σ bezeichneten Kurven. Bei kleinen σ bildet sich in der Nähe von 45° ein flaches Maximum aus, das mit steigendem σ steiler wird und sich mehr und mehr dem Winkel 0° nähert. Da f der Zahl der Moleküle pro Volumeneinheit entspricht, deren Längsachsen in der Richtung des Winkels ϑ liegen, stellen die Kurven Häufigkeitsverteilungsfunktionen dar. Im Maximum sind daher die Partikel mit dem dort liegenden Winkel am häufigsten anzutreffen.

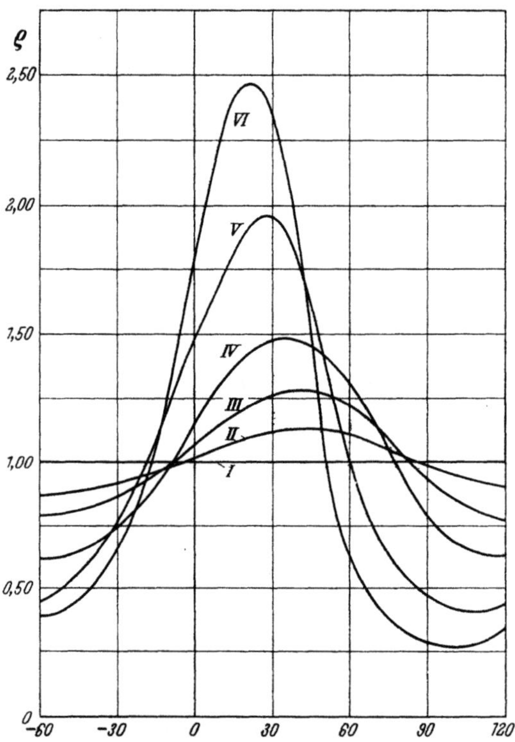

Abb. 16.4. Abhängigkeit der Winkelverteilungsfunktion $\varrho = f(\vartheta)$ vom Winkel ϑ für verschiedene σ nach BOEDER (loc. cit.). Kurve I: $\sigma = 0$, II: $\sigma = 0{,}5$, III: $\sigma = 1$, IV: $\sigma = 2$, V: $\sigma = 5$, VI: $\sigma = 10$

Die verschiedenen Kurven lassen deutlich erkennen, daß sowohl die Höhe des Maximums als auch der dazugehörige Winkel mit σ variiert;

---

[1] JEFFERY, G. B.: Proc. Roy. Soc. London A **102**, 161 (1922).

mit zunehmendem Strömungsgefälle bzw. abnehmender Rotationsdiffusionskonstante wird sowohl das Ausmaß der Orientierung als auch der häufigste Orientierungswinkel ($= \chi$) geändert. Letzterer läßt sich deswegen auch als Funktion der Achsen des Rotationsellipsoids und von σ darstellen, was insofern von großer Bedeutung ist, als er sich mit der Methode der Strömungsdoppelbrechung bestimmen läßt. Mit dieser Methode läßt sich allerdings auch das Ausmaß der Orientierung ermitteln (vgl. hierzu § 41). Gleichungen für χ sind für die in dreidimensionalen Systemen auftretende Rotation in allen drei Raumrichtungen von BOEDER[1] und von PETERLIN und Stuart[2] abgeleitet worden. Letztere fanden für gestreckte Rotationsellipsoide:

$$\chi = \frac{\pi}{4} - \frac{\sigma}{12}\left[1 - \frac{\sigma^2}{108}\left(1 + \frac{24a^2 - b^2}{35a^2 + b^2} + \cdots\right)\right]. \qquad (16.14)$$

Für sehr kleine σ, also weitaus überwiegende BROWNsche Rotation ergibt sich

$$\chi = \frac{\pi}{4} - \frac{\sigma}{12}. \qquad (16.15)$$

Da q durch die Einstellung der experimentellen Bedingungen bekannt ist, kann durch Messung von χ die Größe Θ bestimmt werden, aus der sich nach Gl. (15.7) bzw. (15.9) das Verhältnis der Achsen des Rotationsellipsoids berechnen läßt.

Um aus der allgemeinen durch die Strömung und die BROWNsche Rotationsbewegung hervorgerufenen Verteilung der Längsachsen von Rotationsellipsoiden beliebiger Achsenverhältnisse eine generell gültige Gesetzmäßigkeit für die Viskosität der Flüssigkeit herzuleiten, bedarf es eines recht komplizierten mathematischen Apparates. Von PETERLIN[3] ist eine derartige Berechnung versucht worden, die prinzipiell die Verhältnisse richtig wiedergibt, aber bei sehr hohen Werten von σ wegen schlechter Konvergenz der zur Darstellung erforderlichen Reihenentwicklung nur unsichere Werte ergibt. Doch konnte er in einem in Abb. 16.5 wiedergegebenen Diagramm eine sehr aufschlußreiche Darstellung seiner Berechnung vermitteln. Die Abszisse enthält die Achsenverhältnisse $p = a/b$ der Rotationsellipsoide, die von den abgeplatteten ($p < 1$) bis zu den gestreckten ($p > 1$) reichen. Als Ordinate ist der Radius der Kugel aufgetragen, die dem jeweiligen Ellipsoid inhaltsgleich ist, woraus sich dann nach der hydrodynamischen Theorie [EINSTEINsche Gl. (3) oder (4)] die Viskosität berechnen läßt. Ist $\sigma < 1$ (bei $q_{max} = 10^5$ 1/sek), wird die BROWNsche Bewegung bestimmend für das Verhalten, nach Gl. (15) wird der Orientierungswinkel nur unwesentlich von dem der gleichmäßigen Verteilung abweichen und die Gesamtbewegung der Teilchen in der

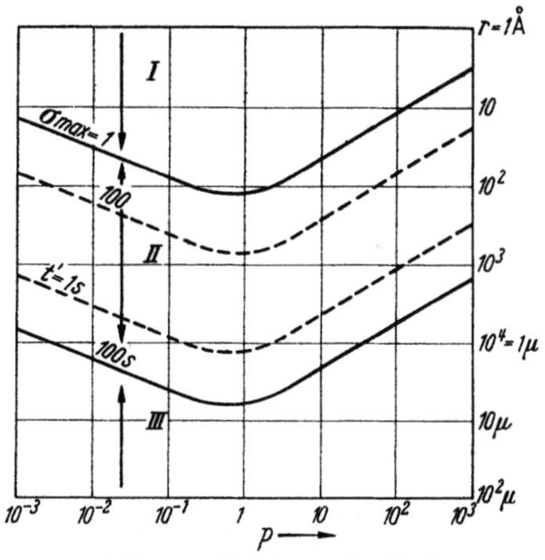

Abb. 16.5. Erläuterung im Text

---

[1] BOEDER: loc. cit.

[2] PETERLIN, A. u. H. A. STUART: Z. Physik **112**, 1, 129 (1939).

[3] PETERLIN, A.: Z. Physik **111**, 232 (1938); Kolloid-Z. **86**, 230 (1939).

Strömung ist die einer gleichmäßigen Rotation mit der Geschwindigkeit $q/2$. Veränderungen von q bis q_{max} haben keinen Einfluß auf die Viskosität, da eben keine Ausrichtung eintritt. Wird $\sigma > 1$, gelangt man in das Gebiet, wo Strömung und BROWNsche Bewegung bestimmend sind, hier wird eine merkliche Abhängigkeit der Viskosität von q vorhanden sein müssen, da der Einfluß der Orientierung wegen des verminderten Widerstands, den die ausgerichteten Partikeln der Strömung entgegensetzen, jetzt zur Auswirkung kommt. In diesem Gebiet gilt das NEWTONsche Gesetz nicht mehr, denn η ist nun von q nicht mehr unabhängig, sondern fällt mit zunehmendem Strömungsgefälle. (Man bezeichnet das Verhalten speziell dieser Art von Flüssigkeiten vielfach als Strukturviskosität.) Bei sehr hohem σ werden schließlich alle Partikeln ausgerichtet und von der BROWNschen Bewegung unabhängig; hier hat eine Veränderung von q ebenfalls praktisch keinen Einfluß mehr und das NEWTONsche Gesetz muß wieder gelten. (Diese Betrachtungen gelten zunächst nur für die Viskositätszahl $[\eta]_v$, um komplizierende Einflüsse der Konzentration auszuschließen.)

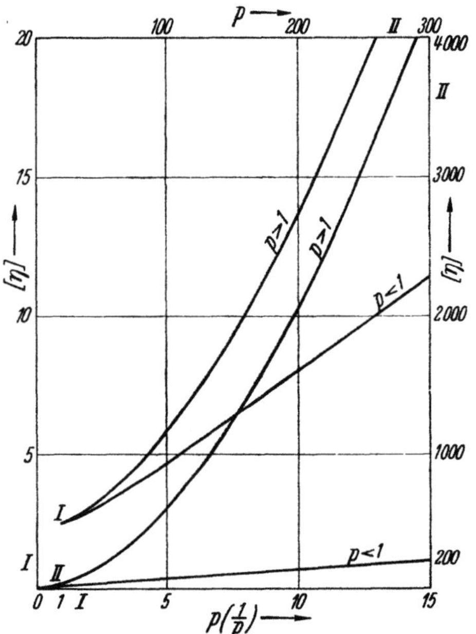

Abb. 16.6. Viskositätszahl $[\eta]$ für Rotationsellipsoide mit dem Achsenverhältnis $a/b = p$ nach SIMHA (loc. cit.) (I: p von $0\cdots15$, II: p von $15\cdots300$) $p > 1$: langgestreckte, $p < 1$: abgeplattete Ellipsoide (entnommen aus H. STUART: Physik der Hochpolymeren Bd. II, S. 540)

Praktisch auswertbare mathematische Formulierungen für die Viskositätszahlen stäbchen- oder scheibenförmiger Partikeln sind wegen der vorstehend erwähnten Komplikationen nur für das Gebiet vernachlässigbarer Orientierung durch die Strömung, also für vorherrschende BROWNsche Bewegung abgeleitet worden. So wurde von SIMHA[1] $[\eta]$ in Abhängigkeit von p ($= a/b$) berechnet, die Ergebnisse sind in Abb. 16.6 dargestellt. SIMHA nahm an, daß die Partikeln im Falle „totaler" BROWNscher Bewegung im Mittel in der Flüssigkeit ruhen, während sie in Wirklichkeit durch die Strömung in konstante Rotation versetzt werden. (Nach PETERLIN[2] führt dies mathematisch allerdings zum gleichen Ergebnis.) Der von SIMHA abgeleitete Ausdruck deckt sich bis auf ein additives Glied mit dem von W. und H. KUHN[3], der auf Grund völlig anderer Vorstellung gewonnen wurde. Es gilt nach diesen Autoren für gestreckte Teilchen die Näherungsgleichung

$$[\eta]_v = 1{,}6 + p^2 \left[1/(15 (\ln 2p - 3/2)) + 1/(5 (\ln 2p - 1/2))\right]. \quad (16.16)$$

Die Gleichung von SIMHA enthält auf der rechten Seite noch den Summanden $14/15$. Daß eine Gleichung dieser Art im Prinzip die Verhältnisse

[1] SIMHA, R.: J. physic. Chem. 44, 25 (1940).
[2] PETERLIN, A., in H. A. STUART: Das Makromolekül in Lösung. Berlin/Göttingen/Heidelberg 1953. S. 539ff.
[3] KUHN, W. u. H. KUHN: Helv. chim. Acta 28, 97 (1945).

richtig wiedergibt, konnte POLSON[1] bereits früher nachweisen. Seine an Proteinen mit verschiedenem p erhaltenden Ergebnisse zeigt Abb. 16.7.

Für stark abgeplattete Ellipsoide (Scheibchen) gilt nach W. und H. KUHN

$$[\eta]_v = 4/9 + 32/15\pi\, p. \tag{16.17}$$

Für große Werte von σ, also vernachlässigbare BROWNsche Bewegung, können mit Hilfe der Theorie von PETERLIN (loc. cit.) Beziehungen für $[\eta]$ abgeleitet werden (hier vielfach als $[\eta]\infty$ bezeichnet), welche aber noch keine befriedigende Übereinstimmung mit Modellversuchen ergeben, die von EIRICH und Mitarbeitern[2] an stäbchenförmigen Suspensionen von Glas und Seide durchgeführt worden sind, wenn sie auch im Prinzip die Verhältnisse richtig wiedergeben.

Im Zwischengebiet, wo BROWNsche Bewegung und Strömungsorientierung beide wirksam sind, ist $[\eta]$ in Abhängigkeit von σ von W. und H. KUHN nach der Theorie von PETERLIN für verschiedene p berechnet worden. $[\eta]$ sinkt hier mit σ^2 ab, entsprechend der zunehmenden Orientierung durch die Strömung. Abbildung 16.8a zeigt $[\eta]$ als Funktion von σ für langgestreckte, Abb. 16.8b für abgeplattete Ellipsoide.

Fadenmoleküle

Sind die Partikeln eines dispersen Systems sehr lang und so dünn, daß ihr Durchmesser nur eine „normale" Moleküldimension beträgt[3], so sind sie nur in Ausnahmefällen so steif, daß sie als langgestreckte Stäbchen angesehen werden können. Insbesondere Ketten mit covalenter Verknüpfung der Atomgruppen, die sog. Fadenmoleküle (vgl. § 81), werden wegen der mehr oder weniger freien Drehbarkeit der Atom-

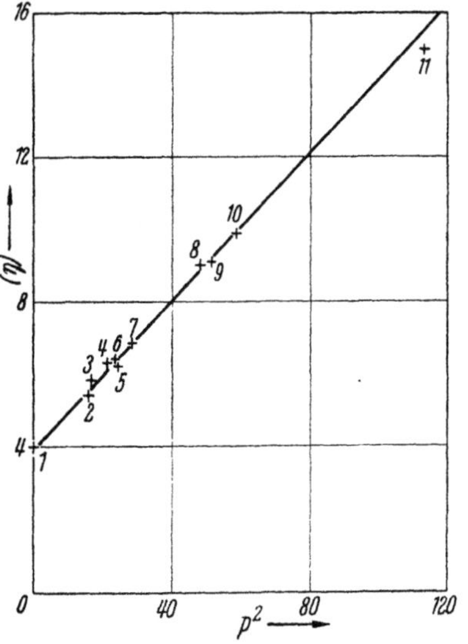

Abb. 16.7. Viskositätszahl von Proteinen in Abhängigkeit vom Quadrat des Achsenverhältnisses nach POLSON (loc. cit.). 1 Pentaerythrit, Rohrzucker, 2 Hämoglobin, 3 Ovalbumin, 4 Amandin, 5 Homarus Hämocyanin, 6 Serumalbumin, 7 Helix Pomatia Hämocyanin, 8 Octopus Hämocyanin, 9 Serumglobulin, 10 Thyroglobulin, 11 Gliadin. (Entnommen aus STUART: loc. cit. Bd. II, S. 300)

gruppen um ihre „Valenzen" so beweglich, daß sie eine große Zahl verschiedener Formen annehmen können. Knäuelbildung ist dabei bevorzugt. Diese Vorstellung ist erst durch die Erklärung des Verhaltens der Lösungen von Fadenmolekülen herausgearbeitet worden, als sich zeigte, daß theoretische Ansätze mit Modellen starrer Stäbchen zu keinen befriedigenden Beschreibungen der experimentellen Ergebnisse führte.

Während sich das Fließverhalten steifer Stäbchen als sehr langgestreckte Rotationsellipsoide durch die im vorangegangenen Kapitel entwickelten Vorstellungen verstehen läßt, erfordert das Modell eines

[1] POLSON, A.: Kolloid-Z. 88, 51 (1939).

[2] EIRICH, F., H. MARGARETHA u. M. BUNZL: Kolloid-Z. 75, 20 (1936); F. EIRICH u. J. SVERAK: loc. cit. S. 81. — [3] Etwa 2···15 Å.

beweglichen Fadens, dessen Gestalt einen mehr oder weniger zufälligen Charakter besitzt, die Einführung einiger neuer Gesichtspunkte.

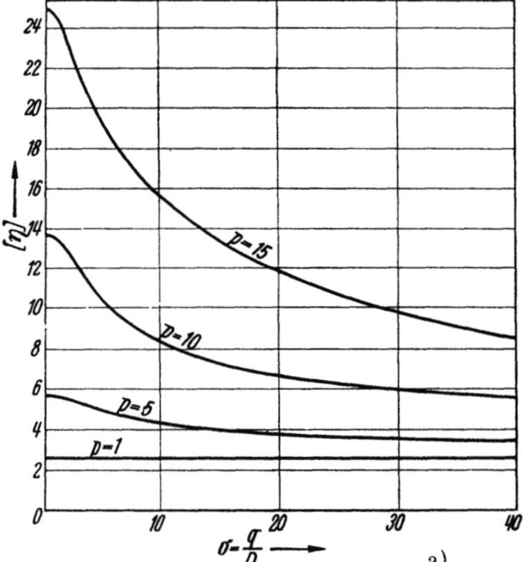

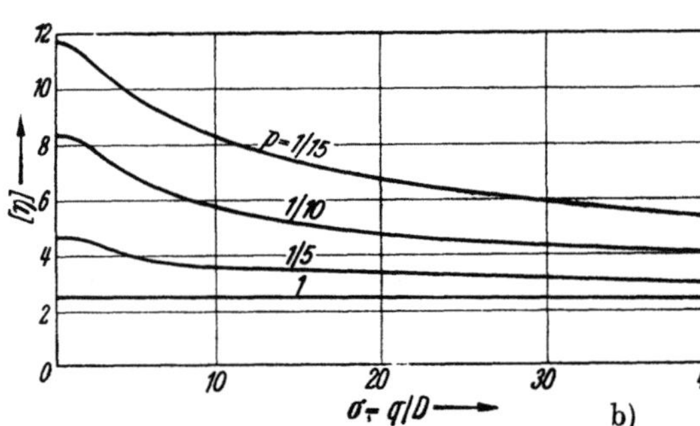

Abb. 16.8. $[\eta]$ in Abhängigkeit von σ nach W. u. H. KUHN (loc. cit.). a) für $p > 1$ (langgestreckte Ellipsoide), b) für $p < 1$ (abgeplattete Ellipsoide) (entnommen aus H. STUART: Physik der Hochpolymeren, Bd. II, S. 541 loc. cit.)

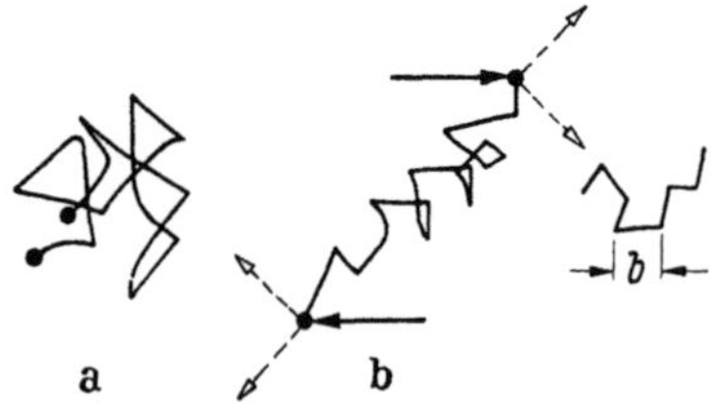

Abb. 16.9. Dehnung und Drehung eines Fadenknäuels (a) bei Angriff von Reibungskräften im Strömungsgefälle (b) (der Abstand b — rechts im Bild — entspricht der Länge eines Fadensegments)

Die wahrscheinlichste Gestalt eines geknäuelten Fadens, zwischen dessen Atomgruppen keine oder oder nur sehr schwache Wechselwirkungskräfte mit sich selbst und den Lösungsmolekülen auftreten, kann statistisch berechnet werden (vgl. § 22). Für den mittleren Abstand der beiden Fadenenden wird folgende Beziehung erhalten

$$\overline{h^2} = l^2\, n \qquad (16.18)$$

($h =$ Abstand der Fadenenden, $l =$ Länge eines unbeweglichen Fadensegmentes (vgl. Abb. 16.9), $n =$ Zahl der Segmente). Vorauszusetzen ist hierbei nur eine ausreichende Länge des Moleküls, kürzere Ketten können durchaus ihren Stäbchencharakter hervorkehren. Solche Knäuel sind innerlich nicht unbeweglich, sondern zeigen eine „innere BROWNsche Bewegung"; sie verändern durch die Wärmebewegung der einzelnen Fadenelemente und durch Zusammenstöße mit den Dispersionsmittelmolekülen dauernd ihre Konfiguration, besitzen aber im Mittel die durch Gl. (18) angegebene Dimension.

Befindet sich ein geknäueltes Fadenmolekül in einer Flüssigkeitsströmung, so hängt sein Fließverhalten und die dabei auftretenden Reibungseffekte nicht nur wie bei kompakten Partikeln von äußeren geometrischen Abmessungen, dem Strömungsgefälle und der Viskosität des Lösungsmittels ab. Es treten jetzt zusätzliche Effekte auf, die durch

die speziellen strukturellen Eigenarten des Moleküls und der Kräfte, die
von seinen Atomgruppen ausgehen, bedingt sind.

Wir wollen zunächst den Idealfall von Fadenknäueln ohne Wechselwirkungen untersuchen, für welchen Gl. (18) gilt (sog. statistisches
Knäuel).

Auf Abb. 16.9a ist ein derartiges statistisches geknäueltes Fadenmolekül in einer ruhenden Flüssigkeit dargestellt. Wird es in ein Strömungsgefälle gebracht, können folgende Wirkungen eintreten:

Auf das Gesamtknäuel wirkt eine resultierende Kraft ein, die es wie
eine kompakte Partikel in Rotation versetzt und die sich der bereits
vorhandenen BROWNschen Rotationsbewegung überlagert. Diese Kraft
versucht aber (vgl. Abb. 16.9b) das Knäuel in der Strömungsrichtung zu
dehnen und senkrecht dazu zusammenzustauchen[1].

Je nach der Elastizität des Knäuels und der Größe der Kraft wird es
diesem Einfluß nachgeben oder nicht. Ein ausreichend starkes Strömungsgefälle sollte aber inneres Gefüge und äußere Gestalt letzten Endes
immer verändern können.

Durch die Wärmebewegung der Flüssigkeitsmoleküle und der Fadenelemente selbst verändern diese dauernd ihre Lage mit einer Geschwindigkeit, die von den Abmessungen der statistisch frei beweglichen Fadenelemente und von der Viskosität des Lösungsmittels abhängig ist. Würde
ein solches Fadenmolekül zwangsweise gestreckt und dann losgelassen,
so käme es durch die BROWNsche Bewegung seiner Elemente und die
Stöße mit den umgebenden Lösungsmittelmolekülen mit der Zeit wieder
in seinen durch die Gesetze des Zufalls angebbaren geknäuelten Zustand
(vgl. § 20). Dies entspricht einem Vorgang, der der Translations- oder
Rotationsdiffusion ähnlich ist und auch auf denselben Ursachen — der
Wärmebewegung — beruht. Ein „innerer Diffusionskoeffizient" oder
eine hier zweckmäßiger anzuwendende „innere Relaxionszeit", die der
Relaxionszeit der Rotationsdiffusion [Gl. (15.12)] analog ist, ist hier die
Materialkonstante, die die Geschwindigkeit der inneren BROWNschen
Bewegung charakterisieren kann. Eine quantitative Theorie dieser
Erscheinungen ist von W. und H. KUHN[2] entwickelt worden.

Ist die charakteristische Geschwindigkeit der „inneren BROWNschen
Bewegung" größer als der Strömungsgradient q, so wird eine Veränderung
der mittleren Dimensionen des Knäuels praktisch nicht eintreten, da die
Rückbildung etwaiger Veränderungen durch die Strömung schneller geht
als die Ausbildung der Veränderung selbst. In solchem Falle benimmt
sich der Knäuel so, als ob er aus einem starren Gerüst (Drahtgerüst)
bestünde.

Da nun im Idealfall keine Wechselwirkungen auftreten, sollte man
annehmen können, daß das Lösungsmittel ungehindert durch die leeren
Räume des Knäuels strömen könnte; für dieses Bild ist der Ausdruck

---

[1] Eine solche Wirkung ist natürlich auch bei kompakten Partikeln vorhanden,
spielt aber bei ihnen keine Rolle, da ihre innere Festigkeit zu groß ist, um durch
die Reibungskräfte der Strömung merkbar verformt zu werden.

[2] KUHN, W., u. H. KUHN: Helv. chim. Acta **28**, 1533 (1945); vgl. auch
H. A. STUART: Das Makromolekül in Lösung. Berlin 1953. S. 673ff.

durchspülter Knäuel geprägt worden. Das Gegenteil hierzu ist der nicht durchspülte und als verbindender Übergang der teilweise durchspülte Knäuel; diese sollen weiter unten behandelt werden[1].

Bei „totaler" BROWNscher Bewegung läßt sich die Viskositätszahl für einen völlig durchspülten Knäuel nach W. und H. KUHN mit Hilfe des „Perlschnurmodells" berechnen. Ihre Theorie geht von einer Anordnung aus, bei der eine Anzahl von Kugeln vom Radius a auf einer geraden Linie im Abstand $4a$ angeordnet gedacht sind (gestreckte Perlschnur); sie führt in diesem Fall zu Gl. (16) bzw. (17), die auch experimentell gut bestätigt worden ist. Für eine beliebige räumliche Anordnung der Kugeln (geknäuelte Perlschnur) läßt sich folgender Ausdruck ableiten:

$$[\eta]v = \frac{\pi\, a}{V} \sum_i r_i^2, \tag{16.19}$$

worin V das Gesamtvolumen und r_i den Abstand der Kugeln vom Schwerpunkt des Teilchens bedeutet

Ein Fadenmolekül (z. B. Polyäthylen oder Cellulose) kann als eine Kette von Kugeln angesehen werden, die durch Gelenke der Länge l verbunden sind. Die Gelenke können sich nicht in allen Winkel drehen, da sie durch die Ausdehnung der Atomgruppen und evtl. durch gegenseitige energetische Wirkungen behindert werden. Ist der Valenzwinkel innerhalb der Kette $180 - \vartheta$ und 2φ der erlaubte, nicht durch Hemmnisse eingeschränkte Drehwinkel, innerhalb eines welchen die Gelenke beweglich sind, so gilt für die Länge h zwischen den Fadenenden

$$\sqrt{\overline{h^2}} = \left(l^2\, \frac{1 + \cos\vartheta}{1 - \cos\vartheta}\, \frac{1 + \eta}{1 - \eta}\, n \right)^{\frac{1}{2}} = l'\, n^{\frac{1}{2}} \tag{16.20}$$

mit $\eta = \sin\varphi/\varphi$ bei sterischer und

$$\eta = \int\limits_{-\pi}^{+\pi} \cos\varphi \exp\left(-u(\varphi)/k\,T \right) d\varphi \; \Big/ \int\limits_{-\pi}^{+\pi} \exp\left(-u(\varphi)/k\,T \right) d\varphi$$

bei energetischer Behinderung. Setzt man in Gl. (19) $V = M_j/N_L$ und $6\pi\, a = \Lambda$ als Widerstandskoeffizient der einzelnen Atomgruppen ein, die im ganzen Molekül als gleich angenommen werden soll[2], so kann geschrieben werden:

$$[\eta]_v = (\Lambda\, N_L/6 M_j) \sum_1^j h_j^2, \tag{16.21}$$

wenn für r der Abstand h_j der j-ten Atomgruppe vom Knäuelschwerpunkt eingesetzt wird. Nimmt man die Summation unter Berücksichtigung der vektoriellen Natur der einzelnen h_j vor, erhält man für große j den Ausdruck

$$\sum_1^j h_j^2 = P\, \overline{h_j^2}/6 \tag{16.22}$$

und damit

$$[\eta]_v = \frac{\Lambda\, N_L}{36\,(M_j/P)}\, \overline{h_j^2} \tag{16.23}$$

(P = Polymerisationsgrad = M_1/M_j; M_1 = Molgewicht des Monomeren;

M_j = Mgw. des Polymeren).

Wird $\overline{h_j^2}$ durch Gl. (20) ersetzt, so wird daraus

$$[\eta]_v = \Lambda\, N_L\, l'^2\, P/36 M_1 = (\Lambda\, N_L\, l'^2/36 M_1^2)\, M_j = K\, M_j. \tag{16.24}$$

Dies ist nichts anderes als das berühmte empirisch gefundene Viskositätsgesetz von STAUDINGER[3], das für die Entwicklung der makromolekularen Chemie eine wichtige

---

[1] KUHN, W.: Z. physik. Chem. (A) **161**, 1 (1932); KUHN, W. u. H. KUHN: Helv. chim. Acta **28**, 97 (1945).

[2] Bei verschiedenen Atomgruppen müßte jeweils ein anderes Λ oder a eingesetzt werden. — [3] STAUDINGER, H.: Organische Kolloidchemie, loc. cit.

Rolle gespielt hat. Eine quantitative Berechnung von K stößt jedoch wegen der vereinfachten Voraussetzungen der Ableitung auf Schwierigkeiten.

Das Fließverhalten eines Fadenknäuels, das dem Lösungsmittel keinen freien Durchtritt gewährt, muß natürlich anderen Gesetzmäßigkeiten gehorchen als das des völlig durchspülten Knäuels, denn in jenem wird der Strömung von der ganzen Partikel Widerstand geleistet, während in diesem jedes einzelne Fadenelement eine Wirkung für sich ausübt, auch wenn es sich im Innern des Knäuels befindet. Undurchspülte Knäuel können durch immer engere Zusammenlagerung und Verfilzung sehr beweglicher Kettenglieder entstehen, aus räumlichen Gründen könnte dann kein Lösungsmittel mehr hindurchtreten. Häufiger scheint jedoch das Lösungsmittel durch anziehende Kräfte der Atomgruppen des Fadenmoleküls (wie in einem Schwamm) immobilisiert zu werden.

Wenn die Zahl der Kettenglieder groß genug ist, nimmt der Fadenknäuel die Form einer Kugel an und kann hinsichtlich seines Fließverhaltens wie eine solche behandelt werden. Wenn wieder vorherrschende innere BROWNsche Bewegung vorausgesetzt wird — damit keine Gestaltsveränderungen durch die Strömung hervorgerufen werden können (s. o.) —, läßt sich das EINSTEINsche Gesetz anwenden, das nach Gl. (4) lautet

$$[\eta] = [\eta]_v/\varrho_2 = 2{,}5/\varrho_2 . \tag{16.25}$$

Ist die Dichte der Kugel mit dem Durchmesser d_K

$$\varrho_2 = 6 M_j/\pi\, d_K^3 N_L \tag{16.26}$$

und setzt man d_K dem mittleren Abstand $\sqrt{\overline{h^2}}$ der Fadenenden proportional[1], so erhält man

$$[\eta] = 2{,}5\pi\, d_K^3\, N_l/6 M_j = 2{,}5 \cdot 0{,}92\pi\, N_L \left(\sqrt{\overline{h^2}}\right)^3/6 M_j = 7 \cdot 10^{23} \left(\overline{h^2}\right)^{\frac{3}{2}}/M_j . \tag{16.27}$$

Wird $\sqrt{\overline{h^2}}$ wieder durch $l'\, P^{\frac{1}{2}}$ ersetzt, ergibt sich

$$[\eta] = 2{,}5 \cdot 0{,}92\pi\, N_L\, l'^3\, P^{\frac{3}{2}}/6 M_j = 7 \cdot 10^{23} \left(l'^3/M_1^{\frac{3}{2}}\right) M_j^{\frac{1}{2}} . \tag{16.27}$$

Es wird also ein Viskositätsgesetz erhalten, in welchem die Viskositätszahl der Wurzel aus dem Molgewicht oder dem Polymerisationsgrad proportional ist.

$$[\eta] = K\, M_j^{\frac{1}{2}} , \tag{16.29}$$

im Gegensatz zum völlig durchspülten Knäuel, wo eine direkte Proportionalität gilt.

Die beiden besprochenen Modelle sind Grenzfälle des Verhaltens geknäuelter Fadenmoleküle, die in der Wirklichkeit durchaus nicht aufzutreten brauchen. Stellt man nach MARK[2] das Viskositätsgesetz in der Form

$$[\eta] = K\, M_j^{\alpha} \tag{16.30}$$

dar, so könnte man erwarten, daß die Viskositätszahl realer Systeme ganz allgemein durch eine solche Gleichung beschrieben wird, wenn α Werte

---

[1] Nach DANIELS, Proc. Cambridge philos. Soc. **37**, 244 (1941), und W. KUHN, Helv. chim. Acta **31**, 1677 (1948), gilt $d_k = 0{,}92 \sqrt{\overline{h^2}}$.
[2] MARK, H.: Der feste Körper. Leipzig 1938.

zwischen 0,5 und 1,0, den Grenzwerten des Exponenten für das undurchspülte und das durchspülte Knäuel annimmt[1]. Die Eigenschaften des Knäuels sollten also in Wirklichkeit zwischen den beiden Extremfällen liegen. Obwohl für die eine große Zahl experimentell untersuchter Systeme nach HOUWINK[2] Koeffizienten zwischen 0,5 und 1 gefunden werden, trifft die Schlußfolgerung bezüglich der allgemeinen Gültigkeit der Gl. (30) nur bedingt zu[3].

Die Modellvorstellungen haben jedoch zum mindesten dazu geführt, das Viskositätsverhalten von Fadenmolekülen zu verstehen und für die beiden vereinfachten Grenzfälle quantitativ zu beschreiben.

Beim undurchspülten Knäuel kann natürlich nur dann mit dem Bild einer Kugel operiert werden, wenn die Zahl der Kettenglieder (m. a. W. der Polymerisationsgrad bei Hochpolymeren) ausreichend groß ist; mit abnehmender Kettenlänge wird der Knäuel immer mehr einem gestreckten Teilchen ähnlich. Daher kann grundsätzlich nicht erwartet werden, daß Gl. (30) über den ganzen Bereich der Molgewichte etwa eines durch Polymerisation einer Grundeinheit erhaltenen Fadenmoleküls gültig ist. Wenn die Teilchenform sich mit zunehmender Kettenlänge vom Stäbchen über das Ellipsoid in die Kugel verwandelt, muß die Viskositätszahl stärker als linear mit M_j ansteigen, denn der Strömungswiderstand langgestreckter Teilchen ist kleiner als der kugelförmiger Partikeln. Ist aber die Kugelform einmal erreicht, muß $[\eta]$ mit $M^{\frac{1}{2}}$ zunehmen. Daher sollte man, wie Wo. OSTWALD forderte, S-förmige $[\eta]$-P-Kurven erwarten. Ein solcher Verlauf ist im ganzen nur schwer zu beobachten, da hierzu Messungen über einen sehr großen Bereich der Partikelgrößen erforderlich wären[4].

Der Einfluß der Wechselwirkungen des Lösungsmittels auf den mehr oder weniger weitmaschigen Zustand des Knäuels ist von FLORY und FOX[5] behandelt worden. Danach läßt sich die Viskositätszahl immer durch ein Gesetz der Form

$$[\eta] = \Phi \left(\overline{s^2}\right)^{\frac{3}{2}}/M_j \tag{16.31}$$

darstellen, in dem s der Abstand eines Fadenelementes vom Schwerpunkt und Φ eine Konstante bedeutet, die vom Lösungsmittel abhängt.

Der allgemeine Fall eines teilweise durchspülten Knäuels bereitet der mathematischen Darstellung erheblich größere Schwierigkeiten als die beiden anderen relativ leicht zu übersehenden Grenzfälle[6]. Die von verschiedenen Autoren entworfenen Theorien gehen entweder vom durchspülten Knäuel aus oder berücksichtigen die Wechselwirkungen der einzelnen Kettenglieder, wie es BURGERS[7],

[1] Nach der exakteren Theorie zwischen 0,5 und 0,8.

[2] HOUWINK, R. R.: J. prakt. Chem. [2] **157**, 15 (1941).

[3] Eine Zusammenstellung der Größen K, M_j und α für eine größere Zahl von Fadenmolekülen findet sich bei PETERLIN (loc. cit. S. 86) auf S. 305ff.

[4] Ansätze in Teilgebieten sind vorhanden, vgl. hierzu PETERLIN, in STUART: Das Makromolekül in Lösung, Berlin/Göttingen/Heidelberg 1953.

[5] Fox, T. G. u. P. FLORY: J. physic. Chem. **53**, 197 (1949); FLORY, P. u. T. G. Fox: J. Polymer Sci **5**, 745 (1950); J. Amer. chem. Soc. **73**, 1904 (1951).

[6] Vgl. dazu etwa H. TOMPA: Polymer Solutions. London 1956. Kap. 9ff.

[7] BURGERS, J. M.: Proc., Kon. Akad. Wetensch. Amsterdam **44**, 1045 (1941).

KIRKWOOD und RISEMAN [1] und PETERLIN [2] tun, oder betrachten zunächst eine dem Knäuel äquivalente Kugel, deren Durchlässigkeit besonders in Rechnung gesetzt wird; dies ist Methode von BRINKMAN [3] und DEBYE und BUECHE [4]. Beide Arten der Berechnung führen bis auf differierende Zahlenfaktoren zu den gleichen Ergebnissen. Abb. 16.10 demonstriert die gute Übereinstimmung verschiedener Theorien. PETERLIN erhielt die Kurve durch Parallelverschiebungen der Resultate verschiedener Berechnungsmethoden, wenn log $[\eta]$ gegen log x aufgetragen wird. Das wichtigste an dieser Darstellung ist, daß sie deutlich eine Kurvenkrümmung erkennen läßt. Hieraus geht hervor, daß die allgemeine Gültigkeit eines Viskositätsgesetzes von der Form KM^α mit konstantem α nicht wahrscheinlich ist, denn sonst müßte sich im logarithmischen Maßstab eine Gerade ergeben. Nach PETERLIN soll für ein teilweise durchspültes Knäuel (überwiegende BROWNsche Bewegung) angenähert gelten:

$$[\eta] = \frac{\pi\,N_L\,a\,l'^2}{6\,M_1} \cdot \frac{P}{1 + 1{,}2\,\sqrt{6/\pi}\,(a/l')\,\sqrt{P}}, \qquad (16.32)$$

worin der Zahlenfaktor 1,2 noch unsicher und von Fall zu Fall nachzuprüfen ist; die Formel gibt aber die Verhältnisse praktisch ebenso gut wieder, wie die etwas umständlichere von KIRKWOOD und RISEMAN.

Das Potenzgesetz (30) hat somit in bezug auf seinen Exponenten keine reelle physikalische Bedeutung und kann allenfalls als Näherungsgleichung in einem begrenzten Gebiet veränderlicher Molgewichte von Hochpolymeren herangezogen werden. Als einfache Beziehung könnte eine Proportionalität zwischen $P/[\eta]$ und $\sqrt{P}$ bzw. $M_j/[\eta]$ und $\sqrt{M_j}$ gelten, die sich leicht durch Umformung der Gl. (30) ergibt (und wegen der prinzipiellen Übereinstimmung der verschiedenen Theorien auch in diesen enthalten sein muß).

Fließverhalten von Fadenmolekülen bei höheren Strömungsgradienten

Das in den vorangegangenen Abschnitten besprochene Verhalten geknäuelter Fadenmoleküle bezog sich auf „starre" Anordnungen, vielmehr auf solche, die wegen der überwiegenden BROWNschen Bewegung keine

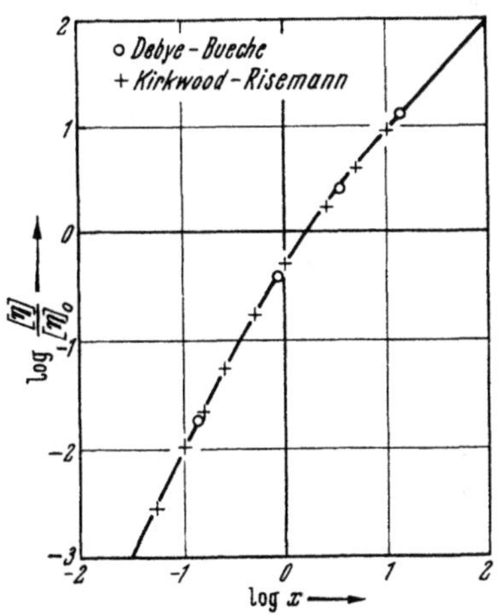

Abb. 16.10. Relative Viskositätszahl in Abhängigkeit von $x = (a/l')\,(6\,P/\pi)^{\frac{1}{2}}$ in logarithmischem Maßstab. Die ausgezogene Kurve entspricht PETERLINS Gl. (16.32) (entnommen aus STUART: Physik d. Hochpolymeren Bd. II loc. cit., S. 553)

Veränderung durch das Strömungsgefälle erleiden (was aber nicht heißen soll, daß sie tatsächlich starr sind!). Bei größerem Strömungsgefälle entspricht dieses Bild nicht mehr den tatsächlichen Verhältnissen, denn auch Lösungen von Fadenmolekülen zeigen — wie die von starren Ellipsoiden — bei höheren Strömungsgradienten eine „Strukturviskosität". Wie aus Abb. 16.9 zu sehen ist, erleidet der Knäuel in der Strömung eine

---

[1] KIRKWOOD, J. G. u. J. RISEMAN: J. chem. Physics 16, 565 (1948).
[2] PETERLIN, A.: Intern. Kongress „Les grosses molécules en solution". Paris 1948. S. 70.
[3] BRINKMAN, H. C.: Physica 13, 447 (1947); Appl. Sci. Res. 2, 190 (1949).
[4] DEBYE, P. u. A. M. BUECHE: J. chem. Physics 16, 573 (1948).

Drehung, wobei er in der 45°-Richtung zu den Stromlinien gedehnt und senkrecht dazu getaucht wird; wegen der Beweglichkeit der Fadenmoleküle kann er den deformierenden Kräften nachgeben. Keine Formveränderungen treten ein, solange die innere BROWNsche Bewegung groß genug ist, um diese auszugleichen. Nun besitzt aber das Fadenmolekül eine „innere Viskosität", es schnellt bei Formänderungen nicht sofort wie eine Feder in die Ruhelage zurück, sondern wegen der gegenseitigen Behinderung der Fadenelemente — die steif oder weich sein können — braucht es dazu eine gewisse Zeit. Werden bei höherem q die deformierenden Kräfte groß genug, so kann die BROWNsche Bewegung diese nicht mehr ausgleichen sondern nur noch verzögern, was zur Folge hat, daß die größte Dehnung des Knäuels nicht in der 45°-Richtung, sondern näher der Richtung der Stromlinien auftritt. Je kleiner die „innere Viskosität", je weicher also der Faden ist, desto mehr wird er in die Stromlinienrichtung gedehnt. Dies führt zu dem eigenartigen Phänomen, daß weiche Fadenmoleküle — also solche die praktisch keine „innere Viskosität besitzen — keine Strukturviskosität verursachen; die Viskositätszahl ist hier unabhängig vom Strömungsgefälle[1][2].

Durch die Dehnung wird zwar die Zahl der Widerstandselemente gegenüber der Strömung erhöht, der Widerstand selbst aber durch Eindrehen in die Stromlinienrichtung verringert. (Ein Stäbchen bestimmter Länge bietet bei überwiegender Rotation der Strömung einen Widerstand, der mit zunehmender Länge des Stäbchens größer wird, durch Ausrichtung in einem hinreichend großen Strömungsgefälle wird aber der Widerstand kleiner; finden Längenzunahme und Ausrichtung gleichzeitig statt, müssen sich beide Wirkungen aufheben.)

Im Gegensatz dazu nimmt die Viskositätszahl starrer Knäuel mit größer werdendem q ab, wobei die Abnahme selbst von der „inneren Viskosität" abhängt. Dies läßt sich nach den Vorstellungen von W. und H. KUHN dadurch verstehen, daß solche Knäuel, wenn sie auch den gleichen Abstand ihrer Fadenendpunkte h besitzt, bezüglich ihrer eigentlichen Gestalt eine große Mannigfaltigkeit aufweisen. Ein solches monodisperses polyformes System läßt sich angenähert durch ein Modellsystem beschreiben, das aus hantelförmigen Partikeln der Länge h besteht, die von 0 bis zur Länge des völlig ausgestreckten Fadenmoleküls variieren kann und deren mittlere Länge wieder $\overline{h^2}^{\frac{1}{2}}$ beträgt. Solche starren Hanteln verschiedener Größe werden nun in der Strömung orientiert, und zwar die langen bereits bei kleinem q, während mit steigendem q immer kürzere Partikel erfaßt werden, bis bei sehr hohen Werten von q wieder alles orientiert ist. Durch die Orientierung nimmt der Strömungswiderstand ab, wobei die Viskositätszahl sinkt, doch wird ihre Abnahme nicht so ausgeprägt sein, wie etwa bei einem System monodisperser Rotationsellipsoide, sondern wegen des allmählichen Einschwenkens der verschieden langen Hanteln über ein größeres Gebiet von q verwischt werden. Die Verhältnisse sind mathematisch nur schwierig zu erfassen,

---

[1] HERMANS, J. J.: Physica **10**, 777 (1943).
[2] KUHN, W. u. H. KUHN: Helv. chim. Acta **26**, 1394 (1943).

weist doch z. B. Peterlin[1] darauf hin, daß Knäuel langer Ketten niemals völlig starr sein könnten, denn würden sie in der Strömung gedehnt werden, müßten sie auch besser durchströmt werden. Es ist unter diesen Bedingungen sicher noch eine Reihe von Faktoren zu berücksichtigen, ehe von einer vollständigen und generell anwendbaren Theorie der Viskosität — oder auch nur der Viskositätszahl —, die auch den Bereich höherer Strömungsgradienten umfaßt, gesprochen werden kann.

Konzentrationsabhängigkeit der Viskosität

Wenn das Verständnis der Zusammenhänge zwischen dem Verhalten einer einzigen Partikel in einem Strömungsgefälle — das ja durch die Viskositätszahl tatsächlich repräsentiert wird — und der Größe, Gestalt und Struktur dieser Partikel bereits außerordentliche Schwierigkeiten bereitet, so werden diese Schwierigkeiten noch erheblich größer, wenn man das Verhalten einer größeren Anzahl von Partikeln in der Strömung, m. a. W. die Viskosität konzentrierterer Lösungen oder Dispersionen verstehen will. Wenn bereits bei den einfachsten Systemen, den kugelförmigen Partikeln, Schwierigkeiten auftreten, die allerdings hier noch zu bewältigen sind, so werden die theoretischen Behandlungen von starren anisometrischen Partikeln oder von Fadenknäueln äußerst kompliziert. Eine allgemeine Theorie der Konzentrationsabhängigkeit der Viskosität von nichtkugelförmigen Partikeln existiert noch nicht. Die Aufstellung von Formeln hat jedoch insofern eine gewisse praktische Bedeutung, als sie zur Ermittlung der Viskositätszahl aus Meßergebnissen, die ja durch Extrapolation von η_{sp}/c_g auf die Konzentration 0 erhalten wird, herangezogen werden können. Eine Reihe von Autoren hat daher empirische Gleichungen aufgestellt, die mehr oder weniger gut die Konzentrationsabhängigkeit von η_{sp} bei bestimmten Substanzklassen wiedergeben[2]. In allen diesen Gleichungen tritt aber die Viskositätszahl selbst als Konstante auf, während sie selbst meist aus Potenzreihen bestehen. Durch Potenzreihen lassen sich stetige Funktionen mit beliebiger Näherung darstellen; solche Gesetzmäßigkeiten sagen jedoch nichts über die wirklichen physikalischen Zusammenhänge der darin auftretenden Größen aus. Eine halbempirische Formel, für die Huggins[3] eine theoretische Begründung gegeben hat, da die darin auftretende Konstante k' mit einem in der Theorie der makromolekularen Lösungen auftretenden Wechselwirkungsfaktor χ zusammenhängt (vgl. § 22), lautet:

$$\eta_{sp} = [\eta]\, c_g + k'\, [\eta]^2\, c_g{}^2 + \cdots \tag{16.33}$$

Diese Formel leistet nicht nur gute Dienste für die Bestimmung von $[\eta]$, die Größe k' läßt auch gewisse Rückschlüsse auf die Wechselwirkungen zwischen Lösungsmittel und gelösten Fadenmolekülen zu.

---

[1] Peterlin, A.: J. Polymer. Sci 8, 621 (1952).
[2] Vgl. hierzu W. Philippoff: Viskosität der Kolloide. Dresden und Leipzig 1942; Kuhn, A.: Kolloidchemisches Taschenbuch. 4. Aufl. Leipzig 1953; Stuart: Das Makromolekül in Lösung. Berlin 1953.
[3] Huggins, M. L.: J. Amer. chem. Soc. 64, 2716 (1942).

Temperaturabhängigkeit der Viskosität

Während die Viskosität reiner (normaler) Flüssigkeiten nach dem von ANDRADE[1] empirisch gefundenen Gesetz

$$\log \eta = \frac{A}{T} + B \tag{16.34}$$

mit der Temperatur abnimmt, das auch von EYRING[2] eingehend theoretisch begründet werden konnte, ergeben sich keine besonderen Merkmale für die Temperaturabhängigkeit der Viskosität kolloider Systeme, die auf geometrische oder mechanische Bestimmungsstücke zurückzuführen sind.

Natürlich wird ein Einfluß der Temperatur auf die Viskositätszahl in den Fällen eine Rolle spielen, wo BROWNsche Bewegung mitbestimmend ist, also dort, wo die Partikeln in der Strömung teilweise ausgerichtet werden. Die Zunahme der BROWNschen Bewegung mit der Temperatur (vgl. § 12) wird immer in Richtung einer Verminderung der Orientierung wirken. Von ROBINSON[3] ist dies durch Messungen der Viskosität und der Strömungsdoppelbrechung von Tabakmosaikvirus, der aus sehr langen Stäbchen besteht, bestätigt worden.

Von großer Bedeutung ist allerdings der Einfluß der Temperatur auf die Wechselwirkung zwischen dispergierter Substanz und Dispersionsmittel (Solvatation); bei kugel- und stäbchenförmigen Partikeln nimmt die Solvatation meist mit der Temperatur ab. Bei fadenförmigen Makromolekülen ändert sich der „Knäuelungsgrad" durch die Solvatation, Abnahme der Solvatation knäuelt das Molekül stärker zusammen (vgl. FLORY und FOX, loc. cit. S. 92).

Den Einfluß elektrischer Ladungen auf die Viskosität kolloider Lösungen hat bereits v. SMOLUCHOWSKI[4] zu berechnen versucht. Sein Ergebnis konnte jedoch nicht durch Messungen bestätigt werden. Der Grund liegt darin, daß die elektrostatischen Wechselwirkungen zwischen den Partikeln, deren theoretische Grundlagen erst in sehr viel späterer Zeit durch DEBYE und HÜCKEL entwickelt worden sind, von ihm noch nicht berücksichtigt werden konnten. Ohne die Berücksichtigung derartiger Effekte ist jedoch das Verhalten elektrisch geladener Partikeln nicht zu verstehen. Über die Viskositätsanomalien von fadenförmigen Polyelektrolyten vgl. § 83.

Bisher wurde in allen Erörterungen Volumenmonodispersität vorausgesetzt. Enthält das System Teilchen verschiedener Volumen, so werden Versuche, das Viskositätsverhalten dieser Systeme mathematisch exakt darzustellen, praktisch hoffnungslos, wenn es sich nicht gerade um kugelförmige Partikeln handelt, deren Größe nach dem EINSTEINschen Gesetz keinen Einfluß ausübt. Physikalisch zeigen polydisperse

[1] ANDRADE, E. N. DA C.: Philos. Mag. **17**, 497, 698 (1934).
[2] EYRING, H.: J. chem. Physics **4**, 283 (1937).
[3] ROBINSON, J. R.: Proc. Roy. Soc. London A **170**, 519 (1939).
[4] v. SMOLUCHOWSKI, M.: Kolloid-Z. **18**, 190 (1916).

Systeme gegenüber monodispersen keine Besonderheiten, weder in bezug auf die Viskositätszahl noch auf die Konzentrationsabhängigkeit der spezifischen Viskosität[1]. Nur bei der Strukturviskosität scheint sich die Ungültigkeit des NEWTONschen Gesetzes bei polydispersen Systemen über einen breiteren Bereich des Strömungsgefälles zu erstrecken. Dies ist nicht schwer einzusehen, denn in einer Dispersion verschieden langer Stäbchen werden sich die längsten bereits bei relativ niedrigem q zu orientieren beginnen und die kürzesten erst bei sehr hohem q völlig ausrichten. Der Effekt ist von PHILIPPOFF[2] beobachtet worden.

§ 17. Thermodynamik dispersionsinvariabler kolloider Systeme

Wenn es sich jetzt darum handelt, bestimmte noch näher zu erläuternde Eigenschaften kolloider Systeme in Abhängigkeit ihrer inneren Zusammensetzung und ihrer äußeren Umgebung so zu beschreiben, daß ihr Verhalten bei irgendwelchen eintretenden Veränderungen eindeutig vorausgesagt werden kann, so stehen hierfür zwei Wege offen. Wir könnten z. B. den bisher eingeschlagenen Weg der Betrachtung einzelner Partikeln konsequent weitergehen und versuchen, etwas über den allgemeinen Zustand des Systems — etwa dessen Volumen, Druck, Energie, Temperatur usw. — zu erfahren. Unter Zuhilfenahme statistischer Betrachtungsweisen könnte uns das gelingen. Diese untersuchen zunächst das Verhalten einzelner Partikeln, versuchen aber dann zu allgemein gültigen Aussagen zu kommen, indem sie das wahrscheinliche Verhalten einer sehr großen Zahl von Partikeln berechnen, ein Verfahren, was wir in § 20 noch kennenlernen werden. Mathematisch weniger kompliziert und vielfach auch einfacher ist der ältere Weg der klassischen *Thermodynamik*. Diese nimmt allerdings von der Existenz korpuskularer Einheiten, aus denen sich die materiellen Systeme zusammensetzen, keine Kenntnis, sondern geht von den grob sinnlich wahrnehmbaren Merkmalen der Materie, wie Volumen, Druck, Temperatur usw. aus, und führt Begriffe wie Energie, Entropie, chemische Zusammensetzung usw. ein, mit deren Hilfe es ihr tatsächlich gelingt, Voraussagen über das Verhalten der Systeme zu machen, die eine große Sicherheit besitzen. Obwohl die statistisch-mechanische Methodik für *unsere* Systeme, in denen das Auftreten korpuskularer Qualitäten und Quantitäten ein hervorragendes Merkmal ist, als die aussichtsreichere erscheint, wäre es unklug, die klassische Thermodynamik deswegen zu übergehen. Nicht nur weil sie mit sehr viel einfacheren mathematischen Hilfsmitteln auskommt, sondern auch, weil die Beherrschung und nutzbringende Anwendung der komplizierteren Methoden ohne die Beherrschung der einfacheren meist nicht gelingt.

Nun ist dieses Buch nicht der Ort, in dem eine ausführliche Entwicklung und Darstellung der thermodynamischen Gesetze erwartet werden

---

[1] Vgl. W. PHILIPPOFF: Viskosität der Kolloide. Dresden 1942.
[2] PHILIPPOFF, W.: Ber. dtsch. chem. Ges. **70**, 827 (1937).

kann, zumal sie in vielen Lehrbüchern[1-7], Handbuchartikeln usw. ausführlich behandelt worden sind. Der Leser möge sich in einem der angeführten Werke orientieren. Um aber die Benutzung dieses Buches zu erleichtern — und nur aus diesem Grunde —, ist im Anhang I eine kurze Einführung gegeben und eine Zusammenstellung der zu verwendenden thermodynamischen Begriffe und Gesetzmäßigkeiten vorgenommen worden. Darin ist von den beiden möglichen Methoden der Thermodynamik — der der Kreisprozesse und der der charakteristischen Zustandsfunktionen —, der letzteren wegen ihrer größeren Prägnanz und Kürze der Vorzug gegeben worden.

§ 18. Mischungen mit mehreren nicht reagierenden Komponenten

Die thermodynamische Behandlung kolloider Systeme muß sich naturgemäß an die Thermodynamik der gewöhnlichen „homogenen" Mischungen mit mehreren Komponenten anschließen. Bei jenen handelt es sich immer um Mischungen, meisten mit mehr als zwei Komponenten[8], worunter wieder die Mischungen mit mindestens einer flüssigen Komponente die größte Bedeutung besitzen. Wir beschränken uns auf Mischungen mit zwei Komponenten; die hierfür geltenden Gesetzmäßigkeiten lassen sich leicht auf solche mit beliebig vielen Komponenten erweitern. Die Systeme können aus zwei Komponenten einer einzigen Phase (z. B. Lösungen) oder aus zwei und mehr Phasen bestehen (z. B. gesättigte Lösungen mit Bodenkörper und Lösungsmitteldampf).

Einphasige Mischungen aus zwei nicht reagierenden Komponenten

a) Partielle molare Größen. Wenn auch die Massen jeder Mischung sich aus der Summe der Einzelmassen der Komponenten zusammensetzen, so gilt dies durchaus nicht für andere extensive Eigenschaften wie Volumen, Energie, Entropie usw. Diese können gerade infolge der Mischung erheblichen Änderungen unterworfen sein. Man kommt aber zu einer Mischungsvorschrift von der Form

$$V = n_1 V_1 + n_2 V_2 \tag{18.1}$$
$$(V = \text{Volumen}, \quad n = \text{Molzahlen}),$$

wenn man die Definitionen

$$V_1 \equiv \left(\frac{\partial V}{\partial n_1}\right)_{T, P, n_2 \ldots}; \quad V_2 \equiv \left(\frac{\partial V}{\partial n_2}\right)_{T, P, n_1 \ldots} \tag{18.2}$$

---

[1] Z. B. GUGGENHEIM, E. A.: Thermodynamics. 3. Aufl. New York 1957.
[2] KORTÜM, G.: Einführung in die chemische Thermodynamik. Göttingen 1949.
[3] SCHOTTKY-ULICH-WAGNER: Thermodynamik. Berlin 1929.
[4] ULICH, H.: Chem. Thermodynamik. Dresden u. Leipzig 1930.
[5] KLOTZ, I. M.: Chemical Thermodynamics. New York 1950.
[6] EUCKEN, A.: Lehrb. d. Chemischen Physik, 2. Aufl. Bd. 2. Leipzig 1944 u. 1948.
[7] GLASSTONE, S.: Physical Chemistry. 2. Aufl. London 1951.
[8] Systeme aus einer Komponente, die in zwei Aggregatzuständen vorkommen, z. B. Wasser—Wasserdampf, werden nur unter einem speziellen Gesichtspunkt in §§ 63 u. 74 behandelt.

einführt. Es ist jetzt

$$dV = V_1\,dn_1 + V_2\,dn_2. \tag{18.3}$$

Wenn man zum Volumen V dn_1 Substanz 1 und dn_2 Substanz 2 hinzufügt (z. B. in dem man von jeder Substanz 2% der bereits vorhandenen Menge jeder einzelnen Komponente zugibt), ohne daß sich das Verhältnis n_1/n_2 der Mischung ändert, dann ändert sich auch V um den gleichen Anteil (z. B. 2%), während V_1 und V_2 konstant bleiben. Ist $d\xi$ diese Änderung bei konstanten n_1/n_2, so gilt[1]

$$dn_1 = n_1\,d\xi;\; dn_2 = n_2\,d\xi \quad \text{und} \quad dV = V\,d\xi \tag{18.4}$$

und

$$V\,d\xi = n_1\,V_1\,d\xi + n_2\,V_2\,d\xi, \tag{18.4a}$$

woraus sich Gl. (18.1) nach Integration zwischen 0 und 1 ergibt. V_1 und V_2 heißen *partielle molare* Volumen der Substanzen 1 und 2.

Ähnliche partielle molare Größen können für beliebige extensive Eigenschaften definiert werden:

$$X \equiv \left(\frac{\partial X}{\partial n_1}\right)_{T,\,P,\,n_2\cdots};\quad X_2 \equiv \left(\frac{\partial X}{\partial n_2}\right)_{T,\,P,\,n_1\cdots} \tag{18.5}$$

worunter auch das chemische Potential

$$G_1 \equiv \mu_1 \equiv \left(\frac{\partial G}{\partial n_1}\right)_{T,\,P,\,n_2\cdots} \quad \text{usw.} \tag{18.6}$$

fällt. Allgemein gilt dann für Gl. (18.1)

$$X = n_1\,X_1 + n_2\,X_2. \tag{18.7}$$

Zwischen den partiellen thermodynamischen Größen gelten die gleichen Beziehungen wie zwischen den normalen extensiven Größen, wovon man sich leicht überzeugt, wenn man die Gl. (I. 17) nach dn_1, dn_2 differenziert.

Bei der Benutzung von Molzahlen zur Kennzeichnung der Zusammensetzung des Systems entstehen für kolloide Systeme Schwierigkeiten, wenn es sich nicht gerade um Makromoleküle handelt. Zwar würden wir hier noch die Molzahlen benutzen können, da eine Veränderung der Partikelgröße ausdrücklich ausgeschlossen wurde. Bestünde also eine Partikel aus j Molekülen des Molgewichtes M_1, so würden wir ohne weiteres Molzahlen verwenden können, müßten allerdings mit dem „Molgewicht" $M_j = j \cdot M_1$ rechnen. In sehr vielen Fällen ist aber M_j oder j unbekannt oder soll gerade bestimmt werden, so daß in den thermodynamischen Beziehungen bei Verwendung von n immer noch eine Größe j steckt, die erst ermittelt werden muß.

---

[1] Dies sieht man dadurch ein: Die relative Änderung von n_1 ist dn_1/n_1, diese soll der relativen Änderung von n_2 gleich sein, also

$$dn_1/n_1 = dn_2/n_2 = d\xi.$$

Die relative Änderung der Mengen der Komponenten muß aber auch — bei konstantem Verhältnis n_1/n_2 — gleich der relativen Änderung von V sein, also

$$d\xi = dV/V.$$

Von diesen Schwierigkeiten ist man frei, wenn man nicht die Molzahl, sondern die Masse oder das Gewicht der Stoffe 1 und 2 als streng additive extensive Größen zur Kennzeichnung der Zusammensetzung verwendet. Mit den Gewichten w_1 und w_2 usw. ist entsprechend Gl. (18.2)

$$V = V_{s1}\, w_1 + V_{s2}\, w_2, \tag{18.8}$$

wenn

$$V_{si} \equiv \left(\frac{\partial V}{\partial w_i}\right)_{T,\,P,\,w_j\cdots(i\,\neq\,j)} \tag{18.9}$$

ist und für eine beliebige extensive Eigenschaft X_i gilt:

$$X_i \equiv \left(\frac{\partial X}{\partial w_i}\right)_{T,\,P\,w_j\cdots(i\,\neq\,j)} \tag{18.10}$$

Diese Größen werden als partielle spezifische Größen (Index s) bezeichnet; z. B. hat V_{si} die physikalische Bedeutung eines spezifischen Volumens (spez. Volumen $= 1/$Dichte). Zwischen partiellen spezifischen und partiellen molaren extensiven Größen besteht der einfache Zusammenhang

$$X_{si} = \frac{1}{M_i}\, X_i, \tag{18.11}$$

so daß bei bekannten Mol- oder Partikelmolgewichten diese ineinander umgerechnet werden können.

Ist eine allgemeine Volumenänderung

$$dV = \alpha\, V\, dT - \varkappa\, V\, dP + V_1\, dn_1 + V_2\, dn_2 \tag{18.12}$$

($\alpha =$ Ausdehnungskoeffizient, $\varkappa =$ Kompressibilität), kann die Änderung von V_1 und V_2 mit der Zusammensetzung angegeben werden. Differentiation von Gl. (18.1) ergibt

$$dV = n_1\, dV_1 + V_1\, dn_1 + n_2\, dV_2 + V_2\, dn_2 \tag{18.13}$$

und nach Gleichsetzung von Gl. (18.12) und (18.13)

$$\alpha\, V\, dT - \varkappa\, V\, dP + n_1\, dV_1 + n_2\, dV_2 = 0,$$

woraus bei konstanter Temperatur und konstantem Druck folgt:

$$n_1\, dV_1 + n_2\, dV_2 = 0. \tag{18.14}$$

Dasselbe gilt für beliebige Größen X_1 und X_2 und für X_{s1} und X_{s2}. Man erhält daher

$$n_1\, dX_1 + n_2\, dX_2 = w_1\, dX_{s1} + w_2\, dX_{s2} = 0. \tag{18.15}$$

Soll n_1 oder w_1 durch eine intensive Größe ausgedrückt werden, so können für n_i die Molenbrüche x_i und für w_i die Gewichtsbrüche oder Gewichtsfraktionen y_i verwendet werden. Letztere sind definiert als

$$y_i = \frac{w_i}{\sum\limits_i w_i}. \tag{18.16}$$

Häufig werden auch die Volumenbrüche oder Volumenfraktionen φ_i^* verwendet. Sind $V_{01}, V_{02}\ldots$ usw. die Molvolumen der reinen Substanz ($V_{01} = V/n_1 = M_1/\varrho_{01} = M_1\, V_{0s1}$ ($V_{s01} =$ spezifisches Volumen der *reinen* Substanz 1; $\varrho_{01} =$ Dichte der reinen Substanz usw.), so gilt

$$\varphi_1^* = \frac{n_1 \, V_{01}}{n_1 \, V_{01} + n_2 \, V_{02}} \; ; \quad \varphi_i^* = \frac{n_i \, V_{0i}}{\sum_i n_i \, V_{0i}} \tag{18.17}$$

(vgl. jedoch § 22).

Sind dX_1 und dX_2 die Änderungen, die X_1 und X_2 bei Änderung der Zusammensetzung um dx_2 bei konstantem Druck und konstanter Temperatur erfahren, so ist

$$dX_1 = \left(\frac{\partial X_1}{\partial x_2}\right)_{T,P} dx_2 \quad \text{usw.}$$

Für Gl. (18.15) kann daher geschrieben werden

$$(1 - x_2)\left(\frac{\partial X_1}{\partial x_2}\right) dx_2 + x_2 \left(\frac{\partial X_2}{\partial x_2}\right) dx_2 = 0. \tag{18.18}$$

Das gleiche gilt mit y_2 statt x_2, wenn berücksichtigt wird, daß

$$x_1 + x_2 \, (= y_1 + y_2) = 1$$

ist. Gl. (18.18) ist eine besondere Form der GIBBS-DUHEMschen Gleichung (I. 22).

Mittlere Größen

Das mittlere Molvolumen einer Mischung kann durch

$$\overline{V} \equiv \frac{V}{\sum_i n_i} \tag{18.19}$$

und das mittlere spezifische Volumen in gleicher Weise als

$$\overline{V}_s \equiv \frac{V}{\sum_i w_i} \tag{18.20}$$

definiert werden. Allgemein gilt für extensive Größen X

$$\overline{X} \equiv \frac{X}{\sum_i n_i} \; ; \quad \overline{X}_s \equiv \frac{X}{\sum_i w_i}. \tag{18.21}$$

Liegt keine Mischung, sondern ein reiner Stoff vor, ist $\overline{X} = X/n$ die molare Größe, d. h. Volumen, Energie, Entropie usw. *eines* Mols. Für diese Größen gelten untereinander die Beziehungen der Gl. (18.17). Zur Bestimmung von partiellen Eigenschaften ist eine Beziehung zwischen mittleren und partiellen Eigenschaften von großer Bedeutung. Betrachten wir eine Mischung aus 2 Komponenten, so ist

$$\overline{X} = (1 - x_2)\,X_1 + x_2\,X_2 \quad (\text{oder z. B. } \overline{G} = \sum_i x_i \mu_i) \tag{18.22}$$

und

$$\frac{\partial \overline{X}}{\partial x_2} = (1 - x_2)\frac{\partial X_1}{\partial x_2} + x_2 \frac{\partial X_2}{\partial x_2} + X_2 - X_1,$$

woraus man unter Berücksichtigung von Gl. (18.18) nach Division durch dx_2 erhält

$$\frac{\partial \overline{X}}{\partial x_2} = X_2 - X_1. \tag{18.23}$$

In gleicher Weise ergibt sich

$$\frac{\partial \overline{X}}{\partial y_2} = X_{s2} - X_{s1}.$$
(18.24)

Aus Gl. (18.22) und (18.23) erhält man

$$X_1 = \overline{X} - x_2 \frac{\partial \overline{X}}{\partial x_2} = \overline{X} + (1 - x_1) \frac{\partial \overline{X}}{\partial x_1}$$
(18.25)

$$X_2 = \overline{X} - x_1 \frac{\partial \overline{X}}{\partial x_1} = \overline{X} + (1 - x_2) \frac{\partial \overline{X}}{\partial x_2}$$
(18.26)

und entsprechende Gleichungen für die partiellen spezifischen Eigenschaften, wenn x_1 und x_2 durch y_1 und y_2 ersetzt werden. Speziell ist z. B. für das chemische Potential des Stoffes 2

$$\mu_2 = \overline{G} + (1 - x_2)\,(\partial \overline{G}/\partial x_2)$$
(18.27)

oder das partielle spezifische Volumen

$$V_{s2} = \overline{V_s} + (1 - y_2)\,(\partial \overline{V_s}/\partial y_2).$$
(18.28)

Für praktische Bestimmungen werden diese Gleichungen meist in graphischer Darstellung angewandt.

Es sei nachdrücklich darauf hingewiesen, daß den partiellen Größen keine physikalische Bedeutung zukommt, wenn man sich darunter etwa das reale Volumen, das eine Komponente in einer Mischung besitzt, vorstellt. Aus der Erfahrungstatsache, daß es z. B. negative partielle molare Volumen gibt, erhält sich am deutlichsten ihr Charakter als reine Rechengrößen.

Günstig ist für Mischungen die Einführung von Funktionen, die die Differenz des Mischungszustands vom Ausgangszustand der reinen Phase darstellen, weil sehr oft nur die Änderungen interessieren, die durch die Mischung selbst auftreten. Bezeichnen wir mit ΔX die Änderung einer extensiven Eigenschaft bei Vermischung mit anderen Substanzen, so gilt

$$\Delta X = X - n_1 X_{01} - n_2 X_{02} - \cdots$$

$$= X - \sum_i n_i X_{0i}$$
(18.29)

$$= \sum_i n_i (X_i - X_{0i}) = \sum_i n_i \Delta X_i$$

(X_i = partielle molare Eigenschaften, X_{0i} = Eigenschaft der reinen Phasen, n_i = Molzahlen).

Verwendet man mittlere Funktionen $\overline{X}$, so ist nach Gl. (18.22)

$$\overline{X} = \sum_i x_i X_i,$$

woraus sich wie oben ergibt

$$\Delta \overline{X} = \overline{X} - \sum_i x_i X_{0i} = \sum_i x_i \Delta X_i.$$
(18.30)

Das *chemische Potential* einer Mischung läßt sich zweckmäßig nach der Methode von GUGGENHEIM[1] darstellen. Geht man davon aus, als Bezugs- und Standardzustand das chemische Potential der *reinen* Stoffe 1 und 2 zu wählen, so kommt es darauf an, die Änderung des chemischen Potentials anzugeben, die die Stoffe beim Mischen erleiden. Werden μ_{01} und μ_{02} als chemische Potentiale der reinen Stoffe bezeichnet, handelt es sich darum, die Differenzen $\mu_1-\mu_{01}$ und $\mu_2-\mu_{02}$ zu bestimmen. Benutzt man die Beziehung (I. 33), so ist

$$\Delta\mu_1 = \mu_1 - \mu_{01} = RT \ln (\lambda_1/\lambda_{01}) \tag{18.31}$$

(die Indices 0 beziehen sich immer auf die reinen Stoffe!).

Das Verhältnis der absoluten Aktivitäten λ_1/λ_{01} nach FOWLER-GUGGENHEIM (vgl. Anhang I) wird im allgemeinen als Aktivität schlechthin angesehen und mit a_1 bezeichnet. Nun ist hiermit nur formell etwas gewonnen, denn es wird ja möglichst eine Beziehung zwischen Gl. (18.31) und dem Mischungsverhältnis der Konzentration oder einer anderen Eigenschaft der Mischungszusammensetzung angestrebt. Diese Beziehung kann die Thermodynamik als solche nicht liefern, sie ist entweder auf Analogieschlüsse zum Verhalten der Gasmischungen oder auf die statistische Thermodynamik angewiesen.

Es wird nun eine Aufteilung der Mischungstypen vorgenommen, bei der zwischen idealen und nichtidealen unterschieden wird. Mischungen sind ideal, wenn

$$\frac{\lambda_1}{\lambda_{01}} (= a_1) = x_1 \quad \text{und} \quad \frac{\lambda_2}{\lambda_{02}} (= a_2) = x_2 \tag{18.32}$$

sind, dann ist

$$\Delta\mu_1 = RT \ln (1 - x_2), \tag{18.33}$$

$$\Delta\mu_2 = RT \ln x_2. \tag{18.34}$$

Diese Gleichungen entsprechen den chemischen Potentialen von Gasmischungen

$$\mu_1 = \mu_{01} + RT \ln (P_1/P_{01}).[2] \tag{18.34a}$$

Mit Hilfe dieser Gleichungen lassen sich nun alle Effekte, die auf der Mischung der beiden Komponenten beruhen, angeben. Wegen Gl.(I.17) ist

$$V_1 = \frac{\partial\mu_1}{\partial P} = \frac{\partial\mu_{01}}{\partial P} = V_{01}. \tag{18.35}$$

Dies bedeutet, daß das partielle Molvolumen = dem Molvolumen der reinen Substanz ist; die Molvolumen idealer Mischungen sind additiv. Ebenso ist

$$\begin{aligned} H_1 &= \mu_1 - T \, (d\mu_1/\partial T) \\ &= \mu_{01} + RT \ln x_1 - T \, (\partial\mu_{01}/\partial T) - RT \ln x_1 = H_{01}. \end{aligned} \tag{18.36}$$

---

[1] GUGGENHEIM, E. A.: loc. cit.

[2] Bezüglich der ausführlicheren Zusammenhänge vgl. die Lehrbücher der Thermodynamik, loc. cit. S. 98.

Die partielle molare Enthalpie ist gleich der molaren Enthalpie des reinen Stoffes. Bei der Vermischung ändern sich die molaren Größen weder des einen noch des anderen Stoffes, ebenso kann keine Wärmeeffekt auftreten

$$S_1 = - \partial \mu_1 / \partial T = - \partial \mu_{01} / \partial T - R \ln x_1.$$

Bei konstanter Temperatur und Druck ist

$$S_1 = - R \ln x_1. \tag{18.37}$$

Die Entropie ist also eine reine Funktion des Mischungsverhältnisses.

Nichtideale Mischungen zeichnen sich dadurch aus, daß Gl. (18.32) nicht auf sie anwendbar ist. Um jedoch eine Beziehung zwischen chemischem Potential und Zusammensetzungen zu haben, werden sog. Aktivitätskoeffizienten eingeführt, die folgender Definition gehorchen:

$$\frac{\lambda_1}{\lambda_{01}} = a_1 = x_1 f_1; \quad \frac{\lambda_2}{\lambda_{02}} = a_2 = x_2 f_2. \tag{18.38}$$

Die chemischen Potentiale nichtidealer Mischungen sind daher

$$\mu_i = \mu_{0i} + RT \ln x_i + RT \ln f_i \tag{18.39}$$

oder

$$\Delta \mu_i = RT \ln x_i f_i. \tag{18.40}$$

Hier ist

$$V_i = \frac{\partial \mu_{0i}}{\partial P} + RT \frac{\partial \ln f_i}{\partial P} = V_{0i} + RT \frac{\partial \ln f_i}{\partial P}; j \Delta V_i / RT = \partial \ln f_i / \partial P. \tag{18.41}$$

Grundsätzlich ist hier V_1 von V_0 verschieden. Weiterhin ist

$$\Delta H_i = - RT^2 \partial \ln f_i / \partial T. \tag{18.42}$$

Zwischen reiner Substanz und Mischung tritt ein Unterschied der partiellen molaren Enthalpie auf, was sich durch einen Wärmeeffekt beim Mischen äußern muß.

Überschuß-(Extra-)Funktionen (Excess-functions) sind solche, die den Unterschiedsbetrag zwischen der realen (nicht idealen) Mischungsfunktion — z. B. $\Delta \mu_i$ — und der idealen darstellen. Es gilt z. B.

$$\Delta X^E = \Delta X - \Delta X_{(\text{ideal})}; \quad \Delta \mu_i^E = \Delta \mu_i - \Delta \mu_{i(\text{ideal})} = RT \ln f_i \tag{18.43}$$

$$\Delta \overline{G^E} = \Delta \overline{G} - \Delta \overline{G}_{(\text{ideal})} = RT \sum_i x_i \ln f_i \tag{18.44}$$

$$\Delta S^E = \Delta S - \Delta S_{(\text{ideal})} = - R \ln f_i - RT \, d \ln f_i / dT \tag{18.45}$$

$$\Delta H^E = \Delta H - \Delta H_{(\text{ideal})} = RT^2 \partial \ln f_i / dT. \tag{18.46}$$

Unter den nichtidealen Mischungen sind vier Klassen zu unterscheiden, deren Einteilung sich auf folgende Weise ergibt.

1. Athermische Mischungen. Für sie gilt

$$\Delta H_1 = 0; \quad \Delta S_1^E \neq 0 \quad (\text{bzw.} \ \partial \ln f_1 / dT = 0; \ (1/T) \ln f_1 \neq 0)$$

(ist gleichzeitig noch $\Delta V_1 = 0$ bzw. $d\ln f_i / dP = 0$, spricht man von „halbidealen" Mischungen).

Diese Mischungen sind im Hinblick auf kolloide Systeme von besonderem Interesse, weil hier die Abweichungen vom idealen Verhalten durch die Ungleichheit von Volumen und Gestalt der Einzelpartikeln der beiden Komponenten hervorgerufen werden. Da $\Delta H = 0$ ist, treten keine verschieden großen Wechselwirkungen zwischen den Komponenten vor und nach der Mischung auf. Eine Behandlung dieser Lösungen ist nur mit Hilfe der Methode der statistischen Thermodynamik möglich.

2. Reguläre Mischungen[1]. Bei diesen ist

$$\Delta H_1 \neq 0, \quad \Delta S_1^E = 0.$$

Die partiellen molaren Entropien einer idealen und einer regulären Mischung unterscheiden sich nicht, doch treten beim Mischen Wärmeeffekte auf. Die Abhängigkeit dieser Wärmeeffekte von der Zusammensetzung lassen sich ebenfalls statistisch thermodynamisch herleiten. Daß es solche Mischungen überhaupt gibt, wird bezweifelt.

3. Einfache (simple) Mischungen nach Guggenheim[2]. In gewissen Fällen lassen sich die Aktivitätskoeffizienten als Polynome darstellen, bei denen im einfachsten Fall nur das erste Glied verwendet zu werden braucht, man erhält dann:

$$RT \ln f_1 = x_2^2 A_0; \quad RT \ln f_2 = (1 - x_2)^2 A_0 \tag{18.47}$$

(auch für reguläre Mischungen wird vielfach gefordert, daß ihre Aktivitätskoeffizienten Gleichungen dieser Form genügen!). Es folgt daraus sofort, daß

$$\Delta H_1 = x_2^2 A_0 \quad \text{und} \quad \Delta H_2 = (1 - x_2)^2 A_0$$

sein muß[3]. Für die chemischen Potentiale einfacher Mischungen gilt dann

$$\Delta \mu_1 = RT \ln (1 - x_2) + x_2^2 A_0 \tag{18.48}$$

$$\Delta \mu_2 = RT \ln x_2 + (1 - x_2)^2 A_0. \tag{18.48a}$$

4. Irreguläre Mischungen. In diesen ist

$$\Delta H_1 \neq 0; \quad \Delta S^E \neq 0.$$

Hier ist eine vollständige Deutung auch statistisch-thermodynamisch noch nicht möglich, da sowohl Volumen- als auch Wechselwirkungseffekte auftreten, deren Erfassung überaus kompliziert ist. Ein halbempirischer Ansatz wird in § 22 besprochen werden.

Elektrolytlösungen

Zu den nichtidealen Mischungen gehören als Sonderfall die Lösungen der Elektrolyte. Das Verhalten der Ionen als gesonderte gelöste Parti-

---

[1] HILDEBRAND, J. H.: Proc. nat. Acad. Sci. USA **13**, 267 (1927).
[2] GUGGENHEIM, E. A.: Thermodynamics. 3. Aufl. New York 1957. S. 250ff.
[3] A_0 ist der vierfache Betrag der integralen Mischungswärme

$$\Delta \overline{H} = x_1 \Delta H_1 + x_2 \Delta H_2 \text{ bei } x_1 = x_2 = 0{,}5$$

siehe z. B. HILDEBRAND, J. H. und R. L. SCOTT: Solubility of Non-electrolytes. New York 1950.

keln wird von ihren elektrischen Ladungen weitgehend beeinflußt. Faßt man jede Ionenart als Komponente auf, so gilt, wenn x_2^+ der Molenbruch des Kations und x_2^- der des Anions ist

$$\Delta\mu_2^\pm = RT\,(\ln x_2^+ + \ln x_2^- + \ln f_2^+ f_2^-), \tag{18.49}$$

f_2^+ und f_2^- sind die Aktivitätskoeffizienten der Ionen, welche sich nach der Theorie der starken Elektrolyte von DEBYE-HÜCKEL berechnen lassen[1]. Geladene kolloide Partikeln erfordern z. T. wieder eine andere Betrachtungsweise, die aber erst nach der Behandlung der elektrischen Grenzflächenerscheinungen beschrieben werden kann.

Mehrphasige Mischungen aus mehreren Komponenten
Ideale Mischungen aus zwei Komponenten

Bei einer flüssigen Mischung, die mit ihrem Dampf im Gleichgewicht steht, gilt nach Gl. (I.36) bzw. (I.33)

$$\lambda_1^D = \lambda_1^{fl}; \quad \lambda_2^D = \lambda_2^{fl} \qquad \text{(D = Dampf, fl = flüssig)} \tag{18.50}$$

ebenso muß für die reinen Komponenten gelten

$$\lambda_{01}^D = \lambda_{01}^{fl}; \quad \lambda_{02}^D = \lambda_{02}^{fl}. \tag{18.51}$$

Nun ist entsprechend (I.32) und (I.33)

$$\lambda_{01}^D/\lambda_{01}^{fl} = p_1/p_{01}. \tag{18.52}$$

Wenn p_1 und p_{01} die Partialdrucke $p_1 = [n_1/(n_1 + n_2)]\,P$ und $p_2 = [n_2/(n_1 + n_2)]\,P$ bedeuten, ist p_{01} der Dampfdruck der reinen Substanz. Setzt man für ideale Mischungen Gl. (32) ein, ergibt sich

$$\lambda_1^{fl}/\lambda_{01}^{fl} = x_1 = 1 - x_2 = \lambda_1^D/\lambda_{01}^D = p_1/p_{01} \tag{18.53}$$

sowie für die Komponente 2:

$$x_2 = p_2/p_{02}. \tag{18.53a}$$

Dies ist das RAOULTsche Gesetz für ideale Mischungen, das die Zusammensetzung der Mischung aus ihrem Dampfdruck zu ermitteln gestattet.

Gleichgewicht zwischen flüssiger Mischung und einer festen Komponente
(Löslichkeit)

Es gilt

$$\mu_2^{fl} = \mu_2^f = \mu_{02}^f; \quad \mu_{02}^{fl} + RT \ln x_2 = \mu_{02}^f; \; x_2 = \exp\,(\mu_{02}^f - \mu_{02}^{fl})/RT. \tag{18.54}$$
(Index f = fest)

Für die Temperaturabhängigkeit der Löslichkeit gilt wieder eine Beziehung der Form der Gl. (I.41), wenn für $\overline{H}_D$ eine Größe $\overline{H}_f$ die auf den festen Zustand bezogen sein soll, eingesetzt wird.

---

[1] Vgl. dazu etwa G. KORTÜM: Lb. d. Elektrochemie. 2. Aufl. Weinheim 1957 und G. KORTÜM: Elektrolytlösungen. Leipzig 1941.

Verteilung einer Komponente zwischen zwei flüssigen Phasen

Wird die Komponente 2 zwischen zwei Lösungsmitteln I und II verteilt, so gilt im Idealfall das HENRYsche Gesetz. Es muß wieder gelten $\mu_2^{\mathrm{I}} = \mu_2^{\mathrm{II}}$ und

$$\mu_{02}^{\mathrm{I}} + RT \ln x_2^{\mathrm{I}} = \mu_{02}^{\mathrm{II}} + RT \ln x_2^{\mathrm{II}}$$
$$x_2^{\mathrm{I}}/x_2^{\mathrm{II}} = \exp\,(\mu_{02}^{\mathrm{II}} - \mu_{02}^{\mathrm{I}})/RT. \tag{18.55}$$

Bezüglich der Temperaturabhängigkeit siehe das oben Gesagte.

§ 19. Osmotisches Gleichgewicht und andere Sonderfälle

Das osmotische Gleichgewicht ist für die Thermodynamik kolloider Systeme besonders wichtig, da es bei den verschiedenartigen physikalischen Effekten: Osmose, Lichtstreuung, Quellung, Stabilität des Systems usw. eine Rolle spielt. Es soll daher etwas ausführlicher erörtert werden.

Werden zwei Mischungen a und b, die die Substanz 2 in der Substanz 1 verteilt enthalten, in einer Anordnung, wie sie Abb. 19.1 schematisch darstellt, durch eine Membran getrennt, die ausschließlich die Substanz 1, nicht aber die Substanz 2 durchtreten

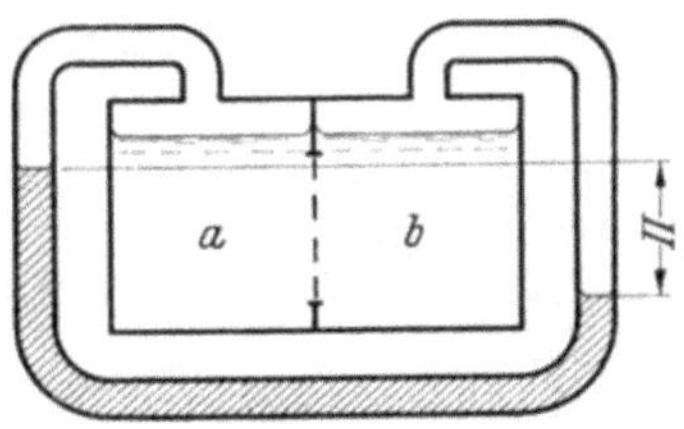

Abb. 19.1. Erläuterung im Text

läßt, so kann sich ein Gleichgewicht durch die Membran nur in bezug auf die Substanz 1 einstellen, nicht aber für die Substanz 2 und es muß zunächst gelten:

$$\mu_1^a = \mu_1^b; \quad \lambda_1^a = \lambda_1^b; \quad p_1^a = p_1^b. \tag{19.1}$$

Wegen der Ungleichheit in bezug auf 2 wird sich eine Differenz des Gesamtdrucks einstellen müssen, um den Beziehungen (1) zu genügen. D. h. μ_1^a bezieht sich auf einen anderen Druck als μ_1^b. Die Auswirkung davon ist, daß durch die Membran solange Lösungsmittel 1 in die Abteilung mit beim *gleichen* Druck kleineren chemischen Potentials μ_1 strömt, bis dessen Wert durch die Druckerhöhung auf den gleichen Wert angestiegen ist. Nun ist nach (I.17) und (18.6)

$$\frac{d\mu_1}{dP} = V_1 = RT\,\frac{d \ln \lambda_1}{dP} = RT\,\frac{d \ln p_1}{dP} \tag{19.2}$$

für konstante x_2 und Temperatur. Sind die Dampfdrucke p_1^a und p_1^b Funktionen des Gesamtdrucks P und der Molenbrüche x_1 oder x_2 und zwar von $P_1^a x_2^a$ in der Phase a und von $P^b x_2^b$ in der Phase b, so kann für Gl. (1) gesetzt werden (für x_2 wird im folgenden nur x geschrieben):

$$p_1\,(P^a, x^a) = p_1\,(P^b, x^b). \tag{19.3}$$

Wird Gl. (2) unter Einsetzen von $p_1(P^a\, x^a)$ in den Grenzen P^a und P^b integriert, erhalten wir

$$\int\limits_{P^b}^{P^a} d\ln\left[p_1(P^a, x^a)\right] = \ln\frac{p_1(P^a, x^a)}{p_1(P^b, x^a)} = \int\limits_{P^b}^{P^a} \frac{V_1}{RT}\,dP. \tag{19.4}$$

Dividiert man Gl. (3) durch $p_1(P^b, x^a)$ und logarithmiert, ergibt sich

$$\ln\frac{p_1(P^a, x^a)}{p_1(P^b, x^a)} = \ln\frac{p_1(P^b, x^b)}{p_1(P^b, x^a)}.$$

Es ist also

$$\ln\frac{p_1(P^b, x^b)}{p_1(P^b, x^a)} = \frac{1}{RT}\int\limits_{P^b}^{P^a} V_1\,dP = V_1(P^a - P^b)/RT. \tag{19.5}$$

Das Integral der rechten Seite kann gelöst werden, wenn V_1 von P unabhängig ist, was praktisch wegen der geringen Kompressibilität der Flüssigkeiten und der geringen auftretenden Druckunterschiede meist statthaft ist. Die exakte Lösung müßte die Kompressibilität jedoch berücksichtigen. Gl. (5) ist die allgemeinste Beziehung zwischen dem Unterschied der äußeren Drucke in den beiden Abteilungen und den in ihnen auftretenden Konzentrationen x^a und x^b. Praktisch ist jedoch nur etwas damit anzufangen, wenn zumindest die Funktionen $p_1(x^b)$ und $p_1(x^a)$ bekannt sind. Besteht z. B. die Phase b aus reinem Lösungsmittel ($x^b = 0$) und ist der Druck, der auf diesem Lösungsmittel liegt, von der Größenordnung des Atmosphärendrucks, so ist $p_1(P^b, x^b) = p_{01}$, dem Sättigungsdampfdruck des Lösungsmittels bei der betreffenden Temperatur. Ist die Druckabhängigkeit von p_1 von P relativ gering [vgl. Gl. (2)], gilt

$$\boxed{\ln\frac{p_{01}}{p_1} = \frac{V_1}{RT}(P^a - P^b) = \frac{\Pi V_1}{RT}.} \tag{19.6}$$

Π wird als osmotischer Druck der Mischung bezeichnet.

Für ideale Lösungen, in denen das RAOULTsche Gesetz gilt, kann Gl. (18.53) in (6) eingesetzt werden:

$$\ln(p_{01}/p_1) = -\ln(1 - x_2) = \Pi V_1/RT. \tag{19.7}$$

Bei sehr verdünnten Lösungen ist $x_2 \ll 1$, der Logarithmus kann in eine Reihe entwickelt werden, die nach dem ersten Glied abgebrochen wird. Es ergibt sich dann

$$x_2 = \Pi V_1/RT. \tag{19.8}$$

Schreibt man Gl. (8) in der Form

$$\Pi V_1(n_1 + n_2) = n_2 RT,$$

so kann in sehr verdünnten Lösungen n_2 gegenüber n_1 vernachlässigt werden. $n_1 V_1$ ist dann gleich dem Gesamtvolumen V und man erhält

$$\boxed{\Pi = \frac{n_2}{V}\,RT = \frac{c_g}{M}\,RT,} \tag{19.9}$$

(c_g = Gewichtskonzentration)

das VAN'T HOFFsche Gesetz für den osmotischen Druck idealer verdünnter Lösungen, welches dem Gasgesetz entspricht.

Nichtideale Mischungen

Grundsätzlich lassen sich die für ideale Mischungen geltenden Gesetzmäßigkeiten auf nicht ideale Mischungen anwenden, wenn statt der Konzentrationen die entsprechenden Aktivitäten nach Gl. (18.38) eingesetzt werden. Man erhält dann für den Dampfdruck statt Gl. (18.53)

$$p_1/p_{01} = a_1 = f_1\,(1 - x_2) \tag{19.10}$$

für die Löslichkeit statt Gl. (18.54)

$$x_2 = (1/f_2)\exp\left[(\mu_{02}^{f} - \mu_{02}^{fl})/RT\right] \tag{19.11}$$

für die Verteilung zwischen zwei Phasen statt (18.55)

$$x_2^{I}/x_2^{II} = (f_2^{II}/f_2^{I})\exp\left[(\mu_{02}^{II} - \mu_{02}^{I})/RT\right] \tag{19.12}$$

und für den osmotischen Druck statt (7)

$$-\ln a_1 = -\ln f_1(1 - x_2) = V_1\,\Pi/RT. \tag{19.13}$$

Bei letzterem ist zu beachten, daß der Aktivitätskoeffizient der Komponente 1 (Lösungsmittel) auftritt! Für diese Gleichung wird auch noch eine andere Form angewandt, die den sog. osmotischen Koeffizienten g_1 [1] benutzt. Er ist definiert durch

$$-g_1\ln(1 - x_2) = V_1\,\Pi/RT, \tag{19.14}$$

daher ist

$$g_1\ln(1 - x_2) = \ln(1 - x_2) + \ln f_1. \tag{19.15}$$

Zur Berechnung von f_1 aus f_2 oder umgekehrt kann die GIBBS-DUHEMsche Gleichung in der Form der Gl. (18.18) verwendet werden. Berücksichtigt man Gl. (18.33) und (18.38), so ist

$$\begin{aligned}
(1 - x_2)\frac{\partial \ln \lambda_1}{\partial x_2} + x_2\frac{\partial \ln \lambda_2}{\partial x_2} &= (1 - x_2)\left[\frac{\partial \ln(1 - x_2)}{\partial x_2} + \frac{\partial \ln f_1}{\partial x_2}\right] \\
+ x_2\left[\frac{\partial \ln x_2}{\partial x_2} + \frac{\partial \ln f_2}{\partial x_2}\right] &= (1 - x_2)\frac{\partial \ln f_1}{\partial x_2} + x_2\frac{\partial \ln f_1}{\partial x_2} = 0.
\end{aligned} \tag{19.16}$$

Um praktisch verwendbare Beziehungen für die Aktivitätskoeffizienten zu erhalten und die Gln. (10) bis (13) auswerten zu können, müs-

---

[1] Dieser wird auch als Gefrierpunkts-Koeffizient bezeichnet.

sen entweder Näherungsgleichungen[1] verwendet werden oder Beziehungen, die mit Hilfe statistischer Überlegungen (vgl. § 22) gewonnen werden können, zu Hilfe genommen werden. Dies gilt insbesondere für athermische und irreguläre Mischungen.

Für einfache Mischungen (nach GUGGENHEIM), die definitionsgemäß der Gl. (18.47) gehorchen, können f_1 und f_2 berechnet werden. Mit $\ln f_1 = x_2^2 A_0/RT$ und $\ln f_2 = (1 - x_2)^2 A_0/RT$ ergibt sich für den Partialdruck

$$\frac{p_1}{p_{01}} = (1 - x_2)\,\exp\,(x_2^2 A_0/RT) \tag{19.17}$$

sowie die entsprechenden, ohne weiteres leicht abzuleitenden Beziehungen für die Partialdrucke, die Löslichkeit und die Verteilung zwischen zwei Phasen. Für den osmotischen Druck erhält man

$$\Pi\,V_1/RT = -\ln\,(1 - x_2) - x_2^2 A_0/RT \tag{19.18}$$

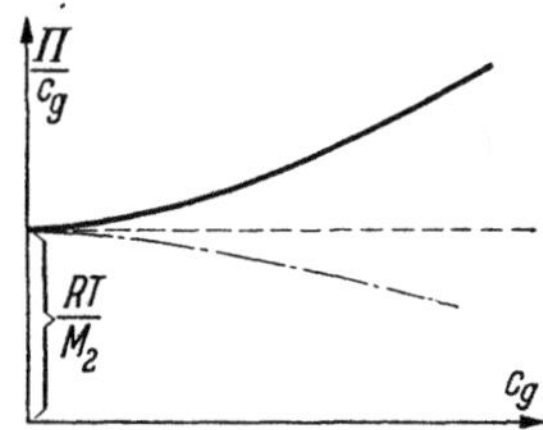

Abb. 19.2. Allgemein möglicher Verlauf des reduzierten osmotischen Drucks Π/c_g in Abhängigkeit von c_g

(wird x_2 sehr klein, ist zu erkennen, daß ebenfalls wieder das Gesetz für ideale verdünnte Lösungen resultiert).

Wenn man experimentelle Ergebnisse der Messungen des osmotischen Drucks — etwa die auf Abb. 19.2 dargestellten Messungen in Abhängigkeit von der Konzentration mit der Theorie vergleicht, so erkennt man, daß nur im Gebiet geringster Konzentration eine Übereinstimmung herrscht. Bei hohen Konzentrationen sind die Abweichungen so stark, daß man zur Darstellung am besten auch hier wieder eine Reihenentwicklung zu Hilfe nimmt[2], wie sie auch zur Darstellung der Druck-Volumenbeziehungen realer Gase (I.29) gebräuchlich ist. Man kann dann für den osmotischen Druck schreiben:

$$\Pi\,V/RT = x_2 + B\,x_2^2 + C\,x_2^3 + \cdots \tag{19.18a}$$

Die Gleichung unter Benutzung der Gewichtskonzentration in der Form

$$\frac{\Pi}{c_g} = \frac{RT}{M} + B^*\,c_g + C^*\,c_g{}^2 + \cdots \tag{19.18b}$$

hat den Vorteil, daß sie — wie in Abb. 19.2 zu erkennen ist — bei der graphischen Darstellung RT/M als Abschnitt auf der Ordinate und B^* als Grenzneigung der Kurve oder Geraden ablesen läßt. Meistens genügt die Bestimmung von B^*, um die Verhältnisse ausreichend genau wiederzugeben.

---

[1] Z. B. eine Gleichung der Form

$$\overline{G}^{\mathrm{E}} = RT\,x_1\,x_2\,[A_0 + A_1\,(x_2 - x_1) + A_2\,(x_2 - x_1)^2];$$

vgl. GUGGENHEIM, Thermodynamics, loc. cit.

[2] Dies hat nichts mit der Reihenentwicklung des Ausdrucks $\ln\,(1 - x_2)$ zu tun!

Bemerkungen zur Definition kolloider Systeme

Wenn wir uns jetzt der in § 2 gegebenen Definition kolloider Systeme erinnern, nach der diese durch das Vorhandensein größerer Partikeln ein Verhalten zeigen sollen, das sich von dem der Mischungen oder Lösungen normaler kleiner Moleküle abhebt, so wird uns sofort auffallen müssen, daß unter den nichtidealen Mischungen die athermischen und irregulären Sonderfälle diejenigen sind, bei denen Effekte auftreten, die nicht oder nicht allein auf energetische Wechselwirkungen zwischen den Molekülen zurückgeführt werden können. Diese Sonderfälle sind einer rein thermodynamischen Behandlung auch nicht zugänglich; sie erfordern die Einbeziehung von Vorstellungen nicht nur über den diskontinuierlichen Aufbau der materiellen Systeme — also über das Vorhandensein von diskreten Partikeln —, sondern auch über die Größe und Gestalt der Diskontinuitäten. Es wäre sicher abwegig, jede athermische oder irreguläre Mischung als kolloides System anzusehen; dazu haben sich vielleicht gewisse Vorstellungen, die wir uns von kolloiden Systemen machen, zu stark eingeprägt. Aber der Punkt, an dem die Thermodynamik der Mischungen im klassischen Sinn ihre Leistungsfähigkeit einbüßt, nämlich bei den athermischen Mischungen, ist der Beginn des Gebiet der kolloiden Systeme. Wenn wir umgekehrt vorgehen, können wir sagen, daß kolloide Systeme (soweit sie flüssige oder auch feste Dispersionsmittel besitzen) in jedem Fall athermische oder irreguläre Mischungen sein müssen, während nicht jede athermische oder irreguläre Mischung ein kolloides System zu sein braucht, da sie auch aus relativ kleinen, aber ungleich großen Molekülen bestehen können.

Nun verliert die Thermodynamik der Mischungen durchaus nicht ihre Bedeutung, wenn es sich darum handelt, Voraussagen über das Verhalten kolloider Systeme zu machen. Über die grundlegenden Beziehungen — z. B. über die Abhängigkeit des osmotischen Drucks von der Zusammensetzung des Systems — gibt sie Auskunft; diese Auskunft kann sogar für viele Zwecke hinreichend genau sein, nur kann sie nichts über die Abweichungen selbst aussagen, z. B. die Aktivitätskoeffizienten, denn in der Thermodynamik sind diese durch Definition eingeführte Größen, über die von der Thermodynamik selbst gar keine Auskunft verlangt werden kann.

Aus diesem Grunde ist es notwendig, sich etwas eingehender mit der Theorie der nichtidealen flüssigen Mischungen zu befassen, wie sie von der statistischen Thermodynamik ausgearbeitet worden ist (vgl. § 22).

Verhalten von Mischungen in Schwere- oder Zentrifugalfeldern

Wie bereits in § 14 gezeigt worden ist, hängt der Zustand kolloider Systeme in bezug auf die Verteilung der dispergierten Substanz von der Schwerkraft oder anderen von außen wirkenden Massenkräften, wie der Zentrifugalkraft, ab. Wegen der kleinen Masse kleiner Moleküle ist dieser Einfluß (außer in der Atmosphäre) in „normalen" Mischungen zu vernachlässigen; nicht aber in kolloiden Systemen. Da die kinetische

Ableitung der Gesetzmäßigkeiten nicht ganz voraussetzungsfrei ist, soll die thermodynamische Ableitung der Beziehung für das Sedimentationsgleichgewicht hier behandelt werden; sie besitzt strenge Gültigkeit.

Ein Gravitationsfeld kann dadurch charakterisiert werden, daß die Kraft, die auf eine Masse m_i wirkt, als Produkt eines Potentials Φ (an der Stelle y) mit der Masse m_i aufgefaßt wird. Dies Potential soll von nur einem äußeren Feld herrühren, d. h. die Massen, die sich an der Stelle y befinden, sollen es nicht beeinflussen (was normalerweise der Fall ist). Beim Überführen der Masse m_i von der Stelle a zur Stelle b wird dann eine Arbeit $A = m_i \, (\Phi^b - \Phi^a)$ geleistet. Wenn eine Phase als homogen in bezug auf Energieinhalt, Temperatur und Zusammensetzung betrachtet werden soll, muß in einem System, auf welches ein äußeres Feld wirkt, eine große Zahl von Phasen vorhanden sein, denn jeder kommt in einer infinitesimalen Schicht von der Dicke dy ein Potential Φ_y zu, das sich von Schicht zu Schicht ändert. Die Energie des Systems an der Stelle a kann als diejenige einer besonderen Phase a angesehen werden, die ein Gravitationspotential $M_i \Phi_a$ besitzt, wenn die Masse auf ein Mol bezogen wird. Um dn_i Mole der Substanz i von der Stelle a an die Stelle b zu transportieren, wird die Arbeit $dA = M_i \, (\Phi^b - \Phi^a) \, dn_i$ umgesetzt. Insbesondere wären dann die thermodynamischen Potentiale ortsabhängig und um die Gravitationspotentiale zu erhöhen. Es ist z. B.

$$dG^a = - S^a \, dT^a + V^a \, dP^a + \sum_i (\mu_i^a + M_i \Phi^a) \, dn^a. \qquad (19.21)$$

Für ein Gleichgewicht zwischen den Orten a und b gilt dann bei konstanter Temperatur und Druck

$$\mu_1^a + M_1 \Phi^a = \mu_1^b + M_1 \Phi^b, \qquad (19.22)$$

wofür auch geschrieben werden kann

$$d\mu_1 + M_1 \, d\Phi = 0 \qquad (19.23)$$

(wie leicht ersichtlich, ergibt sich hieraus sofort die barometrische Höhenformel für ideale Gase, wenn $d\mu_1 = V_1 \, dP = RT \, dP/P$ gesetzt wird. Es ist $RT \, d \ln P = - M \, d\Phi$ und nach Integration zwischen a und b: $RT \ln P^a/P^b = M \, (\Phi^b - \Phi^a); \; \Phi^b - \Phi^a = g \, \Delta h$).

In einem System von i Komponenten sind bei konstanter Temperatur die einzigen Variationen von μ_1 diejenigen nach dem Druck und der Zusammensetzung x_i; es ist also

$$d\mu_1 = (\partial \mu_1/\partial P) \, dP + (\partial \mu_1/\partial x_1) \, dx_1 + \cdots (\partial \mu_i/\partial x_i) \, dx_i, \qquad (19.24)$$

wegen $\partial \mu_1/\partial P = V_1$ gilt

$$d\mu_1 = V_1 \, dP + \sum_i (\partial \mu_i/\partial x_i) \, dx_i. \qquad (19.25)$$

Einsetzen in (23) ergibt

$$\sum_i (\partial \mu_i/\partial x_i) \, dx_i + V_1 \, dP + M_1 \, d\Phi = 0. \qquad (19.26)$$

Nun ist nach der Gibbs-Duhem-Gleichung (18.18)[1]

$$\sum_i x_i \sum_i (\partial \mu_i / \partial x_i)\, dx_i = 0 . \tag{19.27}$$

Wird (26) mit x_i multipliziert und die Summe über alle i gebildet, erhält man $\sum_i x_i \sum_i (\partial \mu_i / \partial x_i)\, dx_i + \sum_i x_i V_i\, dP + \sum_i x_i M_i\, d\Phi = 0$ und wegen (27):

$$dP = - \frac{\sum_i x_i M_i}{\sum_i x_i V_i}\, d\Phi . \tag{19.28}$$

$\sum_i x_i M_i$ ist das mittlere Molgewicht der Mischung und $\sum_i x_i V_i$ das mittlere Volumen. Einsetzen von (28) in (26) ergibt

$$\sum_i (\partial \mu_1 / \partial x_i)\, dx_i + \left(M_i + \sum_i x_i M_i / \sum_i x_i V_i\right) d\Phi = 0 . \tag{19.29}$$

Dieses ist die allgemeinste Formel des Gleichgewichts für einen Bestandteil des Systems in einem Gravitationsfeld. Sie kann gleichzeitig als Differentialgleichung des Sedimentationsgleichgewichts bezeichnet werden. Ihre Integration ist nur in einigen einfachen Fällen möglich, wie z. B. in dem einer aus zwei Komponenten bestehenden idealen Lösung.

Die Integration kann man auf folgende Weise durchführen. Ordnet man die Gleichung etwas um, ergibt sich mit $\sum_i (\partial \mu_i / \partial x_i)\, dx_i = RT\ d \ln x_2$ (M_2 und V_2 = Molgewicht und partielles Molvolumen der gelösten Substanz)

$$-\frac{d\Phi}{RT} = \frac{dx_2}{x_2} \cdot \frac{x_1 V_1 + x_2 V_2}{M_2 (x_1 V_1 + x_2 V_2) - V_2 (x_1 M_1 + x_2 M_2)}$$

$$= \frac{dx_2}{x_2} \cdot \frac{x_1 V_1 + x_2 V_2}{x_1 (M_2 V_1 - V_2 M_1)} = \frac{1}{M_2 V_1 - V_2 M_1} \left(\frac{V_1}{x_2} + \frac{V_2}{x_1}\right) dx_2$$

$$= \frac{1}{M_2 V_1 - V_2 M_1} \left(\frac{V_1}{x_2} + \frac{V_2}{1 - x_2}\right) dx_2 .$$

Integriert man jetzt zwischen den Grenzen a und b, so erhält man

$$- (M_2 V_1 - V_2 M_1)(\Phi^b - \Phi^a)/RT = V_1 \ln \frac{x_2^b}{x_2^a} - V_2 \ln \frac{(1 - x_2)^b}{(1 - x_2)^a}$$

oder

$$- \left(M_2 - \frac{V_2}{V_1} M_1\right)(\Phi^b - \Phi^a)/RT = \ln \frac{x_2^b}{x_2^a} - \frac{V_2}{V_1} \ln \frac{x_1^b}{x_1^a} . \tag{19.30}$$

---

[1] Z. B. ist

$$\overline{S}\, dT - \overline{v}\, dP + x_1\, d\mu_1 + x_2\, d\mu_1 + x_2\, d\mu_2 = 0$$

und

$$d\mu_1 = - S_1\, dT + V_1\, dP + (\partial \mu_1 / \partial x_1)\, dx_1 + (\partial \mu_1 / \partial x_2)\, dx_2$$
$$d\mu_2 = - S_2\, dT + V_2\, dP + (\partial \mu_2 / \partial x_1)\, dx_1 + (\partial \mu_2 / \partial x_2)\, dx_2,$$

daraus:

$$\overline{S} - x_1 S_1 - x_2 S_2 \qquad (= 0)$$
$$- \overline{V} + x_1 V_1 + x_2 V_2 \qquad (= 0)$$
$$+ x_1 [(\partial \mu_1 / \partial x_1)\, dx_1 + (\partial \mu_1 / \partial x_2)\, dx_2] + x_2 [(\partial \mu_2 / \partial x_1)\, dx_1 + (\partial \mu_2 / \partial x_2)\, dx_2] = 0,$$

hieraus wegen (18.22)

$$\sum_i x_i \sum_i (\partial \mu_i / \partial x_i)\, dx_i = 0 .$$

In dieser Form wird die Gleichung bei kolloiden Systemen jedoch nicht angewandt, denn der zweite Summand der rechten Seite läßt sich wegen der außerordentlich großen Verdünnung, bei welcher die Beobachtung der Sedimentation vorgenommen wird, vernachlässigen. Da $x_2 \ll 1$ ist $\ln(1 - x_2) = - x_2$, so daß man für die rechte Seite von Gl. (30) erhält:

$$\ln(x_2^b/x_2^a) - (V_2/V_1)(x_2^a - x_2^b).$$

Ist x_2^a wie etwa in einer 2proz. Lösung eines Proteins vom Molgewicht $50\,000 = 20/50\,000 \cdot 55{,}5 = 7 \cdot 10^{-6}$ und nimmt an, daß die Konzentration an der Stelle b nur 10% derjenigen der Stelle a sei, so ist $x_2^a - x_2^b = 6{,}3 \cdot 10^{-6}$, und $\ln(x_2^b/x_2^a) = 2{,}303$. Da V_2/V_1 von der Größenordnung 1 ist, stellt der Summand eine Größe dar, die experimentell überhaupt nicht feststellbar ist. Unter Berücksichtigung dieser Überlegungen ist für das Sedimentationsgleichgewicht idealer sehr verdünnter binärer Lösungen zu setzen

$$\boxed{\ln \frac{x_2^b}{x_2^a} = - \frac{\Phi^b - \Phi^a}{RT} M_2 \left(1 - \frac{V_2\,M_1}{V_1\,M_2}\right).} \tag{19.31}$$

Führt man das Zentrifugalfeld ein, so ist das entsprechende Potential $d\Phi = \omega^2 y\, dy$ und zwischen a und b integriert

$$\Phi^b - \Phi^a = - \frac{\omega^2}{2}\left[(y^b)^2 - (y^a)^2\right]. \tag{19.31}$$

Berücksichtigt man, daß $V_2/M_2 = V_{s2}$ nach Gl. (18.11) das partielle spezifische Volumen ist und M_1/V_1 die Dichte ϱ_1 des Lösungsmittels in der Lösung, so erhält man

$$\boxed{\ln \frac{c^b}{c^a} = \frac{\omega^2\,[(y^b)^2 - (y^a)^2]}{2\,RT} M_2\,(1 - V_{s2}\,\varrho_1)} \tag{19.32}$$

da in sehr verdünnten Lösungen $x^b/x^a = c^b/c^a$ ist. Diese Gleichung ist mit Gl. (14.17) identisch, welche auf kinetischem Wege abgeleitet wurde. Die thermodynamische Beziehung besitzt jedoch den Vorteil, die gegenseitigen Abhängigkeiten klarer herauszuarbeiten.

Entmischung

Wenn zwei Stoffe in allen Verhältnissen mischbar sein sollen, muß die mittlere freie Mischungsenthalpie $\Delta\overline{G}$ eine Funktion von x_2 sein, die bei jedem Wert von x_2 konvex gegen die X-Achse gekrümmt ist. Würde man die Mischung in zwei Phasen auftrennen, von denen die eine die Zusammensetzung Q, die andere R hat, so erkennt man aus der Darstellung der Verhältnisse in Abb. 19.3, daß ihre mittlere freie Mischungsenthalpie entsprechend Gl. (18.22) auf dem Punkt S der Verbindungslinie zwischen Q und R liegen muß. Ihr Gleichgewichtswert wäre aber durch den Punkt P gegeben, der tiefer liegt als S, für den also $\Delta\overline{G}$ kleiner ist. Das System bei S wäre somit nicht stabil und würde eine Einphasenmischung der Zusammensetzung P zurückbilden.

Nehmen wir nun an, daß aus irgendeinem — später zu erörternden — Grunde die $\Delta\overline{G}$—x_2-Kurve, die Form der Kurve II in Abb. 19.3 hat; wenn wir wieder von zwei Phasen der Zusammensetzung Q und R ausgehen, so ist ihre mittlere freie Enthalpie wieder durch S gegeben, doch liegt diesmal der Wert von S *unterhalb* des Wertes P auf der Kurve. Wenn die Mischung also in Form von zwei Phasen vorliegt, hat das gesamte System eine *geringere* $\Delta\overline{G}$ und ist somit stabiler als ein entsprechendes homogenes System gleicher mittlerer Zusammensetzung. In solchen Fällen können die Substanzen nur teilweise miteinander mischbar sein, sie müssen sich soweit trennen, bis die *stabilste* Lage erreicht wird, welche offensichtlich durch die gemeinsame Tangente, die die Kurven in beiden Punkten A und B berührt, gegeben ist. Für die Stabilität homogener Mischungen ist somit zu fordern, daß die $\Delta\overline{G}$—x_2-Kurve konvex gegen x_2 sein muß, also gelten muß $\partial^2\Delta\overline{G}/\partial x_2^2 > 0$. Bei konkaver Krümmung, wo also $\partial^2\Delta\overline{G}/\partial x_2^2 < 0$ ist, ist die Mischung instabil; die Grenze, wo die eine in die andere Stabilitätsbedingung übergeht, ist daher $\partial^2\Delta\overline{G}/dx_2^2 = 0$.

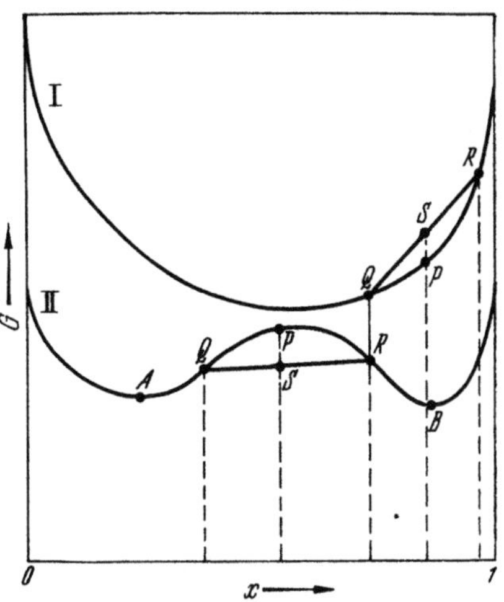

Abb. 19.3. Mittlere freie Enthalpie $\overline{G}$ (bzw. Mischungsenthalpie $\Delta\overline{G}$) in Abhängigkeit von der Zusammensetzung einer Mischung. Kurve I: Vollständige Mischbarkeit, Kurve II: unvollständige Mischbarkeit. (Wegen Gl. (18.30) ist der Verlauf von $\overline{G}$ und $\Delta\overline{G}$ gleich, sie sind im Diagramm nur in Ordinatenrichtung parallel zueinander verschoben.) Entnommen aus Stuart: Physik d. Hochpolymeren, Bd. II, S. 22 loc. cit.

Übergänge des einen Kurventyps in den anderen können durch Temperaturänderungen hervorgerufen werden, dann tritt ein Punkt auf, wo $\partial^2\Delta\overline{G}/\partial x_2^2 = 0$ und $\partial^3\Delta\overline{G}/\partial x_2^3 = 0$ ist. Er wird als *kritischer* Entmischungspunkt bezeichnet.

Nun ist analog Gl. (18.22) für eine binäre Mischung

$$\Delta\overline{G} = (1 - x_2)\,\Delta\mu_1 + x_2\,\Delta\mu_2$$

und

$$\partial\Delta\overline{G}/\partial x_2 = \Delta\mu_2 - \Delta\mu_1. \tag{19.33}$$

Es ist also für stabile Systeme die Grenzbedingung

$$\frac{\partial^2\Delta\overline{G}}{\partial x_2^2} = \frac{\partial\Delta\mu_2}{\partial x_2} - \frac{\partial\Delta\mu_1}{\partial x_1} = 0. \tag{19.34}$$

Wegen der Gibbs-Duhemschen Gl. (18.18) ist aber auch

$$\frac{\partial\Delta\mu_1}{dx_2} = \frac{\partial\Delta\mu_2}{\partial x_2} = 0. \tag{19.35}$$

8*

D. h. $\Delta\mu_2$ und $\Delta\mu_1$ werden an der Grenze der Unstabilität und zwischen den beiden Punkten A und B nicht verändert (z. B. gilt $\Delta\mu_1^A = \Delta\mu_1^B$; in beiden getrennten Phasen sind die $\Delta\mu_1$ gleich!).

Der kritische Entmischungspunkt ist gegeben durch

$$\frac{\partial^2 \Delta\mu_1}{\partial x_2^2} = \frac{\partial^2 \Delta\mu_2}{\partial x_2^2} = 0, \tag{19.36}$$

was unmittelbar aus der oben dafür angegebenen Bedingung und Gl. (18.18) folgt.

Hieraus lassen sich z. B. ohne weiteres die kritischen Entmischungspunkte berechnen, wenn $\Delta\mu_i$ als Funktion von x_2 angegeben werden kann. Für eine einfache Mischung (nach GUGGENHEIM) ergibt sich auf diese Weise

$$\frac{1}{RT} \frac{\partial \Delta\mu_2}{\partial x_2} = \frac{1}{x_2} - 2\,(1 - x_2)\,A_0 = 0, \tag{19.37}$$

$$\frac{1}{RT} \frac{\partial^2 \Delta\mu_2}{\partial x_2^2} = - \frac{1}{x_2^2} + A_0 = 0. \tag{19.38}$$

Hieraus erhält man $x_{2\,\text{(krit.)}} = 1/2$ und $A_{0\,\text{(krit,)}} = 2RT$, d. h. die Kurven sind symmetrisch und alle Mischungen mit Werten $A_0 < 2RT$ stabil, alle mit $A_0 > 2RT$ instabil und zerfallen in zwei Phasen. Diese Verhältnisse veranschaulicht Abb. 21.2, in welcher $A_0 = 3RT$ gesetzt ist.

Für nicht „einfache" Mischungen sind die Zusammenhänge zwischen A_0 und x_2 komplizierter, so daß sich unsymmetrische Kurven der verschiedenartigsten Typen ergeben können (vgl. § 22).

Bei vielen kolloiden — insbesondere makromolekularen — Systemen, sind die Zusammenhänge zwischen A_0 und x_2 so geartet, daß der kritische Entmischungspunkt bereits bei kleinen Konzentrationen erreicht wird, auch sind ihre mittleren freien Mischungsenthalpien häufig durch Zusätze dritter Substanzen so zu beeinflussen, daß die Bedingung (35) und (36) überschritten wird und das System sich entmischt.

§ 20. Statistik

Für die Statistik bzw. statistische Thermodynamik im Rahmen dieses Buches gilt das gleiche, was für die Thermodynamik in § 19 gesagt worden ist. Zum Erlernen statistischer Methoden sowie auch eine eingehende Behandlung der damit zusammenhängenden Fragen muß auf die einschlägigen Werke verwiesen werden[1].

Die statistische Thermodynamik geht über die Aussagen der Thermodynamik hinaus, da sie Zusammenhänge zwischen thermodynamischen Funktionen, wie Energie, Enthalpie usw. und den physikalischen Eigenschaften der betrachteten Stoffe, insbesondere mit der Größe, Gestalt, Struktur, der sie aufbauenden Bausteine herstellt. Abgesehen davon,

---

[1] 1. TOLMAN, R. C.: The Principles of Statistical Mechanics. Oxford 1938; 2. MAYER, J. E. u. M. G. MAYER: Statistical Mechanics. New York 1940; 3. FOWLER, R. H. u. E .A. GUGGENHEIM: Statistical Thermodynamics. New York 1940; 4. SCHRÖDINGER, E.: Statistical Thermodynamics. 2. Aufl. London 1952; Einführendes Werk: DOLE, M.: Introduction to Statistical Mechanics. New York 1954.

daß sie einen tieferen Einblick in die fraglichen physikalischen Zusammenhänge gestattet, vermittelt sie gerade uns wichtige Kenntnisse; will doch die Kolloidchemie die Einflüsse erkennen, die von bestimmten diskreten Einheiten, die im Materieaufbau erkennbar sind, herrühren. Es liegt wieder in der Natur der dispersen Systeme, daß unser Hauptinteresse den Mischungen gelten wird, wobei besonders die nichtidealen Mischungen, über die die reine Thermodynamik nichts aussagen kann, im Brennpunkt stehen müssen. Wir werden uns dabei wie in der Thermodynamik auf Systeme mit flüssigem Dispersionsmittel beschränken, doch lassen sich die dabei gewonnenen grundlegenden Erkenntnisse ohne weiteres auch auf andere Aggregatzustände erweitern.

In der Statistik haben wir es mit Gesamtheiten und individuellen Einheiten zu tun, worunter in unseren Fällen kinetische Einheiten — Partikeln, Moleküle, Atome — verstanden werden sollen. Das Ziel ist, Voraussagen über das durchschnittliche Verhalten von Ansammlungen einer mehr oder minder großen Zahl dieser individuellen Einheiten zu machen, ohne daß deren Ausgangssituation — z. B. die genaue Lage der Einheiten im Raum und die Richtung und Größe ihrer Bewegung — bekannt zu sein braucht. Das Verhalten soll durch makroskopische Messungen nachprüfbar sein. Das Ziel der statistischen Thermodynamik im einzelnen ist, Voraussagen über thermodynamische Funktionen wie Temperatur, Energie, Entropie, Gleichgewichtsbedingungen usw. zu machen.

Die Methode der Statistik besteht in der Berechnung von Durchschnittswerten einer großen Zahl von möglichen Anordnungen der Einheiten, wodurch Aussagen über die *wahrscheinlichsten* Anordnungen gewonnen werden können. Die Grundlage der Beziehungen zwischen materiellen kinetischen Einheiten ist die klassische Mechanik.

In gleicher Weise wie bei der Thermodynamik findet der Leser einige grundlegende Beziehungen der statistischen Mechanik und statistischen Thermodynamik im Anhang II kurz aufgeführt.

Vor der eigentlichen Behandlung thermodynamischer Fragen wollen wir einige Probleme betrachten, die für die Kolloidchemie von besonderer Bedeutung sind, und deren Lösung rein statistisch-mechanisch möglich ist. Es sind die Schwankungserscheinungen in kolloiden Systemen, die Anwendung des BOLTZMANNschen „*e*-Satzes" und die wahrscheinlichste Gestalt eines Fadenmoleküls.

Schwankungserscheinungen

Wenn wir ein mathematisch genau definiertes Volumen betrachten, das mit Materie erfüllt ist, so können wir bei den normalen auf der Erdoberfläche herrschenden Temperaturen nicht erwarten, daß die Zahl der kinetischen Einheiten (Partikeln, Moleküle) der Materie im Volumen in jedem Zeitpunkt genau gleich groß ist. Wir wissen — die kinetische Theorie wurde ja experimentell durch die Beobachtung der BROWNschen Bewegung bestätigt (vgl. § 12) —, daß die kinetischen Einheiten Wärmebewegungen ausführen, die unregelmäßige

Übertritte über die Volumengrenze zur Folge haben müssen. Dadurch ist aber ihre Zahl im Volumen, mit anderen Worten, ihre Dichte zufälligen Schwankungen unterworfen. Wir wollen nun versuchen, zu berechnen, von welchen Zustandsgrößen diese Schwankungen abhängen und wie groß sie sind.

Schwankungen bei einer großen Zahl von Partikeln

Die statistische Mechanik liefert uns nun folgenden Ansatz: Die Wahrscheinlichkeit W dafür, daß n Partikeln auf r verschiedene Zustände — hier verschiedene Volumen — verteilt sind, wird durch Gl. (II.18) oder in logarithmischer Form durch Gl. (II.20) beschrieben. Für einen Zustand, dessen Wahrscheinlichkeit um den kleinen Betrag δW von dem ursprünglichen verschieden ist, wäre einzusetzen

$$\ln (W + \delta W) = n \ln (n/b) + \sum_{s=0}^{r} (n_s + \delta n_s) \ln g_s$$
$$- \sum_{s=0}^{r} (n_s + \delta n_s) \ln (n_s + \delta n_s), \tag{20.1}$$

denn n und b sind konstant, während sich die einzelnen n_s jeweils um δn_s geändert haben. Fragen wir nun nach dem Verhältnis dieser Wahrscheinlichkeit zur ursprünglichen Wahrscheinlichkeit, so ist nach Subtraktion von Gl. (II.20)

$$\ln [(W + \delta W)/W] = \sum_{s=0}^{r} \delta n_s \ln g_s - \sum_{s=0}^{r} n_s \ln [(n_s + \delta n_s)/n_s]$$
$$- \sum_{s=0}^{r} \delta n_s \ln (n_s + \delta n_s). \tag{20.2}$$

Wenn der betrachtete Zustand, der mit der *größten* Wahrscheinlichkeit sein soll, kann Gl. (II.22) zu Gl. (20.2) addiert werden; diese gilt aber ausdrücklich nur für diesen Zustand, es ist daher

$$\ln [(W_{\mathrm{max}} + \delta W)/W_{\mathrm{max}}] = - \sum_{s=0}^{r} n_s \ln [1 + (\delta n_s/n_s)]$$
$$- \sum_{s=0}^{r} \delta n_s \ln [1 + (\delta n_s/n_s)]. \tag{20.3}$$

Wird der Logarithmus in eine Reihe entwickelt und nach dem quadratischen Gliede abgebrochen — was nur für kleine $\delta n_s/n_s$ gilt —, erhält man

$$\ln [(W_{\mathrm{max}} + \delta W)/W_{\mathrm{max}}] = - \frac{1}{2} \sum_{s=0}^{r} \frac{(\partial n_s)^2}{n_s}, \tag{20.4}$$

wobei wieder das Glied mit der dritten Potenz vernachlässigt worden ist. ($\sum \delta n_s = 0$, da die Zahl $n = \sum n_s$ konstant ist.)

Diese Beziehung besagt, daß die Wahrscheinlichkeit eines vom Maximum der Wahrscheinlichkeit abweichenden Zustandes wegen des negativen Vorzeichens immer kleiner als dessen Wahrscheinlichkeit ist, daß aber die Abweichungen um so kleiner sind, je größer die Anzahl der betrachteten Partikeln ist.

Um sich ein Bild von der Größe der Schwankungen machen zu können, sei ein Gas unter einem Druck von 10^{-7} Atmosphären betrachtet, das sich in einem Volumen von 2 cm³ befindet. Die Zahl der Moleküle in 1 cm³ beträgt dann etwa 10^{12}. Wenn nun nach dem Verhältnis der Wahrscheinlichkeiten, also der relativen Wahrscheinlichkeit gefragt wird, die der linken Seite der Gl. (4) entspricht, daß die Zahl der Moleküle in einer Hälfte des Volumens um 1 pro mille größer ist als in der anderen, so ist $(\delta n_s) = 10^6$, $n_s = 10^{12}$. Da zwei Zustände (Verteilung auf 1 cm³ und Verteilung auf 2 cm³) vorkommen, ist $r = 2$ und wir erhalten

$$\ln W_{\text{rel.}} = -\frac{1}{2}\left(10^6 + 10^6\right) = -10^6; \quad W_{\text{rel.}} = e^{-10^6}.$$

Trotz der im Verhältnis kleinen Dichte des Gases im Hochvakuum sind Schwankungen äußerst unwahrscheinlich. Absolut genommen ist jedoch die Zahl der Moleküle immer noch erheblich, so daß in solchen Fällen Schwankungen keine Rolle spielen.

Es ist mit Hilfe von Gl. (4) leicht möglich, die Wahrscheinlichkeit *einer* relativen Schwankung zu berechnen. Wenn diese mit $\Delta = (\delta n_s/n_s)$ bezeichnet wird, so ist $d\,(\delta n_s) = n_s\,d\Delta$. Schreiben wir Gl. (4) in der Form

$$\frac{W_{(\delta n_s)}}{W_{\text{max}}} = e^{-\frac{1}{2}\sum\limits_{0}^{r} n_s\, \Delta_s^2}, \tag{20.5}$$

so ist das Wahrscheinlichkeitsverhältnis dafür, in einem der Zustände s eine um δn_s von der mittleren Zahl der in diesem befindlichen Partikeln abweichende Zahl zu finden

$$\frac{W_{(\delta n_s)}}{W_{\text{max}}} = e^{-\frac{1}{2} n_s \Delta_s^2}. \tag{20.6}$$

Es ist

$$W_{(\delta n_s)}\, d\,(\delta n_s) = n_s\, W_{(\delta n_s)}\, d\Delta = W_{(\Delta)}\, d\Delta = n_s\, W_{\text{max}}\, e^{-\frac{1}{2} n_s \Delta_s^2}\, d\Delta. \tag{20.7}$$

Nun muß wieder die Summe aller Wahrscheinlichkeiten 1 sein; wird die Summation durch Integration von $-\infty$ bis $+\infty$ ersetzt, ergibt sich

$$\int\limits_{-\infty}^{+\infty} W_{(\Delta)}\, d\Delta = n_s\, W_{\text{max}} \int\limits_{-\infty}^{+\infty} e^{-\frac{1}{2} n_s \Delta_s^2}\, d\Delta = 1. \tag{20.8}$$

Das Integral auf der rechten Seite ist das bekannte GAUSSsche Fehlerintegral, dessen Lösung für diesen Fall $\sqrt{2\pi/n_s}$ lautet. Der Mittelwert von Δ in einer Richtung (in beiden Richtungen ist er Null!) ergibt sich entsprechend dem in der Statistik gebräuchlichen Verfahren, wenn man Gl. (II.6) benutzt:

$$|\overline{\Delta}| = \frac{\int\limits_{-\infty}^{+\infty} \Delta\, W_{(\Delta)}\, d\Delta}{\int\limits_{-\infty}^{+\infty} W_{(\Delta)}\, d\Delta} = \frac{\dfrac{1}{n_s}}{\dfrac{1}{2}\sqrt{2\pi/n_s}} = \sqrt{\frac{2}{\pi n_s}}. \tag{20.9}$$

Für den Mittelwert des Quadrats erhält man in entsprechender Weise

$$\overline{\varDelta^2} = 1/n_s. \qquad (20.10)$$

Schwankungen bei einer kleinen Zahl von Partikeln

Werden unter dem Ultramikroskop sehr kleine Volumen zur Beobachtung kolloider Zerteilung optisch herausgeschnitten, so finden sich darin bei hinreichender Verdünnung nur einige wenige Partikeln (etwa $1 \cdots 10$). Ein Blick auf Gl. (4) lehrt, daß hier erhebliche Schwankungen auftreten sollten, was auch tatsächlich der Fall ist. Die für große Teilchenzahlen unter Verwendung der STIRLINGschen Formel abgeleitete Gleichung (4) kann nun nicht mehr benutzt werden, um im Ultramikroskop beobachtete Schwankungen, für die die SVEDBERGschen Messungen[1] ein hervorragendes Beispiel bieten, zu beschreiben. Wie WESTGREN[2] zeigen konnte, ist jedoch eine Berechnung nach Gl. (II.13) möglich.

Ist die Wahrscheinlichkeit, ein bestimmtes Teilchen in einem kleinen Teilchenvolumen v des Gesamtvolumens V anzutreffen gleich $p\,(= v/V)$, so ist die Wahrscheinlichkeit, es nicht anzutreffen $1 - p$ und die Wahrscheinlichkeit, von insgesamt N Teilchen n-Teilchen anzutreffen und $N - n$ nicht anzutreffen

$$W = \frac{N!}{n!\,(N-n)!}\, p^n\,(1-p)^{N-n}. \qquad (20.12)$$

Da n sehr viel kleiner N ist, kann $N!/(N-n)! \cong N^n$, da weiterhin p und n ebenfalls klein sind $(1-p)^n \cong 1$ gesetzt werden, so daß man erhält

$$W = \frac{N^n}{n!}\, p^n\,(1-p)^N = \frac{(N\,p)^n}{n!}\left(1 - \frac{N\,p}{N}\right)^N. \qquad (20.13)$$

$N\,p = N\,v/V$ ist der Mittelwert der Teilchenzahl, die in einer langen Beobachtungsreihe im Volumen v anzutreffen wäre, bezeichnen wir ihn mit ν, so gilt[3]

$$\lim_{N \to \infty}\left(1 - \frac{\nu}{N}\right)^N = e^\nu, \qquad (20.14)$$

was in Gl. (13) eingesetzt das sog. POISSONsche Verteilungsgesetz der kleinen Zahlen

$$W = \frac{\nu^n}{n!}\, e^{-\nu} \text{ ergibt.} \qquad (20.15)$$

Diese Gleichung wurde bereits in § 13 erwähnt. Mit ihrer Hilfe ist es möglich, auch den Mittelwert des absoluten Betrages der Schwankungen $|\delta n_s/n_s| = |(n_s - \nu)/\nu|$ zu berechnen. Da im Mittel gleich viel positive wie negative Schwankungen auftreten, muß der Mittelwert bei Berücksichtigung des Vorzeichens Null sein, die Schwankungen in einer Rich-

---

[1] SVEDBERG, TH.: Z. physik. Chem. **73**, 547 (1910).
[2] WESTGREN, A.: Ark. Mat. Astron. Fysik (Stockholm) 2, Nr. 8 (1916).
[3] COURANT, R.: Vorlesungen über Differential-Integralrechnung. Bd. 1, 2. Aufl. Berlin 1930. S. 141.

tung sind natürlich endlich. Die Ausrechnung, die elementar, aber etwas umständlich ist[1], ergibt

$$\left|\frac{\overline{\delta n_s}}{n_s}\right| = \frac{2\,e^{-\nu}\,\nu^k}{k!},\tag{20.16}$$

worin k die größte in ν enthaltene ganze Zahl ist (z. B. ist bei $\nu = 1{,}5$, $k = 1$).

Die Prüfung dieser Beziehungen kann durch Vergleich mit den erwähnten experimentellen Bestimmungen von SVEDBERG vorgenommen werden. Mit Hilfe des Ultramikroskops wurden in einem sehr kleinen Volumen — etwa $1000\,\mu^3$ — die Zahl der Partikeln eines Goldsols in einem kurzen Zeitintervall registriert. Bei einer großen Zahl von Beobachtungen sind jeweils $0, 1, 2, \ldots n$ Teilchen sichtbar. Das Verhältnis der Zahl dieser Beobachtungen $Z(n_s)$ zur Gesamtzahl muß dann die Wahrscheinlichkeit dafür angeben, daß sich gerade n-Partikeln im betrachteten Volumen befinden. Die Ergebnisse von SVEDBERG zeigt Tab. 20.I. In der ersten Spalte stehen die Partikelzahlen n, in der zweiten

Tabelle 20. I. *Schwankungen der Teilchenzahlen (nach Svedberg)*
$W(n_s) = $ *Wahrscheinlichkeit des Auftretens von n_s Teilchen im Volumen von $1064\,\mu^3$.*
$\nu = 1{,}545;\quad |\overline{\varDelta}|_{\text{beob.}} = 0{,}660;\quad |\overline{\varDelta}|_{\text{ber.}} = 0{,}656$

Zahl der beobachteten Partikeln n_s	Zahl der Beobachtungen $Z(n_s)$	$W(n_s)$ beobachtet nach Gleichung (20.18)	$W(n_s)$ berechnet nach Gleichung (20.15)
0	112	0,216	0,212
1	168	0,324	0,328
2	130	0,251	0,253
3	69	0,133	0,130
4	32	0,062	0,050
5	5	0,010	0,016
6	1	0,002	0,004
7	1	0,002	0,001

$$\sum Z(n_s) = 518$$

die Zahl der Beobachtung, in denen gerade jeweils 0, 1, 2, 3 usw. Teilchen gefunden wurden $(= Z(n_s))$. Die dritte Spalte ist die Wahrscheinlichkeit dafür, daß 1, 2, 3 usw. Teilchen gefunden werden, für welche gilt $W_{(n_s)} = Z(n_s)/\sum\limits_{s=0}^{r} Z(n_s)$. Zum Vergleich mit Gl. (15) und (16) wird ν durch Mittelwertsbildung gefunden, es muß sein

$$\nu = \frac{\sum\limits_{s=0}^{r} n_s Z(n_s)}{\sum\limits_{s=0}^{r} Z(n_s)} - \sum\limits_{s=0}^{r} n_s W_{(n_s)}\tag{20.17}$$

das, wie sich leicht aus der Tabelle berechnen läßt, den Wert $801/518 = 1{,}545$ ergibt. Es ist also $k = 1$. Den beobachteten Mittelwert erhält man aus

$$|\overline{\varDelta}|_{\text{(beob.)}} = \frac{\sum |(n_s - \nu)/\nu|\, Z(n_s)}{\sum Z(n_s)} = \sum |(n_s - \nu)/\nu|\, W_{(n_s)}.\tag{20.18}$$

---

[1] WESTGREN: loc. cit. aber auch A. EUCKEN: Lehrbuch der chemischen Physik. 3. Aufl. Bd. 2, 1. Leipzig 1948. S. 112 ff.

Die Übereinstimmung zwischen beobachtetem Wert von 0,660 und dem nach Gl. (9) gefundenen von 0,656 ist hervorragend.

Die Voraussetzungen zu den Ableitungen der Gl. (4) und (8) waren die eines Systems von unabhängigen Partikeln (genauer: nicht entarteten Energiezuständen), die aufeinander keine Kräfte ausüben und deren Volumen vernachlässigbar klein ist. Diese sind in realen Systemen nicht mehr erfüllt, was sich bei höheren Dichten bzw. Konzentrationen bemerkbar macht. Die Schwankungen in realen Gasen kann man dadurch berechnen, daß die Energie berücksichtigt wird, die bei der Kompression oder Dilatation in einem kleinen Volumen auftritt. Dies führt zu einer Gleichung für den absoluten mittleren Betrag der relativen Schwankungen, die vom Verhältnis der Kompressibilitäten $\chi_{(\text{ideal})}/\chi_{(\text{real})}$ abhängt. Es ist z. B.

$$|\overline{\varDelta}| = \sqrt{2/\pi\, n_s}\, \sqrt{(\chi_{\text{ID}}/\chi_{\text{RE}})\, (PV)_{\text{ID}}/(PV)_{\text{RE}}}\,. \tag{20.19}$$

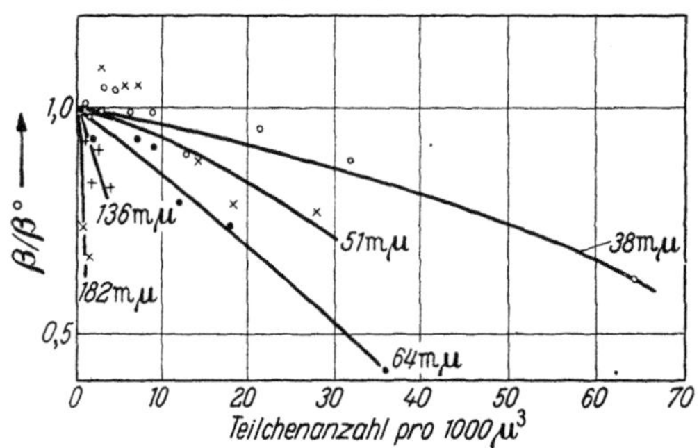

Abb. 20.1. Abhängigkeit des Verhältnisses β/β_0 [$\beta_0 = k!/2\, e^{-\nu}\nu^k$, vgl. Gl. (20.20)] von der Partikelkonzentration nach SVEDBERG (loc. cit.)

SVEDBERG[1] hat für Dispersionen von Gold und Gummigutt in Wasser tatsächlich eine Abnahme der mittleren Schwankungen gefunden, wenn die Konzentration und die Volumen der Teilchen zunehmen. Für Gl. (16) läßt sich durch einfachen Vergleich Gl. (20) schreiben

$$|\overline{\varDelta}| = \frac{2\, e^{-\nu}\,\nu^k}{k!} \cdot \beta, \tag{20.20}$$

wenn β die der 2. Wurzel rechts von (19) entsprechende Korrektur für Lösungen darstellt[2]. Die von SVEDBERG gefundene Abhängigkeit der Größe β von der Partikelkonzentration zeigt Abb. 20.1.

Anwendung des Boltzmannschen e-Satzes

Wenn es sich darum handelt, Zustände von Partikeln zu berechnen, die der Einwirkung von Kräften unterliegen, läßt sich der bekannte BOLTZMANNsche Verteilungssatz mit großem Vorteil anwenden. Bei der

---

[1] SVEDBERG, TH.: Z. physik. Chem. **73**, 547 (1910); SVEDBERG, TH. und K. INOUYE: Z. physik. Chem. **77**, 145 (1911).

[2] Für reale Systeme läßt sich $|\overline{\varDelta}|$ oder $\overline{\varDelta^2}$ mit Hilfe der großen Verteilungsfunktion (s. auch Anhang II) ganz allgemein berechnen (vgl. A. MÜNSTER: Statistische Thermodynamik, loc. cit.). Eine spezielle Anwendung, die für die Theorie der Lichtstreuung von Bedeutung ist, werden wir in § 25 kennenlernen. Allgemein erhält man für diese wichtige Größe

$$\overline{\varDelta^2} = \frac{k\, T}{n_s}\, \frac{\partial n_s}{\partial \mu_s}\,. \tag{20.21}$$

Hieraus sind spezielle Fälle für reale Gase, Lösungen usw. ableitbar. In der Nähe des kritischen Punktes können die Werte für β bzw. $k\, T\, (\partial n_s/\partial \mu_s)$ sehr groß werden, die Schwankungen der Dichte lassen dann das System getrübt erscheinen.

Ableitung der Gleichung für die Diffusionskoeffizienten in § 13 ist bereits davon Gebrauch gemacht worden, ohne eine Berechtigung dafür anzugeben. Sehr viel Probleme haben zum Ziel, die Zahl von Δn_s Partikeln in einem Volumenelement ΔV_s zu bestimmen, an dessen Ort ein bestimmtes Potential eines äußeren oder inneren Feldes herrscht. Die a priori-Wahrscheinlichkeit *eine* Partikel in einem solchen Volumenelement zu finden, muß der Größe dieses Elements gleich sein; das statistische Gewicht entspricht dann ΔV_s oder dV_s und wäre für alle möglichen Zustände gleich[1]. Da die Energie solcher Zustände oft als Funktion nur einer einzigen Lagekoordinate darstellbar ist, läßt sich die gesuchte Partikelzahl Δn_s leicht berechnen.

Für die Verhältnisse der Partikelzahlen zweier verschiedener Zustände muß, wie aus Gl. (II.30) auf einfache Weise herzuleiten ist, gelten

$$\frac{n_1}{n_2} = \frac{g_1}{g_2}\, e^{-(\varepsilon_1 - \varepsilon_2)/kT}\,. \tag{20.22}$$

Sind die a priori-Wahrscheinlichkeiten in den Zuständen 1 und 2 für das Antreffen einer Partikel gleich (d. h. sind die Zustände der Energie nicht entartet), so sind auch die statistischen Gewichte g_1 und g_2 gleich, und es ergibt sich

$$n_1 = n_2\, e^{-(\varepsilon_1 - \varepsilon_2)/kT}\,. \tag{20.23}$$

Hieraus folgt sofort für Partikeln im Schwerefeld, in welchem $\varepsilon_s = m_r\, g\, x_s$ ($m_r = m\,\Delta\varrho$; $\varrho = $ Dichte, $g = $ Erdbeschleunigung) ist

$$n_1 = n_2\, e^{-m_r g(x_1 - x_2)/kT}\,, \tag{20.24}$$

also die barometrische Höhenformel.

Dies läßt sich auf einfache Weise ableiten. Wenn sich, wie in Abb. 13.2 an der Stelle x eine Schicht des Querschnitts q und der Dicke dx befindet, worin dn Partikeln enthalten sind, so ist die potentielle Energie ε_s dieser Partikeln unter dem Einfluß der Gravitationen $\varepsilon_s = m_r\, g\, x$. Verwendet man nun Gl. (II.30), so erhält man

$$dn = \frac{n\, q\, e^{-m_r g x/kT}\, dx}{\int\limits_0^{\infty} q\, e^{-m_r g x/kT}\, dx} = -\frac{n\, m_r\, g}{k\, T}\, dx,$$

wenn statt der Summation eine Integration zur Berechnung von Q vorgenommen wird. Integration zwischen x_2 und x_1 und n_2 und n_1 (n_1, n^2 = Zahl der Partikeln je cm³ an den Stellen x_1 und x_2) ergibt

$$\int\limits_{n_2}^{n_1} \frac{dn}{n} = -\int\limits_{x_2}^{x_1} \frac{m_r\, g}{k\, T}\, dx$$

und damit Gl. (24).

Im Zentrifugalfeld ist $\varepsilon_s = \frac{1}{2}\, m_r\, \omega^2\, x^2$ und

$$n_1 = n_2\, e^{-m_r \omega^2(x_1{}^2 - x_2{}^2)/kT}\,. \tag{20.25}$$

---

[1] Hierbei wird vorausgesetzt, daß keine entarteten Energiezustände auftreten.

In beiden Fällen sind die statistischen Gewichte der Größe der Volumenelemente gleichzusetzen, in der die Partikeln angetroffen werden sollen.

Statistisch geknäuelte Fäden

Durch Anwendung statistischer Betrachtungen läßt sich nun voraussagen, welche Gestalt ein Fadenmolekül besitzen würde, wenn es sich selbst überlassen bliebe und dabei keinen äußeren und inneren Kräften ausgesetzt wäre. Voraussetzung ist völlig freie Beweglichkeit und Drehbarkeit der gleich langen Molekülsegmente der Länge l und das Vorhandensein einer Temperaturbewegung, die die Segmente zur Einnahme aller möglichen Stellungen bringt, wie Abb. 20.2 zeigt.

Abb. 20.2. Projektion eines statistischen Fadenknäuels auf eine Ebene. Der Pfeil entspricht dem Fadenendenabstand h (vgl. Text)

Die wahrscheinlichste Anordnung eines Fadenmoleküls aus n-Segmenten mit der Länge l kann entsprechend einem Problem behandelt werden, das in der Statistik bereits seit längerer Zeit bekannt ist. Es entspricht dem sog. Irrweg- oder Irrflug-Problem, bei dem es darauf ankommt, zu berechnen, an welche Stelle man gelangt, wenn man in einer, zwei oder drei räumlichen Richtungen immer gleiche Schritte geht, die aber jede beliebige Richtung einschlagen können; z. B. kann man auf einer Linie entweder vorwärts oder rückwärts gehen, und es besteht keine Beziehung zwischen der Zahl der Schritte und ihrer Richtung. Es wird nun gefragt, an welche Stelle man nach n Schritten kommt, wenn man beliebig oft und unregelmäßig die Richtung wechselt. Das Fadenmolekül entspricht einem Zickzackweg in drei Raumrichtungen, ist somit dem sog. Irrflug-Problem äquivalent[1].

Wir wollen im folgenden kurz das eindimensionale Problem behandeln, um zu demonstrieren, worauf es ankommt. Nehmen wir an, daß insgesamt n Schritte vorgenommen werden können, davon n' in einer Richtung und $n'' = n - n'$ in der anderen Richtung. Nehmen wir den Ausgangspunkt als Nullpunkt eines Koordinatensystems und nehmen wir weiter an, daß die Länge jeden Schrittes l ist, so ist die Abszisse des Endpunkts $x = (n' - n'')\, l$. Nun ist die Wahrscheinlichkeit dafür, daß ein bestimmter Schritt in einer bestimmten Richtung vorangeht $= 1/2$, nach den Regeln der Wahrscheinlichkeitsrechnung ist daher [Gl. (II.9)] die Wahrscheinlichkeit einer bestimmten Folge von positiven und negativen Schritten $(1/2)^n$. Die Zahl der Möglichkeiten, auf welche n' positive und n'' negative Schritte gegangen werden können, ist entsprechend (II.10) $n!/n'!\, n''!$, multipliziert mit der a priori-Wahrscheinlichkeit ergibt sich die gesamte Wahrscheinlichkeit für das Erreichen des Abstands x zu

$$W = \left(\frac{1}{2}\right)^n \frac{n!}{n'!\, n''!} = \left(\frac{1}{2}\right)^n \frac{n!}{((n/2) + (x/2l))!\, ((n/2) - (x/2l))!} \qquad (20.26)$$

wenn die Beziehungen zwischen n', n'', n und x berücksichtigt werden.

---

[1] Vgl. P. J. FLORY: Principles of Polymer Chemistry. Cornell Univ. Press, Ithaca, N. Y. 1953.

Wenn x sehr viel kleiner als $n \cdot l$ ist, läßt sich der Nenner von Gl. (27) vereinfachen. Anwendung der STIRLINGschen Formel (II.15) und Entwicklung der Logarithmen in eine Reihe führt zu dem Ergebnis, daß die Wahrscheinlichkeit durch

$$W = \text{const } e^{-x^2/2nl} \tag{20.27}$$

ausgedrückt werden kann, wenn man die höheren Potenzen in x vernachlässigt. Ist n groß und l so klein, daß sogar geringe Abstände von x noch eine große Zahl von Schritten der Länge l enthalten, kann Gl. (27) als kontinuierliche Funktion angesehen werden. Die Konstante ist dann durch Integration leicht festzustellen, denn die Wahrscheinlichkeit, die Größe x an irgendeiner Stelle zwischen $-\infty$ und $+\infty$ zu finden, muß 1 sein. Man erhält const $= 1/l \sqrt{2\pi n}$.

Soweit das eindimensionale Problem. Man kann diese Ergebnisse leicht auf das dreidimensionale anwenden; Voraussetzung ist nur, daß ein Fortschreiten in irgendeiner Richtung unabhängig vom Fortschreiten in den jeweils beiden anderen Richtungen ist. Die mathematische Lösung geht so vor sich, daß ein Polarkoordinatensystem errichtet wird, dann läßt sich irgendein Schritt in einer beliebigen Raumrichtung als Projektionen auf die drei Koordinaten x, y, z darstellen. Drückt man diese Projektionen wieder in Polarkoordinaten aus, läßt sich der Mittelwert des Quadrats des Fortschreitens durch Integration über die Einheitskugel bestimmen. Er ist für jede der drei Raumrichtungen $l^2/3$. Zur Lösung des dreidimensionalen Problems ist also statt der Länge l für jede der Koordinaten x, y, z die Länge $l^2/3$ einzusetzen. Unter der Voraussetzung der Unabhängigkeit jeden Schrittes können wir sofort Gl. (27) verwenden und erhalten

$$W_{(x,y,z)} \, dx \, dy \, dz = \frac{1}{l^3} \left(\frac{3}{2\pi n} \right)^{3/2} e^{-3(x^2 + y^2 + z^2)/2nl^2} \, dx \, dy \, dz. \tag{20.28}$$

Transformation dieser Gleichung in Polarkoordinaten und Integration über die Winkel $d\varphi \, d\vartheta$ ergibt die Wahrscheinlichkeit, den Endpunkt in einer Entfernung zwischen h und $h + dh$ zu finden.

Mit

$$h^2 = x^2 + y^2 + z^2 \tag{20.28a}$$

und

$$\beta = \frac{1}{l} \left(\frac{3}{2n} \right)^{1/2} \tag{20.28b}$$

erhält man

$$W_{(h)} \, dh = \left(\frac{\beta}{\pi^{1/2}} \right)^3 e^{-\beta^2 h^2} 4\pi \, h^2 \, dh. \tag{20.29}$$

Diese Funktion entspricht der Dichteverteilung des Endpunkts eines Vektors, der vom letzten zum ersten Segment der Kette gezogen worden ist (vgl. Abb. 20.2). Eine graphische Darstellung dieser Wahrscheinlichkeitsfunktion in Abhängigkeit von h zeigt Abb. 20.3.

Die Wahrscheinlichkeit, das Kettenende (das letzte Segment) in einer Entfernung zwischen h und $h + dh$ zu finden, ist unabhängig von der Richtung. Sie besitzt ein Maximum bei $h = 1/\beta$, ist somit der Wurzel aus der Kettenlänge proportional!

Wichtig ist aber neben dem maximalen Wert der Mittelwert von h. Es ist

$$\overline{h} = \int\limits_0^\infty h\, W(h)\, dh = 2/\pi^{1/2}\, \beta\,. \tag{20.30}$$

In gleicher Weise ergibt sich für den Mittelwert des Quadrats von h

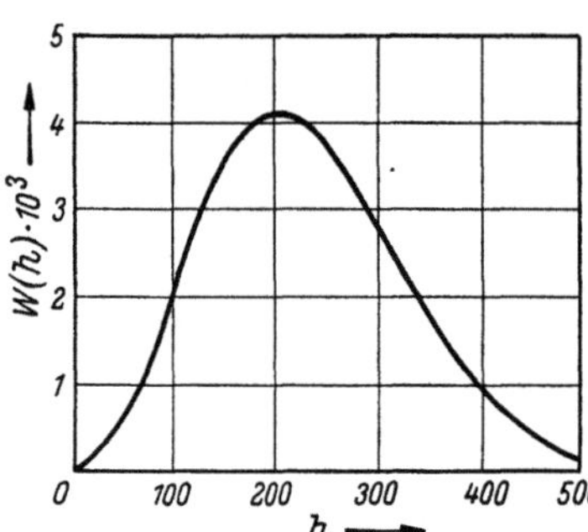

Abb. 20.3. Graphische Darstellung von Gl. (20.29). Erläuterung siehe Text

$$\overline{h^2} = \int\limits_0^\infty h^2\, W(h)\, dh = 3/2\beta^2\,, \tag{20.31}$$

woraus man durch Einsetzen in Gl. (28b) erhält

$$\overline{h} = (8/3\pi)^{1/2}\, l\, n^{1/2}; \qquad \overline{h^2} = l^2\, n\,. \tag{20.32}$$

Die letzten Beziehungen sind wichtig, sie geben einen einfachen Zusammenhang zwischen der Länge der Kettensegmente, der Zahl der Segmente n und den mittleren Fadenabständen, bzw. des Mittelwerts des Quadrats von h.

In ähnlicher Weise erhält man für alle solche Knäuel eine wichtige Beziehung zwischen der Wurzel aus dem Mittelwert des Quadrats des Abstands eines Kettensegments vom *Massenmittelpunkt* des Fadenknäuels. Er heißt Trägheitsradius (radius of gyration) und ist

$$\sqrt{\overline{s^2}} = l\, (n/6)^{1/2}\,. \tag{20.33}$$

Da sich dieser vielfach experimentell bestimmen läßt, hat man in ihm eine einfache Beziehung zur Länge und Zahl der Segmente.

Wegen der sterischen Behinderung reeller Fadenmoleküle ist der Winkel β zwischen den einzelnen Segmenten zu berücksichtigen. EYRING[1] und BENOIT[2] erhielten für nicht zu kleine β

$$\overline{h^2} = \frac{1 + \cos\beta}{1 - \cos\beta}\, n\, l^2\,. \tag{20.34}$$

Für Ketten mit kleinen β vgl. § 45 (KRATKY u. POROD).

§ 21. Statistische Thermodynamik der Mischungen

Wir können jetzt dazu übergehen, die thermodynamischen Funktionen der uns interessierenden Systeme aus der Verteilungsfunktion zu berechnen. Für das Verständnis dieser Ableitungen ist es zweckmäßig, zunächst die Berechnung einfacher Systeme, z. B. eines idealen Gases, vorzunehmen, woran sich die Behandlung idealer Lösungen anschließen

[1] EYRING, H.: Physic. Rev. [2] **39**, 746 (1932).
[2] BENOIT, H.: J. Polymer. Sci. **3**, 376 (1948).

kann, die dann auf die regulären athermischen und irregulären Lösungen großer Partikeln erweitert werden kann.

Wir gehen davon aus, daß Q in verschiedene Verteilungsfunktionen der jeweiligen Energiearten separierbar ist und wollen uns darauf beschränken, Q_{trans} zu berechnen, was gleichbedeutend mit der Annahme eines idealen einatomigen Gases bei Normaltemperatur ist. Für die Berechnung des statistischen Gewichts g_i kommt uns die Quantenstatistik zu Hilfe; die kleinst mögliche Zelle im Phasenraum hat die Größe h^3, da ein ideales Gas in bezug auf translatorische Bewegungen drei Raum- und drei Impulskoordinaten hat, enthält ein Phasenvolumen der Größe $dq_1\,dq_2\,dq_3\,dp_1\,dp_2\,dp_3$ insgesamt $dq_1\,dq_2\,dq_3/h^3$ Zellen. Da das betrachtete Phasenvolumen klein sein soll und die Energie eine praktisch kontinuierliche Funktion der Impulse ist, kann die Summation durch eine Integration ersetzt werden. Es ist also

$$Q_{\mathrm{trans}} = \frac{1}{h^3} \underbrace{\int\!\!\int\!\!\int_{-\infty}^{+\infty}}\int_0^x\!\int_0^y\!\int_0^z e^{-(p_1{}^2 + p_2{}^2 + p_2{}^2)/2mkT}\,dq_1\,dq_2\,dq_3\,dp_1\,dp_2\,dp_3, \quad (21.1)$$

mit $\varepsilon_1 = \dfrac{p_1^2}{2m}$ (m = Partikelmasse). Die Integration wird für die Impulse von $-\infty$ bis $+\infty$ vorgenommen werden für die Raumkoordinaten über die Abmessungen $x,\,y,\,z$ des Gefäßes, in dem sich das Gas befindet. Da die Raumkoordinaten von den Impulsen unabhängig sind, gilt

$$\int_0^x\!\int_0^y\!\int_0^z dq_1\,dq_2\,dq_3 = V. \quad (21.2)$$

Man erhält also das Gasvolumen. Ebenso sind die Impulskoordinaten unabhängig voneinander. Jedes der drei verbleibenden Integrale hat die Form

$$\int_{-\infty}^{+\infty} e^{-p_i{}^2/2mkT}\,dp_i = (2\pi\,m\,k\,T)^{\frac{1}{2}}. \quad (21.3)$$

Das Produkt aus drei solchen Integralen und V ist somit die Lösung des Integrals der Gl. (1)

$$Q_{\mathrm{trans}} = \frac{(2\pi\,m\,k\,T)^{\frac{3}{2}}}{h^3}\,V. \quad (21.4)$$

Dies ist die Verteilungsfunktion für ein Gasmolekül; für ein System von N_L-Molekülen ist nach Gl. (II.37)

$$Q^* = \frac{1}{N_L!}\left[\frac{(2\pi\,m\,k\,T)^{\frac{3}{2}}\cdot V}{h^3}\right]^{N_L}. \quad (21.5)$$

Die freie Energie bei konstantem Volumen ist dann entsprechend Gl. (II.44) oder (II.45)

$$\begin{aligned} F &= -k\,N_L\,T\left[\ln\frac{(2\pi\,m\,k\,T)^{\frac{3}{2}}\,V}{N_L\,h^3} + 1\right]\\ &= RT\left[\ln(N_L/V) - \frac{3}{2}\ln(2\pi\,m\,k\,T/h^2) - 1\right], \end{aligned} \quad (21.6)$$

daraus ergibt sich

$$P = - \left(\frac{\partial F}{\partial V}\right)_T = \frac{RT}{V},$$

also das ideale Gasgesetz. Gl. (6) gilt für jedes System voneinander und der Umgebung unabhängiger Partikeln vernachlässigbar kleinen Volumens. Für die molare Entropie ergibt sich nach Gl. (II.43)

$$S = R \left[\frac{3}{2} \ln (2\,\pi\,m\,k\,T/h^2) -- \ln (V/N_L) + 5/2\right]. \qquad (21.7)$$

In grundsätzlich gleicher Weise lassen sich Funktionen für die Rotations- und Schwingungsenergie usw. ableiten.

Kondensierte Systeme

Die Anwendung statistischer Methoden, wie sie bis hierher entwickelt worden sind, bereitet bei kondensierten Systemen gewisse Schwierigkeiten, denn bisher wurde immer angenommen, daß die Partikeln keinerlei anziehende oder abstoßende Kräfte aufeinander ausüben und ihr Volumen und ihre Gestalt nicht berücksichtigt zu werden braucht. Die Energieformen, die uns bisher begegnet sind, waren rein kinetischer Art und daher nur von Impulskoordinaten abhängig. Falls Kräfte zwischen den Partikeln auftreten, so hängt ihre Größe immer vom gegenseitigen Abstand der Partikeln ab und ist damit eine Funktion der Raumkoordinaten. Die Berechnung solcher Funktionen bereitet erhebliche Schwierigkeiten und ist vielfach nur näherungsweise möglich, eine komplette Lösung scheint bisher überhaupt nicht gelungen zu sein. Formell läßt sich eine Funktion der potentiellen Energie der Partikeln aus der allgemeinen Verteilungsfunktion abtrennen, z. B. ist für eine Flüssigkeit aus N-Molekülen:

$$Q^* = \frac{1}{N!} \prod_i Q_i^N \int e^{-u_{\text{pot}}/kT}\, d\tau. \qquad (21.8)$$

Wenn Q_i die molekulare Verteilungsfunktion für eine bestimmte Energieart bedeutet, die nur eine Funktion der Koordinaten und Impulse des Einzelmoleküls ist [z. B. Gl. (4)].

Das Integral der Gl.(8) wird als *Konfigurations*-Integral Q_u bezeichnet.

In einer Mischung verschiedener Partikelsorten muß jede Sorte eine neue eigne Verteilungsfunktion besitzen. Ebenso müssen Vertauschungen mit allen Partikeln vorgenommen werden. Das Konfigurationsintegral wird aber von sämtlichen Partikeln abhängig sein. Es gilt also

$$Q^* = \frac{1}{\prod_m N_m!} \prod_{m,\,i} (Q_{m,\,i})^{N_m}\, Q_{u,\,m}. \qquad (21.9)$$

Nun kann eine Lösung des Problems für kondensierte Mischungen nur näherungsweise dadurch erhalten werden, daß man gewisse Kenntnisse über die Struktur der Flüssigkeiten zu Hilfe nimmt. Nach Röntgenuntersuchungen sind Flüssigkeiten keine völlig ungeordneten Partikelhaufen, sondern eher „verwackelte" Kristalle. Jedes Molekül ist von einer im Mittel gleichbleibenden Zahl (Koordinationszahl) von Nachbarmolekülen umgeben. Ihre Gesamtheit ordnet sich ähnlich wie bei den Kristallen zu einem räumlichen Gitter an, wie Abb. 21.1 darstellt. Zum Unterschied vom echten Kristallgitter verbleiben die Partikeln jedoch nicht auf ihrem Platz, sondern können ihn gelegentlich wechseln. Normalerweise werden sie sich in einem durch ihre Nachbarn begrenzten Käfig oder Kasten frei bewegen können. Die Größe dieses sog. freien Volumens wird begrenzt durch die atomaren Abstoßungskräfte, welche durch eine potentielle Energie beschrieben werden können, die von LENNARD JONES und DEVONSHIRE eingeführt und theoretisch begründet worden ist[1].

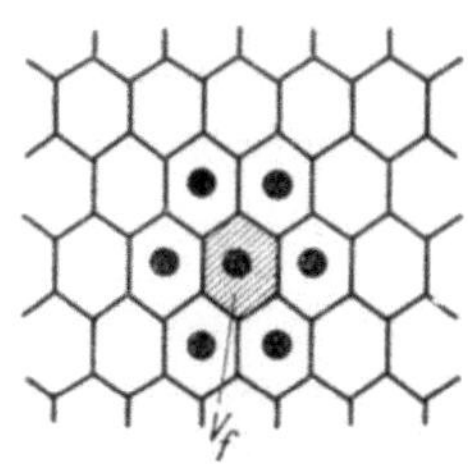

Abb. 21.1. Partikeln in einem Gittermodell. (Die schraffierte Partie entspricht dem Volumen v_f, in dem sich die Partikel frei bewegen kann)

Wenn nun zur weiteren Vereinfachung angenommen wird, daß die molekularen Verteilungsfunktionen einer Partikel in einem solchen freien Volumen nicht verändert werden, daß also die Verteilung seiner Translations-, Schwingungs- und Rotationsenergie die gleiche ist wie im idealen Gaszustand, kommt es nur noch darauf an, das die potentielle Energie berücksichtigende Konfigurationsintegral zu berechnen. Wenn u_{pot} im freien Volumen konstant ist[2], so braucht nur die Zahl der Anordnungen der Partikeln im Gittermodell — das statt materieller Partikeln Löcher, besser freie Gitterplätze, von der Größe des freien Volumens besitzt — berechnet zu werden. Bei N-Gitterplätzen können $N!$ Vertauschungen vorgenommen werden. Bei einer bestimmten Anordnung (Konfiguration) kann sich eine Partikel im Volumen v_f frei bewegen, *ohne* daß sich die potentielle Energie ändert. Da dies für sämtliche N-Partikeln möglich ist, enthält Q_u N Integrale über das freie Volumen, die zusammen den Wert v_f^N ergeben. Eine einzige Anordnung hätte somit nur ein Konfigurationsintegral vom Wert $v_f^N e^{-W_0/kT}$ und da es $N!$ Anordnungen gibt, haben alle zusammen den Wert

$$Q_u = N! \, v_f^N \, e^{-W_0/kT}. \tag{21.10}$$

Für reine Flüssigkeiten bedeutet dieser Ausdruck nur eine formelle Beschreibungsmöglichkeit, denn die eigentlichen Eigenschaften der Flüssigkeit stecken in den Größen W_0 und v_f, über die die Statistik selbst auch keine Aussagen macht.

Wenn nun die thermodynamischen Funktionen von Mischungen abgeleitet werden sollen, leistet diese Bezeichnung ausgezeichnete Dienste. Wir müssen uns jedoch an dieser Stelle darüber klar sein, daß

---

[1] LENNARD-JONES, J. u. A. DEVONSHIRE: Proc. Roy. Soc. London A **163**, 53 (1937).

[2] Innerhalb des „Kastens" ändert sich die potentielle Energie nicht, sondern nur an den Wänden, wo sie plötzlich große Werte annimmt.

das Gittermodell der Flüssigkeiten nur eine ziemlich grobe Näherung der Realität darstellt[1].

Ideale Mischung aus zwei Komponenten

Denkt man sich die Partikeln der Substanz 1 und 2 als gleich große Kugeln, welche sich auf die Gitterplätze gleichmäßig verteilen, nimmt man ferner an, daß die molekularen Verteilungsfunktionen, die freien Volumen, die mittlere Koordinationszahl und die potentielle Energie bei allen Anordnungen der Partikeln die gleichen Werte besitzen, so braucht nur die Zahl der möglichen Anordnungen abgezählt zu werden. Sind insgesamt N_1 Partikeln der Sorte 1, N_2 Partikeln der Sorte 2 vorhanden, ist die Zahl der Gitterplätze $N_1 + N_2$. Für Q_u erhält man daher

$$Q_u = (N_1 + N_2)! \, v_{f_1}^{N_1} \, v_{f_2}^{N_2} \, e^{-W_0/kT}, \qquad (21.11)$$

wenn v_{f_1} und v_{f_2} die freien Volumen der Komponenten 1 und 2 sind und W_0 die zwischen allen auftretende potentielle Energie ist. Wegen der Gleichheit der Vertauschung der N_1 und N_2 Moleküle ist durch $N_1! \cdot N_2!$ zu dividieren und zur vollständigen Beschreibung die molekularen Verteilungsfunktionen einzuführen, die wir mit Q_{i1} und Q_{i2} bezeichnen wollen. Damit erhält man einen speziellen Ausdruck der Gl. (9), welcher lautet

$$Q^* = \frac{(N_1 + N_2)!}{N_1! \, N_2!} \, (Q_{i1} \, v_{f_1})^{N_1} \, (Q_{i2} \, v_{f_2})^{N_2} \, e^{-W_0/kT}. \qquad (21.12)$$

Ohne Kenntnis von W_0 ist aber außer einer formellen Beschreibung nichts gewonnen, daher muß versucht werden, über W_0 etwas aus modellmäßigen Vorstellungen auszusagen. In der Mischung können sich Paare aus Partikeln der gleichen Sorte oder verschiedener Sorten bilden. Sind X_{11} und X_{22} die Zahl der Paare mit gleichartigen Partikeln der Sorte 1 und 2 und X_{12} die Zahl der Paare aus den verschiedenen Sorten, so ist

$$N_1 = 2X_{11} + X_{12} \quad \text{und} \quad N_2 = 2X_{22} + X_{12}. \qquad (21.13)$$

Man kann sich nun denken, daß zwischen jedem dieser Paare bestimmte Wechselwirkungsenergien w_{11}, w_{22} und w_{12} auftreten, die unabhängig von Volumen, Temperatur und Mischungsverhältnis sind und aus denen sich die Enthalpie des Systems in folgender Weise additiv zusammensetzt

$$\begin{aligned} H &= z \, (w_{11} \, X_{11} + w_{22} \, X_{22} + w_{12} \, X_{12}) \\ &= (z/2) \, [N_1 \, w_{11} + N_2 \, w_{22}] + z \, X_{12} \, [w_{12} - w_{11}/2 - w_{22}/2]. \end{aligned} \qquad (21.14)$$

Hierin ist z die Konfigurationszahl, also die Zahl, der das Molekül unmittelbar umgebenden Nachbarn. Nimmt man nun an, daß in einer *idealen* Lösung die Wechselwirkungsenergie w_{12} das arithmetische Mittel von w_{11} und w_{22} ist, also gelten soll

$$w_{12} = \frac{1}{2} \, (w_{11} + w_{22}), \qquad (21.15)$$

---

[1] Es hat auch nicht an Versuchen gefehlt, das Modell durch exaktere Vorstellungen zu ersetzen, obwohl dazu ein erheblich komplizierterer mathematischer Apparat gehört. Doch weichen die Ergebnisse nicht so wesentlich von denen der einfacherern Theorie ab, daß sich seine Erörterung für uns lohnt.

so können aus (13) und (14) zwei dieser Größen eliminiert werden. Setzt man

$$W_0' = H_{01} + H_{02} = \frac{z}{2}(N_1\,w_{11} + N_2\,w_{22}), \qquad (21.16)$$

so ist W_0' die Summe der Enthalpien beider reinen Komponenten 1 und 2. Wird eine Größe (Wechselwirkungsenergie nach HILDEBRAND und SCOTT)

$$w' = w_{12} - \frac{1}{2}(w_{11} - w_{22}) \qquad (21.17)$$

definiert, so ist nach (14) und (16)

$$H = W_0' - z\,w'\,X_{12}.$$

Im Fall der idealen Mischung ist wegen (15) $w' = 0$ und $H = W_0'$. Da die Mischungswärme ΔH die Differenz der Enthalpie des Systems abzüglich der Enthalpien beider reinen Komponenten ist, so ist

$$\Delta H = -\,z\,w'\,X_{12} \qquad (21.18)$$

und hier

$$\Delta H = 0.$$

Bildet man nun aus Gl. (II.44) und (12) unter Verwendung der STIRLINGschen Formel für $N!$ den Ausdruck für die freie Energie, erhält man

$$F_{12} = k\,T\left[N_1 \ln \frac{N_1}{N_1 + N_2} + N_2 \ln \frac{N_2}{N_1 + N_2} + \frac{z}{2}(N_1\,w_{11} + N_2\,w_{22})/k\,T\right.$$
$$\left. -\,N_1 \ln v_{f_1}\,Q_{i_1} - N_2 \ln v_{f_2}\,Q_{i_2}\right]. \qquad (21.19)$$

Für die reinen Substanzen 1 und 2 kann gesetzt werden

$$F_1 = -\,N_1\,k\,T\left(\ln v_{f_1}\,Q_{i1} - \frac{z}{2}\,w_{11}/k\,T\right);$$

$$F_2 = -\,N_2\,k\,T\left(\ln v_{f_2}\,Q_{i2} - \frac{z}{2}\,w_{22}/k\,T\right).$$

Wegen der Unveränderlichkeit des Volumens bei idealer Vermischung ist $d \ln Q/dV = 0$. Es kann also $F = G$, der freien Enthalpie, gesetzt werden. Weiterhin ist $G_1 + G_2 = G_{12} + \Delta G$, so daß sich ergibt

$$\Delta G = k\,T\left(N_1 \ln \frac{N_1}{N_1 + N_2} + N_2 \ln \frac{N_2}{N_1 + N_2}\right) = k\,T\,(N_1 \ln x_1 + N_2 \ln x_2)$$

und $\qquad (21.20)$

$$\Delta \mu_1 = N_L\,\frac{\partial \Delta G}{\partial N_1} = RT \ln x_1 \quad (\text{mit } k\,N_L = R). \qquad (21.21)$$

Es tritt keine Mischungs- oder Verdünnungswärme auf, wie für ideale Lösungen gefordert worden ist. Ausdrücke für ΔS und andere partielle molare Größen lassen sich leicht ableiten.

Die statistische Behandlung der idealen Lösung macht etwas deutlich, was durch eine rein thermodynamische Betrachtung nicht erkannt und demgemäß auch nicht berücksichtigt werden kann: die Rolle der Größe der Partikeln und ihre gegenseitigen Wechselwirkungen. Nur bei gleichgroßen Partikeln resultiert ideales Verhalten, ebenso nur bei einer ganz bestimmten Forderung — nämlich Gl. (15) — für das Verhalten ihrer Wechselwirkungen[1].

Bei erheblichen Unterschieden in der Größe der Partikeln der Substanzen 1 und 2 könnte das einfache Gittermodell nicht mehr angewandt werden. Wir werden weiter unten sehen, wie man dieser Schwierigkeit Herr wird, doch ist schon jetzt vorauszusehen, daß etwas anderes herauskommen muß als die Gesetzmäßigkeiten für die ideale Lösung.

Reguläre Mischungen

Die regulären Mischungen, bei denen $\Delta H = 0$ und $\Delta S^E = 0$ ist, sind nach MÜNSTER[2] ebenfalls ein praktisch kaum vorkommender Ausnahmefall. Allerdings bietet auch hier die Methode der statistischen Thermodynamik wieder einen Zugang zum Verständnis ihres Verhaltens. Sie zeichnen sich, wie bereits erwähnt, dadurch aus, daß sie bei sehr großer Verdünnung das Verhalten idealer verdünnter Lösungen zeigen (vgl. dazu § 19).

Eine eingehende Erörterung der statistischen Thermodynamik regulärer Mischungen würde hier zu weit führen[3], wir wollen uns damit begnügen, die Ergebnisse qualitativ zu erläutern, zumal eine exakte Lösung des Problems bisher noch nicht gelungen zu sein scheint.

Wenn in einer Mischung zweier Komponenten 1 und 2 die Wechselwirkungsenergie zwischen zwei verschiedenen Partikeln kleiner ist als der mittlere Wert der Wechselwirkungsenergie zweier gleichartiger Partikeln — also

$$w_{12} < \frac{1}{2}(w_{11} + w_{22})$$

gilt —, werden die Partikeln der einen Sorte bestrebt sein, sich mit möglichst vielen der anderen Sorte zu umgeben. Eine Anordnung, die möglichst viele derartige Einzelanordnungen enthält, wird eine kleinere Energie besitzen, als eine, in der eine vollkommen unregelmäßige Verteilung auftritt. Diese als Solvatation gelöster Moleküle bekannte Erscheinung stellt einen Zustand größerer Ordnung gegenüber der statistischen Zufallsverteilung dar und muß demgemäß ein anderes chemisches Potential besitzen. Tritt der umgekehrte Fall ein, ist also

$$w_{12} > \frac{1}{2}(w_{11} + w_{22}),$$

so sind Konfigurationen bevorzugt, bei denen möglichst wenig ungleichartige Partikelpaare auftreten, da zur Erzeugung solcher Anordnungen Energie aufzuwenden wäre. Dadurch werden Zusammenlagerungen gleichartiger Partikeln bevorzugt, was als Assoziation bekannt ist. Beide Effekte sind für die Theorie kolloider Systeme von großer Bedeutung. Außer der Wärmebewegung, die zur unregelmäßigen Verteilung führt, ist die Solvatation eine Dispergierungstendenz, während die Assoziation bereits dispergierte Stoffe zu größeren Einheiten zusammenzudrängen sucht.

Die Berechnung von ΔH gestaltet sich einfach, wenn Gl. (18) verwendet wird, es kommt nur darauf an, die Größe X_{12} zu ermitteln. Die sog. „Nullte Näherung"[4]

---

[1] Man kann nicht etwa in Gl. (11) $W_0' = 0$ setzen, da die Mischung dann nicht flüssig sein könnte, sondern gasförmig wäre.

[2] MÜNSTER, A.: Z. physik. Chem. **195**, 67 (1950).

[3] Vgl. hierzu J. H. HILDEBRAND u. R. L. SCOTT: The Solubility of Nonelectrolytes. 3. Ed. New York 1950; GUGGENHEIM, E. A.: Mixtures. Oxford 1952; MÜNSTER, A.: Statistische Thermodynamik. Berlin 1956.

[4] Vgl. dazu H. TOMPA: Polymer Solutionss. New York 1956.

berechnet X_{12} (und auch X_{11} und X_{22}) so als ob eine völlig unregelmäßige Durchmischung möglich wäre (obwohl dies ein Widerspruch in sich ist, da ja gerade die Abweichung davon berechnet werden soll!). Mit Hilfe von Gl. (20) und (21) erhält man

$$X_{12\,(1d)} = x_1 x_2 (N_1 + N_2) = x_1 x_2 N$$

und daraus

$$\Delta H_{(0)} = - z w' x_1 x_2 N. \tag{21.22}$$

Verwendet man Gl. (I.11) für die Mischungsgrößen, so ist

$$\Delta G_{(0)} = \Delta H_{(0)} - T \Delta S_{(0)} = - z w' x_1 x_2 N - T \Delta S_{(0)}, \tag{21.23}$$

bei idealer Mischung ist $w' = 0$, so daß $T \Delta S_{(1d)} = \Delta G_{(1d)}$ ist. Die Überschuß-(Excess)-Funktion ΔG^E ist daher unter Berücksichtigung von Gl. (22)

$$\Delta G^{E}_{(0)} = \Delta G_{(1d)} - \Delta G_{(0)} = z w' x_1 x_2 N + T \Delta S_{(0)} - T \Delta S_{(1d)}. \tag{21.24}$$

Nach der Definition der regulären Mischung ist aber $\Delta S_{(1d)} - \Delta S_{(0)} = 0$, so daß sich ergibt

$$\Delta G^{E}_{(0)} = z w' x_1 x_2 N. \tag{21.25}$$

Dies ist der Fall der einfachen (simplen) Mischung nach GUGGENHEIM, die auf S. 105 erwähnt wurde. Die dort benutzte Konstante A_0 ist mit $z w' N_L$ identisch.

Diese Lösung ist aber zu einfach, um dem Bild gerecht zu werden. Eine bessere ist die Näherung (streng reguläre Mischung) nach der sog. quasichemischen Methode von GUGGENHEIM[1] und RUSHBROOKE[2]. Diese geht davon aus, die maximale mittlere Zahl der Paare verschiedenartiger Partikeln X_{12} zu berechnen, was zu einer Gleichung führt

$$\left(\frac{1}{2} X_{12}\right)^2 \bigg/ X_{11} X_{22} = e^{-2w'/kT}, \tag{21.26}$$

die formell dem Massenwirkungsgesetz entspricht[3].

Wird nun eine Größe $\varkappa = X_{12}/X_{12\,(\text{ideal})}$ eingeführt, so ist wegen (22) $X_{12} = \varkappa z x_1 x_2 N$ und $\Delta H_{(1)} = - \varkappa z w' x_1 x_2 N$. Für die Überschußfunktion der Mischungsenthalpie erhält man

$$\Delta G^{E}_{(1)} = RT \left[\frac{1}{2} z N_1 \ln \frac{1 - \varkappa x_2}{x_1} + \frac{1}{2} z N_2 \ln \frac{1 - \varkappa x_1}{x_2} \right], \tag{21.27}$$

wenn man

$$\Delta G = \int \frac{\Delta H_{(1)}}{T} d\left(\frac{1}{T}\right)$$

bildet, wie hier nicht näher ausgeführt werden soll[4]. Den Einfluß von $\Delta G^{E}_{(1)}$ auf die mittlere Mischungsenthalpie ΔG_m zeigt Abb. 21.2.

Obwohl die streng reguläre Mischung für das Verständnis der statistischen Thermodynamik der Mischung beispielgebend war, entsprechen ihre Vorstellungen nach MÜNSTER (loc. cit.) nicht der Realität. Dies liegt vor allem an der Annahme gleicher Größe der beteiligten Partikeln und eines kugelsymmetrischen Wechselwirkungspotentials zwischen den Molekülen. Auch die meisten kleinen Moleküle sind anisometrisch, ihr Potentialfeld sollte daher keine Kugelsymmetrie besitzen. Es genügt in vielen Fällen bereits das Vorhandensein besonderer Atomgruppen, die eine starke Polarität oder die Neigung zur Ausbildung von Wasserstoffbrücken besitzen (OH, NH, usw.), um die Kugelsymmetrie des Potentials zu zerstören. In

---

[1] GUGGENHEIM, E. A.: Proc. Roy. Soc. London A **148**, 304 (1935); FOWLER R. H., u. E. A. GUGGENHEIM: ibid. A **174**, 189 (1940).

[2] RUSHBROOKE, G. S.: Proc. Roy. Soc. London A **166**, 296 (1938).

[3] Der Faktor 1/2 rührt davon her, daß in der Statistik formell (2 1)-(1 2)-Paare als unterscheidbare Einheiten angesehen werden müssen. Siehe GUGGENHEIM, loc. cit.

[4] Vgl. TOMPA: loc. cit. S. 65ff.

solchen Fällen muß, wie MÜNSTER (loc. cit.) zeigen konnte, eine gegenseitige Orientierung der Partikeln hervorgerufen werden, was andererseits auch das thermodynamische Potential der Mischung verändert.

Von MÜNSTER[1] werden drei Grenzfälle unterschieden:

1. Die 2—2-Koppelung: Orientierung von gelösten Molekülen untereinander.

2. Die 1—2-Koppelung: Orientierung von Lösungsmittelmolekülen durch die gelösten Moleküle.

3. Die 1—1-Koppelung: Desorientierung von Lösungsmittelmolekülen, die in reinem Zustand orientiert sind, durch die gelösten Moleküle (z. B. Benzol, in welchem die Ringe parallel gelagert sind, durch Zugabe von Kugelmolekülen).

Im allgemeinen werden alle drei Effekte gemeinsam auftreten, doch gibt es Beispiele, wo nur einer dieser Grenzfälle vorliegt. Die 2—2-Koppelung führt in verdünnten Lösungen zu den für die streng regulären Lösungen geltenden Ausdrücken[2], während bei höheren Konzentrationen Abweichungen auftreten. Für die beiden anderen Fälle sind auf statistischer Grundlage entsprechende Theorien entwickelt worden, die die Berechnung thermodynamischer Funktionen gestattet[3].

Kernpunkt dieser Theorien ist die Berücksichtigung von Orientierungsenergien und die Berechnung der Verteilungen,

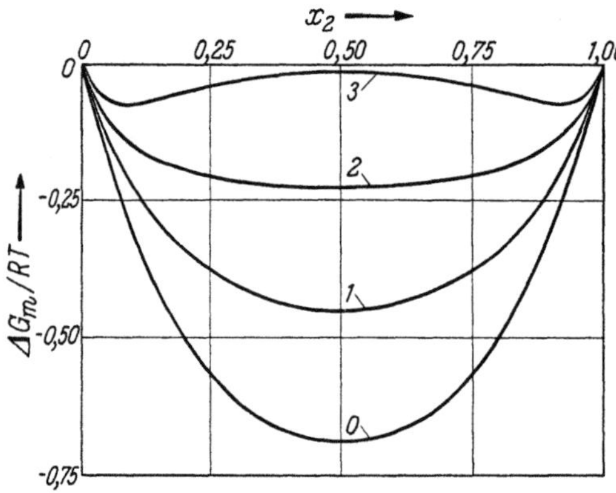

Abb. 21.2. Mittlere freie Mischungsenthalpie $\Delta G_m/RT$ in Einheiten von RT in Abhängigkeit vom Molenbruch x_2 mit $z = 8$ [vgl. Gl. (21.27)]. Die Ziffern der Kurven entsprechen den Werten von $z\,w'/k\,t$. $\Delta G_m = x_1\,RT\,\ln x_1 + x_2\,RT\,\ln x_2 + x_1\,d\left(\Delta G_{(1)}^{E}\right)/dn_1 + x_2\,d\left(\Delta G_{(1)}^{E}\right)/dn_2$. Nach TOMPA loc. cit. (S. 67 ff.)

die die verschiedenen Moleküle unter deren Einfluß einnehmen. Die experimentellen Ergebnisse ließen sich durch die Theorie befriedigend deuten und konnten viele bisher unerklärte Diskrepanzen beseitigen.

§ 22. Mischungen mit ungleich großen Partikeln.

Athermische Mischungen

Die in den vorangegangenen Abschnitten mit Hilfe statistischer Methoden abgeleiteten Gesetzmäßigkeiten flüssiger Mischungen sind an sich die gleichen wie sie auch die Thermodynamik liefert. Doch ist — was besonders am Beispiel der regulären Mischungen klar wird — nicht zu übersehen, daß die Aussagen der statistischen Thermodynamik über die der klassischen hinausgehen, ohne dabei ihren Rahmen zu sprengen. Wenn nun ein Verhalten bestimmter Klassen von Mischungen

[1] MÜNSTER, A.: Z. Elektrochem. **54**, 443 (1950); Trans. Faraday Soc. **46**, 165 (1950).

[2] MÜNSTER, A.: Kolloid-Z. **110**, 200 (1948).

[3] Vgl. hierzu A. MÜNSTER: Statistische Thermodynamik. Berlin 1956. S. 726; BARKER, J.: J. chem. Physics **20**, 1526 (1952); TOMPA, H.: ibid. **21**, 250 (1953).

erörtert werden soll, das von der klassischen Thermodynamik nicht vorausgesagt werden kann, weil die dazu notwendige Voraussetzung eines „Kontinuums" es ihr unmöglich macht, wird sich jetzt die Leistungsfähigkeit und Überlegenheit der statistischen Methode erweisen, denn sie arbeitet im Gegensatz zur Thermodynamik mit diskreten Einheiten bestimmter Größe, Gestalt und Struktur.

Das Aufsuchen von Einflüssen, die auf den morphologischen Eigenschaften der ein System aufbauender Einheiten beruhen, ist wie schon mehrfach betont, eine der wichtigsten Aufgaben der Kolloidchemie. Wenn das Verständnis des Wirkens solcher Einflüsse und ihre Beschreibung durch die statistische Thermodynamik gelingt, so sollte man sich ihrer soviel wie möglich bedienen. Dem steht nur entgegen, daß bei ihr häufig äußerst komplizierte mathematische Probleme auftreten, die auf viele — besonders auf Chemiker — abschreckend wirken. Da sie aber unter Umständen die einzige Methode ist, die zum Ziel führt, bleibt nichts anderes übrig als diese Schwierigkeiten in Kauf zu nehmen.

Die Entwicklung einer allgemeinen statistischen Theorie eines Systems, das aus materiellen Teilchen verschiedener Größe, Gestalt und Struktur besteht, ist noch nicht vollständig gelungen. Der Lösung können wir uns aber in der Weise nähern, die durch die Einteilung der Mischungen (vgl. S. 104) gegeben ist. Wir betrachten zunächst Mischungen aus Partikeln verschiedener Größe usw., bei denen wir annehmen, daß Gl. (21.15) gültig ist, mit anderen Worten, ein System, das sich von einer idealen Mischung nur durch ungleiche Größe, Gestalt usw. der beiden Partikelsorten unterscheidet. Sie wird als *athermische* Mischung oder Lösung bezeichnet. (Thermodynamische Definition siehe § 19.) Wenn wir Ausdrücke für ihre thermodynamischen Funktionen gewonnen haben, können wir einen Schritt weitergehen und die Einflüsse der Solvatation oder Assoziation in Rechnung setzen; dieser Übergang zu den *irregulären* Mischungen entspricht dem Übergang von der idealen zur regulären Mischung, der deswegen in dem vorangegangenen Paragraphen ausführlicher erörtert worden ist. Wenn ein letzter Schritt noch Koppelungseffekte, Orientierungen usw. berücksichtigt, könnte man erwarten, das thermodynamische Verhalten realer disperser Systeme einigermaßen vollständig beschreiben zu können. Die dabei auftretenden Schwierigkeiten sind allerdings noch erheblich.

Die Entwicklung der Theorie ist vor allem durch die immer noch zunehmende praktische Bedeutung der makromolekularen Substanzen begünstigt worden, wobei hauptsächlich fadenförmige Makromoleküle im Vordergrund des Interesses standen. So ist es zu verstehen, daß in diesem Zusammenhang meistens von einer Theorie der makromolekularen Lösungen oder polymeren Lösungen gesprochen wird, obwohl sie nicht auf diese Klasse kolloider Systeme beschränkt zu werden braucht. Die Bedingung der Dispersionsinvariabilität des Systems, die wir diesem Abschnitt vorangestellt haben, genügt vollständig, um das System eindeutig zu kennzeichnen und eine Forderung, daß die Atome bzw. Atomgruppen der Partikeln durch eine bestimmte Bindungsart miteinander verknüpft sind, ist nicht notwendig[1]. Trotz des Hauptgewichts, das die Theorie für die makromolekularen Lösungen besitzt, wollen wir uns darüber klar sein, daß sie nicht darauf beschränkt ist, sondern allgemein auf dispersionsinvariable kolloide Systeme angewandt werden kann.

Athermische und irreguläre Mischungen können Partikeln verschiedener Sorte und jeder Größe enthalten.

Die thermodynamischen Funktionen der athermischen Mischungen sind nun durch verschiedene statistischen Methoden ableitbar. Die meisten benutzen das oben erläuterte Gittermodell. Wir wollen von ihnen zwei Methoden besprechen, die nicht zuletzt wegen der Verwendung des Gittermodells für das Verständnis am besten geeignet erscheinen, ohne damit aber etwas über ihren Wert gegenüber anderen Methoden aussagen zu wollen. Die eine ist die Methode der virtuellen Moleküle von MÜNSTER[2] und die andere die Auffüllungsmethode von FLORY[3] und HUGGINS[4]. Wenn die Partikeln der Substanz 1, die wir im ferneren als Lösungsmittelmoleküle bezeichnen wollen, so groß sind, daß sie im

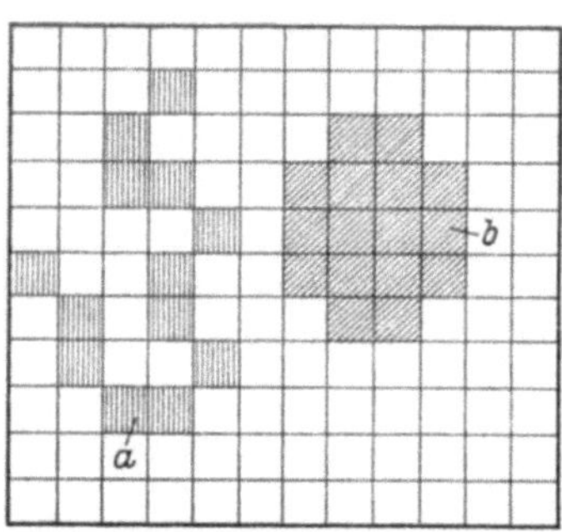

Abb. 22.1. Partikeln (Moleküle) in einem zweidimensionalen Gittermodell. *a* Faden, *b* kugelförmiges Gebilde

Modell jeweils einen Gitterplatz besetzen, so werden die Partikeln der Substanz 2, wenn sie größer als jene sind, mehrere Gitterplätze beanspruchen. Die Zahl der beanspruchten Plätze hängt nun nicht nur von der Größe, sondern auch von der Gestalt der Partikeln 2 ab. Ein Fadenmolekül kann beispielsweise, wie auf Abb. 22.1 dargestellt ist, durch Verbindung von Gitterplätzen in das Modell eingeordnet werden, eine Kugel oder ein Stäbchen umfaßt mehrere benachbarte Gitterplätze. Wenn eine Kugel im Gitter j Gitterplätze besetzt, so besetzen N_2 Kugeln $j\,N_2$ Plätze, und die Gesamtheit der Plätze ist $N_1 + j\,N_2$, wenn N_1 Lösungsmittelmoleküle vorhanden sind. Man sieht hierbei sofort, daß die Zahl der Anordnungsmöglichkeiten nicht mehr wie bei der idealen Mischung $(N_1 + N_2)!$ sein kann. Wenn das Konfigurationsintegral jetzt berechnet werden soll, muß ein Ausdruck gefunden werden, der $(N_1 + N_2)!$

---

[1] Diese Forderung ist nur eine Frage der Denkbequemlichkeit, da man bei covalent verbundenen Atomen von Molekülen statt von Partikeln sprechen kann. Diese Gewohnheit ist aber historisch bedingt, denn die Theorie wurde zunächst an Fadenmolekülen entwickelt und auch für diese am weitesten ausgebaut, da sie wegen ihrer technischen Bedeutung am meisten interessierten. Dispersionsinvariable kolloide Systeme, die ungeladene Partikeln nicht makromolekularer Struktur enthalten, sind dazu so selten und von so geringem praktischen Nutzen, daß sie wohl niemals den Anlaß zur Ausgestaltung der Theorie gegeben haben würden. Hinzu kommt, daß es keine *faden*förmigen Partikeln gibt, die *nicht* aus covalent verbundenen Atomgruppen bestehen.

[2] MÜNSTER, A.: Kolloid-Z. **105**, 1 (1943).

[3] FLORY, P. J.: J. chem. Physics **10**, 51 (1942).

[4] HUGGINS, M. L.: J. Physik. Chem. **46**, 151 (1942).

in Gl. (21.11) ersetzt. Wenn wir ihn als Kombinationsfaktor $g(N_1, N_2)$ bezeichnen, hat das zu berechnende Konfigurationsintegral die Form

$$Q_u = g\,(N_1, N_2)\, v_{f_1}^{N_1}\, v_{f_2}^{N_2}\, e^{-W_0/kT}\,. \tag{22.1}$$

Außer dem Kombinationsfaktor ändert sich nichts gegenüber der Gleichung für die ideale Mischung.

Wir folgen nun der Ableitung von $g\,(N_1\,N_2)$ für kugelförmige Partikeln mit $j > 1$ nach der Methode der virtuellen Moleküle von MÜNSTER (loc. cit.). Zunächst wird eine Gruppe von Lösungsmittelmolekülen, die genau der Größe der Kugel entspricht, als ein „virtuelles" Molekül definiert, so wie es Abb. 22.1 darstellt. Die wirkliche Kugel kann nun ohne weiteres mit einem solchen virtuellen Molekül vertauscht werden, ohne dabei die anderen zu stören. Der Kombinationsfaktor ist nun einfach durch Abzählung der Zahl der Vertauschungen zu berechnen. Er entspricht genau dem der idealen Mischung, wenn statt der Zahl der Lösungsmittelmoleküle die Zahl der virtuellen Moleküle Λ eingesetzt wird. Es ist also

$$g\,(N_1, N_2) = \frac{(N_2 + \Lambda)!}{N_2!\,\Lambda!}\,. \tag{22.2}$$

In gleicher Weise können virtuelle Moleküle konstruiert werden, die die Größe und Gestalt von Stäbchen, Rotationsellipsoiden, Fadenmolekülen usw. besitzen.

Nun ist leicht einzusehen, daß die Zahl der virtuellen Moleküle nicht einfach durch die Zahl der Gitterplätze gegeben sein kann, denn es fallen erstens alle diejenigen Gitterplätze aus, die vom Rande des betrachteten Volumens einen Abstand kleiner als den Radius r der kugelförmigen Partikel besitzen, und zweitens kann sich eine Kugel einer anderen Kugel nur bis auf den Abstand $2r$ ihrer Mittelpunkte nähern. Der erste Effekt spielt keine Rolle und wird vernachlässigt, da die Zahl der an der Wand befindlichen Partikeln gegenüber der Zahl der in der Lösung befindlichen klein ist. Die Zahl der virtuellen Moleküle muß also $= N_1 + j\,N_2$ sein vermindert um den Betrag, der vom zweiten Effekt herrührt. Dort, wo eine reelle Kugel ist, können natürlich keine virtuellen sein; $j\,N_2$ Gitterplätze fallen aus diesem Grunde aus. Wenn sich virtuelle Kugeln einer reellen Kugel nur bis zum Abstand $2r$, vom Mittelpunkt der Kugel gerechnet, nähern, fallen alle Gitterplätze aus, die innerhalb einer Kugelschale vom Radius $2r$ und der Dicke r liegen. Ist $3j/4\pi\,r^3$ die Zahl der Gitterplätze pro Volumeneinheit, so ist die Zahl der Plätze in der Kugelschale $\left(\dfrac{4}{3}\,\pi 8r^3 - \dfrac{4}{3}\,\pi\,r^3\right) 3j/4\pi\,r^3 = 7j =$ der Zahl der virtuellen Kugeln. Man erhält also

$$\Lambda = N_1 + j\,N_2 - (1 + 7)\,j\,N_2\,. \tag{22.3}$$

Nun muß nach VAN DER WAALS jr.[1] die Nichtunterscheidbarkeit zweier Moleküle durch die Einführung des Faktors $1/2$ für die Zahl der aus-

---

[1] VAN DER WAALS, jr., J. H.: Dissertation Amsterdam 1950.

fallenden Gitterplätze berücksichtigt werden. Dann ergibt sich

$$\varLambda = N_1 + j\,N_2 - \frac{1}{2}\,(1+7)\,j\,N_2 = N_1 - 3j\,N_2. \qquad (22.3)$$

Berechnet man nun $\varDelta G$ wie bei der idealen Mischung unter Einsetzen von Gl. (2) an Stelle von $g\,(N_1, N_2)$ in das Konfigurationsintegral Gl. (1), so erhält man entsprechend Gl. (21.21)

$$\varDelta G = k\,T\left(\varLambda \ln \frac{\varLambda}{\varLambda + N_2} + N_2 \ln \frac{N_2}{\varLambda + N_2}\right). \qquad (22.4)$$

Hieraus ergibt sich für die freie Enthalpie der Verdünnung

$$\varDelta \mu_1 = RT\,\frac{\partial \varLambda}{\partial N_1} \ln\left(1 - \frac{N_2}{\varLambda + N_2}\right). \qquad (22.5)$$

Einsetzen von (3) in (5) und Differentiation ergibt:

$$\varDelta \mu_1 = RT \ln\,[1 - N_2/(N_1 + N_2 - 3j\,N_2)]. \qquad (22.6)$$

Für alle derartigen Ausdrücke hat sich als zweckmäßig erwiesen, die Konzentration durch folgende Gleichungen zu definieren:

$$x_1^* = \frac{N_1}{N_1 + j\,N_2}\,; \quad x_2^* = \frac{j\,N_2}{N_1 + j\,N_2}\,. \qquad (22.7)$$

(Man könnte sie als Gitterplatzfraktionen in Anlehnung an das englische „site-fractions" bezeichnen.) Sie stehen mit den Volumenfraktionen in engem Zusammenhang. Wird der Quotient in Gl. (28) in Zähler und Nenner durch $N_1 + j\,N_2$ dividiert und die Größe x_2^* eingeführt, erhält man

$$\varDelta \mu_1 = RT \ln\left(1 - \frac{x_2^*}{j\,(1 - 4\,x_2^*)}\right). \qquad (22.8)$$

Normalerweise kann man sich mit einer Gesetzmäßigkeit für verdünnte Lösungen begnügen, so daß der Logarithmus der Gl. (8) in eine Reihe entwickelt werden kann, die nach dem ersten Glied abgebrochen wird. Man erhält dann

$$\varDelta \mu_1 = -\,RT\,\frac{x_2^*}{j} \cdot \frac{1}{1 - 4\,x_2^*}\,. \qquad (22.9)$$

Wird der zweite Bruch ausdividiert, so ergibt sich hierfür, so lange x nicht größer als 0,01 ist, der Wert $1 + 4x$, die höheren Glieder werden vernachlässigt. Im Endresultat ergibt sich für solche verdünnten Lösungen

$$\varDelta \mu_1 = -\,RT\,\frac{x_2^*}{j}\,(1 + 4x_2^*). \qquad (22.10)$$

Dieser Ausdruck wird auch mit der später zu besprechenden Methode nach FLORY und HUGGINS (s. S. 139) erhalten, wenn sie in der von MÜNSTER[1] entwickelten Weise angewendet wird. Die Methode der virtuellen Moleküle liefert besonders für verdünnte Lösungen aus stäbchen- und fadenförmigen Partikeln geeignete Gesetzmäßigkeiten, die in der Tab. 22.I zu finden sind.

---

[1] MÜNSTER, A.: Kolloid-Z. **110**, 58 (1948).

Das Verhalten athermischer Mischungen bei höheren Konzentrationen wird besser von Theorien beschrieben, die von FLORY[1] und HUGGINS[2] und von MILLER[3] und GUGGENHEIM[4] und VAN DER WAALS[5] entwickelt worden sind. Wegen der Einfachheit der gewonnenen Ausdrücke wollen wir hier nur kurz der Ableitung von FLORY und HUGGINS folgen[6] und uns auf Fadenmoleküle beschränken. Wie bereits erwähnt, ist eine einfache Anwendung auf Kugeln ebenfalls möglich.

In ein Gitter werden zunächst die Partikeln der Substanz 2, also etwa Fadenmoleküle, nacheinander eingefüllt und die Zahl der Anordnungsmöglichkeiten jedes einzelnen berechnet. Zum Schluß kommen die Moleküle der Substanz 1 auf die noch freien Plätze. Das Produkt aller Anordnungsmöglichkeiten ergibt dann den Faktor $g\,(N_1, N_2)$. Es sollen N_1 Lösungsmittelmoleküle und N_2 starre Fadenmoleküle, die aus j „Bausteinen" bestehen und die jeweils einen Gitterplatz besetzen, vorhanden sein. (j kann aber braucht nicht dem Polymerisationsgrad $p = N\,j/m_1$ gleich zu sein.) Das Gitter hat somit $N_1 + j\,N_2$ Plätze. Die Zahl der Anordnungsmöglichkeiten für den ersten Baustein des Fadens ist dann $N_1 + j\,N_2$. Ist die Zahl der benachbarten Gitterplätze z, so hat der zweite Baustein z Anordnungsmöglichkeiten (vgl. Abb. 22.1) und der dritte und alle weiteren $z - 1$, sofern es sich um starre Fäden handelt. Bei beweglichen Fäden ist die Zahl der Möglichkeiten kleiner; um dies zu berücksichtigen, wird eine Größe $y \leq z - 1$ eingeführt, die den Grad der Beweglichkeit des Fadens angibt. Wenn jetzt der zweite Faden zugegeben wird, stehen für dessen ersten Baustein nur noch $N_1 + j\,N_2 - j$ Plätze zur Verfügung, da j bereits besetzt sind. Wenn nun f_2 die Wahrscheinlichkeit dafür ist, daß ein Gitterplatz schon besetzt ist und $1 - f_2$ die Wahrscheinlichkeit, daß er noch frei ist, werden dem zweiten Baustein der zweiten Partikel $z(1 - f_2)$ Plätze, dem dritten Baustein und allen weiteren $y(1 - f_2)$ Plätze zur Verfügung stehen. Allgemein sind für die $(i + 1)$-te Partikel für den ersten Baustein $N_1 + j\,N_2 - i\,j$, für den zweiten $z(1 - f_{i+1})$, für alle weiteren $y(1 - f_{i+1})$ Plätze frei. Das statistische Problem läuft nun darauf hinaus, f_{i+1} zu berechnen; dies ist möglich, wenn die Einzelwahrscheinlichkeit, einen benachbarten Platz besetzt zu finden, der Durchschnittswahrscheinlichkeit der Platzbesetzung über das ganze System gleich ist. Setzt man

$$f_{i+1} = \frac{i\,j}{N_1 + j\,N_2}$$

und berücksichtigt, daß σ Lagen der Partikel 2 keine neuen Anordnungen ergeben (für Fäden ist $\sigma = 2$), so ist das Produkt über alle Anordnungs-

---

[1] FLORY, P. J.: J. chem. Physics **9**, 660 (1941); **10**, 51 (1942).

[2] HUGGINS, M. L.: J. chem. Physics **9**, 440 (1941); J. physic. Chem. **46**, 151 (1942).

[3] MILLER, A. D.: Proc. Cambridge philos. Soc. **39**, 54, 154 (1943).

[4] GUGGENHEIM, E. A.: Proc. Roy. Soc. London A **183**, 203 (1945).

[5] VAN DER WAALS, jr.: loc. cit. S. 137.

[6] Ausführliche Behandlungen der Theorie finden sich zusammenfassend bei A. MÜNSTER: Statistische Thermodynamik. Berlin 1956; in STUART: Das Makromolekül in Lösung. Berlin 1953.

möglichkeiten, wenn die Lösungsmittelmoleküle außer acht gelassen werden,

$$g(N_2) = \frac{1}{N_2!} \prod_{i=0}^{i=N_2} \frac{1}{\sigma}(N_1 + j N_2 - i j) z \left(1 - \frac{i j}{N_1 + j N_2}\right) \cdot$$
$$\cdot \left[y\left(1 - \frac{i j}{N_1 + j N_2}\right)\right]^{j-2}. \tag{22.11}$$

Dieses ergibt

$$g(N_2) = \frac{1}{N_2!} \sigma^{-N_2} z^{N_2} y^{(j-2)N_2} (N_1 + j N_2)^{(1-j)N_2} \cdot$$
$$\cdot j^{j N_2} \prod_{i=0}^{i=N_2} \left(\frac{N_1}{j} + N_2 - i\right)^j. \tag{22.12}$$

Nun ist

$$\prod_{i=0}^{i=N_2} \left(\frac{N_1}{j} + N_2 - i\right)^j = \left[\left(\frac{N_1}{j} + N_2\right)! \Big/ \left(\frac{N_1}{j} + N_2 - N_2\right)!\right]^j$$
$$= \left[\left(\frac{N_1}{j} + N_2\right)^{N_1 + j N_2} \Big/ \left(\frac{N_1}{j}\right)^{N_1}\right] e^{-j N_2} \tag{22.13}$$
$$\doteq \left[(N_1 + j N_2)^{N_1 + j N_2} / N_1^{N_1}\right] j^{-j N_2} e^{-j N_2},$$

wenn die STIRLINGsche Formel angewandt wird. Einsetzen von (13) in (12) ergibt

$$g(N_2) = (\sigma z y^{j-2})^{N_2} \frac{(N_1 + j N_2)^{N_1 + N_2}}{N_1^{N_1} N_2^{N_2}} e^{(1-j)N_2}. \tag{22.14}$$

Für $g(N_1, N_2)$ sollten an sich die Lösungsmittelmoleküle berücksichtigt werden. Eine genaue Rechnung zeigt jedoch, daß der gleiche Ausdruck wie (39) erhalten wird; man kann also hier $g(N_2) = g(N_1, N_2)$ setzen. Wird (14) in logarithmischer Form geschrieben, erhält man

$$\ln[g(N_1, N_2)] = (N_1 + N_2) \ln(N_1 + j N_2) - N_1 \ln N_1 - N_2 \ln N_2$$
$$+ N_2 \ln(z/\sigma) + (j-2) N_2 \ln y + (1-j) N_2. \tag{22.15}$$

ΔG wird wieder dadurch berechnet, daß in Gl. (15) $N_1 = 0$ und $N_2 = 0$ gesetzt und die dabei erhaltenen Ausdrücke von (15) substrahiert werden. Nach Berechnung des Konfigurationsintegrals erhält man

$$\Delta G = k T \left[N_1 \ln \frac{N_1}{N_1 + j N_2} + N_2 \ln \frac{j N_2}{N_1 + j N_2}\right]. \tag{22.16}$$

Führt man x_1^* und x_2^* nach Gl. (7) ein, so wird für ein Mol

$$\boxed{\Delta\mu_1 = RT\left[\ln x_1^* + \left(1 - \frac{1}{j}\right) x_2^*\right],} \tag{22.17}$$

$$\boxed{\Delta\mu_2 = RT\left[\ln x_2^* + (j-1) x_1^*\right].} \tag{22.18}$$

Diese Ausdrücke haben den Vorzug, relativ einfach zu sein. Doch ergeben sie in verdünnteren Lösungen nicht so gute Übereinstimmung mit den Experimenten wie in konzentrierteren. Ausdrücke der Mischungsenthalpie, die von anderen Autoren für höhere Näherungen erhalten wurden, sind in der Tab. 22.I für verschiedene Partikelformen zusammengestellt[1].

Es ist nun sehr aufschlußreich, die verschiedenen Gleichungen der Tab. 22.I mit dem Gesetz für ideale verdünnte Mischungen zu vergleichen. Bei hohen Verdünnungen ist $x_2^* \simeq j\, x_2$, so daß für die ideale Mischung

$$\Delta\mu_1 = -\, RT\, x_2^*/j \qquad (22.19)$$

erhalten wird.

Gl. (10) für Kugeln enthält nun den Faktor $(1 + 4x_2^*)$, der bemerkenswerterweise überhaupt nicht von der Größe der Kugel abhängt, sondern nur von ihrem Volumenanteil[2]. Bei kleinen Konzentrationen ist der Einfluß zudem noch unerheblich; z. B. ist bei $x_2^* = 0{,}01$ die Gleichung für die ideale Mischung nur mit dem Faktor 1,04 zu multiplizieren, mithin beträgt die Abweichung nur 4%.

Anders ist es bei Fadenmolekülen. Die Gleichung für starre Fäden (Tabelle 22.I) enthält z. B. den Faktor z, der ungefähr Werte von $2\cdots6$ besitzt; da aber der Faktor j in der Klammer außerordentlich groß werden kann, sind hier die Abweichungen vom Idealverhalten bereits in sehr verdünnten Lösungen erheblich. Das liegt daran, daß sehr gestreckte Partikeln durch die verschiedensten Anordnungsmöglichkeiten in bezug auf ihre Achsenrichtungen eine größere Entropie besitzen, die bei Erhöhung der Konzentration infolge ihrer gegenseitigen Behinderung sehr stark beeinflußt wird, während eine Behinderung der Kugeln nicht sehr groß ist.

Bei allen Gleichungen macht die Anwendung der gewonnenen Ausdrücke gewisse Schwierigkeiten, wenn es darum geht, sie mit meßbaren Größen zu vergleichen. Nach den Definitionsgleichungen (7) für das Gittermodell ist

$$x_2^* = \frac{j\,N_2}{N_1 + j\,N_2} \quad \text{usw.}$$

Im allgemeinen werden Mischungen durch Einwaagen der betreffenden Substanzen hergestellt. Man kennt also c_g oder die Molenbrüche x_1 und x_2; wenn die partiellen Molvolumen bekannt sind, können auch die Volumenbrüche φ_1 und φ_2 angegeben werden, für sie kann geschrieben werden

$$\varphi_2 = \frac{V_2\,N_2}{V_1\,N_1 + V_2\,N_2} = \frac{(V_2/V_1)\,N_2}{N_1 + (V_2/V_1)\,N_2}. \qquad (22.20)$$

Durch Vergleich beider Ausrdücke ist sofort zu erkennen, daß nur wenn $V_2/V_1 = j$ ist, $x_2^* = \varphi_2$ sein kann, d. h. wenn die Zahl der zu besetzenden Gitterplätze gleich dem Verhältnis der partiellen Molvolumen ist. Für viele realen Systeme ist dies angenähert der Fall. (Wenn $V_2 = V_{02}$ und $V_1 = V_{01}$ ist $\varphi_2 = \varphi_2^*$ und $\varphi_1 = \varphi_1^*$.)

---

[1] Gl. (17) und (18) werden meist nicht mit x_1^* und x_2^* sondern den Volumenbrüchen φ_1 und φ_2 geschrieben; vgl. Gl. (20).

[2] Dies Verhalten erinnert an die Viskosität von Kugeldispersionen (EINSTEINsches Gesetz) und die erheblich gesteigerte Viskosität von Fadenmolekülen.

Für verdünnte Lösungen erhält man dann folgende Beziehungen

$$\varphi_2 = \frac{V_2}{M_{j2}}\, c_g, \qquad (22.21)$$

wenn Gl. (20), und

$$x_2^* = \frac{V_1}{M_{02}}\, c_g, \qquad (22.22)$$

wenn Gl. (7) verwendet wird. (M_{j2} = Partikelmolgewicht, M_{02} = Molgewicht eines Partikelbausteins, z. B. eines Monomeren bei polymeren Molekülen.) Zur Anwendung thermodynamischer Beziehungen, die statistisch aus dem Gittermodell abgeleitet worden sind, empfiehlt sich von selbst die der Definition entsprechende Gl. (22).

Um den osmotischen Druck zu berechnen, kann Gl. (18.40), (19.13) und (19.18b) verwendet werden. Es ist

$$\Pi = -\frac{\Delta\mu_1}{V_1} = \frac{RT}{M_{j2}}\, c_g + B^*\, c_g^2 + C^*\, c_g^3 + \cdots, \qquad (22.23)$$

wobei C^* meist vernachlässigbar klein ist. Für kugelförmige Partikeln in verdünnten Lösungen ergibt sich daher bei Verwendung von (10) und (22)

$$\Pi = \frac{RT}{j\,V_1}\, x_2^* \,(1 + 4\,x_2^*) = \frac{RT}{M_{j2}}\, c_g + \frac{4\,RT\,V_1\,j}{M_{j2}^2}\, c_g^2, \qquad (22.24)$$

woraus durch Vergleich der Koeffizient B^* entnommen werden kann;

$$B^* = \frac{4\,RT\,V_1\,j}{M_{j2}^2} = \frac{4\,RT\,V_1}{M_{02}\,M_{j2}}. \qquad (22.25)$$

Auf die gleiche Weise können die Koeffizienten B^* aus den anderen in der Tab. 22.I aufgeführten Gleichungen gewonnen werden. Sie sind in Tab. 22.II zusammengestellt.

Interessanterweise wird B^* im allgemeinen mit zunehmendem Partikelgewicht kleiner, was bei Kugeln so weit gehen kann, daß wieder das VAN'T HOFFsche Gesetz gilt. Jede Abweichung von der Kugelgestalt macht sich indes stärker bemerkbar.

Die Beschreibung des Verhaltens der Mischungen mit Hilfe des zweiten Virialkoeffizienten B^* ist besonders nützlich, da er sich leicht aus Messungen des osmotischen Drucks oder der Lichtstreuung bestimmen läßt.

Alle Ergebnisse, die unter Voraussetzung einheitlicher Partikelgröße gewonnen worden sind, können auch auf polydisperse Systeme angewandt werden (im Sinne unserer Systematik müssen wir die Einschränkung machen, daß dies nur für gewisse monoforme Systeme gilt). Statt der Partikelgewichte bzw. Polymerisationsgrade sind die Zahlenmittelwerte der betreffenden Größen einzusetzen. Gewisse Unsicherheiten bei geknäuelten Fadenmolekülen spielen in verdünnten Lösungen keine Rolle.

Wenn die theoretisch gewonnenen Gesetzmäßigkeiten mit experimentellen Ergebnissen verglichen werden, erkennt man auch hier wieder, daß die Verhältnisse ähnlich sind wie bei idealen oder regulären Mischungen. Nur sehr wenige reelle Systeme lassen sich durch die oben abgeleiteten Ausdrücke beschreiben, von ihnen muß auch angenommen werden, daß sie eher Ausnahmefälle sind, bei denen mehr oder weniger zufällig die stark vereinfachenden Voraussetzungen der Theorie zutreffen. Doch hätte eine weitere Verfeinerung der Theorie der athermischen Mischung nicht viel Sinn, da die Einflüsse der Wechselwirkungskräfte zwischen den Partnern sehr viel stärker sein dürften als die Unstimmigkeiten, die sich durch die nur näherungsweise berechneten Ausdrücke, die aus dem Gittermodell gewonnen worden sind, ergeben. Jedoch ist eines wesentlich: Die Theorie der athermischen Mischung ist der erste Schritt zur Beschreibung von Mischungen mit ungleich großen Partikeln, auf den erst weitere Schritte folgen können.

Irreguläre Mischungen

Der nächste Schritt zur Annäherung an eine vollständige Beschreibung beliebiger Mischungen — einschließlich kolloider Systeme — ist der Versuch zur Entwicklung einer Theorie des Typs der irregulären Mischungen (S. 105). Bei ihnen ist die Mischungswärme nicht mehr Null. Neben Größen- und Gestaltseinflüssen treten noch die Wechselwirkungen der verschiedenen Partikelsorten untereinander in Erscheinung, welche sich bei den idealen und athermischen Mischungen wegen Gültigkeit der Gl. (14) gerade herausheben. Dadurch kommen Tendenzen zur Solvatation und Assoziation ins Spiel. Das statistische Problem ist komplizierter als bei den bisher behandelten Mischungstypen, doch stimmen die daraus abgeleiteten Beziehungen auch nicht eher mit den experimentellen Ergebnissen überein, als nicht wieder die bereits auf S. 134 erwähnten Orientierungseffekte berücksichtigt worden sind. Wir können hier nur eine Übersicht geben und beschränken uns auf eine qualitative Beschreibung der Theorie.

Zunächst kann man die Gesetzmäßigkeiten der athermischen Mischungen dadurch erweitern, daß man wie bei den regulären Mischungen ein Zusatzglied einführt, welches die von Null verschiedene Mischungswärme ΔH_i berücksichtigt. HUGGINS[1] benutzt für die Mischungswärme einen der Gl. (21.22) ähnlichen Ansatz

$$\frac{\Delta H}{RT} = \chi \, \varphi_1 \, \varphi_2 \, (n_1 + j \, n_2), \qquad (22.26)$$

worin n_1 und n_2 Molzahlen des Lösungsmittels und der Polymeren bedeuten. Sie ist analog einer Gleichung von VAN LAAR-HILDEBRAND-SCATCHARD[2] für niedermolekulare Lösungen. Darin ist

$$\Delta H = V(e_1^{\frac{1}{2}} - e_2^{\frac{1}{2}}) \, \varphi_1 \, \varphi_2 \qquad (22.27)$$

mit den sog. kohäsiven Energiedichten e, die auf folgende Weise mit der Verdampfungswärme bei konstantem Volumen verknüpft sind:

$$e_1 = \Delta_v \left(\frac{L_1}{V_1}\right). \qquad (22.27\,\mathrm{a})$$

---

[1] HUGGINS, M. L.: Ann. New York Acad. Sci. **44**, 431 (1943).
[2] HILDEBRAND u. SCOTT: loc. cit. S. 132.

Für die partiellen molaren Mischungswärmen folgt daraus

$$\Delta H_1/RT = \chi\,\varphi_2^2; \quad \Delta H_2/RT = j\,\chi\,\varphi_1^2. \tag{22.28}$$

Benutzt man die FLORY-HUGGINSsche Gleichung für die athermische Lösung, ergibt sich[1]

$$\Delta\mu_1 = RT\left[\ln\varphi_1 + \left(1 - \frac{1}{j}\right)\varphi_2 + \chi_h\,\varphi_2^2\right]. \tag{22.29}$$

Für die Konstante χ_h gilt nach HUGGINS allgemeiner

$$\chi_h = \chi_h^0 + \chi_h'\,\varphi_2 + \chi_h''\,\varphi_2^2 + \cdots \tag{22.30}$$

Nur in einfachen Fällen (z. B. Benzol-Kautschuk) ist χ_h von der Konzentration unabhängig, in vielen anderen ist das nicht der Fall. Obwohl die strengere statistisch-thermodynamische Schule mit diesem Verfahren wenig einverstanden ist[2] und sie auch für eine Reihe von experimentell beobachteten Fällen versagt, ist die Gleichung für praktische Zwecke außerordentlich wertvoll. Für verdünnte Lösungen und kleine Wechselwirkungsenergien unterscheidet sie sich grundsätzlich nicht von exakteren Ableitungen (vor allem, wenn χ_h in einen Entropie- und einen Energieterm aufspalten wird). Andererseits läßt sich die HUGGINSsche Konstante χ_h leicht aus osmotischen und Lichtstreuungsmessungen bestimmen und kann als halbempirische Größe zu numerischen Berechnungen dienen[3]. Sie gibt aber die Abhängigkeit der chemischen Potentiale der Lösungen von Fadenmolekülen von der Konzentration im Prinzip richtig wieder und läßt die Eigenschaften, z. B. „guter" oder „schlechter" Lösungsmittel, vor allem aber die Ursachen der Phasentrennung wie Mischungslücken, Koazervation usw., deutlich erkennen.

Abb. 22.2 zeigt die Abhängigkeit der Größen $\Delta\mu_1/RT$ und $\Delta\mu_2/RT$ von φ_2 berechnet nach der FLORY-HUGGINSschen Gleichung für verschiedene Werte von χ und $j = 1000$ nach TOMPA (loc. cit.). Die mit 0 bezeichneten Kurven entsprechen der athermischen Lösung. Es ist zu erkennen, daß alle Kurven von Null bis χ gleich 0,5 für $\Delta\mu_1$ monoton abfallen und für $\Delta\mu_2$ monoton ansteigen. Bei Werten für $\chi > 0,5$ ergeben sich in beiden Fällen Maxima. Nach dem auf S. 114 Gesagten sind aber Mischungen mit solchen Eigenschaften nicht stabil, sondern zerfallen in zwei Phasen. Für dieses j wären dann Werte von $\chi > 0,5$ solche von schlechten Lösungsmitteln.

Eine auch für praktische Zwecke noch brauchbare Verbesserung ist die von HUGGINS vorgenommene Aufteilung von χ in einen von der Temperatur abhängigen und einen unabhängigen Term:

$$\chi = \chi_{s0} + \beta/T \tag{22.31}$$

---

[1] HUGGINS (loc. cit. S. 139) benutzt im allgemeinen φ_i statt x_i^*, wir folgen daher seinen Angaben.

[2] Vgl. z. B. MÜNSTER in STUART: loc. cit.; TOMPA: loc. cit.
Die Gl. (29) stellt sozusagen die Nullte Näherung mit einem Fehler — Nichtberücksichtigung der Koordinationszahl z — dar.

[3] Tabellarische Zusammenfassungen der HUGGINSschen Konstante bei A. MÜNSTER in STUART: loc. cit.

Mit $\beta = \chi_h T$ und

$$\chi_{s0} = \chi_{s0} + \chi'_{s0}\,\varphi_2 + \chi''_{s0}\,\varphi_2^2 + \cdots$$

Ersetzt man in Gl. (29) χ_h durch χ erhält man

$$\Delta\mu_1 = RT\left(\ln\varphi_1 + \left(1 - \frac{1}{j}\right)\varphi_2 + \chi\,\varphi_2\right). \qquad (22.32)$$

Der Unterschied besteht darin, daß in χ noch Entropiegrößen enthalten sind, die von der Koordinationszahl z, von j, von φ_2 usw. abhängen können. (Für verdünnte Lösungen ist z. B. $\chi \approx 1/z$.) HUGGINS[1] gibt

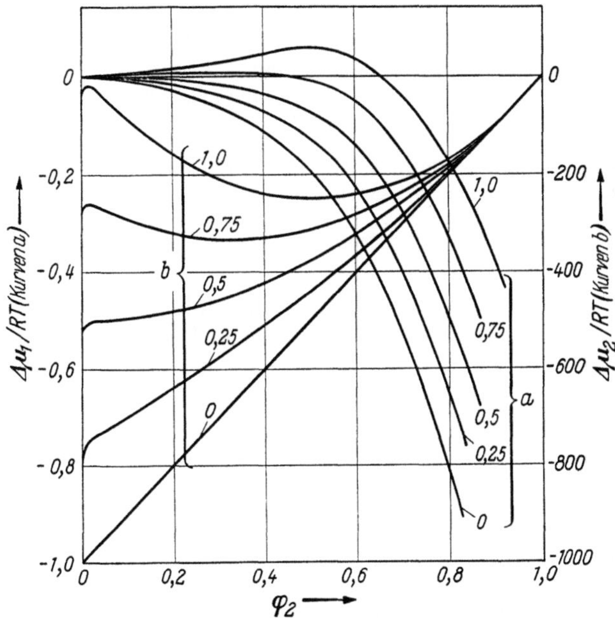

Abb. 22.2. $\Delta\mu_1/RT$ (Kurven a) und $\Delta\mu_2/RT$ (Kurven b) in Abhängigkeit von φ_2 für verschiedene Werte von χ, die an den Kurven vermerkt sind. Nach TOMPA (loc. cit.)

für Fadenmoleküle als Verfeinerung Ausdrücke für $\chi_{h0} + \chi_{s0}$ an, die das sog. Ausschlußvolumen und die Beweglichkeit der geknäuelten Fäden berücksichtigen. Er erhielt z. B.

$$\chi_{s0} + \chi_{h0} = \frac{1}{2}\left(\left[1 + \frac{(1-g)^2}{1-f} - k_s\right]\frac{V_1}{V_2}\,\sigma_2\,\frac{\varepsilon}{kT}\exp\left(k_\sigma\,\varepsilon/kT\right)\right. \qquad (22.33)$$

($\sigma_2 = $ „Oberfläche" des Fadenmoleküls, $g = $ Anteil der Oberfläche, die Teile des gleichen Moleküls berührt, $f = $ Reduktionsfaktor für die Wahrscheinlichkeit mehrmaliger Berührung, $k_\sigma = $ Strukturfaktor der „Oberfläche", der auf der Kettenbeweglichkeit beruht, $k_s = $ Strukturfaktor der Dichte innerhalb des Moleküls, $\varepsilon = $ Wechselwirkungsenergie pro Oberflächeneinheit).

---

[1] Vgl. dazu die vereinfachte Darstellung in M. L. HUGGINS: Physical Chemistry of High Polymers. New York 1958.

Andere Lösungen des Problems der irregulären Mischung von Fadenmolekülen mit niedermolekularen Substanzen durch verschiedene statistisch-thermodynamische Methoden sind von ORR[1], GUGGENHEIM[2], ALFREY und DOTY[3] und MÜNSTER[4] versucht worden. Einige Ausdrücke sind in der Tab. 22.I und 22.II aufgeführt.

Trotz des sehr viel größeren mathematischen Aufwands ist das Ergebnis dieser Theorien immer noch ungenügend, wenn es sich darum handelt, Voraussagen über das Verhalten *bestimmter* Lösungen zu machen[5]. Zur Anwendung auf gewisse praktische Probleme, wie z. B. der Entmischung, der Fraktionierung polydisperser Systeme usw., muß man meist doch auf eine einfache Beziehung (29) wie die von FLORY-HUGGINS zurückgreifen. Sie bietet den Vorteil, daß sie von Fall zu Fall durch Mitberücksichtigung von Gliedern höherer Potenz in der Reihe für χ_h der vom vorliegenden speziellen Problem verlangten Genauigkeit angepaßt werden kann.

H. TOMPA (Polymer Solutions, loc. cit. S. 176ff.) gelang dies z. B. bei der Berechnung von Daten der kritischen Entmischung durch Berücksichtigung der Konzentrationsabhängigkeit von χ_h, d. h. Mitverwendung des Gliedes $\chi_h' \, \varphi_2$, die von der exakteren MILLER-GUGGENHEIMschen Theorie (vgl. oben) *nicht* übertroffen wurde.

Es seien noch kurz zwei wichtige Spezialfälle der irregulären Lösung erwähnt, der eine, weil er von grundsätzlicher Bedeutung für die Kolloidchemie überhaupt ist, der andere wegen seiner Beziehung zu den einfachen (simplen) Lösungen:

Für sehr verdünnte irreguläre Lösungen lassen sich die Gleichungen der verschiedenen Theorien auf eine vereinfachte Form bringen, welche lautet

$$\Delta\mu_1/RT = -\,\varphi_2/j - \left(\frac{1}{2} - \chi\right)\varphi_2^2 - \cdots \tag{22.34}$$

Ungeachtet der besseren oder schlechteren quantitativen Wiedergabe der realen Verhältnisse läßt sich daraus schließen, daß mit fortschreitender Verdünnung $\Delta\mu_1/RT$ durch den Wert φ_2/j repräsentiert wird, der schließlich und endlich auch in x_2 übergeht, womit dann das RAOULTsche Gesetz erfüllt wäre. Idealverhalten ist dann vorhanden, wenn $\chi = 1/2$ ist, kleine Abweichungen von diesem Wert sind solange belanglos als $\varphi_2^2 \ll \varphi_2/j$; solche Lösungen wären von idealen nur schwer unterscheidbar[6]. φ_2^2 ist in dem Moment mit φ_2/j vergleichbar, wo es ungefähr die Größenordnung $1/j$ besitzt. Da j in kolloiden Systemen erhebliche Beträge annimmt, werden also Abweichungen vom Idealverhalten bereits bei sehr kleinen Konzentrationen auftreten müssen, im Gegen-

---

[1] ORR, W. J. C.: Trans. Faraday Soc. **40**, 320 (1944).

[2] GUGGENHEIM, E. A.: Proc. Roy. Soc. London A **183**, 213 (1945).

[3] ALFREY, T. u. P. DOTY: J. chem. Physics **13**, 77 (1945).

[4] MÜNSTER, A.: Z. Naturforsch. **2 a**, 284 (1947).

[5] Besonders interessant sind Versuche von PRIGOGINE u. Mitarb. (I. PRIGOGINE: The molecular theory of solutions. North-Holland Publ. Comp. Amsterdam 1957), die auf dem Prinzip der korrespondierenden Zustände aufbauen.

[6] Solche pseudoidealen Lösungen sind von G. V. SCHULZ untersucht worden, vgl. dazu G. V. SCHULZ u. H. J. CANTOW: Z. Elektrochem. **60**, 517 (1956).

satz zu irregulären Lösungen niedermolekularer Substanzen, die man formell als solche ansehen kann, bei denen $j \simeq 1$ ist.

Es wäre denkbar, die Ungleichung $\varphi_2^2 \ll \varphi_2/j$ als Definition der *unteren* Grenze des Gebiets der kolloiden Systeme zu benutzen!

Der andere Punkt betrifft den Fall sehr kleiner Wechselwirkungsenergie w' (vgl. S. 132). Hier lassen sich die Ausdrücke der irregulären Lösung analog denen der einfachen (simplen) Lösungen als sog. Nullte Näherung verwenden. Es ist z. B.

$$\frac{\varDelta\mu_1}{RT} = \frac{\varDelta\mu_{1\,(\text{atherm.})}}{RT} + \frac{z\,w'}{RT}\,\xi_2^2; \quad \frac{\varDelta\mu_2}{RT} = \frac{\varDelta\mu_{2\,(\text{atherm.})}}{RT} + \frac{z\,w'}{RT}\,\xi_1^2, \quad (22.35)$$

worin

$$\xi_1 = \frac{N_1}{N_1 + q\,N_2}; \quad \xi_2 = \frac{q\,N_2}{N_1 + q\,N_2}; \quad q = [j\,(z-2) + 2]\,z$$

Entmischung in kolloiden Systemen

Die Theorie der Entmischung in kolloiden und makromolekularen Lösungen kann sich eng an die in § 19 dargestellten allgemeinen Verhältnisse anschließen.

Der Einfachheit — es kommt hier nur auf eine Demonstration der Verhältnisse an — gehen wir von der FLORY-HUGGINSschen Gl. (29) aus. Die nach ihr berechneten Funktionen $\varDelta\mu_i/RT$ sind noch einmal in Abb. 22.3 mit vergrößerter Abszisse dargestellt ($j = 1000$). Alle Kurven mit $\chi_h < 0{,}532$ fallen monoton ab, bei $\chi_h = 0{,}532$ zeigt sie ein Stück, das parallel zur Abszisse verläuft, für $\chi_h > 0{,}532$

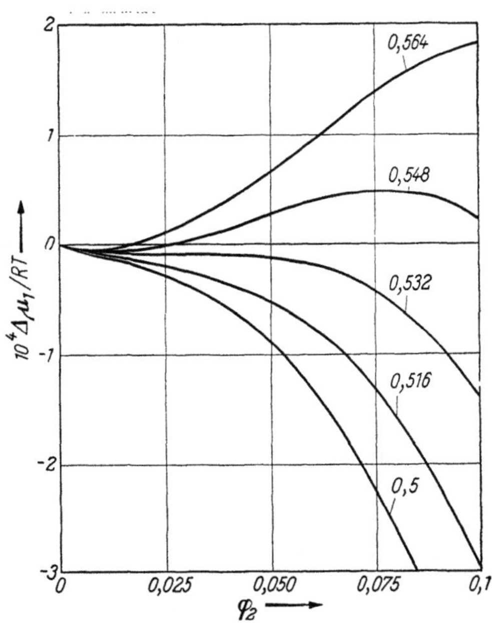

Abb. 22.3. $\varDelta\mu_1/RT$ in Abhängigkeit von φ_2 entsprechend Abb. 22.2 in vergrößertem Maßstab. Nach TOMPA (loc. cit.)

treten Maxima und Minima auf. Nach den thermodynamischen Überlegungen auf S. 114 konnten nur die monoton abfallenden Kurven Gleichgewichtszuständen in einphasigen Mischungen entsprechen. Bei allen anderen Kurventypen tritt eine Entmischung in zwei Phasen ein.

Die kritische Entmischungskonzentration und -temperatur lassen sich nach (19.34) und (19.35) in analoger Weise wie (19.37) und (19.38) berechnen. Differentiation von (29) ergibt:

$$\frac{1}{RT}\,\frac{\partial\varDelta\mu_1}{\partial\varphi_1} = \frac{1}{\varphi_1} - \left(1 - \frac{1}{j}\right) - 2\,\chi_h\,\varphi_2 = 0, \quad (22.36)$$

$$\frac{1}{RT}\,\frac{\partial\varDelta\mu_2}{\partial\varphi_2} = -\frac{1}{\varphi_1^2} + 2\,\chi_h = 0. \quad (22.37)$$

10*

Hieraus läßt sich die kritische Entmischungskonzentration φ_{2k} und Wechselwirkungsfunktion χ_k zu

$$\varphi_{2k} = 1/(1 + j^{\frac{1}{2}}) \tag{22.38}$$

$$\chi_k = \frac{1}{2}(1 + j^{-\frac{1}{2}})^2 \tag{22.39}$$

bestimmen. Für $j = 1$ erhält man, wie es auch sein muß, den Fall der einfachen (simplen) Lösung ($\varphi_{2k} = 1/2$; $\chi_k = 2$). Für $j = \infty$ wird $\varphi_{2k} = 0$ und $\chi_k = 0,5$. Bei größeren j sinkt φ_{2k} bald auf relativ kleine Werte herab, d. h. wenn der Wert von χ_h auch nur wenig über 0,5 liegt, kann schon bei sehr kleinen Konzentrationen eine Entmischung einsetzen.

Obwohl der Mechanismus der Entmischung kolloider Lösungen sehr gut verständlich wird, versagen die Beziehungen bei quantitativen Berechnungen, was nach allem, was über die Gl. (29) gesagt worden ist, kaum Wunder nehmen kann. Die genaueren Gleichungen in der Tab. 22.I sollen aber auch nicht wesentlich besseres leisten[1].

TOMPA[2] konnte durch Aufnahme eines höheren Gliedes mit φ_2^2 in Gl. (29) bessere Übereinstimmung mit dem Experiment erreichen.

Die Entmischung ist nicht nur für die Fraktionierung polydisperser hochpolymerer Fadenmoleküle von Bedeutung (vgl. dazu § 75), von denen sich Anteile verschiedenen Molgewichts wegen der Abhängigkeit der kritischen Bedingungen von j in verschieden starkem Ausmaß in beiden Phasen befinden. Ganz allgemein wurde die Bedeutung der Entmischung für viele kolloide Systeme, die geladene und ungeladene Makromoleküle wie auch Assoziationskolloide umschließen, von BUNGENBERG DE JONG[3] erkannt. Er bezeichnete sie als *Koazervation*, da sie in manchen Fällen im Gegensatz zu der Entmischung niedermolekularer Systeme Besonderheiten aufweist, die nur bei kolloiden Systemen aufzutreten scheinen. Insbesondere gehört dazu die Eigenart, daß sich bei der Entmischung nicht zwei makroskopische Phasen abscheiden, sondern die eine als kolloide oder grobe Emulsion in der anderen dispergiert bleibt. Die Verhältnisse werden in Gegenwart von Zusatzstoffen wie Elektrolyten, Emulgatoren usw. bereits rein phänomenologisch außer-

---

[1] Die daraus abgeleiteten Ausdrücke haben die gleiche Form wie (38) und (39), enthalten nur zusätzliche konstante Zahlenfaktoren. Nach MÜNSTER: J. Polymer. Sci. **5**, 333 (1950), ist

$$\varphi_{2k} = 1/[(1 + \sqrt{j})(2 - 8/z^2)],$$

nach GUGGENHEIM, Proc. Roy. Soc. London A **183**, 213 (1944)

$$\varphi_{2k} = 1/[(1 + \sqrt{j})(1 - 3/z + 2/z^2)^{\frac{1}{2}}].$$

[2] TOMPA, H.: Polymer Solutions, loc. cit. S. 176ff.

[3] BUNGENBERG DE JONG, H. G. in H. R. KRUYT: Colloid Science, Vol. II. Amsterdam 1949. S. 232ff.

ordentlich kompliziert (vgl. dazu BUNGENBERG DE JONG). Physikalisch chemisch ist auf alle Fälle die Koazervation als eine Entmischungserscheinung unter besonderen Aspekten zu verstehen.

Tabelle 22.I. *Formeln für $\Delta\mu_1$ in (kolloiden) Lösungen*
(Erläuterung der Symbole im Text)

niedr. Konz.	hohe Konz.	Autor

a) *Athermische Lösungen*

Kugeln

$\Delta\mu_1 =$

| $-RT\dfrac{x_2^*}{j}(1 + 4\,x_2^*)$ (1. Näherung) | — | FLORY, MÜNSTER ZIMM, HUGGINS |
| $-RT\dfrac{x_2^*}{j}(1 + 4\,x_2^* + 10x_2^{*2})$ (2. Näherung) | — | |

starre Fäden

$\Delta\mu_1 =$ (niedr. Konz.) $\qquad$ $\Delta\mu_1 =$ (hohe Konz.)

| $-RT\dfrac{x_2^*}{j}\left(1 + \dfrac{j}{2}\left(\dfrac{z-2}{z}\right)x_2^*\right)^1$ | $RT\left(\ln x_1^* + \left(1 - \dfrac{1}{j}\right)x_2^*\right)$ | FLORY, HUGGINS |
| | $RT\left(\ln N_1 - \dfrac{z}{2}\right)\ln(N_1 + q\,N_2)$ $+ \left(\dfrac{z}{2} - 1\right)\ln(N_1 + j\,N_2)$ | MILLER u. GUGGEN-HEIM, VAN DER WAALS jr. |

[1] MÜNSTER, HUGGINS, MILLER u. GUGGEN-HEIM

bewegliche Fäden

$\Delta\mu_1 =$

| $-RT\dfrac{x_2^*}{j}\left(1 + \dfrac{1}{2}\left[1 + \dfrac{z-2}{z}\left\{s\,z\left(1 - \dfrac{z-1}{z}\right)^{j/s}\right) - 1\right\}\right]x_2^*\right)$ | | MÜNSTER |
| $-RT\left\{\dfrac{x_2^*}{j} + \left[\dfrac{1}{2} - \dfrac{z\,(j-q)^2}{4\,j^2}\right]x_2^{*2}\right\}$ | | MILLER, STAVER-MANN |

b) *irreguläre Lösungen*

starre oder bewegliche Fäden

$\Delta\mu_1 =$

| $RT\left[\ln\varphi_1 + \left(1 - \dfrac{1}{j}\right)\varphi_2 + \chi_h^2\,\varphi_2^2\right]$ | | FLORY, HUGGINS |
| $RT\left\{\ln x_1^* - \dfrac{z}{2}\ln\left[1 - \dfrac{2\,x_2^*}{z}\left(1 - \dfrac{1}{j}\right)\right]\right\} + \dfrac{1}{2}RT\ln\dfrac{\beta + 1 - 2\gamma_2}{(1 - \gamma_2)(\beta + 1)}$ | | ORR, GUGGEN-HEIM |

$(\gamma_2 = q\,N_2/N_1 + q\,N_2)$

Tabelle 22.II. *Formeln für den zweiten Viralkoeffizienten B**

Partikel-Gestalt	B^*	Autoren
Kugel	$\dfrac{4\,RT\,V_1}{M_0\,M_j}$	Zimm, Schulz Huggins, Münster
Zylinder	$\dfrac{1}{2}\dfrac{RT\,V_1}{M_0\,M_j}\left[\dfrac{\pi}{2}\dfrac{(p-1)^2}{p-1/3}+4\dfrac{p+1/3}{p-1/3}\right]$ $(p = \text{Achsenverhältnis } a/b)$ $\dfrac{RT\,\pi\,N_L\,dl^2}{4\,M_j{}^2}$ (für $p \geq 10$) $(d = \text{Durchmesser}, l = \text{Länge})$	Schulz Zimm
Ellipsoide	$\dfrac{3\alpha}{8\pi}\dfrac{RT\,V_1\,p}{M_0\,M_j}\,(p > 1)$ $\dfrac{RT\,V_1}{M_0\,M_j}\left[1+p\left(1+\dfrac{1}{2p}\right)\left(1+\dfrac{\pi}{2p}\right)\right]$ $\dfrac{RT\,V_1}{M_0\,M_j}\left[1+\dfrac{3}{4}\left(1+\dfrac{1}{\sqrt{1-\varepsilon^2}}\dfrac{\arcsin\varepsilon}{\varepsilon}\right)\right.$ $\left.\cdot\left(1+\dfrac{1-\varepsilon^2}{2\varepsilon}\ln\dfrac{1+\varepsilon}{1-\varepsilon}\right)\right]$ $\varepsilon = (l^2 - d^2)/l^2$	Zimm Isihara Isihara
starre Fäden	$\left(\dfrac{1}{2}\,RT\,V_1/M_0^2\right)\dfrac{z-2}{z}$	Miller u. Guggenheim Huggins, Münster
bewegliche Fäden	$\left(\dfrac{1}{2}\,RT\,V_1/M_0^2\right)\left(1-\dfrac{z\,(j-q)^2}{z\,j}\right)$	Miller, Stavermann
	$\dfrac{RT\,V_1}{2\,M_0\,M_j}\left\{1+\dfrac{z-2}{z}\left(s\,z\left[1-\left(\dfrac{z-1}{z}\right)^{j/s}\right]-1\right)\right\}$	Münster

§ 23. Optische Eigenschaften

Einleitung. Das Interesse, das kolloiden Systemen in früheren Zeiten entgegengebracht wurde, beruht zu großen Teilen auf den mit ihnen zusammenhängenden eindrucksvollen optischen Effekten. Die leuchtend rote Farbe des klassischen Goldsols oder Goldrubinglases, der mit einfachen Mitteln hervorzurufende Faraday-Tyndall-Effekt wirkten als ästhetischer Anreiz. Auch wird sich kaum jemand des faszinierenden Eindrucks entziehen können, den man bei der erstmaligen Betrachtung eines in allen Farben glitzernden Silbersols im Ultramikroskop gewinnt. Kolloide Systeme schienen bei der Einwirkung von sichtbarem Licht Besonderheiten zu zeigen, die als charakteristisch für sie angesehen werden konnten[1], und die bei anderen verwandten Systemen — insbeson-

---

[1] Vgl. z. B. Wo. Ostwald: Licht und Farbe in Kolloiden. Dresden, Leipzig 1924.

dere den echten Lösungen — nicht auftraten. Das Vorhandensein eines FARADAY-TYNDALL-Effekts sah man daher lange Zeit als ein Merkmal für die „kolloide Natur" einer Lösung im Gegensatz zu einer „echten" Lösung an. Wir wissen heute, daß dies keine qualitative, sondern nur eine quantitative Unterscheidung ist, denn eine Trübung ist auch in echten Lösungen vorhanden, nur ist sie dem bloßen Auge nicht ohne weiteres erkennbar.

Damit hat die Möglichkeit der Beurteilung einer Lösung nach dem Augenschein jedoch nichts von ihrem Wert verloren; eine auch nach der Filtration noch trüb erscheinende Lösung dürfte ziemlich sicher als „Kolloid" anzusehen sein. Nur sollte man auf diesem Effekt keine exakte Definition aufbauen.

In der allgemeinen Optik werden lichtdurchlässige und undurchlässige Körper unterschieden. Bei dispersen Systemen interessiert uns, wie und wodurch sich die Eigenschaften darauf einwirkenden Lichts verändern. Bei lichtdurchlässigen Systemen handelt es sich also um Veränderungen der Geschwindigkeit, der Intensität, der spektralen Zusammensetzung, der Schwingungsrichtung des Lichts durch das disperse System, bei lichtundurchlässigen um Besonderheiten der Absorption und Reflexion; die letzteren interessieren in diesem Zusammenhang jedoch nur am Rand, da Ergebnisse an ausgesprochen kolloiden Systemen nicht vorliegen.

§ 24. Brechungsindex

Licht pflanzt sich in Medien verschiedener optischer Dichte mit verschiedenen Geschwindigkeiten fort. Sind die Lichtgeschwindigkeiten in zwei Medien 1 und 2, c_1 und c_2, so heißt das Verhältnis $n_{12} = c_1/c_2$ Brechungsindex zwischen beiden Medien. Ist die Geschwindigkeit im Vakuum c_0, ist $n_1 = c_1/c_0$ der sog. absolute Brechungsindex.

Die atomistische Theorie der Materie erklärt das Auftreten eines Brechungsindex (bzw. einer verminderten Lichtgeschwindigkeit) mit der Wechselwirkung des hier als elektromagnetische Welle anzusehenden Lichts mit den atomaren Elektronensystemen und durch die Verschiebung (Polarisation), die sie dadurch erleiden. Da jedem Atom und entsprechend auch jedem Molekül eine Polarisierbarkeit α seines Elektronensystems zugeordnet werden kann, besteht zwischen Brechungsindex und Polarisierbarkeit[1] die Beziehung $n^2 = 1 + 4\pi N_0 \alpha$ (N_0 = Zahl der Moleküle oder Atome pro cm^3)*, solange die Partikeln sehr weit voneinander entfernt sind. Bei dichteren Medien, etwa bei Flüssigkeiten, Gläsern usw. ergibt die Theorie, vorausgesetzt, daß man sie als Kontinuum ansieht, die bekannte Formel von MOSSOTTI und CLAUSIUS

$$\frac{n^2-1}{n^2+2} = \frac{4}{3}\pi N_0 \alpha. \tag{24.1}$$

____

[1] α ist ein Maß für die Nachgiebigkeit der Elektronen gegenüber dem äußeren elektrischen Feld. Vgl. hierzu z. B. EUCKEN; loc. cit.: PARTINGTON: loc. cit.

* An sich liefert die Theorie zunächst den Zusammenhang zwischen der Dielektrizitätskonstante ε und α, wegen der MAXWELLschen Beziehung $\varepsilon = n^2$ resultiert dann aber die angeführte Gleichung.

Die mit $N_0 = N_L \varrho/M$ (N_L = LOSCHMIDTsche Zahl, ϱ = Dichte, M = Molgewicht) in

$$\frac{n^2-1}{n^2+2}\,\frac{M}{\varrho} = \frac{4}{3}\,\pi\,N_L\,\alpha = \Re_M \qquad (24.2)$$

übergeht.

$\Re_M$ ist die sog. Molrefraktion, eine Konstante des betreffenden Moleküls, die vom Aggregatzustand unabhängig sein sollte[1].

Vielfach läßt sich der Brechungsindex durch eine einfachere Formel beschreiben, die von BEER für Gase empirisch gefunden, von GLADSTONE und DALE auf Flüssigkeiten erweitert und von SUTHERLAND theoretisch begründet wurde. Sie lautet

$$\frac{n-1}{\varrho} = \text{const} \quad \text{oder} \quad (n-1)\frac{M}{\varrho} = \Re_g \qquad (24.3)$$

und gibt in vielen Fällen die Meßergebnisse ebenso gut wieder wie die umständlichere Formel von MOSSOTTI und CLAUSIUS, die auf die Theorie von LORENZ und LORENTZ zurückgeht.

Beim Brechungsindex kolloider Systeme wäre zunächst zu prüfen, ob Polarisierbarkeit oder Molrefraktion durch besondere Verteilungszustände der Materie beeinflußt werden. Wenn zwischen den Molekülen keine die Polarisierbarkeit beeinflussenden Wechselwirkungen auftreten, gilt für Mischungen zweier oder mehrerer Substanzen die einfache Mischungsregel

$$\overline{\Re} = x_1\,\Re_1 + x_2\,\Re_2 + \cdots x_i\,\Re_i, \qquad (24.4)$$

da die Polarisierbarkeit α jeder einzelnen Molekülsorte von der Anwesenheit der anderen unbeeinflußt bleiben soll. Ob die Substanz 2 in Form einzelner Moleküle oder in Form größerer Aggregate in der Substanz 1 verteilt ist, ist dann gleichgültig.

Bei verdünnten Lösungen sind die Beziehungen oft einfacher, man findet dort lineare Abhängigkeit des Brechungsindex — und nicht der Molrefraktion — von der Konzentration oder der Volumenfraktion wie nach der Gleichung von CHRISTIANSEN[2].

$$n_{12} = n_1 + \varphi_2\,(n_2 - n_1). \qquad (24.5)$$

Bei Dispersionskolloiden wurde von WINTGEN[3] gefunden, daß sich der Brechungsindex durch eine einfache Beziehung darstellen läßt, wo ebenfalls der Brechungsindex der Mischung der Konzentration der dispergierten Substanz proportional ist. Bei Assoziationskolloiden werden die Verhältnisse durch die konzentrationsabhängige Assoziatbildung beeinflußt[4] (Dichteänderung!).

---

[1] Der Brechungsindex läßt sich z. B. durch interferometrische Messungen außerordentlich genau bestimmen. Relativmessungen sind bis zur 7. und 8. Dezimale von n möglich. Methoden siehe KOHLRAUSCH: Lehrbuch der praktischen Physik. I. Bd. 20. Aufl. Stuttgart 1956.

[2] CHRISTIANSEN, C.: Ann. Physik [3] **23**, 298 (1884).

[3] WINTGEN, R.: Kolloid Beih. **7**, 251 (1915).

[4] HESS, K., W. PHILIPPOFF u. H. KIESSIG: Kolloid-Z. **88**, 40 (1939); KLEVENS, H. B.: J. physic. Chem. **52**, 130 (1948).

Bei Lösungen von Makromolekülen scheinen keine Unterschiede zu niedermolekularen Lösungen aufzutreten. In sehr verdünnten Lösungen ist ebenfalls n_{12} und c_g proportional.

Besondere Bedeutung besitzt der Brechungsindex für die im nächsten Paragraphen zu besprechende Lichtstreuung kolloider Systeme, da die Polarisierbarkeit α die Intensität des Streulichts mitbestimmt. Die Berechnung von α aus dem Brechungsindex macht solange keine Schwierigkeiten, als es sich um reine Stoffe handelt, bei denen Gl. (1) oder (3) gilt. Anders ist es, wenn nach der Polarisierbarkeit der dispergierten Substanz eines kolloiden Systems gefragt wird. Setzt man Gl. (4) für ein Zweistoffsystem an, so ist

$$(N_1 + N_2)\,\overline{\mathfrak{R}} = N_1\,\mathfrak{R}_1 + N_2\,\mathfrak{R}_2, \qquad (24.6)$$

woraus $N_2\,\alpha_2$ nach Gl. (2) berechnet werden könnten, wenn N_1, N_2 und $\mathfrak{R}_1$ bekannt wären, oder nach Gl. (2) aus den Brechungsindices bestimmt werden könnten. Nun kann der Zusammenhang zwischen Polarisierbarkeit α und Dielektrizitätskonstante durch folgende Gleichung ausgedrückt werden

$$\frac{\varepsilon - \varepsilon_0}{\varepsilon + 2\varepsilon_0} = \frac{4}{3}\,\pi\,N_0\,\alpha, \qquad (24.7)$$

wenn ε die (optische) Dielektrizitätskonstante der polarisierbaren kugelförmigen Partikel und ε_0 die des umgebenden Mediums ist[1]. Es resultiert also in diesen Fällen die MOSSOTTI-CLAUSIUSsche Gleichung.

LORD RAYLEIGH benutzte diese Form zur Berechnung von α_j kolloider Partikel, indem er $\varepsilon =$ der D. K. bzw. n_j^2 gleich dem Brechungsindex des kolloiden Teilchen und ε_0 bzw. $n_0^2 =$ den entsprechenden Größen des Dispersionsmittels setzte, das er als Kontinuum ansah. Da $1/N_{0j} = v_j$ dem Volumen des Teilchens ist, erhielt er

$$\alpha_j = \frac{3}{4\,\pi}\,v_j\,\frac{n_j^2 - n_0^2}{n_j^2 + 2\,n_0^2}. \qquad (24.8)$$

Wenn der Brechungsindex n_j der dispergierten Substanz gemessen werden kann, wenn es sich etwa um ein kolloides System handelt, das aus Bruchstücken fester Substanz besteht, die die gleichen optischen Eigenschaften wie die makroskopische Substanz besitzt, braucht nur der Brechungsindex der reinen Substanz bekannt zu sein. Da zumindest unsicher ist, ob sich der Brechungsindex bei der Dispergierung ändert oder nicht, ist mit der Gl. (8) praktisch nicht allzuviel anzufangen.

Von DEBYE wurde daher ein anderer Weg vorgeschlagen, um zur Größe α_j bzw. α_2 zu kommen. In einer Mischung von Partikeln der Sorte 1 und 2 wird die Polarisation je cm³ $\mathfrak{P}/N_0 = \alpha\,\mathfrak{E}$ dadurch berechnet, daß man auf die Polarisation der Mischung die Mischungsregel anwendet. Es gilt dann:

$$\mathfrak{P}_{12} = x_1\,\mathfrak{P}_1 + x_2\,\mathfrak{P}_2. \qquad (24.9)$$

---

[1] Bei Gasen wäre z. B. ε die D. K. des Gasmoleküls und ε_0 die des Vakuums, die gleich eins gesetzt wird. Dasselbe könnte auch für reine Stoffe gelten.

Setzt man nun unter Verwendung von Gl. (1)

$$\mathfrak{P}_{12} = \frac{n_{12}^2 - 1}{4\pi\,(N_1 + N_2)_0}\,\mathfrak{E},$$

$$\mathfrak{P}_1 = \frac{n_1^2 - 1}{4\pi\,N_{01}}\,\mathfrak{E},$$

$$\mathfrak{P}_2 = N_2\,\alpha_2\,\mathfrak{E}$$

(n_{12} = Brechungsindex der Lösung, n_1 = Lösungsmittel, N_2, $(N_1 + N_2)_0$ = Zahl der Partikeln je cm³, N_{01} = Zahl der Lösungsmittelmoleküle je cm³ im reinen Zustand), so erhält man nach Einsetzen in Gl. (9)

$$n_{12}^2 - 1 = (N_1/N_{01})\,(n_1^2 - 1) + 4\pi\,N_2\,\alpha_2.$$

Für sehr verdünnte Mischungen ist $N_1 \simeq N_{01}$ und daher

$$\alpha_2 \simeq \frac{n_{12}^2 - n_1^2}{4\pi\,N_2}. \tag{24.10}$$

Hierin treten nur meßbare Größen auf. Eine weitere Vereinfachung bei verdünnten Mischungen führt zu

$$n_{12}^2 - n_1^2 = (n_{12} + n_1)\,(n_{12} - n_1) \simeq 2n_1\,(n_{12} - n_1) = 2n_1\,\Delta n, \tag{24.11}$$

da n_{12} und n_1 sich oft nur wenig (bei praktisch wichtigen Fällen in der vierten Dezimale!) unterscheiden, erhält man aus (10) und (11) unter Berücksichtigung, daß $N_2 = N_L\,c_g/M_2$ ist

$$\alpha_2 = \frac{2n_1 M_2}{4\pi\,N_L}\cdot\frac{\Delta n}{c_g}. \tag{24.12}$$

$\Delta n/c_g$ heißt das Brechungsinkrement einer Lösung. Es ist in sehr verdünnten Lösungen von der Konzentration unabhängig[1]. Benutzt man Gl. (4) erhält man[2]

$$\alpha_2 = \frac{M_2}{4\pi\,N_L}\,\frac{2n_1}{n_1^2 + 2}\,\frac{\Delta n}{c_g}. \tag{24.13}$$

§ 25. Lichtstreuung[3]

Kolloide Systeme sind meist getrübt. Bei der Betrachtung in seitlich einfallendem Licht läßt sich dort, wo der Lichtstrahl das System durchsetzt, eine Aufhellung beobachten (FARADAY-TYNDALL-Effekt). Wenn man das Licht durch eine Sammellinse bündelt und ein mehr oder weniger trübes Medium in den Brennpunkt der Linse bringt, läßt sich deutlich der Schnittpunkt der Strahlen erkennen (TYNDALL-Kegel). Bei Verwendung von weißem Licht erscheint das seitlich gestreute Licht vielfach — z. B. bei Betrachtung von Tabakrauch — bläulich gefärbt. Bei monochromatischem Licht hat das Streulicht jedoch die gleiche Wellenlänge wie das einfallende Licht, wodurch es sich vom Fluorescenzlicht unterscheidet, das eine andere meist größere Wellenlänge als das ein-

---

[1] In Proteinlösungen ändert es sich oberhalb von 0,1%. Die Änderung kann je nach dem Zustand des Protein positiv oder negativ sein.
[2] STAUFF, J. u. J. RASPER:. Kolloid-Z. **159**, 97 (1958). [3] s. Anhang III.

fallende besitzt[1]. Wird die Leistungsfähigkeit des Versuchs dadurch
gesteigert, das sowohl die Intensität des einfallenden Lichts als auch die
Anzeige-Empfindlichkeit für die Beobachtung des Streulichts durch
geeignete photoelektrische Empfänger erhöht wird, läßt sich der Effekt
auch in reinen Flüssigkeiten und sogar in
Gasen beobachten. Dieses Phänomen wird
als Lichtstreuung (oder auch Lichtzerstreu-
ung, engl. Light-scattering) bezeichnet und
tritt mit wechselnder Intensität bei jeder
Einwirkung von Licht auf durchsichtige
Medien auf[2]. Die Theorie der Lichtstreuung
wurde im wesentlichen bereits von Lord
Rayleigh entwickelt, von ihm konnte die
blaue Farbe des Himmels und der Polarisationszustand des indirekten Himmels-
lichts auf die Streuung des Sonnenlichts in
der Atmosphäre zurückgeführt werden.

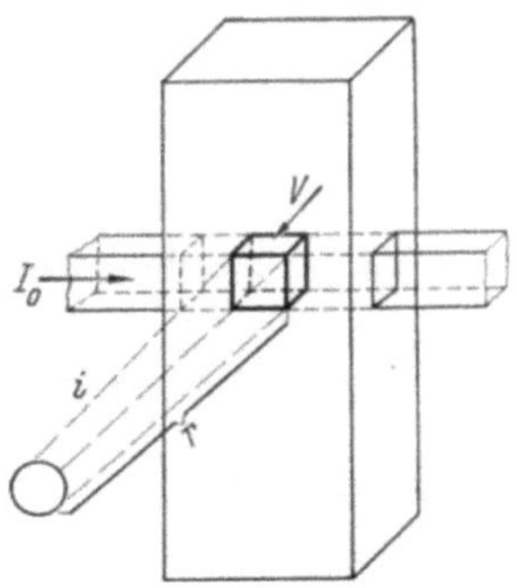

Abb. 25.1. Lichtstreuung.
I_0 Intensität des Primärlichts,
i Intensität des Streulichts im
Abstand r vom streuenden
Volumen V

Wenn N_0 die Zahl der streuenden Partikeln pro Volumeneinheit und V das streu-
ende Volumen bedeutet, dessen Lineardimen-
sion klein gegen den Abstand r sein müssen (vgl. Abb. 25.1), so ist
$N = N_0 \cdot V$. Nun wird $N_0 V$ in Gl. (III.32) eingesetzt und definiert:

$$R \equiv \frac{i_{U,\vartheta}\, r^2}{I_{U,0}\, V} = N_0\, (2\pi/\lambda_0)^4\, \alpha^2\, (1 + \cos^2 \vartheta). \tag{25.1}$$

($i_{U,\vartheta}$ = Intensität des Streulichts, $I_{U,0}$ = Intensität des einfallenden
Lichts, λ_0 = Wellenlänge des Lichts im Vakuum, ϑ = Beobachtungswinkel, α = Polarisierkeit des vom Primärlicht getroffenen Atomgruppe.)

R_ϑ wird als Rayleigh-Quotient (Rayleigh's ratio) oder reduzierte
Streuung für den Winkel ϑ bezeichnet. Sinnvoller wäre es, eine Größe

$$R_0 = \frac{i_{U,\vartheta}\, r^2}{I_{U,0}\, V\, (1 + \cos^2 \vartheta)} = N_0\, (2\pi/\lambda_0)^4\, \alpha^2 \tag{25.2}$$

als reduzierte Streuung zu bezeichnen, da diese den physikalischen
Gehalt der Zusammenhänge besser zum Ausdruck bringt. Da $2\pi/\lambda_0$
meist vorgegeben ist, besteht der Quotient nur aus meßbaren Größen.
Vergleich von (2) und (III.20) ergibt sofort den Zusammenhang

$$\tau = \frac{8}{3}\, \pi\, R_0. \tag{25.3}$$

(τ = Trübungskoeffizient, vgl. III.)

---

[1] Bereits von Tyndall wurde beobachtet, daß das Streulicht im Gegensatz
zu Fluoreszenzlicht polarisiert ist (vgl. § 2).

[2] Neben der Wellenlänge des eingestrahlten Lichtes treten noch andere Wellenlängen im Streulicht auf, die vom Raman-Effekt herrühren, doch ist ihre Intensität
so gering, daß wir sie hier nicht zu berücksichtigen brauchen.

Die beiden Wege der Lichtstreuungsmessung, entweder i oder τ zu bestimmen, sind somit gleichwertig; sie führen beide auf einen Wert für die Größe α, wenn man von N_0 und λ_0 absieht.

Diese von LORD RAYLEIGH abgeleitete Gleichung ist die Grundlage der Theorie der Lichtstreuung. Bei der Anwendung auf reale Systeme ergeben sich vielfach Komplikationen, die ihre Anwendbarkeit begrenzt. Es sind vor allem zwei Voraussetzungen notwendig: die erste verlangt, daß die Dimension der erregten Partikel klein gegenüber der Lichtwellenlänge sein muß: wie später noch zu begründen sein wird, kann sie bis zu $^1/_{10}$ der Lichtwellenlänge betragen. Die zweite Voraussetzung betrifft die gegenseitige Unabhängigkeit der Partikeln. Nur wenn diese sich, wie in einem idealverdünnten Gase, statistisch ungeordnet über den Raum verteilen, werden die von den einzelnen Partikeln ausgehenden Streulichtwellen nicht miteinander interferieren.

Die Ausdrücke für R_0 oder τ enthalten nun noch die Polarisierbarkeit α. Diese steht jedoch (vgl. § 24) in direktem Zusammenhang mit dem Brechungsindex n. Für weit voneinander entfernte Moleküle (Gase) gilt

$$\alpha = \frac{n^2 - 1}{4\pi N_0} \, ,$$

da in Gl. (24.1) für Gase $n^2 + 2 \simeq 3$ gesetzt werden kann[1]. Einsetzen dieser Gleichung in (3) unter Berücksichtigung von (2) ergibt

$$\tau = \frac{8}{3} \pi^3 \frac{(n^2 - 1)^2}{\lambda_0^4 N_0} \, , \qquad (25.4)$$

die RAYLEIGHsche Trübungsgleichung für Gase.

Beim Versuch der Anwendung der Theorie auf Flüssigkeiten stößt man auf Schwierigkeiten, hauptsächlich wegen der Berechnung von α. Wir haben aber in § 24 zwei Wege kennengelernt, wie man α durch Brechungsindices ausdrücken kann. Der von LORD RAYLEIGH eingeschlagene Weg[2] führt unter Benutzung von Gl. (24.8) zu einem Ausdruck für *kolloide* Systeme, die Partikeln bis zur Größe von $\lambda/10$ enthalten. Es ergibt sich

$$\tau = 24\pi^3 N_2 \, v_j^2 \, (n_0/\lambda_0)^4 \left(\frac{n_2^2 - n_0^2}{n_2^2 + 2n_0^2} \right)^2 . \qquad (25.5)$$

(N_2 = Zahl der Partikeln der Sorte 2 je cm^3, die hier als dispergierte Substanz auftritt.) Für „echte" Lösungen — auch wenn sie verdünnt sind — ist Gl. (5) ungeeignet, da der Brechungsindex einer in einem Kontinuum dispergierten Substanz auftritt, der nicht ohne weiteres ermittelt werden kann. Ebenso ist sie für kolloide Systeme auch nur dann von Wert, wenn N_2 bekannt ist. Wegen des Zusammenhangs zwischen Trübungskoeffizienten und Volumen der dispergierten Partikeln findet sie dennoch Interesse.

---

[1] Eine weitere Näherung ist $n^2 - 1 \simeq (n-1)/2$.

[2] Eine eingehende Interpretation der RAYLEIGHschen Formel findet sich bei A. BOUTARIC: J. Chim. physique **12**, 517 (1914). Überprüfung der Formel: LOTMAR, W.: Helv. chim. Acta **21**, 792, 953 (1938); BARNETT, C. E.: J. physic. Chem. **46**, 69 (1942).

• Wird hingegen die Gl. (24.10) benutzt, erhält man auf die gleiche Weise wie oben

$$\tau = \frac{8}{3}\pi^3 \frac{(n_{12}^2 - n_1^2)}{N_2\,\lambda_0^4}.\qquad(25.6)$$

Der größte Vorteil dieser Beziehung ist, daß in ihr nur noch meßbare Größen vorkommen, dadurch ist z. B. eine Bestimmung von N_2 und wegen $N_2 = N_L\,c_g/M_2$ eine des Partikelmolgewichts möglich. In sehr verdünnten Lösungen kann Gl. (24.12) verwendet werden. Diese ergibt

$$\tau = \frac{32}{3}\pi^3 \left(n_1 \frac{\Delta n}{c_g}\right)^2 \frac{c_g\,M_2}{N_L\,\lambda_0^4}.\qquad(25.7)$$

Dies ist eine oft benutzte Form der Trübungsgleichung, die für *alle* verdünnten Lösungen gilt.

Nun ist diese Theorie insofern nicht befriedigend, als sie den Eindruck erweckt, die Lichtstreuung ginge nur von den in der Flüssigkeit gelösten Partikeln aus, ohne daß die Flüssigkeit selbst etwas zum Streulicht beitrüge. Das liegt daran, daß die Flüssigkeit in Übertragung der Vorstellungen für die Polarisierbarkeit der Gasmoleküle als Kontinuum aufgefaßt wurde, was sicher nicht zutrifft. Die Flüssigkeit selbst muß ebenso wie ein Gas eine Lichtstreuung verursachen.

Zum Verständnis und zur exakten Ableitung der Gesetzmäßigkeit der Lichtstreuung von Lösungen ist die Schwankungstheorie der Kontinuumstheorie vorzuziehen. Der Zusammenhang mit den Schwankungen der

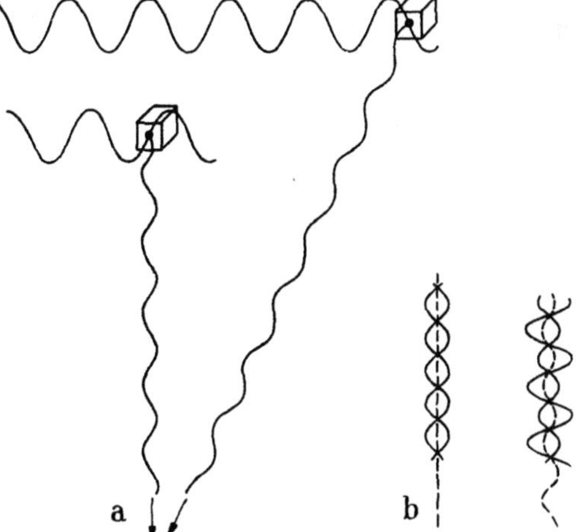

Abb. 25.2. Interferenz des von zwei verschiedenen Volumen des gleichen Körpers ausgehenden Streulichts. a) allgemeines Schema, b) (links) Auslöschung bei gleichen, b) (rechts) partielle Auslöschung bei ungleichen Amplituden zweier Streulichtwellen

Partikelzahlen in einem bestimmten Volumen, der von Smoluchowski und Einstein (vgl. § 20) erkannt wurde, ergibt sich aus folgenden Vorstellungen:

In einem isotropen Kristall, in dem sich alle Atome in der Ruhelage befinden — also etwa beim absoluten Temperaturnullpunkt —, kann keine Lichtstreuung auftreten. Jedes Atom wäre zwar Erregungszentrum für Streulicht, betrachtet man jedoch ein herausgegriffenes Volumenelement A, wie in Abb. 25.2, so läßt sich immer ein anderes gleich großes Volumenelement B mit der gleichen Zahl von Streuzentren wie A finden, dessen Streulicht in solcher Phase schwingt, daß das Streulicht des ersten Volumenelements durch Interferenz ausgelöscht wird. Läßt man die Randgebiete außer acht, so müssen sich im Mittel alle gestreuten Wellenzüge durch Interferenz aufheben, da die Zahl der gestreuten Lichtwellen des um 180° phasenverschobenen Volumenelementes B genau so groß ist wie die des Volumenelementes A. Ist die Zahl der Streuzentren in den beiden betrachteten Volumenelementen verschieden, müssen auch die Zahlen der von beiden ausgehenden Wellenzüge verschieden sein, die sich dann bei der Interferenz nicht mehr völlig auslöschen können, so daß Streulicht auftreten kann.

In Gasen und Flüssigkeiten besitzen die Moleküle normalerweise eine erhebliche Temperaturbewegung, die zur Folge hat, daß die Zahl der Moleküle in einem kleinen Volumenelement dauernd schwankt (siehe § 20). Daher wird im Element A (Abb. 25.2) im Augenblick der Streuung die Molekülzahl nicht den genau gleichen Wert besitzen, wie im Element B, in welchem die um 180° phasenverschobenen Lichtwellen entstehen. Da die Zahl der Streulichtwellen aus A und B dann verschieden sind, muß in einem solchen System Streulicht auftreten. In summa wird die resultierende Amplitude des Streulichts vom Mittelwert der Abweichungen abhängen, die die Zahl der Moleküle in einem Volumenelement gegenüber dem Durchschnittswert des gesamten Volumens besitzt. Die Intensität des Streulichts muß dann dem Mittelwert des Quadrats der Schwankungen proportional sein.

Man kann das System als eine Mischung einer Substanz der Dichte $N_0 + \varDelta N_0$ mit einer solchen der Dichte N_0 auffassen, oder sich vorstellen, daß Partikeln von der Größe der Volumenelemente $\varDelta V$ der Dichte $N_0 + \varDelta N_0$ und der DK $\varepsilon_0 + \varDelta \varepsilon_0$ in einem Medium der Dichte N_0 und der DK ε_0 eingebettet sind. Nimmt man weiterhin an, daß diese *imaginären* Partikeln auch Kugeln seien, kann die Theorie von Lorentz[1] für die Polarisierbarkeit von Kugeln in einem Kontinuum angewandt werden. Es gilt dann mit $1/N' = \varDelta V$ ($\varDelta V =$ Volumen der imaginären Kugeln mit der mittleren DK $\varepsilon_0 + \overline{\varDelta \varepsilon_0}$, $N' =$ Zahl der imaginären Kugeln)

$$\frac{4}{3}\pi\,\alpha\,\frac{1}{\overline{\varDelta V}} = \frac{\overline{\varDelta \varepsilon}}{3\varepsilon_0}\,. \tag{25.8}$$

Da $\overline{\varDelta \varepsilon_0}$ neben $3\varepsilon_0$ sicher vernachlässigt werden kann. ($\overline{\varDelta \varepsilon_0}$ ist erfahrungsgemäß von der Größenordnung 10^{-4} und kleiner, während ε_0 immer größer als 1 ist.) Hieraus ergibt sich

$$\alpha^2 = \left(\frac{\varDelta V}{4\pi}\right)^2 \frac{\overline{(\varDelta \varepsilon)^2}}{\varepsilon_0^2}\,.^2 \tag{25.9}$$

Bei Verwendung der Gln. (2) oder (3) ist nun darauf zu achten, daß die Wellenlänge des Primärstrahls nicht mehr der Vakuumwellenlänge λ_0

---

[1] Lorentz, H. A.: Proc., Kon. Akad. Wetensch. Amsterdam **13**, 92 (1910/11); zit. nach Gans, in Gehrke (Handb. phys. Optik Bd. 1. Leipzig 1927. S. 680).

[2] Es muß hier der Mittelwert des Quadrats der Schwankungen $\overline{(\varDelta \varepsilon_0)^2}$ genommen werden, wenn α^2 zum Zwecke des Einsetzens in die Lichtstreuungsgleichung hingeschrieben wird. Das folgt daraus, daß zur Berechnung zunächst der Ausdruck für α in die Amplitudengleichung ((III.1) eingesetzt werden muß; aus die abgestrahlte Leistung durch Bildung des Mittelwertes eines Quadrats (Gl. III.5) berechnet wird, d. h. $\varDelta \varepsilon_0$ muß auch zunächst quadriert werden, ehe davon der Mittelwert gebildet wird.

gleich ist, sondern den Wert λ_0/n_0 besitzt, da sich das Licht in einem Medium des Brechungsindex n_0 bewegt. Man erhält somit

$$\tau = \frac{8}{3}\,\pi(2\pi\,n_0/\lambda_0)^4\,N'\,(\varDelta V/4\pi)^2\,\overline{\left((\varDelta\varepsilon)^2/\varepsilon_0^2\right)} = \frac{8}{3}\,\pi^3\,\frac{\varDelta V\,\overline{(\varDelta\varepsilon_0)^2}}{\lambda_0^4}\,. \qquad (25.10)$$

Bei der Mittelwertbildung des Schwankungsquadrats von $\varDelta\varepsilon_0$ beschränken wir uns zunächst auf reine Flüssigkeiten: Die Änderung der DK ist hier allein durch die Änderung der Dichte (Zahl der Moleküle in der Volumeneinheit!) bedingt; wir könne also schreiben

$$\varDelta\varepsilon_0 = \frac{\partial\varepsilon}{\partial\varrho}\,\varDelta\varrho \ ^1 \qquad (25.11)$$

oder wenn x eine Größe ist, von der ε ganz allgemein abhängt

$$\varDelta\varepsilon_0 = \frac{\partial\varepsilon}{\partial x}\,\varDelta x\,. \qquad (25.11\,\mathrm{a})$$

Daraus folgt

$$\overline{(\varDelta\varepsilon_0)^2} = \left(\frac{\partial\varepsilon}{\partial x}\right)^2\,\overline{(\varDelta x)^2} \qquad (25.12)$$

für die Mittelwerte des Quadrats.

Die Schwankungen $\varDelta x$ bzw. das mittlere Schwankungsquadrat können wir an sich sofort entsprechend Gl. (20.21) angeben, die allgemein aus der großen Verteilungsfunktion abgeleitet werden kann (vgl. Anhang II). Da auf eine allgemeine Herleitung der Zusammenhänge verzichtet worden ist, soll diese hier für einen speziellen Fall nachgeholt werden. Wir benutzen dazu den BOLTZMANNschen e-Satz (vgl. § 20). Die Wahrscheinlichkeit der Schwankung ist zu setzen

$$W\,(\varDelta x) \sim e^{-\varDelta G/kT}, \qquad (25.13)$$

wobei die Proportionalitätskonstanten hier nicht interessieren. Die potentielle Energiegröße, die die Schwankung bestimmt, kann hier einer freien Enthalpie gleichgesetzt werden, da es sich um isotherme und isobare Vorgänge handeln soll und $\varDelta x$ irgendeine thermodynamische Variable sein soll, die sich mit G ändert. Um einen Mittelwert bilden zu können, müssen wir entsprechend Gl. (II.6) den Ausdruck

$$\overline{(\varDelta x)^2} = \frac{\displaystyle\int_{-\infty}^{+\infty} (\varDelta x)^2\,e^{-\varDelta G/kT}\,d\,(\varDelta x)}{\displaystyle\int_{-\infty}^{+\infty} e^{-\varDelta G/kT}\,d\,(\varDelta x)} \qquad (25.14)$$

berechnen.

Um das Integral lösen zu können, muß $\varDelta G$ als Funktion von $\varDelta x$ darstellbar sein. Durch Reihenentwicklung erhält man

$$\varDelta G = \left(\frac{\partial G}{\partial x}\right)_{\bar x}(\varDelta x) + \left(\frac{\partial^2 G}{\partial x^2}\right)_{\bar x}(\varDelta x)^2/2! + \left(\frac{\partial^3 G}{\partial x^3}\right)_{\bar x}(\varDelta x)^3/3! + \cdots \qquad (25.15)$$

Die Änderung von $\bar x$ auf $\bar x + \varDelta x$ wird sich nun in der Nähe des thermodynamischen Gleichgewichtes abspielen, für das entsprechend Gl. (I.28)

---

[1] Dies folgt einfach aus einer TAYLORschen Reihenentwicklung, die nach dem ersten Glied abgebrochen wurde.

$\partial G/\partial x = 0$ ist. Werden die Glieder nach dem quadratischen Glied vernachlässigt, ist

$$\varDelta G = \frac{1}{2} \left(\frac{\partial^2 G}{\partial x^2}\right)_{\bar{x}} (\varDelta x)^2 . \tag{25.16}$$

Diese Gleichung ist für hinreichend kleine Abweichungen vom Gleichgewicht, bei dem x den Mittelwert $\bar{x}$ besitzt, anwendbar. Wird Gl. (16) in (14) eingesetzt, läßt sich die Integration durchführen und man erhält

$$\overline{(\varDelta x)^2} = \frac{k\,T}{\dfrac{\partial^2 G}{\partial x^2}} . \tag{25.17}$$

In Gl. (10) eingesetzt erhält man die von EINSTEIN abgeleitete Trübungsgleichung

$$\tau = \frac{8}{3}\,\pi^3 \cdot \frac{\varDelta V}{\lambda_0^4} \left(\frac{\partial \varepsilon}{\partial x}\right)^2 k\,T \Big/ \frac{\partial^2 G}{\partial x^2} . \tag{25.18}$$

Bei der Berechnung der Streuung reiner Flüssigkeiten kann als Schwankungsgröße das spezifische Volumen V_0 gewählt werden. Entsprechend Gl. (I.17) erhält man bei der Differentiation von G nach dV_0

$$\frac{\partial^2 G}{\partial V_0^2} = -\left(\frac{\partial P}{\partial V_0}\right)_T = \frac{1}{V_0\,\beta}, \tag{25.19}$$

wenn man definitionsgemäß die isotherme Kompressibilität durch

$$\beta = -\,\frac{1}{V_0} \left(\frac{\partial V_0}{\partial P}\right)_T$$

einführt. Wird für das in Frage stehende Volumen V_0 die Größe $\varDelta V$, das Volumen der *imaginären* Partikel, eingesetzt, erhalten wir für die Trübung

$$\tau = \frac{8}{3}\,\pi^3\,\frac{(\varDelta V)^2}{\lambda_0}\,k\,T\,\beta \left(\frac{\partial \varepsilon}{\partial V_0}\right)^2 . \tag{25.20}$$

(Ob die isotherme oder adiabatische Kompressibilität zu verwenden ist, ist noch nicht entschieden.)[1] Es ist nun noch ein Ausdruck für $\partial \varepsilon/\partial V_0$ zu finden. Die LORENZ-LORENTZsche Gleichung lautet

$$\frac{\varepsilon - 1}{\varepsilon + 2} \cdot V_0 = \text{const}$$

und $V_0(\partial \varepsilon/\partial V_0) = -\,(\varepsilon - 1)\,(\varepsilon + 2)/3$, so daß sich für (20) unter Berücksichtigung von $\varepsilon = n^2$ und $V_0 = \varDelta V$ ergibt

$$\tau = \frac{8\pi^3}{3\lambda_0^4}\,k\,T\,\beta\,(n^2 - 1)^2\,(n^2 + 2)^2/9 . \tag{25.21}$$

Die Gleichung ist insofern umstritten als die Berechtigung zur Anwendung der LORENZ-LORENTZschen Gleichung nicht sicher ist. Experimentelle Überprüfung an verschiedenen Flüssigkeiten scheint dafür zu sprechen, das Gl. (21) ohne den Faktor $(n^2 + 2)^2/9$ die Verhältnisse besser beschreibt[2].

Für die Lichtstreuung von kolloiden Systemen mit flüssigem Dispersionsmittel ist der Beitrag der reinen Flüssigkeit zwar nicht zu vernachlässigen, aber auch nicht von überragender Bedeutung. Neben den

[1] CABANNES, J.: Diffusion moléculaire de la Lumière. Paris 1929. S. 213; GROSS, E. F.: Acta physicochim. URSS **20**, 459 (1945).

[2] Theoretische Diskussionen bei Y. ROCARD: C. R. Acad. Sci. Paris **181**, 212 (1925); Ann. Physique [10] **10**, 116 (1928); RAMANATHAN, K. R.: Indian J. Physics **1**, 413 (1927); OSTER, G.: Chem. Rev. **43**, 319 (1948).

Dichteschwankungen der Flüssigkeit treten nämlich in einem herausgegriffenen Volumen auch noch Schwankungen der Konzentration auf, die eine zusätzliche Lichtstreuung hervorrufen. In verdünnten Mischungen setzt sich dann die Gesamtstreuung praktisch additiv aus dem Anteil der Dichteschwankungen und dem der Konzentrationsschwankungen zusammen, weswegen der Anteil des Konzentrationseffekts durch Bildung der Differenz $\tau_{\text{Lösung}} - \tau_{\text{Lösungsmittel}}$ bestimmt werden kann. Die Änderung der Konzentration Δc_g in einem kleinen Volumen ΔV ruft eine Änderung der optischen DK $\Delta\varepsilon$ hervor, für die wieder die Gln. (11a) und (12) benutzt werden können. Es gilt

$$\overline{(\Delta\varepsilon)^2} = (\partial\varepsilon/\partial c_g)^2 \, \overline{(\Delta c_g)^2} \tag{25.22}$$

und

$$\overline{(\Delta c_g)^2} = k\,T/(\partial^2 G/\partial c_g^2) = k\,T\,c_g/\Delta V\,(\partial\pi/\partial c_g). \tag{25.23}$$

$(\pi = $ osmotischer Druck$)$

Zur Berechnung von $\partial^2 G/\partial c_g^2$: Es ist $n_2\,M_2/\Delta V = c_g$ und $dc_g = (M_2/\Delta V)\,dn_2$ sowie

$$\partial G/\partial c_g = (\Delta V/M_2)\,\partial G/\partial n_2 = (\Delta V/M_2)\,\mu_2$$

[vgl. Gl. (18.6)]. Daraus folgt

$$\partial^2 G/\partial c_y^2 = (\Delta V/M_2)\,(\partial\mu_2/\partial c_g).$$

Nun ist nach Gl. (19.13) $V_1\,\pi = -RT\ln a_1$ und $\mu_1 = \mu_{01} + RT\ln a_1$. Differentiation nach c_g ergibt

$$\partial\mu_1/\partial c_g = RT\,(\partial\ln a_1/\partial c_g),$$

da μ_{01} keine Funktion von c_g ist. Hieraus folgt

$$\partial\mu_1/\partial c_g = -V_1\,(\partial\pi/\partial c_g).$$

Verwenden wir die GIBBS-DUHEMsche Gleichung

$$\partial\mu_1/\partial c_g = -(n_2/n_1)\,(\partial\mu_2/\partial c_g),$$

so ist

$$\partial\mu_2/\partial c_g = (n_1\,V_1/n_2)\,(\partial\pi/\partial c_g)$$

und

$$\partial^2 G/\partial c_g^2 = (\Delta V\,n_1\,V_1/n_2\,M_2)\,(\partial\pi/\partial c_g);$$

da weiterhin $V_1 = \Delta V/n_1$ ist, erhalten wir

$$\partial^2 G/\partial c_g^2 = (\Delta V/c_g)\,(\partial\pi/\partial c_g),$$

woraus Gl. (23) resultiert.

Wird Gl. (23) in (18) eingesetzt, erhält man

$$\tau = \frac{8\pi^3}{3\lambda_0^4}\left(\frac{\partial\varepsilon}{\partial c_g}\right)^2 \frac{k\,T\,c_g}{\dfrac{d\pi}{dc_g}}, \tag{25.24}$$

die in dieser Form erstmals von RAMAN und RAMANATHAN[1] abgeleitet worden ist. Gl. (24) verknüpft eine thermodynamische Beziehung einer Lösung mit einer optisch beobachtbaren Größe. Sie wurde relativ

---

[1] RAMAN, C. V., u. K. R. RAMANATHAN: Philos. Mag. [7] **45**, 213 (1923).

wenig beachtet, da die Größe $\partial\varepsilon/\partial c_g$ nur unsicher zu bestimmen war. DEBYE machte dann 1945 darauf aufmerksam, daß durch eine einfache Umformung zumindest in verdünnten Lösungen oder kolloiden Zerteilungen eine Beziehung erhalten werden kann, in welcher alle Größen der Messung zugänglich sind. Es ist nämlich, wenn n_{12} sich nur wenig von n_1 unterscheidet,

$$\partial\varepsilon/\partial c_g = \partial(n_{12}^2 - n_1^2)/\partial c_g \simeq (n_{12} + n_1)(n_{12} - n_1)/c_g \simeq 2n_1 \Delta n/c_g \quad (25.25)$$

und daher

$$\tau = \frac{32\pi^3}{3\lambda_0^4} n_1^2 \left(\frac{\Delta n}{c_g}\right)^2 k\,T\, \frac{c_g}{(d\pi/dc_g)} = H\,\frac{c_g}{(d\pi/dc_g)}\,.\,{}^1 \quad (25.26)$$

Die Gleichung ist durch eine sehr große Zahl von Untersuchungen bestätigt worden. Ihre Bedeutung liegt vor allem darin, daß sie Partikelmolgewichte zu berechnen gestattet. Verwendet man Gl. (19.20) für den osmotischen Druck, so ist

$$\frac{d\pi}{dc_g} = \frac{RT}{M_j} + 2B_j^* c_g + 3C_j^* c_g^2 + \cdots, \quad (25.27)$$

woraus für ideale Mischungen mit $B_j^* = 0$ und $C_j^* = 0$

$$\frac{d\pi}{dc_g} = \frac{RT}{M_j}$$

folgt, was in (26) eingesetzt

$$\tau = \frac{H\,c_g\,M_j}{RT} \quad (25.28)$$

ergibt.

Der Trübungskoeffizient ist in idealen Lösungen direkt der Gewichtskonzentration und dem Partikelmolgewicht proportional.

Zweckmäßigerweise bildet man die Größe

$$\boxed{\frac{H\,c_g}{\tau} = \frac{d\pi}{dc_g}} \quad (25.29)$$

da sich dann eine direkte Beziehung zwischen Trübung und Gl. (27) ergibt.

Die Anwendung dieser Methode zur Bestimmung von Partikelmolgewichten und die dazu gebräuchlichen apparativen Einrichtungen werden in § 36 ausführlich erörtert.

Depolarisation

Die bisherigen Gesetzmäßigkeiten wurden unter der Voraussetzung abgeleitet, daß die streuenden Partikeln isotrop und kugelförmig sind. Das Moment des von der einfallenden Lichtwelle induzierten Dipols ist dann unabhängig von der räumlichen Lage des betreffenden Teilchens. Die Schwingungsrichtung des Streulichts liegt bei einer Betrachtung im Winkel von 90° immer in der Vertikalen. Bei anisotropen Partikeln

---

[1] Gl. (26) ist ebenfalls abgeleitet worden, ohne das Glied $(n^2 + 2)/9$, das sich bei der Differentiation der LORENZ-LORENTZschen Gleichung ergibt, zu berücksichtigen. Vgl. hierzu PARTINGTON, loc. cit.

fällt die Schwingungsrichtung des induzierten Dipols nicht mehr mit der Richtung des erregenden Lichtvektors zusammen; da die Partikeln alle möglichen räumlichen Lagen einnehmen, wird auch Streulicht verschiedener Schwingungsrichtung und Intensität ausgesandt, z. B. sendet ein Teilchen, dessen Polarisierbarkeit zufällig in der Horizontalen liegt, kein Streulicht bei 90° aus. In solchen Fällen enthält das 90°-Streulicht auch horizontal polarisierte Anteile. Ähnliches muß auftreten, wenn die Partikeln anisometrisch sind; auch hier sind die Polarisierbarkeiten von der Richtung abhängig, wie ohne weiteres einzusehen ist. Noch andere Einflüsse sind bei Teilchen, die größer als die Lichtwellenlänge sind (Multipol-Polarisation) und bei höheren Konzentrationen, wo sie möglicherweise nicht mehr unabhängig voneinander streuen, zu erwarten.

Das Verhältnis der Intensitäten von Vertikal- zu Horizontalkomponenten läßt sich durch Beobachtung im analysierenden Polarisationsprisma bestimmen. KRISHNAN[1] benutzte diese Größen, um hieraus Aussagen über die Anisotropie und Gestalt kolloider Partikeln zu machen. Obwohl Theorie und experimentelle Durchführung der Messungen Schwierigkeiten machen und nur halbquantitative Aussagen zulassen, kommt man doch nach ZIMM, STEIN und DOTY[2] relativ einfach zu einer Klassifikation unbekannter kolloider Lösungen hinsichtlich ihrer Größe und Anisotropie.

Zur Beurteilung der Lichtstreuung ist jedoch wichtig, daß das Auftreten anders polarisierter Komponenten des Streulichts eine Korrektur der gemessenen Werte notwendig macht, ehe die Gleichungen für R_ϑ oder τ angewendet werden können. Ist das Verhältnis der Intensität von Vertikal- zur Horizontalkomponente des Streulichts V_u/H_u bei unpolarisiertem Primärstrahl, so ist die Korrektur für R_{90} nach CABANNES[3]

$$R_{90\,(\text{KORR})} = R_{90\,(\text{EXP})} \frac{6 - 7\varrho_u}{6 + 6\varrho_u} \tag{25.30}$$

oder für τ nach DEBYE[4]

$$\tau_{(\text{KORR})} = \tau_{(\text{EXP})} \frac{6 - 7\varrho_u}{6 + 3\varrho_u} . \tag{25.31}$$

Diese Beziehungen besitzen jedoch nur Gültigkeit, solange die Partikeln klein gegen die Lichtwellenlänge sind[5].

Lichtstreuung von Partikeln $> \lambda/15$

Die Erörterungen der vorangehenden Abschnitte bezogen sich auf Systeme mit Partikeln kleiner als $^1/_{15}$ der Primärlichtwellenlänge, wenn deren Brechungsindex gegenüber dem Dispersionsmedium nicht sehr

---

[1] KRISHNAN, R. S.: Kolloid-Z. **84**, 2 (1938).

[2] ZIMM, B. H., R. S. STEIN u. P. DOTY: Polymer Bull. **1**, 90 (1945).

[3] CABANNES, J.: loc. cit.

[4] DEBYE, P.: zit. nach W. F. M. MOMMAERTS: J. Colloid Sci. **7**, 71 (1952).

[5] Für größere Teilchen siehe ZIMM, STEIN und DOTY, loc. cit. Methoden zur Messung von ϱ_u bei DOTY und KAUFMAN, J. physic. Chem. **49**, 583 (1945). Ausführliche Darstellungen bei GANS in WIEN-HARMS: Handb. der Experimentalphysik **19**, 385 (1928); PARTINGTON, J. R.: An Advanced Treatise on Physical Chemistry. Vol. 4. London 1953. S. 255.

groß ist. (Wegen der Erschließung dieses Bereichs durch die Theorie von LORD RAYLEIGH wird er vielfach als RAYLEIGH-Bereich bezeichnet.) Für Systeme mit größeren Partikeln, deren Dimensionen der Lichtwellenlänge nahe kommt, oder sie gar übersteigt, verlieren die abgeleiteten Beziehungen um so mehr an Gültigkeit, je größer die Partikeln werden, je mehr sie von der Kugelgestalt abweichen und je höher ihr Brechungsindex gegenüber dem Dispersionsmittel wird.

Eine allerdings nur für kugelförmige Partikeln gültige Theorie, die jedoch alle Effekte berücksichtigt, und die Lichtstreuung aller Partikeln, Größen und Brechungsindices beschreibt, ist von MIE[1] entwickelt worden. Der phänomenologisch wichtigste nach MIE genannte Effekt ist die

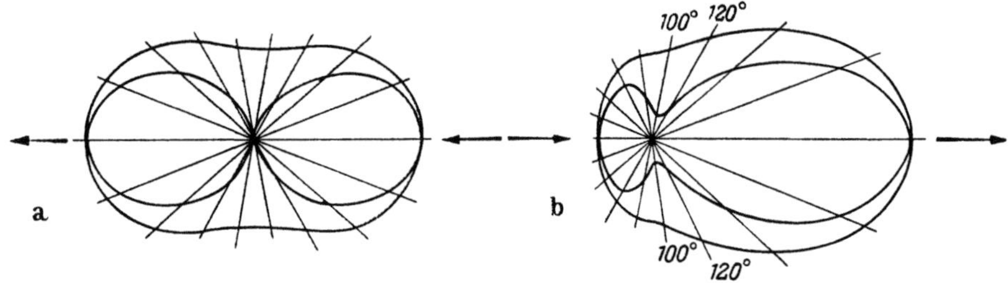

Abb. 25.3. Streulichtintensität kugelförmiger nichtleitender Partikeln in Abhängigkeit vom Beobachtungswinkel nach der MIEschen Theorie. a) $d \ll \lambda$, b) $d > \lambda$. Äußere Linien: Unpolarisiertes Licht, innere Linien: In der Papierebene polarisiertes Licht. (Vgl. auch Abb. III, 2, III, 3 und III, 4). Entnommen aus FREUNDLICH: Kapillarchemie Bd. 2, 2. Aufl., Leipzig, 1932.

Änderung der Intensitätsverteilung des Streulichts mit dem Winkel bei vertikal polarisiertem Primärstrahl mit zunehmender Größe der streuenden Kugeln. Abb. 25.3a zeigt die Streuintensitätsverteilung einer Partikel mit dem Durchmesser $\lambda/20$; die Intensität ist außer bei $\vartheta = 0$ im ganzen Winkelbereich etwas kleiner als bei einer „RAYLEIGH"-Partikel und die „Vorwärts"-Streuung etwas stärker als die „Rückwärts,,-Streuung. Bei Teilchen mit $d > \lambda$ treten in der Intensitätsverteilung Maxima und Minima auf, deren Lage charakteristisch für die Größe des streuenden Teilchens ist (Abb. 25.3b). Dieser Verlauf der Streufunktion konnte von LA MER und SINCLAIR[2] erst 1943 durch Messungen an streng monodispersen Schwefelsolen experimentell bestätigt werden. Die in Abb. 25.3b dargestellte Streufunktion gilt nur für eine bestimmte Wellenlänge (Partikelgröße, Konzentration usw.). Für andere Wellenlängen liegen die Maxima und Minima der Streuintensität auch bei anderen *Winkeln*. Betrachtet man daher ein monodisperses Schwefelsol in weißem Primärlicht, so ist das Streulicht je nach dem Beobachtungswinkel von verschiedener Farbe[3]. Da die Lage der Maxima sehr empfind-

---

[1] MIE, G.: Ann. Physik [2] 25, 377 (1908).

[2] LA MER, V. K. u. D. SINCLAIR: OSRD Report Nr. 1857 und Report Nr. 944, Office of Publications Board US Dept. of Commerce (1943); J. Colloid Sci. 1, 71 (1946); 2, 361 (1947).

[3] Farbige Abbildungen dieses Effekts finden sich bei V. K. LA MER u. M. KERKER: Scientific American 188, Nr. 2, 69 (1953).

lich auf die Größe der Partikeln reagiert, verwischen sich die Farbeffekte um so mehr, je uneinheitlicher die Partikelgröße wird, deswegen erscheinen polydisperse Schwefelsole im weißem Licht ebenfalls weiß.

Die MIEsche Theorie berücksichtigt eine Reihe von Effekten, die bei kleinen Partikeln vernachlässigt werden können. Da die Theorie zu sehr komplizierten Ausdrücken in Form von Reihen führt, ist ihre praktische Anwendung erst heute durch Zuhilfenahme elektronischer Rechenmaschinen möglich geworden, die eine Tabellierung der Funktionen erlaubte[1].

Eine gewisse Vereinfachung der Theorie der Lichtstreuung größerer Partikeln ist möglich, wenn die Brechungsindexdifferenzen von Partikeln und umgebendem Medium klein sind. Reflektion und Brechung[2] sowie sekundäre Effekte, wie Beugung können vernachlässigt werden. Eine

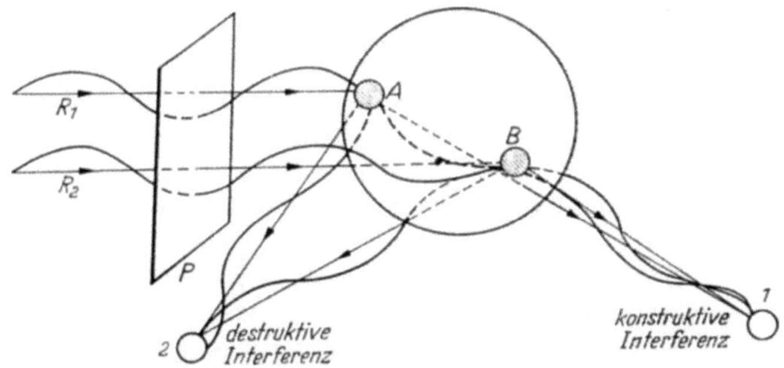

Abb. 25.4. Streuung polarisierten Lichts an einer Partikel mit einem Durchmesser von der Größenordnung der Lichtwellenlänge. A und B, angenommene Streuzentren innerhalb der Partikel. Bei 1 Verstärkung der Wellenzüge R_1 und R_2, bei 2 Auslöschung (nach B. ZIMM: loc. cit., entnommen aus HOPPE-SEYLER-THIERFELDER: loc. cit. Bd. II, S. 146)

derartig vereinfachte, aber für sehr viele Anwendungen geeignete und leistungsfähige Theorie ist DEBYE[3] zu verdanken, der die Lösung eines ähnlichen Problems — der Streuung von Röntgenstrahlen an Gasen — auf die Verhältnisse bei der Lichtstreuung übertrug. Sie lassen sich am besten durch ein Modell von ZIMM, STEIN und DOTY verständlich machen, was in Abb. 25.4 dargestellt ist.

Zwei Wellenzüge treffen auf ein „großes" Teilchen; verfolgt man die Streuwellen, die von den Bezirken A und B des Teilchens ausgehen, so werden sie in der Richtung 1 — bei kleinem Winkel — derart interferieren, daß eine Verstärkung eintritt, denn ihr Gangunterschied ist hier klein. Hingegen muß in der Richtung 2 die Interferenz zur Auslöschung führen, da jetzt erhebliche Gangunterschiede auftreten. Auf diese Weise

---

[1] Tabellenwerke: GUCKER, F. T. jr. u. S. H. COHN: I. Colloid Sci. 8, 555 (1953). — Tables of Scattering Functions for Spherical Particles, Natl. Bureau of Standards Applied Mathem. Ser. 4, U. S. Government Printing Office, Washington DC (1948). GUMPRECHT, R. O. u. C. M. SLIEPCEVICH: Tables of Light-scattering Functions for Spherical Particles. University of Michigan 1951. — PANGONIS, W. J., W. HELLER u. A. JACOBSON: Tables of Light-scattering functions for spherical particles. Detroit 1957.

[2] VAN DE HULST, H. C.: Light scattering by Small Particles. New York 1957.

[3] DEBYE, P.: loc. cit. S. 167; Ann. Physik [4] 46, 809 (1915).

kommt dann ein Diagramm von der Art der Abb. 25.3 zustande. Betrachtet man das Streulicht einmal unter 45° und ein anderes Mal unter 135°, so ist das Verhältnis R_{45}/R_{135} immer größer als 1, während es im RAYLEIGH-Bereich $= 1$ ist.

Die Winkelabhängigkeit des Streulichts wird somit durch die Größe der Streukugel beeinflußt. Bei kleinem Kugeldurchmesser fallen A und B soweit zusammen, daß die Interferenz unerheblich ist. Die Dissymmetrie der Streufunktion — also das Verhältnis von Vorwärts- und Rückwärtsstreuung — muß mit der Entfernung von A und B wachsen. Solange sie kleiner als eine Wellenlänge ist, verläuft die Streufunktion monoton. Wird sie jedoch größer, können Interferenzen zweiter und höherer Ordnung auftreten, die zur Ausbildung von Maxima und Minima führen (MIE-Effekt).

Aus den Abb. 25.3a und 25.3b geht hervor, daß in der Richtung des Primärstrahls — also bei $\vartheta = 0$ — keine Interferenzeffekte auftreten. Die Intensität des Streulichts ist hier die gleiche wie bei Teilchen, die kleiner als $\lambda/15$ sind. Aus diesem Grunde sind für $\vartheta = 0$ auch die Gesetzmäßigkeiten des RAYLEIGH-Bereiches gültig, z. B. läßt sich ohne weiteres der Trübungskoeffizient τ aus R_0 bestimmen und daraus die thermodynamischen Funktionen oder das Partikelmolgewicht berechnen. Hingegen ist τ nicht aus gemessenen Werten von $i_{\vartheta \neq 0}$ nach Gl. (2) und (3) zu gewinnen, da die Beziehung (2) zwischen R_0 und i_ϑ nicht mehr gültig ist.

Die Interferenzeffekte der größeren Partikeln können durch einen Faktor $P(\vartheta)$ (= Particle Scattering Factor) berücksichtigt werden, der nach ZIMM[1] folgendermaßen definiert ist ($H' = H/RT$)

$$\frac{3\,H'\,c_g}{8\pi\,V\,R_{\vartheta,v}} = \frac{1}{M_j\,P(\vartheta)} + + 2\,B_j^*\,c_g + \cdots \tag{25.32}$$

Der eigentliche Verlauf der Interferenzfunktion hängt nun davon ab, welche und wieviel Interferenzmöglichkeiten innerhalb eines Teilchens vorhanden sind, wobei die räumliche Anordnung der als selbständige Dipole schwingenden Bereiche von Bedeutung ist. Die Funktionen werden daher auch von der *Gestalt* der Partikeln beeinflußt. Für $P(\vartheta)$ ergeben sich nun folgende Beziehungen:

Ist r_{ij} der Abstand zwischen zwei Streubereichen und definiert man eine Größe $s = 2 \sin (\vartheta/2)$, ist weiterhin $\lambda_L = \lambda_0/n_0$ die Lichtwellenlänge im Lösungsmittel, so gilt allgemein

$$P(\vartheta) = \sum_i \sum_j \frac{\sin\left[(2\pi/\lambda_L)\,s\,r_{ij}\right]}{(2\pi/\lambda_L)\,s\,r_{ij}}, \tag{25.33}$$

da die Summation für jeden Abstand der Orte i und j durchgeführt werden muß und die geometrische Anordnung, innerhalb welcher sich i und j befinden, auch die Funktion selbst beeinflussen. Für Kugeln ergibt sich als Lösung

$$P(\vartheta) = (9/x^6)\,(\sin x - x \cos x)^2 \tag{25.34}$$

mit $x = (\pi/\lambda_L)\,s \cdot d$ ($d =$ Kugeldurchmesser)[2].

[1] ZIMM, B. H.: J. chem. Physics **16**, 1093 (1948).
[2] Vgl. dazu auch W. HELLER u. W. J. PANGONIS: J. chem. Physics **26**, 498 (1957); HELLER, W.: ibid. **26**, 1258 (1957).

Für gestreckte Rotationsellipsoide mit den Achsen a und b $(a > b)$, die keine Anisotropie der Polarisierbarkeit aufweisen, erhält man für

$$x = (2\pi/\lambda_L)\, b \sin (\vartheta/2)\, [\sin (\vartheta/2) + (a/b)^3 \cos (\vartheta/2)]^{\frac{1}{2}},\, [1] \qquad (25.35)$$

das in (34) eingesetzt werden kann.

Von DEBYE[2] und NEUGEBAUER[3] wird eine andere Lösung angegeben mit

$$P(\vartheta) = \frac{1}{x} \int\limits_0^{2x} \frac{\sin x}{x}\, dx - \left(\frac{\sin x}{x}\right)^2, \qquad (25.36)$$

die für starre Stäbchen mit einer Dicke von $< \lambda/15$ gültig ist.

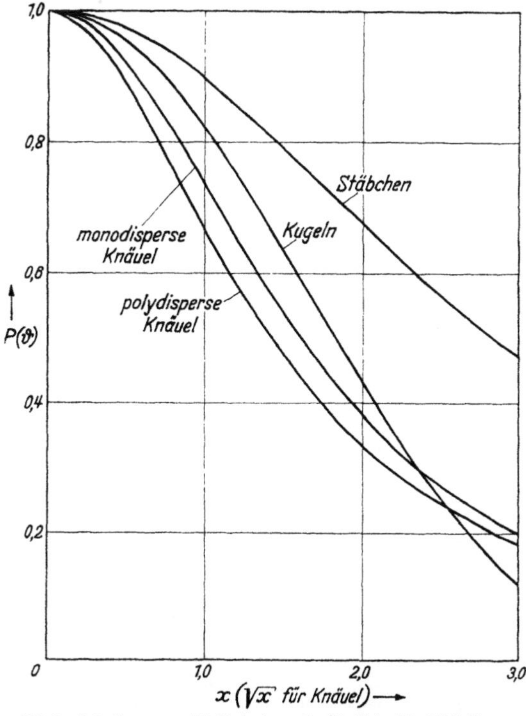

Abb. 25.5. $P(\vartheta)$ in Abhängigkeit von x [definiert nach Gl. (34, 35, 36)] für verschiedene Gestaltstypen (vgl. Text). (Entnommen aus HOPPE-SEYLER-THIERFELDER: loc. cit. Bd. II, S. 149)

Für statistisch geknäuelte Fadenmoleküle erhält man

$$P(\vartheta) = (2/x^2)\, [e^{-x} - (1 - x)] \quad \text{mit} \quad x = (2\pi/\lambda_L)^2\, s^2\, r^2/6. \qquad (25.37)$$

Auf Abb. 25.5 sind die Abhängigkeiten von $P(\vartheta)$ und x für Kugeln, Stäbchen, monodisperse und polydisperse geknäuelte Fadenmoleküle dargestellt. Der letztere Fall ist von praktischer Bedeutung, da die synthetisch gewonnenen Hochpolymeren immer als polydisperse Systeme anfallen.

[1] STACEY, K. A.: Light scattering in Physical Chemistry. London 1956.
[2] DEBYE, P.: Ann. Physik [4] **46**, 809 (1915); J. phys. Coll. Chem. **51**, 18 (1947).
[3] NEUGEBAUER, T.: Ann. Physik (5) **42**, 509 (1943).

Die Diagramme lassen erkennen, welchen charakteristischen Verlauf die Streufunktionen für bestimmte Gestaltstypen nehmen; außer bei der etwas diffizilen Unterscheidung monodisperser und polydisperser Knäuel ist die Differenzierung zwischen kugel- und stäbchenförmigen Partikeln sowie Fadenmolekülen möglich. Darüber hinaus kann bei einem einmal als richtig erkannten Gestaltsmodell *eine* Partikeldimension bestimmt

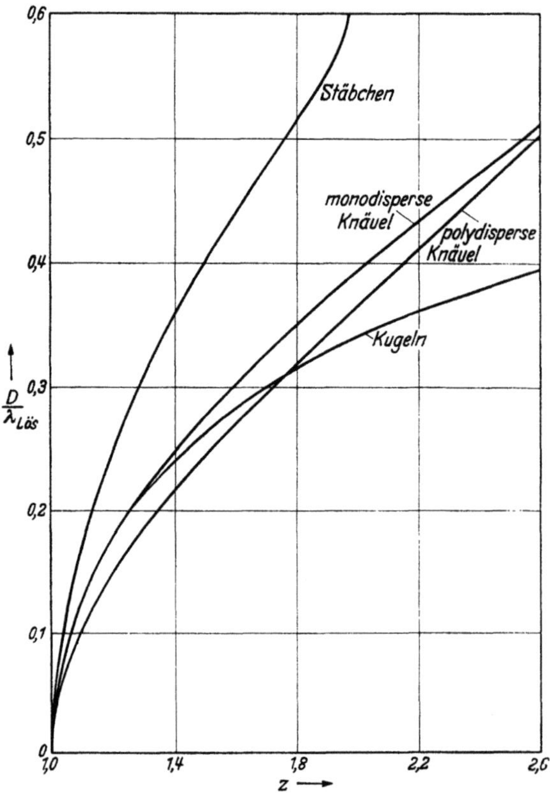

Abb. 25.6. Abhängigkeit des Quotienten $D/\lambda_{\text{Lös}}$ (D = Teilchendimension, $\lambda_{\text{Lös}}$ = Wellenlänge des Lichts im Dispersionsmittel) vom Asymmetriekoeffizienten z (Definition s. Text) (entnommen aus HOPPE-SEYLER-THIERFELDER: loc. cit. Bd. II, S. 150)

werden. Der scheinbare Nachteil der Interferenzstörung der Lichtstreuung größerer Partikel erweist sich so als Vorteil, durch den eine neue Methode zur Ermittlung der Partikelgestalt und -dimension gewonnen worden ist.

Die charakteristischen $P(\vartheta)$-Funktionen erfordern an sich eine experimentelle Bestimmung der Winkelabhängigkeit der Streulichtintensität. Es genügt aber vielfach in der Praxis, nur bei zwei Winkeln, die zu 90° symmetrisch liegen, zu messen. Das Intensitätsverhältnis bei diesen beiden Winkeln $R_\vartheta/R_{\pi-\vartheta}$ wird als Dissymmetriekoeffizient z bezeichnet. Gewöhnlich wird bei 45° und 135° gemessen. z ist ebenfalls für jeden Gestaltstyp in charakteristischer Weise von der Partikeldimension abhängig, wie Abb. 25.6 zeigt.

Zur Bestimmung von Größe und Gestalt kann statt bei verschiedenen Winkeln auch bei verschiedenen Wellenlängen gemessen werden. Grundsätzlich lassen sich hieraus die gleichen Informationen wie aus der Winkelabhängigkeit gewinnen, nur ist die Meßmethodik umständlicher, da auch die Brechungsindices bei verschiedener Wellenlänge ermittelt werden müssen.

Die bisherigen Erörterungen bezogen sich auf monodisperse Systeme. Sie gelten auch für polydisperse Systeme, solange alle vorkommenden Teilchengrößen kleiner als $\lambda/15$ sind, nur ist statt der Partikelmolgewichte, deren Gewichtsmittelwert einzusetzen. Dies folgt aus der Additivität der Streuwerte der einzelnen Teilchen. In einer idealen verdünnten Lösung mit i verschieden großen Teilchensorten gilt für die i-te Sorte

$$\left|\frac{H\,c_{g\,i}}{\tau_i}\right|_{c_{g\,i}\to 0} = \frac{RT}{M_i} \quad \text{und} \quad \tau = \sum_i \tau_i = \frac{H}{RT}\sum_i c_{g\,i}\,M_i = \frac{H}{RT}\,\overline{M}_w \sum_i c_{g\,i}.$$

Da $\sum_i c_{g\,i} = c_g$ ist, folgt

$$\left|\frac{H\,c_g}{\tau}\right|_{c_g\to 0} = \frac{RT}{\overline{M}_w}. \tag{25.38}$$

Bei Partikeln mit der Wellenlänge vergleichbarer Größe erhält man nur dann $\overline{M}_w$, wenn R_0 gemessen wird, was durch Extrapolation der gemessenen R_ϑ-Werte auf den Winkel O geschehen kann. Für jeden anderen Winkel gehört auch bei unendlich verdünnten idealen Lösungen zu jeder Partikelgröße ein besonderer Wert des Partikelstreufaktors $P_i(\vartheta)$, so daß

$$\left|\frac{8}{3}\,\pi\,R_\vartheta\right|_{c_{g\,i}\to 0} = \frac{H}{RT}\sum_i c_{g\,i}\,M_i\,P_i(\vartheta)$$

wird. Der Partikelstreufaktor ist im allgemeinen für eine bestimmte geometrische Form konstant und nur von der Dimension der Partikel abhängig[1].

Schließlich wird die Lichtstreuung durch die optische Anisotropie der streuenden Partikeln beeinflußt, wie bereits erwähnt wurde. Doch ist bei größeren Teilchen zusätzlich zu berücksichtigen, daß die Depolarisation des Streulichts durch die Anisotropie auch den Partikelstreufaktor verändert, so daß die Winkelabhängigkeit der Intensität von anisotropen Stäbchen anders verläuft als die von isotropen Stäbchen. Z. B. kann bei langen Stäbchen[2] (Tabakmosaikvirus) der Dissymmetriekoeffizient durch einen Anisotropie-Effekt um $20\cdots50\%$ verändert werden.

Systeme mit leitenden Partikeln

Kolloide Systeme, die metallisch leitende Teilchen enthalten, sind auffallend gefärbt. Als klassisches Beispiel hat das leuchtend rote Goldsol immer wieder zur Beschäftigung mit seinen Eigenheiten gereizt,

---

[1] Vgl. jedoch M. GOLDSTEIN [J. chem. Physics **21**, 1255 (1953)], der eine Änderung der Partikelstreufaktoren bei polydispersen Systemen diskutiert.
[2] HORN, P., H. BENOIT u. G. OSTER: J. Chim. physique **48**, 530 (1951).

so daß hier die Verhältnisse gut bekannt sind. Das Goldsol erscheint in der Durchsicht rot, das Streulicht ist jedoch grünlich-gelb; das Absorptionsspektrum ebenso wie das Streulichtspektrum haben ein Maximum bei etwa 530 mμ. Es war bereits auch lange bekannt, daß die Farbe des Goldsols mit der Teilchengröße veränderlich ist, z. B. das Umschlagen von roter zu blauer Durchsichtfarbe bei einer Teilchenvergrößerung durch Aggregation. Die meisten Edelmetallsole sind braunrot bis schwarz gefärbt, die Oxyde und Sulfide der Metalle ergeben nur dann farbige kolloide Zerteilungen, wenn auch die reinen Substanzen selbst gefärbt sind.

Die Farbigkeit der Metallsole läßt sich ebenfalls durch die elektromagnetische Lichttheorie erklären (LORD RAYLEIGH, loc. cit., LORD KELVIN[1], MAXWELL GARNETT[2] und MIE[3]). Da der hierzu notwendige mathematische Apparat noch umfangreicher und komplizierter ist als bei den nichtleitenden Partikeln, können wir die Theorie nur kurz skizzieren. Bei kleinen Teilchen können an sich die Gleichungen für die abgestrahlte Energie wie (24.15) wieder angewandt werden, nur ist hier die DK der Partikeln eine komplexe Größe der Form

$$\varepsilon' = n^2 (1 - a\,i)^2, \qquad (25.39)$$

a ist der Absorptionsindex, da metallische Partikeln auch Licht absorbieren. Die Größen n und a lassen sich aus Reflexionsmessungen an den betreffenden massiven Metallen bestimmen[4]. Gl. (39) beschreibt das Verhalten des Lichts beim Auftreffen auf ein Metall, wo es zum Teil gestreut (reflektiert), — was die Größe n beschreibt —, zum andern Teil aber absorbiert wird, was durch die Größe a zum Ausdruck kommt.

Silber, das praktisch als vollkommener Leiter anzusehen ist, zeigt z. B. ein noch verhältnismäßig einfaches Verhalten: Real- und Imaginärteil von ε' ändern sich nur wenig mit der Wellenlänge, weshalb die Streuintensität von Silberpartikeln im RAYLEIGH-Bereich sich annähernd proportional $1/\lambda^4$ ändert, da bei einem Metall mit unendlich großer Leitfähigkeit $(\varepsilon' - 1)/(\varepsilon' + 2) = 1$ und

$$S = S_0\, 24\pi^3\, v^2/\lambda^4$$

sein müßte.

Wenn nun Absorptionsmaxima und -minima auftreten, wird ε' eine starke Dispersion besitzen. Z. B. hat die Größe a bei Gold in der Nähe von 550 mμ (genau bei 530 mμ) ein Absorptionsminimum. Wie Tab. 25.I zeigt, wirkt sich das so aus, daß die abgestrahlte Streuintensität bei dieser Wellenlänge ein Maximum besitzt. Das Streulicht eines Goldsols mit Teilchengrößen $< \lambda/15$ ist in der Tat gelb-grünlich.

---

[1] LORD KELVIN (W. THOMSON): Notes on the Recent Researches in Electricity and Magnetism, Oxford 1853, 473.

[2] GARNETT, J. C. M.: Philos. Trans. Roy. Soc. London A **205**, 237 (1906).

[3] MIE, G.: Ann. Physik [4] **25**, 377 (1908).

[4] Derartige komplexe Größen treten in der elektromagnetischen Lichttheorie wegen der Darstellungsweise von periodischen Vorgängen mit Hilfe von Funktionen der Art $A = A_0 \exp(i\,\omega\,t)$ auf. Trotz ihrer physikalischen Unanschaulichkeit vereinfacht sich die mathematische Behandlung der Probleme erheblich. Vgl. dazu PARTINGTON (loc. cit.).

Tabelle 25 I.[1]

λ	$n^2 (1 - a\,i)^2/n_1^2$	$[(\varepsilon' - 1)/(\varepsilon' + 2)]^2$	$(24\,\pi^3/\lambda^4)\,[(\varepsilon' - 1)/(\varepsilon' + 2)]^2 \cdot 10^{16}$
420	$0,00 - 3,20\,i$	0,75	6,12
500	$-1,60 - 2,49\,i$	2,05	7,71
550	$-3,20 - 1,57\,i$	5,18	13,37
650	$-6,97 - 1,63\,i$	2,42	3,17

Die Theorie ist durch Messungen von STEUBING[2] bestätigt worden. Die optischen Konstanten des Golds sind in diesem Bereich unabhängig von der Teilchengröße und werden denen des makroskopischen Metalls gleichgesetzt.

Ob dieses Vorgehen berechtigt ist, ist zumindest fraglich, denn man beobachtet eine Änderung von n und a — wenn man zu sehr dünnen Blättchen übergeht, ebenso sind die sehr kleinen Goldkeime, die durch Reduktion von goldsalzhaltigem Glas entstehen, fast farblos —, die rote Farbe des Rubinglases entsteht erst, wenn die Keime auf Teilchengrößen von einigen mμ anwachsen[3].

Sind die Metallteilchen größer als $\lambda/15$, ergibt sich aus der MIESchen Theorie eine Abhängigkeit der Streufunktion von der Partikelgröße. Die Streuintensität ist dann nur noch durch Reihenentwicklung numerisch zu berechnen, doch unterscheidet sich die mathematische Behandlung dieser Systeme grundsätzlich nicht von denen mit nicht leitenden dielektrischen Partikeln; nur sind statt der DK oder des Brechungsindex die entsprechenden komplexen Größen einzusetzen.

Wenn nun Real- und Imaginärteil von ε' bzw. n' auch noch in verschiedener Weise von der Lichtwellenlänge abhängen, ergibt sich eine außerordentlich komplizierte funktionelle Abhängigkeit der Streulichtintensität von den einzelnen Parametern. Berechnungen dieser Art wurden von E. MÜLLER nach der MIESchen Theorie angestellt. Ihr Ergebnis zeigt Abb. 25.7, woraus zu erkennen ist, daß sich die Intensität bei kleinen Partikeln praktisch noch mit dem Quadrat des Volumens ändert, werden die Durchmesser größer, so ändert sich auch die spektrale Verteilung und das Maximum der Steulichtintensität verschiebt sich zu längeren Wellen. Doch durchläuft auch die Intensität einer *einzigen* Wellenlänge ein Maximum mit ansteigender Teilchengröße, was auch experimentell durch Messungen von STEUBING (loc. cit.) und von FRAGSTEIN, MEINGAST und HOCH[4] bestätigt werden konnte.

Für den Polarisationszustand des Streulichts leitender Partikeln in dielektrischen Medien gilt im RAYLEIGH-Bereich das gleiche wie für dielektrische Partikeln. Hingegen komplizieren sich die Verhältnisse

---

[1] Beachte: Wenn das umgebende Medium Wasser ist, muß Gl. (39) durch n_1, den Brechungsindex des Wassers dividiert werden!

[2] STEUBING, W.: Ann. Physik (4) **26**, 329 (1908).

[3] Vgl. hierzu K. LAUCH: Ann. Physik (4) **74**, 55 (1924); OSTWALD, WO.: Licht und Farbe in Kolloiden. Dresden u. Leipzig 1924.

[4] v. FRAGSTEIN, C., J. MEINGAST u. H. HOCH: Forschungsber. d. Wirtschafts- und Verkehrministeriums Nordrhein-Westfalen Nr. 174. Köln 1955.

ebenso, wenn die Partikelgröße wieder $\lambda/15$ überschreitet. Streulichtintensitäten, die nach der Theorie von MIE berechnet und von FRAGSTEIN, MEINGAST und HOCH in Abhängigkeit vom Beobachtungswinkel gemessen worden sind, zeigt Abb. 25.8. Wie bei dielektrischen Partikeln treten Maxima und Minima der Streufunktionen auf; in der Beobachtungsrichtung von 90° ist die Intensität der Horizontalkomponente (gestrichelte Kurve) nicht mehr gleich Null, das Streulicht ist also nicht mehr vertikal polarisiert, sondern enthält zusätzlich eine Horizontalkomponente.

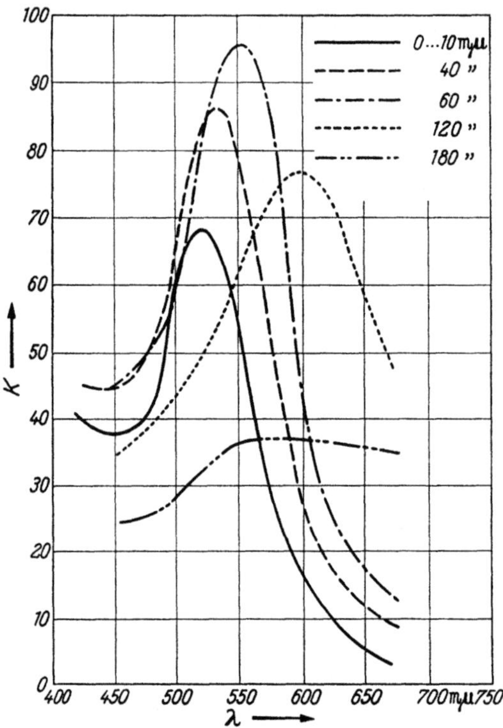

Abb. 25.7. Abhängigkeit der Streulichtintensität von Goldsolen verschiedener Partikelgröße von der Lichtwellenlänge, berechnet nach der MIEschen Theorie von V. FRAGSTEIN, MEINGAST u. HOCH: loc. cit.

Lichtstreuung an Mehrkomponentensystemen

Komplikationen können auftreten, wenn das System mehr als zwei Komponenten enthält, zwischen denen starke Wechselwirkungen herrschen. Das wird am besten am Beispiel der Streueffekte deutlich, die von EWART, ROE, DEBYE und MCCARTNEY[1] beobachtet worden sind. Polystyrol in Benzol ergab einen Grenzwert von $K'c/R_{90} = 3 \cdot 10^{-6}$. Dasselbe Polystyrol in einem Gemisch von Benzol mit 15% Methanol hatte aber einen Grenzwert von $1,4 \cdot 10^{-6}$, ebenso war der Virialkoeffizient B^* viel kleiner als in reinem Benzol. Der Grund hierfür ist, daß

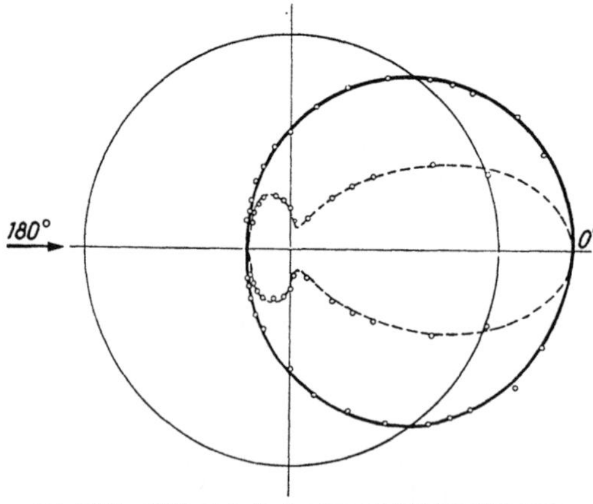

Abb. 25.8. Abhängigkeit der Streulichtintensität von Goldsolen (Partikeldurchmesser $> \lambda/15$) vom Beobachtungswinkel ϑ. Stark ausgezogene Linie: Vertikalkomponente, gestrichelte Linie: Horizontalkomponente des Streulichts nach der MIEschen Theorie berechnet. Kreise: Meßpunkte. (Nach V. FRAGSTEIN, MEINGAST u. HOCH: loc. cit.)

[1] EWART, R. H., C. P. ROE, P. DEBYE u. J. R. MCCARTNEY: J. chem. Physics 14, 687 (1946).

das Polystyrol in einem „schlechten" Lösungsmittelgemisch wie Benzol-Methanol die Moleküle des „guten" Benzols bindet, so daß in seiner Umgebung eine ganz andere Zusammensetzung herrscht als in der übrigen Lösung. Wenn nun das Brechungsinkrement des Gemisches (Benzol-Methanol) von seiner Zusammensetzung abhängt, muß das zu einer Beeinflussung der Lichtstreuung führen. Unbeeinflußt bleibt diese dagegen, wenn sich ihr Brechungsinkrement nicht mit der Zusammensetzung ändert, denn wenn auch die Umgebung des Polystyrols gegenüber dem Lösungsmittelinneren verändert wäre, würde es die Lichtwelle nicht „merken", da der Brechungsindex unverändert geblieben ist. Das läßt sich im vorliegenden Fall durch ein Butanon-Isopropanol-Gemisch nachweisen. Hier verhält sich die Lichtstreuung so wie der osmotische Druck, wo der Grenzwert für $c \to 0$ durch Zugabe weiterer Komponenten des Gemischs immer unbeeinflußt bleibt und nur die Größe B^* verändert wird.

Die Theorie der Lichtstreuung für Mehrkomponenten-Systeme ist bereits in ihren Grundzügen von ZERNIKE (1915) und später von anderen Autoren[1] entwickelt worden, die grundsätzlich zu übereinstimmenden Ergebnissen kamen[2].

Es gilt

$$R_{90} = K' \, \frac{\sum\limits_{ij} \psi_i \psi_j A_{ij}}{|a_{ij}|} \tag{25.40}$$

ψ_i, ψ_j *molare* Brechungsinkremente der Komponenten i und j, $|a_{ij}|$ die Determinante der Koeffizienten

$$a_{ij} = \partial \ln a_i/\partial m_j = \partial \ln a_j/\partial m_i = a_{ji}$$

(a = Aktivität, m = Molarität). A_{ij} ist der Kofaktor der Determinante des Terms a_{ij}, dadurch bestimmt, daß er die restliche Determinante für $|a_{ij}|$ darstellt, die durch Ausstreichen der Reihe und Kolonne, in welcher a_{ij} steht, erhalten wird und dabei mit $+1$, wenn $i + j$ gerade und mit -1, wenn $i + j$ ungerade sind, multipliziert wird. Weiterhin ist

$$K' = 2000\pi^2 \, n_0^2/N_L \, \lambda^4 = 1000 \, K/(\partial n/\partial c_2)^2.$$

Hieraus ergibt sich für ein Zweikomponentensystem

$$\frac{H' c_2}{\tau} = \frac{K c_2}{R_{90}} = \frac{1}{M_2}(1 + \beta_{22} m_2) \tag{25.41}$$

mit $\beta_{22} = \partial \ln f_2/\partial m_2$; es ist also $B^* = 1000\beta_{22}/2 M_2^2$.

Für ein System mit einer kolloiden Komponente 3 und einem Lösungsmittelgemisch aus den Komponenten 1 und 2 gilt, wenn $\Delta\tau$ den Konzentrationsanteil der Streuung (= Gesamtstreuung — Lösungsmittelstreuung) bedeuten für den Grenzwert der Streuung

$$\lim \left(\frac{\Delta\tau}{c_3}\right)_{c_3 \to 0} = M_3 \frac{32\pi^3 n^2}{3 N_L \lambda_0^4}\left(\frac{\partial n}{\partial c} + \frac{\partial\varphi_1}{\partial c}\frac{\partial n}{\partial\varphi_2}\right)^2 \tag{25.42}$$

wenn φ_1 der Volumenbruch der „besseren", φ_2 der der „schlechteren" Lösungsmittelkomponente ist.

<hr>

[1] BRINKMAN, H. C. u. J. J. HERMANS: J. chem. Physics **17**, 574 (1949); KIRKWOOD, J. G. u. R. J. GOLDBERG: ibid. **18**, 54 (1950); STOCKMAYER, W. H.: ibid. **18**, 58 (1950).

[2] Eine ausführliche Darstellung dieser Verhältnisse findet sich bei A. PETERLIN in H. A. STUART: Das Makromolekül in Lösung. Berlin 1953. S. 333; speziell für Polyelektrolyte und Proteine bei P. DOTY und J. T EDSALL: Advances of Protein Chemistry, VI, 35 (1951).

§ 26. Lichtabsorption

Die Lichtdurchlässigkeit der Materie hängt nicht nur von der eigentlichen Absorption durch Elektronenanregung ab, ein Teil der Intensität geht außerdem noch durch die Lichtstreuung verloren. Auch homogene Systeme streuen Licht, doch ist der Verlust meist so gering — etwa ein Millionstel der Primärintensität des Lichts — so daß er vernachlässigt werden kann. In kolloiden Systemen kann wegen ihrer meist höheren Trübung die Lichtdurchlässigkeit wesentlich stärker davon beeinflußt werden, wie auch das Durchlässigkeitsspektrum dadurch verändert wird. Um beide Effekts voneinander zu unterscheiden, spricht man von *konsumptiver* und *konservativer* Absorption, weil bei der eigentlichen Absorption das Licht „verbraucht" wird, während es bei der Streuung als solches erhalten bleibt.

Bei der konsumptiven Absorption kolloider Systeme gelten im allgemeinen die gleichen Gesetze wie bei gewöhnlichen Mischungen, wie z. B. das Lambert-Beersche Gesetz.

Durchsetzt ein Lichtstrahl der Wellenlänge λ und der Intensität I einen optisch isotropen Körper mit parallelen planen Begrenzungen, so wird in einer Schicht dl die Intensität um dI vermindert. Es gilt dann

$$- dI = \varepsilon_\lambda \, I \, dl.$$

Integriert man zwischen den Grenzen der Ausgangsintensität I und der Eingangsintensität I_0, so ergibt sich

$$\ln \frac{I_0}{I} = \varepsilon_\lambda \, d, \tag{26.1}$$

worin d die Dicke der durchstrahlten Schicht und ε_λ den sog. Extinktionskoeffizienten für die Wellenlänge λ bedeuten. Besteht der Körper aus einer Mischung, in der nur eine Komponente das Licht absorbiert, so gilt

$$\ln \frac{I_0}{I} = \varepsilon_\lambda d \cdot c, \tag{26.1a}$$

wenn c die Konzentration der absorbierenden Komponente ist. Hierbei sind zunächst keine Annahmen über den Mechanismus der Lichtabsorption erforderlich. Für die Gültigkeit des Gesetzes muß jedoch vorausgesetzt werden, daß sich der Zustand der absorbierenden Einheiten nicht mit der Konzentration ändert (z. B. bei einem gelösten Stoff, der einem konzentrationsabhängigen Dissoziationsgleichgewicht unterliegt, und dessen dissoziierte und nichtdissoziierte Komponenten verschiedene Extinktionskoeffizienten besitzen). Dies wird praktisch immer dann zutreffen, wenn es sich um eine konsumptive Absorption handelt, die durch Zumischung beliebiger indifferenter Substanzen nicht beeinflußt wird. Unter solchen Voraussetzungen ist das Lambert-Beersche Gesetz auch für kolloide Systeme gültig, besonders wenn die Konzentration der dispergierten Substanz nicht zu hoch und die Dimensionen der kolloiden Partikeln möglichst klein sind. Die Gültigkeit der Gl. (1) wurde von

SVEDBERG[1] bei verschiedenen Solen (Au, FeO(OH), As_2O_3) geprüft.
Ebenso läßt sie sich auf Lösungen der meisten Makromoleküle und Assoziationskolloide anwenden. Die praktische Bedeutung der Gl. (1a) liegt
in der Möglichkeit, Konzentrationen durch Messung des Intensitätsverhältnisses I/I_0 schnell und einfach zu bestimmen[2].

ε ist im allgemeinen von der Lichtwellenlänge λ abhängig, wobei die
Funktion $\varepsilon(\lambda)$ — das Absorptionsspektrum — charakteristisch für das
betreffende absorbierende Molekül ist.

Es erhebt sich nun wieder die Frage, ob das Absorptionsspektrum
der Materie beeinflußt wird, wenn sie im kolloiden Zustand vorliegt.
Die Antwort wird teils bejahend, teils verneinend ausfallen·müssen, da
es keinen allgemeinen Zusammenhang gibt, doch ist eine Beeinflussung
der Absorption durch die Molekülgröße oder durch eine Aggregation
kleinerer Moleküle zu größeren Partikeln sehr viel seltener als eine
Indifferenz.

So ändert sich das Absorptionsspektrum bestimmter Atomgruppen
(z. B. des Phenylrestes), die in Makromoleküle eingebaut sind, nicht,
wenn die Größe oder Gestalt des Makromoleküls geändert wird. Polystyrol zeigt die gleiche Absorption als kleines oder großes Molekül,
Ähnliches gilt für absorbierende Reste in Proteinen. Auch ist das Absorptionsspektrum etwa von Benzol davon unabhängig, ob Benzol als reine
Flüssigkeit in molekularer Lösung (z. B. im Cyclohexan) oder zu feinen
Tröpfchen emulgiert in Wasser vorhanden ist.

Ein Sonderfall ist die Beobachtung von SCHEIBE[3], daß bestimmte
Cyaninfarbstoffe in wässeriger Lösung Aggregate bilden und dabei eine
Änderung ihres Absorptionsspektrums erleiden; bei den Aggregaten
treten Absorptionsbanden auf, die bei den nichtaggregierten Molekülen
fehlen. Etwas Ähnliches wurde auch hinsichtlich ihrer Fluoreszenz festgestellt. Dieses Verhalten ist durch besondere Umstände begünstigt, die
mit der Beeinflussung der Elektronenzustände der Farbstoffmoleküle
durch schwache äußere Kraftfelder zusammenhängt. Die Absorptionsspektren der gleiche Farbstoffe werden auch bei ihrer Adsorption an
festen Oberflächen verändert, die gegenseitige Einwirkung der Moleküle
bei der Aggregation genügt bereits, um eine geringe Änderung der
Anordnung ihrer Energieniveaus herbeizuführen. Besonders interessant
ist dabei die Möglichkeit der Elektronenwanderung von einem Molekül
zu einem anderen, das sich am entgegengesetzten Ende des Molekülpakets befindet. Möglicherweise sind solche Fälle häufiger als heute

---

[1] SVEDBERG, TH.: Kolloid-Z. **5**, 318 (1909).

[2] Kolorimeter und Spektralphotometer für den sichtbaren, ultravioletten und
ultraroten Spektralbereich finden sich heute in jedem gut ausgerüsteten Laboratorium, mit ihnen läßt sich I/I_0 auf einfachste Weise bestimmen oder sogar
registrieren. Die Methoden und ihre Anwendungsmöglichkeiten sowohl im UV als
auch im Sichtbaren sind so häufig beschrieben, daß an dieser Stelle darauf verzichtet
werden kann (vgl. z. B. KORTÜM: Kolorimetrie, Photometrie und Spektroskopie.
3. Aufl. **Berlin** 1955.)

[3] SCHEIBE, G.: Kolloid-Z. **82**, 1 (1938).

bekannt ist, doch auch dann handelt es sich um Besonderheiten, die durch den Bau der betreffenden Moleküle bedingt sind (vgl. auch § 77)[1].

Wenn wir nun die konservative Absorption betrachten, die durch Lichtstreuung verursacht wird, so gilt für sie auch das LAMBERTsche Gesetz, statt des Extinktionskoeffizienten ε_λ ist nur der Trübungskoeffizient τ in Gl. (1a) einzusetzen. Bei stark absorbierenden dielektrischen Partikeln ist die durch Lichtstreuung verursachte Lichtschwächung im Vergleich zur konsumptiven Absorption äußerst gering, so daß sie meist vernachlässigt werden kann. Es kann freilich vorkommen, daß bei groben Partikeln und hoher Konzentration stärkere Trübungen auftreten, die es notwendig machen, den Trübungsanteil zu messen, um durch Subtraktion von der Gesamtabsorption den Betrag der konsumptiven Absorption zu bestimmen. Dies ist z. B. bei der Messung der UV-Absorption von Viren von Bedeutung, die wegen ihrer Größe eine erhebliche Streuung verursachen[2]. Das Spektrum der Gesamtabsorption wird bei nennenswerter Trübung allein durch den Einfluß des Nenners in Gl. (25.36) verändert, in den die vierte

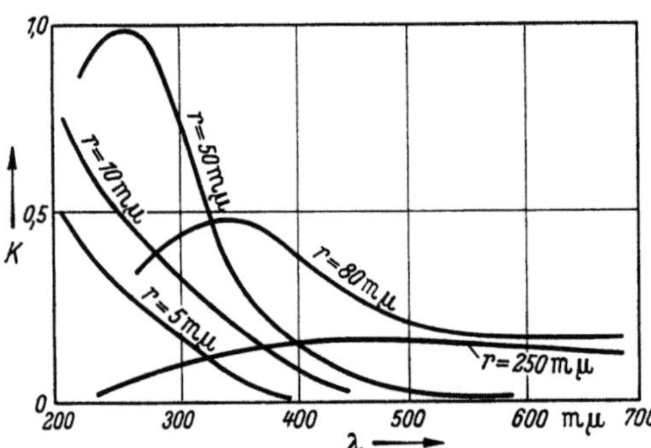

Abb. 26.1. Lichtabsorption von Schwefelsolen verschiedener Partikelgröße. Entnommen aus JIRGENSONS-STRAUMANIS (loc. cit.) S. 114

Potenz von λ eingeht. Noch komplizierter wird es, wenn der Extinktionskoeffizient bei einer bestimmten Wellenlänge ein Maximum besitzt, dann durchläuft der Brechungsindex ein Maximum und Minimum, wie sich aus der Theorie der Dispersion des Brechungsindex ableiten läßt[3]. Bei merklichem Trübungseinfluß wird dann das Gesamtspektrum in komplizierter Weise aus konsumptiver und konservativer Absorption zusammengesetzt.

Der Anteil der konservativen Absorption ist wegen seines Zusammenhanges mit der Lichtstreuung von der Partikelgröße der streuenden Substanz abhängig. Ein Beispiel dafür ist in Abb. 26.1 dargestellt, das die Veränderlichkeit des Absorptionsspektrums von Schwefelsolen ver-

---

[1] Von STAUFF, KOCH und ÜHLEIN, Z. Arzneimittelforsch. **4**, 142 (1954) wurde an Salvarsanlösungen beobachtet, daß die dort auftretenden Aggregate ein anderes Absorptionsspektrum als die Moleküle selbst besaßen, was aber durch eine intramolekulare cis-trans-Umlagerung bei der Aggregation bedingt war.

[2] Vgl. dazu Gl. (25.28).

[3] Die Dispersionsformel lautet

$$\frac{n^2-1}{n^2+2} = \sum_i \frac{a_i}{\nu_{0i}^2 - \nu^2}$$

worin a_i in die individuellen Konstanten, ν die Frequenzen, bei denen Absorption eintritt, und ν die Frequenz des eingestrahlten Lichts bedeuten.

schiedener Teilchengröße demonstriert und von SVEDBERG [1] herrührt.
Systeme, in denen schwach absorbierende dielektrische Partikel auftreten, welche aber das Licht merklich streuen — also unwesentliche
konsumptive Absorption zeigen —, werden auch ein Durchlässigkeitsspektrum besitzen, was im RAYLEIGH-Bereich durch die Abhängigkeit des Trübungskoeffizienten von $1/\lambda^4$ beherrscht wird. Wegen der stärkeren Streuung der kurzwelligen blauen Anteile wird es bei weißem Licht in der Durchsicht gelblich und bei seitlicher Beleuchtung bläulich gefärbt erscheinen.

Einen eigenartigen Sonderfall bilden die sog. Monochrome von CHRISTIANSEN [2]. Ist der Brechungsindex der dispergierten Partikeln — n_2 — in einer solchen Weise von der Lichtwellenlänge abhängig, daß bei einer bestimmten Wellenlänge $n_2 = n_0$ dem Brechungsindex des Dispersionsmittels wird, so ist an dieser Stelle $n_2 - n_0 = 0$, wo dann auch keine Lichtstreuung verursacht werden kann; der einfallende Lichtstrahl geht ungehindert durch, während alle anderen Wellenlängen durch Streuung geschwächt werden. Das System erscheint in der Durchsicht in der Farbe, bei der $n_2 = n_0$ ist, und in der Aufsicht in der entsprechenden Komplementärfarbe. Metallische, die Elektrizität leitende Partikeln besitzen meist ein erhebliches Streuvermögen, in besonderen

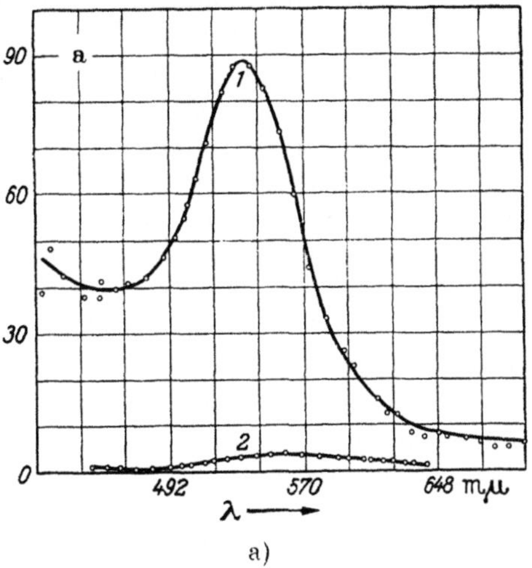

a)

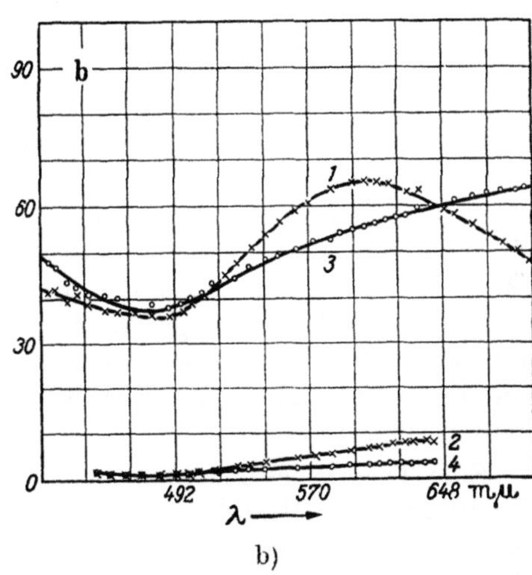

b)

Abb. 26.2. Lichtabsorption und -streuung von Goldsolen. a) rotes Goldsol Kurve 1 Gesamtabsorption, Kurve 2 Lichtstreuung; b) blaue Goldsole Kurve 1 und Kurve 3 Gesamtabsorption, Kurve 2 und Kurve 4 Lichtstreuung nach STEUBING: Ann. Physik (4) **26**, 329 (1908)

Fällen aber auch ein starkes konsumptives Absorptionsvermögen, wofür das gut untersuchte Goldsol das beste Beispiel ist.

Im RAYLEIGH-Bereich ist der Anteil der Streuung des Goldsols an der Gesamtabsorption klein, wie der Vergleich des Absorptionsspektrums

[1] SVEDBERG, TH.: Kolloidchemie loc. cit.
[2] CHRISTIANSEN, C.: Ann. Physik [3] **23**, 298 (1884); [3] **24**, 439 (1885).

mit dem Streuspektrum (Abb. 26.2 a) zeigt. Hier ist die konsumptive Absorption vorherrschend, entsprechend ihrem Maximum bei 530 mμ wird auch die (Durchsicht-) Farbe des Goldsols dadurch bestimmt. Änderungen der Partikelgröße in diesem Bereich werden trotz der Abhängigkeit vom Quadrat des Partikelvolumens (Gl. 25.37) die spektrale Verteilung der Gesamtabsorption wenig beeinflussen.

Im Bereich größerer Teilchen nimmt die konservative Absorption sehr schnell mit der Teilchengröße zu, wie auf Abb. 25.7 zu erkennen ist. Dadurch kommt es zu einer erheblichen Beeinflussung der Gesamtabsorption. Wird diese nach der MIEschen Theorie berechnet, so ergeben sich Absorptionsspektren, wie sie Abb. 26.2 b zeigt. Die Maxima der Gesamtabsorption werden mit zunehmendem d flacher und verschieben sich zu längeren Wellen, da sich der Einfluß der Streuung immer stärker bemerkbar macht, welche im Gebiet des Reflexionsmaximums des Goldes (etwa 580 mμ) am stärksten ist.

Die Gesamtabsorption ist gleich der Summe aus konsumptiver und konservativer Absorption. Bei kleinen Goldpartikeln ist die konsumptive ausschlaggebend, das Absorptionsmaximum liegt im grünen Spektralbereich und die Durchsichtfarbe entspricht der Komplementärfarbe zu grün, nämlich rot. Bei größeren Goldpartikeln wird die konservative Absorption stärker, das Maximum der Gesamtabsorption liegt im gelben bis orangen Spektralbereich, die Komplementärfarbe hierzu ist blau, was auch bei solchen Solen in der Durchsicht beobachtet wird. (Solche blauen Goldsole lassen sich leicht aus roten durch bestimmte Elektrolytzusätze herstellen, wobei sich kleine massive Einzelteilchen zu größeren Aggregaten vereinigen.)

Die hervorragende Übereinstimmung der Voraussagen der Theorie von MIE mit den experimentellen Beobachtungen an Goldsolen (insbesondere denen, die nach der Methode von ZSIGMONDY hergestellt worden waren) liegt zum großen Teil daran, daß die darin auftretenden Teilchen sich der Kugelgestalt weitgehend nähern. In neuerer Zeit konnte das mit Hilfe des Elektronenmikroskopes eindeutig bestätigt werden (vgl. § 31).

Eine Theorie leitender anisometrischer Partikeln ist von GANS[1] in Erweiterung der MIEschen Theorie aufgestellt worden, die im Vergleich zu kugeligen Teilchen eine Verschiebung der Absorptionsmaxima nach Rot errechnet, wenn die Teilchen Scheiben- oder Stäbchenform besitzen. Diese Theorie ist insbesondere imstande, das Verhalten der Silbersole zu erklären (vgl. FEICK[2], WIEGEL[3]), welche bei Teilchendurchmessern von 10 mμ beginnen bis zu 130 mμ ihre Durchsichtfarben in der Reihenfolge blau—grün—olivegelb—bräunlichrot bis milchig grüngelb ändern. Die Blättchenstruktur der Silbersole konnte durch elektronenmikroskopische Aufnahmen ebenfalls einwandfrei bestätigt werden.

---

[1] GANS, R.: Ann. Physik [4] **37**, 881 (1912).
[2] FEICK, R.: Ann. Physik [4] **77**, 673 (574) (1925).
[3] WIEGEL, E.: Kolloid-Beih. **25**, 176 (1927); Kolloid-Z. **47**, 323 (1929); **51**, 112 (1930); **53**, 96 (1930).

§ 27. Mikroskopie kolloider Systeme

Wenn es möglich wäre, kolloide Partikeln in ihrem Dispersionsmittel unmittelbar sichtbar zu machen, wobei möglichst ihre genaue Form, feinere Züge ihrer Struktur und ihre Oberflächenbeschaffenheit zu erkennen sein müßte, wären die großen Bemühungen, darüber etwas durch indirekte Beobachtungsmethoden zu erfahren, überflüssig. Ein Instrument, das Derartiges leistet, existiert aber nicht, doch sind die Gründe dafür nicht technischer, sondern physikalischer Art. Sobald nämlich die Größe eines Objekts die Dimension der Wellenlänge des Lichts erreicht, das zu seiner Beleuchtung dient, ist eine scharfe Abbildung nicht mehr möglich, da Interferenzerscheinungen das Bild in zunehmendem Maße verwischen. Es läßt sich nach ABBE mit Hilfe der Interferenztheorie derjenige Abstand d zweier Punkte angeben, der bei gegebener Wellenlänge λ und einer numerischen Apertur $(n \sin \alpha)$* eines Mikroskopobjektivs gerade noch ihre deutliche Unterscheidung gestattet, er ist

$$d = \lambda/n \sin \alpha. \tag{27.1}$$

Mit blauem Licht ist ein Abstand von etwa $0{,}2 \cdots 0{,}3\,\mu$ noch gerade erkennbar. Verwendet man ultraviolettes Licht und Quarzoptik, gelangt man bis zu etwa $0{,}15\,\mu$.

Um die Existenz noch kleinerer diskreter Partikeln direkt nachzuweisen, gibt es nun zwei Wege. Der ältere Weg benutzt das Phänomen der Lichtstreuung des Einzelteilchens, er führte zur Entwicklung des Ultramikroskops durch SIEDENTOPF und ZSIGMONDY (vgl. § 2,30). Der andere, neuere, kommt durch Verwendung von Elektronenstrahlen als „Licht" von besonders kurzer Wellenlänge ($< 0{,}1\,\mathrm{m}\mu$) zum Ziel. Dadurch entstand das Elektronenmikroskop (s. § 31). Die idealen Bedingungen werden jedoch von beiden Beobachtungsinstrumenten nicht erfüllt.

Das Ultramikroskop läßt zwar eine Beobachtung des unveränderten Systems zu — z. B. eines kolloiden Goldsols — es erkennt die Teilchen jedoch nur als punktförmige Lichtsender, die durch eine starke seitliche Bestrahlung erregt werden; die Konturen des Teilchens oder feinere Einzelheiten können wegen Unterschreitung der Bedingung 1 nicht beobachtet werden. Es wird also nur das Streulicht einzelner Partikeln betrachtet.

Das Elektronenmikroskop hingegen läßt zwar Dimensionen von etwa $1 \cdots 2\,\mathrm{m}\mu$ durch direkte Sichtbarmachung unterscheiden, verlangt aber, daß das zu untersuchende Objekt in ein Hochvakuum gebracht wird. Dadurch ist eine Beobachtung der Partikeln im *ungestörten* System — z. B. in flüssigem Dispersionsmittel — grundsätzlich nicht möglich. Allerdings vermag eine hochentwickelte Präpariertechnik einen Teil dieser Schwierigkeiten zu überwinden[1].

------

* Die numerische Apertur ist durch n, den Brechungsindex des Mediums zwischen Objekt und Objektiv und α, dem halben Öffnungswinkel der Strahlen, die von einem Punkt des Objekts in das Objektiv gelangen, definiert. Die höchsten erreichbaren Aperturen liegen etwa bei 1,6, wenn Ölimmersion angewendet wird.

[1] Über die Versuche mit Röntgenstrahlen zu mikroskopieren vgl. G. HILDENBRAND: Ergebn. exakt. Naturwiss. **30**, 1 (1958).

Die phänomenologischen optischen und theoretischen Grundlagen der Ultramikroskopie schließen sich eng an die in § 25 besprochenen Lichtstreuungseffekte an. Es wäre aber die Frage zu beantworten, welche Grenzen der Wahrnehmung diesen Effekten im Mikroskop gesetzt sind, welche Voraussetzungen also erfüllt sein müssen, damit eine Partikel als Lichtpunkt sichtbar wird.

Das Auflösungsvermögen des Mikroskops spielt keine wesentliche Rolle dabei, denn der gegenseitige Abstand der einzelnen Teilchen ist bei entsprechender Verdünnung immer von hinreichender Größe. Nur wird man wegen der mit steigender numerischer Apertur des Mikroskopobjektivs zunehmender Lichtmenge meist eine große Apertur wählen. Eine scharfe Sichtbarkeitsgrenze wird man für die einzelnen streuenden Objekte schwer angeben können, da außer der Wirksamkeit der experimentellen Anordnung auch noch subjektive Eigenschaften des menschlichen Auges hineinspielen. Es läßt sich zwar berechnen, daß die Lichtpunkte um so besser sichtbar werden, je größer die Intensität des beleuchtenden Lichts, das Volumen der Teilchen und die Differenz der Brechungsindices von Partikel und Dispersionsmittel sind, doch läßt sich kaum eine untere Grenze für Partikelvolumen und Brechungsindexdifferenz in gesetzmäßiger Form angeben. Rein erfahrungsgemäß ist für die Sichtbarkeit eine ausreichende Brechungsdifferenz notwendig; bei gut im Ultramikroskop sichtbaren anorganischen Kolloiden sind die Differenzen meist beträchtlich (0,5···2), bei den nicht sichtbaren organischen Kolloiden, insbesondere Makromolekülen, hingegen nur gering (0,001···0,1). Vielfach liegt auch ein Trugschluß vor, da die Teilchenvolumen dieser Systeme, die ja in der RAYLEIGHschen Gleichung im Quadrat stehen, meist sehr viel kleiner als die der erstgenannten Substanzen sind. Wichtig ist auch die eigentliche experimentelle Anordnung, schwache Lichtpünktchen heben sich besser von einem völlig dunklen Untergrund ab als von einem helleren, auch wenn sie selbst stärker leuchten. Die Untergrundhelligkeit wird aber weniger durch die sehr viel kleinere Eigenstreuung des Dispersionsmittels hervorgerufen als durch nicht zu vermeidende störende Reflexionen der experimentellen Anordnung.

§ 28. Optische Doppelbrechung

Bis jetzt haben wir es nur mit isotropen Medien zu tun gehabt, in denen sich das Licht in allen Richtungen mit gleicher Geschwindigkeit fortpflanzt. Anisotropie und damit Ungleichheit der räumlichen Lichtgeschwindigkeiten in verschiedenen Richtungen beobachtet man nicht nur bei bestimmten Einkristallen, sondern auch in einer Reihe von nichtkristallinen oder halbkristallinen Körpern, wenn man sie bestimmten Einwirkungen aussetzt. Die optische Anisotropie gewisser Kristalle ist Ursache der *Doppelbrechung*, sie heißt in diesem Fall natürliche oder Eigendoppelbrechung. Die durch äußere Einwirkung erzwungene Doppelbrechung beruht auf einer Ausrichtung aller oder eines Teils der Bausteine des Systems. Man spricht hier von Orientierungsdoppelbrechung. Diese ist es, die in kolloiden Systemen beobachtet wird[1]. Zu ihrem Verständnis sei an die physikalischen Grundvorstellungen der Eigendoppelbrechung angeknüpft.

Ein Kristall besitze in Richtungen x, y, z die Polarisierbarkeiten α_x, α_y, α_z. Die Geschwindigkeit eines *vertikal* polarisierten Lichtstrahls — Schwingungsrichtung des elektrischen Vektors der Lichtwelle *parallel* zu z — wie in Abb. 28.1, der in der x-Richtung den Kristall durchsetzt, ist c_0/n_z. Der Brechungsindex n_z ist eine Funktion von α_z entsprechend Gl. (24.1). Schwingt der elektrische Vektor des Lichtstrahls in der Richtung x parallel zu y, so liegt *horizontal* polarisiertes Licht vor; seine Geschwindigkeit ist c/n_y. Wenn $\alpha_z \neq \alpha_y$ ist und $n_z \neq n_y$, sind auch die Lichtgeschwindigkeiten verschieden. Treten nur zwei verschiedene Brechungsindices (Polarisierbarkeiten) auf — ist etwa $\alpha_x = \alpha_y$ und $n_x = n_y$ —, so liegt ein optisch einachsiger Kristall vor. Sind alle drei Brechungsindices bzw. Polarisierbarkeiten verschieden, handelt es sich einen zweiachsigen Kristall. Im einachsigen Kristall

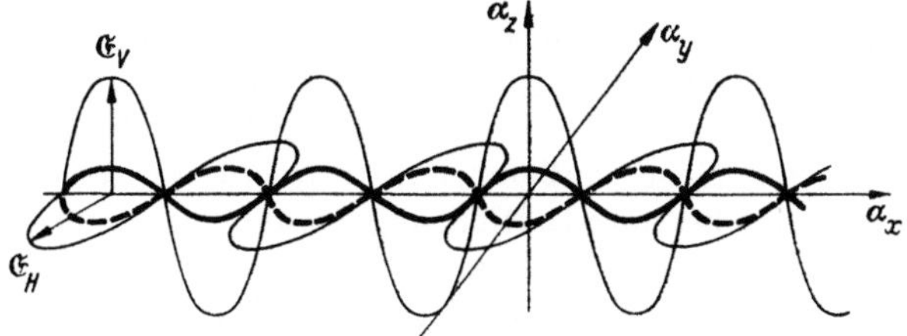

Abb. 28.1. Polarisierbarkeiten α_x, α_y und α_z und resultierende Wellenzüge bei vertikal ($\mathfrak{E}_V$) und horizontal ($\mathfrak{E}_H$) polarisiertem Licht (vgl. Text)

spielen somit nur die Schwingungsrichtungen parallel oder senkrecht zu einer Achse — der optischen Hauptachse des Kristalls — eine Rolle. Wir können uns für unsere Fragestellungen auf die Theorie der optisch einachsigen Kristalle beschränken.

Wegen der verschiedenen Geschwindigkeiten müssen Vertikal- und Horizontalkomponente des Lichts im Kristall verschiedene Wellenlängen besitzen, da die *Frequenz* der Lichtwelle unverändert bleibt, infolgedessen tritt zwischen beiden Wellenlängen beim Durchgang durch eine Strecke l ein Gangunterschied auf, der auf die Wellenlänge λ_0 bezogen die Größe

$$\Delta = l\,(n_z - n_{xy})/\lambda_0 \tag{28.1}$$

besitzt. Die darin auftretende Differenz der Brechungsindices bezeichnet man *Doppelbrechung*

$$\delta = n_{||} - n_{\perp}\,, \tag{28.2}$$

worin $n_{||}$ der Brechungsindex parallel, $n_{\perp}$ derjenige senkrecht zur optischen Achse polarisierten Lichtes bedeutet. $\delta > 1$ bezeichnet positive, $\delta < 1$ negative Doppelbrechung[2].

Betrachten wir einzelne Partikeln einer dispergierten Substanz. Bestehen sie aus anisotropen Kriställchen, werden wir in ihnen auch die eben geschilderten Eigenschaften wiederfinden. Doch ist die Anisotropie nicht auf den kristallisierten Zustand als solchen beschränkt;

---

[1] Zusammenfassende Darstellungen bei A. Peterlin u. H. A. Stuart: in H. A. Stuart: Das Makromolekül in Lösung. Berlin 1953. S. 569. — J. T. Edsall: Adv. Colloid Sci. Vol. I. New York 1942. S. 269.

[2] Bei optisch zweiachsigen Kristallen treten drei Differenzen auf:

$$n_z - n_x,\quad n_z - n_y,\quad n_x - n_y\,.$$

wenn wir ein einzelnes gestrecktes Fadenmolekül herausgreifen könnten und in einer Lage festhalten, würden wir auch feststellen, daß die Polarisierbarkeit in Richtung der Fadenachse eine andere ist als senkrecht dazu; das Licht trifft in jener Richtung die Atomgruppen in größerer Dichte und in anderer Anordnung als beim senkrechten Durchtritt. Dies ist wohl einzusehen, aber nicht in dieser Anordnung experimentell beweisbar; betrachtet man allerdings Bündel von Fadenmolekülen, die parallel ausgerichtet sind, wie z. B. einen stark gereckten Polystyrol- oder Nylonfaden, so wird tatsächlich eine Doppelbrechung beobachtet. Optisch anisotrope Partikeln brauchen demnach durchaus keine Kristalle zu sein.

Ein kolloides System aus dispergierten anisotropen Partikeln braucht als Gesamtsystem nicht anisotrop zu sein, denn die optischen Achsen der Teilchen zeigen entsprechend ihrer statistischen Unordnung in alle möglichen Raumrichtungen. Äußerlich ist das System nicht von einem isotropen Medium unterscheidbar[1]. Werden die Partikeln aber durch die Einwirkung irgendwelcher äußerer Kräfte orientiert, so daß ihre optischen Achsen in eine bestimmte Richtung weisen, kann auch das Gesamtsystem anisotrop werden. Wir können allgemeiner jede optische Anisotropie auf die Orientierung einer der optischen Achsen der Atomgruppen, Moleküle oder kolloiden Partikeln des Mediums in einer bestimmten Richtung zurückführen, vorausgesetzt, daß das System keine inneren Spannungen besitzt[2]. Bei der natürlichen Anisotropie, bzw. Doppelbrechung sind die Elementarbausteine in einer besonderen Richtung dadurch fixiert, daß sich der betreffende Körper in festem Zustand befindet. Bei flüssigen oder gar gasförmigen Medien ist eine Anisotropie nur möglich, wenn eine Orientierung *erzwungen* werden kann, was sich bei reinen Flüssigkeiten oder Gasen durch Anlegen starker elektrischer Felder erreichen läßt. (Elektrische Doppelbrechung: KERR-Effekt, schwächer wirken magnetische Felder, magnetische Doppelbrechung: COTTON-MOUTON-Effekt[3].) Kolloide Teilchen lassen sich durch die gleichen Kräfte ausrichten. Der Einfluß elektrischer Kräfte auf die Brechung kolloider Lösungen wurde von DIESSELHORST, FREUNDLICH und LEONHARDT[4], der von magnetischen Kräften von MAJORANA[5] entdeckt.

In Dispersionen kann eine optische Anisotropie künstlich hervorgerufen werden, wenn sich *isotrope*, aber anisometrische Partikeln in einem Dispersionsmittel von anderem Brechungsindex befinden. Diese

---

[1] Allerdings ist das Streulicht in der 90°-Richtung nicht mehr rein vertikal polarisiert, da die im Einzelteilchen induzierten Momente alle möglichen Richtungen einnehmen können, vgl. § 25.

[2] Bei Festkörpern mit inneren Spanungen ist die Dichte der Substanz richtungsabhängig, wenn auch die Polarisierbarkeiten dadurch nicht beeinflußt werden, ändert sich doch der Brechungsindex wegen des Zusammenhangs mit Gl. (24.1).

[3] Vgl. PETERLIN in STUART (loc. cit.) S. 181.

[4] DIESSELHORST, H., H. FREUNDLICH u. A. LEONHARDT: ELSTER-GEITEL-Festschrift, Braunschweig 1915. S. 453.

[5] MAJORANA, Q.: Atti Accad. Lincei (5) 11, I, 374, 463, 531; II, 90, 139 (1902), beide zitiert nach H. FREUNDLICH: Kapillarchemie. II. Bd. 4. Aufl. Leipzig 1932.

von WIENER[1] entdeckte Formdoppelbrechung beruht darauf, daß der *mittlere* Brechungsindex des Systems von der Richtung der Partikelachsen abhängt.

Wenn ein Lichtstrahl ein System isotroper parallel ausgerichteter Stäbchen wie in Abb. 28.2 in der y-Richtung durchsetzt, wird seine vertikale (z)-Komponente darin eine andere Geschwindigkeit besitzen als seine horizontale (x)-Komponente, da die mittlere Besetzung mit polarisierbaren Elektronensystemen in beiden Richtungen verschieden ist. Die mittlere optische Dichte ergibt sich aus den Volumenbrüchen φ_1^* und φ_2^* der beiden Komponenten mit den Brechungsindices n_1 und n_2. Nach WIENER gilt, wenn die Dicke der Stäbchen klein gegen die Lichtwellenlänge ist, für $n_{\parallel}$ (Polarisationsebene des einfallenden Strahls parallel zur Stäbchenachse)

$$n_{\parallel}^2 = \varphi_1^* \, n_1^2 + \varphi_2^* \, n_2^2. \tag{28.2}$$

Für $n_{\perp}$ (Polarisationsebene senkrecht zur Stäbchenachse)

$$n_{\perp}^2 = n_2^2 \left[(\varphi_1^* + 1) \, n_1^2 + \varphi_2^* \, n_2^2 \right] / \left[(\varphi_1^* + 1) \, n_2^2 + \varphi_1^* \, n_2^2 \right] \tag{28.3}$$

und für

$$n_{\parallel}^2 - n_{\perp}^2 = \frac{\varphi_1^* \, \varphi_2^* \, (n_1^2 - n_2^2)^2}{(\varphi_1^* + 1) \, n_2^2 + \varphi_2^* \, n_1^2} \,. \tag{28.4}$$

Hieraus ist ersichtlich, daß bei $n_1 = n_2$ keine Doppelbrechung auftritt. Der Ausdruck (4) ist auch immer positiv und unabhängig davon, ob n_1 größer oder kleiner als n_2 ist. Reine Formdoppelbrechung isotroper ausgerichteter Stäbchen, die Fibrillardoppelbrechung ist daher immer positiv. Von WIENER ist auch der Fall vollständig parallelausgerichteter Scheibchen berechnet worden. Hier ist

$$n_{\parallel}^2 - n_{\perp}^2 = \frac{\varphi_1^* \, \varphi_2^* \, (n_1^2 - n_2^2)^2}{\varphi_1^* \, n_1 + \varphi_2^* \, n_2} \,. \tag{28.5}$$

Diese Lamellardoppelbrechung ist in jedem Fall negativ und verschwindet ebenfalls bei $n_1 - n_2$.

Reine Formdoppelbrechung scheint in der Wirklichkeit recht selten vorzukommen, meistens besitzen die Stäbchen oder Scheibchen

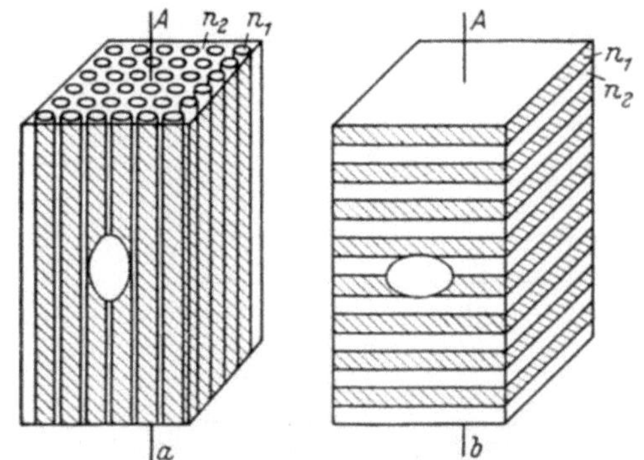

Abb. 28.2. Formdoppelbrechung nach WIENER (loc. cit.) a) Stäbchen, b) Plättchen. A = Optische Achse, n_1 = Brechungsindex des Stäbchens oder Plättchens, n_2 = Brechungsindex der Flüssigkeit. Entnommen aus SCHMIDT, W. J.: Kolloid-Z. **96**, 139 (1941)

noch eine Eigendoppelbrechung, die sich der Formdoppelbrechung überlagert, so daß je nach dem Brechungsindex des Dispersionsmittels auch positive oder negative Werte der Doppelbrechung auftreten können. Die Eigendoppelbrechung kann dadurch ermittelt werden, daß die zu untersuchende Substanz — falls das ohne Veränderung ihrer selbst möglich ist — in verschiedenen Medien wechselnden Brechungsindex gebracht wird. δ muß bei einem bestimmten Wert ein Minimum besitzen; ist bei diesem Minimum $\delta = 0$, liegt reine Formdoppelbrechung vor, andernfalls entspricht die Stelle der Eigendoppelbrechung der Substanz. Die

---

[1] WIENER, O.: Abh. math.-physisch. Kl. sächs. Ges. Wiss. **32**, 509 (1912).

Verhältnisse werden am besten an einem Beispiel verständlich. Abb. 28.3 zeigt Messungen der Doppelbrechungen von ausgerichteten Myosin- und Gelatinefäden von H. H. WEBER[1]. Das Minimum der Gelatine erreicht bei einem bestimmten Wert des Brechungsindex n_2 die Doppelbrechung Null; hier liegt also reine Formdoppelbrechung vor, während beim Minimum des Myosins noch ein positiver Betrag von δ dessen Eigendoppelbrechung anzeigt.

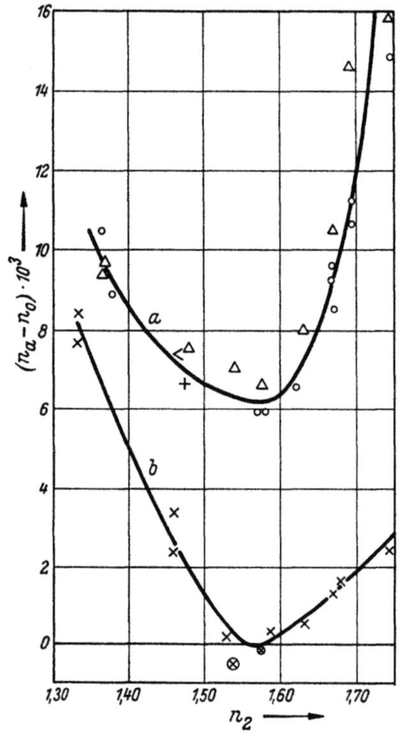

Im allgemeinen handelt es sich bei inkohärenten und kohärenten kolloiden Systemen mit anisometrischen Partikeln nicht um fixierte Anordnungen parallel gelagerter Stäbchen oder Lamellen; bei inkohärenten sind sie beweglich, ihre Achsen zeigen infolge BROWNscher Rotationsbewegungen in alle möglichen Richtungen. Die Bauelemente kohärenter Systeme sind ebenfalls nicht orientiert, wenn sie keinen äußeren Kräften unterworfen waren. In beiden Fällen können aber die anisometrischen Partikeln des Systems durch eine Reihe verschiedener Kräfte orientiert werden. In flüssigem Dispersionsmittel gelingt es durch die Einwirkung eines Strömungsgefälles wie es bereits in § 16 ausführlich erörtert worden ist. Besitzen die Teilchen ein elektrisches oder magnetisches Moment, können elektrische oder magnetische Felder ausrichtend wirken, was auch in gasförmigen Dispersionsmitteln gelingt. Bei inkohärenten Systemen

Abb. 28.3. Änderung der Doppelbrechung mit dem Brechungsindex des Dispersionsmittels. Kurve a: Myosin (Eigendoppelbrechung), Kurve b: Gelatine (keine Eigendoppelbrechung). Nach H. H. WEBER (loc. cit.)

besonderer Struktur, wie sie viele plastisch oder elastisch verformbaren Festkörper aus Fadenmolekülen besitzen, kann eine mehr oder weniger ausgeprägte Orientierung ihrer Moleküle durch Dehnung oder Verstreckung hervorgerufen werden. In allen diesen Fällen wird mit der Ausrichtung eine Doppelbrechung des *ganzen* Systems beobachtet; je nach den äußeren Richtkräften werden die Effekte als Strömungsdoppelbrechung, elektrische oder magnetische Doppelbrechung und Deformations- (Dehnungs-Spannungs-) Doppelbrechung bezeichnet[2].

---

[1] WEBER, H. H.: Pflügers Arch. ges. Physiol. Menschen Tiere **235**, 205 (1934/1935).

[2] Letzte Art kann wie bei den Gläsern auch andere physikalische Ursachen, nämlich die bereits erwähnten Dichteänderungen, haben. Vgl. dazu die Kontinuumstheorie der Spannungsdoppelbrechung.

Wegen der Möglichkeit, quantitative Aussagen über die Achsenverhältnisse kolloider Partikeln bzw. über ihre Rotationsdiffusionskonstante zu machen, besitzt die Theorie der Strömungsdoppelbrechung für uns besonders Interesse.

Von PETERLIN und STUART[1] ist die WIENERsche Theorie auf Rotationsellipsoide von Dimensionen zwischen 1 und 100 mμ erweitert worden, die selbst noch eine bestimmte Eigendoppelbrechung besitzen können. Es ergab sich ein optischer Anisotropiefaktor, der die optischen Eigenschaften des Rotationsellipsoids in Abhängigkeit von $n_{||}$, $n_\perp$ und n_0 (Dispersionsmittel) sowie von Formfaktoren L_1, L_2, die vom Achsenverhältnis a/b abhängen, wiedergibt. (Für letztere gilt $L_1 = L_2 = 4\pi/3$, wenn $a = b$ ist — z. B. bei Kugeln —; für langgestreckte Stäbchen ist $L_1 = 0$, $L_2 = 2\pi$; für sehr dünne Scheibchen $L_1 = 4\pi$, $L_2 = 0$.) Ist $\alpha_{||}$ die optische Polarisierbarkeit bezogen auf die Volumeneinheit eines Teilchens parallel und $\alpha_\perp$ diejenige senkrecht zu seiner optischen Achse, ergab sich

$$\alpha_{||} - \alpha_\perp = \frac{4\pi\,(n_{||}^2 - n_\perp^2) - (n_{||}^2 - n_0^2)\,(n_\perp^2 - n_0^2)\,(L_1 - L_2)/n_0^2}{(4\pi + (n_{||}^2 - n_0^2)\,L_1/n_0^2)\,(4\pi + (n_\perp^2 - n_0^2)\,L_2/n_0^2)} \, . \quad (28.6)$$

Der erste Summand des Zählers beschreibt die Eigendoppelbrechung, der zweite die Formdoppelbrechung des Teilchens. Ist $n_{||} - n_\perp = 0$, liegt reine Formdoppelbrechung vor. Ist $L_1 - L_2 = 0$, — was gleichbedeutend mit Kugelform des Teilchens ist —, so resultiert reine Eigendoppelbrechung, dasselbe tritt ein, wenn $n_{||}$ oder $n_\perp = n_0$ dem Brechungsindex des Lösungsmittels ist.

In einem Strömungsgefälle werden die in der Flüssigkeit dispergerten Partikeln orientiert, was in § 16 ausführlich beschrieben worden ist. Dort ist auch ein Ausdruck für den häufigsten Orientierungswinkel χ angegeben worden. Dieser Winkel läßt sich nun aus den optischen Eigenschaften des Systems im Strömungsgefälle bestimmen.

Bringt man einen optisch einachsigen Kristall derart zwischen zwei um 90° gekreuzte Polarisationsprismen, daß seine optische Achse senkrecht zum Lichtstrahl steht, der die beiden Prismen durchsetzt und dreht den Kristall so um die Achse des Lichtstrahls, daß seine eigene Achse eine Uhrzeigerdrehung durchläuft, dann beobachtet man, daß das durchgehende Licht an vier um 90° verschobenen Stellen ausgelöscht wird. Und zwar tritt jeweils Auslöschung ein, wenn die optische Achse des Kristalls in die Polarisationsebene des Polarisators oder des Analysators fällt[2].

Wird eine Flüssigkeit in einen Apparat gebracht, der aus zwei koaxialen Zylindern besteht, von denen einer feststeht und der andere rotiert, so entsteht zwischen den Zylinderwänden ein Strömungsgefälle. Bringt man diesen Apparat, wie Abb. 28.4 in schematischer Darstellung zeigt, derart zwischen zwei gekreuzte Polarisationsprismen, daß das

---

[1] PETERLIN, A. u. H. A. STUART: Z. Physik **112**, 1 (1939).
[2] Vgl. dazu H. AMBRONN u. A. FREY: Das Polarisationsmikroskop, Leipzig 1926.

Licht von unten zuerst durch den Polarisator (Polarisationsebene PP), dann durch den Apparat und schließlich durch den Analysator (Ebene AA) tritt, so beobachtet man in einem entsprechend angebrachten Fernrohr folgendes: Rotiert der äußere Zylinder nicht, ist das Gesichtsfeld dunkel. Bringt man ihn zur Rotation, erhellt es sich mit Ausnahme von dunklen Streifen, die ein Kreuz bilden (Isoklinen-Kreuz). Werden die in der Flüssigkeit enthaltenen Partikeln völlig in Richtung der Stromlinie orientiert, so daß ihre optischen Achsen mit dieser Richtung zusammenfallen (Abbildung 28.4a), liegen die optischen Achsen entweder in der Polarisatorebene PP oder in der Analysatorebene AA; wie beim einachsigen Kristall muß das Licht in diesen Lagen ausgelöscht werden. Bilden die optischen Achsen im Strömungsgefälle einen Winkel χ mit den Stromlinien, so liegen die Stellen maximaler Auslöschung, wie in Abb. 28.4b leicht erkennbar ist, nicht mehr in den Ebenen PP und AA, sondern an den Stellen, wo die optischen Achsen der Partikeln parallel zu diesen Richtungen liegen; das dunkle Kreuz erscheint daher um den gleichen Winkel χ gegen PP gedreht. Mittels geeigneter experimenteller Anordnungen, die in § 41 näher beschrieben werden, läßt sich die Richtung der Orientierung der Partikeln und damit auch durch die Lage des Isoklinen-Kreuzes ermitteln.

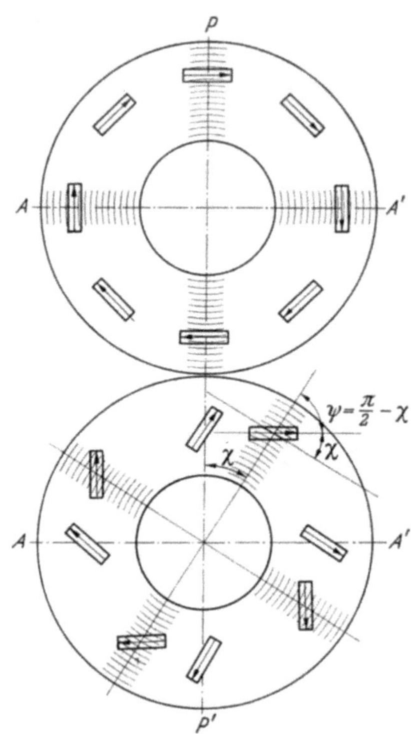

Abb. 28.4. Isoklinenkreuz in einer zwischen zwei Zylinderwänden rotierenden Flüssigkeit. PP' Polarisatorebene, AA', Analysatorebene. Oberes Bild: Vollständige Ausrichtung anisometrischer Partikeln. Hauptachsen (Pfeile) stehen parallel oder senkrecht zu PP bzw. AA'. Unteres Bild: Unvollständige Ausrichtung der Partikeln. Wo Hauptachsen $\parallel$ oder $\perp$ zu PP' bzw. AA', wird Licht ausgelöscht; Isoklinenkreuz ist dabei um Winkel χ verdreht

Der Winkel χ wurde in § 16 als derjenige bezeichnet, auf den sich die größte Zahl von Partikeln in einem bestimmten Strömungsgefälle mit ihren Längsachsen einstellen. Für kleine $\sigma = q/\Theta$ gilt Gl. (16.15), die damit eine wertvolle Möglichkeit zur Bestimmung des Rotationskoeffizienten aus χ eröffnet. Da sich die Flüssigkeit im Strömungsgefälle wie ein anisotropes Medium verhält[1], dessen optische Achsen mit dem Iso-

---

[1] PETERLIN und STUART wiesen darauf hin, daß sich das Medium an sich wie ein optisch zweiachsiger Kristall verhält, da jedoch die Meßanordnung immer so gewählt wird, daß zwei Hauptachsen in der Ebene der Strömung liegen, verhält er sich formell wie ein einachsiger Kristall, für welchen Gl. (28.1) gilt.

klinenkreuz zusammenfallen, ist es nun nicht mehr schwierig, den Betrag der Doppelbrechung nach den gebräuchlichen Methoden der Kristalloptik zu bestimmen.

Die Theorie der Strömungsdoppelbrechung liefert nach PETERLIN und STUART[1] einen Ausdruck, der ein Produkt des optischen Anisotropiefaktors Gl. (28.6) mit einem Orientierungsfaktor darstellt, es gilt

$$\Delta n = n_{||} - n_{\perp} = \frac{2\pi}{n_0}\, \varphi\,(\alpha_{||} - \alpha_{\perp})\, f\left(\sigma, \frac{a}{b}\right) \tag{28.7}$$

(n_0 = Brechungsindex der ruhenden Flüssigkeit). Für kleine Werte von σ ergibt sich durch Reihenentwicklung

$$f\left(\sigma, \frac{a}{b}\right) = \frac{\sigma}{15}\frac{a^2 - b^2}{a^2 + b^2}\left(1 - \frac{\sigma^2}{72}\left(1 + \frac{6}{35}\frac{a^2 - b^2}{a^2 + b^2}\right) + \cdots\right). \tag{28.8}$$

Für sehr kleine σ kann der Klammerausdruck vernachlässigt werden Aus Gl. (7) und (8) läßt sich eine Konstante definieren, die vom Lösungsmitteleinfluß unabhängig ist. Dividiert man beide Seiten durch die Viskosität des Lösungsmittels η_0, erhält man

$$M_{\mathrm{sp}} \equiv \frac{\Delta n}{\varphi\, n_0\, q\, \eta_0} = \frac{2\pi}{15 n_0^2}\frac{(n_{||}^2 - n_{\perp}^2)}{\Theta\, \eta_0}\frac{a^2 - b^2}{a^2 + b^2}. \tag{28.9}$$

M_{sp} wird auch als MAXWELLsche Konstante bezeichnet[2]. Auf gleiche Weise läßt sich eine Konstante aus Gl. (16.15) definieren, die man Orientierungszahl nennt:

$$\omega \equiv \frac{(\pi/4) - \chi}{q\, \eta_0} = \frac{1}{12 \eta_0\, \Theta}. \tag{28.10}$$

Diese Größe steht in besonders durchsichtigem Zusammenhang mit der Rotationsdiffusionskonstante. PETERLIN und STUART empfehlen eine sog. Grenzorientierungszahl einzuführen, die entsprechend dem Verfahren bei der Auswertung von Viskositätsmessungen durch Extrapolation der gemessenen Werte auf $c_g \to 0$ und $q \to 0$ erhalten wird, es ist also

$$[\omega] \equiv \left(\frac{(\pi/4) - \chi}{q\, \eta_0}\right)_{\substack{c_g \to 0 \\ q \to 0}}. \tag{28.11}$$

Diese Größe ist von Abweichungen wegen nichtidealen Verhaltens und Nichtbeachtung von Vereinfachungen unabhängig[3]. In Abb. 28.5 und 28.6 sind Δn und χ für steigende Werte von σ aufgetragen, wobei angenommen wurde, daß Δn bei vollständiger Ausrichtung den Wert 2π erreicht. Bei $\sigma = 0$ ist χ entsprechend Gl. (16.16) $= 45°$, dieser Wert stellt sich auch bei reinen niedermolekularen Flüssigkeiten ein, da die Rotationsdiffusionskonstante so groß ist, daß σ auch bei sehr hohen

---

[1] PETERLIN u. STUART: loc. cit. S. 181.

[2] MAXWELL, J. C. (Collected Papers. Cambridge 1890. VI. II. S. 379) beobachtete nach A. KUNDT [Ann. Physik **13**, 110 (1881)] als einer der ersten das Phänomen der Strömungsdoppelbrechung.

[3] Vielfach wird auch die Anfangsneigung der χ—q-Kurve benutzt, wofür gilt

$$- d\chi/dq = 1/12\,\Theta = [\omega]\eta_0.$$

Strömungsgradienten $\ll 1$ ist. Das gleiche findet man bei allen kleinen Teilchen mit niedrigen Achsenverhältnissen.

Die Geschwindigkeitsgradienten gehen auch bei leistungsfähigen Apparaturen nicht über einige $30\,000\ \text{sek}^{-1}$ hinaus. Um eine Abnahme von $1°$ gegenüber $45°$ zu bewirken, muß $\sigma = \pi/15 \simeq 0{,}2$ sein, und da $\sigma = q/\Theta$ ist, darf Θ nicht mehr als fünfmal so groß wie q sein.

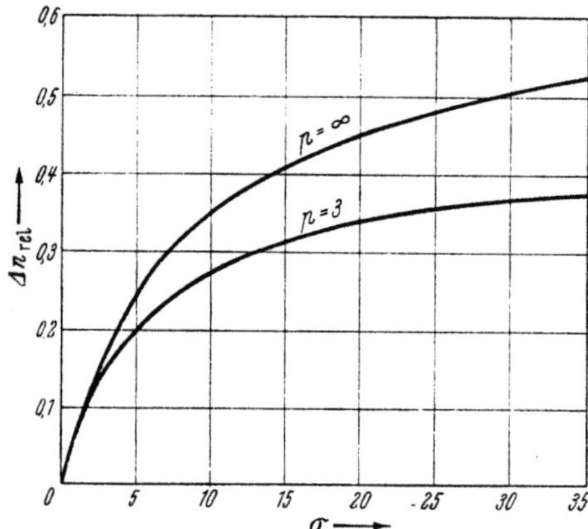

Abb. 28.5. Relative Doppelbrechung in Abhängigkeit von σ für $p = 3$ und $p = \infty$ nach H. A. SCHERAGA, J. T. EDSALL u. J. O. GADD jr. [J. Chem. Phys. 19, 1101 (1951)] (entnommen aus H. STUART: Physik der Hochpolymeren, loc. cit. Bd. II, S. 581)

Erhebliche Werte für χ und damit auch Δn findet man bei starren langgestreckten Partikeln, wie Tabakmosaikvirus, Nitrozellulose, Nucleinsäure, Vanadinpentoxyd usw. Hier ist es einfach, mit Hilfe der Theorie der Rotationsdiffusion (§ 15) die Partikeldimensionen zu berechnen.

Überraschenderweise hat das Achsenverhältnis a/b keinen großen Einfluß auf χ, da es als Logarithmus in den Ausdruck (28.7) eingeht. Ein Diagramm von SCHERAGA, EDSALL und GADD[1], das die exakte Theorie von PETERLIN für gestreckte Rotationsellipsoide zugrunde legt, läßt erkennen, daß so große Unterschiede wie für $a/b = 3$ und $a/b = \infty$ auch bei hohen Strömungsgradienten χ nur geringfügig verändern. Entscheidend ist die dritte Potenz der längsten Achse, wie es auch in der Näherungsgleichung (16.14) zum Ausdruck kommt. Die gleichen Berechnungen ergaben, daß auch bei $\sigma \sim 30$, Δn nur um 30% wächst, wenn a/b von $3-\infty$ ansteigt (Abb. 28.5 und 28.6).

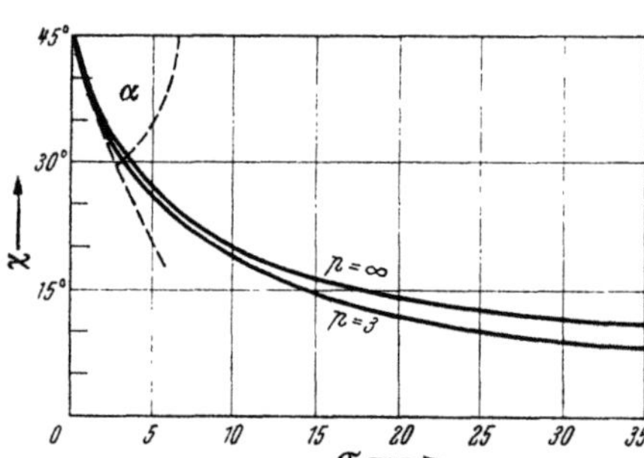

Abb. 28.6. Auslöschwinkel χ in Abhängigkeit von σ für $p = 3$ und $p = \infty$ nach SCHERAGA, EDSALL u. GADD (loc. cit.) (entnommen aus H. STUART: Physik der Hochpolymeren loc. cit. Bd. II, S. 581)

Bestätigungen der Theorie der Strömungsdoppelbrechungen sind nicht sehr zahlreich, was vor allem mit der Schwierigkeit zusammenhängt, Systeme mit exakt gleichartigen Partikeln herzustellen und diese nach einer unabhängigen Methode zu vermessen. Die Untersuchungen von ROBINSON[2] an Tabakmosaikvirus in wässerigen Lösungen haben für große starre stäbchenförmige Partikeln die Gültig-

---

[1] SCHERAGA, H. A., J. T. EDSALL u. J ORTEN GADD: J. Chem. Phys. **19**, 1101 (1951).

[2] ROBINSON, J. R.: Proc. Roy. Soc. London A **170**, 519 (1939).

keit von Gl. (9) und (10) erwiesen, wenn die Viskositäten im gleichen Apparat gemessen werden. Für kleine Teilchen sind die Messungen von SIGNER und GROSS[1] anzuführen, die Cellulosenitrat in Cyclohexan und Butylacetat untersucht haben.

Von EDSALL[2] wurden die Rotationsdiffusionskonstanten von Proteinen aus Meßdaten der Strömungsdoppelbrechung berechnet, die in der Tab. 15.I aufgeführt sind.

Messung und Auswertung der Strömungsdoppelbrechung und des Auslöschwinkels stellen eine hervorragende Ergänzung zum Studium des Verhaltens starrer und deformierbarer Partikeln im Strömungsfeld dar, das an sich auch durch die Analyse ihres Fließverhaltens möglich ist. Die Besonderheiten, die bewegliche knäuelbildende Fadenmoleküle in ihrem Fließverhalten zeigen, spiegeln sich auch in den mit der Strömungsdoppelbrechung zusammenhängenden Effekten wider. Dabei treten in bezug auf die optischen Effekte selbst keine besonderen Eigentümlichkeiten auf, nur darin, daß die Abhängigkeit vom Strömungsgefälle, der Konzentration und der Viskosität des Lösungsmittels einen Verlauf aufweist, der durch die Eigenart der speziellen Fadenmoleküllösung bedingt ist. Da diese Besonderheit sich aber auch im Viskositätsverhalten der Lösung zeigt, bedient man sich in der Praxis meist dieser Methode, da sie experimentell sehr viel einfacher zu handhaben ist. Es sollen daher nur kurz einige Formeln für die Grenzorientierungszahlen mitgeteilt werden.

In § 16 wurde bei den Fadenmolekülen zwischen dem völlig durchspülten, dem völlig undurchspülten und dem teilweise durchspülten Fadenknäuel unterschieden.

Für den völlig durchspülten Knäuel ohne innere Steifheit erhält man nach W. und H. KUHN[3] für die Grenzosientierungszahl

$$[\omega] = \overline{h^2}/12\,\eta_0\,D. \tag{28.12}$$

Setzt man nach Gl. (20.32) für $\overline{h^2} = l'^2\,(M_j/M_1)$ $(n = M_j/M_1)$ und für $D = 4kT/\eta_0\,f\,(M_j/M_1)$ ein, so erhält man $[\omega] = l'^2\,f\,(M_j/M_1)^2/48\,kT$, woraus sich durch Vergleich mit Gl. (16.32) ergibt

$$[\omega] = [\eta]_v\,M_j/2\,RT. \tag{28.13}$$

Aus diesem einfachen Zusammenhang zwischen $[\omega]$ und der Grenzviskositätszahl $[\eta]$, die nach PETERLIN und STUART (loc. cit.) der Form nach allgemeine Gültigkeit besitzen soll, sollten Partikelmolgewichtsbestimmungen möglich sein[4].

Der nicht durchspülte Knäuel kann als deformierbare Kugel mit einer gewissen inneren Zähigkeit aufgefaßt werden, die in der Strömung zu einem Ellipsoid deformiert und in der Strömungsrichtung orientiert wird[5]. CERF[6] fand, daß eine einfache Beziehung zwischen Auslöschwinkel, absoluter Temperatur und der inneren Viskosität η_i (vgl. S. 94) des Knäuels besteht, die die Form

$$\omega\,\eta_0 = 1{,}25\,T\,(\eta_0 + 0{,}4\eta_i)/\varepsilon \tag{28.14}$$

[1] SIGNER, R. u. H. GROSS: Z. physik. Chem. A **165**, 161 (1933).

[2] EDSALL, J. T.: Advance Coll. Sci. Vol. I. New York 1942. S. 308.

[3] KUHN, W. u. H. KUHN: Helv. chim. Acta **28**, 1533 (1945); **29**, 71, 609, 830 (1946); J. Colloid Sci. **3**, 11 (1948).

[4] W. u. H. KUHN verfeinerten die Theorie soweit, daß zwischen steifen und weichen Fadenmolekülen unterschieden werden kann.

[5] KUHN, W., H. KUHN u. P. BUCHNER: Ergebn. exakt. Naturwiss. **25**, 1 (1951).

[6] CERF, R.: C. R. Acad. Sci. Paris **226**, 1586 (1948); J. Chim. physique **48**, 6, 59, 85 (1951).

besitzt (ε = Elastizitätsmodul des Fadenknäuels + immobilisierter Flüssigkeit). Diese Gleichung konnte von ihm auch experimentell an zwei Polystyrolen verschiedenen Molgewichts bestätigt werden.

Der teilweise durchspülte Knäuel läßt sich als Mittelding zwischen dem völlig durchspülten weichen und dem steifen Knäuel behandeln, jedoch bringen hier die optischen Erscheinungen gegenüber der Viskosität keine neuen Gesichtspunkte.

Die Strömungsdoppelbrechung polydisperser Systeme zeigt nun wieder erhebliche Komplikationen. Verschiedene experimentelle Überprüfungen der Theorie führten zu Enttäuschungen, die weniger auf der Unzulänglichkeit der Theorie, sondern auf unzureichender Monodispersität der untersuchten Systeme beruhten. Eine allgemeine Theorie dieser Systeme steht noch aus, doch konnte SADRON [1] eine Theorie entwickeln, die für kleine Konzentrationen der verschiedenen Partikelarten gilt, wo sie sich nicht gegenseitig behindern. Jede Partikelart trägt dann für sich entsprechend ihrer Konzentration, ihrer optischen Konstanten und ihrer Einstellung in der Strömung zur Polarisierbarkeit des Gesamtsystems bei. Wenn N_i, Δn_i und χ_i die Zahl der Partikeln der Sorte i je cm³, ihre Doppelbrechung und ihren Auslöschwinkel bedeuten, ergibt sich für die Doppelbrechung

$$(\Delta n)^2 = \left(\sum_i N_i\, \Delta n_i\, \sin 2\chi_i\right)^2 + \left(\sum_i N_i\, \Delta n_i\, \cos 2\chi_i\right)^2 \qquad (28.15)$$

und für den Auslöschwinkel

$$\operatorname{tg} 2\chi = \frac{\sum_i N_i\, \Delta n_i\, \sin 2\chi_i}{\sum_i N_i\, \Delta n_i\, \cos 2\chi_i}\,. \qquad (28.16)$$

Beide Gleichungen konnten von SADRON an künstlich hergestellten Mischungen zweier Komponenten experimentell bestätigt werden [2]. Die Abhängigkeit des Auslöschwinkels vom Strömungsgefälle braucht nicht monoton zu sein; größere Teilchen orientieren sich schnell bei kleinen Werten von q, während kleinere erst bei hohem q ausgerichtet werden. Ebenso können zwei Komponenten mit entgegengesetzt gerichteten Vorzeichen ihrer Doppelbrechung bei kleinem q positive, bei großem negative Strömungsdoppelbrechung zeigen, vorausgesetzt, daß sich ihre Abmessungen nicht zu wenig unterscheiden [3].

Dies liefert auch die Erklärung für das eigenartige Verhalten im Magnetfeld ausgerichteter Eisenoxydhydratsole, das von MAJORANA gefunden wurde [4]. Je nach der angewandten äußeren Feldstärke zeigen sie auch dem Vorzeichen nach verschiedene Werte der Doppelbrechung, ebenso ist ihr Verhalten temperaturabhängig. Läßt man solche Sole sedimentieren, so bleibt die abgesetzte Schicht positiv und die obere nicht abgesetzte bei allen Feldstärken negativ, wie von COTTON und MOUTON [5] gefunden wurde. Daraus geht hervor, daß das Sol polydispers war. Die Temperaturabhängigkeit erklärt sich zwanglos durch die Rolle der Rotationsdiffusionskonstante.

[1] SADRON, CH.: J. Physique Radium [7] 9, 381 (1938).

[2] Vgl. auch R. SIGNER u. H. W. LIECHTI: Makromolekulare Chem. 2, 267 (1948).

[3] Vgl. dazu CH. SADRON, A. BONOT u. H. MOSIMANN: J. Chim. physique 36, 78 (1939). — [4] MAJORANA, Q.: loc. cit. S. 182.

[5] COTTON, A. u. H. MOUTON: Ann. Chim. Physique (8) 11, 145, (189) (1907).

An sich könnte daran gedacht werden, die Doppelbrechung als Kriterium für das Vorliegen mono- oder polydisperser Systeme heranzuziehen, doch ist die Beurteilung gerade bei den am meisten interessierenden Fadenmolekülen wegen des Einflusses ihrer mehr oder weniger vorhandenen Steifheit nicht ganz eindeutig.

Taktosole

An dieser Stelle seien die eigenartigen kolloiden Systeme erwähnt, die von sich aus optisch anisotrop sind. Bestimmte höher konzentrierte Eisenoxydhydratsole scheiden sich nach COTTON und MOUTON[1] von selbst in zwei Schichten, von denen die höher konzentrierte unter dem Mikroskop erkennbare spindelförmige anisotrope Tropfen enthält, die schematisch in der Abb. 28.7 dargestellt sind. Von ZOCHER[2] wurde die Erscheinung auch an Vanadinpentoxydsolen und bei verschiedenen Farbstoffen — z. B. Benzopurpurin — und von BERNAL und FANKUCHEN[3] bei Tabakmosaikvirus beobachtet. In allen diesen Fällen handelt es sich um Entmischungserscheinungen (Koazervation) infolge Überschreitung stabiler bzw. stabilisierter Zustände (vgl. § 19). In den abgeschiedenen Tropfen bilden sich vermutlich durch Einwirkung VAN DER WAALSscher und interionischer Kräfte Bezirke aus, die relativ dichtgepackte Ansammlungen parallel ausgerichteter Stäbchen enthalten[4], was auch durch röntgenographische Untersuchungen von BERNAL und FANKUCHEN bestätigt werden konnte. Man nennt solche Systeme nach ZOCHER *Taktosole* oder Taktoide. Sie stehen

Abb. 28.7. Taktosol bei Betrachtung im polarisierten Licht unter dem Mikroskop. Die doppelbrechenden Bereiche erscheinen bei gekreuztem Polarisator und Analysator hell. (Schematische Nachzeichnung nach FREUNDLICH: Kapillarchemie Bd. 2 loc. cit.)

ihrer Struktur nach den kristallinen Flüssigkeiten oder mesomorphen Zuständen nahe[5], in denen sich ebenfalls langgestreckte steife Partikeln freiwillig in bestimmten Anordnungen parallel lagern und dadurch eine optische Anisotropie erzeugen. Doch handelt es sich hierbei um organische Moleküle relativ niedrigen Molgewichts (z. B. p-Azoxyanisol), nicht um kolloide Partikeln bzw. Makromoleküle. Solche Stäbchen-Moleküle bilden den sog. *nematischen* Zustand, wenn nur eine parallele Ausrichtung ihrer Längsachsen, und den *smektischen* Zustand, wenn außer der Parallelrichtung noch eine Schichtung der Moleküle senkrecht zur

---

[1] COTTON, A. u. H. MOUTON: Ann. Chim. Physique (8) **11**, 145 (185) (1907).

[2] ZOCHER, H.: Z. anorg. allg. Chem. **147**, 91 (1925); ZOCHER, H. u. K. JACOBSOHN: Kolloid-Z. **41**, 220 (1927); Kolloid-Beih. **28**, 167 (1929).

[3] BERNAL, J. D. u. I. FANKUCHEN: Nature **139**, 923 (1937); J. gen. Physiol. **25**, 111, 120, 147 (1941).

[4] LEVINE, S.: Proc. Roy. Soc. London (A) **170**, 145, 165 (1939).

[5] Näheres bei O. LEHMANN: Molekularphysik. Bd. I. Leipzig 1888; FRIEDEL, G. Ann. Physikque [9] **18**, 273 (1922); VORLÄNDER, D.: Chemische Kristallographie der Flüssigkeiten. Leipzig 1924.

Längsachse eintritt. Die Spindeltropfen der Taktosole können mit einer kristallinen Flüssigkeit im nematischen Zustand verglichen werden, nur sind es dort die stäbchenförmigen *kolloiden* Partikeln, die parallel zueinander orientiert sind.

Dichroismus

Mit der Doppelbrechung hängt eng der sog. *Dichroismus* zusammen. Wenn ein anisotropes System Licht absorbiert, können nicht nur die Brechungsindices, sondern auch die Absorptionskoeffizienten der parallel und senkrecht zur optischen Achse des Mediums schwingenden Lichtwellen voneinander verschieden sein. In ausgeprägten Fällen können die Körper bei Betrachtung in polarisiertem weißen Licht verschiedenfarbig erscheinen, je nachdem, ob man in Richtung der optischen Achse oder senkrecht dazu blickt; von dieser Erscheinung leitet sich der Name Dichroismus her[1].

Der Dichroismus wird durch die Differenz der Absorptionskoeffizienten $\varkappa_{||} - \varkappa_{\perp}$ charakterisiert, sie ist dadurch bestimmbar, daß man die Intensitäten eines linear polarisierten Lichtstrahls parallel und senkrecht zur optischen Achse des einachsigen Mediums ermittelt.

Gefärbte kolloide Systeme, wie z. B. bestimmte Sole von Farbstoffen, zeigen Dichroismus, wenn ihre Partikeln durch äußere Kräfte orientiert werden, wobei die Zusammenhänge zwischen Orientierungsgrad und optischem Effekt die gleichen sind wie bei der Doppelbrechung.

Unter Umständen kann der Dichroismus ein wichtiges Hilfsmittel zur Strukturaufklärung werden, da es mit seiner Hilfe möglich ist, die Lage von bestimmten Atomgruppen oder Bindungen in einem orientierten Aggregat festzustellen. Die Absorptionsbanden kleinerer Atomgruppen (z. B. $>C{=}O$, $>C{=}N{-}$ usw.), die meist im Ultravioletten liegen, können in Richtung der Verbindungslinie ihrer Atome größer sein als senkrecht dazu. Eine Lichtwelle, deren elektrischer Vektor parallel zu dieser Linie schwingt, sollte auch stärker absorbiert werden als der hierzu senkrecht schwingende. Schwingungen der Atome auf ihrer Verbindungslinie selbst werden durch ultrarotes Licht angeregt; fällt eine solche polarisierte Welle ultraroten Lichtes mit ihrem Schwingungsvektor parallel zur Atomverbindungslinie ein, so wird die Schwingungsanregung und auch die Absorption groß, senkrecht dazu hingegen nur gering sein. In orientierten Partikeln ist es daher grundsätzlich möglich, die Lage bestimmter Atomgruppen durch den Dichroismus ihrer charakteristi-

---

[1] W. H. WOLLASTON, [Philos.Trans.Roy.Soc.London **94**, 419 (428) (1804)] hat als erster beobachtet, daß K_2PdCl_4 je nach der Bestrahlungsrichtung rot oder grün gefärbt erscheint. Am bekanntesten ist der Dichroismus des Turmalins. Beobachtet man mehr als zwei Farben, spricht man von *Pleochroismus*. In der Sprache der elektromagnetischen Wellentheorie: Der elektrische Vektor der Lichtwelle hat parallel zur optischen Achse des Mediums eine andere Amplitude als senkrecht dazu. Mit dem Dichroismus ist immer Doppelbrechung gekoppelt, als Regel — die allerdings Ausnahmen kennt — gilt, daß der am wenigsten absorbierte Strahl auch die kleinere Geschwindigkeit besitzt.

Über die Wellenlängenabhängigkeit von Doppelbrechung und Dichroismus bei gefärbten Medien vgl. H. ZOCHER: Naturwiss. **13**, 1015 (1925).

schen Absorptionsbanden zu bestimmen. Praktisch ist das bisher nur an festen anisotropen Objekten, wie etwa Keratin- und Seidenfasern und an orientierten Gelen erprobt worden (vgl. § 85).

Optische Aktivität

Als optische Aktivität wird bekanntlich[1] die Eigenschaft bestimmter Atomanordnungen bezeichnet, die Ebene polarisierten Lichts um einen bestimmten Betrag zu drehen. Ohne auf ihren Mechanismus näher einzugehen, sei hier nur soviel gesagt, daß diese physikalische Erscheinung weniger auf dem Zerteilungszustand der Materie als auf der Struktur ihrer molekularen Bausteine beruht. Nur in besonderen Fällen hängt sie mit der Anordnung der Moleküle oder Ionen zusammen, die als Einzelmoleküle keine optische Aktivität besitzen. Doch ist dies dann auch immer eine Eigenschaft des makroskopischen Zustands z. B. von Kristallen, die unter Beibehaltung ihrer Kristallstruktur kolloid zerteilt werden können. Das Ausmaß ihrer optischen Aktivität kann dabei wohl verändert werden, einfach durch eine Zunahme der Grenzflächen, die nicht das gleiche Drehvermögen zu besitzen brauchen wie das Kristallinnere. Doch steht eine genaue Untersuchung dieser Verhältnisse noch aus. Die optische Aktivität von Makromolekülen bietet gegenüber kleinen keine Besonderheiten, obwohl sie ein ausgezeichnetes Hilfsmittel zur Kennzeichnung ihrer Struktur ist und besonders Strukturveränderungen leicht erkennen läßt, wofür Proteine und andere Makromoleküle ein hervorragendes Beispiel geben.

Von besonderem Interesse ist die Abhängigkeit des Drehvermögens $[\alpha]$ von der Lichtwellenlänge, die sog. *Rotationsdispersion*, die nach LINDERSTROM-LANG[2] ein ausgezeichnetes Hilfsmittel zur Strukturaufklärung komplizierter Makromoleküle zu werden scheint. Proteine und auch synthetische Polypeptide zeigen je nachdem, ob sie in Lösung spiralig aufgerollte Strukturen besitzen oder nicht, eine besondere Rotationsdispersion (vgl. dazu § 89). Die etwas schwierig zu durchschauende Theorie[3] konnte an Kupferdrahtmodellen mit Ultrakurzwellen[4] (Radar) geprüft und bestätigt werden. Schließlich ist noch der sog. Zirkulardichroismus zu erwähnen, der darauf beruht, daß die linkszirkulierende Welle anders *absorbiert* wird als die rechts zirkulierende (COTTON-Effekt)[5]. Tritt polarisiertes Licht durch ein Medium mit solchen Eigenschaften, so wird nicht nur die Polarisationsebene gedreht, sondern das ausstrahlende Licht ist auch noch elliptisch polarisiert.

[1] Vgl. hierzu W. KUHN u. K. FREUDENBERG in EUCKEN-WOLFS Hand- u. Jahrb. d. chem. Physik. 8, III. Leipzig 1936.

[2] LINDERSTRØM-LANG, K. u. J. A. SCHELLMAN: Biochim. biophysica Acta [Amsterdam] 15, 156 (1954); vgl. auch P. DOTY u. J. T. YANG: J. Amer. chem. Soc. 78, 498 (1956).

[3] MOFFITT, W., D. D. FITTS u. J. G. KIRKWOOD: Proc. nat. Acad. Sci. USA 43, 723 (1957).

[4] TINOCO, I. u. M. P. FREEMAN: J. physic. Chem. 61, 1196 (1957).

[5] COTTON, A.: C. R. hebd. Séances Acad. Sci. 120, 989 (1895).

III. Bestimmung der Größe, Gestalt und Struktur kolloider Partikeln

§ 29. Bestimmungen der Partikelgröße, Dialyse, Ultrafiltration

Die folgenden Kapitel geben eine Übersicht der experimentellen Methoden zur Bestimmung von Größe, Gestalt und Struktur kolloider Partikeln, sowie die Grundlagen für die Auswertung der Messungen. Einige wichtige Ergebnisse sind beigefügt.

Dialyse

Die einfachste Methode zum Nachweis kolloider Partikeln, die Dialyse, wurde schon von GRAHAM benutzt (vgl. Abb. 2.1). Niedermolekulare gelöste Substanzen können durch geeignete Dialysiermembranen *diffundieren*, während kolloide Partikeln wegen ihrer Größe daran gehindert werden. Die Geschwindigkeit der Dialyse hängt wie bei jedem Diffusionsvorgang vom Konzentrationsgefälle ab, doch braucht der Diffusionskoeffizient der Membran nicht den gleichen Wert wie bei einer freien Diffusion zu besitzen. Das kann daran liegen, daß die Diffusionsstrecke wegen der besonderen Anordnung der Kanäle in der Membran nicht bestimmt werden kann und nicht mit der Membrandicke zusammenfällt. Für eine bestimmte Membran wird daher ein nur für diese geltender Dialysekoeffizient definiert, der in der Regel kleiner ist als der entsprechende Diffusionskoeffizient. Weitere Einflüsse können von besonderen Kraftwirkungen der Porenwände ausgehen[1].

In früheren Zeiten wurden als Dialysiermembranen tierische Häute, wie Schweinsblasen, Pergament u. dgl., verwendet, heute bevorzugt man künstliche Membranen aus Cellulose oder Cellulosederivaten, wie z. B. Cellophan[2] oder auch solche, die gleichzeitig als Ultrafilter geeignet sind[3].

Quantitative Bestimmungen des Dialysekoeffizienten können bei nicht zu großen Partikeln, die noch die Dialysiermembran passieren können auch zur relativen Bestimmung von Partikelmolgewichten benutzt werden, wobei die Beziehung von RIECKE Gl. (13.19) angewandt werden kann; s. dazu SPANDAU (loc. cit.).

Als analytische Methode hat die Dialyse nie größere Bedeutung erlangt, wogegen sie für präparative Zwecke, z. B. für die Herstellung anorganischer gereinigter Sole oder in der Proteinchemie, weitgehend angewandt wird, vor allem, um aus Mischungen von Kolloiden und niedermolekularen Substanzen die letzteren zu entfernen oder, umgekehrt, niedermolekulare Substanzen mit Kolloiden ins Gleichgewicht zu bringen.

Ultrafiltration

Bei der normalen Filtration durch Papierfilter im Laboratorium werden gröbere Partikeln einer Dispersion normalerweise wie von einem Sieb

---

[1] Näheres bei H. BRINTZINGER in A. KUHN: Kolloidchemisches Taschenbuch. 4. Aufl. Leipzig 1953. S. 88.
[2] Kalle u. Co., Wiesbaden-Biebrich. — [3] Membranfilterges., Göttingen.

zurückgehalten, während das Dispersionsmittel durchläuft. Stehen Siebe bekannter Maschenweite oder Lochgrößen in verschiedener Abstufung zur Verfügung, kann eine Bestimmung der Partikelgröße auf sehr einfache Weise vorgenommen werden. Die Dispersion braucht nur eine Reihe von Sieben immer feinerer Maschenweite zu passieren, wie in Abb. 29.1 schematisch dargestellt ist. Solange die Partikeln kleiner sind als die Maschendimensionen, laufen sie durch, erst bei vergleichbarer Weite werden sie zurückgehalten. Ist das System monodispers, wird die dispergierte Substanz sich vollständig auf *einem* Sieb bestimmter Maschenweite sammeln (Abb. 29.1b). Bei polydispersen Systemen ver-

schiedener Größe bleibt sie auf denjenigen Sieben, von denen sie gerade nicht mehr durchgelassen wird (Abb. 29.1a). Ein polydisperses System kann so in Fraktionen verschiedener Partikelgrößenbereiche aufgeteilt werden. Man nennt diese Operation *Siebanalyse*. Sie wird in der hier besprochenen einfachen Form bei Untersuchungen grober Dispersionen — Bodenproben, Mahlprodukten usw. — angewandt, wobei das Dispersionsmittel gasförmig oder flüssig sein kann. Siebanalysen sind auch mit Papierfiltern verschiedener Durchlässigkeit oder mit Glasfritten, Porzellan-

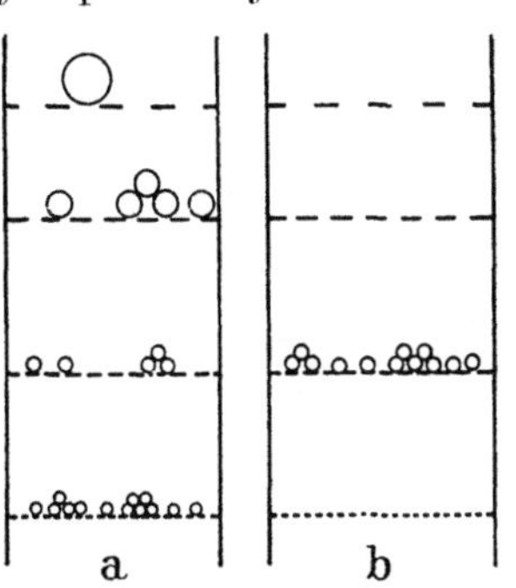

Abb. 29.1. Siebanalyse (schematisch). a) Polydisperses, b) Monodisperses System (vgl. Text)

und Metallkeramiken bestimmter Porengröße möglich, doch halten solche Filter nur Partikeln zurück, die zu den gröberen Niederschlägen und Suspensionen gehören, nicht aber Kolloide. Diese laufen meist durch die feinsten Papierfilter und Porzellankeramiken hindurch.

Anders ist es bei den sog. *Ultrafiltern*, welche auch *kolloide* Partikeln zurückhalten können und somit die gleichen Eigenschaften wie Dialysiermembranen besitzen. Auch diese werden auf künstlichem Wege meist aus Cellulose, Nitrocellulose (Kollodium) und Acetylcellulose hergestellt wie die im Handel erhältlichen Membranen von ZSIGMONDY[1] oder die im Laboratorium nicht schwer herstellbaren von MANEGOLD[2], BECHHOLD[3] und OSTWALD[4].

Beispielsweise wird nach OSTWALD[4] ein Papierfilterhütchen in einem Glastrichter mit heißem destillierten Wasser angefeuchtet, dann mit einer 4proz. Kollodiumlösung ausgeschwenkt, kurz getrocknet und nochmals ausgeschwenkt; beide Male muß überschüssige Kollodiumlösung sorgfältig entfernt werden. Nach 5···10 Minuten Trocknen an der Luft wird in destilliertes Wasser getaucht. Nach etwa 30 Minuten kann das Filter verwendet werden.

BJERRUM und MANEGOLD lassen die Membranlösung auf eine Quecksilberoberfläche fließen, auf der ein Eisenring schwimmt, während ZSIGMONDY auf eine waagerecht justierte Spiegelglasplatte gießt. Nach bestimmter Trocknungszeit

---

[1] Membranfilter-Ges., Göttingen.

[2] BJERRUM, N. u. E. MANEGOLD: Kolloid-Z. **42**, 97 (1927).

[3] H. BECHHOLD in ABDERHALDENS Hdbch. d. Biolog. Arbeitsmethoden, Abt. 3B 583 (1929).

[4] OSTWALD, WO.: Kleines Praktikum d. Kolloidchemie. 9. Aufl. Dresden, Leipzig 1943.

wird der Eisenring vom Quecksilber abgehoben und ins destillierte Wasser gebracht, das gleiche geschieht mit der Glasplatte nach Zsigmondy. Für die Porengröße entscheidend ist die Zusammensetzung der Kollodiumlösung, sowie die Trocknungszeit der Membran. Zsigmondy verwendet ein Gemisch von 200 Teilen 6proz. Kollodium, 200 Äther und 500 Alkohol.

Je nach den Herstellungsbedingungen werden kleinere oder größere Poren erhalten.

Nachteilig ist die nicht zu vermeidende Uneinheitlichkeit der Porengrößen der Ultrafilter. Bemühungen, Filter mit einheitlicher Porengröße herzustellen, sind daher vielfach vorgenommen worden, aber nur zum Teil gelungen. Von Elford[1] wurden Membranen mit abgestufter einheitlicher Porenweite dadurch erhalten, daß der Dampfdruck des Wassers bei der Trocknung durch bestimmte H_2O—H_2SO_4-Mischungen besonders genau eingestellt wird. Die Porengröße dieser „Gradocoll''-Membranen variiert im Gegensatz zu den bis dahin bekannten Membranen nur sehr wenig.

Die Uneinheitlichkeit steht der Verwendung zur Partikelgrößenanalyse im Wege, wenn auch die maximale und die mittlere Porengröße und sogar ihre Häufigkeitsverteilung durch geeignete Methoden bestimmt werden können[2].

Die Wirkung ungleichmäßiger Siebe ist schwer zu übersehen, weshalb man sich damit geholfen hat, Ultrafilter mit Teilchen bekannter Größe zu eichen bzw. Erfahrungsteste zu sammeln. So ist in der Regel eine Undurchlässigkeit für den Farbstoff Kongorot mit einer Undurchlässigkeit für Eiweiß verbunden. Schlimmer ist, daß die Wechselwirkungen zwischen Filter und zu filtrierenden Substanz und das Verstopfen (Zusetzen) der Filter, zu nicht kontrollierbaren Störungen führt.

Ein wichtiges Anwendungsgebiet der Ultrafiltration ist jedoch ähnlich wie bei der Dialyse die Trennung von kolloider Substanz und Dispersionsmittel, wobei letzteres unverdünnt gewonnen werden kann.

Wenn man eine gröbere Übersicht über ein disperses System gewinnen will, ist die abgestufte Ultrafiltration wertvoll, wenn auch im wesentlichen auf Dispersionskolloide mit annähernd kugelförmigen Partikeln beschränkt. Das Verhalten stäbchenförmiger Partikeln oder der Fadenmoleküle läßt sich noch schwerer übersehen. Makromoleküle mit starken Solvathüllen, Partikeln mit zur Membran entgegengesetzter elektrischer Ladung rufen ebenfalls Komplikationen hervor; Assoziationskolloide laufen durch das Ultrafilter hindurch, da die Assoziate mit ihren Bausteinmolekülen im Gleichgewicht stehen, die das Filter passieren können.

Einen Anhaltspunkt für die mittlere Porengröße der Ultrafilter ergibt die sog. Durchlaufzeit für eine bestimmte Flüssigkeit (in der Regel Wasser). Aus dem Hagen-Poiseuilleschen Gesetz läßt sich nach Manegold[3] für die Geschwindigkeit v/t (cm^3 in der Zeiteinheit) folgende

---

[1] Elford, W. J.: Trans Faraday Soc. **33**, 1094 (1937).
[2] Vgl. z. B. G. Jander u. J. Zakowski: Membranfilter, Cella- und Ultrafilter. Leipzig 1929.
[3] Manegold, E. u. K. Solf: Kolloid-Z. **81**, 36 (1937); Manegold, E., S. Komagata u. E. Albrecht: ibid. **93**, 166 (1940).

Beziehung für eine Membran der Dicke d, der Fläche F, des Hohlraum-volumens W (Anteil der Hohlräume der Membran an ihrem Gesamt-volumen) und des mittleren Porenradius r bei einer Druckdifferenz von Δp und einer Zähigkeit η der Flüssigkeit herleiten:

$$v/t = W\,F\,r\,\Delta p/8d\,\eta\,. \tag{29.1}$$

Danach sollte die Durchflußgeschwindigkeit dem Porenradius proportional sein. Es hat sich daher eingebürgert, auf den Ultrafiltern, die im Handel sind, die Zeiten anzu-geben, die eine bestimmte Wassermenge bei Normaltem-peratur zum Durchlaufen be-nötigt.

Ein Gerät zur Ultrafiltration zeigt die Abb. 29.2. Es ist den gebräuchlichen Filternutschen nachgebildet und wird auch wie diese verwendet. Zur Beschleu-nigung der Filtration werden manchmal Überdruckgeräte be-nutzt; obwohl die Filtrations-geschwindigkeit mit Δp nach Gl. (29.1) ansteigen sollte, er-reicht man oft nicht allzuviel, da sich die Filter bei stärkerer Druckanwendung leicht ver-stopfen. Der Minimaldruck, der zur Filtration anzuwenden ist,

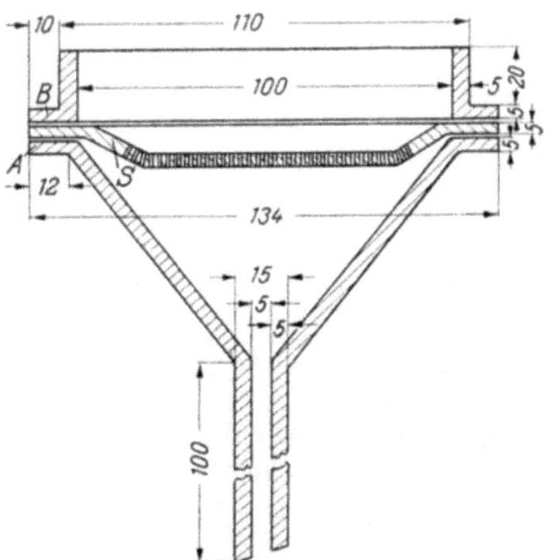

Abb. 29.2. Ultrafiltrationsgerät (entnommen aus R. ZSIGMONDY: Kolloidchemie Bd. I, 5. Aufl., Leipzig 1925, S. 25)

muß gerade größer sein als der osmotische Druck des kolloiden Systems[1]. Bei letzterem muß sinngemäß Ultrafiltrat und Dispersion im Gleich-gewicht stehen. Während der Filtration steigt die Konzentration des Systems durch den Abfluß des Filtrats dauernd an, entsprechend steigt der osmotische Druck und damit auch der anzuwendende Fil-trationsdruck.

§ 30. Ultramikroskopie

Das Ultramikroskop ist das älteste und erste Instrument für die Absolutbestimmung der Dimensionen kolloider Partikeln in Flüssig-keiten[2]. Es gestattet, die *einzelnen* Teilchen geeigneter kolloider Systeme als Lichtpunkte wahrzunehmen, die durch Streuung seitlich eingestrahl-ten Lichts entstehen. SIEDENTOPF und ZSIGMONDY[3] verwirklichten den Gedanken der mikroskopischen Beobachtung des seitlichen Streulichts auf folgende Weise.

---

[1] OSTWALD, WO.: Kolloid-Z. **23**, 68 (1918).

[2] Ausführliche Methodik, konstruktive Einzelheiten usw. bei: ZSIGMONDY, R.: Lehrb. der Kolloidchemie. Leipzig 1924; WIEGNER, G. u. H. PALLMANN: Kolloid-chem. Tb. Hrsgb. A. KUHN. 4. Aufl. Leipzig 1953; REINERT, G. G.: Dunkelfeld-und Ultramikroskopie. Stuttgart 1942.

[3] SIEDENTOPF, H. u. R. ZSIGMONDY: Ann. Physik (4) **10**, 1 (1903).

Eine intensive Lichtquelle (Bogenlampe) beleuchtet mittels eines Kondensors K, wie Abb. 2.2 schematisch zeigt, einen Spalt Sp. Der Spalt wird durch eine Sammellinse und ein langbrennweitiges Mikroskop-objektiv M stark verkleinert in einer Küvette abgebildet, die die zu untersuchende Lösung enthält. Es entsteht ein Lichtbündel, das an der Stelle des Spaltbildes nahe dem Objektivbrennpunkt seine engste Einschnürung zeigt. Beobachtet man diese Stelle durch ein stark vergrößerndes Mikroskop, unter Umständen mit Oelimmersion, so erkennt man Lichtpunkte, die sich heftig hin- und herbewegen. Um sie gut erkennen zu können, muß durch Fernhalten falschen Lichts für einen möglichst dunklen Untergrund (Dunkelfeld) gesorgt werden, denn die Beobachtung wird physikalisch durch den Intensitätsunterschied des vom Teilchen gestreuten Lichts zum Untergrund ermöglicht. Die zu untersuchende Flüssigkeit bringt man in eine Durchflußküvette (Abb. 30.1), die auf einfache Weise ein Nachspülen oder Wechseln der Flüssigkeit gestattet.

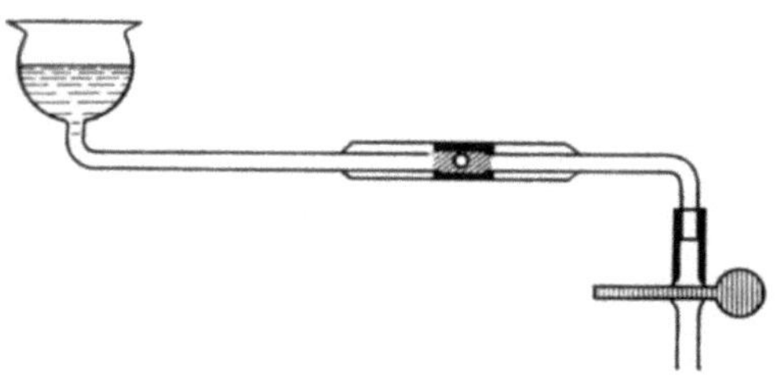

Abb. 30.1. Durchflußküvette für das Spaltultramikroskop. Die rechtwinklig zueinander angeordneten Fenster dienen zur Beleuchtung und Beobachtung (von oben)

Um das Instrument zum Auszählen der in einem bestimmten Volumen enthaltenen Teilchenzahlen benutzen zu können, muß in der Flüssigkeit ein definiertes Volumen abgegrenzt werden, was durch die optische Schärfentiefe oder die Bildgrenzen des Spaltbildes geschehen kann, die sich leicht mit der Mikrometerschraube am Mikroskop ausmessen läßt. Die seitlichen Umrandungen werden mit einem Okularnetzmikrometer bekannter Dimensionen abgegrenzt.

Der Nachteil des Spaltultramikroskops ist seine verhältnismäßig geringe Lichtstärke, die sich auch nicht durch Anwendung sehr starker Lichtquellen wesentlich verbessern läßt, vorteilhaft ist allerdings die leichte Abgrenzbarkeit des Meßvolumens. ZSIGMONDY[1] konstruierte ein

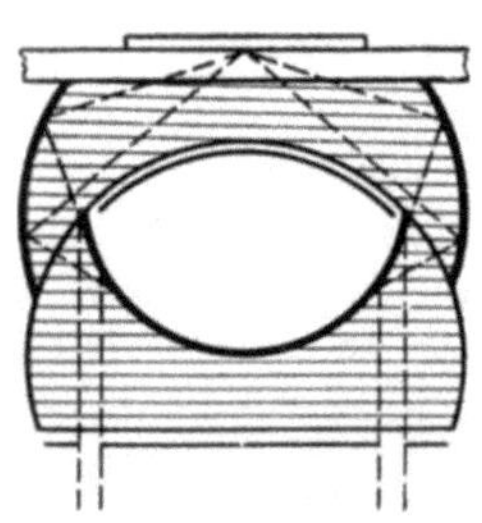

Abb. 30.2. Dunkelfeldkondensor (Kardioid) nach SIEDENTOPF (loc. cit.)

lichtstärkeres Instrument — das Immersionsultramikroskop —, in welchem Beobachtungs- und Beleuchtungsobjektiv in rechtem Winkel so dicht aneinander stoßen, daß die zu untersuchende Flüssigkeit als Tropfen direkt an die Objektive gehängt werden kann. Doch kann sich hier die leichte Verdunstung des Tropfens nachteilig auswirken.

Wesentlich stärker beleuchten die sog. Dunkelfeldkondensoren; ihr Prinzip zeigt Abb. 30.2, die einen sog. Kardioidkondensor nach SIEDENTOPF[2] im Schnitt darstellt. Das Licht trifft hier das Präparat unter

[1] ZSIGMONDY, R.: Physik. Z. **14**, 975 (1913).
[2] SIEDENTOPF, H.: Verh. dtsch. physik. Ges. **12**, 6 (1910).

einem zur Beobachtungsrichtung stumpfen Winkel von allen Seiten statt von einer einzigen. Falsches Licht wird durch eine besondere Blende im Objektiv zurückgehalten. Da jeder normale Durchlichtkondensor im Mikroskop durch einen solchen Dunkelfeldkondensor einfach ausgewechselt werden kann, wird diese Anordnung heute am meisten verwendet. Das Volumen zum Auszählen muß hier allerdings durch eine besondere Küvette abgegrenzt werden, die eine bestimmte Schichttiefe $(1 \cdots 2\mu)$ besitzt, während die Seiten auch durch ein Okularmikrometer begrenzt werden können. Da an den Platten der Unterlage oder der Bedeckung leicht störende Schmutzteilchen haften können, werden diese am besten aus Quarzglas angefertigt; sie können dann leicht durch Ausglühen gereinigt werden.

Kugelige Partikeln erscheinen im Ultramikroskop als gleichmäßig leuchtende Pünktchen von der Farbe des Streulichts, nicht leitende Partikeln erscheinen im weißen Licht bläulich, leitende sind je nach den besonderen Verhältnissen gefärbt, z. B. erscheinen Goldsole grün. Um sie deutlich erkennen zu können, wird die Mischung entsprechend verdünnt, damit ihr gegenseitiger Abstand durch die Vergrößerung des Mikroskops aufgelöst werden kann. Nichtkugelige Teilchen zeigen besonders im Spaltultramikroskop ein charakteristisches Flimmern. Liegt nämlich ein Teilchen mit seiner Längsachse in der Beleuchtungsrichtung, muß seine Streuwirkung sehr viel stärker sein, als wenn es sich quer dazu befindet, da aber längliche Teilchen dauernd BROWNsche Rotationsbewegungen ausführen, kommt in einem Augenblick die lange, im anderen die kurze Teilchenachse in die Beleuchtungsrichtung, dadurch wechselt die Streuintensität dauernd und es entsteht der Eindruck des Funkelns. Vielfach — z. B. bei Silbersolen — beobachtet man verschiedenfarbige Lichtpunkte, die von verschieden großen Teilchen herrühren, die nach der MIEschen Theorie (vgl. S. 170) Streulicht unterschiedlicher Farbigkeit aussenden müssen.

Zur quantitativen Bestimmung von Partikelgrößen können im Ultramikroskop zwei Verfahren dienen; die Auszählung der Lichtpunkte in einem abgegrenzten Volumen und die Verfolgung der BROWNschen Translationsbewegung.

Die Auszählung ist im Grunde genommen eine Konzentrationsbestimmung der Zahl Z der Partikeln in der Volumeneinheit, die nur in bestimmten Fällen das Partikelvolumen selbst zu ermitteln gestattet. Setzt man für das Gesamtvolumen v_g der dispergierten Substanz eines monodispersen (monoformen) Systems

$$v_{g02} = Z \, v_j \qquad (30.1)$$

und

$$\varphi_2^* = \frac{Z \, v_j}{V_L + Z \, v_j} \simeq \frac{Z \, v_j}{V_L} \; (Z \, v_j \ll V), \qquad (30.2)$$

so kann v_j berechnet werden, wenn Z/V_L und V_L bestimmt wird; V_{02} muß bekannt sein. Setzt man die Gesamtmasse der Teilchen, die analytisch bestimmbar ist $= m_g$ und ist ϱ_2 die Dichte der Substanz, so ist wegen $Z \, v_j = m_g/\varrho_2$

$$v_j = m_g/Z \, \varrho_2. \qquad (30.3)$$

Nimmt man z. B. an, daß die Partikel würfelförmig ist, erhält man für die Kantenlänge a_j

$$a_j = (m_g/Z\,\varrho_2)^{\frac{1}{3}}, \qquad (30.4)$$

für eine Kugel ergibt sich

$$r_j = (3\pi\,m_g/4Z\,\varrho_2)^{\frac{1}{3}}. \qquad (30.5)$$

Solche Beziehungen gelten indessen nur, wenn Gl. (1) gültig ist. Tritt bei der Zerteilung der makroskopischen Phase zu dispergierter Substanz eine Volumen- oder Dichteänderung auf, ist sie nicht anwendbar. Doch sind bei den meisten anorganischen Kolloiden, insbesondere bei Edelmetallen, Dichteänderungen kaum zu erwarten, so daß das Verfahren hier besonders gute Dienste leistet.

Von stäbchen- oder blättchenförmigen Partikeln kann nur das Volumen v_j bestimmt werden.

Bei polydispersen Systemen ist

$$v_g = \sum_j Z_j\,v_j \qquad (30.5)$$

und wegen

$$\bar{v}_N = \sum_j Z_j\,v_j \Big/ \sum_j Z_j : \quad \bar{v}_N = v_g \Big/ \sum_j Z_j. \qquad (30.6)$$

Bestimmt wird im Ultramikroskop nur die Gesamtzahl aller Teilchen $\sum_j Z_j$, man erhält daher den Zahlenmittelwert von v_j*.

Die Auszähltechnik ist etwas mühsam, da die Zahl der Partikeln in dem abgegrenzten Volumen wegen ihrer Brownschen Bewegung und der Schwankungen dauernd wechselt. Man verdünnt daher so, daß nur einige —1···5—Lichtpunkte in einem Quadrat des Okularnetzmikrometers zu sehen sind und nimmt in gleichen Zeitabständen (Metronom) eine große Zahl von Zählungen vor, deren Mittelwert zur Berechnung benutzt wird[1]. Vorrichtungen zur photographischen und kinematographischen Registrierung sind von Seddig[2], Svedberg und Mitarbeitern[3], Winkel und Witzmann[4], von letzteren für Aerosole angegeben worden.

Die Teilchengrößenbestimmung mit Hilfe der Brownschen Bewegung beruht auf dem Zusammenhang zwischen mittlerem Verschiebungsquadrat und Diffusionskonstante, wie sie in § 12 erörtert worden ist. Es gilt

$$\overline{\xi^2}/t = 2D = 2k\,T/f.$$

Die Bestimmung läuft somit eigentlich auf eine des Reibungskoeffizienten f hinaus. Aus den Gleichungen für f lassen sich dann Angaben über

---

* Die älteren Messungen wurden zumeist an nichtfraktionierten polydispersen Systemen vorgenommen, worauf bei der theoretischen Diskussion solcher Messungen zu achten ist. Die Goldsole Zsigmondys jedoch sind ziemlich einheitlich in ihrer Größe, was die neuere Untersuchung von v. Fragstein, Meingast und Hoch (loc. cit. S. 171) besonders gut bestätigen konnte.

[1] Genaue Anweisungen für die Zähltechnik und ihre Auswertung findet sich bei Wiegner und Pallmann, loc. cit.

[2] Seddig, M.: Marburger Sitzungsber. 1907, 182; Physik. Z. 9, 465 (1908).

[3] Svedberg, Th.: Die Existenz der Moleküle. Leipzig 1912.

[4] Winkel, A. u. H. Witzmann: Z. Elektrochem. 46, 181 (1940).

die Abmessungen der Partikeln gewinnen. Für die hierbei möglichen Aussagen gilt das gleiche wie für die Auswertung von Diffusionsexperimenten. Da nämlich zwischen f und der Partikelgröße, ausgedrückt durch Volumen, geometrische Abmessungen usw., keine eindeutigen Beziehungen bestehen, ist ihre absolute Bestimmung nicht möglich.

Ist dagegen das Partikelvolumen — etwa durch die Auszählmethode — bestimmt worden, kann der Reibungskoeffizient der theoretischen Kugel f_0 nach Gl. (13.24) berechnet werden. Da die Messung von ξ den wahren Reibungskoeffizienten f liefert, kann der Quotient f/f_0 gebildet werden, der Aussagen über Gestalt und Hydratation oder über beides zu machen gestattet (vgl. hierzu § 13). Doch läßt sich D und damit f genauer und allgemeiner aus direkten Diffusionsmessungen ermitteln als aus der Verfolgung der BROWNschen Bewegung im Ultramikroskop, zumal diese auch nur bei einigen wenigen meist anorganischen kolloiden Systemen möglich ist. Die Methode besitzt eigentlich nur noch historische Bedeutung[1].

Für die Bestimmung von D werden im Prinzip drei Verfahren angewandt:

1. Verfolgung *eines* Teilchens im Ultramikroskop mit Hilfe eines Zeichenapparats, in dem die *Bahn* des Teilchens in gleichen beliebig langen Zeitabschnitten aufgezeichnet wird.

Ein Bild, das auf diese Weise von PERRIN gewonnen wurde, zeigt Abb. 12.1. Werden alle Einzelstrecken gemessen, ins Quadrat erhoben und dann der Mittelwert daraus gebildet, erhält man ξ^2; t entspricht den gewählten Zeitabschnitten.

2. Photographische Registrierung. Bei Teilchen von etwa gleicher Dichte wie das Dispersionsmittel kann das Absinken im Dispersionsmittel vernachlässigt werden. Führt man eine photographische Platte oder einen Film mit konstanter Geschwindigkeit in der Bildebene eines als Projektionsgerät fungierenden Ultramikroskops vorbei und belichtet dabei kurz in gleichbleibenden Zeitabständen p, so erhält man eine Punktreihe, aus der die Verschiebung direkt abgemessen werden kann (NORDLUND)[2]. Bei Teilchen, die im Dispersionsmittel absinken, kann auf die Bewegung der photographischen Platte verzichtet werden. Das Ultramikroskop wird dann waagerecht gestellt und das fallende Teilchen in gleichbleibenden Zeitabständen photographiert. Die senkrecht zur Fallrichtung auftretenden Verschiebungen entsprechen (vgl. Abb. 30.3).

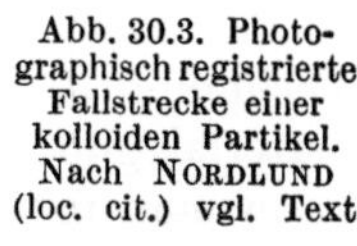

Abb. 30.3. Photographisch registrierte Fallstrecke einer kolloiden Partikel. Nach NORDLUND (loc. cit.) vgl. Text

3. Registrierung von Passagen. Diese Methode, für die von SMOLUCHOWSKI, SCHRÖDINGER und FÜRTH[3] eine entsprechende Theorie entwickelt wurde, mißt die Zeit t, die ein bestimmtes Teilchen braucht, um eine bestimmte Stelle erstmalig zu durchlaufen (Erstpassage). Die Stelle wird durch ein Raster im Mikroskopokular

---

[1] Es sei auf die Methode von O. v. BAYER und U. GERHARDT verwiesen, die die Interferenzerscheinungen des von zwei Partikeln ausgehenden Lichts benutzen, um deren gegenseitigen Abstand zu bestimmen [Z. Physik **35**, 718 (1926)].

[2] NORDLUND, I., zit. nach K. O. PEDERSEN in Kolloidchem. Taschenb. (Hrsg. A. KUHN) 3. Aufl. Leipzig 1948. S. 25.

[3] FÜRTH, R.: Ann. Physik [4] **53**, 177 (1917); **59**, 409 (1919) vgl. auch: SCHRÖDINGER, E.: Physik. Z. **16**, 289 (1915); v. SMOLUCHOWSKI, M.: Physik. Z. **16**, 318 (1915).

festgelegt. Man kann nun „einseitige" Erstpassagen durch Zählung der Übertritte in einer Richtung und „doppelseitige" Erstpassagen durch Zählung in beiden Richtungen bestimmen. Ist ξ der Abstand der Rasterstrecke, so gilt für die Mittelwerte der reziproken Passagezeit, bzw. dieser Zeit selbst: für die einerseitige Erstpassage

$$(\overline{1/t}) = 2D/\xi,$$

für die doppelseitige Erstpassage

$$\bar{t} = \xi^2/2D.$$

Da die Anwendbarkeit der ultramikroskopischen Methode auf Partikeln mit hohem Brechungsindex und geringer Solvatation beschränkt ist, werden Partikelgrößen hauptsächlich bei anorganischen Dispersionskolloiden bestimmt, deren Teilchen Dimensionen bis zur halben Wellenlänge des sichtbaren Lichts besitzen.

Um eine große Genauigkeit zu erreichen, müssen lange Beobachtungsreihen an ein und demselben Objekt vorgenommen werden, ihre Genauigkeit dürfte dann aber etwa $5 \cdots 10\%$ betragen.

§ 31. Elektronenmikroskop

Wir haben bereits in § 27 erörtert, daß die Sichtbarkeitsgrenze zweier Punkte im Mikroskop von der Wellenlänge des verwendeten Lichts abhängt und haben auf die von ABBE abgeleitete Beziehung zwischen dem Abstand δ, der numerischen Apertur des Mikroskopobjektivs a und der Lichtwellenlänge λ hingewiesen. Für praktische Abschätzungen hat sich die Beziehung

$$\delta = 1{,}22\lambda/a \tag{31.1}$$

bewährt. (Mit $a = n \sin \omega$ für ein optisches Mikroskop.) Da die Aperturen bei den stärksten Objektiven mit Ölimmersion die Werte 1,5 nicht überschreiten, liegt die Grenze der Unterschreitbarkeit etwa bei der halben Lichtwellenlänge[1]. Bei schräger Beleuchtung des Objektes kann im Nenner von Gl. (1) noch der Faktor 2 zugefügt werden, so daß die Absolutgrenze bei $\lambda/3$ liegen dürfte. An sich stehen elektromagnetische Wellen kleinster Wellenlänge durch die γ- oder Röntgenstrahlen zur Verfügung ($0{,}5 \cdots 50$ Å). Da es für sie jedoch kein geeignetes Linsenmaterial gibt, aus dem sich ein optisches Instrument aufbauen ließe, kann man mit ihnen nicht operieren. Für derart kurzwellige Strahlen wirkt jede Materie als ein räumliches Beugungsgitter, das sich im Vakuum befindet; es treten also einerseits Interferenzerscheinungen auf, andererseits ist der Brechungsindex der Materie für solche Strahlen nur sehr wenig von dem des Vakuums verschieden, so daß sie praktisch nicht gebrochen werden. Ohne die Erscheinung der Brechung lassen sich aber keine Linsen konstruieren. Man hat daher versucht, Mikroskope für Röntgenstrahlen mit Hilfe von Hohlspiegeln und nach dem Prinzip der punktförmigen Lichtquelle zu konstruieren (vgl. dazu COSSLETT)[2].

Um diese Schwierigkeiten zu umgehen, benutzte RUSKA[3] schnell bewegte Elektronen als Strahlen, da diese sich durch elektrische und

---

[1] Vgl. aber auch GREHN in FREUND: Handb. d. Mikroskopie in der Technik, Bd. I,1. Frankfurt/M. 1957.

[2] V. E. COSSLETT in: Physical Techniques in Biological Research, herausgegeben von G. OSTER u. A. W. POLLISTER. New York 1955. S. 526 ff.

[3] RUSKA, E.: Z. Physik 87, 580 (1934).

magnetische Felder „brechen‟ ließen (BUSCH 1924) und außerdem eine so kleine Wellenlänge besaßen, daß die Beobachtbarkeit des Objektes durch Interferenzerscheinungen nicht gestört werden konnte.

Bewegte Materie besitzt nach der Beziehung von DE BROGLIE eine Wellenlänge, die durch die Gleichung

$$\lambda = c/m\, \mathfrak{v} \qquad (31.2)$$

(c = Lichtgeschwindigkeit, m = Masse, $\mathfrak{v}$ = Geschwindigkeit des bewegten Körpers) gegeben ist. Werden Elektronen durch ein elektrisches Feld der Feldstärke ΔE beschleunigt, so nehmen sie dabei die Energie $e\,\Delta E$ auf (e = Ladung des Elektrons), die gleich ihrer kinetischen Energie $m\,\mathfrak{v}^2/2$ sein muß. Hieraus berechnet sich $\mathfrak{v}$ zu $(e\,\Delta E/m)^{\frac{1}{2}}$, was in Gl. (2) eingesetzt

$$\lambda = c/(m\, e\, \Delta E)^{\frac{1}{2}} \qquad (31.3)$$

ergibt. Benutzt man die Zahlenwerte für c, m und e, ergibt sich

$$\lambda = (150/\Delta E)^{\frac{1}{2}} \cdot 10^{-8}\ \text{cm}$$
$$(10^{-8}\ \text{cm} = 1\text{Å}), \qquad (31.4)$$

wenn ΔE in Volt ausgedrückt wird. Ein Elektronenstrahl, der durch ein Feld von 60 000 Volt beschleunigt wird, hat demnach eine Wellenlänge von 0,05 Å. Die Elektronenstrahlen brechenden elektrischen und magnetischen „Linsen‟ lassen aber keine größeren Aperturen als 0,001 bis 0,01 zu, da Korrekturen der Linsenfehler nicht so leicht möglich sind wie bei optischen Linsen. Als zur Zeit bestes Auflösungsvermögen sollte daher theoretisch

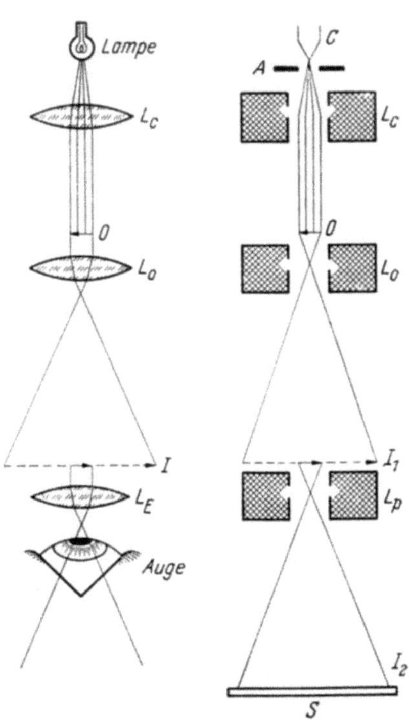

Abb. 31.1. Prinzip des Elektronenmikroskops im Vergleich zum Lichtmikroskop (links). Erläuterung im Text. Nach COSLETT (loc. cit.)

$\delta = 0{,}05/0{,}01 = 5$ Å gelten. Praktisch sollen jedoch nur Werte zwischen 10 und 20 Å erreicht werden. Immerhin liegen auch diese Dimensionen so, daß *kolloide* Partikeln dadurch erfaßt werden, denn 10 Å ($= 1\ \text{m}\mu$) stellt etwa die untere Grenze des kolloiden Bereichs dar. Das Elektronenmikroskop ist daher das wichtigste moderne Hilfsmittel, das Größe *und* Gestalt kleinster Objekte *unmittelbar* sichtbar machen kann.

Das Bauprinzip des Elektronenmikroskops ist auf Abb. 31.1 dargestellt. Es entspricht einem auf den Kopf gestellten Lichtmikroskop. Die Rolle der Linsen übernehmen Magnetspulen oder besonders geformte Kondensatoren, weswegen man sie elektromagnetische oder elektrostatische Linsen nennt. Die der Lichtquelle entsprechende Elektronenquelle ist ein erhitzter Wolframdraht, der in hohem Vakuum Elektronen emittiert. Diese werden durch ein elektrisches Feld zwischen der

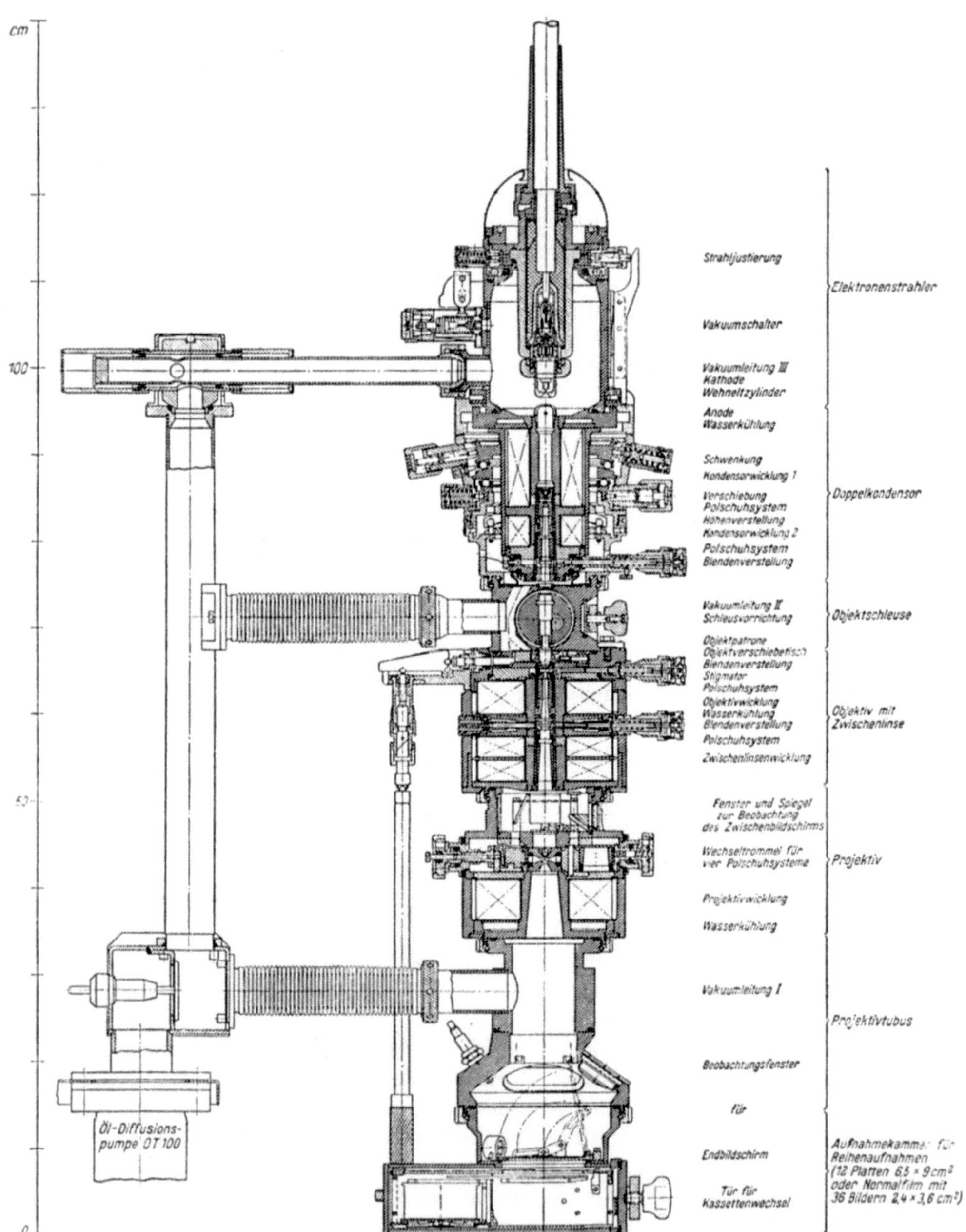

Abb. 31.2. Schnitt durch ein Elektronenmikroskop (Elmiskop I, Siemens & Halske)

Glühkathode und einer in nicht sehr großem Abstand dazu befindlichen Anode
beschleunigt. Die oberste Elektronenlinse dient als Kondensor, die das Objekt (O)
„beleuchtet". Die mittlere Objektlinse wirkt als Sammellinse, sie vergrößert das
Bild in I_1, die untere Okularlinse oder Projektorlinse wirft den Strahl auf einen
Leuchtschirm oder eine photographische Platte I_2, wo ein stark vergrößertes Bild
erscheint[1]. Da Elektronen von Gasmolekülen schon nach kurzen Laufstrecken
völlig absorbiert werden, muß sich der ganze Vorgang in möglichst gutem Vakuum
abspielen, wozu das zu untersuchende Objekt in das evakuierte Gerät eingeführt
werden muß. Allen „trocknen" Objekten macht das nichts aus, Flüssigkeiten
würden aber sofort verdampfen.

Die Abb. 31.2 stellt das Schema des Siemens-Elektronenmikroskops nach
RUSKA und v. BORRIES[2] dar, welches magnetische Linsen benutzt. Die verschiedenen
Vergrößerungen werden nicht wie beim Lichtmikroskop durch Auswechseln der
Linsen eingestellt, sondern durch Veränderung der Magnetfelder, also durch Regu-
lierung des Stroms, der die Elektromagneten speist. Die Linsen sind empfindlich

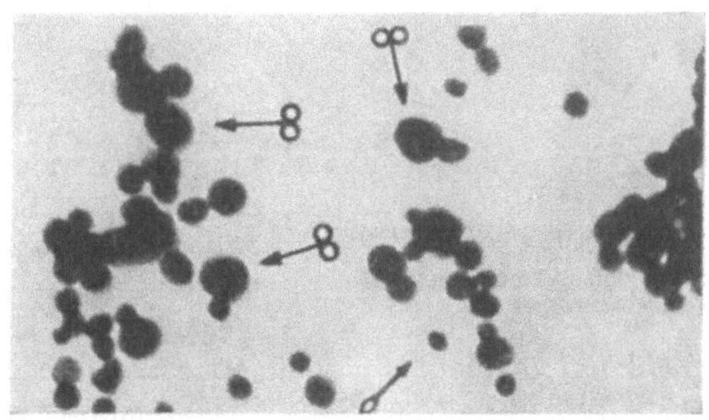

Abb. 31.3. Elektronenmikroskopisches Bild eines eingetrockneten Goldsols. Nach V. BORRIES u.
KAUSCHE: Kolloid-Z. **90**, 132 (1940)

gegen Änderung der Geschwindigkeit des Elektronenstrahls (chromatische Aberra-
tion); da diese durch ein elektrisches Feld erzeugt werden, müssen große Anforderungen an die Konstanz der Hochspannung gestellt werden ($\sim 1\,\mathrm{V}$ bei $10\,000\,\mathrm{V}$!).
Neben der Aufrechterhaltung eines guten Hochvakuums müssen die elektrischen
Betriebswerte durch entsprechende technische Hilfsmittel sehr gut abstimmbar
sein und durch automatische Regler entsprechend konstant gehalten werden, was
nur mit großem Aufwand gelingt. Die Schwierigkeiten der Elektronenmikroskopie
liegen daher hauptsächlich bei der Überwachung der Funktionsfähigkeit des notwendigen Hilfsapparats und dessen Abstimmung.

Die Sichtbarmachung in einem Elektronenstrahl beruht auf der
Streuung der Elektronen durch das eingebrachte Objekt, weniger auf
ihrer konsumptiven Absorption. Wenn man nicht nur ihre Schatten
erhalten will, dürfen Objekte aus schweren Atomen nicht sehr dick sein,
da die Streuung von der Zahl der Atome in der Volumeneinheit und
deren Ordnungszahl abhängt. Präparate aus dicht gepackten schweren
Atomen erzeugen im Elektronenmikroskop die stärksten Kontraste.

Als Objektträger für die eigentliche Substanz werden dünne Filme
aus Kolloidum oder Formvar benutzt, da sie wie die meisten organischen

---

[1] Die heute verwendeten Elektronenmikroskope höchsten Auflösungsvermögens besitzen zwischen Objektiv und Projektorlinse noch eine dritte Linse.

[2] v. BORRIES, B.: Die Übermikroskopie, Berlin 1949; daselbst auch Näheres
über Elektronenlinsen, Focussierung, Abbildungsfehler usw. GLASER, W.: Grundlagen der Elektronenoptik, Wien 1952.

Substanzen in dünnen Schichten fast vollkommen durchscheinend sind. Der Film selbst wird von einem feinen Drahtnetz oder einem Sieb aus kleinen Löchern gehalten.

Von Dispersionen anorganischer Kolloide in Flüssigkeiten lassen sich Präparate durch Eindampfen eines auf den Trägerfilm gebrachten Tropfens im Vakuum gewinnen, vorausgesetzt, daß sie sich beim Eindampfen nicht verändern, koagulieren oder ausfallen. Die Aufnahme eines eingetrockneten Goldsols zeigt Abb. 31.3.

Ob die Abbildung eines Objekts gelingt, hängt schließlich noch weitgehend von der Einwirkung der Elektronen ab. Mehr als eine Aufladung stört eine Erwärmung, denn es können Temperaturen von $150 \cdots 200°$ auftreten. Allerdings können starke Erwärmungen bei photographischer Registrierung durch kurze Belichtungszeiten weitgehend vermieden werden. Schwerer wiegt, daß organische Substanzen chemisch verändert werden; meistens wird die Substanz zu Kohlenstoff reduziert, manchmal sublimiert sie auch einfach weg.

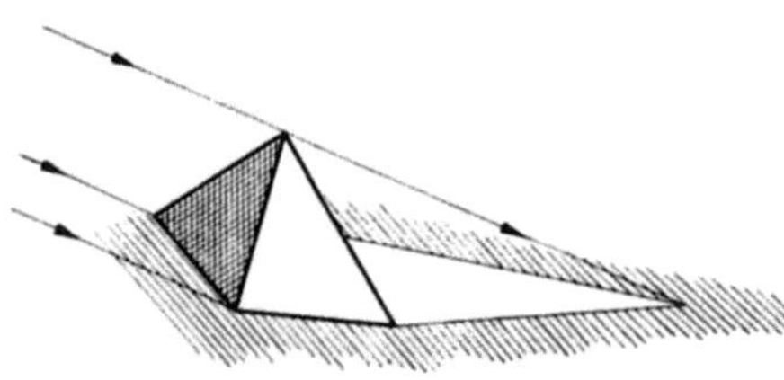

Abb. 31.4. Entstehung eines negativen Schattens bei der Schrägbedampfung. Die schraffierten Stellen werden von den in Pfeilrichtung einfallenden Materiestrahlen getroffen

Für solche empfindlichen Objekte — insbesondere für solche biologischer Herkunft — haben sich bestimmte Präpariertechniken bewährt: die Schrägbedampfung und das Abdruckverfahren[1]. Bei ersteren wird ein Strahl von Metallatomen im Hochvakuum in schräger Einfallsrichtung auf das Objekt geschickt, dadurch entstehen, wie aus der Abb. 31.4 ohne weitere Erklärung hervorgeht, Schatten, in denen kein Metall niedergeschlagen wird und „beleuchtete" Stellen, die viel Metall enthalten. Die Elektronenstrahlen werden von einem solcherart bedampften Objekt an den Schattenstellen durchgelassen und an den „beleuchteten" Stellen zurückgehalten, so daß erstere auf der Platte dunkel und letztere hell erscheint. Das Ganze macht dann den Eindruck der Luftaufnahme einer Landschaft bei untergehender Sonne. Beispiele dieser Technik zeigen Abb. 31.5 und 31.6, von denen besonders die letztere sehr eindrucksvoll ist, da sie einzelne Viruspartikeln erkennen läßt. Als Bedampfungsmetalle dienen Gold, Palladium, Silicium u. a. m. Beim Abdruckverfahren wird ein negativer Abdruck des Objekts meist auf einem plastischen Formvarfilm hergestellt, der direkt — nicht schräg! — mit einem Metall bedampft wird; davon macht man einen positiven Abdruck, der nach Schrägbedampfung im Elektronenmikroskop untersucht wird. Eine nach dieser Technik erhaltene Aufnahme zeigt Abb. 31.7, die erkennen läßt, daß hiermit vornehmlich Oberflächenstrukturen sichtbar gemacht werden können. Es ist nicht unbedingt notwendig, die Abdruck-

---

[1] REIMER, L.: Elektronenoptische Untersuchungs- und Präparationsmethoden, Berlin, Göttingen, Heidelberg 1959

filme zu bedampfen[1], da die verschiedene Dicke der Filme an den strukturierten Stellen oft einen genügenden Kontrast hervorruft (vgl. Abb. 46.2).

Alle elektronenmikroskopischen Aufnahmen des Negativs werden nochmals lichtoptisch nachvergrößert, wobei es oft günstiger ist, nicht das Auflösungsvermögen des Elektronenmikroskops auf die Spitze zu treiben, sondern mehr Wert auf die Nachvergrößerung zu legen; die Lineardimensionen der abgebildeten Objekte lassen sich dann direkt

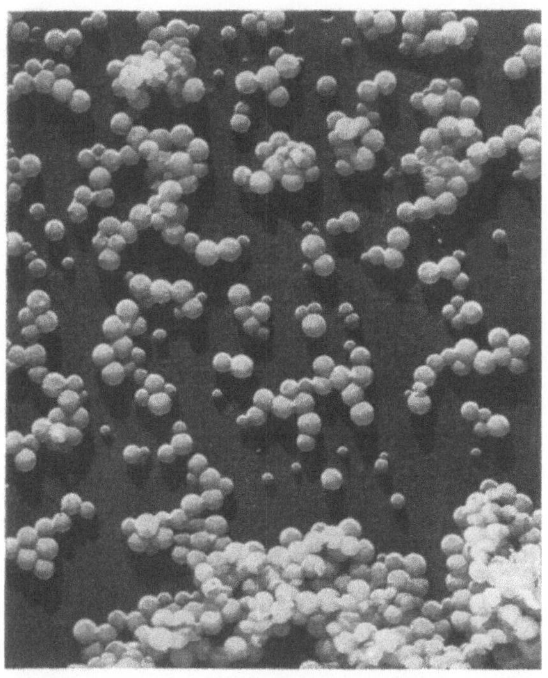

Abb. 31.5. Polystyrol-Latex. Schrägbedampfung mit Gold. Total Vergrößerung 1:39000 (Werkphoto Siemens & Halske)

durch einen Maßstab ausmessen, vorausgesetzt, daß der gesamte Vergrößerungsmaßstab bekannt ist. Besondere Effekte lassen sich auch durch Dunkelfeldbeleuchtung erzielen, wovon Abb. 31.8 ein Beispiel gibt.

Das Problem der Bestimmung von Größe und Gestalt — unter Umständen auch der Oberflächenstruktur — kleiner Partikeln ist somit nicht so sehr durch das Auflösungsvermögen des Elektronenmikroskops, sondern durch die technischen Möglichkeiten der Herstellung geeigneter Präparate begrenzt. Einzelheiten auch molekularer Dimensionen sichtbar zu machen, könnte dem Instrument wohl gelingen, wenn solche Objektive der direkten Einwirkung von Elektronen ausgesetzt werden

---

[1] Z. B. nach dem Verfahren von H. Mahl: Metallwirtsch. **19**, 488 (1940).

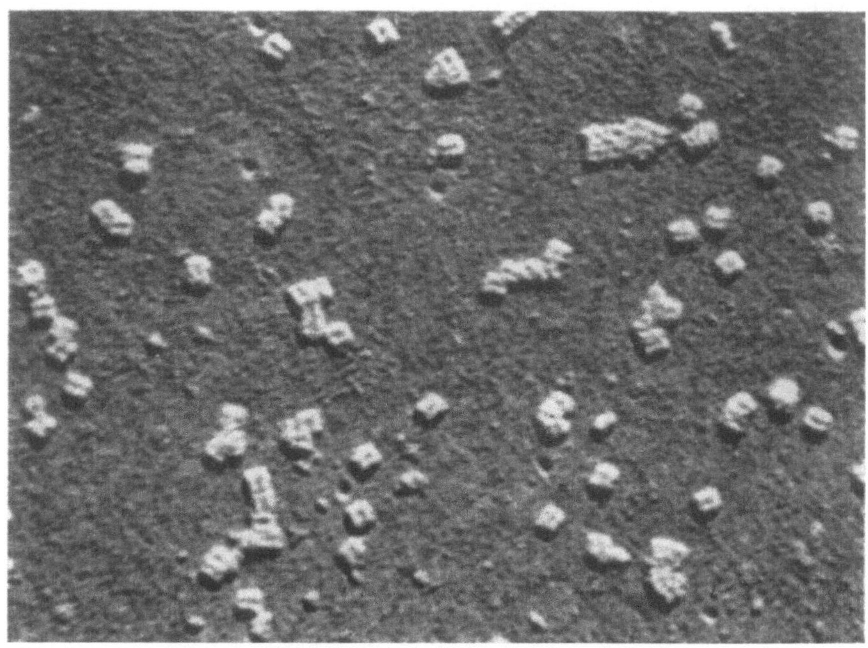

Abb. 31.6. Aufnahme eines durch Schrägbedampfung sichtbar gemachten Tabakmosaikviruspräparates. Nach SCHRAMM. (Entnommen aus STUART: Physik der Hochpolymeren, Bd. II. loc. cit.

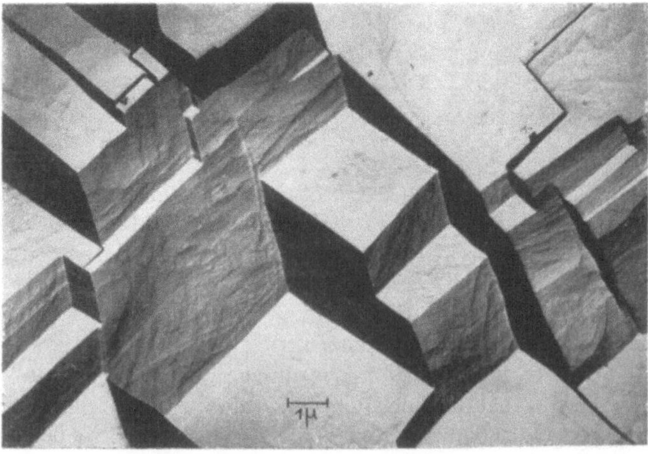

Abb. 31.7. Aufnahme eines Folienabdrucks einer geätzten Metalloberfläche nach MAHL (loc. cit.). Entnommen aus K. L. WOLF: Physik und Chemie der Grenzflächen. Berlin/Göttingen/Heidelberg: Springer 1957, Bd. I, S. 147)

könnten. Bei indirekten Methoden muß die Struktur des Abklatschfilms oder der Bedampfungsschicht Diskontinuitäten besitzen, die erheblich geringer als die abzubildenden Moleküle sein müssen. Da die Hilfsobjekte auch aus Molekülen oder Atomen bestehen, ist allein dadurch eine untere Grenze gesetzt.

Abb. 31.8. Aufnahme von Asbestfasern an der Grenze von Hell- und Dunkelfeld des Elektronenmikroskops. Gesamtvergrößerung 1:15000. (Werkphoto Siemens & Halske)

§ 32. Messungen der Diffusion

Zur Bestimmung von Partikelgrößen ist die Messung der Diffusionskonstante D nur in einzelnen günstig gelagerten Fällen von Bedeutung (vgl. § 30). Die Diffusionskonstante wird aber benötigt, wenn Partikelmolgewichte nach der Methode der Sedimentationsgeschwindigkeit oder der Reibungskoeffizient f bestimmt werden soll (§ 34 u. f.).

Die theoretische Grundlage für die Messung ist Gl. (13.5); diese beschreibt die Diffusion in Abhängigkeit von Zeit und Ort für eine Anordnung, die sich am leichtesten experimentell verwirklichen läßt. Praktisch handelt es sich immer um zwei Flüssigkeiten verschiedener Zusammensetzung, die sich zu Anfang ($t = 0$) an einer scharf definierten Grenze berühren sollen (vgl. Abb. 13.1). Die dann einsetzende Diffusion verändert allmählich die Konzentrationen über die Diffusionsstrecke hinweg, und es kommt nun darauf an, die Konzentration an möglichst vielen einzelnen Stellen der Strecke in Abhängigkeit von der Zeit zu bestimmen. Eine so gewonnene „Diffusionskurve" kann dann nach verschiedenen Methoden ausgewertet werden.

Die experimentelle Schwierigkeit besteht darin, eine scharfe Trennfläche zwischen zwei Flüssigkeiten möglichst zu einem genau definierten Zeitpunkt herzustellen. Die Flüssigkeit mit der höheren Konzentration und größere Dichte befindet sich unten, die leichtere weniger konzen trierte wird ihr überschichtet. Eine ältere Methode von Svedberg[1] eignet sich vor allem nach ihren durch Lamm[2] angebrachten Verbesserungen für größere Flüssigkeitsmengen.

In der in Abb. 32.1 dargestellten Apparatur wird der linke Schenkel mit der leichten, der rechte mit der schweren Flüssigkeit gefüllt, der Durchtritt der schweren Flüssigkeit wird durch eine anfängliche unter der Glasfritte G vorhandene Luftblase verhindert, die vor Beginn des Versuchs herausgetrieben wird. Die sich an der Fritte ausbildende Grenze zwischen den beiden Flüssigkeiten wird vorsichtig in den linken Schenkel des Rohrs gedrückt, indem rechts kleine Mengen schwerer Flüssigkeit nachgegeben werden. Durch Absaugen mit einer Kapillare nahe der Grenzschicht können nach Kahn und Polson[3] Störungen entfernt werden, wobei die Trennungsschicht sehr scharf wird. Zur besseren optischen Beobachtung wird dem Gefäß an der Stelle der Diffusionsstrecke ein rechteckiger Querschnitt gegeben.

Für kleine Flüssigkeitsmengen, deren Diffusion durch optische Methoden verfolgt wird, eignet sich besser eine ebenfalls von Lamm[4] angegebene Zelle mit den Verbesserungen von Bergold[5] und Meyerhoff[6], in welcher die Überschichtung der beiden Flüssigkeiten durch einen herausziehbaren Schieber vorsichtig vorgenommen werden kann.

Neuerdings werden Diffusionsgefäße benutzt, die den Überschichtungszellen der Elektrophoreseapparatur nach Tiselius (vgl. § 61) nachgebildet sind, mit Erfolg benutzt. Hier werden wie in Abb. 32.2 zwei U-förmige Glasblöcke, die aufeinandergeschliffen sind, mit den beiden Flüssigkeiten gefüllt und durch langsames Hingleiten eine Flüssigkeit über die andere geschoben. Auch hier kann die Qualität der Trennschicht durch Absaugen von etwas Flüssigkeit in ihrer Nähe durch eine eingeführte Kapillare oder durch seitliche Öffnungen wesentlich verbessert werden[7].

Cox und Ogston[8] benutzen eine Anordnung, wo die Trennschicht durch gleichzeitigen Zufluß und Abfluß der beiden Flüssigkeiten entsteht. Bei ihr kann der Diffusionsversuch beliebig oft wiederholt werden.

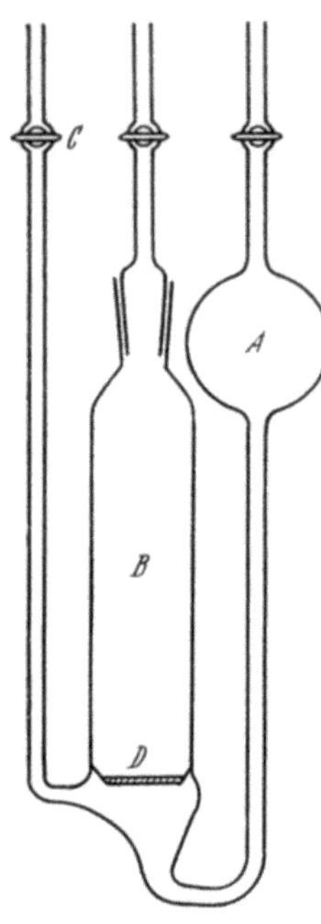

Abb. 32.1. Diffusionszelle für größere Flüssigkeitsmengen nach Svedberg und Lamm (loc. cit.). Erläuterungen im Text. (Entnommen aus Stuart: Physik der Hochpolymeren Bd. II loc. cit. S. 444)

Die Konzentrationsänderungen werden in überwiegendem Maße durch optische Methoden beobachtet (Absorption, Schlieren, Interferenzverfahren). Da diese auch bei anderen Meßverfahren z. B. in der Ultrazentrifuge und der Elektrophorese benutzt werden, sind sie im Anhang IV gesondert zusammengefaßt. Mit solchen optischen Methoden kann entweder der

[1] Svedberg, Th.: Kolloid-Z. (Erg.-Bd.) **36**, 53 (1925).
[2] Lamm, O.: Kolloid-Z. **98**, 45 (1942).
[3] Kahn, D. S. u. A. Polson: J. physic. Colloid Chem. **51**, 816 (1947).
[4] Lamm, O.: Nova Acta Reg. Soc. Sci. Upsaliensis **10**, Nr. 6 (1937).
[5] Bergold, G.: Z. Naturforsch. **1**, 100 (1946).
[6] Meyerhoff, G.: Makromolekulare Chem. **6**, 197 (1951).
[7] Derartige Diffusionszellen sind im Handel erhältlich.
[8] Coulson, C. A., J. T. Cox, A. G. Ogston u. J. St. L. Philpot: Proc. Roy. Soc. London A **192**, 382 (1948).

Verlauf der Konzentration c in Abhängigkeit von der Meßstrecke x oder der Verlauf von dc/dx als Funktion von x bestimmt werden. Das letztere Verfahren ist wegen der einfacheren Auswertung vielfach günstiger, das erstere jedoch manchmal genauer. dc/dx läßt sich natürlich auch durch numerische oder graphische Differentiation der c—x-Kurve gewinnen.

Für die Bestimmung der Diffusionskonstanten dient Gl. (13.5). Das darin auftretende Wahrscheinlichkeitsintegral ist tabelliert[1].

Von FÜRTH[2] wird eine Methode zur Bestimmung von D angegeben, die sich der zum Wahrscheinlichkeitsintegral $\psi\left(x/2/\sqrt{Dt}\right)$ inversen Funktion ψ^* bedient. Es ist nämlich, wie aus einem Vergleich mit Gl. (13.5) hervorgeht:

$$x = 2\sqrt{Dt}\,\psi^*\left[1 - (2c/c_0)\right].$$

$$(32.1)$$

Trägt man x für konstante c/c_0 als Funktion von $\sqrt{t}$ auf, so erhält man eine gerade Linie, deren Neigung $2\sqrt{D}\,\psi^*\left[1 - (2c/c_0)\right]$ ist. Daraus läßt sich D zu $1/[\psi\,(\psi^*\,(1 - 2c/c_0))^2]$ berechnen. Die Werte für ψ und ψ^* sind Tabellen zu entnehmen[2].

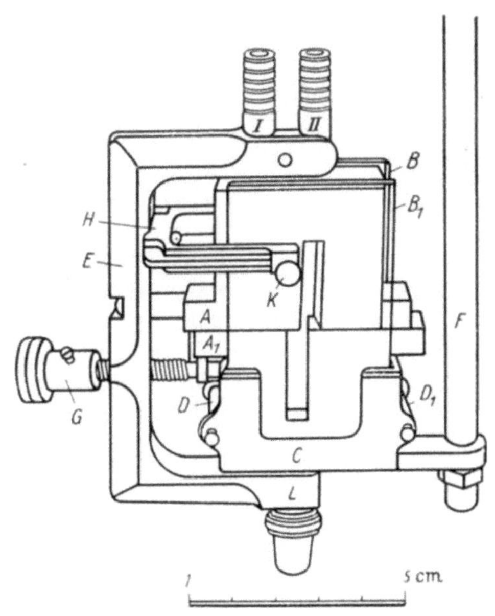

Abb. 32.2. Diffusionszelle (Unterschichtungszelle) nach NEURATH. Die beiden Glasblöcke A und A_1 können mit Hilfe der Schraube G gleitend verschoben werden. Die Glasplatten B und B' dienen zur Abdichtung und Beobachtung. Die beiden Hohlräume werden gefüllt, wenn sie keinen Kontakt haben, die Diffusionsgrenze wird durch Verschiebung hergestellt. Entnommen aus ALEXANDER-JOHNSON: Colloid Science, Bd. I, Oxford. 1949, S. 244

Ist der Differentialquotient dc/dx in Abhängigkeit von x gemessen worden, können die Gln. (13.6) bis (13.8) verwendet werden. Es gibt mehrere verschiedene Auswertungsmöglichkeiten.

1. Flächenmethode: Es gilt für $x = 0$

$$(dc/dx)_{x\,=\,0} = c_0/2\sqrt{\pi\,Dt} = h_m.$$

$$(32.2)$$

Ist c_0 nicht bekannt, kann die Fläche A der Glockenkurve (Abb. 13.1) ausgemessen werden die entsprechend

$$\int_{-\infty}^{+\infty} e^{-\,x^2/4Dt}\,dx = 2\sqrt{\pi\,Dt}$$

----

[1] CZUBER, E.: Wahrscheinlichkeitsrechnung. I. Leipzig 1908. S. 385.

[2] Vgl. hierzu auch R. FÜRTH in (Hrsgb. A. KUHN) Kolloidchemisches Taschenbuch. 4. Aufl. Leipzig 1953. S. 76ff.

14*

c_0 gleich sein muß. Man erhält dann

$$D = A^2/4\pi\, t\, h_m^2. \tag{32.3}$$

Eine Prüfung der Gültigkeit des FICKschen Gesetzes kann durch Auftragen von h_m gegen $1/\sqrt{t}$ vorgenommen werden, wobei bei idealem Verhalten eine gerade Linie erhalten werden muß.

2. Methode der Halbwertsbreite: Schreibt man Gl. (13.6) in logarithmischer Form, erhält man

$$\ln (dc/dx) = \ln h = - (x^2/4D\,t) + \ln \left(c_0/2 \sqrt{\pi Dt}\right). \tag{32.4}$$

Mißt man zwei Werte von h, von denen einer zweckmäßigerweise h_m ist, folgt daraus

$$2{,}303 \log (h_x/h_m) = - x^2/4\, Dt. \tag{32.5}$$

Diese Gleichung eignet sich ebenfalls zur Prüfung der Konstanz von D, wenn verschiedene h_x und x ausgemessen werden. Unabhängigkeit von x bedeutet, daß eine ideale Fehlerverteilungskurve vorliegt. Besonders bequem ist es, $h_x = h_m/2$ also der halben Maximalhöhe gleichzusetzen. x_h ist dann die sog. *Halbwertsbreite* (vgl. Abb. 13.1)[1].

Setzt man in Gl. (5) $h_x = h_m/2$, ist

$$D = x_h^2/4t \ln 2 \tag{32.6}$$

3. Methode des zweiten Moments. Bei konzentrationsabhängigen Diffusionskoeffizienten gilt das allgemeinere Gesetz der Gl. (13.9), dessen Integration für den Fall, daß x eine lineare Funktion von t ist, von BOLTZMANN angegeben wurde. Daraus entwickelte GRALÉN[2] eine Methode, die allgemein anwendbar sein soll. Er setzte

$$D_m = \frac{1}{2t\,A} \int_{-\infty}^{+\infty} x^2 \frac{dc}{dx}\, dx. \tag{32.7}$$

das aus den jeweiligen Werten der dc/dx-Kurve bestimmt werden kann. Nach GRALÉN ist bei polydispersen Systemen $D_m = \bar{D}_w$ dem Gewichtsmittelwert der Diffusionskoeffizienten, während der nach der Flächenmethode berechnete Diffusionskoeffizient bei diesen Systemen keine physikalische Bedeutung haben soll. Fällt er mit D_m zusammen, ist das untersuchte System monodispers.

Um die Konzentrationsabhängigkeit von D zu bestimmen, läßt man nicht eine Lösung der Konzentration c_0 gegen reines Lösungsmittel diffundieren, sondern schichtet zwei Lösungen mit möglichst wenig differierenden Konzentrationen übereinander. Ändert man nun beide Konzentrationen derart, daß ihre Differenz Δc immer gleich bleibt, erhält man D in Abhängigkeit von c, und zwar um so genauer, je kleiner Δc ist. Da Δc aus experimentellen Gründen nicht zu klein sein darf,

---

[1] Eine weitere Beziehung ist die Breite x_w, an der die dc/dx-Kurve einen Wendepunkt besitzt, hier ist $d^3c/dx^3 = 0$ und $D = x_w^2/2t$.

[2] GRALÉN, N.: Kolloid-Z. **95**, 188 (1941); Sedimentation and Diffusion Measurements on Cellulose and Cellulose Derivatives, Diss. Upsala, 1944.

ergeben sich Mittelwerte von D, die zwischen den jeweiligen Konzentrationen liegen. Zur Auswertung empfiehlt sich wieder die Methode des zweiten Moments.

Bei linearen Beziehungen zwischen D und c, wie sie z. B. ROSENBERG und BECKMANN[1] entwickelten, braucht die Diffusion nur gegen reines Lösungsmittel gemessen zu werden, wenn nach der Methode von GRALÉN ausgewertet wird. Für jede betreffende Konzentration erhält man dann D_m.

Die Ursache der Konzentrationsabhängigkeit von D kann, wie bereits in § 13 erörtert worden ist, auf gegenseitiger Behinderung durch die Ausdehnung der Partikeln, auf Wechselwirkung zwischen ihnen, auf Polydispersität und auf dem Vorhandensein von Assoziations- bzw. Dissoziationsgleichgewichten des Systems beruhen. Außer im letzten Falle erhält man keine idealen GAUSSschen Fehlerkurven, sondern Glockenkurven, die mehr oder weniger schief aussehen (vgl. Abb. 32.3). Bei der Auswertung nach Methode 2 erhält man keine Konstanz für D für verschiedene x und t und unter Umständen auch keine lineare Abhängigkeit zwischen h_m und $\sqrt{t}$. Bei konzentrationsabhängigen Dissoziationsgleichgewichten, wie sie beispielsweise bei Proteinen auftreten, kann eine ideale GAUSS-Kurve erhalten

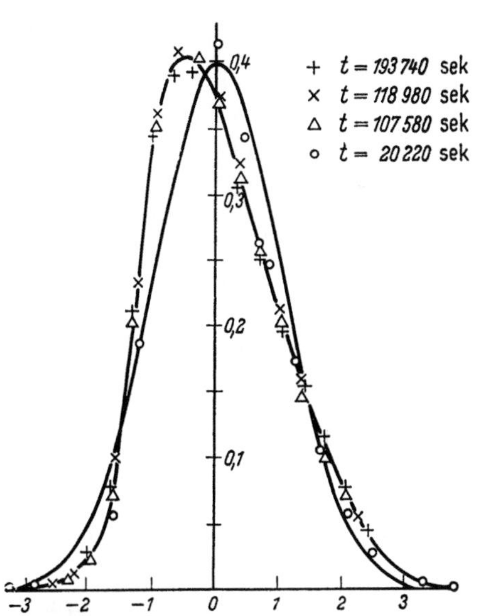

Abb. 32.3. Diffusionskurve (dc/dx-Kurve) eines nichtidealen Systems im Vergleich zu einer idealen) GAUSSschen Fehlerkurve. Entnommen aus ALEXANDER-JOHNSON, loc. cit. S. 251

werden, wenn die Einstellgeschwindigkeit des Gleichgewichts sehr viel größer als die Diffusionsgeschwindigkeit ist. Ist jene hingegen sehr klein, verhält sich das System so, als ob es aus den Komponenten des Gleichgewichts bestünde.

Wegen aller dieser Komplikationen empfiehlt es sich daher, grundsätzlich bei allen Messungen unbekannter Systeme D für verschiedene möglichst weit voneinander entfernte Konzentrationen zu bestimmen und zur Auswertung — am besten graphisch — auf die Konzentration 0 zu extrapolieren. Unter Umständen kann dazu eine der in § 13 erwähnten empirischen Formeln benutzt werden.

Da bei geladenen Partikeln in polaren Lösungsmitteln, vor allem Wasser, Diffusionspotentiale auftreten, die die Bewegung der Partikeln

---

[1] BECKMANN, C. O. u. J. L. ROSENBERG: Ann. New York Acad. Sci. **46**, 329 (1945).

beschleunigen oder verzögern, ist es notwendig, diese durch ausreichende Zusätze von Elektrolyten (etwa 0,2 m) zu unterdrücken, was aber unter Umständen zu besonderen Fehlern Veranlassung geben kann. Wichtig ist dabei, daß der Elektrolytgehalt von Lösung und Lösungsmittel gleich ist, was am besten durch ausreichende Dialyse beider zu überschichtenden Flüssigkeiten gegeneinander erreicht werden kann.

§ 33. Sedimentation im Schwerefeld

Die Methoden der Sedimentation gehören wegen der Übersichtlichkeit der theoretischen Zusammenhänge zu den bedeutsamsten und am häufigsten angewandten Bestimmungsmethoden für Partikelmolgewichte. Relativ einfach ist die experimentelle Bestimmung von Sedimentationsgeschwindigkeiten schwerer oder sehr großer Partikeln im *Schwerefeld*. Wenn keine ausreichend schweren Partikeln vorliegen, muß die Beobachtung der Sedimentation im Zentrifugalfeld vorgenommen werden, die einen höheren experimentellen Aufwand notwendig macht. Da die Grundlagen der Methodik im Schwerefeld die gleichen sind wie im Zentrifugalfeld, sollen diese wegen ihrer allgemeinen Gültigkeit und ihrer größeren Einfachheit vorweg besprochen werden. Entsprechend ihrer praktischen Bedeutung werden aber nur solche Fälle vorgenommen, bei denen die Diffusion vernachlässigbar klein ist.

Sedimentation monodisperser Systeme im Schwerefeld

Monodisperse Partikeln sinken in einem homogenen Medium mit gleichförmiger Geschwindigkeit ab, die nach Gl. (14.4) in einfacher Weise vom reduzierten Partikelgewicht oder ihren geometrischen Abmessungen abhängt. In einer gröberen, trüben oder gefärbten Aufschlemmung monodisperser schwerer Teilchen läßt sich das Absinken meist direkt beobachten. Da alle Teilchen mit gleicher Geschwindigkeit sedimentieren, bildet sich eine scharfe Grenze an der Stelle aus, bis zu der die Teilchen aus dem oberen Bereich des Gefäßes gerade abgesunken sind. Das überstehende Dispersionsmittel ist klar, die Trübung beginnt an der Grenze. Man braucht nur die Geschwindigkeit zu messen, mit der die Trübungsgrenze absinkt, um die Sedimentationsgeschwindigkeit zu erhalten.

Bei kolloïden Partikeln, deren Sedimentationsgeschwindigkeiten zu klein sind, hilft manchmal die Beobachtung ihrer Fallstrecken im Mikroskop oder Ultramikroskop, vorausgesetzt, daß die Partikeln sichtbar zu machen sind. Das Mikroskop wird hierzu waagerecht aufgebaut, die zu untersuchende Lösung befindet sich in einer mikroskopischen Kammer, die man sich durch Verkitten eines Deckglases auf einem Objektträger leicht herstellen kann. Bei ultramikroskopischer Beobachtung wird ein Dunkelfeldkondensor verwendet. Die Fallstrecke wird durch ein Okularmikrometer oder -netz in Abschnitte unterteilt, und es wird mit einer Stoppuhr die Zeit bestimmt, die ein Teilchen zum Durchfallen eines oder mehrerer Abschnitte benötigt. Eleganter sind Methoden von SVEDBERG[1] und NORDLUND[2], die die Fallbewegung mit einer intermittierenden Beleuchtung auf einer photographischen Platte registrieren. Die Aufnahme einer solchen fallenden Partikel zeigt Abb. 30.3.

Sind die Fallgeschwindigkeiten groß genug, können makroskopische Beobachtungsmethoden angewandt werden. Solche Geschwindigkeiten treten jedoch nur in gröberen Dispersionen auf. Die Auswertung kann mit Hilfe der Gln. (14.4) bis (14.8) vorgenommen werden.

Sedimentation polydisperser Systeme im Schwerefeld

Viele der in der Natur vorkommenden dispersen Systeme (im Erdboden, im Wasser und in der Luft) bestehen aus Partikeln, deren Größe über einen weiten Bereich variieren. Um solche Systeme zu charakterisieren, ist es notwendig, die Häufigkeitsverteilung der Teilchengrößen zu ermitteln, etwa dadurch, daß man angibt, wieviel Prozent Teilchen einen Durchmesser von $100 \cdots 200$ mμ, wieviel Prozent $200 \cdots 300$ mμ usw. besitzen. Dies gelingt bei gröberen oder schwereren Partikeln mit Hilfe der Sedimentation, man bezeichnet solche Untersuchungen auch als Schlämmanalyse oder Sedimentanalyse[3]. Obwohl diese Systeme bereits am Rande unseres Gebiets liegen, besitzen die zu ihrer Analyse entwickelten Methoden allgemeinere Bedeutung, weil sie die Grundlagen für die Bestimmung von Teilchengrößenverteilungen in *polydispersen* Systemen bilden, die prinzipiell auch auf kolloide Systeme anwendbar sind.

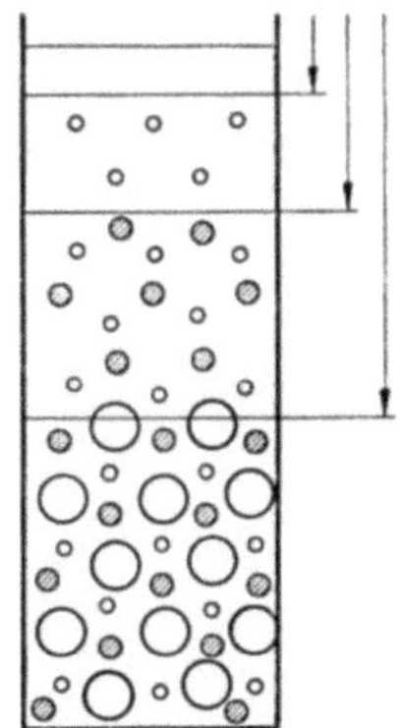

Abb. 33.1. Schematische Darstellung der Sedimentation eines polydispersen Systems. In gleichen Zeiten fallen die größten Partikeln die längsten, die kleinsten die kürzesten Strecken. Für jede Partikelsorte bildet sich eine eigene Konzentrationsgrenze aus. Das Sediment am Boden enthält *alle* Partikelsorten

Jedes Teilchen bestimmter Größe sedimentiert mit einer ihm eigenen Geschwindigkeit, die durch die Gln. (14.4) bis (14.8) beschrieben wird. Beschränkt man sich, wie es in der Praxis meist geschieht, auf annähernd kugelförmige Partikeln, kann Gl. (14.5) verwendet werden, die für *konstante* Geschwindigkeit lautet

$$\frac{x}{t} = \frac{2 r^2 \Delta \varrho \, g}{9 \, \eta} = \varkappa \, r^2. \tag{33.1}$$

Schreibt man

$$r = (x/\varkappa \, t)^{\frac{1}{2}}, \tag{33.2}$$

so läßt sich das so auffassen, daß für bestimmte Fallstrecken x jedem r ein bestimmtes t zugeordnet werden kann oder umgekehrt (vgl. Abb. 33.1).

Auf dem Boden eines Gefäßes der Höhe H, das zur Zeit $t = 0$ eine Suspension oder ähnliches enthält, werden sich nach der Zeit t_1 alle die-

[1] SVEDBERG, TH.: Die Existenz der Moleküle. Leipzig 1912.
[2] NORDLUND, I.: Z. physik. Chem. **87**, 40 (1914).
[3] Eine allgemeinere Bezeichnung für die Bestimmung von Größe und Größenverteilung ist nach Wo. OSTWALD „Dispersoidanalyse".

jenigen Teilchen abgesetzt haben, die in dieser Zeit die Strecke H_x durchfallen; diese müssen den Radius $r_1 = (H_x/\varkappa\,t_1)^{\frac{1}{2}}$ besitzen. Nach der Zeit t_2 haben sich alle Teilchen mit dem Radius $r_2 = (H_x/\varkappa\,t_2)^{\frac{1}{2}}$ abgesetzt und so fort. Während Teilchen mit dem Radius r_1 sedimentieren, setzen sich aber auch Teilchen mit kleinerem Radius als r_1 ab, die aus geringeren Höhen des Gefäßes stammen. Zur Zeit t_1 sind im Sediment außer allen Teilchen mit dem Radius r_1 auch noch solche mit $r_2, r_3, \ldots$ vorhanden. Ermittelt man nun zu den verschiedenen Zeiten die Menge des jeweils abgesetzten Sediments und trägt sie gegen t oder $\sqrt{t}$ auf, erhält man eine Kurve, die häufig als „Summenlinie" der Partikelgrößenverteilung bezeichnet wird.

Die Häufigkeitsverteilung der Partikelradien kann hieraus erhalten werden, wenn man im Anschluß an die in § 7 gemachten Ausführungen bedenkt, daß mathematisch formell die Menge m_r — das heißt die Menge der Substanz, die in Partikeln mit dem Radius r vorliegt —, als stetige Funktion des Radius r aufgefaßt werden kann. Es ist

$$m_g = \sum_{r=0}^{r=\infty} m_r. \tag{33.3}$$

Setzt man die Menge der Teilchen, deren Radius zwischen r und $r + dr$ liegt

$$\sum_{r}^{r+dr} m_r \equiv h(r)\,dr, \tag{33.4}$$

so läßt sich die Summe aller Teilchenmassen als Integral darstellen, es ist dann

$$m_g = \int_0^\infty h(r)\,dr \tag{33.5}$$

aber auch

$$\sum_0^r m_r = \int_0^r h(r)\,dr. \tag{33.6}$$

Wird $\sum_0^r m_r$ experimentell bestimmt und in der angegebenen Weise aufgezeichnet, läßt sich $h(r)$ einfach durch graphische Differentiation der Summenlinie für jedes r bestimmen, denn es ist

$$d\left(\sum_0^r m_r\right)/dr = h(r). \tag{33.7}$$

Interessiert man sich für die Menge der Teilchen, deren Radius zwischen r und $r + \varDelta r$ — also in einem endlichen Radienbereich liegen —, bildet man

$$\sum_r^{r+\varDelta r} m_r = \int_r^{r+\varDelta r} h(r)\,dr \simeq h(r)\,\varDelta r. \tag{33.8}$$

Gl. (1) kann als Grundlage für die Analyse der Häufigkeitsverteilung der Partikelradien dienen, wenn die Diffusion beim Sedimentationsvorgang vernachlässigt werden kann. Die Menge der abgesetzten Substanz nach der Zeit t ist nicht $\sum\limits_{0}^{r} m_r$ mit $r = (H/\varkappa\, t)^{\frac{1}{2}}$, sondern größer, da sie auch noch Partikeln enthält, die aus geringeren als der Gesamtfallhöhe stammen. Zur Zeit t haben alle Partikeln mit einem Radius $r_t = (H/\varkappa\, t)^{\frac{1}{2}}$ und alle mit größeren Radien vollständig die Fallstrecke durchlaufen und sich abgesetzt, ihre Menge ist

$$\sum_{r_t}^{\infty} m_r = \int_{r_t}^{\infty} h(r)\, dr. \tag{33.9}$$

Partikeln, die einen bestimmten Radius $r_x < r_t$ besitzen, werden zwar auch sedimentieren, doch fallen sie in der Zeit t nur die Strecke H_x. Ihre in dieser Zeit sedimentierte Menge m_{rx} muß sich zur Gesamtmenge m_r verhalten wie die Strecke H_x zur Gesamthöhe H. Man erhält also

$$m_{rx} = m_r\, H_x/H. \tag{33.10}$$

Wegen (2) ergibt sich

$$m_{rx} = m_r\, t\, \varkappa\, r_x^2/H. \tag{33.11}$$

Für sämtliche Partikelsorten mit einem Radius $r < r_t$ folgt daraus

$$\sum_{0}^{r_t} m_{rx} = \sum_{0}^{r_t} m_r\, t\, \varkappa\, r^2/H = \int_{0}^{r_t} \frac{\varkappa\, t\, r^2}{H}\, h(r)\, dr. \tag{33.12}$$

Es haben sich zur Zeit t insgesamt abgesetzt

$$S_r = \sum_{0}^{r_t} m_r\, t\, \varkappa\, r^2/H + \sum_{r_t}^{\infty} m_r = \int_{0}^{r_t} \frac{\varkappa\, t\, r^2}{H}\, h(r)\, dr + \int_{r_t}^{\infty} h(r)\, dr. \tag{33.13}$$

S_r erhält man, wenn die insgesamt sedimentierte Menge bestimmt wird. Um hieraus $h(r)$ oder $h(r)\,\varDelta r$ zu berechnen, bildet man nach Gl. (11)

$$\frac{dS_r}{dt} = \frac{dS_r}{dr}\,\frac{dr}{dt} = -\,h(r)\,(1 + \varkappa\, r\, t^2/H)\, r/2t. \tag{33.14}$$

Für den der Zeit t nach Gl. (1) zugeordneten Wert von r_t erhält man nach Einsetzen von (1) und Umformen

$$-\,t\left(\frac{dS_r}{dt}\right)_t = r_t\, h(r_t) \tag{33.15}$$

Für den der Zeit $t + \varDelta t$ zugeordneten Wert $r_t + \varDelta r$ erhält man

$$-\,(t + \varDelta t)\,(dS_r/dt)_{t\,+\,\varDelta t} = (r_t + \varDelta r)\, h(r_t + \varDelta r) \tag{33.16}$$

und daraus

$$t\,(dS_r/dt)_t - (t + \varDelta t)\,(dS_r/dt)_{t\,+\,\varDelta t} = \int_{r_t}^{r_t + \varDelta r} h(r)\, dr \simeq h(r)\,\varDelta r,\,^1 \tag{33.17}$$

---

[1] Daß sich aus der Differenz von Gl. (15) und (16) exakt das Integral in Gl. (17) ergibt, macht man sich am besten durch graphische Darstellung klar. Integration ist nicht notwendig, wenn $h(r)$ im Bereich r_t bis $r_t + \varDelta r$ praktisch unverändert bleibt, bzw. $\varDelta r$ hinreichend klein ist.

was nach Gl. (8) der Menge der Partikeln mit Radien zwischen r_t und $r_t + \Delta r$ entspricht.

Die Bestimmung ist graphisch leicht auszuführen: Legt man auf der experimentell gewonnenen S–t-Kurve, wie auf Abb. 33.2, eine Tangente durch den Punkt $t + \Delta t$ und eine durch den Punkt t, so geben ihre Schnittpunkte mit der Ordinate die Größen $S_t - t(dS/dt)_t$ und $S_{t+\Delta t} - (t + \Delta t)(dS/dt)_{t+\Delta t}$ wieder. Die von den beiden Schnittpunkten eingeschlossene Gerade abzüglich $S_{t+\Delta t} - S_t$ ist dann gleich der gesuchten Menge. Die den gewählten Zeiten entsprechenden Radien lassen sich leicht durch Gl. (1)[1] und $h(r_t)$ aus Gl. (5) leicht berechnen, so daß daraus die Verteilungsfunktion selbst ermittelt werden kann, wie sie Abb. 7.2 in einem Beispiel zeigt.

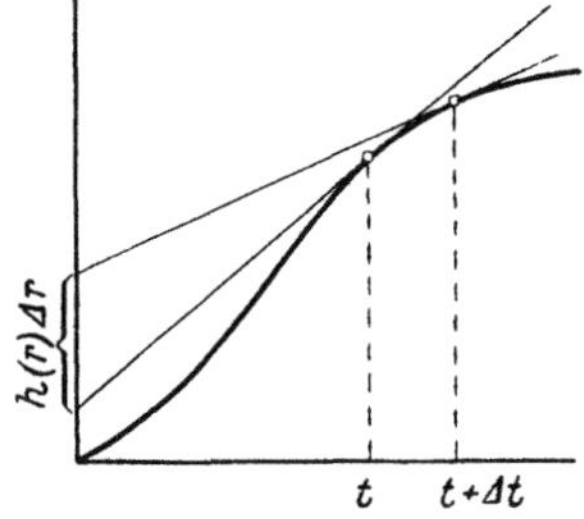

Abb. 33.2. Gewinnung der Verteilungsfunktion durch graphische Differentiation der Summenlinie der Sedimentation. (Erläuterung im Text.) Der Ordinatenabschnitt ist dann gleich $h(r)\,\Delta r$, wenn die Differenz der auf der Ordinate aufgetragenen Mengen $S_{t+\Delta t} - S_t$ gegenüber dem Ordinatenabschnitt vernachlässigbar klein ist. (In der Darstellung sind die beiden Punkte für S übertrieben entfernt gezeichnet)

Bei der praktischen Sedimentationsanalyse wird häufig nicht der abgesetzte Teil in Abhängigkeit von der Zeit bestimmt, sondern der Anteil, der sich zur Zeit t noch in der Schwebe befindet. Dieser muß gleich der Differenz der Gesamtmenge und der bereits abgesetzten Menge sein. Es befindet sich in der Schwebe

$$A = \sum_0^{r_t} m_r - \sum_0^{r_t} m_{rx} = \sum_0^{r_t} m_r (1 - t\,\varkappa\,r^2/H) =$$
$$= \int_0^{r_t} (1 - t\,\varkappa\,r^2/H)\,h(r)\,dr. \qquad (33.18)$$

Hieraus läßt sich nach dem gleichen Verfahren wie oben $h(r)$ oder $h(r)\,\Delta r$ berechnen.

Manchmal wird auch der Anteil der in der Schwebe befindlichen Substanz bestimmt, der in der Höhe H_x zwischen H_x und $H_x + \Delta H$ zur Zeit t anzutreffen ist. Dieser Anteil ist wie leicht eingesehen werden kann

$$B = \frac{\Delta H}{H} \int_0^{r = \sqrt{H_x/\varkappa t}} h(r)\,dr. \qquad (33.19)$$

Wegen $H q = V$ ($q =$ Querschnitt des Gefäßes) kann statt $\Delta H/H$ auch $\Delta V/V$, das Verhältnis von Schicht- zu Gesamtvolumen gesetzt werden.

Die Sedimentationskonstanten und die Partikelmolgewichte können besonders bei nicht gefärbten und wenig getrübten verdünnten kolloiden Lösungen durch die Ermittlung der Größe dc/dx längs der Sedimentationsstrecke x bestimmt werden. Hierfür gibt es optische Methoden, die im Anhang IV kurz dargestellt sind.

Wenn sich bei der Sedimentation monodisperser Teilchen die Konzentration an der Sedimentationsgrenze sprunghaft von $c = 0$ auf c_0 ändert, ist der Differentialquotient dc/dx an dieser Stelle unendlich groß. In Wirklichkeit setzt infolge des entstandenen Konzentrationsgefälles

---

[1] Die abgeleiteten Zusammenhänge gelten natürlich nicht nur für die Bestimmung von Radien kugelförmiger Partikeln, sondern ebenso für Zusammenhänge zwischen etwa v_j oder M_j und x/t. Hierzu brauchen nur Gl. (1) und (2) entsprechende Funktionen definiert und in (13) bzw. (17) eingesetzt zu werden.

sehr schnell eine Diffusion ein, die die Grenze mit der Zeit immer mehr verwischt, wie es Abb. 14.5 zeigt. Bei idealer Diffusion muß dc/dx die Form einer GAUSSschen Fehlerkurve annehmen (vgl. § 13), deren Maximum sich mit der Zeit in der Sedimentationsrichtung verschiebt. Die Höhe des Maximums nimmt dabei ab und die Kurve selbst wird breiter[1].

Sedimentiert ein System, das aus mehreren Komponenten verschiedener Masse zusammengesetzt ist, so werden diese sich nach einer gewissen Dauer entsprechend dem Schema der Abb. 33.3a bis c verteilen. Jede Komponente verursacht dann eine eigene Stufe oder Glockenkurve. Bei polydispersen Systemen mit sehr vielen Komponenten wird man keine Stufen in der Konzentrationsverteilung mehr entdecken, sondern einen stetigen Kurvenzug (gestrichelte Kurve der Abbildung 33.3), ebenso werden bei den dc/dx-Kurven keine einzelnen Gipfel mehr zu sehen sein. Derartige Kurven entstehen also nicht als Folge einer Diffusion, sondern rühren von der Polydispersität des Systems her.

Wie man aus der dc/dx-Kurve der Sedimentation Verteilungsfunktionen des polydispersen Systems gewinnt, soll in einem Beispiel der Sedimentation im Zentrifugalfeld (§ 34) gezeigt werden.

Für die Sedimentationsanalyse gröberer Suspensionen gibt es eine Anzahl gut ausgearbeiteter experimenteller Methoden[2]. Wenn auch gern komplizierte technische Hilfsmittel benutzt werden, scheinen die einfacheren Methoden ebenfalls zum Ziele zu führen und eine ausreichende Genauigkeit zu besitzen. Die Art der Methodik ergibt sich eigentlich von selbst aus den theoretischen Grundlagen. Es können bestimmt werden:

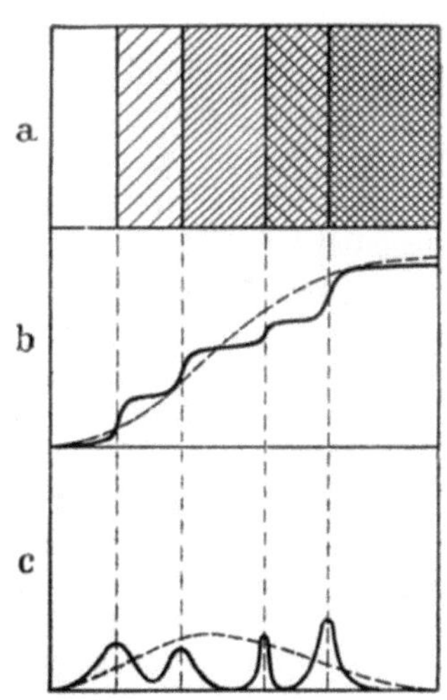

Abb. 33.3. Konzentrationsgrenzen eines polydispersen Systems bei der Sedimentation bei gleichzeitiger Diffusion (schematisch). Sedimentationsstrecke x: Von links nach rechts. a) Imaginäre Konzentrationsgrenzen von vier sedimentierenden Substanzen, wenn keine Diffusion auftreten würde. b) Konzentrationsverlauf ($c-x$-Kurve) der gleichen Substanzen bei Auftreten von Diffusion. c) Differentialkoeffizienten der Kurve b ($dc/dx-x$-Kurve). Gestrichelte Kurven: Verlauf bei Vorhandensein sehr vieler Substanzen, deren Partikelmassen sich nur wenig unterscheiden

1. Die abgesetzte Substanzmenge.
2. Die noch nicht abgesetzte Substanzmenge im Gesamtvolumen.
3. Die noch nicht abgesetzte Substanzmenge in einem Teilvolumen.
4. Die Konzentration an einer Stelle.
5. Der Konzentrationsgradient an einer Stelle.

---

[1] Bei der reinen Sedimentation im Schwerefeld spielt die Diffusion keine Rolle, weil nur solche Systeme in gut beobachtbaren Zeiten sedimentieren, die hinreichend große Teilchen und deswegen sehr kleine Diffusionskonstanten haben.

[2] Vgl. hierzu H. GESSNER: Die Schlämmanalyse. Leipzig 1931; H. GESSNER in A. KUHN: Kolloidchemischen Taschenbuch. 4. Aufl. Leipzig 1953. S. 129ff.

Alle Bestimmungen müssen in Abhängigkeit von der Zeit ausgeführt werden. Als besondere Methode sei noch die von MARSHALL und GESSNER[1] erwähnt.

Die einfachste Methode nach 1. besteht darin, eine flüssige Dispersion in einer Anzahl von hinreichend langen Zylindern von selbst sedimentieren zu lassen, nach einer bestimmten Zeit, die über dem Sediment stehende Flüssigkeit vorsichtig abzuheben, das Sediment herauszuspülen, zu trocknen und zu wägen. Man erhält dann die den jeweiligen Zeiten zugeordneten Mengen, die nach Gl. (17) ausgewertet werden können. Weniger Arbeit macht die von SVEDBERG konstruierte Sedimentationswaage, die von ODÉN[2] zu einer automatisch registrierenden Apparatur ausgebaut worden ist. Eine Waagschale taucht in die Dispersion, das Sediment sammelt sich darauf laufend und wird automatisch gewogen und registriert.

Um die noch nicht abgesetzte Menge der dispergierten Substanz nach 2. zu ermitteln, kann wie oben verfahren werden, nur muß hier die dispergierte Menge in der abgeheberten Flüssigkeit bestimmt werden.

Ähnlich verfährt man nach 3. bei den sog. Pipettiermethoden. Hier wird zu verschiedenen Zeiten in einer bestimmten Höhe des Sedimentiergefäßes ein Volumen V_h vorsichtig abpipettiert, es gilt dann $V_h/V = \Delta H/H$, zur Auswertung dient Gl. (28).

Fortlaufend läßt sich die noch nicht abgesetzte Menge in einem Schlämmapparat etwa nach WIEGNER[3] und GESSNER[4] verfolgen. Die Sedimentation findet in einem Rohr statt, das mit einem zweiten engeren Rohr, welches das reine Dispersionsmittel enthält, kommuniziert. Da die Dichte des Dispersion größer ist als die des Dispersionsmittels, wird die Flüssigkeit im engen Schenkel höher stehen als im weiten. Die Höhendifferenz ist der Menge der dispergierten noch nicht abgesetzten Substanz proportional, wie leicht einzusehen ist. Während der Sedimentation verringert sich die Menge der dispergierten Substanz im Maße des Absetzens, ebenso sinkt die Flüssigkeit im engen Rohr. Bestimmt man die Höhendifferenz der beiden Flüssigkeiten in Abhängigkeit von der Zeit, erhält man direkt die Summenlinie nach Gl. (13) (Teilchengrößenbereich: $5 \cdots 100 \mu$ Durchmesser).

Nach der Methode von MARSHALL-GESSNER wird die Dispersion mit einer Flüssigkeit höherer Dichte unterschichtet. Die dispergierten Partikeln gleicher Größe treten bei der Sedimentation praktisch zur gleichen Zeit in die schwerere Flüssigkeit ein. Die absedimentierten Teilchen haben *alle* eine Masse größer als $H/\beta t$ oder einen Radius, der größer als

---

[1] MARSHALL, C. E. [Proc. Roy. Soc. London (A) **126**, 427 (1930); J. Soc. chem. Ind. **50**, 444 (1931] entwickelte diese Methode für eine Anwendung in der Zentrifuge. — H. GESSNER (loc. cit.) wandte sie auf die Sedimentationsanalyse im Schwerefeld an.

[2] ODÉN, S.: Kolloid-Z. **18**, 32 (1916); **26**, 101 (1920). Eine nach diesem Prinzip arbeitende registrierende Waage bringen die Sartorius-Werke, Göttingen, in den Handel.

[3] WIEGNER, G.: Landwirtsch. Versuchsstat. **91**, 41 (1918).

[4] GESSNER hat bei der Methode eine photographische Registrierung verwendet, vgl. GESSNER loc. cit.

$(H/\varkappa\,t)^{\frac{1}{2}}$ ist. Störung durch Teilchen kleinerer Masse aus geringeren Höhen als der Gesamtfallhöhe treten nicht auf. Dadurch ist es nicht mehr notwendig, die Summenlinie aufzunehmen, man kann direkt die Fraktionen zu verschiedenen Fallzeiten sammeln und dadurch die Verteilungsfunktion ermitteln.

Zu erwähnen ist noch die Spülmethode, die bei bodenkundlichen Untersuchungen eine Rolle spielt (Teilchendurchmesser $>0{,}02$ mm). Hier wird die Suspension in einem senkrecht von unten aufsteigenden Flüssigkeitsstrom gebracht, Teilchen deren Sinkgeschwindigkeit größer als die Strömungsgeschwindigkeit ist, sinken ab, die anderen werden nach oben gespült, ähnliche Verfahren sind auch zur Trennung von Partikeln in Aerosolen (Windsichtung) ausgeführt worden (vgl. dazu GESSNER, loc. cit.).

§ 34. Sedimentation im Zentrifugalfeld

Um die Sedimentation zu beschleunigen, bringt man das zu untersuchende System in eine Zentrifuge. Je höher deren Umdrehungszahl, um so schneller setzen sich schwere Partikeln ab; bei sehr großen Umdrehungszahlen können sogar kleine Moleküle sedimentieren. Die von SVEDBERG entwickelte Ultrazentrifuge, die heute schon zu einem relativ einfach zu handhabenden — wenn auch kostspieligen — Laboratoriumsinstrument ausgebildet ist, entwickelt Zentrifugalfelder, die bis zum 250 000fachen des Erdfeldes betragen können. Damit läßt sich der ganze Bereich der Sedimentation von den kleinsten bis zu den größten Partikelmolgewichten erfassen.

Wie bereits bei der Theorie der Sedimentation besprochen wurde, beruht die Bestimmung von Partikelmolgewichten auf zwei Methoden, der Sedimentationsgeschwindigkeit und des Sedimentationsgleichgewichts.

Die Anwendung des STOKESschen Fallgesetzes in zähen Medien ergibt den Zusammenhang zwischen M_j bzw. der Sedimentationskonstante s und der Sedimentationsgeschwindigkeit dx/dt. Nach Gl. (14.9) und (33.2) erhält man

$$M_j = s\,\frac{RT}{(1 - V_{sj}\,\varrho_0)\,D} = \frac{s}{\beta}$$

$$(s = dx/dt/\omega^2\,x;\quad \omega = 2\pi\,u;$$
$$u = \text{Umdrehungen in der Zeiteinheit)} \tag{34.1}$$

oder in integrierter Form

$$M_j = \frac{1}{\beta}\cdot\frac{\ln\,(x/x_0)}{\omega^2\,(t - t_0)}. \tag{34.1a}$$

Für das Sedimentationsgleichgewicht gilt Gl. (14.18) oder (19.32). die praktisch identisch sind. Beide Beziehungen gelten natürlich für „ideale" monodisperse Systeme. Da sich aber bei der Sedimentation eines Gemisches von nur wenigen Partikelsorten verschieden schnell wandernde Konzentrationsgrenzen (entsprechend Abb. 33.3) ausbilden, können in solchen Fällen die Sedimentationskonstanten mehrerer Komponenten in einem einzigen Versuch bestimmt werden. Sie müssen sich jedoch um einen Mindestbetrag unterscheiden, um in einer bestimmten Zentrifuge noch einzeln nebeneinander beobachtet werden zu können, andernfalls wäre ihre Trennung erst nach einer Laufstrecke möglich, die größer als die Meßzelle ist.

Für das Gleichgewicht gilt für jede Partikelsorte eine Gleichung der Form (14.17), solange Sedimentation und Diffusion einer Sorte nicht durch die Anwesenheit anderer gestört werden, was nur in verdünnten Systemen zutrifft (vgl. w. u.).

Um bei polydispersen Systemen eine Größenanalyse isometrischer Partikeln (Kugeln) auf Grund ihrer verschiedenen Fallgeschwindigkeiten vorzunehmen, kann in gleicher Weise wie in § 33 vorgegangen werden, nur ist in Gl. (33.1) g durch $\omega^2 x$ zu ersetzen. Die folgenden Überlegungen gelten aber nur bei „idealen" Systemen und vernachlässigbarer Diffusion.

Da generell die Sedimentationsgeschwindigkeit — und damit die Zuordnung einer Teilchengröße zur Fallstrecke x und zur Zeit t — von der Masse *und* dem Reibungskoeffizienten der Partikeln abhängt, ist die Ermittlung einer Häufigkeitsverteilung der Masse selbst nach dieser Methode nicht allgemein möglich, sondern nur wenn eine Beziehung zwischen Partikelvolumen und Reibungskoeffizient existiert.

Hingegen ist es in jedem Fall möglich eine Verteilungsfunktion der Sedimentationskonstante s zu ermitteln, wie aus Gl. (1) und (1a) ohne weiteres hervorgeht.

Wird eine Verteilungsfunktion $c = \int\limits_0^\infty dc = \int\limits_0^\infty h(s)\,ds$ (c = Gesamt-Gewichtskonzentration) definiert, so braucht nur $h(s) = dc/ds$ bestimmt zu werden.

$$\Delta c = \int\limits_{s_j}^{s_j + \Delta s} (dc/ds)\,ds.$$

ist dann die Konzentration derjenigen Fraktion, deren Sedimentationskonstanten zwischen s_j und $s_j + \Delta s$ liegen. Zur Berechnung wird gesetzt:

$$h(s) = \frac{dc}{dx}\frac{dx}{ds} = \frac{dc}{dx}\frac{1}{(ds/dx)}$$

dc/dx kann gemessen werden (vgl. Anhang IV), es kommt also nur noch darauf an ds/dx auszurechnen. Aus (1) und (1a) erhält man mit $t_0 = 0$ und $x_0 = $ const.:

$$s = \ln(x/x_0)/\omega^2 t$$

und

$$\frac{ds}{dx} = \frac{ds}{d\ln x}\frac{d\ln x}{dx} = \frac{1}{\omega^2 x t}, \tag{34.2}$$

also

$$h(s) = \left(\frac{dc}{dx}\right)_t \omega^2 x t = \left(\frac{dc}{dx}\right)_t \frac{x}{s}\ln\frac{x}{x_0}. \tag{34.3}$$

Daraus ergibt sich:

$$\Delta c = \int\limits_{s_j}^{s_j + \Delta s} \left(\frac{dc}{dx}\right)_t \omega^2 \, x \, t \, ds \, . \tag{34.4}$$

Da man aber s und dc/dx als Funktionen von x und t erhält, kann man wegen $ds = -(1/\omega^2 t^2) \ln (x/x_0) \, dt$ auch schreiben

$$\Delta c = \int\limits_{[\ln (x/x_0)]/\omega^2 (t + \Delta t)}^{[\ln (x/x_0)]/\omega^2 t} \frac{x}{t} \ln \frac{x}{x_0} \left(\frac{dc}{dx}\right)_t dt \, . \tag{34.5}$$

Wenn die Möglichkeit besteht, anstatt dc/dx die Konzentration direkt an einer Stelle x zu verschiedenen Zeiten zu messen, kann man folgende Beziehung benutzen:

$$h(s) = \frac{dc}{ds} = \frac{dc}{dt} \frac{dt}{ds} = -\left(\ln \frac{x}{x_0}\right) \omega^2 s^2 = -\frac{t}{s}$$

und

$$\Delta c = -\int\limits_{s_j}^{s_j + \Delta s} (t/s) \, (dc/dt)_x \, ds = \int\limits_{[\ln (x/x_0)]/\omega^2 t}^{[\ln (x/x_0)]/\omega^2 (t + \Delta t)} (dc/dt)_x \, t^2 \, dt \tag{34.6}$$

Von RINDE[1] wurde ein Verfahren angegeben, das die Diffusion berücksichtigt, doch ist dessen Auswertung ziemlich umständlich.

Eine andere Möglichkeit der Auswertung ist folgende: Schreibt man die Differentialgleichung von LAMM in der Form (14.19) noch einmal hin, so ist

$$\frac{dc}{dt} = D \frac{d^2c}{dx^2} - \frac{1}{f} \frac{d(\Phi c)}{dx} \qquad (\Phi = f \, s \, \omega^2 \, x) \, . \tag{34.7}$$

Wenn nun die Stellen des Maximums der dc/dx-Kurve aufgesucht werden, bei der $d^2c/dx^2 = 0$ ist, so ist

$$\frac{dc}{dt} = -\frac{1}{f} \frac{d(\Phi c)}{dx} \, . \tag{34.8}$$

Umgeformt ergibt dies

$$-\frac{dx}{dt} = \frac{1}{f} \frac{d(\Phi c)}{dc} = \frac{1}{f} \left(\Phi + c \frac{d\Phi}{dc}\right) . \tag{34.9}$$

Wenn $d\Phi/dc = 0$ ist, resultiert das ideale Gesetz für die Sedimentationsgeschwindigkeit Gl. (1). Für „ideale" Systeme kann daher auch bei nicht zu vernachlässigender Diffusion die Funktion $h(s)$ ermittelt werden, wenn für dc/dx jeweils die Werte des Maximums der dc/dx-Kurve eingesetzt werden. Bei *nicht*idealen Systemen ist die Sedimentation nicht mehr von der Zentrifugalkraft allein abhängig, sondern auch noch von Kräften, die die Partikeln und Dispersionsmittelmoleküle aufeinander ausüben. Da die Stärke dieser Kräfte von der Konzentration der dispergierten Substanz abhängt, ist Φ eine Funktion von c. In diesem Fall kann das Verfahren nicht mehr angewandt werden.

Bei vernachlässigbarer Diffusion, z. B. bei starren Fadenmolekülen, jedoch nichtidealem Verhalten, kann man dx/dt bzw. s durch eine Funktion, die die Konzentrationsabhängigkeit von s beschreibt, z. B. Gl.(14.22)

---

[1] RINDE, H.: The Distribution of Sizes of Particles in Gold Sols. Uppsala 1928.

auf $c = 0$ extrapolieren, vorausgesetzt, daß Messungen von s bei verschiedenen Konzentrationen vorliegen [1].

Bau und Methodik der Ultrazentrifuge

Die erste, noch relativ langsam laufende Ultrazentrifuge, in der die Sedimentation während des Laufs verfolgt werden konnte, wurde von SVEDBERG durch Umbau einer technischen Zentrifuge hergestellt. Die wichtigsten Ergebnisse der Partikelmolgewichtsbestimmungen von SVEDBERG und seiner Schule [2], sind jedoch mit der Öldruckturbinenultrazentrifuge gewonnen worden, die bis zu 65 000 Umdrehungen in der Minute leistet. Der prinzipielle Aufbau aller später konstruierten Ultrazentrifugen mit verschiedenen Antriebsarten hat sich seit dem SVEDBERGschen Modell wenig verändert.

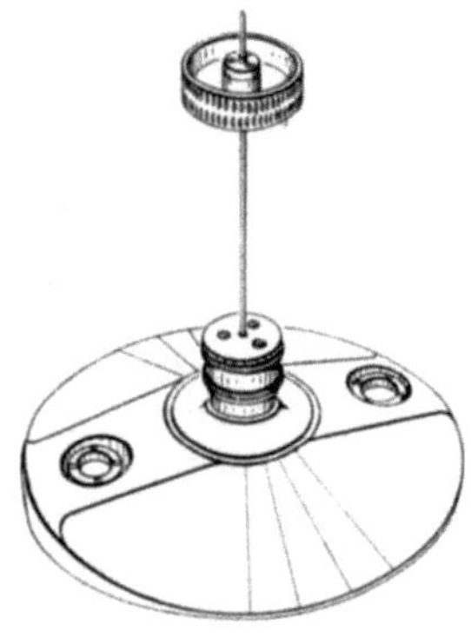

Abb. 34.1. Rotor einer luftgetriebenen Ultrazentrifuge (Modell Phywe). Die ringförmigen Einsätze enthalten die zu untersuchende Flüssigkeit

Der zentrale Teil des Geräts besteht immer aus einem Rotor aus Stahl oder neuerdings einer Duraluminium-Legierung von meist länglicher Form (vgl. Abb. 34.1). Zwei Bohrungen nehmen die eigentliche Sedimentationszelle und ein Gegengewicht, unter Umständen eine zweite Zelle auf. Um Konvektionen zu vermeiden, ist die Zelle sektorförmig und wird durch zwei besonders geschnittene und geschliffene Bergkristallplatten oben und unten verschlossen. In der SVEDBERGschen Zentrifuge mit Ölturbinenantrieb liegt der Rotor waagerecht mit seiner Achse in Öllagern. Auf kleine Turbinenschaufeln an den Enden der Rotorachse wird Öl unter einem Druck von etwa 12 Atmosphären gepreßt und dadurch der Rotor angetrieben. Da bei den hohen Umdrehungsgeschwindigkeiten die Luftreibung zu einer unerwünschten Erwärmung führen würde, läuft der Rotor in einer evakuierbaren Kammer in einer Wasserstoffatmosphäre von etwa 12⋯15 mm Hg. Die Kammer selbst besteht aus dicken Stahlwänden, um einen Schutz gegenüber etwaigen Betriebsunfällen zu gewähren. Umdrehungszahl und Temperatur müssen während des Versuchs sehr genau konstant gehalten werden, was einen nicht geringen technischen Aufwand notwendig macht.

Die Beobachtung der Sedimentation wird während des Laufs durch besondere optische Methoden, die im Anhang IV aufgeführt sind, vorgenommen und photographisch registriert.

Die gesamte Anlage erfordert spezielle bauliche Einrichtungen, der Rotor ruht auf einem Betonsockel, zum besonderen Schutz des Beobachters sind die Steuer- und Registriervorrichtungen vom eigentlichen Apparat durch eine Betonwand getrennt. Ölbehälter, Ölpumpe, Ölkühler werden in einem Extraraum untergebracht.

Um den Aufwand für dieses Gerät, den sich nur spezielle große Forschungsinstitute erlauben können, zu verringern, ist eine Reihe von anderen Konstruktionen veröffentlicht worden, die vielleicht nicht die Leistungsfähigkeit der großen SVEDBERG-Zentrifuge erreichen, aber im normalen Laboratoriumsbetrieb erhebliches leisten.

---

[1] Vgl. P. O. KINELL u. B. G. RÅNBY: Advanc. Coll. Sci., III, 161, New York (1950); JULLANDER, J.: Ark. Kem., Mineralog. Geol. A 21, Nr. 8 (1945); GRALÉN, N. u. G. LAGERMALM: Festskrift tillägnad J. A. Hedvall, Göteborg 1948, S. 215 ff.

[2] SVEDBERG, TH. u. K. O. PEDERSEN: loc. cit.

So ist die luftgetriebene Zentrifuge, die in Weiterverfolgung einer von HENRIOT und HUGUENARD[1] angegebene Methode des Rotorantriebs von BEAMS und Mitarb.[2] dann von Bauer und PICKELS[3] in Amerika von SCHRAMM und LOEWE[4] in Deutschland entwickelt wurde, ein Instrument von ebenfalls außerordentlicher Leistungsfähigkeit (Abb. 34.2).

Neuerdings ist es durch Verbesserungen in der Technik des Baus von Elektromotoren gelungen, die Rotoren durch direkten elektrischen Antrieb auf Umdrehungszahlen von etwa $60000 \cdots 70000$ U/min zu bringen. PICKELS läßt durch einen schnellaufenden Elektromotor über ein völlig in Öl laufendes Übersetzungsgetriebe die Rotorachse antreiben. Die Achse ist flexibel und stabilisiert sich selbst. Der Rotor läuft im Hochvakuum ($10^{-3} \cdots 10^{-4}$ mm Hg), kann gekühlt und durch einen Ultrarotstrahler in Verbindung mit der Kühlung genau temperaturkonstant gehalten werden. Die Umdrehungszahl wird durch Frequenzvergleich stabilisiert[5].

Von WIEDEMANN[6] wurde ein Modell entwickelt, bei dem der Rotor direkt durch einen neuartigen Elektromotor angetrieben wird und ebenfalls Umdrehungszahlen von 60000 U/min erreicht. Hier *steht* der Rotor auf einer biegsamen Welle, die eigentliche Rotationsachse stellt sich erst beim Betrieb von selbst ein. Bei den neuesten Instrumenten[7] wird der Rotor ebenfalls ohne Getriebe direkt elektrisch angetrieben und seine Umdrehungszahl durch ein elektronisches Zählwerk stabilisiert und gemessen, der Rotor läuft in Wasserstoffatmosphäre.

Die Einrichtung für die Beobachtungen ist bei allen

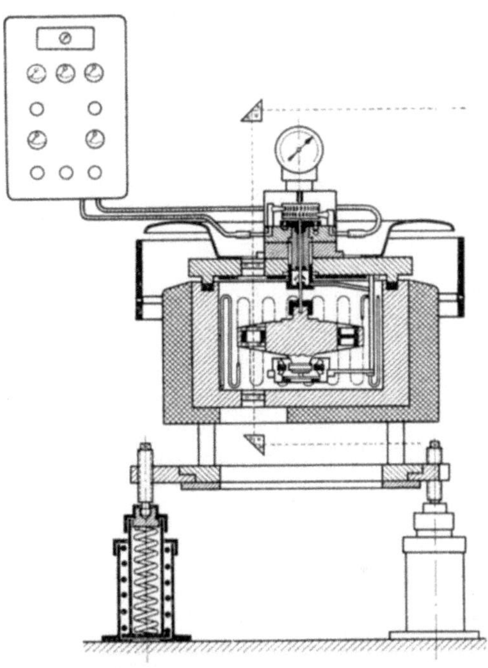

Abb. 34.2. Schnitt durch Kammer und Rotor einer luftgetriebenen Ultrazentrifuge (Modell Phywe) Die Luft wird durch Düsen gegen das eingekerbte Antriebsrad geblasen.] Eine Düse dient zur Beschleunigung, die andere zur Bremsung

Modellen etwa die gleiche, die Vakuumkammern enthalten Fenster (vgl. Abb. 34.2) an der Stelle, wo die eigentliche Sedimentationskammer im Rotor sitzt. Form und Größe der Rotoren sind bei allen Modellen etwa die gleichen[8]. Der Abstand der Zellenmitte von der Rotorachse beträgt meist $5 \cdots 7$ cm. Einige der erwähnten Konstruktionen gestatten auch Rotoren für präparative Zwecke anzubringen, wor-

---

[1] HENRIOT, E. u. E. HUGUENARD: J. Physique Radium (6) 8, 433 (1927).

[2] BEAMS, J. W.: J. appl. Physics 8, 795 (1937); BEAMS, J. W., F. W. LINKE u. P. SOMMER: Rev. sci. Instrum. 9, 248 (1938).

[3] BAUER, J. H. u. E. G. PICKELS: J. exp. Medicine 65, 565 (1937); PICKELS, E. G.: Rev. sci. Instrum. 9, 354 (1938).

[4] SCHRAMM, G.: Kolloid-Z. 97, 106 (1941); LOEWE, H.: Die Pharmazie 4, 416 (1949). — [5] Hersteller: Specialized Instruments Corp. Belmont Calif.

[6] Hersteller: Escher-Wyss A. G. Zürich. — [7] Phywe A. G. Göttingen.

[8] Weitere Konstruktionen sind die von C. SKARSTROM u. J. W. BEAMS [Rev. sci. Instrum. 11, 398 (1940)] mit einer Anhebung des Rotors durch ein Magnetfeld;

(Fortsetzung der Fußnote 8 auf S. 226.)

in größere Mengen Flüssigkeit zentrifugiert werden können[1]. Ebenso sind auch hochtourige Zentrifugen speziell für größere Flüssigkeitsmengen konstruiert worden und im Handel erhältlich[2].

Die Vorgänge in der Zelle lassen sich während der Sedimentation beobachten, wenn diese bei der Rotation einen optischen Strahlengang durchschneidet (vgl. Abb. 34.3). Bei jeder Umdrehung befindet sie sich einmal im Strahlengang, da die Umdrehungszahl groß ist, entsteht der Eindruck eines ruhenden Bildes, das sich

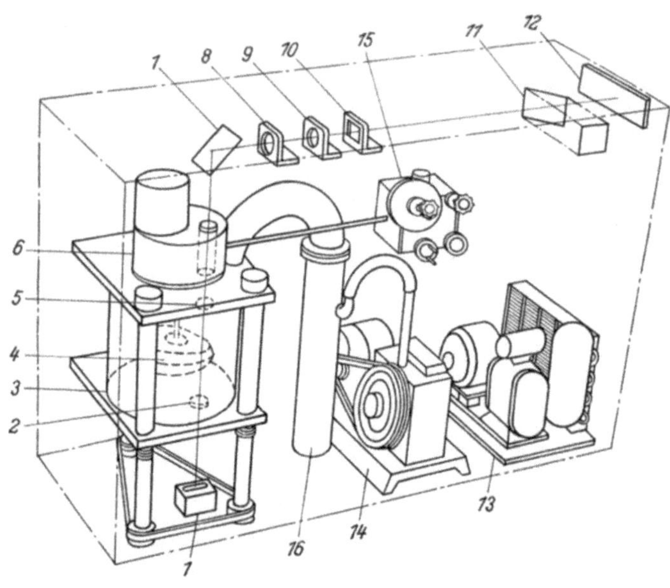

Abb. 34.3. Schematische Darstellung einer Spinco Modell E-Ultrazentrifuge (Beckman Instr. Spinco Div. Palo Alto, Calif. USA). *1* Lichtquelle; *2* und *5* Kollimatorlinsen; *3* evakuierbare Kammer-*4* Rotor; *6* Antriebsaggregat (Elektromotor und Getriebe); *7* Umlenkspiegel; *8* Philpot-Svensson-Diaphragma (vgl. Anhang IV); *9* Kameralinse; *10* Zylinderlinse; *11* Beobachtungsspiegel; *12* Photoplatte; *13* Kühlaggregat; *14* Ölpumpe; *15* Regelvorrichtung z. Konstanthaltung der Drehzahl; *16* Diffusionspumpe z. Evakuieren von *3*

nur in der Helligkeit vom Bild bei ruhender Zelle unterscheidet. Bei den neueren Instrumenten wird der Verlauf der Sedimentation automatisch nach bestimmten wählbaren Zeitabschnitten photographisch registriert.

Auswertung

Als Ergebnis eines Sedimentationsversuches wird entweder eine c/x-Kurve oder eine dc/dx-x-Kurve zu verschiedenen Zeitpunkten erhalten.

(Fortsetzung der Fußnote 8 von S. 225.)

K. BEYERLE, D. MOHRING und TH. BÜCHER [Chem. Ing. Techn. **26**, 94 (1954)] haben eine präparative Ultrazentrifuge für $1,5 \cdots 7,5$ cm³ konstruiert, die in einem elektrischen Drehfeld je nach Zellengröße $84\,000 \cdots 120\,000$ U/min erreicht. Hier sind Normalbeschleunigungen bis zu $915\,000$ g möglich. Vgl. K. BEYERLE: Z. Ver. dtsch. Ing. **93**, 736 (1951).

[1] Bei jedem x, t und ω nach Gl. (1) bestimmte Partikelgrößen entsprechen, kann ein Gemisch leicht in Fraktionen verschiedener Partikelgrößen durch verschieden langes Zentrifugieren zerlegt werden. Sind wie bei vielen in der Biochemie vorkommenden Gemischen nur wenige Teilchensorten vorhanden ist dies besonders vorteilhaft.

[2] Phywe A. G. Göttingen.

Das gilt sowohl für Geschwindigkeits- als auch für Gleichgewichtsmessungen. (Derartige Kurven sind auf der Abb. 14.5 u. IV.1 dargestellt.) Als Referenzpunkt für die Wanderungsgrenze wird der sog. 50%-Punkt der c-x-Kurven, an dem $c = c_0/2$ ist oder das Maximum der dc/dx-x-Kurven genommen, damit ist x bei einer bestimmten Zeit t bekannt. Gewisse Korrekturen für die Sektorform der Zelle — wodurch die Konzentration im von der Rotorachse abgewandten Teil geringer wird — und eventuelle Inhomogenität des Zentrifugalfeldes sind zu berücksichtigen, bei nichtinkompressiblen Flüssigkeiten kommen noch Druckkorrekturen hinzu[1] (vgl. SVEDBERG, PEDERSEN, loc. cit.). Die Umdrehungszahl und der Abstand von der Rotorachse sind aus den Angaben des Instruments abzulesen.

Um das Partikelmolgewicht nach Gl. (1) oder (2) zu berechnen, muß in jedem Falle V_{sj} und ϱ_0, bei der Geschwindigkeitsmethode — bzw. bei Kenntnis von s —, auch noch D bestimmt werden. Methoden für Bestimmung von D finden sich in § 32, sie sind in der Regel gesondert vorzunehmen, doch kann D bei monodispersen Systemen in ausreichender Verdünnung, die ein „ideales" Verhalten zeigen, unter Umständen aus einer beim Sedimentationsversuch aufgenommenen dc/dx-Kurve bestimmt worden. Bei nicht solvatisierten kugelförmigen Partikeln kann D_0 eingesetzt werden, das nach Gl. (13.1) berechnet werden kann; dies Verfahren ist bei vielen anorganischen Dispersionskolloiden ausreichend genau. Ist s eine lineare Funktion der Konzentration, kann D ebenfalls aus dem Sedimentationsversuch nach dem Verfahren von FUJITA bestimmt werden[2].

Die Dichte des Lösungsmittels ϱ_0 ist entweder hinreichend bekannt oder kann nach einer einfachen Methode bestimmt werden. Etwas umständlicher ist, das partielle spezifische Volumen der dispergierten Substanz zu ermitteln. Die theoretischen Grundlagen hierfür liefert die Gl. (18.28). Diese läßt sich auf verschiedene Weise auswerten. Eine von LEWIS und RANDALL[3] angegebene Methode ist besonders elegant. Meist kann man sich jedoch mit einem einfacheren von E. O. KRAEMER[4] stammenden Verfahren begnügen.

Dazu wird in einem genauen Pyknometer bekannten Volumens das Gewicht der Lösung bei verschiedenen Konzentrationen bestimmt. Es gilt dann nach Gl. (18.26)

$$1 - V_{s2} = [(1 - w_2)/m_p]\,(dm_p/dw_2),$$

wenn $d\overline{V}/dw_2 = -(V_p/m_p^2)\,(dm_p/dw_2)$ ist. ($V_p = $ Volumen des Pyknometers, $m_p = $ Gewicht der Flüssigkeit im Pyknometer, $w_2 = $ Menge der Substanz 2 in Gramm/cm³.)

Bei ausreichender Konstanz von V_{s2} im untersuchten Konzentrationsbereich kann das scheinbare partielle spezifische Volumen benutzt werden

$$V_{s2}^* = (\overline{V} - w_1\,V_0)/w_2.$$

---

[1] Vgl. dazu H. FUJITA: J. Amer. chem. Soc. **78**, 3589 (1956).
[2] Vgl. dazu R. L. BALDWIN: Biochem. J. **65**, 503 (1957).
[3] LEWIS, G. N. u. M. RANDALL: Thermodynamik. Wien 1927.
[4] KRAEMER, E. O., in SVEDBERG-PEDERSEN: loc. cit. S. 63.

Dazu genügt oft eine einzige Wägung im Pyknometer. Ist m_p das Gewicht der Lösung, m_0 das des Lösungsmittels im Pyknometer, so ist

$$V_{s2}^* = V_p \left(\frac{1}{m_0} + \frac{1}{w_2} \left(\frac{1}{m_p} - \frac{1}{m_0} \right) \right).$$

Da die überwiegende Zahl der zu untersuchenden Systeme nicht ideal ist, ist es unerläßlich, die Sedimentationskonstante s auf ihre Unabhängigkeit von der Dauer der Zentrifugierung und der Konzentration zu prüfen. Wenn eine Veränderung zu beobachten ist, muß s für verschiedene c ermittelt und auf $c = 0$ extrapoliert werden, danach ist Gl. (1) wieder anwendbar. Doch muß dann auch D oder f durch Extrapolation auf $c = 0$ gewonnen worden sein, da eine Konzentrationsabhängigkeit von s und D meist gleichzeitig auftritt.

Solange es sich um Partikeln handelt, deren Gestalt nicht veränderlich ist und das System nur wenige Partikelsorten enthält, ist die Auswertung der Sedimentationsmessung relativ einfach und — was wesentlich ist — auch ein*deutig*. Daher ist die Analyse solcher Systeme in der Ultrazentrifuge ein erheblicher Fortschritt gegenüber anderen Methoden. Die größten Erfolge sind dabei bei Proteinen errungen worden, deswegen ist diese Methode heute ein fast unentbehrliches Hilfsmittel der Biochemie[1]. Bei Proteinen verändert sich die Sedimentationskonstante wie auch die Diffusionskonstante meist nur wenig mit der Konzentration, doch darf man dies nicht verallgemeinern. Meistens ist auch der Reibungskoeffizient f nicht gleich f_0 [vgl. Gl. (13.25)], was auf Abweichungen von der Kugelgestalt oder Hydratation beruhen kann, D ist dann immer gesondert zu bestimmen.

Von SVEDBERG wurde die Methode auch bei polydispersen Dispersionskolloiden angewandt und grundsätzlich als geeignet befunden. Da hierfür aber auch Methoden zur Verfügung stehen, die weniger Aufwand erfordern, werden sie in der Ultrazentrifuge relativ selten untersucht.

Ebenso selten sind bisher Assoziationskolloide darin untersucht worden, was aber wohl daran liegt, daß hier grundsätzliche Schwierigkeiten auftreten können, die von der Eigenart des Systems selbst herrühren (vgl. § 75).

Von Bedeutung, wenn auch kompliziert, ist die Bestimmung der Molekulargewichte fadenförmiger Makromoleküle. Systeme mit solchen Partikeln sind in den meisten Fällen polydispers, außerdem sind sie noch in großen Verdünnungen nicht ideal. Auch wenn scharfe Fraktionen mit nur geringer Streuung der Molekulargewichte untersucht werden, hängt ihre Sedimentationskonstante stark von der Konzentration ab. Hier muß s und D immer auf Null extrapoliert werden.

Die Methode des Sedimentationsgleichgewichts hilft dabei nicht viel weiter, da die Konzentrationsverteilung im Zentrifugalfeld noch von den verschiedenen Wechselwirkungen der Makromoleküle und der Lösungsmittelmoleküle abhängen. In der Praxis sieht das so aus: Nach Gl. (2) werden die Werte für M_j durch Bildung des Verhältnisses c/c_0 an den Stellen x und x_0 bestimmt; werden nun nicht x und x_0, sondern zwei Stellen x_1 und x_2 gewählt und dort c_1 und c_2 ermittelt, so erhält man

---

[1] Eine Zusammenstellung der bis 1940 bei Proteinen gewonnenen Daten findet sich bei SVEDBERG-PEDERSEN (loc. cit.).

verschiedene Werte für M_j, je nachdem ob x_1 und x_2 am Boden der Sedimentationszelle, wo die Konzentration groß oder am oberen Ende, wo sie gering ist, gewählt werden. Die bei kleinen Konzentrationen gewonnenen M_j-Werte kommen natürlich den richtigen Molekulargewichten am nächsten[1].

Bei jeder Bestimmung von Partikelgrößen polydisperser Systeme erhält man Mittelwerte (vgl. § 38), die aber nur dann das ganze System hinreichend charakterisieren, wenn auch die Häufigkeitsverteilung der Größen bekannt ist. Eine vollständige Analyse kann daher erst mit der Bestimmung dieser Verteilung als abgeschlossen gelten. Wie wir oben gesehen haben, ist das bei nichtidealen Systemen nicht immer möglich.

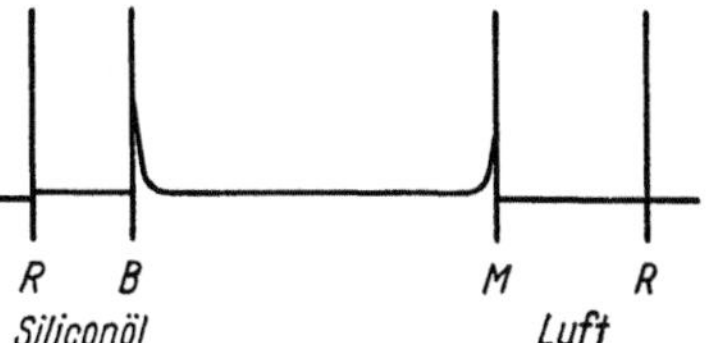

Abb. 34.4. Schematische Darstellung der dc/dx — x-Kurve eines Sedimentationsversuchs in der Ultrazentrifuge nach der Methode von ARCHIBALD (loc. cit.) B, Zellboden, M, Zellmeniskus (Grenze Flüssigkeit-Luft), R Referenzmarken für x

Die im vorangehenden beschriebenen klassischen Verfahren besitzen beide gewisse Nachteile bei der praktischen Auswertung. Das Verfahren der Sedimentationsgeschwindigkeit erfordert eine gesonderte Bestimmung von D [vgl. Gl. (1)], die des Sedimentationsgleichgewichts sehr lange Laufzeiten der Ultrazentrifuge, wobei hohe Anforderungen an die Konstanz der Umdrehungszahl und der Temperatur gestellt werden müssen. Es hat daher nicht an Versuchen gefehlt, andere Wege der Auswertung zu gehen.

Ein aussichtsreiches Verfahren ist die in § 14 erwähnte Methode von ARCHIBALD[2], bei welcher dc/dx am Meniskus und am Boden der Zelle durch Extrapolation der dc/dx-x-Kurve gewonnen wird. Man unterschichtet dazu die zu untersuchende Lösung mit einer schwereren Flüssigkeit (bei wässerigen Lösungen Siliconöl o. dgl.) und photographiert nach der PHILPOT-SVENSSON-Methode bei kleinen Umdrehungszahlen die Sedimentation zu verschiedenen Zeiten, *ehe* sich ein Maximum vom Meniskus abgelöst hat. Man erhält dann Kurven, wie sie Abb. 34.4 zeigt. Die Konzentrations*änderung* ist am Meniskus und am Boden am stärksten, oben negativ unten positiv, dort nimmt sie ab und hier zu. Schnittpunkte mit den leicht erkennbaren Grenzen ergeben Konzentrationsgradienten an der Stelle M und B, aus denen sich B_j nach Gl. (14.18a) errechnen läßt. Die Konzentrationen c_0 und c_b müssen durch graphische Integration der erhaltenen Kurven bestimmt werden. Nun liefert aber die direkte Aufnahme nicht den Konzentrationsgradienten selbst, sondern eine diesem proportionale Größe, weshalb der Proportionalitätsfaktor gesondert bestimmt werden muß. Zu diesem Zweck wird eine

---

[1] Aus dem Sedimentationsgleichgewicht erhält man den Gewichtsmittelwert des Partikelmolgewichts. Ermittelt man den Konzentrationsgradienten in der Sedimentationszelle mit der LAMMschen Skalenmethode (vgl. Anhang IV), läßt sich noch der sog. Z-Mittelwert definieren, er ist

$$\overline{M}_z = \sum_j n_j^2 M_j^3 \Big/ \sum_j n_j M_j^2 .$$

[2] ARCHIBALD (loc. cit.) S. 66.

Aufnahme des Systems in einer sog. Unterschichtungszelle gemacht, von der Abb. 34.5 ein Beispiel gibt. Das Integral dieser Kurve steht in einem einfachen direkten Zusammenhang mit der Gesamtkonzentration durch die Beziehung

$$c_{ges} = A \int_{x_0}^{x_b} (dc/dx)\, dx \qquad \text{(bei rechteckigen Zellen)}$$

und

$$c_{ges} = A \int_{x_0}^{x_b} x^2 (dc/dx)\, dx \qquad \text{(bei sektorförmigen Zellen),}$$

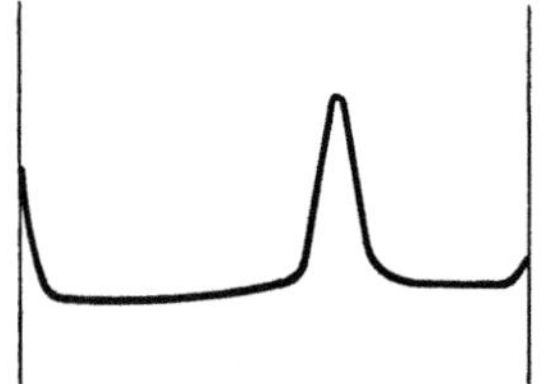

Abb. 34.5. Nachzeichnung einer nach der PHILPOT-SVENSSON-Methode (vgl. Anhang IV) gewonnenen $dc/dx - x$-Kurve in einer Unterschichtungszelle nach SCHACHMAN (vgl. Text)

woraus sich die Proportionalitätskonstante A leicht berechnen läßt[1].

Die Unterschichtungszellen sind so konstruiert, daß sie zu Beginn des Versuchs die leichtere Lösung enthalten, bei einer kleinen Umdrehungszahl von etwa 3000 U/min. fließt die schwerere Flüssigkeit aus einem Vorratsraum der Zelle derart zu, daß sie eine scharfe Konzentrationsgrenze wie in einer Diffusionsapparatur bildet[1]. Nach Unterschichtung entsteht eine regelrechte Diffusionskurve, die entsprechend ihrer charakteristischen Geschwindigkeit sedimentiert. Der Vorteil ist, daß die Sedimentation ungestört durch das Ablösen vom Meniskus vor sich geht, man erhält eine exakte Diffusionskurve des Systems im Zentrifugalfeld.

Diese Auswertungsmethode ergibt vor allem bei kleinen Partikelmolgewichten ausgezeichnete Ergebnisse, besitzt aber durch die Notwendigkeit der Extrapolation gewisse Unsicherheiten.

Andere Methoden versuchen daher entweder durch Verfolgung der Einstellung des Sedimentationsgleichgewichts in möglichst kleinen Schichtdicken der Flüssigkeit (vgl. § 14)[2] und Anwendung von Näherungsmethoden für die Lösung der Differentialgleichung von LAMM zum Ziele zu kommen.

Besonders erfolgversprechend scheint die in § 14 erwähnte Lösung der LAMMschen Gleichung von GEHATIA[3] zu sein, die nur die Aufnahme von c-x- oder dc/dx-x-Kurven zu beliebigen Zeiten in der Unterschichtungszelle notwendig macht. Nach dieser Methode läßt sich $B_j = s/D$ direkt bestimmen, doch fehlt es noch an Erfahrungen, um ein endgültiges Urteil hierüber abgeben zu können.

§ 35. Osmotischer Druck

Die theoretischen Grundlagen der osmotischen Messungen bedürfen an sich keiner weiteren Erläuterungen, Ausgangspunkte sind die Gln. (19.13) bzw. (19.20), die für ideale verdünnte Mischungen die Gestalt

---

[1] Einzelheiten der Konstruktion bei H. K. SCHACHMAN u. W. F. HARRINGTON: J. Polymer Sci. **12**, 379 (1954); KLAINER, ST. M. u. G. KEGELES: J. physic. Chem. **59**, 952 (1955); MEYERHOFF, G. Makromolekulare Chem. **15**, 68 (1955).

[2] VAN HOLDE u. BALDWIN: loc. cit. S. 66.

[3] GEHATIA, M.: loc. cit. S. 68.

des VAN T'HOFFschen Gesetzes annehmen (Gl. 19.9). Wegen der Einfachheit, besonders bei graphischer Auswertung, benutzt man in den meisten Fällen Gl. (19.20), die auch uns als Grundlage dienen soll. Sie lautet

$$\frac{\Pi}{c_g} = \frac{RT}{M_j} + B^* c_g^2 + \cdots. \tag{38.1}$$

Wegen des Fehlens geeigneter semipermeabler Membranen wird der osmotische Druck kleiner gelöster Moleküle nicht direkt, sondern indirekt nach der Methode der Gefriepunktserniedrigung oder der Siedepunktserhöhung oder auch durch Dampfdruckmessungen bestimmt. Bei kolloiden Systemen sind diese Methoden wegen der zu kleinen dabei auftretenden Effekte zu ungenau. Da in diesem Fall geeignete halbdurchlässige Membranen zur Verfügung stehen, kann der osmotische Druck mit Erfolg direkt gemessen werden.

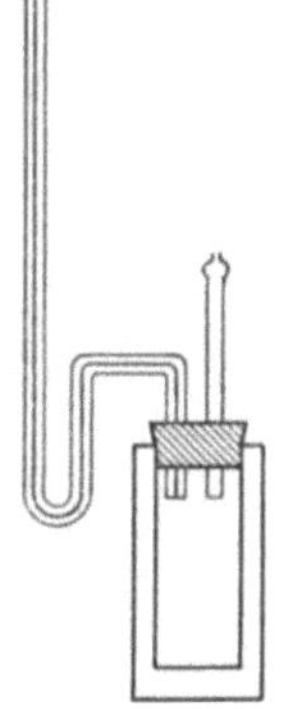

Abb. 35.1.
Osmometer
nach PFEFFER
vgl. Text

Zur Beobachtung des osmotischen Drucks wird wie beim klassischen Versuch von PFEFFER (1877)[1] ein abgeschlossenes Gefäß wie in Abb. 35.1 durch eine halbdurchlässige Membran in zwei Räume unterteilt, von denen der eine mit einem Lösungsmittel und der andere mit Lösung gefüllt ist. Die Membran ist nur für das Lösungsmittel, aber nicht für die gelöste Substanz durchlässig. Wegen des Verdünnungsbestrebens der Lösung und der Behinderung durch die Membran diffundiert Lösungsmittel so lange in die Lösung, bis eine hydrostatische Druckdifferenz entsteht, die dem osmotischen Druck der Lösung gleich ist, was durch das Aufsteigen der Flüssigkeit in einem mit der Kammer verbundenen Rohr leicht beobachtet werden kann.

Da praktisch immer die gemessenen osmotischen Drucke auf die Konzentration Null extrapoliert werden müssen, ist es notwendig, bei möglichst kleinen Konzentrationen zu messen. Das setzt der Methode eine gewisse Grenze; da Π dem Partikelmolgewicht umgekehrt proportional ist, wird der Effekt bei großen M_j zu klein.

Ist $c_g = 1\,\text{g}/L\,(= 0{,}1\%)$, so erhält man bei $25\,°C$ und einem Partikelmolgewicht von $20\,000$ nach dem VAN T'HOFFschen Gesetz

$$\Pi = 0{,}082 \cdot 298/20\,000 = 1{,}22 \cdot 10^{-3}\ \text{Atm};$$

da eine Atmosphäre etwa gleich $10\,000$ mm Wassersäule ist, sind dies auch 12 mm Wasser. Das ist an sich gut meßbar. Für $M_j = 200\,000$ wären es aber nur 1,2 mm. Eine Messung der Wassersäule wird kaum genauer als 0,01 mm sein, so wäre bei $M_j = 200\,000$ und $c_g = 0{,}1\%$ praktisch die Grenze für eine Anwendbarkeit erreicht. Eine höhere Genauigkeit ist möglicherweise nur mit dem Verfahren der sog. osmotischen Waage (w. u.) zu erreichen.

Theoretisch bestimmt man durch Messung des osmotischen Drucks eine Größe, die der Zahl der in der Flüssigkeit dispergierten kinetischen Einheiten proportional ist. Erst die Kenntnis der Gewichtskonzentration und der Zahl N_L führt zum Partikelmolgewicht nach Gl. (2). Bei monodispersen Systemen ist das eindeutig, bei polydispersen hingegen erhält man den Zahlenmittelwert $\overline{M}_N$ des Partikelmolgewichts.

---

[1] PFEFFER, W.: Osmotische Untersuchungen, Leipzig 1877; Neuere Formen bei N. H. MORSE u. J. C. W. FRAZER, E. J. HOFFMANN u. W. L. KENNON: Amer. chem. J. **36**, 39 (1906).

Es gilt z. B. im Idealfall

$$\Pi = (n_1 + n_2 + \cdots n_i)\, RT/V = \sum_i n_i\, RT/V\,.$$

Nun ist

$$\overline{M}_N = \sum_i n_i\, M_i \Big/ \sum_i n_i$$

und

$$c_g = \sum_i n_i\, M_i/V\,,$$

daraus folgt $\sum_i n_i/v = c_g/\overline{M}_N$ und $\Pi = c_g\, RT/\overline{M}_N$.

Osmometrische Methoden

Die zur Messung benutzten Apparate — Osmometer genannt — sind den jeweiligen Problemen angepaßte Abwandlungen der PFEFFERschen Anordnung der Abb. 35.1[1].

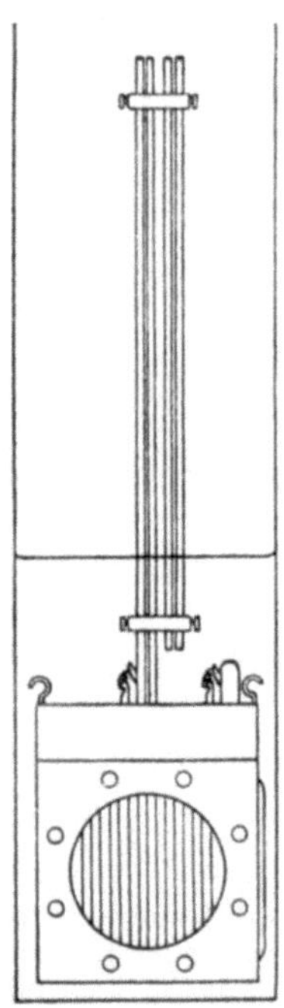

Abb. 35.2. Osmometer nach HELLFRITZ. Die Membran ruht auf einer geschlitzten Platte aus rostfreiem Stahl oder Glas und schließt einen mit der Kapillare verbundenen Raum ab der die Lösung enthält. Das Osmometer wird ganz in das Lösungsmittel hineingestellt. (Entnommen aus STUART: Physik der Hochpolymeren, Bd. II, loc. cit. S. 385)

Sie bestehen aus zwei durch die Membran getrennten Kammern und dem Manometer zur Messung des Drucks. Bei einigen Typen wird als Membran ein Säckchen aus Kollodium verwendet, das meist selbst hergestellt wird[2]. Diese Osmometer eignen sich vor allem für wässerige Medien. Die zu untersuchende Lösung wird in das Säckchen eingefüllt und in das Lösungsmittel eingehängt. Das Lösungsmittel wandert nun allmählich durch die Membran, wodurch im Innern des Säckchens ein Druck entsteht. Man kann nun entweder die Zunahme des Drucks in der Lösung oder die Abnahme des Drucks des Lösungsmittels bestimmen, da es nur auf die hydrostatische Druckdifferenz zwischen beiden ankommt. Im ersten Fall steigt die Lösung wie beim PFEFFERschen Versuch in eine Kapillare und es wandert solange Lösungsmittel in die Lösung bis der Anstieg in der Kapillare dem osmotischen Druck entspricht (Gleichgewichtsmethode). Meist wird, um die Lösung nicht zu sehr zu verdünnen, die Bewegung in der Kapillare nur als Anzeige für das Gleichgewicht benutzt, indem durch eine besondere Vorrichtung etwa ein Niveaugefäß von außen ein meßbarer Druck vorgegeben wird. Durch Variieren des äußeren Drucks kann die Stelle gefunden werden, bei der die Flüssigkeit in der Kapillare nicht mehr wandert. Mißt man den Druck der Außenflüssigkeit — also des Lösungsmittels —, so muß dieser wegen der Wanderung der Lösungsmittelmoleküle in die Lösung sinken.

Andere Typen verwenden flache Membranen[3]. Diese müssen, wie Abb. 35.2 zeigt, auf einer mechanischen Stütze

---

[1] Zusammenfassende Darstellungen bei G. V. SCHULZ in STUART: Das Makromolekül in Lösung. Berlin 1953. S. 380; L. K. CHRISTENSEN u. K. LINDERSTRØM-LANG in HOPPE-SEYLER-THIERFELDER: Handbuch der physiolog. u. patholog. chem. Analyse. 10. Aufl. Bd. 2, S. 36. Berlin/Göttingen/Heidelberg: Springer 1955.

[2] Vgl. dazu etwa H. B. BULL, J. Biol. Chem. **137**, 143 (1941).

[3] Vgl. die zusammenfassende Darstellung von H. HELLFRITZ u. H. KRÄMER: Kunststoffe **46**, 450 (1956); daselbst auch weitere Literatur.

ruhen, da sie sich sonst durchbiegen und die manometrische Messung verfälschen würden. Da die Einstellung des Endwertes in einem sich selbst überlassenen Osmometer oft sehr lange (2···4 Tage) dauert, versucht man es so zu gestalten, daß geringe durch das Einströmen des Lösungsmittels hervorgerufene Volumenänderungen möglichst große Druckänderung erzeugen. Bei Druckeinstellung von außen läßt sich die Einstellzeit vielfach abkürzen, wenn ein Druck in der Nähe des zu erwartenden Endwerts vorgegeben wird.

Da durch die Verwendung von Kapillaren Kapillaritätseffekte stören, werden zwei Kapillaren für Innen- und Außenflüssigkeit verwendet; wird die Oberflächenspannung durch die gelöste Substanz nur wenig beeinflußt wie es bei den meisten organischen Lösungen der Fall ist, können sich die Kapillareffekte dadurch praktisch kompensieren. Bei wässerigen Medien — z. B. wässerigen Proteinlösungen — ist die Oberflächenspannungserniedrigung durch die gelöste Substanz oft so beträchtlich und zeitabhängig, daß die kapillare Steighöhe erheblich kleiner ist als die des Lösungsmittels; dann nutzt auch die Verwendung zweier Kapillaren nicht viel. In diesen Fällen ist es günstig, die Kapillaren wie im Osmometer nach GÜNTELBERG und LINDERSTRØM-LANG [1] mit Toluol oder ähnlichen Lösungsmitteln zu füllen oder auf Kapillaren für die Lösung ganz zu verzichten (BULL, loc. cit.).

Osmometer mit waagerecht angeordneten Membranen haben den Vorteil, daß der hydrostatische Druck durch Messung der Entfernung Membran—Meniskus in der Kapillare leicht angegeben werden kann, benötigen aber relativ lange Einstellzeiten. Die Einstellzeit ist kürzer bei senkrecht stehenden Membranen, da hier durch den Ein- und Austritt des Lösungsmittels durch die Membran Dichteunterschiede entstehen, die eine Entmischung durch Konvektion hervorrufen. Doch sind, wie LANG [2] zeigte, Korrekturen bei der Bestimmung des hydrostatischen Drucks zu berücksichtigen, die bemerkenswerterweise vom zu untersuchenden Partikelmolgewicht abhängen.

Die beschriebenen Methoden eignen sich für nicht zu kleine osmotische Drucke ($>$ 2 mm H_2O), wobei große Sorgfalt auf Temperaturkonstanthaltung und Reproduzierbarkeit gelegt werden muß. Die Steighöhendifferenz wird meist mit einem Kathetometer (Ablesegenauigkeit $\sim$ 0,01 mm) abgelesen.

Sehr kleine osmotische Drucke ($\sim$ 1 mm) können mit der Methode der osmotischen Waage von JULLANDER und SVEDBERG [3] bestimmt werden. Hier wird die Kammer mit der Membran, die die Lösung enthält, an einem Waagebalken einer analytischen Waage aufgehängt und taucht dabei in die Außenflüssigkeit. Das ein- oder ausströmende Lösungsmittel verändert das Gewicht der Membrankammer; aus ihrem Querschnitt und der Gewichtsänderung kann die Steighöhe errechnet werden. (Bei 1 cm² Querschnitt entspricht 1 mg bei einer Flüssigkeit der Dichte 1 einer Steighöhe von 0,001 cm!) Die Druckdifferenz kann durch Heben und Senken des Außengefäßes eingestellt werden. Die Genauigkeit und Empfindlichkeit der Methode ist außerordentlich hoch, sie wird praktisch aber durch die unvermeidlichen Temperaturschwankungen begrenzt.

Vielfach wird vorgezogen nicht die endgültige Einstellhöhe zu messen, sondern ein dynamisches Verfahren anzuwenden. Nach Vorgabe einer gewissen Einstellzeit (2···24 Stunden) ändert man die Einstellhöhe durch ein äußeres Niveaugefäß wie in Abb. 35.3 einmal auf Werte, die höher als der Einstellwert sind, und mißt die Geschwindigkeit der Druckänderung, das gleiche führt man mit einigen Werten durch, die niedriger als der Einstellwert sind. Je weiter man vom wahren Gleichgewicht entfernt ist, um so größer ist die Geschwindigkeit des Ein- oder Ausströmens der Flüssigkeit durch die Membran und auch die Geschwindigkeit der Druckänderung. Trägt man die Geschwindigkeiten gegen den Druck auf so, muß der Gleichgewichtswert des Drucks bei der Geschwindigkeit Null liegen. Dieser

---

[1] GÜNTELBERG, A. V. u. K. LINDERSTRØM-LANG: C. R. Trav. Lab. Carlsberg (I) **27**, Nr. 1 (1949).

[2] LANG, H.: Kolloid-Z. **122**, 165 (1951); **128**, 7 (1952); Z. Naturforsch. **7**a, 299 (1952). — [3] JULLANDER, I.: Ark. Kem., Mineralog. Geol. **21** A, No. 8 (1946).

läßt sich dann leicht interpolieren. Bei Messungen mit nicht zu hohen Genauigkeitsansprüchen kann die Einstellzeit relativ kurz gehalten werden[1].

Für das Gelingen der osmotischen Messung ist die Beschaffenheit der verwendeten Membran von größter Bedeutung. Viele Autoren ziehen es vor, sich diese selbst herzustellen; besonders bei wässerigen Systemen wird Kollodium verwendet, das auf eine Platte bzw. Quecksilberoberfläche oder auf die Wandungen eines Reagensglases gegossen und dann mit Wasser, Mischungen von Alkohol mit Wasser und anderem ausgefällt wird[2]. Osmometermembranen sind auch im Handel erhältlich[3]. Für wässerige Lösungsmittel eignen sich solche aus Cellulosenitrat und -acetat, für organische Lösungsmittel aus regenerierter Cellulose (Ultracellafilter). Ihre durchschnittlichen Porenwerte sollen kleiner als 5 mμ sein[4]. Auch bei sorgfältigster Handhabung treten beim Vergleich der Meßeffekte verschiedener Membranen erhebliche Differenzen auf, die auf Undichtigkeiten der Membran, Wechselwirkungen mit dem Lösungsmittel und anderen unkontrollierten Effekten beruhen. Präzisionsmessungen sollten daher mit mehreren Membranen ausgeführt werden, wobei die jeweiligen Meßwerte untereinander möglichst wenig differieren dürfen.

Bei wässerigen Dispersionen mit geladenen Partikeln macht sich der Einfluß der elektrischen Ladung durch den sog. DONNAN-Effekt bemerkbar (vgl. dazu § 58). In solchen Fällen ist entweder eine Korrektur zu berücksichtigen — die aber die Kenntnis des DONNAN-Potentials voraussetzt — oder eine genügend große Menge Elektrolyt zuzufügen (Ionenstärke $> 0,05$) die den Effekt unterdrückt. Das letztere Verfahren wird bei Proteinen meist angewandt.

Zur Partikelmolgewichtsbestimmung müssen immer Drucke verschiedener Konzentration gemessen werden, da sich kolloide Systeme bis zu den kleinsten Konzentrationen wie nichtideale Mischungen verhalten. Die Methode Π/c_g gegen

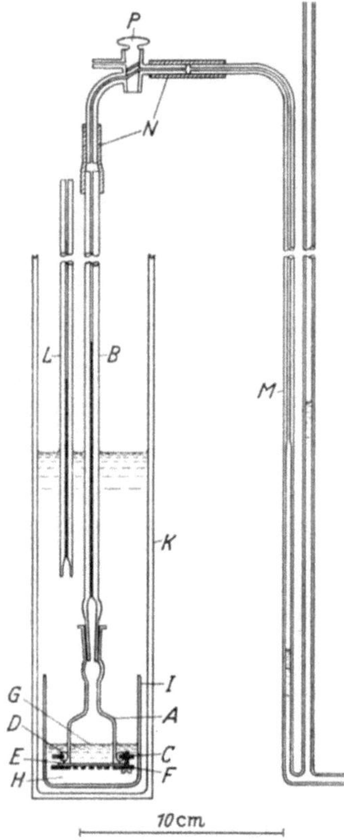

Abb. 35.3. Osmometer nach GUNTELBERG und LINDERSTRØM-LANG (loc. cit.). Die zu untersuchende Lösung befindet sich in G, E ist die Membran, durch eine Siebplatte F gehalten, H ist die Außenflüssigkeit. Oberhalb von G, in K und in den Kapillaren L und B befindet sich Toluol. Bei M ist der durch ein nicht mitgezeichnetes Niveaugefäß einstellbare Druck auf den Innenteil des Osmometers ablesbar. (Entnommen aus HOPPE-SEYLER-THIERFELDER loc. cit. Bd. 2, S. 41)

---

[1] Nach einer Theorie von H. G. ELIAS [Makromolekulare Chem. **23**, 175 (1957)] soll es möglich sein, die Interpolation ohne das Warten auf einen Einstellwert durchzuführen. Vgl. auch G. V. SCHULZ in H. A. STUART: Das Makromolekül in Lösung. Berlin 1953. S. 387ff.

[2] Vorschriften bei N. BJERRUM u. E. MANEGOLD: Kolloid-Z. **42**, 97 (1927); BULL: loc. cit. — [3] Membranfiltergesellschaft Göttingen.

[4] G. MEYERHOFF [Makromolekulare Chem. **22**, 237 (1957)] verwendet Folien aus Äthylenglykolterephtalat, die sich „ideal" semipermeabel für Benzol-Chloroform-Gemische verhalten, indem sie Benzol zurückhalten. Ebenso wird Polystyrol „ideal" zurückgehalten.

c_g in einem Koordinatensystem aufzutragen, ist dabei am zweckmäßigsten[1]. (Vgl. Abb. 19.2.)

Ist die Substanz in verschiedenen Dispersionsmitteln ohne Änderung ihres Partikelmolgewichts dispergierbar, was bei Hochpolymeren oft möglich ist, empfiehlt es sich die osmotischen Bestimmungen in mehreren Lösungsmitteln vorzunehmen; führt dann die Extrapolation auf 0 zu gleichen Werten, hat die Bestimmung einen hohen Wahrscheinlichkeitsgehalt.

Außer M_j liefern Messungen des osmotischen Drucks nach Gl. (18.40) und (19.13) die Verdünnungsentropie und den für die thermodynamische Behandlung kolloider Systeme außerordentlich wichtigen zweiten Virialkoeffizienten B^*, aus dem sich etwa nach Tab. 22.II wichtige Zusammenhänge — z. B. die HUGGINSsche Konstante χ_h — ergeben. In günstigen Fällen sind auch Rückschlüsse auf die Partikelgestalt möglich. Zu einer eingehenderen Behandlung thermodynamischer Fragen kolloider Systeme ist daher die Messung ihrer osmotischen Drucke oft unerläßlich.

§ 36. Lichtstreuung

Die Partikelmolgewichtsbestimmung mit der Methode der Lichtstreuung ist der osmotischen Methode verwandt, da sie auf einer Gesetzmäßigkeit beruht, die aus Gl. (35.1) hervorgeht. Den Zusammenhang liefert Gl. (25.29), welcher lautet:

$$H\,c_g/\tau = d\Pi/dc_g = RT/M_j + 2\,B^*\,c_g + \cdots, \qquad (36.1)$$

darin ist H die durch Gl. (25.26) definierte Konstante und τ der Streukoeffizient[2].

Zur Bestimmung von M_j muß τ in Abhängigkeit von der Konzentration gemessen werden, um die Größe $H\,c_g/\tau$ auf 0 extrapolieren zu können, wobei wie bei der osmotischen Messung der Wert RT/M_j erhalten wird. Für Partikeln, deren Abmessungen kleiner als $\lambda/10 - \lambda/5$ ($\lambda =$ Wellenlänge des eingestrahlten Lichts), ist dies die einzige Möglichkeit, zu einer Aussage über die Größe zu kommen. Für größere Partikeln ($> \lambda/5$) läßt sich darüber hinaus eine geometrische Abmessung (Durchmesser oder Länge) ermitteln, wenn der Effekt der inneren Interferenzen benutzt wird. Hierüber erfährt man etwas durch die Messung der Winkelabhängigkeit der Intensität des gestreuten Lichts. In günstigen Fällen kann dies gleichzeitig zu einer Aussage über die Gestalt der Partikeln führen. (Der dazu einzuschlagende Weg soll auch an dieser Stelle besprochen werden, um ihn nicht aus dem Zusammenhang zu reißen.) Da außer M_j und einer Dimension die gleichen Daten wie beim osmotischen Druck erhalten werden, gewinnt die Methode der Lichtstreuung eine ähnliche Bedeutung wie die der Messung des osmotischen Drucks.

---

[1] Einzelheiten hierzu sowie rechnerische Extrapolationsverfahren siehe bei G. V. SCHULZ, loc. cit.

[2] Ausführliche Darstellungen über Lichtstreuung siehe K. A. STACEY: Light scattering in Physical Chemistry. London 1956; BÜCHER, TH. u. D. MOHRING, in HOPPE-SEYLER-THIERFELDER: loc. cit. S. 115ff.

Bei monodispersen Systemen ist die Zuordnung der Meßwerte zum Partikelmolgewicht eindeutig und nach Gl. (1) möglich. Bei polydispersen Systemen wird der Gewichtsmittelwert des Partikelgewichts wie bereits in § 25, S. 169 dargelegt, erhalten, es gilt dann Gl. (25.38).

Lichtstreuungsapparaturen

Der grundsätzliche Aufbau einer Lichtstreuungsapparatur ist immer der gleiche. Ein Gefäß enthält die zu untersuchende Flüssigkeit und wird von möglichst weitgehend parallelem monochromatischen Licht durchstrahlt; die Aufgabe ist, die Intensität des zerstreuten Lichts im Verhältnis zur Intensität des einfallenden Lichts bei verschiedenen Winkeln zur Richtung des einfallenden Strahls zu messen.

Da die Intensität des Streulichts meist sehr klein ist — etwa der 1/1000 bis $1/10^6$te Teil der eingestrahlten Intensität —, muß die Intensität des Primärstrahls

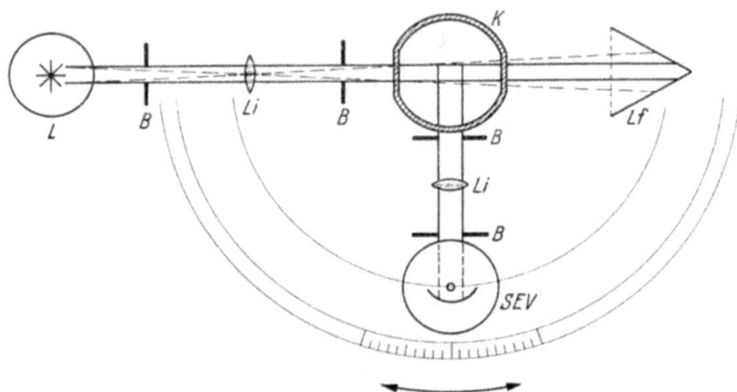

Abb. 36.1. Lichtstreuungsapparatur (schematisch). Das von der Lichtquelle L kommende Licht wird durch die Blenden B und die Linse Li annähernd parallel gemacht, durchsetzt die Küvette K mit der zu untersuchenden Flüssigkeit und wird im Lichtfänger Lf vernichtet. Der Empfänger SEV für das Streulicht „sieht" ein durch B und Li ausgeblendetes Volumen in K. SEV und sein Blendensystem sind schwenkbar montiert, um den Primärstrahl aus verschiedenen Winkeln anpeilen zu können

möglich groß gewählt werden und die Anordnung zur Intensitätsmessung sehr empfindlich sein. Es werden daher Lichtquellen hoher Leuchtdichte (Quecksilberhoch- und -höchstdrucklampen) und photoelektrische Indikatoren, sog. Sekundärelektronenvervielfacher (Photomultiplier) verwendet[1]. Das Primärlicht wird, wie in der Abb. 36.1 schematisch dargestellten Apparatur zu erkennen ist, durch einen Kondensor konzentriert und durch ein Linsensystem mit Aperturblenden annähernd parallel gemacht; in den Strahlengang können zur Herstellung monochromatischen Lichts weitere Blenden und Polarisationsverrichtungen eingeschaltet werden. Das Licht wird nach Durchtritt durch die Küvette in einem sog. Lichtfänger vernichtet, um kein falsches Streulicht zu verursachen. Auf einem drehbaren Tisch ist der Sekundärelektronenvervielfacher montiert. Das Streulicht wird so ausgeblendet, daß den Empfänger ein Lichtbündel von geringer Aperatur trifft. Auch in diese Strahlengang können noch Filter und Polarisationsvorrichtungen eingeschaltet werden. Der drehbare Tisch dient zur Einstellung verschiedener Beobachtungen für das Streulicht. Auf dem Drehtisch selbst ist ein sehr stark absorbierendes Neutralglasfilter angeordnet, das sich bei der Nullgradstellung des Empfängers vor den Primärstrahlengang schiebt und das Licht in bekannter Weise schwächt. Dadurch

---

[1] Die Sekundärelektronenvervielfacher benötigen zum Betrieb Hochspannungen von $750 \cdots 2500$ V, die bis zu 1/100 000 des Ausgangswerts konstant gehalten werden müssen, was einen gewissen Aufwand bei der Stabilisierung der Betriebsspannung erfordert.

erhält man einen Arbeitsstandard für die Primärintensität I_0, mit der die Streuintensität i verglichen werden kann. Auf den Küvettenhalter können Küvetten verschiedener Form aufgesetzt werden, außer solchen, die die Streuintensität bei jedem Winkel zwischen 30° und 150° zu messen gestatten, werden auch solche für 90° und das Winkelpaar 45° und 135° verwendet, deren Glasflächen jeweils normal zu diesen Richtungen stehen[1]. Die Lampenspannung und die Hochspannung werden elektronisch geregelt. Die Intensität des Streulichts wird durch den Strom des Sekundärelektronenvervielfachers gemessen, wozu ein Galvanometer von 10^{-9} A/mm Empfindlichkeit benötigt wird.

Die absolute Eichung der Geräte in bestimmte Verhältnisse von i/I_0 bereitet erhebliche Schwierigkeiten, da die Streuintensität im Vergleich zur Primärintensität sehr gering ist[2]. Man begnügt sich meist mit einer Kalibrierung durch Vergleich der relativen Streuintensitäten I/I_0 mit einer Absorptionsmessung im durchfallenden Licht (I = Intensität des durchgelassenen Lichts). Hierzu ist nach übereinstimmender Ansicht vieler Autoren eine kolloide Dispersion von Kieselsäure, die Teilchen von etwa 200 mμ Durchmesser besitzt und unter dem Namen Ludox[3] im Handel erhältlich ist, besonders geeignet. Von dieser wird in verdünnter Dispersion (nach Reinigung) die Durchlässigkeit und die Streuung gemessen, daraus kann die Kalibrierungskonstante C wie folgt bestimmt werden:

$$\tau = C\,S_{90} = 2{,}303\,\log\,(I_0/I)/e$$

(S_{90} = am Instrument abgelesener Wert der Intensität). Es werden auch Standardlösungen von Polystyrol oder feste Standards aus festem Polystyrol oder auch Glas benutzt (Einzelheiten bei STACEY, loc. cit.). Über die Absolutwerte der Streuung an sich geeigneter reiner Flüssigkeiten, wie z. B. Benzol, besteht noch keine Übereinstimmung. Im allgemeinen wird empfohlen, mehrere Substanzen zur Kalibrierung zu verwenden.

Zur Absolutbestimmung von τ müssen Korrekturen für die endliche Apertur des Streulichts, der Brechung an den Küvettenwänden und der Reflexion an der Küvettenrückwand berücksichtigt werden, ebenso ist der Faktor für die Depolarisation des Streulichts [Gl. (25.30) oder (25.31)] zu diskutieren. Der Depolarisationsgrad kann mit Hilfe der in den Strahlengang des einfallenden und des gestreuten Lichts einschiebbaren Polarisatoren und Analysatoren gemessen werden.

Große Sorgfalt ist auf die Reinigung der zu untersuchenden Flüssigkeiten zu verwenden, da geringe Mengen grober Staub oder Schmutzpartikel wegen ihrer erheblichen Streuung große Fehler verursachen können. Die Flüssigkeiten müssen durch Glas- oder Metallfritten geringer Porenweiten filtriert oder möglichst zu wiederholten Malen bei Umdrehungszahlen von mindestens 12 000 U/min. zentrifugiert werden. Hierfür sind auch besondere Vorrichtungen entwickelt worden (vgl. BÜCHER und MOHRING, loc. cit.). Es empfiehlt sich, die Reinheit der Proben jeweils besonders zu prüfen und alle Messungen mehrmals anzusetzen.

Die Konstante H enthält [vgl. Gl. (25.26)] noch den Brechungsindex n_0 des Dispersionsmittels und das Brechungsinkrement $\Delta n/c_g$ der Lösung, beide zum Quadrat erhoben. Da bei der Bestimmung des letzteren nur Unterschiede von der Größenordnung $< 10^{-2}$ im Wert von n auftreten, müssen Brechungsindexdifferenzen von Lösung und Lösungsmittel sehr genau, möglichst bis auf die 6. Dezimale gemessen werden, und zwar bei der Wellenlänge, bei der auch die Streulichtmessung selbst vorgenommen wird. Dies bereitet einige Schwierigkeiten[4], doch ist von DEBYE[5] extra für diesen Zweck eine Differentialrefraktometer entwickelt worden,

---

[1] Ausführliche Beschreibung einiger im Handel erhältlicher Geräte bei BÜCHER und MOHRING, loc. cit.

[2] DEBYE, P. P.: J. appl. Physics **15**, 338 (1944); DEBYE, P. P.: ibid. **17**, 392 (1946).

[3] Hergestellt von E. I. DuPont de Nemours, Delaware, USA.

[4] Die an sich sehr geeigneten interferometrischen Methoden sind nur bei Verwendung weißen Lichts bequem, bei monochromatischem Lichts ist die Auszählung der Interferenzstreifen sehr mühsam.

[5] DEBYE, P. P.: loc. cit.

mit dessen Hilfe sich die Brechungsindices mit der entsprechenden Genauigkeit bestimmen lassen[1].

Auswertung

Bei den meisten in der Praxis vorkommenden Messungen wird man sich damit begnügen, die gemessenen Streuintensitäten auf einen Standard zu beziehen bzw. das Meßinstrument mit einem oder besser mehreren Standards zu kalibrieren. Liegen Partikeln vor, deren Abmessungen kleiner als $\lambda/10$ (RAYLEIGH-Bereich) sind, ist die Auswertung relativ einfach. Man muß sich jedoch davon überzeugen, ob die Voraussetzungen des RAYLEIGHschen Gesetzes gültig sind. Hierzu muß man prüfen, ob 1. die Streuintensität proportional $1/\lambda^4$ ist und 2. ob sie bei Verwendung vertikal polarisierten Lichts vom Beobachtungswinkel unabhängig bzw. bei Verwendung von natürlichem Licht proportional $(1 + \cos^2\vartheta)/2$ ist. Zur Partikelgewichtsbestimmung braucht dann nur die Intensität in der 90°-Richtung gemessen zu werden. Nun ist bei 90°:

$$\tau = \frac{16\pi}{3}\, R_{90,\,U} = \frac{8\pi}{3}\, R_{90,\,V} \qquad (36.2)$$

($R_{90,\,U}$ = reduzierte Streuung bei unpolarisiertem Licht. $R_{90,\,V}$ = Str. bei bei vertikal polarisiertem Licht.) Die reduzierte Streuung ist dann

$$R_0 = \frac{i \cdot (\text{Meßabstand})^2}{I_0 \cdot (\text{Streuvolumen})}\,. \qquad (36.3)$$

Mißt man gegen einen Standard, dessen τ oder R-Wert bekannt ist, braucht die Umrechnung von i in R bei der zu untersuchenden Lösung nicht extra vorgenommen zu werden, es ist dann

$$R_{X,\,90,\,U} = R_{(\text{Standard}),\,90,\,U}\, \frac{i_{(\text{Lösung})} - i_{(\text{Lösungsmittel})}}{i_{(\text{Standard})}}\,, \qquad (36.4)$$

wobei i bei 90° ebenfalls mit unpolarisiertem Licht gemessen werden soll. Ist n_0 und $\Delta n/c_g$ bestimmt worden, kann H_x berechnet werden. Nun werden Messungen von $i_{(\text{Lösung})}$ bei einer Reihe von Konzentrationen vorgenommen und die verschiedenen Werte für

$$\frac{3 H_x c_g}{16\pi\, R_{X,\,90,\,V}} = \frac{H_x c_g}{\tau} \qquad (36.5)$$

in einem Diagramm gegen c_g aufgetragen. Man erhält, wie in Abb. 36.2 dargestellt, meist gerade Linien mehr oder weniger größerer Neigung, deren Abschnitt auf der Ordinate den Wert RT/M_j entsprechend (1) liefert. Die Neigung der Geraden ergibt wieder die wichtige Konstante $2\,B^*$.

Ist eine der Abmessungen der Teilchen größer als $\lambda/10$, so gelten die Vorraussetzungen der RAYLEIGHschen Theorie nicht mehr. Es ist nun die Abschwächung der Intensität des Streulichts durch die inneren Interferenzen der Partikeln durch Einführung von $P(\vartheta)$ nach § 25 zu

---

[1] Das Instrument wird von der Firma Phönix-Instruments Philadelphia hergestellt. Von G. V. SCHULZ, O. BODMAN u. H. J. CANTOW [Z. Naturforsch. **7**a, 760 (1952); J. Polymer Sci. **10**, 73 (1953)] wird ein Gerät beschrieben, das den Brechungsindex bis auf drei Stellen der 7. Dezimale bestimmt.

berücksichtigen. Es gilt dann Gl. (25.32), die noch einmal aufgeführt werden soll.

$$\frac{3\pi}{8} H' \frac{c_g}{R_{\vartheta,V}} = \frac{1}{M_j P(\vartheta)} + 2 B^* c_g + \cdots \qquad (36.6)$$

($H' = H/RT$), in der zu beachten ist, daß sich die Beziehung nur auf *vertikal* polarisiertes Primärlicht bezieht. Wenn nicht mit vertikal polarisiertem Primärlicht gemessen wurde, muß $R_{\vartheta,V}$ nach der Beziehung (III.32) und (25.1) aus $R_{\vartheta,U}$ berechnet werden!

Soll nun das Partikelmolgewicht M_j bestimmt werden, muß $P(\vartheta)$ entweder aus der Winkelabhängigkeit von R berechnet oder die Streuung beim Winkel $0°$ ermittelt werden, da $P(\vartheta = 0) = 1$ ist. Bei $0°$ ist aber eine direkte Bestimmung der Streulichtintensität nicht möglich. Von ZIMM[1] wurden daher leistungsfähige Extrapolationsverfahren angegeben:

In einem Koordinatensystem wird $H' c_g/R_{\vartheta,V}$ als Ordinate gegen $\sin^2 \vartheta/2 + k c_g$ als Abszisse für eine Reihe von Winkeln und Konzentrationen aufgetragen. k ist eine willkürliche Konstante — meistens von der Größe 100 oder 200 —, um die Konzentrationswerte auseinanderzuziehen, wie in Abb. 36.3 gezeigt wird. $R_{\vartheta,V}$

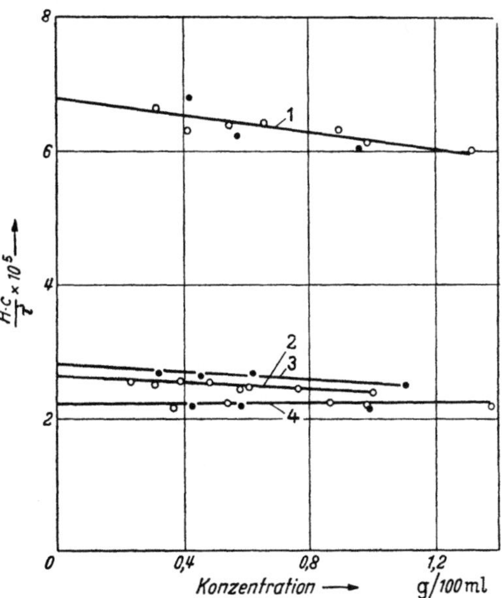

Abb. 36.2. $H c/\tau$ in Abhängigkeit von der Konzentration für einige Proteine nach HALWER, NUTTING und BRICE (J. Amer. chem. Soc. **73**, 2786 (1951). 1: Lysozym, 2 und 3: β-Lactoglobulin, 4: Ovalbumin. Entnommen aus HOPPE-SEYLER-THIERFELDER Bd. 2, S. 135 (loc. cit.)

wird für jede Konzentration bei möglichst vielen Winkeln ϑ gemessen. Nun können zwei Grenzlinien konstruiert werden, die eine durch Extrapolation bei konstanter Konzentration auf den Winkel $0°$ (Linie a), die andere durch Extrapolation bei konstantem Winkel ϑ auf $c_g = 0$ (Linie b). Beide Extrapolationslinien müssen die Ordinate im gleichen Punkt schneiden. Der Ordinatenabschnitt ist dann $= 1/M_j$ ($c_g = 0$, $\vartheta = 0$, $P(\vartheta) = 1$). Es gilt also

$$\frac{3\pi}{8} H' \lim \left[\frac{c_g}{R_{\vartheta,V}}\right]_{\substack{\vartheta \to 0 \\ c_g \to 0}} = \frac{1}{M_j} . \qquad (36.7)$$

Unter Heranziehung von Gl. (6) sieht man sofort, daß für die Linie a ($\vartheta = 0$) Gl. (1) gilt, ihre Neigung liefert direkt die Größe $2B^*$. Die Linie für $c_g = 0$ kann zur Bestimmung von $P(\vartheta)$ benutzt werden. Eine andere wichtige kennzeichnende Größe der Partikeln, nämlich den Trägheitsradius ϱ_g [vgl. § 20, Gl. (20.33)] kann man nach einem Verfahren von ZIMM (loc. cit.) erhalten. Es ist

$$\frac{\text{Anfangsneigung der Linie } b}{\text{Abschnitt auf der Ordinate}} = \frac{16\pi^2}{3} \varrho_g \left(\frac{n}{\lambda_0}\right)^2 . \qquad (36.8)$$

---

[1] ZIMM, B. H.: J. chem. Physics **16**, 1093, 1099 (1948).

Dieses Verfahren, obwohl unabhängig von Größe und Gestalt der streuenden Partikeln, ist aber etwas umständlich, es hängt auch weitgehend davon ab, wie weit die Lösungen frei von Fremdpartikeln sind, weil grobe Teilchen bei kleinen Winkeln sehr stark streuen. Die Werte für kleine Winkel bestimmen aber stark die Sicherheit der Extrapolation.

Sind die Partikeln nicht größer als etwa 100 mμ, führt auch die Bestimmung der Dissymmetrie-Koeffizienten z zum Ziel, ohne daß etwas über die Gestalt der Partikeln selbst bekannt zu sein braucht. Es ist

$$z \equiv \frac{P(45°)}{P(135°)} = \frac{R_{45,V}}{R_{135,V}} \, . \tag{36.9}$$

Wie aus Abb. 25.5 hervorgeht, hängt $P(\vartheta)$ zwar von der jeweiligen Gestalt der Teilchen ab, für Werte von $d/\lambda \sim 1/4$ ($d \sim 100$ mμ) fallen

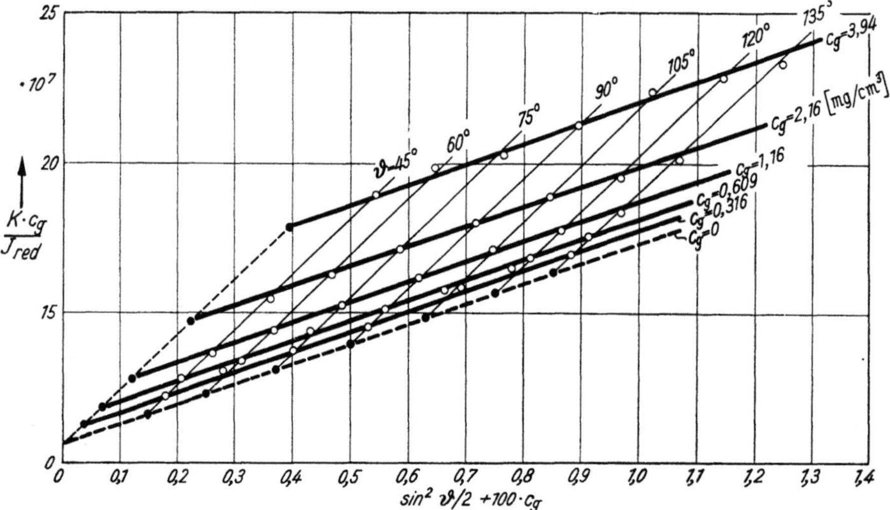

Abb. 36.3. Beispiel eines ZIMM-Diagramms (Polystyrol in Methyläthylketon nach HUSMANN und STUART) $K = H'$. Linie a ist links im Bild gestrichelt, Linie b als „$c_g = 0$" gezeichnet. Entnommen aus STUART: Physik der Hochpolymeren Bd. 2, S. 508 (loc. cit.). Erläuterung siehe Text

aber die $P(\vartheta)$-Kurven der verschiedenen Gestaltstypen zusammen ($d =$ Lineardimension der Partikel). Nach Abb. 25.6 ist z dabei im Höchstfalle $\sim 1,4$. Ist der gemessene Wert für $z < 1,4$, kann $P(90)$ einer der Kurven oder Tabellen (z. B. von DOTY und STEINER[1]) entnommen werden.

Es ist dann

$$\frac{3\pi H'}{8} \lim \left[\frac{c_g}{R_{90,V}} \right]_{c_g \to 0} P(90°) = \frac{1}{M_j} \, . \tag{36.10}$$

Für Teilchen >100 mμ, deren Dissymmetriefaktor $>1,4$ ist, kann das Verfahren ohne Kenntnis der Partikelgestalt nicht mehr angewandt werden. Hier muß entweder eine Gestaltsbestimmung vorausgehen oder

---

[1] DOTY, P. u. R. F. STEINER: J. chem. Physics **18**, 1211 (1950). Die gleichen Tabellen finden sich bei STACEY, loc. cit. und bei BÜCHER u. MOHRING in HOPPE-SEYLER-THIERFELDER. Bd. 2, loc. cit.

das oben beschriebene Zimmsche Extrapolationsverfahren angewandt werden. Wenn — was jedoch häufig vorkommt —, immer der gleiche Gestaltstyp zur Messung kommt, lohnt es sich, die Gestalt zu bestimmen, $P(90)$ ist dann eindeutig aus z berechenbar bzw. aus Tabellen abzulesen.

An Stelle der Messung des inneren Interferenzeffekts durch die Winkelabhängigkeit kann eine Messung der Wellenlängenabhängigkeit des Streulichts bei $90°$ vorgenommen werden, dann tritt an Stelle von $P(\vartheta)$ eine Funktion $P(\lambda)$. Für $\lambda = \infty$ wird $P(\lambda) = 1$, auch hier ist eine Extrapolation möglich, aber unsicher. Das Verfahren ist trotz der erheblichen Vereinfachung und optischen Verbesserung des Geräts zur Streulichtmessung deswegen umständlicher, weil n_0 und $\Delta n/c_g$ für jede Wellenlänge extra bestimmt werden müßte, wenn nicht gerade zuverlässige Formeln zur Berechnung der Dispersion der Brechungsindices vorliegen[1].

Die bisher beschriebenen Methoden der Auswertung zielten auf eine Bestimmung des Partikelmolgewichts M_j. Aus dem dort störenden inneren Interferenzeffekt lassen sich aber Lineardimensionen der Teilchen direkt bestimmen, wenn ihre Gestalt bekannt ist. Dimension und Gestalt sind mit $P(\vartheta)$ unlösbar verknüpft, da die Gestalt die Art der funktionellen Abhängigkeit der Größe von der Dimension bestimmt, wie sie in den Gln. (25.33) bis (25.37) zum Ausdruck kommen. Das ist deutlich auf der Abb. 25.6 zu erkennen. Bestimmt man beispielsweise wie oben $P(90)$ durch den Dissymmetriefaktor z, so berechnet sich je nach der angenommenen Gestalt für das Verhältnis ein anderer Wert. Ohne Entscheidung für eine der Gestaltsfunktionen, Kugel, Stäbchen, Knäuel usw. ist d nicht eindeutig zu berechnen.

(Ist z. B. $1/P(90) = 2,5$, so ergibt sich d/λ für die Kugel zu 0,44, für das starre Stäbchen zu 0,8, für das monodisperse Knäuel zu 0,54!)

Um hier zum Ziel zu kommen, nimmt man am zweckmäßigsten auch ein Zimm-Diagramm auf; dadurch erhält man M_j. $P(\vartheta)$ kann dann für beliebige Winkel nach Gl. (10) berechnet werden, da gelten muß

$$1/P(\vartheta) = \frac{3}{8} \cdot \pi \, H' \, M_j \lim \, [c_g/R_\vartheta, v]_{c_g \to 0} . \tag{36.11}$$

$P(\vartheta)$ kann auch direkt aus dem Zimm-Diagramm entnommen werden. Ist b ein Punkt der Linie $b \, (c_g = 0)$, so ist $1/P(\vartheta) = \frac{3}{8} b \, \pi/A$, wobei $A = 1/M_j$ den Ordinatenabschnitt bedeutet. $P(\vartheta)$ oder $1/P(\vartheta)$ kann für eine bestimmte Gestalt unter Konstanthaltung von M_j als Funktion von $\sin^2 \vartheta/2$ berechnet werden, wobei Kurven resultieren, die für jeden Gestaltstyp charakteristisch sind. Durch Vergleich der durch Messung ermittelten Funktion von $1/P(\vartheta)$ mit den typischen Funktionen kann eine Entscheidung über die Gestalt getroffen werden.

Da der Trägheitsradius eines materiellen Objektes zu $\varrho_g = \sum\limits_i r_i$ definiert ist (r_i = Abstand eines Partikelelements vom Massenmittelpunkt der Partikeln), bezieht man die Abhängigkeit von $1/P(\vartheta)$ von $\sin^2(\vartheta/2)$ zweckmäßigerweise auf konstanten Trägheitsradius. Für diesen gilt nach Zimm

$$\varrho_g^2 = \frac{3}{16\pi^2} \lambda^2 \frac{d \, (1/P(\vartheta))}{d \sin^2 (\vartheta/2)} \tag{36.12}$$

---

[1] Schulz, G. V., H. J. Cantow u. G. Meyerhoff: J. Polymer Sci. **10**, 79 (1953).

und kann aus dem ZIMM-Diagramm wie oben angegeben, bestimmt werden[1].

Es gilt für die Kugel: $\qquad\qquad \varrho_g^2 = 3d^2/20$
　für das Stäbchen: $\qquad\qquad \varrho_g^2 = l^2/12$
　für das statistische Knäuel: $\quad \varrho_g^2 = r^2/6$

vgl. Gl. (20.33).

Ist die Gestalt bekannt, macht die Berechnung der Dimension d, l oder r keine weiteren Schwierigkeiten, ist sie nicht bekannt, kann man nur $l/P(\vartheta)$ aus den gemessenen Werten berechnen und mit Modellkurven für $l/P(\vartheta)$ vergleichen. Dabei muß die Ausgangsneigung der theoretischen Kurven durch geeignete Parameterwahl der Ausgangsneigung der experimentellen Kurve angepaßt werden. Schmiegen sich eine theoretische und experimentelle Kurve eng aneinander, kann daraus geschlossen werden, daß der entsprechende Gestaltstyp vorliegt. Dies Verfahren ist ziemlich kompliziert, liefert aber gute Auskünfte darüber, ob ein System z. B. polydispers ist oder nicht, ob Verzweigungen vorliegen, Assoziationen auftreten usw.

Die Dimensionsbestimmung liefert bei polydispersen Systemen den Z-Mittelwert der entsprechenden Größe [Definition Gl. (34.10)]. Doch sind auch theoretische Überlegungen darüber angestellt worden, wie aus den Neigungen der $(H\,c/R_\vartheta) - \sin^2(\vartheta/2)$ — Kurven der Zahlenmittelwert $\overline{M}_N$ des Partikelmolgewichts ermittelt werden kann[2]. Der Ordinatenabschnitt des ZIMM-Diagramms (Abb. 36.3) liefert natürlich den reziproken Gewichtsmittelwert von $\overline{M}_W$.

Die Entwicklung der Auswertungsmethoden für komplizierte Verhältnisse, insbesondere bei Lösungen hochpolymerer Moleküle und bei Mischungen, die mehr als zwei Stoffe enthalten, ist bereits weit fortgeschritten, aber noch nicht abgeschlossen[3].

§ 37. Viskositätsmessungen

Kaum eine Methode hat bei der Aufklärung eines unbekannten Gebiets eine so bedeutende Rolle gespielt, wie die viskosimetrische Molekulargewichtsbestimmung bei der Entdeckung und Entwicklung natürlicher und synthetischer hochpolymerer Substanzen. Keine andere Testmethode führt so schnell einfach und gut reproduzierbar zu relativen Werten für die Partikelmolgewichte, vor allem, wenn es sich um sog. polymerhomologe Reihen handelt, d. h. um Makromoleküle, die, aus den gleichen Monomeren aufgebaut, sich nur durch ihren Polymerisationsgrad unterscheiden (z. B. Polystyrol aus 10, 100, 1000, 10000 usw. Grundeinheiten Styrol). STAUDINGER[4] hat seine grundlegenden Erkenntnisse der Chemie der Makromoleküle weitgehend auf Viskositätsmessun-

---

[1] Vgl. P. DEBYE: J. physic. Chem. **51**, 18 (1947).
[2] BENOIT, H.: J. Polymer Sci. **11**, 507 (1953). — [3] Vgl. STACEY, loc. cit.
[4] STAUDINGER, H.: Organische Kolloidchemie. 3. Aufl. Braunschweig 1950.

gen stützen können, die mit Hilfe seiner berühmt gewordenen und nach
ihm benannten Gleichung

$$[\eta] = K_m\, M_j \tag{37.1}$$

(oder $K_p\, P_j$; P_j = Polymerisationsgrad, $[\eta]$ = Viskositätszahl nach
Definition § 16) ausgewertet hatte. Die erst sehr viel später aufgestellten
theoretischen Erörterungen, die die Gültigkeit dieser Beziehung stark
einschränkten, konnten die Erkenntnisse STAUDINGERS zwar korrigieren,
aber nicht grundsätzlich erschüttern. Sie konnten zeigen, daß das
STAUDINGERsche Gesetz nur verständlich ist, wenn es sich um geknäuelte
Fadenmoleküle mit vorherrschender „innerer BROWNscher Bewegung"
handelt, die vom Lösungsmittel vollständig frei durchspült werden
können. Solche Systeme liegen durchaus nicht immer vor, nur in sog.
„guten Lösungsmitteln". Bei nicht vollständig durchspülten Knäueln
kann Gl. (16.30) angewandt werden, welche lautet

$$[\eta] = K'_m\, M_j^\alpha \tag{37.2}$$

und wo α bei teilweise durchspülten Knäueln zwischen 0,5 und 1 und bei
völlig undurchspülten den Wert 0,5 besitzt. Für starre Stäbchen oder
Fäden ist Gl. (16.16) anzuwenden, aus denen sich das Achsenverhältnis
des analogen Rotationsellipsoids berechnen läßt. Man kann diese
Beziehung etwa in der Form

$$[\eta]_v = K_m\, M_j^2 \tag{37.3}$$

anwenden, wenn polymer homologe Reihen vorliegen. Für scheibenförmige Rotationsellipsoide gilt entsprechend Gl. (16.17).

Partikelmolgewichte kann man durch Viskositätsmessung nur in
speziellen Fällen, die allerdings häufig vorkommen, und von Bedeutung
sind, mit einiger Sicherheit bestimmen und nur, wenn die Proportionalitätskonstante K_m oder K'_m durch eine andere Bestimmungsmethode
gesondert ermittelt werden konnte.

Liegt beispielsweise eine Reihe von Polymerisationsproben der gleichen
Substanz mit verschiedenem Polymerisationsgrad vor, so bestimmt man osmotisch
das Molgewicht oder den Polymerisationsgrad einer Probe i und ebenso deren Vis-
kositätsgrad. Es ist dann $[\eta]_i\, M_i^\alpha = K'_m$. Aus Viskositätsmessungen der anderen
Proben unter Einsatz der so bestimmten Konstanten erhält man daraus ihre Molgewichte in dem gleichen Lösungsmittel. Zu beachten ist aber eine etwa vorhandene
Polydispersität.

Bei polydispersen Systemen sind die Molekulargewichte immer dann
Gewichtsmittelwerte, wenn die STAUDINGERsche Gleichung (1) gilt, für
Gl. (2) ist

$$[\eta] = K'_m \left[\sum_j c_j\, M_j^\alpha \Big/ \sum_j c_j \right]^{\frac{1}{\alpha}} = K'_m \left[\sum_j n_j\, M_j^{\alpha+1} \Big/ \sum_j n_j\, M_j \right]^{\frac{1}{\alpha}}. \tag{37.4}$$

Es resultiert also ein Mittelwert, der zwischen Zahlen- und Gewichts-
mittel liegt. In entsprechender Weise erhält man im Fall der Gültigkeit
der Gl. (3) Z-Mittelwerte [vgl. Gl. (7.7)].

Eine Auswertung viskosimetrischer Molgewichtsbestimmungen bedarf
bei unbekannten Substanzen oder bekannten Substanzen in unbekannten

16*

Lösungsmittelsystemen einer sehr sorgfältigen Interpretation. Für grundsätzliche Entscheidungen müssen wohl immer andere Methoden hinzugezogen werden; sind die Verhältnisse aber einmal geklärt, wird man sich der Methode für Relativmessungen gern bedienen.

Apparative Einzelheiten

Kapillarviskosimeter

Die einfachste und bekannteste Methode zur Viskositätsmessung benutzt den Zusammenhang zwischen Strömungsgeschwindigkeit einer Flüssigkeit in einer Kapillare und der Viskosität, die durch das HAGEN-POISEUILLEsche Gesetz

$$v/t = \pi\,\Delta P\,r^4/8l\,\eta \qquad (37.5)$$

gegeben ist. Hierin bedeuten: V = Flüssigkeitsvolumen, das in der Zeit t eine Kapillare der Länge l und des Radius r durchfließt und dabei unter dem Druck Δp — meist hydrostatische Druckdifferenz —, steht. In den gebräuchlichen Viskosimetern wird V und ΔP konstant gehalten, r und l sind durch Kapillardimensionen gegeben. Im WI. OSTWALDschen Viskosimeter (Abb. 37.1) fließt ein Volumen V, das durch die beiden Marken m_1 und m_2 gekennzeichnet ist durch die Kapillare[1]. Man mißt die Zeit, die beim Ablaufen der Flüssigkeit zwischen beiden Marken verstreicht, als Länge l kann ein mittlerer Abstand zwischen beiden Kugeln gewählt werden. Da das Ausmessen der Kapillare umständlich ist, begnügt man sich mit einer Kalibrierung des Geräts mit Eichflüssigkeiten, wozu z. B. Wasser sehr gut geeignet ist. Da $\Delta P = \varrho\,\Delta h$ ist, kann für Gl. (5)

$$\eta = K\,\varrho\,t; \quad K = \pi\,\Delta h\,r^4/8l\,V \qquad (37.6)$$

geschrieben werden, K ist für ein und dasselbe Viskosimeter konstant. Da η stark temperaturabhängig ist, muß auf gute Temperaturkonstanz geachtet werden ($\pm\,0{,}05°$). Die Zeit wird mit einer Stoppuhr gemessen, die $^1/_{10}$ sek anzeigt. Größere Genauigkeiten in der Zeitmessung sollen durch photographische Serienaufnahmen des Ablaufens erreicht werden können[2]. Bei mehrmaliger Wiederholung der Messung erreicht man eine Genauigkeit von $^2/_{10}$ sek; die Dimensionierung des Viskosimeters muß daher so bemessen werden, daß die Durchlaufzeit nicht zu kurz ist.

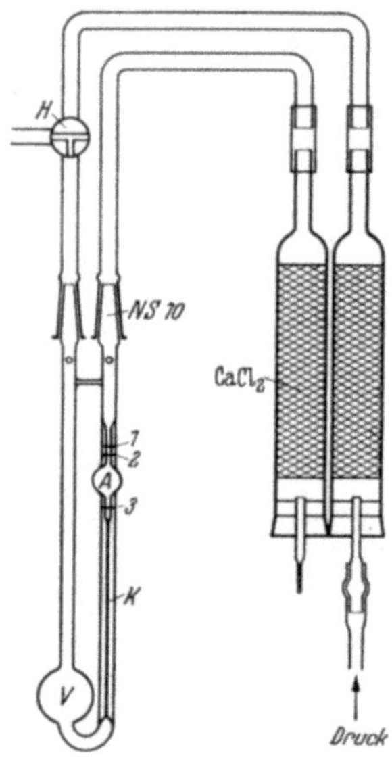

Abb. 37.1. OSTWALD-Viskosimeter. Die bei V befindliche Flüssigkeit wird zum Füllen durch äußeren Druck durch die Kapillare K gedrückt und die Zeit gemessen, die sie beim Zurückfließen zur Entleerung des Volumens A benötigt. Markierungen von A bei 1, 2 und 3. (Entnommen aus HOPPE-SEYLER-THIERFELDER loc. cit. Bd. 2)

Von diesem Grundtyp eines Viskosimeters existiert eine große Zahl von Varianten[3], von denen noch das Gerät von UBBELOHDE[4] erwähnt werden soll, bei dem die Länge l der Kapillare während der Laufzeit besser definiert ist als beim OSTWALDschen Typ.

---

[1] Dimensionierung der Konstruktion bei G. V. SCHULZ: Z. Elektrochem. **43**, 479 (1937).

[2] KERN, W. u. W. MEHREN in HOPPE-SEYLER-THIERFELDER. Bd. 2, S. 15. Berlin 1955.

[3] Vgl. PHILIPPOFF: loc. cit.

[4] UBBELOHDE, L.: Öl und Kohle **12**, 949 (1936); Ind. Engng. Chem., Analyt. Ed. 9, 85 (1937).

Von anzubringenden Korrekturen ist die der Berücksichtigung der kinetischen Energie der Flüssigkeit beim Durchströmen die wichtigste (HAGENBACH-Korrektur); wird das Viskosimeter aber mit dem Lösungsmittel geeicht, mit dem auch die messenden Lösungen hergestellt werden, ist diese Korrektur praktisch vernachlässigbar. Zu beachten ist auch, daß zwischen Eichflüssigkeit und Lösung keine wesentlichen Unterschiede in der Oberflächenspannung auftreten, andernfalls ist dies ebenfalls zu korrigieren. Beim UBBELOHDE-Viskosimeter wird *diese* Korrektur apparativ durch das sog. hängende Niveau ausgeschaltet.

(Der Ausdruck für die Viskosität nach Berücksichtigung der HAGENBACH-Korrektur lautet

$$\eta = K \varrho\, t - m\, \varrho\, V/8\pi\, l\, t = K \varrho\, (t - B/t),$$

$$(37.7)$$

m ist nach BOUSSINESQ 1,12. B hat bei üblichen Viskosimetern den Wert 200 bis 400 sek².)

Die Geräte gestatten nur Messungen bei ein und derselben Strömungsgeschwindigkeit, was für Molgewichtsbestimmungen mit der Viskositätszahl $[\eta]$ meist ausreicht. Will man jedoch die Abhängigkeit von der Schubspannung — d. i. dem Strömungsgradienten — bestimmen, muß eine Möglichkeit bestehen, sie experimentell zu ändern. Von PHILIPPOFF[1] wird z. B. ein Viskosimeter angegeben, in welchem die Flüssigkeit auch durch eine Kapillare strömt, ihre Geschwindigkeit aber durch eine besondere Vorrichtung, die die Flüssigkeit unter verschiedene Drucke zu setzen gestattet, reguliert werden kann. Da sich die Strömungsgradienten dv/dx in Kapillaren mit x ändern, ist die theoretische Auswertung von Ergebnissen, die die Abhängigkeit vom Strömungsgradienten betreffen, etwas umständlich. In solchen Fällen wird besser ein Viskosimetertyp benutzt, in dem ein praktisch linearer Strömungsgradient auftritt, wie es z. B. im Viskosimeter von HATSCHEK nach COUETTE der Fall ist[2].

Couette-Viskosimeter

Das Viskosimeter besteht aus zwei konzentrischen Zylindern, zwischen denen sich

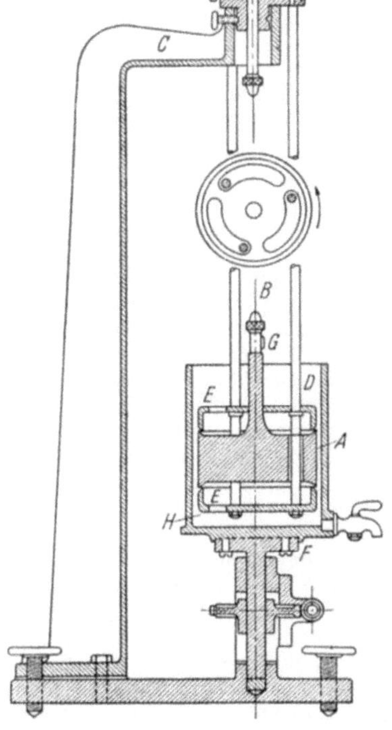

Abb. 37.2. Viskosimeter nach COUETTE-HATSCHEK (loc. cit.). F: äußerer Zylinder, der in Drehung versetzt wird, A: innerer Zylinder, zwischen 2 feststehenden Zylinderkappen E an einem Torsionsdraht B aufgehängt. Die Führungsstäbe D verhindern eine Abweichung der Achse des inneren Zylinders bei dessen Drehung. (Entnommen aus HOPPE-SEYLER-THIERFELDER loc. cit. Bd. 2)

die zu untersuchende Flüssigkeit befindet. Abb. 37.2 zeigt seinen schematischen Aufbau. Wird der eine Zylinder in Drehung versetzt, entsteht ein Strömungsgefälle, wobei durch die Reibung der Flüssigkeit eine Kraft auftritt, die den stehengebliebenen Zylinder mit zu drehen versucht. Diese Kraft — physikalisch gesehen ein Drehmoment — wird um so größer sein, je größer das Strömungsgefälle und je größer die Viskosität der Flüssigkeit ist.

Der Apparat wird meist so gebaut, daß der äußere Zylinder in Drehung versetzt wird[3], während der innere an einem Torsionsdraht hängt, an dem ein Spiegel

---

[1] PHILIPPOFF, W.: Kolloid-Z. **75**, 155 (1936); vgl. auch Kolloid-chem. Taschenbuch, loc. cit. S. 95. — [2] HATSCHEK, E.: Kolloid-Z. **12**, 238 (1913).

[3] Die Winkelgeschwindigkeit darf nicht so hoch sein, daß die Strömung turbulent wird! Kritische Geschwindigkeit nach HATSCHEK: $2000\, \eta/[R_a\,(R_a - R_i)\,\varrho]$.

befestigt ist. Die Ablenkung des Spiegels wird mit einer Lichtmarke gemessen. Ist die Ablenkung während des Versuchs konstant geworden, so ist die auf die Fläche des inneren Zylinders wirkende Tangentialkraft gleich dem Produkt aus Ablenkungswinkel φ und Torsionsmodul q des Drahtes. Es gilt

$$\varphi\, q = \tau\, 2\pi\, R_i^2\, h \tag{37.8}$$

(R_i = Radius, h = Höhe des inneren Zylinders), wenn τ die Schubspannung, d. h. die Tangentialkraft pro cm² bedeutet. Nun ist das Strömungsgefälle in der Apparatur nach HATSCHEK (loc. cit.) im Abstand r von der Achse

$$\frac{dv}{dr} = 2\,\omega\, \frac{1/r^2}{1/R_i^2 - 1/R_a^2} \tag{37.9}$$

(ω = Winkelgeschwindigkeit, R_a = Radius des äußeren Zylinder.) Nach Gl. (16.1) ist $\tau = \eta\,(dv/dr)$, woraus sich ergibt

$$\varphi\, q/2\pi\, R_i^2\, h = 2\,\omega\,\eta\,[(1/r^2)/(1/R_i^2) - (1/R_a^2))] \tag{37.10}$$

und da $R_i \approx r$ ist

$$\varphi = K\,\omega\,\eta \quad \text{mit} \quad K = 4\pi\, h/q\,[(1/R_i^2) - (1/R_a^2)], \tag{37.11}$$

wobei K eine Apparatekonstante ist. Wenn das NEWTONsche Gesetz gilt, sollte der Ablenkungswinkel φ genau der Winkelgeschwindigkeit des äußeren Zylinders proportional sein. Mit diesem Gerät ist es besonders leicht und übersichtlich, Abweichungen vom NEWTONschen Verhalten festzustellen, die sich sofort aus der Art des funktionellen Zusammenhangs zwischen φ und ω ergeben. Daher wird der Viskosimetertyp hauptsächlich zur Untersuchung der Zusammenhänge zwischen Viskosität und Strömungsgefälle bzw. Schubspannung benutzt.

Auch dieses Viskosimeter besitzt eine Anzahl Varianten, die die Meßtechnik vereinfachen und beschleunigen sollen. Korrekturen für Füllhöheneinfluß, Bildung von Oberflächenfilmen an den Wänden usw. sind leicht möglich (vgl. dazu HATSCHEK, loc. cit.).

Weitere Möglichkeiten zu Viskositätsmessungen ist die Messung des freien Falls von Kugeln in einer Flüssigkeit und ihre Auswertung durch die STOKESsche Gl. (14.5). BARR[1] benutzte polierte Stahlkugeln bestimmter Größe. Die Messung der Fallgeschwindigkeit von Kugeln in einem schräggestellten Rohr, das mit der Flüssigkeit gefüllt ist, wird von HÖPPLER vorgeschlagen[2]. Für letzteres lassen sich theoretische Berechnungen nicht anstellen, als Gerät für relative Viskositätsmessungen, bei der die Abhängigkeit vom Strömungsgefälle unbeachtet bleiben kann, also etwa auch Partikelmolgewichtsbestimmungen aus $[\eta]$, liefert es jedoch genaue und reproduzierbare Werte.

Die Auswertung der Viskositätsmessung zur relativen Partikelmolgewichtsbestimmung läuft immer darauf hinaus, die Größe $[\eta]$ zu ermitteln. Hierzu wird bei verschiedenen möglichst niedrigen Konzentrationen gemessen, η_{sp}/c_g als Ordinate gegen c_g aufgetragen und auf $c_g = 0$ extrapoliert (η_{sp} = spezif. Viskosität). Bei starker Abhängigkeit von c_g und starker Streuung ist die Extrapolation mit Hilfe der Methode der kleinsten Quadrate zu empfehlen. Bei der Benutzung eines OSTWALD- oder UBBELOHDE-Viskosimeters ist — wie auch beim HOEPPLER-Viskosimeter —

$$\eta_{\mathrm{sp}} = \eta_L/\eta_0 - 1 = \varrho_L\, t_L/\varrho_0\, t_0 - 1 \tag{37.12}$$

(wenn ϱ_L und ϱ_0 die Dichten und t_L und t_0 die Durchlaufzeit von Lösungen und Lösungsmittel bedeuten. Beim COUETTE-Typ ist entsprechend Gl. (11)

$$\eta_{\mathrm{sp}} = \varphi_L\, \omega_0/\varphi_0\, \omega_L - 1. \tag{37.13}$$

Wie bereits betont, liefert die Viskositätsbestimmung in polymer homologen Reihen brauchbare Relativwerte. Die absoluten Abmessun-

---

[1] BARR, G.: A Monograph of Viscometry. London 1931.

[2] HÖPPLER, F.: Chemiker-Ztg. **57**, 62 (1933); World Petroleum Congress London. Proc. **2**, 503 (1934).

gen, Achsenverhältnisse und Massen können daraus ohne Annahmen über Gestalt, Struktur und gegebenenfalls Solvatation der Partikeln nicht gewonnen werden, doch ist das die gleiche Situation, die auch bei der Auswertung von Lichtstreuungsmessungen hinsichtlich der Partikelgestalt angetroffen wird (vgl. § 36). Andererseits ist die Methode besonders wegen ihrer Einfachheit äußerst wertvoll, um im Vergleich mit anderen Messungen Aufschlüsse über Eigenschaften bestimmter Partikelarten zu gewinnen[1].

Röntgenmethoden

Als letzte Methode zur Bestimmung von Partikelgrößen ist die Methode der Röntgeninterferenzen zu nennen, die gegebenenfalls direkte Abmessungen der Teilchen liefert. Da den Röntgenmethoden ein besonderes Kapitel gewidmet ist, sollen auch die damit durchführbaren Größenbestimmungen an dieser Stelle besprochen werden (vgl. dazu § 44 und 45).

§ 38. Polydispersität

Sowohl bei der Theorie der physikalischen Eigenschaften als auch bei den bisher erörterten Meßmethoden wurde jeweils auf die Besonderheiten hingewiesen, die durch uneinheitliche Teilchengrößen verursacht werden. Das ist insofern wichtig, als nur ganz wenige kolloide Systeme wirklich monodispers sind und die hierfür gültigen einfachen theoretischen Zusammenhänge in der Praxis nur selten angewandt werden können. Die meisten Systeme sind polydispers oder polymolekular[2], wenn auch näherungsweise monoform. Will man sie in bezug auf ihren physikalischen Zustand hinreichend kennzeichnen, ist es notwendig, der Tatsache ihrer Polydispersität irgendwie Rechnung zu tragen. Eindeutig kann das nur durch Angabe ihrer Häufigkeitsverteilung der Partikelmolgewichte oder anderer Kennzeichen der Größen geschehen, wie bereits in § 7 begründet wurde.

Die Anwendung einer der in den vorangegangenen Paragraphen beschriebenen Methoden zur Bestimmung der Größe auf ein polydisperses System läßt einen Mittelwert herauskommen, der von der speziellen Methode abhängt, doch kann dieser das System nicht eindeutig kennzeichnen, da es theoretisch unendlich verschiedene Größenverteilungsfunktionen gibt, die den gleichen Mittelwert besitzen. Die Angabe eines einzigen solchen Mittelwerts muß daher im allgemeinen unzureichend sein, obwohl sie wegen der exakten Definierbarkeit des Mittelwerts nicht sinnlos ist (Definition der Mittelwerte in § 7). Nun entspricht jeder der verschiedenen Mittelwerte, wie Zahlen-, Gewichts-, Z-Mittelwert usw. einem bestimmten Punkt auf der Häufigkeitsverteilungskurve (vgl. Abb. 82.1). Durch Angabe verschiedener Mittelwertstypen wird die Viel-

---

[1] Nach H. A. Scheraga u. L. Mandelkern: J. Amer. chem. Soc. **75**, 179 (1953) soll es z. B. möglich sein, aus Viskositäts- und Sedimentationskonstanten das Partikelmolgewicht anzugeben.

[2] Unter „polymolekular" versteht man ein System aus Teilchen verschiedener Molekulargewichte, die echte Makromoleküle sind.

deutigkeit der Aussage eines einzigen Mittelwerts schon erheblich eingeschränkt. Besitzen zwei *verschiedene* Verteilungsfunktionen etwa den gleichen Zahlenmittelwert, so ist es sehr unwahrscheinlich, daß sie auch den gleichen Gewichtsmittelwert besitzen, denn jede Verschiedenheit der Verteilungsfunktionen wird die Wahrscheinlichkeit, daß beide Mittelwerte zusammenfallen, geringer werden lassen. Noch größere Sicherheit erhält man durch Angabe eines dritten Mittelwertes, etwa des Z-Mittelwerts und weiterer, die durch die Meßmethodik definiert werden können. Dies ist ohne weiteres einzusehen, denn mehr je Punkte der Verteilungskurve angegeben werden können, um so eindeutiger wird sie festliegen.

Aus den gleichen Überlegungen ergibt sich eine Methode, um qualitativ zu erkennen, ob ein unbekanntes System monodispers oder polydispers ist. In einem monodispersen System ist $\bar{M}_N = \bar{M}_W = \bar{M}_Z = M_j$, in einem polydispersen System hingegen $\bar{M}_N < \bar{M}_W < \bar{M}_Z$. Bildet man den Quotienten $\bar{M}_W/\bar{M}_N$ oder $\bar{M}_Z/\bar{M}_W$, so muß dieser bei einem polydispersen System immer größer als 1 sein[1]. Besteht die Möglichkeit, den Zahlen- und Gewichtsmittelwert eines Systems zu bestimmen — etwa durch osmotische und Lichtstreuungsmessungen oder der Viskosität —, so ist damit auch eine relativ einfache Methode zur Erkennung der Polydispersität eines Systems gegeben. Andere Merkmale zur qualitativen Feststellung der Polydispersität wurden bereits verschiedentlich erwähnt, sie seien der Übersicht halber hier nochmals in der Tab. 38.I zusammengefaßt, die keiner weiteren Erläuterung bedarf.

Tabelle 38.I. *Einige Merkmale der Polydispersität*

Vergleich von	Partikelmolgewichten, die durch osmotischen Druck $(\bar{M}_N)$, Lichtstreuung $(\bar{M}_w)$, Viskosität und Sedimentation gewonnen wurden. $\bar{M}_N \neq \bar{M}_w$ bei Polydispersität.
Sedimentation:	s_{20} ist abhängig von c und t. s_{20} ist abhängig von $\omega^2 x$. Im Sed.-Gl.-Gew. ist $M_j(1 - V\varrho)$ abhängig von x.
Diffusion:	D ist abhängig von Diffusionsdauer und von c. dc/dx ist keine GAUSSsche Fehlerkurve (Schiefe der Kurve).
Elektrophorese:	Umpolung ruft keine reversible Verschiebung hervor. Verbreitung von dc/dx geht zurück.
Ultrafiltration:	Konzentration des Filtrats abhängig von Filterporengröße.

Quantitative Kennzeichnung der Polydispersität bedeutet immer die Bestimmung der Größenverteilung, sei es durch direkte Angabe der einzelnen Anteile verschiedener Größe, sei es durch Angabe einiger Parameter, die eine Häufigkeitsverteilungsfunktion eindeutig festlegt.

Für die Ermittlung der Häufigkeitsverteilung existiert bei „idealen" dispersen Systemen eine Reihe von Methoden, die theoretisch einwandfrei sind und auf verhältnismäßig einfache Weise zum Ziel führen. Unter „idealen" dispersen Systemen sollen in diesem Zusammenhang solche

---

[1] Von G. V. SCHULZ [Z. physik. Chem. Abt. B, **43**, 25 (1939); **47**, 155 (1940)] wurde vorgeschlagen, $\bar{M}_W/\bar{M}_N - 1$ als Uneinheitlichkeitskoeffizient zu bezeichnen, der als ein relativ einfach zu ermittelndes Kennzeichen der Polydispersität angesehen werden könnte.

verstanden werden, die annähernd kugelförmige Partikeln besitzen, die wenig solvatisiert sind und zwischen denen keine Wechselwirkungen auftreten (sie sind nicht zu verwechseln mit „idealen Mischungen" im Sinne der Thermodynamik!). Doch können auf sie die einfachen Diffusions- und Sedimentationsgesetze angewandt werden. Diese Methoden sind bei der Besprechung der einzelnen Partikelgrößenbestimmung bereits ausführlich erörtert worden. Mit welcher Methode das gesteckte Ziel erreicht wird, hängt vom speziellen Problem ab, und ist jedesmal neu zu entscheiden. Einige der gebräuchlichen Methoden sind in der Tab. 38.II zusammengestellt.

Tabelle 38.II. *Gebräuchliche Methoden zur Bestimmung der Polydispersität*

1 Ultrafiltration mit Ultrafiltern verschiedener Porengröße
2 Elektronenmikroskopische Abbildung, deren Auszählung und Klassifizierung
3 Sedimentationsgeschwindigkeit
   a im Schwerefeld
   b im Zentrifugalfeld
4 Sedimentationsgleichgewicht im Zentrifugalfeld
5 Fraktionierung durch Ausfällen oder Auflösen mit verschiedenen Lösungsmittelgemischen

Als Beispiel möge Abb. 38.1 die Häufigkeitverteilung der Größen einer Emulsion nach HENGSTENBERG[1] demonstrieren, die nach der Methode 3b gewonnen wurde.

Abb. 38.2 zeigt eine elektronenmikroskopische Aufnahme auswertbar nach der registrierenden Methode von NASSENSTEIN[2].

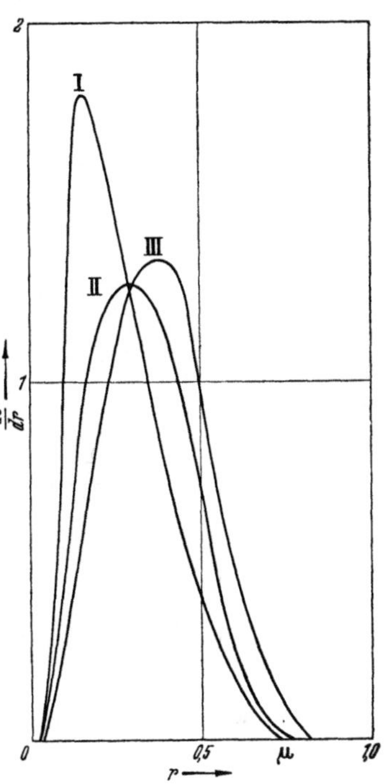

Abb. 38.1. Häufigkeitsverteilung der Partikelradien dreier Emulsionen nach HENGSTENBERG (loc. cit.). (Entnommen aus STUART: Physik der Hochpolymeren Bd. II loc. cit. S. 455).
I: $r_{max} = 0{,}16\,\mu$ II: $r_{max} = 0{,}29\,\mu$;
III: $r_{max} = 0{,}38\,\mu$

Erheblich komplizierter wird die Ermittlung der Größenverteilung bei „nichtidealen" polydispersen Systemen im hier gebrauchten Sinn, also bei solchen, wo Sedimentations- und Diffusionskonstante konzentrationsabhängig sind und wo stärker solvatisierte, stark anisometrische Partikeln vorliegen, die sich untereinander erheblich beeinflussen[3]. Von den aufgeführten Methoden fällt die erste meist deswegen aus, weil einmal keine einfache Beziehung zwischen Porengröße und Partikeldimension besteht und zudem die Gefahr der Absorption in der Ultrafilter-

---

[1] J. HENGSTENBERG, in STUART: Das Makromolekül in Lösung (loc. cit. S. 72) S. 455ff. — [2] NASSENSTEIN, H.: Chemie-Ing.-Techn. **29**, 92 (1957).
[3] Elektrische Ladungen sind im allgemeinen nicht sehr störend, da ihr Einfluß durch entsprechenden Zusatz von Elektrolyten ausgeschaltet werden kann. Doch sind diese Verhältnisse noch nicht ganz aufgeklärt.

membran auftritt. Die Methode 2 ist grundsätzlich anwendbar, doch enthalten die hier gemeinten nichtidealen Systeme meist Makromoleküle, die sich nicht im Elektronenmikroskop abbilden lassen. Methode 3a kommt nicht in Betracht, da die Partikeln der nichtidealen Systeme meist zu klein sind. Wichtig und in der Praxis meist angewandt sind die Methoden 3b und 5. Da „nichtideale" polydisperse Systeme in diesem Sinne sehr häufig anzutreffen sind und erhebliche praktische Bedeutung besitzen, soll hier auf einige Einzelheiten beider Methoden etwas näher eingegangen werden.

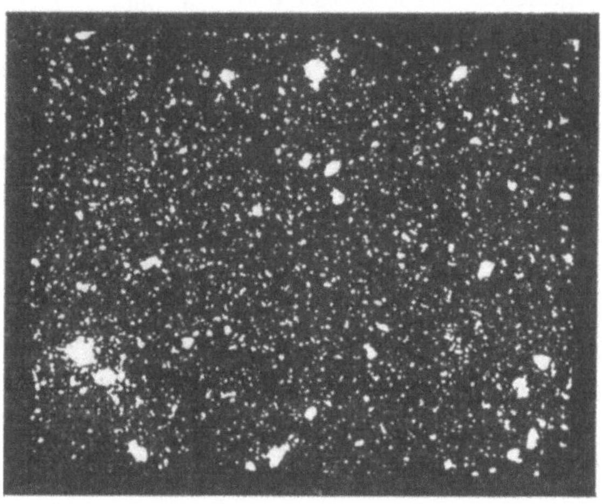

Abb. 38.2. Elektronenmikroskopisch gewonnenes Bild eines polydispersen Systems (nach NASSEN-STEIN, loc. cit.). Zur Gewinnung der Größenverteilung wird die Aufnahme in Streifen eingeteilt und längs der Streifenachse photometriert

Die unter 3b angeführte Methode gründet sich darauf, $h(s) = dc/ds$ dadurch zu bestimmen, daß dc/dx in der Ultrazentrifuge während der Sedimentation gemessen und dc/ds durch die SVEDBERGsche Gleichung berechnet wird. Voraussetzung ist allerdings, daß $d\Phi/dc_g = 0$ ist, oder anders ausgedrückt, die Sedimentationskonstante s und Diffusionskonstante D nicht von der Konzentration abhängen. An sich bestünde die Möglichkeit, eine der Gesetzmäßigkeiten, die die Abhängigkeit von s oder D von der Konzentration — z. B. Gl. (14.22) — beschrieben, in die Differentialgleichung (14.19) bzw. (33.7) aufzunehmen. Man kann aber auch anders vorgehen:

Zunächst wird dc/dx zu verschiedenen Zeiten und an verschiedenen Orten x der Sedimentationszelle in mehreren Versuchen mit verschiedenen Konzentrationen des polydispersen Systems bestimmt. Nun wird dc/dx für ein bestimmtes x und t als Funktion der Konzentration aufgetragen und auf $c_g = 0$ extrapoliert; dasselbe wird für eine Reihe von anderen x-Werten bei der gleichen Zeit t durchgeführt. Auf diese Weise erhält man dc/dx als Funktion von x für die Konzentration $c_g = 0$. Dasselbe kann auch für andere Zeiten t gemacht werden. Da für $c_g = 0$ wieder die SVEDBERGsche Gleichung streng gilt, läßt sich jetzt das auf S. 222 beschriebene Verfahren für „ideale" Sedimentation anwenden. Diese an sich theoretisch einwandfreie Methode ist praktisch umständlich und auch nur dann sicher, wenn die Extrapolation gut möglich ist, was voraussetzt, daß bis zu genügend kleinen Konzentrationen gemessen werden kann[1].

---

[1] Vgl. KINELL u. RÅNBY: loc. cit. (S. 195—196). S. 224.

JULLANDER[1] hat deswegen die Extrapolation bei seinen Messungen an polydisperser Nitrozellulose anders durchgeführt: Er bestimmte zunächst dx/ds aus den experimentell gefundenen Sedimentationsaufnahmen der Ultrazentrifuge und erhielt daraus durch Multiplikation mit dc/dx die Funktion $dc/ds = (dc/dx)\,(dx/ds)$. Im Idealfall könnte man daraus sofort dc/dM berechnen; s ist hier aber konzentrationsabhängig und — da die Konzentration während der Sedimentation ansteigt — auch abhängig von x. Daher besteht zwischen s und M kein einfacher Zusammenhang. Doch sind — beispielsweise von MOSIMANN[2] — Beziehungen angegeben worden, die den Zusammenhang zwischen M, s und c_g beschreiben. Nimmt man die Gültigkeit einer solchen Beziehung an, kann ds/dM analytisch oder graphisch bestimmt werden. Das Verfahren ist für Nitrocellulose in Einzelheiten bei JULLANDER (loc. cit.) angegeben.

Wegen der Umständlichkeit der vorerwähnten Verfahren hat man daher seit langem versucht, einfachere Methoden einzuführen, welche darauf verzichten, die Größenverteilungsfunktion selbst genau zu bestimmen. LANSING und KRAEMER[3] hatten bereits 1935 vorgeschlagen, die Häufigkeitsverteilungsfunktion durch eine Modellfunktion anzunähern, die sich analytisch ausdrücken läßt. Die Berechtigung hierfür ist nicht ohne weiteres von der Hand zu weisen, da sich die bekannten experimentell durch Fraktionierung ermittelten Verteilungsfunktionen im Typus weitgehend ähnlich sind. GRALÉN schlug in Anlehnung an die Funktion von KRAEMER als Modell eine logarithmische Verteilungsfunktion der Form

$$dc/ds = K_\varrho\, e^{-y^2} \quad \text{mit} \quad y = \frac{1}{\gamma_s} \ln \frac{s}{s_t} \tag{38.1}$$

vor, die an den Realfall durch die Parameter K_s und γ_s angepaßt werden sollte ($s = $ Sedimentationskonstante als unabhängige Variable, $s_t = $ Sedimentationskonstante im Maximum der Verteilungsfunktion $= $ wahrscheinlichste Sedimentationskonstante). JULLANDER wies jedoch darauf hin, daß zwei Parameter zur Anpassung nicht ausreichend seien und schlug eine Funktion mit drei Parametern vor, in der

$$y = (1/\gamma_s) \ln\,[(s/s_t) + k - 1]/k$$

ist. Letztere berücksichtigt die „Schiefe" der Verteilungsfunktion besser, denn wie Abb. 38.3 erkennen läßt, besitzen diese meist die Form einer „MAXWELL-Verteilung"[4].

Die Funktion steigt mit zunehmendem M zunächst steil an und fällt nach Durchlaufen eines Maximums flacher zu höheren Werten ab. Die Abb. 38.3 macht die Unterschiede zwischen den verschiedenen Methoden deutlich. Kurve a ist nach der Methode für „ideale" Verhältnisse nach SIGNER und GROSS (loc. cit.) erhalten worden, Kurve b nach der Methode von JULLANDER unter Verwendung einer Hilfsfunktion für die Konzentrationsabhängigkeit der Sedimentationskonstanten und Kurve c nach der 3. Parameter-Funktion von JULLANDER. Kurve b und c stimmen bemerkenswert gut überein, doch sind auch Fälle bekannt, wo dies nicht zutrifft.

Die Parameter der Modellfunktionen können nun durch Messungen einiger weniger Kenngrößen ermittelt werden.

---

[1] JULLANDER, I.: Ark. Kem., Min. Geol. **21** A Nr. 8 (1946).
[2] MOSIMANN, H.: Helv. chim. Acta **26**, 61, 369 (1943).
[3] LANSING, W. D. u. E. O. KRAEMER: J. Amer. chem. Soc. **57**, 1369 (1935).
[4] Deswegen so genannt, weil das MAXWELL-BOLTZMANNsche Geschwindigkeitsverteilungsgesetz für translatorische Bewegung von idealen Gasen einen ähnlichen Verlauf zeigt.

1. Entweder wird das Verhältnis zweier Mittelwertsarten — z. B. $\overline{M}_W/\overline{M}_N$ oder $\overline{M}_Z/\overline{M}_W$ — bestimmt. Jeder dieser Mittelwerte stellt einen Punkt auf der Verteilungskurve $h(M)$ dar; durch zwei Punkte ist aber der Kurvenverlauf nur dann bestimmt, wenn immer die gleiche Art der Modellfunktion in Frage kommt. Deswegen lassen sich auch mathematische Beziehungen zwischen den Parametern der Modellfunktion und dem Verhältnis der Mittelwerte ableiten und jene aus dem experimentell bestimmten Verhältnis dieser berechnen[1].

2. Oder man bestimmt das Verhältnis von Flächeninhalt A und Höhe H der dc/dx-Kurve bei der Sedimentation (vgl. z. B. Abb. 34.5).

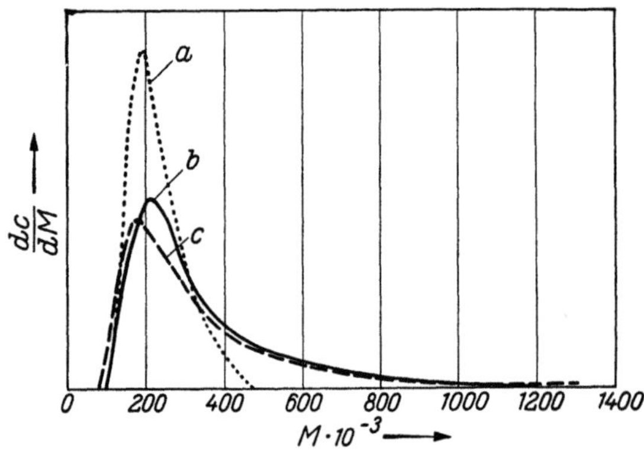

Abb. 38.3. Häufigkeitsverteilung der Molekulargewichte eines polydispersen Systems. (Nitrocellulose, $M_N = 2{,}58 \cdot 10$, $M_W = 3{,}86 \cdot 10$) a Kurve nach Gl. (34.3) nach Umwandlung von $h(s)$ in $h(M)$ [Signer und Gross: Helv. Chim. Acta 17, 726 (1934)]; b die gleiche Kurve nach Korrektur des Konzentrationseinflusses; c entsprechende 3-Parameterfunktion [Gl. (38.1)] (nach Jullander, loc. cit.)

Der Quotient $B = A/H$ ändert sich nach Gralén in den meisten Fällen linear mit dem Abstand x in der Sedimentationszelle, ist aber im allgemeinen auch konzentrationsabhängig. Bestimmt man dB/dx für verschiedene Konzentrationen und extrapoliert auf Null, so ist nach Gralén

$$\left(\frac{dB}{dx}\right)_{c=0} = \int \frac{dc}{ds}\,ds \bigg/ \left(\frac{dc}{ds}\right)_{\max} s_{\max}. \tag{38.2}$$

Hieraus folgt durch Einsetzen von Gl. (1)

$$\left(\frac{dB}{dx}\right)_{c=0} = \gamma_s\, e^{\sqrt{\pi}\,\gamma_s^2/4}. \tag{38.3}$$

Auf diese Weise läßt sich der Parameter γ_s der Modellfunktion berechnen.

Benutzt man die 3-Parameter-Funktion, muß noch die „Schiefe" der dc/dx-Kurve — die in diesem Falle keine Gauss-Kurve darstellt (!) — berücksichtigt werden[2].

Die Verwendung von Modellfunktionen ist immer nur *eine* Möglichkeit zur angenäherten Beschreibung der Größenverteilung, die natürlich voraussetzt, daß die tatsächliche Verteilung der angenommenen ähnlich

---

[1] Einzelheiten dieses Verfahrens zeigt E. O. Kraemer in Svedberg-Pedersen: Die Ultrazentrifuge (loc. cit.).

[2] Einzelheiten dieses Verfahrens bei Jullander, loc. cit.

ist (z. B. wird vorausgesetzt, daß nur *ein* Maximum der Häufigkeit auftritt). Sie sollte ihren Wert dort besitzen, wo chemisch einheitliche Makromoleküle durch ein und dieselbe Reaktion entstehen, wie es bei vielen Hochpolymeren der Fall ist, obwohl gerade dann die Verteilungsfunktion auch aus reaktionskinetischen Daten abgeleitet werden kann (vgl. § 81).

Ein speziell auf eine Klasse von Makromolekülen — den Fadenmolekülen — anwendbares Verfahren ist das der *Fraktionierung*, d. h. Zerlegung in Bestandteile mit verschiedenen Molgewichtsdurchschnitten[1]. Es beruht darauf, daß durch Zugabe eines Fällungsmittels eine *Entmischung* des Systems entsprechend den in §§ 19 und 22 geschilderten Verhältnissen herbeigeführt werden kann und daß der kritische Entmischungspunkt bei Fadenmolekülen von der Moleküllänge (anders ausgedrückt vom Polymerisationsgrad) abhängt. Bei allmählicher Verschlechterung des Lösungsmittels durch das Fällungsmittel, d. h. durch Änderung von χ_h (vgl. § 22) enthält bei polydispersen Systemen die ausfallende Phase zunächst die *längsten* Moleküle, während die kürzeren in der ursprünglichen Lösung zurückbleiben.

Grob gesprochen sieht es so aus, als ob die „Löslichkeit" der Fadenmoleküle in dem Fällungsmittel um so schlechter ist, je länger die Moleküle sind. Dann fällt bei Zugabe von Fällungsmittel zunächst der am schlechtesten lösliche Anteil mit den längsten Fadenmolekülen aus. Durch weitere portionsweise Zugabe lassen sich Fällungsfraktionen erhalten, deren Molgewichte immer kleiner werden. Nach der Isolierung jeder Fraktion — z. B. durch Zentrifugierung — wird die in ihr enthaltene Festsubstanz gewogen und ihr mittleres Molgewicht nach irgendeiner Methode bestimmt. Die „Summenlinie" der Verteilungskurve läßt sich dann leicht angeben.

Als Beispiel dient Tab. 38.III, die die Ergebnisse einer Fraktionierung von Polystyrol durch Fällung nach SCHULZ und DINGLINGER[2] enthält. Die zweite Kolonne enthält die prozentuale Menge derjenigen Fraktion, deren mittlerer Polymerisationsgrad in der vierten Kolonne steht. In der dritten Kolonne steht die Summe

Tabelle 38.III. *Fraktionierung eines Polystyrols vom mittleren*
Polymerisationsgrad 800
(nach G. V. SCHULZ und A. DINGLINGER)

Fraktion	%	$I(P)$	$\bar{P}$
1	3,4	1,7	169
2	3,7	5,25	363
3	7,3	10,75	433
4	16,8	22,8	680
5	24,9	43,7	900
6	9,9	61,6	1300
7	26,5	79,25	1470
8	7,5	96,25	2240

---

[1] Ausführliche Darstellung der theoretischen Grundlagen und der Versuchsmethodik bei G. V. SCHULZ in H. STUART: Das Makromolekül in Lösung. Berlin 1953. S. 726.

[2] SCHULZ, G. V. u. A. DINGLINGER: Z. physik. Chem., Abt. B **43**, 47 (1939).

(Integral) aller Fraktionen von der ersten bis zur $(n-1)$ten Fraktion $+$ der Hälfte des Anteils der n-ten Fraktion. Nach G. V. Schulz gibt das die Verhältnisse richtiger wieder, denn jede der Fraktionen besteht auch wieder aus einem polydispersen System, in dem sich aber die P-Werte ziemlich symmetrisch um den häufigsten Wert und damit auch den Mittelwert ordnet. Das bedeutet, daß die Hälfte der n-ten Franktion Werte größer als P_n und die andere Hälfte solcher kleine als P_n besitzen; nur die letzteren darf man daher der Summe aller Anteile bis zur $(n-1)$-ten Fraktion zuzählen, um die Anteile bis zur n-ten Fraktion zu erhalten.

Da bei jeder Fällung genaueste Gleichgewichtseinstellung bei sehr konstanter Temperatur abgewartet werden muß, ist das Verfahren etwas langwierig, daher wurde auch der umgekehrte Weg eingeschlagen, bei welchem man aus einer festen Phase des polydispersen Systems mit verschieden guten Lösungsmitteln eine Fraktion nach der anderen herausextrahiert (vgl. G. V. Schulz, loc. cit.). Da auch das oft sehr zeitraubend sein kann, trägt O. Fuchs[1] das Gemisch in sehr dünner Schicht auf Aluminiumfolien auf, läßt es dort trocknen und extrahiert das Ganze mit verschiedenen Lösungsmitteln. Bei diesem Verfahren stellt sich das Gleichgewicht ziemlich schnell ein. Die Fällungsmethoden wurden auch als Schnellmethoden ausgearbeitet; so wird die Sedimentationswaage (vgl. S. 220) zur Wägung der sich jeweils absetzenden Fraktion verwendet, andere Autoren benutzen die Trübung der bei der Entmischung als feine Tröpfchen ausfallende Phase als Maß für die ausgefallene Menge. Doch treten hierbei noch einige Unsicherheiten auf, die dieser Methode mehr den Wert einer Relativ-Methode zumessen[2].

Im ganzen scheinen die allgemeinen Erfahrungen dahin zu gehen, daß im Augenblick weder die rein physikalischen Methoden — die eigentlich nur auf der Sedimentation beruhen — noch die physikalisch-chemischen Fraktioniermethoden, sofern sie überhaupt anwendbar sind, befriedigende und erschöpfende Auskunft über die Polydispersität eines kolloiden Systems geben können. Erst die Kontrolle der einen durch die andere Methodik geben genug Sicherheit für die Glaubwürdigkeit der erhaltenen Ergebnisse. Die beiden hier geschilderten Methoden gelten zudem nur für ein sehr enges Gebiet, sind im wesentlichen für kolloide Substanzen — die polymeren Fadenmoleküle — ausgearbeitet worden.

Überblicken wir noch einmal die geschilderten Verhältnisse, so müssen wir feststellen, daß allgemein anwendbare Methoden zur einwandfreien Analyse beliebiger polydisperser kolloider Systeme noch nicht existieren.

§ 39. Bestimmung der Gestalt kolloider Partikeln. Allgemeines

Was unter der Gestalt kolloider Teilchen verstanden werden soll, ist bereits in § 6 auseinandergesetzt worden. Da es meistens nicht beachtet wird, sei hier noch einmal daran erinnert, daß ähnlich wie bei der Unterscheidung von mono- und polydispersen Systemen zwischen monoformen und polyformen Systemen unterschieden werden muß. Wenn wir uns nun Methoden zur Bestimmung der Gestalt zuwenden, ist zunächst qualitativ zu entscheiden, ob die Partikeln einem einzigen

---

[1] Fuchs, O.: Makromolekulare Chem. **5**, 245 (1950); **7**, 259 (1951).
[2] Hengstenberg, J.: Z. Elektrochem. **60**, 236 (1956).

Gestaltstyp zugehören oder ob eine Reihe von Typen auftritt. Daß im letzteren Fall — dem polyformen System — eine Beschreibung außerordentlich kompliziert ist, wurde bereits im § 6 erörtert.

Für polyforme Systeme könnte allenfalls eine Beschreibungsmethode, wie sie etwa in der Histologie üblich ist, angewandt werden; man müßte nämlich durch Anfertigung von Schnitten (Quer- oder Längsschnitte) und gesonderter Reproduktion dieser Schnitte etwa durch Aufnahmen im Elektronenmikroskop einen Atlas des Systems anlegen, der nach dem Schnittort oder nach einem anderen Prinzip geordnet werden könnte. Doch müßte man sich fragen, was hierdurch an Kenntnissen über das Verhalten des Systems gewonnen wäre.

An sich sollte es möglich sein, ein polyformes System, z. B. eines aus Stäbchen, Kugeln oder Fäden bestehendes, so aufzuteilen, daß monoforme Fraktionen erhalten werden. Allerdings wird man sich hier eher chemischer Methoden bedienen — z. B. läßt sich eine wässerige Dispersion eines fadenförmigen Polysaccharids und eines kugelförmigen Proteins leicht trennen —, denn in den meisten Fällen wird es sich um mehrere chemisch voneinander zu unterscheidenden Substanzen handeln, die sich auf Grund ihrer stofflichen Eigenschaften trennen lassen. Der allgemeine Fall eines polyformen polydispersen Systems eines einzigen Stoffes kommt wohl nur bei Kolloiden vor, die durch mechanische Zerkleinerung von Festkörpern entstanden sind. Obwohl hier die Gestaltstypen streng genommen sehr mannigfaltig sind, stellen sie doch mehr oder weniger Variationen eines einzigen Grundtyps (Kugel, Scheibchen, Stäbchen usw.) dar, der durch das innere Gefüge und den Kristalltyp beeinflußt wird, und zur Ausbildung ähnlicher Formen strebt. Sie könnten als Formen aufgefaßt werden, die dem Grundtyp nicht genau entsprechen, da sie Fehler enthalten[1].

Man kann sich bei solchen polyformen Systemen im allgemeinen damit begnügen, nur den Grundtyp der Gestalt zu beschreiben und auf die Abweichungen zu verzichten. Sand ist z. B. ein Gemisch von Körnern, wobei jedes Korn für sich streng genommen eine besondere Gestalt besitzt; im großen und ganzen ähneln die Körner aber fehlerhaften Kugeln, so daß es für die meisten Zwecke genügt, sie als solche anzusehen und die „Korngröße" durch Angabe einer *einzigen* Lineardimension — eines Durchmessers — zu kennzeichnen[2]. Alles das läuft wieder darauf hinaus, auch solche Systeme als annähernd monoform anzusehen.

Bei der folgenden Erörterung der Methoden zur Gestaltsbestimmung wollen wir uns mehr oder weniger notgedrungen auf monoforme Systeme beschränken.

Nach § 6 ist die Angabe der *geometrischen Form* allein nicht ausreichend; wenn es sich um anisometrische Partikeln handelt, müssen auch noch quantitative Angaben über die notwendigen Parameter gemacht werden, die die Ausdehnungsverhältnisse bestimmen. Erst wenn diese bekannt sind, kann von einer bestimmten *Gestalt* gesprochen werden.

So ist die Angabe „Rotationsellipsoid" vieldeutig; erst das Achsenverhältnis b/a oder die Angabe der Größen von a und b legen die eigentliche Gestalt fest, denn im Sprachgebrauch hat ein langgestrecktes Ellipsoid eine andere Gestalt — nämlich die Form einer Zigarre — als ein abgeplattetes diskusförmiges Scheibchen.

---

[1] Wie etwa eine Reihe antiker Säulen den gleichen Grundtyp einer Form erkennen läßt, die Art der Verwitterung und Zerstörung jedoch jeder einzelnen von ihnen eine besondere Formvariante verleiht.

[2] Vgl. aber auch eine systematische Formenkunde bei E. MANEGOLD: Allgemeine und Angewandte Kolloidkunde. Heidelberg 1956.

Die unmittelbare Bestimmung der wirklichen Gestalt gelingt eigentlich nur mit einer einzigen Methode, nämlich durch die direkte Abbildung, wofür wieder nur das Elektronenmikroskop (§ 30) in Frage kommt. Damit lassen sich zwar sehr feine Einzelheiten der Teilchengestalt erkennen, doch existiert auch hier eine Grenze, die vom Auflösungsvermögen des Instruments und der speziellen Form des Objekts abhängt[1].

Leider ist die Methode nur beschränkt anwendbar und erfordert große Vorsicht bei der Herstellung der Präparate sowie eine kritische Diskussion der Fehlermöglichkeiten. Trotzdem ist sie immer noch allen anderen Methoden der Gestaltsbestimmung weit überlegen, denn die mittelbaren Methoden sind noch wesentlich unsicherer.

Von *Effekten*, verursacht durch Einflüsse bestimmter Gestaltstypen im obigen Sinne, kann kaum gesprochen werden, eigentlich machen sich nur die Einflüsse der Anisometrie bemerkbar. Sie sind eher als Methoden zur Bestimmung der Anisometrie der Partikeln anzusehen, obwohl mit manchen auch verschiedene Gestaltstypen unterschieden werden können. Zu diesen gehören beispielsweise die Viskosität, die Lichtstreuung und der Reibungskoeffizient, gewonnen aus Diffusion oder Sedimentationsversuchen. Obwohl diese Methoden hauptsächlich der Größenbestimmung dienen, kann aus bestimmten Merkmalen das Vorliegen von Ellipsoiden, Stäbchen oder geknäuelten Fadenmolekülen erkannt werden. Charakteristisch für alle ist die Notwendigkeit der Anwendung des sog. „trial and error"-Verfahrens, bei dem jeweils ausprobiert werden muß, ob bei einem möglichen Modell Experiment und Theorie übereinstimmt und bei Nichtübereinstimmung solange gesucht werden muß, bis ein passendes Modell gefunden ist.

Wegen dieser Unsicherheit wird man möglichst mehrere Methoden zur Bestimmung der Gestaltsparameter heranziehen. Die Gewißheit über die Richtigkeit bestimmter Aussagen wird dann um so größer sein, je öfter sie durch voneinander unabhängige Methoden bestätigt werden. In diesem Zusammenhang hat dieses an sich allgemeine Prinzip ein besonderes Gewicht.

Zur besseren Übersicht werden in der Tab. 39.I außer der Elektronenmikroskopie noch einmal die bekannten mittelbaren Methoden der Gestaltsbestimmung mit den Paragraphen aufgeführt, in denen sie behandelt wurden. Ebenso ist angeführt, was für Ergebnisse mit der betreffenden Methode erhalten werden können. Außer dem Reibungskoeffizienten (Methode 5) und der Strömungsdoppelbrechung (Methode 6) sind sämtliche Methoden in anderen Zusammenhängen erörtert worden, wobei auch jeweils auf die Möglichkeit der Gestaltsbestimmung hingewiesen wurde. Auf eine besondere Besprechung kann daher in diesem Zusammenhang verzichtet werden.

---

[1] Nach B. v. BORRIES u. G. A. KAUSCHE [Kolloid-Z. **90**, 132 (1940)] hat eine Gestaltsbestimmung im Elektronenmikroskop nur dann Erfolg, wenn die Teilchen*größe* ein Vielfaches des Auflösungsvermögens des Instruments beträgt. Sechsecke werden z. B. nur dann als solche erkannt, wenn das Verhältnis Teilchendurchmesser : Auflösungsvermögen = 7 : 1 ist.

Tabelle 39.I

Bezeichnung der Methoden	Behandelt in	Die Methode liefert:
Unmittelbare Methoden 1 Elektronenmikroskopie	§ 31	Form, Abmessungen unmittelbar aus dem Abbild
Mittelbare Methoden 2 Lichtstreuung (Winkelabhängigkeit bei Teilchen zwischen $\frac{\lambda}{15}$ u. λ	§ 25 und § 36	Abmessungen, Unterscheidungsmöglichkeit zwischen Kugel, Stäbchen, monodispers. polydisp. Knäuel
3 Röntgenuntersuchung	§ 44 und § 45	Abmessungen (RKS)
4 Viskosität	§ 16 und § 37	Abmessungen, Unterscheidungsmöglichkeit zwischen Kugel, Stäbchen, Knäuel verschiedener Durchspülbarkeit
5 Reibungskoeffizient (f/f_0 aus Diffusions- oder Sedimentationsmessungen)	§ 13, § 32 und § 34	Achsenverhältnis (nur bei Berücksichtigung der Solvatation)
6 Strömungsdoppelbrechung (Auslöschwinkel χ oder $\varDelta n$)	§ 15 und § 41	Achsenverhältnis, eine Abmessung, evtl. Unterscheidungsmöglichkeiten zwischen langgestreckten und abgeplatteten Rotationsellipsoiden, Knäuel
7 Dielektrizitätskonstante bei Hochfrequenz	§ 84	Achsenverhältnis (bisher nur bei Proteinen angewandt)

§ 40. Reibungskoeffizient

Nach der Definition des Reibungskoeffizienten in § 13 ist dieser ein Proportionalitätsfaktor zwischen dem Reibungswiderstand, den ein Körper erfährt, der durch ein homogenes zähes Medium, — m. a. W. eine Flüssigkeit — mit konstanter Geschwindigkeit bewegt wird. Es lassen sich für verschiedene geometrische Formen und Abmessungen mathematische Ausdrücke angeben, von denen der bekannteste der Ausdruck von STOKES für die Kugel ist [Gl. (13.13)]. Ist das Partikelmolgewicht oder das Partikelvolumen bekannt, kann immer ein Reibungskoeffizient f_0 berechnet werden, wenn angenommen wird, daß die Partikel kugelförmig ist (vgl. § 13). Es ergibt sich Gl. (13.24), die hier noch einmal hingeschrieben werden soll:

$$f_0 = 6\pi\,\eta\,(3M_j\,V_j/4\pi\,N_L)^{\frac{1}{3}}.$$

Hat ein beliebig geformter Körper den Reibungskoeffizienten f, so ist nach Gl. (13.25) das Reibungsverhältnis

$$Q_f = f/f_0 = \frac{RT}{D\,6\pi\,\eta\,N_L}\left(\frac{4\pi\,N_L}{3M_j\,V_j}\right)^{\frac{1}{3}} \tag{40.1}$$

ein Ausdruck, in dem außer Konstanten das experimentell bestimmbare Partikelmolgewicht M_j und die Diffusionskonstante D der unbekannten Partikeln stehen.

Da auch nach den Gln. (13.17), (14.9) und (14.20) eine Beziehung zwischen der Sedimentationskonstante s und f besteht, nämlich

$$f = M_j \, (1 - V_{sj} \varrho_0)/N_L \, s, \tag{40.2}$$

kann auch s und M_j zur Bestimmung von Q_f herangezogen werden; man benutzt dann eine Beziehung, worin s und B_j vorkommen, wie z. B. aus (13.17), (14.9) und (2)

$$Q_f = \frac{(1 - V_{sj}\varrho_0)}{s\,\eta} \left(\frac{M_j^2}{162\,\pi^2\,V_j\,N_L^2} \right)^{\frac{1}{3}}. \tag{40.3}$$

Nun wurde bereits in § 13 darauf hingewiesen, daß Q_f als Funktion des Achsenverhältnisses von langgestreckten und abgeplatteten Ellipsoiden

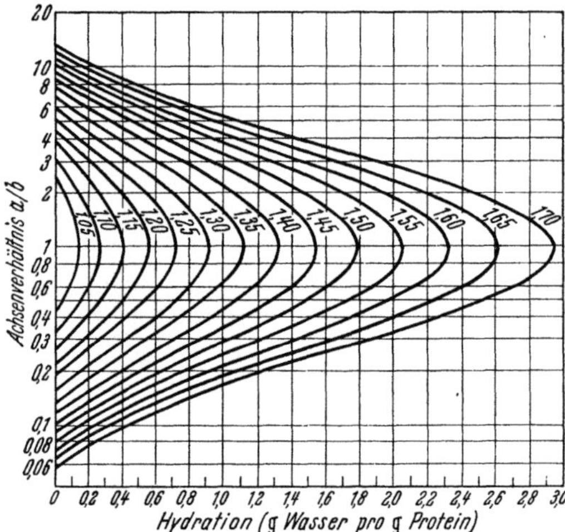

Abb. 40.1. Abhängigkeit[1] von $Q_f = f/f_0$ bei Proteinen von Achsenverhältnis und Hydratation nach Oncley, (loc. cit.). Erklärung siehe Text. (Entnommen aus Stuart: Physik der Hochpolymeren Bd. II loc. cit. S. 711)

wie auch für verschiedene Modelle von Fadenmolekülen berechnet worden ist. Ist Q_f durch Auswertung von Diffusions- und Sedimentationsmessungen bzw. davon unabhängigen Partikelmolgewichtsbestimmungen experimentell ermittelt worden, kann das Achsenverhältnis eines Ellipsoids oder der mittlere Fadenendenabstand (entsprechend Abb. 13.4) erhalten werden. (Das Ganze läuft also nur darauf hinaus, experimentelle Daten auszuwerten, die für andere Zwecke sowieso bestimmt worden sind.) Hierin liegt natürlich ein besonderer Vorteil, denn man gewinnt eine Aussage über die Anisometrie der Partikelgestalt sozusagen nebenher und ohne besonderen experimentellen Aufwand. Andererseits ist die Sicherheit der Aussagen doch erheblich dadurch eingeschränkt, daß eine einfache Berechnung, wie sie oben angegeben wurde, nur für Teilchen ohne nennenswerte Solvatation gilt. Bei solvatisierten Partikeln muß eine *unabhängige* Bestimmung der Solvatation hinzugezogen werden, weil jede Bindung von Dispersionsmittel, die das Volumen der Partikeln vergrößert, den gleichen Effekt für eine Gestaltsänderung hervorruft (vgl. § 13).

Oncley[1] hat den Zusammenhang von Hydratation, Achsenverhältnis von gestreckten und abgeplatteten Ellipsoiden und Reibungsverhältnis in einem

---

[1] J. L. Oncley in E. J. Cohn u. J. T. Edsall: Proteins, Amino Acids and Peptides as Ions and Dipolar Ions. New York 1943.

Diagramm dargestellt, das in Abb. 40.1 aufgeführt ist. Darin ist die Abszisse: Hydratation, die Ordinate: Achsenverhältnis b/a. Bei gestreckten Ellipsoiden ist $b/a > 1$, bei abgeplatteten $b/a < 1$. Parameter ist Q_f, deren Werte an die einzelnen Kurven angeschrieben sind. Bei der Hydratation Null (Ordinate) gehören zu jedem Q_f zwei Angaben, d. h. ein bestimmter Wert von Q_f kann entweder durch ein gestrecktes oder ein abgeplattetes Ellipsoid verursacht sein. Bei $b/a = 1$ (Kugel) nimmt Q_f nur infolge der Hydratation zu — wie auch Gl. (13.29) zum Ausdruck bringt. Ist nur Q_f, aber nichts über die Hydratation bekannt, ist keine Aussage über b/a möglich, was leicht aus dem Diagramm zu erkennen ist. Doch auch die Angabe eines Wertes für die Hydratation läßt immer noch zwei Möglichkeiten — Stäbchen oder Scheibchen — übrig, über die durch eine andere unabhängige Methode entschieden werden muß.

§ 41. Strömungsdoppelbrechung

Die erzwungene optische Anisotropie von Flüssigkeiten beruht immer auf einer Orientierung anisometrischer Partikeln, sei es durch hydrodynamische, sei es durch elektrische oder magnetische Kräfte. Die größte praktische Bedeutung besitzt die Strömungsdoppelbrechung (§ 28), die schon hervorgerufen werden kann, wenn die Flüssigkeit durch eine Kapillare strömt.

Die orientierende Wirkung des Strömungsgefälles wird wesentlich beeinflußt durch die BROWNsche Rotationsbewegung der Partikeln, die der Orientierung entgegenwirkt. Der sich durch beide Einflüsse letzten Endes einstellende stationäre Zustand der Orientierung kann theoretisch aus einer Funktion des Strömungsgefälles der Rotationsdiffusionskonstanten der betreffenden Partikel dargestellt werden (§ 16). Diese kann aber wieder durch die Gleichungen von PERRIN (15.7) bis (15.9) oder STUART und PETERLIN (16.14) als Funktion der Achsenverhältnisse von Rotationsellipsoiden und einer Achsenabmessung beschrieben werden, ebenso sind Ausdrücke für durchspülte und undurchspülte Fadenknäuel abgeleitet und (zum Teil) geprüft worden. Meist lassen sich solche Zusammenhänge in einfacher für die Auswertung günstiger Form nur dann darstellen, wenn alle Einflüsse sekundärer Art ausgeschaltet werden, wie bereits in § 28 ausführlich erörtert wurde.

Zur Messung der Strömungsdoppelbrechung werden neuerdings fast ausschließlich Apparate mit konzentrischen Zylindern vom Typ der COUETTE-Viskosimeter benutzt, da die Strömungsverhältnisse in den früher ebenfalls verwendeten Kapillaren zu unübersichtlich sind.

Diese von KUNDT[1] herrührende Anordnung, die vielerorts weiter entwickelt wurde[2], benutzt zwei konzentrisch angeordnete Zylinder, die sich in geringem Abstand voneinander befinden, wie Abb. 41.1 darstellt. Einer der Zylinder bleibt in Ruhe, während der andere in schnelle Rotationen versetzt werden kann. Trotz technischer Schwierigkeiten beim Aufbau ist es günstiger, den äußeren Zylinder rotieren zu lassen, da die Strömung bis zu hohen Umdrehungszahlen dann laminar bleibt. (Über die Grenze, bei welcher Turbulenz der Strömung eingesetzt vgl.

---

[1] KUNDT, A.: Ann. Physik (3) **13**, 110 (1881).
[2] Vgl. die zusammenfassende Darstellung bei J. F. EDSALL: Advanc. Coll. Sci. I, 269, New York 1942; PETERLIN, A. u. H. A. STUART, in STUART: Das Makromolekül in Lösung. Kap. 12, S. 611. Berlin 1956.

17*

TAYLOR[1].) Das erzeugte Strömungsgefälle ist praktisch konstant, wenn der Abstand zwischen den beiden Zylindern klein gegenüber dem mittleren Radius der Zylinder ist. Der Betrag des Strömungsgradienten $q = dv/dr$ (r = Radius) liefert Gl. (37.9). Für kleine Abstände geht diese in den Ausdruck

$$q \approx R_i\, \omega/d \approx R_a\, \omega/d$$

über (R_a = Radius des äußeren, R_i = Radius des inneren Zylinders). Da bei hohen Geschwindigkeiten eine beträchtliche Reibungswärme entwickelt werden kann, wird häufig eine Wasserkühlung eines oder beider Zylinder vorgesehen.

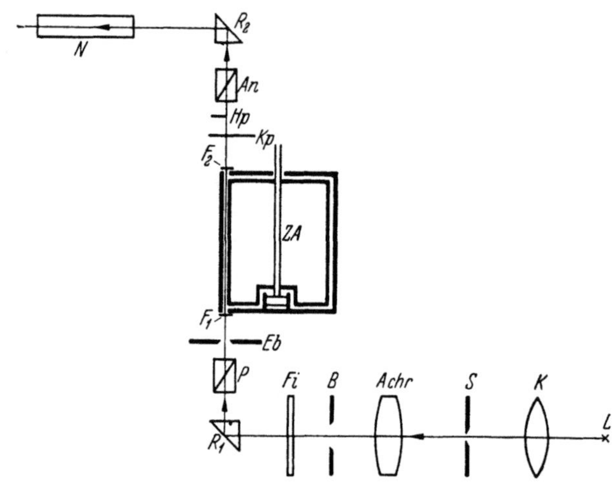

Abb. 41.1. Schematische Darstellung einer Apparatur 2. Messung der Strömungsdoppelbrechung nach BUCHHEIM und STUART [Z. Physik **112**, 407 (1939)]. *L* Lichtquelle; *K* Kondensator; *S*, *B*, *Eb* Spalte; *Achr* Achromat; *Fi* Filter; R_1, R_2 Umlenkprismen; *P* Polarisator; *An* Analysator; *Kp* Kompensator; *Hp* Halbschattenplatte; *N* Beobachtungsfernrohr; F_1, F_2 Ein- und Austrittsfenster; *ZA* Achse des rotierenden äußeren Zylinders. (Entnommen aus H. STUART: Physik der Hochpolymeren, loc. cit. Bd. II, S. 613)

Die Optik zur Beobachtung des Effekts (vgl. Abb. 41.1) besteht aus einer intensiven Lichtquelle, von der ein annähernd paralleles Strahlenbündel ausgesondert wird, das ein Filter, einen Polarisator (NICOLsches Prisma) vor der Zylinderapparatur, dann diese selbst parallel zur Zylinderachse und danach einen Analysator passiert. Das Licht wird in einem Beobachtungsfernrohr gesammelt. Wenn man keinen besonderen Kompensator benutzt, werden Polarisator und Analysator so angeordnet, daß sie entweder gleichzeitig oder unabhängig voneinander gedreht werden können. Bei gleichzeitiger Drehung bleibt ihre Stellung zueinander unverändert. Mit einer solchen Anordnung läßt sich der Auslöschwinkel χ und unter Zuhilfenahme eines sog. Viertelwellenlängenplättchens aus Glimmer, das in der Polarisationsmikroskopie verwendet wird, auch der Betrag der Doppelbrechung bestimmen.

Durch Drehen von Polarisator und Analysator, die bei einem Winkel von 90° fest verkoppelt sind, wird die Stellung aufgesucht, bei der das Feld dunkel ist. Diese Richtung der Polarisatorschwingungsebene ist dann zur Richtung der optischen Achsen der orientierten Partikeln parallel. Bringt man nun bei ruhendem Zylinder ein Hilfskristall aus Quarz derart zwischen die Polarisationsprismen, daß seine optische Achse parallel zu den Stromlinien zwischen den Zylindern steht, so erscheint das Gesichtsfeld hell, erneute Drehung der nunmehr entkoppelten Polari-

---

[1] TAYLOR, G. I.: Proc. Roy. Soc. [London], Ser. A **157**, 546, 565 (1936); **146**, 501 (1939).

sationsprismen führt zu einer zweiten Dunkelstelle, bei der die Schwingungsebenen des Polarisators parallel zu den Stromlinien steht. Die Differenz beider Winkel ist der gesuchte Auslöschwinkel χ. (Näheres bei EDSALL, loc. cit.)

Neuerdings wird empfohlen, Auslöschwinkel und Doppelbrechung mit Hilfe von speziellen Kompensatoren[1] zu bestimmen, die sehr kleine Beträge zu messen gestatten; dies hat den Vorteil, bei schwer orientierbaren Partikeln auch keine zu hohen Strömungsgradienten anwenden zu müssen, da große Umdrehungszahlen leichter zu Störungen Veranlassung geben. Störungsmöglichkeiten sind ferner ungleichmäßige Temperatur zwischen den Zylinderwänden, dadurch bedingte Krümmung des durchgehenden Lichtstrahls und Reflexion an den Wänden, die Änderungen des Schwingungszustandes des Lichts verursachen können.

Um von Einflüssen der Konzentration und des Strömungsgradienten unabhängig zu sein, geht man zur Auswertung am besten so vor, daß als Auslöschwinkel χ oder relativer Doppelbrechung nach den Gln. (28.9) und (28.11) die MAXWELLsche Konstante oder die Grenzorientierungszahl berechnet wird. Die daraus zu gewinnende Rotationsdiffusionskonstante Θ wird als Ausgangsgröße für die Bestimmung der Teilchenparameter genommen. Die zu verwendenden Formeln richten sich nach dem mutmaßlich vorliegenden Teilchenmodell. Bei Makromolekülen ist eine Auswahl relativ leicht, chemische Konstitution und Struktur geben weitgehende Hinweise auf den vorliegenden Gestaltstyp. Proteine wird man in den meisten Fällen als kompakte sphärische Teilchen ansehen, ihre Formen sind durch Rotationsellipsoide verschiedenster Achsenverhältnisse angenähert zu beschreiben. Meist müssen auch durch ausprobieren verschiedener Modelle auf andere Weise gewonnene Ergebnisse berücksichtigt werden. Dispersionskolloide, die nachweislich Anisometrie besitzen, deren Gestalt aber mit keiner bestimmbaren stofflichen Eigenschaft in Beziehung zu bringen ist, können ebenfalls nur durch Rotationsellipsoide umrissen werden.

Als Beispiel sei die Auswertung von Messungen de⁻Zeins von FOSTER und EDSALL mitgeteilt[2]. Der Auslöschwinkel in Propylen-Glykol-Wasser-Mischungen ergab einen Wert von 300···400 Å für die Länge des Teilchens, wenn die Gl. (15.7) und ein Achsenverhältnis von 20 für ein gestrecktes Ellipsoid probeweise angenommen wird. Bei einem abgeplatteten Ellipsoid ergäbe sich eine Dimension von 240 Å für den Scheibendurchmesser. Unter Berücksichtigung des Molekulargewichts und des partiellen spezifischen Volumens errechnet sich daraus eine Dicke der Scheibe von 2 Å, während nach Gl. (15.9) ein anderer Wert herauskommt. Diese Nichtübereinstimmung und der unmöglich kleine Wert für die Dicke — etwa der Durchmesser eines Atoms — weist darauf hin, daß die Annahme eines abgeplatteten Ellipsoids sicher falsch sein muß.

Obwohl bei der Ermittlung der Rotationsdiffusionskonstanten kleine Strömungsgradienten angewandt werden, kann es unter Umständen nützlich sein, das Strömungsgefälle q zu vergrößern. Die Abhängigkeit der Orientierungszahl ω von q kann zu Aufschlüssen über spezielle Eigenschaften der Partikelstruktur führen, die an sich nichts mit der Gestaltsbestimmung zu tun haben, aber doch das Gesamtbild vervollständigen. So läßt sich z. B. feststellen, ob und wie leicht geknäuelte Fadenmoleküle durch die Strömung auseinander gezogen werden.

---

[1] CERF, R.: J. Chim. physique **48**, 59 (1951).

[2] FOSTER, J. F. u. J. T. EDSALL: J. Amer. chem. Soc. **67**, 617 (1945).

§ 42. Bestimmung der Feinstruktur

Wenn die Strukturformel einer organischen Verbindung unter Berücksichtigung der räumlichen Anordnung ihrer Atome sowie die Art ihrer Bindung restlos aufgeklärt ist, kann ihr Verhalten unter verschiedensten äußeren Umständen durch den Kundigen leicht abgeleitet werden. Ähnliches gilt für anorganische Verbindungen, wenn hier das Verfahren auch umständlicher sein kann, weil der Molekülbegriff meist nicht mehr anwendbar ist. Sie bedürfen einer gesonderten Beschreibung im festen, kristallinen, im flüssigen und im gelösten Zustand.

Eine Beschreibung disperser Systeme, insbesondere kolloider Natur, ist nun ebenfalls erst dann vollständig, wenn neben Größe und Gestalt auch die Feinstruktur der dispergierten Substanz bekannt ist. Dies gilt sowohl für inkohärente als auch für kohärente Systeme. Die letztgenannten sind insofern noch komplizierter, als neben der inneren Struktur der dispergierten Substanz, also der eigentlichen Feinstruktur, auch noch ihre spezielle Anordnung im System, also einer Art „äußerer" Struktur bekannt sein muß.

Unter Feinstruktur soll hier nur der spezielle Ordnungszustand der Atome und Zahl und Art der in diesem Zustand zwischen ihnen auftretenden Bindungen zu verstehen sein. Um die Beschreibung solcher Strukturen zu erleichtern, wollen wir — was an sich sonst nicht üblich ist — unsere kolloiden Gebilde aus „Bausteinen" aufgebaut denken, die eine ganz bestimmte Eigenschaft haben. Wir wollen nämlich den Baustein so definieren, daß er die Eigenschaft eines Moleküls besitzt, dessen Atome durch covalente Bindungen verknüpft sind. Das bedeutet, daß eine Vergrößerung oder Verkleinerung des Bausteins — nicht des Kolloids selbst — im dispergierten Zustand und bei Gegenwart des Dispersionsmittels nur unter Aufwand einer erheblichen Aktivierungsenergie möglich ist, wobei die Größe der Bindungsenergie der Atome an sich unmaßgeblich sein kann[1]. Dieses Vorgehen ist nicht nur für die Strukturbeschreibung wertvoll, wie sich später erweisen wird.

Wenn beispielsweise ein Kolloid aus einem einzigen Baustein besteht, besitzt es die Eigenschaft eines Makromoleküls, eine Vergrößerung oder Verkleinerung der kolloiden Partikel ist nur durch eine chemische Reaktion — d. h. unter Aufwand erheblicher Aktivierungsenergie — möglich. Andererseits ist eine kolloide $AgCl$-Partikel aus einer großen Zahl Ag^+- und Cl^--Ionen aufgebaut, wobei jedes Ion und nicht etwa das $AgCl$ als Baustein anzusehen ist, denn es kann, obwohl zwischen Ag^+ und Cl^- eine große Bindungsenergie vorhanden ist, praktisch ohne Aktivierungsenergie gebildet werden und auch dissoziieren. Außerdem braucht die Zahl der Ag^+-Ionen nicht gleich der Cl^--Ionen zu sein. Der Überschuß einer Ionenart würde sich als Ladung des Teilchens äußern.

Am einfachsten ist die Zahl der Bausteine bei flüssigen Kolloiden zu erkennen; ein Wassertröpfchen besitzt soviel Bausteine wie es Wassermoleküle enthält.

---

[1] Darunter soll die Aktivierungsenergie zu verstehen sein, die etwa zum Abbau organischer Moleküle notwendig ist; sie liegt in der Größenordnung von 20 bis 50 Kcal/mol.

Die Analyse und Beschreibung der Struktur eines Kolloids geht dann so vor sich, daß zunächst nach der Zahl der Bausteine gefragt wird, dann nach ihrer Zusammensetzung und Eigenstruktur und schließlich nach ihrer Anordnung in der dispergierten Einheit. Mit der Bausteinzahl, die im folgenden mit i bezeichnet werden soll, erhält man schon eine Angabe darüber, ob ein Makromolekül oder ein Dispersions- oder Assoziationskolloid vorliegt. $i = 1$ kennzeichnet immer ein Makromolekül, $1 < i < 2 \cdots 500$ ein Assoziat, $i > 500$ ein Dispersionskolloid, wobei die beiden letzten Angaben reine Erfahrungsgrenzen sind. Ist i nicht sehr groß $(2 \cdots 5)$ bei gleichzeitig hohem Partikelgewicht, kann mit großer Wahrscheinlichkeit auf Assoziate aus Makromolekülen geschlossen werden, wie sie bei makromolekularen Naturstoffen häufiger anzutreffen sind.

Nun ist die Feststellung des Betrages von i durchaus nicht in jedem Falle einfach; die Geschichte der Entdeckung der makromolekularen Natur der typischen Vertreter dieser Klasse, wie Cellulose, Kautschuk usw. zeigte, daß ein stichhaltiger Beweis für das Vorliegen von Makromolekülen erheblichen Aufwand und langjährige zähe wissenschaftliche Arbeit notwendig machte.

Ist aber für ein zu analysierendes Kolloid der Nachweis erbracht, daß etwa nur ein einziger Baustein und damit ein Makromolekül vorliegt, bleibt meist nur die Frage nach dessen chemischer Zusammensetzung und Eigenstruktur übrig, d. h. mit der Ermittlung seiner chemischen Konstitution und der räumlichen Strukturformel ist alles Notwendige bekannt.

Bei vielen linearen hochpolymeren Substanzen kann diese Frage ziemlich genau beantwortet werden, bei anderen bleibt eine gewisse Unsicherheit, etwa bezüglich Anordnung und Reihenfolge der monomeren Grundeinheiten bestehen.

Zum Beispiel kann Polystyrol durch Zusammenlagerung „Kopf an Kopf"

$$-CH_2-CH_2-CH_2-CH_2-CH_2-CH_2-$$
$$Ph \quad Ph \qquad\qquad Ph \quad Ph$$

oder „Kopf an Schwanz"

$$-CH_2-CH_2-CH_2-CH_2-CH_2-$$
$$Ph \qquad\quad Ph \qquad\quad Ph$$

entstehen. In einer längeren Kette wird die Art der Zusammensetzung wechseln. Man kann aber auch nach NATTA[1] Polymere mit gleichbleibender Folge, sog. isotaktische Polymere herstellen, die den aufgeführten Formeln entsprechen. Hier liegt die Konstitution von vornherein genau fest.

Bei verzweigten Hochpolymeren, z. B. bei dem natürlich vorkommenden Polysaccharid Amylose, ist zwar die Art der Folge der Zuckerreste bekannt, durch die außerordentlich schwierige Analyse der Ver-

---

[1] NATTA, G.: Makromolekulare Chem. **16**, 213 (1955); NATTA, G. u. Mitarb: J. Amer. chem. Soc. **77**, 1708 (1955).

zweigungsstellen kann seine Struktur aber nur ungefähr angegeben werden (vgl. dazu CORI und CORI)[1].

Bei Makromolekülen, die aus vielen Grundeinheiten — wie z. B. Proteine aus einer Anzahl verschiedener Aminosäuren — aufgebaut sind, ist bereits die Frage nach der qualitativen Zusammensetzung nicht leicht zu beantworten. Noch mehr Schwierigkeiten macht die Angabe der quantitativen Zusammensetzung, obwohl auch das grundsätzlich möglich ist. Hingegen ist die Ermittlung ihrer Konstitution und räumlichen Anordnung nur in Ausnahmefällen — z. B. beim Insulin — gelungen und dürfte allgemein äußerst schwierig sein. Die Strukturformel eines derartigen Makromoleküls ist ein kompliziertes räumliches Gebilde, das auch die verzwicktesten Raumgitter von Kristallen an Kompliziertheit übertrifft (s. Abb. 85.9, in der die Anordnung eines α-Proteins dargestellt ist).

Mit der räumlichen Strukturformel ist die Beschreibung der Anordnung der Atome im Makromolekül nur dann abgeschlossen, wenn diese so starr ist, daß keine andere Anordnung möglich ist. Wenn nicht, können noch weitere Komplikationen auftreten.

Obwohl das Makromolekül das am besten zu definierende und physikalisch zu erfassende Kolloid ist, bereitet seine vollständige Beschreibung im allgemeinsten Fall außerordentliche Schwierigkeiten, die im augenblicklichen Zeitpunkt nur zu einem kleinen Teil überwunden werden können.

Dispersionskolloide und Assoziationskolloide setzen sich immer aus mehreren Bausteinen zusammen, deswegen wird man hier zunächst nach *deren* Struktur fragen. Die Ermittlung der Konstitution und räumlichen Struktur der Bausteine selbst bereitet dabei kaum Schwierigkeiten, da sie entweder aus Ionen oder einfachen relativ kleinen Molekülen bestehen, deren Natur durch chemische oder physikalisch-chemische Methoden aufgeklärt werden kann.

(Beispiele dafür sind Partikeln eines Goldsols, einer Paraffinemulsion, Seifenmizellen, Nebeltröpfchen, Gasbläschen, Eisenoxydhydratgel, Kieselsäureregel, Vanadinpentoxydgel.)

Wenn es sich um kohärente Systeme, Gele oder Kapillarsysteme handelt, ist eine Strukturbeschreibung durch besondere kolloide Einheiten, die ihrerseits wieder eine bestimmte Zahl von Bausteinen enthalten, nicht sinnvoll, und auch nicht notwendig. Ihr besonderer Aufbau erfordert eine morphologische Betrachtungsweise, die in Kap. IX näher erörtert werden wird.

Auf gewisse Schwierigkeiten, bei der Beschreibung der Struktur der von vornherein als einfach erscheinenden kompakten Partikeln, wie etwa Flüssigkeitströpfchen, muß hingewiesen werden. Es ist z. B. ohne weiteres möglich, die Zahl der Wassermoleküle in einem Nebeltröpfchen anzugeben, wenn dessen Masse, Volumen oder Durchmesser bekannt ist, vorausgesetzt, daß es wesentlich größer als die Dimension der Wassermoleküle ist. Ist es hingegen so klein, daß auf einen Tropfen nur 8 oder 10 Moleküle kommen, kann man sicher nicht mehr die für makroskopische Gebilde geltende Dichte zur Berechnung von i verwenden, da die Anordnung

---

[1] CORI, C. u. G. CORI: J. biol. Chem. **135**, 733 (1940).

der Moleküle in derart kleinen Aggregaten nicht mit der ausgedehnten Flüssigkeit vergleichbar ist; die meisten Moleküle befinden sich nämlich in einer stark gekrümmten Grenzschicht, die eine andere Struktur und somit auch andere Dichte besitzen muß als die ausgedehnte Phase. Das gilt grundsätzlich für alle kompakten Teilchen.

Die Kenntnis der Größe i wird bei Dispersionskolloiden häufig völlig unwesentlich sein, bei Assoziationskolloiden hingegen muß man sie unbedingt kennen, vor allem, wenn es sich darum handelt, deren Gleichgewichtsverhältnisse exakt zu beschreiben.

Das eigentliche Problem des strukturellen Aufbaus beider Klassen von Kolloiden ist die räumliche Anordnung der Bausteine im Kolloid selbst. Die Möglichkeiten der Anordnung sind groß und entsprechen etwa der Möglichkeiten der Anordnung der Bausteine in Kristallen mit ihrer Vielzahl von Klassen, Raumgruppen, Bindungsarten usw. Doch ist der Kristall die höchste Stufe der Ordnung. Wenn auch wirklich kristalline Teilchen unter den anorganischen Kolloiden häufig sind, kommen doch auch Zustände vor, in denen eine solche völlige kristalline Ordnung nicht erreicht wird. Das bedeutet aber nichts anderes als zusätzliche Möglichkeiten des strukturellen Aufbaus und auch zusätzliche Schwierigkeiten bei dessen Aufklärung und Beschreibung. Wir wollen deswegen einige Gesichtspunkte herausstellen, die bei der Diskussion der Struktur kolloider Partikeln zu beachten sind.

Betrachten wir der Reihe nach die Besonderheiten, die bei der dispergierten Substanz in verschiedenen Aggregatzuständen auftreten können:

Bei Dispersionen von Gasen in kondensierten Medien existiert kein Strukturproblem in bezug auf die dispergierte Substanz: Gase besitzen keine Struktur.

Bei Dispersionskolloiden und Assoziaten von Flüssigkeiten — den Emulsionen — gilt in bezug auf ihre Struktur zunächst das gleiche, was auch für makroskopische Flüssigkeiten Geltung hat, vorausgesetzt, daß die kolloiden Einheiten nicht zu klein sind. Bereits bei der Frage der Bausteinzahl i taucht die Schwierigkeit auf, daß bei sehr kleinen Einheiten ($i < 10$) Komplikationen durch die im Verhältnis zu i große Anzahl von Bausteinen entstehen, die sich in der Grenzschicht der Partikeln befinden. Etwas Ähnliches ist auch in bezug auf die Struktur zu erwarten; während die Flüssigkeit sich bei hinreichend großem i infolge ihrer Grenzflächenspannung zu kugelförmigen Tröpfchen anordnet, in deren Innern sicherlich ein normaler Ordnungszustand der Flüssigkeitsmoleküle auftritt, dürften Tröpfchen, bei denen sich die Zahl der in der Grenzschicht befindlichen Bausteine mehr und mehr der Gesamtzahl i nähern, sicher nicht eine mehr „normale" Flüssigkeitsstruktur besitzen, wenn unter dem Begriff „normal" die Struktur im makroskopischen Zustand verstanden wird. Ein solches Verhalten wird sich vor allem bei solchen Flüssigkeiten stärker bemerkbar machen, die aus anisometrischen Bausteinen bestehen. Haben die Flüssigkeitsmoleküle die Gestalt von Stäbchen oder Scheiben, so wissen wir, daß sich diese leicht an sich selbst orientieren (z. B. Benzol und einige höhere ringförmige Kohlenwasserstoffe) und Bezirke bilden, in denen sich eine ganze Reihe von Molekülen in einer bestimmten Richtung parallel zueinander lagern. Ein derartiges auch in Modellversuchen demonstrierbares Verhalten[1] ent-

---

[1] Rehaag, H. u. H. A. Stuart: Physik-Z. **38**, 1027 (1937); Kast, W. u. H. A. Stuart: Physik-Z. **40**, 714 (1939).

spricht jedoch der Bildung von Assoziaten in einer reinen Phase. Die Bereiche sind nicht in dem Sinne stabil, daß sie kinetische Einheiten darstellen, sondern unterliegen infolge ihrer Wärmebewegung kaleidoskopartigen Veränderungen. Ein Bezirk gleicher Orientierung ist noch keine Partikel, die sich als ganzes bewegt. Wird eine solche Flüssigkeit in einem zweiten Medium dispergiert, so wird sie nur solange die Struktur der makroskopischen Phase besitzen, wie die dispergierten Partikeln groß gegen die Bereiche gleicher Orientierung sind, werden beide Ausdehnungen von vergleichbarer Größenordnung, kann mit Sicherheit erwartet werden, daß die Partikelstruktur *nicht* der Struktur der ausgedehnten Phase gleicht. Welche besondere Struktur in den verschiedenen Fällen auftreten wird, wäre wohl grundsätzlich berechenbar, doch sind keine in dieser Richtung zielende Versuche noch entsprechende experimentelle Ergebnisse bekannt.

Bei Partikeln aus fester Substanz, in denen die Bausteine räumlich fixiert sind und praktisch — zumindest in der Nähe der Zimmertemperatur — nicht ihre Plätze wechseln, sollte die gleiche Ordnung der Bausteinverteilung anzunehmen sein wie in der makroskopisch ausgedehnten Phase. Kristalline Festkörper sollten kolloide Teilchen der gleichen Struktur bilden. Doch ist auch hier wieder wie bei den Flüssigkeiten zu beachten, daß die Dimension der Partikel und die Tatsache, daß sich sehr viele Partikeln in einer Grenzschicht befinden, zu Besonderheiten führen können, die für den kolloiden Zustand der betreffenden Substanz charakteristisch sind. Ist doch z. B. seit den Untersuchungen von BEILBY[1] bekannt, daß die Struktur der Grenzschicht durch einfache mechanische Beeinflussungen stark verändert sein kann. Um jedoch diese Besonderheiten gegenüber den normalen Zuständen erkennen zu können, ist es zunächst notwendig, einen Blick auf den makroskopischen kristallinen Zustand, auf seine strukturellen Einzelheiten und die Methoden zu ihrer Bestimmung zu werfen.

§ 43. Strukturen kristallisierter Körper und deren Bestimmung

Einleitung: Grundzüge der Theorie der Kristallgitter[2].

Kristalle sind materielle Objekte, die regelmäßig wiederkehrende geometrische Formen besitzen. Sie werden im Idealfall durch ebene Flächen, geradlinige Kanten und Ecken begrenzt. Sie sind homogene Systeme, können optisch isotrop aber auch anisotrop sein. Ihre Flächen stehen zueinander in konstanten Winkelverhältnissen (Gesetz von STENO) und schneiden auf den Kristallachsen Strecken ab, die sich wie ganze Zahlen verhalten (Gesetz von HAÜY). Die sie aufbauenden Atome bzw. Atomgruppen bilden ein räumliches Gitter, das zeitlich unveränderlich ist und in welchem jedes Atom nur eine beschränkte Bewegungsmöglichkeit besitzt. Im

---

[1] BEILBY, G.: Aggregation and Flow of Solids. London 1921.

[2] Als einführende und zusammenfassende Werke der Kristallographie und der Strukturbestimmung mit Röntgenstrahlen seien empfohlen: BIJVOET, J. M., N. H. KOLKMEIJER u. C. H. MacGILLAVRY: Röntgenanalyse von Kristallen. Berlin 1940; BUNN, C. W.: Chemical Cristallography, Oxford, 1945; SPROULL, W. T.: X-Rays in Practice. McGraw-Hill, New York 1946; TREY, F. u. W. LEGAT: Einführung in die Untersuchung der Kristallgitter mit Röntgenstrahlen. Wien 1954; GLOCKER, R.: Materialprüfung mit Röntgenstrahlen. 4. Aufl. Berlin 1958.

Idealfall und beim absoluten Nullpunkt der Temperatur befinden sich die Atome in Ruhe, ein solcher Idealkristall entspricht genau der geometrischen Gittervorstellung. Wegen der gitterartigen Anordnung der Elementarbausteine ist die Zahl der Aufbaumöglichkeiten beschränkt; es gibt nur 7 sog. Kristallsysteme, in die sich 32 Kristallklassen einordnen lassen. Diese Systematik ist durch Anwendung von Symmetrieoperationen ableitbar, die die Zahl aller überhaupt denkbaren Fälle solcher Operationen umfaßt. Man findet Kristalle mit 2-, 3-, 4- und 6zähligen Symmetrieachsen. (Die Zähligkeit gibt an, in wieviel Stellungen bei der Drehung um eine Achse die Kristallform mit sich selbst zur Deckung kommt, z. B. ein Oktaeder bei Drehung um eine Achse viermal, ein hexagonales Prisma sechsmal usw.) Weitere Symmetrieelemente sind Symmetrieebenen und Symmetriezentren. Aus der Zahl, ihren relativen Längen und den zwischen ihnen auftretenden Winkeln leiten sich die sieben Kristallsysteme ab. Die 32 Klassen ergeben sich dann durch Einführung der genannten Symmetrieelemente, alle zusammen beschreiben die makroskopischen Formen der Kristalle. Durch Einführung weiterer

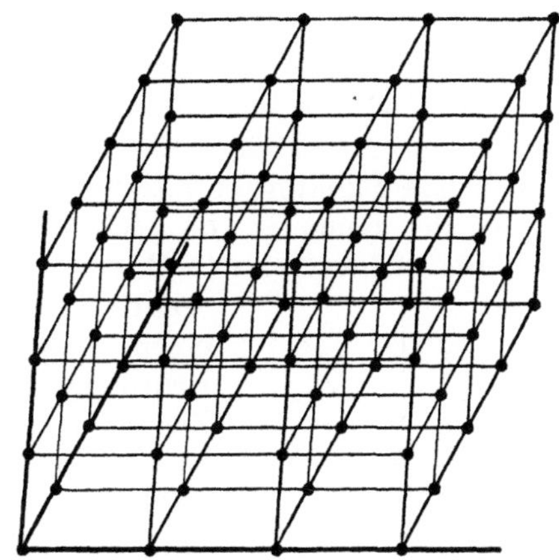

Abb. 43.1. Kristallgitter, das sich aus einzelnen Elementarzellen zusammensetzt

Symmetrieelemente wie Schraubenachsen und Gleitspiegelebenen (SCHOENFLIESS) erhält man die 230 Raumgruppen, die sich ihrerseits auf 14 Translationstypen, die sog. BRAVAISschen Gittertypen beziehen lassen. Mit diesen Gruppen lassen sich auch die makroskopisch zunächst nicht erkennbaren Gitterstrukturen vollständig beschreiben. Für das gesamte Gitter genügt die Angabe einer einzigen Elementarzelle, wie sie Abb. 43.1 zeigt. Durch Aneinandersetzen solcher gleichartigen Elementarbausteine in allen Achsenrichtungen läßt sich das vollständige Gitter aufbauen. Die Kantenlängen a, b, c der Elementarzelle und die Winkel, die die Kanten untereinander bilden, fallen mit den makroskopischen kristallographischen Achsen und deren Winkeln zusammen. Das Verhältnis $a : b : c$ entspricht auch den Achsenverhältnissen.

Um eine Kristallfläche zu kennzeichnen, bedient man sich der MILLERschen Indices $h\,k\,l$. Nach dem HAÜYschen Gesetz sind die Achsenabschnitte einer beliebigen Fläche desselben Kristalls durch folgende Gleichung gegeben: Sind $A:B:C$ die Achsenabschnitte einer bestimmten Fläche, so sind $mA:nB:pC$ die einer beliebigen Fläche, wobei m, n und p ganze Zahlen sind (das ist nach der Gittertheorie ohne weitere Erklärung einzusehen). Es kann z. B. $m = 1$, $n = 1$, $p = 2$ sein und $m = 2$, $n = 3$, $p = \infty$. Nach MILLER werden

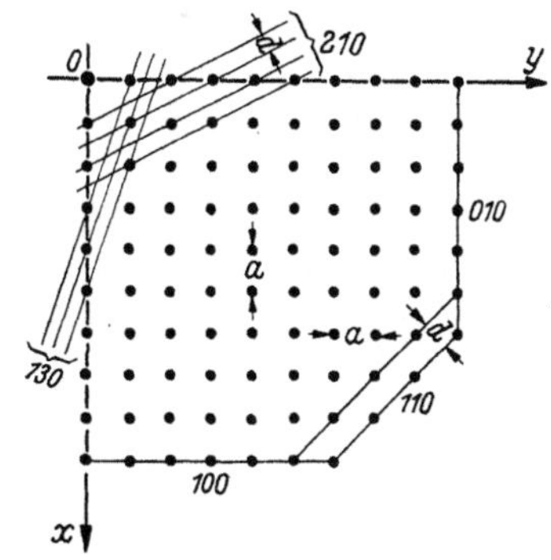

Abb. 43.2. Indizierung der Gitterfläche eines Kristalls. a: Abstand zweier Gitterpunkte, d: Abstände zwischen durch die jeweiligen Indices bezeichneten Punktreihen, die Gitterflächen $h\,k\,0$ entsprechen. Entnommen aus JIRGENSONS-STRAUMANIS loc. cit. S. 223

nicht die Koeffizienten selbst, sondern deren reziproke Werte angegeben, wobei diese durch geeignete Multiplikation derart auf ganze Zahlen gebracht werden, daß sie keinen gemeinsamen Faktor haben (z. B. $1/m = 1$; $1/n = 1$; $1/p = 1/2$, durch Multiplikation mit 2 ergibt sich $h = 2$, $k = 2$, $l = 1$; oder $1/2$, $1/3$, 0. Durch Multiplikation mit 6: 3, 2, 0.) Durch diese Bezeichnungsweise ist es leicht, die Lage einer Fläche sofort anzugeben. Der Index 0 bedeutet hiernach immer eine Fläche, die zur betreffenden Achse parallel läuft. 1 0 0 schneidet nur a in 1 und ist zu b und c parallel, entsprechend 0 1 0 und 0 0 1, sie heißen auch Endflächen. 1 1 0 schneidet a *und* b in 1, läuft aber zu c parallel (Prismenfläche); 1 1 1 schneidet alle drei Achsen in 1 (Pyramidenfläche). Am leichtesten macht man es sich an Hand der Abb. 43.2 klar, die schematisch eine Gitterfläche darstellt, in der die verschiedenen Gitterebenen $h\,k\,l$ für einige Fälle eingezeichnet sind.

Streuung von Röntgenstrahlen an Kristallgittern

Wenn, wie im klassischen Versuch von v. LAUE (1912), Röntgenstrahlen einen Kristall durchsetzen, können sie wie Lichtwellen an einem räumlichen Punktgitter interferieren.

Bei der Beugung von Lichtwellen an einem auf einer Fläche eingeritzten Strichsystem (z. B. einem Strichgitter nach ROWLAND) treten Interferenzen *einer* Richtung auf[1], während in einem räumlichen Gitter, aber in *drei* Raumrichtungen Interferenzen hervorgerufen werden. Zwischen dem Abstand zweier Punkte d — Striche im Gitter oder Punkte im Raumgitter — besteht, wie Abb. 43.3 zeigt, ein Zusammenhang zwischen Wellenlänge, dem Einfallswinkel und der Größe d; nämlich

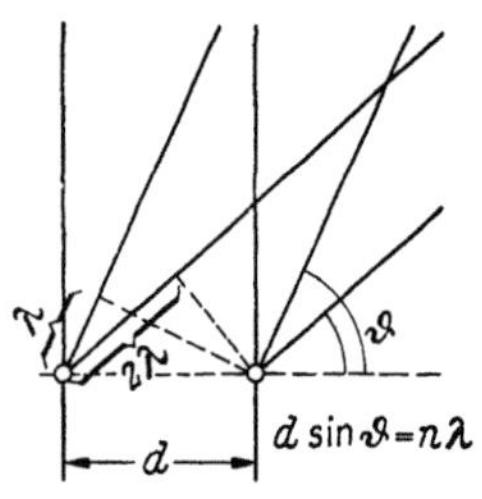

Abb. 43.3.
Erläuterung im Text

$$d \sin \vartheta = n\,\lambda, \qquad (43.1)$$

worin ϑ der Winkel ist, unter dem sich die Wellenzüge, die von den beiden Punkten ausgehen, durch Interferenz verstärken, λ ist die Wellenlänge und n eine ganze Zahl. In einem räumlichen Kristallgitter bilden die sich verstärkenden Wellenzüge Kegel mit den durch Gl. (1) gegebenen Kegelwinkeln ($\vartheta =$ halber Kegelwinkel). Wenn sie eine Ebene durchschneiden, entstehen Systeme von Kreisen und Hyperbeln, in deren Schnittpunkten sich die Interferenzen verstärken können, man beobachtet daher an solchen Punkten eine Schwärzung auf einer photographischen Platte, die im allgemeinen Sprachgebrauch der Röntgenanalyse als „*Reflexe*" bezeichnet werden. Voraussetzung ist, daß das Röntgenlicht eine geeignete Wellenlänge besitzt, die die Bedingung der Gl. (1) erfüllt. Auf die beschriebene Weise entstehen die sog. LAUE-Diagramme, welche mit polychromatischem Röntgenlicht aufgenommen werden; der Kristall „sucht sich" dann die geeignete Wellenlänge aus.

In anderer Weise entsteht ein Interferenzbild nach dem Verfahren von W. H. und W. L. BRAGGS. Stellen die die Punkte verbindenden Linien mehrerer Netzebenen eines Kristallgitters dar, so werden die von *einer* Netzebene abgebeugten Strahlen gleiche Wege durchlaufen, dies entspricht in anschaulicher Weise einer Reflexion des Röntgenstrahls an einer Ebene (vgl. Abb. 43.4). Das gleiche gilt für die zweite, dritte und folgende Ebene. Der an der zweiten Ebene reflektierte Strahl hat aber einen anderen Weg durchlaufen als der an der ersten, und zwar beträgt der Wegunterschied $2d \sin \vartheta$ Eine Verstärkung der beiden reflek-

---

[1] Vgl. dazu S. 165.

tierten Strahlen kann dann eintreten, wenn der Wegunterschied gleich
oder ein ganzzahliges Vielfaches der Wellenlänge des Röntgenstrahls
ist. Diese Bedingung kann durch geeignete Wahl des Winkels ϑ erfüllt
werden. Wenn man die Netzebenen eines Kristalls relativ zur Richtung
des Strahls dreht, so muß in dem Moment eine Interferenz eintreten, in
der die Bedingung

$$2d \sin \vartheta = n\,\lambda \qquad (43.2)$$

genügt wird (BRAGGsche Reflexionsbedingung). Ebenso kann eine Reflexion auftreten, wenn die Wellenlänge bei konstantem Winkel variiert
wird, was wir bereits oben beim
LAUE-Diagramm beschrieben haben.
Wenn bei der Drehung der doppelte,

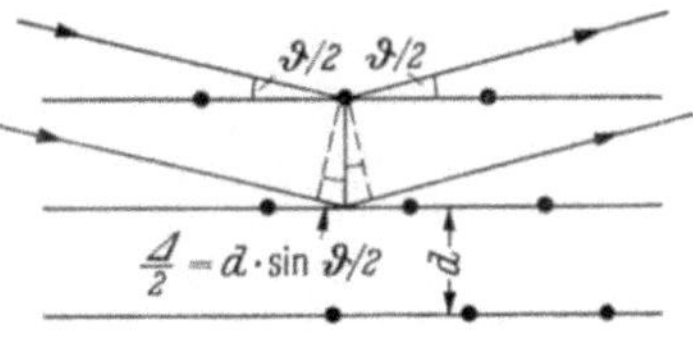

Abb. 43.4. BRAGGsche Reflexionsbedingung ($\varDelta = n\,\lambda$). Erläuterung
siehe Text

dreifache usw. Wert von λ durchlaufen wird, tritt jedesmal Interferenz
ein, man bezeichnet diese Stellen als Reflexe 1., 2., 3. usw. Ordnung.

Bei dieser BRAGGschen Drehkristallmethode wird ein gut ausgebil-
deter nicht zu kleiner Kristall im Röntgenstrahl um eine Achse — die
zweckmäßigerweise mit einer
kristallographischen Achse zusammenfällt — gedreht; auf einen
Film oder durch eine Ionisationskammer bzw. einem für Röntgenlicht empfindlichen GEIGER-
MÜLLER-Zählrohr werden die Interferenzen angezeigt und der entsprechende Winkel ϑ gemessen.
Nun können die Netzebenenabstände nach Gl. (2) berechnet werden, man muß aber diskutieren,
welche der Netzebenen h, k, l dabei
wirksam waren.

Sehr einfach wird die BRAGGssche Reflexionsbedingung erfüllt,
wenn wie bei der Methode von
DEBYE-SCHERRER und HULL ein
Kristallpulver verwendet wird, die
Kriställchen sind dort in allen möglichen Richtungen gelagert, viele
ihrer Netzebenen werden daher zu-

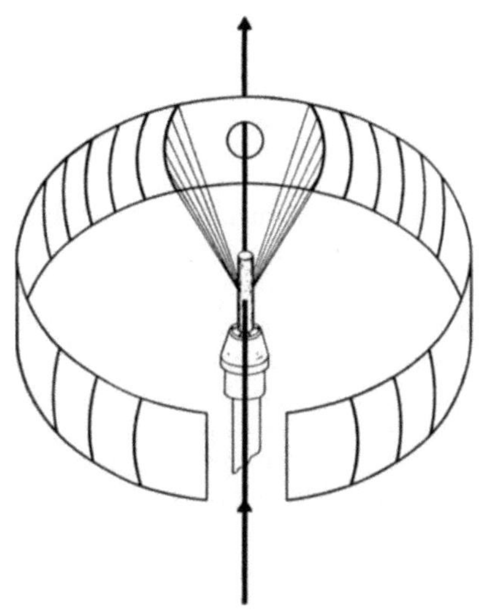

Abb. 43.5. Entstehung einer Pulveraufnahme
(schematisch) (nach BIJVOET, KOLKMEIJER und
MACGILLAVRY: Röntgenanalyse von Kristallen,
Berlin 1940, S. 20)

fällig auch in den Richtungen liegen, bei denen die Reflexionsbedingun-
gen (2) erfüllt werden. Wie Abb. 43.5 zeigt, entstehen Kegel, die auf
einem das Präparat als Zylinder umgebenden photographischen Film
kreisförmige Schwärzungen hervorrufen. Diese sehr einfache Methode
ist am weitesten verbreitet; man braucht nur das pulverförmige Präparat in ein Röhrchen aus Boratglas (sog. LINDEMANN-Glas, Mark-Röhr-
chen) zu füllen oder an einem feinen Stäbchen aus dem gleichen Glas

anzukleben und es in einer lichtdichten mit Blenden versehenen zylindrischen Metallkammer mit Röntgenlicht zu durchstrahlen, wobei der Film an die zylindrische Wand angelegt und das Präparat in der Zylinderachse gehaltert wird. Da meist sehr viele Linien auf dem Film entstehen, ist es nur in einfachen Fällen — d. h. bei Kristallen hoher Symmetrie[1] — möglich, die Reflexe zu „indizieren", womit die Zuordnung der Reflexe zu bestimmten Netzebenen gemeint ist.

Die auch für relativ kleine Kristalle am besten geeignete Methode zur Bestimmung der Abmessungen ihrer Elementarzelle ist die *Drehkristallmethode* von POLANYI. In einer DEBYE-SCHERRER-Kammer wird

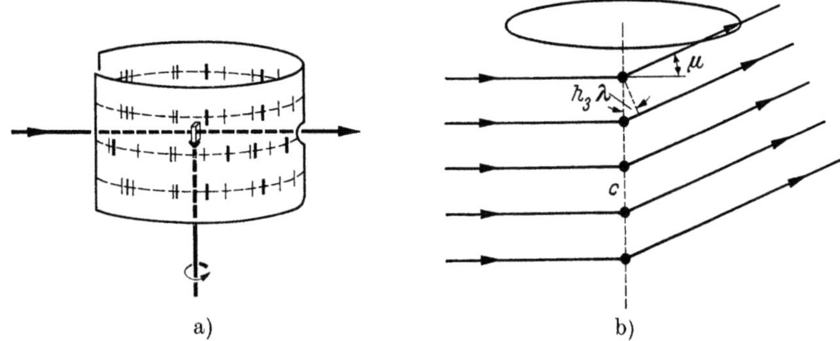

Abb. 43.6. Drehkristallmethode. a) Allgemeines Aufnahmeschema; b) Erläuterung der Schichtlinienbeziehung [Gl. (43.3)]. Entnommen aus BIJVOET, KOLKMEIJER und MACGILLAVRY loc. cit. S. 23

an Stelle des pulverförmigen Präparats ein kleiner Kristall so justiert, daß er genau um eine seiner kristallographischen Achsen gedreht werden kann. Wenn dies z. B. die c-Achse ist, so liegen alle Reflexe, die von den Ebenen $h, k, 0$ ausgehen (vertikale Ebenen parallel zur c-Achse) auf dem Äquator des Diagramms, wie auf Abb. 43.6a zu sehen ist. Nun können die Strahlen mit Netzebenen interferieren, die senkrecht zur Drehrichtung (c-Achse) des Kristalls liegen, vorausgesetzt, daß sie im Reflexionswinkel nach Gl. (2) getroffen werden. Diese Reflexe müssen auf einer Linie des Films liegen, die parallel zum Äquator verläuft, und deren Abstand p vom Äquator durch die sog. Schichtlinienbeziehung gegeben ist (Abb. 43.6b)

$$\sin \mu = n\,\lambda/c \quad \text{mit} \quad \text{tg}\,\mu = p/R \tag{43.3}$$

(R = Radius der Filmkamera, c = Abstand der Netzebenen im Kristall in Richtung der c-Achse = c-Kante der Elementarzelle).

Diese Methode hat den großen Vorteil, daß sie direkt eine Abmessung der Elementarzelle liefert; durch drei Aufnahmen, bei denen jeweils um eine der drei Achsen des Kristalls gedreht wird, sind aus den Schichtlinien *alle* Abmessungen der Elementarzellen zu bestimmen. Ebenso ist,

---

[1] Indizierung ist bis zu tetragonaler oder hexagonaler Symmetrie möglich, kaum noch bei rhombischer Symmetrie. Ein besonderes Verfahren der Indizierung ist das von HULL. Vgl. dazu GLOCKER: Materialprüfung mit Röntgenstrahlen (loc. cit.).

wie hier nicht näher erläutert werden kann, eine Indizierung der einzelnen Reflexe grundsätzlich möglich.[1]

Es sei hier erwähnt, daß statt der Röntgenstrahlen, die den Wellenlängenbereich von 0,544 Å (Rh (β)) bis 2,29 Å (Cr (α_2)) überstreichen, auch Elektronenstrahlen verwendet werden können, die Wellenlängen von 0,02$\cdots$0,1 Å besitzen. Die Versuchstechnik ist insofern anders, als das Präparat in eine evakuierte Kammer wie beim Elektronenmikroskop eingebracht werden muß. Wegen der starken Absorption der Elektronenstrahlen können nur dünne Blättchen oder Kriställchen durchstrahlt werden, diese geben je nach der Ausblendung Interferenzringe, ähnlich den DEBYE-Aufnahmen, oder auch Punktdiagramme, wenn die Interferenz von einem einzigen Kristall oder in einer Richtung orientierten Kristalliten herrührt. Bei streifendem Einfall des Elektronenstrahls werden auch Reflexionsdiagramme erhalten. Für die Methodik der Aufklärung der Struktur von Kolloiden ist es wichtig, daß die neueren Elektronenmikroskope[2] Beugungsversuche zu machen gestatten und zwar an Objekten, die unter dem Elektronenmikroskop erst ausgesucht werden können und deren Ausdehnung bei neueren Instrumenten nur bis zu 10 mμ zu betragen braucht. Ergebnisse von Strukturuntersuchungen mit Hilfe dieser Technik sind allerdings noch nicht bekannt geworden. Das wäre die einzige Methode, um einen physikalischen Effekt, der auf der Partikel*struktur* beruht — nämlich die Interferenz der Elektronenstrahlen —, an einem *einzigen* isolierten Teilchen studieren zu können.

Völlige Strukturbestimmung von Kristallen

Das Ziel einer Strukturbestimmung ist, den Platz eines jedes Atoms, das im Kristall vorkommt, anzugeben. Da der Kristall makroskopisch durch Aneinanderlagerung immer der gleichen Elementarzellen aufgebaut werden kann, genügt es, die Plätze der Atome in der Elementarzelle zu kennen, jeder andere Platz kann dann durch Translationsoperationen angegeben werden. Dazu ist es zunächst notwendig, die Größe der Elementarzelle sowie die Zahl der darin enthaltenen Atome, Moleküle oder Ionen zu kennen. Wenn gut ausgebildete Kristalle auch nur einiger Zehntel Millimeter Kantenlänge vorliegen, lassen sich die Abmessungen a, b, c der Elementarzelle durch Drehkristallaufnahmen bestimmen, wobei allerdings Voraussetzung ist, daß die Lagen der Kristallachsen feststellbar sind und man den Kristall in der Röntgenkammer danach justieren kann. Hierbei wird es immer möglich sein, auch die Indices der Netzebenen anzugeben, die die Reflexe verursachen. Das Kristallsystem und die Kristallklasse wird meist aus der makroskopischen Kristallgeometrie bekannt sein, wenn nicht, können LAUE-Aufnahmen die Symmetriebestimmungen ermöglichen. Der nächste Schritt besteht in der Ermittlung der Zahl der Atome oder Moleküle pro Elementarzelle. Die chemische Formel, Molekulargewicht (Formelgewicht!), Dichte und LOSCHMIDTsche Zahl lassen das Volumen eines „Moleküls" im chemischen Sinne[3] berechnen (= $M/\varrho\, N_L$); das Verhält-

---

[1] Vgl. die oben zitierten Lehrbücher.

[2] Vgl. H. BOERSCH: Z. Physik **116**, 469 (1940).

[3] Dieser muß vom Molekülbegriff im physikalischen Sinn unterschieden werden, denn es handelt sich dabei um eine Ansammlung von Atomen, die die chemische Formel angibt, ohne daß dabei über ihre Einheit als Korpuskel etwas ausgesagt wird.

nis von Elementarzellenvolumen zum „Molekülvolumen" ergibt die Zahl der Moleküle pro Elementarzelle.

Bis zu diesem Punkt ist nur die Kenntnis der geometrischen Beziehungen zwischen den Reflexionswinkeln und den Gitterabständen notwendig. Um weitere Aussagen zu machen, etwa welcher Raumgruppe die Elementarzelle angehört und in welcher Weise die Atome darin angeordnet sind, müssen die Zusammenhänge ausgenutzt werden, die zwischen der Struktur der Elementarzelle und der *Intensität* der Röntgenreflexe bestehen.

Wie z. B. auf dem Diagramm der Abb. 43.15 erkennbar ist, sind die Intensitäten der Reflexe ungleich. Die Intensität ändert sich einerseits kontinuierlich mit zunehmendem Beobachtungswinkel, andererseits sprunghaft durch das verschiedene Zusammenwirken der von den Atomen je nach ihrer Lage gestreuten Wellen. Die allmähliche Abnahme beruht auf den Wirkungen verschiedener Faktoren, dem *Streuvermögen* F_i der Atome, das von ihrer Elektronenzahl abhängt, dem Polarisationsfaktor α (vgl. Lichtstreuung), dem sog. LORENTZ-Faktor, der Temperatur und dem Absorptionsfaktor. Die sprunghafte Änderung wird von nur zwei Faktoren beeinflußt, der Flächenzahl und dem eigentlichen Strukturfaktor. Die Flächenzahl gibt an, wieviel Ebenen ein und derselben Art in einem Gitternetz vorkommen können, z. B. in einem Würfelnetz 6 Würfelebenen (100, $\bar{1}$00, 010, 0$\bar{1}$0, 001, 00$\bar{1}$) (Die Striche über den MILLERschen Indices bedeuten das Minuszeichen; $\bar{1}$00 $= (-1)00$ das negative Vorzeichen besagt, daß die Achsen im negativen Gebiet geschnitten werden), 8 Oktaederebenen, 2 Rhombendodekaederebenen usw. Je mehr Flächen vorkommen, um so stärker ist auch die Intensität, da alle Flächen, auch solche mit negativen und positiven Indices zum gleichen Reflex beitragen. Aus dem Strukturfaktor läßt sich der Typ des BRAVAIS-Gitters ableiten, der im untersuchten Kristall vorliegt (z. B. flächenzentriertes, raumzentriertes oder einfaches kubisches Gitter). Einige Gittertypen zeigen die Abb. 43.8 bis 43.15. Während etwa in einem einfachen kubischen Gitter die Schichtlinien der Drehkristallaufnahme die gleiche Intensität (nach Korrektur der kontinuierlichen Faktoren) besitzen, haben in einem raumzentrierten kubischen Gitter, wie Abb. 43.8 zeigt, die Schichtlinien mit gerader Numerierung, (die 0., 2., 4., ...) die doppelte Intensität, während die mit ungerader Numerierung (die 1., 3., 5., ...) geschwächt oder bei gleichartigen Atomen sogar ausgelöscht werden. Die gilt allgemein für die Indices $h\,k\,l$. Kubisch flächenzentrierte Gitter zeigen Auslöschungen für gemischte $h\,k\,l$ und vierfache Intensität, wenn die $h\,k\,l$ alle gerade oder alle ungerade sind. Ähnliche Gesetzmäßigkeiten lassen sich auch für die anderen Typen aufstellen. Für beliebige Lagen der Atome kann dann eine allgemeine Intensitätsgleichung aufgestellt werden, welche lautet

$$|S|^2 = \left[\sum_i F_i \cos 2\pi \, (\varrho_i\, h + \sigma_i\, k + \tau_i\, l)\right]^2 +$$
$$+ \left[\sum_i F_i \sin 2\pi \, (\varrho_i\, h + \sigma_i\, k + \tau_i\, l)\right]^2 \tag{43.4}$$

(S = Intensität, F_i = Streuvermögen, ϱ, σ, τ = Koordinaten des gesuchten Atompunkts in der Elementarzelle, Koordinatenursprung: Schnittpunkt von a, b, c). Sind aus anderen Kenntnissen, z. B. der chemischen Konstitution oder den Symmetrieeigenschaften des Moleküls, gewisse Anhaltspunkte für seine Lage in der Elementarzelle vorhanden[1], so wird oft die Methode des „trial and error" angewandt. Man berechnet nach Gl. (4) für eine Reihe wahrscheinlicher Atomlagen die Intensitäten der Reflexe $h\,k\,l$ und vergleicht sie mit den experimentell gemessenen. Hierbei genügt vielfach eine Abschätzung, da es hauptsächlich darauf ankommt, bestimmte Strukturen auszuschließen. Man kann damit aussagen, welche Struktur *nicht* in Frage kommt und nicht *welche* in Frage kommt!.

Die genauesten und vielseitigsten Angaben werden mit Hilfe einer FOURIER-Analyse der „streuenden Dichte" gewonnen. In Wirklichkeit wird das Röntgenlicht ja nicht von den Atomen selbst gestreut, sondern von ihren Elektronen, die aber im Raum nicht scharf lokalisiert sind. Man stellt sich die Elektronenverteilung so vor, als ob die Atomkerne kontinuierlich von einer Elektronensubstanz umgeben sind, wie es auch bei den Vorstellungen der Wellenmechanik über den Atombau zum Ausdruck kommt. Die Substanzdichte ändert sich mit der Entfernung vom Kern. Bezeichnen wir diese Elektronendichte im Abstand z von einer Netzebene mit ϱ_z, so ist sofort einzusehen, daß sie sich von Atom zu Atom in einer Netzebene periodisch ändern muß, und zwar im Abstand d der gerade betrachteten Netzebene. Periodische Funktionen lassen sich aber als FOURIER-Reihen der allgemeinen Form folgendermaßen darstellen:

$$\varrho_z = A_0 + A_1 \cos 2\pi\,[(z/d) + \varphi_1] + $$
$$+ A_2 \cos 2\pi\,[(2z/d) + \varphi_2] + \cdots A_i \cos 2\pi\,[(i\,z/d) + \varphi_i]. \tag{43.5}$$

Die Amplituden A_i hängen dabei mit den Strukturamplituden S der Gl. (3) auf einfache Weise zusammen. Es ist $A_i = 2S_i/d$. S_i kann durch Intensitätsmessung der Reflexe und nach Korrektur der verschiedenen Streufaktoren bestimmt werden. Nicht bestimmbar sind die Werte der Phasen φ_i; dadurch ist die *eindeutige* Bestimmung der Elektronendichteverteilung im allgemeinen Fall nicht möglich. Zwar kann durch Zuhilfenahme von Symmetriebetrachtungen diese Unbestimmtheit bis auf eine des Vorzeichens der einzelnen FOURIER-Koeffizienten eingeschränkt werden, meistens wird jedoch die „trial and error"-Methode zu Hilfe genommen werden müssen, um bestimmte Anordnungen auszuschließen[2].

Dieses Dilemma entsteht nicht bei einer von PATTERSON[3] vorgeschlagenen Methode, bei der nicht die S-Werte, die in Gl. (5) die A-Werte ersetzen, sondern die Werte für S^2 benutzt werden, die sich leicht aus der

---

[1] Z. B. wird eine Paraffinkette etwa zickzackförmig und parallel zu einer Achse gelagert sein, Verbindungen mit ebenen Ringen ergeben Schichtlagerungen usw.

[2] Für zweidimensionale Verteilungen gelten Gl. (5) ähnliche Gleichungen mit zwei Richtungs- und Dimensionskoordinaten. Dreidimensionale Verteilungen sind so kompliziert, daß sie nur mit Hilfe elektronischer Rechenanlagen berechnet werden können.

[3] PATTERSON, A. L.: Physic. Rev. (2) **46**, 372 (1934); Z. Kristallogr. **90**, 517 (1935)

Intensitätsverteilung der Reflexe gewinnen lassen. Doch führt die Methode nicht zu den Elektronendichteverteilungen selbst, sondern zur Häufigkeit des Auftretens eines bestimmten vektoriellen Abstandes zwischen den Atomen, aus denen allerdings die Atomlagen leicht konstruiert werden können. Vollständige Strukturbestimmungen bedienen sich beider Methoden. Die Ausrechnung und Analyse ist in Fällen etwas komplizierter Struktur außerordentlich mühsam, wenn auch heute bereits von verschiedener Seite FOURIER-Integratoren empfohlen werden, die die Rechenarbeit abkürzen sollen.

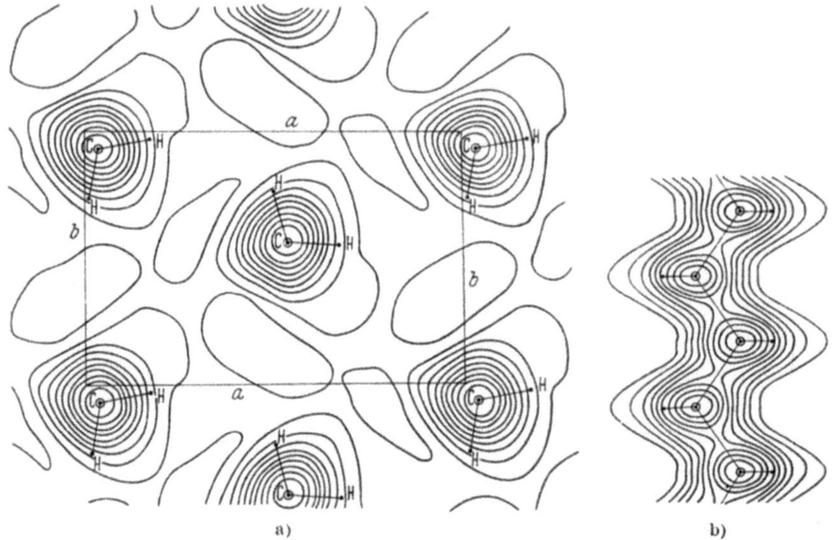

Abb. 43.7. FOURIER-Analyse der Elektronendichteverteilung in einem Paraffinkristall. a) Schnitt durch die Grundfläche der Elementarzelle, b) Längsschnitt durch eine Paraffinkette nach BUNN: Trans. Faraday Soc. **35**, 482 (1939)

Das Ergebnis einer FOURIER-Analyse wird in landkartenähnlichen Diagrammen wiedergeben, von denen Abb. 43.7 eine darstellt. Die Linien entsprechen bestimmten Elektronendichten. Sie sind am größten in der Nähe der Atomkerne; wenn keine Bindung zwischen ihnen auftritt, sinken sie auf den Wert Null. Bindende Kräfte zwischen den Atomen sind durch endliche Elektronendichten gekennzeichnet, bei covalenter Bindung sind sie besonders groß[1].

Einige Beispiele von Kristallgittern,
die für die Kolloidchemie von Bedeutung sind

Die atomare Struktur fast aller Körper, die in Kristallform auftreten, ist heute bekannt. Durch die Bestimmung der Verteilung der Elektronendichten konnten darüber hinaus außerordentlich wertvolle Kenntnisse über die Art der Bindung zwischen einzelnen Atomen gewonnen werden, was für unsere Betrachtungsweise

---

[1] Vgl. hierzu H. G. GRIMM, R. BRILL, C. HERMANN u. C. PETERS: Naturwiss. **26**, 29 (1936); Ann. Physik (5) **34**, 393 (1939).

von besonderer Bedeutung ist, denn für die Beurteilung der Struktur eines Kolloids ist es wichtig, zu wissen, wann und wo „Bausteine" im Sinne der Definition des § 42 vorliegen. Da andererseits die Kenntnis der häufiger auftretenden Gittertypen von großem Nutzen ist, sollen einige Beispiele besprochen werden.

Die *Ionengitter* sind wie ihr Name sagt, aus Ionen aufgebaut: NaCl, CsCl, K_2PtCl_6 usw. Es sind meist Gitter, die hohe Symmetrie besitzen, z. B. das kubisch-raumzentrierte CsCl-Gitter in Abb. 43.8. Der Nachweis der Ionennatur der Gitterbausteine konnte auf verschiedene Weise erbracht werden, z. B. konnte die FOURIER-Analyse die Zahl der Elektronen in jedem Baustein bestimmen, wodurch eine Entscheidung leicht möglich ist.

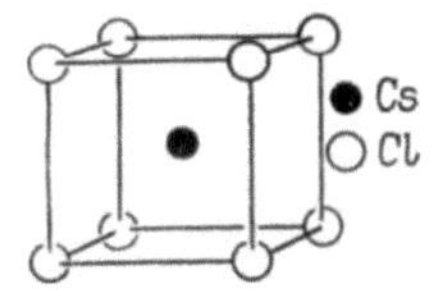

Abb. 43.8. Elementarzelle des CsCl (Ionengitter)

Das *Diamantgitter* ist dadurch ausgezeichnet, daß die Atome durch covalente Bindungen zusammengehalten werden. Dieses Gitter von ebenfalls hoher Regelmäßigkeit und Festigkeit findet man auch bei vielen anorganischen Verbindungen (ZnS, CdTe, HgJ usw.). Die FOURIER-Analyse ergibt eine hohe Elektronendichte auf denjenigen Linien zwischen den Atomen, die der Chemiker durch Valenz-Striche kennzeichnet.

In *Metallgittern* liegen die Atome sehr häufig als dichteste Kugelpackungen vor, wodurch wieder hohe Symmetrien bevorzugt werden. Die Elektronendichteverteilung zeigt hier den besonderen Typ der metallischen Bindung an, bei der sich die Elektronen über den ganzen Raum zwischen den Metallkationen gleichmäßig verteilen.

Molekülgitter sind von besonderem Interesse. Hier treten in sich geschlossene Atomansammlungen auf, deren Atome covalent untereinander gebunden sind. Sie selbst werden dann durch schwächere VAN DER WAALSsche Kräfte (s. hierzu § 54) zusammengehalten. Beispiele hierfür sind Schwefel, $(As_2O_3)_2$ Jod und praktisch sämtliche organischen Verbindungen. In der Elektronendichteverteilung finden sich Übergänge fast nur an den Stellen covalenter Bindungen; zwischen den einzelnen Molekülen ist die Dichte praktisch $= 0$. Das Beispiel des Paraffins (Abb. 43.7) zeigt dies besonders deutlich.

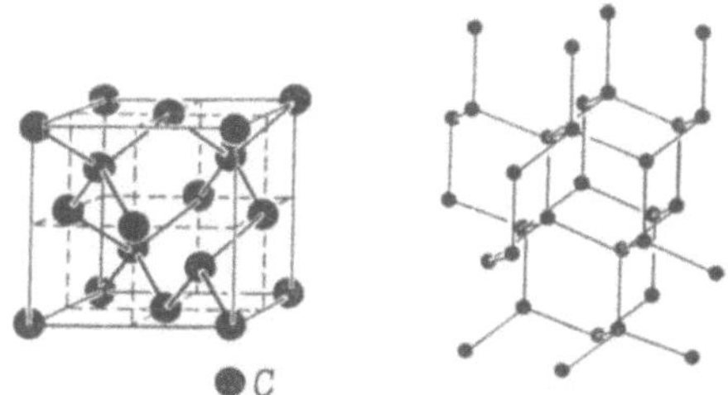

Abb. 43.9. Diamantgitter

*Schichten*strukturen können verschiedene Ursachen haben. Hier machen sich bereits Komplikationen bemerkbar, die durch individuelle Eigenschaften der Gitterbausteine hervorgerufen werden. Große Ionen, wie z. B. J^- können durch hochgeladene kleine, wie Pb^{++} polarisiert werden; dadurch können Schichten

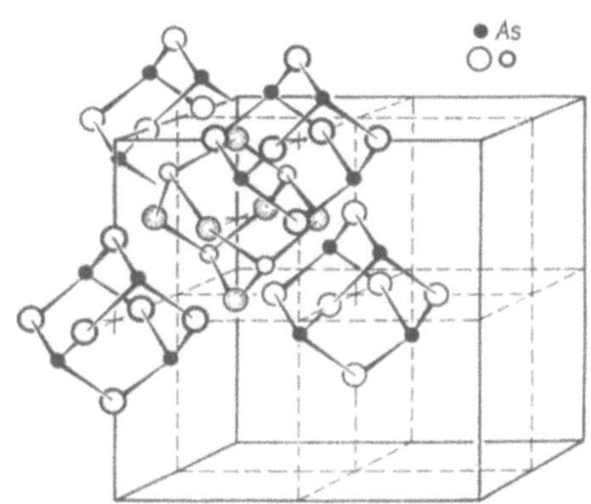

Abb. 43.10. Molekülgitter $(As_2O_3)_2$

von | JPbJ | JPbJ | entstehen, wo Ionen gleicher Ladung aneinanderstoßen. Innerhalb der Schicht tritt der gleiche Bindungstyp auf, die einzelnen Schichten werden jedoch ähnlich wie bei den Molekülgittern durch VAN DER WAALSsche Kräfte zusammengehalten. Eine Schicht aus PbJ_2 hat daher Ähnlichkeit mit einem „Molekül" aus $(PbJ_2)_x$, das ein sehr ausgedehntes Blättchen von der Dicke J—Pb—J bildet.

Häufig finden sich solche Strukturen bei den Silikaten; die Bindungen zwischen dem sehr kleinen Si-Atom und dem Sauerstoff sind erheblich „polarisiert", d. h. sie sind nicht mehr als rein elektrovalente aber auch noch nicht als covalente

18*

Bindungen anzusehen. So können Ketten aus SiO_4-Tetraeder entstehen (Pyroxene), die eine große Ähnlichkeit mit linearen Makromolekülen haben. Eine Pyroxenkette, das Dioptid ist in Abb. 43.11 d dargestellt. Ebenso können Netze aus Ringen von SiO_4-Gruppe wie der Glimmer in Abbildung 43.11 f entstehen. Räumliche Netze großer Stabilität werden bei dreidimensionaler Vernetzung solcher Baueinheiten gebildet. Die Netze aufeinandergelegt bilden wieder Schichtenstrukturen aus, für die im Prinzip das gleiche gilt wie für das beim PbJ_2 Gesagte, ein Beispiel zeigt Abb. 43.12.

Weitere Typen von Schichtengittern trifft man beim Graphit, in dem sechseckige Netze Schichten bilden, die untereinander covalent gebunden sind, während die Bindung zwischen den Schichten durch ein Bindungselektron vollzogen wird, das einer Metallbindung entspricht.

Schließlich findet man noch bei den Gittern aus organischen Molekülen mit langen Ketten (Paraffin) Schichtenstrukturen, die einfach dadurch entstehen, daß Bereiche VAN DER WAALSscher Bindung mit covalenter Bindung abwechseln (vgl. Abb. 43.13 a).

Als bedeutungsvolle Besonderheit sind *Fasergitter* zu erwähnen. Während Schichtengitter dadurch zustande kommen, daß die Bindungsart der Atome in zwei Raumrichtungen gleichartig ist und in der dritten verschieden, so entstehen Fasergitter, durch gleichartige Bindungen in einer Richtung und verschiedene in den beiden übrigen. Das Beispiel der Pyroxenketten wurde schon angeführt, doch treten die überwiegend häufigsten Fälle von Faserstrukturbildung bei den fadenförmigen organischen Makromolekülen auf.

Bei einfachen unvernetzten Fadenmolekülen sind die Atomgruppen durch covalente Bindungen wie Perlen auf einer Schnur aufgereiht. Hauptvalenzen treten dann nur in Richtung der Fadenachse auf. Sie können auch wie bei der Cellulose Ringe bilden, die aneinandergereiht eine Kette ergeben. Der Charakter der Faserstruktur wird nicht verändert, wenn die Hauptvalenzketten durch selten auftretende Querverbindungen — wie beim Wollkeratin — vernetzt werden. Nun kann die Verschiedenartigkeit der Bindung in den drei Raumrichtungen dazu führen, daß der Zustand der Faser nicht mehr kristallin ist.

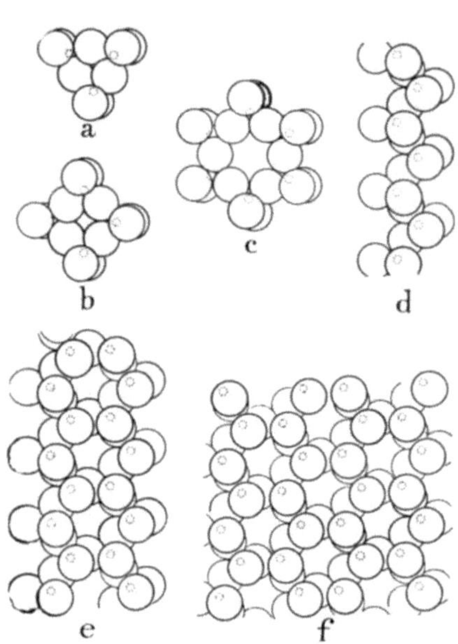

Abb. 43.11. Silikatstrukturen. Pyroxenbaueinheiten (a, b, c), Pyroxenkette (d), Pyroxenringe und -netze (e und f). (Entnommen aus STUART: Physik der Hochpolymeren, Bd. III, loc. cit. S. 104)

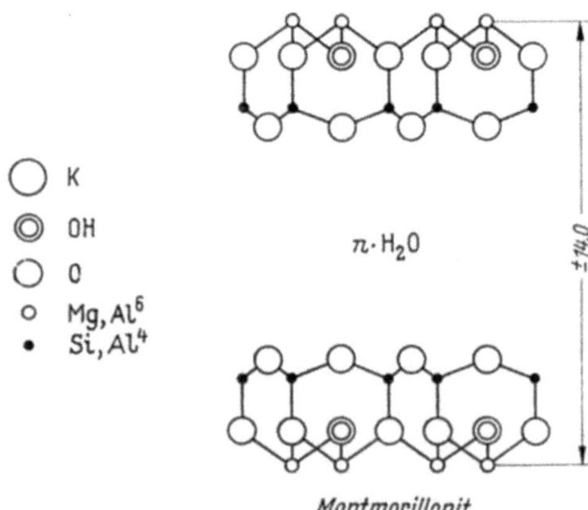

Abb. 43.12. Schichtengitter. Montmorillonit. Zwischen die Schichten können wechselnde Mengen Wasser eingelagert werden

Die Molekülfäden sind wohl parallel ausgerichtet, ihre gegenseitige Orientierung ist jedoch regellos, wie auch ihre seitlichen Abstände nicht gleich sind. Es kommt aber auch vor, daß in ein und derselben Faser kristalline Bereiche — d. h. solche mit allseitig fixierter Ordnung der Moleküle — mit nur teilweise orientierten Bereichen nebeneinander oder in räumlicher Periodizität auftreten, wie Abb. 43.14

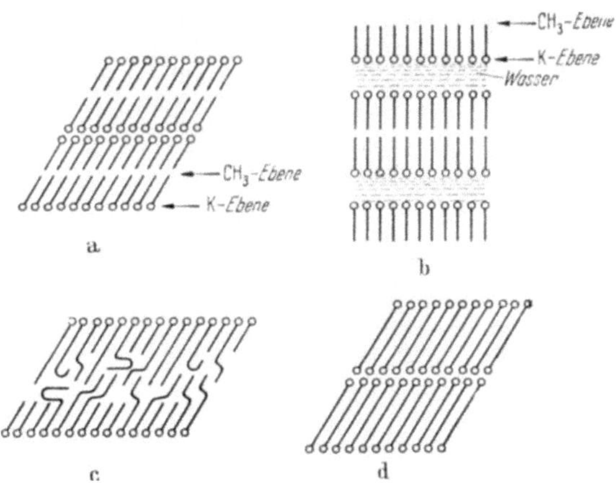

Abb. 43.13. Aufbau von Seifenkristallen. a) normaler Kristall, b) Assoziat in Wasser (vgl. § 75—80), c) Seifenmischkristalle aus Verbindungen verschiedener Kettenlänge, d) Dicarbonsäurekristalle, nach HESS und KIESSIG: Chem. Ber. **81**, 327 (1948)

schematisch darstellt. Solche Komplikationen, die die Struktur der Cellulose, des Kautschuks, des Kollagens und andere beherrschen, erschweren eine Strukturaufklärung erheblich. Noch schwieriger sind Zustände zu übersehen, in denen die Orientierung auch in einer Richtung nicht mehr vollkommen ist, etwa wenn die Fadenmoleküle wie beim Kautschuk in steigendem Maße geknäuelt sind.

Faserstrukturen sind im Zusammenhang mit kolloiden Substanzen häufig anzutreffen. Die Aufklärung ihrer Besonderheiten ist für das Verhalten natürlicher und synthetischer Fasern von großer praktischer Bedeutung, andererseits sind wertvolle Kenntnisse über den Aufbau der Fadenmoleküle selbst zu erhalten.

Die Röntgenmethode läßt zwar das Vorhandensein der Faserstruktur in besonders auffallender und eindringlicher Weise erkennen, ihre vollständige Strukturanalyse bereiten aber wegen der Unvollkommenheit des Faser„gitters" häufig Schwierigkeiten[1]. Die Röntgendiagramme einer Faser haben große Ähnlichkeit mit Drehkristallaufnahmen von Einkristallen, bei der die auf Abb. 43.6 gezeigten Schichtlinienbilder ent-

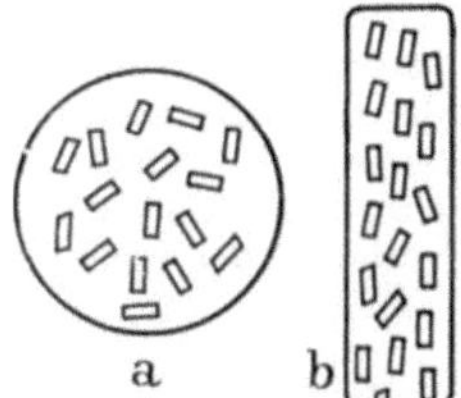
Abb. 43.14. Ordnung in einer Faser. a) Kristalline Bereiche liegen im Faserquerschnitt ungeordnet, b) Ausrichtung der kristallinen Bereiche längs der Faserachse (Längsschnitt)

stehen. Denken wir uns nun einen stabförmigen Einkristall, dessen Stabachse mit der Drehachse zusammenfällt, in lauter kleine Kriställchen gespalten, aber so, daß alle Spaltebenen parallel zur Stab- und Drehachse liegen. Werden die Spaltstücke wieder aneinander gefügt, wie sie ursprünglich waren, so wird sich röntgenographisch außer einer Reflexverbreitung nichts ändern. Schütteln wir aber die abgespalteten Stäbchen — die wir uns als Streichhölzer denken mögen — und fassen wir sie danach zu einem Bündel zusammen, bei dem zwar alle

---

[1] Vgl. O. KRATKY in Kolloidchem. Tb. Hrsgb. A. KUHN. 4. Aufl. Leipzig 1953. — HERMANS, P. H. in Colloid Science. Hrsgb. H. R. KRUYT. Bd. 2. Amsterdam 1949.

Stäbchen parallel liegen, ohne jedoch darauf zu achten, daß Spaltfläche auf Spaltfläche kommt, so ist die ursprüngliche Ordnung in Richtung der Stabachse aufrechterhalten, in den beiden andern jedoch zerstört. Eine Röntgenstrahlung liefert nun ein Drehdiagramm, ohne daß das Bündel gedreht zu werden braucht, da senkrecht zur Drehrichtung — also in zwei Raumrichtungen — alle möglichen Lagen der Netzebenen auftreten. Parallel zur Stabachse hat sich nichts geändert.

Während bei richtigen Drehkristallaufnahmen viele Reflexe zu beobachten sind, die die Indizierung und vor allem die Aufstellung einer Intensitätsstatistik für die FOURIER-Analyse erleichtert, ist die Reflexzahl bei Faserdiagrammen gering.

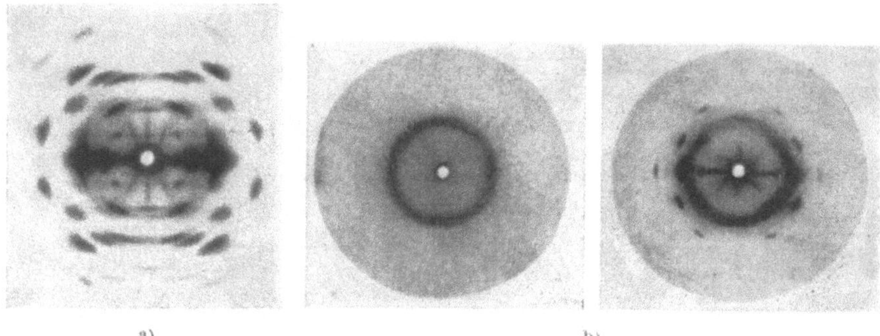

a)   b)

Abb. 43.15. Beispiele von Faserdiagrammen. a) Cellulose, b) (links) Kautschuk ungedehnt, (rechts) — gedehnt (nach BIJVOET: loc. cit. S. 172 u. S. 185)

Verhältnismäßig günstig ist es noch bei der Cellulose, deren Röntgendiagramm Abb. 43.15a zeigt, weniger günstig ist das Diagramm des gedehnten Kautschuks der Abb. 43.15b.

Völlig ungeordnete amorphe Materie streut die Röntgenstrahlen diffus und ergibt auf einem photographischen Film eine Schwärzung, die zu großen Winkeln schwächer wird. Flüssigkeiten, bei denen man etwas Derartiges erwarten sollte, verursachen jedoch Schwärzungsmaxima, die auf bevorzugte gegenseitige Abstände der Flüssigkeitspartikeln zurückzuführen sind. Sehr gut sind sie beim Quecksilber, weniger gut beim Wasser und organischen Flüssigkeiten zu beobachten. Die Untergrundschwärzung spielt bei der Beurteilung, ob teilweise amorphes Material vorliegt oder nicht, eine große Rolle.

§ 44. Strukturanalysen kolloider Systeme

a) Analyse der Struktur der isolierten dispergierten Substanz. Im allgemeinen handelt es sich bei der Strukturanalyse eines kolloiden Systems darum, die Struktur der dispergierten Substanz zu ermitteln. Zunächst muß die dispergierte Substanz eindeutig als Bestandteil eines inkohärenten oder kohärenten Systems erkannt sein, was bei Systemen, die den Charakter von „Lösungen" besitzen, oder bei „Gelen" relativ einfach ist. An sich wäre es ideal, die Struktur der Partikeln im Zustand der Dispersion selbst untersuchen zu können. Da der Massenanteil der dispergierten Substanz meist sehr gering ist, stehen dem experimentelle Schwierigkeiten entgegen (vgl. w. u.).

Die Intensitäten der Röntgeninterferenzen sind der Masse der durchstrahlten Substanz proportional. Beträgt der Massenanteil z. B. nur einige Prozent der Gesamtmasse des dispergierten Systems, so werden die Interferenzen der dispergierten Substanz durch die des Dispersionsmittels meist stark überdeckt.

Man wird daher versuchen, die dispergierte Substanz vom Dispersionsmittel zu trennen und sie gesondert untersuchen, doch ist das nur unbedenklich, wenn ihr Zustand, insbesondere ihre Struktur dabei nicht verändert wird.

Die Strukturuntersuchung kolloider Systeme durch Aufnahme von Röntgendiagrammen isolierter Partikel läßt sich praktisch nur bei Dispersionskolloiden durchführen. Assoziationskolloide und Makromoleküle lassen sich nur in einer Form isolieren, in der die Struktur der dispergierten Partikeln nicht mehr bewahrt wird — wenn man von einigen Ausnahmefällen absieht. In günstigen Fällen läßt sich die dispergierte Substanz in kristalliner Form gewinnen, so daß vom Standpunkt der Methodik gesehen der vollständigen Strukturbestimmung nichts im Wege steht. Doch braucht die auf diese Weise gefundene Struktur durchaus nicht mit der der dispergierten Einzelpartikel im kolloiden System identisch zu sein. Beispielsweise kristallisieren Seifen relativ leicht, doch ist die Struktur eines Seifenassoziats nicht die gleiche, wie die eines Seifenkristalls. Ebenso können die überaus wertvollen Struktureinzelheiten, die aus der Röntgenanalyse kristallisierter Proteine gewonnen worden sind, nicht ohne weiteres der Struktur des gelösten Proteins zugesprochen werden. Noch weniger ist dies für die kristallinen, halbkristallinen oder völlig amorphen Abscheidungen synthetischer Makromoleküle bzw. Hochpolymerer möglich. Andererseits kann kein Zweifel darüber bestehen, daß aus Strukturbestimmungen ihrer festen Zustände außerordentlich wertvolle Hinwesie über die möglichen Strukturen im kolloiden, d. h. im dispergierten Zustand, erhalten werden.

Unsicher sind auch bei Dispersionskolloiden die Verhältnisse, wenn die Präparate durch irreversible Vorgänge, wie durch Koagulation oder Ausfällung gewonnen werden. Weniger bedenklich sind die reversiblen Abtrennungsmanipulationen wie z. B. reversible Koagulation, Sedimentation, Elektrodekantation oder Ultrafiltration. In allen Fällen wird man vorsichtshalber ausprobieren müssen, ob bei Wiedervereinigung von abgetrennter dispergierter Substanz und Dispersionsmittel das Ausgangssystem zurückgebildet wird.

Nach WEISER und MILLIGAN[1] empfiehlt es sich, Dispersionen von anorganischen Kolloiden schnell zu präzipitieren. Hierbei soll verhindert werden, daß die Partikeln durch Kristallisation größer werden oder auch ihre Struktur verändern. Die Röntgendiagramme derart präzipitierter Dispersionskolloide sollen sich von denen im Zustand der Dispersion selbst aufgenommenen Diagrammen praktisch nicht unterscheiden.

SCHERRER[2] machte die ersten Versuche zur Bestimmung der Struktur kolloider Partikel. Dabei sollte sich zeigen, daß die Kleinheit der Partikeln einen besonderen Effekt hervorrief. Röntgenaufnahmen des Ultrafiltrationsrückstandes eines ZSIGMONDYschen Goldsols zeigten, daß die

---

[1] MILLIGAN, W. O. u. H. B. WEISER: J. physic. Chem. **40**, 1095 (1936).
[2] SCHERRER, P.: Nachr. Ges. Wiss. Göttingen **1918**. 96.

Struktur, d. h. die Abmessungen der Elementarzelle der Goldpartikel
die gleichen waren wie die des makroskopisch kristallisierten Goldes.
Das erhaltene Pulverdiagramm nach DEBYE-SCHERRER besaß aber
erheblich breitere Interferenzringe als man es von normalen Kristall-
pulvern her gewohnt war.

Aus der Verbreiterung des Interferenzringes konnte SCHERRER mit
Hilfe der v. LAUEschen Theorie der Röntgeninterferenzen eine Beziehung zwischen der Partikelgröße und der Linienbreite herleiten, aus der
die erstere berechnet werden konnte; sie stimmte innerhalb weniger
Prozente mit der auf andere Weise bestimmten Teilchengröße überein.
Dieses Ergebnis war von großer heuristischer Bedeutung, als damit erstmalig der Nachweis erbracht werden konnte, daß die kolloiden Goldpartikel nichts anderes als
sehr kleine Bruchstücke des
sonst unveränderten Goldes
und nicht etwa eine besondere Modifikation darstellen.
Darüber hinaus lieferte die
Untersuchung aber eine neue
Methode zur Partikelgrößenbestimmung auf röntgeno-
graphischem Wege. Sie be-
ruht auf folgenden Über-
legungen:

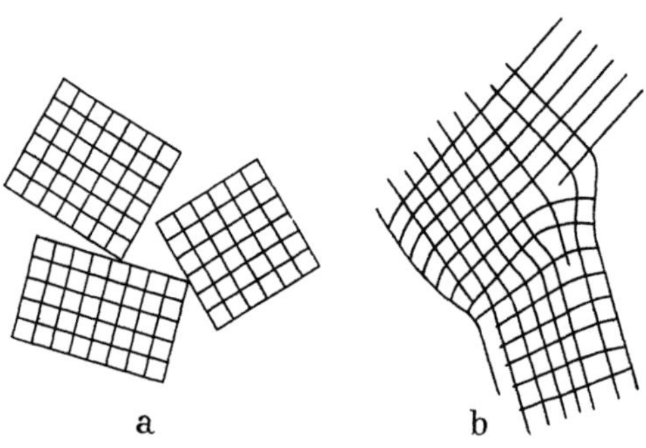

Abb. 44.1. Kristalline Bereiche. a) von Teilchen mit
ungestörtem Gitter, b) in einem Gitter mit Störungen

Bei der Interferenz eines
Lichtstrahls an einem künst-
lichen Strichgitter hängt die Schärfe der Interferenz in gesetzmäßiger
Weise von der Zahl der Striche ab. Die Breite der Interferenzlinie ist
um so geringer, je größer die Zahl der Striche ist[1]. Da die Entstehung
einer Röntgeninterferenz auf dem gleichen physikalischen Effekt beruht, nur daß die Netzebenen des Kristalls an die Stelle der Gitterstriche treten, ist auch dieselbe Gesetzmäßigkeit zu erwarten. Die
Breite eines „Reflexes" ist daher von der Zahl der Netzebenen abhängig, an denen eine Interferenz auftreten kann. Wenn sie zu einem
ungestörten idealen Kristall gehören, muß das Produkt aus Netzebenen-
abstand d (vgl. Abb. 44.1) und der Zahl der Netzebene die Kantenlänge
des Kristalls in der betreffenden Richtung ergeben. Dadurch ist auch
die „Größe" eines kristallinen Teilchens berechenbar, denn der Netz-
ebenenabstand ergibt sich aus der BRAGGsschen Beziehung (Gl. 43.2).

Bestehen die Partikel hingegen aus Kristalliten, die durch amorphe
oder gestörte Gitterbereiche miteinander verkittet sind, so ergibt die
Linienbreite nur die Größe der ungestörten Gitterbereiche, nicht aber die
Dimension oder die Ausdehnung des eigentlichen Teilchens (Abb. 44.1).
Ist die Partikelgröße durch eine andere unabhängige Methode bestimmt
worden, so läßt sich durch die Linienverbreiterung entscheiden, ob die

<hr>

[1] Genauer: $\lambda/\Delta\lambda = z\,n$ (λ = Wellenlänge, $\Delta\lambda$ = „Linienbreite", z = Ordnungszahl der Interferenz, n = Zahl der Gitterstriche) vgl. z. B. CHR. GERTHSEN: Physik,
5. Aufl. Berlin 1958. S. 384 und 397ff.

eigentlichen Partikeln noch aus Untereinheiten aufgebaut sind, mit anderen Worten, ob es sich um Primär- oder Sekundäraggregate handelt, also der Fall *a* oder *b* der Abb. 44.1 zutrifft.

Eine Teilchengrößenbestimmung mit ausschließlicher Hilfe der Linienverbreiterung gelingt daher nur unter bestimmten Voraussetzungen. Diese sind:

1. Die Partikeln müssen selbst aus einem ungestörten Kristall und nicht aus einem Konglomerat von Einzelkristalliten bestehen.

2. Die Geometrie des Gitters muß ideal sein, d. h. das Teilchen darf kein verzerrtes Gitter bilden (siehe w. u.).

3. Da in den meisten Fällen nur DEBYE-SCHERRER-Aufnahmen möglich sind, können nur dann „Dimensionen" bestimmt werden, wenn die Partikeln würfelförmig sind.

4. Das Präparat, das zur Untersuchung gelangt, darf nur eine geringe Ausdehnung besitzen, auch soll es die Röntgenstrahlen nicht merklich absorbieren, sonst müssen Korrekturen angebracht werden (vgl. dazu KOCHENDÖRFER[1]).

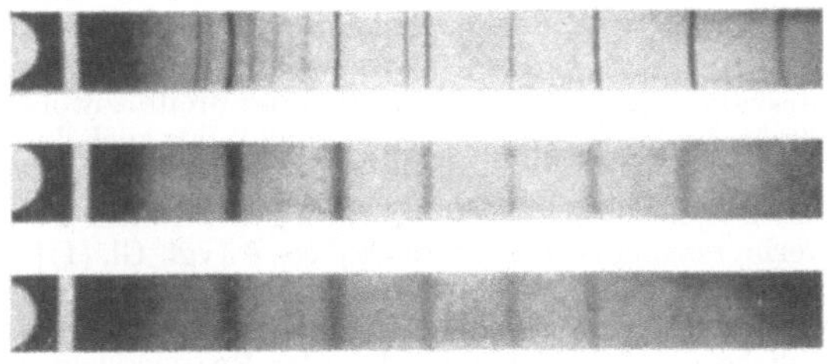

Abb. 44.2. Pulveraufnahmen von MgO. Die Teilchengröße nimmt von oben nach unten ab entsprechend wächst die Breite der Linien nach RANDALL (loc. cit.).
(Entnommen aus BIJVOET, loc. cit. S. 35)

5. Der Primärstrahl des Röntgenlichts muß parallel sein. Wenn alle diese Bedingungen erfüllt sind, gilt folgende Beziehung:

$$\beta = \frac{k\,\lambda}{a\cos\vartheta}\,. \tag{44.1}$$

(Darin ist: β = Halbwertsbreite[2], λ = Wellenlänge, ϑ = BRAGGS Winkel, a = Kantenlänge des Würfels, k = Konstante, in der auch eventuelle Korrekturen enthalten sind.)

Wie sich die Linienbreite der Röntgeninterferenzen mit der Kristallitgröße ändert, zeigt Abb. 44.2 eines Magnesiumoxydpulvers nach RANDALL[3]. Leider ist die Röntgenmethode der Partikelgrößenbestimmung wegen der vielen oft nicht erfüllbaren Voraussetzungen nur beschränkt anwendbar, besonders wenn es sich um kolloide 2-Komponentensysteme handelt. Hierfür steht eine Reihe anderer Methoden (§§ 29—38) zur Verfügung, die zuverlässiger und eindeutiger sind. Wertvoll ist sie dagegen bei der Bestimmung der Kristallitgröße. Dabei kann es sich um die bereits erwähnte Aufklärung der sog. Überstruktur von Partikeln oder auch von Festkörpern, besonders solchen, die aus Makromolekülen bestehen, handeln. In diesen Fällen geht es gerade darum, die *ungestörten* Kristallbereiche in einem 1-Komponentensystem aufzufinden.

Doch ist auch hier ein weiterer Einfluß wirksam, der die Bestimmung der Kristallitgröße aus der Linienverbreiterung unsicher macht. Eine Verbreiterung der Röntgenreflexe kann auch durch Gitterverzerrungen im Kristallit selbst hervor-

---

[1] KOCHENDÖRFER, loc. cit. S. 282.

[2] = Breite des „Reflexes" bei der Hälfte seiner Maximalintensität.

[3] RANDALL, J. T.: The Diffraction of X-rays and Electrons by Amorphous Solids, Liquids and Gases. London, 1934, zit. nach BIJVOET, loc. cit.

gerufen werden. Die von Hosemann[1] entwickelte Theorie der Gitterstörungen rechnet mit statistischen Schwankungen der einzelnen Gitterabstände in Kristallen. Dieser besitzt dann nicht mehr „idealperiodisch" auftretende Gitterabstände; d. h. der Abstand aller Netzebenen untereinander ist nicht mehr scharf definiert, sondern kleinere und größere Abstände treten in statistischer Streuung auf. Solche von Hosemann als parakristallin bezeichnete Ordnungen verändern das Röntgenbild in mehrfacher Hinsicht. Die Intensität der Reflexe nimmt, wie Abb. 44.3 zeigt, mit zunehmenden Streuwinkeln so stark ab, daß höher indizierte Netzebenen praktisch nicht mehr erkennbar werden. Niedrig indizierte Ebenen, also Reflexe kleiner Winkel, werden indessen kaum verändert. (Dies erklärt z. B. die geringe Zahl von Reflexen bei Faserdiagrammen, wie Cellulose, Kautschuk usw., vgl. dazu Abb. 43.15

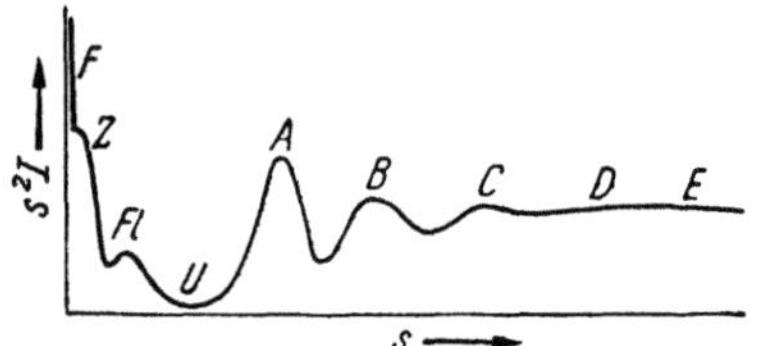

Abb. 44.3. Streuintensität bei gestörtem Gitter nach Hosemann (loc. cit.). Erläuterungen siehe Text

a u. b.) Die für das vorliegende Problem wichtigste Konsequenz ist jedoch die durch die gestörte Gitterordnung veränderte Linienbreite. Dadurch, daß diese ebenfalls mit zunehmender Unordnung des Gitteraufbaus größer wird, verliert der Zusammenhang zwischen Kristallitgröße und Linienbreite seine Eindeutigkeit. Wir müssen daher von vornherein damit rechnen, daß die Breite sowohl durch die Größe der Kristallite als auch durch die Gitterverzerrung oder durch beide verändert wird.

Grundsätzlich ist jedoch eine Unterscheidung der beiden Fälle möglich. Bei Partikelgrößenverbreiterung ist das Produkt $\beta \cos \vartheta$ [vgl. Gl. (1)] bei Verzerrungsverbreiterung der Ausdruck $\beta/\mathrm{tg}\,\vartheta$ konstant, da bei letzterer Proportionalität zwischen β und $\mathrm{tg}\,\vartheta$ besteht. Bei einem Vergleich der Halbwertsbreiten verschiedener Reflexe mit möglichst großen Unterschieden der Braggschen Reflexionswinkel muß entweder die eine oder die andere Beziehung konstante Werte liefern. Treten beide Effekte gleichzeitig auf, können die einzelnen Anteile nach der Methode von Kochendörfer[2] berechnet werden. Leider besitzen gerade solche Systeme, bei denen eine Unterscheidung wichtig wäre, wie z. B. makromolekulare Festkörper, zu wenig Reflexe, um einer solchen Berechnung die notwendige Sicherheit zu verleihen.

Nach dieser Besprechung der Möglichkeiten einer röntgenographischen Partikelgrößenbestimmung sollen die Methoden zur Bestimmung ihrer Struktur weiter erörtert werden.

Eine besonders elegante Methode zur Bestimmung der Struktur *einzelner* isolierter Partikel scheint im Elektronenmikroskop möglich zu sein. Es sollen sich[3] neuerdings Bereiche von etwa 10 mμ Durchmesser ausblenden lassen. Befindet sich in einem solchen Bereich eine einzige Partikel, so lassen sich Elektroneninterferenzaufnahmen dieser Partikel machen, die den gleichen Aussagewert wie ein Debye-Scherrer-Diagramm oder — wenn sie aus einem einzigen Kristall besteht — wie ein Laue-Diagramm besitzen.

Bei isolierten Partikeln, die gittermäßig geordnete Bausteine enthalten, ist es somit möglich, Primär- und Sekundär-Struktur sowie die Größe der ideal kristallinen Gitterbereiche, evtl. auch deren Störungen zu bestimmen.

Unter Umständen sind ideale oder gestörte Kristallbereiche in amorphe Materie eingebettet, so daß ein kolloides System entsteht, in

---

[1] Hosemann, R.: Zur Struktur und Materie der Festkörper, Berlin/Göttingen/Heidelberg 1951.

[2] Kochendörfer, A.: Z. Kristallogr. **105**, 393, 438 (1943/44).

[3] Vgl. § 43, S. 271.

welchem man die Kristallite als dispergierte Substanz und die amorphe
Materie als festes Dispersionsmittel auffassen kann. Ihre Röntgenbilder
setzen sich zusammrn aus mehr oder weniger scharfen Reflexen, die von
den eingebetteten Kristalliten herrühren und einer Untergrundstreuung,
die die amorphe Materie verursacht. Auf dem Diagramm der Zellulose
(Abb. 43.15a) ist dies deutlich zu erkennen. Um aus den Eigenschaften
der Untergrundstreuung etwas über den amorphen Anteil aussagen zu
können, wird meistens die Theorie[1] und die Ergebnisse über die Röntgenstreuung von Flüssigkeiten herangezogen. Große praktische Bedeutung
hat dies in der Technologie der Faser- und
Kunststoffe[2].

Darüber hinaus läßt sich feststellen, ob
die isolierte dispergierte Substanz *orientierte*
Untereinheiten enthält und ob diese Untereinheiten isometrisch oder anisometrisch sind.
Beispielsweise zeigen Röntgenaufnahmen der
Strukturelemente von deformierten Gelen
(vgl. § 91), daß diese vielfach aus orientierten Untereinheiten bestehen, denn sie sehen
wie typische Faserdiagramme aus. Als Beispiel diene die schematische Darstellung eines
teilweise orientierten Cellulosegels in Abbildung 44.4. Die DEBYE-SCHERRER-Ringe
sind in Sicheln aufgespalten; aus der Länge der

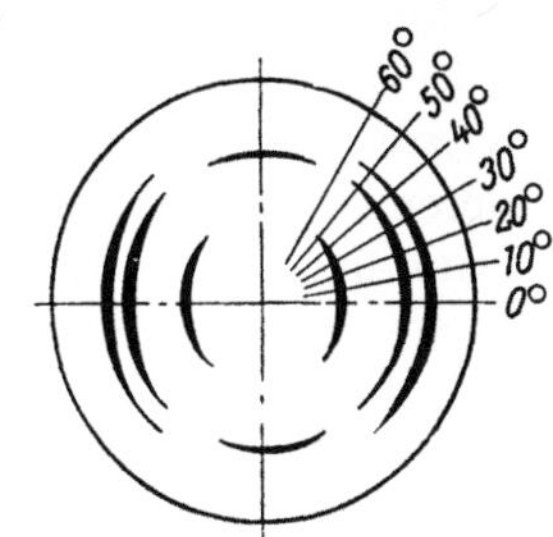

Abb. 44.4. Aufspaltung der
Röntgeninterferenzringe durch
teilweise Orientierung der streu-
enden Strukturelemente eines
Celluloseegels.
Nach P. H. HERMANS (loc. cit.).
Entnommen aus KRUYT: Colloid
Science Bd. II. Amsterdam, 1949

Sichel läßt sich der Grad der Orientierung ablesen[3]. (Eine ganz genaue
parallele Ausrichtung müßte punktförmige Reflexe erzeugen, je größer
die Abweichung von der Ausrichtung, um so länger wird die Sichel, was
sich ohne weiteres aus der Geometrie des Reflexionsmechanismus ergibt.)

Wenn wir alle Auskunftsmöglichkeiten zusammenfassen, die uns die
Analyse der Röntgeninterferenzen isolierter Kolloide liefert, so erhalten
wir Aufklärung darüber:

1. Ob die dispergierte Substanz *kristallin* ist oder nicht,

2. unter bestimmten Voraussetzungen — wie groß die Teilchen sind,

3. unter Heranziehung einer weiteren Teilchengrößenbestimmungs-
methode — ob die isolierten Partikeln gestörte oder ungestörte Ein-
kristalle sind, oder ob sie aus Aggregaten noch kleinerer Kristallite
gebildet werden,

4. ob die Teilchen im untersuchten Präparat ausgerichtet sind oder
nicht.

Dazu können noch Aussagen über den Anteil der amorphen Bereiche
sowie über spezielle Gitterstörungen kommen.

b) Röntgenuntersuchungen an ungestörten kolloiden Systemen. Es
hat nicht an Versuchen gefehlt, Strukturanalysen im unveränderten

---

[1] Es ist aber auch diejenige Untergrundstreuung zu berücksichtigen, die durch
die Parakristallinität nach HOSEMAN (loc. cit.) verursacht wird.

[2] Vgl. hierzu die ausführliche Darstellung von W. KAST in H. A. STUART: Die
Physik der Hochpolymeren. Bd. 3, S. 232. Berlin 1955.

[3] Näheres über die Methode und Auswertung bei: BUNN loc. cit.

kolloiden System zu machen, ohne erst die dispergierte Substanz abzutrennen. Da ihre Isolierung in vielen Fällen — bei den Assoziationskolloiden sogar zwangsläufig — zur Veränderung oder Zerstörung ihrer Struktur führt, sollte die Strukturbestimmung im System selbst ideal sein. Dem steht hindernd im Wege, daß die dispergierte Substanz in den meisten Fällen nur in geringer Konzentration vorhanden ist und die Röntgeninterferenzen deswegen nur eine geringe Intensität besitzen. Außerdem verursacht das im Überschuß vorhandene Dispersionsmittel eine starke diffuse Streuung des Röntgenlichts, die eine Erkennung der Interferenzen der dispergierten Substanz stark erschwert. Im allgemeinen ist das Dispersionsmittel amorph und besteht aus einer Flüssigkeit. Die Streuung amorpher Medien ist auf dem Photogramm als diffuse, bei höheren Winkeln weniger intensive Schwärzung erkennbar, die ein Maximum in der Nähe der gegenseitigen Molekülabstände besitzt. Besteht die dispergierte Substanz aus gittermäßig geordneten Atomen hoher Elektronendichte, wie etwa bei den kristallinen Partikeln vieler anorganischer Substanzen[1], so lassen sich Röntgeninterferenzen auch noch bei relativ kleinen Konzentrationen entdecken und indizieren! Hier ist auch deutlich die von Wasser herrührende Streuung als dunkler Untergrund zu erkennen. Besteht die dispergierte Substanz aus vorwiegend leichten Atomen, wie bei den meisten organischen Molekülen, so muß sie in erheblich höherer Konzentration vorliegen, wenn im diffusen Untergrund noch Reflexe festgestellt werden sollen. Doch ist auch dies in manchen Fällen möglich.

Abb. 76.3 zeigt Photometerkurven der Röntgendiagramme von Seifenlösungen, wo sich die Reflexe des Kolloids durch geringfügige Abweichung des Intensitätsverlaufs der Untergrundstreuung bemerkbar machen. Daß solche Sonderreflexe tatsächlich von der kolloiden Substanz herrühren, kann man bei anisometrischen Teilchen besonders eindrucksvoll nachweisen. Läßt man ein solches Sol durch eine Kapillare strömen, die von Röntgenstrahlen senkrecht zur Strömungsrichtung durchstrahlt wird, erhält man statt der sonst auftretenden durchgehenden Interferenzenringe sichelförmige Interferenzen, da die Teilchen durch die Strömung teilweise orientiert werden[2, 3].

Nicht ganz einfach ist die Deutung der Interferenzerscheinungen unveränderter kolloider Systeme. Die Reflexe können nämlich nicht nur durch Interferenz der Röntgenstrahlen innerhalb der einzelnen Teilchen entstanden sein, sondern auch durch Interferenz zwischen den Partikeln, die ja einen gegenseitigen durch die Konzentration festgelegten mittleren Abstand besitzen. So können beispielsweise die Ergebnisse der Röntgenuntersuchungen an Seifenlösung auf die eine oder andere Weise gedeutet werden, was dann jedesmal zu anderen Strukturvorstellungen führt.

Es wurde in jüngster Zeit eine Theorie der interpartikularen Streuung entwickelt und an geeigneten Modellsystemen geprüft[4]. Auswertungen,

[1] WEISER, H. B.: Colloid Chemistry. New York 1949.
[2] HESS, K. u. J. GUNDERMANN: Ber. dtsch. chem. Ges. **70**, 1800 (1937).
[3] WEISER, H. B.: loc. cit.
[4] Von R. HOSEMANN und D. JOERCHEL [Kolloid-Z. **152**, 49 (1957)] wurden Modellversuche an polydispersen Kugelhaufenwerken gemacht. Hierbei ließ sich zeigen, daß interpartikulare Interferenzen nur bei großen Packungsdichten zu „Ringen" führten.

die an einem realen System — außer an hochmolekularen teilweise gequollenen Fasern — nach dieser Methode vorgenommen worden sind, sind allerdings noch nicht bekannt geworden.

§ 45. Röntgenkleinwinkelstreuung

a) Allgemeines und Anwendung bei kompakten Partikeln. Ein besonderer, nur bei kolloiden Systemen auftretender Röntgeninterferenzeffekt ist die sog. Röntgenkleinwinkelstreuung (RKS), die bei Partikeln bis zu etwa 50 mμ eine Größen- und Gestaltsbestimmung ermöglicht. Sie stellt nicht nur eine wertvolle Ergänzung der bereits bekannten Methoden dar, sondern leistet in manchen Fällen — besonders bei der Ermittlung der Gestalt — mehr als andere Methoden.

Physikalisch ist die RKS nichts anderes als eine Lichtstreuung, bei der Röntgenlicht benutzt wird. Theoretisch besteht kein Zusammenhang mit den Interferenzen, die durch räumlich-periodisch angeordnete Streuzentren entstehen und die der Gegenstand der vorigen Abschnitte waren. Zum Verständnis müssen wir an die Theorie der Lichtstreuung anknüpfen. Wir behandeln sie jedoch an dieser Stelle, da es üblich ist, sie unter die „Röntgenmethoden" einzureihen.

Die Wellenlänge des Röntgenlichts (1,3···2 Å) ist im Gegensatz zu den Verhältnissen bei der Streuung sichtbaren Lichts sehr viel kleiner als die Dimension der Partikeln, weswegen eine Lichtstreuung im Sinne der Theorie von RAYLEIGH (vgl. § 25) nicht auftreten kann. Doch können Wellenzüge miteinander interferieren, die an verschiedenen Stellen der *gleichen* Partikel erzeugt worden sind. Bei Verwendung von Röntgenlicht ist der Abstand zwischen zwei Punkten einer Partikel im Durchschnitt sehr viel größer als die eingestrahlte Wellenlänge, deswegen kann eine die Amplituden verstärkende Interferenz der beiden Wellenzüge nur dann auftreten, wenn der Winkel zwischen Beobachtungsrichtung und Primärstrahl klein ist. Für eine isoliert gedachte Kugel läßt sich diese quantitativ nach der DEBYEschen Theorie [Gl. (25.33)] berechnen. Mit größer werdendem Verhältnis d/λ (d = Kugeldurchmesser) wird der Abfall der Intensität immer steiler und rückt zu immer kleineren Winkeln hin. Unterhalb von 50 mμ fällt die Intensität bereits in einem sehr kleinen Winkelbereich ab, werden die Teilchendimensionen noch größer, so werden die Winkel zu klein, um überhaupt noch experimentell bestimmbar zu sein. In einem kolloiden System, welches Kugeln dieser Größe in nicht zu hoher Konzentration (etwa eine Proteinlösung) enthält, dürfte eine gegenseitige Störung der von den einzelnen Kugeln ausgehenden Interferenzen nicht auftreten, m. a. W. die resultierende Streuintensität ist der Konzentration proportional und gleich der Summe aller Einzelstreueffekte.

Die Streuung der Röntgenstrahlen bei der Durchstrahlung eines kolloiden Systems bei sehr kleinen Winkeln konnte von GUINIER[1] und KRATKY[2] in der Tat nachgewiesen werden.

---

[1] GUINIER, A.: Thèse, Sér. A. Paris, Nr. 1854 (1939).

[2] KRATKY, O.: Naturwiss. **26**, 94 (1938); **30**, 542 (1942); Z. Elektrochem. **60**, 245 (1956). Zusammenfass. Lit.: A. GUINIER u. G. FOURNET: Small-Angle scattering of X-rays. New York 1955.

Abb. 45.1 zeigt drei Streukurven von Proteinen ($\log J = $ Log der Streuintensität, $\vartheta = $ Beobachtungswinkel).

Trotz inzwischen weit vervollständigter Experimentiertechnik sind größere Schwierigkeiten zu überwinden als bei der Röntgenanalyse von Kristallen. Da die Streueffekte dicht beim Durchstoß des Primärstrahls liegen, muß außerordentliche Sorgfalt auf dessen Ausblendung oder Vernichtung verwandt werden. Die Erzeugung eines möglichst dünnen monochromatischen und parallelen Röntgenstrahls ist unerläßliche Voraussetzung für die Möglichkeit quantitativer Auswertungen. Man versucht dies durch Anwendung mehrerer Schlitzblenden und Filterung[1] zu erreichen. Andere Konstruktionen[2] benutzen Kristallmonochromatoren nach BRAGGS, die unter Umständen Kristalle mit gebogenen Flächen enthalten, wodurch neben der Filterung gleichzeitig eine Fokussierung des Strahls auf ein sehr enges Bündel erreicht wird. Nach Durchsetzen des Präparats wird der Primärstrahl ausgeblendet; das gestreute Röntgenlicht wird entweder photographisch oder durch eine Ionisationskammer bzw. Zählrohr registriert.

Für die Auswertung ist die Theorie von GUINIER (loc. cit.) sehr wertvoll, wonach die Streukurven durch eine GAUSSsche Glockenkurve dargestellt werden können. Diese Funktion gilt, wie GUINIER und KRATKY und SEKORA[3] experimentell nachweisen konnten, für verdünnte Kugelsuspensionen mit guter Annäherung. Die Theorie ergibt folgende Beziehung

$$\ln I = -\frac{1}{3}(2\pi R \vartheta/2)^2 + \text{const.} \quad (45.1)$$

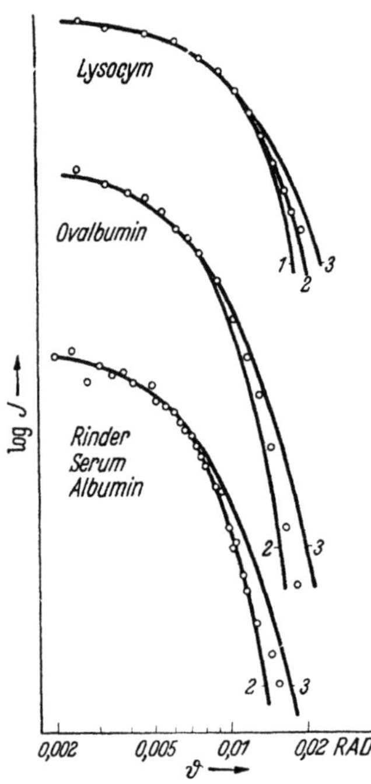

Abb. 45.1. Intensitätsverlauf der RKS mit ϑ (logarithmisch). (Nach KRATKY und STUART: Physik der Hochpolymeren, Bd. II, loc. cit. S. 524)

Trägt man den Logarithmus der Intensität I gegen das Quadrat des Streuwinkels ϑ auf, so muß man eine Gerade erhalten, die die Ordinate an einer Stelle trifft, wo die Intensität Null ist. Aus dem Neigungstangens der Geraden erhält man dann den sog. „Streumassenradius" R, der durch die Gleichung

$$R^2 = \sum_i r_i^2 \quad (45.2)$$

definiert ist und dem bekannten Trägheitsradius entspricht. Hieraus läßt sich der wahre Radius berechnen $\left(\text{z. B. für Kugeln } R = \frac{3}{5}r\right)$.

Statt der GUINIERschen Näherung kann auch die exakte Streugleichung (25.33) verwendet werden; diese besitzt für höhere Winkel

[1] KRATKY, O., A. SEKORA u. R. TREER: Z. Elektrochem. **48**, 587 (1942); BEAR, R. S.: J. Amer. chem. Soc. **66**, 1297 (1944); **67**, 1625 (1945).
[2] JOHANSSON, T.: Z. Physik **82**, 507 (1933).
[3] KRATKY, O. u. A. SEKORA: Naturwiss. **31**, 46 (1943).

Maxima und Minima (vgl. Abb. 25.3), woraus sich — wie bei der „sichtbaren" Lichtstreuung —, die Teilchenradien berechnen lassen[1]. Nach beiden Methoden wurden für annähernd kugelförmige Virus-Präparate die gleichen Ergebnisse erhalten. Die Gültigkeit der GUINIERschen Näherung wird eindrucksvoll in Abb. 45.2 demonstriert, worin die Logarithmen der Intensität gegen das *Quadrat* des Winkels aufgetragen sind. Genau wie bei der Methode der Streuung sichtbaren Lichts lassen sich aus dem Verlauf der Intensitätskurven Aussagen über die Gestalt der Teilchen machen. Es läßt sich theoretisch zeigen[2], daß verschiedene Teilchengestalten auch verschiedene Formen der Intensitätskurve erzeugen, vor allen Dingen, wenn man die Streuung zu größeren Winkeln verfolgt. Sehr dünne Stäbchen und sehr dünne Scheibchen können durch den Intensitätsverlauf sehr deutlich voneinander unterschieden werden, wobei die Empfindlichkeit des Intensitätsabfalls zu höheren Winkeln gegenüber Veränderungen der Achsenverhältnisse von besonderem Vorteil ist. Dadurch wird die Methode zu einer der genauesten, die man heute zur Ermittlung von Achsenverhältnissen kennt, vor allem, wenn (wie es z. B. RITLAND, KAESBERG und BEEMAN

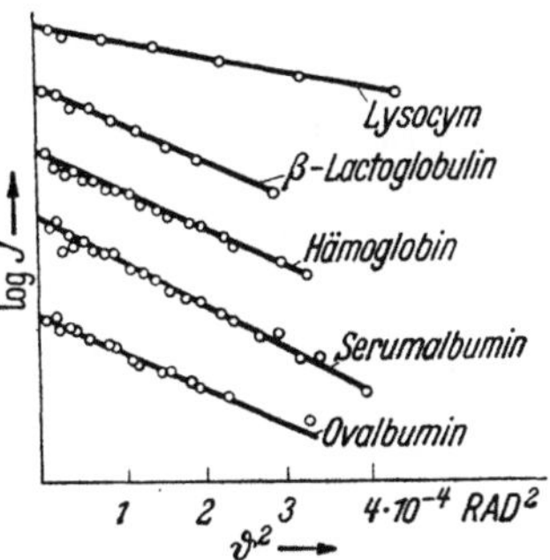

Abb. 45.2. Prüfung der GUINIERschen Näherungsgleichung an verschiedenen Proteinen. Nach KRATKY in STUART: Physik der Hochpolymeren, Bd. II loc. cit. S. 524

getan haben) noch andere Auswertungsmethoden hinzugezogen werden.

Trotz der theoretischen Übersichtlichkeit der Methode ist ihre Handhabung nicht so einfach, wie es zunächst den Anschein hat. Durch die subtile Aufnahmetechnik und die Verwendung sehr feiner Röntgenprimärstrahlen treten Störungen durch Interferenz an den Blendenrändern auf. Diese Störungen überlagern die eigentlichen Streueffekte; doch lassen sie sich aus den geometrischen Dimensionen der Apparatur berechnen, so daß es möglich ist, die experimentell gewonnenen Intensitätskurven durch ein besonderes Korrektionsverfahren zu „entschmieren". Nach solcher Korrektur werden allerdings außerordentlich befriedigende Ergebnisse erhalten, die hervorragend mit der Theorie übereinstimmen[3].

Die RKS-Methode gibt in großen Zügen gesehen zunächst nur die gleichen Auskünfte wie die Methode der Streuung sichtbaren Lichts. Doch ist zu bedenken, daß sie einen anderen Dimensionsbereich überstreicht. Während mit der eigentlichen Lichtstreuung nur die Gestalt von Teilchen größer als ein Zehntel der Wellenlänge ($> 40\,\mathrm{m}\mu$) ermittelt werden kann, liegt der Anwendungsbereich der RKS-Methode bei Dimen-

[1] LEONHARD, B. R. jr., J. W. ANDEREGG, P. KAESBERG, S. SHULMAN, W. W. BEEMAN: J. chem. Physics **19**, 793 (1951); YUDOWITSCH, K. L.: J. appl. Physics **22**, 214 (1951). — [2] POROD, G.: Z. Naturforsch. 4a, 401 (1949).

[3] Vgl. dazu K. L. YUDOWITSCH: J. appl. Physics **20**, 174 (1949); **22**, 215 (1951); KRATKY, O., G. POROD u. L. KAHOVEC: Z. Elektrochem. **55**, 53 (1951).

sionen *unterhalb* 50 mμ, also gerade in dem Bereich, wo die Lichtstreuungsmethode in bezug auf die Gestaltsbestimmung versagt. Darüberhinaus macht die RKS-Methode bei den in der Praxis wichtigen Fadenmolekülen Aussagen, die ein gut Teil über das hinausgehen, was mit anderen Methoden erhalten werden kann.

b) RKS von Fadenmolekülen. Im Vergleich zur Streuung sichtbaren Lichts erfassen die Röntgenstrahlen feinere Struktureinzelheiten. Betrachtet man ein nicht zu kleines Fadenmolekül, so ist sein mittlerer Fadenabstand — der ja ungefähr seinem Knäueldurchmesser entspricht — nicht sehr verschieden von der Wellenlänge des sichtbaren Lichtes. Daher werden nur solche materiellen Punkte, die in der Peripherie des Teilchens liegen, Interferenzen hervorrufen. Die von DEBYE abgeleitete Funktion (25.37) braucht aus diesem Grund nur diese *äußeren* Abstände zu berücksichtigen; sie entspricht dann ebenfalls einer GAUSSschen Glockenkurve und zeigt für größere Winkel eine Abhängigkeit von ϑ. Genau den gleichen Verlauf nimmt die Intensitätskurve der Kleinwinkelstreuung, nur daß sie um vier Zehnerpotenzen zu kleineren Winkeln verschoben ist.

Bei dieser können aber wegen der sehr viel kleineren Wellenlänge auch Wellenzüge interferieren, die von dicht beieinander liegenden Stellen der Partikel gestreut werden, also etwa von benachbarten Atomgruppen des Fadenmoleküls. Solche Interferenzen sollten entsprechend der kleinen Abstände (vgl. BRAGGssche Formel) bei größeren Streuwinkeln auftreten und den Verlauf der Intensitätskurve der RKS gegenüber der der Lichtstreuung modifizieren.

Von POROD[1] wurden solche Intensitätsfunktionen der RKS von Fadenmolekülen nach der DEBYEschen Theorie berechnet, doch dabei zur Charakterisierung des Moleküls ein neuer Parameter, die „Persistenzlänge" a^*, eingeführt. Diese Größe vermeidet die Unzulänglichkeiten, die bei der Verwendung des „statistischen Fadenelements" A_m entstehen können (in § 22 mit l bezeichnet), wenn die wirkliche Moleküllänge kleiner als A_m wird. Mit Hilfe einer neuartigen statistischen Betrachtungsweise leitet POROD für das mittlere Abstandsquadrat der Fadenenden ab:

$$\overline{h^2} = 2a^* \left(L - a^* + a^* e^{-L/a^*}\right).$$

Bei $L \gg a^*$ $L =$ Gesamtlänge wird $\overline{h^2} = 2a^* L = A_m L$ und somit $2a^* = A_m$. Bei $L \ll a^*$ werden wirkliche und Persistenzlänge identisch.

Die Intensitätsfunktion liefert für kleine Winkelbereiche eine GAUSSsche Glockenkurve, während für große Bereiche eine Abhängigkeit von $1/\vartheta$ resultiert. Dieser nur von der RKS gelieferte Streubereich, der von den kleinen Abständen innerhalb der Fadenmoleküle herrührt, kann dazu dienen, nach einer von KRATKY und POROD[2] angegebenen Methode die Persistenzlänge oder das statistische Fadenelement experimentell zu ermitteln. (Für Einzelheiten muß auf die Originalliteratur verwiesen werden.) $\overline{h^2}$, L, a^* oder A_m kann ausschließlich aus dem Intensitätsverlauf der RKS bestimmt werden: $\overline{h^2}$ erhält man aus der Halbwertsbreite des Intensitätsverlaufs bei kleinen Winkeln (Glockenkurve), daraus läßt sich die wirkliche Moleküllänge L berechnen. Die Persistenzlänge bzw. den mittleren Fadenenden-

---

[1] POROD, G.: Mh. Chem. **80**, 251 (1949).

[2] KRATKY, O. und G. POROD: Recueil Trav. chim Pays-Bas, **68** 1106 (1949).

abstand erhält man aus dem äußeren Intensitätsverlauf. Wenn a^*/L relativ groß ist, kann der Knäuelungsgrad des Moleküls nicht sehr groß sein, während im umgekehrten Fall ein ziemlich dichtgepacktes Gewirr vorhanden sein sollte. An sich könnten diese Daten auch durch Messungen des Streulichtes im sichtbaren Gebiet bestimmt werden, doch wäre dazu erforderlich, die wirkliche Länge L aus dem Molekulargewicht und den entsprechenden chemischen Strukturformeln zu berechnen, was bei der RKS nicht notwendig ist, da a^* auf unabhängigem Wege bestimmt werden kann[1].

Eine elegante Methode der Bestimmung der Persistenzlänge ist das Verfahren, das auf Abb. 45.3 gezeigt ist, wo der Intensitätsverlauf der RKS in Abhängigkeit vom Streuwinkel ϑ und eine Kurve, die durch Multiplikation der Intensität mit ϑ^2 erhalten wird, dargestellt ist. Nach der Theorie von KRATKY und POROD müssen sich zwei Geraden ergeben, von denen die eine — diejenige, die $1/\vartheta^2$ proportional ist — der Abszisse parallel verlaufen, während die andere — nämlich die, die $1/\vartheta$ proportional ist — mit den Winkelwerten linear ansteigen sollte. Für den Schnittpunkt beider Linien soll gelten

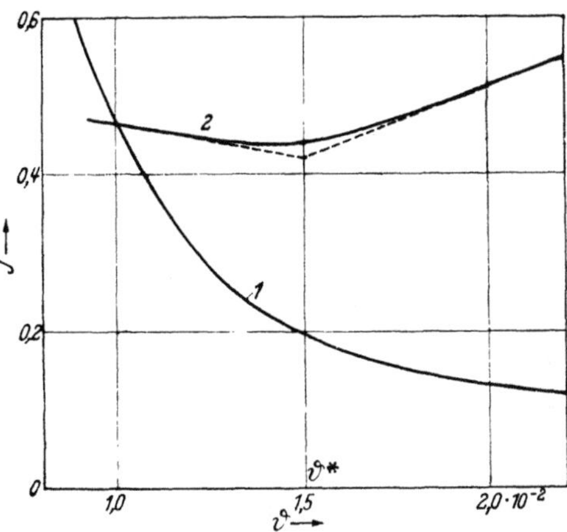

Abb. 45.3. Intensität der RKS in Abhängigkeit von ϑ. Erläuterung siehe Text

$$a^* = 0{,}162\,\vartheta^*$$

($\vartheta^* =$ Streuwinkel beim Schnittpunkt).

Für Polyvinylbromid wurde ein Wert für A_m von 22 Å erhalten, der hervorragend mit einem von KUHN[2] erhaltenen Wert von 21,4 Å (für Polyvinylchlorid) übereinstimmt. Interessant ist, daß Nitrocellulose eine Fadenelementlänge von 170 Å besitzen soll, was sehr gut zu der Anschauung paßt, dieses Molekül als außerordentlich starr anzusehen.

[1] Von KRATKY (in H. A. STUART: Physik der Hochpolymeren. Bd. II. S. 532. Berlin 1953) wurde darauf hingewiesen, daß es mit Hilfe der RKS-Methode möglich sein müsse, Verzweigungen der Fadenmoleküle zu erkennen, da diese sich als Differenzen zwischen der röntgenographisch bestimmten wirklichen Fadenlänge und der aus dem Molekulargewicht und der chemischen Formel errechneten Fadenlänge ergeben müsse. Anwendungen hierüber seien jedoch nicht bekannt geworden. Ebenso könne auch noch eine Aufklärung über die Assoziation der Fadenmoleküle in Lösung erhalten werden. Da die Elektronendichten von Makromolekülen und Lösung verschieden sind, andererseits die Streuintensität davon abhängt, ob neben den Fadenelementen sich Fadenelemente des gleichen Moleküls oder des Lösungsmittels befinden, kann aus einer berechneten Elektronendichte und dem gemessenen Intensitätsverlauf geschlossen werden, ob Assoziation vorliegt oder nicht.

[2] KUHN, W., u. H. KUHN: Helv. chim. Acta **26**, 1394 (1943).

IV. Grenzflächenerscheinungen

§ 46. Phasengrenzflächen

a) Ausdehnung und Struktur von Grenzflächen. Wenn makroskopisch ausgedehnte Phasen wirkliche Kontinua wären, müßten sie von mathematisch exakten Flächen begrenzt werden. Beim Übergang von der einen in die andere Phase müßte sich irgendeine physikalische Eigenschaft — beispielsweise die Dichte — an der Grenzfläche sprunghaft ändern. Wegen ihrer atomaren bzw. molekularen Struktur sind die Phasen jedoch keine idealen Kontinua, weswegen ein Übergang durch die Grenzfläche allein wegen der molekularen Diskontinuitäten seine Abruptheit verlieren muß. Objekt der Betrachtung sollte daher nicht die eigentliche Grenz*fläche*, sondern eine Grenz*schicht* sein, deren Schichtdicke durch die jeweils maßgeblichen Diskontinuitäten bestimmt ist, wobei aber die Grenzfläche als *geometrische* Größe durchaus ihre Bedeutung beibehält.

Wegen der unterschiedlichen Eigenschaften, die Grenzschichten je nach ihrer Zugehörigkeit zu makroskopischen oder dispersen Systemen besitzen können, wollen wir als *Phasengrenzflächen* nur solche Grenzflächen definieren, die zwischen wirklichen Phasen auftreten, auf die also auch die Definition der Phase in § 3 anwendbar ist[1].

Phasengrenzflächen lassen sich je nach den Aggregatzuständen der beteiligten Phasen in vier mögliche Systeme einteilen. Wir kennen die Phasengrenzflächen:

1. flüssig/gasförmig, abgekürzt: fl/g
2. flüssig/flüssig, abgekürzt: fl/fl
3. fest/gasförmig, abgekürzt: f/g
4. fest/flüssig, abgekürzt: f/fl.

Bei den Grenzflächen fl/g und fl/fl bereitet die Bestimmung ihrer geometrischen Ausdehnung keinerlei Schwierigkeiten. Im Sprachgebrauch wird die Grenzfläche fl/g zumeist als Oberfläche bezeichnet. Oberflächen von in Ruhe befindlichen Flüssigkeiten sind — abgesehen von den molekularen Rauhigkeiten — glatt und eben und ihre Größe ergibt sich aus der Gefäßbegrenzung. Schwieriger wird es bereits bei grobdispersen Mischungen von Gasen und Flüssigkeiten bzw. von zwei Flüssigkeiten, wo sich entweder Tröpfchen oder Bläschen bilden, die Vorstufen zu Schäumen, Emulsionen oder Aerosolen sein können. Wie wir sehen werden, haben jedoch diese Tröpfchen immer Kugelgestalt, so daß es nicht schwer ist, die Größe der Grenzfläche jedes Tröpfchens anzugeben, wenn sein Radius bekannt ist. In solchen Fällen läuft die Bestimmung der Grenzfläche auf eine Größenanalyse des Systems hinaus.

Von der Feinstruktur solcher Phasengrenzflächen, d. h. von der Anordnung der Flüssigkeits- und Gasmoleküle in den Grenzschichten sollte man sich leicht ein Bild machen können, wenn die Struktur der Phase bekannt ist. Bei Gasen ist dies einfach, schwieriger bereits bei Flüssigkeiten. Da die Struktur von Flüssigkeitsgrenzflächen genau so wie die der Flüssigkeiten selbst nicht bis in Einzelheiten bekannt ist, kann man im Augenblick nur versuchen Modellvorstellungen zu Hilfe zu nehmen, wobei man sich allerdings bewußt sein muß, daß das nur angenähert möglich ist. Bei kugelförmigen Flüssigkeitsmolekülen kann man sich etwa vorstellen, daß diese zu einer dichten Kugelpackung angeordnet sind. Diese wird zwar

---

[1] Beispiel: Grenzfläche eines 1 mm dicken Benzoltröpfchens in Wasser ist eine Phasengrenzfläche, nicht aber die eines Benzoltröpfchens von 100 mμ Durchmesser!

nicht regelmäßig sein und wegen der Temperaturbewegung der Moleküle eine
größere Anzahl von Loch- und Fehlstellen aufweisen, doch genügt diese Vorstellung,
um etwa einzusehen, daß sich ein Molekül in der Grenzfläche in einem anderen
Zustand befindet als im Phaseninnern. Während es hier von einem Käfig von Nachbarmolekülen vollständig umgeben ist, bilden diese dort im besten Falle eine Schale,
die gegen die angrenzende Phase geöffnet ist, so wie es auf Abb. 46.1 schematisch
dargestellt ist. Die die Grenzfläche berührenden Moleküle müssen daher andere
Eigenschaften besitzen als die im Innern. Sind sie doch zum Teil den Einwirkungen
ihrer Artgenossen, zum andern Teil den Beanspruchungen der fremdartigen angrenzenden Molekülen ausgesetzt! So kann ein solches Bild sicher das Verständnis der
Vorgänge erleichtern, wenn es auch für eine exakte Beschreibung der Modifikation
durch die Berücksichtigung der speziellen
Konstitution der beteiligten Moleküle und
ihrer Dynamik bedarf.

Weitaus schwieriger ist die Geometrie
und Struktur von Grenzflächen zu behandeln, an denen feste Körper beteiligt sind.
Während bei den flüssigen Systemen Schwerkraft und die Grenzflächenspannung dafür
sorgen, daß äußerlich glatte Flächen entstehen, wird Ausbildung und Feinbau der
Grenzfläche von Festkörpern durch die starre
und unbewegliche Anordnung ihrer Bausteine bestimmt. Bereits bei einem Idealkristall kommt man bei der Definition der
geometrischen Grenzfläche und der Beschreibung ihrer physikalischen Wirkungen
in Schwierigkeiten. Beispielsweise besitzt ein
Würfel wohl sechs Flächen, andererseits aber
auch Kanten und Ecken, in denen ebenfalls
Bausteine sitzen. Auch in einem Idealkristall
— der sich etwa durch ein flächenzentriertes

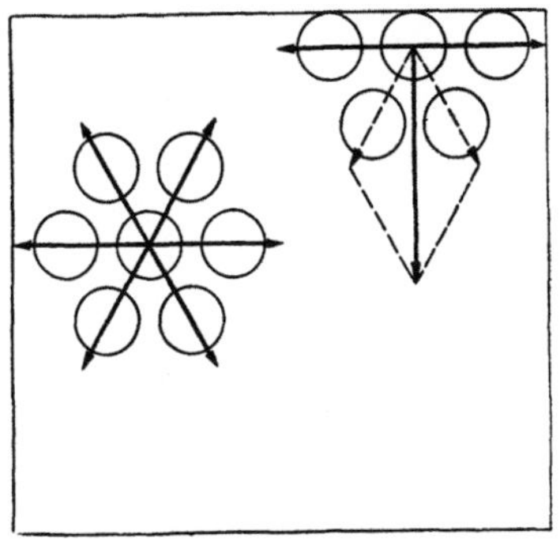

Abb. 46.1. Anziehende Kräfte zwischen
Molekülen im Innern und an der Grenzfläche einer Flüssigkeit (s. Text). Nach
K. L. WOLF: Physik u. Chemie d. Grenzflächen, Bd. I. Berlin/Göttingen/Heidel-
berg: Springer 1957

kubisches Gitter fehlerlos aufbauen läßt — ist zu erkennen, daß der Zustand der
Bausteine in der Fläche sich von denen in den Kanten und den Ecken allein dadurch unterscheidet, daß die Zahl ihrer Nachbarmoleküle größer ist. Eine Beschreibung der Wirkungen der Phasengrenze müßte außer der Fläche noch die
Kanten und Ecken berücksichtigen. Bei komplizierteren Kristallen mit vielen
verschiedenartigen Flächen sind die Zustände der Moleküle zudem von Fläche
zu Fläche verschieden.

Wenn die Beschreibung des Verhaltens der in den Begrenzungen von Ideal-
kristallen vorhandenen Bausteine bereits schwierig ist, so ist es bei Realkristallen
praktisch unmöglich, da bei diesen nicht einmal intakte geometrische Flächen,
Kanten und Ecken auftreten. Wenn auch äußerlich der idealen Form entsprechend, sind seine Ecken und Kanten schartig und seine Flächen von Löchern und
unregelmäßigen Auswachsungen durchsetzt. Zwar lassen sich Feinheiten der
Grenzflächenstruktur von Festkörpern durch neuere Methoden der Elektronenmikroskopie sichtbar machen, doch wird die Beschreibung des Verhaltens der
Grenzflächenkanten und -ecken dadurch nicht unbedingt erleichtert[1].

Bei der Herstellung von elektronenmikroskopischen Bildern der Oberflächen-
Feinstruktur von Festkörpern benutzt man meist ein Abdruckverfahren, das auf
MAHL[2] zurückgeht. Im Prinzip wird ein dünner Zellulose- oder Kunststoffilm auf
die Oberfläche des Festkörpers gebracht, wobei ein Matrizenabdruck aller strukturellen Einzelheiten und Unebenheiten der Oberfläche entsteht. Diese Matrize
wird abgelöst, nach entsprechendem Verfahren fixiert oder gehärtet und dann im
Elektronenmikroskop durchstrahlt, wobei der Kontrast durch ein Aufdampfen von

---

[1] Die Kenntnis der Oberflächenrauhigkeit ist andererseits für viele technische
Prozesse von Bedeutung. Hierfür existieren auch besondere Meßverfahren, z. B.
das Lichtschnittverfahren von G. SCHMALTZ [Technische Oberflächenkunde, Berlin
(1936)], s. a. BIKERMAN, J. J.: Surface Chemistry, 2. Aufl. New York 1958.

[2] MAHL, H.: Metallwirtsch. **19**, 488 (1940).

Edelmetallen zusätzlich verbessert werden kann (vgl. § 31). Vielfach wird von diesem Negativ auch ein Positiv hergestellt und ebenfalls bedampft. Derartige Aufnahmen sind von einer verblüffenden Klarheit und vermitteln ein hervorragendes Bild von der wirklichen Rauhigkeit, von der Zerklüftung und dem unregelmäßigen Aufbau einer grob gesehen glatt erscheinenden Oberfläche eines Festkörpers. Abb. 46.2 zeigt den Oberflächenabdruck eines polierten Metalls nach diesem Verfahren.

Abb. 46.2. Oberflächenrauhigkeit eines Festkörpers. (Salzpoliertes Kugellager). Entnommen aus K. L. Wolf: loc. cit. S. 149

Gerade aus den elektronenmikroskopischen Aufnahmen geht hervor, daß bereits die einfachste Forderung, nämlich die Angabe der wirklichen Ausdehnung der Grenzfläche eines Festkörpers, praktisch nicht zu erfüllen ist. Die Größe der Grenzflächen mit dem Elektronenmikroskop auszumessen, ist wegen seiner Mühseligkeit wenig aussichtsreich. Für viele Fragestellungen begnügt man sich daher, einen mittleren Wert der Grenzfläche zu bestimmen, und zwar auf folgende Weise:

1. Wenn die geometrische *Form* der dispergierten Substanz bekannt ist, liefert jede Methode der *Teilchengrößenbestimmung* auch ihre geometrisch zu errechnende Oberfläche. Es ist nur notwendig, daß die Methode entweder das Volumen oder eine bzw. mehrere Lineardimensionen zu bestimmen gestattet. Dazu sind geeignet die Bestimmungen im Ultramikroskop (§ 30), Sedimentation (§ 33 und 34), Lichtstreuung (für größere Teilchen) (§ 36), Röntgenstrahlen (§ 44).

Die Voraussetzung ist immer, daß eine Beziehung $\Omega_j = f(v_j)$ oder $\Omega_j = f(a,b,c)$ ($v_j =$ Volumen, $a, b, c =$ geometrische Abmessungen) besteht, was zwar theoretisch oft angenommen wird, praktisch aber fast nie exakt festgestellt werden kann. Wenn also auch das Volumen oder eine ähnliche geometrische Größe der dispergierten Substanz bekannt ist, bleibt wegen der ungenauen Kenntnis der geometrischen Beziehung meist nur die Möglichkeit, angenäherte Werte von Ω_j anzugeben, indem man eine geometrische Form als angenähert zutreffend annimmt, wie z. B. Kugel, zylinderförmige Stäbchen, Ellipsoid, Würfel usw.

Besondere Strukturierungen der Grenzfläche, Rauhigkeiten usw. werden hierdurch nicht erfaßt; daher bezieht sich diese Methode nur auf die sog. „äußere" Grenzfläche.

2. Eine interessante Möglichkeit zur Bestimmung der Oberflächengröße von löslichen Pulvern ist die Bestimmung ihrer Auflösungsgeschwindigkeit. Diese ist nach PALMER und CLARK[1] direkt ihrer Oberfläche proportional.

3. Bei Kapillarsystemen wie nichtlöslichen Pulvern, Sand, Geweben, Porenkörpern, d.h. kohärenten dispersen Systemen, die eine sog. „innere" Grenzfläche besitzen (vgl. § 95), können Bestimmungen der Permeabilität von Flüssigkeiten Anhaltspunkte für ihre Grenzfläche geben. Zwischen der Fließgeschwindigkeit einer Flüssigkeit durch ein poröses Medium gelten bei laminarer Strömung einfache Gesetzmäßigkeiten (§ 95).

Nach D'ARCY gilt beispielsweise:

$$\Delta v/\Delta t = k_s\, q\, \Delta p/l \tag{46.1}$$

(Δv = Volumen der Flüssigkeit, das in der Zeit Δt durchgeflossen ist. q = Querschnitt, l = Länge, Δp = Druckabfall bei der Länge l, k_s = Konstante.) Die Konstante läßt sich auflösen zu

$$k_s = [\alpha^3/(1 - \alpha^2)]\,[\chi/\eta\, s^2\, k_0]$$

s = Verhältnis der Gesamtoberfläche zum Gesamtvolumen des porösen Körpers, α ist die Porosität = Verhältnis von Zwischenraum zum wirklichen Raum des Objekts, χ ist ein Orientierungs-, k_0 ein Gestaltsfaktor. Wenn χ/k_0 berechen- oder bestimmbar ist, kann die spezifische Oberfläche s durch die Durchlaufgeschwindigkeit und den äußeren Dimensionen ermittelt werden[2].

4. Weitere erwähnenswerte Methoden sind Wärmeleitfähigkeit bei hochporösen Substanzen (KISTLER)[3] und Benetzungswärme nichtlöslicher Pulver (BARTELL u. Mitarb.)[4].

5. Sehr leistungsfähige Methoden zur Bestimmung der Oberflächengröße beruhen auf der Messung der Adsorption von Gasen oder gelösten Substanzen. Zu ihrem Verständnis sind aber die Kenntnisse der Gesetzmäßigkeiten der Adsorptionserscheinungen notwendig, wir werden sie daher erst im Anschluß an diese erörtern (§ 51).

b) Physikalische Phänomene an Phasengrenzflächen. Allen Flüssigkeiten gemeinsam ist ihre Fähigkeit, Tropfen zu bilden. Wie allgemein bekannt ist, entstehen Tropfen beim langsamen Ausfließen einer Flüssigkeit aus engen Öffnungen. Doch gibt es eine Unzahl anderer Möglichkeiten für ihre Bildung, von denen etwa die des Dispergierens, des Kondensierens, Versprühens, Emulgierens usw. genannt sein mögen. Ebenso bekannt ist die sog. Tropfenform, die sich angeblich beim Herabfallen eines Tropfens in freier Luft bildet. Da diese Anschauung vielfach zu Irrtümern Veranlassung gab, wollen wir uns die Form eines Tropfens im Ruhezustand betrachten: Bringt man einen Tropfen in eine zweite Flüssigkeit, mit der er sich nicht vermischt und deren Dichte sich von seiner praktisch nicht unterscheidet, so bleibt er in dieser Flüssigkeit

---

[1] PALMER, W. G. u. R. E. D. CLARK: Proc. Roy. Soc. [London], Ser. A **149**, 360 (1935).

[2] Einzelheiten dieser und Hinweise auf weitere Methoden bei E. MANEGOLD: Kapillarsysteme. Bd. I. Heidelberg 1955. SULLIVAN u. HERTEL: Advanc. Coll. Sci. Bd. I. New York 1942.

[3] KISTLER, S. S.: J. physic. Chem. **46**, 19 (1942).

[4] BARTELL, F. E. u. R. M. SUGGITT: J. physic. Chem. **58**, 36 (1954).

schweben. Er nimmt jedoch die genaue geometrische Form einer Kuge
an, die deshalb als Gleichgewichtsform angesehen werden muß. Daß
Flüssigkeiten nicht auseinanderfließen, wenn sie sich selbst überlassen
bleiben und der Schwerkraft entzogen sind, sondern sich zu einer Kugel
zusammenschließen oder diese Form anstreben, rührt daher, daß sie
durch die Wirkungen einer Kraft, die wir *Grenzflächenspannung* nennen,
in diese Form gedrängt werden.

Wenn wir unsere Modellvorstellungen (Abb. 46.1) wieder zu Hilfe nehmen, so
ist der gegenseitige Ausgleich zwischen molekularen Kräften im Innern einer
Flüssigkeit unschwer erkennbar. Da das Molekül in der Grenzfläche nur zum Teil
den Kraftwirkungen seiner Nachbarn ausgesetzt ist, sollte wie aus Abb. 46.1 hervorgeht, ein nach innen gerichteter Zug resultieren. Hierbei wird zunächst angenommen, daß die Moleküle der angrenzenden Phase nur geringere Kräfte auf das
Molekül in der Grenzfläche ausüben. Das genügt an sich, um die Entstehung eines
freischwebenden Kugeltropfens zu erklären. Wenn man nun in unserem Modell
versuchen würde, durch eine sinnreiche Vorrichtung — wir werden weiter unten
einige davon kennen lernen — die in der Grenzfläche liegenden Moleküle tangential
zur Grenzfläche auseinanderzuziehen, so müssen die in dieser Ebene wirkenden
Kräfte überwunden werden. Die zwischen den einzelnen Molekülen wirkenden
Kräfte sind zwar elastische Kräfte, doch ist ihre Reichweite nur sehr gering (von
etwa einem Moleküldurchmesser), so daß eine gröbere Ziehvorrichtung nichts
anderes erreichen würde, als die Moleküle auseinander zu zerren und dabei eine
Anzahl von Löchern zu bilden; nur im allerersten Augenblick — nämlich bei Überwindung der kurzen Strecken von der Reichweite der Molekularkräfte — müßte
diese Kraft überwunden werden. Wären die Löcher einmal gebildet, sollte eine
weitere Vergrößerung der Grenzfläche, nämlich die Entfernung der Moleküle voneinander, ohne Kraftaufwand möglich sein. Dieses statische Bild ist aber noch
unvollständig, denn in Wirklichkeit sind die Moleküle in stetiger Wärmebewegung.
Wenn sich für kurze Zeit einmal Löcher gebildet hätten, würden sie unmittelbar
danach wieder durch Moleküle ausgefüllt, die aus dem Innern der Flüssigkeit nach-
dringen. Die Zugvorrichtung müßte nach Überwindung der Kraftwirkungen bei
der Lochbildung im nächsten Augenblick wieder die Zugwirkungen der Moleküle
überwinden, die von den nachgerückten Molekülen ausgehen. Wegen der großen
Geschwindigkeit der Molekularbewegung würde sich dieses Spiel dauernd wiederholen, der Einzelprozeß aber nur sehr kurze Zeit dauern. Deswegen und wegen der
sehr großen Zahl der Einzelprozesse resultiert letzten Endes ein konstanter Zug
gegen unsere Zugvorrichtung, der unabhängig davon ist, in welchem Zustand sich
die Grenzfläche befindet, d. h. ob sie groß oder klein ist. Aus diesem stark vereinfachten molekularphysikalischen Modell läßt sich aber erkennen, daß eine Zug-
wirkung tangential zur Grenzfläche nie die Eigenschaft einer elastischen Kraft
besitzen kann. (Diese wird um so größer, je größer die Dehnung des entsprechenden
Objekts ist.)

Phänomenologisch definiert man die Grenzflächenspannung als die-
jenige Kraft, die an einer gedachten in der Grenzfläche befindlichen
Linie wirkt, und zwar beträgt die Spannung 1 dyn pro cm, wenn die
Linie 1 cm Länge besitzt. Die Grenzflächenspannung (im folgenden
abgekürzt: Gr.-Fl.-Sp.) ist positiv, wenn sie das Bestreben hat, die
Fläche zu verkleinern und umgekehrt.

Wenn die Gr.-Fl.-Sp. über einen Weg von 1 cm wirkt, so wird dabei
die Arbeit von 1 Erg pro cm^2 geleistet. Diese Größe heißt Grenzflächenenergie (abgekürzt: Gr.-Fl.-E.); sie ist zahlenmäßig der Grenzflächenspannung gleich[1].

---

[1] Anmerkung: Es ist zu beachten, daß die Grenzflächenspannung als Kraft
vektorielle Eigenschaften besitzt, die Grenzflächenenergie jedoch nicht!

Es ist empfehlenswert, für die Gr.-Fl.-E. eine andere Definition zu wählen, die eine molekularphysikalische anschauliche Bedeutung besitzt. Sie kann als diejenige Energie angesehen werden, die notwendig ist, um so viel Moleküle aus dem Innern der Flüssigkeit an die Grenzfläche (besser in die Grenzschicht) zu bringen. daß gerade 1 cm² neue Grenzfläche entsteht.

Da die Gr.-Fl.-E. aus der Gr.-Fl.-Sp. leicht abgeleitet werden kann, ist die Messung letzterer von Bedeutung. Andererseits haben wir in der Energie der Grenzfläche eine Größe gewonnen, die geeignet ist, den Zustand der Materie bzw. der Moleküle in der Grenzfläche zu charakterisieren. Die Messung der Gr.-Fl.-Sp. ist bei den Systemen fl/g und fl/fl relativ einfach, wodurch auch die Beschreibung und das Verständnis dieser Systeme erheblich erleichtert wird. Bei den Systemen f/fl und f/g ist es sehr viel schwieriger, in erster Linie deswegen, weil sich eine Spannung wegen der nicht veränderlichen und unverrückbaren Zustände der Grenzfläche fester Körper nicht messen läßt[1].

Bei Kristallen ist wegen der verschiedenen Zustände, die die Bausteine in den verschiedenen Flächen besitzen, zu erwarten, daß auch die betreffenden Grenzflächenenergien verschieden sind. Das gleiche gilt für die Kanten und Ecken der Kristalle, wofür jeweils besondere Grenzkanten- und Grenzecken-energien definiert werden müßten, was eine ganze Anzahl von Angaben zur Charakterisierung des Grenzflächenzustandes erforderlich machen würde. Um Anhaltspunkte zu bekommen, ist man entweder darauf angewiesen, die Gr.-Fl.-Sp. von Festkörpern durch Extrapolation ihrer Schmelzen nahe des Schmelzpunktes zu ermitteln oder theoretische Berechnungen anzustellen, die einen mehr oder weniger großen Wahrscheinlichkeitswert besitzen[2].

In der Tab. 46.I sind einige Daten der Gr.-Fl.-Sp. für Flüssigkeiten zusammenge-

Tabelle 46.I.
Oberflächenspannung von Flüssigkeiten

Substanz	γ in dyn/ m	Temp. in °C
Wasser	72,583	20°
Benzol	28,88	25
Octan	31,11	20
Caprylsäure	28,3	20
Anilin	43,4	19,5
Butanol	24,42	17,5
Quecksilber	480	20
Salzschmelzen		
LiF	250	870
NaCl	114	800
KCl	96	800
CsJ	73	650
Na₂CO₃	213	850
Metallschmelzen		
Ag	922	1000
Au	1130	1100
Pt	1800	2000
Zn	768	600
Na	427	100

---

[1] Einzig die bei der Spaltung der Kristalle parallel zu einer definierten kristallographischen Fläche aufzuwendende Arbeit wäre der freien Grenzflächenenthalpie $(= \gamma)$ gleichzusetzen. Deren Messung ist aber nicht einfach, weil erst eine Aktivierungsenergie, nämlich die Kohäsionsenergie der betreffenden Anordnung zu überwinden ist. Messen kann man daher nur den die Spaltung begleitenden Wärmeeffekt, welcher aber nach Gl. (47.21) der Größe $\gamma - T\,(d\gamma/dT) = U_\sigma - U_0 \Gamma$ entspricht. Vgl. dazu § 47.

[2] Vgl. dazu J. J. BIKERMAN: Surface Chemistry. 2. Aufl. New York 1958.

stellt. Die der Schmelzen übertreffen die der bei Zimmertemperatur flüssigen Substanzen erheblich.

Für unsere und viele andere Zwecke ist es günstiger, die Grenzflächen von Festkörpern durch eine andere Eigenschaft zu charakterisieren, welche sich ganz allgemein aus dem Verhalten der Grenzflächen gegenüber Molekülen ergibt, die der angrenzenden Phase angehören. Festkörper-Grenzflächen haben nämlich sehr häufig die Fähigkeit, andere Moleküle zu binden; eine Eigenschaft, die als *Adsorption* bezeichnet wird.

Dem Chemiker sind solche Erscheinungen geläufig. Bringt man z. B. in ein mit Chlor gefülltes Reagensglas etwas Aktivkohle und schüttelt das Reagensglas um, so ist deutlich zu beobachten, daß die Farbe des Chlorgases verschwindet. Ein ähnliches Experiment läßt sich mit einer Flüssigkeit machen, die geringe Mengen eines Farbstoffes gelöst enthält. Nach Umschütteln mit pulverförmiger Kohle ist der Farbstoff ganz oder teilweise aus der Lösung verschwunden. Beide Experimente gelingen deswegen so gut, weil die Kohle als Pulver eine sehr große Oberfläche besitzt, wodurch ihre Wirkung deutlich zutage tritt.

Solche sehr häufig zu beobachtenden Adsorptionen an f/g- und fl/fl-Grenzflächen beruhen qualitativ gesehen darauf, daß die Bindungskräfte der Moleküle oder Atome in den Grenzflächen in Richtung auf die benachbarte Phase (vgl. Abb. 46.1) nicht abgesättigt sind. Gelangen Moleküle aus dem angrenzenden Raum in die Nähe des Wirkungsbereichs dieser Bindungskräfte, so können sie festgehalten — adsorbiert — werden. Da das Auftreten solcher Kräfte genau wie die Gr.-Fl.-Sp. letzten Endes auf dem Zustand des Moleküls bzw. der Anordnung seiner Atomgruppen in der Grenzfläche beruht, können die Adsorptionserscheinungen ebenso charakteristisch für diesen Zustand angesehen werden wie etwa die Grenzflächenspannung.

Die Erscheinung der Adsorption wird jedoch nicht nur an festen Grenzflächen, sondern auch an den Grenzflächen fl/g und fl/fl beobachtet. Hierbei sind Anreicherungen von Molekülen aus dem Gasraum an Flüssigkeitsoberflächen von geringerem Interesse, von größerer Bedeutung hingegen die Anreicherungen gelöster Moleküle aus der Flüssigkeit, was als *Grenzflächenaktivität* bekannt ist.

Wir sehen hieraus wieder, daß sich die Moleküle in den Grenzflächen in einem anderen Zustand befinden als im Phaseninneren. Wir werden später sehen, daß an den Grenzflächen auch noch besondere elektrische Erscheinungen auftreten. All das läßt erkennen, daß der Zustand eines materiellen Körpers vom Verhalten seiner Bausteine in den Grenzflächen mitbestimmt wird, und zwar um so mehr, je größer seine spezifische Grenzfläche ist.

Beispielsweise besteht ein Würfel von 1 cm Kantenlänge aus Silberchlorid (kubisch, Gitterkonstante $5{,}455 \cdot 10^{-8}$ cm, 4 „Moleküle" pro Elementarzelle) aus insgesamt $2{,}35 \cdot 10^{-22}$ Molekülen, davon befinden sich $1{,}95 \cdot 10^{-15}$, also weniger als der zehnmillionste Teil in der Grenzfläche. Der gesamte Energieinhalt als Summe der Energieinhalte beider Molekülarten ist wegen der geringen Zahl der Atomgruppen in der Grenzfläche praktisch nicht von dem verschieden, der von den Atomgruppen des Innern allein herrührt.

Mit vollem Recht wurde daher von GIBBS als „Phase" ein materieller Körper von solcher Ausdehnung angesehen, bei dem der Beitrag der in der Grenzfläche liegenden Bausteine im Verhältnis zum Gesamtsystem vernachlässigbar klein ist. Die Thermodynamik der Mehrphasensysteme braucht sich nicht um die Grenzflächenerscheinungen zu kümmern.

Anders ist es jedoch, wenn wir zu dispersen, insbesondere kolloiden Systemen übergehen. Wie aus der Tab. 8.I hervorgeht, wächst die spezifische Grenzfläche in erheblichem Maße an, wenn die Substanz dispergiert wird. Z. B. beträgt die Zahl der in der Grenzfläche befindlichen Bausteine des oben betrachteten Silberchlorids bei einer Zerteilung von 1 cm^3 in 10^{18} Würfel von 10 m$\mu = 10^{-6}$ cm Kantenlänge: $0{,}195 \cdot 10^{22}$, was gegenüber der Zahl von $2{,}35 \cdot 10^{22}$ Bausteinen im Innern nicht mehr vernachlässigbar ist. Der Energieinhalt eines solchen Systems würde entscheidend durch den Anteil der Grenzflächenbausteine bestimmt werden, was von FRICKE[1] auch nachgewiesen werden konnte. Die spezifische Wärme von Eisenoxydhydrat nimmt durch größer werdende Grenzflächenausbildung mit abnehmender Teilchengröße beträchtlich zu. Ebenso ist der Anteil der in den Kanten und Ecken sitzenden Atome mit abnehmender Partikelgröße nicht mehr zu vernachlässigen, was eindringlich aus der Abb. 46.3 hervorgeht, die von HUETTIG[2] am Beispiel des α-Eisens berechnet wurde.

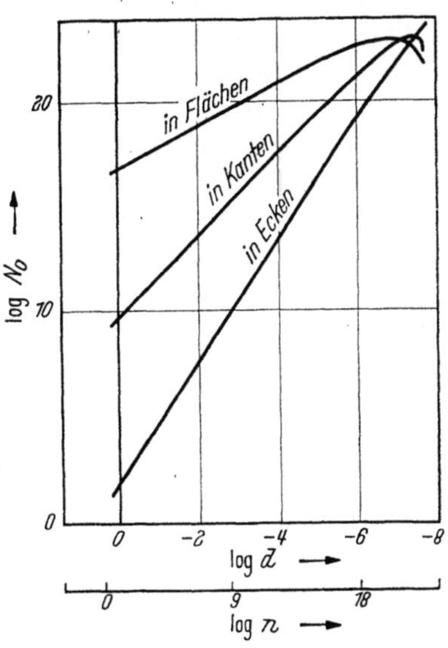

Abb. 46.3. Zahl der Atome in Flächen, Kanten und Ecken eines Würfels aus einem Grammatom α-Eisen in Abhängigkeit von der Aufteilung in n Würfel der Kantenlänge d nach HUETTIG. Entnommen aus K. L. WOLF, loc. cit. S. 131

Wir erkennen damit, daß das Studium der Grenzflächenerscheinungen von gewisser Bedeutung für die Beschreibung kolloider Systeme sein muß, und wollen daher im folgenden unsere Kenntnis über die Grenzflächenerscheinungen an makroskopisch ausgedehnten Phasengrenzflächen vertiefen.

§ 47. Thermodynamik der Grenzflächen

Eine Fläche ist, für sich selbst betrachtet, noch kein materielles Objekt, sondern nur die Begrenzung eines solchen. Gegenstand einer thermodynamischen Behandlung, die etwa Aussagen über Energieinhalt, Temperatur, Entropie usw. machen möchte, kann aber sinn-

---

[1] FRICKE, R. u. F. R. MEYER: Z. physik. Chem., Abt. A 181, 409 (1938).
[2] HUETTIG, G., zit. nach K. L. WOLF: Physik u. Chemie der Grenzflächen. 1. Bd. Berlin 1957. S. 131.

gemäß nur ein *räumliches* Objekt sein. Durch einen von GIBBS[1] eingeführten Kunstgriff kann aber eine Thermodynamik der Grenzflächen entwickelt werden, wenn der Begriff der *Grenzschicht* verwendet wird. Stellen wir uns den Übergang zwischen zwei angrenzenden Phasen nicht sprunghaft, sondern innerhalb einer endlich ausgedehnten Grenzschicht vor, so wäre diese durchaus für eine thermodynamische Behandlung geeignet[2].

Nun besteht in der Wahl der Dicke einer Grenzschicht eine gewisse Willkür, da bislang noch keine Methoden existieren, die uns über ihre wirkliche Ausdehnung und Struktur etwas Genaueres verraten würden.

Man könnte geneigt sein, die jeweils aneinandergrenzenden Schichten der Moleküle zweier Flüssigkeiten als Schichtdicke zu wählen, doch ist dies Bild sicher zu primitiv, da eine solche glatte doppelte Schicht wegen der Wärmebewegung der Moleküle kaum der Realität entsprechen dürfte. Es wird eher eine Verzahnung beider Molekülarten anzunehmen sein, die einen mehr oder weniger allmählichen Übergang wahrscheinlich macht.

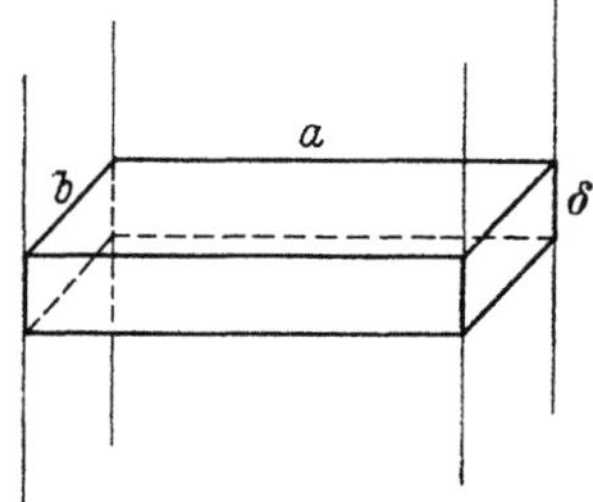

Zur thermodynamischen Behandlung empfiehlt sich eine Methode von VAN DER WAALS und BAKKER[3], die die Grenzen der Grenzschicht so legt, daß sich von der Grenze ab die Eigenschaften der Phase bis ins Innere nicht mehr ändern. Die Grenzschicht ist dann eine besondere Zone, die formell die thermodynamischen Eigenschaften einer Phase besitzen soll, insofern als Energie, Temperatur, Druck, Volumen usw. angegeben werden kann. Es besteht nun die Aufgabe, die freie Energie und Enthalpie der Grenzschicht zu berechnen.

Abb. 47.1. Erläuterung siehe Text

Die Arbeit bei der Vergrößerung eines stofflichen Objekts α um den Betrag dV_α ist bekanntlich $-P\,dV_\alpha$. Ist Ω die Fläche der Grenzschicht und δ ihre Dicke, so ist ihr Volumen $V_\sigma = \delta\Omega$. Eine Volumenänderung von V_σ auf $V_\sigma + dV_\sigma$ setzt sich zusammen aus der Dickenänderung $\delta + d\delta$ und der Flächenänderung $\Omega + d\Omega$. Nehmen wir der Einfachheit halber an, daß Ω aus einem Rechteck mit den Seiten a und b (Abb. 47.1) besteht. Die Arbeit bei der Volumenvergrößerung um $d\delta$ ist einfach anzugeben; sie ist $-P\,\Omega\,d\delta$, da der Druck senkrecht zur Fläche $a\,b = \Omega$

---

[1] GIBBS, W.: loc. cit. S. 21.

[2] Die Thermodynamik faßt die Grenzschicht als besondere „Grenzflächen-Phase" auf, mit allen entsprechenden Phaseneigenschaften. Dieser Begriff scheint insofern nicht glücklich gewählt, als eine solche Phase nicht homogen in bezug auf ihre Druckverteilung ist. Wenn das an sich auch kein Hinderungsgrund für die Verwendung des Phasenbegriffs ist — vgl. z. B. die Ableitung der thermodynamischen Funktionen in einem Gravitationsfeld —, so würden ihre Eigenschaften aber dem Phasenbegriff widersprechen, den wir in diesem Buch als Orientierung gewählt haben. Das soll nicht besagen, daß dieser der einzig mögliche wäre, erscheint aber zur Scheidung kolloider Systeme von anderen zweckmäßig zu sein.

[3] Vgl. hierzu G. BAKKER in WIEN-HARMS: Hdbch. d. Experimentalphysik. Bd. 6. Leipzig 1928.

überall gleich ist. Der Druck auf die Fläche δb, also tangential zur Fläche Ω ist aber nicht $= P\, b\, \delta$, denn einer Vergrößerung der Fläche in tangentialer Richtung wirkt die Grenzflächenspannung γ entgegen. Diese ist als die Kraft definiert, die auf eine in der Grenzfläche liegende Linie von 1 cm Länge wirkt.

Bezeichnet man die mechanische Arbeit, die notwendig ist, um die Fläche Ω um den Betrag $d\Omega$ unter Konstanthaltung sämtlicher anderen Variablen $T, P, n_1, n_2 \ldots n_i$ zu vergrößern, mit dA_σ, so ist

$$(dA_\sigma)_{P, T, n_1, n_2 \ldots n_i} = \gamma\, d\Omega, \qquad (47.1)$$

worin der Koeffizient γ als Grenzflächenspannung bezeichnet wird. γ ist eine intensive Größe und von der Größe der Grenzfläche unabhängig. Wenn δ hinreichend klein ist, wäre also die Kraft $P\, b\, \delta$ um $\gamma\, b$ zu vermindern (vgl. Abb. 47.1). Die Arbeit bei einer Flächenvergrößerung um $d\Omega = b\, da$ ist

$$(P\, b\, \delta - \gamma\, b)\, da = (P\, \delta - \gamma)\, d\Omega. \qquad (47.2)$$

Die gesamte Arbeit bei Flächen- und Dickenänderung wäre dann

$$\begin{aligned}
- P\, \Omega\, d\delta - (P\, \delta - \gamma)\, d\Omega &= - P\, (\Omega\, d\delta + \delta d\Omega) + \gamma\, d\Omega \\
&= - P\, dV_\sigma + \gamma\, d\Omega.
\end{aligned} \qquad (47.3)$$

Nun läßt sich die Änderung der freien Energie aus Gl. (I.12) leicht angeben. Wenn der Suffix σ bedeutet, daß sich die betreffenden Größen auf die Grenzschicht beziehen, ist

$$dF_\sigma = - S_\sigma\, dT - P\, dV_\sigma + \gamma\, d\Omega + \sum_i \mu_i\, dn_{\sigma i}. \qquad (47.4)$$

Diese Gleichung läßt sich nach dem im Anhang I angegebenen Verfahren [Gl. (I.18) bis (I.20)] integrieren. Man erhält, wenn die Temperatur konstant gehalten wird

$$F_\sigma = - P\, V_\sigma + \gamma\, \Omega + \sum_i \mu_i\, n_{\sigma i}. \qquad (47.5)$$

Vielfach ist es erwünscht, die Größen durch solche auszudrücken, die sich auf die Flächeneinheit beziehen. Bedenkt man, daß $V_\sigma / \Omega = \delta$ ist und definiert man $S_{\sigma, \Omega} \equiv S_\sigma / \Omega$ sowie $F_{\sigma, \Omega} \equiv F_\sigma / \Omega$ und $n_{\sigma i} / \Omega \equiv \Gamma_i$ als die Entropie, freie Energie und Molzahl pro cm^2 Grenzfläche, ergibt sich für (5)

$$F_{\sigma, \Omega} = - P\, \delta + \gamma + \sum_i \mu_i\, \Gamma_i. \qquad (47.6)$$

In Analogie zu

$$G \equiv F + P\, V,$$

die die Definitionsgleichung für die freie Enthalpie einer Phase ist, kann definiert werden

$$G_\sigma \equiv F_\sigma + P\, V_\sigma - \gamma\, \Omega. \qquad (47.7)$$

Hieraus und aus (5) erhält man

$$G_\sigma = \sum_i \mu_i\, n_{\sigma i}, \qquad (47.8)$$

sowie nach Division durch Ω

$$G_{\sigma,\Omega} = \sum_i \mu_i \, \Gamma_i. \qquad (47.9)$$

Für die Änderung von G erhält man aus (5) und (7)

$$dG_\sigma = -S_\sigma \, dT + V_\sigma \, dP - \Omega \, d\gamma + \sum_i \mu_i \, dn_{\sigma i}. \quad [1],\ [2] \qquad (47.10)$$

Ebenfalls in Analogie zur GIBBS-DUHEMschen Beziehung (I.22) erhält man durch Differentiation von (5) und nachfolgender Subtraktion von (4)

$$S_\sigma \, dT - V_\sigma \, dP + \Omega \, d\gamma + \sum_i n_{\sigma i} \, d\mu_i = 0. \qquad (47.11)$$

Nach Division durch Ω erhält man wieder

$$\boxed{S_{\sigma,\Omega} \, dT - \delta \, dP + d\gamma + \sum_i \Gamma_i \, d\mu_i = 0,} \qquad (47.12)$$

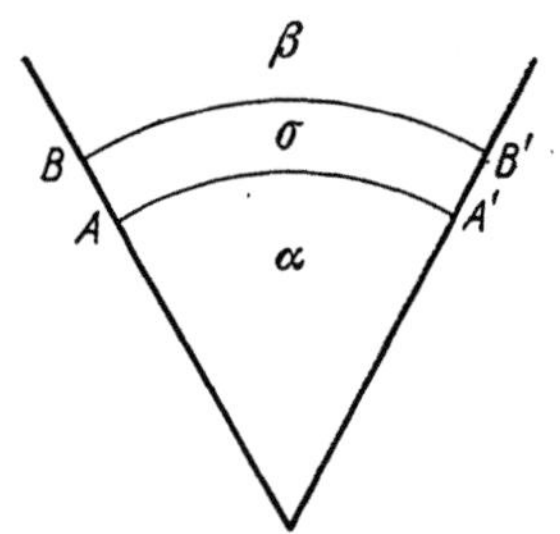

Abb. 47.2
Erläuterung siehe Text

eine von GIBBS gefundene Gleichung, die für die Behandlung von Grenzflächenproblemen von größter Bedeutung ist.

Für *alle* kolloidchemischen Probleme ist die Grenzflächenspannung bzw. -arbeit gekrümmter Grenzflächen von Bedeutung. Um deutlich zu machen, welche Rolle die Dicke der Grenzschichten in solchen Fällen spielt, wollen wir einer Ableitung von GUGGENHEIM [3] folgen.

Die Grenzschicht bildet sich zwischen zwei Phasen, die in konzentrischen Zylindern angeordnet sind, wie Abb. 47.4 zeigt. In jeder Phase

---

[1] Man findet in der Literatur [EVERETT, D. H.: Traus. Faraday Soc. **46**, 453 (1950); H. D. OHLENBUSCH: Elektrochem. **60**, 603 (1956)], auch freie Enthalpien der Grenzschicht nicht wie Gl. (7), sondern durch

$$G'_\sigma \equiv F_\sigma + p \, V_\sigma$$

definiert, dann ergibt sich

$$dG'_\sigma = -S_\sigma \, dT + V_\sigma \, dP - \gamma \, d\Omega + \sum_i \mu_i \, dn_{\sigma i}.$$

Im Gegensatz zu (8) ist hier nicht γ, sondern Ω eine unabhängige Variable. Man kommt jedoch bei der Behandlung von Mischungen in Schwierigkeiten, wenn der Ausdruck $(dG'_\sigma/dn_{\sigma i})_{P,T,n \neq n_i}$ gebildet werden soll, da eine Veränderung des Systems durch Änderung einer der Molzahlen $n_1, n_2 \ldots n_i$ bei konstanter Grenzfläche Ω nicht möglich ist, ohne γ zu ändern, da die GIBBSsche Beziehung (47.12) immer gelten muß. Bei veränderlichen Ω könnte γ nur konstant gehalten werden, wenn sich das Zusammensetzungsverhältnis $n_i/\sum_i n_i$ nicht ändert, d. h. also nur bei einer reinen Änderung der Grenzflächenausdehnung. Damit ist aber nicht viel gewonnen.

[2] Häufig bezeichnet man γ als die freie Grenzflächenenergie, da die Dimension der Grenzflächenspannung dyn/cm gleich einer Größe erg/cm² ist. Eine freie Grenzflächenenergie wäre aber durch Gl. (4), und eine freie Grenzflächenenthalpie durch (5) gegeben. γ könnte allenfalls als mechanische Grenzflächenenergie bezeichnet werden.

[3] GUGGENHEIM, E. A.: Trans. Faraday Soc. **36**, 408 (1940) bzw. Thermodynamics, 3rd Ed. Amsterdam 1957. S. 50ff.

ist der Druck im Inneren unabhängig vom Flächenelement, auf das er wirkt. In einer — inhomogenen (!) — Grenzschicht, die sich im Radialabstand r_α von der Zylinderachse befindet und die Dicke $r_\beta - r_\alpha$ besitzt, ändert sich der Druck der inneren Phase P_α kontinuierlich auf den Druck P_β der äußeren Phase. Wenn die Kraft, die auf die Flächeneinheit parallel den Flächen $A\,A'$ bzw. $B\,B'$ mit $P_r - Q$ angesetzt wird, so sind zwischen r_α und r_β sowohl P_r als auch Q Funktionen von r. Bei $r_\alpha = r$ und $r = r_\beta$ ist $Q = 0$, hat zwischen ihnen aber im Mittel positive Werte.

Nun ist im mechanischen Gleichgewicht der durch $A\,A'\,B\,B'$ eingeschlossenen Materie:

$$d\,(P_r\,r) = P_r\,dr + r\,dP_r = (P_r - Q)\,dr \qquad (47.13)$$

woraus folgt

$$dP_r = -\,(Q/r)\,dr, \qquad (47.14)$$

integriert man zwischen r_β und r_α, ergibt sich

$$P_\beta - P_\alpha = \int_{r_\alpha}^{r_\beta} (Q/r)\,dr\,. \qquad (47.15)$$

Nun sollen folgende Größen definitionsgemäß eingeführt werden

$$\bar{r} \equiv (r_\alpha + r_\beta)/2; \quad \gamma \equiv \int_{r_\alpha}^{r_\beta} Q\,dr; \quad \gamma' \equiv \int_{r_\alpha}^{r_\beta} (Q/r)\,dr\,.$$

Daraus ergibt sich an Stelle von (15)

$$P_\beta - P_\alpha = \gamma'\,|\,\bar{r}\,. \qquad (47.16)$$

Nun sieht man sofort, daß wenn

$$r_\alpha - r_\beta \ll \bar{r}$$

ist — aber auch nur dann (!) —, jeder Unterschied zwischen r_α, r_β und $\bar{r}$ und γ und γ' verschwindet. Für (16) erhält man

$$P_\beta - P_\alpha = \gamma/\bar{r}\,. \qquad (47.17)$$

Daß γ tatsächlich die Bedeutung einer Grenzflächenspannung hat, sieht man dadurch ein, daß nach Gl. (4)

$$(P_\beta - P_\alpha)\,dV \simeq \gamma\,d\Omega$$

und $dV/d\Omega$ für einen Zylinder konstanter Länge $= r$ ist, so daß man erhält:

$$P_\beta - P_\alpha = \gamma/r\,.$$

Diese Argumentation ist in dieser Form auch nur für verschwindende Differenzen zwischen P gültig, soll aber nur dazu dienen, die Bedeutung von γ zu klären.

Wählt man an Stelle eines zylindrischen Modells eine Kugel, ergibt sich in ähnlicher Weise

$$P_\beta - P_\alpha = \Delta P = 2\gamma/r \qquad (47.18)$$

und allgemein, die auf andere Weise ableitbare LAPLACEsche Gleichung

$$\varDelta P = \gamma \left(\frac{1}{\varrho_1} + \frac{1}{\varrho_2} \right), \tag{47.19}$$

wenn ϱ_1 und ϱ_2 die Hauptkrümmungsradien der Fläche sind.

Wesentlich für alle Gleichungen ist die Voraussetzung der Kleinheit der Grenzschichtdicke gegenüber dem Krümmungsradius. Bei makroskopisch gekrümmten Grenzflächen, wie sie in Kapillaren und mikroskopisch sichtbaren Tröpfchen oder Bläschen auftreten, ist diese Bedingung sicherlich noch erfüllt. Von Bedeutung — insbesondere für ihre Messung — ist die Aussage, daß unter dieser Voraussetzung die Grenzflächenspannung selbst *nicht* vom Krümmungsradius abhängt und der ebener Grenzflächen gleich ist[1].

Schätzt man die Grenzschichtdicke auf den ein- bis zehnfachen Durchmesser der beteiligten Moleküle ($1 \cdots 10$ mμ), so gilt die Beziehung (18) sicherlich noch für Tröpfchen mit Radien von 100 mμ aufwärts, d. h. oberhalb der Dimensionen kolloider Partikeln. Hier ist sinnvoll von einer definierten Grenzflächenspannung — Arbeit —, Enthalpie usw. zu sprechen. Im Gebiet kolloider Dimensionen, d. h. bei Krümmungsradien, die kleiner als 100 mμ sind, ist die Verwendung des Begriffs der Grenzflächenspannung und der daraus abgeleiteten Beziehung bereits unsicher und in jedem speziellen Fall auf ihre Anwendbarkeit zu prüfen[2].

Für die Temperaturabhängigkeit der Grenzflächenspannung gilt, wie hier nicht eingehender abgeleitet werden soll[3], näherungsweise

$$- d\gamma/dT \simeq S_{\sigma, \Omega} - \varGamma S_{L,0}, \tag{47.20}$$

daraus ergibt sich aus (7) und (I.17)

$$\gamma - T\,(d\gamma/dT) = U_{\sigma, \Omega} - \varGamma U_{L,0} = \varDelta U_\sigma \tag{47.21}$$

$S_{\sigma, \Omega}$ ist die molare Entropie der Substanz in der Grenschicht, $S_{L,0}$ die in der Flüssigkeit. Exakt ist die Gültigkeit dieser Gleichungen immer dann, wenn die Temperatur möglichst weit von der kritischen Temperatur des Stoffes entfernt ist. Gl. (21) wird im allgemeinen als gesamte Grenzflächenenergie bezeichnet; sie bedeutet die Änderung der inneren Energie bei der Bildung von 1 cm² neuer Grenzfläche[4].

Da beim kritischen Punkt jeglicher Unterschied zwischen Flüssigkeit und ihrem Dampf aufhört und keine gesonderten Phasen mehr auftreten, sind auch keine Phasengrenzen mehr vorhanden, was bedeuten würde, daß die Grenzflächenspannung Null wird. γ muß daher mit zunehmender Temperatur abnehmen. Empirisch wurde gefunden, daß die Temperaturabhängigkeit von γ fast linear ist und der Temperaturkoeffizient vieler Flüssigkeiten etwa den gleichen Wert besitzt, wenn die für die Größe $d\gamma/dT$ gültige Gl. (20) nicht pro cm², sondern pro Fläche angegeben

---

[1] Vgl. dazu die ausführliche Diskussion bei GUGGENHEIM, loc. cit.

[2] Bei einem Versuch der theoretischen Behandlung der Grenzflächenenergie von Kanten und Ecken von Festkörpern würde man wegen der dort unter Umständen zu erwartenden Krümmungsradien erst recht auf solche Schwierigkeiten stoßen. Statistische Theorie der Gr.-Fl.-Sp.: HARASIMA, A.: Advance Chem. Phys. **1**, 203 (1958), ENGLERT-CHWOLES, A. u. I. PRIGOGINE: J. chem. Phys. **55**, 16 (1958).

[3] Vgl. GUGGENHEIM: loc. cit.

[4] Gl. (21) wird vielfach mit Hilfe einer Analogie zur GIBBS-HELMHOLTZschen Gleichung hingeschrieben. Ein solches Verfahren ist nicht exakt, da bei einer analogen Gleichung $\varDelta H_\sigma$ statt $\varDelta U_\sigma$ stehen müßte [vgl. (I.17)].

wird, die ein Mol der betreffenden Substanz in monomolekularer Schicht ausgebreitet einnehmen würde (Eötvössche Regel). Gl. (20) gäbe dann nur die Änderung eines Ordnungszustands an, der bei allen Stoffen gleich wäre, wenn alle in Betracht gezogenen Moleküle die gleiche Gestalt und gleichartige Kraftwirkungen gegenüber ihrer Umgebung besäßen[1].

Dampfdruck kleiner Tropfen, Bläschen und Kristalle

W. Thomson (Lord Kelvin)[2] leitete eine sehr wichtige Beziehung zwischen dem Dampfdruck kugeliger Tröpfchen und ihrer Grenzflächenspannung ab. Diese ist der Ausgangspunkt für die allgemeinere thermodynamische Behandlung von Dispersions- und Assoziationskolloiden.

Betrachten wir ein Tröpfchen und eine makroskopisch ausgedehnte Phase im Sinne unserer Definition, die beide aus dem gleichen Stoff bestehen soll. Das Tröpfchen soll einen Radius besitzen, der groß gegen die Dicke der Grenzschicht ist, damit Gl. (17) gültig ist. Die chemischen Potentiale des Tröpfchens und der Phase seien mit μ_j und μ_0 bezeichnet. Wenn im Tröpfchen dn Mol der Flüssigkeit vorhanden sind, dann besteht der Unterschied zwischen ihm und einem gleichgroßen im Innern der Phase gedachten — virtuellen — Tropfen ausschließlich darin, daß er eine

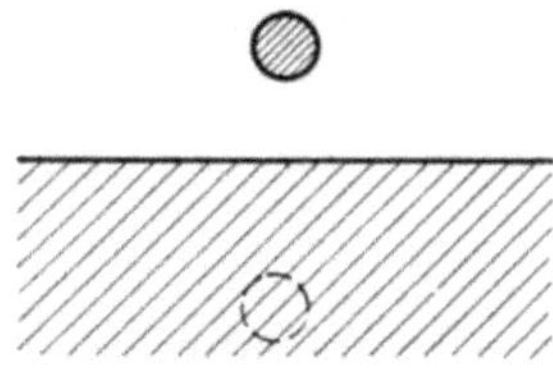

Abb. 47.3
Erläuterung siehe Text

Grenzfläche besitzt, der virtuelle Tropfen aber nicht (vgl. dazu Abb. 47.1). Der Unterschied der chemischen Potentiale der Substanz im „Tropfenzustand" und im „Phasenzustand" kann daher auch nur in der mechanischen Grenzflächenenergie zu suchen sein. Da bei der Bildung eines Tröpfchens von der Menge dn Mol eine Grenzfläche von $d\Omega$ cm³ entsteht, muß gelten

$$(\mu_j - \mu_0)\, dn = \gamma\, d\Omega .^3 \tag{47.22}$$

Bei der Berechnung ist zu beachten, daß $d\Omega = (d\Omega/dn)\, dn$ ist.

Bei einer Kugel ist $n = 4\pi\, r^3/3\, V_{L0}$ (V_{L0} = Molvolumen der Flüssigkeit) und $\Omega = 4\pi\, r^2$. Es ist $d\Omega/dn = (d\Omega/dr) \cdot (dr/dn)$. Wir erhalten

$$(\mu_i - \mu_0)\, dn = (2\gamma\, V_{L0}/r)\, dn . \tag{47.23}$$

Werden die chemischen Potentialdifferenzen nach Gl. (I.34) durch die Fugazitäten ersetzt, ergibt sich

$$\mu_j - \mu_0 = RT \ln\, (p_j^*/p_0^*)$$

und
$$\boxed{\ln\, (d_j^*/p_0^*) = 2\gamma\, V_{L0}/r\, RT .} \tag{47.24}$$

---

[1] Vgl. hierzu K. L. Wolf: Physik und Chemie der Grenzflächen. Berlin 1957.

[2] Thomson, W.: Philos. Mag. J. Sci. (4) **42**, 448 (1871).

[3] Diese Gleichung läßt sich — wie es ursprünglich von Thomson getan wurde — mit Hilfe eines Kreisprozesses ableiten: 1. Bildung des Tröpfchens aus der Phase: Grenzflächenarbeit $\gamma\, d\Omega$. 2. Verdampfung des Tröpfchens: $-\Delta H_L\, dn$. 3. Übergang von dn Mol vom Druck p_j auf p_0: $dn\, RT \ln\, (p_j/p_0)$. 4. Kondensation zur makroskopisch flüssigen Phase: $+\Delta H_L\, dn$.

Bei kleinen Drucken sind natürlich statt der Fugazitäten die entsprechenden Dampfdrucke verwendbar.

Da p_j meist nicht sehr von p_0 verschieden ist, kann man auch mit $V_{L0} = M/\varrho_L$ schreiben

$$(p_j - p_0)/p_0 = \Delta p/p_0 = 2\gamma\, M/\varrho_0\, r\, RT\,. \qquad (47.25)$$

Eine überschlägige numerische Berechnung zeigt, daß z. B. bei Wasser erst Tröpfchenradien von 10^{-5} cm $= 100$ mμ eine Dampfdruckerniedrigung Δp von etwa 1% bewirken.

Wichtig ist der Zusammenhang von (23) mit (17) und (18), da daraus die Grenzen ihrer Gültigkeit deutlicher hervorgehen als aus der Ableitung, die hier wegen ihrer besseren Verständlichkeit gewählt worden ist. Ist nach (18)

$$P_j - P_0 = 2\gamma/r$$

und greift man auf die Druckabhängigkeit der Fugazität bzw. des Dampfdrucks zurück, die durch Gl. (20.66) gegeben ist:

$$d \ln p^*/dP = V_{L0}/RT\,,$$

so erhält man durch Integration zwischen p_j und p_0

$$RT \ln (p_j^*/p_0^*) = V_{L0}\,(P_j - P_0)$$

und daraus und Gl. (18) ohne weiteres Gl. (23).

Die Nachprüfung der Thomsonschen Gleichung (23) ist erst sehr viel später als ihre theoretische Ableitung gelungen. Ljalikow[1] konnte ihre Gültigkeit durch die Verfolgung der zeitlichen Änderung der Größenverteilung eines Quecksilbertröpfchen-Aerosols im Vakuum bestätigen; LaMer und Gruen[2] gelang es durch die Verfolgung des Wachstums von Tropfen einer Lösung von Dioctylphthalat in Toluol; die Dampfdruckerhöhung nach (25) läßt sich nämlich durch eine Dampfdruckerniedrigung durch das aufgelöste Dioctylphthalat kompensieren; Tröpfchen, die gegenüber einer ebenen Flüssigkeitsoberfläche weder größer noch kleiner werden, mußten den gleich Dampfdruck wie diese besitzen. Aus der Konzentration der Lösung ließ sich dann p_j nach den Gln. (I.34) und (18.53) berechnen.

Aus diesen Zusammenhängen geht hervor, daß der Dampfdruck kleiner Tröpfchen sich zwar erst dann merklich ändert, wenn sie kolloide Dimensionen annehmen, daß aber der Anwendung der diese Zusammenhänge regelnden thermodynamischen Beziehungen dort Grenzen gesetzt sind, wo die Tröpfchen der Dimension der Grenzschicht nahe kommen (vgl. auch die ausführliche Diskussion in § 63). An dieser Stelle wird die Problematik der Behandlung kolloider Systeme durch herkömmliche makroskopisch bestimmbare Variablen sehr deutlich. Die Unsicherheit, die dem Begriff der Grenzflächenspannung kleiner Teilchen innewohnt, macht es schon schwierig, bei einer Behandlung kolloider Systeme nur den Begriff selbst zu verwenden. Die Schwierigkeiten wachsen, wenn ihre Grenzflächeneigenschaften als Ausgangspunkt zur Beschreibung ihrer Eigenschaften genommen werden. Leider ist man vielfach zu einem solchen Vorgehen gezwungen.

[1] Ljalikow, K. S.: Acta Physicochimica URSS **12**, 43 (1940), zitiert nach J. J. Bikerman: Surface Chem. 2. Aufl. New York 1958.
[2] LaMer, V. K. u. R. Gruen: Trans. Faraday Soc. **48**, 410 (1952).

Gl. (23) gilt nicht nur für die Dampfdruckerniedrigung von Tröpfchen, sondern auch für die Änderung ihrer Löslichkeit gegenüber der makroskopischen Phase. Wenn an die Stelle des Dampfraums eine zweite flüssige Phase tritt, kann die Differenz $\mu_j - \mu_0$ durch die Aktivitäten bzw. Konzentrationen der entsprechend gesättigten Lösungen ausgedrückt werden, es ist dann

$$\mu_j - \mu_0 = RT \ln (a_j/a_0)$$

und

$$\ln (a_j/a_0) = 2\gamma \, V_{L0}/r \, RT. \tag{47.27}$$

Für feste Körper gilt an sich genau das gleiche, wie für Flüssigkeiten. Erinnern wir uns jedoch an das in § 46 Gesagte; bei kristallinen Festkörpern muß berücksichtigt werden, daß jede Fläche, Kante und Ecke einem besonderen Zustand der Kristallbausteine entspricht. Thermodynamisch gesehen muß jedem der Zustände eine besondere freie Energie und damit auch eine besondere mechanische Grenzflächenenergie zuerkannt werden. Ist die Zahl der in den Kanten und Ecken sitzenden Bausteine klein gegenüber der Zahl in der Grenzfläche, kann eine mittlere Grenzflächenspannung durch

$$\bar{\gamma}_f = \sum_i \gamma_i \, \Omega_i / \sum_i \Omega_i \tag{47.28}$$

definiert werden, wenn Ω_i die Größe einer der verschiedenen Kristallflächen und γ_i die ihnen entsprechenden Grenzflächenspannungen sind. $\bar{\gamma}_f$ kann in (24) oder (27) eingesetzt werden, wenn man r durch $d\Omega/dV$ (vgl. Gl. 47.23) ausgedrückt. Man erhält also

$$\mu_j - \mu_0 = 2\bar{\gamma}_f \, V_{s0}/RT \, (d\Omega/dV), \tag{47.29}$$

was besagt, daß der Sublimationsdruck und die Löslichkeit *kleiner* Kriställchen größer sein muß als der großer — eine Erkenntnis, die bereits Wi. Ostwald in ähnlicher Weise formuliert hat. Große Kristalle wachsen auf Kosten der kleinen, da letztere immer ein höheres chemisches Potential und damit einen höheren Sättigungsdruck bzw. Konzentration besitzen[1].

Gl. (28) ist geeignet, eine Beziehung zur Ermittlung der Größe der mittleren mechanischen Grenzflächenenergie $\bar{\gamma}_f$ zu liefern, wenn die Sättigungsaktivität verschieden großer Kristalle bestimmt wird. Einigermaßen exakte Gültigkeit besitzt sie nur, wenn die betreffenden Kristalle wirklich alle die gleiche Form haben.

---

[1] Da die einzelnen Kristallflächen verschieden hohe γ- und damit auch G- und S-Werte besitzen, müssen sich die Flächen eines *beliebig* geformten Kristalls miteinander im Ungleichgewicht befinden. In Berührung mit seiner gesättigten Lösung wird sich daher erst eine Gleichgewichtsform herausbilden, die dadurch gekennzeichnet ist, daß die Summe $\sum_i \gamma_i \, \Omega_i$ ein Minimum besitzt (Gibbs). Hieraus und Gl. (28) konnte G. Wulff [Z. Kristallogr., Mineral. Petrogr. **34**, 449 (1901)] den Satz ableiten, daß sich die Grenzflächenspannungen der einzelnen Kristallflächen wie die Höhen ihrer Pyramiden verhalten, die über den Flächen errichtet werden, um aus ihnen den Kristall zusammenzusetzen (vgl. dazu etwa K. L. Wolf, loc. cit.; J. J. Bikerman, loc. cit.).

Erreicht die Kristallgröße kolloide Dimensionen, so ist eine Beziehung von der Form (28) noch an der oberen Grenze der linearen Ausdehnung anwendbar; je kleiner die Kriställchen werden, um so fragwürdiger wird auch hier die Verwendung des Begriffs der Grenzflächenenergie. Hinzu kommt, daß der Anteil der Kanten und Ecken an der Begrenzungsschicht mit abnehmender Teilchengröße erheblich an Gewicht gewinnt. Dessen Berücksichtigung gelingt mit rein thermodynamischen Betrachtungsweisen noch weniger als es bei den Flüssigkeitströpfchen der Fall war. Hinzu kommt, daß bei Realkristallen in der Grenzfläche Rauhigkeiten vorhanden sein können, welche infolge ihrer erheblichen Krümmungen ebenfalls eine Veränderung der chemischen Potentiale hervorrufen[1].

Eine wichtige Folgerung bleibt trotz aller Unsicherheit über die zweckmäßigste Beschreibung der Grenzschichteffekte kleiner Teilchen bestehen: Ist zur Bildung von Grenzschichten des in Frage stehenden Teilchens Arbeit aufzuwenden, so muß $\mu_j - \mu_0 > 0$ bzw. $\mu_j > \mu_0$ sein; der Zustand der Materie in dispergierter Form ist gegenüber dem Zustand der makroskopischen Phase instabil (vgl. das bei „Entmischung" in § 19 Gesagte). Sich selbst überlassen werden kleine Tröpfchen oder Kriställchen durch ihren höheren Dampfdruck oder Löslichkeit allmählich unter Bildung von echten zusammenhängenden makroskopischen Phasen mit möglichst kleiner Grenzfläche verschwinden.

§ 48. Grenzflächen von flüssigen Mischungen

(Grenzflächenaktivität)

Die Grenzflächenspannung von Mischungen ist gegenüber ihren Komponenten verändert, und zwar kann sie durch Zumischen eines zweiten Stoffes sowohl erhöht als auch erniedrigt werden. Erhöhungen sind meist nur geringfügig und werden fast ausschließlich bei Elektrolyten in Wasser beobachtet, in der Regel wird die Grenzflächenspannung durch Zumischung erniedrigt. Substanzen, die solche Erniedrigungen bei reinen Flüssigkeiten hervorrufen, heißen *grenzflächenaktiv* oder auch kapillaraktiv, im Gegensatz zu den grenzflächeninaktiven, die sie erhöhen. Die Erniedrigung geht mit einer Anreicherung der zugemischten Substanz in der Grenzschicht einher, ein Verhalten, das thermodynamisch bereits in den Aussagen der Gl. (47.12) enthalten ist. Die Gleichung wird als GIBBSsche Absorptionsgleichung oder GIBBSsche Gleichung für die Grenzflächenspannungserniedrigung bezeichnet und in verschiedenen und vereinfachten Formen angewandt.

Wir betrachten der Einfachheit halber zunächst ein flüssiges System aus zwei Komponenten, das an seine Dampfphase angrenzen soll. Für die Grenzschicht gilt dann Gl. (47.12). Um sie auswerten zu können, soll das System konstanten Druck und konstante Temperatur besitzen, dann ist es nur notwendig, für die Größen $d\mu_i$ Ausdrücke zu finden. Diese

---

[1] Vgl. dazu J. J. BIKERMAN: loc. cit.

liefern uns Gl. (I.14) und (I.17), aus denen man erhält

$$d\mu_1 = -S_1\,dT + V_1\,dP + (\partial\mu_1/\partial x_2)\,dx_2 \qquad (48.1)$$

$$d\mu_2 = -S_2\,dT + V_2\,dP + (\partial\mu_2/\partial x_2)\,dx_2, \qquad (48.2)$$

wobei wir von der GIBBS-DUHEMschen Gleichung (18.18) in der Form

$$\frac{\partial\mu_1}{\partial x_2} = -\frac{x_2}{x_1}\frac{\partial\mu_2}{\partial x_2} \qquad (48.3)$$

Gebrauch gemacht haben, um die Potentialänderungen als Funktion des Molenbruchs x_2 zu erhalten, (der etwa einer gelösten Komponente zugeschrieben werden kann).

Nun soll $V_1\,dP$ und $V_2\,dP$ in 1 und 2 vernachlässigbar klein gegen RT und δP in (47.12) sein, was an sich berechtigt ist, wenn Systeme bei Zimmertemperatur unter Normaldruck betrachtet werden. Es ergibt sich dann für (47.12)

$$S_{\sigma,\,\Omega}\,dT + d\gamma + \Gamma_1\,d\mu_1 + \Gamma_2\,d\mu_2 = 0 \qquad (48.4)$$

und für 1 und 2

$$d\mu_1 = -S_1\,dT + (\partial\mu_1/\partial x_2)\,dx_2, \qquad (48.5)$$

$$d\mu_2 = -S_2\,dT + (\partial\mu_2/\partial x_2)\,dx_2. \qquad (48.6)$$

Daraus erhält man

$$\begin{aligned} -d\gamma = {}&(S_{\sigma,\,\Omega} - \Gamma_1 S_1 - \Gamma_2 S_2)\,dT + \\ &+ (\Gamma_1\,(\partial\mu_1/\partial x_2) + \Gamma_2\,(\partial\mu_2/\partial x_2))\,dx_2. \end{aligned} \qquad (48.7)$$

Wenden wir wieder Gl. (3) an, ergibt sich daraus

$$-d\gamma = (S_{\sigma,\Omega} - \Gamma_1 S_1 - \Gamma_2 S_2)\,dT + \left(\Gamma_2 - \frac{x_2\,\Gamma_1}{1-x_2}\right)\frac{\partial\mu_2}{\partial x_2}\,dx_2. \qquad (48.8)$$

Diese Gleichung ist unabhängig davon, wie man die Grenzen der Grenzschicht sowohl in der Gasphase als auch in der flüssigen Phase wählt, denn die Größe $\Gamma_2 - x_2\,\Gamma_1/(1-x_2)$ wird dadurch nicht verändert[1].

In gleicher Weise wie beim Einstoffsystem gilt

$$-\frac{d\gamma}{dT} = S_{\sigma,\,\Omega} - \Gamma_1 S_1 - \Gamma_2 S_2$$

und

$$\gamma - T\frac{\partial\gamma}{\partial T} = U_{\sigma,\,\Omega} - \Gamma_1 U_1 - \Gamma_2 U_2$$

mit den gleichen Beschränkungen wie dort.

Für konstante Temperatur erhält man aus (7) die wichtigste Beziehung

$$-\frac{d\gamma}{dx_2} = \Gamma_1\frac{\partial\mu_1}{\partial x_1} + \Gamma_2\frac{\partial\mu_2}{\partial x_2}, \qquad (48.9)$$

die mit

$$\mu_1 = \mu_0 + RT\ln a_1 \quad\text{und}\quad \mu_2 = \mu_0 + RT\ln a_2$$

---

[1] Ausführliche Diskussion bei GUGGENHEIM: Thermodynamics, loc. cit.: Die Die Größe $\Gamma_2 - x_2\,\Gamma_1/(1-x_2)$ ist identisch mit GIBBS $\Gamma_{2(1)}$ — siehe W. GIBBS (Collected Works. Bd. 1) —, hat aber den Vorteil, anschaulicher zu sein und besser gehandhabt werden zu können als diese.

übergeht in

$$-\frac{d\gamma}{dx_2} = RT\left(\Gamma_1 \frac{d\ln a_1}{dx_2} + \Gamma_2 \frac{d\ln a_2}{dx_2}\right). \qquad (48.10)$$

(Statt den Aktivitäten a_1 und a_2 können auch die Dampfdrucke p_1, p_2 benutzt werden, ohne daß sich die Form der Gleichung ändert.) Hiermit ist ein Zusammenhang zwischen der Erniedrigung der Grenzflächenspannung, genauer der Neigung der γ-x-Kurve bei der Zugabe einer zweiten Substanz zu einer Flüssigkeit gewonnen. Die Bedeutung der einzelnen Faktoren ist besonders klar zu erkennen, wenn wir eine verdünnte ideale Lösung betrachten. Es ist dann $a_1 = x_1 = 1 - x_2$ und $a_2 = x_2$. Einsetzen und Ausrechnen des Differentialquotienten ergibt

$$-\frac{1}{RT}\frac{d\gamma}{dx_2} = -\frac{\Gamma_1}{1-x_2} + \frac{\Gamma_2}{x_2} \qquad (48.11)$$

bzw.

$$\boxed{-\frac{1}{RT}\frac{d\gamma}{d\ln x_2} = \Gamma_2 - \frac{\Gamma_1 x_2}{1-x_2}.} \qquad (48.11\,\mathrm{a})$$

Das ist genau genommen der Überschuß der Substanz 2 in Mol/cm^2 in der Grenzschicht gegenüber der Menge der Substanz 2 in Mol/cm^2 in einer Grenzschicht gleichen Volumens, die sich im Innern der Lösung befindet (Definition von W. GIBBS $= \Gamma_{2(1)}$). Ist x_2 sehr klein, wird $\Gamma_1 x_2/(1-x_2)$ gegenüber Γ_2 vernachlässigbar. Γ_2 ist dann praktisch als die in der Grenzschicht angereicherte oder *adsorbierte* Menge der Substanz 2 anzusehen. Es ist:

$$\boxed{\Gamma_2 = -\frac{1}{RT}\frac{d\gamma}{d\ln x_2}.} \qquad (48.12)$$

(Ist $1 - x_2$ sehr klein, kann $-\Gamma_1$ auch ein Maß für die negative Absorption der Substanz 1 sein).

Die Forderung ausreichender Verdünnung ist bei den sog. grenzflächenaktiven Substanzen meist hinreichend erfüllt. Abb. 48.1, welche die Abhängigkeit der Grenzflächenspannung einer Lösung vom Logarithmus der Konzentration zeigt, läßt die äußerst geringen Konzentrationen erkennen, bei denen der Effekt wirksam wird. Bestimmt man $d\gamma/d\ln x_2$ — das hier negativ ist (!) — und trägt diese Größe gegen x_2 wie in Abb. 48.2 auf, so erkennt man, wie die daraus berechnete positive adsorbierte Menge Γ_2 mit steigender Konzentration ebenfalls zunimmt und einem Grenzwert zustrebt. Wenn $d\gamma/d\ln x_2 < 0$ ist, muß sich die Substanz nach Gl. (12) in der Grenzschicht anreichern, daher die dafür eingeführte Bezeichnung Grenzflächenaktivität. Ist $d\gamma/d\ln x_2 > 0$, so ist Γ_2 negativ und in der Grenzschicht *weniger* Substanz 2 vorhanden als in einem gleichgroßen Volumen des Lösungsinnern. Solche Substanzen als grenzflächeninaktiv zu bezeichnen, ist daher durchaus sinnvoll.

Bei Grenzflächen, die sich an zwei nicht mischbaren Flüssigkeiten bilden, ergibt sich im Prinzip das gleiche Bild. Einfach ist es, wenn eine aus einer Lösung besteht, deren gelöster Stoff praktisch nicht in der zweiten Flüssigkeit löslich ist, wie etwa ein System Öl — wässerige

Seifenlösung. Komplizierter wird es, wenn die Flüssigkeiten teilweise ineinander löslich sind; explizite Ausdrücke für die adsorbierten Mengen einer Komponente lassen sich dann überhaupt nicht mehr ableiten[1].

Die Anreicherung in der Grenzschicht wird aber noch durch eine andere Beziehung beschrieben, die an sich aus Gl. (47.12) folgt und die

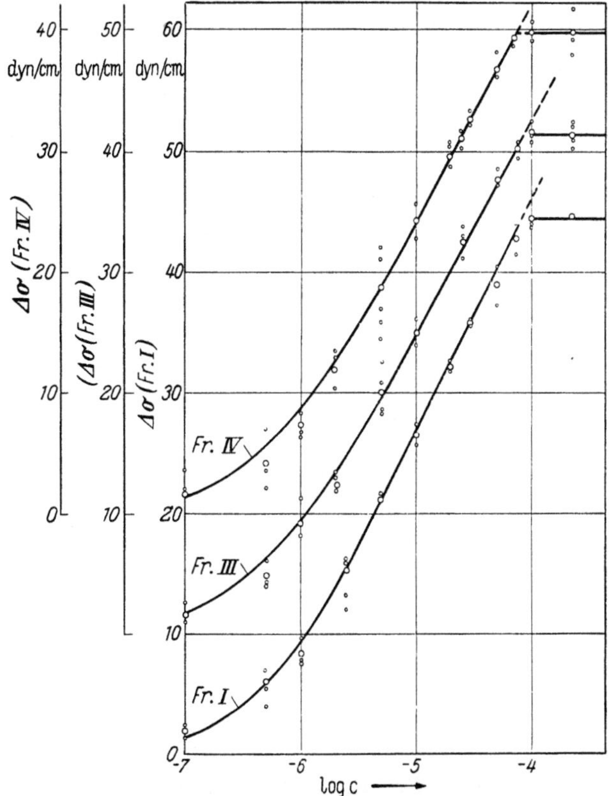

Abb. 48.1. Grenzflächenspannungserniedrigung $\Delta\gamma$ (hier als $\Delta\sigma$ bezeichnet) wässeriger Lösungen von Dodecylpolyglykoläthern in Abhängigkeit vom Logarithmus der Konzentration (Mol/L) *Fr. I*: 5, *Fr. III*: 9, *Fr. IV*: 12 C_2H_4O-Reste in der Äthylenglykolkette. Kleine Kreise: Meßpunkte, große Kreise: Mittelwerte der Meßpunkte, ausgezogene Linien: $\Delta\gamma$ berechnet nach Gl. (48.23). Oben rechts erkennbare Kurvenknicke entsprechen den krit. Konz. der Lösungen. (Nach STAUFF u. RASPER: Kolloid-Z. **151**, 148 (1957)

als LANGMUIRsche Adsorptionsisotherme bezeichnet wird. Ihre thermodynamische Ableitung ist an sich möglich, aber etwas umständlich[2]. Die statistisch-thermodynamische Ableitung, die wir im folgenden kurz skizzieren, ist einfacher und vor allem durchsichtiger, da sie die durch die Voraussetzungen gegebenen Begrenzungen ihres Gültigkeitsbereichs besser erkennen läßt.

---

[1] Vgl. hierzu die Theorie von GUGGENHEIM: Thermodynamics. 3. Aufl. S. 270. Amsterdam (1957).

[2] Von LANGMUIR wurde sie auf kinetischem Wege für die Adsorption von Gasen an festen Oberflächen erhalten, doch ist sie prinzipiell für jedes System unabhängig vom Aggregatzustand und der Grenzfläche gültig und auch ableitbar.

Wir betrachten eine ebene Oberfläche eines festen Körpers, die eine *bestimmte* und konstante Zahl von „Stellen" besitzt, an denen fremde Moleküle festgehalten werden können. Nun sollen folgende Voraussetzungen gelten:

1. Die einmal an einer Stelle adsorbierten Partikeln verbleiben dort unbeweglich.

2. Es wird nur eine Partikel je Stelle adsorbiert, d. h. es bildet sich eine monomolekulare Schicht aus.

3. Zwischen den einzelnen Partikeln wirken keine Kräfte.

4. Die Energie der Adsorption ist an allen Stellen gleich.

5. Zwischen adsorbierten Partikeln und denen in der Gasphase herrscht Gleichgewicht.

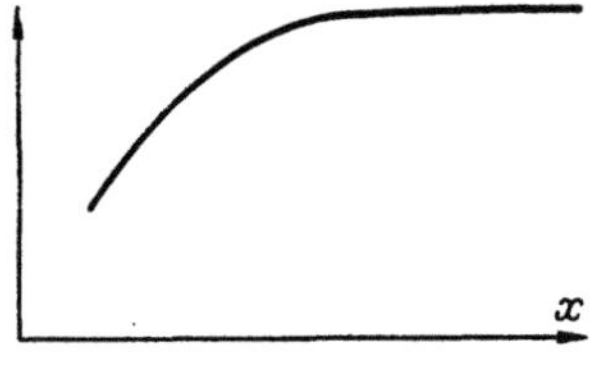

Abb. 48.2. $\Gamma_2 = - d\gamma/d \ln x$ (Ordinate) in Abhängigkeit von der Konzentration x (Abszisse). Schematisch

Besitzt die Grenzfläche nun N_0 Adsorptionsstellen und nehmen wir an, daß N_1 Partikel adsorbiert werden, nehmen wir weiter an, daß die individuelle Verteilungsfunktion jeder einzelnen Partikel Q_1 die gleiche sei, so ist die gesamte Verteilungsfunktion (vgl. § 22)

$$Q^* = g\,(N_1, N_0)\,Q_1^{N_1}. \qquad (48.13)$$

Der Kombinationsfaktor $g\,(N_1, N_0)$ ist leicht anzugeben; die N_1 nicht unterscheidbaren Partikeln können auf den N_2 unterscheidbaren Plätzen nur auf folgende — unterscheidbare — Weise verteilt werden:

$$g\,(N_1, N_0) = \frac{N_0!}{(N_0-N_1)!\,N_1!}. \qquad (48.14)$$

Verwenden wir nun Gl. (II.45) und rechnen die Fakultäten nach der STIRLINGschen Formel um, ergibt sich für die freie Energie

$$F = -\,kT\left(N_0 \ln \frac{N_0}{N_0-N_1} - N_1 \ln \frac{N_1}{N_0-N_1} + N_1 \ln Q_1\right). \qquad (48.15)$$

Für das chemische Potential μ_{10} erhalten wir nach Differentiation nach N_1:

$$\mu_{10} = (\partial F/\partial N_1)\,N_L = -\,RT\left(\ln \frac{N_0-N_1}{N_1} - \ln Q_1\right). \qquad (48.16)$$

Das chemische Potential der Substanz in der Gasphase ist (vgl. § 19)

$$\mu_g = \mu_{0g} + RT \ln (p/p_0), \qquad (48.17)$$

worin p den Partialdruck des Gases und p_0 den Partialdruck im Standardzustand bedeutet. Im Gleichgewicht sind beide chemischen Potentiale gleich, so daß man erhält

$$\ln p/p_0 = \ln [N_1/(N_0 - N_1)] + \ln Q_1 - \mu_{0g}/RT. \qquad (48.18)$$

$RT \ln Q_1$ hat nun die Bedeutung eines chemischen Standard-Potentials, wenn $N_1 = N_0/2$ ist; bezeichnen wir es mit $\mu_{0\sigma}$, so ist $RT \ln Q_1 - \mu_{0g} = \mu_{0\sigma} - \mu_{0g}$. Diese Differenz sei als $\Delta\mu_\sigma$ definiert. Einsetzen in (18), entlogarithmieren und geringfügige Umformung ergibt:

$$(p/p_0) \exp\left(-\Delta\mu_\sigma/RT\right) = N_1/(N_0 - N_1) \tag{48.19}$$

oder mit $N_1/\Omega = \Gamma_1$ und $N_0/\Omega = \Gamma_0$ und mit $p/p_0 = x$ ($x =$ Molenbruch) sowie $\exp\left(\Delta\mu_\sigma/RT\right) = b$

$$\boxed{\Gamma_1 = \frac{\Gamma_0\, x}{x + b}\,.} \tag{48.20}$$

Dies ist die bekannteste Form der LANGMUIRschen Adsorptionsisotherme. Bei dieser sehr durchsichtigen Ableitung geht klar hervor, daß die Beziehung (20) nur erhalten werden kann, wenn die oben angegebenen Voraussetzungen erfüllt sind (einen gut übereinstimmenden Fall zeigt Abb. 51.1, ob. Kurve). Für (20) ist typisch, daß bei kleinen Drucken oder Konzentrationen ($x \ll b$) Γ_1 dem Druck proportional ist, was etwa dem HENRYschen Verteilungsgesetz entspricht. Bei hohen Drucken ($x \gg b$) wird $\Gamma_1 = \Gamma_0$, die Isotherme verläuft dann praktisch parallel zur Abszisse.

Während das GIBBSsche Gesetz für bestimmte Fälle (verdünnte Lösungen) eine Beziehung zwischen der adsorbierten Menge und dem Differentialquotienten der Grenzflächenspannung und der Konzentration der Lösung herstellt, liefert das LANGMUIRsche Gesetz eine Beziehung zwischen in der Grenzschicht adsorbierter Menge und der Konzentration sowie der chemischen Potentialdifferenz $\Delta\mu_\sigma$. Wir können aus beiden eine Beziehung zwischen der Grenzflächenspannung und der Konzentration sowie $\Delta\mu_\sigma$ durch Integration finden (FREUNDLICH[1]). Es ist nach Gl. (47.12) und (20)

$$\Gamma_1 = -\frac{x}{RT}\frac{d\gamma}{dx} = \frac{\Gamma_0\, x}{b + x}\,. \tag{48.21}$$

Integrieren wir die rechte Seite zwischen $x = 0$ und x, so ist die linke Seite zwischen dem zu $x = 0$ gehörigen Werte der Grenzflächenspannung, nämlich der des reinen Lösungsmittels, γ_0 und der oberen Grenze γ zu integrieren. Wir erhalten

$$-\int_{\gamma_0}^{\gamma} d\gamma = \Gamma_0 RT \int_0^x \frac{dx}{b + x} \tag{48.22}$$

und daraus

$$\gamma_0 - \gamma = \Delta\gamma = \Gamma_0\, RT\, [\ln(b + x) - \ln b] = \Gamma_0\, RT \ln\left(1 + \frac{x}{b}\right). \tag{48.23}$$

Diese Gleichung wurde von v. SZYSZKOWSKI[2] empirisch gefunden. Wie aus ihrer Ableitung hervorgeht, hängt sie eng mit der LANGMUIRschen Gleichung zusammen, sie kann daher nur die gleiche Bedeutung und denselben Gültigkeitsbereich besitzen wie diese, nämlich für den Bereich verdünnter idealer Lösungen, bei denen sich als ideal anzusehende monomolekulare Grenzschichten ausbilden.

[1] FREUNDLICH, H.: Kapillarchemie, Bd. I. 4. Aufl. Leipzig 1932.
[2] VON SZYSZKOWSKI, B.: Z. physik. Chem. **64**, 385 (1908).

Beispiele für die Gültigkeit der Gl. (23) findet man vor allem bei der Grenzflächenspannung von Lösungen höherer Fettsäure in Wasser[1] (loc. cit.), auch Dodecylpolyglycoläther geben solche idealen Abhängigkeiten[2], wie Abb. 48.1 zeigt.

Höhere Fettsäuren zeigen mit zunehmender Länge der Paraffinkette stärkere Abweichungen von den durch die Gl. (23) beschriebenen Gesetzmäßigkeiten. FRUMKIN[1] führte daher ein Zusatzglied ein, das ähnlich wie die zwischenmolekulare Attraktion bei realen Gasen die anziehenden Wirkungen der in der Grenzschicht befindlichen Fettsäurenmoleküle berücksichtigen soll. Man kann aber nach STAUFF[2] auch die VON SZYSZKOWSKIsche Gleichung unter Berücksichtigung von Aktivitätskoeffizienten der Substanz in der Grenzschicht ableiten, die allgemeine Lösung lautet:

$$\Delta\gamma = \Gamma_0\,RT\,\ln\,[1/f_{\sigma 1} + x/f_{\sigma 2}\,b]. \tag{48.24}$$

Bei einfachen (simplen) Lösungen können für die Aktivitätskoeffizienten zu Gl. (18.47) analoge Beziehungen verwendet werden, welche lauten

$$RT\,\ln f_{\sigma 1} = w\,(\Gamma_2/\Gamma_{02})^2;\quad RT\,\ln f_{\sigma 2} = w\,(1-\Gamma_2/\Gamma_{02})^2.$$

Einsetzen in (23) ergibt

$$\Delta\gamma = \Gamma_0\,[RT\,\ln\,(x_2\,\Gamma_{02}/\Gamma_2) - \Delta\mu_\sigma - w\,(1-(\Gamma_2/\Gamma_{02}))^2]. \tag{48.25}$$

Dieser Ausdruck ist an sich mit der FRUMKINSchen Gesetzmäßigkeit formell identisch, ihr physikalischer Sinn unterscheidet sich aber von dieser durch die Behandlung der Grenzschicht als zweidimensionale Mischung an Stelle eines zweidimensionalen Gases.

§ 49. Grenzflächenfilme

Wir haben bei der Ableitung der Adsorptionsgleichung von LANGMUIR die Annahme der Existenz einer monomolekularen Grenzschicht gemacht und alle Wirkungen der Grenz,,*fläche*" in diese *Schicht* verlegt. Solche

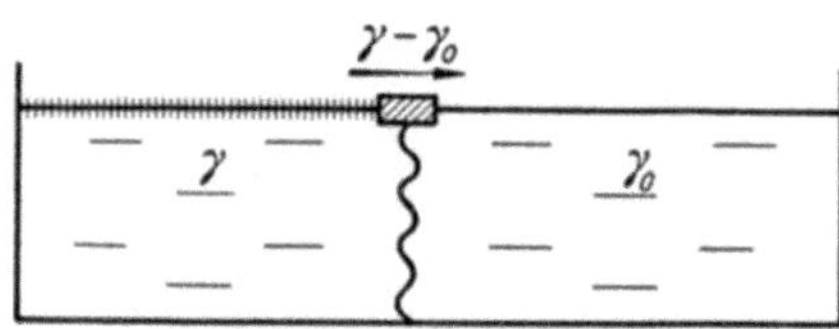

Abb. 49.1. Erläuterung siehe Text

Schichten lassen sich in geeigneten Fällen tatsächlich herstellen, wie später bei den unlöslichen Grenzflächenfilmen noch näher besprochen werden soll. Denkt man sich, wie in Abb. 49.1 eine Flüssigkeitsoberfläche durch eine Barriere geteilt und auf der einen Seite der Barriere die reine Flüssigkeitsgrenzfläche mit der Grenzflächenspannung γ_0 und auf der anderen die mit einem Film bedeckte Grenzfläche der Grenzflächenspannung γ. Da γ_0 immer größer ist als γ, muß auf die Barriere ein Zug in Richtung auf die reine Flüssigkeitsoberfläche ausgeübt werden; die Größe dieses Zuges ist $\gamma - \gamma_0 = \Delta\gamma$, die daher häufig auch als π = Filmdruck bezeichnet wird. Dieser ist auf einfache Weise mit der Konzentration in der Grenzschicht in Beziehung zu setzen. Benutzt man Gl. (48.19), setzt $p/p_0 = x_{\alpha,2}$ und $N_1/(N_0 - N_1) = x_{\sigma,2}/(1-x_{\sigma,2})$, so ist $\exp(-\Delta\mu_\sigma/RT) = x_{\sigma,2}/[x_{\alpha,2}\,(1-x_{\sigma,2})]$. Wenn $1-x_{\sigma,2} \sim 1$ ist (ver-

---

[1] FRUMKIN, A.: Z. physik. Chem. **116**, 466 (1925).
[2] STAUFF, J.: Z. physik. Chem., N. F. **10**, 24 (1957).

dünnte Lösung), so erhält man aus Gl. (48.23) (mit $x_{\alpha,2} = x$)

$$\Delta\gamma = \Gamma_0\, RT \ln\left(1 + x_{\sigma,2}/(1 - x_{\sigma,2})\right) = -\,\Gamma_0\, RT \ln\left(1 - x_{\sigma,2}\right)$$
$$= -\,\Gamma_0\, RT \ln\left(1 - \Gamma_2/\Gamma_0\right). \tag{49.1}$$

Diese Gleichung stellt sozusagen eine Zustandsgleichung der Grenzschicht dar, die formell ihre Analogie zu einer verdünnten Mischung erkennen läßt, als sie nämlich dem Ausdruck für den osmotischen Druck einer verdünnten Lösung

$$\Pi = -\,RT \ln\left(1 - x_2\right)$$

entspricht. Wenn $x_{\sigma,2}$ klein gegen 1 ist, kann der Logarithmus in eine Reihe entwickelt werden, in der alle Glieder außer dem linearen vernachlässigt werden können. Man erhält dann

$$\Delta\gamma = \Gamma_2\, RT = n_2\, RT/\Omega, \quad \text{bzw.} \quad \pi\,\Omega = n_2\, RT. \tag{49.2}$$

Das ist ein Gesetz, das formell mit der Zustandsgleichung idealer Gase und verdünnter Lösungen übereinstimmt, und worin π scheinbar einem zweidimensionalen Gasdruck und Ω der vom Film eingenommene Fläche (oder der je Mol eingenommenen Fläche) entspricht. Doch ist die Situation die gleiche, wie bei der Beziehung zwischen der VAN T'HOFFschen Gleichung für den osmotischen Druck und dem idealen Gasgesetz. Die formelle Gleichheit der Grenzgesetze bei großer Verdünnung darf nicht dazu verleiten, nun auch die physikalischen Phänomene für gleich zu halten. Der Filmdruck hat eine ähnliche Ursache, wie auch der osmotische Druck und sollte daher in einer Weise theoretisch behandelt werden, wie sie beim osmotischen Druck entwickelt worden ist. Z. B. ließe sich für höhere Konzentrationen und nichtideale Verhältnisse ebenfalls eine Virialdarstellung wie Gl. (19.18a) verwenden, die die Form

$$\pi = RT\left(\Gamma_2 + \beta\,\Gamma_2^2 + \gamma\,\Gamma_2^3 + \cdots\right) \tag{49.3}$$

besitzt und deren Koeffizienten durch statistische Methoden berechenbar wären.

Die Beschreibung der Film-Phänomene hat jedoch einen anderen Weg eingeschlagen; fasziniert durch die Analogie zum idealen Gas und darin bestärkt durch die Ergebnisse der Messungen mit der Filmwaage an unlöslichen Filmen (siehe w. u.) wurde versucht, eine Zustandsgleichung für den nicht idealen Film in Analogie zur VAN DER WAALSschen Zustandsgleichung für reale Gase anzuwenden. Man berücksichtigte ähnlich wie es AMAGAT bei realen Gasen tat, zunächst die eigene Dimension der Moleküle die sog. Eigenfläche Ω_0 in der Grenzschicht, was dem Covolumen der realen Gase entspricht. Es sollte also gelten

$$\pi\left(\Omega - \Omega_0\right) = n_2\, RT. \tag{49.4}$$

Diese Gleichung gibt auch an verschiedenen Systemen — z. B. bei den Filmen von Fettsäuren an der Grenzfläche Wasser-Luft — die Verhältnisse relativ gut wieder. Der nächste Schritt bestand darin, auch noch die Attraktionskräfte zwischen den in der Grenzfläche angereicherten Molekülen zu berücksichtigen. Von LANGMUIR wurde die Gleichung für bestimmte unlösliche Filme erweitert zu

$$\left(\pi - \pi_0\right)\left(\Omega - \Omega_0\right) = RT, \tag{49.5}$$

die nun vollständig der VAN DER WAALSschen Gleichung für ideale Gase analog ist. Auch hier wird der häufig gefundenen Nichtübereinstimmung mit experimentellen Ergebnissen dadurch begegnet, daß man die rechte Seite mit einem Faktor x multipliziert.

Wegen der erforderlichen auf die Grenzschicht zugeschnittenen Zusatzannahmen ist eine rein thermodynamische Behandlung derartiger Zustände methodisch nicht befriedigend durchführbar, von der statisch thermodynamischen Methode ist Besseres zu erhoffen.

Zum besseren Verständnis wollen wir uns nun mit einigen wichtigen Einzelheiten der Grenzflächenfilme befassen. Dabei handelt es sich fast immer um Filme an der Grenzfläche wässerige Lösung/Luft. Zunächst wollen wir zwischen löslichen (adsorbierten) und unlöslichen Grenzflächenfilmen unterscheiden.

Lösliche Grenzflächenfilme

Grenzflächenaktive Substanzen werden in allen Grenzflächen stark angereichert und bilden oft bei sehr geringer Konzentration der wässerigen Lösung Filme erheblicher Dichte. Die filmbildende Substanz ist *löslich* und der Film immer im Gleichgewicht mit dem Phaseninneren, wobei die GIBBSsche Beziehung gültig ist. Der Film entsteht von selbst; bei der Herstellung der Lösung der grenzflächenaktiven Substanz bildet sich auch die Grenzschicht aus.

Stark grenzflächenaktive Substanzen, wie Seifen, Wasch- und Netzmittel (vgl. auch § 76) bestehen meist aus Paraffinketten, die an einem Ende hydrophile Gruppen ($-COO^-$, $-SO_3^-$ $-N(CH_3)_3^+$ usw.) tragen. Ihre besonderen Eigenschaften spiegeln sich auch schwächer in allen organischen Substanzen wider, die aus einem hydrophoben (= lipophilen) Kohlenwasserstoffteil und räumlich davon getrennten hydrophilen Gruppen bestehen (z. B. Phenol, Anilin usw.). Bereits bei sehr kleinen Konzentrationen bis herunter zu 10^{-7}/Mol/L macht sich schon eine deutliche Anreicherung der Substanz in der Grenzfläche bemerkbar[1], die dann relativ rasch dem Sättigungswert Γ_0 zustrebt. Die Berechnung der Konzentration Γ_0 aus der GIBBSschen Gleichung liefert nun sehr wichtige und interessante Aufschlüsse über ihre Struktur:

Beispielsweise ist bei Na-Laurat ($C_{11}H_{23}COONa$) die Zahl Γ_0 der Moleküle gleich $4,18 \cdot 10^{15}$ je cm²; ein Molekül nimmt daher eine Fläche von $24 \cdot 10^{-16}$ cm² ($= 24$ Å²) ein. Nun ist die Länge des Lauratmoleküls nach röntgenographischen Messungen ungefähr $25 \cdot 10^{-5}$ cm und der Querschnitt etwa $18 \cdots 20 \cdot 10^{-16}$ cm². Ein Lauratmolekül läßt sich auf dem Platz von 24 Å² in der Grenzfläche nur in der Aufrechtstellung unterbringen. Die Grenzschicht sollte daher aus einem Film von Molekülen bestehen, deren Paraffinketten parallel zueinander stehen und mit ihren Enden in die Luft ragen, während ihre hydrophilen Gruppen zur wässerigen Phase gekehrt sind, so wie es auf Abb. 49.2a schematisch dargestellt ist. Dieses Bild wurde zuerst von LANGMUIR[2] — allerdings

---

[1] In Abb. 48.1 hat die Neigung $d\gamma/d \ln c$ bereits bei $c = 10^{-5}$ Mol/L seinen Endwert erreicht.

[2] LANGMUIR, I.: J. Amer. chem. Soc. **39**, 1848 (1917).

auf Grund anderer Überlegungen — entworfen. Er nannte diese Anordnung Duplex-Filme.

Weniger eindeutig ist das Bild bei geringeren Grenzflächenkonzentrationen, hier läßt sich nicht entscheiden, ob die Paraffinketten flach auf der Wasseroberfläche liegen — wie in Abb. 49.2b — ob sie steil in die Luft ragen, ob sie geknäuelt sind oder ob noch andere Strukturen in Frage kommen. Sicher ist nur, daß sie mit zunehmender Konzentration so zusammengedrückt werden, daß der Zustand der Abb. 49.2a erreicht wird[1].

Die freiwillige Bildung derartiger Filme und die damit verbundene Grenzflächenspannungserniedrigung ist nach Gl. (23) dadurch verständlich, daß beim Übergang dieser Substanzen aus der Lösung in die Grenzschicht freie Enthalpie frei wird [vgl. Gl. (48.19)].

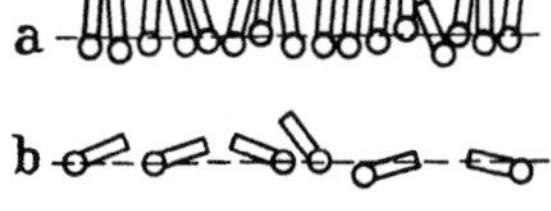

Abb. 49.2
Erläuterung siehe Text

Diese rein thermodynamische Feststellung kann aber nichts darüber aussagen, welche molekularen Kräfte die Anreicherung hervorrufen.

Hierzu mögen folgende Erläuterungen dienen: Von STEFAN[2] ist erstmalig die Vermutung aufgestellt worden, daß die Oberflächenarbeit einer Flüssigkeit etwa gleich der halben Verdampfungsarbeit sein sollte. Beim Übergang in die Grenzschicht würden die als Kugeln gedachten Moleküle zur Hälfte noch in der Flüssigkeit sein, zur anderen Hälfte aber bereits im Gasraum. K. L. WOLF konnte zeigen, daß das nur bedingt richtig ist, doch kommt man bei einer Berücksichtigung der Packungsverhältnisse zu einer relativ guten Übereinstimmung zwischen dem Verhältnis von γ zur Verdampfungsarbeit. Aus dem Quotienten von freier Verdampfungs- und Grenzflächenenthalpie sollte sich in umgekehrter Weise das Verhältnis der Koordinationszahlen von Grenzschicht zu Flüssigkeit ergeben (vgl. dazu K. L. WOLF, loc. cit.). Was für den Übergang von der Flüssigkeit in den Gasraum gilt, gilt auch für den Übergang von einer zur anderen Flüssigkeit. Man kann die Verhältnisse durch folgende Ungleichungen ausdrücken:

Grenzflächenarbeit < Verdampfungs- oder Auflösungsarbeit, oder

$$|\mu_\sigma - \mu_{02}| < |\mu_{20} - \mu_{02}| \text{ bzw. } \mu_\sigma < \mu_{20},$$

d. h. die Arbeit für den Übergang in die Grenzschicht ist normalerweise absolut genommen immer ein Teil der Arbeit für den Übergang in den gelösten oder gasförmigen Zustand, wenn man von der Verdünnungsarbeit absieht (also einen Zustand der Lösung oder des Dampfes mit der Aktivität bzw. Fugazität 1 betrachtet). Von dieser Regel gibt es zwar wichtige Ausnahmen, die besonders für die Theorie der Assoziationskolloide bedeutsam sind, im allgemeinen wird sie von normalen Flüssigkeiten erfüllt.

Das Bild sieht etwas anders aus, wenn nun die Anreicherung einer stark grenzflächenaktiven Substanz betrachtet wird, die einen Film von der Art der Abb. 49.2 bildet. Auf Abb. 75.1 ist eine solche Substanz schematisch dargestellt, die aus einer lipophilen Paraffinkette und einer hydrophilen Gruppe besteht[3]. Im gelösten Zustand wird zwischen den hydrophilen Gruppen und den Wassermolekülen durch die Ion-Dipol- oder Dipol-Dipol-Attraktion eine beträchtliche Wechselwirkung auftreten (Hydratation), die für die Löslichkeit verantwortlich ist. Zwischen dem hydrophoben Paraffinrest und Wassermolekülen wirken hingegen nur Dispersionskräfte[4]. Beim Übertritt eines solchen Moleküls von der Lösung in die Grenzfläche

---

[1] Vgl. hierzu HARKINS: loc. cit. — [2] STEFAN, J.: Wied. Ann. **29**, 655 (1886).

[3] Genaueres bei J. STAUFF: Z. Elektrochem. **59**, 245 (1955); Z. physik. Chem., N. F. **10**, 24 (1957).

[4] Über die Natur und Stärke der zwischenmolekularen Attraktionskräfte vgl. § 54.

bleibt — wenn wir das Bild von Langmuir beibehalten — die hydrophile Gruppe im Wasser, an ihrem Zustand ändert sich daher praktisch nichts. Dagegen wird die hydrophobe Paraffinkette von den sie umgebenden Wassermolekülen entblößt, und zwar werden l Wassermoleküle entfernt, wenn l die Koordinationszahl des Paraffinkettenteils ist. Andererseits können sich die Wassermoleküle unter Energie*abgabe* und unter erheblicher Entropiezunahme zusammenschließen.

Ist w_{12}^l die Wechselwirkungsenergie zwischen einem Wassermolekül und der Paraffinkette und w_{11} die Wechselwirkungsenergie zwischen den Wassermolekülen — bezogen auf ein Paar —, so lautet die Energiebilanz dieses Vorgangs

$$\Delta w = l\, w_{12}^l - l\, w_{11}/2\,.$$

w_{11} ist hier aber sicherlich größer als $2 w_{12}^l$ wegen der starken Dipolattraktion, die zwischen Wassermolekülen auftritt[1].

Nun wird aber die Anreicherung der Moleküle in der Grenzschicht nicht durch Δw, sondern durch die Differenz der chemischen Potentiale $\Delta \mu_\sigma$ bestimmt (Gleichung auf S. 310). Δw steht in nullter Näherung (vgl. § 22) mit ΔH_σ in folgendem Zusammenhang $\Delta H_\sigma = l\, x_{\sigma_1} x_{\sigma_2} N_L\, \Delta w$. (Hier ist die Koordinationszahl l statt z wie in § 22.) Es gilt

$$\Delta \mu_\sigma = \Delta H_\sigma - T\, \Delta S_\sigma\,. \tag{49.6}$$

Neben den rein energetischen Wechselwirkungen sind also auch noch die Entropieänderungen zu berücksichtigen. Obwohl hierüber keine ausreichenden experimentellen Befunde vorliegen, ist es einzusehen, daß insgesamt eine erhebliche Entropiezunahme eintreten muß. Wenn auch die Überführung der grenzflächenaktiven Moleküle aus der Lösung in die Grenzschicht einer Entropieabnahme — Überführung in einen höher geordneten Zustand — entspricht, so steht dem gegenüber, daß die in der Lösung an den hydrophoben Teilen der grenzflächenaktiven Moleküle befindlichen Wassermoleküle, die nur $(l \cdot N_2)!$ Anordnungsmöglichkeiten haben (vgl. dazu § 21) sehr viel mehr Anordnungsmöglichkeiten erlangen, wenn sie durch ihr „Freiwerden" wieder zur Wasserphase gehören — nämlich etwa $N_1!$ Anordnungsmöglichkeiten. Hinzu kommt die im Augenblick noch völlig unübersehbare Entropieänderung des eigentlichen grenzflächenaktiven Moleküls selbst. Nimmt man an, daß die Paraffinkette des Einzelmoleküls in wässeriger Zerteilung mehr oder weniger stark geknäuelt ist, sollte es sich bei der Anreicherung in der Grenzfläche strecken können, d. h. mehr Anordnungsmöglichkeiten besitzen als im zusammengeknäuelten und gepreßten Zustand des Phaseninnern. Da die Wechselwirkungsenergien physikalischer Natur sind, sind sie dem Betrag nach nicht sehr groß, so daß der Beitrag der Entropie von vergleichbarer Größenordnung sein kann. Wesentlich für uns ist nur, daß sie in der gleichen Richtung wie jene wirken.

Der Mechanismus der Grenzflächenaktivität ist dann verständlich: Ist nämlich $^1\!/_2\, w_{11} > w_{12}^l$, so wird das Molekül beim Übertritt in die

---

[1] Beim Vergleich zwischen Wasser und einem Kohlenwasserstoff etwa gleicher Atomzahl, wie Methan oder Äthylen, erkennt man sofort, daß die zwischen letzteren wirkenden Kräfte sehr viel kleiner sein müssen als die zwischen den Wassermolekülen wirkenden, denn Wasser ist flüssig, die Kohlenwasserstoffe aber gasförmig. Die geringe Löslichkeit von Methan bzw. Äthylen in Wasser deutet darauf hin, daß auch die Wechselwirkung zwischen beiden verschiedenen Molekülen nicht groß sein kann.

Grenzschicht in eine energieärmere Lage überführt. Es ist $\Delta w < 0$ und $\Delta S_\sigma > 0$, was die Tendenz ausdrückt, daß sich das Molekül dort anreichern wird. (Man macht sich das leicht durch Gl. (49.6) verständlich). In unserem Beispiel besteht somit die treibende Kraft der Anreicherung in der erheblich stärkeren Anziehung der Wassermoleküle untereinander gegenüber der Anziehung zwischen Paraffinketten und Wassermolekül und der Entropiezunahme, die die dabei frei werdenden Wassermoleküle hervorrufen. Der Vorgang des Anreicherns gleicht eher einem Herausgedrängtwerden aus der Lösung und ist keine Adsorption im eigentlichen Sinne[1]. Zu dieser Energie der Herausdrängung kommt noch ein weiterer Energiebetrag: Bei hinreichender Näherung der *hydrophoben* Molekülteile in der Grenzschicht können diese sich zusätzlich anziehen, doch sind diese Kräfte gegenüber den ersterwähnten erheblich kleiner.

Daß diese Vorstellungen im wesentlichen das richtige treffen, konnte durch die Berechnung der Werte für $\Delta \mu_\sigma$ nach Gl. (48.25) für eine Reihe von grenzflächenaktiven Substanzen erwiesen werden (vgl. STAUFF, loc. cit.).

Die freie Enthalpie der Anreicherung läßt sich in zwei Terme zerlegen, der eine, ausschlaggebende, beruht auf der Anreicherung eines einzigen Moleküls in der Grenzfläche in unendlicher Verdünnung, der andere auf der Vereinigung sehr weit voneinander entfernter Moleküle in Grenzfläche zu einem Film dichtester Packung. Die in der Tab. 49.I aufgeführten Werte lassen erkennen, daß der erste Term $(-\Delta\mu_\sigma)$ bedeutend größer als der zweite (A_w) ist, und daß beide mit zunehmender Kettenlänge des hydrophoben Molekülteils ansteigen. Das ist nach dem Vorangegangenen ohne weiteres verständlich, da in beiden Fällen die Wechselwirkungsenergien der Koordinationszahl l proportional sein muß. Diese nimmt bei Molekülen, deren hydrophober Teil aus einer Paraffinkette besteht, mit der Zahl der in dieser vorhandenen CH_2-Gruppen zu.

Tabelle 49.I. *Freie Enthalpie der Anreicherung in der Grenzfläche aliphatischer Verbindungen*

Zahl der C-Atome	$-\Delta\mu_\sigma$	A_w	in (Kcal/Mol)
		Fettsäuren	
4	3,90	0,2	
5	4,74	0,3	
6	5,29	0,36	
7	5,86	0,57	
8	6,62	0,82	
10	7,72	1,25	
12	9,0	1,5	
		Alkohole	
2	(2,8)	—	
3	3,66	0,15	
4	3,84	0,51	
5	4,71	0,46	
6	5,38	0,60	
7	5,92	0,88	
8	6,35	1,08	

Nach J. STAUFF: Z. physik. Chem., N. F. **10**, 24, (41) (1957).

---

[1] Wenn wir unter Adsorption das Festhaften von Molekülen an einer Grenzfläche verstehen, die durch besondere dort auftretende Bindungskräfte hervorgerufen wird, so ist der hier beschriebene Vorgang eigentlich das Gegenteil davon.

Die Bildung von Filmen an der Grenzfläche fl/fl ist der an einer Grenzfläche g/fl ähnlich. Wenn beide Flüssigkeiten nur wenig ineinander löslich sind — es handelt sich in den meisten Fällen um Wasser und eine organische, ölartige zweite Flüssigkeit —, so beobachtet man starke Grenzflächenaktivität meist nur bei Substanzen zwiespältigen Charakters, d. h. bei solchen, die einen hydrophoben und einen hydrophilen Teil besitzen[1]. Die Struktur derartiger Filme ist der der oben beschriebenen ähnlich, da jedoch die hydrophoben Molekülteile nun die Tendenz haben werden, sich mit gleichartigen Molekülen zu umgeben, werden sie in die Ölphase eindringen oder besser hineingezogen werden, wobei sie sich in einem energetisch günstigeren Zustand als in der Grenzfläche g/fl befinden. Es ist zu erwarten, daß die gesamte freie Anreicherungsenthalpie auch bei verdünnten Filmen hier von der gleichen Größenordnung ist wie die der dichtgepackten Filme beträgt.

Wenn w ausreichend groß ist, besteht bei g/fl-Filmen auch bei relativ kleinen Filmkonzentrationen die Tendenz, sich zusammenzulagern und sog. kondensierte Filme zu bilden, wobei etwa ein Film der Abb. 49.2a sich im Gleichgewicht mit einem solchen der Abb. 49.2b befindet. Das wäre ein zweidimensionales Analogon zu einer Flüssigkeit, die sich mit ihrem Dampf im Gleichgewicht befindet. Eine solche Tendenz ist bei fl/fl-Filmen nicht vorhanden, da die Dispersionskräfte des hydrophoben (= lipophilen) Teils durch die Moleküle der „Ölphase" abgesättigt sind. Bei ihnen besteht überhaupt keine Neigung mehr zur Zusammenlagerung mit sich selbst. Nur wenn zwischen den angereicherten Molekülen noch besondere Wechselwirkungen vorhanden sind, die über die normalen Dispersionskräfte hinausgehen, scheinen sich kondensierte Filme bilden zu können. ALEXANDER und SCHULMAN[2] beobachteten derartiges bei Mischfilmen, die dadurch entstanden, daß man Cholesterin in einer organischen Flüssigkeit löste und Natriumdodecylsulfat in Wasser; beim Zusammengeben beider Flüssigkeiten entstanden Mischfilme, die die Grenzflächenspannung auf außerordentlich kleine Werte ($< 0,01$ dyn/cm) erniedrigten. Hier scheint sich zwischen den *hydrophilen* Gruppen — der OH-Gruppe des Cholesterins und der SO_3-Gruppe des Dodecylsulfats — ein besonders stabiler Komplex auszubilden.

Unlösliche Grenzflächenfilme

Wenn auch die „Bürsten"-Struktur der dichtgepackten Filme von Paraffinkettensubstanzen aus der nach Gl. (48.12) und (48.20) zu errechnenden Grenzflächenkonzentrationen Γ_0 und dem aus röntgenographischen Messungen bestimmbaren Flächenbedarf je Paraffinkette bei flacher oder aufrechter Stellung abgeleitet werden kann, gibt es noch andere Nachweise ihres Auftretens. Diese gehen nicht von den wasserlöslichen grenzflächenaktiven Substanzen, sondern von wasserunlöslichen Stoffen analoger Struktur aus, wie langkettigen aliphatischen Alkoholen oder Fettsäuren, die sich als dünne unlösliche Filme auf Wasser in einfacher Weise herstellen lassen. Obwohl selbst kein Gegenstand der Kolloidchemie liefert ihr Verhalten außer der Vorstellung ihrer Struktur eine Reihe von Einsichten, die für die Diskussion der Stabilität von Dispersionen und Emulsionen von Bedeutung ist und die uns veranlassen, uns etwas mit ihnen zu beschäftigen.

Läßt man einen Tropfen Maschinenöl auf eine Wasseroberfläche fallen, so breitet er sich bekanntlich zu einem sehr dünnen Film aus. Ist die Wasserfläche groß genug, zeigen schillernde Farben die Grenzen des Ölflecks an. Es ist dabei ein Film entstanden, dessen Dicke von der

---

[1] Man bezeichnet den hydrophoben Teil auch als lipophil und den hydrophilen als lipophob, man findet auch den Ausdruck oleophil.

[2] ALEXANDER, A. E. u. J. SCHULMAN: Proc. Roy. Soc. [London], Ser. A **161**, 115 (1937).

Größenordnung der Lichtwellenlänge ist und der dadurch Interferenzfarben hervorruft. Macht man denselben Versuch mit einem sehr reinen Öl — etwa reinem Hexadecan —, so wird man finden, daß der Tropfen auf der Wasseroberfläche liegenbleibt. Bei seitlicher Beobachtung bzw. im Querschnitt hat er dabei ein Aussehen wie es Abb. 49.3 zeigt. Der Unterschied zwischen dem Verhalten beider Öle liegt in der Herabsetzung der Grenzflächenspannung fl/fl, die die im Maschinenöl vorhandenen Verunreinigungen verursacht haben. Auf einen Flüssigkeitstropfen wirken entsprechend Abb. 49.3 an seiner kreisförmigen Umrandung im Schnitt an der Stelle S drei Kräfte: γ (Wasser/Luft), γ (Wasser/Öl), γ (Öl/Luft). Die beiden letztgenannten Kräfte vereinigen sich zu einer Resultierenden, die, wie leicht aus der Abbildung abgeleitet werden kann, die Größe

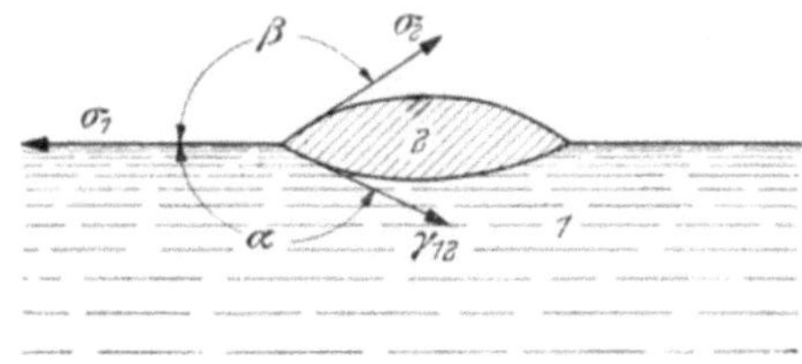

Abb. 49.3. Grenzflächenspannungen, die an einem auf einer Wasseroberfläche (*1*) ruhenden Öltropfen (*2*) angreifen. σ_1 = Gr. Fl. Sp. Wasser/Luft, σ_2 = Gr. Fl. Sp. Öl/Luft, γ_{12} = Gr. Fl. Sp. Öl/ Wasser. (Erläuterung im Text). Entn. aus K. L. WOLF: loc. cit. S. 278

$$\gamma_{WL} = \gamma_{WO} \cos \alpha + \gamma_{OL} \cos \beta \qquad (49.6)$$

besitzt, die beiden Winkel α und β nennt man Randwinkel der Flüssigkeiten. Dieses Bild, welches auch als „NEUMANNs Dreieck" bezeichnet wird, erklärt sofort das Verhalten des Tropfens. Wenn γ_{WL} sehr viel größer als $\gamma_{WO} + \gamma_{OL}$ ist, müssen, um der Gl. (6) Genüge zu tun, die Winkel α und β sehr klein sein; das Öl breitet sich dann auf der Oberfläche aus. Mit $\alpha = \beta = 0$ geht sie in die Beziehung

$$\gamma_{WL} = \gamma_{WO} + \gamma_{OL} \qquad (49.7)$$

über, die als ANTONOWsche Regel bekannt ist. Als Spreitungskoeffizienten bezeichnet man: $\gamma_{WL} - (\gamma_{WO} + \gamma_{OL})$.

Läßt man nun sehr geringe Mengen Ölsäure gelöst in Benzol auf eine Wasseroberfläche tropfen und spreiten, so verdampft das Benzol und es bleibt ein Ölsäurefilm zurück, der wegen der geringen Löslichkeit der Ölsäure in Wasser ziemlich beständig ist.

Die Eigenschaften solcher Filme lassen sich in einer von POCKELS[1] und LANGMUIR[2] entwickelten Anordnung, der sog. Filmwaage untersuchen. Diese in Abb. 49.4 schematisch dargestellte Apparatur besteht aus einem Trog, der Wasser enthält, auf welchem der zu untersuchende Film erzeugt wird. Der Film kann sich aber nur bis zu einer Barriere B aus Glimmer oder paraffiniertem Papier ausbreiten, dahinter besteht die Oberfläche aus reinem Wasser bzw. Lösungsmittel. Die Barriere ist an einem Waagebalken oder Torsionsdraht aufgehängt, ein damit verbundener Spiegel und darauf gerichteter Lichtstrahl zeigt sehr kleine Verschiebungen der Barriere an, welche durch Gewichte oder Verdrehung des Torsionsdrahts kompensiert werden können. Um zu verhindern, daß Teile des Films neben der Barriere hindurchschlüpfen, werden sie durch bewegliche paraffinierte Fäden mit dem Rand des Troges verbunden oder durch dauerndes Aufblasen von Luft daran

---

[1] POCKELS, A.: Nature **43**, 437 (1891).

[2] LANGMUIR, ADAM, WILSON, McBAIN, siehe W. D. HARKINS: Physical Chemistry of Surface Films. New York 1952.

gehindert. Diese Anordnung entspricht dem Schema der Abb. 49.1, wegen der Unlöslichkeit des Films ist nur keine halbdurchlässige Wand mehr notwendig. Bei spreitenden Flüssigkeiten ist $\gamma_{WL} > \gamma_{W0} + \gamma_{0L}$. $\gamma_{W0} + \gamma_{0L}$ ist aber der gesamten resultierenden Grenzflächenspannung des Films γ gleich. Die Fläche, auf der sich der Film befindet, läßt sich durch besondere verschiebliche Barrieren leicht verändern. Dadurch ist es möglich, den Filmdruck in Abhängigkeit von der pro Molekül eingenommenen Fläche, m. a. W. von ihrer Oberflächendichte zu bestimmen.

Voraussetzung für das Funktionieren der Methode ist die sehr geringe Wasserlöslichkeit der Filme, andernfalls würden gelöste Moleküle in die Flüssigkeit diffundieren und in der freien Wasserfläche außerhalb der Barriere erscheinen.

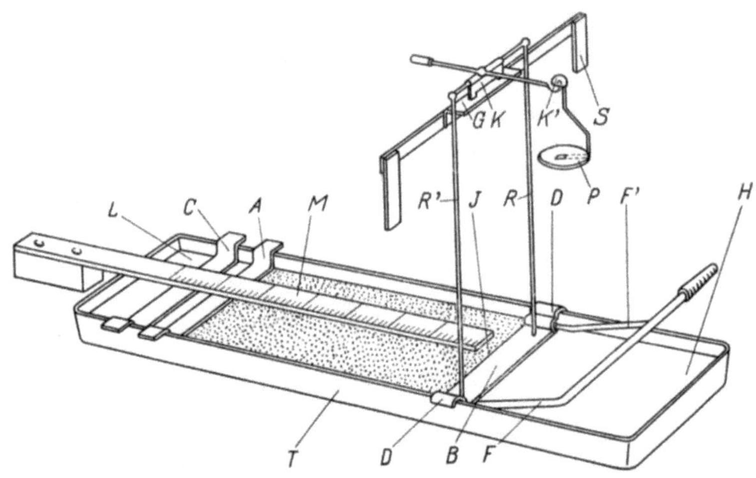

Abb. 49.4. Filmwaage nach LANGMUIR. Aufhängung der Barriere B an einer Schneide K, die auf einer Pfanne G ruht. P: Schale zur Aufnahme kompensierender Gewichte, FF': Vorrichtung zum Luftaufblasen, A, C: Verschiebbare Barriere zur Verkleinerung der Trogfläche, die am Maßstab M ablesbar ist. Entn. a. EUCKEN: Lb. d. Chemischen Physik, 2. Aufl. Bd. II, 2, Leipzig 1944, S. 1270

Mit dieser Methode kann nun die Zustandsgleichung (1), (2), (3) der Grenzschicht geprüft werden. Auf Abb. 49.5, in der π in Abhängigkeit von Ω für einige Filme von Äthylestern langkettiger Fettsäuren dargestellt ist, wird die für das ideale Gas gültige Hyperbel nur bei sehr großer Verdünnung (Grenzfläche pro Molekül) erreicht, wie der Vergleich der experimentell gefundenen mit der idealen gestrichelten Kurve zeigt. Bei höheren Filmdrucken haben sie das Aussehen von Isothermen realer Gase. Das hat auch dazu geführt, die den realen Gasen analoge Zustandsgleichung (5) einzuführen. Bei niederer Grenzflächenkonzentration ist der Zustand der Grenzschicht gasartig, wie bei der Kondensation eines Dampfes kann er aber bei einem bestimmten Punkt in einen „kondensierten" Zustand übergehen. Bei höherer Temperatur sind die waagerechten Stücke der Isothermen nicht mehr vorhanden, die Grenze des steilen Anstiegs ist aber in jedem Fall dieselbe.

Bei dieser Grenze handelt es sich ähnlich wie bei dem Erreichen des konstanten Endwerts der Grenzflächenspannungsneigung um einen Film in der dichtesten Packung, wie in Abb. 49.2a. Aus der Zahl der Moleküle in der Fläche und der Größe der Fläche läßt sich der Flächenbedarf je Molekül leicht errechnen, es ergibt sich in Übereinstimmung mit den

Messungen der Grenzflächenspannung an adsorbierten Filmen für Substanzen mit Paraffinketten ein Wert von $20 \cdots 24$ Å². Dies ist der einfachste und eindrucksvollste Beweis für die aufrechte Stellung der Paraffinketten auf der Oberfläche.

Es ist aber für uns wichtig zu wissen, daß wenigstens qualitativ die Bilder der Mischung, der kondensierten Phase und des Festkörpers auch auf eine Grenzschicht übertragen werden kann. Weniger einfach ist die Erklärung der Besonderheiten der

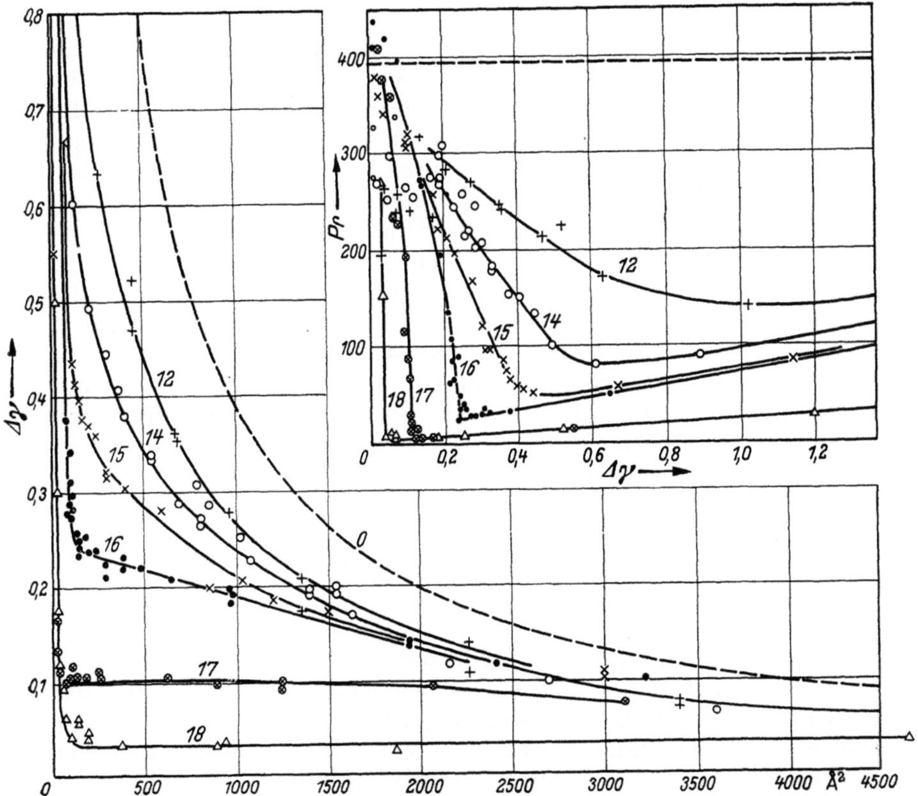

Abb. 49.5. $\Delta\gamma$ von Äthylestern aliphatischer Fettsäuren in Abhängigkeit von der Eigenfläche des filmbildenden Moleküls in Å² (unteres Bild). Das Produkt $P_r = \Delta\gamma\,\Omega$ der gleichen Substanzen in Abhängigkeit von $\Delta\gamma$ (oberes Bild). O (gestrichelt): Ideale Gasgleichung. Die angeschriebenen Ziffern entsprechen der Zahl der C-Atome der Fettsäuren. Nach HARKINS: loc. cit.

monomolekularen Filme, bei denen LANGMUIR das Auftreten mehrerer kondensierter Phasen beobachtete, die an einem Umwandlungspunkt ineinander übergehen. LANGMUIR bezeichnete beispielsweise als kondensierte „expandierte Schicht" einen Teil der Kurve, Abb. 49.5, deren Struktur wahrscheinlich darin gesehen werden muß, daß hier eine völlige Ordnung, d. h. Parallelstellung der Paraffinketten noch nicht gänzlich erreicht ist. Die Molekülachsen zeigen noch in verschiedene Raumrichtungen, sie sind möglicherweise auch noch nicht ganz gestreckt und ihre Abstände differieren erheblich. Kompression und Dilatation sind noch ohne allzu großen Arbeitsaufwand möglich. Das würde aber bedeuten, daß man das Denken in zwei Dimensionen aufgeben müßte, der Ordnungszustand in der dritten Dimension — nämlich die unvollständige Ausrichtung oder Streckung der Paraffinketten — wäre letzten Endes ausschlaggebend für das Verhalten des Films. Dies und ähnliche

Erscheinungen lassen es um so eher zweckmäßig erscheinen, den Begriff der Grenzschicht zu verwenden.

Nicht nur Verbindungen von der Art der Paraffinkettensubstanzen bilden derartige Filme, es ist auch möglich, Proteine auf diese Weise zu spreiten, obwohl sie dabei denaturieren[1]. Ebenso lassen sich Filme hochpolymerer Substanzen erzeugen. Wenn auch dadurch in manchen Fällen Molekulargewichtsbestimmungen möglich sind, ist eine Deutung ihres Verhaltens wegen der dabei auftretenden Komplikationen äußerst schwierig[2].

Taucht man in eine unlösliche Filmschicht eine saubere Glas- oder Metallplatte ein und zieht sie wieder heraus, so bleibt auf ihr ein Film haften, der nach BLODGETT und LANGMUIR[3] aus einer doppelten Filmschicht besteht. Beim Eintauchen wenden sich die hydrophilen Gruppen der festen Grenzfläche zu, beim Herausziehen tun es die hydrophoben. Durch Wiederholung des Prozesses lassen sich beliebig viele Schichten aufbringen, deren Dicke interferometrisch gemessen werden kann. Bei einer derart hergestellten Mehrfachschicht aus Bariumstearat konnte auf diese Weise bestimmt werden, daß eine Schicht 24,5 Å dick ist. Die Aufbauschichten besitzen prinzipiell die gleiche Struktur wie etwa Fettsäure- oder Seifenkristalle (vgl. Abb. 43.13a). Daraus geht hervor, daß erstens solche Bürstenfilme auch an festen Grenzflächen existenzfähig sind und zweitens, daß bei einer „polaren" Grenzfläche die polaren Gruppen eines Moleküls und bei einer nichtpolaren Grenzfläche die nichtpolaren Molekülgruppen aufziehen.

§ 50. Meßmethoden der Grenzflächenspannung

Messungen der Grenzflächenspannung sind an sich nur an makroskopischen Grenzflächen möglich. Für kolloide Systeme würden Messungen der Grenzflächenspannung erst dann wertvoll, wenn sie an den Grenzflächen der kolloiden Partikel selbst vorgenommen werden könnten. Leider existieren solche Methoden bis jetzt noch nicht, so daß in vielen Fällen der oft schwerwiegende Fehler begangen wird, an makroskopischen Grenzflächen gemessene Werte quantitativ auf kolloide Partikel zu übertragen. Welchen Wert besitzen dann Messungen der Grenzflächenspannung überhaupt für die Kolloidchemie? Darauf gibt es mehrere Antworten: Zunächst die, daß die Größe der Grenzflächenspannung reiner Flüssigkeiten eine Abschätzung ihres Zuwachses an freier Energie bei der Dispersion ermöglicht (vgl. dazu § 62). Die Grenzflächenspannung von Lösungen zeigt uns in auffälliger Weise an, ob gelöste Substanzen in den Grenzflächen angereichert werden oder nicht. Aus dem Ausmaß der Anreicherung — der Adsorption — lassen sich Aussagen darüber machen, ob eine Tendenz zur Filmbildung besteht und wie stark

[1] Zusammenfassendes über Proteinfilme bei H. B. BULL; Advances in Protein Chem. **3**, 95 (1947); CHEESMAN, D. F. u. J. T. DAVIES: ibid. **9**, 439 (1954).
[2] Vgl. dazu F. H. MÜLLER: Z. Elektrochem. **59**, 312 (1955).
[3] BLODGETT, K. B.: J. Amer. chem. Soc. **57**, 1007 (1935); BLODGETT, K. B. u. I. LANGMUIR: Physic. Rev. (2) **51**, 964 (1937).

diese Tendenz ist. Die daraus gewonnenen Vorstellungen lassen sich, wenn auch nicht quantitativ, mit einem gewissen Recht auf die Vorstellungen über die Grenzfläche kolloider Partikel übertragen, wo sich möglicherweise ebenfalls Filme bilden können. Schließlich besteht bei den Assoziationskolloiden eine bemerkenswerte Parallelität zwischen Assoziationsvermögen und Grenzflächenaktivität, die in speziellen Fällen zu wertvollen Aufschlüssen führt. (Die Grenzflächenspannung makromolekularer Lösungen bietet zu viele Komplikationen, um sichere Aussagen machen zu können; hier leistet die Methode der Filmwaage von LANGMUIR (§ 49) mehr.)

Bei der Messung der Grenzflächenspannung unterscheidet man im allgemeinen dynamische und statische Methoden. Die dynamischen Methoden — schwingende Strahlen und Tropfen (LENARD[1]), Oberflächenwellen[2] (FARADAY) — sind für Meßprobleme, die in der Kolloidchemie auftauchen, von geringerer Bedeutung und sollen deswegen hier nicht besprochen werden[3]. Bei ihnen tauchen allerdings Schwierigkeiten wegen der zur Messung meist benötigten festen Hilfsgrenzfläche nicht auf.

Die statischen Methoden sollen im folgenden nur kurz skizziert werden, da es genügend ins einzelne gehende Abhandlungen über die Messung von Gr.-Fl.-Sp. gibt[4].

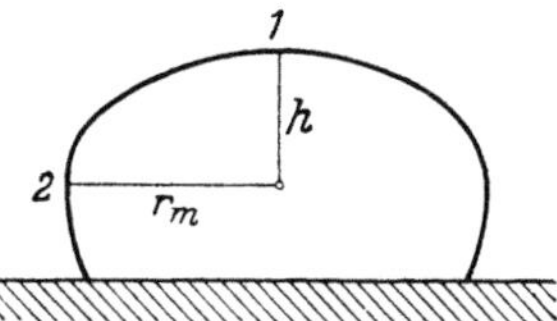

Abb. 50.1. Für einen ruhenden Tropfen gilt die Beziehung

$$\gamma((1/R_1) + (1/R_2)) = hg\varrho$$

R_1 und $R_2 =$ Krümmungsradius des Tropfens an den Stellen 1 und 2, $h =$ Höhe des Tropfens über der Stelle 2, $\gamma =$ Grenzflächenspannung, $\varrho =$ Dichte, $g =$ Erdbeschleunigung. Vgl. N. K. ADAM: Physics and Chemistry of Surfaces, 3. Ed., New York 1942

Außer bei der Methode des ruhenden Tropfens benötigen alle statischen Methoden eine feste Hilfsgrenzfläche. Von dieser Hilfsgrenzfläche muß verlangt werden, daß sie von der zu messenden Flüssigkeit vollständig benetzt wird — (wir wollen uns hier mit der Definition der Benetzung als freiwillige Ausbreitung der Flüssigkeit auf einer festen Grenzfläche begnügen[5]). — Bei den Messungen ist daher darauf zu achten, daß diese feste Grenzfläche sehr sauber ist und auch nicht während der Messung verschmutzen kann. Die gebräuchlichsten Methoden sind folgende:

1. Messung des Krümmungsradius. Bei dieser Methode wird ein Tropfen der zu messenden Flüssigkeit auf eine feste Unterlage gebracht, bei der es gleichgültig ist, ob sie benetzt oder nicht. Da die Schwerkraft das Bestreben hat, den Tropfen platt zu drücken, bekommt er eine ausgebauchte Form; die dabei auftretenden Krümmungsradien hängen von der Gr.-Fl.-Sp. ab (vgl. Abb. 50.1).

In gleicher Weise kann man eine Gasblase bilden, die unterhalb einer waagerechten Platte haftet, welche sich in der zu messenden Flüssigkeit befindet.

Die Auswertung wird nach Gl. (47.19) vorgenommen. Für ΔP kann man $- h\varrho g$, wobei h die Höhe des Tropfens und g die Erdbeschleunigung ist, einsetzen.

---

[1] LENARD, PH.: Wiss. Abh. Bd. 1. Leipzig 1942.

[2] FARADAY, M.: Pogg. Ann. **26**, 193 (1832).

[3] Bei der Herstellung von flüssigen Aerosolen und Emulsionen, wo Flüssigkeiten durch Scherkräfte zerrissen werden, ist allerdings die dynamische Gr.-Fl.-Sp. von Bedeutung.

[4] Vgl. K. L. WOLF: Physik und Chemie der Grenzflächen, 1. Bd. Berlin 1957.

[5] Genaueres in § 52.

Die Radien werden optisch gemessen[1]. Vorteilhaft ist, daß diese Methode nur geringe Flüssigkeitsmengen benötigt.

2. Steighöhenmethode. Das Phänomen des Aufsteigens einer Flüssigkeit in einer Kapillare findet sich in so vielen elementaren Lehrbüchern der Physik und der physikalischen Chemie, daß hier auf eine Beschreibung verzichtet werden kann. Die Grundlage für das Verständnis dieser Erscheinung bildet einerseits die thermodynamische Theorie des Binnendrucks bei gekrümmten Grenzflächen, andererseits die einfache mechanische Vorstellung, daß die Flüssigkeit durch die Benetzung in der Kapillare hochgezogen wird und dann an einer „Kreislinie" in der Kapillareninnenwand hängt, die sozusagen die Angriffslinie der Grenzflächenspannung bildet. Die dabei wirkende Kraft muß gleich der Schwere der hochgezogenen Flüssigkeitssäule sein. Es gilt also

$$2\pi\,r\,\gamma = r^2\,\pi\,h\,\varrho\,g\,. \qquad (r = \text{Kapillarenradius}) \qquad (50.1)$$

Zur Bestimmung braucht also nur die Steighöhe in der Kapillare und deren Radius genau vermessen zu werden[2].

3. Methode von Wilhelmy. Auf dem gleichen Prinzip wie die Steighöhenmethode beruht die Methode von WILHEMY. Hier wird die Flüssigkeit ebenfalls an der benetzenden Glaswand emporgezogen. Ein Glasplättchen (Objektträger) oder ein Platinblech hängt an einem Balken einer Waage und taucht in die Flüssigkeit. Wenn G das Gewicht der Platte in Luft, G_0 das Gewicht der durch die Platte verdrängten Flüssigkeitsmenge (Auftrieb) und W das Gewicht bei einer bestimmten Eintauchtiefe ist, so gilt:

$$\gamma = (g/L)\,(W + G_0 - G) \qquad (50.2)$$

(L = Umrandung = 2 · Breite + 2 · Dicke der Platte). Die Messung ist relativ einfach und ist mit Hilfe einer Torsionswaage besonders leicht auszuführen[3].

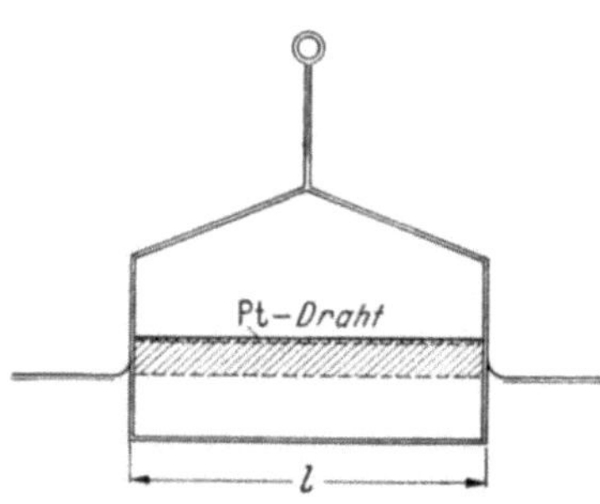

Abb. 50.2. Drahtbügelmethode. Die schraffierte Fläche entspricht der aus der Flüssigkeit herausgezogenen Lamelle

4. Drahtbügelmethode[4]. Benutzt man statt der Platte einen Draht (meist aus Platin), der in einem Rahmen befestigt ist, taucht diesen zunächst ganz in die zu messende Flüssigkeit und zieht ihn dann teilweise heraus wie Abb. 50.2 zeigt, so bildet sich am Draht eine Lamelle, die das Bestreben hat, den Bügel in die Flüssigkeit zu ziehen. Der Zug läßt sich ebenfalls an einer Torsionswaage messen. Beim allmählichen Herausziehen nimmt dieser zunächst zu, durchläuft dann ein Maximum und nimmt wieder ab. Der Zug sollte an der Stelle des Maximums nach LENARD $2\gamma\,l$ betragen (l = Drahtlänge). Der Randwinkel soll an dieser Stelle = 0 sein[5]. Zieht man den Draht zu weit aus der Flüssigkeit heraus, so reißt die Lamelle schließlich ab. Bei der praktischen Messung tritt dies meist kurz nach Überschreiten des Maximums ein — die Gr.-Fl.-Sp. wird ja in diesem Bereich niedriger —, so daß es am besten ist, das Maximum durch vorsichtiges Herausziehen des Drahtbügels

---

[1] EÖTVÖS, R.: Ann. Physik (3) **27**, 448 (1886).

[2] ANDERSON, A. u. J. E. BOWEN: Philos. Mag. (6) **31**, 143, 285 (1916); NAGGIAR, V.: C. R. hebd. Séances Acad. Sci. **206**, 1882 (1938). Nähere Einzelheiten siehe bei K. L. WOLF, loc. cit. Dort auch Variationen der Meßmethodik und Korrekturen.

[3] WILHELMY, L.: Pogg. Ann. **119**, 177 (1863); eine Apparatur zur automatischen Registrierung bei D. G. DERVICHIAN: J. Physique Radium (7) **6**, 221, 429 (1955).

[4] HALL, T. P.: Philos. Mag. (5) **36**, 385 (1893); LENARD, P., R. v. DALLWITZ-WEGENER u. E. ZACHMANN: Ann. Physik (4) **74**, 381 (1924).

[5] Dies setzt völlige Benetzung des Drahtes voraus. Bei Platindrähten läßt sich dies vielfach leicht durch Ausglühen erreichen.

und Kompensieren des Zuges herauszusuchen. Man erkennt es daran, daß bei geringfügiger Vergrößerung des Zuges keine Kompensation durch zusätzliche Belastung mehr notwendig ist. Geringfügige Überschreitung durch zu starkes Herausziehen oder zu große Belastung läßt die Lamelle abreißen.

4. Tensiometer. Ersetzt man den Draht im vorigen Abschnitt durch einen Ring und führt im Prinzip die gleiche Prozedur durch, so hat man das Tensiometer nach LECOMTE DU NOUY[1]. Hier wird der Zug durch einen Torsionsdraht kompensiert. Um die Lamelle aus der Flüssigkeit herauszuziehen, wird das Gefäß, das die Flüssigkeit enthält, mit einer Mikrometerschraube gesenkt.

In der Praxis wird diese wie auch die Drahtbügelmethode fast ausschließlich als Relativmethode verwendet. Man eicht das Gerät durch Bestimmung des Ablesewertes bei Benutzung einer Flüssigkeit mit bekannter Oberflächen- bzw. Grenzflächenspannung[2].

Die im Handel erhältliche Apparatur[3] in einer von SEELICH[4] verbesserten Form, gestattet nicht nur das Herausziehen des Platinringes, sondern auch das Hereindrücken, was für Messungen der Grenzflächenspannungen zwischen zwei Flüssigkeiten von Bedeutung ist.

6. Methode des Tropfengewichtes und der Tropfenzahl. (Stalagmometer nach Traube.) Wegen ihrer Einfachheit wird die Methode der Messung des Tropfengewichtes oder der Tropfenzahl einer Flüssigkeit häufig angewandt. Die von TRAUBE[5] eingeführte Methode benutzt eine Pipette mit plangeschliffener Tropffläche. Das untere Auslaufrohr der Pipette wird durch eine Kapillare verengt, um die Auslaufgeschwindigkeit zu verringern. Gemessen wird das Volumen oder das Gewicht einer bestimmten Tropfenzahl. Die Methode ist einfach; für Absolutbestimmungen müssen jedoch erhebliche Korrekturen angebracht werden[6]. Sie wird in der Praxis daher meistens als Relativmethode benutzt.

Bei strenger Proportionalität zwischen Tropfenzahl und Oberflächenspannungen γ_1 und γ_2, den Tropfenzahlen Z_1 und Z_2 sowie den Dichten ϱ_1 und ϱ_2 gilt

$$\gamma_1/\gamma_2 = \varrho_2\,Z_1/\varrho_1\,Z_2. \tag{50.3}$$

Die Methode eignet sich besonders für Reihenuntersuchungen

7. Methode des maximalen Blasendrucks. Wird ein Gas durch eine Kapillare in eine Flüssigkeit gedrückt, so ist dabei ein Widerstand zu überwinden, der größer ist als der hydrostatische Druck, der sich aus der Eintauchtiefe der Kapillare ergibt. An sich ist der Druck in einem Luftbläschen durch Gl. (47.18) gegeben. Bei der Messung geht man jedoch so vor, daß man mit Hilfe einer Vorrichtung (Niveaugefäß mit Manometer) das Gas zunächst bei höherem Druck durch die Flüssigkeit perlen läßt. Wird dann der Druck weiter gesenkt, so kommt man schließlich an eine Stelle, wo keine Blasen mehr aus der Kapillare treten. Dieser Druck wird am Manometer abgelesen; für die Oberfl.-Sp. gilt dann nach SCHRÖDINGER[7]

$$\gamma = (r\,p/2)\left[1 - 2\varrho\,r/3\,p - \frac{1}{6}\,(\varrho\,r/p)^2\right]g. \tag{50.4}$$

Auch diese Methode wird meistens zu Relativmessungen benutzt[8].

Grundsätzlich sind alle besprochenen Methoden zur Messung der Oberflächenspannung auch zur Messung von Grenzflächenspannungen zwischen zwei Flüssig-

---

[1] LECOMTE DU NOUY, P.: J. Gen. Physiol. **1**, 521 (1919); **6**, 625 (1924).

[2] Angaben über die Grenzflächenspannung reiner Flüssigkeiten findet man in D'ANS LAX, Taschenbuch für den Physiker und Chemiker. RAUEN, H. H.: Biochemisches Taschenbuch. Berlin 1956; LANDOLT-BÖRNSTEIN: Zahlenwerte und Funktionen. 6. Aufl. II. Bd., 3. Teil, S. 404—494. Berlin 1956.

[3] A. KRÜSS, Hamburg.

[4] SEELICH, F.: Fette und Seifen **46**, 139 (1939).

[5] TRAUBE, J.: Ber. dtsch. chem. Ges. **20**, 2644 (1887).

[6] Vgl. hierzu K. L. WOLF, loc. cit., S. 104ff.

[7] SCHRÖDINGER, E.: Ann. Physik (4) **46**, 413 (1915).

[8] Eine sehr hohe Präzision konnten auf diese Weise F. A. LONG u. G. C. NUTTING [J. Amer. chem. Soc. **64**, 2476 (1942)] erreichen.

keiten zu benutzen. Da die festen Hilfsgrenzflächen hierbei noch leichter verschmutzt werden als bei Messungen der Oberflächenspannung, gibt man jedoch bestimmten Methoden den Vorzug. Besonders das Tensiometer in der modernen Form von SEELICH, das Stalagmometer nach TRAUBE und die Methode des maximalen Blasendrucks — hier das maximalen Tropfendrucks — sind dazu brauchbar[1].

Ein wesentlicher Punkt, auf den besonders bei der Messung von Grenzflächenspannungen von Lösungen geachtet werden muß, ist die Abhängigkeit der gemessenen Werte von der Zeit. Eine Reihe von Lösungen benötigt nämlich eine erhebliche Zeit zur Einstellung ihres Gleichgewichtszustands. In solchen Fällen muß man zu Methoden greifen, bei denen sich die Grenzflächengröße während der Messung nicht verändert (z. B. Krümmungsradius, Steighöhe, WILHELMY-Methode). Andere Systeme sind oft empfindlich gegen die angrenzende zweite Phase (z. B. den Kohlensäuregehalt der Luft). Auch können andere Reaktionen, wie bei Proteinen die Denaturierung, den Zustand der Moleküle in der Grenzfläche verändern. Wenn man nicht gerade auf den veränderten Zustand Wert legt, wird man in solchen Fällen Methoden den Vorzug geben, bei welchen die Grenzfläche immer frisch entsteht.

Einige Grenzflächenspannungen fl/fl sind in Tab. 50.I zusammengestellt.

Tabelle 50.I. *Grenzflächenspannung organischer*
Flüssigkeiten gegen Wasser

Stoff	σ in dyn/cm	Temp. °C
Benzol	34,96	20
Octan	50,18	20
Tetrachlorkohlenstoff . . .	45,05	20
Heptansäure	7,54	20
Kresol	4,28	30
Anilin	4,8	26
Butanol	1,58	20
Olivenöl	18,2	20

§ 51. Adsorption

Während sich der besondere Zustand der Substanz in der Grenzschicht bei Systemen mit den Phasengrenzen fl/g und fl/fl durch das Auftreten von Grenzflächenspannung und Grenzflächenaktivität zu erkennen gibt, werden wir bei Festkörpergrenzflächen vergeblich nach einem solchen meßbaren Merkmal suchen.

Da die Größe der Grenzfläche Ω nicht mehr unter Konstanthaltung aller übrigen Variabeln veränderlich ist, gibt es bei Festkörpern auch keine Beziehung von der Form der Gl. (47.1), die bei Flüssigkeiten die Grenzflächenspannung definiert. Das bedeutet allerdings nicht, daß der Begriff der Grenzflächenenergie seinen Sinn verliert, denn zwischen der Energie der Substanz in der Grenzschicht und im Phaseninnern wird im allgemeinen ein Unterschied bestehen.

Wir können jedoch das Verhalten der Substanz in der Grenzschicht von Festkörpern aus dem Einfluß erkennen, den diese auf die Substanz

---

[1] Eine zusammenfassende Übersicht dieser Methoden findet sich auch bei K. L. WOLF und R. WOLF in HOUBEN-WEYL: Methoden der Organischen Chemie, 4. Aufl. Bd. III, 1. Teil, Stuttgart 1955, sowie J. STAUFF in HOPPE-SEYLER-THIERFELDER: Handbuch der physiologisch-pathologisch-chem. Analyse. 10. Aufl., Bd. 2 S. 1. Berlin/Göttingen/Heidelberg 1955.

der angrenzenden Phase ausübt. Wenn wir noch einmal Abb. 46.1 als Modell der Grenzschicht betrachten, so ist leicht zu sehen, daß die vom Einzelmolekül ausgehenden in alle Raumrichtungen weisenden Attraktionskräfte nur im Phaseninnern vollständig abgesättigt sind, nicht aber in der Grenzschicht. Derartige Kräfte müssen natürlich auch auf Moleküle der angrenzenden gasförmigen oder flüssigen Phase einwirken, wodurch es zu einer Anreicherung der angrenzenden Substanz an der Grenzfläche kommen kann. Dieser Vorgang heißt „*Adsorption*" zum Unterschied zur Absorption, wo die Substanz durch die Grenzfläche hindurchtritt und im Phaseninnern gebunden wird. Beide Vorgänge faßt man unter dem Begriff „*Sorption*" zusammen.

Die Adsorption ist von großer praktischer Bedeutung. Adsorptionsverfahren werden angewandt bei der Reinigung und Trennung und Trocknung von Gasen (Gaschromatographie), bei der Rückgewinnung von Lösungsmitteln aus Dämpfen, beim Reinigen und Entfärben von Lösungen, bei der Trennung von gelösten Substanzen (Chromatographie), u. a. m. Adsorptionsvorgänge spielen vor allem bei dispersen Systemen eine hervorragende Rolle, sei es, daß sie die Grenzflächen der dispergierten Substanz verändern, sei es, daß diese selbst adsorbiert wird.

Adsorption kann nicht nur zu Anreicherungen von Molekülen aus einer angrenzenden Gasphase führen, sondern auch die bevorzugte Anreicherung einer Komponente eines angrenzenden flüssigen Zweistoffgemisches verursachen, wie z. B. bei der Adsorption eines gelösten Farbstoffes an Aktivkohle.

Quantitative Gesetzmäßigkeiten der Adsorption

Die ersten quantitativen Zusammenhänge zwischen adsorbierter Menge, Menge des adsorbierenden Festkörpers und Druck des angrenzenden Gases wurden empirisch von E. BOEDECKER und WI. OSTWALD (1893) gefunden. Sie lautet:

$$\Gamma = A\, p^{\frac{1}{n}} \tag{51.1}$$

Γ ist die Menge der adsorbierten Substanz, $p =$ Gasdruck, A und n sind Konstanten. A hängt von der Menge der adsorbierenden Substanz ab, während n eine Materialkonstante ist, die Werte zwischen 0,5 und 1 annehmen kann. Diese Gesetzmäßigkeit wurde von FREUNDLICH[1] an vielen gasförmigen und auch flüssigen Systemen bestätigt. Sie wird daher meist als FREUNDLICHsche Adsorptionsisotherme bezeichnet. Obwohl sie die experimentellen Ergebnisse vielfach recht gut wiedergibt, versagt sie für eine Reihe anderer Systeme. Eine einwandfreie theoretische Erklärung dieser Gleichung ist bisher nicht gelungen (vgl. auch § 52).

Theoretisch durchsichtiger ist die Gleichung von LANGMUIR, die bereits in § 48 abgeleitet wurde (vgl. Abb. 51.1).

Da viele der beobachteten Adsorptionsisothermen weder mit der empirischen Formel (1) noch mit der idealisierten von LANGMUIR wieder-

---

[1] FREUNDLICH, H.: Kapillarchemie. I. Bd., 4. Aufl. Leipzig 1930.

zugeben sind, hat man sich bemüht, die Theorie der Adsorption zu
erweitern. Der bedeutendste Versuch in dieser Richtung ist der von
BRUNAUER, EMMET und TELLER[1], die unter Beibehaltung des LANGMUIR-
schen Modells berücksichtigten, daß außer der ersten monomolekularen
Schicht auf der festen Grenzfläche eine zweite und darüber eine dritte,
vierte usw. adsorbiert wer-
den kann. Die Dicke einer
solchen Mehrfachschicht
soll aber einige Molekül-
lagen nicht übersteigen, da
die Kräfte, die für die
Adsorption verantwortlich
sind, mit zunehmender
Schichtdicke sehr schnell
abnehmen. In erster An-
näherung genügt es, nur
für die erste adsorbierte
Schicht eine besondere freie
Enthalpie der Adsorption
einzuführen, für die nächsten Schichten kann man
annehmen, daß sie etwa
das chemische Potential der
reinen Flüssigkeit des entsprechenden Stoffes be-
sitzen. Die Abnahme der

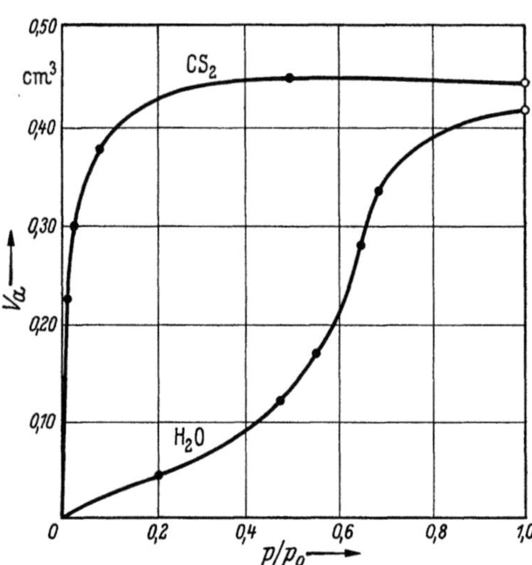

Abb. 51.1. Beispiel zweier Adsorptionsisothermen.
V_a = adsorbierte Menge, p/p_0: Verhältnis von Druck zu
Sättigungsdampfdruck

Molekülzahl in jeder Schicht beruht dann auf rein statistischen Gründen, was leicht nachgewiesen werden kann[2].

Doch kann auch die B.E.T.-Theorie (wie sie jetzt genannt wird), die zu einer
Adsorptionsisotherme von folgender Form

$$\Gamma_1 = \frac{\Gamma_0 \, (p/b \, p_0)}{(1 - p/p_0) \, (1 - p/p_0 - p/b \, p_0)} \tag{51.2}$$

führt, nicht sämtliche experimentellen Ergebnisse wiedergeben; Erweiterungen,
wie z. B. die Wechselwirkungen der Moleküle in einer Schicht untereinander (sog.
horizontale Wechselwirkungen) und auch die Heterogenität der Oberfläche[3], sind
zu berücksichtigen. Darüber hinaus können strukturelle und Packungseffekte der
einzelnen Partikeln in der Grenzschicht eine große Rolle spielen, worauf auch die

[1] BRUNAUER, S., P. H. EMMETT u. E. TELLER: J. Amer. chem. Soc. **60**, 309
(1938).
[2] Vgl. dazu M. DOLE: Introduction to Statistical Thermodynamies. New York
1954. S. 196ff.
Diese berechnet die Wahrscheinlichkeit der Anlagerung neuer Partikel an den
noch offenen Stellen einer bereits schon vorhandenen Schicht im Verhältnis zur
Wahrscheinlichkeit der Anlagerung in einer neuen Schicht, also an den schon
besetzten Stellen.
[3] HALSEY, G.: J. Amer. chem. Soc. **73**, 2693 (1951); **74**, 1082 (1952); McMILLAN,
W. G.: J. chem. Physics **15**, 390 (1947); McMILLAN, W. G. u. E. TELLER: J. chem.
Physics **19**, 25 (1951) glauben, daß Oberflächenspannungseffekte der adsorbierten
Partikeln ebenfalls einen Einfluß haben.

vielfach beobachteten treppenförmigen Adsorptionsisothermen[1] hinweisen. Viele der experimentellen Ergebnisse sind nicht zu deuten. Hier spielt nicht nur die Struktur eine Rolle, sondern auch die Heterogenität und Unbestimmtheit der festen Grenzflächen, die Wechselwirkungen der adsorbierten Moleküle untereinander, die Möglichkeit des Eindringens der Partikeln in den festen Körper und Bildung von festen Mischungen in der Nähe der Grenzfläche (Übergang zur Absorption) und Kapillarkondensation.

Nach Gl. (47.24) ist der Dampfdruck einer Flüssigkeit erniedrigt, wenn sie sich in einer engen Kapillare befindet und einen konkav gekrümmten Meniskus ausbildet — der Krümmungsradius r ist hier negativ. Wird das Adsorptionsvermögen eines solchen rissigen Festkörpers untersucht und dabei ein Gas verwendet, das sich in nicht zu großer Entfernung von seinem Kondensationspunkt befindet, so kann es in den kapillaren Hohlräumen kondensieren[2]. Der Dampfdruck des Gases ist zwar niedriger als der Sättigungsdruck gegenüber einer planen Oberfläche, kann aber nach (47.24) größer sein als dieser, wenn hinreichend stark gekrümmte Oberflächen in den Kapillaren entstehen. Fast selbstverständlich ist, daß das Gas überhaupt kondensationsfähig sein muß, d. h. die Temperatur des Systems muß niedriger als die kritische Temperatur des Gases sein. (Bei Wasser kann daher Kapillarkondensation bei Zimmertemperatur eintreten, nicht aber bei Helium.) Außerdem muß die feste Grenzfläche durch die Flüssigkeit benetzbar sein.

Adsorption aus Flüssigkeiten (Gr. Fl. F/Fl.)

In unserem Zusammenhang interessiert die Adsorption in Flüssigkeitsmischungen, insbesondere von gelösten Stoffen, mehr als die Adsorption aus dem Gasraum, die nur wegen der elementaren Zusammenhänge ausführlicher behandelt wurde. Lösungsmittelmoleküle und Moleküle des gelösten Stoffes können beide adsorbiert werden; sie konkurrieren um die wirksamen Stellen der Festkörpergrenzfläche.

Wie bei der Übertragung der Gesetzmäßigkeiten idealer Gase auf ideale Mischungen kann man auch einem idealen Gesetz der Adsorption aus Lösungen die gleiche Form geben wie den Gesetzen der Gasadsorption. In der Tat existiert eine Reihe von Fällen, bei denen die Gültigkeit der Einschichtadsorption (LANGMUIR) sowie Mehrschichtadsorption (B. E. T.) beobachtet worden ist. Viele Systeme lassen sich jedoch am besten auch hier durch die FREUNDLICHschen Isothermen (Gl. 48.1) beschreiben. Die Kurven der Abb. 51.2, welche die Adsorptionsfähigkeit von Aktivkohle zeigten, unterscheiden sich in keiner Weise von den Isothermen der Gasadsorption, nur muß man bedenken, daß es sich bei diesen auch um einen Idealfall handelt. Die Adsorptionsthermen vieler anderer Systeme nehmen einen völlig anderen Verlauf. Auf Abb. 51.3 ist auch die Abhängigkeit der adsorbierten Menge von der Gleichgewichtskonzentration der wässerigen Essigsäure dargestellt, wobei im einen Fall (Kurve II) völlig trockene und im anderen Fall (Kurve I) wasserhaltige Aktivkohle benutzt wurde[3]. Kurve I besitzt etwa den Charakter einer LANGMUIR-Isotherme, während Kurve II einen völlig unerwarteten Verlauf nimmt. Hieraus ist zu ersehen, daß man äußerst vorsichtig bei der Übertragung der Gesetzmäßigkeiten für Gase auf die Lösungen sein muß.

---

[1] Vgl. dazu E. CREMER u. S. FLÜGGE: Z. physik. Chem. B **41**, 453 (1938).

[2] Vgl hierzu E. HÜCKEL, Adsorption und Kapillarkondensation. Leipzig 1928.

[3] DOBINE, M.: C. R. hebd. Séances Acad. Sci. **205**, 1388 (1937).

Im Idealfall der Adsorption aus Lösungen, bei dem die Gesetzmäßigkeiten der Adsorption im Gasraum gelten sollen, sind nicht nur die Voraussetzungen zu machen, die etwa bei der statistischen Ableitung des

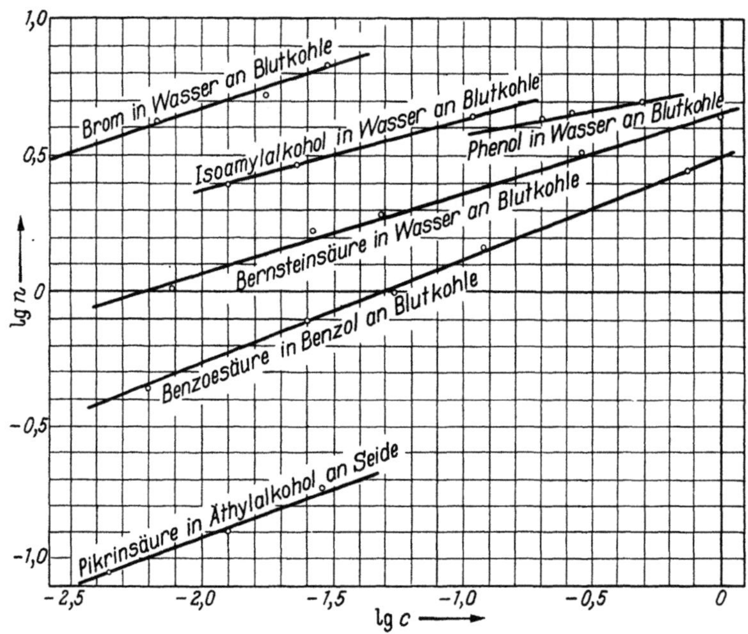

Abb. 51.2. Adsorptionsisothermen von gelösten Substanzen in logarithmischer Darstellung. Nach FREUNDLICH: Kapillarchemie, Bd. I, 2. Aufl. Leipzig 1928

LANGMUIRschen Gesetzes (vgl. § 48) gemacht worden sind. Als wichtigste Idealisierung ist darüber hinaus zu fordern, daß die Lösungsmittelmoleküle *nicht* adsorbiert werden. Dann spielt sich der ganze Vorgang

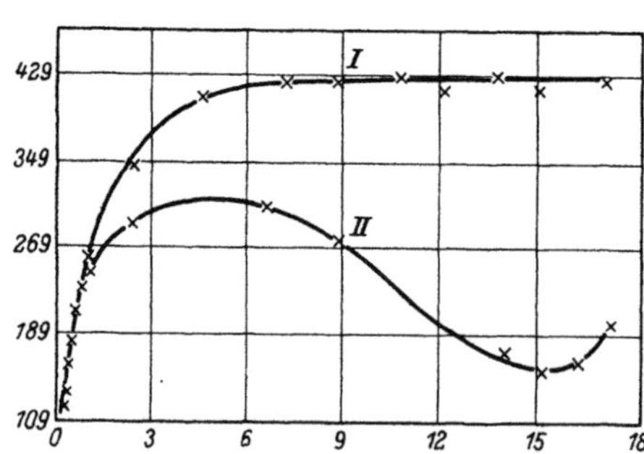

Abb. 51.3. Adsorption von Essigsäure aus wässeriger Mischung an feuchter (*I*) und trockener (*II*) Aktivkohle. Nach M. DOBINE: C. R. hebd. Séances Acad. Sci. Paris, **205**, 1388 (1937)

nur zwischen der festen Grenzfläche und den gelösten Molekülen ab. Indessen ist auch dann das Bild noch nicht dem der Gasadsorption vergleichbar, gelöste Substanzen können auch bei Abwesenheit von festen Grenzflächen infolge ihrer Grenzflächenaktivität in irgendeiner Grenzschicht der Flüssigkeit angereichert werden (theoretisch auch gegen absolutes Vakuum). Da formell hierfür die gleiche Gesetzmäßigkeit wie für die Adsorption einer festen Grenzfläche gilt, kann der zusätzliche Effekt, der durch die Anwesenheit der Grenzfläche hervorgerufen wird, u. U. überhaupt nicht bemerkt werden, wenn man keine vergleichenden Messungen der die Vorgänge begleitenden Wärmeeffekte vornimmt (vgl. w. u.).

Der Adsorptionsvorgang kann dabei *entweder* überwiegend durch die Grenzflächenaktivität der gelösten Substanz bestimmt sein; dann sind sowohl das Ausmaß der Adsorption am Festkörper als auch ihre Energieeffekte nicht viel größer als bei einer Anreicherung in der Flüssigkeitsoberfläche (der Festkörper ist hier sozusagen ein physikalisches Mittel, um in der Flüssigkeit neue Grenzfläche zu schaffen, weniger ein Ort, von dem Kraftwirkungen ausgehen) *oder* überwiegend durch eine Adsorption an der festen Grenzfläche im eigentlichen Sinne; dann sind Ausmaß und Energie der Adsorption durch die Wirkungen der von der Festkörpergrenzschicht ausgehenden Kräfte bestimmt.

Meistens ist allerdings ein kompliziertes Zusammenwirken beider Effekte zu erwarten, die sich gleichwohl unterstützen wie abschwächen können.

Der häufig beobachtete Parallelismus zwischen Grenzflächenaktivität und Adsorption an (apolaren) Festkörpergrenzflächen hängt weitgehend mit dem ersterwähnten Verhalten zusammen. So gilt für die Adsorption homogener Reihen von Fettsäuren die TRAUBEsche Regel (vgl. dazu § 80). Dies bedarf keiner weiteren Erläuterung.

Als Beispiel sei angeführt, daß alle Seifen, Detergentien und andere stark grenzflächenaktive Substanzen in wässerigen Lösungen von Aktivkohle ebenfalls gut adsorbiert werden.

Doch wäre es verkehrt, von der Gr.-Fl.-Aktivität grundsätzlich auf die Adsorbierbarkeit zu schließen. Benzoesäure, Zucker, Alkaloide sind wenig grenzflächenaktiv, werden aber trotzdem von Kohle adsorbiert. Hier kommt der obenerwähnte zweite Mechanismus in Betracht[1].

Dieses Bild wird erheblich modifiziert, wenn die Lösungsmittelmoleküle ebenfalls an der festen Grenzfläche adsorbiert werden. Im allgemeinsten Fall der Mehrschichtadsorption lassen sich die Verhältnisse theoretisch noch nicht überblicken. Hier ist es noch nicht einmal möglich, die Mengen der beiden adsorbierten Substanzen zu bestimmen.

Sind $n_{\alpha 1}$ und $n_{\alpha 2}$ die Molzahlen von Lösungsmittel und gelöster Substanz, $n_{\sigma 1}$ und $n_{\sigma 2}$ die entsprechenden Molzahlen der adsorbierten Substanz, so ist vor der Adsorption:

$$x_2 = \frac{n_{\alpha 2}}{n_{\alpha 1} + n_{\alpha 2}} \tag{51.3}$$

und nach der Adsorption

$$x_2' = \frac{n_{\alpha 2} - n_{\sigma 2}}{n_{\alpha 1} - n_{\sigma 1} + n_{\alpha 2} - n_{\sigma 2}}, \tag{51.4}$$

die Differenz $x_2 - x_2'$ läßt sich wohl bestimmen, daraus läßt sich jedoch die Menge $n_{\sigma 2}$ bzw. $n_{\sigma 1}$ nicht berechnen. $x_2 - x_2'$ wird daher auch als „scheinbare Adsorption" der betreffenden Substanz bezeichnet. Setzt man allerdings ein bestimmtes Modell voraus, z. B. eine Einschicht-

---

[1] Vgl. dazu E. R. LINNER u. R. A. GORTNER: J. physic. Chem. **39**, 35 (1935). Ausmessung von Festkörpergrenzflächen mit Fettsäurefilmen.

adsorption, so ist $n_{\sigma\,1} + n_{\sigma\,2} = n_\sigma$. Dann ergibt sich für die adsorbierte Menge

$$n_{\sigma\,2} = n_{\alpha\,2}\,(1 - x_2\,x_2') + n_\sigma\,x_2' \qquad (51.5)$$

und wegen $x_1 = 1 - x_2$ auch die adsorbierte Menge des Lösungsmittels. Je weniger Lösungsmittel adsorbiert wird, d. h. je kleiner $n_{\sigma\,1}$ wird, um so mehr gleicht sich die scheinbare der wirklichen adsorbierten Menge an. Man muß sich daher mit der Ermittlung der scheinbaren Adsorption begnügen. Bei der Untersuchung der scheinbaren Adsorption von Flüssigkeitsmischungen ist nun beobachtet worden, daß die Menge des adsorbierten Stoffes mit zunehmender Konzentration wieder abnehmen — wie in Abb. 51.3 — und sogar negative Werte erreichen kann. Derartige Verhältnisse sind besonders bei organischen Flüssigkeitsgemischen anzutreffen. Die scheinbare Adsorption der einen Mischungskomponente kehrt sich in eine Desorption um, m. a. W. in einem Konzentrationsbereich wird die eine Komponente stärker, in einem anderen Bereich die andere stärker adsorbiert. (Beispiele solcher Mischungen sind in Abb.52.5 dargestellt.) Ansätze zur formellen Beschreibung dieser Phänomene sind von Wo. OSTWALD[1] unter Verwendung der BOEDEKER-W. OSTWALD-FREUNDLICHschen Isotherme versucht worden.

§ 52. Theorie der Adsorption aus flüssigen Mischungen

Wir betrachten eine Grenzschicht, von der nur verlangt wird, daß sie aus einer begrenzten und konstanten Zahl von „adsorbierten" Molekülen besteht, wie es dem idealen LANGMUIRschen Modell entspricht. Dabei ist es zunächst *formell* gleichgültig, ob der Grenzschicht eine gasförmige, flüssige oder feste Phase benachbart ist. Bei idealen Flüssigkeitsmischungen könnte an sich Gl. (48.20) als Grundlage benutzt werden. (Die dort (Gl. 48.19) mit dem Index σ bezeichneten chemischen Potentiale beziehen sich auch hier auf die Zustände in der Grenzschicht.) Da aber die Voraussetzungen der Idealität bei nur sehr wenigen Mischungen chemisch verschiedener Substanzen erfüllt ist, ist damit nicht viel gewonnen. Eine Annäherung an die Wirklichkeit ist notwendig und kann genau so vorgenommen werden wie in der Thermodynamik nichtidealer Mischungen; es können Aktivitätskoeffizienten oder Überschußfunktionen eingeführt werden. Außer einer mathematischen Formalität wäre auch damit noch nicht viel gewonnen, obwohl es neuerdings Ansätze gibt, mit deren Hilfe die Überschußfunktionen auf bestimmte individuelle Molekülparameter zurückgeführt werden können[2]. Da es sich zeigen wird, daß bereits die einfachste Erweiterung den Mechanismus im Prinzip zu beschreiben vermag, genügt es, den in § 19 behandelten Typ der „einfachen" (simp-

---

[1] OSTWALD, WO. u. R. DE IZAGUIRRE: Kolloid-Z. **30**, 279 (1922); **32**, 57 (1923); **36**, 289 (1925). Von ihnen wurden auch die Fälle behandelt, wo die eine Komponente bei der Adsorption die andere mitschleppt, wie etwa ein in Wasser gelöstes Molekül seine Hydrathülle mitnimmt. Siehe auch M. DOBINE, loc. cit.; BARTELL, F. E. u. C. K. SLOAN: J. Amer. chem. Soc. **51**, 1637, 1643 (1929).

[2] PRIGOGINE, I.: The Molecular Theory of Solutions. Amsterdam 1957.

len) Mischungen[1] zu verwenden. Hier sind die Überschußfunktionen Produkte aus dem Quadrat des Molenbruchs und einer Größe A_α, die ihrerseits noch eine Funktion von p und T sein kann. Es gelten dann für beide Substanzen 1 und 2 in der Mischung (Index α steht für Phaseninneres) folgende Beziehungen

$$\mu_{\alpha\,1}^{E} = A_\alpha\, x_{\alpha\,2}^{2}; \quad \mu_{\alpha\,2}^{E} = A_\alpha\, (1 - x_{\alpha\,2})^{2}. \tag{52.1}$$

In der Grenzschicht (Index σ) sollte nun die gleichen prinzipiellen Beziehungen wie im Phaseninnern gelten, zumindest, was die Überschußfunktionen betrifft, da diese nur den Einfluß der Wechselwirkungen der Moleküle untereinander berücksichtigt. In Analogie sollte daher gelten:

$$\mu_{\sigma\,1}^{E} = A_\sigma\, x_{\sigma\,2}^{2}; \quad \mu_{\sigma\,2}^{E} = A_\sigma\, (1 - x_{\sigma\,2})^{2}. \tag{52.2}$$

Wird nun

$$\mu_{0\,\alpha\,1} - \mu_{0\,\sigma\,1} = \Delta\mu_{0\,1} \quad \text{und} \quad \mu_{0\,\alpha\,2} - \mu_{0\,\sigma\,2} = \Delta\mu_{0\,2},$$

so ergeben sich nach Einsetzen jeder dieser Größen in Gl. (48.19) zwei Gleichungen der gleichen Form aber verschiedenen Indices 1 und 2. Setzt man $p/p_0 = x_\alpha$ und $N_1/(N_0 - N_1) = x_\sigma$ und substrahiert beide Gleichungen, erhält man:

$$RT \ln (x_{\sigma\,1}/x_{\sigma\,2}) = RT \ln (x_{\alpha\,1}/x_{\alpha\,2}) + \Delta\mu_{0\,2} - \Delta\mu_{0\,1} + {} \\ + \mu_{\alpha\,1}^{E} - \mu_{\alpha\,2}^{E} - \mu_{\sigma\,1}^{E} + \mu_{\sigma\,2}^{E} \tag{52.3}$$

und daraus nach einiger Umformung unter Berücksichtigung von (1) und (2)

$$x_{\sigma\,2} = (\Gamma_2/\Gamma_0) = x_{\alpha\,2}/\{(1 - x_{\alpha\,2}) \exp\left[(\Delta\mu_{0\,1} - \Delta\mu_{0\,2}\right. \\ \left. + A_\alpha\,(2x_{\alpha\,2} - 1) - A_\sigma\,(2x_{\sigma\,2} - 1)/RT\right] + x_{\alpha\,2}\}. \tag{52.4}$$

Dies ist eine modifizierte LANGMUIRsche Gleichung (48.20), in der die Größe b keine Konstante mehr ist, sondern eine Funktion der Zusammensetzung. Leider läßt sich die Gleichung nicht nach $x_{\sigma\,2}$ auflösen[2]. Mit dieser Beziehung lassen sich alle bis jetzt auf experimentellem Weg gefundenen Zusammenhänge zwischen adsorbierter Menge und Mischungsverhältnis darstellen. Je nach Größe und Vorzeichen der vier Parameter $\Delta\mu_{01}$, $\Delta\mu_{02}$, A_α, A_σ entstehen Typen der Adsorptionsisothermen von verschiedenartiger Form. Man findet dabei auch solche, die sich bislang einer Erklärung widersetzten, wie z. B. mit konkaver Krümmung, mit Änderung der Krümmung, mit Wendepunkten und mit Maxima und Minima. Die Abb. 52.1 bis 52.5 zeigen eine Reihe solcher mit willkürlichen Parameterwerten errechneter Kurven, so wie sie sich aus Gl. (4) ergeben.

Da die experimentelle Methodik in flüssigen Systemen mit festen Adsorbentien die direkte Bestimmung von $x_{\sigma\,2}$ bzw. Γ_2 nicht gestattet (vgl. w. u.), können die Kurven der Abb. 1 bis 3 meistens nicht direkt mit

---

[1] Nach GUGGENHEIM (loc. cit.) vgl. § 19.
[2] Numerische Berechnungen lassen sich durch ein Näherungs- oder Iterationsverfahren ausführen.

experimentell bestimmten Werten verglichen werden, da nur die *scheinbare* Adsorption nach Gl. (51.4) faßbar ist. Da durch die Voraussetzungen unseres Modells eine Beziehung zwischen der scheinbaren Adsorption und der wirklichen adsorbierten Menge besteht, lassen sich die aus Gl. (4) erhaltenen Werte auf die scheinbare Adsorption umrechnen, wie es auch möglich ist, statt der Molenbrüche, molare oder Gewichtskonzentrationen zu verwenden. Die scheinbare Adsorption ist, wenn man berücksichtigt, daß $n_{\sigma 2} = \Gamma_2\,\Omega$ und $n_{\sigma 1} + n_{\sigma 2} = \Gamma_0\,\Omega$ ist und (51.4) im Zähler und Nenner durch $\Gamma_0\,\Omega$ dividiert

$$x_2 - x_2' = \Delta x, = x_{\alpha 2} + \left(\frac{\Gamma_2}{\Gamma_0} - \frac{n_{\alpha 2}}{\Gamma_0\,\Omega}\right)\Big/\left(\frac{n_{\alpha 1} + n_{\alpha 2}}{\Gamma_0\,\Omega} - 1\right). \qquad (52.5)$$

Darin ist vorausgesetzt, daß nur eine begrenzte Zahl von Molekülen — nämlich $\Gamma_0\,\Omega$ — Platz hat. Setzt man zur Vereinfachung

$$\Gamma_0\,\Omega/(n_{\alpha 1} + n_{\alpha 2}) = \lambda,$$

erhält man

$$\Delta x_2 = \frac{\lambda}{1-\lambda}\left(\frac{\Gamma_2}{\Gamma_0} - x_{\alpha 2}\right) = \frac{\lambda}{1-\lambda}(x_{\sigma 2} - x_{\alpha 2}). \qquad (52.6)$$

Die scheinbare Adsorption ist nach dieser Beziehung deutlich vom Verhältnis der Menge des Adsorbens — charakterisiert durch $\Gamma_0\,\Omega$ — zur Menge der Mischung — $n_{\alpha 1} + n_{\sigma 2}$ — abhängig. Bei niedrigen Konzentrationen ($< 0{,}1$ Mol/L) und kleinen Mengen von Adsorptionsmitteln (~ 1 g pro 100 cm³ Flüssigkeit) kann man diese Gleichung zur Berechnung von $x_{\sigma 2}$ anwenden. Ist $\lambda \ll 1$ und $x_{\alpha 2} \ll x_{\sigma 2}$, ergibt sich $\Delta x_2 = \lambda\,x_{\sigma 2}$.

Erst bei dieser Darstellungsart kommen die verschiedenen Möglichkeiten heraus, die durch die Kombination der einzelnen Parameter entstehen.

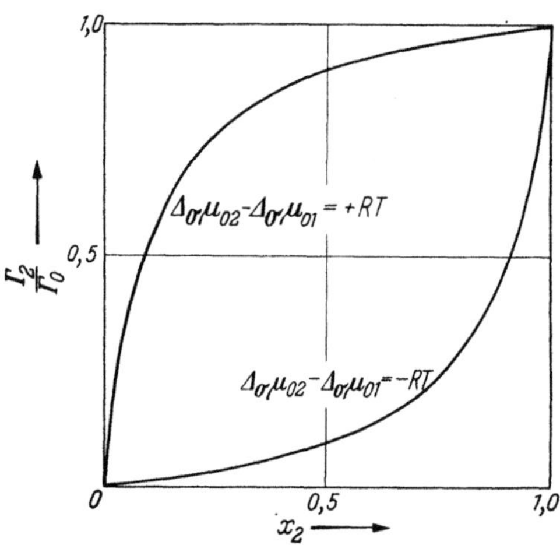

Abb. 52.1. Adsorption aus flüssigen Mischungen zweier Komponenten. Erläuterung im Text

Es ist nun sehr instruktiv, sich zunächst einmal den Verlauf der verschiedenen Fälle in graphischen Darstellungen anzusehen, in denen $x_{\sigma 2}$ und $x_{\alpha 2}$ als Koordinaten gewählt sind.

Im Idealfall sind A_α und $A_\sigma = 0$. Hier gibt es nur zwei Möglichkeiten:

1. $\Delta\mu_{02} - \Delta\mu_{01} \equiv \Delta_\sigma > 0$; Adsorption von 2 bevorzugt.
2. $\Delta_\sigma < 0$; Adsorption von 1 bevorzugt.

Abb. 52.1 Kurve a zeigt den 1., Kurve b den 2. Fall. Kurve a entspricht der idealen LANGMUIR-Isotherme. Kurve b ist gewissermaßen eine Umkehrung des Falles 1. Dieser ist insofern bemerkenswert als er demonstriert, wie auch bei einer vorherrschenden Adsorptionsaffinität des Stoffes 1 — nämlich des Lösungsmittels — auch der Stoff 2 in zunehmender Konzentration adsorbiert wird. Stellt man den Fall 2 als Funktion von $x_{\alpha 2}/(1 - x_{\alpha 2})$ dar, so ergibt sich ein Kurventyp, der dem der

BOEDEKER-FREUNDLICHschen Isotherme sehr ähnlich ist, besonders wenn $\log x_\sigma$ gegen $\log (x_{\alpha\,2}/(1-x_{\alpha\,2}))$ dargestellt wird; bei niederen Konzentrationen erhält man eine Gerade mit einer Neigung von 0,26, die sich bei höheren Konzentrationen allmählich zur Abszisse krümmt (vgl. w. u.).

Von theoretischem Interesse sind nun die Fälle

$$\Delta_\sigma = 0; \quad \begin{array}{cc} A_\alpha > 0; & A_\sigma > 0 \\ A_\alpha < 0; & A_\sigma < 0. \end{array}$$

Diese finden sich für verschiedene angenommene Werte von A_α in Abb. 59.2. Alle Kurven haben einen S-förmigen Verlauf, besitzen also Wendepunkte, bei positiven A_α treten oberhalb bestimmter Werte Maxima und Minima auf. Eine Deutung wollen wir w. u. vornehmen. Jedenfalls wird die Adsorptionstendenz von 2 bei positiven A_α verstärkt, solange Substanz 1 im Überschuß ist, und vermindert, wenn Substanz 2 im Überschuß ist. Umgekehrt ist bei negativen A_α.

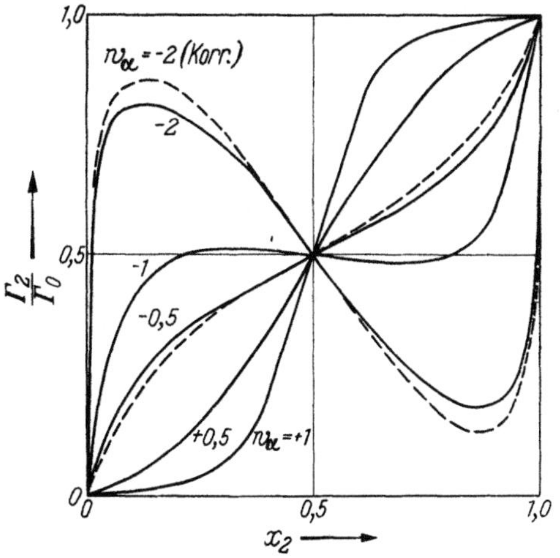

Abb. 52.2. Adsorption aus flüssigen Mischungen. Einfluß der zwischenmolekularen Wechselwirkungen ($w_\alpha = A_\alpha$). Erläuterung im Text

Bisher haben wir A_σ nicht berücksichtigt. Wir werden w. u. sehen, daß A_σ immer ein Bruchteil von A_α sein muß und auch dasselbe Vorzeichen besitzt. Berücksichtigt man unter der Annahme, daß A_σ etwa $^2/_3 \cdots {}^3/_4$ von A_α beträgt, und rechnet $x_{\sigma 2}$ mit der oben angegebenen Näherungsmethode aus, so ergeben sich die gestrichelt gezeichneten Kurven, woraus man ersehen kann, daß sich *qualitativ* nichts ändert, wenn A_σ unberücksichtigt bleibt.

In realen Fällen werden sich die Einflüsse von Δ_σ und A_α überlagern. Wir erhalten dann die folgenden Möglichkeiten (A_σ wird in Zukunft weggelassen).

a)	$\Delta_\sigma > 0$	$A_\alpha > 0$	Kurve a	Abb. 52.3
b)	$\Delta_\sigma > 0$	$A_\alpha < 0$	Kurve b	,,
c)	$\Delta_\sigma < 0$	$A_\alpha > 0$	Kurve c	,,
d)	$\Delta_\sigma < 0$	$A_\alpha < 0$	Kurve d	,,

welche in der Abb. 52.3 für $|\Delta_\sigma| = RT$ und $A_\alpha = 0,5\,RT$ berechnet worden sind. Diese theoretisch denkbaren Fälle lassen sich nur selten experimentell überprüfen, da $x_{\sigma 2}$ nur bei kleinen Konzentrationen und Adsorptionsmittelmengen direkt bestimmbar ist. Wenn wir nun nicht $x_{\sigma 2}$, sondern Δx_2 nach Gl. (5) berechnen, so erhalten wir eine Größe, die sich leichter mit experimentellen Befunden eines größeren Konzentrationsbereichs vergleichen läßt.

Abb. 52.4 zeigt dies, wo als Abszisse $x_{\alpha 2}$ und als Ordinate Δx_2 aufgetragen ist.

In a) durchläuft die „scheinbare Adsorption" von 2 ein Maximum, wobei paradoxerweise dessen scheinbar adsorbierte Menge mit steigender Konzentration abnimmt. Daß sie in *Wirklichkeit* nicht abnimmt, zeigt die gestrichelt gezeichnete Kurve, die dem dazugehörigen Wert von $x_{\sigma 2}$ entspricht. Noch merkwürdiger verhält sich b). Hier ist Δx_2 im ganzen Bereich negativ[1], d. h. die Konzentration von 2 nimmt in der Flüssigkeit durch die Adsorption von 1 zu, daß aber 2 in Wirklichkeit ebenfalls adsorbiert wird, zeigt die gestrichelte Kurve von $x_{\sigma 2}$. Noch eigenartiger ist das Bild der Kurven, wenn $|\Delta_\sigma| < |A_\alpha|$ ist. Wir haben wieder vier Möglich-

---

[1] Die negativen Werte verschwinden sofort, wenn Δx_1 als Funktion von $x_{\sigma 2}$ aufgetragen wird. Die negative scheinbare Adsorption tritt auch auf, wenn $A_\alpha = 0$, aber $\Delta_\sigma < 0$ ist.

keiten zu unterscheiden, die in Abb. 52.5 I und II dargestellt sind und keiner weiteren Erläuterung bedürfen.

Alle die bis hierher besprochenen Fälle ergeben sich aus der Theorie der einfachen (simplen) Mischungen. Experimentell sind zwar alle Typen beobachtet, aber nicht quantitativ ausgewertet worden. (Auf die Fälle $A_\alpha = 0$ haben wir bereits hingewiesen.)

In den meisten beobachteten Fällen einer Adsorption ist $|\varDelta_\sigma| > |A_\alpha|$. Diese Typen (Abbildung 52,3 a, b, c, d) werden auch am häufigsten beobachtet, wenn man Mischungen organischer Flüssigkeiten betrachtet. Unter diesen ist wieder der Typ a und b am häufigsten ($\varDelta_\sigma \lessgtr 0$ aber $A_\alpha > 0$).

Besonders interessant erscheint, daß die Theorie in der Lage ist, auch den Fall der „negativen scheinbaren Adsorption[1]" zu beschreiben.

In einem Gemisch von Tetrachlorkohlenstoff (1) und Cyclohexan (2) geschieht folgendes: In Gegenwart von Aktivkohle ist $\varDelta_\sigma$ positiv, d. h. Cyclohexan wird bevorzugt adsorbiert. A_α ist offensichtlich ebenfalls positiv, es resultiert nämlich eine Adsorptionskurve, der Abbildung 52.5 a I.

In Gegenwart von Silicagel ist $\varDelta_\sigma$ negativ. (1) wird bevorzugt adsorbiert, A_α ändert sich nicht, es ergibt sich der Kurventyp der Abb. 52.5 a II.

In den verdünnten wässerigen Systemen findet man, daß die Adsorptionsisotherme durch eine Exponentialformel dargestellt werden kann. Wie bereits oben erwähnt, lassen sich diese Verhältnisse mit der gleichen Genauigkeit durch Gl. (7) beschreiben, wenn auch die Exponentialformel wegen ihrer Einfachheit Gl. (7) für den praktischen Gebrauch weitaus überlegen ist, zumal sie den Verlauf der Adsorption meist über zwei Zehnerpotenzen der Konzentration genau wiedergeben kann.

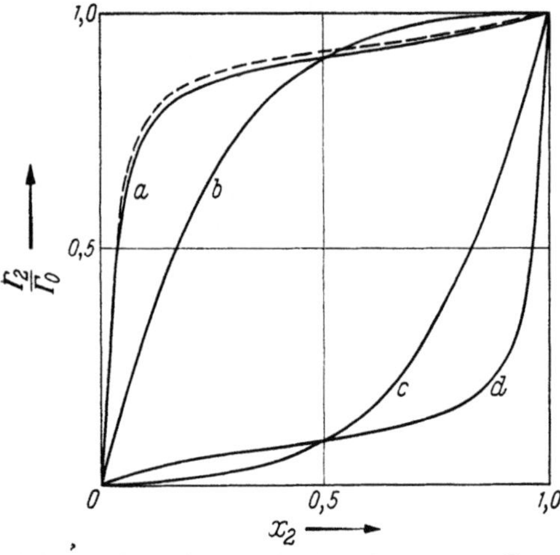

Abb. 52.3 Adsorption aus flüssigen Mischungen. Zusammenwirken von Adsorption und zwischenmolekularen Wirkungen. Erläuterung im Text

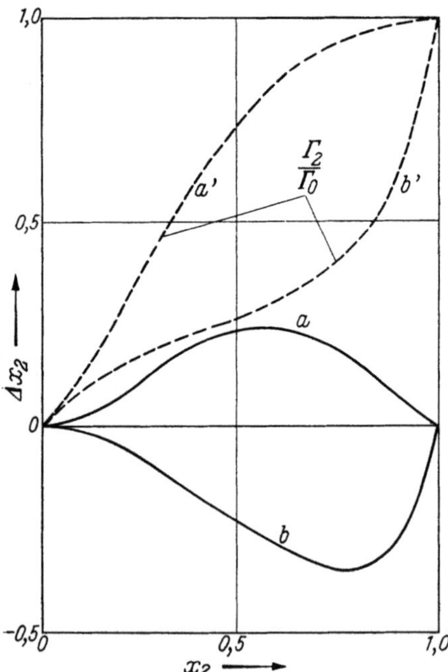

Abb. 52.4. Scheinbare Adsorption x_2 aus flüssigen Mischungen (Kurven a und b) im Vergleich zur wahren Adsorption (Kurven a' und b'). Erläuterung im Text

[1] Vgl. oben Wo. OSTWALD: loc. cit., BARTELL u. SLOAN: loc. cit.

In den Fällen, wo Gl. (1) gilt, liegen meist so verdünnte Lösungen vor, daß $x_{\alpha 2}$ neben 1 vernachlässigt werden kann ($x_{\alpha 2}$ ist etwa $10^{-2} \cdots 10^{-5}$). $x_{\sigma 2}$ ist aber durchaus *nicht* vernachlässigbar, wenn $\varDelta_\sigma - A_\alpha$ groß ist. Für (7) kann man schreiben (beachte $x_{\alpha 2} < b$ in Gl. (48.20))

$$\log x_{\sigma 2} - A_\sigma (2 x_{\sigma 2} - 1) = 2,3\, RT\, (\varDelta_\sigma - A_\alpha) + 2,3\, RT \log x_{\alpha 2}. \qquad (52.7)$$

Diese Gleichung läßt sich nicht nach $x_{\sigma 2}$ auflösen, doch kann man sie leicht durch eine graphische oder Iterationsmethode numerisch auswerten. Es ist zu beachten,

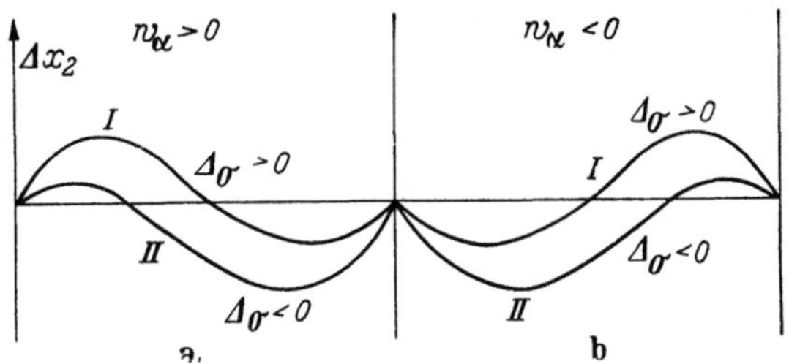

Abb. 52.5. Möglichkeiten der scheinbaren Adsorption. Erläuterungen im Text

daß hier das Glied $A_\sigma (2 x_{\sigma 2} - 1)$ die entscheidende Rolle spielt im Gegensatz zu höheren Konzentrationen, wo es vernachlässigbar ist. Erstaunlicherweise ist der Verlauf dieser Funktion der Exponentialfunktion so ähnlich, daß eine Entscheidung darüber, welche die experimentellen Verhältnisse besser wiedergibt, nicht zu treffen ist.

Aus Messungen der Bernsteinsäureadsorption aus wässeriger Lösung an Aktivkohle nach FREUNDLICH wurden die Parameter $\varDelta_\sigma A_\alpha$ und A_σ unter Annahme eines möglichen Wertes von x_σ ($\sim {}^1/_3$ der pro Gramm adsorbierten Menge) bestimmt und $\log x_\sigma$ unter Zuhilfenahme einer graphischen Darstellung von Gl. (52.7) aus $\log x_\sigma - A_\sigma (2 x_\sigma - 1)$ berechnet. Die erhaltene Kurve findet sich in Abb. 52.6, sie schmiegt sich den Meßpunkten ebenso gut an wie die Gerade $\log x_\sigma = a + (1/n) \log x_\alpha$. Benutzte Werte waren $\varDelta_\sigma = + 4,67$; $A_\alpha = - 5,75$; $A_\sigma = - 4,38\,{}^*$.

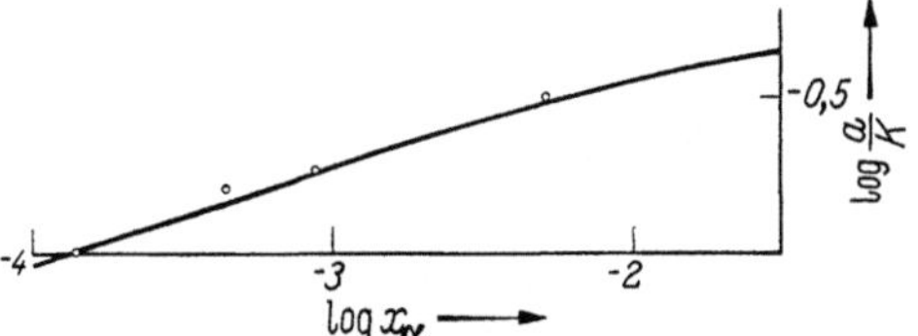

Abb. 52.6. Gl. (52.6) in logarithmischer Darstellung. Die Kreise sind Meßpunkte für die Adsorption von Bernsteinsäure aus wässeriger Lösung an Aktivkohle nach FREUNDLICH: Kapillarchemie, Bd. I, loc. cit.

Damit kann unter Umständen das häufige Auftreten der FREUNDLICHschen Adsorptionsisotherme gerade bei verdünnten Lösungen zusammenhängen. Ein Hinweis darauf ist auch, daß die bei der Darstellung von Gl. (7) sich ergebende leichte Neigung zur Abszisse bei höheren x_α auch sehr häufig bei experimentell bestimmten Isothermen gefunden worden ist.

Um die Verhältnisse dem Verständnis noch näher zu bringen, wollen wir die Bedeutung der einzelnen Parameter in die Sprache der Molekularphysik übersetzen. Nach § 21 können wir entsprechend der Behandlung der regulären bzw. einfachen Mischungen setzen

$$A_\alpha = N_L Z_\alpha w', \qquad (52.8)$$

worin

$$w' = w_{11} + (w_{22} - w_{12})/2$$

---

* Bei größeren Werten von x_α etwa von 0,01 aufwärts, muß $\varDelta_\alpha (2 x_\alpha - 1)$ berücksichtigt werden!

ist. Dort wurde bereits gesagt, daß im Falle $w' > 0$ eine Neigung zur Assoziation der einzelnen Molekülarten in der Flüssigkeit besteht, während bei $w < 0$ eine Solvatation auftreten sollte. Positives A_α bedeutet somit eine Neigung zur Bildung der reinen Stoffe, d. h. eine Neigung zur Ausscheidung oder Trennung, und zwar für jede der Komponenten. Negatives A_α deutet hingegen auf eine Tendenz zur Vermischung. Nun besteht zwischen A_α und A_σ ein einfacher Zusammenhang. Wenn man annimmt, daß w' in der Grenzschicht in erster Näherung von der gleichen Größe ist wie im Inneren der Lösung (Nebenvalenzen!), ist A_σ nur durch die geringere Zahl der Nachbarmoleküle in der Grenzschicht z_σ bedingt. Diese Zahl muß zwangläufig kleiner sein als im Phaseninneren[1], was auch unmittelbar aus Abb. 46.1 deutlich wird. Das Verhältnis z_σ/z_α ist für viele der sog. Normalflüssigkeiten von der Größenordnung $2/3 \cdots 3/4$ und meistens ziemlich konstant. Demnach wäre auch A_σ eine einfache Funktion von w':

$$A_\sigma' \cong N_L \, z_\sigma' \, W' = (z_\sigma/z_\alpha) \, A_\alpha . \tag{52.9}$$

Die Größen $\Delta\mu_{01}$ und $\Delta\mu_{02}$ kann man sich zusammengesetzt denken aus der Änderung des chemischen Potentials beim Übertritt des Moleküls vom Inneren der *reinen* Phase in die Grenzschicht ohne Anwesenheit einer fremden Grenzfläche und einen Anteil, der davon herrührt, daß die gesamte Grenzschicht an die fremde Grenzfläche gebracht wird. Ist der zweite Anteil nur klein gegenüber dem ersten, herrschen die gleichen Verhältnisse wie bei der Grenzflächenanreicherung an der Oberfläche gegen den eigenen Dampf oder gegen ein inertes Gas (vg. § 49). Überwiegt der zweite Anteil, kommt es wieder darauf an, ob er unspezifisch, d. h. auf beide Komponenten gleichartig wirkt, oder ob er spezifisch ist, d. h. eine der beiden Komponenten bevorzugt.

Zum besseren Verständnis wollen wir noch einmal den Verlauf der Kurve 52.5 a molekularphysikalisch erläutern. Bei $x_{\alpha 2} = 0$ ist nur die reine Komponente 1 vorhanden, die Grenzschicht ist mit den Molekülen der Sorte 1 bedeckt. Werden jetzt Moleküle 2 hinzugegeben, reichern sie sich infolge ihrer größeren Affinität der festen Grenzfläche in der Grenzschicht an, da $\Delta\mu_{02} > \Delta\mu_{01}$ ist. Doch besitzen sie eine ausgesprochene Assoziationstendenz. Wird die Zahl der Moleküle 2 in der Mischung allmählich größer, wird auch die Wahrscheinlichkeit größer, darin Assoziate zu bilden. Der dabei auftretende Energiegewinn überwiegt allmählich den, der beim Übergang in die Grenzschicht gewonnen werden könnte. Daher nimmt die Adsorption mit zunehmender Konzentration wieder ab; die Grenzschicht wird wieder mit Molekülen der Substanz 1 bevorzugt besetzt, bis schließlich ihre Menge in der Mischung so klein wird, daß die Grenzschicht zwangläufig mit solchen der Sorte 2 besetzt werden muß.

Benetzung

Die Adsorption einer Flüssigkeit an einer festen Grenzfläche läßt sich nicht ohne weiteres feststellen, da sich, anders als bei den Gasen, irgendwelche makroskopischen physikalischen Eigenschaften der Flüssigkeit bei der Berührung mit der Grenzfläche nicht ändern. Doch äußert sich eine etwa vorhandene Affinität zwischen Flüssigkeit und fester Grenz-

---

[1] Vgl. dazu S. 291 und K. L. WOLF: loc. cit.

fläche durch die Erscheinung der Benetzung. Hierunter wird die Fähigkeit einer Flüssigkeit verstanden, sich auf einer festen Grenzfläche auszubreiten, z. B. breitet sich Wasser auf einer sauberen Glasplatte leicht aus, Quecksilber bildet dagegen darauf kugelige Tröpfchen. Ähnlich verhält sich Wasser auf fettigen oder paraffinierten Glasplatten. Wasser benetzt die Glasoberfläche, Quecksilber nicht.

Ein quantitatives Maß für die Benetzung ist der sog. Randwinkel Θ, dessen Definition aus Abb. 52.7 hervorgeht. Θ ist um so kleiner, je besser die Flüssigkeit benetzt. $\Theta = 0$ bedeutet vollständige Benetzung, $\Theta = \pi$ bedeutet keine Benetzung.

Das, was gemeinhin als Benetzung beobachtet wird, ist an sich ein Vorgang, der sich in Gegenwart atmosphärischer Luft abspielt. Es ist deswegen darauf Rücksicht zu nehmen, daß die feste Grenzfläche adsor

Abb. 52.7. Tropfen auf einer festen Grenzfläche bei guter (links) und bei schlechter Benetzung (rechts). Θ = Randwinkel

bierte Gasmoleküle enthält; eine darauf gebrachte Flüssigkeit wird sich nur dann ausbreiten, wenn sie stärker adsorbiert wird als die Gasmoleküle *und* dabei noch genügend Energie übrig bleibt, um die eigene Grenzflächenspannung zu überwinden. Man kann diese Verhältnisse auch durch die Grenzflächenspannung der Grenzflächen f/g, f/fl und fl/g darstellen. Es muß nämlich im Gleichgewicht gelten

$$\gamma_{f,g} = \gamma_{f,fl} + \gamma_{fl,g} \cos \Theta. \qquad (52.10)$$

Bezeichnet man A_a als Adhäsionsarbeit pro cm² Grenzfläche, so ist sie diejenige Arbeit, die beim Zusammenbringen je eines cm² fester und flüssiger Grenzfläche auftritt. Wegen Gl. (47.1) und (47.7) ist die freie Enthalpie eines cm² Grenzfläche der Grenzflächenspannung gleichzusetzen. Es gilt also

$$A_a = \gamma_{f,g} + \gamma_{fl,g} - \gamma_{f,fl}. \qquad (52.11)$$

$\gamma_{f,g}$ und $\gamma_{f,fl}$ sind nicht ohne weiteres direkt meßbar, doch benutzt man Gl. (10), so ergibt sich

$$- A_a = \gamma_{fl,g} (1 + \cos \Theta). \qquad (52.12)$$

Bei $\Theta = 0$ hat A_a seinen größten Wert und bei $\Theta = \pi$ ist $A_a = 0$. Als freie Benetzungsenthalpie wäre die Größe

$$- \Phi_a = - A_a - \gamma_{fl,g} = \gamma_{f,g} - \gamma_{f,fl} = \gamma_{fl,g} \cos \Theta \qquad (52.13)$$

anzusehen. Damit ist die Bedeutung des Randwinkels ohne weiteres klar.

Über die absoluten Werte der Affinität einer Flüssigkeit zu einer festen Grenzfläche sagen die angegebenen Beziehungen solange nichts aus, als am Gleichgewicht eine Gasphase beteiligt ist. Die Benetzungsarbeit bzw. der Randwinkel wird nur durch den *Unterschied* der Affinitäten zwischen Gas- und Flüssigkeitsmolekülen bestimmt.

Könnte man jedoch die Gasphase durch Vakuum ersetzen, so wäre die feste Grenzfläche vor der Benetzung unbedeckt und enthielte nach der Benetzung adsorbierte Flüssigkeitsmoleküle. Der Randwinkel ergäbe dann die wahre freie Benetzungsenthalpie, die für uns insofern bedeutsam ist, als sie im Wesen der Solvatation einer festen Grenzfläche entspricht[1]. Doch ist ein solches Modell nicht realisierbar, da die Flüssigkeit in einem abgeschlossenen System teilweise verdampfen würde und der Dampf dann von der Festkörpergrenzfläche adsorbiert werden könnte.

Ein anderer Weg zur Ermittlung der absoluten freien Benetzungsenthalpie führt über die Integration der Adsorptionsisotherme des Flüssigkeitsdampfes einer Festkörpergrenzfläche. Nach BANGHAM und RAZOUK[2] läßt sich diese Größe durch Integration der GIBBSschen Adsorptionsgleichung (47.12) berechnen, wenn $d\mu_1$ aus der idealen Gasgleichung bestimmt wird. Man erhält

$$-\Phi_a = \frac{RT}{M\,\Omega_{\mathrm{sp}}} \int\limits_{p/p_0\,=\,0}^{p/p_0\,=\,1} \frac{x}{m}\,\frac{d\ln p}{p_0} + \gamma_{\mathrm{fl,\,vac}}\,.$$

Hierin bedeuten p der Gasdruck, p_0 der Sättigungsdampfdruck des Gases (Dampfdruck der Flüssigkeit), x/m die Menge der adsorbierten Substanz geteilt durch die Menge Adsorbens in Gramm, M das Molgewicht, Ω_{sp} die spezifische Oberfläche des Adsorbens, $\gamma_{\mathrm{fl,\,vac}} =$ Grenzflächenspannung der Flüssigkeit gegen den eigenen Dampf[3].

Die Beziehung läßt sich durch die Überlegung verstehen, daß die freie Benetzungsenthalpie der Druckvolumenarbeit gleich ist, die bei der Adsorption des Flüssigkeitsdampfs zu einer zusammenhängenden Flüssigkeitsschicht isotherm und reversibel umgesetzt wird, wozu noch die Grenzflächenspannung $\gamma_{\mathrm{fl,\,vac}}$ gerechnet werden muß, da ja gleichzeitig neue Flüssigkeitsoberfläche gebildet wird.

Sowohl nach der Kontaktwinkel- als nach der Adsorptionsmethode lassen sich experimentell Benetzungs- bzw. Adhäsionsarbeiten und aus deren Temperaturabhängigkeit Benetzungswärmen gewinnen, die für die Wechselwirkung zwischen Festkörpergrenzflächen und Flüssigkeiten charakteristisch sind. Einige Daten zeigt Tab. 52.I.

Solche Messungen demonstrieren sehr schön die quantitative Bedeutung der Begriffe hydrophil und hydrophob, bzw. lipophil und lipophob. Alle Flüssigkeiten, deren Affinität zur Festkörpergrenzfläche groß ist, besitzen große Benetzungsarbeiten wie Wasser und Alkohole zu Silica-Gel, Benzol und aliphatische Kohlenwasserstoffe zu Aktivkohle; alle mit geringer Affinität haben kleine Benetzungsarbeiten, wie Kohlenwasserstoffe zu Silica-Gel.

---

[1] Thermodynamische Definition der Benetzungsarbeit siehe G. SANDSTEDE: Dissertation Frankfurt 1958.

[2] BANGHAM, D. H.: Trans. Faraday Soc. **33**, 805 (1937); BANGHAM, D. H. u. R. I. RAZOUK: ibid. **33**, 1459 (1937); Proc. Roy. Soc. [London], Abt. A **166**, 572 (1938).

[3] Für poröse Adsorbentien, z.B. gepreßte Pulver, kann nach BARTELL und Mitarb. der letzte Summand fortgelassen werden. Siehe z. B. J. J. VAN VOORHIS, R. G. CRAIG u. F. E. BARTELL: J. physic. Chem. **61**, 1513 (1957).

Tabelle 52.I. *Benetzungswärme in erg/cm²* *

Festkörper	Spez. Oberfläche m²/g	Wasser	Methanol	n-Octan	Benzol	Temp.
Ruß	95	32	102	127	—	25°
Graphit	86	48	119	120	114	25°
Silica-Gel	28	261	185	54	97	25°
Rutil	7,3	550	426	140	—	25°
Bariumsulfat	9,7	460	350	—	150	20°
Kupfer	0,76	725	950	660	880	25°

Wenn zwei nicht miteinander mischbare Flüssigkeiten um die Festkörpergrenzfläche konkurrieren — m. a. W. wenn die Gasphase in Abb. 52.1 durch eine zweite Flüssigkeit ersetzt wird —, so treten die gleichen Erscheinungen auf wie oben. Ein Öltropfen auf eine Glasplatte gebracht, die sich unter Wasser befindet, benetzt diese nicht ($\Theta > \pi/2$). Die Benetzungsarbeit des Öls ist kleiner als die des Wassers. Umgekehrt wird ein Wassertropfen die mit einer öligen Flüssigkeit bedeckte Glasplatte benetzen ($\Theta < \pi/2$). Die Flüssigkeit mit der größeren Benetzungsarbeit (Affinität zur Grenzfläche) verdrängt eine Flüssigkeit mit der kleineren.

Experimentelle Bestimmungen der Benetzung werden entweder (bei pulverigem und körnigem Material) nach der Adsorptionsmethode oder durch die Messung des Kontaktwinkels vorgenommen. Bei letzterer wird, wie in der schematischen Abbildung 52.7, ein Tropfen auf den Festkörper gebracht, dieser optisch vergrößert und das Bild photographisch festgehalten[1], oder wenn genügend Flüssigkeit zur Verfügung steht und der Festkörper in Form größerer Plättchen vorhanden ist, die Methode der schiefen Platte angewandt.

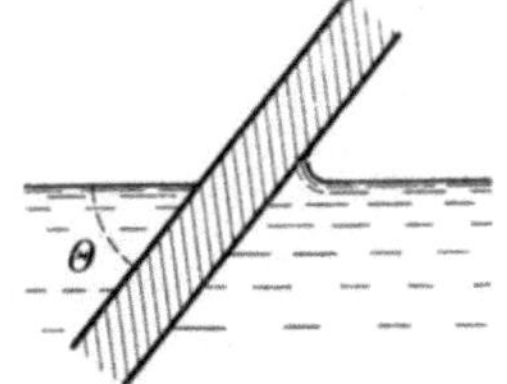

Abb. 52.8. Messung des Randwinkels Θ

Hierzu wird ein Plättchen mit planer Oberfläche unter einem solchen Winkel in die Flüssigkeit getaucht, daß sie genau horizontal an seine Grenzfläche stößt, wie Abb. 52.8 darstellt.

Die Benetzung kann erheblich durch Auflösen bestimmter Substanzen in der in Frage stehenden Flüssigkeit beeinflußt werden. Man spricht von *Netzmitteln*, wenn die Benetzung begünstigt wird, bzw. die freie Benetzungsenthalpie große negative Werte annimmt. Die Begünstigung der Benetzung kann auf zweierlei Weise hervorgerufen werden, es kann $\gamma_{fl,g}$ oder $\gamma_{fl,f}$ oder beides durch Anreicherung der gelösten Substanz in den entsprechenden Grenzschichten erniedrigt werden. Alle grenzflächenaktiven Substanzen wirken daher begünstigend durch Beeinflussung beider Größen, es gibt aber auch Netzmittel, deren Wirkung im wesentlichen auf der Beeinflussung von $\gamma_{fl,f}$ beruht.

Netzmittel spielen eine große Rolle in der Textiltechnik. Viele Garne werden durch Färbeflotten schlecht benetzt, wodurch der Färbevorgang natürlich stark beeinträchtigt werden muß. Zugabe von Netzmitteln bringt einen innigen Kontakt

---

* Nach J. J. BIKERMAN: Surface Chemistry. 2. Aufl. New York 1958.
[1] Methoden bei J. J. BIKERMAN: loc. cit.

zwischen Garn und wässeriger Flotte zustande und ermöglicht damit eine Reaktion des Farbstoffs mit der Faser. Der umgekehrte Fall der Herabsetzung der Benetzung durch dritte Substanzen spielt ebenfalls in der Praxis eine große Rolle. Beim Wasserdichtmachen von Geweben überzieht man diese mit einer dünnen Schicht einer hydrophoben Substanz (z. B. Aluminiumstearat), Wasser benetzt diese nicht sondern bildet kugelförmige Tropfen, die nicht durch die engen Maschen des Gewebes hindurchtreten können.

Bei der Flotations-Aufbereitung von Erzen[1] benutzt man die Tatsache, daß von Wasser nicht benetzte Körper auf einer Wasseroberfläche schwimmen ohne einzusinken.

Die Grenzflächenspannung des Wassers trägt sie, wenn sie der Oberfläche genügend Angriffslinie bieten (gefächerte Füße mancher Insekten, wie Wasserläufer), und ihr Gewicht nicht zu groß ist. Wie leicht aus der Abb. 52.9 ersichtlich ist, muß ihr Randwinkel der Bedingung $\pi/4 > \Theta > 0$ genügend.

Abb. 52.9. Siehe Text

Aus den gleichen Gründen haften kleine hydrophobe Erzteilchen — wie Zinkblende — an Luftblasen, wenn durch eine Erztrübe (Aufschlämmung von Erz in Wasser) Luft geleitet wird. Die Luftblasen nehmen die Erzteilchen beim Aufsteigen mit und sammeln sie an der Oberfläche der Trübe. Die Gangart (silikatische Mineralien) ist meist hydrophil und haftet nicht an der Luftblase, sie bleibt in der Trübe und wird dadurch von hochwertigem Erz abgetrennt. Bestimmte Zusätze, wie schwefelhaltige Verbindungen, Xanthate usw. reichern sich an der Erzoberfläche an und machen sie noch stärker hydrophob, während sie die Gangart nicht beeinflussen. Schaumerzeugende Mittel erleichtern das Herausbringen des Erzes. Diese Methode hat große technische Bedeutung.

Feste pulverige Substanzen können sich auch infolge ihrer Benetzbarkeit in der Grenzfläche einer öligen oder wässerigen Flüssigkeit anreichern, ihr Randwinkel braucht dabei nur der Bedingung $\pi/2 > \Theta > 0$ zu genügen. Der größte Teil des Körnchens ragt dabei in die besser benetzende Flüssigkeit (vgl. Abb. 73.1).

§ 53. Ionenadsorption

In einer gesättigten Lösung eines Elektrolyten, die einen reinen Kristall des gleichen Elektrolyten als Bodenkörper enthält, mögen Adsorptionen beider Ionenarten auf dessen Gitterflächen stattfinden. Es wird uns dann schwerfallen zu unterscheiden, welche Gitterplätze zum Kristall und welche zur Adsorptionsschicht gehören, denn dieser Vorgang ist nichts anderes als eine regelrechtes Wachstum des Kristalls. Anders mag es wohl sein, wenn ein fremder Kristall mit der Elektrolytlösung in Berührung kommt, wo es vorkommen kann, daß die gelöste Substanz gittermäßig geordnet auf den Fremdkristall aufwächst (Epitaxie)[2], was vielfach makroskopisch zu beobachten ist. Solange Anionen und Kationen in gleichem Maße adsorbiert werden, wird sich der Mechanismus der Adsorption nicht von der ungeladener Partikeln — der unpolaren Adsorption — unterscheiden. Anders ist es, wenn eine Ionenart stärker als die andere adsorbiert wird.

Am besten läßt sich der Mechanismus der Adsorption einer einzigen Ionensorte an einem Beispiel verständlich machen: Wird eine Lösung von Silbernitrat durch Natriumchloridlösung im Überschuß gefällt, so

---

[1] Ausführliches siehe K. L. SUTHERLAND u. I. W. WARK: Principles of Flotation. 2nd. Ed. Melbourne 1955.

[2] Das wird nicht nur bei Elektrolyten beobachtet, vgl. dazu A. NEUHAUS: Chem. Ing. Techn. **30**, 197 (1958).

entsteht Silberchlorid, welches Chlorionen adsorbiert; wird die Fällung in umgekehrter Weise vorgenommen, nämlich zum Natriumchlorid Silbernitrat im Überschuß zugegeben, bildet sich Silberchlorid, welches Silberionen adsorbiert. Man kann sich wie in Abb. 53.1 vorstellen, daß die Chlorionen an den Plätzen festgehalten werden, die eine Fortsetzung des Gitters sind, nämlich benachbart zu den Ag^+-Ionen. Das gleiche gilt in umgekehrter Weise für die Silberionen. Warum werden aber im ersten Fall die Natriumionen und im zweiten die NO_3-Ionen nicht adsorbiert?

NaCl und $AgNO_3$ könnten ja als Ionenpaar festgehalten werden! Eine Reihe von Untersuchungen ist zur Klärung dieser Frage von HOROVITZ und PANETH[1] und von FAJANS[2] durchgeführt worden. Sie kamen zu der Erkenntnis, daß nur solche Ionen festgehalten werden, die mit dem Festkörper eine unlösliche „Verbindung" eingehen können. HOROVITZ und PANETH fanden durch radioaktive Methoden, daß z. B. Radium leicht durch Bariumsulfat und Chromat festgehalten wird, während es nicht von Silberchlo-

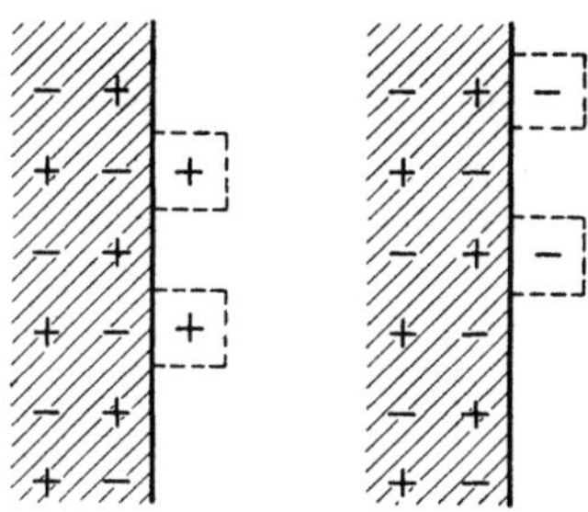

Abb. 53.1. Aufwachsen von Ionen z. B. Ag^+- und Cl^--Ionen) am eigenen Ionenkristall (z. B. AgCl-Kristall)

rid oder Chromoxyd gebunden werden konnte. Radiumchromat und -sulfat sind unlöslich, während Radiumoxydhydratchlorid lösliche Verbindungen bildet. FAJANS formulierte dann diese Erkenntnis schärfer, indem er sagte, daß das zu adsorbierende Ion an einen Platz des Kristallgitters derart gut hinpassen müsse, daß es von den entsprechenden Gitterkräften gebunden werden könnte. Nun kann es vorkommen, daß Ionen nicht an entgegengesetzt geladene Gitterplätze angebaut werden, wenn nämlich aus sekundären etwa zufälligen Gründen die Grenzfläche die entgegengesetzte Ladung trägt wie das zu adsorbierende Ion. Diese Erscheinung haben HAHN und IMRE[3] beobachtet. Andererseits fanden FAJANS und Mitarbeiter auch, daß bestimmte Farbstoffe an Silberchloridoberflächen adsorbiert werden, ohne daß wegen der Größe der Farbstoffionen von einem Einpassen in das Gitter des Silberchlorids gesprochen werden könnte.

Erythrosin, das positiv geladen ist, wird erst an der Silberchloridgrenzfläche adsorbiert, wenn ein geringfügiger Überschuß von Ag^+-Ionen auftritt. Ebenso wird das Phenosafranin als Base erst bei Überschuß von Br^--Ionen adsorbiert. Da die Farbstoffmoleküle bei der Adsorption in einem anderen Elektronenzustand übergehen, ändern sie ihre Farbe und können auf diese Weise als Indikatoren für den Endpunkt einer Titration von Silberhalogeniden dienen[4].

---

[1] HOROVITZ, K. u. F. PANETH: Z. physik. Chem. **89**, 513 (1915).

[2] FAJANS, K. u. P. BEER: Ber. dtsch. chem. Ges. **46**, 3486 (1913); FAJANS, K. u. F. RICHTER: Ber. dtsch. chem. Ges. **48**, 700 (1915).

[3] HAHN, O. u. L. IMRE: Z. physik. Chem. A **144**, 161 (1929).

[4] Einen interessanten Einblick in den Mechanismus der Adsorption gestatten die Versuche von G. SCHEIBE [Angew. Chem. **50**, 212 (1937)], der Phthalocyaninfarbstoffe an Glimmeroberflächen adsorbieren ließ. Aus der Veränderung des Lichtabsorptionsspektrums bei der Adsorption lassen sich Aussagen über die dabei auftretenden Energien machen.

Das Verhalten der Ionen bei der Adsorption läßt sich näherungsweise durch eine Regel (als PANETH-FAJANS-HAHNsche Regel bezeichnet) beschreiben, die etwa folgendermaßen formuliert werden kann:

1. Ein Ion wird nur dann von einem Gitter des gleichen Salztyps adsorbiert, wenn es mit dem entgegengesetzten Ion des Gitters eine schwer lösliche oder schwach ionisierte Verbindung bilden kann.

2. Die Adsorption von Kationen wird durch adsorbierte Anionen erhöht, durch adsorbierte Kationen erniedrigt. Das Umgekehrte gilt für Anionen.

Natürlich gibt es zahlreiche Ausnahmen dieser Regel, da auch dann Adsorptionen beobachtet werden, wenn sich keine Verbindungen bilden (vgl. § 55).

Eine merkliche Modifikation der Adsorption der Ionen wird nämlich durch deren Hydratation herbeigeführt. Diese kann unter Umständen so stark sein, daß die PANETH-FAJANS-HAHNsche Regel durchbrochen wird. Wechselwirkungen mit den Lösungsmittelmolekülen — in unserem Falle Wasser — kann als Solvatation bzw. Hydratation nicht nur bei den Ionen selbst, sondern auch an der Grenzfläche auftreten. Eine Verdrängung oder Neuanlagerung von Wassermolekülen muß dann den Vorgang wesentlich beeinflussen, was sich dadurch bemerkbar macht, daß Zusätze von nichtwässerigen mit Wasser mischbaren Lösungsmitteln wie etwa Äthanol die Verhältnisse vollkommen verändern[1]. Im allgemeinen werden Ionen an einer polaren Grenzfläche um so stärker adsorbiert, je stärker die Hydratwassermoleküle vom Ion gebunden werden. Die Adsorption an geladenen Grenzflächen gehorcht wie auch verschiedene andere nicht zur Adsorption gehörende Ionenwechselwirkungen der sog. HOFMEISTERschen Reihe[2].

Für die Fähigkeit eines Ions, ein anderes bereits gebundenes (adsorbiertes) Ion zu verdrängen, gilt bei Kationen die Reihe

$$Th^{4+} > Al^{3+} > [H^+] > Ba^{2+} > Sr^{2+} > Ca^{2+} > Cs^+ > Rb^+ > K^+ > Na^+ > Li^+$$

und bei Anionen:

$$Zitrat > Tartrat > SO_4^{2-} > Acetat > Cl^- > NO_3^- > Br^- > J^- > CNS^-.$$

Jedes vor dem Zeichen $>$ stehende Ion verdrängt alle nachfolgenden aus seiner Bindung. Das verursacht nun eine Vielzahl von anscheinend nicht zusammengehörenden Erscheinungen. Die Ursache dafür liegt in der Größe der Wechselwirkung der Ionen mit dem Lösungsmittel Wasser — der freien Hydratationsenthalpie — und ihrer Änderung durch die Zahl der das Ion umgebenden Wassermoleküle bei irgendeiner neuen Bindung, die das freie hydratisierte Ion eingeht[3].

---

[1] KOLTHOFF, I. M. u. W. M. McNEVIN: J. Amer. chem. Soc. **58**, 1543 (1936).

[2] HOFMEISTER, K.: Arch. exp. Path. u. Pharmakol. **24**, 247 (1888); vgl. auch A. FRUMKIN: Kolloid-Z. **35**, 340 (1924); GORTNER, A., W. F. HOFFMAN u. W. B. SINCLAIR: Kolloid-Z. **44**, 97 (1928).

[3] Quantitative Beschreibung der HOFMEISTERschen Ionenreihe bei A. VOET: Chem. Reviews **20**, 169 (1937).

Austauschadsorptionen (insbesondere Ionenaustausch)

Sowohl in der Natur als auch in der technischen Praxis ist die sog. Austauschadsorption von großer Bedeutung. Ganz allgemein handelt es sich dabei um die Eigenschaft gewisser Substanzen, andere bereits adsorbierte Substanzen vom Adsorbens zu verdrängen. Der Vorgang ähnelt dem einer doppelten Umsetzung in der Chemie:

$$\text{(Adsorbens)} \cdot Y + X \rightleftharpoons \text{(Adsorbens)} \cdot X + Y \tag{53.1}$$

Noch enger ist die Verwandtschaft zu den Vorgängen der Adsorption aus Mischungen, die wir bereits in § 52 kennengelernt haben. Beim eigentlichen Ionenaustausch handelt es sich um die Konkurrenz von Lösungsmittel und mehreren Ionenarten. Lassen wir das Lösungsmittel zunächst außer Betracht und sehen wir X und Y jeweils als eine Ionenart an, so können wir das Schema (1) auch als Gleichgewicht formulieren (punktierter Pfeil). Damit wäre eine weitgehende Analogie zu einem heterogenen chemischen Gleichgewicht erreicht — wenn etwa statt (Ads. Y) eine besondere Phase auftritt. Der einzige Unterschied besteht darin, daß die Reaktion in der Grenzschicht abläuft.

Austauschadsorptionen findet man an Grenzflächen g/f, wenn z. B. ein Adsorbens, das bereits mit Molekülen eines Gases beladen ist, mit einem zweiten Gas in Berührung gebracht wird, das die des ersten verdrängen kann. In der Technik werden solche Verfahren angewandt, um mit Luft verdünnte Lösungsmittel zurückzugewinnen ($Y = $ Luft, $X = $ Lösungsmitteldampf), um Gase zu trocknen usw.[1].

Die Wirkung der mit gekörnter Holzkohle gefüllten Gasmaske beruht gleichfalls auf diesem Prinzip.

Die wichtigste Anwendung der Austauschadsorption im chemischen Laboratorium ist die Chromatographie. Dieses Verfahren, das meist bei flüssigen Systemen, aber auch bei Gasgemischen angewandt wird, hat sich als Trennmethode von Stoffgemischen auf den verschiedensten Gebieten außerordentlich bewährt. Es gelingen damit noch Anreicherungen, Trennungen und Reinigungen gasförmiger oder gelöster organischer und anorganischer Substanzen, wo andere Methoden bereits versagen. Ihre große Leistungsfähigkeit beruht einerseits darauf, physikalisch und chemisch sehr ähnliche Substanzen zu trennen, andererseits sehr kleine von sehr großen Mengen zu separieren[2].

Wird der Prozeß der Chromatographie so langsam durchgeführt, daß sich jeweils die Gleichgewichte einstellen können, so besteht der physikalisch-chemische Mechanismus in einer Austauschadsorption. Der

---

[1] Vgl. dazu K. BRATZLER: Adsorption von Gasen und Dämpfen. Dresden u. Leipzig 1944.

[2] Eine Beschreibung des Verfahrens, das unser Gebiet nur am Rande berührt, kann hier unterbleiben, da eine Reihe von ausführlichen Monographien vorliegen. Vgl. dazu G. HESSE: Adsorptionsmethoden im chemischen Laboratorium (FIAT-Ber.) Ann Arbor Mich. 1945; ZECHMEISTER, L. u. L. CHOLNOKY: Introduction to Chromatography. New York 1943; ZECHMEISTER, L.: Progress in Chromatography. London 1950; CASSIDY, H. G.: Fundamentals of Chromatography. New York 1957.

bereits adsorbierte Stoff wird von Molekülen des Elutionsmittels verdrängt, wobei entsprechend Gl. (52.7) nur die Affinität (Δ_σ) von Bedeutung ist, da die Aktivität des Elutionsmittels praktisch $= 1$ ist. Obwohl theoretische Ansätze für die Adsorbierbarkeit, Eluierbarkeit und für den Trenneffekt von Gemischen existieren, führt ein Ausprobieren in der Praxis im Augenblick noch am schnellsten zum Ziel[1].

Austauschadsorptionen spielen auch im biologischen Geschehen bei der Arzneimittelwirkung, bei der Giftwirkung u. a. m. eine große Rolle, doch sind sie quantitativ wenig untersucht worden, besonders was die Austauschadsorption von Lösungen mit mehreren gelösten Komponenten betrifft.

Wegen ihrer großen technischen Bedeutung ist die Austauschadsorption der Ionen aus wässerigen Lösungen am besten untersucht worden. Von THOMPSON und WAY bereits 1850 im Ackerboden beobachtet, unterscheidet sich der Ionenaustausch im Prinzip nicht von den vorstehend besprochenen Mechanismen. Es handelt sich meist um eine selektive polare Adsorption, bei der jeweils eine Ionensorte bevorzugt gebunden wird. [X und Y der Gl. (1) sind im vorliegenden Fall also gleichsinnig geladene Ionen!] Das Adsorbens enthält in seiner Grenzfläche Ionen oder ionisierte Gruppen, die entgegengesetzt geladene freie Ionen binden können. Ionenaustauschreaktionen sind daher auf einen ganz bestimmten Typ von Adsorbentien beschränkt, die in ihrer Grenzfläche möglichst viele Ladungsträger gleichen Vorzeichens enthalten müssen. Adsorbentien mit negativer Ladung werden als Kationenaustauscher und solche mit positiver als Anionenaustauscher bezeichnet. Festkörper mit solchen Ladungseigentümlichkeiten werden naturgemäß nicht sehr häufig auftreten, dennoch gibt es einige silikatische Minerale, die Zeolithe und Permutite, die derartige Eigenschaften besitzen und die die eigentlichen klassischen Beispiele der Ionenaustauscher darstellen. Sie finden eine ausgedehnte Verwendung bei der Wasserenthärtung, bei welcher Calcium-Ionen durch an Permutit gebundene Natriumionen ausgetauscht werden. Diese natürlichen Austauscher zeigten zwei wesentliche Merkmale. 1. das Vorhandensein eines mineralischen Gerüstes, basischen Charakters (Oxyde des Siliziums, Aluminiums, Magnesiums) und damit die Bildungsmöglichkeit von negativ geladenen Gruppen; 2. eine poröse Struktur, die einem schwammartigen von vielen Kanälen und Hohlräumen durchsetzten Körper ähnlich ist. Letztere Eigenschaft bestimmt die praktische Verwertbarkeit des Austauschers — nämlich seine Kapa-

---

[1] Äußerlich von großer Ähnlichkeit ist die Papierchromatographie, bei der statt eines Rohres mit festen Adsorptionsmitteln Filtrierpapier verwendet wird. Genauer betrachtet entspricht der Vorgang einer Verteilung eines gelösten Stoffes zwischen zwei Lösungsmitteln und demnach einem Verteilungsgleichgewicht. Die zweite flüssige Phase im Filtrierpapier ist das in diesem zu etwa 30% enthaltene Wasser. Durch Tränken mit anderen Lösungsmitteln läßt sich dieses verdrängen (z. B. Propylenglycol), man hat dann als zweite ein organisches Lösungsmittel. Bei sehr großer Genauigkeit der Betrachtung allerdings muß man berücksichtigen, daß neben der Verteilung auch noch eine Adsorption an den Cellulosefasern des Filtrierpapiers stattfindet. Näheres bei H. G. CASSIDY: loc. cit.; CRAMER, FR.: Papierchromatographie. 4. Aufl. Weinheim/Bergstr. 1958.

zität — während die erste auch bei vielen anderen Systemen, z. B. bei Glas beobachtet werden konnte, wenn feinere Beobachtungsmethoden angewandt werden. Neben diesen natürlichen sind in den letzten Jahrzehnten sehr viele künstliche Ionenaustauscher sowohl auf anorganischer wie auf organischer Basis hergestellt worden. Die Mittel, mit denen es gelingt, positive oder negativ geladene Gruppen im System zu fixieren, sind von großer Mannigfaltigkeit[1]. Mit mehr oder weniger gutem Erfolg versucht man bei allen diesen Systemen eine große Porosität, d. h. eine große innere Grenzfläche auszubilden, da ihre Kapazität — die Menge pro Gramm Adsorbens austauschbarer Ionen — von der Ausdehnung der Grenzflächen abhängt. Besonders gut geeignet sind locker gefügte räumliche Netze, die zwar durch Querverbindungen ausreichend versteift sind, aber doch dem Lösungsmittel möglichst ungehinderten freien Durchtritt gewähren. Es handelt sich hier in Wirklichkeit um Gele im Sinne unserer kolloidechemischen Terminologie, bei denen man äußerst vorsichtig sein muß, wenn man den Begriff Grenzfläche und Adsorption verwenden will (vgl. § 49). Dies gilt besonders für die neuerdings sehr weitgehend verwendeten Kunststoff-Ionen-Austauscher aber auch für einen großen Teil der auf mineralischer Basis hergestellten Produkte. Da die Austauschadsorption, insbesondere der Ionenaustausch, auch für kolloide Systeme mit kompakten beweglichen Partikeln wie auch für Makromoleküle von Bedeutung ist, wollen wir die Grundzüge der Phänomene und ihre theoretische Deutung kurz erörtern.

Wir betrachten als Modell wieder eine Grenzfläche, die infolge ihrer speziellen Struktur eine bestimmte Zahl von Ladungen trägt. In Wirklichkeit ist eine solche Grenzfläche in „statu nascendi" nicht existenzfähig, da die Aufrechterhaltung dieses Zustandes ein sehr starkes äußeres elektrisches Feld entgegengesetzter Ladung benötigen würde. Die Ladungen sind daher von vornherein neutralisiert, d. h. mit gegensinnig geladenen Ionen besetzt. Wenn wir nun einen Körper mit einer solcherart aufgebauten Grenzfläche mit einer wässerigen Lösung zusammenbringen, die irgendwelche fremde Ionenarten enthält, so kann ein Ionenaustausch stattfinden, wofür folgendes Gl. (1) entsprechendes Schema aufgestellt werden kann ($[A]$ = Adsorbens):

$$[A] \, \mathrm{X^+} + \mathrm{Y^+} \rightleftarrows [A] \, \mathrm{Y^+} + \mathrm{X^+},$$

allgemein

$$[A] \, \mathrm{X}_n^+ + \mathrm{Y}^{m+} \rightleftarrows [A] \, \mathrm{X}_{n-m}^+ \, \mathrm{Y}^{m+} + n \, \mathrm{X^+}.$$

Formell entsprechen die Schemen einer Reaktion zwischen einem „neutralen Molekül" und einem Ion. Die allgemeine Frage lautet nun, welches Ion wird unter welchen äußeren Bedingungen besser an einem bestimmten Adsorbens gebunden als an ein anderes.

Die Grundlage für die theoretische Behandlung liefert wieder Gl. (52.3). Doch liegt der Fall hier einfacher als der dort behandelte all-

---

[1] Vgl. dazu R. GRIESSBACH: Austauschadsorption in Theorie und Praxis. Berlin 1957 (Akademie-Verlag); HELFFERICH, F.: Ionenaustauscher, Bd. 1, Weinheim/Bgstr. 1959.

gemeinere Fall, weil die Zahl der allein interessierenden Moleküle — hier der Ionen — in der Grenzschicht ein für allemal als konstant anzusehen ist, während dort die Konstanz der Moleküle in der Grenzschicht einen Sonderfall darstellt. Wir können annehmen, daß die Ladungen in den Grenzflächen der Ionenaustauscher durch die individuelle aber im Einzelfall konstante Struktur der Festkörpergrenzschicht bedingt ist. Bezeichnen wir nun mit $\Gamma_x = n_{\sigma x}/\Omega$ die Zahl der Mole der je cm^2 adsorbierten Ionen x und mit Γ_y in entsprechender Weise die der Ionen y, sowie mit a_x und a_y die darauf bezüglichen Ionenaktivitäten, so gilt folgende Beziehung:

$$RT \ln (\Gamma_y a_x/\Gamma_x a_y) = \mu_{\sigma x} - \mu_{0x} - (\mu_{\sigma y} - \mu_{0y}) = -\Delta G_\sigma = RT \ln K_\sigma.$$

$$(53.2)$$

Wir erkennen in dieser Formel sofort das Massenwirkungsgesetz wieder, das hier mit einigem Recht wegen seiner besonderen Übersichtlichkeit als Massenwirkungsgesetz der Grenzschicht bezeichnet werden kann. Die Antwort auf die oben gestellte allgemeine Frage lautet daher: Wenn ΔG_σ als Unterschied der Affinitäten der beiden Ionenarten zum Adsorbens betrachtet wird, muß bei gleichen Ionenaktivitäten und gleicher Besetzungsdichte des Adsorbens mit beiden Ionenarten dasjenige Ion bevorzugt adsorbiert werden, das eine Abnahme einer freien Enthalpie des Systems hervorruft[1].

Gleichzeitig erkennt man aber auch, daß die Aktivität bzw. Konzentration der Ionen in der Lösung eine ähnliche wichtige Rolle spielt wie die beim chemischen Gleichgewicht in homogener Phase. Das bevorzugt adsorbierte Ion kann desorbiert werden, wenn das weniger gut adsorbierte Ion im großen Überschuß in der Lösung vorhanden ist.

Der in der Praxis angewandte Ionenaustausch beruht in der Hauptsache auf der Ausnutzung des Mechanismus dieses Gleichgewichts. Angenommen es läge ein Austauscher vor, der in der Ausgangsform mit Natriumionen geladen ist, aber Calciumionen bevorzugt adsorbiert. Wird ein solcher Austauscher mit einer verdünnten Lösung von Ca^{2+}-Ionen (etwa Leitungswasser) in Berührung gebracht, so werden die Na-Ionen von den Ca-Ionen verdrängt. Nun arbeitet man zweckmäßigerweise so, daß die verdrängten Na-Ionen immer aus dem Gleichgewicht entfernt werden. Hierzu füllt man den Austauscher ähnlich wie bei der Chromatographie in mehr oder weniger groben Körnern in ein Rohr und läßt die Flüssigkeit mit dem auszutauschenden Ionen durchsickern. In einer dünnen Schicht dieses Rohres werden dann beim langsamen Durchlaufen Ca^{2+}-Ionen adsorbiert und Na^+-Ionen desorbiert, die letzteren werden durch den Flüssigkeitsstrom mitgenommen; die Aktivität der Na-Ionen in der Flüssigkeit ist immer sehr gering und die Adsorption kann solange voran gehen, bis die Grenzschicht praktisch nur noch mit Ca^{2+}-Ionen bedeckt ist. Nach Erreichen dieses Sättigungszustandes werden die Ca^{2+}-Ionen in der erst darunterliegenden Schicht des Rohres adsorbiert, bis wiederum diese gesättigt sind usw. Schließlich enthält das ganze Rohr nur noch einen mit Ca^{2+}-Ionen beladenen Austauscher. Das Austauschaggregat ist aber nun nicht verdorben, sondern kann dadurch regeneriert werden, daß man eine konzentrierte Lösung von NaCl oder NaOH durchsickern läßt. Wegen der jetzt sehr viel höheren Aktivität der Na^+-Ionen werden entsprechend dem MWG die Ca^{2+}-Ionen verdrängt und durch Na^+-Ionen ersetzt. Danach kann das Spiel von neuem beginnen.

---

[1] Man kann es auch so ausdrücken, es wird das Ion bevorzugt adsorbiert, bei dem $\mu_\sigma - \mu_0$ größer als die entsprechende Differenz des anderen Ions ist.

Obwohl das MWG den Mechanismus des Ionenaustauschs im Prinzip richtig wiedergibt, kann nicht erwartet werden, daraus bei speziellen Austauschersystemen genaue Zahlenangaben zu erhalten. Die Massenwirkungskonstante — in der Fachliteratur der Ionenaustauscher als „Selektivitätskoeffizient" bezeichnet — ist genau so wenig konstant wie andere Konstanten verdünnter Elektrolytlösungen z. B. die Löslichkeit. Es sind hier wie dort statt der Konzentration die Aktivitäten zu verwenden, aber nicht nur für die Lösungsphase, sondern wie wir bereits betont haben, auch für die adsorbierten Ionen in der Grenzschicht. Als allgemeinsten Ausdruck für den Ionenaustausch, der auch die Wertigkeit v berücksichtigt, sollte daher gelten

$$\frac{\Gamma_v^v f_{\sigma v} x_x f_{\alpha x}}{\Gamma_x f_{\sigma x} x_y^v f_{\alpha v}^v} = K_\sigma. \tag{53.3}$$

Diese Bezeichnung ist nicht nur von theoretischem Interesse, sondern auch von praktischer Bedeutung, da es experimentelle Verfahren zur Bestimmung der Aktivitätskoeffizienten in der Grenzschicht gibt[1].

Die Verhältnisse bei realen Ionenaustauschern, wie sie in der Praxis verwendet werden — hauptsächlich solchen auf Kunstharzbasis — sind außerdem noch durch ihre Gelstruktur bestimmt. Kunstharzionenaustauscher bestehen aus mehr oder weniger großen Körnern, die die Struktur eines feinen Maschenwerkes verschiedener Weite besitzen (vgl. Kap. IX[2]). Dieses räumliche Netzwerk wird, wie Abb. 53.2 schematisch zeigt, den Einund Austritt der Ionen behindern, wenn ihr Durchmesser (+ Hydratwasser) von der Größe der Maschenweite des Netzes wird; kleine Ionen können dann noch durchschlüpfen und ausgetauscht werden, während große nicht in das Innere des Gels gelangen. Durch Abstufung der Maschenweiten lassen sich regelrechte Siebwirkungen erzielen (Molekülsiebe). Es gibt Fälle, wo das Ion sein Hydratwasser mitschleppt und auch solche, wo es das nicht tut.

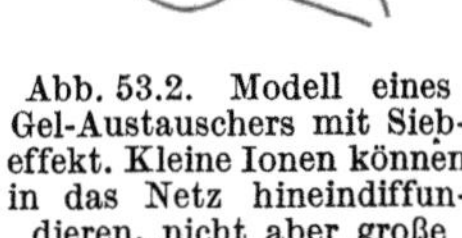

Abb. 53.2. Modell eines Gel-Austauschers mit Siebeffekt. Kleine Ionen können in das Netz hineindiffundieren, nicht aber große

Von großer Bedeutung für den Ionenaustausch ist die Frage, welches Ion von welchem Ionenaustauscher gut oder schlecht gebunden wird. Ihre *Spezifität* muß einen Teil des Geschehens bestimmen, man denke hier etwa an die Zahl der Ladungen je Flächeneinheit, an die Art des Ladungsträgers — organische Gruppe oder anorganischer Gitterbestandteil — und an gleichzeitige Mitwirkungen und spezifischer nichtpolarer VAN DER WAALSscher Adsorptionskräfte. Andererseits spielt aber die individuelle Natur der Ionen besonders bei solchen organischen Ursprungs eine Rolle. Diese „Selektivität", d. i. etwa die bevorzugte Adsorption innerhalb einer Reihe von Alkali-Ionen, sollte auf allgemeinere physikalisch-chemische Gesetzmäßigkeiten zurückgeführt werden können, wenn man außer den elektrostatischen Eigenschaften der Ionen noch ihren Radius, die DK des Lösungsmittels, die Solvatation berücksichtigt. Auch gilt hier die bereits erwähnte HOFMEISTERsche Ionenreihe, was besonders die Bedeutung der Hydratation unterstreicht.

Was die Ionenadsorption, insbesondere der Ionenaustausch für kolloide Systeme mit wässerigem Dispersionsmittel bedeutet, liegt auf der Hand. In Wasser dispergierte Substanzen sind in praktisch jedem

---

[1] Vgl. GRIESSBACH: loc. cit.; HELFFERICH: loc. cit.
[2] GRIESSBACH, R. u. A. RICHTER: Kolloid-Z. **146**, 107—120 (1956).

Fall geladen. In Abwesenheit fremder Ionen werden zumindest die geringfügigen Mengen von Wasserstoff oder Hydroxyl-Ionen des Wassers gebunden; meist sind allerdings ausreichende Mengen von Elektrolyt zugegen, dessen eines oder anderes Ion adsorbiert werden kann. Man kann zumindest in wässerigem Dispersionsmedium eine Ionenadsorption überhaupt nicht ausschließen, so daß beim Zufügen oder Wegnehmen der einen oder anderen Ionenart aus dem Dispersionsmittel den Grenzschichten der dispergierten Substanz immer ein Ionenaustausch stattfinden muß, der die Eigenschaften des Systems verändert.

§ 54. Adsorptionskräfte und -energien

Was veranlaßt eigentlich eine Substanz, sich in einer Grenzschicht anzureichern? Woher kommt die Spezifität mancher Adsorbentien gegenüber bestimmten Substanzen? Warum werden aus manchen Lösungen Substanzen bereits an der Grenzfläche f/g, andere nur an der Grenzfläche f/fl und wieder andere nur an der Grenzfläche fl/fl adsorbiert?

Allgemeine und befriedigende Antworten hierauf sind natürlich nicht zu geben. Auch der thermodynamische Formalismus, der etwa eine Adsorption dadurch erklärt, daß die Substanzen in der Grenzschicht ein geringeres chemisches Potential besitzen (vgl. oben) als anderswo, bringen uns dem eigentlichen Verständnis nicht näher, sondern verschiebt nur die Fragestellung: Aus welchem Grund, muß nämlich jetzt die Frage lauten, haben denn die Substanzen in der Grenzschicht ein geringeres chemisches Potential? Die Thermodynamik kann das wesensgemäß nicht beantworten. Eher können wir hoffen, aus der Diskussion der von Atomen, Ionen und Molekülen ausgehenden Kraftfelder etwas zu erfahren, denn es lassen sich Energiegrößen ableiten, die mit experimentell bestimmbaren und auch thermodynamisch definierbaren Größen zusammenhängen. Als wichtigstes ist zunächst die Adsorptionswärme zu nennen, deren Erörterung wir unserer molekularphysikalischen Betrachtung voranstellen wollen.

Adsorptionswärme

Bei Adsorptionsprozessen treten meistens Wärmeeffekte auf, z. B. wird bei der Adsorption von Wasserdampf an Aktivkohle Wärme frei, die sich einem empfindlichen Kalorimeter messen läßt[1]. Es kann auch Wärme aufgenommen werden, so bei der Anreicherung grenzflächenaktiver Substanzen an der Grenzfläche fl/g. Dieser Wärmeeffekt konnte bisher allerdings nicht direkt gemessen, sondern nur indirekt mit Hilfe von Gl. (47.21) gewonnen werden.

Die thermodynamischen Beziehungen zwischen meßbaren Wärmeeffekten und anderen Konstanten wie der freien Enthalpie der Adsorp-

---

[1] Vgl. S. BRUNAUER: The Adsorption of Gases and Vapors. Bd. I. Princeton 1943; GREGG, S. J.: The Surface Chemistry of Solids. New York 1951.

tion liefert uns Gl. (I.17). Auf die Adsorption eines Gases angewandt erhalten wir

$$\Delta H_a = \Delta H - \Delta H' = T \left(\frac{\partial P}{\partial T}\right)_{n_\sigma} V_m = RT^2 \left(\frac{\partial \ln P}{\partial T}\right)_{n_\sigma} (1 + BP/RT). \tag{54.1}$$

Die Größe ΔH_a wird als *differentielle* Adsorptionswärme bezeichnet. Der Index n_σ soll bedeuten, daß die Druckänderung bei einer konstanten Menge adsorbierter Substanz vorgenommen werden muß.

GUGGENHEIM[1] definierte das folgendermaßen: „Es $(-\Delta H_a -)$ ist die Wärme, die der Abnahme von n in der Einheit, herrührend von der Abnahme des Druckes unter isothermen Gleichgewichtsbedingungen zugeführt werden muß, abzüglich der Wärme, die dem System, welches kein Adsorptionsmittel enthält, zugeführt werden muß, wenn der Druck um die gleiche Menge isotherm abnimmt." Andere Definitionen sind z. B. „die Wärmemenge, die bei der Adsorption einer gegenüber der gesamten adsorbierten Menge n sehr kleinen Menge dn frei wird". Diese Größe ist im Gegensatz zur ersteren der Messung nicht zugänglich. Gl. (1) gilt auch für reale Gase mit dem Virialkoeffizienten B, für ideale Gase wird der in der letzten Klammer stehende Ausdruck gleich 1.

Eine andere Größe ist die sog. *integrale* Adsorptionswärme. Sie entspricht derjenigen Wärmemenge, die bei der Aufnahme eines Mols der zu adsorbierenden Substanz durch das reine (also noch nicht mit Adsorptiv besetzte) Adsorbens. Sie steht zur differentiellen Größe in folgender Beziehung

$$[H]_{\text{Integr.}} = \frac{1}{x_\sigma} \int_0^{x_\sigma} \Delta H_a \, dx_\sigma. \tag{54.2}$$

In der Praxis wird meist $[H]_{\text{Integr.}}$ gemessen, wenn auch manchmal über den ganzen Druck- oder Konzentrationsbereich einer kleinen gleichbleibenden Menge Messungen angestellt worden sind[2].

Für die Beantwortung unserer eingangs gestellten Frage nach den eigentlichen Adsorptionskräften ist eine vergleichende Betrachtung der experimentell gemessenen Adsorptionswärmen sehr aufschlußreich. Die Werte für Gase und Dämpfe sind in der Größenordnung untereinander nicht sehr verschieden. Bei Dämpfen hat man gefunden, z. B. für Wasser an Aktivkohle, daß die Adsorptionswärme praktisch der Kondensationswärme (~ 10 Kcal/Mol) gleich ist, woraus sich auf eine Verflüssigung bei der Adsorption schließen läßt. Die Werte für die eigentlichen Gase zeigen natürlich individuelle Unterschiede, übersteigen in der Größenordnung aber kaum die Werte der Dämpfe. (Für CO_2 an Aktivkohle sind $6 \cdots 8$ Kcal/Mol gemessen worden.) Im gleichen Bereich bewegen sich auch die Werte für die Adsorptionsenergien aus flüssigen Mischungen oder Lösungen an der Grenzfläche fl/g und fl/fl. Hingegen findet man besonders hohe Werte bei der Adsorption von Sauerstoff an Aktivkohle. Wenn man von diesen Ausnahmen absieht, liegen alle Werte einer

---

[1] GUGGENHEIM, E. A.: Thermodynamics. 3. Aufl. Amsterdam 1957. Eine exakte Ableitung der Gleichung, S. 203ff.

[2] Vgl. hierzu etwa die Messungen von F. G. KEYES u. M. J. MARSHALL: J. Amer. chem. Soc. **49**, 156 (1927), die auch in der Tab. 54.II aufgeführt werden.

Größenordnung, in der auch die Verdampfungswärmen von Flüssigkeiten, Mischungswärmen, Lösungswärmen usw. liegen. Dies läßt den Schluß zu, daß bei der Adsorption derartiger Stoffe wirksam werdende Kräfte von der gleichen Art sind, wie die anziehenden Kräfte, die zwischen chemisch stabilen abgesättigten Molekülen auftreten. Sie werden bekanntlich als „Nebenvalenzkräfte" oder physikalische Bindungskräfte bezeichnet, da sie erheblich schwächer als die eigentlichen „chemischen" Bindungskräfte sind. Von der „physikalischen Adsorption" wäre die „Chemisorption" durch ihre hohe Adsorptionswärme deutlich zu unterscheiden. Bei ihr hat man sich vorzustellen, daß in der Grenzschicht regelrechte Grenzflächenverbindungen entstehen[1].

Man findet daher Adsorptionswärmen von einigen hundert kleinen Kalorien bis zu einigen hundert Kilokalorien.

Die Bildung von chemischen Adsorptionsverbindungen ist häufig — wenn auch nicht immer — daran zu erkennen, daß dazu eine Aktivierungsenergie zu überwinden ist; solche Adsorptionsvorgänge sind gehemmt und brauchen zur Einstellung eine gewisse Zeit[2].

Wie die absolute Größe der Adsorptionswärme kann auch das Merkmal der Hemmung dazu dienen, die Einteilung in physikalische und chemische Vorgänge zu erleichtern, was aber nur den Sinn hat, sie ihrem Wesen gemäß zu ordnen. Für das wirkliche Verständnis wird es immer unerläßlich sein, Einzelheiten des Vorgangs selbst genauer zu untersuchen. Dieses wird erleichtert, wenn man die Kenntnisse über die atomaren Bindungskräfte zu Hilfe nimmt.

Adsorptionskräfte

Die Adsorptionskräfte fester Grenzflächen sind an sich die gleichen, die bei allen zwischenatomaren oder zwischenmolekularen Bindungen wirksam werden. Nur sind die aufeinander wirkenden Atome oder Moleküle z. T. in einer Grenzschicht fixiert. Die fraglichen Kräfte sind elektrischer Natur und beruhen auf besonderen Eigenarten der Elektronensysteme der Atome. Eine Theorie der Adsorptionskräfte muß nun die Kräfte, die von einer frei beweglichen Partikel herrühren, mit denen, die von einer fixierten Partikel stammen, in Zusammenhang bringen. Solche von LONDON[3], DE BOER und CUSTERS[4], ILJIN[5], LENEL[6] und anderen

---

[1] Hier besteht auch die Möglichkeit, daß sich die Verbindungsbildung in das Innere des Adsorbens fortsetzt, wie etwa bei der Oxydation von unedlen Metalloberflächen. Solche Fälle werden im allgemeinen nicht mehr zur Chemisorption gerechnet, sondern nur die, bei denen die Verbindungsbildung wirklich in der Grenzschicht stehen bleibt. Bei kolloiden Systemen können beide Effekte auftreten.

[2] Dieses Kriterium ist auch nur eine Regel, bei der häufige Ausnahmen zu beobachten sind, die wieder z. T. auf der Kleinheit der auftretenden Aktivierungsenergie beruhen, denn metallische oder Ionen-Bindungen können ohne Aktivierungsenergie gebildet werden.

[3] LONDON, F.: Z. physik. Chem. (B) **11**, 222 (244) (1931).

[4] DE BOER, J. H. u. J. F. H. CUSTERS: Z. physik. Chem. (B) **25**, 225 (1934).

[5] ILJIN, B. W.: Die Natur der Adsorptionskräfte. Berlin 1954; dasselbe auch russ. Originalliteratur.

[6] LENEL, F. V.: Z. physik. Chem. (B) **23**, 379 (1933).

durchgeführten Berechnungen sind außerordentlich aufschlußreich, obwohl sie nur orientierenden Charakter haben können, da sie in bezug auf die Grenzfläche Idealität voraussetzen müssen[1]. Das Auftreten von Ecken, Kanten, Rissen, Löchern, Verwerfungen und anderen Unregelmäßigkeiten in der Grenzfläche fester Körper wird das Verhalten stark modifizieren, andererseits bietet die Theorie aber auch Erklärungen gerade für solche Besonderheiten an[1, 2].

Um die verschiedenen Möglichkeiten der Wechselwirkung zu ordnen, begnügt man sich im allgemeinen damit, die Grenzflächen in apolare, polare und metallische einzuteilen.

Rein apolare Grenzflächen — also solche, die keine Ladungsschwerpunkte besitzen — besitzen kristallisierte Paraffine, reinster Graphit, Diamant und vielleicht Schwefel, man findet sie relativ selten.

Polare Flächen mit positiven und negativen Ladungen besitzen die meisten Festkörper, z. B. mit vollständigen Ionengittern oder teilweise polarisierten Molekülgittern. Beispiele sind Natriumchlorid, Silberchlorid, Metalloxyde, -Sulfide, -Silikate usw., aber auch organische Verbindungen mit polaren Gruppen wie Hydroxyl-, Carboxyl-, Amino- und Keto-Gruppen, Halogen, Stickstoff wie Schwefel und Phosphorverbindungen.

Metallische Flächen haben selbstverständlich sämtliche Metalle.

Die zu adsorbierende Substanz (Adsorptiv) kann aus Atomen, Ionen, Radikalen, Molekülen mit permanenten Dipolen und Molekülen mit induzierbaren Dipolen bestehen.

Wie in der Theorie der Bindungen werden unterschieden:

1. Elektrostatische (COULOMBsche) Kräfte.
2. Covalente Bindungskräfte.
3. VAN DER WAALSsche Kräfte. Hierunter:

> A. Dipolattraktionen von a) permanenten, b) induzierten Dipolen.
> B. LONDONsche Dispersionskräfte.

Für alle diese Fälle lassen sich Modellmechanismen aufstellen, denen vereinfachende Annahmen zugrunde liegen, und aus denen sich Beziehungen für die Kräfte ableiten lassen, die zwischen Grenzfläche und adsorbiertem Partikel wirksam sind. Durch einfache Integration läßt sich daraus eine entsprechende Energie berechnen. Da eine ausführliche Erörterung der Theorien hier nicht möglich ist, ihre Ergebnisse aber von großer Bedeutung sind, werden in der Tab. 54.I die abgeleiteten quantitativen Beziehungen aufgeführt. Die Formeln gelten für die Adsorptionsenergie pro Molekül, ihr Vergleich mit experimentellen Daten ist zwar möglich, aber noch nicht ganz einfach (vgl. dazu DE BOER, loc. cit.).

Die Theorie muß mit drei Schwierigkeiten kämpfen, nämlich mit 1. der Idealisierung der Grenzfläche, 2. der Unsicherheit der Bestimmung des mittleren Abstands r_0 zwischen einem Atom oder Ion des Adsorbens und der adsorbierten Partikel, 3. der Unsicherheit über die abstoßenden Kräfte zwischen den Partikeln,

---

[1] Neuere Untersuchungen, vor allem von S. S. ROGINSKI (Adsorption und Katalyse an inhomogenen Oberflächen. Berlin 1958) beziehen sich gerade auf inhomogene Grenzflächen.
[2] s. S. 352, Anm. [1].

Tabelle 54.I *Adsorptionsenergie pro*

<table>
<tr><th>Grenz-
fläche</th><th>Atom</th><th>Ion</th><th>Molekül
mit permanentem
(peripherem) Dipol</th></tr>
<tr><td rowspan="2">apolar</td><td>←</td><td>←</td><td>$-\dfrac{N_\sigma \pi C}{6\,r_0^3}$ (a)</td></tr>
<tr><td colspan="2" align="center">$-\dfrac{N_\sigma \pi e_\alpha^2\,\bar\alpha_\sigma}{3 r_0}$ (g)</td><td>$-\dfrac{1}{2}\,\bar\alpha_\sigma\,F^2$</td></tr>
<tr><td>polar
(Ionen-
gitter)</td><td>$-\dfrac{1}{2}\,\lambda\,F^2$ (b)

$-\displaystyle\int \dfrac{P_\alpha - P_{0\alpha}}{v_\alpha}\varrho\,dv$

P_α = Potential in dv

$P_{0\alpha}$ = Potential im Mittelpunkt des Atoms

ϱ = Elektronendichte im dv</td><td>$-0{,}0662\,\dfrac{e^2}{r_0}$ (Fläche)

$-0{,}0903\,\dfrac{e^2}{r_0}$ (Kante)

$-0{,}0247\,\dfrac{e^2}{r_0}$ (Ecke) (d)

$-\dfrac{1}{2}\,\bar\alpha_\alpha\,F^2$ (b)</td><td>$-\dfrac{\mu_\alpha \sum e_\sigma}{r_0^2}$ (c)

$-\displaystyle\int_{r_0 + l/2}^{r_0 - l/2} \dfrac{F\,\mu_\alpha\,dr}{l}$ (c$'$)

l = Dipollänge</td></tr>
<tr><td>metal-
lisch</td><td>←</td><td>←

$-\dfrac{e^2}{4 r_0}$ (f)</td><td>$-\dfrac{e^2\,\alpha_\sigma}{16 r_0^8}\left(\dfrac{C}{r_\varepsilon} - \dfrac{h\,n_0}{\pi\,m_0\,v_\alpha}\right)$ (e)

$-\dfrac{\mu_\alpha^2}{16 r_0^3}\,(1 + \cos^2\beta)$ (j)</td></tr>
</table>

welche in allen Ausdrücken der Tabelle nicht berücksichtigt worden sind. Folgendes möge zur Erläuterung der Tabelle dienen:

Apolare Grenzfläche. Alle Atome, Ionen oder Moleküle unterliegen der Anziehung durch die LONDONschen *Dispersionskräfte,* die auf der wechselseitigen Anziehung der in jedem Atom durch die Anwesenheit eines zweiten Atoms induzierten Dipole beruhen. Zwischen apolaren Grenzflächen — etwa Graphit — und Atomen wie Edelgasatomen oder Molekülen ohne permanente Dipole — wie etwa Methan — ist dies die einzige Art der Anziehung. Die Kraft ist der 6. Potenz und die Energie der 3. Potenz des Abstands umgekehrt proportional und kommt nur zur Wirkung, wenn sich die Atome stark nähern können. Da die Kraft zwischen jedem der einzelnen Atome eines Moleküls und den Atomen der Grenzfläche wirksam ist, können Moleküle mit größeren Atomzahlen, die sich gut „anschmiegen" können — z. B. Benzol auf Graphit —, sehr fest adsorbiert werden. Es ist zu beachten, daß diese Kräfte auch zwischen Ionen untereinander und zwischen diesen und Atomen wirksam sind, sie sind also völlig unspezifisch.

Durch *Ionen* können im Innern des Festkörpers, dem die Grenzfläche angehört, elektrische Ladungen induziert werden. Ihre Stärke hängt von der Ladung des Ions und von der Polarisierbarkeit α des Adsorbens ab. Ebenso können Moleküle mit permanentem Dipol im Adsorbens einen ähnlichen Dipol induzieren.

Partikel bei physikalischer Adsorption

Molekül *ohne* permanentem (peripherem) Dipol	Bezeichnung der Kraftwirkung	Bemerkungen
$\rightarrow$	LONDONsche Dispersionskräfte (a)	$$C = \alpha_\sigma\, \alpha_x\, \frac{v_\sigma + v_\alpha}{v_\sigma + v_\alpha}\, h$$
	Durch Ion im Adsorbens induzierte Ladung (Polarisation) (g)	$\alpha=$ Polarisierbarkeit $\beta=$ charakt. Frequenz $h=$ PLANCKs Konstante (Index σ: Grenzschicht Index α: Phaseninneres) $r_0=$ gegens. Abstand (kürzester)
	Durch Dipol im Adsorbens induzierter Dipol (b′)	
$-\dfrac{1}{2}\,\bar\alpha_\alpha F^2$ (b) $-\displaystyle\int \frac{P_\alpha - P_{0x}}{\gamma_x}\,\varrho\,dv$	elektrostatische Kraft zwischen 2 Ladungen (d) bzw. zwischen Ladung und permanentem Dipol (c) und induziertem Dipol (b) oder zwischen 2 Dipolen zusätzliche Dipolattraktion durch Polarisation des Ions	$$F = \frac{8\pi\,e}{r_c^{\,2}}\exp\!\left(-\pi\,\frac{r_0}{r_c}\sqrt{2}\right)$$ $e=$ Elementarladung $N_\sigma=$ Zahl der Atome des Adsorbens in der Grenzfläche pro cm³ $r_c=$ kleinster Abstand zweier Ionen im Gitter des Adsorbens
$\longrightarrow$	Dispersionskräfte (e) + Attraktion der durch die Metallionen induzierten Dipole elektrostatische Kräfte nach der Bildkrafttheorie Ladung (f) Dipol (j)	$r_\varepsilon=$ Radius einer Kugel im Metallinnern, die ein Leitungselektron enthält $n_0=$ Zahl der Leitungselektronen pro cm³ $m_0=$ Masse eines Elektrons $\mu_\alpha=$ Dipolmoment des adsorbierten Moleküls $\beta=$ Winkel zwischen Dipolachse und Flächennormale

Polare Grenzflächen (Ionengitter). Stellt man sich eine idealisierte Grenzfläche abwechselnd von positiven und negativen Ionen besetzt vor, wie in Abb. 54.1, so ist verständlich, daß jedes dieser Ionen leicht ein entgegengesetzt geladenes infolge elektrostatischer Anziehung adsorbieren kann. Die elektrostatische Energie (= Feldstärke × Ladung) kann sofort angegeben werden, wenn die Feldstärke in der Umgebung eines Ions in der Grenzfläche berechnet werden kann. Von HÜCKEL[1] wurden Ausdrücke für die Feldstärke angegeben, wenn sich das Ion in einer Fläche, Kante oder Ecke eines kubischen Kristalls befindet. Die in der Tabelle aufgeführten Energien für das Ion sind erwartungsgemäß in der Ecke erheblich größer als in der Kante und in der Fläche. Im Vergleich zu den Dispersionskräften

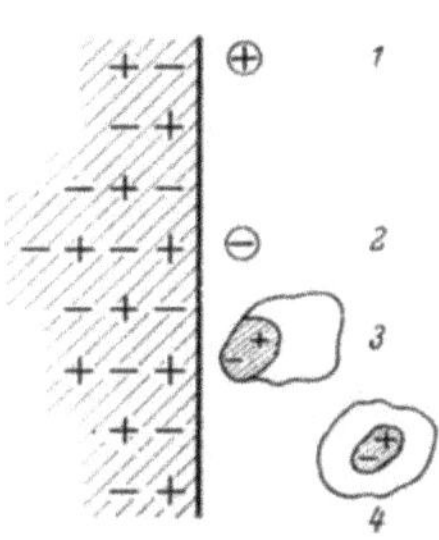

Abb. 54.1. Adsorption von positiven (*1*) und negativen (*2*) Ionen sowie von Molekülen mit peripher gelegenen Dipolen (*3*) an einer polaren Grenzfläche. (*4*) Molekül mit nicht peripher liegendem Dipol

---

[1] HÜCKEL, E.: Adsorption und Kapillarkondensation. Leipzig 1928.

Tabelle 54.II[1]

Adsorptionsvorgang	berechnet	experimentell gefunden
$CsJ \leftarrow Ar$	a: ·2,40 Kcal/Mol b: 1,10 ,, ————— 3,50 Kcal/Mol	3,56 Kcal/Mol
$KJ \leftarrow CO_2$	a: 3,30 Kcal/Mol b: 1,14 ,, c: 3,25 ,, ————— 7,69 Kcal/Mol	7,45 Kcal/Mol
$NaCl \leftarrow$ Phenol	a: (C_6H_6): 3,4 Kcal/Mol c′: (OH): 5,3 ,, a: (OH): 0,6 ,, b: (OH): 0,06 ,, ————— 9,36 Kcal/Mol	—
Metall $\leftarrow NH_3$	e: 3,55 Kcal/Mol j: 0,45 ,, ————— 4,0 Kcal/Mol	6,6 Kcal/Mol
$(Cl^- Na^+) \leftarrow Cl^-$	d: 7,8 Kcal/Mol g: 17,9 ,, b: 0,7 ,, a: 2,1 ,, ————— 28,5 Kcal/Mol	
$\begin{bmatrix} Na^+ \\ Cl^- \end{bmatrix} \leftarrow Cl^-$	g: 16,8 Kcal/Mol a: 9,4 ,, ————— 26,2 Kcal/Mol	
$Wo \leftarrow Cs^+$	f: 47,5 Kcal/Mol e: 13,3 ,, b: 1,4 ,, b′: 0,3 ,, ————— 62,5 Kcal/Mol	
Abstoßungsenergie	− 8,0 ,, ————— 54,5 Kcal/Mol	54,5 Kcal/Mol

Die Buchstaben a, b, c, usw. beziehen sich auf die in Tab. 54.I angegebenen Formeln.

sind diese Attraktionen über weitere Strecken wirksam, da sie nur dem Abstand umgekehrt proportional sind.

Moleküle mit *peripheren* permanenten Dipolen können ebenfalls von den einzelnen Ionenfeldern angezogen werden. Erhebliche Energien sind aber nur dann zu erwarten, wenn eine der Ladungen des Dipols sich den Ionen der Grenzfläche möglichst weitgehend nähern kann, d. h. Moleküle mit verborgenen *nicht* peripheren Dipolen werden kaum angezogen.

Atome und Moleküle ohne permanente Dipole oder solche, bei denen diese nicht in der Peripherie liegen, könnten durch die Feldstärke der Ionen in der Grenzfläche

---

[1] Berechnete Werte nach J. H. DE BOER: Advanc. Colloid Sci. III. S. 2ff. New York 1950.

polarisiert werden, die dabei frei werdende Energie hängt von ihrer mittleren Polarisierbarkeit α ab[1]. Bei der Berechnung vollständiger Adsorptionsenergien muß beachtet werden, daß bei allen Effekten noch die Dispersionskräfte und die Induktionseffekte (oberer Teil der Tabelle) mitberücksichtigt werden müssen. Man muß daher alle in einer Kolonne stehenden Ausdrücke addieren. Dazu müßte noch die zusätzliche Dipolattraktion, die durch die Polarisation des adsorbierten Ions entsteht, berücksichtigt werden.

Metallische Grenzflächen. Die Berechnung der Dispersionskräfte zwischen metallischen Adsorbentien und ungeladenen wie geladenen Partikeln gestaltet sich etwas umständlicher, da nach MARGENAU und POLLARD[2] ein Metall nicht als ideal polarisierbar angesehen werden kann. Die im Metall freibeweglichen Elektronen können den schnellen Bewegungen des Dipols des induzierenden adsorbierten Atoms nicht folgen. Andererseits wird das adsorbierte Atom durch die Elektronenbewegungen im Metall polarisiert. Beide Effekte ergeben den in der Tab. 54.I wiedergegebenen Ausdruck.

Am leichtesten verständlich ist hier die Attraktion von Ionen. Die Ladung des Ions muß in gleichem Abstand von der Grenzfläche im Metallinneren eine entgegengesetzte Ladung induzieren, beide ziehen sich gegenseitig an. Eine solche „Bildkraft" läßt sich nach dem COULOMBschen Gesetz ebenso wie die durch einen permanenten Dipol induzierte Bildkraft leicht berechnen.

Die Leistungsfähigkeit der Theorie wird in der Tab. 54.II an einigen numerischen Beispielen demonstriert, die der Zusammenstellung von DE BOER (loc. cit.) entnommen worden sind. Diese Beispiele lassen vor allem erkennen, wie groß die zahlenmäßigen Anteile der einzelnen Effekte im Verhältnis zur Gesamtattraktion sind. Übereinstimmung mit der Erfahrung kann zumindest in der Größenordnung als befriedigend angesehen werden.

Die absolute Höhe der Adsorptionsenergie bei der Adsorption von Ionen besonders an Metallflächen, würde zu dem Schluß verleiten, diese als Chemosorption anzusehen. Es ist jedoch genau so richtig und so falsch, wie man einen Ionenkristall oder bestimmte Metall-Legierungen als chemische Verbindungen ansieht oder nicht.

Die gehemmte Adsorption, d. h. die unter Aufwendung von Aktivierungsenergie sich bildenden covalenten Bindungen zwischen Adsorbens und adsorbierten Atomen oder Molekülen läßt sich ebensogut oder schlecht in allgemeine Regeln fassen wie es für die Bildung von chemischen Verbindungen möglich ist. Einige Beispiele für die Bildung von covalenten Bindungen sind Adsorption von Sauerstoff an Metallen, von Kohlenoxyd an Kobalt, von Wasserstoff an Nickel usw. (vgl. dazu GREGG, loc. cit.). Diese Mechanismen sind jedoch sehr bedeutungsvoll für die heterogene Katalyse.

Die Theorie läßt etwas für uns sehr wesentliches erkennen, nämlich daß von jeder Grenzfläche — gleich welcher Struktur — immer irgendwelche anziehenden Kräfte ausgehen. In der realen Welt sollte es daher „saubere" Grenzflächen im eigentlichen Sinne des Wortes überhaupt nicht geben, da sie in jedem Fall von Partikeln der angrenzenden Phase bedeckt werden würden. Einigermaßen saubere Grenzflächen könnten nur im höchsten Vakuum existieren[3]. Damit ist die Einführung des von

---

[1] Eine Verfeinerung der Theorie nimmt an, daß die Elektronendichte in einem polarisierten Atom sich mit dem Abstand von der Grenzfläche ändert. Von TELLER (loc. cit.) wurde daher eine Integralformel vorgeschlagen, die diesem auf LENEL (loc. cit.) zurückgehenden Ansatz Rechnung trägt und für numerische Berechnungen wichtig zu sein scheint.

[2] MARGENAU, H. u. W. G. POLLARD: Phys. Revies. (2) **60**, 128 (1941).

[3] HAASE: Glastechn. Ber. **22**, 262 (1949).

uns am Beginn des § 48 definierten Begriffs der Grenzschicht für reale Systeme um so mehr gerechtfertigt.

In kolloiden Systemen, deren dispergierte Substanz als Adsorbens wirkt, ist die atomare Theorie der Adsorptionskräfte zwar sehr wertvoll, muß allerdings bei quantitativer Anwendung zu großen Schwierigkeiten führen, da die Voraussetzungen der idealisierten Grenzflächen um so weniger gegeben sind, je feiner die Substanz dispergiert ist.

Für Systeme mit f/fl-Grenzflächen stellen die theoretischen Beziehungen nur die Ausgangspunkte dar, von denen man zu einem Verständnis kommen könnte. In jedem Fall ist hier die Grenzfläche des Festkörpers mit Partikeln, die aus der Flüssigkeit stammen, bedeckt. Besteht die Flüssigkeit aus einer Mischung aus mehreren Komponenten, entscheidet die Konkurrenz der Kräfte zwischen Grenzfläche und jedem der verschiedenen Stoffe einerseits und die der Kräfte zwischen den vermischten Molekülen andererseits über die bevorzugte Adsorption eines der Stoffe der Mischung (vgl. § 52).

Da die Berührungsstelle zwischen dispergierter Substanz und Dispersionsmittel der Ort aller Kraftwirkungen ist, die von jener ausgehen und aller Einwirkungen, die von außen kommen, ist die Bedeutung aller Adsorptionserscheinungen für kolloide Systeme sehr groß, doch dürfen wir auch hier eine kolloide Partikel nicht ohne weiteres als verkleinertes Abbild eines makroskopischen Objektes betrachten, und nicht an ausgedehnten zumeist idealisierten Grenzflächen gewonnene Erkenntnisse ohne Vorbedacht darauf übertragen.

Wir kennen z. B. Wechselwirkungen zwischen einzelnen Molekülen — etwa Ionen und Dipolen — auf Grund VAN DER WAALSscher Kräfte als Solvatation. Lassen wir in Gedanken die Ionen zu einem kleinen Kriställchen von der Größe einer Elementarzelle zusammentreten, so können sie in diesem Zustand auch mit den Dipolen in Wechselwirkung treten. Es dürfte aber kaum sinnvoll sein, hier von einer Grenzfläche der Elementarzelle und einer Adsorption zu sprechen. Im kubisch-flächenzentrierten Gitter (Abb. 54.1) würden sich alle Ionen in der Grenzfläche befinden, so daß der Kristall sozusagen nur aus Grenzfläche bestünde. Daraus sieht man: Erst bei größeren Kristallen kann der Begriff der Grenzfläche und der Adsorption einen Sinn bekommen. Die Anwendung des Begriffs auf fadenförmige Makromoleküle in gestreckter Form ist ebenfalls nicht möglich, bei geknäuelten Fäden, räumlichen Netzwerken oder bei Makromolekülen mit definierter Struktur wie bei den Proteinen, ist nicht recht zu entscheiden, wo die Grenzfläche eigentlich liegen soll, besonders wenn Lösungsmittel das Gebilde durchspülen kann. Immerhin besitzt sie hier die Bedeutung einer wertvollen Hilfsvorstellung.

§ 55. Adsorption an und von kolloiden Systemen

Wegen ihrer Stellung zwischen den idealen homogenen und heterogenen Systemen können Kolloide bei Adsorptionsvorgängen zwei Rollen oder eine Doppelrolle spielen. In jedem inkohärenten System kann die kolloide Substanz, die als Einzelpartikeln vorliegt, an einer makroskopischen Phasengrenzfläche adsorbiert werden, wie Abb. 55.1a schematisch darstellt. Sie kann aber auch als Adsorbens wirken und kleinere Partikeln als sie selbst in ihrer Grenzschicht anreichern, wie Abb. 55.1b zeigt. Hierzu ist es gleichgültig, ob sie in inkohärenter oder kohärenter Form also etwa als Gel vorliegt, Abb. 55.1c. Kolloide Partikeln können auch gleichzeitig andere kleinere Partikeln adsorbieren und selbst an der makroskopischen Phasengrenze adsorbiert werden (Abb. 55.1d). Schließlich können sie sich selbst adsorbieren, doch spricht man bei einer solchen Zusammenlagerung einzelner Partikeln nicht mehr von Adsorption, sondern von Koagulation, auch wenn das System polydispers ist. Obwohl er im Prinzip zu diesen Vorgängen gehört, wollen wir diesen Fall hier ausschalten, da er durch die Beweglichkeit *beider* Reaktionsteilnehmer doch mehr dem Mechanismus einer Reaktion zwischen kleinen Molekülen entspricht. Die Bindung von kolloiden Einzelpartikeln an ein kohärentes System hingegen wird wieder als Adsorption angesehen. Wir werden nun zunächst die Adsorption *an* Kolloiden und danach die *von* Kolloiden an anderen Grenzflächen besprechen.

Adsorption an Kolloiden

Inkohärente Systeme

Obwohl es Adsorptionserscheinungen an kolloiden Systemen mit gasförmigem Dispersionsmittel (Aerosole) gibt, die z. B. bei der Kondensation von Wasserdampf an kolloiden Keimen (Aitken-Kerne) zu Nebel- und Wolkentröpfchen für die Meteorologie bedeutsam sind[1], sind diese Zusammenhänge noch nicht soweit aufgeklärt, daß eine quantitative Behandlung möglich ist.

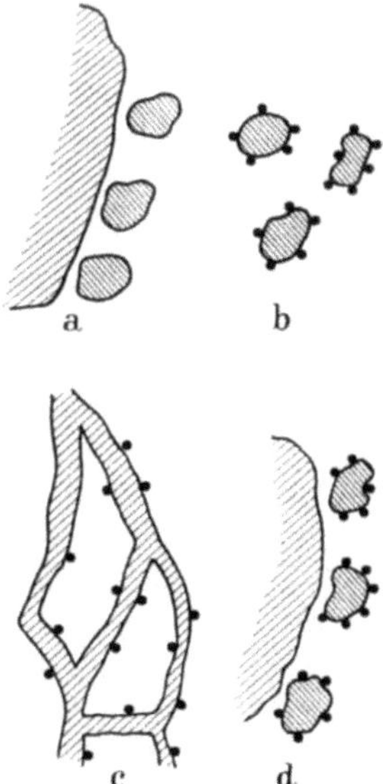

Abb. 55.1. Adsorption (a) *von* kolloiden Partikeln an einer Grenzfläche, (b) *an* kolloiden inkohärenten Partikeln, (c) an kohärenter dispergierter Substanz, (d) an kolloiden Partikeln, die ihrerseits adsorbiert werden

Über die Adsorption an Kolloiden in flüssigem Dispersionsmittel ist mehr bekannt.

Bei Gasbläschen in Flüssigkeiten kommen alle durch die Grenzflächenaktivität gelöster Substanzen hervorgerufenen Anreicherungen in der Grenzschicht g/fl zur Auswirkung (§ 48 und § 49). Ihre Existenz beruht überhaupt darauf, ebenso wie die Bildung von Schaum von der Möglichkeit der Bildung adsorbierter Grenzflächenfilme abhängt (vgl. § 72).

Das gleiche gilt für die Entstehung und die Existenzfähigkeit von Emulsionen (fl/fl-Dispersionen), die wegen ihrer endlichen und positiven Grenzflächenenergie nur sehr kurzlebig wären, wenn sie nicht durch

---

[1] vgl. § 74 Aerosole

adsorbierte oder unlösliche Grenzflächenfilme, die sie wie eine Art Schutzwall umgeben, eine Hilfestellung erhielten. Hierüber wird in § 73 ausführlich berichtet werden. In beiden obengenannten Fällen überträgt man die für makroskopisch ausgedehnte Grenzflächen entwickelten Vorstellungen und daran geprüften quantitativen Beziehungen auf die kolloide Partikel (§ 48 und § 49). Die Grenzschichtkrümmung kleiner Partikeln und ihre endliche Aktivität in thermodynamischem Sinne wird nicht berücksichtigt, da die dadurch hervorgerufenen Effekte meist vernachlässigbar klein sind (vgl. § 63).

Bei festen Dispersionskolloiden treten alle Arten von adsorptiven Wechselwirkungen auf, die auch bei makroskopisch ausgedehnten Grenzflächen möglich sind. Dominant ist in wässerigen Dispersionsmitteln die *Ionenadsorption* (die oft nicht von einer reversiblen Ionendissoziation in der Grenzschicht verankerter Gruppen zu unterscheiden ist). Alle polaren Grenzflächen adsorbieren Ionen, wie fest sie gebunden werden, hängt davon ab, ob es eine unspezifische, spezifische oder potentialbestimmende Bindung ist.

Bei *unspezifischer* Bindung wird das Ion *einschließlich* seiner Hydrathülle adsorbiert (vgl. § 59), die Bindung ist locker, da es sich nicht allzu weit der festen Grenzfläche nähern kann (vgl. auch Tab. 54.I). In der Terminologie des § 52 würde es bedeuten, daß $\Delta_\sigma > 0$, aber $A_\alpha < 0$ und $A_\alpha = A_\sigma$ ist. Die Adsorptionsisotherme würde dem Typ der Abb. 52.3b entsprechen; wenn das Ion sich nicht von seiner Hydrathülle trennt, heißt es, daß $|\Delta_\sigma| < |A_\alpha|$ sein muß. Dieser Effekt ist daher ziemlich unbedeutend und tritt nur zusätzlich auf, wenn die Grenzfläche durch einen der in § 57 beschriebenen Mechanismen bereits aufgeladen ist.

Die *spezifische* Ionenadsorption ist so aufzufassen, daß das Ion zuliebe einer Bindung in der Grenzschicht einen Teil seiner Hydrathülle abstreift. Hier ist $|\Delta_\sigma| > |A_\alpha|$ und $A_\alpha > A_\sigma$, aber wie oben $\Delta_\sigma > 0$ und $A_\alpha < 0$. Das sind die Fälle, die zur „Verbindungsbildung" nach PANETH-FAJANS-HAHN führen, und als deren Grenzfall die Anlagerung an das eigene polare Gitter als potentialbestimmendes Ion auftritt. Das bekannteste Beispiel hierfür ist die bereits erwähnte Anlagerung von Halogen- oder Silberionen an eine Silberhalogenid-Partikel.

Bei der Adsorption teilweise hydratisierter Ionen gilt die HOFMEISTERsche Ionenreihe. Die Ursache für das Auftreten dieser Reihe liegt in der Konkurrenz zwischen den Wirkungen zwischen Grenzflächen und Ion (Δ_σ) einerseits und der Hydratation (A_α und A_σ) andererseits.

Dasjenige Ion, welches die größere Hydratationenthalpie besitzt, verdrängt das mit kleinerer aus der Grenzschicht.

Das ist folgendermaßen einzusehen: Nach Gl. (52.8) ist

$$A_\alpha = N_L z_\alpha w' \text{ und } A_\sigma = N_L z_\sigma w'' \ (w' = w_{11} + w_{22}/2 - w_{12}/2)$$

w'' ist hier für die Grenzschicht gesetzt, da $w' \neq w''$ sein dürfte. w' und w'' werden aber hauptsächlich durch den Term $z_\alpha w_{12}$ und $z_\sigma w_{12}$ bestimmt, da w_{11} und w_{22} in Flüssigkeit und Grenzschicht sich nur wenig voneinander unterscheiden sollten. Zumindest ist es angenähert richtig, $A_\sigma \sim \eta A_\alpha$ zu setzen, worin $\eta = z_\sigma w'/z_\alpha w'' < 0$ wegen des dominierenden Einflusses von z_σ/z_α sein muß (vgl. § 52). Ersetzt man nun in (52.2) A_σ durch $\eta\, A_\alpha$, ergibt sich (mit $x_\sigma = x_{\sigma 2}$ und $x_\alpha = x_{\alpha 2}$)

$$RT \ln (x_\sigma/x_\alpha) = \Delta_\sigma - A_\alpha (1 - \eta (2 x_\sigma - 1))$$

und bei kleinem x_σ

$$RT \ln (x_\sigma/x_\alpha) \cong \Delta_\sigma - A_\alpha (1 + \eta).$$

Nimmt man in erster Näherung Δ_σ für verschiedene Ionen als konstant an, weiterhin, daß die beiden Ionen 1 und 2 (Index 1 und 2) gleiche Ladung besitzen und in gleicher Konzentration x_α auftreten, so ist

$$RT \ln (x_{\sigma 1}/x_{\sigma 2}) = A_{\alpha 2} (1 + \eta_2) - A_{\alpha 1} (1 + \eta_1).$$

Da A_α immer negativ ist, sowie η_1 und η_2 kleiner als 1 und von vergleichbarer Größe, erkennt man, daß dasjenige Ion, für das $A_\alpha (1 + \eta)$ am größten ist, das andere aus der Grenzschicht verdrängt.

Die Dipoladsorption an polaren Gittern äußert sich als Hydratation, d. h. Bindung von Wasser in der Grenzschicht. Nun ist die Bindung von Dipolen an polaren Gittern (vgl. Tab. 54.I und 54.II) verhältnismäßig schwach; sie unterscheidet sich zwar deutlich von der Bindung an unpolaren Grenzflächen, doch ist sie gegenüber der Ionenadsorption unbedeutend. Erst wenn das Kolloid starke räumlich isolierte geladene Gruppen besitzt, die anders als im Gitterverband, wo sie von entgegengesetzt geladenen Nachbarn umgeben sind, eine ausreichend elektrische Feldstärke entwickeln, können die Attraktionen der Dipole merklich werden. Hier werden auch größere Mengen Wasser relativ fest gebunden, was weniger bei Dispersionskolloiden (Ausnahmen sind bestimmte Eisenoxydhydratsole und Zinnsäuresol), sondern eher bei Makromolekülen auftritt, bei denen ionisierbare Gruppen in der Partikel räumlich fixiert sind[1].

Bei den hoch geladenen Ionenassoziaten der Assoziationskolloide, die sich fast wie ein großes polyvalentes Ion verhalten, ist natürlich die Bindung von Hydratwasser beträchtlich (vgl. Abb. 55.1d). Bei festen Dispersionen ist die Adsorption von Substanzen durch VAN DER WAALS-LONDONsche Dispersionskräfte von geringerer Bedeutung, sie wirkt wohl zu allen anderen Bindungsarten zusätzlich, wenn aber eine wesentliche Anreicherung in der Grenzschicht ohne Mitwirkung von Ion-Ion oder Ion-Dipol bzw. Dipol-Dipol Beziehungen auftritt, so liegt der Grund dafür meist in der Grenzflächenaktivität der angereicherten Substanz — die auch an der Grenzflächen g/fl adsorbiert werden würde — und nicht an der Adsorptionswirkung der Grenzfläche der festen Partikeln (vgl. § 48 und § 52). Das gilt sowohl für polare als auch für nichtpolare Dispersionsmedien.

Die Bindung fremder Substanzen ist für feste Dispersionskolloide von der gleichen Bedeutung wie für Gasdispersionen und Emulsionen. Sie erhalten durch Adsorption potentialbestimmender Ionen einen elektrischen Potentialwall, der für ihre Existenz entscheidend ist, sie werden durch Adsorption hydratisierter Ionen selbst hydratisiert (Abb. 55.1b)

---

[1] Diese Anordnung hat wesentlich für die Einteilung in lyophile, d. h. solvatisierte und lyophobe Kolloide beigetragen.

und dadurch und andere spezifisch adsorbierte Substanzen ähnlich geschützt wie die Emulsionen durch ihre Grenzflächenfilme (vgl. § 70, Schutzwirkung). Das gleiche gilt für die Löslichkeit von kompakten Makromolekülen, welche sich aus der Lösung abscheiden, wenn ihnen die Solvathülle genommen wird.

Hier ist aber die Grenze erreicht, bis zu der der Begriff Adsorption noch verwendet werden kann.

Kohärente Systeme

Kohärente kolloide Systeme — Gele — sind immer gute Adsorbentien; da sie manchmal in äußeren Formen erhalten werden, die mit Festkörpern Ähnlichkeit haben (vgl. Kap. IX), sieht man sie auch als Festkörper mit großer innerer Grenzfläche an. Dagegen kann nichts eingewandt werden, denn der Übergang von einem Gel zu einem porösen Körper ist fließend und entspricht dem Übergang der kolloiden Zerteilung zur groben Suspension. Formbeständig starre Gele etwa Silikagel oder Kunstharz-Ionenaustauscher, die zwar in Flüssigkeiten entstehen, aber nach deren Entfernung ihre Eigenschaften als Gel beibehalten, sind als Adsorbentien besonders hervorragend geeignet, da ihre spezifische Grenzfläche außerordentlich groß ist.

Für sie gilt das, was für die Adsorption ganz allgemein gesagt worden ist, Besonderheiten ergeben sich natürlich aus der Art ihrer äußeren Kolloid-Struktur, wenn z. B. Gelformen auftreten, die sich durch großen Ecken- und Kanten-Reichtum auszeichnen oder deren Bauelemente in sich durch Zerklüftung und Risse strukturiert sind[1]. In erster Linie ist es das Maschenwerk des Gels, seine Porenweite — die einerseits für die Geschwindigkeit der Adsorptionsvorgänge wichtig sein kann, andererseits aber auch dafür verantwortlich ist, ob dem Adsorptiv ausreichend Zutritt in das Innere des Gels gewährt werden kann oder nicht (vgl. § 53). Sehr enge Maschen können auch bei der Gasadsorption selektiv wirken, wenn etwa gealterte Silikagele noch Wassermoleküle adsorbieren, Alkohol aber nicht mehr. Werden die Löcher und Poren sehr klein, kann die Adsorption in eine Sorption übergehen, in der Gebilde von der Art der Einschlußverbindungen entstehen können.

Adsorption von kolloiden Partikeln

Da alle Arten von kolloiden Partikeln, die eine BROWNsche Bewegung ausführen, grundsätzlich den gleichen Bewegungs- und Kraftgesetzen wie kleine Moleküle unterliegen, können sie wie diese an etwa vorhandenen Grenzflächen adsorbiert werden. Die Erfahrung vermochte jedoch für die Adsorption von Kolloiden keine einheitlichen Gesetzmäßigkeiten aufzufinden, abgesehen von einer Reihe von Makromolekülen, gelten zumindest für Dispersions- und Assoziationskolloide nicht die Adsorptionsgesetze kleiner Moleküle.

Kolloide in gasförmigen Dispersionsmedien — die formell den Gasen analog sind — also Rauche, Nebel und Aerosole können unter bestimm-

---

[1] Über den besonderen Einfluß von Inhomogenitäten vgl. ROGINSKI: loc. cit. S. 353.

ten Bedingungen wohl adsorbiert werden, doch hat ihre Adsorption an der Grenzfläche g/fl und g/f wenig mit der Adsorption der Gase gemein. Qualitativ läßt sich dies leicht demonstrieren: Läßt man einen Flüssigkeitsnebel durch eine andere Flüssigkeit perlen, so werden praktisch keine Nebeltröpfchen in der Flüssigkeit zurückgehalten, wie es auch nicht gelingt, die Partikeln eines Farbstoffaerosols durch Aktivkohle zurückzuhalten, obwohl diese große Mengen von Chlorgas binden kann. Oft liegt es daran, daß die meist dielektrischen Partikeln und die Adsorbentien in gleichem Sinne elektrisch aufgeladen sind. Natürlich können entgegengesetzt geladene Objekte sich anziehen, meist muß man jedoch einem der Teilnehmer, — den Partikeln oder der Grenzfläche —, die Ladung durch besondere Maßnahmen erteilen. Im einzelnen sind solche Vorgänge kompliziert.

Kolloide Partikeln in flüssigen Dispersionsmitteln verhalten sich gegenüber makroskopischen Grenzflächen weitgehend individualistisch. Die fehlenden Regelmäßigkeiten sind aber wahrscheinlich eine Frage der noch nicht aufgeklärten Mechanismen der betreffenden Vorgänge, die von den materiellen Eigenschaften der Kolloide, des Adsorbens, ihrer Ladung, den Eigenschaften der Ladungsträger, der Solvatation des Kolloids und der Grenzfläche und evtl. noch vorhandenen kleinen Molekülen oder Ionen des Dispersionsmittels abhängt[1].

Ganz allgemein werden sich die besonderen Struktureigentümlichkeiten der Adsorbentien bei allen Adsorptionsvorgängen von Kolloiden stärker bemerkbar machen als bei der Adsorption kleiner Moleküle oder Ionen. Wirksame Adsorbentien besitzen sehr oft die Struktur poröser Körper, von Kapillarsystemen oder gar von Gelen. Dann kann die Größe der Partikeln der zu adsorbierenden Substanz möglicherweise hinderlich für das Eindringen in die Poren oder Gittermaschen sein, wenn auch eine Bindung der Substanz an sich möglich wäre. Aus polydispersen Systemen können unter Umständen die kleinen Partikeln adsorbiert werden, während die großen in Dispersion bleiben.

Grenzfläche fl/g

Das Verhalten der Grenzfläche fl/g flüssiger kolloider Zerteilungen entspricht dem der niedermolekularen Mischungen, nur muß man sich vor Augen halten, daß es sich nach dem auf S. 315 Gesagten um keine Adsorption im eigentlichen Sinne handelt. Dispersionskolloide, die meist eine stärkere Ladung besitzen, verhalten sich wie Elektrolyte in wässeriger Lösung, sie sind grenzflächeninaktiv und beeinflussen die Grenzflächenspannung des Dispersionsmittels sehr wenig.

Assoziationskolloide sind zwar meist grenzflächenaktiv; was in der Grenzfläche angereichert wird, sind jedoch die Einzelmoleküle oder

---

[1] Die Aufklärung dieser Verhältnisse ist im gröber dispersen Bereich von großer Wichtigkeit für den Mechanismus des Haftens von Fremdstoffen an Fasern, vor allen Dingen, wenn es sich um Schmutzpartikeln, Farbstoffe und dergleichen handelt. Diese sollen einesteils möglichst festhaften, anderenteils — wie beim Waschvorgang — entfernt werden [vgl. hierzu z. B. W. KLING: Z. Elektrochem. **59**, 260 (1955)].

Ionen und nicht Assoziate. Ihre wichtigsten Vertreter, die Seifen, sind mit die am stärksten grenzflächenaktiven Substanzen, die überhaupt bekannt sind.

Die Grenzflächenspannung von Seifenlösungen nimmt in sehr verdünnten Lösungen fast nach der für ideale Verhältnisse geltenden Gl. (48.23) ab. In konzentrierten gehorcht sie nicht mehr idealen Gesetzmäßigkeiten. Von einer bestimmten Konzentration ab wird die Grenzflächenspannung konstant und ändert sich nicht mehr bis zu hohen Konzentrationen, wie es Abb. 55.2 zeigt. In § 76 wird gezeigt werden, daß dieser Knick etwa der Konzentration der Seifeneinzelionen entspricht, die mit ihrem Assoziat im Gleichgewicht sind. An dieser Stelle, als „kritische Konzentration" bezeichnet, wird die Konzentration der Einzelionen praktisch konstant. Daraus geht hervor, daß nur die Einzelmoleküle oder -ionen grenzflächenaktiv sind, nicht aber die Assoziate[1].

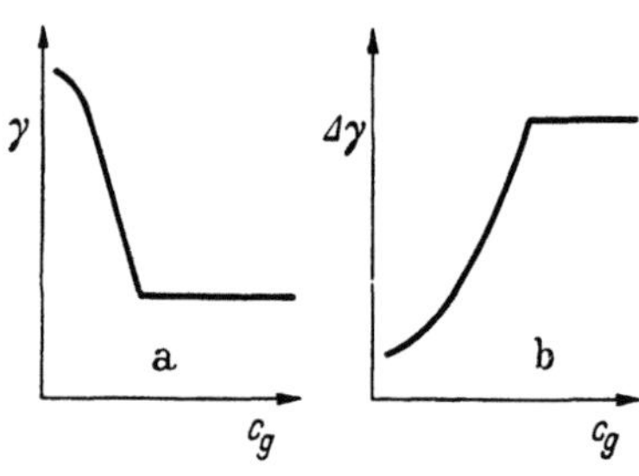

Abb. 55.2. Abhängigkeit der Grenzflächenspannung γ (a) und des Filmdrucks $\varDelta\gamma$ (b) von der Konzentration bei Seifen und ähnlichen Substanzen

Die Grenzflächenbedeckung Γ_2 kommt in der Nähe der kritischen Konzentration *fast* einer maximalen möglichen Besetzung Γ_{02} gleich; wegen des Einsetzens der Assoziation läßt sich ein weiterer Zuwachs der Grenzflächenkonzentration nicht mehr beobachten. Die Grenzflächenspannung und damit die Anreicherung gegen organische Flüssigkeiten zeigt den gleichen Verlauf wie gegen Luft. Nur können die Absolutwerte von γ hier sehr klein werden.

Von Interesse für die emulgierende Wirkung der Seifen sind die Besonderheiten, die beim Zusatz von dritten Substanzen wie Alkoholen auftreten. Bei geringem Zusatz solcher Substanzen entstehen Minima in der Nähe der kritischen Konzentration[2]. Bei größeren Mengen sinken die Grenzflächenspannungen auf so kleine Werte, daß sie unter Umständen wegen der eintretenden spontanen Emulgierung nicht mehr meßbar sind. Besonders eindringlich ist dies beim System Cholesterin in Benzol gegen wässerige Seifenlösung[3].

Außerordentlich kleine Grenzflächenspannungen erhielt HARTLEY[4] mit einer Substanz der Formel:

$$\begin{matrix} C_8H_{17}O \cdot \\ C_8H_{17}O \cdot \end{matrix} \Big\langle \ \ \Big\rangle \cdot SO_3^- K^+$$

[1] Bei Nichtionseifen herrschen praktisch ideale Verhältnisse [vgl. J. STAUFF u. J. RASPER: Kolloid-Z. **151**, 148 (1957)], da sie bereits bei sehr kleinen Konzentrationen grenzflächenaktiv sind. Bei ionisierten Seifen werden die Verhältnisse durch die Gegenionen kompliziert. Vgl. dazu J. L. MOILLIET u. B. COLLIE: Surface Activity. London 1951.

[2] SHEDLOWSKY, L., J. ROSS u. C. W. JAKOB: Colloid Sci. **4**, 25 (1949).

[3] SCHULMAN, J. u. E. G. COCKBAIN: Trans. Faraday Soc. **36**, 651 (1940).

[4] HARTLEY, G. S.: Trans. Faraday Soc. **37**, 130 (1941).

deren kritische Konzentration sehr groß ist (und große Menge gelöster Einzelionen enthält), während die Substanz

$$C_{16}H_{23}\cdot$$
$$CH_3\cdot\quad SO_3^- K^+$$

eine kleine kritische Konzentration hat und deswegen γ insgesamt nicht so stark erniedrigen kann (vgl. Abb. 55.2).

Unter den *Makromolekülen* findet man genau so grenzflächenaktive wie -inaktive Substanzen wie bei den niedermolekularen Stoffen. Synthetische Hochpolymere, die aus Kohlenwasserstoffderivaten bestehen, werden in organischen Lösungsmitteln praktisch nicht in der Grenzfläche angereichert. Wasserlösliche Hochpolymere sind meist indifferent, manchmal aber auch in geringen Mengen adsorbierbar, wie Polyvinylalkohol. Makromolekulare Naturstoffe, Polysaccharide, Proteine und Nucleinsäuren, die wasserlöslich sind, werden oft erheblich in der Grenzfläche ihrer Lösung angereichert. Sie erleiden dabei oft Strukturveränderungen — Denaturierungen —, die meist eine Folge davon sind, daß die Partikeln aus einem Bereich allseitig und symmetrisch wirkendem Drucks in der Flüssigkeit in einem Bereich ungleichmäßiger Druckverteilung in der Grenzschicht gelangen.

Grenzfläche fl/fl

Bei Grenzflächen fl/fl handelt es sich fast immer um Systeme, wo nur die eine Phase kolloide Substanz enthält.

Dispersionskolloide verhalten sich genau so wie gegenüber der Grenzfläche fl/g, das gleiche gilt für Assoziationskolloide (vgl. oben). Bei den Makromolekülen sind wieder die in organischen Lösungsmitteln löslichen nicht grenzflächenaktiv[1] wohl aber die wasserlöslichen Proteine und Polysaccharide. Charakteristisch ist für Proteine auch wieder die Irreversibilität des Anreicherungsvorgangs.

Zur Entfernung von Proteinen aus wässerigen Lösungen bedient man sich manchmal folgenden Kunstgriffs: Die Lösung wird mit einer Mischung von Toluol und Chloroform heftig geschüttelt. Das Protein wird an der Grenzfläche der lipoiden Phase adsorbiert und dabei meistens denaturiert und unlöslich gemacht. Nach Absetzen oder Zentrifugieren enthält man zwei Flüssigkeitsschichten, die durch eine Schlammzone getrennt sind. Von dieser läßt sich die wässerige Flüssigkeit leicht abziehen.

Bei Proteinen und ähnlichen Substanzen vereinigen sich die Einflüsse des Herausdrängens in die Grenzschicht, die wie eine Dehydratation wirken mit den VAN DER WAALS-LONDONschen Dispersionskräften der Ölphase, welche die lipophilen Molekülteile — z. B. die Kohlenwasserstoffreste des Leucins, Valins, Phenylalanins, Methionins usw. — in diese hineinzuziehen bestrebt sind. Das an sich kompakte Proteinmolekül wird dabei auseinandergezogen und flächenhaft ausgebreitet[2]. Seine

---

[1] Polystyrolfraktionen gelöst in Benzol können gegen Wasser sogar grenzflächeninaktiv sein (unveröffentlichte Beobachtungen des Verfassers).

[2] BULL, H. B.: Advances Protein Chem. **3** (1946).

Einzelteile überlappen sich und verhaken miteinander und erzeugen auf diese Weise einen zähen unlöslichen und schwer aus der Grenzschicht zu entfernenden Film.

Grenzfläche fl/f

Allgemeine Regeln für das Verhalten kolloider Partikeln in flüssigen Dispersionen gegenüber der Grenzfläche f/fl lassen sich nicht aufstellen. Bei Dispersionskolloiden ist das Verhalten weitgehend durch ihre Ladung und die Ladung der festen Grenzfläche bestimmt. Es kann sowohl völlige Indifferenzen als auch starke Adsorption eintreten. In solchen Fällen findet man. daß sämtliche adsorptionsfähigen konträr geladenen Stellen der festen Grenzfläche von kolloiden Partikeln besetzt werden. unabhängig von ihrer Konzentration! Dies wurde von FREUNDLICH[1] an verschiedenen Systemen gefunden. Das Vorhandensein derartiger „aktiver" Stellen in Kristallen, die zur Adsorption kolloider Goldpartikeln befähigt sind, konnte THIESSEN[2] elektronenmikroskopisch nachweisen. Beim Glimmer. Muskovit usw. waren es besonders die Ecken und Kanten (vgl. Abb. 55.3), an die sich die Goldpartikeln des Sols anlagerten. Daß diese Adsorptionsvorgänge durch

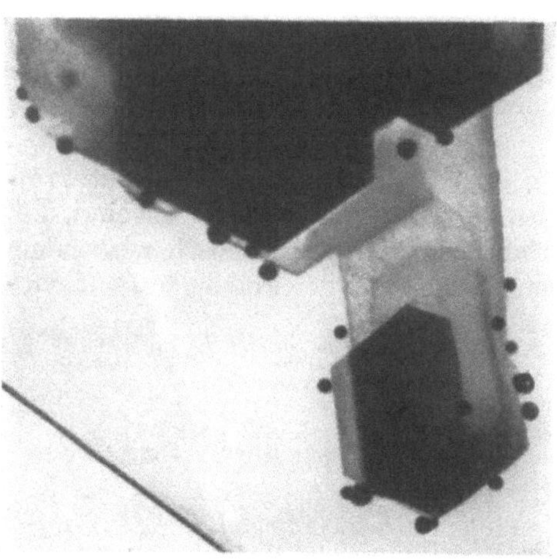

Abb. 55.3. Bindung von Partikeln eines Goldsols (⌀ 30···35 mμ) an den Kanten von Glimmer-Blättchen nach THIESSEN [Z. Elektrochem. 48, 676 (1942)]

die gleichzeitige Adsorption der im Sol vorhandenen Ionen beeinflußt werden, konnte von BUZÁGH[3] in einigen Beispielen nachweisen. Wie bei flüssigen Mischungen treten Adsorptionskurven auf, die ein Maximum und ein Minimum besitzen. Eine Verwandtschaft zur Adsorption von Dispersionskolloiden besitzen die Versuche des gleichen Autors über das Haften kolloider Partikeln an Glasoberflächen[4].

Läßt man eine Quarzsuspension in einem Glas absitzen und dreht danach das Glas um so bleibt ein Teil der Partikeln am Glasboden haften. Besser läßt das Haften durch Messung des Winkels bestimmen bis zu dem der Glasboden gegen die Horizontale geneigt werden muß, damit sich die Quarzpartikeln eben bewegen. Die Haftkraft nimmt mit zunehmender Teilchengröße zu.

---

[1] FREUNDLICH, H. u. A. POSER: Kolloidchem. Beih. 6, 297 (1914).

[2] THIESSEN, P. A.: Z. Elektrochem. 48, 675 (1942); Z. anorg. Chem. 253, 161 (1947).

[3] VON BUZÁGH, A.: Kolloidik. Dresden u. Leipzig 1936. S. 22; VON BUZÁGH, A. u. E. KNEPPO: Kolloid-Z. 82, 150 (1938).

[4] von BUZÁGH, A.: Kolloid-Z. 47, 370 (1929); Kolloidchem. Beihefte 32, 114 (1930).

Für Assoziationskolloide gilt das gleiche wie für die Grenzfläche fl/g.
Bei Makromolekülen ist die adsorbierte Menge eine Funktion der
Konzentration, wobei verschiedenartige Typen von Adsorptionsiso-
thermen auftreten.

Für Proteine sind auch wieder die zum Teil irreversiblen Veränderungen besonders charakteristisch, die sie bei der Adsorption erleiden. Bestimmte Eigenschaften bleiben jedoch dabei vielfach erhalten, wenn sie beispielsweise an polaren Grenzflächen wie Glas, Quarz und dergleichen angereichert werden[1]. Man glaubte früher, die Grenzflächeneigenschaften derartiger Substanzen dadurch studieren zu können, daß man sie an groben im Mikroskop sichtbaren Körnchen, z. B. aus Quarz adsorbierte und dann die Eigenschaften dieser „umhüllten" Partikeln untersuchte (vgl. Elektrophorese § 61).

Eine Glasoberfläche in einer wässerigen Gelatinelösung verhält sich so, wie wenn sie vollständig von einer Gelatineschicht bedeckt wäre; z. B. ist die elektrokinetische Fließgeschwindigkeit wässeriger Gelatinelösungen in einer Glasröhre beim p_H-Wert des isoelektrischen Punkts der Gelatine gleich Null, bei anderen p_H-Werten liegen ihre Ladungsdichten bzw. — Potentiale — aus Elektrokinese und Elektrophorese berechnet, sehr nahe beieinander (vgl. dazu § 61, S. 416). Die Entdeckung, daß die adsorbierten Proteine hierbei auch denaturiert wurden, führte zur Aufgabe derartiger Methoden, obwohl gerade die elektrischen Eigenschaften durch die Adsorption kaum verändert wurden. Gewisse andere Eigenschaften katalytisch aktiver Proteine — der Enzyme — leiden ebenfalls nicht bei der Adsorption an festen Grenzflächen, was unter Umständen für die Aufklärung der Kinetik der von ihnen beeinflußten Prozesse bedeutsam sein kann[2].

Die Affinität von Proteinen und ähnlichen wasserlöslichen Makromolekülen zu flüssigen und festen Grenzflächen macht sie in hervorragender Weise dazu geeignet, sich an flüssige oder feste kolloide Partikeln anzulagern und sie vollständig unter Bildung eines regelrechten
mechanischen Schutzwalls zu umhüllen. Hierüber wird ausführliches
in § 73 mitgeteilt werden.

§ 56. Experimentelle Methodik der Adsorptionsmessungen

Obwohl das Verständnis des Wirkens der Adsorptionsmechanismen
der Schlüssel zum Verständnis vieler kolloidchemischer Erscheinungen
ist, darf nicht vergessen werden, daß Grenzflächeneffekte nicht unbedingt
kolloidchemische Effekte sind und umgekehrt. Die Aufgabe der experimentellen Untersuchung von Adsorptionsvorgängen kann zwar an den
Kolloidchemiker herantreten, ihre Lösung ist jedoch je nach dem vorliegenden System so verschiedenartig, daß sie in diesem Rahmen nicht
ausführlich behandelt werden kann; wir müssen uns daher mit einer
kurzen Aufzählung der Methoden begnügen und im übrigen auf die Fachliteratur verweisen[3].

Das Ziel der experimentellen Bestimmungen kann in der Aufstellung von
Adsorptions-Isothermen liegen; d. h. in der Ermittlung der adsorbierten Menge pro

---

[1] Vgl. die ausführliche Behandlung dieser Erscheinungen bei FREUNDLICH, Kapillarchemie (loc. cit.) oder ABRAHAMSON, MOYER und GORIN (loc. cit.).

[2] Vgl. dazu H.-J. TRURNIT: Molekulare Filme an Wassergrenzflächen und Schichtfolien. Fortschr. Chem. organ. Naturstoffe 4, 347 (1945).

[3] BRUNAUER, GREGG, BRATZLER, K. L. WOLF (loc. cit.); MANTELL, C. L.: Adsorption. New York 1944; LEDOUX, E.: Vapor Adsorption. New York 1945.

Flächeneinheit in Abhängigkeit vom Druck. Hierzu muß man die Größe der Grenzfläche bzw. die spezifische Grenzfläche kennen. In Systemen mit den Grenzflächen f/g und fl/f bereitet das keine Schwierigkeiten, wohl aber bei Grenzflächen von Festkörpern. Hier wird man sich vielfach damit begnügen müssen, die adsorbierte Menge pro Gramm Adsorbens festzustellen, wenn es nicht gelingt, eine gesonderte Bestimmung der spezifischen Grenzfläche vorzunehmen.

Weitere Aufgaben sind die Bestimmung der Adsorptionswärme, wofür besondere empfindliche Kalorimeter entwickelt worden sind[1] und die der Struktur der adsorbierten Substanz in der Grenzschicht. Je nachdem die zu untersuchende Grenzfläche einer makroskopischen Phase, einem Gel oder einer inkohärent dispergierten Substanz angehört, sind verschiedene Methoden gebräuchlich.

Bestimmung der adsorbierten Menge

An der Grenzfläche fl/g handelt es sich immer um Anreicherungen grenzflächenaktiver Substanzen, d. h. solcher, die in einer Flüssigkeit gelöst sind. Die adsorbierte Menge kann im allgemeinen nach der GIBBSschen Gleichung berechnet werden, wenn die Oberflächenspannung der Lösung in Abhängigkeit von der Konzentration bestimmt worden ist (indirekte Methode). Bei verdünnten Lösungen und stark grenzflächenaktiven Substanzen ist die ideale Form der Gleichung (48.12) verwendbar. Hier kann die Menge der Lösungsmittelmoleküle in der Grenzschicht vernachlässigt werden, bei höher konzentrierten Mischungen ist es allerdings nicht mehr möglich, ebenso bei nichtidealen Grenzschichten[2]. Ein direktes Verfahren von McBAIN[3] hebt mit einer sehr schnell bewegten Mikrotomklinge eine sehr dünne Oberflächenschicht von der Flüssigkeit ab. Nach vielfacher Wiederholung des Vorgangs gewinnt man genügend Substanz, um eine Analyse durchführen zu können.

Bei der Grenzfläche fl/fl kann die adsorbierte Menge aus der GIBBSschen Gleichung berechnet werden, doch ist das Verfahren nicht sehr sicher (vgl. dazu ADAM, loc. cit.). Mischt man jedoch die eine Flüssigkeit in Form von Tröpfchen unter die andere, oder stellt grobe Emulsionen beider Flüssigkeiten her, so kann die Gesamtoberfläche aller Tröpfchen durch Ausmessung und Auszählung sowie die Konzentrationänderung im Dispersionsmittel bestimmt werden (LEWIS)[4].

Die Adsorption eines Gases an der Grenzfläche f/g bestimmt man entweder durch die Volumen- oder Druckänderung, die das Einbringen des Adsorbens in den Gasraum hervorgerufen hat, oder durch die Gewichtsänderung, die das Adsorbens durch Aufnahme einer bestimmten Substanzmenge erfährt. Letzteres Verfahren wird mit Hilfe sehr empfindlicher Mikrowaagen oder Federwaagen ausgeführt und ist sehr zuverlässig. Abb. 56.1 zeigt eine Anordnung nach SHEPPARD und NEWSCOME[5].

---

[1] MAGNUS, A. u. A. KRAUSS: Z. physik. Chem. (A) **158**, 161 (1931).

[2] Wie man in solchen Fällen vorgeht, zeigt ein von GUGGENHEIM durchgerechnetes Beispiel bei der Bestimmung der Grenzflächenkonzentration, von Alkohol in einem Gemisch von Alkohol-Wasser.
Unter Umständen führt ein von STAUFF [Z. physik. Chem. N. F. **10**, 24 (1957)] angegebenes Verfahren zum Ziel.

[3] McBAIN, J. W. u. R. C. SWAIN: Proc. Roy. Soc. [London] (A) **154**, 608 (1936).

[4] LEWIS, G. M.: Philos. Mag. (6) **15**, 499 (1908); Kolloidchem. Taschenbuch. 4. Aufl. Leipzig 1953. S. 345; daselbst auch weitere Literatur.

[5] SHEPPARD, S. E. u. P. T. NEWSOME: J. physic. Chem. **33**, 1817 (1929).

Zur Ermittlung der adsorbierten Menge an der Grenzfläche f/fl ist man auf die Bestimmung der Konzentrationsänderung in der flüssigen Phase angewiesen; man erhält daher hier immer nur die scheinbar adsorbierte Menge (vgl. dazu § 51 und § 52). Für die Konzentrationsbestimmung stehen viele chemische und physikalisch-chemische Analysenverfahren zur Verfügung (Brechungsindex, Extinktion, Leitfähigkeit, p_H-Wert usw.).

Bestimmung der spezifischen Grenzfläche

Die Bestimmung der spezifischen Grenzfläche bereitet oft große Schwierigkeiten. Methoden zu ihrer Bestimmung ergeben sich einerseits aus der Anwendung der LANGMUIR-Isotherme Gl. (48.20), wenn man ein Modellgas finden kann, das dem idealen LANGMUIRschen Gesetz gehorcht. Der Sättigungswert (die Horizontale) entspricht der dichtesten Packung der adsorbierten Moleküle in monomolekularer Schicht. Ist deren Abmessung bekannt, kann auch die Zahl der Moleküle pro Flächeneinheit berechnet werden. Gehorcht die Adsorption der B.E.T.-Gleichung (51.2), lassen sich ebenfalls Aussagen über die Oberflächengröße machen, da an der Stelle, wo die Isotherme in eine Gerade übergeht, gerade eine monomolekulare Schicht entstanden sein soll (vgl. BRUNAUER, loc. cit.). Die so mit Hilfe von Gasen mit kleinen Molekülabmessungen bestimmten spezifischen Grenzflächen stimmen aber oft nicht mit denen überein, die etwa durch Adsorption von größeren Molekülen in flüssiger Phase ermittelt worden sind, da die großen Moleküle

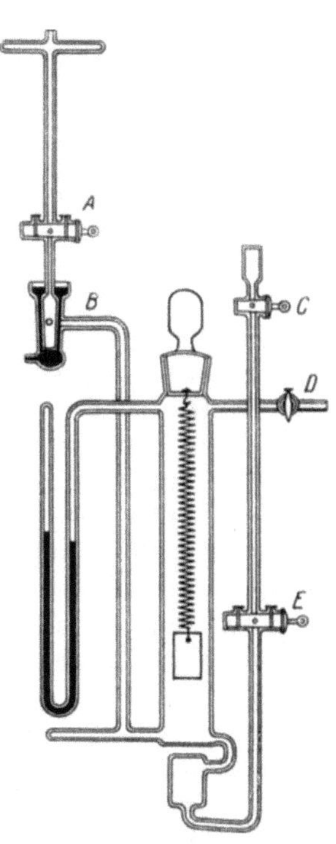

Abb. 56.1. Federwaage zur direkten Bestimmung der adsorbierten Menge nach SHEPPARD und NEWSCOME, loc. cit.

nicht in die feinsten Diskontinuitäten des Adsorbens eindringen können. Das Ausmessen der Oberfläche ist deswegen mit Maßstäben vorzunehmen, die ähnliche Dimensionen wie die zu adsorbierende Substanz im eigentlichen Versuch haben müssen.

Neben der Messung der Benetzungswärme[1] spielen vor allem Methoden mit radioaktiven Tracern eine Rolle. Von O. HAHN (1923) stammt die sog. „Emaniermethode" (vgl. ZIMENS[2]), bei der den festen Adsorbentien winzige Spuren von Radium zugemischt werden, was besonders günstig ist, wenn diese nicht vorgegeben sind, sondern im Laboratorium durch Fällungs- oder andere Reaktionen hergestellt werden können. Da beim Zerfall des eingebauten Radiums radioaktive Emanation entsteht, ist die Menge der sekundlich gebildeten durch Zählgeräte leicht nachzuweisenden Emanation der in der Oberfläche befindlichen Radium-

---

[1] s. S. 368, Anm. 4.

[2] ZIMENS, K.-E., in SCHWAB: Hbch. d. Katalyse. Bd. IV. Wien 1943.

atome und damit der Oberfläche selbst proportional. Auch Methoden, bei denen radioaktive Verbindungen an der Grenzfläche adsorbiert werden, sind vor allem für Festkörper in Berührung mit Flüssigkeiten ausgearbeitet worden.

Z. B. läßt sich nach PANETH[1] die Grenzfläche eines Bleisulfatniederschlages dadurch bestimmen, daß man diesen mit einer Thorium-B-Lösung bekannter Aktivität schüttelt. Zwischen den an der Oberfläche adsorbierten Blei und Thorium-Ionen und denen in der Lösung stellt sich ein Gleichgewicht ein, bei dem sich die Mengenverhältnisse von Thorium B in Grenzfläche und Lösung wie die von Blei in Grenzfläche und Lösung verhalten müssen; die Mengen Thorium B in Grenzfläche und Lösung sowie die Menge Blei in Lösung lassen sich bestimmen, daraus erhält man die Menge Blei in der Grenzfläche und damit die Grenzfläche selbst. Die Methode ließe sich durch die neuerdings von fast allen Elementen darstellbaren Isotopen, besonders von Radioisotopen, ganz allgemein ausbauen.

Bestimmung der Adsorption bei dispersen Systemen

Bei fl/g-Grenzflächen kommen für Adsorptionen praktisch nur Gasdispersionen in Flüssigkeiten in Frage. Wegen ihrer geringen Stabilität werden aber echte Gleichgewichtszustände kaum erreicht werden. Diesbezügliche Beobachtungen sind meist nur qualitativ.

Bilden die Gasbläschen beim Aufsteigen in der Flüssigkeit Schaum, läßt sich entweder durch Untersuchung des Schaum oder der zurückbleibenden Flüssigkeit das ungefähre Ausmaß der Adsorption feststellen. Nicht so einfach ist die Kontrolle der Einstellung des Gleichgewichtszustands und vor allem die Bestimmung der spezifischen Grenzfläche.

Die Anreicherung grenzflächenaktiver Substanzen im Schaum kann zu ihrer Entfernung aus der Lösung dienen. OSTWALD und Mitarb.[2,3] haben in einem Zerschäumungsapparat, in welchem mit einem durch die Flüssigkeit geleiteten Gasstrom dauernd Schaum erzeugt wird, der in ein anderes Gefäß überquillt, Trennungen von Substanzen verschiedener Grenzflächenaktivität durchführen können[4].

Bei Dispersionen bzw. Emulsionen mit Grenzflächen des Typs fl/f bzw. fl/fl sind im Prinzip die gleichen Methoden anwendbar wie bei makroskopischen Phasengrenzflächen oder Gelen. Nur muß dafür gesorgt werden, daß die dispergierte Substanz im Dispersionsmittel zur Analyse vom Adsorbens *räumlich* getrennt werden kann, denn sonst sind Konzentrationsbestimmungen weder in dem einen noch in dem anderen Bestandteil möglich. Stellt sich das Adsorptionsgleichgewicht langsam ein, kann die dispergierte Substanz vor der Analyse durch Zentrifugieren, Ultrafiltration, Koagulation usw. abgetrennt werden. Da die Einstellung aber meist schnell vonstatten geht, ist es besser, die Methode der Gleichgewichtsdialyse anzuwenden (vgl. Abb. 56.2).

Hier wird das kolloide System in einer geeigneten Dialyseapparatur durch eine nur für Dispersionsmittel und zu adsorbierende Substanz durchlässige Membran von der kolloidfreien Lösung räumlich geschieden. Soll z. B. die Bindung eines

[1] PANETH, F. u. W. VORWERK: Z. physik. Chem. **101**, 445 (1922); vgl. aber auch I. M. KOLTHOFF u. CH. ROSENBLUM: J. Amer. chem. Soc. **55**, 2656 (1933).
[2] OSTWALD, WO. u. A. SIEHR: Kolloid-Z. **76**, 33 (1936).
[3] OSTWALD, WO. u. W. MISCHKE: ibid. **90**, 17, 205 (1940).
[4] Vgl. dazu E. MANEGOLD: Schaum. Heidelberg 1953.

Farbstoffes an bestimmten Solpartikeln untersucht werden, gibt man das Sol in eine Abteilung (1) des Inhalts V_1 und die Farbstofflösung in einer andere (2) des Inhalts V_2. Der Farbstoff diffundiert nun von Abteilung 2 in 1; fände keine Adsorption statt, müßte seine Konzentration, die ursprünglich m/V_2 betrug, sich auf den Wert $m/(V_1 + V_2)$ ändern. Wird durch die Solpartikeln die Menge a des Farbstoffs adsorbiert, hat die Gleichgewichtskonzentration den Wert $(m - a)/(V_1 + V_2)$, woraus sich dann a leicht berechnen läßt. Bei geladenen Partikeln in wässerigen Dispersionsmitteln geringer Ionenstärke ist darauf zu achten, daß die Ergebnisse durch DONNAN-Gleichgewichte beeinflußt werden und korrigiert werden müssen. Bei höherer Ionenstärke ($> 0{,}05$) sind die Korrekturen vernachlässigbar.

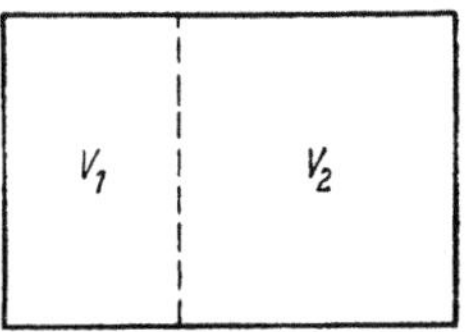

Abb. 56.2. Siehe Text

Bestehen eindeutige Zusammenhänge zwischen bestimmten physikalischen Eigenschaften der dispergierten Substanz und der daran adsorbierten Stoffe, wie z. B. die Beeinflussung der Elektrophorese von festen Partikeln durch die Adsorption von Proteinen, können sie zur Bestimmung der Adsorption ausgenutzt werden[1].

V. Elektrische Erscheinungen

§ 57. Elektrische Eigenschaften kolloider Systeme

Allgemeines. Es gibt eigentlich nur eine Gruppe kolloider Systeme, bei welcher die dispergierte Substanz aus elektrisch neutralen Gebilden besteht, nämlich die Zerteilung organischer Makromoleküle in organischen Dispersionsmitteln niedriger Dielektrizitätskonstante. In nahezu allen anderen Systemen ist die dispergierte Substanz gegenüber dem Dispersionsmittel elektrisch aufgeladen. Bei vielen ist die Ladung überhaupt Voraussetzung für ihre Existenz, wird sie beseitigt, gehen sie in einen anderen Zustand über. So ballen sich die Teilchen von Aerosolen, Nebel und Rauch leicht zusammen, wenn sie etwa an einer Elektrode entladen werden. Dispersionskolloide anorganischer Sole in wässerigen Dispersionsmedien flocken bei der gleichen Behandlung aus (hierunter versteht man die Zusammenlagerung sehr vieler Teilchen zu groben Aggregaten). Sogar der Zustand von Makromolekülen und Assoziationskolloiden in wässerigen Zerteilungen wird durch die Ladung stark beeinflußt, wenn auch nicht in so drastischer Weise wie bei den Dispersionskolloiden. Im großen und ganzen ist die elektrische Aufladung der Systembestandteile von so wesentlicher Bedeutung für ihre Eigenschaften, daß ohne ihre Kenntnis kaum ein Verständnis ihres allgemeinen Verhaltens möglich ist.

Für die theoretische Behandlung der elektrischen Erscheinungen disperser Systeme gibt es — wie immer — wieder zwei Wege: Der eine geht von den elektrischen Phänomenen makroskopischer Phasengrenzflächen aus und berücksichtigt den Einfluß, den der Übergang zu immer kleineren materiellen Einheiten hervorruft; der zweite geht von den Vorstellungen aus, die man sich über die Struktur von normalen Elek-

---

[1] Vgl. dazu ABRAMSON, MOYER, GORIN: loc. cit. § 61.

trolytlösungen macht und versucht diese auf Systeme zu erweitern, die durch den Übergang zu immer größeren Ionen entstehen. Diese immer wieder in der Kolloidchemie anzutreffenden zwei Grenzübergänge sind — obwohl sie theoretisch letzten Endes zum gleichen Ergebnis führen müssen — in Wirklichkeit durchaus nicht gleichwertig; für viele Systeme, insbesondere für Dispersionskolloide, aber auch für eine Reihe von kompakten Makromolekülen ist der erste Weg, für andere — wie Assoziationskolloide und die sog. Polyelektrolyte — der zweite besser gangbar. Das hängt natürlich damit zusammen, daß im ersten Fall der Begriff der Grenzschicht noch sinnvoll sein kann, im zweiten Fall aber nicht. Eine allgemeine theoretische Beschreibung der elektrischen Erscheinungen unserer Systeme von einem einzigen Standpunkt ist bisher noch nicht befriedigend gelungen. Es ist daher notwendig, beide Betrachtungsweisen kennen zu lernen und gleichzeitig auch prüfen zu lernen, in welchen Fällen die eine und welchen die andere Methode zum Ziel führt. Im ersten Fall handelt es sich um die Theorie der elektrischen Doppelschicht[1] im zweiten um die bekannte Theorie der starken Elektrolyte von DEBYE-HÜCKEL[2] und ONSAGER[2] und ihren sinngemäßen Erweiterungen.

Daß es nur sehr wenige Grenzflächen zwischen zwei Phasen gibt, die nicht elektrisch geladen sind, erkennt man am besten, wenn man ihr Verhalten in dispersem Zustand untersucht. Es genügt bereits eine relativ grobe Zerkleinerung zu mikroskopisch noch gut erkennbaren Bruchstücken, bei denen es noch erlaubt ist, von Phase und Grenzfläche zu sprechen. Dispergiert man sie in einer anderen Phase, die flüssig oder gasförmig sein kann und bringt das ganze in ein elektrisches Feld, so wird man mit einer geeigneten Beobachtungsvorrichtung (Mikroskop) feststellen können, daß die dispergierte Substanz sich in der Richtung der Feldlinien bewegt. Die Bewegungsrichtung ist dabei für alle Partikeln gleichartig, man wird sogar bei geeigneter Wahl der Versuchsbedingungen feststellen, daß auch ihre Geschwindigkeit gleichförmig ist. Man nennt diese Erscheinung *Elektrophorese*. Es bleibt daher kaum ein anderer Schluß übrig, als daß die Bewegung durch eine elektrische Ladung der Partikeln gegenüber ihrer Umgebung verursacht wird. Wenn es, wie später gezeigt werden soll, Fälle gibt, wo keine Bewegung auftritt, also keine Ladung vorhanden ist, so sind diese an ganz spezielle Bedingungen gebunden. Aufhebung dieser Bedingungen führt wieder zu einem geladenen Zustand[3]. Das Vorhandensein von Ladungen zwischen

<hr>

[1] v. HELMHOLTZ, H.: Wied. Ann. **7**, 337 (1879); GOUY, G.: J. Physique (4), **9**, 457 (1910); C. r. hebd. Séances Acad. Sci **149**, 654 (1909); STERN, O.: Z. Elektrochem. **30**, 508 (1924). Weitere Literaturangaben siehe weiter unten.

[2] DEBYE, P. u. E. HÜCKEL: Physik. Z. **24**, 185, 305 (1923); ONSAGER, L.: Physik. Z. **27**, 388 (1926).

[3] In gewissen Fällen können gleichzeitig positiv und negativ geladene Partikeln auftreten, z. B. bei der Zerstäubung von Flüssigkeiten, insbesondere Wasser in Luft (Balloelektrizität). Dies soll damit zusammenhängen, daß eine normale Wasserfläche eine Schicht von negativen Ladungen an der fl/g-Seite und eine von positiven Ladungen im Wasser besitzt und daß diese Ladungen bei den turbulenten Vorgängen des Versprühens und Zerstäubens getrennt werden Vgl. dazu I. MALARSKI: Acta Phys. Polon. **3**, 43 (1934). Zit. nach J. J. BIKERMAN: loc. cit. S. 295.

zwei Phasen ist aber nicht an den dispersen Zustand einer der Phasen gebunden; wir werden später außer der eben geschilderten Elektrophorese noch andere Phänomene kennen lernen, aus denen das klar hervorgeht. Worauf es uns an dieser Stelle ankommt, ist nur die Erfahrungstatsache, daß zwischen zwei Phasen praktisch immer elektrische Ladungen auftreten, anders ausgedrückt, daß zwischen ihnen ein Potentialsprung vorhanden ist.

In Zweiphasensystemen, an denen mindestens eine gasförmige oder flüssige Phase beteiligt ist, kann das eben gesagte qualitativ leicht nachgeprüft werden. Schwieriger ist die Nachprüfung bei festen Phasen, da hier keine gegenseitigen Bewegungen möglich sind. Man ist hier auf die Messung der sog. Kontaktpotentiale angewiesen, die auch, wenn sie bei zwei verschiedenen Metallen auftreten, nur indirekt möglich ist[1]. Wenn auch die Deutung solcher Mesusngen in quantitativer Hinsicht schwierig sein mag, ist doch an der Existenz derartiger Potentialsprünge kaum mehr zu zweifeln.

Was ist nun die Ursache der Aufladung zwischen zwei Phasen? Jedes Auftreten von Ladungen ist immer an das Vorhandensein von Ladungsträgern gebunden; und Ladungsträger in den hier interessierenden Zuständen können nur Ionen, Elektronen und molekulare Dipole sein. Wenn eine Phase gegenüber einer anderen geladen ist, müssen die Ladungsträger in beiden ungleich verteilt sein. Wie kommt es nun zu einer derartigen Zerteilung?

Eucken[2] führt dazu folgendes Beispiel an: Wenn etwa in zwei Flüssigkeiten ein Salz enthalten ist, dessen Ionen in beiden Lösungsmitteln in verschiedenem Grade solvatisiert sind, so müßte dies wegen der unterschiedlichen Affinität jedes Ions zu seiner jeweiligen Umgebung zu einer ungleichen Verteilung jeder Ionenart oder auch einer der beiden Ionenarten führen. Eine Phase müßte dann einen Überschuß — z. B. an Kationen — enthalten, wodurch eine Potentialdifferenz gegenüber der anderen Phase entstünde. Das würde aber deren Anionen dazu bewegen, sich in der Nähe der Phasengrenzfläche anzureichern. Ebenso würde in umgekehrter Weise die Kationen der ersten Phase zur Grenzfläche gezogen, wobei die dadurch entstehende Potentialdifferenz wie ein Gegengewicht gegen eine weiter anwachsende Ungleichheit der Kationenkonzentrationen in beiden Flüssigkeiten wirkt. Letzten Endes resultiert eine Gleichgewichtseinstellung. Danach sollte man in allen solchen Phasenpaaren von einem definierten Potential sprechen können, in denen Übergänge von Ladungsträgern von einer Phase zur anderen möglich und in denen sich dadurch ein Gleichgewicht von der geschilderten Art einstellen kann. Das brauchen keine Lösungen von Elektrolyten in Flüssigkeiten zu sein, Metalle, die frei bewegliche Elektronen aber auch Ionen enthalten, wären dazuzurechnen.

In der Elektrochemie bezeichnet man ein Phasenpaar aus einem Metall — wie etwa Ag — und einer wässerigen Lösung seiner Ionen — etwa $AgNO_3$ — als ideale unpolarisierbare Elektrode, da sich Ag^+-Ionen wie Elektronen ungehindert von einer Phase zur anderen bewegen können. Auch die Anlagerung von Ag^+-Ionen an einen AgCl-Kristall wären dazu zu rechnen. Das Auftreten von Potentialdifferenzen ist hier an die stofflichen Eigenschaften der beteiligten Phasen gebunden und läßt sich aus der Verschiedenheit der energetischen Zustände begreifen, in denen sich die Ladungsträger jeweils befinden. (Wechselwirkung

---

[1] Vgl. dazu E. Lange u. F. O. Koenig: Handb. d. Exp.-Physik. Bd. 12. Tl. 2. Leipzig 1933. S. 265 ff.
[2] Eucken, A.: Lb. d. Chem. Physik. Bd. II, 2. S. 1293. Leipzig 1944.

Ion—Lösungsmittelmoleküle oder Ion—Nachbarionen-Elektronengas im Metall.) Solche Vorgänge nennt die Elektrochemie „Prozesse mit Überführung".

Im Gegensatz sind „Prozesse ohne Überführung" solche, bei denen Potentialdifferenzen zwischen zwei Phasen durch Anreicherung von Ladungsträgern in deren *Grenzschicht* oder in deren Nähe entstehen können. Die Ladungsträger brauchen dann nicht die Phasengrenzen zu durchschreiten; wenn z. B. ein Anion aus wässeriger Lösung infolge seiner Grenzflächenaktivität herausgedrängt oder an einer Grenzfläche adsorbiert wird, so kann es in der anderen Phase eine entgegengesetzte Ladung induzieren, indem darin vorhandene Kationen angezogen oder Elektronen abgestoßen werden. Diesen Vorgang nennt die Elektrochemie „Polarisation"; ein Phasenpaar, das aus einem Metall und einer wässerigen Lösung eines Elektrolyten besteht, in welchem aber kein Übertritt eines Ladungsträgers vom Metall zur Lösung und umgekehrt stattfinden kann, wird *vollständig polarisierbare* Elektrode genannt. (Beispiel: Hg-wässerige Na_2SO_4-Lösung.) Die Ladungsverteilung bezeichnet man als elektrische Doppelschicht, für sie ist von vornherein keine bestimmte Strukturvorstellung charakteristisch, sondern nur die Verteilung entgegengesetzter Ladungen auf beiden Seiten einer Phasengrenzfläche. Eine Doppelschicht kann sowohl mit als auch ohne Überführung von Ladungsträgern entstehen. Beide Seiten der Doppelschicht können als Belegungen eines elektrischen Kondensators aufgefaßt werden, zwischen denen eine Potentialdifferenz besteht.

Eine weitere Art der Aufladung kommt gerade bei kolloiden Systemen mit Dispersionsmitteln hoher Dielektrizitätskonstante wie Wasser oft vor, nämlich Ionisation durch Atomgruppen, die der elektrolytischen Dissoziation fähig sind. Viele feste Substanzen bestehen aus Molekülen, welche ionisationsfähige Gruppen enthalten; in organischen Molekülen können z. B. OH-, NH_2-, COOH-, SO_3Me-Gruppen vorhanden sein, bei anorganischen Verbindungen mit „gemischten" Bindungsarten — also teilweise covalenten, teils elektrovalenten Bindungen — sind manche Gruppen ebenfalls ionisierbar[1]. Wenn solche Verbindungen nur beschränkt oder praktisch völlig unlöslich sind und sie mit Wasser in Berührung kommen, können ihre ionisierbaren Atomgruppen in der Grenzfläche Ionen in die Flüssigkeit abgeben, während sie selbst in der Grenzfläche fixiert bleiben. Derartige Grenzflächendissoziationen sind bei vielen hochmolekularen organischen Verbindungen möglich, wo die ionisierbaren Gruppen mit dem makromolekularen Gerüst covalent verbunden sind (vgl. Abb. 57.1). Man kann derartige Gebilde als makroskopische Ionen mit einer großen Zahl von Ladungen betrachten, ähnlich wie wir sie bereits bei den Ionenaustauscher-Gelen kennengelernt haben. Viele makromolekulare Naturstoffe sind solche in wässeriger Zerteilung

---

[1] Es handelt sich meist um Gruppen, die als Protonenacceptoren oder -donatoren im Sinne Brönsteds anzusehen sind, und deren Ionensationszustand von der Protonenaktivität (p_H) der flüssigen Phase abhängt. Doch ist dies nicht unbedingt immer der Fall.

hochvalente kolloide Ionen; ihre kleinsten Exemplare schließen sich an die klassischen Ionen an. Derartige Makromoleküle werden auch als Polyelektrolyte bezeichnet (vgl. dazu § 83).

Eine Doppelschicht und damit ein Potentialsprung an der Phasengrenzfläche kann auch von einer Schicht molekular orientierter Dipole herrühren, deren Orientierung ohne die Mitwirkung elektrischer Kräfte zustande kommen kann. Beispielsweise orientieren sich die Moleküle eines langkettigen aliphatischen Alkohols an der Grenzfläche Öl-Wasser zu einer Schicht, in der alle Paraffinketten parallel zueinander ausgerichtet sind, wodurch auch die OH-Gruppen-Dipole einheitlich orientiert werden (vgl. Abbildung 57.1 b).

Wie lassen sich nun elektrische Potentialdifferenzen zwischen zwei Phasen definieren und messen?

Das Potential einer isoliert gedachten Phase, die durch irgendwelche Ionen- oder Elektronenüberschüsse eine Ladung besitzt und die sich in einem

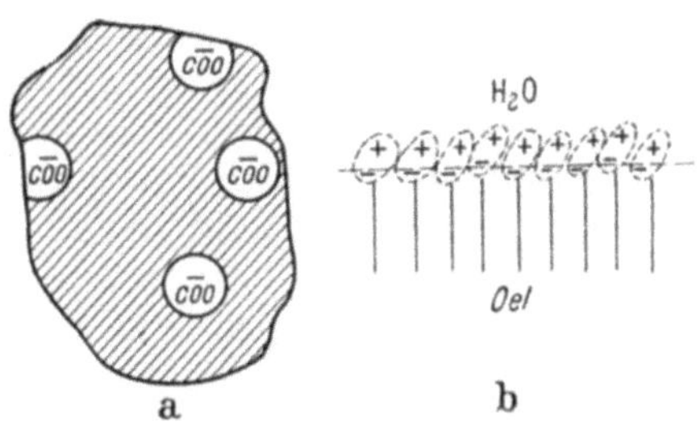

Abb. 57.1. Entstehung von Potentialsprüngen an Phasengrenzflächen, a durch Dissoziation covalent gebundener ionisierbarer Gruppen (z. B. —COOH), b durch Ausbildung orientierter Dipolschichten

absoluten Vakuum befindet, läßt sich durch die Elektrostatik definieren; es ist die Arbeit, die geleistet oder gewonnen wird, wenn die Ladung der Größe 1 aus dem unendlichen bis an die Grenzfläche der Phase gebracht wird. Sie wird als *äußeres* Potential ψ bezeichnet. Um das Potential, welches im Phaseninneren herrscht, zu kennen, müßte die Einheitsladung durch die Grenzfläche hindurchgebracht werden können. Wenn nun die Grenzfläche irgendwelche Dipole enthält, so müßte beim Durchtritt ein neuer Potentialsprung durchlaufen werden. Dieses *Grenzflächenpotential*[1] χ ist zwar grundsätzlich berechenbar[2], wenn das Dipol-

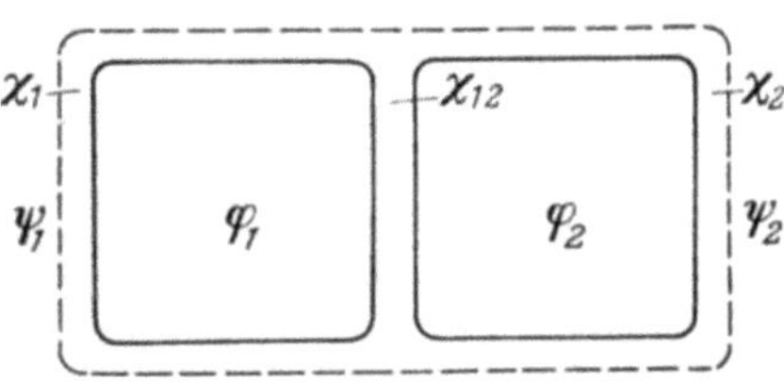

Abb. 57.2. Volta-Potentiale (äußere P.) ψ_1 und ψ_2, Galvani-Potentiale (innere P.) φ_1 und φ_2 und Grenzflächenpotentiale χ_1, χ_2 und χ_{12} zweier Phasen. (Nach OVERBEECK in KRUYT: Colloid Science, Vol. I, Amsterdam 1952, S. 124)

moment der orientierten Dipole bekannt ist. Doch ist dies meistens nicht der Fall. Andererseits ist das *innere* Potential der Phase diejenige Größe, die für uns als Charakteristikum des geladenen Zustands wichtig ist. Es ist, wenn wir das innere Potential mit φ bezeichnen, nach dem eben Gesagten:

$$\varphi = \psi + \chi \qquad (57.1)$$

---

[1] LANGE, E. u. F. KÖNIG: loc. cit.

[2] Vgl. dazu G. JOOS: Lehrbuch der theoretischen Physik. 3. Aufl. Leipzig 1939. S. 242ff.

Während ψ grundsätzlich gemessen werden kann, ist die Messung von χ nicht ohne weiteres möglich. φ kann natürlich niemals direkt gemessen werden, weil es weder denkbar noch durchführbar ist, in das Innere einer Phase zu gelangen, ohne seine Grenzfläche zu durchschreiten. Die Abb. 57.2 erläutert die Verhältnisse deutlich. ψ wird als Volta-Potential und φ als Galvani-Potential bezeichnet[1], [2].

Die äußeren Potentialdifferenzen $\Delta\psi$ zwischen zwei Phasen sind der Messung zugänglich[3], besonders wenn sie, wie bei Metallen, den Differenzen der Elektronenaustrittsarbeiten der Phasen gleichzusetzen sind.

Das innere Potential φ oder die Potentialdifferenz zwischen zwei Phasen ist eine reine Rechengröße, doch ist ihre Verwendung trotz ihrer physikalischen Unrealisierbarkeit durchaus nützlich. Bei der Überlegung, von was das chemische Potential einer bestimmten Sorte von Ladungsträgern in einer Phase abhängig ist, findet man, daß außer Druck, Temperatur und chemischer Zusammensetung noch der Ladungszustand der Phase zu berücksichtigen ist, denn es ist zu beachten: Die Arbeit um etwa 1 Mol Elektronen aus einem Metall in eine gasförmige Umgebung herauszubringen, wird um so kleiner sein, je höher das Metall gegenüber der Umgebung negativ geladen ist. Man kann daher ein elektrochemisches Potential $\overset{*}{\mu}_i$ in folgender Weise definieren:

$$\overset{*}{\mu}_i = \mu_i + z_i\, F\, \varphi.\text{[4]} \tag{57.2}$$

Hierin ist μ_i das chemische Potential des Ions, wenn die Phase ungeladen ist; φ ist das innere (Galvani-) Potential, z_i die Wertigkeit des Ladungsträgers und F das FARADAY-Äquivalent ($= 96\,494$ int. Coulomb, wenn $\overset{*}{\mu}_i$ und μ_i in Joule/Mol ausgedrückt wird. Bei Angabe von Kcal/Mol ist $F = 23{,}06$ Kcal/Volt Äquivalent.)[4] Alle Prozesse mit Überführung von Ladungsträgern von einer Phase zur andern lassen sich relativ leicht übersehen, wenn auch nicht in jedem Fall berechnen. Genau wie für das Gleichgewicht einer auf zwei Phasen α und β verteilten neutralen Substanz i die Beziehung

$$\mu_i^{\alpha} = \mu_i^{\beta}$$

---

[1] Ausführliches hierüber bei E. LANGE: Z. Elektrochem. **55**, 76 (1951); **56**, 94 (1952).

[2] Dieser Gedanke wurde bereits von W. GIBBS [Collected Works Vol. 1, S. 429 ff.] und von E. A. GUGGENHEIM: J. physic. Chem. **33**, 842 (1929)] neu formuliert. Bei einer Potentialdifferenz zwischen zwei Punkten I und II ein und derselben Phase ist naturgemäß auch $\chi_I - \chi_{II} = 0$ und $\varphi_I - \varphi_{II} = \psi_I - \psi_{II}$. Physikalisch wird aber $\Delta\psi$ durch Messung an der Grenzfläche zweier Phasen dadurch gewonnen, daß man die Potentialdifferenz in einer homogenen dritten Phase — etwa dem Gasraum — an dem Punkt I und II nahe der Grenzfläche bestimmt (vgl. Abb. 57.2). $\Delta\psi$ ist daher eine Potentialdifferenz in einer homogenen Hilfsphase.

[3] Vgl. dazu z. B. K. MÖHRING: Z. Elektrochem. **59**, 102 (1955).

[4] Es wird auch ein reales Potential definiert zu

$$\chi_i = \mu_i + z_i\, F\, \chi = \overset{*}{\mu}_i - z_i\, F\, \psi,$$

das die negative molare Austrittsarbeit der Ladungsträger aus der Phase bedeutet Diese Arbeit läßt sich vielfach messen, vgl. dazu G. KORTÜM: Lehrbuch der Elektrochemie, 2. Aufl. Weinheim 1957.

gelten muß, ist beim Gleichgewicht einer einzigen Art von Ladungsträgern (Ionensorte) Gleichheit der *elektrochemischen* Potentiale zu verlangen. Es gilt also

$$\overset{*}{\mu_i}{}^{\backslash} = \overset{*}{\mu_i}{}^{\beta} \tag{57.3}$$

und

$$\mu_i^{\backslash} - \mu_i^{\beta} = z_i\, F\, (\varphi^{\beta} - \varphi^{\backslash}) \tag{57.4}$$

Gl. (3) ist in dieser allgemeinsten Gestalt nur eine formelle Aussage, denn $\varphi^{\beta} - \varphi^{\alpha}$ ist weder meßbar noch anderweitig berechenbar.

Wenn beide Phasen α und β die gleiche chemische Zusammensetzung besitzen, dann besteht der Unterschied der energetischen Zustände des Ladungsträgers nur noch in einer Potentialdifferenz. Da aber unter diesen Bedingungen das Grenzflächenpotential $\chi = 0$ ist, wird $\varphi = \psi$ und Gl. (3)

$$\mu_i^{\alpha} - \mu_i^{\beta} = z_i\, F\, (\psi^{\beta} - \psi^{\backslash}).$$

Dies ist nach GUGGENHEIM die thermodynamische Definition einer elektrischen Potentialdifferenz zwischen zwei Phasen identischer chemischer Zusammensetzung. Ihre Unterscheidung ist in diesem Falle nur durch ihre verschiedenen elektrischen Potentiale möglich.

Das ist dadurch leicht einzusehen, daß Gl. (3) zur Definition der NERNSTschen oder Einzelpotentiale ε von einfachen oder mehrfachen Elektroden in der Elektrochemie dienen kann. (ε heißt auch Gleichgewichts-Galvani-Spannung.)

Taucht ein Silberblech in eine Silbernitratlösung, so stellt sich zwischen den Ag^+-Ionen des Metalls und den $Ag^{\cdot}$-Ionen der Lösung ein Gleichgewicht ein, da diese durch die Metallgrenzfläche wandern können. Man nennt sie *potentialbestimmende* Ionen. Für das Gleichgewicht $Ag^+ \rightleftharpoons Ag^{\cdot}$ gilt Gl. (3) also

$$\mu_{Ag^+}^{Me} + z_i\, F\, \varphi^{Me} = \mu_{Ag^{\cdot}}^{Lg} + z_i\, F\, \varphi^{Lg}.$$

Daraus wird definiert

$$-(\mu_{Ag^+}^{Me} - \mu_{Ag^{\cdot}}^{Lg})/z_i\, F = \varphi^{Me} - \varphi^{Lg} = \varepsilon. \tag{57.5}$$

Bekanntlich sind solche Galvani-Potentiale einzelner Elektroden nicht meßbar. Erst die Kombination zweier Einzelelektroden zu einem galvanischen Element läßt die Messung einer Potentialdifferenz zu.

Man kann das so verstehen: Eine $Ag/Ag^{\cdot}$ und eine $Tl/Tl^{\cdot}$-Elektrode seien unter Ausschaltung der Diffusionspotentiale an den Berührungsstellen des Elektrolyten zu einem galvanischen Element verbunden. An die Tl-Elektrode sei aber wieder ein Ag-Draht angelötet. Wir haben also das System

$$Ag^{I}/Ag^{\cdot\,II}/Tl^{\cdot\,III}/Tl^{IV}/Ag^{I'}.$$

Es ist nun

$$\Delta\varphi = \varphi^{I'} - \varphi^{IV} + \varphi^{IV} - \varphi^{III} + \varphi^{III} - \varphi^{II} + \varphi^{II} - \varphi^{I} = \varphi^{I'} - \varphi^{I}.$$

$\varphi^{I'} - \varphi^{I}$ ist aber die Potentialdifferenz zwischen zwei Phasen gleicher chemischer Zusammensetzung zwischen denen $\chi^{I'} - \chi^{I} = 0$ sein soll, daher ist $\varphi^{I'} - \varphi^{I} = \psi^{I'} - \psi^{I}$ und damit als *äußeres* elektrisches Potential eine meßbare Größe. Dies gilt natürlich auch für alle anderen Differenzen von $\Delta\varepsilon$.

Diese Verhältnisse sind für das Verständnis elektrochemischer Prozesse zwar von äußerster Wichtigkeit, doch helfen sie uns zunächst in bezug auf die Frage nach dem Ursprung der Ladungen metallischer Phasen in Berührung mit Lösungen ihrer eignen Ionen nur insoweit, als sie das Vorhandensein einer definierten Potentialdifferenz $\Delta\varepsilon$ wahrscheinlich machen. Ebenso bedeutsam sind sie für die in der Kolloidchemie vorkommenden Membrangleichgewichte von Elektrolytlösungen, auf die die Gln. (3) und (4) anwendbar sind.

§ 58. Elektrische Erscheinungen an Membranen

Wir haben bereits im osmotischen Druck neutraler Stoffe eine Äußerung eines Membrangleichgewichts kennengelernt. Ein Membrangleichgewicht tritt immer dann auf, wenn zwei Phasen durch eine Membran getrennt werden, die nur für einen bestimmten Stoff des Systems durchlässig oder undurchlässig ist. Für ungeladene nicht durchlässige Partikeln haben wir die Verhältnisse in § 19 erörtert, bei geladenen Partikeln sind nun gewisse mit der Ladung zusammenhängende Besonderheiten zu beachten.

Membranen, die nur eine Substanz selektiv durchlassen

Einfache Verhältnisse liegen vor, wenn eine selektive Membran zwei Lösungen voneinander trennt, die eine elektrolytisch dissoziierte Substanz in verschiedenen Konzentrationen im *gleichen* Lösungsmittel enthalten, etwa eine 0,1 n HCl und eine 0,01 n HCl in Wasser. Wenn wir annehmen, daß die Membran nur für H^+-Ionen, nicht aber Cl^--Ionen oder H_2O-Moleküle durchlässig ist, können wir für das sich einstellende Gleichgewicht zunächst formell Gl. (3) verwenden. Es muß gelten

$$\overset{*}{\mu}{}^\alpha_{H^+} = \overset{*}{\mu}{}^\beta_{H^+} \tag{58.1}$$

und daraus, wenn $\mu_{H^+} = \mu_{0H^+} + RT \ln a_H$ ist

$$\Delta G_0 = \mu^\alpha_{0\,H^+} - \mu^\beta_{0\,H^+} + RT \ln \left(a^\alpha_H / a^\beta_H \right) = F \left(\varphi^\beta - \varphi^\alpha \right). \tag{58.2}$$

Nun muß $\mu^\alpha_{0\,H^+} = \mu^\beta_{0\,H^+}$ sein, da die chemischen Potentiale unter Standardbedingungen im gleichen Lösungsmittel identisch sind. Es ist auch deswegen

$$(RT/F) \ln \left(a^\alpha_H / a^\beta_H \right) = \psi^\beta - \psi^\alpha. \tag{58.3}$$

Denn wir haben es mit zwei Phasen gleicher chemischer Zusammensetzung zu tun, die sich nur durch die Konzentration ihrer Ladungsträger unterscheiden[1].

Die Potentialdifferenz, die zu beiden Seiten der Membran auftritt, ist durch die Aktivitäten desjenigen Ions festgelegt, für das die Membran durchlässig ist. Ein Membransystem, das weitgehend dieser Gleichung gehorcht, ist die von HABER und KLEMENSIEWICZ[2] entdeckte Glaselektrode. Glasmembranen verhalten sich so, als ob sie für Wasserstoffionen durchlässig wären, hingegen nicht für Kationen anderer Art. Diese Eigenschaft macht sie bekanntlich zu einem ausgezeichneten Hilfsmittel zu p_H-Bestimmung im chemischen Laboratorium. Wenn man auf eine Seite der Membran eine Lösung bekannter H^+-Ionenkonzentration bringt, kann aus der gemessenen Potentialdifferenz die Aktivität der unbekannten Lösung auf der anderen Seite errechnet werden. Doch ist auch diese Beziehung wie auch die Vorstellung als eine für Protonen semipermeable Membran nicht vollständig zutreffend; die meisten Glaselektroden besitzen ein sog. asymmetrisches Potential, das vom verwendeten Material abhängt und durch Eichung bestimmt werden muß[3].

---

[1] Ein allgemeiner Beweis der für alle derartige Systeme gilt, findet sich bei GUGGENHEIM (loc. cit. S. 98) S. 377ff.

[2] HABER, F. u. Z. KLEMENSIEWICZ: Z. physik. Chem. **67**, 385 (1909); neuere Literatur bei L. KRATZ: Die Glaselektrode und ihre Anwendungen. Frankfurt 1950; K. CRUSE u. U. FRITZE in HOUBEN-WEYL: Methoden d. organ. Chemie. Bd. III, 2. Stuttgart 1955.

[3] Die Glaselektrode ist nach K. SCHWABE u. G. GLÖCKNER ein Ionenaustauscher, der Na^+- gegen H^+-Ionen austauscht. Z. Elektrochem. **59**, 504 (1955). Membranen mit spezieller Durchlässigkeit für andere Ionen siehe Membrane Phenomena, Disc. Faraday Soc. Nr. 21 (1956).

Membranen, die eine Substanz nicht durchlassen

Vielfach haben wir es aber mit erheblich komplizierteren Systemen zu tun, die sich zum Unterschied zum vorangegangenen dadurch auszeichnen, daß nur eine Ionenart die Membran *nicht* passieren kann, etwa dadurch, daß sie aus geladenen kolloiden Partikeln besteht. Betrachten wir als Beispiel eine wässerige Proteinlösung, die sich auf der einen Seite der Membran befindet und aus negativ geladenen Protein-Ionen und Na^+-Ionen besteht und auf der anderen Seite eine Lösung von $NaCl$, dann ist es möglich, daß die Na^+-Ionen und Cl^--Ionen die Membran passieren können, nicht aber die Proteinionen. Wie DONNAN[1] zeigte, muß sich in diesem System eine ganz bestimmte Gleichgewichtsverteilung der verschiedenen Ionenarten einstellen, die wieder durch die Forderung der Gleichheit beider chemischer Potentiale auf beiden Seiten der Membran beschrieben werden kann. Nun ist aber hier zu bedenken, daß auch das Lösungsmittel die Poren der Membran durchdringen kann, wodurch den Verdünnungsbestrebungen der Proteinionen nachgegeben und wodurch ein osmotischer Druck hervorgerufen wird. Die dadurch entstehende Potentialdifferenz, das sog. DONNAN-Potential läßt sich folgendermaßen berechnen: Für jede Ionenart (Index i), außer der kolloiden, gilt entsprechend (57.3)

$$\overset{*}{\mu_i^\alpha} = \overset{*}{\mu_i^\beta}. \tag{58.4}$$

Ebenso gilt für das Lösungsmittel (Index 1)

$$\mu_1^\alpha = \mu_1^\beta. \tag{58.5}$$

Nun ist

$$\overset{*}{\mu_i^\alpha} = \mu_i^\alpha + z_i F \varphi^\alpha \qquad \text{und} \qquad \overset{*}{\mu_i^\beta} = \mu_i^\beta + z_i F \varphi^\beta. \tag{58.6}$$

Wenn aber das betrachtete Ion i von der Phase α durch die Membran in die Phase β übertritt, so kann dabei Druck-Volumen-Arbeit geleistet werden. Sind P^α und P^β die jeweiligen Drucke, die in den Phasen α und β herrschen und ist V_i das partielle Molvolumen des betrachteten Ions, können wir für das Potential μ_i schreiben

$$\mu_i^\alpha = \mu_{i0}' + P^\chi V_i + RT \ln a_i^\alpha \tag{58.7}$$

$$\mu_i^\beta = \mu_{i0}' + P^\beta V_i + RT \ln a_i^\beta. \tag{58.8}$$

In diesen Definitionen bedeutet das Potential μ_{i0}' einen Standardzustand für die Aktivität 1 bei verschwindend kleinem Druck. (Die reale Bedeutung dieser Größe ist unwesentlich, da sie sich bei den folgenden Rechnungen heraushebt.) Wegen der Gleichgewichtsbedingung Gl. (4) muß nun gelten

$$z_i F (\varphi^\alpha - \varphi^\beta) = z_i F (\psi^\alpha - \psi^\beta) = V_i (P^\chi - P^\beta) + RT \ln (a_i^\beta / a_i^\alpha), \tag{58.9}$$

da es sich wieder um meßbare Potentiale zwischen zwei Phasen gleicher chemischer Zusammensetzung handelt.

Die erste Konsequenz aus den thermodynamischen Beziehungen eines DONNANschen Membrangleichgewichts — auch ohne Berücksichtigung

[1] DONNAN, F. G.: Z. Elektrochem. **17**, 572 (1911).

des Lösungsmitteldurchtritts — ist das Auftreten einer elektrischen Potentialdifferenz und einer osmotischen Druckdifferenz, die auf der ungleichen Zerteilung einer einzigen Ionenart beruhen. Der Ausdruck für die Druckdifferenz läßt sich eliminieren, wenn man die zweite Gleichgewichtsbedingung (5) für die Lösungsmittelmoleküle berücksichtigt. Das chemische Potential des Lösungsmittels einer Elektrolytlösung läßt sich in folgender Form schreiben:

$$\mu_1^{\alpha} = \mu_{01}' + P^{\alpha}\,V_1 - RT\,g^{\alpha}\,\sum_i c_i^{\alpha}$$

$$\mu_1^{\beta} = \mu_{01}' + P^{\beta}\,V_1 - RT\,g^{\beta}\,\sum_i c_i^{\beta}\,. \tag{58.10}$$

Hier berücksichtigen die letzten Glieder auf der rechten Seite der Gleichungen die Nichtidealität der Lösungen durch die Einführung der osmotischen Koeffizienten g^{α} und g^{β} (vgl. § 19). $\sum_i c_i$ ist die Summe der stöchiometrischen Konzentrationen aller in der betreffenden Phase vorhandenen Ionenarten[1]. Rechnet man hieraus die Differenz $P^{\beta} - P^{\alpha}$ aus, ergibt sich

$$P^{\beta} - P^{\alpha} = (RT/V_1)\left(g^{\beta}\,\sum_i c_i^{\beta} - g^{\alpha}\,\sum_i c_i^{\alpha}\right), \tag{58.11}$$

was eingesetzt in Gl. (9) ergibt:

$$\frac{z_i F}{RT}\left(\psi^{\alpha} - \psi^{\beta}\right) = \ln\left(a_i^{\beta}/a_i^{\alpha}\right) + (V_i/V_1)\left(g^{\beta}\,\sum_i c_i^{\beta} - g^{\alpha}\,\sum_i c_i^{\alpha}\right). \tag{58.12}$$

Hieraus lassen sich die Membranpotentiale berechnen, wenn die Aktivitätskoeffizienten der betreffenden Ionen und die osmotischen Koeffizienten bekannt sind. In größeren Verdünnungen ist der letzte Ausdruck der rechten Seite zu vernachlässigen und man erhält:

$$\boxed{\psi^{\alpha} - \psi^{\beta} = \frac{RT}{z_i F}\ln\frac{a_i^{\beta}}{a_i^{\alpha}}} \tag{58.13}$$

Derselbe Ausdruck wäre natürlich gültig, wenn man die osmotische Druckdifferenz durch äußere Mittel (hydrostatischen Druck) zum Verschwinden bringen würde[2]. Aus den Bedingungen der Gleichheit der elektrochemischen Potentiale folgt zwar die Zuordnung der elektrischen Potentialdifferenz zur Druckdifferenz und Aktivität der beteiligten Ionen, jedoch wird nichts über die Verteilung der Ionen zwischen den beiden durch die Membran getrennten Phasen ausgesagt. Eine solche Beziehung wird aber erhalten, wenn man berücksichtigt, daß in beiden Phasen zusammen die Gesamtzahl der positiven Ladungen gleich der Gesamtzahl der negativen sein muß. Bei einer Änderung der freien

---

[1] Näheres über die Thermodynamik der Elektrolytlösungen bei G. KORTÜM: Elektrolytlösungen. Leipzig 1941; GUGGENHEIM, Thermodynamics, loc. cit.

[2] Es ist zu beachten, daß das Membranpotential in (13) den gleichen absoluten Betrag, aber das umgekehrte Vorzeichen hat wie die EMK einer Konzentrationskette. Man orientiere sich hierüber in einem der angegebenen Lehrbücher.

Enthalpie δG, wo dn_+ Mole Kationen und dn_- Mole Anionen aus der Phase α in die Phase β übertreten, ist

$$\delta G = -\mu_+^\alpha\, dn_+ - \mu_-^\alpha\, dn_- + \mu_+^\beta\, dn_+ + \mu_-^\beta\, dn_- \,. \qquad (58.14)$$

Wenn der Einfachheit halber damit gerechnet wird, daß die Ionen einwertig sind, gilt infolge der Bedingung der Elektroneutralität

$$dn_+ = dn_- = dn\,.$$

Im Gleichgewicht ist $\delta G = 0$ und deshalb

$$\mu_+^\alpha + \mu_-^\alpha = \mu_+^\beta + \mu_-^\beta \qquad (58.15)$$

Beim Einsetzen der Gln. (4) und (6) in diese Beziehung heben sich die Ausdrücke für die elektrischen Potentiale heraus. Ersetzt man weiterhin die auftretende Druckdifferenz durch Gl. (11), so erhält man

$$\ln\left(a_+^\beta\, a_-^\beta / a_+^\alpha\, a_-^\alpha\right) = (V_+ + V_-)\left(g^\alpha \sum_i c_i^\alpha - g^\beta \sum_i c_i^\beta\right)\Big/ V_1\,. \qquad (58.16)$$

In verdünnten Lösungen ist die rechte Seite praktisch gleich 0, weshalb in diesen Fällen gilt

$$a_+^\beta\, a_-^\beta = a_+^\alpha\, a_-^\alpha\,. \qquad (58.17)$$

was meistens in der Form

$$a_+^\beta / a_+^\alpha = a_-^\alpha / a_-^\beta \qquad (58.18)$$

geschrieben wird. Bei mehrwertigen Ionen ergibt sich, wie leicht nachzuprüfen ist

$$\left(a_+^\beta / a_+^\alpha\right)^{\frac{1}{z_+}} = \left(a_-^\alpha / a_-^\beta\right)^{\frac{1}{z_-}} \,{}^1. \qquad (58.19)$$

Für verdünnte Lösungen, bei denen der Aktivitätskoeffizient in erster Näherung vernachlässigt werden kann, ist folgende Rechnung für Dialyseversuche aufschlußreich:

Im Innenteil eines Dialysators, der aus zwei Abteilungen gleichen Volumens, wie in Abb. 58.1 bestehen möge, befinden sich Anionen — etwa die eines Proteins bei einem p_H oberhalb des isoelektrischen Punktes —, welche nicht durch die Dialysemembran diffundieren. Im Außenteil befinde sich eine verdünnte HCl-Lösung. Zu Beginn der Dialyse seien die Äquivalentkonzentrationen ($= z_i\, n_i$) der Elektrolyte innen c_i und außen c_a. Nun

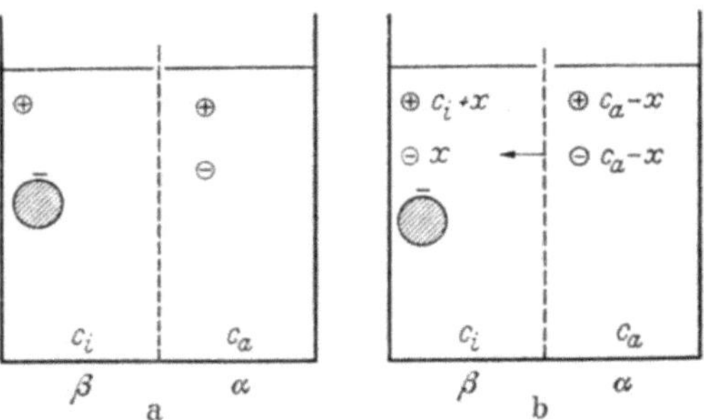

Abb. 58.1. Verteilung der Ionen beim DONNANschen Membrangleichgewicht. a) vor Beginn des Versuchs, b) nach Einstellung des Gleichgewichts. Erläuterung s. Text

---

[1] Es ist zweckmäßiger statt der Aktivitäten das Produkt aus der Konzentration und dem gemeinsamen Aktivitätskoeffizienten $f_\pm$ zu verwenden, wie es bei Berechnungen sowieso nicht anders möglich ist, man erhält dann z. B. für 1—1-wertige Elektrolyte

$$c_+^\alpha\, c_-^\alpha \left(f_\pm^\alpha\right)^2 = c_+^\beta\, c_-^\beta \left(f_\pm^\beta\right)^2$$

werden, da innen keine Cl⁻-Ionen vorhanden sind, diese infolge ihres Verdünnungsbestrebens von außen nach innen wandern und dabei die gleiche Menge an H⁺-Ionen mitschleppen, damit die Elektroneutralität gewahrt bleibt. Ihre Menge sei x. Was sich letzten Endes einstellt, ist durch Gl. (17) gegeben. Es ist:

$$a_+^\beta = c_i + x, \quad a_+^\alpha = c_a - x; \quad a_-^\beta = x \quad \text{und} \quad a_-^\alpha = c_a - x$$

dann gilt nach (17):

$$(c_i + x)\, x = (c_a - x)^2 \tag{58.20}$$

woraus man erhält

$$x = c_a^2/(c_i + 2c_a). \tag{58.21}$$

Wenn $c_a \gg c_i$ ist, ist $x = c_a/2$ (wegen der gleichen Volumen innen und außen!). Überschuß von Elektrolyt gegenüber dem Kolloid läßt die besonderen Verhältnisse des Membranengleichgewichts nicht zur Auswirkung kommen.

Ein Sonderfall des Membrangleichgewichts ist die sog. Membranhydrolyse. Diese kann auftreten, wenn im Außenraum des Dialysators nur Wasser vorhanden ist. Die geringfügige Dissoziation des Wassers ($a_{\mathrm{H}+} = a_{\mathrm{OH}-} = K_w^{1/2}$) sorgt dafür, daß immer H⁺ und OH⁻-Ionen vorhanden sind. Wenn das Kolloid als entgegengesetzt geladene Ionen *keine* Wasserstoff- oder Hydroxyl-Ionen enthält — z. B. Na-Ionen —, werden diese von innen nach außen diffundieren. Beträgt ihre Menge y, werden wegen der Elektroneutralität die gleiche Menge H⁺-Ionen von außen nach innen wandern. Die Konzentration c_i der Na-Ionen wird im Gleichgewicht innen $c_i - y$ und außen y sein, die der H⁺-Ionen innen ist y, da aber die Elektroneutralität erhalten bleiben muß, müssen sich außen die Menge y OH⁻-Ionen bilden. Die Außenlösung wird also alkalisch und die Innenlösung sauer. Wegen Gl. (20) gilt

$$y = (c_i K_w)^{-\frac{1}{3}}$$

Die Messung der Membranpotentiale mit Lösungsmittelüberführung auf direktem Wege bereitet im Gegensatz zu denen ohne Überführung (Glaselektrode) gewisse Schwierigkeiten. Es wird daher vielfach vorgezogen, die Aktivität der einzelnen Ionen in den beiden getrennten Phasen gesondert auf elektrometrischen Wege zu bestimmen[1] und die Potentiale nach Gl. (9) zu berechnen. Würde man im obigen Beispiel, wo HCl neben einem Protein vorhanden als Ableitelektroden Pt-H₂-Elektroden oder Glaselektroden, die auf H-Ionen ansprechen, verwenden, könnte man überhaupt kein Potential feststellen, da die Meßkette in diesem Fall einer Konzentrationskette entspräche, deren Potential, wie aus Gl. (13) hervorgeht, dem Membranpotential gleich und entgegengesetzt gerichtet sein müßte.

Andere Ableitelektroden, z. B. die gebräuchliche Kalomel-Elektrode, deren Potential[2] als Elektrode zweiter Art durch die Cl-Ionenkonzentrationen innerhalb der Elektrode bestimmt ist, sollen nach LOEB[3] zur Messung geeignet sein. Jedenfalls zeigen von ihm angestellte Messungen, daß sowohl Ladungssinn als auch -größe in der nach Gl. (13) zu erwartenden Richtung liegen.

---

[1] Zur Messung ist notwendig, eine durch die auftretende Ionenart potentialbestimmende Elektrode zu verwenden. Z. B. Glaselektroden für H⁺-Ionen, Ag, AgCl-Elektroden für Cl-Ionen usw.

[2] Vgl. dazu G. KORTÜM: loc. cit.

[3] LOEB, J.: Proteins and the Theory of Colloidal Behaviour. 2. Ed. New York 1924.

Aus Gl. (12) kann ein Zusammenhang zwischen der Wertigkeit des *nichtdiffundierenden* Ions und dem Membranpotential abgeleitet werden[1]. Man erhält nach ADAIR[3] dabei folgende Beziehung

$$Z = 0{,}00425\, M_i\, J\, (E/c_\nu)_{c_\nu \to 0} \tag{58.21}$$

Mit ihrer Hilfe gewonnene Werte für die Ladungszahl von Kohlenoxyd-Hämoglobin zeigt die Tab. 58.I nach Messungen von ADAIR und ADAIR[2]. Neben der

Tabelle 58.I. *Wertigkeit von CO-Haemoglobin aus Membranpotentialen bestimmt*[2]

Puffer	Ionenstärke 0,02		Ionenstärke 0,10	
	p_H	Scheinbare Wertigkeit	p_H	Scheinbare Wertigkeit
Na_2HPO_4, NaH_2PO_4	6,28	+ 2,2	6,03	+ 0,3
„ „	6,77	+ 1,0	6,60	− 1,9
„ „	7,46	− 1,6	7,41	− 4,0
„ „	7,79	− 2,9	8,04	− 6,4
Na_2CO_3, $NaHCO_3$	10,09	− 11,3	9,11	− 12,7
„ „	—	—	9,95	− 16,4

Abhängigkeit der Ladung vom p_H, die den Einfluß der Wasserstoffionen als Potential bestimmende Ionen zeigt, ist auch der Einfluß der Ionenstärke von Bedeutung; daraus geht hervor, daß die Aktivitätskoeffizienten in derartigen Systemen nicht zu vernachlässigen sind.

§ 59. Elektrische Doppelschicht

Wir haben in den vorangegangenen Abschnitten darlegen können, daß Differenzen der äußeren Potentiale $\Delta\psi$ zwischen zwei Phasen in gewissen Fällen berechnet und bestimmt werden können, während es für die inneren Potentialdifferenzen $\Delta\varphi$ nicht ohne weiteres möglich ist. Es sei denn, die Grenzflächenpotentiale $\Delta\chi$ könnten entsprechend Gl. (57.1) ermittelt werden. Das ist für die Bestimmung der Ladungszustände dispergierter Substanzen ein großes Hindernis, sofern es sich um solche handelt, bei denen Ladungsträger ungehemmt ausgetauscht werden können (Ag-Sol oder AgHal-Sol in Ag^+-ionenhaltiger Lösung). Das Potential zwischen Teilcheninnerem und Dispersionsmittel wäre ein Galvani-Potential φ, das zwar durch Gl. (57.2) definiert werden kann, aber einer Berechnung, wie auch einer Messung nicht ohne weiteres zugänglich ist.

Hat die Partikel noch eine definierbare Grenzfläche, so kann man zwischen einem Punkt in der Grenzfläche und dem Dispersionsmittel von einem Voltapotential $\Delta\psi$ sprechen (vgl. Abb. 57.2). Solche Potentiale sind in geeigneten Fällen meßbar. Was sie aber eigentlich darstellen, wird um so schwieriger definierbar sein, je weniger es möglich ist, einen Punkt in der Grenzfläche einer kolloiden Partikel festzulegen. Man muß sich also darüber klar sein, daß die Begriffe, äußeres und inneres Poten-

---

[1] Vgl. dazu A. E. ALEXANDER u. P. JOHNSON: Colloid Science, Oxford 1949, S. 81 ff.

[2] ADAIR, G. S. u. M. E. ADAIR: Trans. Faraday Soc. **36**, 23 (1940).

[3] ADAIR, G. S.: Proc. Roy. Soc. [London] Ser. A **126**, 16 (1929).

tial mit kleiner werdenden Partikeln genau so ihren Sinn verlieren, wie es die Begriffe der Grenzfläche und der Adsorption tun. Sollten dann noch irgendwelche Potentialdifferenzen gemessen werden können, darf man sie nicht ohne weiteres mit einem von den beiden Potentialbegriffen identifizieren.

Es gibt nun die Möglichkeit, durch Methoden, die wir noch kennen lernen werden, in kolloiden Systemen diejenigen Zustände zu bestimmen, bei denen die Potentialdifferenz zwischen Partikel und Dispersionsmittel gleich 0 wird. Betrachten wir diese noch als äußere Potentialdifferenzen $\Delta\psi$, so sagt dies über die Größe $\Delta\varphi$ noch nichts aus, da $\Delta\chi$ meist nicht bekannt ist. Gehen wird etwa durch Änderung der Konzentration von überführungsfähigen (potentialbestimmenden) Ionen in einen anderen Zustand über, so gibt es zwei Möglichkeiten: Entweder bleibt $\Delta\chi$ bei der Konzentrationsänderung konstant, dann ist $(\Delta\psi)_I = (\Delta\varphi)_I - (\Delta\varphi)_{\Delta\psi=0}$ wie aus Abb. 59.1 hervorgeht, oder $\Delta\chi$ bleibt nicht konstant, dann ist $(\Delta\psi)_I \neq (\Delta\varphi)_I - (\Delta\varphi)_{\Delta\psi=0}$. Im ersten Fall ist $(\Delta\psi)_I$ nach Gl. (3) berechenbar, im zweiten Fall nicht. Die Schwierigkeit bei realen Fällen liegt aber in der Entscheidung, ob $\Delta\chi$ verändert wird oder nicht[1].

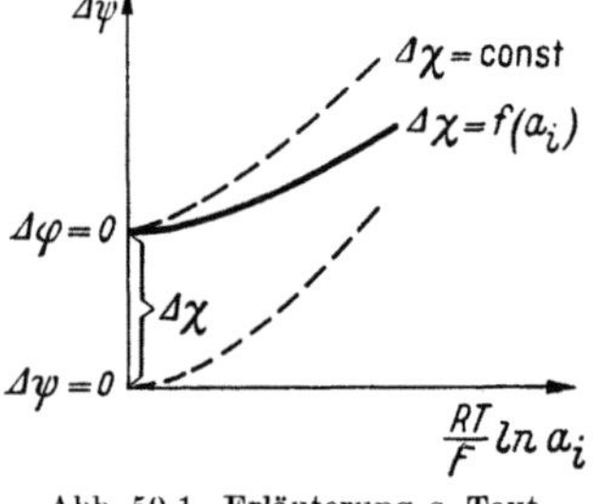

Abb. 59.1. Erläuterung s. Text

Wir wollen uns nun der Erörterung des allgemeinen Falles der Aufladung zweier Phasen zuwenden, bei denen kein Übertritt von Ladungsträgern stattfinden kann. Die wichtigsten Erkenntnisse dieser Vorgänge sind an dem Beispiel Hg-wässerige Elektrolytlösung gewonnen worden, da es nicht nur theoretisch leicht übersehbar, sondern auch der experimentellen Überprüfung gut zugänglich ist. Wir verdanken diesen Untersuchungen die wertvollsten Kenntnisse über das Verhalten und die Struktur der elektrischen Doppelschicht an makroskopischen Grenzflächen, die auch den Zugang zum Verständnis der elektrischen Eigenschaften kolloider Systeme bilden. Es ist sehr viel leichter, diese Eigenschaften aus der Vorstellung der Doppelschicht zu beschreiben und zu verstehen als durch die Begriffe der äußeren und inneren Potentiale, wenn auch diese für den Fall der Ladungsüberführung unentbehrlich sind.

Elektrokapillarität[2]

Die Grenzflächenspannung einer Flüssigkeit ist bestrebt, die Grenzfläche zu verkleinern. Wäre sie geladen, müßte infolge der abstoßenden Wirkung zwischen den einzelnen Ladungsträgern eine der Grenzflächenspannung entgegengesetzt gerichtete Kraft auftreten. Derartiges ist bei Tröpfchen möglich, die in einem Gas dispergiert sind (Aerosole). Sie können Ladungen besitzen, die von einigen bis zu mehreren tausend Elektronen betragen.

[1] VERWEY, J. W. u. H. R. KRUYT: Z. physik. Chem. (A) **167**, 149 (1934); OEL, H. J.: Z. Elektrochem. **59**, 1044 (1955).
[2] Ausführliche Darstellungen bei G. KORTÜM: Lehrb. der Elektrochemie. 2. Aufl. Weinheim/Bergstr. 1957; FRUMKIN, A.: Ergebn. Exakt. Naturwiss. **7**, 234 (1928).

Das chemische Potential solcher geladener Tröpfchen wird nicht mehr durch Gl. (47.23) beschrieben, sondern muß durch einen Zusatz korrigiert werden, der der Ladung Rechnung trägt, was bereits von J. J. THOMSON vorgeschlagen worden ist. Nach TOHMFOR und VOLMER[1] gilt

$$\mu_j - \mu_0 = \left[\frac{2\,\gamma}{r} - \left(\frac{1}{\varepsilon_1} - \frac{1}{\varepsilon_2}\right)\frac{q^2}{8\pi\,r^4}\right]\frac{M}{\varrho\,RT} \qquad (59.1)$$

(q = Ladung pro Teilchen; ε_1 = DK des Gases; ε_2 = DK des Tröpfchens, die übrigen Symbole wie bei 47.23.)

Würde die Grenzfläche zwischen zwei Phasen von der einen Seite etwa durch Ansammlung von Elektronen aufgeladen, müßten auf der anderen durch Induktion Ladungsträger entgegengesetzten Vorzeichens entstehen, so daß sich zu beiden Seiten der Grenzfläche eine Doppelschicht ausbildet. Diese Anordnung beeinflußt die Grenzflächenspannung nur dann, wenn sie *nicht* elektroneutral ist.

LIPPMANN entdeckte, daß man der Grenzfläche Quecksilber/wässerige Lösung ein Potential aufprägen kann. Das Quecksilber wird hierzu metallisch leitend und die wässerige Phase über eine Kalomelelektrode mit einer variablen Spannungsquelle verbunden. Zweckmäßigerweise stößt das Quecksilber in einer Kapillare an die wässerige Lösung und bildet dort einen Meniskus aus; verbindet man es mit einem Manometer, kann seine Grenzflächenspannung jeweils bestimmt werden. Man findet nun einen Zusammenhang zwischen Grenzflächenspannung und aufgeprägtem

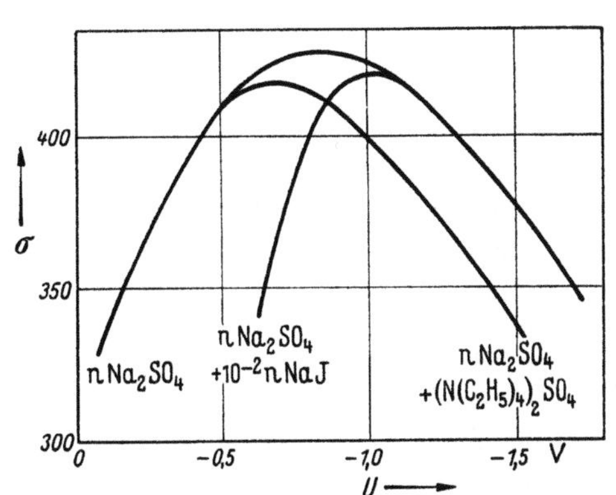

Abb. 59.2. Elektrokapillaritätskurve (σ = Gr.-Fl.-Sp. Hg-wäßrige Na_2SO_4-Lösung, U = Spannung)

Potential, wie ihn Abb. 59.2 zeigt. Je nach dem Potential ändert sich die Grenzflächenspannung und erreicht bei einem bestimmten Wert ein Maximum. Der Effekt läßt sich folgendermaßen verstehen:

Betrachtet man die HELMHOLTZsche Doppelschicht in erster Näherung als einen Plattenkondensator aus zwei Belegungen — die eine befindet sich auf der Quecksilberseite, die andere in der Elektrolytlösung, so kann für die Änderung seiner Energie infolge Änderung der Plattenfläche gesetzt werden:

$$\delta A_{\text{elektr.}} = \psi\,\sigma\,d\Omega. \qquad (59.2)$$

Hierin ist ψ das Potential, σ die Flächenladungsdichte und Ω die Fläche. Man erhält für die Änderung der freien Enthalpie des gesamten Systems

$$\delta G = \gamma\,d\Omega + \psi\,\sigma\,d\Omega + \sum_i \mu_i\,dn_i. \qquad (59.3)$$

---

[1] TOHMFOR, G. u. M. VOLMER: Ann. Physik (5) **33**, 109 (1938).

Diese Gleichung läßt sich wie früher bereits ausführlich beschrieben (s. Anhang I) unter Konstanthaltung der Zusammensetzung des Systems integrieren und erneut allgemein differenzieren, wofür man erhält

$$\Omega \, d\gamma + \sigma \Omega \, d\psi + \sum_i n_i \, d\mu_i = 0 \tag{59.4}$$

oder unter Verwendung von $\Gamma_i = n_i/\Omega$

$$d\gamma + \sigma \, d\psi + \sum_i \Gamma_i \, d\mu_i = 0. \tag{59.4a}$$

Bei konstanter Zusammensetzung ist jedes der $d\mu_i = 0$, weshalb man erhält

$$d\gamma + \sigma \, d\psi = 0 \tag{59.5}$$

oder in anderer Schreibweise

$$- \sigma = (\partial\gamma/\partial\psi)_{n_i = \text{const}} . \tag{59.5a}$$

Dies ist die bekannte HELMHOLTZ-LIPPMANNsche Gleichung, die eine wichtige Differentialbeziehung für die Elektrokapillarkurve der Abb. 59.2 darstellt. Durch nochmalige Differentiation nach ψ erhält man

$$- \frac{\partial\sigma}{\partial\psi} = \left(\frac{\partial^2\gamma}{\partial\psi^2}\right)_{n_i = \text{const}} = C, \tag{59.6}$$

worin $\partial\sigma/\partial\psi$ nach der Lehre der Elektrostatik[1] die Kapazität pro Flächeneinheit der als Kondensator anzusehenden Doppelschicht darstellt. Man bezeichnet sie auch als Differentialkapazität.

Nach der Gl. (5a) sollte bei den Differentialquotienten $d\gamma/d\psi = 0$ die Ladungsdichte der Doppelschicht 0 sein, mit anderen Worten das Maximum der Kapillarkurve einem Zustand entsprechen, bei dem die Ladung der Doppelschicht verschwindet. Hier sollte auch die Grenzflächenspannung ihren durch keinerlei Ladungseffekte beeinflußten „natürlichen" Wert besitzen. (Doch ist zu beachten, daß es sich um einen Nullwert der Potentialdifferenz $\Delta\psi$ handelt, die nicht ohne weiteres die Möglichkeit zu einer Normierung der Potentialdifferenzen $\Delta\varphi$ bietet, die bei einfachen Elektroden auftreten[2].) Die elektrochemischen Aspekte der Elektrokapillarität sind für die kolloidchemischen Fragestellungen von geringerer Bedeutung. Viel wichtiger und einer genauen Beachtung wert ist die Möglichkeit der Beobachtung eines Grenzflächenpotentials, das mit einem anderen beobachtbaren Effekt, nämlich der Grenzflächenspannungserniedrigung zusammenhängt. Wir haben damit eine sehr wichtige Methode für den Nachweis der Existenz von elektrischen Doppelschichten an Phasengrenzflächen gewonnen. Darüber hinaus gestattet das Studium der Elektrokapillarkurve gewisse Einzelheiten der Ionenadsorption in der Grenzschicht aufzuklären.

Jede Anreicherung in der Grenzschicht ruft nämlich eine Veränderung des Verlaufs der Elektrokapillarkurve hervor. Im Idealfall besitzt sie einen parabolischen Charakter; Adsorption von Anionen verschiebt das Maximum zu negativen Potentialen und verändert den positiven Ast.

---

[1] Siehe z. B. CH. GERTHSEN: Physik. 5. Aufl. Berlin 1958.
[2] Vgl. dazu KORTÜM: loc. cit.

Adsorption von Kationen bewirkt das umgekehrte (vgl. Abb. 59.2). Grenzflächenaktive Ionen zeigen auch hier ihre Sonderstellung, bei ihnen werden die Gesetzmäßigkeiten der Ionenadsorption, wie z. B. die HOFMEISTERsche Reihe, nur zum Teil wiedergefunden[1].

Das Potential des Maximums der Elektrokapillarkurve kann auch durch eine Tropfelektrode erhalten werden[2], bei der sich automatisch das Maximum der Grenzflächenspannung einstellt.

Struktur der elektrischen Doppelschicht

Bei der Ableitung der HELMHOLTZ-LIPPMANNschen Gleichung (5a) sind wir von der Vorstellung ausgegangen, daß die elektrische Doppelschicht an der Phasengrenze einem Plattenkondensator entspricht. Obwohl man dann mit den Formeln für Plattenkondensatoren der elementaren Elektrostatik rechnen kann, wird man dem tatsächlichen physikalischen Bild nur wenig gerecht. Vor allem in flüssigen Phasen müssen die Ladungsträger infolge ihrer Wärmebewegung ein Diffusionsbestreben entwickeln, das sie von der Phasengrenze forttreibt. Wenn eine der Belegungen der Doppelschicht in einem Festkörper fixiert ist, so sollte die andere wegen der Wärmebewegung der Ladungsträger genau so eine atmosphärische Verteilung ausbilden, wie es ein Gas im Schwerefeld tut. Der Unterschied zur Atmosphäre besteht nur darin, daß es sich hier um ein elektrisches Feld handelt, das auf Ladungsträger einwirkt. Dieser Gedanke wurde bereits von GOUY[3] im Jahre 1909 präzisiert und von CHAPMAN[4] weiterentwickelt — also lange vor der Entwicklung der DEBYE-HÜCKELschen Theorie für starke Elektrolyte[5].

Die Energie eines Ions in unendlicher Entfernung von der geladenen Grenzfläche ist 0. Wird es in eine bestimmte Entfernung x an diese herangeführt, so wird dabei die elektrische Arbeit $z_i e_0 \psi_x$ geleistet, wenn e_0 die Elementarladung z_i die Wertigkeit und ψ_x das in der Entfernung x herrschende Potential ist. Diese Energie ist nach der elektrostatischen Lehre eine Funktion einer *einzigen* Koordinate, nämlich des Abstands x, weswegen der spezielle BOLTZMANNsche e-Satz angewendet werden kann. Wenn $n_{\infty i}$ die Zahl der Ionen je cm³ der Sorte i in unendlicher Entfernung ist und $n_{x i}$ die Zahl der Ionen je cm³ in der Entfernung x, so gilt nach (20.23)

$$n_{x i} = n_{\infty i}\, e^{-z_i e_0 \psi_x / kT} \cdot {}^{[6]} \tag{59.7}$$

Bei $x = \infty$ ist $\psi = 0$. Bei Vorhandensein nur einer Ionensorte i ist die räumliche Ladungsdichte ($=$ Zahl der Ladungen pro Volumeneinheit)

---

[1] Vgl. dazu FRUMKIN: loc. cit. S. 384.

[2] ERDEY-GRÚZ, T. u. P. SZARKVAS: Z. physik. Chem. (A) **177**, 289 (1936).

[3] GOUY, G.: J. Physique Radium (4) **9**, 457 (1910); C. R. hebd. Séances Acad. Sci. **149**, 654 (1909).

[4] CHAPMAN, D. L.: Philos. Mag. (6) **25**, 475 (1913).

[5] Die Theorie von DEBYE-HÜCKEL und ONSAGER kann hier nicht ausführlich erörtert werden, vgl. dazu G. KORTÜM: loc. cit. S. 156ff.

[6] Zum Unterschied zur DEBYE-HÜCKELschen Theorie, wo die Energie durch den zeitlichen Mittelwert des Potentials in einem Volumenelement bestimmt ist, braucht hier kein Zeitmittelwert verwendet zu werden, da die Ladung in der Grenzfläche zeitlich konstant ist.

in der Entfernung $x =$ der Zahl der sich an dieser Stelle befindlichen Ladungsträger multipliziert mit deren Wertigkeit und der Elementarladung, also $z_i\, e_0\, n_{x\,i}$.

Sind jedoch mehrere Ionensorten unterschiedlicher Wertigkeit anwesend, so wird jedes dieser Ionen ebenfalls nach Gl. (7) verteilt werden. Nur ist ihre räumliche Ladungsdichte ϱ_x dann

$$\varrho_x = e_0 \sum_i z_i\, n_{x\,i} \tag{59.8}$$

und unter Verwendung von (7)

$$\varrho_{x\,i} = e_0 \sum_i z_i\, n_{\infty\,i}\, e^{-\,z_i\, e_0\, \psi/kT}. \tag{59.9}$$

Wir wollen nun die Abhängigkeit des Potentials ψ von der Entfernung x wissen; dieser Potentialverlauf gibt uns gleichzeitig Aufklärung über die Verteilung der Ladungsträger im diffusen Teil der Doppelschicht. Hierzu wird die bekannte Beziehung von POISSON zwischen Ladungsdichte und Potential verwendet[1].

$$\Delta\psi = \partial^2\psi/\partial x^2 + \partial^2\psi/\partial y^2 + \partial^2\psi/\partial z^2 = -\,4\pi\,\varrho/\varepsilon \tag{59.10}$$

($\varepsilon =$ Dielektrizitätskonstante). In unserem Fall ist nur eine einzige Koordinate x als Variable notwendig, so daß gilt

$$\partial^2\psi/\partial x^2 = -\,4\pi\,\varrho/\varepsilon. \tag{59.11}$$

Diese Differentialgleichung läßt sich ohne Schwierigkeiten integrieren; berücksichtigt man, daß

$$\partial^2\psi/\partial x^2 = \frac{1}{2}\,\partial\left(\frac{\partial\psi}{\partial x}\right)^2/\partial x$$

ist und daß die Randbedingungen

$$\lim_{x\to\infty} \psi = 0 \quad \text{und} \quad \lim_{x\to\infty} (\partial\psi/\partial x) = 0$$

gelten müssen, so ist nach Einsetzen von Gl. (9) für ϱ_x

$$\left(\frac{\partial\psi}{\partial x}\right)^2 = -\int_x^\infty \frac{8\pi\,\varrho_x}{\varepsilon}\,dx = -\frac{8\pi\,e_0}{\varepsilon}\int_x^\infty \sum z_i\, n_{\infty\,i}\, e_0\, e^{-\,z_i\, e_0\, \psi/kT}\,dx. \tag{59.12}$$

Die Integration selbst ergibt

$$\left(\frac{\partial\psi}{\partial x}\right)^2 = \frac{8\pi\,kT}{\varepsilon}\sum_i n_{\infty\,i}\left(e^{-\,z_i\, e_0\, \psi/kT} - 1\right). \tag{59.13}$$

Beschränkt man sich auf den Fall eines z, z-wertigen Elektrolyten, so ist $z_+ = -z_- = z$ und $|n_+| = |n_-| = n$. Es ergibt sich dann

$$\left(\frac{\partial\psi}{\partial x}\right)^2 = \frac{8\pi\,kT}{\varepsilon}\left[n\left(e^{+\,z_i\, e_0\, \psi/kT} - 1\right) - n\left(e^{-\,z_i\, e_0\, \psi/kT}\right) - 1\right] \tag{59.14}$$

und

$$\partial\psi/\partial x = (8\pi\,kT\,n/\varepsilon)^{\frac{1}{2}}\left(e^{+\,z\, e_0\, \psi/2kT} - e^{-\,z\, e_0\, \psi/2kT}\right) =$$
$$= (8\pi\,kT\,n/\varepsilon)^{\frac{1}{2}}\,\mathfrak{Sin}\,(z\, e_0\, \psi/2kT)\,.^{*} \tag{59.14a}$$

---

[1] Vgl. dazu GERTHSEN: loc. cit. S. 386.

* Das Minuszeichen in der Klammer entsteht dadurch, daß der Beitrag zur Ladungsdichte der entgegengesetzt geladenen Ionen sinngemäß abgezogen werden muß.

Zur nochmaligen Integration setzt man $-z\,e_0\,\psi/2\,kT = y$, woraus man $dy\,2\,kT/z\,e_0 = d\psi$ erhält. Einsetzen in (14) führt zu

$$\frac{2\,kT}{z\,e_0}\int_{y_0}^{y}\frac{dy}{\mathfrak{Sin}\,y} = \left(\frac{8\pi\,n\,kT}{\varepsilon}\right)^{\frac{1}{2}}\int_{0}^{x}dx, \tag{59.15}$$

woraus man erhält

$$\ln\left[\mathfrak{Tang}\,(y_0/2)/\mathfrak{Tang}\,(y/2)\right] = (8\pi\,n\,z^2\,e_0^2/\varepsilon\,kT)^{\frac{1}{2}}\,x \tag{59.16}$$

$$(y = -z\,e_0\,\psi/2\,kT).$$

Der Ausdruck

$$(8\pi\,n\,z^2\,e_0^2/\varepsilon\,kT)^{\frac{1}{2}} \tag{59.16a}$$

ist mit der aus der DEBYE-HÜCKELschen Theorie sich ergebenden Größe $\varkappa$ identisch, der sich dort in ähnlicher Weise aus der Rechnung ergibt. Entwickelt man die e-Funktionen in entsprechende Reihen, so kann man jede Reihe nach dem zweiten Glied abbrechen, wenn $z\,e_0\,\psi \ll kT$ ist. Man erhält dann die einfache Beziehung

$$\boxed{\psi = \psi_0\,e^{-\varkappa\,x}}, \tag{59.17}$$

wobei ψ_0 das Potential an der Stelle $x = 0$ ist, also unmittelbar an der Grenzfläche, in der sich die Ladung (m. a. W. die *eine* Seite der Doppelschicht) befindet, und somit das äußere Volta-Potential der zweiten Phase darstellt. Ist $1/\varkappa = x$, so ist $\psi = \psi_0\,e^{-1}$; $1/\varkappa$ ist also die Entfernung, in der das Potential auf den e-ten Betrag abgefallen ist. Man bezeichnet daher $1/\varkappa$ als die Dicke des diffusen Teils der Doppelschicht (während es in der Theorie der starken Elektrolyte der Dicke der Ionenwolke entspricht). Diese Dicke beschreibt nun einige sehr wichtige Eigenschaften der Doppelschicht.

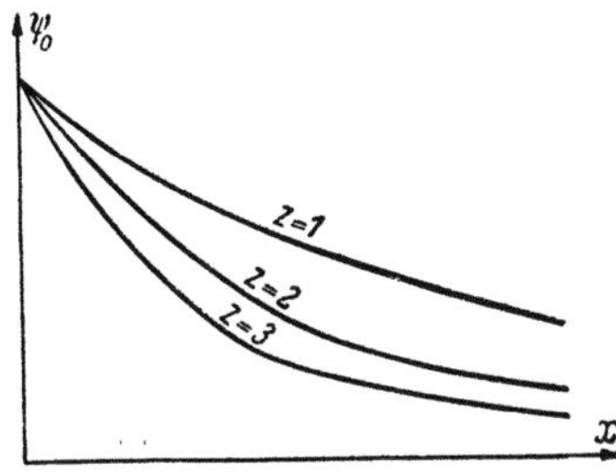

Abb. 59.3. Einfluß der Wertigkeit z der Gegenionen auf den Verlauf des Potentials ψ_0. Erläuterung s. Text

Je höher nämlich die Konzentration n der Ionen, um so geringer ist die Ausdehnung der Doppelschicht, noch stärker ist der Einfluß ihrer Wertigkeit, wie es Abb. 59.3 demonstriert. Da sich der Begriff der Ionenstärke weitgehend eingebürgert hat mit

$$J = \frac{1}{2}\sum_i z_i^2\,m_i$$

(m_i = Molarität = Mol/1 L Lösungsmittel), schreibt man für $\varkappa$ auch

$$\varkappa = (8\pi\,e_0\,1000/\varepsilon\,kT)^{\frac{1}{2}}\sqrt{J}. \tag{59.18}$$

Die Ausdehnung der Doppelschicht ist demnach in erster Näherung umgekehrt proportional der Wurzel aus der Ionenstärke.

Aus der Theorie der diffusen Doppelschicht läßt sich auch eine Beziehung zwischen dem Potential ψ_0 und der Flächenladungsdichte σ_0 ableiten. Die gesamte Grenzflächenladung muß nämlich entgegengesetzt gleich der gesamten Raumladung des diffusen Teils der Doppelschicht sein. Es gilt also

$$\sigma_0 = -\int\limits_0^\infty \varrho \, dx. \tag{59.19}$$

Aus den Gln. (11) und (14) erhält man dann

$$\sigma_0 = (\varepsilon \, kT/2\pi)^{\frac{1}{2}} \, \mathfrak{Sin} \, (z \, e_0 \, \psi_0/2 \, kT), \tag{59.20}$$

da bei $x \to \infty$ $\partial\psi/\partial x = 0$ ist und wenn man sich auf einen z, z-wertigen Elektrolyten beschränkt. Für kleine Potentiale ($z \, e_0 \, \psi_0 \ll kT$) erhält man daraus

$$\sigma_0 = \frac{\varepsilon \, \varkappa}{4 \, \pi} \psi_0. \tag{59.21}$$

Die Dicke der Grenzschicht $1/\varkappa$ kann formell als der Abstand der Platten in einem Plattenkondensator betrachtet werden. Dann ist Gl. (21) auch die Gleichung eines Plattenkondensators, und der diffusen Doppelschicht käme eine Kondensatorkapazität der Größe

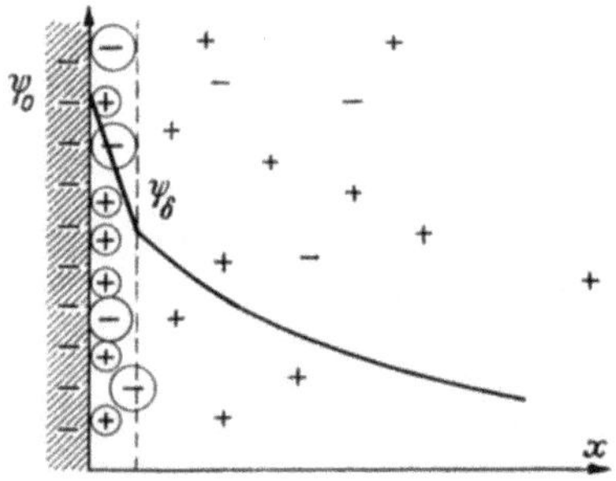

$$C = \sigma_0/\psi_0 = \varepsilon \, \varkappa/4\pi \tag{59.22}$$

zu. Im Grunde genommen sind die elektrostatischen Eigenschaften der diffusen Doppelschicht nach GOUY-CHAPMAN die gleichen wie die des einfachen HELMHOLTZschen Modells, nur hängt der in der Flüssigkeit befindliche Teil der Schicht von Art und Menge der darin befindlichen Ionen ab.

Abb. 59.4. Modell einer STERNschen Doppelschicht. Erläuterung s. Text

Obwohl erst in neuester Zeit genauere Meßdaten besonders über die Kapazitäten solcher Doppelschichten bekannt geworden sind, ist das Modell der diffusen Doppelschicht schon im Jahre 1924 von STERN[1] modifiziert worden. Er wurde dazu durch die — erst später zu besprechenden — Ergebnisse veranlaßt, die bei elektrokinetischen Erscheinungen beobachtet werden. Nach § 53 werden Ionen an festen oder flüssigen Grenzflächen in mehr oder weniger spezifischer Weise adsorbiert, wobei nicht nur rein elektrostatische Kräfte wirksam werden. Die Struktur der Doppelschicht hat nach STERN folgende Merkmale:

Eine Belegung der Doppelschicht sitzt ebenfalls, wie Abb. 59.4 zeigt, in der Grenzfläche der angrenzenden Phase. In der flüssigen Phase schließt sich daran aber eine Schicht an, die die spezifisch adsorbierten Ionen enthält, welche entgegengesetzt geladen sind und natürlich nicht frei beweglich sein können. Sie bilden sozusagen einen unvollständigen und durchlöcherten zweiten Teil einer HELMHOLTZschen Doppelschicht. Dieser anhaftenden Schicht folgt dann ein diffuser Teil, der den Rest der entgegengesetzten Ladungen enthält und dem Modell nach GOUY-

---

[1] STERN, O.: Z. Elektrochem. **30**, 508 (1924).

CHAPMAN entspricht. In der Adsorptionsschicht können natürlich auch Lösungsmittelmoleküle und ein Teil gleichgeladener Ionen festgehalten werden, wie Abb. 59.4 zeigt. Nun kann das Potential mit der Entfernung von der Grenzfläche nicht mehr stetig abnehmen, im HELMHOLTZschen Teil der Adsorptionsschicht fällt es linear ähnlich wie in einem Plattenkondensator ab und von dessen äußerer Grenze an entsprechend Gl. (17).

Die mathematische Beschreibung dieser Struktur wurde von Stern unter Zuhilfenahme der LANGMUIRschen Adsorptionsisotherme vorgenommen. Man kann nämlich annehmen, daß die Gesamtdoppelschicht sich aus zwei in Serie geschalteten Kondensatoren zusammensetzt. Die Kapazität des einen Kondensators (Abb. 59.4 bei $\psi \delta$) ist durch das Potential ψ_δ und die Ladungsdichte σ_δ festgelegt. Die Kapazität des äußeren (GOUY-CHAPMAN-)Kondensators ist durch das Potential ψ_ω und die Ladungsdichte σ_ω bestimmt. Zieht man die Beziehung für die in Serie geschalteten Kondensatoren heran

$$1/C_0 = 1/C_\omega + 1/C_\delta, \tag{59.23}$$

so ist die Kapazität des äußeren Kondensators nach Gl. (18) und (22)

$$C_\omega \sim 1/\sqrt{J}.$$

Bei großen Ionenstärken verschwindet die Kapazität der äußeren Schicht, so daß $C_0 = C_\delta$ wird. Hingegen wird sie bei kleinen Ionenstärken durch die äußere Schicht bestimmt. Hier ist $C_0 = C_\omega$. Durch die Betrachtung als in Serie liegender Kondensatoren kann die Flächenladungsdichte durch Kombination von Gl. (20) und Gl. (23) sowie der Bedingung, daß Elektroneutralität herrschen muß, gesetzt werden

$$\sigma_0 = \sigma_\omega + \sigma_\delta \tag{59.24}$$

σ_ω ist gleich der Zahl der Ladungsträger, die pro cm² Grenzfläche adsorbiert sind und die wir als Γ^+ oder Γ^- bezeichnen wollen.

Unter Zuhilfenahme von Gl. (58.2) ist die Größe $\Delta\mu_\delta$ nur als Differenz der Standardwerte der elektrochemischen Potentiale im Zustand der Adsorption und der Lösung einzusetzen, so daß gilt

$$\Delta\mu_\sigma^+ = \overset{*+}{\mu}_{0\omega} - \overset{*+}{\mu}_{0\alpha}. \tag{59.25}$$

Ist weiterhin x der Molenbruch des Elektrolyten, z seine Wertigkeit und Γ_0 die Zahl der verfügbaren Adsorptionsstellen in der Grenzschicht, so gilt

$$\Gamma^+ = \Gamma_0 \left[x/(x + e^{\Delta\mu_\sigma^+/kT}) \right] \tag{59.25}$$

und eine analoge Gleichung für Γ^-.

Die Ladungsdichte pro cm² ist dann gleich der Differenz der adsorbierten Kationen und Anionen multipliziert mit ihrer Wertigkeit und der Elementarladung e_0. Man erhält also

$$\sigma_\omega = z\, e_0\, (\Gamma^+ - \Gamma^-), \tag{59.26}$$

wobei vorausgesetzt wurde, daß ein z, z-wertiger binärer Elektrolyt vorliegt. σ_δ kann nach Gl. (22) berechnet werden, wenn das Potential der äußeren diffusen Schicht ψ_δ eingesetzt wird.

Obwohl das STERNsche Modell der Doppelschicht die Verhältnisse qualitativ sehr viel besser wiedergibt als das GOUY-CHAPMANsche Modell, so sind andererseits numerische Berechnungen, abgesehen von ihrer Kompliziertheit, meist nicht durchführbar, da keine Angaben über die Größen $\Delta\mu_\sigma^+$ und $\Delta\mu_\sigma^-$ gemacht werden können. Eine sehr wichtige Ver-

feinerung und Verbesserung, die nicht nur numerische Werte anzugeben
gestattet, sondern diese auch durch Messungen an der hierfür besonders
geeigneten Quecksilberelektrode zu kontrollieren vermag, rührt von
GRAHAME[1] und Mitarbeitern her. Gerade an dieser Elektrode lassen sich
sowohl Kapazität als auch Ladungsdichte leicht nach mehreren Methoden messen. Die Elektrokapillarkurve liefert, wie wir gesehen haben, den
einfachsten Zusammenhang zwischen meßbaren Größen und der gesamten Flächenladungsdichte in Gl. (5a) wie auch der Kapazität durch
Gl. (5b). Wenn man die mit großer Wahrscheinlichkeit zutreffende
Annahme macht, daß die Gleichung der GOUY-CHAPMANschen Doppelschicht die Flächenladungsdichte der *äußeren* Schicht richtig wiedergibt,

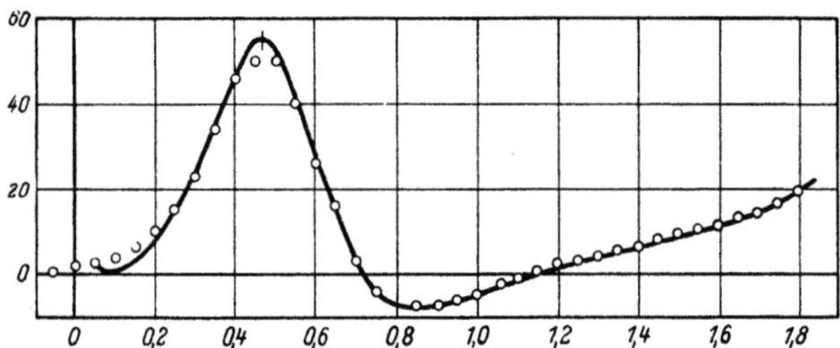

Abb. 59.5. $dC/d\mu_i$ als Funktion des Polarisationspotentials. Ausgezogene Linie: Theoret. berechnet,
Kreise: Meßpunkte nach GRAHAME loc. cit.

läßt sie sich aus der Ionenstärke und den sonstigen Angaben leicht
berechnen. Bestimmt man die gesamte Flächenladungsdichte σ_0 durch
Messung, erhält man die Größe σ_ω durch Subtraktion.

GRAHAME benutzte zur Messung der Kapazität nicht die elektrokapillare
Erscheinung selbst, da jene als zweiter Differentialquotient der Elektrokapillarkurve nur ungenau zu bestimmen ist. Es ist zweckmäßiger, der am Quecksilber
liegenden Gleichspannung eine Wechselstromkomponente zu überlagern und die
Kapazität Quecksilber-Lösungsmittel mittels einer Wechselstrombrücke zu messen.
Die Verwendung moderner Meßmethoden der Wechselstromtechnik (Oscillo-
graphen als Nullinstrument) führt zu sehr genauen Werten der Kapazität, so daß die
Rekonstruktion der Elektrokapillarkurve durch zweimalige Integration sicherer ist
als deren direkte Messung. Bei der eigentlichen Messung wird die Größe C erhalten.
Die Kapazität der inneren HELMHOLTZ-Schicht kann nach zwei Methoden bestimmt
werden: Entweder es wird die Differenz aus der gemessenen Kapazität C und der
Größe C_δ gebildet, die nach Gl. (23) berechnet werden kann, oder man bestimmt C
durch Integration der Gl. (20) unter Berücksichtigung der Tatsache, daß σ beim
Maximum der Elektrokapillarkurve gleich Null ist. Man erhält damit

$$\sigma = \int\limits_{U(\sigma=0)}^{U} C\,dU.$$ Die Auswertung nach diesem Verfahren führt zu einem allge-

meinen bedeutsamen Ergebnis:

In Lösungen von KF wurde nämlich gefunden, daß die Kapazität C völlig
unabhängig von der Konzentration des KF ist. Andererseits ergab sich, daß die
Gesamtkapazität sehr genau aus C und der nach der GOUY-CHAPMANschen Theorie
berechneten Kapazität C_δ bestimmen läßt, und zwar ebenso unabhängig von der
Konzentration. Abb. 59.5 zeigt dies in eindringlicher Weise, wo gemessene Werte
von $\partial C/\partial\mu_i$ den berechneten als Funktion des Polarisationspotentials gegenübergestellt sind (vgl. auch w. u.). Daraus geht hervor, daß die GOUY-CHAPMANsche

---

[1] GRAHAME, D. C.: Z. Elektrochem. **59**, 773 (1955).

Theorie als gesichert gelten kann. Weswegen die STERNsche Theorie versagt, liegt daran, daß KF *nicht* — besser gesagt weder das K^+- noch das F^--Ion —, an der Quecksilbergrenzfläche spezifisch adsorbiert wird. Damit ist gemeint, daß die Belegung der Grenzschicht δ ausschließlich (!) durch elektrostatische Kräfte hervorgerufen wird.

Unterscheiden wir wieder zwischen spezifischer und unspezifischer Adsorption der Ionen, so sollte letztere durch rein elektrostatische Kräfte nur bei solchen Ionen auftreten, deren Hydrathülle *nicht* durch Wechselwirkung mit der Grenzfläche abgestreift wird (vgl. § 55). Das Ion sitzt in einem Käfig und kann sich der Grenzfläche nicht vollständig nähern. Von den einfachen positiven Ionen zeigen K^+, La^+ und NH_4^+-Ionen von den negativen die F^--Ionen ein solches Verhalten. Da diese hydratisierten Ionen nur durch die entgegengesetzten Ladungen in der Grenzfläche angezogen werden, muß ihre Grenzflächenkonzentration der Flächenladungsdichte proportional sein. Das gleiche gilt dann auch für die Kapazität C. Dieses Verhalten wurde durch die Untersuchung von GRAHAME vollständig bestätigt.

Messungen der Differentialkapazität bzw. der Flächenladungsdichte σ an solchen unpolarisierbaren Elektroden wie die Quecksilberelektrode können sehr wichtige Aufschlüsse über die adsorbierten Ionenmengen geben, auch wenn unspezifische Kräfte am Werk sind. Das geht aus folgendem Zusammenhang hervor: Ziehen wir Gl. (4a) heran, welche in folgender Form geschrieben werden kann, wenn wir nur eine einzige Ionensorte i betrachten:

$$d\gamma/d\overset{*}{\mu}_i = \qquad (59.27)$$

$$= d\gamma/d\mu_i + \varrho_f\, d\psi/d\mu_i = -\Gamma_i.$$

Da weiterhin $d\mu_i = RT\, d \ln a_i$ ist und das Potential durch Anlegen einer äußeren Spannung bei Veränderung der Aktivität der Ionen konstant gehalten werden kann, ergibt sich

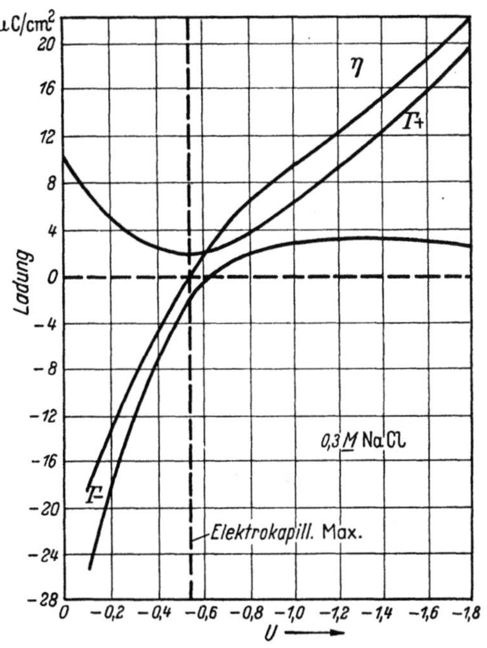

Abb. 59.6. Abhängigkeit der Grenzflächenkonzentrationen Γ^+ und Γ^- sowie der Flächenladungsdichte $\eta = \Gamma^+ + \Gamma^-$ vom Potential einer Hg-Grenzfläche gegen 0,3 mol NaCl. Nach GRAHAME u. SODERBERG, loc. cit.

$$\Gamma_i = -(1/RT)\,(\partial\gamma/\partial \ln a_i)_{\psi\,=\,\text{const}} \qquad (59.28)$$

$d\gamma/d\mu_i$ läßt sich entweder durch Messung der Grenzflächenspannung bei konstantem Potential und veränderlicher Ionenaktivität bestimmen oder nach der Methode von GRAHAME[1]. Es ist nämlich

$$(\partial C/d\mu_i)_{\psi\,=\,\text{const}} = (\partial\,(\partial\sigma/\partial\psi)/\partial\mu_i)_{\psi\,=\,\text{const}} = (\partial\,(\partial^2\gamma/\partial\psi^2)/\partial\mu_i),$$

woraus $d\gamma/d\mu_i$ durch zweimalige Integration über ψ gewonnen werden kann. Solche Bestimmungen wurden für eine Reihe von Ionen vorgenommen.

Die von GRAHAME erhaltenen Ergebnisse sind insofern bedeutungsvoll als sie zeigen, daß

1. Anionen zu allermeist *spezifisch* adsorbiert werden, also unter partieller Dehydratation. In der Abb. 59.6 sind die Grenzflächenkon-

---

[1] GRAHAME, D. C. u. B. A. SODERBERG: J. chem. Physics **22**, 449 (1954).

zentrationen des Natriums- und des Chlorions dargestellt, die auf die beschriebene Weise gewonnen worden sind. Wird die Polarisation der Quecksilbergrenzfläche positiver, so nimmt die Anionendichte, ausgedrückt durch ihre Flächenladungsdichte stark zu. Doch nimmt die Ladungsdichte der Kationen in diesem Gebiet ebenfalls zu, was sich nur dadurch erklären läßt, daß mehr Anionen an der Grenzfläche adsorbiert werden als positive Ladungen im Quecksilber vorhanden sind. Der so entstehende Überschuß an negativen Ladungen kann nur kompensiert werden, wenn

2. Kationen zusätzlich adsorbiert werden, um wieder Elektroneutralität herzustellen.

Räumlich ist dies so vorstellbar, daß wie in Abb. 59.4 die Anionen unmittelbar an der positiv geladenen Quecksilbergrenzfläche adsorbiert werden und auf diese Schicht eine weitere Schicht von Kationen folgt. Erst von da schließt sich der diffuse Teil an. Da sich zumindest aus den Messungen von Quecksilbergrenzflächen-Differentialkapazitäten die Grenzflächenkonzentrationen der Anionen und Kationen, das Potential der äußeren HELMHOLTZ-Schicht, sowie die Kapazität der GOUY-CHAPMAN-Schicht für eine größere Zahl von Elektrolyten angebbar sind und dabei die von STERN angenommene spezifische Ionenadsorption bestätigt werden konnte, ist es sehr wahrscheinlich, daß dieses Bild auch bei anderen geladenen Grenzflächen richtig ist. Doch ist eine experimentelle Nachprüfung bereits bei festen Metallen äußerst schwierig und bei nicht leitenden Körpern überhaupt nicht möglich[1].

§ 60. Elektrokinetische Erscheinungen

Wenn jetzt versucht werden wird, die für elektrisch geladene Grenzflächen so sehr charakteristischen elektrokinetischen Erscheinungen verständlich zu machen, werden sich die im vorstehenden Kapitel behandelten Vorstellungen, besonders die der STERNschen Doppelschicht, als sehr nützlich erweisen.

Läßt man eine Flüssigkeit durch ein enges Rohr mit konstanter Geschwindigkeit strömen, kann man feststellen, daß an den beiden Rohrenden eine Potentialdifferenz auftritt. Ein hierfür geeigneter Apparat ist in Abb. 61.2 dargestellt, dessen Arbeitsweise ohne weitere Erläuterungen verständlich ist. Um Kontaktpotentiale auszuschalten, muß die elektrische Messung mit unpolarisierbaren Elektroden (z. B. mit Kalomelelektroden, wenn wässerige Lösung verwendet werden) ausgeführt werden[2]. Die wahrnehmbare Potentialdifferenz ist abhängig

---

[1] GRAHAME spricht bei der spezifischen Adsorption der Anionen von einer Art covalenten Bindung dieser Ionen mit der Metallgrenzfläche. Voraussetzung dafür soll sein, daß sich die Ionen eines Teils ihrer Hydrathülle entledigen können. Kationen haben gleiche Hydratstruktur wie eine Quecksilbergrenzfläche, das Sauerstoffatom des Wassers ist auf das Kation hin gerichtet, während beim Anion die Verhältnisse umgekehrt sind. Die Reihenfolge der Affinität der Anionen zur Grenzfläche muß einer HOFMEISTERschen Reihe (vgl. § 55) gehorchen.

[2] An sich muß an den Berührungsstellen der zu messenden Flüssigkeit (bei G) und der Elektrodenflüssigkeit ein Diffusionspotential auftreten. Verwendet man an beiden Enden des Rohres die gleiche Ableitelektrode, heben sich die Diffusionspotentiale weitgehend heraus. Über Diffusionspotentiale vgl. KORTÜM: loc. cit.

von der Strömungsgeschwindigkeit der Flüssigkeit und vom Material der festen und flüssigen Phase, aber nicht vom Querschnitt der Kapillare. Man bezeichnet diesen Effekt als *elektrokinetisches* Potential oder auch Strömungspotential.

Bemerkenswerterweise ist der Vorgang umkehrbar. Verbindet man in geeigneter Weise die beiden Enden der Kapillare (Abb. 61.2) mit einem empfindlichen Manometer und legt an die Rohrenden von außen eine elektrische Potentialdifferenz an, beginnt die Flüssigkeit zu strömen, bis sich ein Druck einstellt, der dem Fließen ein Ende setzt. Der Druck ist um so höher, je größer die angelegte Spannung ist, auch hier besteht wieder eine Abhängigkeit von den verwendeten Materialien, jedoch nicht vom Radius der kapillaren Durchmesser, sofern diese nicht zu klein sind. Dieses Effekt nennt man *Elektroosmose*.

Bei diesen Beispielen war die feste Phase unbeweglich und die Flüssigkeit beweglich. Auch diese Verhältnisse lassen sich umkehren. Wäre die verwendete Kapillare aus Quarz und die Flüssigkeit eine wässerige Natriumsulfatlösung entsprechend hoher Dichte gewesen, könnte nun das Quarz zu kleinen Partikeln zerteilt in die wässerige Natriumsulfatlösung eingebracht werden. Wir hätten es dann mit einem echten dispersen System zu tun. Füllt man diese Quarzsuspensionen in ein entsprechend weites U-Rohr, wie es ursprünglich von NERNST für den Nachweis der Wanderung gefärbter Ionen verwendet worden ist, und bringt in jeden Schenkel des U-Rohrs eine Elektrode ein, so wird man nach Anlegen einer Spannung bemerken, daß sich die Quarzteilchen im elektrischen Feld bewegen. Sehr geeignet zur Untersuchung dieses Effektes ist auch eine Anordnung, die die Wanderung der Partikeln mikroskopisch zu beobachten gestattet, wie sie von ABRAMSON angegeben wurde[1]. Mit solcher Technik läßt sich einwandfrei feststellen, daß die Wanderungsgeschwindigkeit der mikroskopisch sichtbaren Teilchen im elektrischen Feld im allgemeinen von ihrer Größe unabhängig ist. Hingegen hängt sie vom angelegten äußeren Potential sowie von den Eigenschaften der dispergierten Substanz und des Dispersionsmittels ab. Dieser Effekt wird als *Elektrophorese* oder auch *Kataphorese* bezeichnet (vgl. Abb. 61.1 u. 61.4).

Logischerweise muß auch dieses Phänomen wie die beiden vorangegangenen umkehrbar sein. Wenn durch eine elektrische Potentialdifferenz eine Bewegung hervorgerufen werden kann, muß durch eine Bewegung der Partikeln auch eine elektrische Spannung entstehen. Der Nachweis dieser *Strömungspotentiale* läßt sich vor allem bei solchen Systemen leicht erbringen, die nicht zu kleine Partikeln enthalten und relativ rasch sedimentieren. Das durch eine Sedimentation verursachte Strömungspotential muß natürlich von der Teilchengröße abhängen, da die Sedimentationsgeschwindigkeit durch sie bestimmt ist. Praktisch ist dieser Effekt von geringer Bedeutung, er spielt allerdings bei Sedimentationsvorgängen von Elektrolyten in der Ultrazentrifuge eine Rolle, worauf bereits in § 14 hingewiesen worden ist.

---

[1] ABRAMSON, H. A.: J. physic. Chem. **35**, 289 (1931).

Zur Erläuterung der elektrokinetischen Erscheinungen, wie man sie zusammengefaßt nennt, genügt es, einen der vier Effekte zu betrachten. Elektrokinese und Strömungspotential lassen sich beispielsweise folgendermaßen deuten: Wird eine Flüssigkeit relativ zur Grenzfläche bewegt, so muß sie die Ionen der äußeren Doppelschichtbelegung mitnehmen, wirkt andererseits auf die Ionen der äußeren Schicht ein elektrisches Feld, so müssen diese bei ihrer Bewegung die Flüssigkeit mitnehmen (vgl. Abb. 60.1). Die theoretische Behandlung kann sich auf die im Gleichgewichtszustand eingestellte gleichförmige Bewegung beschränken,

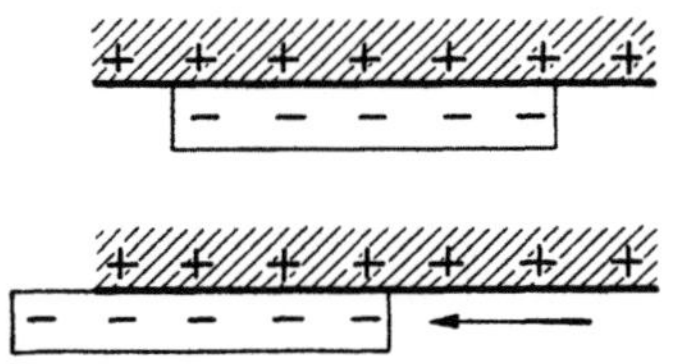

Abb. 60.1. Mitnahme des beweglichen Teils einer Doppelschicht durch Strömung oder elektrostatische Einwirkung

wo wieder die von außen wirkende Kraft gleich der Reibungskraft werden muß, die durch die gegenseitige Verschiebung einzelner Flüssigkeitslamellen hervorgerufen worden ist.

Wie in Abb. 16.1 dargestellt ist, ändert sich die Strömungsgeschwindigkeit v mit dem Abstand x von der Kapillarenwand. Nach der hydrodynamischen Theorie ist die Reibungskraft zwischen zwei Flüssigkeitslamellen gleich dem Unterschied ihrer Geschwindigkeitsgradienten multipliziert mit der Viskosität der Flüssigkeit η. Wir erhalten also

$$\Re = [(\partial v/\partial x)_{x+dx} - (\partial v/\partial x)_x]\,\eta = \eta\,\partial^2 v/\partial x^2. \tag{60.1}$$

Die elektrische Kraft, die auf die äußere Doppelschicht wirkt, ist gleich der Flächenladungsdichte σ multipliziert mit der Feldstärke. Gleichsetzen beider Kräfte ergibt:

$$\sigma\,\mathfrak{E} = \eta\,\partial^2 v/\partial x^2. \tag{60.2}$$

Die Flächenladungsdichte kann nun wieder durch die Poissonsche Gleichung (59.11) ausgedrückt werden, da nur eine Koordinate berücksichtigt zu werden braucht. Wir erhalten also

$$\mathfrak{E}\,\frac{\varepsilon}{4\,\pi}\,\frac{\partial^2 \psi}{\partial x^2} = \eta\,\frac{\partial^2 v}{\partial x^2}. \tag{60.3}$$

Diese Gleichung läßt sich leicht zwischen $x = 0$ — wo v ebenfalls $= 0$ ist — und x mit den Grenzbedingungen $\lim\limits_{x \to \infty} \psi = 0$ und $\lim\limits_{x \to \infty} (\partial \psi/\partial x) = 0$ integrieren. Es ergibt sich dann

$$v_x = (\varepsilon\,\mathfrak{E}/4\pi\,\eta)\,\psi_{(v=0)}. \tag{60.4}$$

Wir haben mit Absicht ein Potential $\psi_{(v=0)}$ gewählt, über dessen Bedeutung wir bis jetzt noch nichts ausgesagt haben. Offensichtlich muß es die Potentialdifferenz zwischen der Stelle sein, an der sich die Flüssigkeit nahe der Grenzfläche befindet und sich nicht mehr bewegt und dem Flüssigkeitsinnern. Da man aus der Strömungslehre der Flüssigkeiten weiß, daß sich die Strömungsebene mit der Geschwindigkeit Null nie direkt an der Grenzfläche selbst, sondern um eine oder mehrere Moleküllagen von dieser entfernt befindet, kann es sich bei

unserem elektrokinetischen Potential sicher nicht um ein äußeres Grenzflächenpotential handeln, das einen Voltapotential (ψ) entspricht.

Daß dies nicht der Fall ist, wird sehr eindrucksvoll durch einen auf
FREUNDLICH zurückgehenden Versuch von ABRAMSON[1] bewiesen. Wir
haben gesehen, daß das (Galvani)-Potential einer Glaselektrode thermodynamisch definierbar und durch
eine geeignete Anordnung leicht
meßbar ist. Es ist ausschließlich
abhängig vom p_H der Lösung, in
welche die Glaselektrode eintaucht.
Wenn man dieser nun die Form
einer Kapillare gibt, lassen sich
Messungen des p_H-Werts durch
Anbringen geeigneter Ableitelektroden leicht ausführen. Ebenso
läßt sich das elektrokinetische Potential zwischen Glas und Flüssigkeit leicht feststellen, wenn die
Lösung durch die Kapillare bewegt
wird. Nun besitzen Proteine die
Eigenschaft, auf Glasoberflächen
adsorbiert zu werden und diesen
einen Wert des elektrokinetischen
Potentials zu erteilen, der für das
betreffende Protein charakteristisch ist. So besitzt beispielsweise bei p_H 5,2 das Serumalbumin eine negative und das Serumglobulin eine positive Ladung, was
sich dadurch feststellen läßt, daß
bei der Adsorption des einen Proteins ein Strömungspotential positiven Vorzeichens und bei der
anderen ein solches negativen Vorzeichens entsteht. Obwohl die Glasoberfläche verschiedene Proteine
adsorbiert hatte, wurde in beiden
Fällen aber der *gleiche* p_H-Wert gemessen! Das thermodynamische
(Galvani-) Potential hat sich ungeachtet der Adsorption der Proteine *nicht* geändert, während das
elektrokinetische durch die Adsorp-

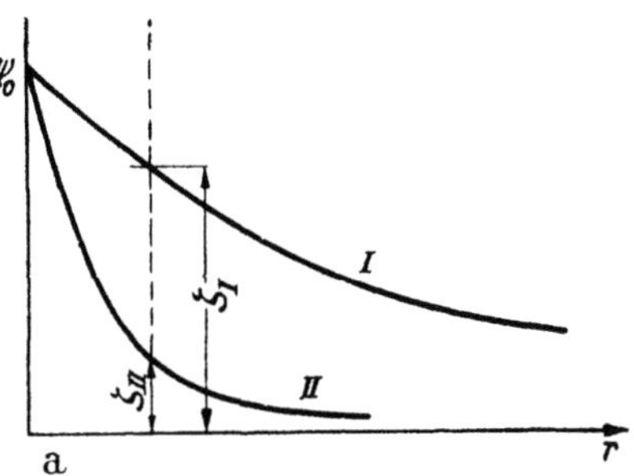

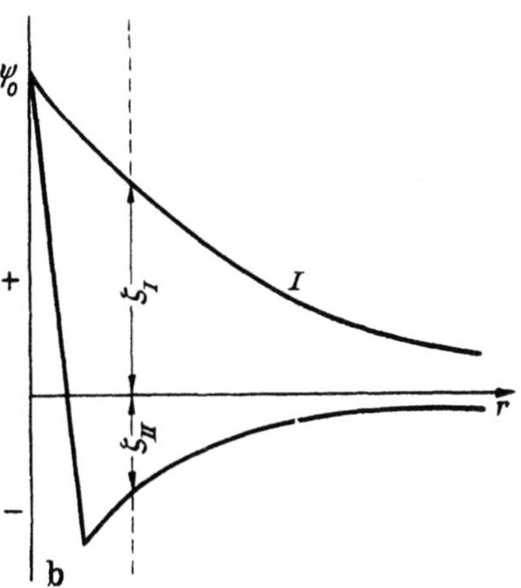

Abb. 60.2. a) ζ-Potential an der Gleitfläche
einer Grenzschicht (gestrichelte Linie) im Vergleich zum Potential ψ, das durch die GOUY-
CHAPMANsche Ionenverteilung gegeben ist
(Kurve I). Änderung des Potentialverlaufs
durch Erhöhung der Ionenstärke (Kurve II),
dadurch Änderung von ζ_I zu ζ_{II}. ψ_0 bleibt unverändert. b) Änderung des Verlaufs von ψ
durch Zugabe von Ionen, die spezifisch adsorbiert werden und eine STERNsche Doppelschicht
ausbilden. ζ_{II} kann dadurch ein zu ζ_I entgegengesetzt gerichtetes Vorzeichen erhalten.
Am Minimum der Kurve herrscht das Potential
ψ_δ, das nicht ohne weiteres mit ζ_{II} zusammenfällt. ψ_0 bleibt ebenfalls unverändert

tion derart beeinflußt wurde, daß es sein Vorzeichen umkehrte. Daraus
folgt, daß ein unmittelbar zwingender Zusammenhang zwischen dem
elektrokinetischen und dem (Galvani-) Potential nicht besteht. Die Er-

---

[1] ABRAMSON, H. A., L. S. MOYER u. M. H. GORIN: Electrophoresis of Proteins,
and the Chemistry of Cell Surfaces. New York 1942.

klärung dafür liefert uns die STERNsche Theorie zusammen mit der Erfahrung, daß beim Strömen einer Flüssigkeit eine gewisse Schicht an der festen Wand nicht mitbewegt wird (vgl. Abb. 60.2).

Bei der Betrachtung der Abb. 59.4 ist leicht einzusehen, daß adsorbierte Ionen, die ja besonders fest gebunden sind, auch beim Strömen der Grenzschicht haften bleiben. Somit ist das elektrokinetische Potential zwangsläufig an die Stelle gebunden, wo die Strömungsgeschwindigkeit Null ist. Man bezeichnet es aus diesem Grunde mit dem Buchstaben ζ, um es von allen anderen zu unterscheiden. Wir haben in der Theorie der Doppelschicht das Potential der *äußeren* HELMHOLTZ- oder GOUY-Schicht eingeführt und es mit ψ_δ bezeichnet (vgl. Abb. 59.4). Es ist sehr wahrscheinlich, daß diese Stelle mit der der Strömungsgeschwindigkeit Null zusammenfällt. Da jedoch ein einwandfreier experimenteller Nachweis hierfür bis jetzt noch nicht erbracht werden konnte, ist zweckmäßiger zwischen beiden Potentialen zu unterscheiden. Aus diesem Grunde ist in Gl. (4) die Größe $\psi_{(v\,=\,0)}$ durch ζ zu ersetzen.

Es ist zu beachten, daß die Gleichung für die Strömungsgeschwindigkeit der Flüssigkeit nur dann richtig ist, wenn sie an einer Stelle gemessen wird, deren Entfernung von der Grenzfläche groß gegenüber der Dicke der Doppelschicht $1/\varkappa$ ist, denn bei sehr kleinen Kapillaren und Elektrolytkonzentrationen kann der Kapillarendurchmesser von der Dimension der Doppelschichtdicke werden. Solche Verhältnisse können in sehr engporigen Membranen vorliegen, die dabei auftretenden Effekte, die von MANEGOLD und SOLF[1] untersucht worden sind, werden aber nach G. SCHMID[2] zweckmäßigerweise nach einem anderen Verfahren behandelt, das nicht auf der Theorie der Doppelschicht beruht[3].

Aus Gl. (4) lassen sich nun leicht Ausdrücke für den elektrotroosmotischen Druck wie auch für die Potentiale, die durch Strömung bestimmter Flüssigkeitsmengen in Kapillaren entstehen, herleiten. Da diese für uns jedoch von weniger großem Interesse sind, seien sie hier nur erwähnt.

Elektrophorese

Für die theoretische Behandlung der Wanderung dispergierter Partikeln im elektrischen Feld gibt es nun wieder zwei Möglichkeiten: Entweder vom Standpunkt einer definierten Grenzfläche oder vom Standpunkt der klassischen Elektrolyttheorie. Wenn wir den ersten Weg gehen, brauchen wir nur das bei der Elektroosmose Gesagte hierauf anzuwenden: Flüssigkeit und feste Grenzfläche bewegen sich relativ zueinander, je nach dem Standpunkt des Beobachters liegt Elektro-

---

[1] MANEGOLD, E. u. K. SOLF: Kolloid-Z. **55**, 273 (1931).
[2] SCHMID, G.: Z. Elektrochem. **54**, 424 (1950); **55**, 229 (1951).
[3] Von H. J. OEL: Z. physik. Chem., N. F. **5**, 32 (1955), wurde darauf hingewiesen, daß die Gl. (4) nur dann anwendbar ist, wenn die Gleitebene für $(v = 0)$ außerhalb der äußeren HELMHOLTZ-Schicht in dem diffusen Teil der Doppelschicht liegt. Würde sie innerhalb der äußeren HELMHOLTZ-Schicht liegen, könnte man nicht mehr mit konstanter Dielektrizitätskonstante und Viskosität rechnen, was zu einer nicht auswertbaren Gleichung führt.

kinese — Beobachter zur festen Grenzfläche in Ruhe — oder Elektrophorese — Beobachter relativ zur Flüssigkeit in Ruhe — vor.

Wenn wir also die Rollen vertauschen und das zylinderförmige Stück Flüssigkeit in der Kapillare durch einen zylinderförmigen Festkörper ersetzen, der von Flüssigkeit umgeben ist, müssen jetzt die gleichen Verhältnisse herrschen wie bei der Strömung der Flüssigkeit in der Kapillare; der Zylinder wird sich im elektrischen Feld relativ zur Flüssigkeit bewegen. Wir können nun ohne weiteres Gl. (4) auch für diesen Fall anwenden, v_x ist dann nur die Wanderungsgeschwindigkeit der Partikeln im elektrischen Feld. Als Beweglichkeit v_0 kann dann definiert werden

$$v_0 = v/\mathfrak{E} = \varepsilon\, \zeta/4\pi\,\eta\,. \tag{60.5}$$

Die klassische Ableitung dieser Gleichung, die von von Smoluchowski herrührt, ist etwas anders als die oben gegebene, sie soll hier in kurzen Zügen skizziert werden.

Ausgangspunkt ist wieder die Gleichung für die Kräftegleichheit. Unter der Annahme der Gültigkeit des Newtonschen Gesetzes für die Bewegung der Partikeln ist die Reibungskraft gleich $\eta\, v/x$, wenn Linearität des Geschwindigkeitsgradienten vorausgesetzt wird. Die Doppelschicht wird als Helmholtzscher Plattenkondensator angesehen, für diesen gilt $\sigma = \varepsilon\,\zeta/4\pi\,x$, worin x der Abstand der Kondensatorplatten bedeuten soll. Unter Gleichsetzung von Flächen- und Raumladungsdichte wird die elektrische Kraft, die auf eine Kondensatorbelegung wirkt, gleich $\sigma\mathfrak{E}$. Durch Gleichsetzen beider Kräfte wird wieder $\sigma\mathfrak{E} = \eta\, v/x$ und daraus

$$\boxed{v = \frac{\varepsilon\,\zeta\,\mathfrak{E}}{4\,\pi\,\eta}} \tag{60.5a}$$

was mit Gl. (4) identisch ist.

Solange die Partikeln groß gegenüber der Dicke der Doppelschicht sind und die Bewegung so langsam ist, daß das ζ-Potential klein gegenüber dem äußeren elektrischen Feld ist, außerdem die hydrodynamischen Gleichungen anwendbar bleiben, ist nichts gegen diese Form der Beziehung einzuwenden.

Der andere Weg zur Berechnung der Wanderungsgeschwindigkeit großer Partikeln geht von der klassischen Theorie der Wanderung von Ionen aus. Dieser von Hückel[1] stammende Vorschlag sieht die Partikeln als kugelförmig an. Besitzen sie insgesamt eine Ladung von z-Elementarladungen e_0, so ist die im elektrischen Feld auf sie wirkende Kraft $z\,e_0\,\mathfrak{E}$. Dem entgegen wirkt die Reibungskraft, die nach dem Stokesschen Gesetz für Kugeln $6\pi\,\eta\,r\,v$ ist. Es ergibt sich also

$$v = z\,e_0\,\mathfrak{E}/6\pi\,\eta\,r = \varepsilon\,\zeta\,\mathfrak{E}/6\pi\,\eta\,. \tag{60.6}$$

Sieht man die Kugel als Kugelkondensator an, besteht zwischen dessen Ladung, Potential und Radius die Beziehung $\zeta = z\,e_0/\varepsilon\,r$. Einsetzen in Gl. (6) gibt also einen Ausdruck, der sich von Gl. (4) nur durch den Zahlenfaktor 6 an Stelle von 4 unterscheidet.

Wegen der Verwendung der Stokesschen Reibungsgleichung für Kugeln ist Gl. (6) natürlich auch nur für diese gültig. Bei anderer Partikelgestalt ist der entsprechende Reibungsfaktor dafür einzusetzen (vgl. w. u.).

---

[1] Hückel, E.: Physik. Z. **25**, 204 (1924).

Die zunächst nicht verständliche Diskrepanz zwischen den beiden Gln. (4) u. (6) wurde von HENRY[1] durch eine theoretische Neubehandlung des Problems geklärt. Ohne im einzelnen auf die Gedankengänge der Ableitungen eingehen zu können, sei doch das Ergebnis dieser Rechnungen mitgeteilt, welches auf Grund nur einer zusätzlichen Annahme, nämlich der Gültigkeit der GOUYschen Theorie in ihrer vereinfachten Form (Gl. 59.20) erhalten wurde. Es ergab sich folgende allgemeine Gleichung

$$v_0 = (\ \varepsilon\,\mathfrak{E}/\pi\,\eta)\,f\,(\varkappa\,a), \quad (60.7)$$

worin $f(\varkappa\,a)$ eine Funktion der Dicke der diffusen Doppelschicht und des effektiven Partikelradius a bedeutet. Dieser effektive Radius ist die Summe aus dem wirklichen Partikelradius und der Entfernung zwischen Grenzfläche und hydrodynamischer Gleitebene der Partikeln mit $v = 0$ (vgl. dazu Abbildung 60.4). Die Funktion $f(\varkappa\,a)$ besitzt für große Werte von $\varkappa\,a$ — etwa tausend — den Wert $1/4$, so daß Gl. (4) gültig ist. Bei kleinen Werten von $\varkappa\,a$ — etwa in der Größenordnung von 1 — erreicht die Funktion den Wert $1/6$, so daß hier die HÜCKELsche Gleichung (6) gilt. Wie sich die Funktion im ganzen Bereich in Abhängigkeit von $\varkappa\,a$ ändert, zeigt Abb. 60.3. Im Bereich der Gl. (4), also bei großen Werten von $\varkappa\,a$, der als „SMOLUCHOWSKI-Bereich" bezeichnet wird, spielen Partikelgröße und -gestalt keine Rolle, was durch Messungen der Elektrophorese sichtbarer Partikeln im Mikroskop bestätigt werden konnte. Der Zahlenfaktor der Gl. (4) scheint für diese Fälle ohne Zweifel richtig zu sein. Schwieriger ist der Beweis für die Richtigkeit des Zahlenfaktors (6) als Grenzwert für kleine $\varkappa\,a$ zu erbringen.

Aus den HENRYschen Überlegungen läßt sich allgemein folgern: Große Partikeln in kleinen Ionenstärken oder reinen wässerigen Lösungsmitteln gehorchen der SMOLUCHOWSKIschen Gleichung (4), während die eigentlichen kolloiden Partikeln, insbesondere Makromoleküle, durch die HÜCKELsche Gleichung beschrieben werden, insbesondere wenn es sich um wässerige Medien mit höherer Ionenstärke handelt [Gl. (6)].

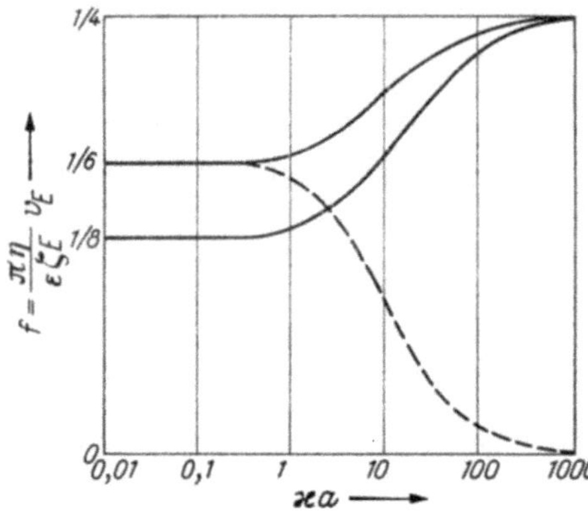

Abb. 60.3. Abhängigkeit der elektrophoretischen Wanderungsgeschwindigkeit vom Verhältnis des wirksamen Partikelradius a zur Dicke der Doppelschicht $1/\varkappa$ [vgl. Gl. (60.7)]. Obere Kurve: Nichtleitende Kugel, gestrichelte Kurve: Leitende Kugel, untere Kurve: Nichtleitender Zylinder senkrecht zum elektrischen Feld. Nach HENRY, loc. cit.

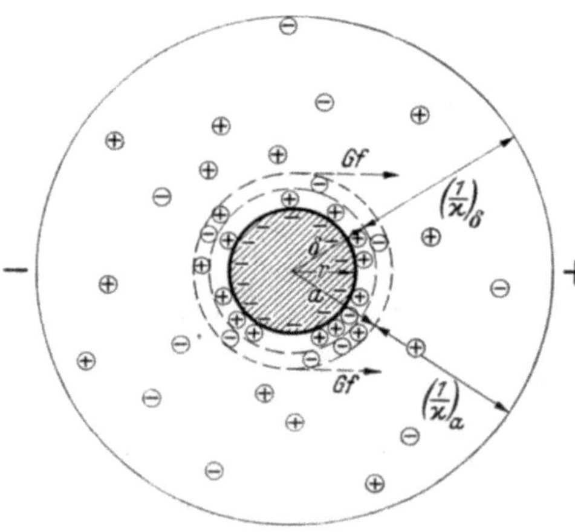

Abb. 60.4. Schematische Darstellung einer kugelförmigen geladenen Partikel mit ihrer Ionenatmosphäre. r = Partikelradius, δ = Radius von Partikel + STERNscher Doppelschicht, a = Radius von Partikel + Ionen- und Hydratschicht, die bei der Bewegung der Partikel an ihr haften bleiben. a bestimmt die Lage der hydrodynamischen Gleitfläche Gf. $(1/\varkappa)_\delta$ = Dicke der Ionenatmosphäre bezogen auf δ, $(1/\varkappa)_a$ das gleiche bezogen auf a. Letztere ist für die Elektrophorese maßgebend

[1] HENRY, D. C.: Proc. Roy. Soc. [London] Abt. A 133, 106 (1931).

Folgendes Beispiel möge dies vor Augen führen: In einer Elektrolytlösung der Konzentration von 10^{-3} g Mol/L ist nach Gl. (59.16a) $\varkappa = 1 \cdot 10^{-2}$ Å^{-1}. Damit Gl. (4) gültig ist, muß nach HENRY der effektive Radius a mindestens eine Größe von $6 \cdot 10^4$ Å besitzen. Derartige Teilchen haben einen wirklichen Durchmesser von $10 \cdots 12 \cdot 10^4$ Å $= 11 \cdots 12 \mu$ (!) da die adhärierende Flüssigkeitsschicht sicher nicht stärker als 500 mμ ist. Solche Partikeln sind natürlich im Mikroskop sichtbar. Damit die HÜCKELsche Gleichung (6) gültig ist, muß das Teilchen einen effektiven Radius von $1 \cdot 10^2$ Å besitzen, was etwa der Größe von Protein-Molekülen entspricht. Bei einer Elektrolytkonzentration von 10^{-1} ist die unterste Grenze für den Zahlenfaktor 4 bereits bei $6 \cdot 10^3$ Å die oberste — für den Zahlenfaktor 6 — bei 10 Å erreicht. Danach wäre die SMOLUCHOWSKIsche Gleichung (4) für kolloide Partikeln — also solche kleiner als 2000 Å — erst bei relativ hohen Konzentrationen mehrwertiger Elektrolyte anwendbar. Dispersionskolloide sind bei derartig hohen Elektrolytkonzentrationen aber meist nicht mehr existenzfähig.

Aus diesen Überlegungen ergibt sich die Unsicherheit, die bei dem Versuch ζ-Potentiale aus elektrophoretischen Daten zu berechnen, entstehen. Vor allem in typisch kolloidem Übergangsgebiet, dessen Charakter auch wieder in der Kurve von HENRY (Abb. 60.3) zutage tritt, ist eine Berechnung ohne Kenntnis der effektiven Partikelradien *nicht* möglich.

Um Irrtümern entgegenzuwirken, sei nochmals auf die verschiedenen charakteristischen Parameter des Bildes einer hochgeladenen Partikel größerer Dimension verwiesen. Sie ist in der Abb. 60.4 dargestellt; Einzelheiten sind der Legende zu entnehmen.

Wenn wir auch die elektrischen Größen an der Stelle $r + \delta$ (äußere HELMHOLTZ-Schicht) bestimmen können und für bestimmte kolloide Systeme — wie Silberhalogenidsole — Berechnungs- und Bestimmungsgrundlagen existieren, so besitzen diese bei weitem nicht die allgemeine Anwendbarkeit, wie die elektrophoretische Methode.

Für den Zusammenhang zwischen den Potential ψ_a an der Stelle, wo das in Betracht kommende Zentralion von einem Gegenion berührt wird und der Ladung $z_i\, e_0$ des Zentralions kann die Beziehung

$$\psi_a = \frac{z_i\, e_0}{\varepsilon\, a} \frac{1}{1 + \varkappa\, a} \tag{60.8}$$

benutzt werden, die im Zusammenhang mit Gl. (7) von HENRY[1] abgeleitet worden ist, um die Bremsung der Bewegung des Zentralions durch die Bewegung der Ionenwolke in entgegengesetzter Richtung zu erklären. (Sie entspricht dem elektrophoretischen Effekt der Theorie der starken Elektrolyte.)[2] Das sieht man auf folgende Weise leicht ein:

Eine Kugelschale der Ionenatmosphäre des Radius r und der Dicke dr und der Valenz $d\bar{z}$ $\left(= 4\pi\, r^2\, dr\, n \sum_i c_i \right)$ bewegt sich nach Gl. (6) mit der Geschwindigkeit

$$dv = e_0\, d\bar{z}\ \mathfrak{E}/6\pi\, r\, \eta\,.$$

Die Geschwindigkeitsänderung, die von der gesamten Atmosphäre von $a \cdots \infty$ hervorgerufen wird, erhält man durch Integration; es ist also

$$\Delta v = \frac{\mathfrak{E}}{6\pi\, \eta} \int_{\infty}^{a} \frac{e_0\, d\bar{z}}{r} = \frac{\varepsilon\, \mathfrak{E}}{6\pi\, \eta} \int_{\infty}^{a} \frac{e_0\, d\bar{z}}{\varepsilon\, r}\,.$$

---

[1] HENRY, D. C.: Proc. Roy. Soc. [London], Abt. A **133**, 106 (1931).
[2] Ausführliche Behandlung der Theorie des elektrophoretischen Effektes und der Elektrophorese überhaupt findet man bei ABRAMSON, MOYER und GORIN (loc. cit. S. 397) S. $105 \cdots 142$ff.

Das Integral ist aber der Beitrag der Ionenatmosphäre zum Potential des Zentralions, m. a. W. dieses Potential ψ_a ist proportional Δv. Da *ohne* Ionenatmosphäre die Geschwindigkeit

$$v = z_i\, e_0\, \mathfrak{E}/6\pi\, a\, \eta$$

wäre, ergibt sich das Verhältnis

$$(v - \Delta v)/v = \psi_a/\psi^0 \qquad (\psi^0 = z_i\, e_0/\varepsilon\, a).$$

Für ψ_a liefert die Debye-Hückelsche Theorie (vgl. Kortüm, loc. cit. S. 384)

$$\psi_a = (z_i\, e_0/\varepsilon) \left(\frac{1}{a} - \frac{1}{a + 1/\varkappa} \right)$$

woraus man für die elektrophoretische Einheit mit der effektiven Ladung Q erhält

$$v - \Delta v = v\, (1/(1 + \varkappa\, a)) = (Q\, \mathfrak{E}/6\pi\, a\, \eta)\, (1/(1 + \varkappa\, a)) = \varepsilon\, \zeta\, \mathfrak{E}/6\pi\, \eta$$

$$\text{mit} \quad \zeta = (Q/\varepsilon\, a)\, (1/(1 + \varkappa\, a)).$$

Was natürlich nur gilt, solange die Debye-Hückelsche Näherung angewandt werden kann und $e_0\, z_i\, \psi/kT \ll 1$ ist.

Bestimmt man ζ aus der Wanderungsgeschwindigkeit nach Gl. (4) oder (6), so läßt sich die „effektive Ladung" Q der elektrophoretischen Einheit berechnen, es gilt

$$Q = \zeta\, \varepsilon\, a\, (1 + \varkappa\, a). \tag{60.9}$$

Doch ist damit noch nicht allzuviel gewonnen, da der Radius a des Teilchens + mitgeschleppter Hydratschicht nicht ohne weiteres zu ermitteln ist.

Wegen dieser und anderer Schwierigkeiten ist man heute geneigt, dem ζ-Potential der effektiven Ladung und der Flächenladungsdichte σ nicht allzu große Bedeutung beizumessen[1]. Sie sind Kenngrößen einer fiktiven Partikel, deren Zusammensetzung, Größe und Struktur an sich nicht bekannt ist und die als solche nur während der Wanderung im elektrischen Feld ein physikalisch definierbares Dasein fristet[2]. Sowohl bei großen als auch kleinen Partikeln ist der Einfluß der diffusen Verteilung der Ionen-Atmosphäre in der Flüssigkeit von Bedeutung. Wertigkeit und Konzentration sowie Vorzeichen[3] der im Dispersionsmittel vorhandenen Ionen — die Ionenstärke — bestimmt die Größe, die ihrerseits für die Ausdehnung der Atmosphäre und ihre mehr oder weniger bremsende Wirkung auf die Partikeln verantwortlich ist. v hat also nur eine präzise Bedeutung, wenn das Milieu des Dispersionsmittels definiert ist. Dasselbe gilt aber wegen Gl. (5) und (9) auch für ζ und Q (bzw. σ). Insofern ist mit dieser Angabe in bezug auf die individuelle Eigenschaft der Partikel selbst tatsächlich nicht allzuviel gewonnen.

Wenn die elektrophoretische Einheit als „bekleidetes Teilchen" für die *Analyse* kolloider Substanzen wertvoll ist, so liegt das an der Mög-

---

[1] Vgl. dazu H. J. Oel: loc. cit. S. 384.

[2] Nach Guggenheim ist es ausreichend, die bei der Behandlung der elektrokinetischen Effekte nach der Methodik der irreversiblen Thermodynamik auftretenden Onsager-Koeffizienten $L_{12} = \tau/\eta$ anzugeben. η ist die Viskosität und τ das elektrische Moment der Doppelschicht pro cm². Vgl. dazu auch Oel.

[3] Es ist auch zu bedenken, ob die Ionen höherer Wertigkeit der effektiven Ladung der Partikeln gleich oder entgegengesetzt geladen sind. Vgl. G. S. Hartley: Trans. Faraday Soc. **31**, 31 (1935).

lichkeit, die jeweilige Bekleidung, die durch die äußeren Bedingungen, Art und Konzentration der zusätzlich vorhandenen Ionen bestimmt ist, unter Kontrolle zu halten, denn jene lassen sich reproduzierbar einstellen.

Zur Absolutberechnung von v genügen, wie OVERBEEK[1] und auch OEL[2] zeigen konnten, die bisher besprochenen Korrekturen, die Funktionen von $(\varkappa\,a)$ darstellen noch nicht, wenn es sich darum handelt, die Abhängigkeit experimentell gefundener Wanderungsgeschwindigkeiten von der Elektrolytkonzentration wiederzugeben.

Als wichtigste zusätzliche Korrektur der Elektrophorese ist der *Relaxationseffekt* zu berücksichtigen, der auch bei der Bewegung von kleinen Ionen im elektrischen Feld auftritt und von DEBYE und FALKENHAGEN berechnet worden ist. Die Teilchen bewegen sich etwas schneller als ihre diffuse Doppelschicht, da diese hinter dem Teilchen dauernd zerfällt und vor ihm neu entsteht. Hierzu wird eine gewisse Zeit benötigt, in der sich das Teilchen bereits weiterbewegt hat, wodurch eine Ladungsverteilung entsteht, bei der die Partikeln nicht mehr im Mittelpunkt der kugelsymmetrisch gedachten Ionenwolke steht und die auf seine Bewegung bremsend wirkt. Der Effekt ist von VON STACKELBERG[3] experimentell nachgeprüft und bestätigt worden (vgl. auch S. 405).

Weitere Komplikationen für die Berechnung treten durch die zu starken Vereinfachungen der Theorie bezüglich der Verwendung der Dielektrizitätskonstanten und der Viskosität des Dispersionsmittels auf, ebenso ist der Radius r_i der Gegenionen zu berücksichtigen. OEL konnte zeigen. daß durch Berücksichtigung entsprechend veränderlicher vom Elektrolytgehalt abhängiger Größen eine bessere Übereinstimmung der Theorie mit experimentell gefundenen Daten erreicht wird.

Einfluß der Partikelgestalt

Bereits bei der Erörterung der Formel von HÜCKEL haben wir gesehen, daß bei *kleinen* Partikeln eine Abhängigkeit der elektrophoretischen Geschwindigkeit von der Partikelgestalt auftreten

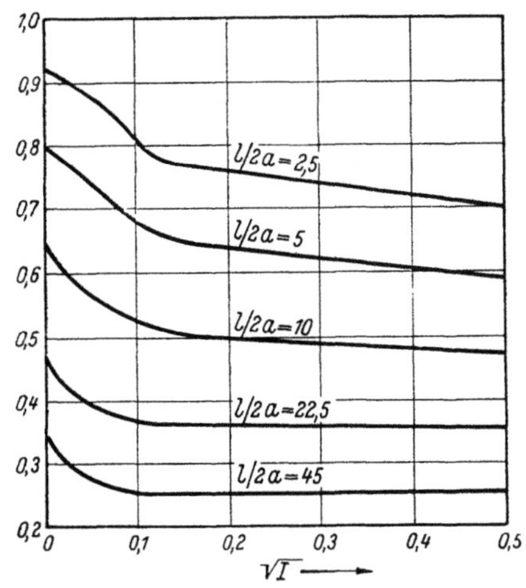

Abb. 60.5. Relative Wanderungsgeschwindigkeiten zylindrischer Stäbchen in Abhängigkeit von der Wurzel aus der Ionenstärke. (Kugeln = 1) l = Länge, a = Radius. Nach GORIN: loc. cit.

sollte, da der Reibungskoeffizient für Kugeln $f = 6\,\pi\,r\,\eta$ benutzt wurde. Da die Formen vieler kolloider Substanzen, auch kleiner Abmessungen, von der Kugelgestalt abweichen, ist die Berechnung der elektrischen Daten natürlich erschwert. Von GORIN[4] ist daher versucht worden, das

---

[1] s. S. 402, Anm.[1]

[2] OVERBEEK, J. Th. G.: Advanc. Colloid Sci. III, 97 (1950).

[3] v. STACKELBERG, M.. H. HEINDZE, F. WILKE u. R. DOPPELFELD: Z. Elektrochem. **61**, 781 (1957). — [4] In ABRAMSON, GORIN und MOYER: loc. cit. S. 397.

ζ-Potential zylindrischer Stäbchen zu berechnen. Wenn das Achsenverhältnis des Stäbchens bekannt ist, läßt sich die Wanderungsgeschwindigkeit als Funktion von der Ionenstärke darstellen, wobei von GORIN berechnete Diagramme gute Dienste leisten (vgl. Abb. 60.5).

Wechselstromelektrophorese

Eine der ältesten Methoden der Bestimmung von Wanderungsgeschwindigkeiten kolloider Partikeln im elektrischen Feld beruht auf der Verwendung von Wechselstrom. Sind die Partikeln im Mikroskop oder Ultramikroskop sichtbar, so kann man beobachten, wie sie sich beim Anlegen einer Wechselspannung hin und her bewegen, wenn die Frequenz

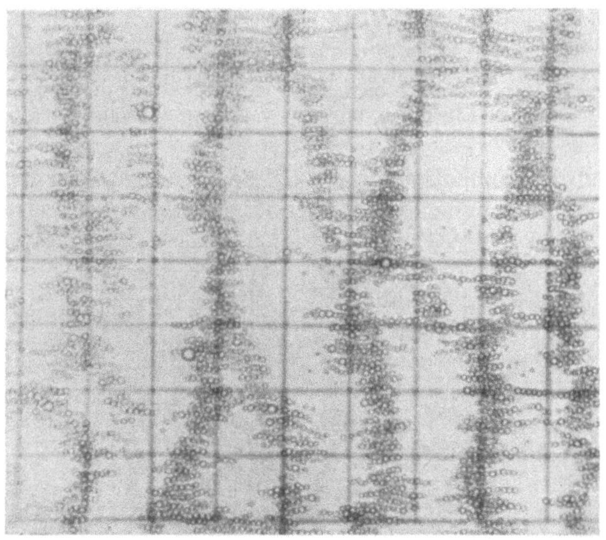

Abb. 60.6. Perlschnurbildung beim Anlegen eines elektrischen Wechselfeldes bei einer O/W-Emulsion. Die Perlschnüre orientieren sich in Richtung der Feldlinien. Durch die Zitterbewegungen der Tröpfchen wird senkrecht zu den Feldlinien eine anziehende BJERKNES-Kraft erzeugt. Nach STAUFF: loc. cit.

ausreichend niedrig ist. COTTON und MOUTON[1] beobachteten, daß bei höherer Frequenz die Teilchenbahn nur noch als gerader Strich zu erkennen ist, dessen Länge von der Beweglichkeit des Teilchens, der Amplitude und der Frequenz der Wechselspannung abhängt (vgl. Abb. 60.6). Da es leicht möglich ist, photographische Aufnahmen hiervon zu machen, ist die Auswertung sehr bequem. SVEDBERG[2] benutzte daher den Effekt zur Bestimmung von elektrophoretischen Beweglichkeiten in wässerigem Dispersionsmittel. Wenn die Geschwindigkeit der Partikeln durch Gl. (5) beschrieben wird, braucht statt der gleichbleibenden Feldstärke $\mathfrak{E}$ nur die eines Wechselfeldes $\mathfrak{E}_0 \sin \omega t$ (ω = Kreisfrequenz) eingesetzt zu werden. Setzen wir $\varepsilon \zeta / 4\pi \eta = v_0$ so ist $v_\omega = v_0 \, \mathfrak{E}_0 \sin \omega t$.

[1] COTTON, A. u. H. MOUTON: J. Chim. physique **4**, 365 (1906).
[2] SVEDBERG, TH. u. H. ANDERSSON: Kolloid-Z. **24**, 156 (1919).

Die von der Partikel zurückgelegte Strecke ergibt sich hieraus durch Integration $(x = \int v\, dt)$ zu $x_\omega = (v_0/\omega)\,\mathfrak{E}_0 \cos \omega\, t + x_0$ ($x_0 =$ Integrationskonstante an der Stelle des Teilchens vor Einschalten des Feldes) und die Amplitude $x_{\omega 0} = v_0\,\mathfrak{E}/\omega$, Die Amplitude nimmt mit zunehmender Frequenz des Wechselfeldes ab, was experimentell von STAUFF[1] bestätigt werden konnte, wenn die Partikeln etwa an der Sichtbarkeitsgrenze des Mikroskops lagen.

Polarisation der Doppelschicht

Bei Teilchen > 500 mμ tritt im Wechselfeld häufig die von MUTH[2] erstmalig an Milch beobachtete Erscheinung der Aneinanderlagerung der Partikeln zu perlschnurartigen Gebilden auf (vgl. Abb. 60.6). Nach STAUFF[1] beruht der Effekt auf dem Relaxationseffekt der Elektrophorese (s. oben) durch den aus einer Partikel und ihrer diffusen Doppelschicht bei der Bewegung ein Dipol entsteht. Da die Achsen dieser Dipole alle in gleiche Richtung zeigen (Feldrichtung), kommt es zu einer Anziehung der Partikeln im Sinne einer Dipolkette der Anordnung $+-+-+-$. Dieser Polarisationseffekt der Doppelschicht ist nur bei großen merklich, da er ohne Berücksichtigung der BROWNschen Bewegung, der fünften Potenz des Teilchenradius proportional ist. Bei kleinen Partikeln ist jedoch zu berücksichtigen, daß die Bewegungsamplituden dadurch beeinflußt werden[3].

Polarisation durch mechanisch-akustische Verschiebung

Eine Polarisation des Systems ,,Partikel — diffuse Doppelschicht'' ist auch durch akustisch-mechanische Einflüsse möglich. Im Ultraschallfeld bewegen sich alle Ladungsträger mit der Frequenz des Schalls periodisch hin und her, nur führen die Partikeln mit größerer Masse infolge ihrer Trägheit geringere Bewegungen aus solche mit kleinerer. DEBYE[4] folgerte daraus, daß bei Elektrolyten mit Ionen verschiedener Masse das eine dem anderen vorauseilen und dadurch ein Potentialdifferenz entstehen müsse. Besonders deutlich müßte ein solcher Effekt bei Kolloiden sein, wo ein sehr großes ,,Ion'' mit hoher Valenz vielen kleinen gegenübersteht, die es wie eine Wolke umgeben. Bei der Bewegung wird die Wolke der kleinen Ionen weiter verschoben als das schwere Zentralion und das ganze System auf diese Weise polarisiert. Insgesamt sollte ein elektrisches Potential der Größe Φ auftreten, das durch

$$\Phi = \frac{z_i\, N_j\, \varepsilon\, \zeta\, U\, v}{4\pi\, \eta\, f}$$

---

[1] STAUFF, J.: Kolloid-Z. **143**, 162 (1955).

[2] MUTH, E.: Kolloid-Z. **41**, 97 (1927).

[3] Bei hohen Feldstärken und niederen Frequenzen, also großen Bewegungsamplituden kommt noch ein weiterer Effekt zur Auswirkung, der auf die von BJERKNES entdeckten Kräfte zurückgeht. Zwei sich im Gleichtakt in einer Flüssigkeit bewegende Kugeln ziehen sich senkrecht zu ihrer Bewegungsrichtung an. Vgl. dazu STAUFF: loc. cit.

[4] DEBYE, P.: J. chem. Physics **1**, 13 (1933).

gegeben ist (z_i = Wertigkeit, N_j = Zahl der Ionen je cm³, $\varepsilon = DK$, U = Schallschnelle = Geschwindigkeitsamplitude der Teilchenbewegung = $2\pi\nu\,\xi_0$; ξ_0 = Amplitude, v = Schallgeschwindigkeit, ζ = „Zeta‟-Potential, η = Viskosität des Lösungsmittels, f = Reibungskoeffizient). Bei gewöhnlichen Ionen sollte der Effekt etwa $1 \cdot 10^{-6}$ V betragen, wenn $U = 1$ cm/sek ist. Er konnte tatsächlich nachgewiesen werden.

Bei kolloiden Systemen ist der Effekt erheblich größer. Bei einem 10proz. As_2S_3-Sol traten Werte von 1,6 mV, also über 1000 mal größere Beträge als bei normalen Elektrolyten auf[1].

§ 61. Elektrophoretische Methoden

Für kolloide Systeme in wässerigem Dispersionsmittel ist die Ladung, die Ladungsdichte, das ζ-Potential oder die Beweglichkeit ihrer Partikeln ein wichtiges physikalisches Kennzeichen. Ihre Unveränderlichkeit (auch durch Einwirkung eines elektrischen Feldes) vorausgesetzt, können sie als wertvolles *analytisches* Merkmal benutzt werden, um bekannte Kolloide in Gemischen mit anderen nicht nur qualitativ, sondern auch quantitativ zu bestimmen. Wenn auch bei Dispersionskolloiden die Flächenladungsdichte keine konstante Größe ist, sondern weitgehend von den Herstellungsbedingungen abhängt, ist sie bei Makromolekülen mit dissoziierbaren Gruppen eine individuelle Konstante, die in geeignetem Dispersionsmittel bestimmter Ionenstärke und konstantem p_H reproduzierbar einzustellen ist, und mit deren Hilfe sich diese Substanzen leicht identifizieren lassen.

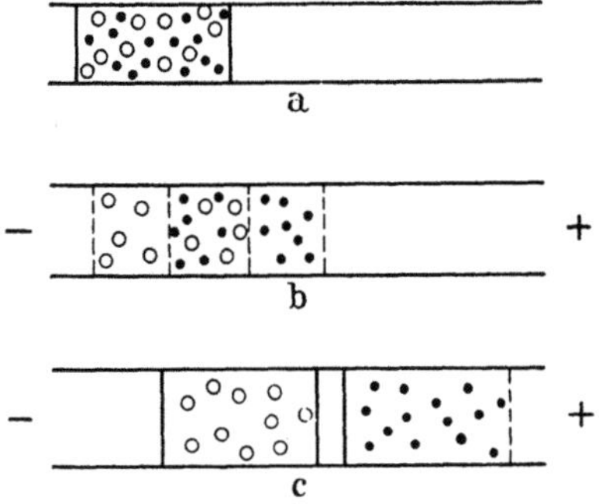

Abb. 61.1. Schema einer elektrophoretischen Trennung. Erläuterung s. Text

Da nun in einem vorgegebenen Milieu jede individuelle Partikel ihre eigene Geschwindigkeit entwickelt, können *Gemische* von Partikeln verschiedener Ladung dadurch getrennt werden, daß man sie eine Zeitlang im elektrischen Feld wandern läßt. Wie Abb. 61.1 schematisch darstellt, legen zwei Substanzen mit verschiedenen Wanderungsgeschwindigkeiten nach einer gewissen Zeit verschiedene Strecken zurück, wodurch sie sich teilweise — Abb. 61.1b — oder vollständig — Abb. 61.1c — trennen können. Das kann dazu benutzt werden, die Substanzen entsprechend ihrer Wanderungsgeschwindigkeit v_i zu identifizieren, vorausgesetzt, daß v_i (der reinen Substanz) bekannt ist. Es kann aber auch dazu benutzt werden, die Mengen der jeweiligen Substanzen und damit die stoffliche Zusammensetzung des Gemisches quantitativ zu bestimmen. Dazu genügt bereits die teilweise Auftrennung, wie in Abb. 61.1b.

[1] Vgl. L. Bergmann: Der Ultraschall, 6. Aufl. Stuttgart 1954, S. 894ff.

Diese Möglichkeiten haben die elektrophoretische Methode zu einem äußerst wertvollen Hilfsmittel, vor allem der Richtung der Biochemie gemacht, die mit makromolekularen Naturstoffen arbeitet. Auch die klinische Chemie bedient sich gern dieser Methode, da sich pathologische Veränderungen des menschlichen Organismus häufig durch Änderungen in der Zusammensetzung des Blutserums bekannt geben[1].

Zur Messung der elektrophoretischen Geschwindigkeit und zur analytischen Auftrennung stehen nun folgende Methoden zur Verfügung:

1. Die Mikromethode,
2. die „moving-boundary"-, (Grenzbewegungs-)Methode,
3. die Papierelektrophorese,
4. die Hochspannungselektrophorese.

Mikroelektrophorese

Die experimentelle Methode der Messung von Wanderungsgeschwindigkeiten mikroskopischer oder ultramikroskopisch sichtbarer Teilchen durch Verfolgung der Strecken, die diese beim Anlegen einer Spannung

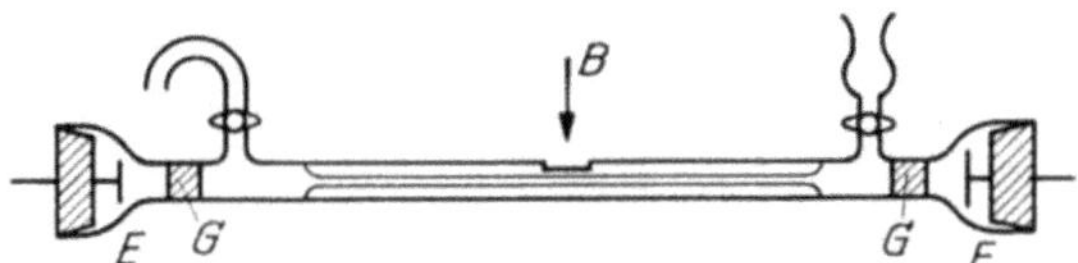

Abb. 61.2. Mikroelektrophoresekammer. B = Beobachtungsstrecke, E = Elektroden, G = Glasfritte. Nach ABRAMSON: loc. cit.

in bestimmten Zeitabschnitten zurücklegen, ist von einer bestechenden Einfachheit. Es genügt häufig, eine Mikroelektrophoresekammer zu verwenden, die man sich leicht aus Objektträgern des Mikroskops, Platinfolien und -Drähten zusammenkitten kann.

Viele Autoren ziehen Kapillaren vor, die in der auf Abb. 61.2 angegebenen Weise Vorrichtungen zum Füllen und Entleeren und zum Auswechseln der Elektroden besitzen. Da die Zylinderlinsenwirkung des Glasrohrs den Kapillareninhalt im Mikroskop schlecht erkennen läßt, werden sie dort plangeschliffen, wo sie an das Mikroskopobjektiv herangeführt werden. Die Verwendung von Pt-Elektroden empfiehlt sich nur bei kleinen Elektrolytkonzentrationen und nicht so hohen Spannungen wegen der Gefahr der Elektrolyse. Bei höheren Konzentrationen benutzt man besser reversible Elektroden (Kalomel-Ag—ACl, Cu—CuSo$_4$-Elektroden). Das Mikroskop soll eine Skala oder Netz im Okular besitzen, dessen Rasterstriche genau geeicht werden können. Die Geschwindigkeit wird durch Messung der Durchtrittszeiten von einer Markierung zur anderen mit der Stoppuhr bestimmt. Feldstärke bestimmt man durch Strommessung, nachdem der Widerstand der Meßanordnung durch Eichung mit einer Elektrolytlösung bekannter Leitfähigkeit ermittelt worden ist.

Die augenscheinliche Einfachheit der Methode wird allerdings durch eine Schwierigkeit kompliziert. In der geschlossenen Anordnung (Objektträger oder Kapillare) findet beim Anlegen einer Spannung auch Elektroosmose statt, wodurch sich die Flüssigkeitsschichten nahe den Glaswänden in einer Richtung (im allge-

---

[1] Vgl. z. B. F. WUHRMANN u. C. WUNDERLY: Die Bluteiweißkörper des Menschen. 3. Aufl. Basel 1957.

meinen zur Kathode, da Wasser sich positiv gegenüber Glas auflädt) bewegen. Da sie aber nicht ausfließen können, strömen sie in der Mitte der Flüssigkeitsschicht zurück.

Die Strömungsgeschwindigkeit v_x in einer Kapillare des Radius r ist[1]

$$v_x = v_0 \left[(2x^2/r^2) - 1 \right] \tag{61.1}$$

wenn v_0 die elektroosmotische Geschwindigkeit nach Gl. (60.5) und x der Abstand von der Rohrachse ist. Für $x = r$ ist $v_x = v_0$, für $x = 0$ ist $v_x = -v_0$, für $x = r/\sqrt{2}$ ist $v_x = 0$. In einer Zelle rechtwinkligen Querschnitts ist, wenn die Breite der Zelle mindestens zwanzigmal so groß ist wie die Dicke d

$$v_x = v_0 \left[1 - 6 \left((x/d) - (x/d)^2 \right) \right]. \tag{61.2}$$

Bei $x = 0,211\,d$ und $x = 0,789\,d$ ist $v_x = 0$.

Wenn sich in diesen Strömungsgebilden irgendwelche Partikeln durch Elektrophorese bewegen, so hängt ihre beobachtbare Bewegung natürlich von der Stelle x ab, an der sie sich befinden. Nur an den Stellen für $v_x = 0$ entspricht die beobachtete Bewegung der Eigenbewegung der Teilchen, an anderen Stellen ist die elektrophoretische Geschwindigkeit v_E relativ zur Flüssigkeit

$$v_E = v_{\text{beob.}} - v_x,$$

worin für v_x je nach der Meßanordnung Gl. (1) oder (2) zu verwenden ist (vgl. Abb. 61.3).

Meßtechnisch geht man folgendermaßen vor: Man benutzt ein Mikroskopobjektiv geringer Tiefenschärfe und mißt die Durchtrittszeiten mehrerer Partikeln in einer Reihe von Abständen von der Glaswand, die man an der Mikrometerschraube des Mikroskops ablesen kann. v_E wird dann graphisch als Geschwindigkeit für $v_x = 0$ entsprechend Gl. (1) oder (2) bestimmt[2].

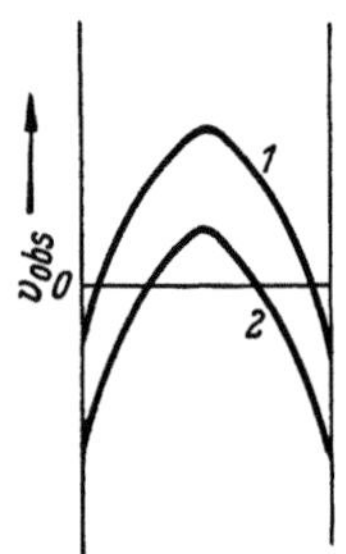

Abb. 61.3. Elektrophorese in einer Kapillare. (*1* und *2*: Kurven für verschiedene v_0). Vgl. Text

Die Methode als solche ist wegen der Forderung der mikroskopischen oder ultramikroskopischen Sichtbarkeit der Partikeln nur beschränkt anwendbar, hat jedoch insbesondere für die Aufklärung und Prüfung der Theorie der Elektrophorese hervorragende Dienste geleistet. Vor allem die sehr umfangreichen Untersuchungen von ABRAMSON und Mitarbeitern, denen auch die Verfeinerung der Methodik zu verdanken ist, haben zu wichtigen Ergebnissen geführt. So ist die Unabhängigkeit der Beweglichkeit von Teilchengröße und Gestalt an Glas, Quarz, Ton und anderen Partikeln und mit Durchmessern der Größenordnung $10\,\mu$ bewiesen worden. Ebenso konnte die elektrokinetische Geschwindigkeit der Flüssigkeit mit der elektrophoretischen der Teilchen verglichen, wenn Kapillarwände und Teilchen aus dem gleichen Material bestanden. Bei großen Partikeln konnte die SMOLUCHOWSKI-sche Gleichung (60.4) vollauf bestätigt werden ($v_0/v_E = 1,01$ als Durchschnittswert einer Reihe von Substanzen).

Von ABRAMSON wurde auch die Technik eingeführt, im Mikroskop sichtbare Partikeln mit einer Adsorptionsschicht von Substanzen zu bedecken, deren elektrophoretische Beweglichkeit man bestimmen wollte. Z. B. verleihen Proteine solchen Partikeln eine Beweglichkeit, die ausschließlich vom Proteinmantel abhängt, was dadurch bewiesen werden konnte, daß dieselbe Beweglichkeit auch bei verschiedenen anderen Trägerpartikeln auftrat. Es ist jedoch gefährlich, hieraus den Schluß ziehen zu wollen, daß derart beobachtete Beweglichkeiten der wahren des

---

betreffenden Proteins gleich sind, da Veränderungen der Struktur bei der Adsorption (vgl. § 86) eintreten können — wenn auch nicht müssen — und die geringe Größe mancher nativer Proteinmoleküle andere Verhältnisse bedingen kann.

Die Mikroelektrophoresetechnik ist zumindest dort hervorragend geeignet, wo es sich um grundsätzliche Untersuchungen der Effekte durch physikalische Einflüsse handelt. Ungeeignet ist sie für analytische Zwecke, wo verschiedene Substanzen auf Grund ihrer elektrophoretischen Beweglichkeit getrennt und gekennzeichnet werden sollen.

Methode der Grenzbewegung

Die Methode der „Grenzbewegung" (moving boundary) ist sowohl in ihrer ursprünglich von TISELIUS angegebenen Gestalt wie auch in der Form der Papierelektrophorese am weitesten verbreitet. Man trifft sie überall dort, wo mit Proteinen gearbeitet wird. Ihr Prinzip ist sehr einfach und geht ohne weitere Erläuterungen aus dem Schema der Abb. 61.1b hervor. Die eigentliche experimentelle Methodik geht auf PICTON und LINDER[1] zurück, die sie von der Bestimmung der Wanderungsgeschwindigkeiten gefärbter Ionen in einem stromdurchflossenen U-Rohr übernommen haben. Entsprechend Abb. 61.4 befindet sich die Dispersion oder Lösung im unteren Teil eines nicht zu engen U-Rohrs, sie wird durch geeignete Maßnahmen entweder mit Lösungsmittel, mit Dialysat oder Ultrafiltrat des kolloiden Systems überschichtet. Gefärbte oder leicht opaleszierende Dispersionen — wie z. B. Silberchloridsol — sind bei entsprechend geschickter Überschichtungstechnik deutlich von ihrem Dispersionsmittel abgegrenzt und mit bloßem Auge zu erkennen. Nach Einschalten des Stroms verschiebt sich die Grenze zu derjenigen Elektrode, die der Ladung der Partikeln entgegengesetzt ist.

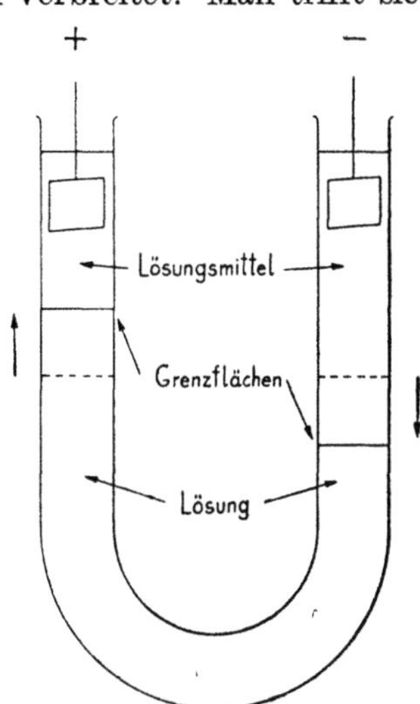

Abb. 61.4. Schema einer Elektrophoreseapparatur. Vor Anlegen des elektr. Feldes grenzen Lösungsmittel und Lösung an den gestrichelten Linien aneinander, nach Anlegen werden sie in Pfeilrichtung verschoben

Wegen der Einfachheit dieses Prinzips ist die Elektrophorese in neuerer Zeit in vielerlei Abwandlungen zur Bestimmung der Wanderungsgeschwindigkeit und zur Analyse auch ungefärbter und ungetrübter Substanzen angewandt worden. Nachdem THEORELL[2] ein Modell für die präparative Trennung von Enzymen entwickelt hatte, wurde von TISELIUS[3] die Methode in eine Form gebracht, deren Prinzip heute am weitesten verbreitet ist.

Auf Abb. 61.5 ist eine TISELIUS-Apparatur schematisch dargestellt. Die Wanderungsstrecke ist hier ein U-förmiges Rohr mit rechteckigem Querschnitt. Das Rohr ist in verschiedene Abteilungen aufgeteilt, die senkrecht zur Achse verschieb-

---

[1] PICTON, H. u. S. E. LINDER: J. chem. Soc. [London] **71**, 568 (1897).
[2] THEORELL, H.: Biochem. Z. **275**, 1 (1934); **278**, 291 (1935).
[3] TISELIUS, A.: Kolloid-Z. **85**, 129 (1938).

bar sind und einerseits dazu dienen, die Überschichtung von Dispersion und Dispersionsmittel zu erleichtern, andererseits aber die Abtrennung schneller oder langsamer wandernder Komponenten zu ermöglichen. Die einzelnen Abteilungen gleiten auf geschliffenen Glasflächen, sie werden durch Druckluftschieber in Bewegung gesetzt. Die geringe Dicke des „Rohres" erleichtert die Wärmeabfuhr; will man nämlich hohe elektrische Feldstärken aufrecht erhalten, so fließen bei nicht zu geringer Elektrolytkonzentration ziemlich hohe Ströme, die eine erhebliche JOULEsche Wärme entwickeln können. Als Elektroden werden reversible Elektroden — meist Silber, Silberchloridelektroden — verwendet, die sich weit entfernt von der Wanderungsstrecke in einem großen Reservoir des Dispersionsmittels befinden.

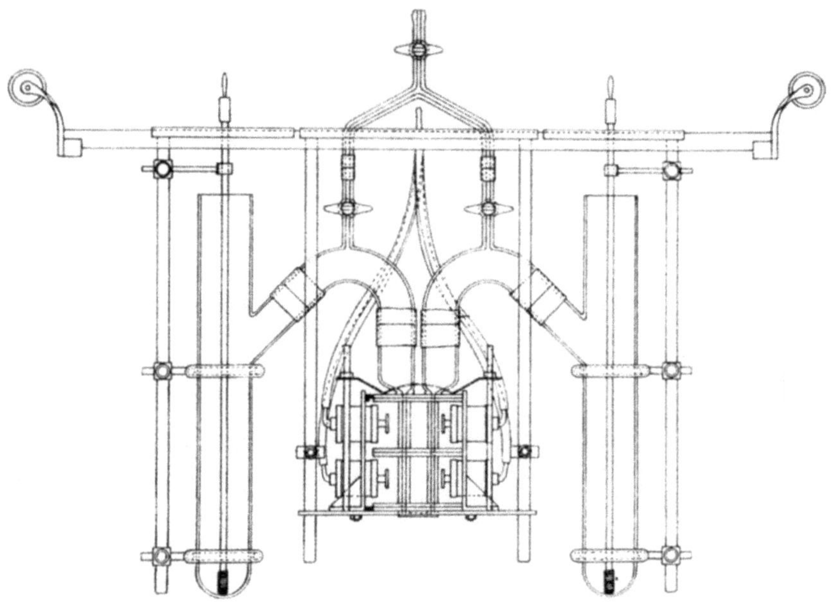

Abb. 61.5. Elektrophoreseapparatur nach TISELIUS (schematisch). Erläuterung im Text. Entn. aus HOPPE-SEYLER-THIERFELDER, Bd. I, loc. cit.

Dies soll verhindern, daß irgendwelche Produkte der Elektrolyse, die trotz der theoretisch zu erwartenden Reversibilität der Elektroden auftreten können, in die Wanderungsstrecke gelangen. Um jegliche Störung durch Wärme auszuschließen, wird nach TISELIUS die Untersuchung bei einer Temperatur von 4 °C ausgeführt. Die Dichteänderung mit der Temperatur ist bei diesem Punkt am geringsten, so daß Konvektionsstörungen praktisch nicht auftreten. Die zu untersuchende Lösung oder Dispersion wird in die untere Abteilung eingefüllt, dann die obere so aufgesetzt, daß ihre Achse etwas zur unteren verschoben ist — wobei natürlich in der unteren keine Luftblasen haften bleiben dürfen —, schließlich wird die obere mit Dispersions- oder Lösungsmittel gefüllt, die Apparatur zusammengesetzt und nach Erreichen des Temperaturgleichgewichts durch Einschieben in die Rohrachse vorsichtig überschichtet. Da die Grenzschicht sich jetzt zwischen den Platten der verschiebbaren Teile befindet, gibt man in eines der Elektrodengefäße etwas Dispersionsmittel, wodurch die Grenze in diesem Schenkel des U-Rohres ansteigt, während sie im anderen absinkt.

Da nun hier eine Konzentrationsgrenze auftritt, deren zeitliche Fortbewegung registriert werden soll, werden die gleichen optischen Methoden angewandt, die aus der Beobachtungstechnik der Diffusions- und Sedimentationsvorgänge bekannt sind (Anhang IV). Alle Methoden, mit denen entweder der Brechungsindex selbst oder die Änderung des Brechungsindex längs der Wanderungsstrecke bestimmt wird, sind dazu geeignet.

Solche Geräte werden hauptsächlich in der Proteinchemie und besonders in der klinischen Chemie benutzt[1]. Da vielfach die hier benötigten Flüssigkeitsmengen — besonders bei klinischen Untersuchungen — noch zu groß sind, wurden auch Geräte für die Mikroanalyse entwickelt[2, 3].

Bei diesen Geräten wird routinemäßig eine interferometrische Methode benutzt, sie gestatten aber auch Aufnahmen nach der PHILPOT-SVENSSON-Methode (vgl. Anhang IV).

Bei der Wanderung der Partikeln, besonders derjenigen, die sich an der Konzentrationsgrenze befinden, muß gewährleistet werden können, daß sich das Dispersionsmedium nicht ändert. Die überschichtete Flüssigkeit sollte möglichst genau die gleiche Zusammensetzung besitzen wie das Dispersionsmedium. Diese Forderung ist praktisch nur annähernd zu verwirklichen. Wenn man — wie es üblich ist — das zu untersuchende System gegenüber seinem Dispersionsmittel durch langdauernde Dialyse in ein osmotisches Gleichgewicht bringt, oder etwa eine Ultrafiltration vornimmt, so sind Dispersionsmittel und Dialysierflüssigkeit theoretisch nicht gleich, da sich wegen der Ladung der Partikeln ein DONNAN-Gleichgewicht einstellt (vgl. § 53). Die Elektrolytkonzentration bei der Dialyse wird nur dann angenähert gleich, wenn sie groß gegenüber der Kolloidkonzentration ist. Deswegen ist es günstig, die Kolloidkonzentration möglichst klein und die Elektrolytkonzentration möglichst groß zu wählen. Diese Forderung wird aber durch das Auflösungsvermögen der optischen Methode, welche nicht zu kleine Kolloidkonzentrationen verlangt, und die bei zu hoher Elektrolytkonzentration störende Wärmeentwicklung begrenzt.

Wenn wir nun den Ablauf eines Elektrophoreseversuchs etwa nach der Methode von PHILPOT und SVENSSON verfolgen, so erhalten wir dn/dx-Kurven entsprechend Abb. 61.6. Ein monodisperses System, dessen Konzentrationsgrenze sowohl im aufsteigenden als auch im absteigenden Teil des Wanderungsrohres beobachtet werden kann, zeigt kurz nach der Herstellung der Überschichtung das Bild einer schmalen scharfen Spitze. Wenn nun die Wanderung im elektrischen Feld eine gewisse Zeit stattgefunden hat, so wird diese Grenze — genau wie bei der Sedimentation — durch Diffusion etwas verwischt worden sein. Auch hier läßt sich die Diffusion nicht verhindern, ebenso wird die Diffusionsgrenze durch die elektrophoretische Wanderungsgeschwindigkeit verschoben. Durch Integration der dn/dx-Kurve erhält man die Konzentration der wandernden Substanz an dieser Grenze. Ist die Substanz einheitlich, so muß die Verbreitung den Gesetzen der Diffusion gehorchen, was sich durch eine Analyse der dn/dx-Kurve sofort kontrollieren läßt. Ebenso darf sich deren Flächeninhalt, d. h. die Konzentration während der Wanderung nicht verändern. Eine weitere Kontrolle der Einheitlichkeit besteht darin, den Vorgang durch Umpolung der Elektroden umzukehren; das Maximum der Kurven muß nun dieselbe Strecke in umgekehrter Richtung durchlaufen, dagegen muß die Diffusion ungestört weitergehen.

Bei elektrophoretisch nicht einheitlichen Systemen, deren Partikeln nur mit wenig voneinander verschiedener Geschwindigkeit wandern,

---

[1] Eine ausführliche Zusammenfassung und Einführung in die Methodik findet sich bei E. WIEDEMANN: HOPPE-SEYLER-THIERFELDER, Handb. der phys. u. path. Analyse. 10. Aufl. Bd. I. Berlin 1956.

[2] LABHART, H. u. H. STAUB: Helv. Chim. Acta **30**, 1954 (1947).

[3] ANTWEILER, H. J.: Angew. Chem. **59**, 33 (1947).

können diese eine ungleiche Verteilung der Wanderungsstrecken hervorrufen und die Konzentrationsgrenze verwischen. Die dn/dx-Kurve entspricht dann nicht mehr einer idealen GAUSS-Kurve, ebenso ist ihr Flächenintegral nicht mehr zeitunabhängig. Am besten lassen sich Inhomogenitäten durch Umkehrung der Wanderungsrichtung erkennen; die verschieden weit abgewanderten Teilchen werden dadurch in ihre Ausgangsstellung zurückversetzt und die Unschärfe verschwindet wieder.

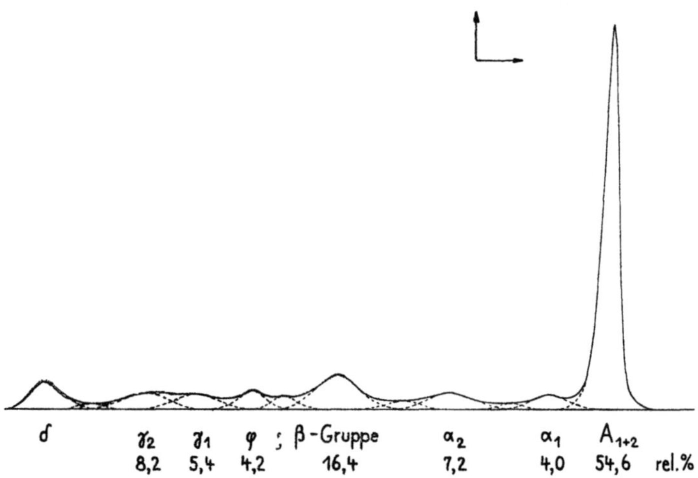

Abb. 61.6. Elektrophoretische Auftrennung eines Proteingemisches (Blutserum) in der TISELIUS-Apparatur. Jede Konzentrationsgrenze macht sich durch eine gesonderte dc/dx-Kurve, die nach der PHILPOT-SVENSSON-Methode registriert wird, bemerkbar. Aus dem Flächeninhalt der einzelnen Glockenkurven können die relativen Konzentrationen der Komponenten bestimmt werden

Als Regel kann man sich merken: Die Verbreiterung der Konzentrationsgrenze elektrophoretisch einheitlicher Systeme ist irreversibel, die Verbreiterung elektrophoretisch uneinheitlicher Systeme ist teilweise reversibel.

Gemische aus nicht allzuviel verschieden wandernden Komponenten lassen sich durch die Elektrophorese auftrennen. Auf Abb. 61.6 ist zu erkennen, daß jede Komponente im aufsteigenden wie im absteigenden Ast des Rohres eine Konzentrationsgrenze an der Stelle ausbildet, bis zu der sie gewandert ist. Es handelt sich also im Prinzip um eine Verschiebung im Sinne der Abb. 61.1b. Jede Grenze ergibt eine Glockenkurve für sich, aus deren Flächeninhalt die Konzentration jeder Komponente bestimmbar ist.

Gewisse Unzulänglichkeiten bei der „Grenzbewegungs"-Methode ergeben sich aus der nicht vollkommen zu erfüllenden Bedingung der Gleichheit der Elektrolytkonzentration in Dispersionsmittel und überschichteter Flüssigkeit. Wegen Einzelheiten muß jedoch auf die Literatur verwiesen werden[1].

Aus der Art der Methodik der Elektrophorese geht fast als Selbstverständlichkeit auch ihre Anwendbarkeit hervor. Ähnlich wie es mit der

---

[1] Vgl. WIEDEMANN: loc. cit. S. 411.

Ultrazentrifuge gelingt, die Komponenten eines Gemisches von kolloiden Substanzen nach ihrer Sedimentationsgeschwindigkeit zu trennen, kann mit der elektrophoretischen Methode eine Trennung nach ihren Beweglichkeiten im elektrischen Feld erreicht werden. Da die Beobachtungsmethodik in beiden Fällen praktisch gleich ist, liefern beide Methoden auch etwas ähnliches: Aussagen über die Art und Menge der Komponenten eines Gemisches, die sich mit der speziellen Methode auftrennen lassen. Der Hauptwert der elektrophoretischen Methode liegt daher in der Möglichkeit, quantitative Analysen von Gemischen kolloider Substanzen machen zu können, bestimmte Substanzen zu charakterisieren und sie auf ihre Einheitlichkeit und Reinheit zu prüfen. Alles das sind Anliegen, die besonders den Chemiker angehen, der ja meistens mit definierten Substanzen zu tun hat. Im Bereich der Kolloidchemie wird die Methode daher im wesentlichen auf Makromoleküle angewandt, die eine spezifische Ladung tragen und daher mit charakteristischer Geschwindigkeit im elektrischen Felde wandern, wie z. B. Proteine.

Bei der Anwendung des Reinheitskriteriums muß man allerdings vorsichtig sein: Genau so wenig wie bei der Sedimentation ist bei der Elektrophorese das Auftreten einer einzigen Konzentrationsgrenze kein ausreichender Grund, um auf das Vorliegen einer einzigen einheitlichen Substanz zu schließen. Partikeln gleicher Ladungsdichte, aber verschiedener Größe, können die gleiche Wanderungsgeschwindigkeit besitzen, das gleiche ist aber auch bei Partikeln verschiedener Ladungsdichte und verschiedener Form bei ähnlicher Größe möglich, besonders wenn sie klein genug sind. Andere Kriterien — wie etwa Sedimentation, Diffusion usw. — für die Einheitlichkeit heranzuziehen, ist daher wünschenswert.

Die Tiselius-Apparatur gestattet auch die Gewinnung einzelner Komponenten eines Gemisches. Die am weitesten vorauseilende und am weitesten zurückbleibende Komponente liegt in elektrophoretisch reiner Form vor (Abb. 61.1c). Richtet man es so ein[1], daß die erste oder letzte Komponente in eine der verschiebbaren Abteilungen gelangt, so kann man sie durch Betätigen der Schiebevorrichtung abtrennen. Der Vorteil dieser, wenn auch etwas umständlichen präparativen Methodik liegt darin, daß die Trennung durch außerordentlich schonende Mittel vorgenommen wird, was bei empfindlichen Substanzen von großem Vorteil sein kann.

Papierelektrophorese

Trotz der vielen Vorteile, die die „Grenzbewegungs"-Methode dem Experimentator bietet, erfordert sie doch einen erheblichen Aufwand. Es war daher ein besonderer Fortschritt, als Th. Wieland[2] und Durrum[3] die einfache Methode der Papierelektrophorese einführten. Durch die hervorragenden Ergebnisse der Papierchromatographie (s. S. 346) ermu-

---

[1] Man kann das wandernde Gemisch in der Tiselius-Apparatur durch Zufügen von Dispersionsmittel zu einem Schenkel des U-Rohres hin und her verschieben. Die Apparatur von Theorell (loc. cit.) besteht aus einer größeren Zahl solcher verschiebbaren Abteilungen, ihm gelang es auf diese Weise als erstem, das Flavo-Enzym *a* zu gewinnen.

[2] Wieland, Th. u. E. Fischer: Naturwiss. **35**, 29 (1948).

[3] Durrum, E. L.: J. Amer. chem. Soc. **72**, 2943 (1950).

tigt, wurde im letzten Jahrzehnt von verschiedener Seite[1] hierzu eine Methodik mit großer Anwendungsbreite entwickelt.

Das Prinzip ist sehr einfach: Ein Streifen Filterpapier wird mit einer Elektrolytlösung getränkt und so abgetupft, daß er nicht allzu naß ist. Nun bringt man mit einer Mikropipette oder Injektionsspritze die zu untersuchende Lösung auf eine Stelle des Filterpapiers, die sich an dem Ende befindet, das der Wanderungsrichtung entgegengesetzt ist. Eintauchen der beiden Enden des Papierstreifens in die gleiche Elektrolytlösung, die jeweils reversible Elektroden enthalten, ermöglicht das Anlegen einer Spannung. Da sich beim Stromdurchgang das Filtrierpapier erwärmt, und möglicherweise Flüssigkeit verdampft, hat man darauf zu achten, daß sich das Papier möglichst in gesättigtem Dampf seiner Lösung befindet, und daß etwa entstehende Wärme gut abgeführt wird. Beschränkt man sich auf nicht zu hohe Feldstärken (100···200 V bei einer Papierstreifenlänge von etwa 30 cm und einer Pufferlösung einer Ionenstärke unter 0,1), so ist die Erwärmung so geringfügig, daß sie nicht weiter beachtet zu werden braucht.

Es gelingt auf diese Weise, Gemische mit verschieden schnell im elektrischen Feld wandernden Komponenten vollständig zu trennen. Hier gilt dann das Schema der Abb. 61.1 c.

Die einzelnen mit verschiedener Geschwindigkeit wandernden Komponenten finden sich nach einer bestimmten Zeit in verschiedenen Abständen vom Ausgangspunkt. Da es sich meist um Substanzen handelt, deren Anwesenheit auf dem Papier mit bloßem Auge nicht zu erkennen sind, müssen sie durch irgendeine Behandlungsmethode sichtbar gemacht werden. Bei Proteinen dienen dazu Anfärbemethoden[2], oft genügt auch eine Betrachtung im ultravioletten Licht. Besonders elegant sind Substanzen, die Radioelemente enthalten, nachzuweisen, indem der Papierstreifen an einem Zählrohr vorbeigeführt wird.

Die auf dem Papier von der Substanz zurückgelegten Strecken entsprechen natürlich nicht der wirklichen elektrophoretischen Wanderungsgeschwindigkeit, da die Trägerflüssigkeit einem erheblichen elektroosmotischen Effekt unterworfen ist, die von der großen Oberfläche der Papierfasern begünstigt wird. Bei entsprechender vorsichtiger Methodik (Temperaturkonstanthaltung) läßt sich der elektroosmotische Effekt berücksichtigen und eine einwandfreie Bestimmung der elektrophoretischen Wanderungsgeschwindigkeit vornehmen[3]. Trotzdem ist der Hauptanwendungsbereich der Papierelektrophorese die Trennung und Analyse von elektrophoretisch trennbaren Substanzen[4].

Da der Erfolg der Papierelektrophorese darauf beruht, daß die Flüssigkeit mit der zu trennenden Substanz durch das Trägergerüst der Papierfasern an der Konvektion und Ausbreitung gehindert wird, sollten ähnliche Effekte zu erzielen sein, wenn das Papier durch ein anderes Trägergerüst ersetzt wird. Die dünne Schichtdicke des Papiers macht es zwar zu analytischen Bestimmungen sehr geeignet, läßt aber für präparative Trennungen nur sehr geringe Substanzmengen zu. Man hat daher für präparative Methoden Rohre größeren Durchmessers mit faserigem Material beispielsweise Asbest oder Glaswolle gefüllt, hat das Rohr mit einer großen Zahl von Zapfstellen versehen und versucht, auf diese Weise präparative Frak-

---

[1] TURBA, F. u. H. J. ENENKEL: Naturwiss. **37**, 93 (1950); GRASSMANN, W. u. K. HANNIG: Naturwiss. **37**, 496 (1950).

[2] Ausführliche Einzelheiten bei: TURBA, F.: Chromatographische Methoden in der Proteinchemie. Berlin 1954.

[3] Siehe dazu W. POHLIT u. H. SCHITTKO: Kolloid-Z. **156**, 73 (1958).

[4] Die Methode ist nicht auf kolloide Systeme beschränkt, es gelingt genau so gut, niedermolekular geladene Substanzen zu trennen. Wegen dieser allgemeinen Anwendbarkeit der Methode wurde daher der Ausdruck Ionophorese vorgeschlagen.

tionierungen durchzuführen. Eine andere Arbeitsweise bedient sich einer Stärkeaufschwemmung als Gerüstsubstanz, die in mehr oder minder dicker Schicht in einem Trog ausgebreitet wird. Nach Beendigung der Elektrophorese wird die Schicht an den Stellen, wo die abgetrennten Komponenten sitzen, herausgeschnitten und die zu gewinnenden Substanzen durch geeignete Maßnahmen von der Stärke befreit.

Man macht sich eine solche Technik besonders in der neuerdings vielfach in der präparativen Biochemie angewandten Hochspannungselektrophorese zunutze. Diese von O. WESTPHAL[1], TH. WIELAND[2] u. a. ausgearbeitete Methode zeichnet sich dadurch aus, daß sie bei sehr hohen Feldstärken (ca. 100 V/cm) arbeitet und dabei Trennungen erreicht, die bei niederen Feldstärken nicht möglich sind. Der dabei auftretende erhebliche Strom und die daraus entstehende Wärmeentwicklung erfordert eine effektive Kühlvorrichtung, die die Wärme sehr gut abführt. Wegen näherer Einzelheiten sei auf die Originalliteratur verwiesen.

Einige Ergebnisse von Elektrophoresemessungen

Über Ergebnisse der Elektrophoresemessungen an kolloiden Systemen im allgemeinen läßt sich relativ wenig aussagen, da es sich hier um eine Feststellung von Kenngrößen handelt, die nicht allein von der Natur der dispergierten Substanz, sondern auch vom Milieu abhängig sind, in dem diese sich befindet. Im allgemeinen sind die Wanderungsgeschwindigkeiten je Einheit der Feldstärke (Volt/cm) im Durchschnitt von der gleichen Größenordnung wie die Ionenbeweglichkeiten. Für die Theorie der Stabilität kolloider Systeme, die wir in § 70 kennen lernen werden, ist die Ermittlung von Daten für das ζ-Potential oder die Flächenladungsdichte in Abhängigkeit von Elektrolytkonzentrationen, p_H-Wert usw. wichtig. Messungen, die diese Zusammenhänge berücksichtigen, sind mit der Mikromethode von ABRAMSON und Mitarbeitern[3] angestellt worden. Dabei ergab sich, daß die Flächenladungsdichte bei mikroskopisch sichtbaren Partikeln in sehr vielen Fällen einer LANGMUIRschen Adsorptions-Isotherme gehorcht, wenn ζ als Funktion der Elektrolytkonzentration dargestellt wird, vor allem, wenn es sich um polarisierbare Grenzflächen handelt, wo die Grenzflächenladung *nicht* auf potentialbestimmende Ionen (vgl. S. 373) zurückgeht.

Alle kolloiden Partikeln, die ihre Ladung potentialbestimmenden Ionen — also einem Ionenübergang „Lösung-Partikel" — verdanken, zeigen eine Abhängigkeit ihrer Flächenladungsdichte σ von der Aktivität des potentialbestimmenden Ions. Beispielsweise ist die Ladung eines Silberjodidsols durch die Silberionenkonzentration oder Jodionenkonzentration bestimmt. Im ersten Falle ist es positiv, im zweiten negativ geladen. Ein anderes Beispiel ist ein Protein, mit covalent gebundenen Carboxyl- oder Aminogruppen, die als Protonendonatoren und -acceptoren wirken können. Hier sind die Wasserstoffionen potentialbestimmend; ist ihre Konzentration hoch, werden sie vom Protein aufgenommen und erteilen ihm eine positive Ladung, ist sie niedrig, können die COOH-

---

[1] WERNER, G. u. O. WESTPHAL: Angew. Chem. **67**, 251 (1955).
[2] WIELAND, TH. u. G. PFLEIDERER: Angew. Chem. **67**, 257 (1955); ibid. **69**, 199 (1957); dslbn. u. H. L. RETTIG: ibid. **70**, 341 (1958).
[3] ABRAMSON, GORIN u. MOYER: loc. cit. S. 397.

Gruppen dissoziieren und dabei das Protein negativ aufladen[1]. Durch Änderung der Konzentration der potentialbestimmenden Ionen, beispielsweise durch Verminderung der Wasserstoffionenkonzentration einer Proteinlösung, wird sich die Zahl der NH_3^+-Gruppen des Proteins immer mehr vermindern und die Zahl der COO^--Gruppen immer mehr erhöhen, bis man an einen Punkt kommt, wo die Zahl beider Gruppen gleich ist und in summa die Ladung Null herrscht. Bei weiterer Verminderung der H^+-Ionenkonzentration müssen dann die negativen Ladungen der COO^--Gruppen überwiegen. Dasselbe geschieht bei der Änderung der Ag^+- oder J^--Konzentration beim Silberjodidsol.

Wie Abb. 61.7 zeigt, nimmt die Beweglichkeit eines Proteins (Serumalbumin) in der Tat mit zunehmendem p_H ab, wird schließlich Null und kehrt bei weiterer p_H-Erhöhung seinen Wanderungssinn um. Die Stelle, wo die Kurve die Abszisse schneidet, wird als *isoelektrischer Punkt* bezeichnet[2]. Der isoelektrische Punkt (abgekürzt I. P.) ist für Proteine eine charakteristische Größe, derer man sich zu ihrer Kennzeichnung bedienen kann. Das gleiche gilt für die Neigung, der auf Abb. 61.7 dargestellten Kurve, die von der Zahl der Ladungen — d. h. bei Proteinen von der Zahl der NH_2- und COOH-Gruppen — je Flächeneinheit abhängig sein muß. In gleicher Weise lassen sich Beziehungen für alle möglichen Systeme erhalten, vorausgesetzt, daß sie ihre Ladung potentialbestimmenden Ionen verdanken[3].

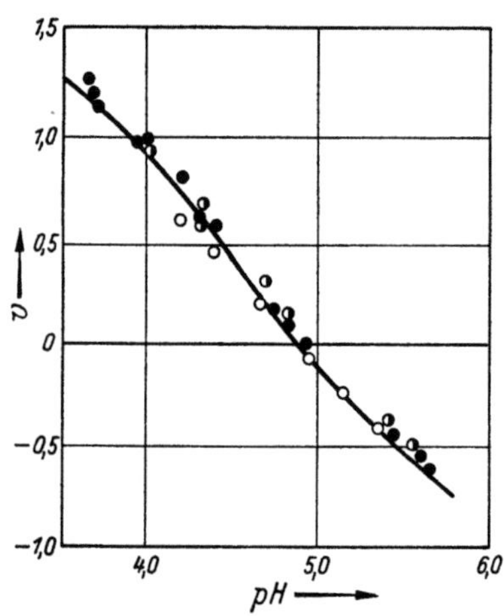

Abb. 61.7. Abhängigkeit der elektrophoretischen Wanderungsgeschwindigkeit von Serumalbumin vom p_H der Lösung. Entn. aus ALEXANDER-JOHNSON, loc. cit.

---

[1] Am Beispiel des Silberjodids läßt sich der Unterschied zwischen einem potentialbestimmenden und einem nichtpotentialbestimmenden Ion zeigen. Setzt man einer solchen Dispersion Silberionen zu, so ändert sich die Ladungsdichte etwa nach der NERNSTschen Gleichung (57.5), ein Zusatz von Natriumnitrat hingegen beeinflußt die Ladungsdichte nur wenig, wobei die LANGMUIRsche Adsorptionsisotherme gilt.

[2] Über Zusammenhänge zwischen isoelektrischem Punkt, Ladungsnullpunkt usw. vgl. § 84.

[3] ABRAMSON versuchte, den isoelektrischen Punkt von Proteinen dadurch zu bestimmen, daß er das Protein wie oben beschrieben an Quarzpartikeln adsorbierte und deren elektrophoretische Wanderungsgeschwindigkeit nach der Mikromethode bestimmte. Die isoelektrischen Punkte von Proteinen, die nach dieser Methode gemessen wurden, unterscheiden sich jedoch deutlich von denen, die nach der TISELIUS-Methode bestimmt worden waren (vgl. dazu A. E. ALEXANDER und P. JOHNSON: Colloid Sci. Bd. I, loc. cit.). Trotzdem ist bemerkenswert, daß die Neigung der Kurven, d. h. die Proteinladungsdichte in beiden Fällen die gleiche ist, obwohl bekannt ist, daß Proteine an festen Grenzflächen denaturieren. Vgl. dazu auch S. TH. G. OVERBEEK: Adv. Coll. Sci. III p. 129ff. New York. 1950.

Die elektrophoretischen Daten gestatten unter Umständen eine Berechnung der effektiven Ladung kolloider Partikeln. Solche Rechnungen sind bisher nur für Proteine durchgeführt worden, weil sich ihre Ladung auch noch durch andere Methoden ermitteln läßt (vgl. § 84, z. B. aus der Titrationskurve und aus Messungen des DONNAN-Potentials). Zur Berechnung von Q kann Gl. (60.9) dienen [1].

Elektrodekantation

Eine spezielle Anwendung der Elektrophorese zur Reindarstellung bestimmter kolloider Substanzen beruht auf der sog. Elektrodekantation, die Wo. PAULI [2] zur Gewinnung von sehr reinen Arsentrisulfidsolen entwickelte. Das Prinzip geht aus Abb. 61.8 hervor. Die kolloiden Partikeln wandern im elektrischen Feld solange, bis sie von einer für sie undurchlässigen Membran zurückgehalten werden, während im Medium enthaltene Elektrolyte aus kleinen Ionen sie passieren und auf diese Weise aus dem Dispersionsmittel entfernt werden können. Die kolloide Substanz reichert sich in der Nähe der Membran an und erhöht dort die Dichte der Flüssigkeit. Die angereicherte konzentrierte Dispersion sinkt dann zum Boden des Gefäßes. Durch einen Hahn kann sie laufend abgelassen werden. Auf der anderen Seite befindet sich ebenfalls eine Membran, dort verarmt die Flüssigkeit an kolloider Substanz, sie wird dadurch leichter und steigt nach oben. CANN, KIRKWOOD und Mitarb. [3] haben die Methode verfeinert und konnten verschieden schnell wandernde Proteinkomponenten aus Gemischen voneinander trennen. Die jeweils am schnellsten wandernde Substanz sammelt sich am Boden des Gefäßes an, während das Gemisch der restlichen oben abfließt. Ist eine Komponente abgetrennt, kann mit der Abtrennung der nächsten begonnen werden usf. Von KIRKWOOD ist auch eine ausführliche Theorie dieser Erscheinung entwickelt worden. Die Bedeutung der Methode liegt aber im wesentlichen auf dem Gebiet anorganischer Kolloide, mit der sich, wie PAULI zeigen konnte, konzentrierte nur außerordentlich wenig Elektrolyte enthaltende Sole herstellen ließen.

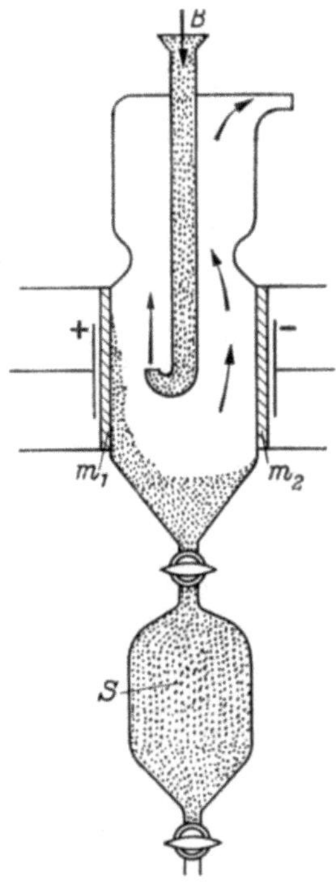

Abb. 61.8. Elektrodekantation. B = Einfluß, m_1 und m_2 = Membranen, S = Vorratsgefäß für die schwerere Lösung. Nach PAULI, loc. cit.

Leitfähigkeit

Da kolloide Partikeln im elektrischen Feld wandern, sollte man denken, daß sie auch am Stromtransport wesentlichen Anteil haben. Im allgemeinen ist jedoch dieser Anteil von außerordentlich geringer Bedeutung, da die Konzentration der gleichzeitig anwesenden Ionen meist um Größenordnungen größer ist als die Äquivalentkonzentration der kolloiden Partikeln.

---

[1] Über Einzelheiten vgl. I. M. KLOTZ, in BAILEY-NEURATH: The Proteins. Vol I A. New York 1951.

[2] PAULI, Wo.: Helv. Chim. Acta **25**, 137 (1942).

[3] CANN, J. R., J. G. KIRKWOOD, R. A. BROWN u. O. J. PLESCIA: J. Amer. chem. Soc. **71**, 1603 (1949).

Bei nicht elektrolythaltigen hochgereinigten Solen, aber auch Proteinlösungen, ist die Leitfähigkeit meist so gering, daß sie nur mit Hilfe besonderer Vorsichtsmaßnahmen gemessen werden kann; z. B. ist der Kohlensäuregehalt der Luft bereits ein derartiger Störfaktor, daß er die Eigenleitfähigkeit des Präparates überdecken kann. Die Messung der Leitfähigkeit dient besonders bei anorganischen Dispersionskolloiden als Kriterium ihrer Elektrolytfreiheit und wird gern dazu benutzt, sich über den Stand der Reinigung bei der Herstellung des betreffenden Sols zu orientieren.

Bei Assoziationskolloiden hingegen ist die Leitfähigkeit vielfach herangezogen worden, um den Zustand der Assoziation festzustellen und zu charakterisieren. McBain (1911) konnte auf diese Weise wie auf Abb. 75.2[1] gezeigt ist, durch den sprunghaften Abfall der Leitfähigkeit bei der Assoziation den ersten Nachweis über die speziellen Eigenschaften dieser Systeme führen (vgl. § 75, § 76 und folgende).

VI. Dispersionsvariable Systeme

§ 62. Dispersionsvariable Systeme. Allgemeines

Bei der Behandlung der physikalischen Eigenschaften kolloider Systeme in den vorangegangenen Kapiteln wurde vorausgesetzt, daß sie dispersionsinvariabel sind. Hiermit war ihre zeitliche Unveränderlichkeit in bezug auf ihre Teilchengröße gemeint, wobei die Ursache dieser Stabilität nicht zur Diskussion stand. Im folgenden wird nun die Entstehung und Veränderlichkeit kolloider Systeme im Vordergrund stehen, insbesondere die Vergrößerung und Verkleinerung der kolloiden Teilchen. Systeme, bei denen solche Veränderungen möglich sind, sind als dispersionsvariabel bezeichnet worden (vgl. § 10). Die Einführung eines solchen Begriffes hat aber nur dann einen Sinn, wenn die in Frage stehenden Einheiten nicht aus konstitutionell definierten Individuen bestimmter Qualität bestehen.

Makromoleküle bestimmten chemischen nicht polymeren Aufbaus verlieren ihre Eigenschaften auch bei sehr kleinen Veränderungen; Wegnahme oder Hinzufügen auch nur eines einzigen Bausteins oder Veränderungen ihrer Gestalt oder Struktur können dafür ausreichen. Solches Verhalten findet man bei makromolekularen Naturstoffen komplizierten chemischen Aufbaus[2]. Änderungen, die sie erleiden, sind immer auch Änderungen ihrer Qualität.

Im Gegensatz zu diesen kolloiden Substanzen ist es geradezu typisch für viele Kolloide, daß sie z. T. nur in gewisser Hinsicht, z. T. überhaupt keine individuellen Merkmale besitzen. Besteht z. B. die dispergierte

---

[1] Die in Abb. 75.2 gezeigte Kurve wurde von Lottermoser und Püschel (loc. cit.) aufgenommen, die von McBain an fettsauren Salzen gewonnenen Kurven verlaufen ähnlich, setzen nur bei einer höheren Konzentration ein.

[2] Typisch ist z. B. der Unterschied zwischen den γ-Globulinen des Rinds und des Menschen, die sich in ihrem Aufbau nur durch eine einzige Aminosäure unterscheiden, was bereits genügt, um Unterschiede in ihrem Verhalten als Kolloid hervorzurufen.

Substanz aus flüssigen Tröpfchen, so sind zwar alle von gleicher chemischer Zusammensetzung und gleicher äußerer Form, eine Variation ihrer Größe ruft keine besonderen neuen Eigenschaften hervor. Etwas ähnliches gilt für polymere Fadenmoleküle des gleichen chemischen Bauprinzips, die in allen möglichen Längen auftreten können; auch hier entstehen durch Verlängerung oder Verkürzung der Molekülkette keine neuen Eigenschaften. In beiden Fällen ändern sich die Systemeigenschaften graduell mit der Größe der Teilchen (z. B. Sedimentation, Viskosität usw.), ihre Qualität bleibt jedoch weitgehend erhalten. Es genügt vielfach die Angabe einer einzigen Dimensionsvariable — also einer Quantität —, um ihr Verhalten zu beschreiben. Sie besitzen also eine Variabilität in bezug auf ihre „Größe", die nicht gleich mit einem Verlust ihrer qualitativen Eigenschaften verbunden ist. Für solche Systeme ist die Kennzeichnung durch den Begriff der Dispersionsvariabilität gerechtfertigt. Durch Zufügen oder Wegnahme immer der gleichen Grundbausteine oder ihrer ganzzahliger Vielfacher lassen sich eng benachbarte und verwandte Zustände herstellen. Ausgehend von einem bestimmten niedermolekularen Grundbaustein (der z. B. auch aus einem Ionenpaar bestehen kann) können Kolloide und schließlich heterogene Systeme durch Aneinanderfügen gleicher Bausteine Schritt für Schritt hergestellt werden. Je nachdem, ob zwischen den einzelnen Grundbausteinen covalente Bindungen geknüpft, elektrostatische Gitterkräfte oder nur Nebenvalenzen wirksam werden, soll entsprechend den eingangs gewählten Definitionen von Polymerisation, Kristallisation und Assoziation gesprochen werden. (Dabei ist noch zu beachten, daß mehrere Bindungsarten nebeneinander bestehen können, in solchen Fällen läßt sich aber meist eine aus einer gewissen Anzahl von Grundbausteinen bestehenden größeren Einheit erkennen, die ihrerseits wieder als Überbaustein angesehen werden kann.) In umgekehrter Richtung können Änderungen der Partikelgröße durch Verdampfen, Auflösen, Depolymerisieren usw. vor sich gehen, auch können die Aggregate sowohl durch Zufügen oder Wegnahme einzelner Grundbausteine als auch einer Reihe von Grundbausteinen gleichzeitig auf- und abgebaut werden.

Wenn die Voraussetzungen gleicher chemischer Zusammensetzung, Konstitution und einwandfrei unterscheidbarer gleichartiger Grundbausteine erfüllt sind und das Bauprinzip im ganzen Größenbereich unverändert bleibt, lassen sich die Eigenschaften solcher Partikeln durch die Angabe einer einzigen Variablen beschreiben. Hierzu dient am einfachsten die Zahl der im Partikel vorhandenen Grundbausteine. Wir wollen sie als Dispersionsvariable und mit dem Buchstaben j bezeichnen. Bei polymeren Substanzen ist sie identisch mit der Zahl der Monomeren je Molekül, die meist als Polymerisationsgrad P bezeichnet wird. Durch j bzw. P lassen sich Abmessungen, Volumen, Masse usw. der Partikeln definieren. Bei polydispersen Systemen genügt dann die Angabe der Verteilungsfunktion von j, d. h. die Angabe der jeweiligen Teilchenzahl einer bestimmten Größe j (vgl. § 5).

An sich ist das nur der erste Schritt zu einer quantitativen Beschreibung unserer Systeme. Wie bei der chemischen Verbindungsbildung sind nun Erweiterungen denkbar, indem etwa eine Einheit nicht nur aus einer, sondern aus zwei oder mehreren Arten von Grundbausteinen aufgebaut werden muß. In diesem Fall sind die Zusammenhänge nur noch übersehbar, wenn das Verhältnis der Grundbausteine zueinander konstant ist wie in einer chemischen Verbindung (z. B. $A_j B_i$ mit $j/i =$ const). Sind alle Variationen erlaubt, werden die Verhältnisse unübersehbar. Formeln für kolloide Partikeln (Mizellen), wie sie von ZSIGMONDY, DUCLAUX und anderen vorgeschlagen wurden (z.B. $([FeOOH]_x FeO_y])Cl_y)$, wo x und y sowie x/y variabel sind, nutzen nur dann etwas, wenn über die Abhängigkeit von x und y von den Zustandsbedingungen etwas ausgesagt werden kann[1, 2].

Für alle diese Systeme ist charakteristisch, daß sie ihre Eigenschaften bei einer Variation von j nur geringfügig ändern. Ein Silberjodidkristall mit 500 Ionenpaaren unterscheidet sich nur wenig von einem solchen mit 501 Ionenpaaren, ebenso wie ein polymeres Fadenmolekül aus 253 Monomeren praktisch nicht von einem solchen mit 257 Monomeren unterscheidbar ist. Bei nicht zu kleiner Zahl der Grundbausteine je Teilchen sind also sprunghafte Änderungen um eine Einheit von j sicherlich so klein, daß man sie als differentielle Änderungen ansehen kann, was für eine mathematische Behandlung wertvoll ist. Ist j hingegen von der Größenordnung 5, 10 oder 20, so kann eine Änderung der Partikeleigenschaften beim Zufügen eines einzigen Grundbausteins unter Umständen beträchtlich sein. Hier muß eine gesonderte Betrachtungsweise einsetzen, die aber für die eigentlichen kolloidchemischen Probleme weniger in Betracht kommt als sie an der unteren Grenze des Übergangsgebiets der kolloiden Phänomene liegt[3].

Wenn nun bei hinreichend großem j, dessen Änderungen um eine einzige Einheit als differentielle Änderung angesehen werden kann, kann durch die Angabe $dj > 0$ oder $dj < 0$ Wachstum und Auflösung der Partikeln gekennzeichnet werden. Dispergierung durch Zerschlagen, Mahlen, Depolymerisieren grober Bruchstücke, sowie Koagulation, Agglomerationen, d. h. Zusammenlagerungen von Partikeln zu Sekundäraggregaten, sind jedoch keine differentiellen, sondern sprunghafte Änderungen, was gegebenenfalls bei einer theoretischen Behandlung zu beachten ist.

Durch die Größe j können die beiden zu unterscheidenden Typen von Systemen einfach gekennzeichnet werden. Bei dispersionsinvariablen Systemen ist $j =$ const und $dj = 0$, bei dispersionsvariablen Systemen ist $dj \neq 0$.

Woran läßt sich nun die Variabilität oder Invariabilität der Partikelgrößen eines Systems erkennen und was sind ihre äußeren und — wenn man es so ausdrücken will — ihre inneren Kennzeichen? Man könnte

---

[1] ZSIGMONDY, R.: Kolloidchemie. 5. Aufl. Leipzig 1925/27.

[2] DUCLAUX, A.: Colloïdes et Gels. Paris 1953.

[3] Dieses Gebiet ist besonders interessant, wenn es sich um Gase oder flüssige Mischung im kritischen Bereich handelt. Auch muß jede Bildung neuer Phasen mit der Zusammenlagerung einiger weniger Moleküle zu Aggregaten beginnen, die dann entsprechend weiterwachsen. Wo sich aber, wie im überkritischen Gebiet keine neuen Phasen bilden können, sind Aggregate aus weniger Molekülen, sog. „Cluster" als Bestandteil eines Gleichgewichts vorhanden, das sich statistisch berechnen läßt. Vgl. dazu J. E. MAYER und M. G. MAYER: Statistical Mechanics. New York 1940 (s. a. dgl. J. chem. Physics **5**, 67 (1937); ibid. **6**, 87, 101 (1938); aber auch A. MÜNSTER: Statistische Thermodynamik. loc. cit.

versuchen, ihre Stabilität als Kriterium heranzuziehen, denn es läßt sich
in allen Fällen prüfen, ob bestimmte Charakteristika wie Teilchengröße,
elektrophoretische Wanderungsgeschwindigkeit, Struktur usw. über
lange Zeiträume unverändert bleiben. Eine solche Feststellung wäre
absolut ausreichend, wenn es *nur* um die Frage ginge, ob ein System in
bezug auf seine physikalischen Eigenschaften dispersionsinvariabel ist
oder nicht, was nämlich entweder durch die Eigenschaften der Substanz
unabänderlich gegeben sein oder auf bestimmten äußeren Umständen
beruhen kann, die das System hindern, in andere Zustände überzugehen.
Im ersten Fall sollte ein echtes, d. h. ungehemmtes thermodynamisches
Gleichgewicht vorliegen, im zweiten könnte das Vorhandensein von
Hemmungen[1] die Einstellung eines Gleichgewichtszustandes verhindern.
Daraus ergibt sich die Notwendigkeit, sowohl thermodynamische als
auch reaktionskinetische Kriterien heranzuziehen.

Beide Fälle können etwa durch ein Gemisch von Wasserstoff und Sauerstoff
und Wasser charakterisiert werden, welches sich in einem abgeschlossenen Gefäß
einmal wegen der Gegenwart eines Katalysators oder wegen entsprechend hoher
Temperatur im Gleichgewicht befindet, oder das bei Abwesenheit des Katalysator
oder bei niedriger Temperatur an der Einstellung des Gleichgewichts gehemmt ist.
Obwohl letzteres einem Ungleichgewichtszustand entspricht, ist das System über
sehr lange Zeiten stabil, da die Reaktionsgeschwindigkeit $H_2 + O_2 \rightarrow H_2O$ bei normaler Temperatur und bei Abwesenheit von Katalysatoren außerordentlich
klein ist.

Gehemmte Systeme können in den Gleichgewichtszustand übergehen, wenn die
Hemmungen beseitigt werden, wie es in unserem Beispiel geschieht, wenn in das
Wasserstoff-Sauerstoffgemisch ein Katalysator eingebracht wird. Hemmungen
sind demnach Hindernisse, die den Ablauf einer an sich freiwillig verlaufenden
Reaktion mehr oder weniger abbremsen können, wobei die Verzögerung unter
Umständen so stark sein kann, daß sich jede Veränderung des Systems einer Beob-
achtung entzieht. Solche Systeme können daher als stabil angesehen werden,
obwohl sie es genau genommen nicht sind.

Die Frage nach der Ursache der Dispersionsinvariabilität kolloider
Systeme ist dann beantwortet, wenn entschieden werden kann, ob sich
das System in ungehemmtem Gleichgewicht befindet oder nicht (das ist
der thermodynamische Aspekt des Problems). Dagegen kann die damit
zusammenhängende Frage, ob es unbedingt oder nur zufälligerweise
stabil ist, erst dann beantwortet werden, wenn es gelingt, die Natur der
Hemmungen und die Möglichkeit ihrer Beseitigung zu erkennen (hierfür
ist die Reaktionskinetik zuständig!).

Systeme im ungehemmten Gleichgewicht sind natürlich solange dispersionsvariabel, bis sich das Gleichgewicht eingestellt hat. Das kann
von Bedeutung sein, wenn die Einstellungsgeschwindigkeit gering ist,
meist ist sie jedoch — wie z. B. bei den Assoziationskolloiden — so groß,
daß diese Fragestellung gar nicht interessiert.

Wird bei gehemmten dispersionsinvariablen Systemen die Hemmung
abgebaut, so gehen sie in dispersionsvariable Systeme über, die dem
Gleichgewicht zustreben und nach dessen Erreichen sie wieder ungehemmt
dispersionsinvariabel sind. Obwohl diese Betrachtungsweise etwas

---

[1] Vgl. dazu W. SCHOTTKY, H. ULRICH, C. WAGNER: Thermodynamik. Berlin
1929.

kompliziert erscheint, besitzt sie den Vorzug, die verschiedenen Ursachen der Existenzfähigkeit unserer Systeme herauszuarbeiten. Die thermodynamische Gleichgewichtslehre liefert die Grundlagen für den einen Fall, die Reaktionskinetik für den anderen, aber nur insoweit als es sich um die Zusammenhänge zwischen Reaktionsgeschwindigkeit und dem Ausmaß der Hemmungen handelt. Hemmungen sind, wie ihr Name sagt. keine absoluten, sondern überwindbare Hindernisse, doch erfordert ihre Überwindung einen gewissen Energieaufwand, der in der Reaktionskinetik als Aktivierungsenergie in Erscheinung tritt[1]. Zur Erläuterung des eben dargelegten mögen folgende Beispiele dienen.

I. Ungehemmte Systeme

1. Assoziationskolloide. Bei der Herstellung einer wässerigen Seifenlösung (von z. B. Dodecyloctaglykoläther) stellt sich innerhalb kürzester Zeit ein Gleichgewicht zwischen kolloiden Aggregaten und Einzelmolekülen der Substanz ein, das nur von Temperatur und Konzentration des betreffenden Stoffs abhängig ist. Weder Größe noch Menge der kolloiden Partikeln sind beeinflußbar, noch ist die Einstellung des Gleichgewichts zu verhindern. Der Zustand solcher Systeme entspricht einem ungehemmten Gleichgewicht einer chemischen Reaktion, beispielsweise der Einstellung des Dissoziationsgleichgewichts von Essigsäure in undissoziierte Essigsäure, Acetat- und Wasserstoffionen bei der Auflösung in Wasser. Diese Systeme sind thermodynamisch stabil.

2. Emulgiert man nicht miteinander mischbare Flüssigkeiten möglichst gleicher Dichte, so entstehen Tröpfchen verschiedener Größe der einen Flüssigkeit in der anderen. Für die Tröpfchen bestehen keinerlei Hemmungen sich zu vergrößern oder zu verkleinern, sei es durch Abgabe oder Aufnahme einzelner Moleküle, sei es durch direkte Vereinigung zu größeren Tröpfchen.

Als Analogie kann etwa das System Quecksilber-Sauerstoff dienen, in welchem sich bei Temperaturen von über 200 °C allmählich Quecksilberoxyd bildet.

Beide Systeme befinden sich nicht im Gleichgewicht, doch versuchen sie durch dauernde Umsetzungen diesen Zustand zu erreichen.

Die Einstellung des Gleichgewichts läßt sich in diesen Fällen grundsätzlich hemmen, bei der Quecksilberoxydation etwa durch Überschichten des Quecksilbers mit einem Film aus einer hochsiedenden indifferenten Flüssigkeit (z. B. Silikonöl) im Fall der Emulsion durch Zugabe einer Substanz, die sich an der Grenzfläche der Tröpfchen als Film anreichert und einen Umhüllungsschutz bildet. Völlig verhindern läßt sich keine

---

[1] Es ist unter Umständen zu berücksichtigen, daß das nicht die einzige Möglichkeit einer Hemmung im Bereich molekularen Geschehens ist; auch der Übergang von einem Zustand zum anderen, bei welchem Zwischenzustände gleicher Energie aber geringerer Zustandswahrscheinlichkeit, d. h. geringerer Entropie durchlaufen werden, kann gehemmt sein. Die Einführung des Begriffs der Aktivierungsentropie (vgl. dazu S. GLASSTONE, K. J. LAIDLER u. H. EYRING: The Theory of Rate Processes. New York 1941) kann dazu dienen, solche Verhältnisse mit Erfolg zu beschreiben.

der Reaktionen, sondern nur mehr oder weniger stark bremsen. Der Unterschied dieser Systeme zu denen im ersten Beispiel genannten besteht in ihrer Hemmbarkeit.

II. Gehemmte Systeme

1a) Die unter I/2 beschriebene Emulsion bildet dann ein gehemmtes System, wenn durch besondere Maßnahmen Hemmungen *angebracht* werden. Durch sog. Emulgatoren ist es wie erwähnt möglich, Grenzflächenfilme zu bilden, die die einzelnen Tröpfchen sowohl am Zusammenfließen hindern, als auch den Übertritt einzelner Bausteine des Tröpfchens erschweren.

b) Ein Sol aus Silberjodid in Wasser ist dann in bezug auf die Einstellung eines Zustands geringster freier Enthalpie (= Gleichgewichtszustand) gehemmt, wenn es durch Dissoziation oder Adsorption von Ionen seiner eigenen Art elektrisch aufgeladen wird. Sind beim Silberjodid überschüssige Silberionen zugegen, so bauen sie eine elektrische Doppelschicht auf, die die Vereinigung einzelner Teilchen zu größeren durch elektrostatische Abstoßung hemmt. Auch Übergänge einzelner Ionen aus dem Teilcheninneren in das Dispersionsmedium und umgekehrt, werden behindert (vgl. dazu § 68).

c) Versprüht man eine Flüssigkeit mittels einer feinen Düse in Luft und erteilt dabei der Düse ein hohes elektrisches Potential, so werden die sich bildenden Tröpfchen aufgeladen. Durch ihre gegenseitige elektrostatische Abstoßung ist es für die Tröpfchen schwer, sich einander soweit zu nähern, daß ein Zusammenfließen möglich ist. Die Ladung stellt eine Hemmung für die Zustandsänderung des Systems dar, welches auf diese Weise eine mehr oder weniger große Stabilität erlangen kann. Nicht hemmbar ist in diesem Fall die Verdampfung der Substanz.

Die unter 1a), b) und c) beschriebenen Systeme befinden sich in Ungleichgewichtszuständen, die das Bestreben haben, in Gleichgewichtszuständen überzugehen, daran aber durch das Vorhandensein besonderer Faktoren gehindert werden. Diese können sowohl dritte Substanzen wie im Beispiel a) als auch Bestandteile des Systems selbst in besonderer Form wie im Beispiel b) oder elektrostatische Aufladungen wie im Beispiel c) sein. Derartige Hemmungen können angebracht und entfernt werden. Wie das ungehemmte System I,2 durch Anbringen einer Hemmung stabilisiert wird, können die gehemmten Systeme II,1 durch Fortnahme der Hemmungen in ungehemmte Systeme überführt werden.

2. Obwohl es zunächst nicht den Anschein hat, sind Lösungen hochpolymerer Moleküle, wie etwa Polystyrol in Cyclohexan oder Dextran in Wasser in bezug auf ihre Molekülvergrößerung oder -verkleinerung gehemmte Systeme. Der Unterschied zu den vorangegangenen Beispielen besteht nur darin, daß die Hemmungen nicht von besonderen (äußeren) Faktoren herstammen, sondern dem Molekül als solchem bereits innewohnen. Die Beständigkeit von Atomansammlungen, die man mit dem Begriff des Moleküls kennzeichnet, ist als Vorstellung untrennbar mit diesem Begriff selbst verbunden. Anders ausgedrückt:

nur wenn chemische — besser covalente — Bindungen zwischen den einzelnen Atomen solcher Ansammlungen vorhanden sind, die innere Hemmungen sowohl gegen die Abtrennung als auch gegen den Zusammenschluß einzelner oder mehrerer Bausteine darstellen, zu deren Überwindung erhebliche Energiebeträge notwendig sind, spricht man von *Molekülen*. Um ihre Existenz zu sichern, ist es nicht mehr nötig, besondere Hemmungen von außen anzubringen, es ist sogar nicht einmal mehr möglich, wenn man auch wollte. Man muß im Gegensatz dazu besondere Faktoren oder Substanzen zufügen, um die Systeme zu *ent*hemmen und dadurch reaktionsfähig zu machen, was etwa durch Temperaturerhöhung, Zuführung von Strahlungsenergie oder Gegenwart besonderer Katalysatoren möglich ist.

Wenn man unter einer *Chemie* kolloider Systeme (um das Wort Kolloidchemie zu vermeiden) die Lehre von ihrer Herstellung aus ihren Grundbausteinen oder makroskopisch trennbaren einzelnen Bestandteilen versteht, so unterscheidet sie sich solange nicht von der herkömmlichen Chemie kleiner Moleküle, als es sich um die Makromoleküle — also Substanzen der Klasse II,2 — handelt. Chemische Umsetzungen geeigneter Art führen dort ohne weiteres zu stabilen kolloiden Partikeln, Veränderungen an ihnen erfordern chemische Methoden, die sich grundsätzlich durch nichts von denen der niedermolekularen Chemie unterscheiden. Nicht so bei den Systemen der Klasse II,1, deren Zustandsbedingungen so etwas wie eine Umkehrung der Bedingungen der molekularen bzw. makromolekularen Systeme darstellen. Während hier von Natur aus gehemmte (beständige) Systeme vorliegen, die zwar durch besondere Maßnahmen enthemmt werden können, handelt es sich dort um solche, die von Natur aus ungehemmt sind und erst durch besondere Maßnahmen gehemmt werden müssen, um überhaupt existenzfähig zu sein.

Wenn nun im folgenden der Versuch unternommen werden soll, das Verhalten kolloider Systeme zu beschreiben, in welchen Änderungen der Partikelgröße möglich sind, kann der bisher beschrittene Weg der gemeinsamen Behandlung aller Systeme von einem einzigen Standpunkt nicht mehr weitergegangen werden. Die grundsätzlichen Unterschiede erzwingen eine Aufteilung in drei Gruppen, die im weiteren jede für sich

Tabelle 62.I

I. Ungehemmte Systeme	Gleichgewicht	stabil, nicht hemmbar (ungehemmt)	Assoziations-kolloide
II. Gehemmte Systeme	kein Gleich- gewicht	stabil gehemmt	
1. „physikalische" Hemmungen		enthemmbar durch Entfernung der hemmenden Faktoren	Disper- sions- kolloide
2. „chemische" Hemmungen		enthemmbar durch besondere enthem- mende Faktoren	Makro- moleküle

gesondert behandelt werden sollen. Die bereits im Anfang des Buches eingeführten Gruppen der Assoziationskolloide, Dispersionskolloide und Makromoleküle besitzen jede für sich die Merkmale, die als Beispiel I, II,1 und II,2 beschrieben worden sind. Die Übersicht erleichtert die Tab. 62.I, in der die wichtigsten Bezeichnungen und Merkmale noch einmal zusammengestellt sind.

Aus heuristischen Gründen sollen die drei Gruppen aber nicht in der hier aufgeführten Reihenfolge, sondern in der Folge Dispersionskolloide, Assoziationskolloide, Makromoleküle besprochen werden, denn es wird sich zeigen, daß sich eine Reihe von Eigenschaften und besonderen Merkmalen in dieser Reihenfolge besser verstehen lassen.

Thermodynamik dispersionsvariabler Systeme

Die thermodynamische Behandlung ungehemmter oder enthemmter disperser Systeme muß sich naturgemäß von der der gehemmten Systeme unterscheiden. Während hier wie in der klassischen Thermodynamik von Systemen, die aus kleinen Molekülen bestehen, als Variable der Stoffmenge die Zahl der Moleküle oder der g-Mole (bzw. deren abgeleitete Größen im Molenbruch, Molarität usw.) verwendet werden konnten, ist es dort nicht mehr möglich. Das hängt damit zusammen, daß zwischen der kolloiden Partikel, die als solche stabil sein soll und dem eigentlichen Molekül in bezug auf die thermodynamische oder statistische Behandlung kein grundsätzlicher Unterschied besteht. Stoffmenge und Zahl der Partikeln sind einander äquivalent, daran ändern auch Besonderheiten, wie bestimmte Größe und Gestalt, sowie Wechselwirkungen der Partikeln grundsätzlich nichts. Anders ist es in Systemen, bei welchen die Stoffmenge keine eindeutige und festliegende Funktion der Zahl der Partikeln ist. Hier herrscht eine Situation, die den Verhältnissen in Mischungen ähnlich ist, wo zwischen den einzelnen Komponenten chemische Reaktionen auftreten können.

Sieht man beispielsweise als Zustandsvariable eines dispersen Systems nicht die Menge der Partikeln der dispergierten Substanz an — was ja dem Verfahren bei der Beschreibung einer Mischung oder Lösung entspricht —, sondern die Zahl oder Molzahl der Grundbausteine der Partikeln, so kommt man zu einem etwas anderen Bild. In einer monodispersen Emulsion von Benzol in Wasser kann theoretisch eine Änderung der Benzolmenge des Systems entweder dadurch vorgenommen werden, daß man zum System eine gewisse Zahl — ΔZ — Tröpfchen mit jeweils j Benzolmolekülen je Tröpfchen zuführt oder aber bei konstanter Teilchenzahl Z jedes der Tröpfchen um eine gewisse Zahl Δj Moleküle vergrößert. Das eine wäre eine Änderung der Menge des Benzols im Benzol im System unter der Voraussetzung konstanter Partikel*größe*, das andere eine Änderung unter der Voraussetzung einer konstanten Partikel*zahl*. Für eine beliebige Änderung dN_2 der Zahl der Benzolmoleküle N_2 (gleich Grundbausteine) kann man also schreiben, wenn es sich um differentielle Änderungen handelt:

$$dN_2 = (\partial N_2/\partial Z)_j \, dZ + (\partial N_2/\partial j)_Z \, dj. \tag{62.1}$$

Da aber zwischen 'den drei Größen N_2, j und Z die triviale Beziehung

$$N_2 = Z\,j \qquad (62.2)$$

bestehen muß, geht Gl. (1) über in

$$dN_2 = j\,dZ + Z\,dj \qquad (62.3)$$

oder nach Division durch N_L in

$$dn_2 = j\,dz + z\,dj, \qquad (z = Z/N_L)$$

was natürlich auch unmittelbar aus (2) durch Differentiation erhalten wird. Hieraus ist sofort zu erkennen, daß bei Voraussetzung konstanter Partikelgröße, d. h. konstantem j kein Unterschied grundsätzlicher Art zur Thermodynamik niedermolekularer Systeme besteht, weil dann immer die Beziehung $dN_2 = j\,dZ$ gültig ist. Daraus geht von selbst die Bedeutung der Voraussetzung der Dispersionsinvariabilität für die Kap. II und III hervor[1].

Systeme mit konstanter Teilchenzahl ($dZ = 0$) bereiten thermodynamisch ebenfalls keine Schwierigkeiten, da auch hier ein eindeutiger Zusammenhang zwischen den Variablen der Stoffmenge und der des eigentlichen Vorgangs, nämlich der Teilchenvergrößerung besteht. Auf diese Weise ist z. B. möglich gewesen, die THOMSONsche Gleichung für den Dampfdruck kleiner Tröpfchen abzuleiten.

dN_2 ist ein totales Differential, denn wie aus Gl. (2) hervorgeht, ist

$$\frac{\partial^2 N_2}{\partial j\,\partial Z} = \frac{\partial^2 N_2}{\partial Z\,\partial j} = 1\,.$$

Diese Beziehungen sind nun für die Entwicklung thermodynamischer Funktionen dispersionsvariabler Systeme wertvoll. Bei konstanter Temperatur und konstantem Druck ist die Änderung der freien Enthalpie dispersionsvariabler Systeme durch Gl. (I.16) leicht anzugeben. Wir wollen als Stoffmengenvariablen die Molzahl der Partikeln $z = Z/N_L$ und $n_j = j/N_L$, d. h. die Molzahl der je Partikel enthaltenen Bausteine verwenden. Es ergibt sich dann für ein monodisperses Dispersionsvariables System mit $j = $ const:

$$\delta G = \mu_1\,dn_1 + (\partial G/\partial z_j)_{z_j}\,dz_j \qquad (62.4)$$

(Index 1 = Dispersionsmittel) also im Prinzip das gleiche wie bei gewöhnlichen Mischungen, wenn statt n_2 die Größe z_j geschrieben wird.

Für ein monodisperses dispersionsvariables System müßte gelten

$$\delta G = \mu_1\,dn_1 + (\partial G/\partial z_j)_{n_j}\,dz_j + (\partial G/\partial n_j)_{z_j}\,dn_j\,. \qquad (62.5)$$

Man kann die Größe $(\partial G/\partial z_j)_{n_j} \equiv \mu_j^\circ$ und $(\partial G/\partial n_j)_{z_j} \equiv \mu_{z_j}^\circ$ als chemische Potentiale der dispergierten Substanz definieren; $\mu_{z_j}^\circ$ ist die

---

[1] Von R. C. TOLMAN [J. Amer. chem. Soc. **35**, 307 (1913)] wurde nachgewiesen, daß der Dispersitätsgrad des Systems ausgedrückt durch die spezifische Grenzfläche bei konstanter Substanzmenge und konstanter Partikelzahl keine unabhängige Variable des Systems ist. Aus diesem Grunde sind wir einen anderen Weg gegangen, da diese Argumentation nur eine Seite des Problems behandelt. Vgl. auch J. J. HERMANS in H. R. KRUYT (Hrsgb.): Colloid Science. Bd. I. Amsterdam 1952. S. 11ff.

Änderung der freien Enthalpie beim Zufügen eines Mols *Partikeln* der Größe j unter Konstanthaltung der Partikelgröße, während μ_{zj}° die Änderung der freien Enthalpie beim Zufügen eines Mols Substanz (in Form von Bausteinen) zu 1 Mol Partikeln unter Konstanthaltung der Partikelzahl ist.

Der durch Gl. (5) charakterisierte Fall des streng monodispersen Systems ist nur von theoretischem Interesse, weil er in Wirklichkeit nicht vorkommt. Wenn $dn_1 = 0$ ist, also die Dispersionsmittelmenge konstant ist, kann aber für ein polydisperses System statt Gl. (5) die Beziehung

$$\delta G = \sum_{1}^{j} \mu_j^{\circ}\, dz_j + \sum_{1}^{j} \mu_{zj}^{\circ}\, dn_j \qquad (62.6)$$

formuliert werden. Statt Gl. (2) erhält man für polydisperse Systeme

$$N_2 = \sum_{1}^{j} Z_j\, j \quad (= \text{const}) \qquad (62.7)$$

oder bei Verwendung von Molzahlen (n = Molzahl der insgesamt vorhandenen Bausteine)

$$n/N_L = \sum_{1}^{j} z_j\, n_j \quad (= \text{const}).^1 \qquad (62.7\,\text{a})$$

Es läßt sich bei einem solcher Art gekennzeichneten Systems fragen, welche Beziehung zwischen z_j, n_j, μ_j° und μ_{zj}° auftreten, wenn sich das System im Gleichgewicht befindet, also $\delta G = 0$ ist. Diese Aufgabe ist nichts anderes als die Berechnung eines Extremums einer Funktion bei gleichzeitigen Vorhandensein einer Nebenbedingung [nämlich Gl. (7.a)]. Hierzu wird (7a) differenziert; nach der Multiplikation mit dem LAGRANGE-Faktor λ ergibt sich dann (da $dn = 0$ ist)

$$\lambda\, n_1\, dz_1 + \lambda\, n_2\, dz_2 + \cdots \lambda\, n_j\, dz_j + \lambda\, z_1\, dn_1 + \lambda\, z_2\, dn_2 + \cdots \lambda\, z_j\, dn_j = 0 \qquad (62.8)$$

Gl. (8) kann zu Gl. (6) addiert werden, woraus man dann erhält

$$(\mu_1^{\circ} + n_1\,\lambda)\, dz_1 + \cdots (\mu_j^{\circ} + n_j\,\lambda)\, dz_j + (\mu_{z_1}^{\circ} + z_1\,\lambda)\, dn_1$$
$$+ \cdots (\mu_{zj}^{\circ} + z_j\,\lambda)\, dn_j = 0. \qquad (62.9)$$

Die Koeffizienten von $dz_1 \ldots dz_j$ und $dn_1 \ldots dn_j$ sind nun sämtlich gleich Null, man erhält also

$$
\begin{aligned}
\mu_1^{\circ} + n_1\,\lambda &= 0 & \mu_{z_1}^{\circ} + z_1\,\lambda &= 0 \\
\vdots\;\; & & \vdots\;\; & \\
\mu_j^{\circ} + n_j\,\lambda &= 0 & \mu_{zj}^{\circ} + z_j\,\lambda &= 0
\end{aligned}
\qquad (62.10)
$$

Wenn man Gl. (7a) hinzuzieht, sind jetzt $2j + 1$ Gleichungen mit $2j + 1$ Unbekannten da, die sich hieraus bestimmen lassen.

Eine erste Konsequenz, die an sich trivial ist, aber früher durchaus nicht so angesehen wurde, ist, daß es hinsichtlich der Teilchengröße ebensowenig Beschrän-

---

¹ Wobei die Indizes j sich hier und im folgenden auf die Zahl der je Partikel enthaltenen Bausteine beziehen sollen.

kungen gibt, wie hinsichtlich der Teilchenzahl. Würde man — wie es früher ebenfalls getan wurde —, jede Teilchenart mit einem bestimmten Wert von j als eine „Phase" im Sinne von GIBBS betrachten, könnten grundsätzlich in einem kolloiden System beliebig viel Phasen auftreten, und zwar aus dem gleichen trivialen Grunde, weshalb auch unbeschränkt viel Teilchen auftreten könnten. Auf diesen Sachverhalt hat Wo. OSTWALD nachdrücklich hingewiesen als zur Diskussion stand, ob etwa die GIBBSsche Phasenregel auf kolloide Systeme angewandt werden könnte. Daß aber der Begriff der Phase hier unzweckmäßig ist, geht aus Gl. (10) hervor, wonach unter der Voraussetzung thermodynamischen Gleichgewichts über die Menge der Partikeln der Größe j — also die Menge der „Kolloid-Phase" — bei gegebener Gesamtmenge der dispergierten Substanz eine Aussage möglich ist. Eine solche Aussage ist der klassischen Phasenlehre fremd, die nur Aussagen über intensive Größen und deren Wechselbeziehung mit der Zusammensetzung der Phasen machen kann. Dies möge nochmals unterstreichen, wie fragwürdig die Anwendung des Phasenbegriffs auf kolloide Zerteilungen wird, wenn versucht wird, mit seiner Hilfe auf bestimmte Eigenschaften und Beziehungen dieser Systeme zu schließen.

Für die Auswertung des Gleichungssystems (10) ergeben sich nun mehrere Möglichkeiten:

1. λ ist als unabhängige Variable frei wählbar. Man kann dafür z. B. ein beliebiges chemisches Potential einsetzen. Will man etwa das Gleichgewicht zwischen kolloiden Partikeln und der makroskopisch ausgedehnten reinen Phase der Substanz 2 berechnen, kann $\lambda = \mu_{02}$ gesetzt werden. Man erhält dann eine Reihe von Gleichungen der Typen

$$\mu_j^\circ + n_j \mu_{02} = 0 \quad \text{und} \quad \mu_{zj}^\circ + z_j \mu_{02} = 0, \qquad (62.11)$$

von denen die zweite nichts anderes als die bekannte THOMSONsche Gleichung (47.23) für den Dampfdruck kleiner Tröpfchen ist, nur in einer allgemeineren Form.

In gleicher Weise kann auch das Gleichgewicht zwischen molekularzerteilter Substanz 2 und kolloider Substanz einer bestimmten Partikelgröße berechnet werden, wenn $\lambda = \mu_2$ gesetzt wird, ebenso kann $\lambda = \mu_k^\circ$ also dem chemischen Potential irgend einer anderen Partikelart gleichgesetzt werden.

2. λ läßt sich aus jeweils zwei oder mehr Gleichungen des Systems (10) eliminieren. Am einfachsten setzt man $\lambda = -\mu_{zk}^\circ/z_k$ (wobei $k = j$ oder $k \neq j$ sein kann). Dann ergibt sich ganz allgemein

$$\mu_j^\circ - \frac{n_j}{z_k} \mu_{zk}^\circ = 0 \qquad (62.12)$$

oder

$$\mu_j^\circ/n_j = \mu_{zk}^\circ/z_k. \qquad (62.13)$$

Die Größen μ_j°/n_j und μ_z°/z haben aber eine unmittelbar anschauliche Bedeutung: Die erstere ($= (\partial G/\partial z_j)_j/n_j$) ist die im Mittel auf 1 Mol Bausteine entfallende Änderung der freien Enthalpie beim Zufügen von einem Mol Partikeln, die zweite ($= (\partial G/\partial n_j)_{zj}/z_j$) ist die im Mittel auf ein Mol Partikeln entfallende Änderung der freien Enthalpie beim Zufügen von einem Mol Bausteinen, hieraus ist auch unmittelbar einzusehen, daß beide Größen gleich sein müssen, wenn ein Gleichgewicht zwischen allen Teilchenarten überhaupt möglich sein soll.

Über die Größen μ_j° und μ_{zj}° kann die Thermodynamik ebenso wenig etwas aussagen wie über die chemischen Potentiale reiner Stoffe oder gelöster Substanzen im Standardzustand (vgl. § 19). Doch können durch statistische Methoden gewisse Aufschlüsse erhalten werden — die zwar auch nicht befriedigen, da sie sich bis jetzt einer experimentellen Nachprüfung entziehen — aber geeignet sind, das Verständnis etwas zu erleichtern.

§ 63. Versuch einer statistisch thermodynamischen Behandlung

Behandlung eines einfachen kolloiden Systems

Zur statistischen Behandlung eines kolloiden Systems müssen wie in anderen ähnlichen Fällen vereinfachenden Modellvorstellungen herhalten, auf die dann die mathematischen Methoden der statistischen Thermodynamik angewandt werden können. Wählen wir das allereinfachste System; kugelförmige Tröpfchen einer Flüssigkeit, die alle die gleiche Größe besitzen, seien in einem inerten Gas zerteilt, sie sollen nicht elektrisch geladen sein und die Einwirkung der Schwerkraft soll vernachlässigt werden können. Aufeinander sollen sie keine Kräfte ausüben, ebenso nicht auf die Moleküle des inerten Gases. Wie groß ist nun die freie Energie, wenn das System ein Volumen V besitzt und Z monodisperse Tröpfchen aus jeweils j voneinander unabhängige Molekülen als Bausteine enthält. Wir gehen aus von Gl. (II.45):

$$F = - kT \ln Q^* . \tag{63.1}$$

Am Zustand des inerten Gases — das hier als Dispersionsmedium fungiert — ändert sich praktisch nichts; wenn wir sein Volumen von vornherein als konstant ansehen, können wir es von der weiteren Betrachtung ausschließen. (Das gleiche gilt, wenn wir statt eines inerten Gases eine ebensolche Flüssigkeit verwenden würden.) Nach den üblichen Methoden der Statistik (vgl. Anhang II und § 20) ist die Verteilungsfunktion Q^* in einzelne Funktionen separierbar. Für diese Separation ist es nun am einfachsten, zu überlegen, was geschieht, wenn aus einer bestimmten Menge Flüssigkeit ein Tröpfchen gebildet wird und dieses Tröpfchen dann der Bestandteil eines kolloiden Systems ist. Die Verteilungsfunktion *eines* Tröpfchens mit j Molekülen (unabhängigen Bausteinen), das unbeweglich an eine Stelle des Raumes fixiert ist, soll mit Q_{0j} bezeichnet werden. Nun sind aber kolloide Partikeln nicht im Raume fixiert, sondern können unabhängige BROWNsche Translations- wie auch Rotationsbewegungen ausführen. Sie besitzen also entsprechende kinetische Energien. Die Verteilungsfunktion für die Translationsenergie eines Systems mit Z Partikeln ist nach Gl. (II.37)

$$Q^*_{\mathrm{trans},j} = Q^Z_{\mathrm{trans},j}/Z! \tag{63.2}$$

Für die Verteilungsfunktion der Rotation wird $Q^*_{\mathrm{rot},j}$ gesetzt, wir erhalten also insgesamt

$$Q^* = \left(Q^Z_{\mathrm{trans},j}/Z! \right) Q^Z_{\mathrm{rot},j}\, Q^Z_{0j} . \tag{63.3}$$

Nun kann der erste Faktor in Gl. (3) in gleicher Weise wie in § 21 berechnet werden. Ist die Partikelkonzentration Z/V klein, kann eine Lösung

versucht werden, die der des idealen Gases entspricht. Schreibt man
Gl. (21.5) in folgender Form

$$Q^*_{\text{trans},j} = \frac{1}{Z!}\,[(2\pi\,j\,m\,kT/h^2)^{\frac{3}{2}}\,V_f]^Z, \qquad (63.4)$$

so unterscheidet sich dieser Ausdruck von dem des Gases nur dadurch,
daß an die Stelle der Molekülmasse m die Masse des *kolloiden* Teilchens
$j\,m$ und an die Stelle der Molekülzahl N die Zahl der Partikeln Z sowie
statt des Gesamtvolumens V die Größe $V_f\,(\sim V - 4v_j)$ getreten ist.
Für $Q_{\text{rot},j}$ kann gesetzt werden

$$Q_{\text{rot},j} = \pi^{\frac{1}{2}}/\sigma\,\varrho^{\frac{3}{2}} \quad\text{mit}\quad \varrho = h^2/8\pi^2\,I\,kT \qquad (63.5)$$

($I =$ Trägheitmoment eines Körpers mit nur *einer* Trägheitsachse.
$\sigma =$ Symmetriezahl. Für eine Kugel der Masse $m\,j$ und des Radius r
ist $I = 2/5\,m\,j\,r^2$)*.

Wir erhalten somit unter Verwendung der STIRLINGschen Formel
Gl. (II.15) für Z

$$F = -\,Z\,kT\left[\frac{3}{2}\ln\,(2\pi\,j\,m\,kT/h^2) + \ln V_f - \ln Z + 1\right.$$

$$\left. +\,\ln\,(\pi^{\frac{1}{2}}/\sigma) + \frac{3}{2}\ln\,(8\pi^2\,I\,kT/h^2)\right] + Z\,kT\,\ln Q_{0j}. \qquad (63.6)$$

Führen wir nun wie in § 62 die Größe $z = Z/N_L$ ein und bilden
$\mu_j^\circ = (\partial F/\partial z_j)_j$ so ist

$$\mu_j^\circ = -\,RT\,\ln Q_{0j} + RT\,\ln\,(Z/V_f) - RT\left[\frac{3}{2}\ln\,(2\pi\,j\,m\,kT/h^2)\right.$$

$$\left. (8\pi^2\,I\,kT/h^2)\,(\pi^{\frac{1}{2}}/\sigma)\right]. \qquad (63.7)$$

Hierfür kann auch geschrieben werden

$$\mu_j^\circ = -\,RT\,\ln Q_{0j} + RT\,\ln\,(Z/V_f) - RT\,\ln \lambda_j, \qquad (63.8)$$

wenn man in λ_j den in der eckigen Klammer stehenden Ausdruck der
Gl. (7) zusammenfaßt. Ebenso kann $\mu_z^\circ = (\partial F/\partial n_j)_z = N_L\,(\partial F/\partial j)_z$
durch Differentiation nach j bei konstantem Z gebildet werden. Mit
$I = 2m\,j\,r^2/5$ ergibt sich (wenn σ als konstant angesehen wird)

$$-\,\mu_z^\circ/Z = RT\,\frac{d\ln Q_{0j}}{dj} + \frac{4\,RT}{j}\,. \qquad (63.9)$$

oder nach Multiplikation beider Seiten mit N_L

$$-\,\mu_{z_j}^\circ/z_j = RT\,\frac{\partial\ln Q_{0j}}{\partial n_j} + \frac{4\,RT}{n_j} \qquad (63.10)$$

Beide Gleichungen der chemischen Potentiale kolloider Partikeln besitzen
charakteristischerweise Glieder, die von der freien Beweglichkeit der
Partikeln im Raum und ihrer Rotation herrühren. Gl. (7) enthält außerdem das Glied $RT\,\ln\,(Z/V_f)$, das einer Konzentration entspricht. Hier-

---

* Vgl. hierzu A. MÜNSTER: Statistische Thermodynamik. Berlin 1957;
GLASSTONE, S.: Theoretical Chemistry. New York 1944.

durch unterscheidet sich das System von einer gleichen Zahl gleichartiger und gleichförmiger Tröpfchen, die an einem festen Platz (etwa
einer festen Unterlage) gebunden sind und weder Translations- noch
Rotationsbewegungen ausführen können.

Zur vollständigen Berechnung von μ_j^0 ist nun noch Q_{0j} anzugeben.
Diese Verteilungsfunktion „fixierter Tröpfchen" ist nicht ohne weiteres zu
berechnen; es handelt sich nämlich um die Funktion einer reinen Flüssigkeit unter Berücksichtigung ihrer Grenzflächenenergie bei gleichzeitiger
starker Krümmung der Grenzfläche. Obwohl eine solche Berechnung
auf statistisch-thermodynamischem Wege grundsätzlich möglich ist[1],
erhalten wir dadurch keine Erkenntnisse, die nicht auch auf dem einfacheren thermodynamischen Wege erhalten werden können. In § 47 haben
wir bereits die Berechnung des chemischen Potentials einer Substanz,
die in Tröpfchenform vorliegt, vorgenommen. Die dort abgeleitete Beziehung (47.22) liefert uns die Änderung der freien Enthalpie bei der Änderung der Tröpfchengröße um die Substanzmenge dn: Es galt

$$\mu_{0j}\,dn = \mu_0\,dn + \gamma_j\,d\Omega$$

(γ_j = Grenzflächenspannung, Ω = Grenzfläche).

Die Größe $\Delta F_{0j} = - RT \ln Q_{0j}$ ist aber die Änderung der freien Energie
bei der Bildung des gesamten Tropfens. Um sie zu gewinnen, muß
Gl. (47.22) zwischen 0 und n_j der Molzahl der Substanz pro Tropfen integriert werden. Es ist also

$$- RT \ln Q_{0j} = \int\limits_0^{n_i} \mu_{0j}\,dn = \mu_{0j}\,n_j + \int\limits_0^{\Omega_i} \gamma_j\,d\Omega. \tag{63.11}$$

Bei einer Abhängigkeit der Größe γ_j von der Partikelgröße ist das Integral der Grenzflächenarbeit thermodynamisch nicht zu lösen. γ_j muß
bei Partikeln aus nur wenigen Bausteinen auch von j abhängig sein,
weshalb hier nur eine statistische Methode weiterhelfen könnte[2].

Wegen ihrer Kompliziertheit wollen wir uns nur auf eine Näherung beschränken,
die die Integration durch eine Summation ersetzt und Mittelwerte einführt.

Wenn sich 2, 3, 4 ... j Moleküle zu einer Partikel der Größe j zusammenlagern,
wird für jeden Schritt eine bestimmte partielle molare Energieänderung $\Delta\mu_j^0$ notwendig sein. Einschließlich der Energie des ersten Bausteins erhält man beim

Aufbau der Partikeln j solcher Energietherme, deren Summe $\sum\limits_1^j \Delta\mu_j^0$ das gesamte

Potential eines Mols Partikeln darstellt. Wir können nun einen Mittelwert

---

[1] Lennard-Jones, J. E. u. J. Corner: Trans. Faraday Soc. **36**, 1156 (1940).

[2] Bei Partikeln mit nur wenigen Bausteinen ($j < 10$) hat der Begriff der Grenzfläche und der Grenzflächenspannung seinen Sinn verloren, da praktisch alle Moleküle des Teilchens in der Grenzfläche liegen; das gilt aber auch schon für größere
Partikeln, da die Ableitung der thermodynamischen Beziehung der Grenzflächenspannung nur unter der Voraussetzung gültig ist, daß die Grenzschicht klein gegen
den Krümmungsradius ist. In diesem Gebiet könnten grundsätzlich Rechnungen
nur mit den allerdings sehr komplizierten Methoden der „Cluster"-Integrale von
Mayer und Mayer [J. chem. Physics **5**, 67, 74 (1937)] durchgeführt werden, wegen
der jedoch an die Lehrbücher der statistischen Thermodynamik verwiesen werden
muß. (Vgl. besonders Mayer und Mayer.) Lösungen für Q_{0j} konnten aber nach
dieser Methode nur für relativ kleine j (bis etwa 5) vorgenommen werden.

$\sum\limits_{1}^{j} \Delta\mu_j^\circ / j = \bar\mu_{0j}$ definieren, der als *mittleres* chemisches Potential der Moleküle anzusehen ist, wenn sie in Form von Partikeln der Größe j vorliegen.

Betrachten wir nun μ_ω als das chemische Potential der in der äußeren Sphäre einer Partikel (Tröpfchen) liegenden Moleküle, so werden bei deren Aufbau $1, 2, 3 \ldots \omega$ Moleküle in dieser Phäre liegen. Es werden also ω Terme von $\Delta\mu_\omega$ auftreten, deren Mittelwert $\sum\limits_{1}^{\omega} \Delta\mu_\omega / \omega = \bar\mu_\omega$ sein soll. Nun werden aber bei größeren Partikeln $j - \omega$ Moleküle im Partikelinnern untergebracht werden müssen, ihr chemisches Potential μ_0 soll von der Partikelgröße unabhängig und dem der makroskopischen reinen Substanz gleich sein, ihr Energiebeitrag wäre

$$(j - \omega)\,\mu_0.$$

Insgesamt wäre

$$\sum_{1}^{j} \Delta\mu_j^\circ = (j - \omega)\,\mu_0 + \sum_{1}^{\omega} \Delta\mu_\omega \qquad (63.12)$$

oder

$$j\,\bar\mu_{0j} = \omega\,\bar\mu_\omega + (j - \omega)\,\mu_0 = j\,\mu_0 + \omega\,(\bar\mu_\omega - \mu_0). \qquad (63.13)$$

Bezeichnen wir mit δ die Zahl der Moleküle pro cm^2 in der Grenzschicht, ist $\omega/\delta = \Omega_j$ was natürlich nur für größere Werte von ω einen Sinn haben kann. Für ein Mol Partikeln erhalten wir also mit $(\bar\mu_\omega - \mu_0)/\delta\,N_L = \bar\gamma_j$*

$$- RT \ln Q_{0j} = j\,\bar\mu_{0j} = j\,\mu_0 + \omega\,(\bar\mu_\omega - \mu_0) = j\,\mu_0 + N_L\,\bar\gamma_j\,\Omega_j. \qquad (63.14)$$

Mit den Gln. (21.9) und (14) läßt sich nun nach Division durch j schreiben

$$\mu_j^\circ / j = \mu_{0j}^\circ = \mu_0 + \frac{\omega}{j}\,(\bar\mu_\omega - \mu_0) + \frac{RT}{j} \ln (Z/V_f) - \frac{RT}{j} \ln \lambda_j. \qquad (63.15)$$

Dieser Ausdruck läßt sich zwar in dieser Form nicht auswerten, da keine Angaben über $\bar\mu_\omega$ und μ_0 gemacht werden können. Es läßt sich aber die Differenz $\mu_{0j}^\circ - \mu_0$ berechnen, sie stellt den Unterschied des chemischen Potentials der Substanz in kolloider Form gegenüber der reinen makroskopischen Phase dar. (Genauer: Freie Enthalpie-Differenz für 1 Mol Substanz, die einmal in Form von Tröpfchen der Größe j aufgeteilt, das andere Mal als zusammenhängende Flüssigkeit vorliegt.) Auch kann $\bar\mu_\omega - \mu_0$ annähernd durch γ_0 die Grenzflächenspannung der makroskopischen Phase ausgedrückt werden.

Um einen Überblick zu gewinnen, sei jeweils das von der Grenzflächenarbeit herrührende Glied und die Summe des Konzentrations- und Beweglichkeitsgliedes berechnet.

Beginnen wir mit den letzten beiden Gliedern von Gl. (15). Wir nehmen an, daß ein Mol Wasser in Form von Tröpfchen $(Z = N_L/j)$ auf ein Volumen von 22,4 Litern verteilt werden soll. Entsprechend Gl. (8) gilt dann unter Einsetzen von $I = 2j\,m\,r^2/5$ und $r^3 = (3\,M\,V_m/4\pi\,N_L)\,j$ und Umformung

$$\log (Z/V) - \log \lambda = \log (N_L/j\,V_f) - 3 \log (2\pi\,M\,kT/N_L\,h^2) - $$
$$- \log (8/5)^{\frac{3}{2}}\,(\pi^2/\sigma) - \log (3\,M\,V_m/4\pi\,N_L) - 4 \log j. \qquad (63.16)$$

Außer σ treten nur bekannte Größen auf. Für σ kann die maximal mögliche Zahl neuer Konfigurationen genommen werden (§ 22), die durch Rotationen um ein herausgegriffenes H$_2$O-Molekül auch bei größeren Mengen von Molekülen entstehen können.

---

* Vgl. dazu die Definition der Grenzflächenarbeit auf S. 295.

Wir setzen $\sigma = 4$ (Tetraeder-Symmetrie), wobei wir uns bewußt sein wollen, daß dies nicht sehr genau ist, doch fällt der Faktor neben den anderen nur sehr wenig ins Gewicht. Man erhält dann

$$\log \lambda_j = 4 \log j + 3 \log T + 21.87 \tag{63.17}$$

und

$$\log (Z/V) - \log \lambda_j = -5 \log j - 3 \log T + 0{,}564. \tag{63.18}$$

Diese Beziehung — mit $(RT\, 2{,}3/j)$ multipliziert — ist für 100 °C in Abb. 63.1 Kurve a in Abhängigkeit von j dargestellt. Die Abszisse enthält j in logarithmischem Maßstab, die Ordinate ist in Einheiten von RT ($\sim$740 cal bei 25 °C) eingeteilt. An der Abszisse sind noch die für dieses Beispiel gültigen Tröpfchendurchmesser angeschrieben. Die Darstellung zeigt deutlich, daß oberhalb von

$$j = 1000 \;(d = 3{,}85 \,\mathrm{m}\mu)$$

die Funktion nur wenig von Null verschieden ist. (Die genauen Werte betragen für $j = 1000 : 0{,}0517$ entsprechend 38,2 cal/mol für $j = 10^4 : 0{,}00622$ entsprechend 4,6 cal/mol.) Die durch die Dispergierung der Materie entstandene Entropie der Tröpfchen fällt erst dann energetisch ins Gewicht, wenn die Tröpfchen sehr klein geworden sind, eine Partikel von 8,3 mμ Durchmesser enthält bereits 10 000 Moleküle. Das genügt, um die Energie ihrer Brownschen Translations- und Rotationsbewegungen sowie die durch die gewonnene Verdünnungsentropie auf das einzelne Molekül gerechnet vernachlässigen zu können.

Es macht daher nicht viel aus, ob man diese Glieder bei der Berechnung des Tröpfchendampfdrucks berücksichtigt oder nicht. Der Fehler ist auf alle Fälle äußerst klein. Erst bei Partikelgrößen um 1 mμ, die etwa $10 \cdots 100$ Moleküle je Teilchen enthalten, werden die Abweichungen merklich. Doch befinden wir uns hier bereits in Grenzgebieten, in denen die vereinfachenden Voraussetzungen der Ableitung (20) und (23) nicht mehr zutreffen und dem Verlauf der Kurve a, Abb. 63.1 kaum mehr eine physikalische Bedeutung zukommt. .

Zur Berechnung des ersten Summanden von (14) können wir wieder wie oben den Radius des Teilchens als Funktion von j ausdrücken, für das gewählte Beispiel war $r = 1{,}925 \cdot 10^{-8} \cdot j^{\frac{1}{3}}$. Es ist dann

$$\Omega_j = 4\pi \,(1{,}985 \cdot 10^{-8} j^{\frac{1}{3}})^2 \quad \text{und} \quad N_L \,\Omega_j/j = 2{,}8 \cdot 10^9 \, j^{-\frac{1}{3}}$$

(was nur für hinreichend große j gültig ist). Setzt man weiterhin für H_2O bei 100 °C $\bar{\gamma}_i = 59$ dyn/cm, so ist

$$N_L \,\bar{\gamma}_i \,\Omega_j/j = 1{,}65 \cdot 10^{11} \, j^{-\frac{1}{3}} = 5{,}32 \, RT \, j^{-\frac{1}{3}} \quad \text{(bei 100 °C)}.$$

Diese Werte sind als Kurve b in der Abb. 63.1 dargestellt. Sie hat im gesamten Gebiet ein anderes Vorzeichen als die Funktion a, geht aber nicht so schnell gegen Null wie diese. Die ganze durch Gl. (14) dargestellte Funktion zeigt Kurve c. Sie ist ebenfalls im gesamten Bereich von j positiv, d. h. das chemische Potential der Substanz in Tröpfchenform ist überall größer als in der makroskopischen reinen

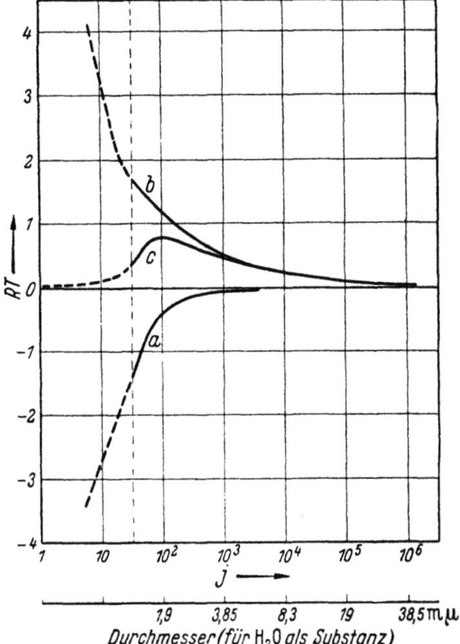

Abb. 63.1. Erläuterung im Text

Phase, was gleichbedeutend ist mit der Aussage, daß kolloide Systeme zu deren Herstellung Grenzflächenarbeit zu leisten ist, thermodynamisch instabil sind. Bemerkenswerterweise besitzt die Funktion ein Maximum, dessen Lage und Höhe im wesentlichen durch $\bar{\gamma}_j$ bestimmt ist.

Abb. 63.1 macht besonders deutlich, wie gegenstandslos die Frage der Einordnung kolloider Systeme in das thermodynamische Schema der homogenen und heterogenen Systeme ist. Ja nach der angestrebten Genauigkeit braucht man entweder die Tatsache des Vorliegens einer Dispersion überhaupt nicht zu beachten — etwa bei Wassertröpfchen oberhalb $100\ m\mu$ — oder man berücksichtigt das Vorhandensein einer Grenzflächenenergie, ohne der Tatsache der Teilchenbewegung Rechnung zu tragen — was bis zu Teilchengrößen von etwa $5\ m\mu$ erlaubt sein kann — oder berücksichtigt schließlich bei ganz kleinen Teilchen auch noch ihre Bewegung. Wichtig ist aber, daß nicht die Partikel*größe* (als geometrische Abmessung), sondern die Bausteinzahl j entscheidend ist. Das hier gewählte Beispiel Wasser ist ein Fall extrem kleiner Partikelbausteine, für solche mit großem Molvolumen können Aggregate mit $50\cdots100$ Bausteinen schon erhebliche Abweichungen herbeiführen.

Als weiteres Beispiel sei die Änderung des Dampfdrucks mit der Tröpfchengröße angeführt, für die wir bereits in § 47 klassische THOMSONsche Gleichung (47.22) abgeleitet haben. Hier ist zu bedenken, daß es sich um ein quasi-Gleichgewicht handelt, denn irgendwelche Tröpfchen sind gegenüber ihrer ausgedehnten makroskopischen Phase *nicht* im Gleichgewicht, doch ist der Materieaustausch zwischen Dampf und Tröpfchen so schnell möglich, daß sich zwischen ihnen ein gesondertes Gleichgewicht einstellen kann. Für dieses metastabile Gleichgewicht läßt sich das übliche Verfahren anwenden.

Gehen wir von Gl. (10), die die Änderung der freien Enthalpie mit der Partikelgröße bei konstanter Partikelzahl darstellt, aus. Nach Gl. (62.11b) ist im Gleichgewicht $\mu_z^\circ/Z = \mu_1$ wenn μ_1 das chemische Potential des Dampfes ist, der sich mit den Tröpfchen im Gleichgewicht befindet, entspricht μ_0 dem Dampfdruck, der sich mit seiner makroskopischen Phase im Gleichgewicht befindet, so gilt nach Gl. (19.33)

$$\mu_0 - \mu_1 = -\ RT \ln\ (p_1^*/p_0^*) = \mu_0 - \mu_z^\circ/Z\ .$$

Einsetzen von (10) ergibt

$$\mu_0 + RT\ (d \ln Q_{0\,j}/dj) + 4\ RT/j = -\ RT \ln\ (p_1^*/p_0^*). \qquad (63.19)$$

Und mit $d \ln Q_{0\,j}/dj = -\mu_0 - N_L\ \bar{\gamma}_j\ (d\Omega_j/dj)$

$$N_L\,\bar{\gamma}_j\ (d\Omega_j/dj) - 4\ RT/j = RT \ln\ (p_1^*/p_0^*) \qquad (63.20)$$

Diese Gleichung unterscheidet sich von (47.22) nur durch das Glied $4\ RT/j$, das von der Translations- und Rotationsenergie der Partikeln herrührt.

Zum Vergleich der Einflüsse der einzelnen Terme wurde die Dampfdruckerhöhung in % nach Gl. (20) für verschiedene j berechnet und in Tab. 63.I dargestellt. Die letzten beiden Kolonnen enthalten die Dampfdruckerhöhung nach der klassischen Gleichung ohne und mit Berücksichtigung von $4\ RT/j$. Wie die Tabelle lehrt, ist aber selbst die Grenzflächenarbeit eine Korrekturgröße, die erst bei sehr kleinen Partikeln zur Auswirkung kommt. Das Glied $4\ RT/j$ ist eine Korrektur zweiter Ordnung, das sich bis zu $j = 100$ ($d = 10\ m\mu$ für Wasser) praktisch nicht bemerkbar macht. Auch dieses Beispiel lehrt wieder, daß die Berücksichtigung des dispergierten Zustands des Systems eine Frage der Genauigkeit ist, wenn es sich darum handelt, Intensitätsgrößen des *gesamten* Systems darzustellen. Die Energieänderungen, die die Substanz als ganzes gesehen, infolge ihrer Überführung in den kolloiden Zustand erleidet, sind nur dann nicht vernachlässigbar, wenn man sich an der unteren Grenze der kolloiden Dimensionen befindet, was aber nur relativ selten vorkommt.

Tabelle 63.I. $(H_2O, \ 100\ °C)$

d_j in mμ		$4\ RT/j$	Dampfdruckerhöhung[1] in % mit / ohne Berücksichtigung von $4\ RT/j$	
1,9	100	$4 \cdot 10^{-2}\ RT$	114,5 %	106 %
3,85	1000	$4 \cdot 10^{-3}$,,	42,5 %	42,0 %
8,3	10^4	$4 \cdot 10^{-4}$,,	17,9 %	17,8 %
19	10^5	$4 \cdot 10^{-5}$,,	7,96%	7,95 %
38,5	10^6	$4 \cdot 10^{-6}$,,	3,61%	3,609%
190	10^8	$4 \cdot 10^{-8}$,,	0,7 %	0,7 %
830	10^{10}	$4 \cdot 10^{-10}$,,	0,16%	0,16 %

Es ist noch zu erwähnen, daß die vorstehenden Überlegungen und Ergebnisse auch kolloide Systeme mit kondensierten Dispersionsmitteln betreffen. Nur ist dann mit dem Vertauschungsfaktor $g\ (Z, N_d)$ statt mit $1/N!$ in der Verteilungsfunktion Q^{*}_{trans} zu rechnen, wie es für dispersionsvariable Partikeln in § 22 gezeigt worden ist. Die Berücksichtigung der dabei auftretenden besonderen Glieder in λ_k führen aber zu keinen grundsätzlich anderen Ergebnissen. Formell richtig ist auf jeden Fall statt Z/V_f die Aktivität a_j der dispergierten Substanz einzusetzen, für welche dann die für den jeweils vorliegenden speziellen Fall gültigen Beziehungen zwischen Substanzmengen und Größe, Gestalt und Wechselwirkung entwickelt werden muß. Dies ist ebenfalls bereits in § 22 erörtert worden.

Gl. (15) ist hervorragend geeignet, die allgemeine Stellung der kolloiden Systeme, insbesondere der Dispersionskolloide in der thermodynamischen Systematik zu demonstrieren.

Es ergibt sich nämlich für den Fall $j = \infty$

$$\mu^{\diamond}_{\infty} = \mu_0$$

Das bedeutet aber, daß sich alle Moleküle zu einer makroskopischen reinen Phase der Substanz 2 zusammengeschlossen haben und hier der Fall eines heterogenen oder Zweiphasengleichgewichts vorliegt.

Für $j = 1$ wird

$$\mu^{\diamond}_1 = RT \ln N_1/V_f + \mu_{\omega 1} - RT \ln \lambda_1 .$$

Aus der Definition von μ_ω und λ geht aber hervor, daß

$$\mu_{\omega 1} - RT \ln \lambda/N_L = \mu_{10}$$

dem chemischen Standardpotential der molekulargelösten Substanz gleich sein muß. Es wird also

$$\mu^{\diamond}_1 = \mu_{10} + RT \ln N_1/N_L\ V_f = \mu_{10} + RT \ln n_1$$

was die Gleichung für das chemische Potential einer Komponente einer idealen Lösung darstellt. Gl. (15) beschreibt somit alle Fälle disperser Systeme einschließlich der Grenzfälle des homogenen und heterogenen Systems.

Die im vorangegangenen abgeleiteten Beziehungen können eine Antwort auf folgende Fragen geben:

---

[1] $100\ [(p_j/p_0) - 1]$.

Welche Mengen kolloider Partikeln gewisser Größe bilden sich freiwillig

a) in einem heterogenen System, in welchem die zu dispergierende Substanz mit ihrer gesättigten Lösung oder ihrem gesättigten Dampf im Gleichgewicht ist;

b) in einem homogenen System, das die zu dispergierende Substanz in beliebiger Konzentration enthält.

Im Fall a) ist die Substanzmenge, die in einem bestimmten Volumen Dispersionsmittel zerteilt werden kann, variabel, im Fall b) ist sie konstant.

Man kann nicht von vornherein die Bildung anderer als molekularer Zerteilungszustände ausschließen, wie sie sich etwa aus Abb. 63.1 ergibt. Denn alle Aussagen — auch die der klassischen Thermodynamik — sind im Grunde Wahrscheinlichkeitsaussagen. Wenn für äußerst unlösliche Substanzen Zahlenwerte für Löslichkeitsprodukte angegeben werden (z. B. für HgS: 10^{-54} mol/L), sind sie als Angaben über die Wahrscheinlichkeit des Auftretens gelöster Substanz in einem bestimmten Volumen aufzufassen und haben damit auch eine reale physikalische Bedeutung. In gleicher Weise ist unsere Frage als eine nach der Wahrscheinlichkeit freiwilligen Auftretens kolloider Partikeln, in denen unter a) und b) geschilderten Umständen aufzufassen.

a) *Kolloide Substanz im Gleichgewicht mit ihrer reinen Phase*

Voraussetzung ist, daß eine unbegrenzte Menge der reinen Phase der zu dispergierenden Substanz an das Volumen Dispersionsmittel grenzt, in welchem die Substanz dispergiert werden soll. Weiter sei vorausgesetzt, daß das Dispersionsmittel in der reinen Substanz nur in vernachlässigbaren Mengen löslich ist. Grundlage der Berechnung sind die Gln. (62.10) bzw. (62.11a). Für jede Partikelgröße j gilt eine Gleichung der Form

$$\mu_j^0 - j\,\mu_{02} = 0. \tag{63.21}$$

Benutzen wir für μ_j^0 Gl. (62.25) und setzen statt Z/V_f die mit N_L multiplizierte Aktivität der dispergierten Substanz $a_j\,N_L$, so erhalten wir

$$\mu_j^0 - j\,\mu_{02} = RT \ln a_j\,N_L + \omega\,(\bar{\mu}_\omega - \mu_0) - RT \ln \lambda_j = 0$$

und
$$\ln a_j = -\,\omega\,(\bar{\mu}_\omega - \mu_0) + \ln \lambda_j - \ln N_L \tag{63.22}$$

mit $n_{2j} = n_2/j \cong a_j$ (= Mole der Substanz 2, die sich in Tröpfchenform der Größe j befindet) und

$$\omega\,(\bar{\mu}_\omega - \mu_0) = N_L\,\bar{\gamma}_j\,(1{,}92 \cdot 10^{-8})^2\,j^{\frac{2}{3}}$$

erhält man für $\log \lambda_j$ unter Zuhilfenahme von Gl. (17)

$$\log \lambda_j/N_L = 4 \log j + 3 \log T - 1{,}914$$

und daraus

$$\log n_{2j} = -\,0{,}0393\,\bar{\gamma}_j\,j^{\frac{2}{3}} + 5 \log j + 3 \log T - 1{,}914.$$

<table>
<tr><td rowspan="2">Tabelle 63.II</td></tr>
</table>

j	bei $\gamma_\infty = 59$	$\gamma_\infty = 3$
	$\log n_j$	
(10)	(— 0,41)	(+ 9,91)
50	— 17,1	+ 11,8
10^2	— 34,23	+ 6,77
10^3	— 211,23	+ 2,77
10^4	— 1073,23	— 58,23
10^5	— 4969,23	— 357,23

Wird wieder die Siedetemperatur des Wassers bei Normaldruck gewählt und $\bar{\gamma}_j = \gamma_0 = 59$ dyn/cm gesetzt, ergeben sich die in Tab. 63.II in der zweiten Kolonne aufgeführten Werte. Bereits für kleinste Partikeln (~ 1 mμ) mit 50 Molekülen pro Partikel ist n_j ein Dezimalbruch mit 17 Nullen! und sinkt mit zunehmender Partikelgröße noch ganz erheblich ab[1]. Diese Kon-

---

[1] Wenn für $j = 10$: $10^{-0{,}28} = 0{,}52$ mol/L errechnet werden, so ist diese Zahl erheblich zu groß, denn hier ist die Grenze der Gültigkeit von Gl. (17) erreicht; da $\bar{\gamma}_{10}$ größer sein dürfte als $\bar{\gamma}_0$. Nimmt man an, daß in einem Zehneraggregat die Größe $\gamma_{10} = \mu_\omega/N_L\,\delta$ um etwa 50% höher als γ_0 ist, ergäbe sich für n_{10} schon ein Wert von $10^{-10{,}4}$. In Anbetracht des oben gesagten (S. 432) ist aber die Annahme der 50%-Erhöhung von $\bar{\gamma}_{10}$ eher zu gering als zu hoch.

zentrationen sind derartig klein, daß sie sich auf alle Fälle der Beobachtung vollständig entziehen, so daß mit ihnen überhaupt nicht gerechnet zu werden braucht. Mit anderen Worten: die Wahrscheinlichkeit ihres Auftretens ist in Systemen, die im Gleichgewicht mit einer reinen Phase stehen, bei Grenzflächenspannungen der angegebenen Größenordnung äußerst gering.

In der zweiten Kolonne der Tab.II 63. sind Werte von $\log \cdot n_j$ für $\gamma_j = 3$ angenommen. Hier berechnen sich für Werte von j bis zu 10^8 dem Anschein nach erhebliche Konzentrationen. Diese Werte haben aber keine physikalische Bedeutung, denn bei derartig kleinen Grenzflächenspannungen gibt es kein System mehr, das die geforderten Voraussetzungen erfüllt. Der Grund dafür ist, daß $\bar{\mu}_\omega$ und μ_{20} (das Standardpotential der molekularzerteilten Substanz) nicht voneinander unabhängig sind.

Es ist nämlich nicht mehr möglich, die *reine* Phase der zu dispergierenden Substanz an das Dispersionsmittel angrenzen zu lassen, da bei einer so geringen Grenzflächenspannung wie etwa 3 dyn/cm die beiden Flüssigkeiten weitgehend miteinander mischbar sein müssen und das vorausgesetzte Modell überhaupt nicht mehr zu verwirklichen wäre.

Die Erfahrung lehrt, daß Grenzflächenspannung und gegenseitige Löslichkeit zweier reiner Flüssigkeiten symbat gehen, d. h. hohe Grenzflächenspannung bedingt geringe, niedrige Grenzflächenspannung hohe Löslichkeit. Das ist insofern verständlich als die Kräfte, die für die Löslichkeit verantwortlich sind, die gleichen sind, die auch die Grenzflächenspannung hervorrufen[1]. Bei normalen Flüssigkeiten sollte immer angenähert folgende Beziehung gelten

$$\mu_{20} - \mu_{02} = q_w \left(\bar{\mu}_\omega - \mu_{02} \right). \tag{63.23}$$

$(q_w = \text{Proportionalitätsfaktor})$

Geringe Grenzflächenspannung heißt also auch immer Auftreten höherer Löslichkeit. Da aber die Beziehung zwischen Grenzflächenspannung und Löslichkeit sowohl für die Substanz im Dispersionsmittel als auch für das Dispersionsmittel in der zu dispergierenden Substanz gilt, haben wir es in solchen Fällen nicht mehr mit einer an das reine Dispersionsmittel angrenzenden reinen Phase zu tun, sondern mit zwei aneinander grenzenden teilweise mischbaren Mischphasen.

Statt μ_{02} in Gl. (21) muß nun $\mu'_2 = \mu'_{02} + RT \ln a'_2$ gesetzt werden, worin a'_2 die Sättigungsaktivität der zu dispergierenden Substanz in derjenigen Phase ist, in der sie sich im Überschuß gegenüber dem Dispersionsmittel befindet. (Da in den beiden aneinandergrenzenden Phasen eine an Dispersionsmittel reich und eine an Dispersionsmittel arm ist!) Aus Gl. (21) wird daher

$$\ln a'_j = -\omega \left(\bar{\mu} - \mu'_{02} \right) + RT \ln \lambda_j / N_L + j \ln a'_2 \tag{63.24}$$

Da a_2 immer kleiner als 1 sein muß ($a_2 = x_2 f_2$, $x_2 =$ Molenbruch!) ist $\ln a'_2$ negativ, dadurch wird $\ln a'_j$ in jedem Fall kleiner als bei vernachlässigbar geringer Löslichkeit, d. h. wenn a_2 praktisch $= 1$ ist.

b) *Gleichgewicht kolloider Substanz mit der homogenen Zerteilung bei konstanter Substanzmenge*

Sind zwei Substanzen vollständig miteinander mischbar, kann die zu dispergierende Substanz selbstverständlich dem System nicht in beliebiger Menge zur Verfügung gestellt, sondern muß als konstant vorausgesetzt werden. Es liegen also n_2 Mole Substanz 2 in n_1 Molen Dispersionsmittel (im folgenden D genannt) vermischt vor. Zur Berechnung der Substanzmenge, die sich als kolloide Aggregate der Größe j mit der molekular zerteilten Substanz im Gleichgewicht befindet, kann man wieder von Gl. (62.10) und für μ_2 das chemische Potential der molekularzerteilten Substanz der Mischung einsetzen. Man erhält dann

$$\mu_j^0 = j \, \mu_2 = 0 \tag{63.25}$$

---

[1] Vgl. dazu K. L. WOLF: loc. cit. S. 303.

und mit

$$\mu_2 = \mu_{20} + RT \ln a_2$$

$$\ln a_j - j \ln a_2 + \omega \, (\bar{\mu}_\omega - \mu_{0\,2})/RT + j \, (\mu_{0\,2} - \mu_{20})/RT + \ln \, (\lambda_j/N_L) = 0 \qquad (63.26)$$

in dieser Gleichung ist

$$\mu_{0\,2} - \mu_{20} = RT \ln a_2^0 \qquad (63.27)$$

($a_2^0 = $ Sättigungskonzentration der molekularzerteilten Substanz 2 im D). Bei vollständig mischbaren Stoffen ist die Differenz gleich oder größer als Null[1] bei nicht vollständig mischbarer kleiner als Null. Wenn $a_2 < a_2^0$ ist, liegt eine *ungesättigte* Lösung vor, dann wird nämlich durch Einsetzen von (27) in (26)

$$\ln a_j = - \omega \, (\bar{\mu}_\omega - \mu_{0\,2})/RT + \ln \, (\lambda_j/N_L) + j \ln \, (a_2/a_2^0). \qquad (63.28)$$

Für die gesättigte Lösung ergibt sich wieder Gl. (22); da in jedem Fall (auch bei vollständiger Mischbarkeit!) $\ln \, (a_2/a_2^0)$ negativ ist, ($a_2 < a_2^0$ bzw. $RT \ln a_2 < \mu_{0\,2} - \mu_{20}$) ist a_j solcher Mischungen immer kleiner als im Fall der gesättigten Lösung, und zwar wird der Unterschied um so stärker, je größer j wird. Daraus ist zu folgern. daß die Werte in Tab. 63.II hier noch kleiner werden müssen.

Von Interesse ist der Fall, daß $a_2 = 1$ bzw. $\mu_{0\,2} - \mu_{20} = 0$ werden (ideale bzw. perfekte Mischungen!). Wegen des Zusammenhangs von $\bar{\mu}_\omega$ und $\mu_{0\,2}$ bei normalen Flüssigkeiten muß hier auch $\bar{\mu}_\omega - \mu_{0\,2} = 0$ sein. Zwischen den Flüssigkeiten kann keine Grenzflächenspannung auftreten, da sie sich bei jeder Berührung sofort miteinander vermischen würden. Wenn aber keine Grenzflächenspannung auftritt, gibt es auch keine individuellen kolloiden Partikeln mehr, die als selbständige kinetische Einheiten anzusehen wären. Fällt sie fort, kann jeder Baustein des Aggregats nach Belieben — d. h. ohne Überwindung von Kräften — das Aggregat verlassen oder nicht. Sein augenblicklicher Aufenthaltsort ist ein Zufallsereignis. Das sind jedoch keine Partikeln in unserem Sinne mehr, ihnen ist z. B. keine eigene Translations- oder Rotationsenergie zuzusprechen, da jeder der Bausteine völlig unabhängig in seiner Bewegung ist. Aus diesem Grunde ist auch $\ln \, (\lambda_j/N_L) = 0$. Die Konzentration solcher Zufalls„partikeln" einer idealen Mischung wäre dann

$$\ln a_j = j \ln a_2 \,, \qquad (63.29)$$

die, wie sofort zu erkennen ist, ebenfalls mit größer werdendem j sehr stark abnimmt.

Als letztes käme noch der Fall in Frage, in welchem $\mu_{20} - \mu_{02} < 0$ und damit auch $\bar{\mu}_\omega - \mu_{02} < 0$ wäre. (Hier wären die Wechselwirkungen zwischen den Molekülen 2 und D stärker als zwischen 2 und 2 und D und D, vgl. § 22.) Da nun wieder gelten sollte $\mu_{20} - \mu_{02} > \bar{\mu}_\omega - \mu_{02}$ (Gl. 23) und weiterhin $\bar{\mu}_\omega - \mu_{02}$ den Faktor $\omega \, r \, j^{\frac{2}{3}}$, $\mu_{20} - \mu_{02}$ aber den Faktor j besitzt, ist ohne Diskussion bei Betrachtung von Gl. (26) sofort zu erkennen, daß auch hier $\ln a_j$ bei allen Werten von j negativ sein muß. Positive Mischungsarbeit (und damit Grenzflächenspannung) kennzeichnet die Tendenz zu möglichst starker Zerteilung, dadurch ist die Aggregation ebenfalls wieder stark beungünstigt.

Aus allem diesen ist der Schluß zu ziehen, daß wohl eine Herabsetzung der Grenzflächenspannung bzw. -arbeit die Bildung von Aggregaten begünstigt, doch kaum ausreicht, um merkbare Mengen kolloider Partikeln im Gleichgewicht mit molekularzerteilter Substanz zu halten, wenn man von kleinen und kleinsten Aggregaten in der Näher sehr kleiner Grenzflächenspannungen absieht. Solche Bedingungen können in der Nähe der kritischen Entmischungspunkte (vgl. § 22) bzw. bei Gasen in den kritischen Temperaturgebieten auftreten und sind auch verschiedentlich — vor allem durch Lichtstreuungseffekte — beobachtet worden[2]. Diese Verhältnisse lassen sich jedoch zweckmäßiger mit der Theorie der Schwankungserscheinungen beschreiben[3]. Wichtig ist die Erkenntnis, daß unter normalen Umständen die Bildung von thermodynamisch stabilen Aggregaten äußerst unwahrscheinlich ist.

---

[1] a_2 kann bei vollständiger Mischbarkeit höchtens gleich 1 sein! a_2^0 kann (fiktiv) größer als 1 werden.

[2] KRISHNAN, R. S.: Proc. Ind. Acad. Sci. **1** A, 717, 782 (1935); **9** A, 303 (1939).

[3] Vgl. CABANNES: loc. cit. S. 160.

Anders können sich allerdings die Verhältnisse gestalten, wenn $\bar{\mu}_{20} - \mu_{02}$ *nicht* mehr den Zusammenhang der Gl. (23) gehorcht. Ändert sich μ_ω mit der Partikelgröße in einer davon abweichenden Weise etwa aus dem System selbst innewohnenden Gründen oder durch eine Beeinflussung durch dritte Substanzen, so ist es denkbar, daß eine erhebliche Menge der Substanz 2 in kolloidem Zustand thermodynamisch stabil sein kann. Dies ist der Fall der Assoziationskolloide und der sog. „spontanen Emulsionen", die an den entsprechenden Stellen behandelt werden sollen.

Grenzen kolloider Systeme

Die in den vorangegangenen Abschnitten entwickelte Theorie gestattet jetzt, den Begriff des *kolloiden Zustands* und des *Kolloids* schärfer zu fassen, als es bisher möglich war und ein allgemeines Schema des Zustandsgebiets kolloider Systeme aufzustellen.

1. Im *kolloiden Zustand* befindet sich mindestens eine Substanz (2) fein zerteilt in einem Medium (1) von unterschiedlicher Struktur. 1 kann, muß aber nicht aus einem anderen Stoff bestehen als 2.

Ein *Kolloid* ist Bestandteil eines dispersen Systems; es ist mit der im Dispersionsmittel dispergierten Substanz identisch.

Ein kolloides System kann inkohärent oder kohärent sein (vgl. § 7).

2. Wenn V_D das Partikelvolumen der Dispersionsmittelmoleküle und V_j das Partikelvolumen des Kolloids bedeuten, gilt für disperse Systeme allgemein

$$1 < V_j/V_D < \infty,$$

worin ∞ hier eine große Zahl ist. Für kolloide Systeme gilt

$$1 \ll V_j/V_D \ll \infty.$$

Für homogene Systeme ist $V_j/V_D \simeq 1$ (üblicherweise rechnet man auch Systeme mit $V_j/V_D \sim 20$ noch zu den „Lösungen").

Für heterogene Systeme ist $V_j/V_D \simeq \infty$; worin ∞ Werte von 10^{18} annehmen kann.

3. Kolloide Systeme lassen sich verdünnen und konzentrieren wenn sie inkohärent sind und quellen und entquellen (vgl. § 93) wenn sie kohärent sind. Sie besitzen in jedem Fall eine endliche Mischungsentropie, daher muß gelten

$$\Delta S_1 > 0 \,(\Delta S_2 > 0).$$

Aus diesen Definitionen ergibt sich von selbst, daß die spezifische Grenzfläche $d\Omega/dV_j$ kein eindeutiges Kriterium kolloider Systeme sein kann, denn sowohl disperse als auch difforme Systeme (Filme, Fäden großer Ausdehnung, Porenkörper usw.) haben eine große spez. Grenzfläche, letztere können aber nicht als kolloide Systeme angesehen werden, da bei ihnen die Mischungsentropie immer 0 ist. (Ein Faden läßt sich nicht verdünnen oder konzentrieren!)

4. Kohärente Systeme können in difforme oder heterogene Systeme übergehen, nicht aber in homogene, dazu bedarf es einer vorherigen Dispergierung zu einem inkohärenten System. Letzteres kann sowohl in difforme oder heterogene als auch in homogene Systeme übergehen

5. Bei inkohärenten Systemen gilt für die dispergierte Substanz die triviale Gl. (62.2).

$$N = jZ$$

bzw. Gl. (62.7), falls das System polydispers ist.

Mit $Z = 1$ ist der Grenzfall des heterogenen und mit $j = 1$ der Grenzfall des homogenen Systems beschrieben.

Kolloide Systeme sind dann durch

$$j \gg 1, \; Z \gg 1$$

charakterisiert.

Aus allem ergibt sich für die verschiedenen Zustandsgebiete folgendes Schema, das keiner weiteren Erläuterung bedarf.

Kohärente Systeme

Heterogenes (2-Phasen) System	Kolloides System Quellbares Gel
$V_j/V_D \simeq \infty$ $\varDelta S_1 = 0$	$1 \ll V_j/V_D \ll \infty$ $\varDelta S_1 > 0$
Difformes System (Nichtquellbare Gele, Filme Fäden, Porenkörper) $V_j/V_D \leqq \infty$ $\varDelta S_1 = 0$	

Inkohärente Systeme

Heterogenes System	Kolloides System	Homogenes System
$V_j/V_D \simeq \infty$ $\varDelta S_1 = 0$ $N = j$ $Z = 1$	$1 \ll V_j/V_D \ll \infty$ $\varDelta S_1 > 0$ $N = jZ$ $j \gg 1, \; Z \gg 1$	$V_j/V_D \geqq 1$ $\varDelta S_1 > 0$ $N = Z$ $j = 1$
Difformes System $V_j/V_D \leqq \infty$ $\varDelta S_1 = 0$ $N = j$ $Z = 1$		

In diesem Schema treten keine begrifflichen Unklarheiten oder Übergänge auf; nur die quantitative Festlegung der Vorschrift $\gg$ ist dem subjektiven Urteil des Beobachters überlassen.

VII. Dispersionskolloide

In den jetzt folgenden Kapiteln VI—VIII sollen die Dispersionskolloide, Assoziationskolloide und Makromoleküle jedes für sich behandelt werden, soweit es sich bei ihnen um inkohärente Systeme handelt, wo also die dispergierte Substanz in Form freier beweglicher Partikeln auftritt.

Kohärente Systeme wie Gele, Porenkörper und verwandte Systeme folgen in Kapitel IX.

§ 64. Dispersionskolloide. Allgemeines

Die hier verwendete Bezeichnung „Dispersionskolloide" ist mit den von STAUDINGER[1] als Dispersoide, von FREUNDLICH[2] als *lyophobe* und von KRUYT[3] als *irreversible* Kolloide bezeichneten Systemen identisch[4].

Da die dispergierte Substanz fast ausschließlich in geringer Konzentration auftritt, haben die Systeme den Charakter von Lösungen, für die GRAHAM, um sie von den „echten" Lösungen zu unterscheiden, den Namen *Sol* (Hydrosol, Organosol, Aerosol usw.) eingeführt hat. Er ist als Sammelbegriff für diesen Zustand durchaus geeignet, doch sollte man vermeiden, ihn auch für Zerteilungen von Makromolekülen oder von Assoziationskolloiden zu verwenden (Beispiele Proteinsole, Seifensole usw.), da diese Systeme weitgehend Zuständen entsprechen, die als kolloide *Lösungen* bezeichnet werden können.

In § 62 ist dargelegt worden, daß Systeme aus Dispersionskolloiden im ungehemmten Zustand thermodynamisch instabil sind und das Bestreben haben, sich entweder als zweite Phase abzuscheiden oder sich vollständig molekular aufzulösen. Ihre Existenz verdanken sie nur dem Vorhandensein von Hemmungen, die eine Einstellung des Gleichgewichts, das vollständig auf der Seite des Ein- oder Zweiphasensystems liegt, verhindern.

Wenn wir uns nun mit der Herstellung von kolloiden Dispersionen befassen, so ist nicht beabsichtigt, eine möglichst vollständige Sammlung hierzu geeigneter chemischer oder physikalischer Verfahren darzubieten. Abgesehen von der Unmöglichkeit, die außerordentlich große Zahl derartiger Methoden einigermaßen zu bewältigen, sie zu klassifizieren und unter möglichst gemeinsamen Gesichtspunkten zu beschreiben[5], würde der Gewinn für das hier angestrebte Ziel nur gering sein. Dem Leser sollen die Zusammenhänge nicht durch Betrachtung vieler Einzelerscheinungen nahe gebracht werden, sondern eine Anleitung zum Auffinden gemeinsamer Merkmale gegeben werden, mit denen er in der Lage ist, die Einzelheiten zu verstehen und zu beherrschen. So können die Erkenntnisse, die sich aus den theoretischen Überlegungen der vorangegangenen Paragraphen ergeben haben, nutzbringend für die Ausarbeitung allgemeiner Gesichtspunkte der Herstellung von Dispersionskolloiden verwendet werden.

Es ist z. B. wichtig, zu wissen, daß die Herstellung kolloider Dispersionen immer einer Energiezufuhr bedarf. Da es nun wieder zwei Möglichkeiten gibt, um disperse Systeme herzustellen, nämlich durch Ver-

---

[1] STAUDINGER, H.: Organ. Kolloidchem. 3. Aufl. Branschweig 1950.

[2] FREUNDLICH, H.: Kapillarchemie. Leipzig 1932.

[3] KRUYT, H. R.: Colloid Science I. Amsterdam 1952.

[4] Es sei noch einmal auf die Argumentation verwiesen, aus der hervorgeht, daß es zu den Begriffen lyophob und irreversibel keine einheitlich definierten Antagonismen (lyophil und reversibel) gibt und die uns dazu bewogen hat, eine Dreiteilung vorzunehmen. An diesen Begriffen lyophob und irreversibel wird nur aus diesem Grunde nicht festgehalten, ohne dabei etwas über ihre Richtigkeit oder Unrichtigkeit aussagen zu wollen.

[5] Siehe dazu GMELINS Handbuch der anorganischen Chemie. 8. Aufl.

kleinerung makroskopischer oder durch Aggregation molekularzerteilter Substanzen, könnten Zweifel entstehen, ob für zwei solche „gegenläufige" Operationen beide Male Energie aufgewendet werden müßte, die aber verschwinden, wenn Abb. 63.1 betrachtet wird. Bei der Dispergierung grober Substanz muß immer Arbeit gegen den Widerstand der Grenzflächenspannung geleistet werden (rechter Ast der Kurve Abb.63.1). Diese wird aber bei kleiner werdenden Teilchen teilweise durch einen Gewinn an osmotischer Arbeit vermindert, jedoch niemals beseitigt. Bei der Aggregation, die in der Kolloidchemie als Kondensation (wegen der Ähnlichkeit der Kondensation von Dämpfen zu Tropfen) bezeichnet wird, muß Arbeit gegen die Verminderung der Teilchenzahl als osmotische Arbeit geleistet werden (linker Ast der Kurve, Abb. 63.1), die erst bei größeren Partikeln durch den Gewinn an Grenzflächenarbeit unterstützt wird. Diese Energiebeträge müssen entweder dem System von außen zugeführt werden oder durch geeignete Wahl der potentiellen chemischen Energie der Ausgangszustände dem System zur Verfügung stehen. Hiermit ist folgendes gemeint: Eine Emulsion entsteht normalerweise nicht dadurch, daß man die beiden zu emulgierenden Stoffe miteinander in Berührung bringt und dann stehen läßt, sondern man muß dafür sorgen, daß die zusammenhängende Flüssigkeit durch Schütteln, Rühren oder sonstige Turbulenz erzeugende Mechanismen zerrissen und zerkleinert werden, bis hinreichend kleine Tröpfchen entstanden sind. Bei der Kondensation von Dämpfen kann man nicht darauf warten, daß der unwahrscheinliche Fall ($\sim 1:10^{20}$) einer spontanen Tröpfchenbildung aus dem gesättigten Dampf eintritt, sondern es ist notwendig, den Dampf durch Unterkühlung oder Druckerhöhung in einen Zustand der Übersättigung zu bringen. Sein chemisches Potential ist in diesem Zustand größer, es kann sich nun sogar auf einem höheren chemischen Potential als ein gedachtes Tröpfchen entsprechend der THOMSONschen Gleichung befinden und dadurch *freiwillig* unter *Abgabe* von Energie in den Tröpfchenzustand übergehen. (Wenn das Potential eines Dampfes oder einer molekularen Lösung oberhalb des Maximums der Kurve *b* der Abb. 63.1 liegt, kann er freiwillig in den Zustand von Partikeln aller möglichen Größen übergehen und dabei Energie abgeben!) Deswegen ist die Herstellung von Übersättigungszuständen für die Kondensation eine unerläßliche Voraussetzung.

Für die Beherrschung der Herstellungsmethodik ist weiterhin wichtig zu wissen, daß die in Frage stehenden kolloiden Dispersionen gegenüber ihren Grenzzuständen thermodynamisch instabil sind. Einmal dargestellt, würden sie auch nach kürzerer oder längerer Frist wieder in ihre stabilen Zustände zurückkehren. Um das zu verhindern, oder zumindest abzubremsen, sind geeignete Hemmungen an den Teilchen anzubringen. Solche Hemmungen zu finden und geeignete Methoden zu entwickeln, die zu Hemmungen führen, sind die Aufgaben eines Teils der präparativen Kolloidchemie. Hierfür gibt es keine streng gültigen Gesetze und Gesichtspunkte, die restlos zum Ziel führen, hier setzt die Experimentierkunst und Erfahrung des Chemikers ein, woran auch die Tatsache nichts ändert, daß es einige mehr oder weniger gut stimmende

Regeln gibt, die aus der Erfahrung geboren sind und die die Arbeit erleichtern.

Die Auffindung geeigneter chemischer Methoden zur Herstellung von Dispersionskolloiden, die fast immer Kondensationsmethoden sind, sind nicht auf die Erkenntnisse zurückzuführen, die wir vorstehend entwickelt haben, sondern beruhen größtenteils darauf, daß bei vielen „Kondensationen" *durch Zufall* geeignete Hemmfaktoren mit entstehen. So ist es zu erklären, daß bei älteren Untersuchungen festgestellt wurde, es gäbe zwar eine Reihe von Möglichkeiten, um z. B. Bariumsulfat durch irgendwelche Umsetzung aus Ba-Salzen entstehen zu lassen, aber nur einzelne ganz bestimmte Umsetzungen, bei denen *kolloides* Bariumsulfat

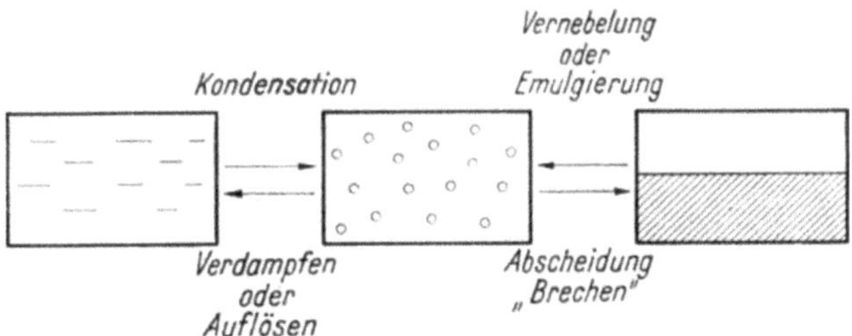

Abb. 64.1. Schema der Entstehung und Zerstörung von Nebeln und Emulsionen

entsteht[1], die außerdem noch auf das Einhalten bestimmter Umstände wie Konzentration der Ausgangslösung usw. verlangen. Der Erfolg vieler Vorschriften beruht daher auf einer geeigneten Führung der Entstehungsprozesse bei gleichzeitiger Bildung von Hemmungen — was aber den Schöpfern der Vorschrift meist nicht bekannt war.

Im folgenden seien nun Entstehungsmöglichkeiten der Dispersionskolloide in ein Schema zu bringen versucht. Abb. 64.1 zeigt das Schema der Veränderungs- und Herstellungsmöglichkeiten einer fl/g- und fl/fl-Zerteilung also eines Nebels oder einer Emulsion. Man kennt hier nur zwei Möglichkeiten; die Kondensation zu Tröpfchen aus einem „echten" Dampf- oder Lösungszustand durch Löslichkeitserniedrigung bzw. Übersättigung oder die Dispergierung durch mechanische Aufteilung. Die Abscheidung zur makroskopischen Phase geht *immer* freiwillig und mit nicht zu kleiner Geschwindigkeit vor sich[2]. Die Auflösung der Tröpfchen

---

[1] VON WEIMARN fand z. B., daß die Reaktion

$$MnSO_4 + Ba(SCN)_2$$

glatt kolloides Bariumsulfat liefert, nicht aber die Reaktion

$$Na_2SO_4 + BaCl_2.$$

[2] Die Veränderungen, die bei sämtlichen Dispersionen infolge von Sedimentationserscheinungen auftreten, sollen hier außer Betracht gelassen werden. Das Absitzen oder Aufrahmen (flotieren) der dispergierten Substanz braucht mit keiner Veränderung der Partikelgröße verbunden zu sein, durch Umschütteln, Rühren usw. läßt sich das System oft wieder in einen Zustand gleicher Verteilung überführen. Es gibt jedoch eine Reihe von Fällen — besonders bei Emulsionen — wo durch die hohe Konzentration der Partikeln im Sediment oder im Rahm ihre Vergrößerung begünstigt wird, vor allem, wenn die Hemmung der Partikelvergrößerung nur schwach ist. Hierauf wird im § 72 noch näher eingegangen werden.

zum molekularzerteilten Zustand — von Wo. Ostwald als *Dissolution* bezeichnet — ist aber nur durch Veränderung des echten Dampfdrucks oder der Löslichkeit möglich, wozu wieder eine Veränderung der Zustandsparameter des Systems notwendig wäre. (Z. B. bei einem Nebel Temperaturerhöhung bei einer Emulsion Erhöhung der echten Löslichkeit durch Zugabe einer zweiten Flüssigkeit.)

Bei den Veränderungen der f/g- und f/fl-Zerteilungen gibt es außer den in Abb. 64.1 dargestellten Möglichkeiten noch andere, die in Abb.64.2 dargestellt sind. Die Partikeln fester Dispersionen können sich nämlich im ungehemmten bzw. enthemmten Zustand zunächst zu größeren Aggregaten zusammenlagern, ohne sofort große Kristalle zu bilden. Die

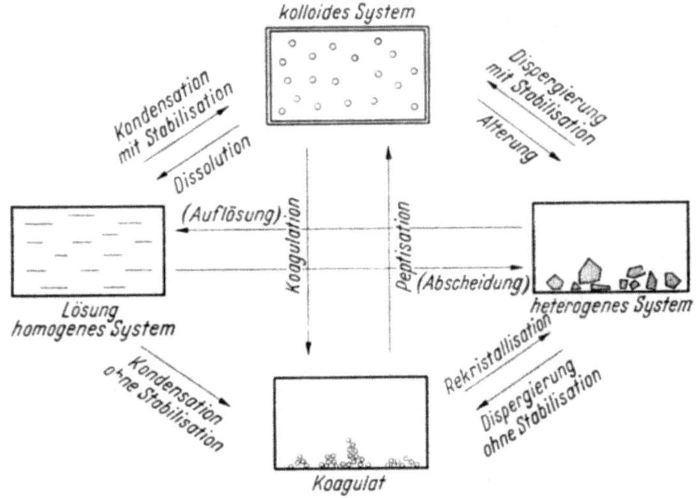

Abb. 64.2. Schema der Entstehung und Zerstörung von Dispersionen fester Substanzen

eigentlichen kolloiden Partikeln sind dabei noch als solche vorhanden (Abb. 64.2 unten) und bilden nur sekundäre größere Zusammenballungen; wegen des Fehlens von Hemmungen haben sie jedoch das Bestreben, in den thermodynamisch stabilsten Zustand überzugehen. Diese Zustandsform wird als *Koagulat* bezeichnet, im Gegensatz zu den flüssigen Tröpfchen, die schnell ineinander fließen können, ist es den einander berührenden Kriställchen oder der amorphen Substanz möglich, sich nur langsam zu größeren Kristallen zusammenzuschließen. Das kann entweder durch Rekristallisation oder über die Lösung geschehen, indem sich kleinere Kriställchen auflösen zugunsten von größeren (Ostwald-Reifung w. u.). Wegen der Langsamkeit solcher Vorgänge sind die dichtgepackten Zustände der Koagulate eine Zeitlang existenzfähig und lassen sich isolieren.

Feste kolloide Dispersionen können zwar auch durch Dispersion grober Materie oder Kondensation niedermolekularer Zerteilungen (Dämpfe oder Lösungen) entstehen; ob sie aber als *Sol* oder als *Koagulat* auftreten, hängt davon ab, ob bei ihrer Bildung der Zusammenballung entgegenwirkende hemmende Faktoren vorhanden waren oder nicht. Da jeder Faktor, der eine Abscheidung, molekulare Auflösung (Dissolution) oder Koagulation hemmt, die Existenz des Sols stabilisiert, sollen sie im folgenden *Stabilisatoren* genannt werden. Bei Gegenwart von Stabilisatoren entsteht immer Sol, bei Abwesenheit das Koagulat. Entfernung oder Lähmung des Stabilisators im Sol führt zur Koagulation (= Überführung des Sols in Koagulat), Anbringung von Stabilisatoren bzw. Beseitigung seiner Lähmung führt das Koagulat in den Zustand des Sols, über was als *Peptisation* bezeichnet wird.

Dieser von GRAHAM eingeführte Ausdruck hat viel Verwirrung gestiftet. Das „In-Lösung-gehen" kolloider Metalle, Oxyde usw. wurde der Auflösung von Eiweißsubstanzen gleichgesetzt und schließlich auf jeden Dispergierungsvorgang angewandt. Von BUZÁGH (Kolloidchem. Tb. 4. Aufl. S. 34, 1953) versteht darunter die Entstehung kolloider Zerteilungen gleichgültig auf welche Weise durch den Einfluß jeder dritten Substanz. Wir hingegen wollen ihn als Umkehrung der Koagulation, sei es durch den Einfluß dritter Substanzen, sei es durch besondere Maßnahmen, wie Entfernung überschüssiger Elektrolyte, auffassen.

Das Schema der Abb. 64.2 enthält somit alle Möglichkeiten der Entstehung und der Vernichtung der Sole, sowie der Übergänge in die Grenzzustände. In der Praxis werden alle direkten Wege begangen, doch die einen mehr die anderen weniger; auch Kombinationen mehrerer Wege werden benutzt, vor allem solche, die über die „echte" Lösung oder über den Zustand des Koagulats führen. Bei allen Methoden ist darauf zu achten, ob das Sol automatisch durch den Herstellungsprozeß selbst stabilisiert wird, oder ob besondere Maßnahmen zur Stabilisierung ergriffen werden müssen. Wenn bei der Herstellung keine Stabilisation möglich ist, kann der Weg über das Koagulat mit nachfolgender Stabilisation durch Peptisation zum Erfolg führen.

§ 65. Besondere Methoden zur Herstellung von Dispersionskolloiden

1. Dispersionsmethoden. Bei den Dispersionsmethoden wird zusammenhängende Materie durch Einwirkung äußerer Kräfte zerkleinert.

Dispersionen von Gasen werden praktisch nur in Flüssigkeiten vorgenommen, somit ist das Problem der Gasdispergierung mit der Erzeugung von Schäumen weitgehend identisch und soll dort behandelt werden.

Die Dispergierung von Flüssigkeiten und von festen Körpern in Gasen wird bei den Aerosolen (§ 74) behandelt, die von Flüssigkeiten in Flüssigkeiten bei den Emulsionen (§ 71).

Feste Körper lassen sich durch verschiedene Maßnahmen zerkleinern. Die *mechanische* Zerkleinerung durch Reiben und Mahlen, durch Ultraschall und durch elektrische Einwirkung findet weitgehend Anwendung, ist jedoch meist nicht sehr befriedigend. Bei normalen Mahlprozessen[1] ist der Anteil an kolloidisperser Substanz neben größeren Bruchstücken

---

[1] Vgl. dazu J. M. COULSON u. J. F. RICHARDSON: Chemical Engeneering. Bd. II. 2. Aufl. London 1956.

sehr klein. Der Energieaufwand, den ein Mahlprozeß erfordert, um ausreichende Mengen kolloider Substanz zu erhalten, ist außerordentlich groß und kann auch in den eigens für solche Zerkleinerungen konstruierten „Kolloid-Mühlen"[1] nicht wesentlich herabgesetzt werden. Die Umlaufgeschwindigkeiten solcher Mühlen müssen sehr groß sein ($20 \cdots 150$ m/sek, was Tourenzahlen von $6000 \cdots 9000$ U/min entspricht), um überhaupt einen einigermaßen ausreichenden Anteil des Mahlguts in Partikeln kleiner als $0{,}1\mu$ überführen zu können. Das bedeutet aber einen sehr hohen Kraftbedarf. Da die entstehenden Dispersionen sehr ungleichförmig sind, sind die Verfahren zur Herstellung größerer Mengen, vor allem in technischem Maßstab wenig befriedigend. Andere Formen sind die Scheibenmühlen, bei denen zwei Scheiben in variablem Abstand in gegenläufigem Sinn rotieren. Neuere technische Entwicklungen, die mehr zu versprechen scheinen, sind die sog. „Düsen-Mühlen" (jet-mill)[2], in denen das Mahlgut mit Geschwindigkeiten von $250 \cdots 700$ km/h in geschlossenem Kreislauf umhergewirbelt wird. Abb. 65.1 zeigt den schematischen Aufriß eines solchen Verfahrens. Durch

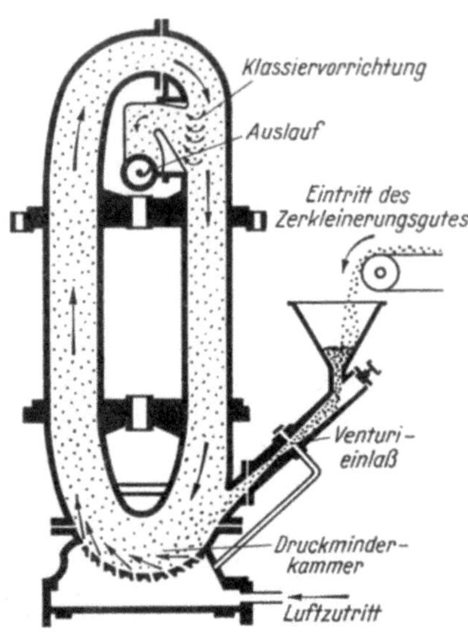

Abb. 65.1. Düsenmühle (jet-mill). Entn. aus Kolloidchem. Taschenbuch, loc. cit.

Einblasen von Luft oder Hochdruckdampf in eine Druckminderkammer wird erreicht, daß sich das darin befindliche vorzerkleinerte Mahlgut in Umlauf setzt. Der Zerkleinerungseffekt soll auf der gegenseitigen Bombardierung der groben Partikeln beruhen.

Auf andere Weise können geeignete Mahleffekte durch sog. Vibrations- oder Schwingverfahren erreicht werden[3]. Versetzt man die zu zerkleinernde Substanz in einer gewöhnlichen Kugelmühle auf einem Schwingtisch in schnelle Hin- und Herschwingungen (meist 50 Schwingungen/sek), so kann sie zu sehr kleinen Teilchen zermahlen werden.

Ultraschall ist seit den Untersuchungen von Wood und Loomis[4] häufig zur Herstellung kolloider Dispersionen anzuwenden versucht worden. Obwohl diese Methode bei der gegenseitigen Zerteilung von

<hr>

[1] Vgl. Kolloidchem. Taschenb. 4. Aufl. Leipzig 1953, S. 28ff.; siehe daselbst auch weitere Literatur.

[2] Berry, C. E.: Ind. Eng. Chem. **38**, 672 (1946); Miessner, H.: Chem. Ing. Techn. **23**, 225 (1951).

[3] Schlechter, H.: Vorratspflege u. Lebensmittelforsch. **3**, 531 (1940); Bachmann, D.: Chem. Techn. **15**, 195 (1942).

[4] Wood, R. W. u. A. L. Loomis: Philos. Mag. (7) **4**, 417 (1927).

Flüssigkeiten (z. B. von Quecksilberemulsionen) gute Dienste leistet[1], ist sie bei festen Stoffen nur erfolgreich, wenn es sich um verhältnismäßig weiche Körper, wie Schwefel, Talkum, Hämatit, Glimmer, Graphit u. dgl. handelt.

Außer vielleicht bei der Methode der Düsenmühle scheint allen mechanischen Methoden gemeinsam zu sein, daß die zu zerkleinernde Substanz starken Scherkräften ausgesetzt wird. Grobe Körner werden dabei weniger zerschlagen als zerrieben. Auch die Wirkung des Ultraschalls beruht auf der Erzeugung solcher Schermomente, denn durch die Schwingungen von Flüssigkeitspartikeln entstehen momentäre Hohlräume (sog. Kavitäten), die in schneller Folge immer wieder zusammenstürzen und dadurch in ihrer unmittelbaren Umgebung stark scherende Reibungskräfte erzeugen. Gleichzeitig scheint eine Art Pumpwirkung die beiden Phasen durcheinander zu bringen, die den Effekt unterstützt (vgl. SOLLNER, loc. cit.).

Der relativ geringe Nutzeffekt bei der Anwendung aller dieser Verfahren zur Dispersion reiner Substanzen in trockenem Zustand hat zwei Gründe: 1. Der steigende Energiebedarf bei der Erzeugung kleinerer Partikeln, 2. die Tendenz besonders der kleineren Teilchen infolge ihrer Adhäsionskräfte immer wieder zusammen zu backen. Naßmahlung kann derartige Effekte weitgehend verhindern aber auch ein VON WEIMARN[2] angegebenes Verfahren der Verdünnung des trockenen Mahlguts mit einer Substanz, die im vorgesehenen Dispersionsmittel löslich ist.

Hierzu werden z. B. Schwefel und Glucose grob gepulvert, gemischt und gemeinsam vermahlen. Das Mahlgut wird mit weiterer Glucose vermischt und wieder vermahlen. Nach einigen solchen Verdünnungen wird eine kolloide Zerteilung von Schwefel erhalten, die in Wasser suspendiert, von der Glucose durch Dialyse befreit werden kann.

Gerade bei der Naßmahlung besteht natürlich die Möglichkeit für die Anbringung von Hemmungen, die zumindest die Wiedervereinigung und das Zusammenkleben einmal gebildeter Körnchen unterbindet. Mit solchen Stabilisatoren (auch als Dispergatoren oder Peptisatoren bezeichnet) erreicht man oft weit mehr als durch die Verbesserung der eigentlichen Mechanik des Verfahrens. Oft sind es Elektrolyte organischer Natur, die gut durch die Partikeln adsorbiert werden, aber auch Verbindungen, die der zu dispergierenden Substanz ähnlich sind (vgl. dazu § 70).

Durch thermische Energie können Dispersionen von Metallen hergestellt werden, wenn sie in Form eines Drahtes durch elektrischen Strom in einer Flüssigkeit erhitzt werden[3]. Doch scheinen hier chemisch nicht sehr einheitliche Sole zu entstehen. Ebenso ist von SVEDBERG[4]

---

[1] Vgl. dazu K. SOLLNER: Trans. Faraday Soc. **34**, 1170 (1938), und dgl. Sonic and ultrasonic waves in Colloid chemistry, in J. ALEXANDER, Colloid Chemistry, theoretical and applied. Vol. V. 337. New York (1944).

[2] VON WEIMARN, P. P.: Grundzüge der Dispersoidchemie. Dresden 1911.

[3] DRP 387 207 zit. nach Kolloidchem. Taschenb. 4. Aufl. S. 32ff. Leipzig 1953.

[4] SVEDBERG, TH.: Ber. dtsch. chem. Ges. **42**, 4375 (1909); NORDENSON, H.: Kolloid Beih. **7**, 110 (1915); vgl. die ausführliche Diskussion bei FREUNDLICH: Kapillarchemie. 2. Bd. loc. cit.

bereits 1909 beobachtet worden, daß es möglich ist, durch Bestrahlung
von Metallen unter Wasser kolloide Dispersionen zu erhalten, die aber
wahrscheinlich (außer vielleicht bei Ag) Gemische von Metallen, deren
Oxyden und Hydroxyden darstellen.

Dispersionen fester Substanzen in Gasen, d. h. Aerosole mit festen
Partikeln, Stäube u. dgl., treten als natürliche Bestandteile der Atmosphäre auf. Diese Aerosole sind außerordentlich verdünnt, enthalten
über den Meeren meist feste Bestandteile der Salze des Meeres, über den
Kontinenten Mischungen aus festen und salzartigen Bestandteilen.
Größere Konzentrationen erreichen sie in der Atmosphäre menschlicher
Siedlungen, insbesondere von Industriegebieten. Hohe Konzentrationen
entstehen als lästige Begleiterscheinung bei der Sprengung von Gesteinen,
besonders im Bergwerksbetrieb. Der bei solchen Explosionen im Verhältnis zur gesamten zerkleinerten Masse zwar geringe Anteil, der als
äußerst feiner Staub auftritt, kann für die unter solchen Bedingungen
arbeitenden Menschen eine schwere gesundheitliche Bedrohung darstellen.

Zusammenhänge zwischen der Häufigkeitsverteilung der Partikelgrößen, die bei mechanischen Zerkleinerungsprozessen entstehen und den
dabei aufgewandten äußeren Kräften, den Besonderheiten der Vorrichtung usw. sind wegen der Kompliziertheit der Vorgänge bis jetzt
noch nicht darstellbar. Doch hat sich gezeigt, daß die Mahlvorgänge zu
Produkten führen, deren Partikelgrößenverteilungen einander ähnlich
sind, gleichgültig durch welchen mechanischen Vorgang sie erzeugt
worden sind. Diese Häufigkeitsverteilungsfunktionen lassen sich nach
ROSIN und RAMMLER[1] durch folgende Beziehung ausdrücken

$$100 - V_r = 100\, e^{-\left(\frac{2\,r}{a}\right)^{\delta}}.\qquad (65.1)$$

die zur Charakterisierung vieler derartiger durch Mahlung erhaltenen
Produkte sehr gut geeignet ist. Hierin ist v_r das Volumen aller Partikeln
bis zum Radius r, δ ist der sog. Verteilungsparameter der empirisch
ermittelt werden muß, während a der Wert von $2r$ ist, für den
$100/(100 - v_r) = e$ ist.

2. Kondensationsmethoden. Für die Herstellung kolloider Zerteilungen in kleinerem Maßstab sind die Kondensationsmethoden von
wesentlich größerer Bedeutung als die Dispersionsmethoden. Sie gehen
von homogenen Zerteilungen einzelner kleiner Moleküle oder Ionen aus
und versuchen, diese zu Aggregaten zusammenzuschließen. Unerläßliche
Voraussetzung hierfür ist nach § 64 die Erzeugung eines Übersättigungs-
zustands der niedermolekularen Zerteilung, da nur dieser die Energie
liefert, die bei der Aggregation aufgewendet werden muß (vgl. w. u.).
Welche spezielle Methode dafür geeignet ist, hängt natürlich weitgehend
von der zu kondensierenden Substanz ab. Allgemein ist der Zustand
einer einphasigen molekularen Zerteilung, sei sie gasförmig oder flüssig,

---

[1] ROSIN, P. u. E. RAMMLER: Arch. Wärmewirtsch. **7**, 49 (1926); RAMM-
LER, E.: Korngrößenprobleme und ihre Bedeutung für die Vermahlung. Berlin
1934.

durch ihre Zustandsgrößen $p(V)$, T, n_1, n_2 ... bestimmt, jede Änderung
einer oder auch mehrerer dieser Zustandsgrößen in einer Richtung, die
die mittlere freie Energie (oder Enthalpie) des Systems erhöht, führt zu
einem Übersättigungszustand (vgl. dazu Abb. 19.3). Daraus leiten sich
automatisch die verschiedenen praktisch anwendbaren Möglichkeiten ab:

1. *Änderung* von p bzw. (V). Dies kommt nur bei gasförmigen
Systemen, z. B. Wasserdampf in Betracht. Eine Erhöhung von p durch
Kompression (Volumenverminderung) kann leicht eine Übersättigung
des Dampfes hervorrufen, die zu einer Tröpfchenbildung führt.

2. *Änderung* von T. Auch diese Methode wird bei Gasen — z. B. in
der WILSONschen Nebelkammer — angewandt, in welcher eine Temperaturerniedrigung durch adiabatische Expansion des Wasserdampfs
erzeugt wird. Hierdurch muß eine Übersättigung entstehen (beachte:
negatives Vorzeichen von $S\,dT$ in Gl. (I.14)). Auch bei Lösungen ist es
leicht möglich, durch Abkühlung die Sättigungstemperatur zu unterschreiten, die für eine gegebene Konzentration bzw. Aktivität durch
Gl. (18.54) definiert ist.

3. *Änderung* von n_1. Die Menge des Lösungsmittels, in dem eine
Substanz 2 gelöst ist, könnte durch Verdampfen verändert werden, was
aber meist zu langsam geht. Doch ist es leicht durch Zusammensetzung
des Lösungsmittels, d. h. durch Zumischen einer weiteren Komponente,
eine Änderung der Löslichkeit einer darin gut löslichen Substanz zu
bewirken (vgl. dazu das über Entmischung Gesagte in § 19 und § 22.
Schwefel ist in Alkohol einigermaßen löslich, in Wasser aber unlöslich.
Gibt man Wasser zu alkoholischer Schwefellösung, wird diese über-
sättigt, es bildet sich dann leicht ein Schwefelsol).

4. *Änderung* von n_2. n_2 ist die Menge der zu kondensierenden Substanz, die zunächst in molekularzerteilter Form vorliegt.
Dies ist nur unter Zuhilfenahme chemischer Reaktionen möglich.
Jeder Stoff, der durch eine chemische Umsetzung entsteht, kann im
statu nascendi in einer Konzentration auftreten, die erheblich über seiner
Sättigungskonzentration liegt. Mannigfaltige Reaktionen der Chemie
stehen dafür zur Verfügung: Oxydationen, Reduktionen, Hydrolysen,
doppelte Umsetzungen usw. So führt z. B. die Reduktion von Gold-
chlorid zu einer zunächst stark übersättigten Zerteilung von Goldatomen,
die dann je nach den Bedingungen zu kleineren oder größeren kristallinen
Aggregaten heranwachsen können.
Die erste methodische Aufgabe bei der Präparation kolloider Zerteilungen nach diesen Verfahren besteht zunächst immer in der Herstellung
von *Übersättigungs*zuständen. Würde man aber, nachdem dies geschehen
ist, das System sich selbst überlassen, so würde die zu dispergierende
Substanz höchstwahrscheinlich nach einiger Zeit als makroskopische
Tropfen oder in kristalliner fester bzw. amorpher Form abgeschieden
werden. Daher muß die weitere Aufgabe sein, den Prozeß der Abscheidung durch geeignete Maßnahmen so zu leiten, daß er auf der Stufe der
kolloiden Zerteilung stehen bleibt. Wie dies zu erreichen ist, kann nicht
in allgemein anwendbaren Vorschriften angegeben werden, man ist weitgehend auf Probieren angewiesen. Während nun bei den Dispersions-

methoden die Schwierigkeit darin bestand, den kolloiden Zustand überhaupt zu erreichen, besteht sie hier in der Gefahr, ihn zu überschreiten. Hier spielt das Wissen um die am zweckmäßigsten anzubringenden Hemmungen schon eine wichtigere Rolle als bei jenen. Eine große Hilfe für das Verständnis dieser Vorgänge und die geeignete Auswahl der Methode ist die Kenntnis vom Mechanismus der Kondensation und der Kristallkeimbildung.

Die grundlegenden Untersuchungen von TAMMANN[1] führten zu der Erkenntnis, daß bei der Kristallisation zwei Vorgänge zu unterscheiden sind: Die Keimbildung und das Kristallwachstum. Die Geschwindigkeiten beider Vorgänge, die ja für das Entstehen und Größerwerden der sich neu bildenden Phase verantwortlich sind, gehorchen verschiedenen Gesetzmäßigkeiten.

Die Bildung von Keimen — sowohl von Tröpfchen als auch von Kristallkeimen —, ist in erster Linie eine Funktion der Übersättigung der abzuscheidenden Substanz. Dies hängt eng damit zusammen, daß das stationäre Gleichgewicht zwischen kleinen Aggregaten und ihrer molekularzerteilten Substanz mit steigender Übersättigung zu kleineren Partikeln verschoben wird, was am besten wieder Abb. 63.1 demonstriert. Die Wahrscheinlichkeit, daß eine geringe Anzahl von Molekülen zufällig zusammentrifft, um ein Aggregat zu bilden, der als Keim angesehen werden kann, muß natürlich erheblich größer sein als die Wahrscheinlichkeit des Zusammentreffens einer größeren Anzahl von Molekülen. Ist die Übersättigung nur gering (z. B. bei Buchst. c in der Abb. 63.1), entspräche dies der stationären Gleichgewichtskonzentration von Teilchen der Größe j_1 und j_2 (Abb. 63.1). Teilchen der Größe j_1 stellen aber keine wachstumfähigen Keime dar, denn die Anlagerung weiterer Materie an Teilchen dieser Größe wäre mit einem Arbeitsaufwand verknüpft und würde deshalb nicht freiwillig ablaufen. Nur bei Teilchen der Größe j_2 wäre die Teilchenvergrößerung mit einer Abnahme der freien Enthalpie verbunden, ein solches Teilchen wäre also wachstumfähig. Die Bildung derartig großer Teilchen aus einigen hunderttausend Molekülen pro Teilchen ist aber so unwahrscheinlich, daß sie praktisch niemals auftritt. Je größer nun aber die Übersättigung wird (Buchst. b Abb. 63.1), um so kleiner werden die Teilchen, die mit dieser Übersättigungskonzentration im stationären Gleichgewicht stehen. Da aber die Wahrscheinlichkeit der spontanen Aggregation von Molekülen um so größer wird, je kleiner die Teilchen sind, muß auch mit zunehmender Übersättigung die Zahl der in der Zeiteinheit gebildeten Keime anwachsen. Aus der hier entwickelten Betrachtungsweise geht somit auch hervor, daß wachstumsfähige Keime eine Mindestgröße besitzen müssen, die durch das Maximum der Kurve gegeben ist. Dieser Schluß wurde bereits von VOLMER[2] auf andere Weise aus rein kinetischen Überlegungen gezogen und experimentell bestätigt.

Worauf es hier ankommt, sind weniger die quantitativen Zusammenhänge, sondern die Erkenntnis, daß eine spontane Neubildung von Aggregaten einzig und allein aus übersättigten Zuständen möglich sein kann und zur Erzeugung eines Keims ausreichender Größe je nach den Bedingungen größere oder kleinere Übersättigungen notwendig sind.

Die Wachstumsgeschwindigkeit der einmal gebildeten Tröpfchen oder Kristalle ist häufig von der Diffusionsgeschwindigkeit bestimmt, mit der das abzuscheidende Material an die Stelle der Abscheidung herankommt. Da jede Diffusion von einem Konzentrationsgradienten abhängt, wird auch die Abscheidungsgeschwindigkeit um so größer sein, je höher die Konzentration der abzuscheidenden Substanz in der Umgebung ist. Daher müßte die Wachstumsgeschwindigkeit in solchen Fällen um so

---

[1] TAMMANN, G.: Kristallisieren u. Schmelzen. Leipzig 1903.
[2] VOLMER, M.: Kinetik der Phasenbildung. Dresden u. Leipzig; BECKER, R. u. W. DÖRING: Ann. Phys. (5) **24**, 719 (1935); neuere Lit. bei M. VOLMER: Z. physik. Chem. **206**, 181 (1957).

größer sein, je höher der Übersättigungsgrad ist. Allerdings wird das Wachstum von Kristallen manchmal nicht durch die Diffusion, sondern vom Vorgang des Einbaus der Bausteine in das Kristallgitter selbst beherrscht. Geht dies besonders langsam, wird die Wachstumsgeschwindigkeit von der Konzentration unabhängig.

Bringt man nun diese Erkenntnisse mit der Entstehung kolloider Partikeln in Zusammenhang, so ist leicht einzusehen, daß die Bildung kolloider Systeme dann begünstigt ist, wenn eine große Zahl von Keimen entsteht, deren Wachstumsgeschwindigkeit soweit als möglich herabgedrückt ist; die Materie scheidet sich dann in Form vieler kleiner Partikeln aus. Umgekehrt würde eine geringe Keimbildungsgeschwindigkeit bei einer großen Kristallisationsgeschwindigkeit die Bildung einer kleinen Zahl von Aggregaten begünstigen, die dafür aber zu beträchtlicher Größe anwachsen können. Hieraus folgt, daß es nicht nur genügt, überhaupt einen Übersättigungszustand herzustellen, sondern daß man möglichst versuchen muß, die größte überhaupt erreichbare Übersättigung herbeizuführen, da sonst die Voraussetzungen für eine Kondensation zu kolloiden Partikeln nicht vorhanden sind. Nun liegt es aber in der Natur aller Mischungen, daß der Konzentration einer Substanz eine obere Grenze gesetzt ist (theoretisch ist diese erreicht, wenn der Molenbruch der gelösten Substanz $= 1$ ist). Definiert man einen Übersättigungsgrad durch den Quotienten $x_2'/x_{2\,s}$ ($x_2' =$ Molenbruch der übersättigten Mischung, $x_{2\,s} =$ Molenbruch der an 2 gesättigten Mischung), so ist ohne weiteres zu erkennen, daß die Größe x_2' den Wert 1 nicht überschreiten kann (in den meisten Fällen besitzt er Werte von der Größenordnung 0,1). Hieraus ergibt sich sofort, daß Systeme mit hohem absolutem Sättigungsdampfdruck oder hoher Sättigungskonzentration niemals in *stark* übersättigtem Zustand auftreten können.

Höhere Übersättigungsgrade lassen sich daher nur erreichen, wenn $x_{2\,s}$ entweder von vornherein sehr klein ist oder durch besondere äußere Maßnahmen sehr klein gemacht werden kann. Obwohl keine quantitativen Zahlenangaben über das Mindestmaß des Übersättigungsgrades möglich sind, läßt sich doch aus der Erfahrung abschätzen, daß $x_2'/x_{2\,s}$ mindestens Werte von 1000 oder mehr besitzen muß, was in Übereinstimmung damit steht, daß die zu kondensierende Substanz eine möglichst geringe Löslichkeit besitzen soll.

In gewisser Weise hängt hiermit zusammen, daß Niederschläge, die in der analytischen Chemie zur gravimetrischen Bestimmung dienen, eine nicht allzu geringe Löslichkeit besitzen dürfen. Calciumkarbonat, -Oxalat, Bariumsulfat, Strontiumsulfat usw. aber auch noch Silberchlorid besitzen Löslichkeiten von $10^{-2} \cdots 10^{-4}$ mol/L, sie lassen sich durch doppelte Umsetzung in Form von relativ groben Kristallen gewinnen, die sich leicht filtrieren lassen. Silberbromid, -sulfid, -rhodanid, Quecksilbersulfid usw. haben Löslichkeiten von kleiner als 10^{-5} mol/L. Bei doppelten Umsetzungen, wobei solche Verbindungen entstehen, erhält man daher leicht kolloide Dispersionen und keine grob kristallinen Niederschläge.

29*

Sind die Voraussetzungen der Schwerlöslichkeit in einem bestimmten Dispersionsmedium nicht erfüllbar, wird es kaum gelingen, auf dem Wege der Kondensation kolloide Zerteilungen zu erhalten. Hat man andererseits in der Wahl des Dispersionsmittels freie Hand, läßt sich in geeigneten Fällen durch Zumischen einer zweiten Substanz, also durch die Zumischung eines „schlechten Lösungsmittels" (Nicht-Lösungsmittel, Fällungsmittel) eine beträchtliche Herabsetzung der Löslichkeit erzielen.

Ein sehr schönes Beispiel hierfür ist die Herstellung von Bariumsulfatdispersionen in Wasser/Propanol-Mischungen verschiedener Zusammensetzung. WOLF[1] konnte die Löslichkeit des Bariumsulfats durch Zusatz steigender Propanolmengen zum Wasser stark erniedrigen. Wird in solchen Mischungen immer die gleiche Menge Bariumsulfat durch doppelte Umsetzung erzeugt, so fällt in reinem Wasser das bekannte kristalline filtrierbare Bariumsulfat aus; je höher die Propanolkonzentration wird, um so weniger Niederschlag und um so mehr einer immer stärker getrübten Dispersion bildet sich, bis schließlich bei sehr hohen Propanolkonzentrationen die Dispersion so fein wird, daß keine Trübung mehr mit bloßem Auge zu erkennen ist. In dieser Reihe ist der Übersättigungsgrad durch den Zusatz von Propanol laufend vergrößert worden, bis ein Gebiet erreicht wurde, in dem die Keimbildungsgeschwindigkeit zur Erzeugung kleiner Partikel groß genug war.

Da die Keimbildungsgeschwindigkeit jedoch nicht der einzige Faktor ist, der das Entstehen der kolloiden Teilchen bestimmt, kann aus der Sättigungskonzentration bzw. dem Übersättigungsgrad allein keine allgemein gültige Vorschrift hergeleitet werden. Zumindest die Geschwindigkeit der Kristallisation bringt einen unbekannten Faktor herein, der sich nicht ohne weiteres theoretisch berechnen oder experimentell bestimmen läßt. Es bleibt daher einem in keinem Fall erspart, die günstigen Bedingungen experimentell auszuprobieren.

Für das Aufstellen von Regeln oder Vorschriften ist besonders erschwerend, daß sowohl die Keimbildung als auch das Wachstum der Keime durch gelöste Fremdstoffe, aber auch durch Fremdpartikeln, außerordentlich stark beeinflußt werden kann. Seit langem ist bekannt, daß die Kondensation und Keimbildung weitgehend durch das Vorhandensein von Feststoffen (mit scharfkantigen Extremitäten) vom Zustand der das System begrenzenden Gefäßwände von elektrischen Ladungen und physikalischen Einwirkungen abhängig ist. Beruht doch die WILSON-sche Nebelkammer darauf, daß in einem übersättigten Dampf die Bildung von Ionen eine Aggregation bzw. Kondensation zu Keimen verursacht[2]. Dies folgt ohne weiteres aus Gl. (59.1), aus der hervorgeht, daß die Grenzflächenspannung und damit auch die Übersättigung Gl. (47.24) durch elektrische Ladung stark herabgesetzt wird.

Nicht nur die Keimbildung, sondern auch die Wachstumsgeschwindigkeit wird stark von dritten Stoffen, die absichtlich oder zufällig im System vorhanden sein können, gesteuert. Substanzen, die am Keim stark absorbiert werden können, bilden eine unter Umständen fest-

---

[1] WOLF, K.: Dipl.-Arbeit, T. H. Berlin, zitiert nach M. VOLMER, loc. cit.
[2] Das gelingt nicht nur in übersättigten Dämpfen, sondern in auch übersättigten Flüssigkeitsmischungen, die neuerdings als „Flüssigkeits-Nebelkammern" benutzt werden.

haftende Schicht an der Grenzfläche des Keims, die weiteres Wachstum verhindern können. Bestimmte Zusätze können auch das Wachstum durch Blockierung nur einzelner Kristallflächen in bestimmte Richtungen lenken, so daß Kristallformen entstehen, die sich stark von der Normalform unterscheiden. Diese Faktoren sind meist unangenehme Begleiterscheinungen, die vom Experimentator ein äußerst sauberes und vorsichtiges Arbeiten verlangen. Doch ist es auch unter Beachtung aller Vorsichtsmaßregeln sehr schwer, die Experimente mit hinreichender Genauigkeit zu reproduzieren. Andererseits liegt aber in diesem Effekt eine Möglichkeit zur Hemmung des Wachstums.

Es sei in diesem Zusammenhang einer von WEIMARN aufgestellten Regel gedacht, nach der die Herstellung kolloider Dispersionen gut gelingt, wenn man entweder in sehr verdünnten oder in sehr konzentrierten Lösungen arbeitet, nicht aber bei mittleren Konzentrationen. Mangansulfat und Bariumrhodanid bilden in kleinen Konzentrationen Bariumsulfat-Dispersionen mit kolloiden Partikeln einfach deswegen, weil nicht genügend Materie vorhanden ist, um die einmal gebildeten Keime zu größeren Partikeln anwachsen zu lassen. Bei sehr hohen Konzentrationen wäre zwar genug Materialnachschub da, die Mischungen besitzen jedoch eine so hohe Viskosität, daß die Wachstumsgeschwindigkeit zu klein ist. Durch Kondensation entstandene Systeme sind fast immer polydispers, denn wenn auch zunächst Keime gebildet werden, die langsam weiterwachsen, hört die Bildung neuer Keime während des Keimwachstums nicht auf, so daß zu späteren Zeitpunkten Teilchen verschiedenen Lebensalters und verschiedener Größe vorhanden sind.

Durch besondere Maßnahmen ist es ZSIGMONDY[1] gelungen, monodisperse Goldsole herzustellen. Zunächst wird eine Lösung sehr kleiner Keime durch Reduktion von Goldchlorwasserstoffsäure durch weißen Phosphor gemacht. Diese Keimlösung wird zu einer Lösung von Goldchlorwasserstoffsäure und einem Reduktionsmittel (Hydrazin, Formaldehyd, Hydroxylamin usw.) zugegeben. Dann wird das reduzierte Gold *nur* an den Keimen ausgeschieden, die alle mit gleicher Geschwindigkeit anwachsen, so daß ein weitgehend monodisperses Sol entsteht. Andere Methoden, die zum gleichen Ziele führen, sind von LA MER und Mitarbeitern[2] angegeben worden.

Die Methode der Löslichkeitserniedrigung wird bei Hydrosolen fast ausschließlich zur Herstellung von Dispersionen organischer Substanzen benutzt. Hier wird eine Übersättigung (x_2'/x_{2s}) durch Erniedrigung von x_{2s} erzeugt. Alle Substanzen, die in Wasser unlöslich sind, sich aber leicht in organischen mit Wasser mischbaren Flüssigkeiten lösen, lassen sich auf diese Weise in feindisperse Form bringen. Alkohole, Aceton, Dioxan, Glykole und die große Zahl der heute von der chemischen Industrie hergestellten mit Wasser mischbaren Lösungsmittel sind zur Auflösung der organischen Substanz geeignet. Die Herstellung selbst ist sehr einfach: Man versucht die „organische" Lösung unter mehr oder weniger starkem Rühren mit Wasser zu vermischen. Leicht flüchtige

[1] ZSIGMONDY, R.: Lb. d. Kolloidchemie. 5. Aufl. Bd. 2. Leipzig 1927.
[2] LA MER, V. K. u. M. D. BARNES: J. Colloid Sci. 1, 71, 79 (1946); BARNES, M. D., A. S. KENYON, E. M. ZAISER u. V. K. LA MER: ibid. 2, 349 (1947); KENYON, A. S. u. V. K. LA MER: ibid. 4, 163 (1949).

organische Lösungsmittel lassen sich dann durch Erwärmen oder Evakuieren entfernen, schwerer flüchtige durch Dialyse (s. S. 460). Beispiele
hierfür sind Auflösung von Harzen, wie etwa Mastix in Äthylalkohol und
Eingießen in Wasser (PERRIN), Auflösen von Schwefel in Äthanol nach
v. WEIMARN und Eingießen in Wasser. Ein Sol von Karotin wird durch
Auflösen in Aceton und durch Vermischen mit Wasser erhalten (KARRER
und STRAUS[1]).

3. Kombinierte Methoden. Häufig werden zur Darstellung von
Dispersionskolloiden die Methode der Dispersion und der Kondensation
kombiniert. Zum Teil geschieht dies, ohne daß man einen Einfluß auf
jeden einzelnen der Vorgänge besitzt, wie z. B. bei den elektrischen
Methoden, manchmal sind beide Vorgänge unterscheidbar und jeder für sich zu beeinflussen.

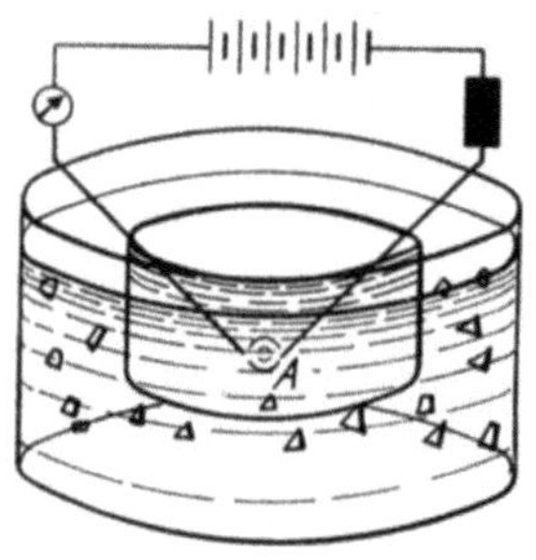

Abb. 65.2. Herstellung von Metall-
solen durch Zerstäubung im
elektr. Lichtbogen in der Disper-
sionsflüssigkeit. Nach BREDIG:
loc. cit.

Die elektrischen Methoden haben eine
große Rolle bei der Herstellung von Metall-
solen gespielt, sind aber wegen ihrer Eigenart auf diese beschränkt. BREDIG[2] gelang
es mit einem in Abb. 65.2 dargestellten
Apparat auf sehr einfache Weise, kolloide
Dispersionen der Elektrodenmetalle herzustellen. Erzeugt man mit einer entsprechend
kräftigen Stromquelle einen Lichtbogen im
Dispersionsmittel (in diesen Fällen Wasser
mit ein wenig Elektrolyt), so läßt sich beobachten, wie an der Stelle des Lichtbogens
Wolken und Schleier von dispergiertem Metall entstehen. Da erhebliche Strommengen durch den Lichtbogen fließen, muß das Ganze gut
gekühlt werden. Die auf diese Weise entstehende Sole enthalten jedoch
ziemlich grobe Partikeln, sind stark polydispers und nicht sehr rein.
Zum Teil beruht das auf der Elektrolyse der Flüssigkeit, weshalb
SVEDBERG[3] statt Gleichstrom Wechselstrom benutzte und auf diese
Weise tatsächlich reinere Dispersionen erhielt. Bei Verwendung hoch-
frequenten Wechselstroms gelingt es sogar, Alkalimetalle in organischen
Dispersionsmitteln zu zerteilen, wenn durch entsprechende Vorsichtsmaßnahmen für gute Kühlung, Ausschluß von Feuchtigkeit und Sauerstoff gesorgt wird. Es ist wohl nicht übertrieben, zu sagen, daß es
mit dieser Methode gelingt, jedes Metall in einer Flüssigkeit zu disper-
gieren, vorausgesetzt, daß es nicht mit dieser Flüssigkeit reagiert.
Der Mechanismus der elektrischen Lichtbogenmethode besteht in
jedem Fall zunächst in einer Verdampfung des Metalls — als einer Dispersion zu einer molekularen Zerteilung — und in einer nachfolgenden
Kondensation des Dampfes zu kolloiden Partikeln in der Flüssigkeit.

---

[1] KARRER, P. u. W. STRAUS: Helv. Chim. Acta **21**, 1624 (1938); weitere
Beispiele bei Wo. OSTWALD: Kleines Praktikum der Kolloidchemie. 9. Aufl.
Dresden 1943; THIELE, H.: Praktikum der Kolloidchemie. Frankfurt/M. 1950.
[2] BREDIG, G.: Z. angew. Chemie **1898**, 951.
[3] SVEDBERG, TH.: Ber. dtsch. chem. Ges. **38**, 3616 (1905); **39**, 1705 (1906).

Natürlich ist wegen der Turbulenz des Prozesses nicht zu erwarten, daß monodisperse Sole entstehen.

Die Richtigkeit dieser Vorstellung konnte SVEDBERG durch eine andere elegante präparative Methode beweisen. Er erzeugte den Lichtbogen zwischen den Metallelektroden nicht in der Flüssigkeit, sondern in einem inerten Gas wie Stickstoff. Arbeitet man mit strömendem Stickstoff und leitet das Gas nach dem Passieren des Lichtbogens in eine Flüssigkeit ein, so erhält man ebenfalls sehr schöne Dispersionen des Elektrodenmetalls. Zwar sind sie auch polydispers, aber nicht durch Elektrolyseprodukte des Dispersionsmittels verunreinigt. In einigen Ausnahmefällen lassen sich auch Schwermetallsulfide als Elektroden verwenden und im Dispersionsmittel verteilen.

Vielfach treten bei dieser Methodik Schwierigkeiten dadurch auf, daß die Elektroden leicht zusammenbacken und verschmelzen, oder daß der Lichtbogen abreißt. Um das zu verhindern, sind vielfach besondere Vorrichtungen konstruiert worden.[1]

Anstatt das zu dispergierende Metall in einem Lichtbogen zu verdampfen, kann man es auch kathodisch zerstäuben, wofür eine gewöhnliche Elektrolyseapparatur verwendbar ist, in der das zu dispergierende Metall als Kathode die Form eines feinen Drahtes besitzt und die Anode als Platte ausgebildet ist. In Übertragung der SVEDBERGschen Methode läßt sich das Metall auch in einem strömenden inerten Gas — evtl. unter vermindertem Druck — kathodisch zerstäuben und möglichst unmittelbar in das Dispersionsmittel einleiten[2].

Durch Lichtbogen oder Kathodenzerstäubungen lassen sich auch Aerosole herstellen, doch entstehen durchweg Metalloxyde, wenn der Lichtbogen in Luft brennt.

Bei anderen Kombinationen von Kondensation und Dispersion werden die Substanzen zunächst verdampft und ihr Dampf — u. U. in hohem Vakuum — in die Flüssigkeit geleitet, die als Dispersionsmittel dienen soll. Von SCHALNIKOFF und Mitarbeitern[3] wurde die zu dispergierende Substanz zusammen mit dem Dispersionsmittel verdampft und auf einer gekühlten Fläche gemeinsam niedergeschlagen, was zu außerordentlich feinteiligen Dispersionen sowohl in wässerigen als auch in organischen Dispersionsmitteln führt.

Peptisation

Die Methode der Peptisation, die in den älteren Lehrbüchern meist als besonderes und für die Kolloidchemie typisches Verfahren angeführt wurde, ist bei näherem Hinsehen nichts anderes als eine Kombination einer Kondensation mit nachfolgender Stabilisation. Der Mechanismus des Vorgangs ist jedoch nur verständlich, wenn man mit dem gegenläufigen Vorgang der Koagulation und den Wirkungen der hemmenden und enthemmenden Substanzen vertraut ist (vgl. daher § 66 bis § 68).

Eine Peptisation zum Sol ist nur dann möglich, wenn ein Koagulat vorliegt, in dem die Solpartikeln bereits vorgebildet sind. Das kann der Fall sein, wenn die zu dispergierende Substanz schon einmal im Sol-

---

[1] Vgl. dazu Kolloidchem. Taschenbuch, loc. cit. S. 35.
[2] Vgl. hierzu ST. V. BOGDANDY, J. BÖHM u. M. POLANYI: Z. Physik **40**, 211 (1926/27).
[3] SEMENOFF, N. u. A. SCHALNIKOFF: Z. Physik **38**, 738 (1926); ROGINSKI, S. u. A. SCHALNIKOFF: Kolloid-Z. **43**, 67 (1927).

zustand vorgelegen hat und durch äußere Einwirkungen koaguliert worden ist, z. B. durch Elektrolytzusatz. Es kann aber auch eine chemische Umsetzung zu der gewünschten Substanz stattfinden, wo derart ungünstige Bedingungen — beispielsweise hohe Elektrolytkonzentrationen — herrschen, daß die zwar als Kolloid erzeugten Partikeln als Koagulat ausfallen. Da Koagulationen, wie später ausführlich erörtert werden wird, durch Elektrolytzusätze ausgelöst werden, kann man den Elektrolytüberschuß durch Auswaschen des Koagulats oder durch Dialyse entfernen und das Koagulat in ein Sol zurückverwandeln, vorausgesetzt, daß inzwischen keine sekundären Veränderungen eingetreten sind (vgl. Abb. 64.2).

Manche natürliche oder durch Mahlvorgänge entstandene Pulver lassen sich erst dann in Dispersionen überführen, wenn ihnen eine Substanz zugesetzt wird, die ihnen eine Ladung erteilt. Aktivkohlen, die von Natur aus eine feindisperse Konsistenz besitzen, lassen sich beispielsweise durch Pikrinsäure in ein stabiles Sol überführen. Die Partikeln sind in ihrer Größe hier aber vorgegeben. Frisch gefällte Oxydhydrate von Eisen, Chrom und Aluminium lassen sich durch geringe Säuremengen, ebenso entstandene Zinnsäuren durch kleine Ammoniakmengen peptisieren; hier ist der Mechanismus sehr durchsichtig. Im ersten Beispiel dissoziieren oberflächlich gebundene OH^--Gruppen und laden das Teilchen positiv auf. Durch Erhöhung der H^+-Ionenkonzentration wird die OH^--Ionenkonzentration erniedrigt, so daß die Abspaltung der OH^--Gruppen soweit gehen kann, bis die Zahl der positiven Ladungen groß genug ist, um stabilisierend zu wirken. Der umgekehrte Fall — Dissoziation von H^+-Ionen — tritt bei der Zinnsäure ein. HgS wird durch H_2S peptisiert, wahrscheinlich durch Bildung von HgS_2H^-- oder HgS_2^{2-}-Komplexen an der Partikeloberfläche.

Bei vielen Kondensationsprozessen doppelter chemischer Umsetzungen entstehen gleichzeitig größere Mengen von Elektrolyten. Wenn dabei im statu nascendi ein Sol entstünde, würde es durch die hohe Konzentration der dabei gebildeten Ionen sofort koaguliert werden und als Niederschlag ausfallen. Solche Niederschläge sind häufig durch einfaches Auswaschen auf dem Filter in kolloide Dispersionen zu überführen, — eine dem analytisch arbeitenden Chemiker lange bekannte unangenehme Erscheinung. CuS z. B., das durch Einleiten von H_2S in $CuSO_4$-Lösung als filtrierbarer Niederschlag erhalten wird, läuft beim Auswaschen mit Wasser als dunkelgefärbtes Sol durch das Filter. Der Niederschlag besteht hier aus kolloiden Partikeln, die zu größeren Aggregaten zusammengeballt vom Filter zurückgehalten werden. Sie wandeln sich nur langsam in grobkristallines Material um. Da durchaus nicht alle Niederschläge durch Auswaschen peptisierbar sind, können entweder die gebildeten Primärpartikeln bereits sehr grob sein oder sehr schnell zusammenwachsen. Da die Verhältnisse bei jeder Niederschlagbildung anders sind, ist die Möglichkeit der Peptisation durch Auswaschen weitgehend von den Besonderheiten der entsprechenden Reaktion abhängig.

In jedem Fall besteht die Peptisation in einer Stabilisierung bereits in kolloiddisperser Form vorliegender Substanz, sei es durch Anbringen stabilisierender Stoffe, sei es durch Entfernung von Substanzen, die eine an sich naturgegebene Stabilisierung unwirksam gemacht haben. Diese zunächst etwas kompliziert erscheinenden Verhältnisse werden aber klar, wenn wir uns mit der Rolle der Stabilisatoren und vor allem mit dem Mechanismus der Stabilisation durch elektrische Ladungen etwas eingehender beschäftigt haben werden.

§ 66. Stabilisierung von Dispersionskolloiden

Die Dispersions- und Kondensationsmethoden des vorangegangenen Kapitels sollten allgemein erlauben, jeden Stoff in jedem beliebigen ihm gegenüber chemisch indifferenten Dispersionsmittel zu verteilen. Daß das nicht immer zum Erfolg führt, liegt weniger im Mißlingen der Dispersions- oder Kondensationsprozesse, sondern daran, daß nur bei wenigen derartigen Prozessen *gleichzeitig* stabilisierende Faktoren entstehen. Ihre Gegenwart ist aber unbedingt notwendig, wenn einigermaßen beständige Sole auf direktem Wege gebildet werden sollen. Obwohl man bei der Kondensation den Prozeß unterbrechen kann oder durch Vorgabe einer nur begrenzten umzusetzenden Substanzmenge verhindern kann, daß die Kondensationskeime zu groß werden, so ist doch von vornherein eine Verhinderung der Zusammenlagerung der Partikeln zu größeren Aggregaten, die möglicherweise ausflocken und grobe kristalline Niederschläge bilden können, nicht möglich. Ebenso kann ein Mahlprozeß, der irgendeine feste Substanz aufteilen soll, nicht unbegrenzt fortgesetzt werden. Es ist, wie Hüttig[1] zeigen konnte, durchaus nicht so, daß bei längerem Mahlen die Partikeln kleiner und kleiner werden; sie beginnen im Gegenteil allmählich wieder zusammenzubacken, zu *sintern*, und zwar um so leichter, je kleiner sie werden. Bei solchen Prozessen stellt sich also eine Art Gleichgewicht her, welches dem Erreichen eines bestimmten Zieles — nämlich einer möglichst geringen Partikelgröße — im Wege steht. Wenn allerdings während des Prozesses selbst stabilisierende Faktoren entstehen, kann das Sintern mehr oder weniger vermieden werden.

Wie bereits erwähnt, sind viele Vorschriften zur Herstellung von Solen vor allem wegen der gleichzeitig entstehenden Stabilisatoren erfolgreich. Sie sind meist empirisch gefunden worden, wobei gewisse zufällige Maßnahmen beim Experimentieren häufig den entscheidenden Punkt des Verfahrens darstellen, weil dabei die zur Stabilisierung notwendigen Vorgänge ablaufen. Wenn in solchen oft an alchimistische Rezepte erinnernden Vorschriften nur weniges geändert wird, gelingt die Darstellung des Sols nicht; häufig gelingt sie aber auch selbst beim vermeintlich strengen Einhalten der Vorschrift nicht oder nur ausnahmsweise. Diese schlechte Reproduzierbarkeit und die vielfach nicht durchschaubaren Manipulationen haben häufig die Kolloid„chemie" in schlechten Ruf gebracht. In Wirklichkeit spiegeln sie nur die Schwierig-

---

[1] Hüttig, G.: Kolloid-Z. **98**, 263 (1942).

keit wider, denen sich der Experimentator gegenübergestellt sieht, wenn er nach geeigneten stabilisierenden Faktoren regelrecht suchen muß, ohne dabei einen Wegweiser zu besitzen oder sogar ohne überhaupt von deren Rolle etwas zu wissen.

Obwohl die stabilisierenden Faktoren durch verschiedenartige Ursachen entstehen können, ist über ihre Natur heute kaum ein Zweifel mehr möglich. Es sind hauptsächlich zwei Faktoren, die verantwortlich gemacht werden müssen: 1. Elektrische Ladung und 2. mechanische Behinderung in der Grenzschicht der kolloiden Partikeln[1]. Beide Faktoren sind oft nicht scharf zu trennen, da die Ausbildung elektrischer Ladungen gleichzeitig mit einer starken Solvatation einhergeht, die auch als mechanische Behinderung anzusehen wäre, andererseits schützende Schichten wie auch Umhüllungen durch Substanzen aufgebaut werden können, die selbst elektrische Ladungen tragen. Um wirksam zu sein, müssen sie je nach dem chemischen Charakter der Solpartikeln bestimmte Bedingungen erfüllen; die Unsicherheit der Voraussage *dieser* Bedingungen ist der Punkt, der die Ausarbeitung (und Einhaltung!) von einwandfreien Arbeitsvorschriften für die Herstellung von Dispersionskolloiden so außerordentlich erschwert.

Wenn die bei der Bildung eines Sols durch Dispersion oder Kondensation entstehenden Partikeln elektrisch aufgeladen werden oder sich eine an der Partikelgrenzfläche festhaftende Solvathülle bilden kann, oder beides gleichzeitig geschieht, wird ein Wiederzusammenballen der Partikeln weitgehend verhindert. Die Ursache der Aufladung kann auf der Fähigkeit der betreffenden dispergierten Substanz beruhen, bei Berührung mit dem Dispersionsmittel Ionen abzuspalten oder anzulagern. So kann FeOOH, das sich leicht durch doppelte Umsetzung, Hydrolyse usw. aus Fe(III)-Salzen in kolloider Zerteilung bildet, OH^--Ionen abspalten. $SiO_2(OH)_2$ kann H^+-Ionen abspalten und als negative Partikel zurückbleiben. AgJ kann je nach Überschuß Ag^+- oder J^--Ionen anlagern, Schwefel und Metallsulfide binden Ionen aller schwefelhaltigen Säuren. Alle organischen Substanzen, die COOH- und NH_2-Gruppen besitzen, können H^+-Ionen abspalten oder anlagern. Andere Substanzen wie Tone oder Al-Hydroxyde besitzen ein starkes Wasserbindungsvermögen, gleichzeitig werden auch H^+- und OH^--Ionen adsorbiert.

Die Bildung von ionisierten Gruppen kann unter Umständen mit der Bildung der Teilchen selbst gekoppelt sein. Bei ungehemmter Koppelung werden sich dann Gleichgewichtszustände ausbilden können und die Substanz einem Assoziationskolloid ähnlich werden. Dies brauchte an dieser Stelle nicht erwähnt zu werden, wenn bei manchen Systemen nicht schwer durchschaubare Verhältnisse vorliegen würden, die die Entscheidung, ob Dispersions- oder Assoziationskolloid, mit anderen Worten

---

[1] Hierzu kommen besonders gelagerte Fälle — wie z. B. der durch Zinnsäure geschützten Goldsole, der sog. CASSIUSsche Goldpurpur —, in welchen sekundäre Ein- und Anlagerungen kleiner Gold-Partikeln an größere der Zinnsäure auftreten, was nach P. A. THIESSEN: Kolloid-Z. **101**. 241 (1942), als „Haftschutz" bezeichnet wird.

gehemmtes oder ungehemmtes System erschweren (z. B. beim Zinnsäuresol).

Wenn die notwendigen stabilisierenden Hemmfaktoren beim Herstellungsprozeß des Systems nicht gleichzeitig und von selbst entstehen (also keine „Autostabilisation" vorliegt, wie man sagen könnte), müssen besondere Maßnahmen zur Stabilisation ergriffen werden. Worin bestehen nun diese Maßnahmen? In den allermeisten Fällen wird es sich um die Zugabe einer besonderen Substanz handeln, die die Fähigkeit besitzt, sich in der Grenzschicht der Partikeln anzureichern. Erteilt sie der Grenzfläche auch eine elektrische Ladung oder wird sie in solchen Mengen adsorbiert, daß sie die Partikeln vollständig einhüllen kann, kann sie als Stabilisator wirken. Solche Stabilisatoren sind im wesentlichen bestimmte Ionen, die vom Kolloid adsorbiert werden und die für ihre elektrische Ladung verantwortlich sind. „Mechanische" Stabilisatoren und Filmbildner hingegen sind meist Substanzen organischen Ursprungs und von komplizierter Konstitution, wie z. B. Gelatine, Gummi arabicum, aber auch Polyvinylalkohol, Polyacrylsäure, (Abb. 66.1b), Seifen (Abb. 66.1d) oder auch noch kleinere Partikeln als das zu stabilisierende Kolloid selbst (Abbildung 66.1c). Diese Substanzen befinden sich oft ebenfalls im kolloiden Zustand und können allen drei Klassen der kolloiden Systeme zugehören. Für

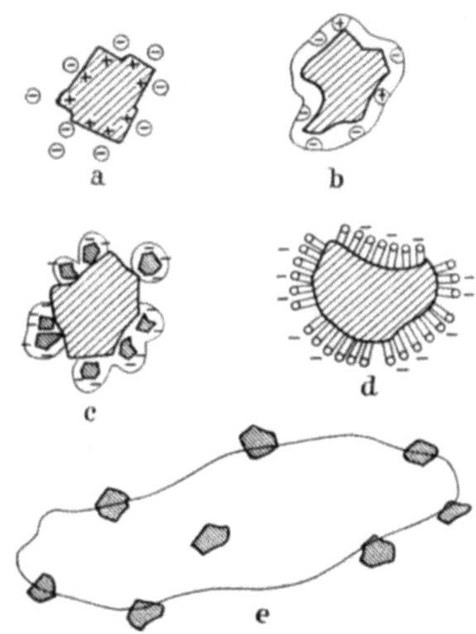

Abb. 66.1. Stabilisierende Wirkungen (schematisch). a: Elektrische Aufladung, b: Umhüllung durch solvatisierte und evtl. geladene Makromoleküle, c: Anlagerung kleinerer solvatisierter und evtl. geladener Partikeln, d: Anlagerung grenzflächenaktiver Substanzen, e: Haften an größeren solvatisierten Partikeln (Haftschutz). Weitere Erläuterungen s. Text

sie hat sich bereits vor langer Zeit der Name *Schutzkolloide* eingebürgert. Man muß sich jedoch davor hüten, die Fähigkeit zur Ausbildung von mechanisch schützenden Schichten mit der kolloiden Natur solcher Stoffe zu verbinden; es gibt vor allem bei Emulsionen eine große Reihe sehr wirksamer Filmbildner, die keine Kolloide sind! Andererseits gehen Schutzvermögen und kolloide Natur sehr häufig parallel.

Die stabilisierenden Substanzen werden meistens beim Herstellungsprozeß des Sols zugegeben, um weitergehende Veränderungen zu vermeiden. Manchmal lassen sich auch äußerst empfindliche Sole herstellen, die zwar durch äußere Einflüsse leicht zerstört werden können, jedoch noch soweit beständig sind, daß sie durch nachträgliche Zugabe stabilisierender Substanzen oder durch nachfolgende Entfernung überschüssiger Elektrolyte durch Dialyse (vgl. w. u.) in einen höheren Grad der Beständigkeit überführt werden können. Man hat es auf diese Weise in der

Hand, wenig beständige Sole beständiger zu machen und verschiedene Grade der Hemmungen herzustellen.

Daß es in geeigneten Fällen überhaupt nicht notwendig ist, schon bei der Herstellung der Partikel stabile Sole zu erhalten, ist bereits bei der Peptisation erörtert worden. Es gelingt noch eine Rückführung des Koagulats in den Solzustand, wenn geeignete Stabilisatoren, die dort Peptisatoren genannt wurden, nachträglich zur Einwirkung kommen können.

Die Schwierigkeit bei der Kennzeichnung stabilisierender Faktoren ist allgemein darin zu sehen, daß einwandfreie Angaben über bestimmte Qualitäten von zu stabilisierenden Partikeln und Stabilisatoren nicht gemacht werden können, weder bei der automatischen noch bei der durch besondere Maßnahmen erzwungenen Stabilisation. Auch können die vorstehenden Ausführungen nur als grobe Übersicht gewertet werden, denn ein wesentliches Moment aller stabilisierenden Wirkungen ist ihre Abhängigkeit von der *Quantität* der betreffenden wirksamen Faktoren. Damit ist folgendes gemeint: Ein Silberjodidsol wird zwar durch überschüssige J^--Ionen negativ aufgeladen und stabilisiert, aber nicht bei jeder Konzentration der J^--Ionen. Bei hoher Konzentration kann die stabilisierende Wirkung gerade in das Gegenteil umschlagen und zur Koagulation führen.

Andererseits schließt der Begriff der Stabilität außer einer qualitativen auch eine quantitative Vorstellung ein; es gibt Sole, die durch bloßes Schütteln ausfallen und andere, die nur durch größere Mengen von Elektrolyten zerstört werden können. Hieraus ist zu folgern, daß, um die Wirkung des Stabilisators zu verstehen und zu beschreiben, zunächst die Stabilität selbst verstanden worden sein muß (vgl. dazu § 67 und § 68).

Reinigung von Solen

Da die wichtigsten Methoden zur Herstellung von Solen auf chemischen Umsetzungen beruhen, die aber meist den Nachteil besitzen, gleichzeitig für das System unliebsame Elektrolyte entstehen zu lassen, ist eine nachträgliche Reinigung der rohen Reaktionslösungen meist unerläßlich. Die Reinigung besteht im wesentlichen in der Entfernung der störenden Salze, aber auch anderer niedermolekularer Substanzen, wozu der Siebeffekt von Membranen, die zwar niedermolekulare, aber keine kolloiden Substanzen durchlassen, hervorragend geeignet ist. Man bedient sich also des Effekts der Dialyse. Die kolloide Zerteilung wird durch eine Dialysiermembran von reinem Lösungsmittel getrennt, infolge des Konzentrationsgefälles können alle kleinen Partikeln herausdiffundieren, während die kolloiddisperse Substanz zurückbleibt. Natürlich wird die Dialyse nicht allein zur Entfernung von Elektrolyten oder anderen niedermolekularen Substanzen aus Verteilungen von Dispersionskolloiden benutzt, sondern ganz allgemein zur Reinigung kolloider Systeme, also auch von Makromolekülen. (Nicht geeignet ist sie hingegen zur Reinigung von Lösungen der Assoziationskolloide, da diese sich immer im Gleichgewicht mit ihren niedermolekularen Bausteinen befinden. Diese können die Membran passieren, die hierdurch eintretende Konzentrationsänderung läßt Assoziate unter Bildung neuer Bausteine zerfallen, die dann ebenfalls herausdialysieren, und zwar solange bis alle Assoziate verschwunden sind.)

Der Erfolg der Dialyse hängt wesentlich von der dazu benutzten Membran ab. Früher wurden Pergamentpapier und Schweinsblasen benutzt, heute verwendet man geeignete Membranen aus Nitrozellulose, Acetylzellulose oder reiner Zellulose. Solche Membranen, die sowohl für wässerige als auch für organische Lösungsmittel geeignet sind, sind in einem sehr großen Porengrößenbereich im Handel erhältlich. Ebenso haben sich in der Praxis Membranen aus Cellophan[1] und Cuprophan[2] sehr gut bewährt. Sie können als Schläuche oder Säckchen zur Anwendung kommen, die im Laboratorium leicht zu handhaben sind. Eine andere Form eines wirksamen Dialysators zeigt Abb. 66.2. Sein Aufbau ist ohne weitere Erläuterungen verständlich.

Wegen der Langsamkeit der Diffusionsprozesse soll die Diffusionsstrecke so kurz wie möglich sein. Wenn die Flüssigkeit zu beiden Seiten der Membran heftig bewegt wird, ist die Diffusionsstrecke nur von der Dicke der Dialysiermembran. Da die sog. Außenflüssigkeit — die Flüssigkeit, in die die Verunreinigungen hineindiffundieren — meistens verworfen

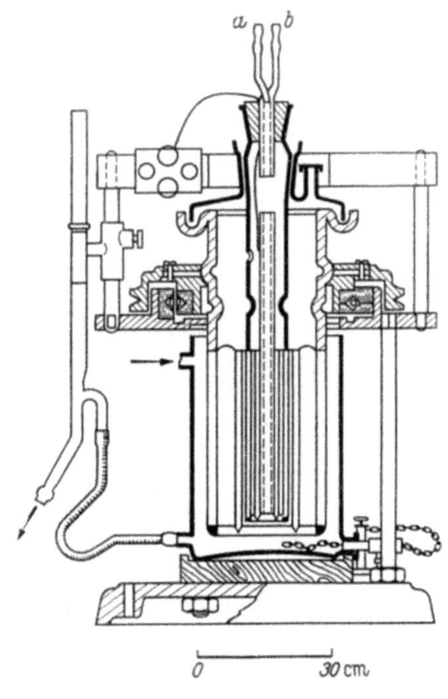

Abb. 66.2. Dialysator (zugleich Elektrodialysator) für präparative Zwecke nach BRINTZINGER (loc. cit.) Die zu dialysierende Flüssigkeit befindet sich zwischen äußerer und innerer Membran, die äußere kann in Rotation versetzt werden. Die Pfeile und a und b weisen auf die Spülung von äußerem und innerem Raum hin

wird, läßt man sie meist an der Membran vorbeiströmen, was bei H_2O besonders einfach ist.

Wenn die Reinigung soweit fortgeschritten ist, daß nur noch äußerst geringe Elektrolytmengen (10^{-5} mol/L) vorhanden sind, geht ihre weitere Entfernung durch Dialyse nur noch sehr langsam vonstatten, sie kann aber erheblich beschleunigt werden, wenn ein elektrisches Feld angelegt wird. Obwohl zunächst zur Reinigung von Gelatine und

---

[1] Kalle u. Co., Wiesbaden.
[2] Bayer Leverkusen.

anderen Makromolekülen angewandt[1], ist diese Methode, wie Pauli[2] zeigen konnte, hervorragend zur Reinigung von Dispersionskolloiden geeignet. Eine geeignete Apparatur zeigt Abb. 66.3. Der das Kolloid enthaltende Raum ist durch zwei Membranen von einem Anoden- und einem Kathodenraum abgetrennt. Beim Anlegen eines elektrischen Feldes wandern die Anionen durch die eine, die Kationen durch die andere Membran. Die Flüssigkeit der Elektrodenräume wird zweckmäßigerweise häufig durch Spülen erneuert, um Rückdiffusion der bereits entfernten Elektrolyte und der Elektrolyseprodukte zu verhindern. Enthält eine Lösung sehr viel Elektrolyt, ist es unzweckmäßig, mit einer Elektrodialyse zu beginnen, da dann die Leitfähigkeit des Systems sehr groß ist

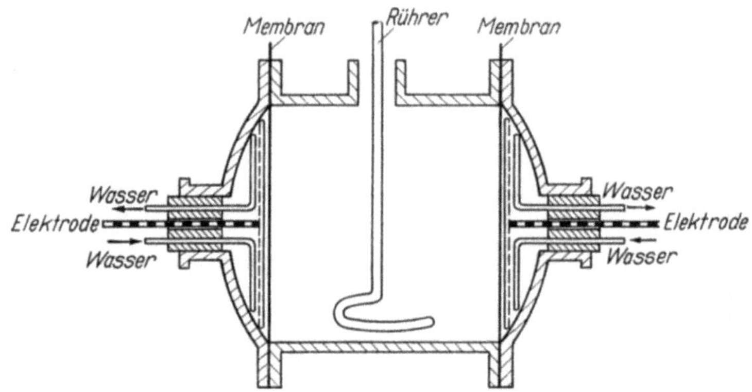

Abb. 66.3. Elektrodialysator nach Manegold (loc. cit.)

und erhebliche Wärmemengen entwickelt werden würden (die möglicherweise das System zerstören können). Hier führt eine normale Dialyse — ohne Strom — genau so schnell zum Ziel; erst wenn die Elektrolytkonzentration und die Leitfähigkeit klein genug geworden sind, lohnt es sich, ein elektrisches Feld anzulegen. Je geringer die Leitfähigkeit, um so geringer ist auch der fließende Strom und um so höher kann das angelegte Potential werden, die Geschwindigkeit der Elektrodialyse hängt aber vom angelegten Potential ab.

So ideal die Elektrodialyse zur Elektrolytentfernung auch zu sein scheint, so sind doch folgende Schwierigkeiten zu beachten. Die eine besteht in der Rückdiffusion der bereits entfernten Elektrolyte und der Elektrolyseprodukte. Dies läßt sich verhindern, wenn das System nicht durch zwei Membranen, sondern durch vier in fünf Räume unterteilt wird, wie es von de Bruyn und Troelstra[3] vorgeschlagen worden ist. Die Elektroden sind hier durch eine besondere Membran abgetrennt, so daß der Strom in einer wie in der anderen Richtung jeweils zwei Membranen passieren muß. Nach dem Durchgang durch die erste und vor dem Durchgang durch die zweite Membran wird die Flüssigkeit häufig gewechselt, so daß Rückdiffusionen weitgehend vermieden werden. Die andere Schwierigkeit

<hr>

[1] Gelatine: Morse, H. W. u. G. W. Pierce: Z. phys. Chem. **45**, 589 (606) (1903); Dhéré, Ch. u. M. Gorgolewski: C. R. hebd. Séances Acad. Sci. Paris **150**, 934 (1910).

[2] Pauli, Wo.: Biochem. Z. **152**, 355 (1924).

[3] de Bruyn, H. u. S. A. Troelstra: Kolloid-Z. **84**, 192 (1938).

besteht in der Selektivität der meisten Membranen für Kationen, d. h. Kationen werden leichter durchgelassen als Anionen. Die Membranen sind meistens negativ geladen und sperren den Durchgang der Anionen; dadurch bildet sich nach einiger Zeit ein Anionenüberschuß aus, der wegen der Elektroneutralität durch H^+-Ionen kompensiert werden muß, d. h. die Lösung wird allmählich sauer. Entweder muß diese Säure durch geeignete Maßnahmen fortlaufend neutralisiert werden — was natürlich eine Verlängerung des Prozesses bedeutet — oder es müssen an der anodischen Seite besondere für Anionen durchlässige Membranen verwendet werden. Die Herstellung solcher Membranen sind von SOLLNER[1], GREGOR[2] und KALAUCH[3] u. a. m. beschrieben worden. Man kann entweder normale Zellulosemembranen mit Proteinen oder Farbstoffen imprägnieren oder Membranen verwenden, die auf Kunstharzaustauscherbasis hergestellt worden sind.

Geeignete Elektrodialysatoren für größere und Laboratoriumsmengen sind von MANEGOLD[4], BRINTZINGER[5] und von HEYNE[6] beschrieben worden.

Elektrodekantation

Eine sehr wesentliche Verfeinerung der Elektrodialyse ist die von PAULI[7] angegebene Methode der Elektrodekantation, die bereits in § 61 beschrieben wurde und deren Prinzip in Abb. 61.8 dargestellt ist. Mit ihrer Hilfe lassen sich außerordentlich reine Sole von bemerkenswert hoher Konzentration (z. B. 10proz. As_2S_3-Sole) herstellen. Was den Grad der Reinigung betrifft, so übertrifft diese Methode wohl nicht die normale Elektrodialyse, da die verbliebenen Elektrolyte mit dem Kolloid zusammen dekantiert werden, also etwa auch auf den Boden sinken. Ihr Wert besteht mehr in der Konzentrierung.

Von KIRKWOOD[8] wurde diese Methode zur Auftrennung von Proteinen verschiedener elektrophoretischer Wanderungsgeschwindigkeit verfeinert.

In neuerer Zeit hat sich auch die Methode bewährt, die Elektrolyte durch geeignete Kunstharz-Ionenaustauscher zu entfernen. Die Austauscher bestehen meist aus gelartigen Körnern, die so feinmaschig sind, daß sie mit den gröberen Kolloidpartikeln nicht reagieren, obwohl kleine Ionen gebunden werden können. Methodisch ist die Reinigung sehr bequem, man rührt in die reinigende Lösung gleichzeitig Anionen- und Kationenaustauscher ein oder läßt sie über einen einzigen oder gemischten Austauscher in einem Austauscherrohr laufen. So gelang NAGELS[9] die Reinigung von AgJ-Solen durch Dowex-50[10].

Trotzdem ist die Reinheit der elektrodekantierten Sole von PAULI vor allem wegen der sehr hohen Konzentration (5···10%) des Kolloids groß, denn in ihnen treten Leitfähigkeiten in der Größenordnung von nur 10^{-4} Siemens auf. PAULI schloß hieraus, daß solche Sole außerordentlich wenig geladen seien, nach seinen

[1] SOLLNER, K., I. ABRAMS u. C. W. CARR: J. gen. Physiol. **25**, 7 (1941).
[2] SOLLNER, K. u. H. P. GREGOR: J. physic. Chem. **54**, 325 (1950).
[3] KALAUCH, C.: Kolloid-Z. **112**, 21 (1949).
[4] MANEGOLD, E.: Kolloid-Z. **78**, 129 (1937).
[5] BRINTZINGER, H., A. ROTHHAAR u. H. G. BEIER: Kolloid-Z. **66**, 183 (1934); s. a. L. KRATZ: Kolloid-Z. **80**, 33 (1937).
[6] HEYNE, G.: Z. angew. Chem. **44**, 328 (1931).
[7] PAULI, Wo.: Naturwiss. **20**, 551 (1932); Helv. Chim. Acta **25**, 137 (1942).
[8] KIRKWOOD, J. G.: J. chem. Physics **9**, 878 (1941); CANN, J. R., J. G. KIRKWOOD, R. A. BROWN u. O. J. PLESCIA: J. Amer. chem. Soc. **71**, 1603 (1949).
[9] NAGELS, P.: Nature **181**, 638 (1958).
[10] Dow Chemical Comp.

Schätzungen kommen bei Kieselsäure-, Eisenoxydhydrat-, Chromoxydhydrat-, und Arsentrisulfidsolen etwa 500···5000 nicht dissoziierte Atomgruppen auf eine einzige ionisierte Gruppe.

Spezielle Herstellungsmethoden von Dispersionskolloiden

Die Beschäftigung mit den Herstellungsmethoden von kolloiden Zerteilungen mit Wasser als Dispersionsmittel sollte dazu dienen, eine allgemeine Einführung in die Methodik zu geben. Hierbei kam es darauf an, die besonderen physikalisch-chemischen Gesichtspunkte, die bei der Herstellung zu beachten sind, herauszuarbeiten, da sie für alle Systeme ohne Rücksicht auf die Art des Dispersionsmittels gültig sind. Nun werden jedoch verschiedene Gesichtspunkte, die für wässerige Systeme gelten, nicht ohne weiteres auf andere Systeme übertragbar sein. Deshalb muß geprüft werden, welche gültig bleiben und welche nicht. Auf den Unterschied zwischen Emulsionen und Dispersionen in bezug auf Koagulation und Peptisation ist bereits hingewiesen worden; dieser Unterschied bleibt auch bestehen, wenn statt Wasser als Dispersionsmittel andere Flüssigkeiten verwendet werden.

Obwohl *Organosole* sich prinzipiell auf die gleiche Weise bilden können wie Hydrosole, nämlich durch Dispersion oder Kondensation und obwohl auch dafür elektrische Herstellungsmethoden existieren, unterscheiden sie sich von den Hydrosolen in einem wesentlichen Punkt. Da nur in sehr wenigen organischen Flüssigkeiten (Ausnahmen Dimethylformamid und andere substituierte Amide) wegen ihrer niedrigen Dielektrizitätskonstante eine geringe Ionisation der Elektrolyte möglich ist, haben elektrische Ladungen als stabilisierende Faktoren kaum eine Bedeutung. Die Leitfähigkeit solcher Organosole ist äußerst gering, ebenso die Beweglichkeit der Partikeln im elektrischen Feld, so daß sie in den meisten Fällen als ungeladen angesehen werden können. Stabilisierung ist hier meistens nur durch mechanische Faktoren — Ausbildung von Schutzhüllen oder -filmen durch Adsorption des Dispersionsmittels selbst oder Bindung von dritten Substanzen an der Partikelgrenzfläche — möglich.

Wassertröpfchen können beispielsweise durch Schwermetallseifen in öligen Phasen stabilisiert werden. Magnesium oder Zinkstearat bilden dabei eine Hülle, in der das Metall sich in dem dem Wasser zugewandten Teil befindet. Ähnlich ist die stabilisierende Wirkung analog gebauter Stoffe gegenüber Dispersionen von Metalloxyden, Sulfiden und anderen polaren Körpern in nicht polaren Flüssigkeiten. Gröbere Suspensionen in öligen Phasen, wie beispielsweise Pigmentfarben, enthalten ebenfalls dritte Substanzen, die Koagulationen verhindern sollen. Da hier die anziehenden Kräfte zwischen den dispergierten Partikeln nicht sehr groß sind, lassen sich relativ stabile Systeme nicht allzuschwer herstellen[1].

Bei Aerosolen, deren Herstellungsprinzipien sich ebenfalls nicht von denen der Hydrosole unterscheiden, verhält es sich gerade umgekehrt wie bei den Organosolen; hier können theoretisch nur elektrische Ladun-

---

[1] Vgl. dazu die Zusammenfassung von E. K. FISCHER und D. M. GANS in J. ALEXANDER: Colloid Chemistry. VI. New York 1946. S. 286ff.

gen eine stabilisierende Wirkung ausüben, wenn dies auch in Wirklichkeit von relativ geringer Bedeutung ist, da Aerosole meist ebensoviel positiv wie negativ geladene Partikeln enthalten (vgl. § 74).

Die Dispersion von Gasen in Flüssigkeiten und auch die Schäume ähneln weitgehend den Emulsionen. Für sie gilt im Prinzip das gleiche, was oben für die Emulsionen gesagt worden ist.

§ 67. Allgemeine Eigenschaften von Dispersionskolloiden

Die Erörterung der physikalischen Eigenschaften dispersionsinvariabler Systeme nimmt den ganzen Raum der Kapitel II, III und IV ein; darin ist auch das Wesentliche über die physikalischen Eigenschaften der Dispersionskolloide gesagt worden. Es bleibt an dieser Stelle nichts weiter übrig, als noch einige Eigenschaften besonders zu erwähnen, die nur bei diesem Typ kolloider Systeme, nicht aber bei den anderen auftreten.

Besonderheit aller Sole mit flüssigen Dispersionsmitteln ist, daß das System nicht allein aus zwei Komponenten besteht. Im Idealfall wird vorausgesetzt, daß das Dispersionsmittel ein besonderer zweiter Stoff ist, der allenfalls wegen der immer vorhandenen endlichen Löslichkeit der dispergierten Substanz Bausteine dieser Substanz in niedermolekularer Zerteilung enthält. Obwohl in Extremfällen solche Sole (beispielsweise bei den von PAULI durch Elektrodekantation hergestellten Solen) existieren, enthält das Dispersionsmittel in der Regel eine oder mehrere andere Substanzen, die entweder aus dem Herstellungsprozeß des Sols stammen oder mit der Absicht zugesetzt worden sind, das Sol zu stabilisieren. In wässerigen Zerteilungen handelt es sich meist um Elektrolyte, die auch als Nebenionen[1] bezeichnet werden. Infolge der besonderen Entstehungsweisen der Sole ist die Zusammensetzung des Dispersionsmittels auch nach Reinigung durch Dialyse usw. nicht ohne weiteres bekannt und muß durch besondere Methoden ermittelt werden[2].

Solche Methoden sind Ultrafiltration, Ultrazentrifugierung und Dialyse.

Die erste Methode ist an sich sehr einfach, führt aber nur dann zu sicheren Ergebnissen, wenn die Membran das Dispersionsmittel wirklich unverändert hindurchläßt und die Zusammensetzung des Dispersionsmittels nicht von der Konzentration der dispergierten Substanz abhängt. Filtriert man daher nur im Vergleich zum gesamten Volumen sehr kleine Mengen Flüssigkeit ab, können die Ergebnisse das Richtige treffen.

Größere Vorsicht ist beim Ultrazentrifugieren nötig, da infolge der hier immer vorhandenen Ladung Potentiale im Zentrifugalfeld auftreten (vgl. § 14), die die Zusammensetzung des Dispersionsmittels in Abhängigkeit vom Abstand der Rotationsachse verändern können.

Die beste Methode zur Gewinnung einwandfreien Dispersionsmittels ist die Dialyse. Wenn ein großes Volumen des zu untersuchenden Systems gegen ein im Vergleich dazu kleines Volumen des reinen Dispersionsmittels dialysiert wird (z. B. Wasser), stellt sich ein Gleichgewicht ein, in dem die Zusammensetzung der

---

[1] Diese Bezeichnung stammt von Wo. PAULI.

[2] Die kolloiden Partikeln der Sole wurden früher häufig als Mizellen bezeichnet und das Dispersionsmittel, was sie voneinander trennte, als intermizellare Flüssigkeit. Die ältere Literatur zeigt, daß man außerordentlich bemüht war, Kenntnis von der Zusammensetzung dieser Flüssigkeit zu erhalten.

Außenflüssigkeit gleich dem des Systems vor der Dialyse ist, wobei natürlich vorausgesetzt wird, daß die geringe Konzentrationsänderung infolge des Hinausdiffundierens einiger Substanz vernachlässigt werden kann.

Will man ein solches System verdünnen, muß man natürlich ein Dialysat als Verdünnungsmittel benutzen, wenn man nicht Veränderungen des Partikelzustands hinnehmen will.

Konzentrierung des Systems durch Ultrafiltration ist zwar möglich, ob aber die Zusammensetzung des Dispersionsmittels dabei wirklich unverändert bleibt oder von der Konzentration der Partikeln abhängig ist, muß überprüft werden, was z. B. dadurch geschehen kann, daß die Zusammensetzung des Ultrafiltrats in verschiedenen Stadien der Filtration kontrolliert wird (meist durch Leitfähigkeitsmessungen). Ändert sie sich nicht, ist gegen die Methode nichts einzuwenden.

Bei der Bestimmung von Ionenaktivitäten durch Potentialmessungen in Solen ist auf den von PALLMANN und WIEGNER[1] beobachteten Sol-Konzentrationseffekt zu achten. Die EMK wird bei der Verwendung einer Elektrolytbrücke, die bei allen Elektrolytketten die leitende Verbindung zwischen den Elektroden herstellt[2], durch die Doppelschicht der Solpartikeln beeinflußt, ein ähnlicher Effekt kann durch Verwendung von Kapillaren als Elektrolytbrücke hervorgerufen werden, wo sich ebenfalls der Einfluß der Doppelschicht der Wand bemerkbar macht[3]. Es ist bei solchen Versuchen möglichst eine Reihe von Konzentrationen zu messen und auf unendliche Verdünnung zu extrapolieren.

Zur Bestimmung der Größe, Gestalt und Struktur der Partikeln sind alle in Kap. III erwähnten Methoden anwendbar. Bei anorganischen Dispersionen setzt sich heute in zunehmendem Maße die Elektronenmikroskopie durch, da die Voraussetzungen dafür besonders günstig sind.

Hinsichtlich der Größe findet man Partikeln von der untersten bis zur obersten Grenze des Gebietes kolloider Dimensionen; hinsichtlich der Gestalt sind alle Typen, sowohl isometrische wie anisometrische vertreten. Was die Gestalt betrifft, konnte die Elektronenmikroskopie die Vermutungen, die mit dem optischen Verhalten solcher Systeme verknüpft wurden, vollauf bestätigen. Nadelförmige Stäbchen und Blättchen als auch Würfel, Oktaeder und Polyederformen, die der Kugelgestalt nahe kommen, treten auf.

Vernichtung der Dispersionskolloide enthaltenden Systeme

Die auffallendste Eigenschaft der Dispersionskolloide ist ihre Labilität und Veränderlichkeit.

Wie in der anorganischen Chemie bestimmte Substanzen aus ihren Lösungen durch Zugabe spezifischer Reagentien ausgefällt werden können, so lassen sich Sole ebenfalls „ausfällen", nur sind bei ihnen keine besonderen spezifischen Reagentien notwendig[4].

---

[1] PALLMANN, H.: Kolloidchem. Beih. **30**, 334 (1930); WIEGNER, G.: Kolloid-Z. **51**, 49 (1930).

[2] Vgl. G. KORTÜM: Elektrochem. (loc. cit. S. 384).

[3] LOOSJES, R.: Thesis Utrecht 1938, zit. nach OVERBEEK in KRUYT's Colloid Science. Vol. I, S. 185. Amsterdam 1952.

[4] Diese Ähnlichkeit mit chemischen Umsetzungen haben nicht nur dazu Veranlassung gegeben, dem Wissensgebiet den Namen „Kolloid*chemie*" zu geben, sondern haben auch durch falsche Analogie zur eigentlichen Chemie das Verständnis des Verhaltens der Kolloide erschwert, das ohne Kenntnis ihrer physikalisch-chemischen Eigenschaften nicht möglich ist.

Im allgemeinen genügt es, ein Sol mit einer ausreichenden Menge eines beliebigen Elektrolyten zu versetzen, um es auszufällen oder — wie es fachgerecht heißt —, zu *koagulieren* oder auszu*flocken*. (Die leichte Zerstörbarkeit durch Elektrolyte bewog FREUNDLICH zu der Einführung des Begriffs der lyophoben Kolloide!)

Wir haben aber bereits in § 64 gesehen, daß es auch noch andere Möglichkeiten der Veränderungen der kolloiden Systeme gibt (Abb. 64.2). Außer der Koagulation ist noch die Auflösung (Dissolution) zu molekularzerteilter Substanz und die Bildung makroskopischer Phasen (Alterung) möglich. Hinzu kommt noch die Veränderung der Systeme durch Sedimentation und Flotation. *Jedes* kolloide System unterliegt der Schwerkraft. Beim Stehenlassen müssen die Partikeln je nach ihrer Dichte zu Boden sinken oder aufsteigen (vgl. § 14), bis sich ein Sedimentationsgleichgewicht eingestellt hat. Im allgemeinen braucht dieses Absetzen oder Aufrahmen dem System nicht schädlich zu sein. Bei Dispersionskolloiden jedoch kann das Absetzen irreversible Veränderungen hervorrufen. Bei hohen Konzentrationen, wie sie oft in Sedimenten auftreten, wird auf alle Fälle die Alterung (s. § 70), unter Umständen aber auch die Koagulation beschleunigt. Von vornherein lassen sich keine Angaben darüber machen, ob irreversible Veränderungen durch Sedimentation hervorgerufen werden oder nicht; hier ist jeder Fall gesondert nachzuprüfen. Natürlich ist die Gefahr der Veränderungen bei Solen mit gröberen Teilchen größer als bei solchen mit kleinen, da die Sedimentationsgeschwindigkeit von der Größe und Dichte der Partikeln abhängt.

Das Aufrahmen ist besonders bei flüssigen Zerteilungen störend; die Tröpfchen der Emulsionen können bei dichterer Packung, wenn sie nicht durch besondere Schutzmaßnahmen stabilisiert werden, leicht zusammenfließen. In der Praxis setzt man die Sedimentationsgeschwindigkeit durch Herstellung möglichst kleiner Tröpfchen und durch Erhöhung der Viskosität des Dispersionsmittels weitgehend herab.

Die Zerstörung kolloider Systeme durch Auflösung oder Dissolution hat nur geringe Bedeutung. Es sind fast immer „Gewaltmaßnahmen", die zur Auflösung der Partikeln führen; entweder Angriff durch chemische Agentien, d. h. Überführung in andere chemische Verbindungen oder Erhöhung der molekularen Löslichkeit durch Veränderung der Eigenschaften des Dispersionsmittels. Beispiele sind etwa die Zugabe von Kaliumcyanid zur Silberhalogenidsolen, wodurch das Silberhalogenid in lösliche Komplexe überführt wird, oder Zugabe von konzentrierter Salzsäure zu einem Eisenoxydhydratsol, wobei sich $FeCl_3$ bildet[1].

Bedeutungsvoller ist der der Auflösung entgegengesetzt gerichtete Vorgang, die Bildung makroskopischer Aggregate, die als *Alterung* bezeichnet wird (vgl. Abb. 64.2). Überläßt man ein Sol möglichst unter Ausschaltung der Sedimentation sich selbst, so beobachtet man bei genügend langer Zeit eine allmähliche Vergrößerung seiner Partikeln. Dies kann u. U. sehr lange dauern, manchmal aber auch ziemlich schnell

---

[1] Über intermediäre Veränderungen bei der Auflösung vgl. R. AUERBACH: Kolloid-Z. **28**, 124 (1921).

zur völligen Zerstörung des Sols führen. Ein ungeschütztes Goldsol ist zwar sehr lange haltbar, ändert aber seine Farbe allmählich über violett nach blau, was auf eine Teilchenvergrößerung hindeutet (vgl. dazu § 25). Relativ schnell vergrößern sich die Partikeln der Silberchloridsole.

Die *Alterung* ist nichts anderes, als der von selbst ablaufende Prozeß einer Bildung des thermodynamisch stabilsten Zustands aus einem instabilen. Der Dampfdruck und die Löslichkeit jeder Substanz hängt von ihrer Partikelgröße ab. Kleine Partikeln haben eine höhere Löslichkeit als große, die geringste besitzt die makroskopisch ausgedehnte Phase. Kleine Partikeln werden daher in ihrer unmittelbaren Umgebung stationär mit einer höheren Konzentration ihrer molekularzerteilten Substanz umgeben sein als große Partikeln. Bei gleichzeitiger Anwesenheit von kleinen und großen Partikeln im System wird die molekularzerteilte Substanz von Stellen höherer Konzentration zu solchen niederer diffundieren; jede Erhöhung der stationären Konzentration in der Umgebung der großen Partikeln führt aber zu einer Abscheidung von Substanz an der Partikelperipherie, bis die stationäre Gleichgewichtskonzentration wieder eingestellt ist. Durch die Vergrößerung des bereits großen Teilchens sinkt diese Gleichgewichtskonzentration, dadurch wird die Diffusion vom kleinen Teilchen her begünstigt, es scheidet sich wiederum mehr ab usw. bis schließlich alle kleinen Partikeln in möglichst große, theoretisch in eine einzige große Masse überführt worden sind.

Zum Verständnis dieser Alterungsvorgänge sei folgendes vereinfachte Bild betrachtet: In einem Rohr des Querschnitts q sei auf der einen Seite ein monodisperses Sol der Teilchengröße j_1 und auf der anderen Seite ein ebensolches der Teilchengröße j_2 untergebracht, beide seien durch eine für die Solpartikeln nicht durchlässige, aber für die molekularzerteilte Substanz durchlässige Membran getrennt. Die Geschwindigkeit dm/dt, mit der molekularzerteilte Substanz von links nach rechts diffundiert, ist nach dem FICKschen Gesetz proportional $qD \cdot dc/dx$. Der Konzentrationsgradient längs der Membran läßt sich nun einfach berechnen. Er ist $(c_1 - c_2)/\delta$; nun ist aber nach Gl. (47.24)

$$c_1 = c_0 \exp\left(\gamma/f(r_1)\, RT\right) \quad \text{und} \quad c_2 = c_0 \exp\left(\gamma/f(r_2)\, RT\right), \tag{67.1}$$

$c_0 = $ Sättigungskonzentration der makroskopischen Phase

so daß sich ergibt

$$\frac{dm}{dt} = \frac{q\, D\, c_0}{\delta} \left(\exp\left(\gamma/f(r_1)\, RT\right) - \exp\left(\gamma/f(r_2)\, RT\right)\right)*. \tag{67.2}$$

Hieraus ist zu ersehen, daß die Alterungsgeschwindigkeit abhängt: 1. Von der Löslichkeit der makroskopischen Phase c_0, 2. von der Grenzflächenspannung γ, 3. von den Radien r_1 und r_2 der Partikeln. Würden wir die vereinfachende Modellvorstellung fallen lassen und zu einer Mischung von Teilchen j_1 und j_2 übergehen, müßte $\delta \sim 1/Z^3$ sein, wobei der Proportionalitätsfaktor selbst noch eine Funktion von Z sein könnte. Auf jeden Fall wird die Diffusionsgeschwindigkeit von kleinen zu großen Partikeln von deren gegenseitigem Abstand, also auch von deren Konzentration abhängen. Aus diesen Zusammenhängen geht nun hervor, daß *streng* monodisperse Sole keiner Alterung unterliegen dürften, da die Klammer in Gl. (2) dann Null ist. Abgesehen davon, daß eine strenge Monodispersität in Wirklichkeit nicht zu erfüllen ist, müßten in jedem System, das sich nicht gerade beim absoluten Nullpunkt befindet, Konzentrationsschwankungen auftreten, die dazu führen, daß sich an einigen Teilchen geringe Mengen Substanz abscheiden, wodurch sich die Teilchen vergrößern und eine weitere Abscheidung begünstigt wird usw., bis schließlich das System polydispers und instabil wird. Ein streng monodisperses Sol wäre in einem typisch metastabilen Gleichgewicht, das durch geringe Schwankungen aus seiner Lage herauskippt und schließlich in ein stabiles Gleichgewicht übergeht. Polydisperse Systeme müssen auf alle Fälle altern und nach Gl. (2) um so schneller, je größer der Unterschied zwischen den kleinsten und den größten Teilchen ist.

---

* Einen etwas anderen Ausdruck gibt FREUNDLICH an (Kapillarchemie II. 4. Aufl. Leipzig 1932, S. 100ff.).

Wenn es darauf ankommt, die Alterung möglichst lange hinauszuzögern, ist es daher günstig, monodisperse Systeme herzustellen. Der ausschlaggebende Faktor für die Alterungsgeschwindigkeit ist c_0. Hohe Löslichkeit muß daher immer ungünstig, niedere Löslichkeit günstig sein. Die Tatsache, daß eine Alterung bei der Diskussion der Stabilität der meisten Dispersionskolloide überhaupt nicht beachtet zu werden braucht, liegt daran, daß die meisten extrem unlöslich sind, wie Edelmetalle, Schwermetallsulfide, Silberjodid usw. Einige besonders geringe Löslichkeitswerte sind in der Tab. 67.I zusammengestellt. Die Löslichkeit

Tabelle 67.I. *Löslichkeitsprodukte einiger schwer löslicher Verbindungen*

	Lp in Mol/L	T in °C
$AgCl$	$1{,}61 \cdot 10^{-10}$	25
$AgBr$	$6{,}3 \cdot 10^{-13}$	25
AgJ	$9{,}7 \cdot 10^{-17}$	25
AgS	$5{,}7 \cdot 10^{-51}$	10
$BaSO_4$	$1{,}08 \cdot 10^{-10}$	25
$BiOCl$	$2 \cdot 10^{-31}$	18,5
Cu_2S	$2 \cdot 10^{-47}$	18
CuS	$1{,}2 \cdot 10^{-42}$	10
$Fe(OH)_2$	$4{,}8 \cdot 10^{-16}$	18
$Fe(OH)_3$	$3{,}8 \cdot 10^{-38}$	18
$HgCl$	$1{,}3 \cdot 10^{-21}$	18
HgS	$3 \cdot 10^{-54}$	26
$Sb(OH)_3$	$4 \cdot 10^{-42}$	—
$Sn(OH)_2$	$5 \cdot 10^{-26}$	25
$ZnS(\alpha)$	$6{,}9 \cdot 10^{-23}$	20

derjenigen Verbindungen, die sich besonders leicht als Sol darstellen läßt, ist in der Tat auffallend klein. Hier spielen Alterungserscheinungen praktisch keine Rolle. In einer anderen Gruppe hingegen lassen sich die Alterungserscheinungen sehr deutlich beobachten. Nach KOLTHOFF und BOVERS[1] fällt die Geschwindigkeit der Partikelvergrößerung von Silberchlorid über das -bromid zum -jodid so wie auch die Löslichkeit in dieser Reihenfolge abnimmt. Calciumoxalat, das eine noch größere Löslichkeit als Silberchlorid besitzt, läßt sich zwar im kolloiden Zustand darstellen, bildet aber außerordentlich schnell große Kristalle.

Die Alterungsgeschwindigkeit muß sich naturgemäß durch Temperaturerhöhung ebenfalls erhöhen lassen, da die Löslichkeit und auch die Diffusionskonstante mit steigender Temperatur zunimmt, was auch experimentell bestätigt werden konnte.

Diese Erscheinungen sind als OSTWALD-Reifung bei der Herstellung photographischer Emulsionen von Bedeutung. Die Empfindlichkeit der in die Gelatineschicht der photographischen Platte eingebetteten Silberhalogenidpartikeln gegenüber der Belichtung hängt stark von ihrer Partikelgröße ab. Durch Stehenlassen frisch hergestellter Sole mit kleinen Partikeln bei bestimmten Temperaturen über experimentell ermittelte Zeiten hat man es in gewisser Weise in der Hand, eine gewünschte Partikelgröße einzustellen.

Bei der Alterung ist auf chemische Veränderungen der Partikeln zu achten. Wenn das Sol z. B. durch Kondensation nach einer chemischen Umsetzung ent-

---

[1] KOLTHOFF, I. M. u. R. C. BOWERS: J. Amer. chem. Soc. **76**, 1503, 1510 (1954).

standen ist, kann es vorkommen, daß die Umsetzungsreaktion nicht vollständig abgelaufen ist. Sie läuft dann über längere Zeit weiter, was zu Veränderungen der Partikelgröße führen kann. Das am besten bekannte Beispiel ist die Änderung der Zusammensetzung des Eisenoxydhydratsols, das immer FeOCl enthält, welches aber allmählich in Eisenoxydhydrat umgewandelt wird. Fraglich ist, ob die Änderung der Teilchengestalt, die man bei Vanadinpentoxyd-Solen beim Stehenlassen beobachtet, ein Alterungsmechanismus im Sinne der OSTWALD-Reifung oder einer unvollständigen chemischen Darstellungsreaktion ist.

Wenn jedes Sol, gleich welcher Herkunft, Partikelgröße oder Löslichkeit, der Alterung unterliegt, muß eine Aussage über ihre Stabilität notgedrungen eine Relativaussage sein. Doch ist die Anwendung des Begriffs der Hemmung sowohl im Sinne der Thermodynamik als auch der Reaktionskinetik sinnvoll, denn die sehr geringen Löslichkeiten stellen echte Hemmungen dar, die den Ablauf der an sich freiwillig verlaufenden Alterungsreaktionen stark verzögern. Es erhebt sich nun die Frage, ob der natürliche durch das System selbst gegebene Ablauf durch besondere Faktoren zusätzlich gehemmt werden kann, also etwa ob das Vorhandensein einer elektrischen Doppelschicht oder eines umhüllenden Films sowohl die Abgabe als auch die Aufnahme der Partikelbausteine behindert.

In einigen Fällen sind solche Behinderungen experimentell festgestellt worden, ob sie allgemein möglich sind, ist jedoch noch eine offene Frage (vgl. dazu § 70).

§ 68. Koagulation

Die Zerstörung kolloider Systeme durch Koagulation ist die augenfälligste Veränderung kolloider Systeme und geht bei Dispersionskolloiden am leichtesten. Daß dieser Vorgang hauptsächlich durch Elektrolyte ausgelöst wird, wirft ein Licht auf die Bedeutung der elektrischen Ladung für alle Kolloide, insbesondere für alle Dispersionskolloide. Das Phänomen selbst ist so allgemein bekannt, daß es kaum einer Beschreibung bedarf. Jede *wässerige* kolloide Zerteilung gleich ob Dispersions-, Assoziationskolloid oder Makromolekül läßt sich durch hohen Elektrolytzusatz ausfällen oder koagulieren. Die Dispersionskolloide heben sich jedoch von den anderen durch ihre besondere Empfindlichkeit gegen Elektrolyte ab, sie werden bereits durch viel kleinere Elektrolytmengen koaguliert als die anderen Klassen. In Systemen mit nicht wässerigen Dispersionsmitteln, wie organischen Flüssigkeiten oder gasförmigen Medien kann die kolloide Substanz ebenfalls ausgefällt werden, doch dann nicht durch Elektrolyte, die in diesen Medien nicht in nennenswerter Konzentration auftreten können, sondern durch „schlechte" Lösungsmittel bzw. besondere physikalische Einwirkungen.

Ganz allgemein fördert jede Temperaturerhöhung die Koagulation; da hierunter immer eine Zusammenlagerung kolloider Partikeln verstanden wird, diese aber um so häufiger eintritt, je größer die Zahl ihrer Zusammenstöße ist, muß eine Verstärkung der BROWNschen Bewegung durch Temperaturerhöhung zu mehr Zusammenstößen und damit auch zu einer stärkeren Koagulation führen. Häufig äußert sich das nicht in einer spontanen Ausfällung, sondern nur in einer langsam verlaufenden Zusammenlagerung der Primärpartikeln zu Sekundäraggregaten, die allmählich immer größere Pakete bilden, ehe sie ausfallen.

Aber auch andere, vor allem mechanische Einwirkungen, können zur Koagulation führen. Am bekanntesten sind: Starkes Rühren, Ausfließen lassen oder Auspressen aus engen Düsen, Einwirkung von Ultraschall usw. Hierbei werden die kolloiden Partikeln heftig relativ zum Dispersionsmittel bewegt, was sie — zum mindesten teilweise —, von schützenden elektrischen und mechanischen Umhüllungen entblößen kann[1].

Das Wesen der Koagulation besteht in einer Zusammenlagerung *kolloider* Partikeln zu Aggregaten oder, wie es hier häufig heißt, zu Agglomeraten. (Koagulation wird vielfach auch als Agglomeration bezeichnet.) In den Agglomeraten bleibt die ursprüngliche Partikel zunächst voll und ganz erhalten; sie kann aber *sekundär* durch eine Art Sinterungs- oder Rekristallisationsvorgang mit ihresgleichen zusammenwachsen. Sind die Agglomerate derartigen Veränderungen unterworfen, wird die Koagulation irreversibel; sie kann dann nicht mehr durch eine Peptisation rückgängig gemacht werden.

Sehr häufig hängt es davon ab, zu welcher Zeit man versucht, die Agglomerate wieder zu peptisieren. Oft gelingt eine Peptisation kurz nach der Koagulation, wenn auch nicht immer. Meist läßt sich ein Teil peptisieren und nach einiger Zeit gelingt auch das nicht mehr. Deswegen muß man annehmen, daß in den dichtgepackten Agglomeraten auch eine Art Alterung möglich ist, die sie allmählich in ein einziges zusammenhängendes Gebilde überführt (vgl. das Schema der Abb. 64.2). Die Reversibilität der Koagulation bzw. die Peptisierbarkeit der Agglomerate kann daher keine individuelle Eigenschaft der betreffenden dispergierten Substanz sein, sondern ist nur ein bedingtes von Zeit und Umständen abhängiges Phänomen[2].

Was die äußere Erscheinungsform der Koagulation anbelangt, so ist sie leicht zu erkennen, wenn es sich um spontane Ausfällung unter Bildung mehr oder weniger feiner oder flockiger Niederschläge handelt. Die Koagulation kann sich aber auch über sehr lange Zeiträume erstrecken (langsame Koagulation) und dem bloßen Auge des Beobachters überhaupt nicht erkennbar sein. Um Zusammenlagerungen zu Agglomeraten aus zwei, drei oder auch nur 10 oder 20 Primärpartikeln zu erkennen, müssen empfindliche physikalische Methoden zur Bestimmung des Partikelgewichtes herangezogen werden (Kap. III). Doch genügt auch das zuweilen nicht, um die Koagulation von einer echten Alterung zu unterscheiden, denn hierzu müßte auch noch die Struktur der entstehenden Agglomerate bestimmt werden. Erst wenn sich genau erkennen

---

[1] Eine eingehende Untersuchung dieser Effekte findet man bei K. SOLLNER in J. ALEXANDER: Colloid Chem. 5, 337. New York (1944).

[2] Da die Diffusion bei dicht gepackten lösungsmittelhaltigen Agglomeraten natürlich wegen der geringen Entfernung der einzelnen Partikeln erheblich schneller abläuft als in einem Sol, ist hier auch eine sehr viel größere Alterungsgeschwindigkeit zu erwarten. Das steht in Übereinstimmung mit den experimentellen Beobachtungen, doch ist dies nicht die einzige Erklärung für die mit der Zeit schlechter werdende Peptisierbarkeit. Es mögen Wanderungen von Bausteinen in der Grenzfläche, auch echte Diffusionen an den Berührungsstellen, die unter dem Sammelbegriff Rekristallisation beschrieben werden, einen wesentlichen Einfluß besitzen (vgl. JOST: Diffusion, loc. cit. S. 55).

läßt, daß die Vergrößerung der Partikeln durch Zusammenlagerung und nicht durch Wachstum verursacht worden ist, ist das Vorliegen einer Koagulation sichergestellt. Für die meisten — besonders die anorganischen — Dispersionskolloide ist daher die elektronenmikroskopische Untersuchung am besten geeignet, da sie auch die Struktur der Agglomerate sofort erkennen läßt (vgl. Abb. 31.3).

Was ist nun die Ursache der Koagulation? Allgemein beantwortet: Das Herbeiführen von Umständen, bei welchen die zusammenstoßenden Partikeln sich soweit nähern können, daß die zwischen ihnen auftretenden Kohäsionskräfte wirksam werden können. Die Partikeln erleiden zwar durch ihre BROWNsche Bewegung häufige Zusammenstöße, infolge von Hemmungen können sie sich allerdings nicht soweit nähern, daß die Kohäsionskräfte zur Auswirkung kommen. Damit sie wirksam werden können, müssen die *Hemmungen* bzw. stabilisierenden Faktoren, die der Zusammenlagerung im Wege stehen, beseitigt werden. Eine ausführlichere und ins einzelne gehende Antwort kann an dieser Stelle noch nicht gegeben werden, dazu müßten wir die Natur des stabilisierenden Mechanismus schon besser kennen. Die Untersuchung der Koagulationserscheinungen ist aber *die* gegebene Möglichkeit, um gerade über den fraglichen Mechanismus etwas zu erfahren, was wieder umgekehrt dazu beiträgt, die Koagulation besser zu verstehen, und zwar nicht nur qualitativ, sondern auch quantitativ. Das beste Beispiel bietet wieder die Koagulation in wässerigen Medien verteilter Dispersionskolloide durch Elektrolyte.

Koagulation durch Elektrolyte

Bereits sehr früh wurde von HARDY[1] der Einfluß der Elektrolytkonzentration und von SCHULZE[1] der Einfluß der Wertigkeit der Elektrolyte auf die Koagulation erkannt. Die Tatsache, daß die Wirksamkeit mit der Elektrolytnatur verknüpft ist, weist auf den Zusammenhang zwischen Ladung der kolloiden Partikeln, der Rolle dieser Ladung für ihre Stabilisation und ihre Beeinflußbarkeit durch Elektrolyte hin. Der Zusammenhang läßt sich besonders einfach an einem Sol verschiedener Ladung erkennen. Von BURTON[2] wurde die Möglichkeit der Koagulation von Goldsolen durch Aluminiumionen in Abhängigkeit von ihrer elektrophoretischen Wanderungsgeschwindigkeit, die ja mit der Ladung nach Gl. (60.6) symbat geht, untersucht. Er fand die in Tab. 68.I dargestell-

Tabelle 68.I

Al^{3+} in Äq./Lit.	$u = cm/Vsec$	Ladungssinn	Stabilität
100	3,30	+	stabil
21	1,70	+	4 h
—	0	0	sofort
42	0,17	—	4 h
70	1,35	—	nach 4 Tagen noch unvollständig geflockt

[1] Siehe § 2.
[2] BURTON, E. F.: Philos. Mag. (6) **11**, 425 (1906); **12**, 472 (1906); **17**, 583 (1909).

ten Zusammenhänge. Ein ungeladenes Goldsol mit der elektrophoretischen Wanderungsgeschwindigkeit in der Nähe von Null koagulierte von selbst. Je höher die Wanderungsgeschwindigkeit des Sols sowohl nach der positiven als auch nach der negativen Seite wurde, um so größer war auch die zur Flockung notwendige Konzentration der Aluminiumionen. SCHULZE hatte schon erkannt, daß der Haupteinfluß von denjenigen Ionen ausgeht, die eine dem Kolloid entgegengesetzte Ladung tragen. Es schien daher, daß diese „Gegenionen"[1] die Ladung des Kolloids weitgehend neutralisieren und dadurch die gegenseitige Abstoßung der Partikeln herabsetzen oder sogar beseitigen. Die Ansicht wurde besonders durch die Untersuchung von POWIS[2] gestützt, der bei Öltröpfchen beobachtete, daß sie nur teilweise entladen zu werden brauchen, um koagulieren zu können. Es sollte demnach genügen, einen kritischen Wert des ζ-Potentials zu unterschreiten, um das Sol entsprechend unstabil zu machen.

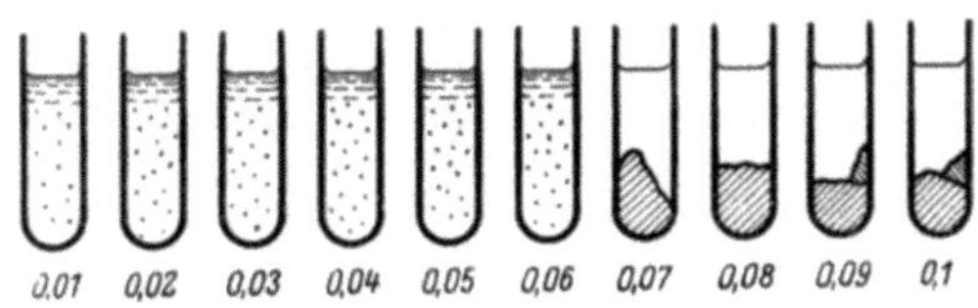

Abb. 68.1. Schema eines Koagulationsversuchs. Erläuterung s. Text

Spätere Untersuchungen zeigten jedoch, daß die Erscheinungen weitaus komplizierter sind als man zunächst annahm, wenn sich auch leicht halbquantitative Regeln aufstellen lassen.

Z. B. läßt sich ziemlich scharf diejenige Konzentration eines Elektrolyten feststellen, bei welchem er Koagulation eines Sols verursacht. Dazu füllt man, wie Abb. 68.1 schematisch darstellt, 10 Reagenzgläser mit 5 cm³ eines Sols, gibt dann in das erste Reagenzglas die gleiche Menge unverdünnter Elektrolytlösung, in das zweite 5 cm³ der im Verhältnis 9:1, in das dritte im Verhältnis 8:2 usw. verdünnten Elektrolytlösung, durchmischt sämtliche Reagenzgläser und läßt sie eine gewisse festgelegte Zeit stehen. Steigt nun etwa die Konzentration in den 10 Röhrchen von 0,01 bis zu 0,1 mol/L an und findet man etwa, daß in den Röhrchen 0,08, 0,09 und 0,1 das Sol völlig ausgeflockt ist, während in den anderen 7 Röhrchen keine Veränderungen eingetreten sind, so ist 0,08 mol/L der Flockungsschwellenwert des Elektrolyten für das betreffende Sol. Sie ist die Minimalkonzentration desjenigen Elektrolyten, bei dem gerade noch Koagulation einsetzt. Dies ziemlich grobe Verfahren läßt sich noch verfeinern, indem wieder 10 Röhrchen angesetzt werden, in welchen sich die Konzentration etwa von 0,071···0,08 ändert, bliebe das Sol bis zu einer Konzentration von 0,076 klar, darüber hinaus aber nicht, so wäre der Flockungsschwellenwert 0,077. Auf diese Weise läßt sich der Wert bis auf zwei Stellen bestimmen. Für vergleichende Beobachtung innerhalb einer Untersuchungsreihe ist es notwendig, immer zum gleichen Zeitpunkt zu entscheiden. Dies kann nach 5 Minuten, aber auch nach 2, 18 oder 24 Stunden sein. (Für ein stabiles Goldsol genügt z. B. ohne weiteres ein Zeitraum von 24 Stunden, ein instabiles AgCl-Sol hingegen muß nach kurzer Zeit beobachtet werden, da im Zeitraum von 24 Stunden schon eine erhebliche Alterung eingesetzt haben kann[3].)

Die Beurteilung, ob eine Flockung eingetreten ist oder nicht, kann bei solchen Versuchen bereits zu Schwierigkeiten führen, denn sehr häufig sind die Proben,

---

[1] Die Bezeichnung Gegenionen ist von Wo. PAULI geprägt worden, sie hat sich so weitgehend eingeführt, daß sie hier beibehalten werden soll.

[2] POWIS, F.: Z. physik. Chem. **89**, 186 (1915).

[3] Einzelheiten zur Bestimmung von Flockungsschwellenwerten siehe Wo. OSTWALD: Kleines Praktikum der Kolloidchemie. 9. Aufl. Dresden und Leipzig 1943. S. 126.

deren Konzentration dicht unter dem Flockungsschwellenwert liegt, schon mehr oder weniger leicht getrübt. Wenn man bedenkt, daß jede Aggregation, also auch eine solche zu kleinen Aggregaten, bereits eine Koagulation ist, kann man daran zweifeln, ob die Festsetzung der vollständigen Flockung richtig ist. Es wurde daher auch vielfach vorgeschlagen, nicht den Endpunkt, sondern den Beginn der Koagulation, d. h. das erste Trübwerden der Sole als Flockungsschwellenwert zu bezeichnen. Wenn aber eine solche Grenze festgesetzt wird, ist es zweckmäßiger, sich eines empfindlicheren physikalischen Hilfsmittels zu bedienen, mit dem die Trübung oder Aggregation leicht festzustellen ist (vgl. Kap. III). Es hat daher auch nicht an zahlreichen Bemühungen gefehlt, diese „erste Aggregation" mit entsprechenden Methoden exakt zu erfassen. Die meisten dieser Versuche gehen aber an sich von einer falschen Fragestellung aus. Wie weiter unten gezeigt werden wird, ist nämlich die Koagulations*geschwindigkeit* das kennzeichnende und maßgebliche Merkmal des Vorgangs. Doch ist die Feststellung des Flockungsschwellenwerts in Wirklichkeit auch nichts anderes als die Bestimmung einer Reaktionsgeschwindigkeit; Ausfällen heißt ja Koagulation in einem Zeitraum, den der Beobachter als kurz oder augenblicklich empfindet. Die Feststellung bestimmter Zeiträume (5 Minuten, 2 oder 24 Stunden), nach denen das Eintreten oder Nichteintreten der Koagulation beurteilt wird, ist auch nur eine grobe Feststellung einer Geschwindigkeit.

Die Methoden, die das Ziel haben, die Bestimmung der Koagulation oder deren Geschwindigkeit zu erleichtern, seien daher nur kurz erwähnt[1].

Folgende Methoden sind benutzt worden: Messung der Lichtstreuung — der Lichtdurchlässigkeit im sichtbaren und im nahen ultraroten Spektralbereich —, ultramikroskopische Auszählung nach Fixierung der Koagulation durch Zusatz von Gelatine (ZSIGMONDY, loc. cit.), aber auch bei fortlaufender Koagulation, Bestimmung der Viskositätsänderung, Bestimmung der Sedimentationsgeschwindigkeit (Zweischenkelflockungsmesser nach OSTWALD, Kolloidchemisches Taschenbuch, loc. cit.), Depolarisation, Brechungsindex, Ultrafiltration und analytische Bestimmung des Ultrafiltrats, Leitfähigkeit u. a. m.

Von diesen Methoden sind nur solche von bleibendem Wert, die sich auch zur quantitativen Bestimmung der Koagulationsgeschwindigkeit eignen. Das sind immer Methoden, die eine Feststellung des Partikelgewichtes oder der Aggregation in *jedem* Augenblick gestatten und eine Verfolgung der Zeitabhängigkeit des Vorgangs ermöglichen. Diese Forderungen erfüllen praktisch alle genannten *optischen* Methoden.

Bei der Betrachtung der zahlreichen experimentellen Bestimmungen von Flockungsschwellenwerten aller möglicher kolloider Systeme läßt sich als erstes der Unterschied feststellen, der zur Einteilung in lyophile und lyophobe Kolloide geführt hat. Alle Makromoleküle und Assoziationskolloide, die Elektrolytnatur besitzen und sich in wässerigen Medien zerteilen lassen, können zwar ebenfalls durch Elektrolyte ausgefällt werden, doch sind zu ihrer Ausfällung weitaus größere Mengen notwendig als zur Ausflockung von Dispersionskolloiden. Wenn (nach FREUNDLICH[2]) ein As_2S_3-Sol durch Natriumchlorid in einer Konzentration von 50 m Mol/L ausflockt, Eialbumin hingegen erst in einer Konzentration von 3620 m Mol/L so bedeutet das, daß in letzterem Fall 70 mal so viel Elektrolyt notwendig ist als im ersteren.

Der Grund dafür ist, daß bei Makromolekülen und Assoziationskolloiden die elektrische Ladung fest (durch covalente Bindung) an die kolloide Partikel gebunden ist, bei Dispersionskolloiden aber nicht.

Auffallend ist bei Dispersionskolloiden der Einfluß der Wertigkeit der fällenden Elektrolyte auf den Flockungsschwellenwert, doch bezieht sich

---

[1] Eine Übersicht findet man im Kolloidchemischen Taschenbuch. 4. Aufl. Leipzig 1953. S. 109 ff., daselbst auch ausgiebige Literatur.
[2] Kapillarchemie. 2. Bd., loc. cit. S. 475.

das nur auf die Wertigkeit desjenigen Ions, dessen Ladungssinn dem des Kolloids entgegengesetzt ist. Das gleichgeladene hat nur einen geringen Einfluß.

Ordnet man die Flockungsschwellenwerte nach der Wertigkeit des fällenden Gegenions, so ergeben sich in groben Umrissen folgende Konzentrationsbereiche: Für einwertige Gegenionen $25 \cdots 150$ m/Mol/L; für zweiwertige $0,5 \cdots 2$ m/Mol/L; dreiwertige $0,01 \cdots 0,1$ m/Mol/L. Diese Aussage ist mit der bekannten Regel von SCHULZE und HARDY identisch, die in anderer Form lautet: Die Wertigkeiten der fällenden Gegenionen verhalten sich zu entsprechenden reziproken Flockungsschwellenwerten wie

$$1 : 2 : 3 = 1 : 50 : 10\,000.$$

Die Zusammenstellung einer Reihe von Flockungsschwellenwerten in der Tab. 68.II läßt erkennen, wie weit die Regel erfüllt ist. Ihre Erklärung

Tabelle 68.II. *Flockungsschwellenwerte in Millimol/L* (nach FREUNDLICH[1])

	Au-Sol (negativ)		As$_2$S$_3$·Sol (negativ)		Fe$_2$O$_3$·Sol (positiv)	
1-wertig	NaCl	24	LiCl	58	NaCl	9,25
	KNO$_3$	25	NaCl	51	KCl	9,0
	[K$_2$SO$_4$]/2	23	KCl	49,5	KBr	12,5
			KNO$_3$	50		
2-wertig	CaCl$_2$	0,41	MgCl$_2$	0,72	K$_2$SO$_4$	0,205
	BaCl$_2$	0,35	MgSO$_4$	0,81	MgSO$_4$	0,22
			CaCl$_2$	0,65	Tl$_2$SO$_4$	0,22
3-wertig	[Al$_2$(SO$_4$)$_3$]/2	0,009	AlCl$_3$	0,093	—	
	Ce(NO$_3$)$_3$	0,003	[Al$_2$(SO$_4$)$_3$]/2	0,096		
			Ce(NO$_3$)$_3$	0,080		

ist erst in neuerer Zeit mit Hilfe der Theorie der elektrischen Doppelschicht gelungen, denn man konnte einen ähnlichen Einfluß der Wertigkeit auch bei anderen Erscheinungen, bei denen die elektrische Doppelschicht eine Rolle spielt (so z. B. bei der Elektrophorese), feststellen. Wir werden bei der quantitativen Deutung der Stabilität der Dispersionskolloide diese Erklärung nachholen (vgl. § 70).

Die Erfahrung lehrt auch, daß es Ausnahmen von der SCHULZE-HARDY-Regel gibt, vor allem bei organischen Ionen. Diese werden meist vom Kolloid unspezifisch adsorbiert und verändern dadurch seinen Charakter; das gilt ebenso für solche Ionen, die mit dem Kolloid oder den Ionen seiner Doppelschicht reagieren.

Eine andere Beobachtung stammt von Wo. OSTWALD[2]. Diejenige Elektrolytkonzentration, bei welcher Flockung einsetzt, hat bei allen Elektrolyten, gleich welcher Wertigkeit, den gleichen Aktivitätskoeffizienten. Anders ausgedrückt: Die Flockung tritt ziemlich unabhängig

[1] FREUNDLICH, H.: Kapillarchemie. 2. Aufl. 2.Bd. Leipzig 1932. S. 122 $\cdots$ 124.
[2] OSTWALD, Wo.: Kolloid-Z. **73**, 318 (1935); **94**, 169 (1941)

von der Natur des Elektrolyten bei einem bestimmten Sol beim gleichen
Wert des Aktivitätskoeffizienten auf. Tab. 68.III läßt dies deutlich
erkennen. Umgekehrt läßt sich sagen, daß bei Anwendung der OSTWALD-
schen Regel von selbst die SCHULZE-HARDYsche Regel resultiert, da die
Aktivitätskoeffizienten höherwertiger Elektrolyte bei sehr viel kleineren
Konzentrationen niedrige Werte erreichen als die von niedrigwertigen
Elektrolyten.

Tabelle 68.III. *As_2S_3-Sol; Solkonzentration = 4,67 g/l. f_+-Werte*

Salz und Salztypus		Flockungsmolarität des Kations m_+	Aktivitätskoeffizient f_+
1—1	LiCl	0,0529	0,765
	NaCl	0,0529	0,765
	KCl	0,0486	0,774
	RbCl	0,0424	0,787
	CsCl	0,0291	0,820
1_2—2	K_2SO_4	0,0184	0,784
2—1_2	$BeCl_2$	0,000776	0,796
	$MgCl_2$	0,000900	0,785
	$CaCl_2$	0,000827	0,793
	$BaCl_2$	0,000776	0,796
3—1_3	$AlCl_3$	0,0000854	0,789
	$CeCl_3$	0,0000985	0,776
	$LaCl_3$	0,0000885	0,786

Auch dieser Befund weist auf den Zusammenhang zwischen den
Koagulationserscheinungen und den in wässerigen Medien auftretenden
elektrostatischen Wechselwirkungen hin.

Außer den Wertigkeitseinflüssen, die das Geschehen im Groben
bestimmen, lassen sich aus Tab. 68.II noch feinere Einzelheiten erkennen,
die innerhalb jeder Wertigkeitsgruppe auftreten. Man kann die Wirkung
der Ionen darin zu folgenden Reihen anordnen:

$$\text{Li} > \text{Na} > \text{K} > \text{NH}_4,$$

$$\text{Cl} > \text{Br} > \text{J.} \quad *$$

Man erkennt darin wieder die HOFMEISTERsche Ionenreihe, die uns
bereits bei der Ionenadsorption begegnet ist. Daß sie auch hier beobachtet wird, weist auf die Rolle der Hydratation der Ionen hin, wenn auch
das Ausmaß der dadurch bedingten Modifikation klein neben dem Einfluß der Wertigkeit ist. Im ganzen ist der Unterschied nicht so ausgeprägt wie bei der reinen Ionenadsorption und auch der bei Beeinflussung der Eigenschaften von Makroionen. Auch findet man bei verschiedenen Dispersionskolloiden erhebliche Unterschiede der Deutlichkeit der HOFMEISTERschen Reihe. Beispielsweise beim Schwefelsol nach

---

* Eingehendere Diskussion bei FREUNDLICH II, loc. cit. (S. 127ff.).

WEIMARN ist sie sehr schwach und beim Schwefelsol nach RAFFO[1] sehr stark. Die Unterschiede rühren daher, daß die Sole nicht in gleichem Maße und mit gleicher Stärke hydratisiert sind.

Bei manchen Solen werden als Besonderheit zwei Flockungsschwellenwerte beobachtet. Z. B. werden Silberhalogenidsole, die durch einen Überschuß von Halogenionen stabilisiert sind, durch eine Menge Silberionen ausgeflockt, die diesem Überschuß äquivalent ist, ebenso werden Eisenoxydhydratsole, die durch HCl stabilisiert sind, durch die gleiche Menge ausgeflockt. Hier handelt es sich um eine Reaktion des fällenden Ions mit den stabilisierenden Ionen des Sols. Setzt man aber in beiden Fällen einen Überschuß der neutralisierenden Ionen hinzu, so wird das Sol mit entgegengesetzter Ladung wieder peptisiert, das Silbersol durch Silberionen, das Eisenoxydhydratsol durch OH-Ionen. Dabei hat sich das Vorzeichen der Ladung der Partikeln geändert. Wird nun die Konzentration der zugesetzten Ionen weiter erhöht, tritt eine normale, ihrer Wertigkeit

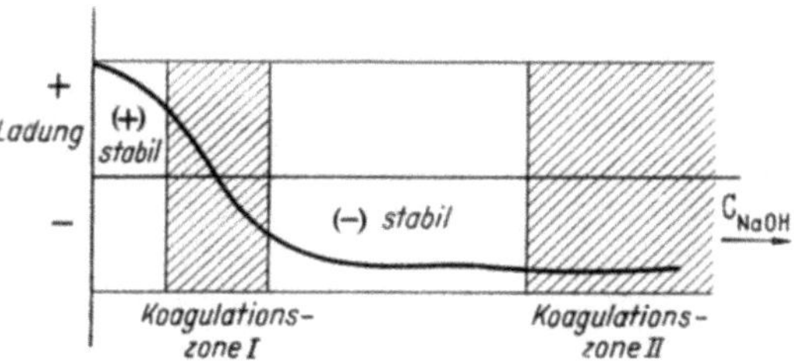

Abb. 68.2. Irreguläre Flockung von Eisenoxydhydrat-Sol durch NaOH

entsprechende Koagulation ein, wenn der Flockungsschwellenwert des betreffenden Gegenions erreicht wird. In der Abb. 68.2 ist die Abhängigkeit der Ladung von der Konzentration zugesetzter Natronlauge eines Eisenoxydhydratsols dargestellt und gleichzeitig die Bereiche angegeben, wo eine Koagulation einsetzt. Der erste Bereich liegt in der Umgebung des Ladungsnullpunktes, der zweite nach Erreichen des Flockungsschwellenwertes. Derartige Phänomene werden auch als „irreguläre Reihe" der Flockung bezeichnet.

Die „irreguläre Reihe" ist für das Verständnis des Koagulationsmechanismus besonders wertvoll. Die Entfernung oder Unschädlichmachung der potentialbestimmenden Ionen (Neutralisation) bringt zunächst die Doppelschicht der Partikeln zum Verschwinden. Wenn es dabei gleichzeitig koaguliert wird, so kann das Sol offensichtlich nur dann hinreichend stabil sein, wenn es eine Doppelschicht ausreichenden Potentials besitzt, die stabilisierend wirkt. Erinnern wir uns daran, daß die Ausdehnung jeder diffusen Doppelschicht (vgl. § 59) durch die Konzentration und Wertigkeit der in der Lösung vorhandenen Fremdionen verringert wird, so läßt sich die Wirkung der ausflockenden Gegenionen zumindest qualitativ verstehen.

Eigenartig ist die Abhängigkeit der Flockungsschwellenwerte von der Konzentration der auszufällenden Sole. Die sehr zahlreichen Untersuchungen dieser Abhängigkeit[2] konnten nachweisen, daß die Flockungsschwellenwerte von der Solkonzentration abhängig sind, wobei die Abhängigkeit selbst sich wieder nach der Wertigkeit des fällenden Gegen-

---

[1] Schwefelsol nach VON WEIMARN: Eingießen von alkoholischer Schwefellösung in Wasser, Schwefelsol nach RAFFO: Reaktion von Schwefeldioxyd und Schwefelwasserstoff in wässeriger Lösung.

[2] Vgl. dazu J. OVERBEEK in H. R. KRUYT: Colloid Science. I. Bd. S. 321ff.

ions richtet. Viele Systeme sollen dabei der Regel von BURTON[1] folgen nach welcher die Flockungsschwellenwerte bei Fällung mit einwertigen Ionen mit zunehmender Solkonzentration abnehmen und mit mehrwertigen Ionen zunehmen sollen. Bei anderen Systemen nehmen aber die Flockungsschwellenwerte unabhängig von den fällenden Ionen sämtlich zu oder auch sämtlich ab. Eine kritische Erörterung dieser Verhältnisse[2] mußte daran Anstoß nehmen, daß bei fast allen diesen Untersuchungen der Flockungsschwellenwerte nicht als Reaktionsgeschwinkeit erkannt worden ist. Versucht man diesem Umstand Rechnung tragende Korrekturen anzubringen, findet man gerade eine Umkehrung der Regel von BURTON und BISHOP.

Verschiedene Sole mit gleichgeladenen Partikeln lassen sich mischen, ohne sich gegenseitig besonders zu beeinflussen. Sind beide Kolloide jedoch entgegengesetzt geladen, fällen sie sich aus, da ihre Partikeln sich elektrostatisch anziehen und soweit nähern können, daß ihre Ladung weitgehend neutralisiert wird. Eine Bildung gemischter Aggregate und Ausflockung ist die Folge. Diese Erscheinung wird fast bei allen Kolloiden beobachtet (Fällung von Anion- durch Kation-Seifen, Fällung von entgegengesetzt geladenen Proteinen, Polyelektrolyten usw.). Viele Assoziationskolloide oder Makromoleküle können aber durch Dispersionskolloide gebunden werden, ohne diese gleich auszufällen. Bei geeigneter Struktur beider Reaktionspartner kann ein neues Gebilde entstehen, in welchem der ursprüngliche Charakter des Dispersionskolloids verloren gegangen ist, es ist z. B. nicht mehr so empfindlich gegen Elektrolyte, hat ein anderes ζ-Potential, andere elektrophoretische Wanderungsgeschwindigkeiten und bekommt meist Ähnlichkeit mit dem zugesetzten Makromolekül oder der Substanz des Assoziationskolloids.

Die Beeinflussung beruht auf der Bildung einer umhüllenden Schicht oder einer Einlagerung (Abb. 66.1) und wird als *Schutzwirkung* bezeichnet. Über Einzelheiten dieser stabilisierenden Wirkung wird in § 70 Näheres zu sagen sein.

Manchmal werden aber — wie z. B. durch Proteine bei Goldsolen — Agglomerationen hervorgerufen, wenn nur sehr geringe Mengen des Makromoleküls zugegeben werden. In anderen — noch nicht eindeutig voraussehbaren Fällen — kommt es durch deren Zugabe zwar nicht zu einer direkten Koagulation, aber doch zu einer *Sensibilisierung* gegen koagulierende Einflüsse. Wenn zu einem negativ geladenen Sol sehr geringe Mengen positiv geladene Gelatine (im sauren Bereich!) zugegeben werden, werden sich ihre Ladungen nur teilweise neutralisieren und die dadurch weniger geladenen Sol-Partikeln — wie in der Umgebung des Ladungsnullpunkts — leichter durch Elektrolyte ausgefällt. Weniger leicht läßt sich eine solche Sensibilisierung verstehen, wenn Dispersionskolloid und Makromolekül gleiche Ladung tragen, z. B. AgJ und Stärke oder Gummi arabicum[3], oder Gold und Gelatine oberhalb ihres isoelek-

---

[1] BURTON, E. F. u. E. BISHOP: J. physic. Chem. **24**, 701 (1920).

[2] KLOMPÈ, M. A. M.: Proefschrift. Utrecht 1941; zit. nach OVERBEEK: loc. cit.

[3] KRUYT, H. R. u. C. W. HORSTING: Recueil Trav. chim. Pays-Bas **57**, 737 (1938).

trischen Punktes. Bei ihnen scheint eine Wirkung erst im Augenblick
der Zugabe des flockenden Elektrolyten einzusetzen, da sich keine Änderung der Ladungseigenschaften der ursprünglichen Partikeln durch die
sensibilisierenden Makromoleküle nachweisen lassen. Möglicherweise bilden sich Agglomerate aus, bei denen ein Makromolekül jeweils mehrere
Partikeln des Sols berührt[1].

Wenn die Menge des zugesetzten sensibilisierenden Makromoleküls
erhöht wird, schlägt die Sensibilisierung fast immer in eine Schutzwirkung um. Es scheint so, daß zum Schutz eine vollständige Einhüllung
der Partikeln des Sols notwendig ist, wenn sie nicht ausreichend ist und
Teile der Partikeln unbedeckt bleiben, werden sie gegen Elektrolytwir-
kungen sensibilisiert. Diese Vorgänge mögen insgesamt noch nicht
völlig geklärt sein.

Für die Elektrolytwirkung auf Emulsionen wie auch das Zusammengeben verschiedener Emulsionen gilt an sich das gleiche, was über die
Dispersionen gesagt worden ist, doch wird man meist nichts damit anfan-
gen können, da Emulsionen fast immer dritte Substanzen als Stabilisatoren — sog. Emulgatoren — enthalten, die ihre Existenz ermöglichen.
Bei Einwirkungen von außen wird es sich meist um eine Beeinflussung
dieser Stoffe handeln, die sich dann auf den Zustand der Emulsion mittelbar auswirkt.

Bei Organosolen und Aerosolen gibt es natürlich keine ausfällende
Wirkung durch Elektrolyte, wohl aber koagulierende Wirkungen mechanischer und elektrischer Art. So werden beide durch Einwirkung stark
elektrischer Wechselfelder zur Koagulation gebracht, was von COTTRELL[2]
als wichtige Methode zur Entfernung von Wassertröpfchen aus Erdöl
eingeführt wurde. Ebenso eignet sich Ultraschall zur Koagulation von
Aero-, Organo- und Hydrosolen[3].

In beiden Fällen sind es die heftigen Bewegungen der Partikeln, hervorgerufen durch den schnellen Wechsel der von außen wirkenden Kraftfelder, die eine Ausfällung bewirken. Der Effekt ist bei Hydrosolen
weniger ausgeprägt als bei den anderen.

Im elektrischen Wechselfeld kommt es in allen Medien leicht zur Bildung von perlschnurartigen Gebilden in Richtung der Feldlinien[4]. Diese
entstehen durch Polarisation entweder der Partikeln selbst oder der dazu
gehörigen Doppelschichten. Im Takt des wechselnden Feldes bilden sich
Dipole aus, die sich gegenseitig anziehen. Bei Organosolen und Aerosolen können diese Ketten häufig durch Verfilzung oder Vernetzung abgeschieden werden, bei Hydrosolen fallen sie nach Abschalten des Feldes
wieder auseinander. KRUYT und VOGEL beobachteten aber auch die
Bildung von Fäden und Netzkoagulaten bei Goldsolen.

[1] Vgl. dazu Wo. PAULI u. P. DESSAUER: Helv. Chim. Acta **25**, 1225 (1942);
TROELSTRA, S. A. u. H. R. KRUYT: Kolloid-Beih. **54**, 225 (251) (1943).
[2] COTTRELL, F. G.: U. S. Pat. 987 114 (1911).
[3] BRANDT, O., H. FREUND u. E. HIEDEMANN: Kolloid-Z. **77**, 103 (1936);
HIEDEMANN, E.: Kolloid-Z. **77**, 168 (1936); BERGMANN, L.: Der Ultraschall.
6. Aufl. Stuttgart 1954.
[4] KRUYT, H. R. u. J. G. VOGEL: Kolloid-Z. **95**, 2 (1941).

Bei mechanischer Einwirkung durch Schütteln oder Rühren und im Ultraschallfeld sind die Verhältnisse im einzelnen schwerer zu übersehen, da gleichzeitig auch dispergierende Wirkungen auftreten[1].

Die Koagulation von Dispersionskolloiden durch Ultraschall zeigt insofern noch Besonderheiten als dadurch hervorgerufene Polarisationen des Systems „Partikel—diffuse Doppelschicht" (vgl. § 60) Attraktionen veranlassen, wie sie sonst nur bei permanenten Dipolen auftreten. Der diffuse Teil der Doppelschicht — die Ionenwolke — ist gegenüber der zentralen Partikel verschoben; solche Gebilde können sich — ähnlich wie beim „Perlschnureffekt" — gegenseitig anziehen. Eine genaue Theorie dieser Erscheinungen wurde von J. J. HERMANS[2] entwickelt.

Es ergeben sich nun folgende Fragen: Warum koagulieren Sole überhaupt? Warum koagulieren insbesondere Hydrosole bei Elektrolytzusatz? Wie hängt die Koagulation mit der Stabilität der Sole zusammen?

Diese Fragen sind qualitativ relativ einfach, quantitativ aber nur schwer zu beantworten. Die Richtung der Veränderung, also die Tatsache der Koagulation selbst ist durch die bereits mehrfach erwähnte Verminderung der Grenzflächenenergie pro Mol oder Gewichtseinheit der dispergierten Substanz bestimmt. Diese Grenzflächenenergieabnahme vermag aber die unmittelbare Anziehung der sich nähernden Partikeln nicht ohne weiteres verständlich zu machen, denn als Differenz zwischen Ausgangs- und Endzustand sagt sie nichts über die Kräfte und Energien aus, die beim Übergang von einem in den andern auftreten[3]. Da die Partikeln im koagulierten Zustand offensichtlich aneinanderhaften, muß es zwischen ihnen anziehende Kräfte geben, die, wie wir sehen werden, zwar gleichen Ursprungs wie die „Grenzflächenkräfte" sind, sich jedoch in einer anderen Erscheinungsform darbieten. Da diese anziehenden Kräfte im stabilen Zustand des Sols nicht zum Zuge kommen, müssen sie durch andere abstoßende Kräfte überkompensiert werden, die die Partikeln an einer Zusammenlagerung hindern. Diese hemmenden Abstoßungen sind nach allen Erfahrungen elektrostatischer Natur, da eine *Entladung* der Partikeln — etwa verfolgbar durch ihre Elektrophorese — eine Koagulation herbeiführt. Bei Neutralisierung der Ladungen sind die Partikeln völlig instabil und ihren anziehenden Kräften, evtl. auch den herausdrängenden des Dispersionsmittels ausgeliefert, sie koagulieren dann sofort. Dagegen können sie stabil werden, wenn sie aufgeladen werden. Durch ihre BROWNsche Bewegung werden sie zwar häufig zueinander getrieben, je mehr sie sich jedoch nähern, desto größer wird ihre elektrostatische Abstoßung (die ja nach dem COULOMBschen Gesetz dem Quadrat des gegenseitigen Abstands umgekehrt proportional ist!), so daß ihre kinetische Energie schließlich für eine weitere Annä-

---

[1] Vgl. dazu die zusammenfassende Darstellung bei K. SOLLNER in J. ALEXANDER (Hrsgb.): Colloid Chem. 5, 337 (1944).

[2] HERMANS, J. J.: Recueil Trav. chim. Pays-Bas 58, 139 (1939).

[3] Die Situation ist die gleiche wie bei chemischen Reaktionen. Die Differenz ΔG der Reaktion kennzeichnet eine Differenz der Endzustände, sagt aber nichts über die Zwischenzustände aus, die bis dorthin durchlaufen werden müssen.

herung nicht mehr ausreicht. Die Ansammlung von Ladungen in ihrer Grenzschicht ist ihnen somit „Lebensnotwendigkeit". Die Ladungen sind als besondere Art Hemmungen oder stabilisierender Faktoren anzusehen, die bei der Geburt der Partikeln mit entstehen oder als stabilisierende Ionen aus dem Dispersionsmittel adsorbiert werden.

Dieses Bild wird dadurch kompliziert, daß sich an den Grenzflächen elektrische Doppelschichten ausbilden. Bei wässerigen Medien erstreckt sich eine ihrer Belegungen dabei diffus über einige Entfernung in die Flüssigkeit. Wie wir in § 59 erörtert haben, sinkt dadurch das *Potential* in der Umgebung der Partikeln nach einiger Entfernung auf kleine Werte herab. Sind die Partikeln weit genug voneinander entfernt, so wirkt auf sie praktisch keine Kraft mehr ein, nicht aber bei geringerem Abstand, da das Abstoßungspotential bei Annäherung zunimmt, was durch die spezielle Potential-Abstandsfunktion [z. B. Gl. (59.17)] bestimmt wird. Abb. 68.3a möge dies veranschaulichen. Die Potential-Abstandsfunktion wird durch die Anwesenheit anderer Ionen stark beeinflußt, wobei nicht nur der Charakter der Funktion, sondern auch die Entfernung herabgesetzt wird, wo das Potential etwa den e-ten Teil seines Ausgangswertes annimmt, die in § 59 als $1/\varkappa$ definiert worden war. Die Partikeln können sich dann viel weiter

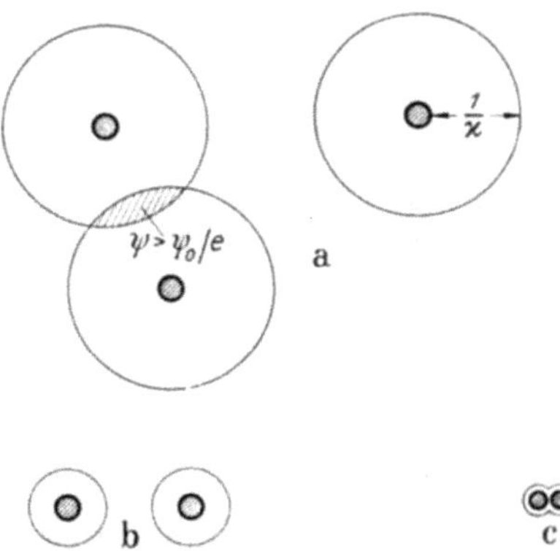

Abb. 68.3. Annäherung zweier Partikeln mit verschiedenen Dicken ihrer Doppelschicht $1/\varkappa$. a bei geringen, b und c bei höheren Fremdelektrolytkonzentrationen

nähern (vgl. Abb. 68.3b und c), ehe sie die gleichen abstoßenden Kräfte erfahren als bei Abwesenheit von Fremdelektrolyt. Bei noch größerer Elektrolytkonzentration kann schließlich die Dicke der Doppelschicht $1/\varkappa$ so klein werden, daß die Partikeln bei ausreichender kinetischer Energie zusammenprallen und durch die dann wirksam werdenden anziehenden Kräfte aneinander gekettet werden. Das wäre der Augenblick, wo eine Koagulation einsetzen kann.

Mehrwertige Ionen vermindern nun die Ausdehnung der Doppelschicht wesentlich stärker als einwertige (Einfluß der Wertigkeit z in Gl. (59.16) oder (59.17)). Daher wird auch ihr Flockungsschwellenwert bei *kleineren* Konzentrationen erreicht.

Die bei kleinen Abständen der Partikeln wirksam werdenden Attraktionen sind mit großer Wahrscheinlichkeit als VAN DER WAALS-LONDONsche Dispersionskräfte anzusehen. Sie sollen nach HAMAKER[1] über Entfernungen von der Größenordnung der Partikeldimensionen anziehend wirken, dann aber rasch mit größer werdendem Abstand abfallen. Stellt man nach dem Vorschlag von HAMAKER die abstoßenden und anziehen-

---

[1] HAMAKER, H. C.: Recueil Trav. chim. Pays-Bas **55**, 1015 (1936); **56**, 3, 727 (1937).

den Kräfte als Potentiale in Abhängigkeit vom gegenseitigen Abstand
der Partikeln dar, erhält man Typen der Kurven A und B der Abb. 68.4.
Werden beide Kurvenzüge superponiert, kann es zur Ausbildung eines
Maximums potentieller Energie kommen. Die Höhe und Lage dieses
Maximums bestimmt den Abstand, bis zu dem sich zwei Partikeln
nähern können, *ohne* endgültig
den anziehenden Kräften anheim
zu fallen. Von rechts kommend
nimmt die rücktreibende Kraft
mit der Annäherung zu, wird
aber der Maximalwert überschritten, nimmt sie ab und
schlägt in eine Anziehung um.
Dann müssen sich die Teilchen
soweit nähern, bis eine Grenze
durch ihre atomaren Abstoßungen (BORNsche Kräfte) erreicht
wird[1].

Ist die kinetische Energie der
Partikeln kleiner als zur Überwindung des Maximums potentieller Energie notwendig ist,
können sich aufeinander bewegende Teilchen nicht weiter
als bis zum Maximum nähern;
das Sol ist dann stabil gegenüber der Koagulation.

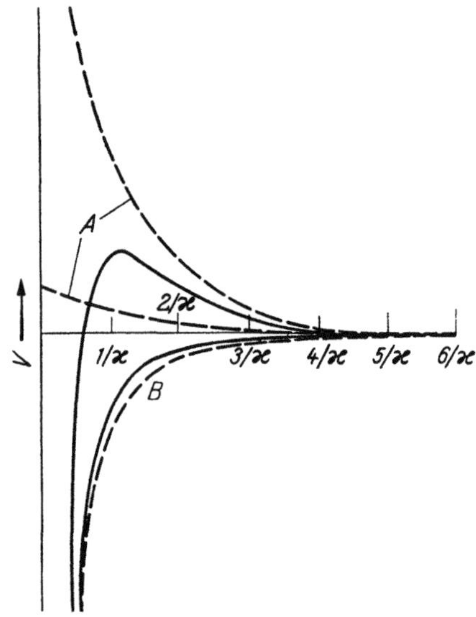

Abb. 68.4. Superposition von Kurven der Abstoßung (A) und Anziehung (B) nach HAMAKER
(loc. cit.) Die ausgezogenen Kurven ergeben die
totale Wechselwirkungsenergie in Abhängigkeit
vom Abstand in Einheiten der Doppelschichtdicke
$1/\varkappa$. (Entn. aus OVERBEEK in KRUYT: Colloid
Science, Vol. I. Amsterdam 1952, S. 272)

Ist die kinetische Energie von
gleicher Größenordnung oder
größer als das Maximum, können sich die Partikeln soweit nähern,
daß eine Koagulation eintreten kann.

Geht man von einem stabilen Sol aus, gelingt eine Annäherung entweder durch Temperaturerhöhung (Vergrößerung von kT) oder durch
Abbau des Maximums. Letzteres kann durch Elektrolytzusatz geschehen, durch den nur die Abstoßungs-, aber nicht Anziehungskurve verändert wird, und wodurch das Maximum verschwinden kann.

Diese Schilderung enthält die wesentlichen Gesichtspunkte, die zur
Zeit als maßgebend für die Ladungsstabilisierung und für die Koagulation angesehen werden. Die quantitativen Zusammenhänge werden erst
in § 70 eingehender behandelt werden, nachdem die Kinetik der Koagulation erörtert worden ist.

§ 69. Koagulationsgeschwindigkeit

Daß die Koagulation ein kinetisches Phänomen, d. h. ein mit mehr
oder weniger großer Geschwindigkeit ablaufender Vorgang ist, war zwar

---

[1] Das ist das aus der Reaktionskinetik bekannte Bild, das der Überwindung
einer Aktivierungsenergie analog ist; ein zeitlich ablaufender Vorgang wird durch
eine Hemmung gehindert, zu deren Überwindung Energie aufgewendet werden muß.

der älteren Kolloidchemie durchaus bewußt, hat sie aber merkwürdigerweise nicht dazu bewegen können, diese Erkenntnis etwa beim Studium der Flockungswerte gebührend zu berücksichtigen. Es wurde zwar eine Einteilung in schnelle und langsame Koagulation gemacht und unterschieden, ob bei der Koagulation äußere Einwirkungen oder nicht vorhanden waren[1], aber sonst nur die Kinetik als ein besonderer Vorgang für sich betrachtet, der mit den Eigenschaften der Sole z. B. ihrer Stabilität wenig zu tun hat. Obwohl diese Anschauung nicht richtig war und erst die Untersuchungen neuerer Zeit die Zusammenhänge klären konnten, ist sie auch wieder nicht so falsch, daß sie *großen* Schaden angerichtet hätte. Warum, wird erst am Ende dieses Paragraphen verständlich werden.

Sole können unter Umständen in Bruchteilen von Sekunden, aber auch erst in Tagen oder Wochen koagulieren. Das Verständnis der Kinetik zur Koagulation führt aber über die Theorie, die von v. SMOLUCHOWSKI[2] für monodisperse und von H. MÜLLER[3] für polydisperse Systeme entwickelt worden ist. Mit diesen Überlegungen müssen wir uns etwas näher beschäftigen.

Wir können davon ausgehen, daß sich bei der Koagulation zunächst zwei Partikeln zusammenlagern, zu denen sich dann ein drittes, viertes usw. gesellt, bis das entstandene Agglomerat ausflockt. Es handelt sich bei jedem Schritt der Zusammenlagerung formell um eine bimolekulare Reaktion, auf die die aus der chemischen Reaktionskinetik[4] geläufigen Beziehungen zwischen Reaktionsgeschwindigkeit und Stoffmengen angewandt werden kann.

Ist Z die Zahl der in 1 cm³ vorhandenen Partikeln, so gilt etwa zu Beginn der Reaktion für die Geschwindigkeit der Abnahme der Konzentration der primären Partikeln Z_1 durch Zusammenstoß zweier Partikeln:

$$-\frac{dZ_1}{dt} = k_{11} Z_1^2. \tag{69.1}$$

Die Geschwindigkeitskonstante k_{11} hängt im allgemeinen Fall von den speziellen Umständen der Reaktion ab. Nun verschwinden aber bei der Koagulation Primärpartikeln nicht nur durch Zusammenstoß mit sich selbst, sondern auch durch Stoß mit Zweier-, Dreier- usw. Aggregaten, wofür jedesmal gilt

$$-\left(\frac{dZ_1}{dt}\right)_{12} = k_{12} Z_1 Z_2$$
$$\vdots \qquad \vdots \tag{69.2}$$
$$-\left(\frac{dZ_1}{dt}\right)_{1k} = k_{1k} Z_1 Z_k,$$

---

[1] WIEGNER, G.: Z. Pflanzenernähr. u. Düngung (A) **11**, 185 (1928) (zit. nach Kolloidchem. Tb. 4. Aufl. Leipzig 1953, S. 114ff.) führte folgende Begriffe ein: Perikinetische Koagulation liegt vor, wenn Zusammenstöße nur durch ungestörte BROWNsche Bewegung, orthokinetische Koagulation, wenn Zusammenstöße in einer Richtung, hervorgerufen durch Gravitation, Schallfelder o. ä. eine Rolle spielen. Letzteres ist besonders bei Aerosolen von Bedeutung.

[2] v. SMOLUCHOWSKI, M.: Physik. Z. **17**, 557, 585 (1916); Z. physik. Chem. **92**, 129 (1918).

[3] MÜLLER, H.: Kolloid-Z. **38**, 1 (1926); Kolloid-Beih. **26**, 257 (1928).

[4] Vgl. dazu die Lehrbücher der physikalischen Chemie, z. B. EUCKEN: Lb. d. Chemischen Physik. Bd. II,1. Leipzig 1948, oder speziell S. GLASSTONE: Textbook of Physical Chemistry. New York 1946.

wobei der Index k alle Werte von $2 \cdots k$ durchlaufen kann. Insgesamt erhalten wir also

$$\frac{dZ_1}{dt} = - k_{11} Z_1^2 - k_{12} Z_1 Z_2 - k_{13} Z_1 Z_3 - \cdots k_{1k} Z_1 Z_k. \tag{69.3}$$

Nun besteht für die Beschreibung des Koagulationsverlaufs die Aufgabe darin, zu berechnen, wie sich die *Gesamtzahl* aller Partikeln $\sum\limits_k Z_k$ also der Summe aus Primärpartikeln Zweier-, Dreier- usw. Aggregate mit der Zeit ändert. Diese Geschwindigkeit ist daher

$$\frac{d \sum\limits_k Z_k}{dt} = \frac{dZ_1}{dt} + \frac{dZ_2}{dt} + \cdots \frac{dZ_k}{dt}. \tag{69.4}$$

Wir müssen also auch noch die Geschwindigkeit der Änderung von $Z_2, Z_3, \ldots, Z_k$ formulieren. In gleicher Weise wie bei (3) erhält man

$$\frac{dZ_2}{dt} = - k_{22} Z_2^2 - k_{23} Z_2 Z_3 - k_{24} Z_2 Z_4 - \cdots k_{2k} Z_2 Z_k + \frac{1}{2} k_{11} Z_1^2. \tag{69.5}$$

Da nicht nur Zweier-Aggregate verschwinden, sondern zahlenmäßig sich gerade halb soviel aus der Zusammenlagerung zweier Primärpartikeln bilden, ist noch $\frac{1}{2} k_{11} Z_1^2$ zu addieren. Das ist bei jeder weiteren Geschwindigkeit ebenfalls zu berücksichtigen, also

$$\frac{dZ_3}{dt} = - k_{33} Z - k_{34} Z_3 Z_4 + \cdots k_{3k} Z_3 Z_k + k_{12} Z_1 Z_2. \tag{64.6}$$

(Hier bilden sich so viel Dreieraggregate wie Zweier- durch Zusammenstoß mit primären Partikeln verschwinden!) Es ist daher

$$\frac{dZ_4}{dt} = - \sum_4^k k_{4k} Z_4 Z_k + \frac{1}{2} k_{22} Z_2^2 + k_{13} Z_1 Z_3 \tag{64.7}$$

usw. bis

$$\frac{dZ_j}{dt} = \frac{1}{2} \sum_{\substack{i=1 \\ k=j-i}}^{k=j-1} k_{ik} Z_i Z_k - Z_j \sum_1^k k_{jk} Z_k. \tag{64.8}$$

Bildet man die Summe nach (4), so heben sich — wie man leicht einsieht — alle Summanden bis auf

$$\frac{d \sum\limits_k Z_k}{dt} = - \left(\frac{1}{2} k_{11} Z_1^2 + \frac{1}{2} k_{22} Z_2^2 + \cdots \frac{1}{2} k_{kk} Z_k^2 + k_{12} Z_1 Z_2 + \ldots k_{1k} Z_1 Z_k \right.$$
$$\left. + k_{23} Z_2 Z_3 + \cdots k_{2k} Z_2 Z_k + \ldots k_{ik} Z_i Z_k \right) \tag{64.9}$$

heraus. Diese Summe ist algebraisch nicht zu vereinfachen, es sei denn, man macht bestimmte Annahmen über die Konstanten k_{ij}. Die Theorie der Reaktionsgeschwindigkeit schreibt sie als Temperaturfunktion in der allgemeinen Form

$$k_k = A \, e^{- E_a/kT},$$

worin E_a die Aktivierungsenergie und A die Aktionskonstante bedeuten. Letztere ist bei bimolekularen Reaktionen nach der Stoßtheorie identisch mit der Zahl der wirksamen Zusammenstöße je Zeiteinheit. Es ist von vornherein *nicht* einzusehen, in welcher Weise die verschiedenen Konstanten k_{ik} miteinander verwandt sind. Bei jedem Aggregationsschritt könnten wechselnde Verhältnisse vorliegen, die verschiedene E_a und auch A-Werte bedingen. Nimmt man aber an, daß im Augenblick der Koagulation Partikeln aller Art *ungehindert* zusammenstoßen können, wäre $E_a = 0$ zu setzen, denn E_a ist nichts anderes als das Maß für die Hemmung, die dem Reaktionsablauf im Wege steht. VON SMOLUCHOWSKI machte nun die weitere

Annahme, daß auch die Aktionskonstante A bei jedem der Aggregationsschritte gleich sei. Damit kann jede der Konstanten $k_{11}, k_{12} \ldots k_{ik}$ in Gl. (8) durch eine Konstante k_D ersetzt werden und man erhält

$$\frac{d \sum\limits_{k} Z_k}{dt} = -\frac{1}{2} k_D \left(Z_1^2 + Z_2^2 + \cdots Z_k^2 + 2Z_1 Z_2 + 2Z_1 Z_3 + \cdots 2Z_1 Z_k + \right.$$
$$\left. + 2Z_{23} + \cdots 2Z_2 Z_k + \cdots 2Z_i Z_k \right). \tag{69.9a}$$

Der in der Klammer stehende Ausdruck ist aber, wie man leicht erkennt, nichts anderes als die ausgerechnete Form des Ausdrucks

$$(Z_1 + Z_2 + \cdots Z_k)^2 = \left(\sum\limits_{k} Z_k \right)^2. \tag{69.10}$$

Wir erhalten also die einfache Beziehung, wenn die Summierung von $k = 1$ bis ∞ erstreckt wird,

$$\frac{d \sum\limits_{k=1}^{k=\infty} Z_k}{dt} = -\frac{1}{2} k_D \left(\sum\limits_{k=1}^{k=\infty} Z_k \right)^2. \tag{69.11}$$

Diese Gleichung läßt sich einfach integrieren, wenn für die Summe aller Partikeln in cm^3 zur Zeit $t = 0$ die Ausgangskonzentration Z_0 gesetzt wird, also gilt $\left(\sum\limits_{\infty} Z_k \right)_{t=0} = Z_0$. Es ist dann

$$\sum\limits_{k=1}^{k=\infty} Z_k = \frac{Z_0}{1 + \frac{1}{2} k_D Z_0 t} \quad (= Z_0/(1 + t/t_{1/2})). \tag{69.12}$$

Hieraus läßt sich auch einfach die Halbwertszeit als Zeit, in welcher die Zahl der Partikeln je cm^3 gerade auf die Hälfte gesunken ist, angeben. Bei $t_{1/2}$ ist $\sum\limits_{\infty} Z_k = Z_0/2$. Einsetzen in (12) ergibt dann

$$t_{1/2} = 2/k_D Z_0. \tag{69.13}$$

In der Theorie der Koagulation wird sie auch als Koagulationszeit bezeichnet.

Aus Gl. (12) läßt sich nun auch $dZ_1/dt \ldots dZ_k/dt$ und daraus auch die Zahl der zur Zeit t jeweils vorhandenen Partikeln der Sorte k berechnen. Es ist nach Gl. (3)

$$\frac{dZ_1}{dt} = -k_D Z_1 \sum\limits_{k=1}^{k=\infty} Z_k = -k_D Z_1 [Z_0/(1 + t/t_{1/2})], \tag{69.14}$$

was nach Integration ergibt

$$Z_{1(t)} = Z_0/(1 + t/t_{1/2})^2. \tag{69.15}$$

Ebenso erhält man nach Integration

$$Z_{2(t)} = Z_0 (t/t_{1/2})/(1 + t/t_{1/2})^3 \tag{69.16}$$

und in gleicher Weise weiter bis

$$Z_{k(t)} = Z_0 (t/t_{1/2})^{k-1}/(1 + t/t_{1/2})^{k+1}. \tag{69.17}$$

Stellt man $Z_{k(t)}/Z_0$ in Abhängigkeit von $t/t_{1/2}$ dar, so erhält man die Kurven der Abb. 69.1. $\sum Z_k$ nimmt monoton mit der Zeit ab, ebenso Z_1. Z_2 nimmt naturgemäß zunächst (durch Bildung aus Z_1) zu, um dann durch Zusammenstoß mit anderen Partikeln abzunehmen.

Interessant ist auch zu verfolgen, wie sich das *mittlere* Partikelgewicht bei der Koagulation mit der Zeit ändert. Der Zahlenmittelwert (vgl. S. 37) ist (m_g = Gesamtmenge in $\mathrm{Gramm/cm}^3$)

$$\overline{M}_{N't} = \frac{m_g}{\sum Z_k} = \frac{m_g}{Z_0} (1 + t/t_{1/2}) = \overline{M}_{N(0)} (1 + t/t_{1/2}). \tag{69.18}$$

Dieser wächst linear mit der Zeit, und zwar um so schneller, je kleiner die Halbwertszeit ist.

Der Gewichtsmittelwert $\overline{M}_w$ ist zwar auch elementar zu berechnen[1]. Mit $m_1 =$ Gewicht der Primärpartikeln ist

$$\overline{M}_w = \sum_k Z_k\, m_k^2 \sum_k Z_k\, m_k = m_1^2 \sum_k Z_k\, k^2 / m_g, \tag{69.19}$$

da $m_k = k\, m_1$ sein muß. Die Berechnung von $\sum Z_k\, k^2$ kann man so vornehmen, daß Gl. (17) eingesetzt wird, es ist dann

$$\sum_k Z_k\, k^2 = Z_0 \sum_k [k^2\, (t/t_{1/2})^{k-1}/(1 + t/t_{1/2})^{k+1}] =$$
$$= Z_0/(1 + t/t_{1/2})^2 \sum_k k^2\, (t/t_{1/2} + t)^{k-1}. \tag{69.20}$$

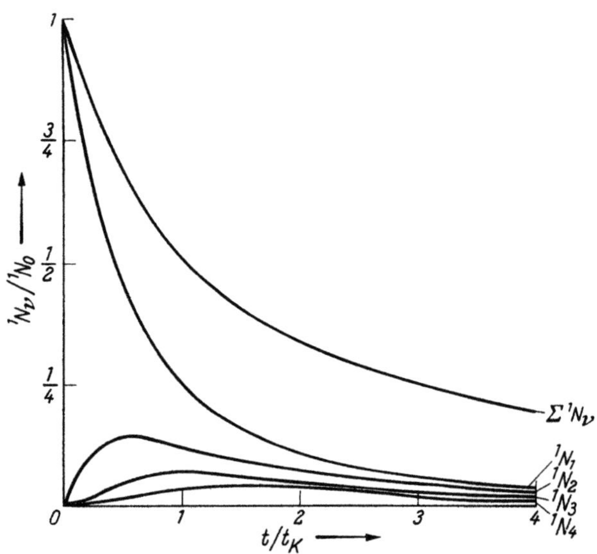

Abb. 69.1. Änderung der Partikelzahlen mit der Zeit bei der schnellen Koagulation. Nach Eucken: Lehrb. d. Chem. Physik, 2. Aufl., Bd. II, 2. Leipzig 1944. (Für die Bezeichnungen gilt: $t_k = t_{1/2}$; $^1N_\nu$, $^1N_0$, $^1N_5$ usw. $= Z_k$, Z_0, Z_1 usw.)

Der rechts hinter dem Summenzeichen stehende Ausdruck läßt sich elementar aber nur mühselig ausrechnen. Es ist nämlich

$$\sum_k k^2\, x^{k-1} = (1 + x)/(1 - x)^3\ {}^* \tag{69.21}$$

und daher mit $x = t/(t_{1/2} + t)$

$$\sum_k Z_k\, k^2 = Z_0\, (1 + 2t/t_{1/2}) \tag{69.22}$$

bzw.

$$\overline{M}_{w(t)} = (m_1^2\, Z_0/m_g)\, (1 + 2t/t_{1/2}) = (m_g/Z_0)\, (1 + 2t/t_{1/2}). \tag{69.23}$$

Auch der Gewichtsmittelwert nimmt linear mit der Zeit zu, aber wie der Vergleich mit Gl. (18) zeigt, *doppelt* so schnell wie der Zahlenmittelwert. Gl. (23) ist für die

---

[1] Vgl. dazu S. A. Troelstra: Thesis Utrecht 1941; Troelstra, S. A. u. H. R. Kruyt: Kolloid Beih. **54**, 225 (1943), zit. nach J. Th. G. Overbeek: Kinetics of Flocculation in H. R. Kruyt: Colloid Science. Vol. I. Amsterdam 1952; vgl. auch daselbst S. 297ff.

* Vgl. etwa F. A. Willers: Elementarmathematik. Leipzig 1953.

Möglichkeit der experimentellen Prüfung von Bedeutung, da $\overline{M}_w$ durch die Methode der Lichtstreuung leicht bestimmt werden kann.

Nun ist noch zu begründen, warum für alle Reaktionsschritte die Geschwindigkeitskonstante $k_{ij} = k_D$ gesetzt werden kann. VON SMOLU-CHOWSKI (loc. cit.) war der Auffassung, daß die Zahl der Zusammenstöße, der Primär- sowie der Sekundär- usw. Partikeln bei der schnellen Koagulation ausschließlich von der Diffusion, mit anderen Worten von ihrer BROWNschen Bewegung beherrscht wird. Sein Gedankengang ist folgender: Bei der Begegnung zweier ungeladener Partikeln nach Überschreiten eines bestimmten gegenseitigen Abstandes R setzt vollständige (VAN DER WAALS-LON-DONsche) Anziehung ein, so wie es etwa Abbildung 69.2 schematisch darstellt[1]. Wenn jegliche Abstoßung plötzlich (z. Z. $t = 0$) aufhört, werden alle Partikeln, die den Wirkungsbereich R überschreiten, sich anziehen und koagulieren. Es handelt sich jetzt nur noch darum, die Zahl der Partikeln zu berechnen, die in der Zeiteinheit den Wirkungsradius R durchschreiten. Da $4\pi R^2$ die Fläche ist, die

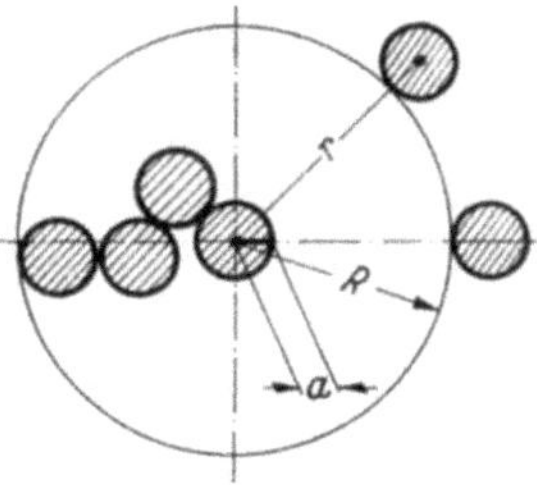

Abb. 69.2. Siehe Text

den Wirkungsbereich umschließt, erhält man durch Anwendung des 1. FICKschen Gesetzes eine Partikelmenge, die sekundlich an *eine* Partikel herandiffundiert

$$\frac{dz_1}{dt} = 4\pi R^2 D \frac{\partial c}{\partial r}. \qquad (69.24)$$

wenn z die Molzahl der Partikeln und c ihre Konzentration in Mol je cm^3 ist. Die Schwierigkeit besteht nun darin, $\partial c/\partial r$ als Funktion von D, R und t auszudrücken.

Die Berechnung gelingt mit Hilfe des zweiten FICKschen Gesetzes, das für alle Raumkoordinaten lautet

$$\frac{dc}{dt} = D\,\Delta c, \qquad (\Delta = \text{LAPLACEscher Operator}) \qquad (69.25)$$

denn Diffusion zur Partikel kann aus allen Richtungen vor sich gehen (vgl. Abb. 69.2). Zur Darstellung als Funktion von r kann Δc in Polarkoordinaten transformiert werden. Es ist

$$\Delta c = \frac{1}{r^2} \frac{\partial}{\partial r} \left(r^2 \frac{\partial c}{\partial r} \right). \qquad (69.26)$$

Setzt man $r\,c = u$, so wird wegen

$$\frac{\partial^2 u}{\partial r^2} = 2 \frac{\partial c}{\partial r} + r \frac{\partial^2 c}{\partial r^2}$$

und Gl. (25)

$$\frac{\partial u}{\partial t} = D \frac{\partial^2 u}{\partial r^2}, \qquad (69.27)$$

was dem eindimensionalen zweiten FICKschen Gesetz entspricht.

---

[1] Zur Berechnung der Wirkungsbereiche vgl. EUCKEN: Chem. Physik. II, 2. S. 1138ff., wo über von H. C. HAMAKER [Physica **4**, 1058 (1937)] angestellte Überlegungen berichtet wird.

Wenn man nun fordert, daß zur Zeit $t = 0$, $u = c_0\,r$ und zu allen anderen Zeiten für u an der Stelle R gelten muß $u(R) = 0$, so ist eine Lösung der Differentialgleichung (27)

$$v = u - c_0\,r. \tag{69.28}$$

Nun muß ebenfalls gelten: $v(r)$ bei $t = 0$ und $r > R$ ist 0 (also außerhalb des Wirkungsbereichs) und $v(R) = -c_0\,r$ wegen $u(R) = 0$. Weiteren Ersatz von $r - R = \xi$ als eigentliche Diffusionsvariable, die nur noch die Strecken der Diffusion bis zum Wirkungsradius R beschreibt und Darstellung von v als Funktion von ξ führt zu: $v(\xi) = 0$, bei $r > R$ und $t = 0$, sowie $v(0) = -c_0\,R$ bei $r = R$ für $t > 0$. Damit sind die Randbedingungen gegeben, um die Lösung der Differentialgleichung

$$\frac{\partial v(\xi)}{dt} = D\,\frac{\partial^2 v(\xi)}{\partial \xi^2} \tag{69.29}$$

sofort hinschreiben zu können. Sie ist die aus der Diffusionstheorie bekannte Gleichung (13.5), welche hier lautet

$$v(\xi) = v(0) + 2\,v(0)\,\psi/\sqrt{\pi} \tag{69.30}$$

mit

$$\psi = \int\limits_0^{y(t)} e^{-y^2}\,dy \quad \text{und} \quad y = \xi\,/\sqrt{4\,Dt}.$$

Mit den obigen Bedingungen wird daraus

$$v(\xi) = -c_0\,R\,(1 + 2\psi/\sqrt{\pi}) \tag{69.31}$$

und

$$u = v + c_0\,r = c_0\,r - c_0\,R\,(1 + 2\psi/\sqrt{\pi}) \tag{69.32}$$

und weiterhin

$$c = u/r = c_0\,(1 - R/r + 2\,R\,\psi/r\sqrt{\pi}). \tag{69.33}$$

Differentiation ergibt

$$\frac{dc}{dr} = c_0\left(\frac{R}{r^2} - \frac{2\,R\,\psi}{r^2\sqrt{\pi}} + \frac{2\,R}{r\,\sqrt{\pi}}\,\frac{\partial \psi}{\partial r}\right),$$

an der Stelle $r = R$, die allein interessiert, ist aber $\xi = 0$ und damit auch $\psi = 0$, aber $d\psi/dr = (d\psi/d\xi)\,(d\xi/dr) = 1/\sqrt{4\,Dt}$, daraus ergibt sich

$$\left(\frac{dc}{dr}\right)_{r=R} = c_0\left(\frac{1}{R} + \frac{1}{\sqrt{\pi\,Dt}}\right). \tag{69.34}$$

Wird der Wert für dc/dr in Gl. (24) eingesetzt, erhält man nach Multiplikation mit N_L

$$\frac{dZ_1}{dt} = 4\pi\,D\,Z_0\,R\,(1 + R/\sqrt{\pi\,Dt}) \cdot \tag{69.35}$$

Nach Integration erhält man die Zahl der Partikeln Z zur Zeit t

$$Z_1(t) = 4\pi\,Z_0\,(D\,R\,t + 2\,R^2\,\sqrt{Dt}/\sqrt{\pi}). \tag{69.36}$$

Nun wird das zweite Glied der Klammer gegenüber dem ersten sehr klein, sobald die Zeit nennenswert anwächst, spielt also nur im ersten Augenblick der Reaktion eine Rolle. VON SMOLUCHOWSKI hat es daher weiter nicht berücksichtigt und erhielt

$$\boxed{Z_1 = 4\pi\,D\,R\,Z_0\,t}\ . \tag{69.37}$$

Dieser Zusammenhang gilt entsprechend der Ableitung *nur* für den Zusammenstoß mit einer einzigen festgehaltenen Partikel. Führt diese ebenfalls BROWNsche Bewegungen aus, sollte die relative Bewegung zweier Partikeln durch ihre Diffusionskonstante beschrieben werden können.

Nach Gl. (12.12) ist $D = \overline{x^2}/2t$, ist $x_1 - x_2$ die relative Bewegung zweier Partikeln 1 und 2, gilt dafür

$$D_{12} = \frac{\overline{(x_1 - x_2)^2}}{2t} = \frac{1}{2t}\left(\overline{x_1^2} - 2\overline{x_1 x_2} + \overline{x_2^2}\right) = \frac{\overline{x_1^2}}{2t} + \frac{\overline{x_2^2}}{2t} = D_1 + D_2,$$

da der Mittelwert $\overline{x_1 x_2} = 0$ sein muß. Die relative Diffusionskonstante D_{12} ist also die Summe der individuellen Diffusionskonstanten D_1 und D_2. Bei monodispersen Partikeln ist also $D_{12} = 2D_1$. Die Zahl der Zusammenstöße mit einer einzigen Partikel ist nach der vereinfachten Gl. (37) $8\pi D_1 R Z$; für die Zahl der Zusammenstöße mit Z-Partikeln in der Zeiteinheit und gleichzeitig für die Geschwindigkeit ihres Verschwindens ergibt sich somit

$$\frac{dZ}{dt} = -8\pi D_1 R Z^2. \tag{69.38}$$

Vergleichen wir diese Gleichung mit Gl. (1), sehen wir, daß mit

$$k_{11} = 8\pi D_1 R \tag{69.39}$$

beide Gleichungen identisch werden.

Nun können wir auch begründen, warum bei der kinetischen Ableitung der Koagulationsgeschwindigkeit $k_{ij} = k_D$ gesetzt werden kann. Bei multiplen Aggregaten kann man nämlich den Wechselwirkungsradius R_{ij} der Summe der Radien jedes der Aggregate $a_i a_j$ gleichsetzen. Es gilt also $R_{ij} = a_i + a_j$ und $k_{ij} = 4\pi D_{ij} R_{ij}$. Bei kugelförmigen Partikeln ist $D_i = kT/6\pi \eta a_i$. Mit $D_{ij} = D_i + D_j$ und $D_i a_i = D_1 a_1$ (a_1 = Radius der Primärpartikel) ist

$$D_{ij} R_{ij} = (D_i + D_j)(a_i + a_j) = D_1 a_1\left(2 + (a_j/a_i) + (a_i/a_j)\right). \tag{69.40}$$

Ist a_j nicht sehr von a_i verschieden, ist $(a_j/a_i) + (a_i/a_j)$ etwa $= 2$. VON SMOLUCHOWSKI setzt daher

$$D_{ij} R_{ij} \cong 4D_1 a_1 \tag{69.41}$$

oder mit $R = 2a$ (vgl. Abb. 69.2)

$$D_{ij} R_{ij} \cong 2D_1 R. \tag{69.42}$$

Damit wird auch

$$k_D = k_{ij} \cong 8\pi D_1 R. \tag{69.43}$$

Es ergibt sich also für Zeiten, die nicht so nahe dem Koagulationsbeginn ($t = 0$) liegen und für kugelförmige Partikeln

$$\frac{d\sum\limits_{k=1}^{k=\infty} Z_k}{dt} = -4\pi D_1 R \left(\sum\limits_{k=1}^{k=\infty} Z_k\right)^2 \tag{69.44}$$

$$\sum\limits_{k=1}^{k=\infty} Z_k = Z_0/(1 + 4\pi D_1 R Z_0 t) \tag{69.45}$$

und für die Halbwertszeit

$$t_{1/2} = \frac{1}{4\pi D_1 R Z_0}. \tag{69.46}$$

Diese Beziehungen sind deswegen von Bedeutung als mit ihnen ganz allgemein der Typ reiner durch die Diffusionsgeschwindigkeit bestimmter Reaktionen berechenbar wird, der sich aber im Bereich der Kolloide besonders eindrucksvoll und einfach verfolgen läßt.

Zu einem angenäherten Wert für $t_{1/2}$ kommt man, wenn $D = kT/6\pi \eta a$ und $R = 2a_1$ gesetzt wird, es ist

$$t_{1/2} = \frac{1}{8\pi D a_1 Z_0} = \frac{3\eta}{4kT Z_0}. \tag{69.47}$$

Bei Wasser ($\eta = 0{,}01$) und $T = 298$ ist $t_{1/2} \sim 2 \cdot 10^{11}/Z_0$. Bei Teilchenkonzentrationen von 10^{11} Partikeln/cm³ ist also $t_{1/2} \sim 2$ sek. Manche Sole haben Konzentrationen bis zu 10^{14}/cm³, bei ihnen wäre $t_{1/2} \sim 1/500$ sek.

Andererseits läßt sich R bestimmen, wenn a_1 und t gemessen wird. Es ist $R = 3\eta\, a_1/2\,kT\, t_{1/2}$ *.

Zur Überprüfung der VON SMOLUCHOWSKIschen Theorie der schnellen Koagulationen ist eine Reihe experimenteller Untersuchungen angestellt worden, die sämtlich das Ergebnis der theoretischen Überlegungen bestätigen konnten (vgl. w. u.).

Zur Bestimmung der Koagulationsgeschwindigkeit wurden in der Vergangenheit hauptsächlich ultramikroskopische Messungen vorgenommen. Da dadurch die *Zahl* der Partikeln je cm³ in bestimmten Zeitabschnitten bestimmt werden, ist eine Auswertung nach Gl. (44) oder (45) besonders einfach.

ZSIGMONDY[1] versetzte koagulierende Goldsole zur Unterbrechung der Koagulation mit Gelatinelösung. Die praktisch augenblicklich die Partikeln einhüllende Schutzschicht der Gelatine stabilisiert sie ausreichend, um sie in aller Ruhe auszuzählen zu können[2]. ZSIGMONDY beobachtete aber auch die Zahl der unveränderten Partikeln $Z_1(t)$ in Abhängigkeit von der Zeit. TUORILA[3] dagegen zählt die Partikeln, ohne durch Gelatinezusatz zu unterbrechen, laufend im Ultramikroskop aus.

Die meisten Untersuchungen wurden an Goldsolen vorgenommen. Se-Sole untersuchten KRUYT und VAN ARKEL[4]. Als Ergebnis einer solchen Untersuchung ist Tab. 69.I und 69.II aufgeführt. Tab. 69.I zeigt wie die Zahl Z_1, Tab. 69.II wie die Gesamtzahl Z_k während der „schnellen“ Koagulation mit der Zeit abnimmt. Aus beiden Tabellen geht hervor, daß die Beschreibung der Gl. (12) bzw. (45) die Versuchsergebnisse etwa richtig wiedergibt, insbesondere als bei einer Verdünnung um den zehnfachen Betrag Tab. 69.II auch das Produkt $\overline{t_{1/2}}\, Z_0$ innerhalb der Fehlergrenzen konstant bleibt. Da auch die Wirkungsradien R, nach Koagulationsdaten berechnet, von der gleichen Größenordnung sind, wie nach der VAN DER WAALS-LONDONschen Theorie, sollte die VON SMOLUCHOWSKIsche Theorie der schnellen Koagulation im großen und ganzen als gesichert anzusehen sein.

Tabelle 69.I.[5] *Gold-Sol*

$Z_0 = 5{,}52 \cdot 10^9, \quad a_1 = 24{,}2 \cdot 10^{-7}$ cm

t	$Z_1 \cdot 10^{-9}$ (beob.)	$Z_1 \cdot 10^{-9}$ (berechn.)	$t_{1/2}$	$\overline{t_{1/2}}$
0	5,52	(5,52)	—	
2	3,78	(4,63)	(9,5)	
5	3,34	(3,67)	(17,2)	21,9
10	2,50	2,60	20,4	
20	1,46	1,51	21,0	
40	0,81	0,70	24,8	

Es ist noch zu erwähnen, daß die ungehinderten Zusammenstöße der Partikeln bei vollständiger Enthemmung — die die Theorie voraussetzt — erwarten läßt, daß die Koagulationsgeschwindigkeit *oberhalb* einer bestimmten Konzentration

---

* Eine Zusammenstellung der Wirkungsradien R verschiedener Sole findet sich bei OVERBEEK in KRUYT: Colloid Science Bd. I, S. 294ff. Es ergeben sich Werte für Au-Sole zwischen 2 und 3,4 a_1, die in relativ guter Übereinstimmung mit der HAMAKERschen Theorie (loc. cit. S. 487) geforderten Werten von $3 \cdots 4\, a_1$ stehen.

[1] ZSIGMONDY, R.: Z. physik. Chem. **92**, 600 (1917).

[2] Genauere Angaben, Vorschriften u. Literatur bei H. PALLMANN in Kolloidchem. Tb. Leipzig 1953, S. 126 u. 193ff.

[3] TUORILA, P.: Kolloid-Beih. **22**, 191 (1926).

[4] KRUYT, H. R. u. A. E. VAN ARKEL: Recueil Trav. chim. Pays-Bas **39**, 656 (1920); **40**, 169 (1921); Kolloid-Z. **32**, 29 (1923).

[5] Nach R. ZSIGMONDY: Z. physik. Chem. **92**, 600 (1917).

Tabelle 69.II[1]. *Se-Sol*

Verdünnung des Sols	t	$\sum\limits_{k} Z_k \cdot 10^{-9}$	$\overline{t_{1/2}}$ (Koagulationszeit)	$\overline{t_{1/2}}$	$\overline{t_{1/2}}\,Z_0$
1:1	0	32,2	—		
	7	24,1	16,5		
	15	19,9	24,7		
	20,2	16,7	21,8	22,7	$7,1 \cdot 10^{11}$
	28	14,2	22,0		
	57	10,1	25,4		
	167	4,3	25,6		
1:10	0	3,22	—		
	32,4	2,52	116		
	98,0	1,44	(79)		
	288	1,33	200	214	$6,9 \cdot 10^{11}$
	595	0,98	260		
	908	0,67	260		
	1190	0,53	230		

des koagulierenden Elektrolyten von dieser unabhängig wird. Mehr als *jede* Partikel kann nicht koagulieren! In der Tat konnte dies von KRUYT und VAN ARKEL bestätigt werden, wie Tab. 69.III (letzte drei Werte) zeigt.

Eine vielversprechende, doch nur wenig benutzte Methode ist die Messung der Koagulationsgeschwindigkeit durch die zeitliche Verfolgung ihrer Lichtstreuung. Die reduzierten Streuwerte (vgl. § 29) sind nämlich dem Gewichtsmittelwert $\overline{M}_W$ der streuenden Partikeln proportional. Sie sollten entsprechend Gl. (23) linear von der Zeit abhängen und eine Neigung der Größe $2\,m_g/Z_0\,t_{1/2}$ besitzen, woraus sich leicht $t_{1/2}$ berechnen ließe. Beobachtungen von TROELSTRA (loc. cit. S. 486), bei denen allerdings keine Streulichtintensität, sondern die Lichtabsorption gemessen wurde, konnten dies nur bedingt bestätigen. Es wurden monoton ansteigende gekrümmte Kurven, aber auch Kurven mit Maxima erhalten. Die von TROELSTRA gegebene Erklärung dieses Verhaltens — verschiedene Dichte der Koagulate —,

Tabelle 69.III. *Se-Sol*
$(33,5 \cdot 10^3$ Partikeln/cm$^3)$ Elektrolyt: KCl

KCl-Konz.	$t_{1/2}$ (in Sekunden)
20	10^7
30	$6 \cdot 10^6$
40	$1,5 \cdot 10^6$
50	$2 \cdot 10^5$
60	$7 \cdot 10^3 \cdots 14 \cdot 10^5$
65	$360 \cdots 3000$
80	**19,5**
100	**20,3**
180	**20,7**

dürfte insofern nicht stichhaltig sein, als bei den Durchlässigkeitsmessungen erhebliche Korrekturen zu berücksichtigen wären, die von den mit der Partikelgröße zunehmenden inneren Interferenzen herrühren. Neue Untersuchungen dieses Problems wären daher zu wünschen.

So übersichtlich die Verhältnisse bei der ungehemmten schnellen Koagulation sind, so problematisch werden sie bei der gehemmten langsamen Koagulation. Wie wir bereits erwähnt haben, koagulieren alle Sole, wenn man sie nur genügend lange Zeit sich selbst überläßt. Elektrolytzusatz verkürzt in steigendem Maße die Koagulationszeit $t_{1/2}$ wie Tab. 69.III deutlich demonstriert. Um diesen Effekt zu beschreiben,

---

[1] s. S. 490, Anm. [4].

führte VON SMOLUCHOWSKI einen Faktor α in das Produkt $4\pi\, D_1 R$ ein, der sozusagen den Bruchteil der wirksamen Stöße berücksichtigen soll. Aus Gl. (46) wird dann

$$t_{1/2}^* = 1/\alpha\, 4\pi\, D_1\, R\, Z_0. \tag{69.48}$$

Dies Verfahren wäre im Sinne der Vorstellungen der Reaktionskinetik mit der Einführung einer Aktivierungsenergie $E \neq 0$, die für die Geschwindigkeitskonstante aller Aggregationsschritte, gleich ob zwischen primären Partikeln oder multiplen Aggregaten, denselben Wert besitzen müßte. Die Geschwindigkeitskonstante k ist nun nicht mehr allein als Stoßzahl der Partikeln anzusehen, sondern enthält noch einen Faktor $\exp\,(-E_a/kT)$. Wenn dieser Faktor unabhängig von der Partikelgröße und bei allen k_{ij} gleich ist, kann wieder

$$k_{ij} = a_{ij}\exp\,(-E_a/kT) = a_D\exp\,(-E_a/kT) = k_D = 8\pi\, D_1\, R\exp\,(-E_a/kT)$$

gesetzt und Gl. (8) algebraisch gelöst werden, was nicht möglich ist, wenn E_a für verschiedene Partikeln und Aggregate verschieden ist (und kein funktioneller Zusammenhang mit der Partikelgröße besteht).

Nun wurde in *manchen* Fällen die Gl. (47) experimentell bestätigt (KRUYT und VAN ARKEL, loc. cit. S. 490). In anderen Beispielen nahm jedoch die Koagulationszeit $t_{1/2}'$ mit der Versuchsdauer erheblich zu, was darauf hinweist, daß hier mit zunehmender Partikelgröße α kleiner bzw. E_a größer werden muß. Das durch E_a ausgedrückte Ausmaß der Hemmung hängt dann von der Partikelgröße ab, wobei jene unter Umständen im Verlauf der Koagulation so groß werden kann, daß weitere Koagulation unterbleibt.

Von DERJAGUIN[1] wurde eine Methode von FUCHS[2] auf die Koagulation von Hydrosolen angewandt, die ursprünglich für die Koagulation von Aerosolen gedacht war. Sie beruht darauf, daß man eine Diffusion in einem Kraftfeld des Potentials $V(r)$ annimmt. Es ist dann statt Gl. (24) die Gleichung

$$\frac{\partial Z_1}{\partial t} = 4\pi\, R^2\left(D_1\frac{\partial c}{\partial r} + \frac{c}{f}\,\frac{\partial V(r)}{\partial r}\right) \tag{69.49}$$

zu verwenden, worin f die Reibungskonstante ($= 6\pi\, a\, \eta$ für Kugeln) bedeutet. Bei gleichzeitiger BROWNScher Bewegung der Zentralpartikel ist sowohl D_1 als auch $1/f$ mit 2 zu multiplizieren. Da weiterhin $f\, D = k\, T$ ergibt sich

$$\frac{dZ_1}{dt} = 8\pi\, R^2\left(D_1\frac{\partial c}{\partial r} + \frac{c\, D_1}{kT}\,\frac{\partial V}{\partial r}\right) \tag{69.50}$$

mit den Randbedingungen $Z = 0$ bei $r = 2a$ und $Z = Z_0$ bei $r = \infty$.

Die Lösung der Differentialgleichung ergibt nach nochmaliger Differentiation nach t

$$\frac{dZ_1}{dt} = 8\pi\, D_1\, Z_1^2/W \tag{69.51}$$

mit

$$W = 2\int_2^\infty e^{V/kT}\,\frac{ds}{s^2} \tag{69.52}$$

oder angenähert nach REERINK[3]

$$W \sim \frac{1}{2a\,\varkappa}\, e^{V_{\max}/kT} \tag{69.53}$$

und

$$\frac{dZ_1}{dt} = \frac{4\pi\, D_1\, Z_1^2}{a\,\varkappa}\, e^{V_{\max}/kT}$$

[1] DERJAGUIN, B.: Trans. Faraday Soc. **36**, 203 (1940).
[2] FUCHS, N.: Z. Physik **89**, 736 (1934).
[3] REERINK, H.: Thesis Utrecht, zit. nach OVERBEEK: loc. cit. S. 490; s. a. H. REERINK u. J. TH. G. OVERBEEK: Disc. Faraday Soc. **18**, 74 (1954).

($1/\varkappa$ = Dicke der diffusen Doppelschicht nach GOUY und CHAPMAN s. § 59, a = Partikelradius, $s = r/a$).

Abb. 68.4 stellt ein Beispiel für den Verlauf der Funktion W dar. V_{max}, das hier, wie leicht erkennbar, eine *Aktivierungsenergie* im Sinne der Reaktionskinetik darstellt, läßt sich aus der Theorie von VERWEY und OVERBEEK als Funktion des Potentials ψ_0, des Partikelradius, der Elektrolytkonzentration und des Abstandes r berechnen. Man erhält dann W als Funktion der Elektrolytkonzentration. Das Ergebnis der Berechnung von W, das in § 70 skizziert werden soll, sei hier vorweggenommen, es ist in Abb. 69.1 dargestellt. log · W sinkt fast linear mit dem Logarithmus der Konzentration des Elektrolytgehalts ab und erreicht bei hohen Konzentrationen einen konstanten Wert in der Nähe

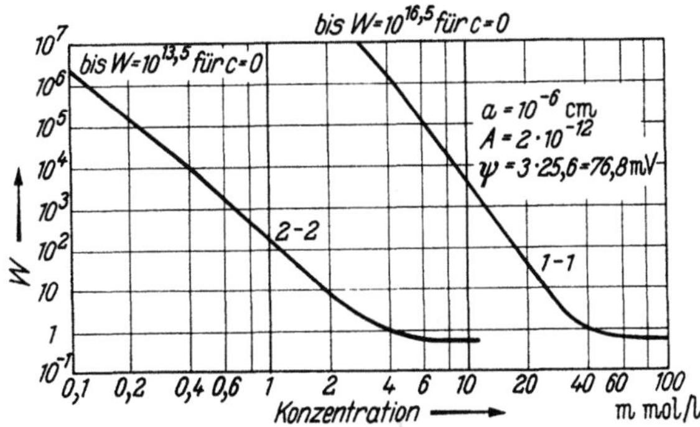

Abb. 69.3. log W in Abhängigkeit von log c (c = Elektrolytkonzentration) entspr. Gl. (69.53). (Nach VERWEY und OVERBEEK: loc. cit.)

von $W = 1$. Die Wertigkeit des Elektrolyten ist von erheblichem Einfluß, höhere Wertigkeit erniedrigt W bereits bei sehr viel kleineren Konzentrationen als geringe. Die Beschreibung entsprechend dieser Vorstellung ist insofern frappierend, als sie das Gebiet der schnellen Koagulation ($W = 1$) mit einschließt und auch ihre Unbeeinflußbarkeit durch Elektrolytüberschuß (W = const) ungefähr richtig wiedergibt[1].

Umgekehrt sind die hohen Werte von W bei kleinen Elektrolytkonzentrationen die Grundlage für das Verständnis der Stabilität unserer Dispersionskolloide. Für die Elektrolytkonzentration 0 errechnen sich aus den Bedingungen der Abb. 69.1 ($a = 10^{-6}$ cm, $A = 2 \cdot 10^{-12}$, $\psi_0 = 76{,}8$ mV, vgl. w. u. S. 509) Werte von W von $10^{13,5} \cdots 10^{16,5}$. D. h. die Halbwertszeit für ein elektrolytfreies Sol bei 20 °C von 50 mμ Partikelradius und einer Konzentration von 10^{10} Partikeln/cm^3 ist mit $W \sim 10^{16}$ ($t_{1/2} = W\,6\pi\,a\,\eta/4\pi\,kT\,Z_0 \cong 1{,}87_5 \cdot 10^{14}$ sek) $= 5{,}9$ Millionen Jahre!!

In Gegenwart von 5 m Mol/L eines 1—1-wertigen Elektrolyten (z. B. 0,03% NaCl) sinkt dieser Betrag auf etwa 0,1 Jahr ($\sim$ 5 Wochen), was immerhin eine noch lange Zeit für Laboratoriumsversuche ist.

---

[1] Die etwas kleineren Werte für W der Abbildung rühren daher, daß in Gl. (46) $R = 2a$ gesetzt wurde. In Wirklichkeit wie auf S. 490, Fußnote * dargelegt wurde, ist R von der Größenordnung $3\cdots 4a$.

Diese Beispiele demonstrieren, daß der Begriff „Stabilität" durchaus definierbar ist, nämlich relativ zu Zeiträumen, in denen der Beobachter Interesse an dem betrachteten System besitzt. Wenn die Beständigkeit eines Systems den menschlichen Erfahrungsbereich übersteigt, wird sie als etwas Absolutes angesehen, obwohl sie es nicht zu sein braucht.

Polydisperse Systeme

Bisher war immer Monodispersität des koagulierenden Systems vorausgesetzt worden. Bei polydispersen Systemen sollte der Koagulationsverlauf ein anderer sein, wurde doch bereits von WIEGNER[1] ultramikroskopisch beobachtet, daß die kleinen Partikeln eines stark polydispersen Systems schneller verschwinden als die großen. Doch hängt das mit der Beobachtungsmethode zusammen; wenn kleine und große Partikeln aggregieren, verschwinden die kleinen, aber die großen sind nicht wesentlich größer geworden, werden also weiterhin als solche gezählt.

Die Zahl der großen bleibt deswegen praktisch unverändert, während die Zahl der kleinen rapide abnimmt. Diese von H. MÜLLER[2] stammende Erklärung wurde von ihm quantitativ gefaßt.

Bei der VON SMOLUCHOWSKIschen Theorie ist Gl. (41) und (42) anwendbar; nicht aber bei polydispersen Systemen, wo nur noch die genauere Gl. (40) gilt. Das Verhältnis von den daraus berechneten Werten $D_{ij}\,R_{ij}$ zu $D_1\,a_1$ wurden von H. MÜLLER in Abhängigkeit von a_i/a_j ermittelt. Einige seiner Zahlen sind in der nebenstehenden Tabelle angegeben.

Tabelle 69.4

a_i/a_j	$D_{ij}\,R_{ij}/D_1\,a_1$
20	25
10	12
5	7,5
1	4
0,2	7,5
0,1	12
0,05	25

Daraus geht hervor, daß bei $a_i/a_j = 1$ der Wert 4 der VON SMOLUCHOWSKIschen Theorie (mit $R_1 = 2a_1$) resultiert; zu höheren wie auch zu niederen Verhältnissen der Partikelradien steigen die Faktoren an. Die durch das Verhältnis $D_{ij}\,R_{ij}/D_1\,a_1$ charakterisierte Stoßwahrscheinlichkeit nimmt mit der *Ungleichheit* der Teilchengrößen zu, *nicht* mit den *absoluten* Radien.

Wenn zwei Sole mit verschieden großen Partikeln zusammengegeben werden, ändern sich die Halbwertszeiten $t_{1/2}$ nach H. MÜLLER in folgender Weise ($V_R =$ Verhältnis der Partikelradien beider Sole):

V_R	$t_{1/2}$
1	1
10	0,413
20	0,235
100	0,03

Polydisperse Systeme koagulieren immer schneller als monodisperse. Die VON SMOLUCHOWSKIsche Theorie kann somit den Koagulationsverlauf nicht bis zu sehr langen Zeiten beschreiben, da sich dann bereits zuviel große Aggregate gebildet haben. Die Theorie von H. MÜLLER wurde von WIEGNER und TUORILA bestätigt.

Die Koagulationsgeschwindigkeit stäbchenförmiger Partikeln ist ebenfalls weitaus größer als die isometrischer Partikeln. Der Wirkungs-

[1] WIEGNER, G.: Kolloid-Z. 8, 227 (1911).
[2] MÜLLER, H.: Kolloid-Beih. 26, 257 (1928).

radius R hängt bei jenen noch von den Rotationsmöglichkeiten ab. Ein rotierendes Stäbchen begegnet weitaus häufiger anderen Partikeln als eines, das nur translatorische Bewegungen des Schwerpunktes ausführt. R hängt daher nach H. Müller von der größten Abmessung der Stäbchen ab. Da auch D mit der Anisometrie der Partikeln zunimmt, kann das Produkt $D_{ij} R_{ij}$ erheblich über das der kugelförmigen Partikel ansteigen. Messungen von Wiegner und Marschall[1] an Hydrosolen und von Beischer und Winkel[2] an Aerosolen konnten diese Anschauungen experimentell bestätigen. Der Wirkungsradius R wurde nach (4) zu Beginn der Koagulation etwa 40 mal so hoch wie der eines kugelförmigen Teilchens gleicher Masse gefunden, im Verlauf der Koagulation nimmt er dauernd ab, da sich durch Zusammenlagerung der Stäbchen Partikeln bilden, deren Anisometrie mit zunehmender Aggregatgröße mehr und mehr verschwindet.

Orthokinetische Koagulation

Die außerordentliche Beschleunigung, die ein System während der Koagulation durch Einwirkung äußerer mechanischer Kräfte erfährt, ist sehr eindrucksvoll. Ausgiebiges Rühren, Schütteln, Wirkung von Zentrifugalfedern, Schall und Ultraschall, elektrische Wechselfelder[3] können sämtlich einen langsamen Koagulationsverlauf erheblich beschleunigen. Bei allen diesen Vorgängen führen die Partikeln außer ihrer ungerichteten Brownschen Bewegung noch einseitig gerichtete Bewegungen aus. Wiegner[4] nannte solche Koagulationen daher orthokinetisch im Gegensatz zu ungestörten, die von ihm als perikinetisch bezeichnet wurden. Die Theorie dieser Erscheinungen stammt ebenfalls von Smoluchowski[5] mit Verbesserungen von Tuorila[6] und H. Müller[7].

Da wir auf die längeren komplizierten Rechnungen hier nicht eingehen können, sei nur ihr Ergebnis mitgeteilt und erläutert:

Es sind zu unterscheiden, der Fall, in welchem im Sol irgendwelche Strömungsgefälle auftreten und der Fall einer gerichteten Bewegung *aller* Partikeln wie z. B. bei der Sedimentation.

Beim Auftreten eines Strömungsgefälles wird die Wahrscheinlichkeit der Zusammenstöße naturgemäß größer, als in ja einem Strom schwimmende Partikeln häufiger mit anderen relativ dazu ruhenden in Berührung kommen, als wenn sie nur durch ihre Brownsche Bewegung dazu veranlaßt würden. Betrachten wir die Zahl der Zusammenstöße, die eine einzige Partikel erleidet, als Stoßwahrscheinlichkeit, können wir aus Gl. (37) ableiten

$$\Phi = 4\pi\, D_{ij}\, Z_{ij}\, Z_0.$$

[1] Wiegner, G. u. C. E. Marshall: Z. physik. Chem. (A) **140**, 1 (1929).
[2] Beischer, D. u. A. Winkel: ibid. (A) **176**, 1 (1936).
[3] Angeblich sogar Wetteränderungen und Jazzmusik!
[4] Wiegner, G.: loc. cit. S. 494.
[5] v. Smoluchowski, M.: Z. physik. Chem. **92**, 129 (1917/18).
[6] Tuorila, P.: Kolloid-Beih. **24**, 1 (1927).
[7] Müller, H.: Kolloid-Beih. **27**, 223 (1928).

Die Stoßwahrscheinlichkeit beim Auftreten einer Strömung mit einem Strömungsgradienten dv/dx ist nach V. SMOLUCHOWSKI bzw. TUORILA (loc. cit.)

$$\Phi' = \frac{4}{3} Z_0 \, R_{ij}^3 \, (dv/dx).$$

Das Verhältnis beider ergibt

$$\Phi/\Phi' = R_{ij}^3 \, (dv/dx)/3\pi \, D_{ij},$$

ist also in erheblichem Maße von R_{ij} abhängig, da diese Größe in der dritten Potenz auftritt. Ebenso zeigt die Abhängigkeit von dv/dx, daß es bei der Beeinflussung der Koagulation durch Rühren darauf ankommt, möglichst starke Strömungsgeschwindigkeits*änderungen* — wie etwa in einer COUETTE-Apparatur — hervorzurufen.

Bei der Bewegung der Partikeln durch die Flüssigkeit erzeugen diese selbst ein Strömungsgefälle, da sie etwas von der umhüllenden Flüssigkeit mitnehmen. Hier kommen besondere Effekte nur bei polydispersen Systemen zustande, in denen die Partikeln verschiedene Geschwindigkeiten besitzen. TUORILA beschreibt den Effekt in der Weise, daß die großen Partikeln bei der Sedimentation kleinere in ihren durch R_{ij} gegebenen Attraktionsraum mitreißen und dadurch zur Koagulation bringen. Von MÜLLER wurden Formeln für die Radien der mitreißenden (a_1) und mitgerissenen (a_2) Partikeln angegeben, in denen zum Ausdruck kommt, daß beide von verschiedener Dimension $(a_1/a_2 = (40/1,2)^{1/4})$ sein müssen, daß aber a_1 und a_2 umgekehrt proportional der vierten Wurzel der Schwer- oder Zentrifugalkraft sind.

Experimentelle Untersuchungen über die orthokinetische Koagulation sind von TUORILA[1] angestellt worden, sie konnten die entwickelten Theorien im wesentlichen bestätigen.

§ 70. Stabilität von Dispersionskolloiden

Ungeschützte und geschützte Kolloide

Wenn wir nun die Erkenntnisse, die wir bei der Erörterung der Koagulation der Dispersionskolloide gewonnen haben, noch einmal überblicken und zusammenfassen, so geschieht es, um ihre Bedeutung für die Stabilität dieser Systeme zu unterstreichen.

Zunächst müssen wir zwei Gruppen von Systemen unterscheiden, zwischen denen keine scharfen Grenzen zu ziehen sind.

Eine Gruppe umfaßt die *„ungeschützten"* Dispersionskolloide, Sole im wässerigen Dispersionsmittel, deren Partikeln zumeist durch Ionen aufgeladen sind, die an den Partikelgrenzen elektrische Doppelschichten ausbilden, deren eine Belegung sich als diffuse Schicht in das Dispersionsmittel erstreckt. Die Partikeln dieser Klasse sind meist fest[2] und

---

[1] TUORILA, P.: Kolloid-Beih. **24**, 1 (27, 97) (1927).

[2] Die Grenze zu flüssigen Partikeln ist nicht scharf zu ziehen, Partikeln mit hoher Viskosität gehören ebenfalls diesen Typen an.

nur sehr wenig im Dispersionsmittel „echt" löslich. Für ihre Existenz ist in erster Linie ihre elektrische Ladung verantwortlich.

Die zweite Gruppe besteht aus den *„geschützten"* Dispersionskolloiden, die immer außer der dispergierten Substanz und dem Dispersionsmittel eine *dritte* Substanz enthalten. Diese Substanz kann niedermolekular oder selbst ein Kolloid sein und sich in irgendeiner Form mit den Partikeln des eigentlichen Dispersionskolloids verbinden, wodurch sie sie vor der Koagulation und (evtl.) vor der Alterung schützt. Sie kann den Partikeln ebenfalls eine Ladung erteilen, doch ist das nicht unbedingt notwendig, denn sie kann auch die Annäherung der Partikeln und ihre Ausflockung auf rein mechanische Weise verhindern.

Da die Partikeln der ersten Gruppe häufig durch Ionenadsorption aufgeladen werden, in der zweiten auch ionisierte Substanzen als Schutz adsorbiert werden, ist der Übergang von einer zur anderen Gruppe fließend und zum Teil eine Angelegenheit der Auffassung.

Für die erste Gruppe ist nun der Nachweis zu erbringen, daß die Ladung für ihre Existenz erforderlich ist. In der zweiten Gruppe ist zu prüfen, durch was sich die Schutzwirkung äußert und worauf sie zurückzuführen ist.

Ungeschützte Dispersionskolloide

Unter den vielen Theorien der Stabilität ungeschützter Dispersionskolloide[1] scheint der Theorie von HAMAKER, die auf dem Zusammenwirken von elektrischer Doppelschicht und VAN DER WAALS-LONDONscher Dispersionskräfte basiert, die größte Bedeutung zuzukommem[2], da sie bisher am besten in der Lage war, den experimentellen Befunden gerecht zu werden. Eine qualitative Beschreibung dieser Theorie haben wir bereits am Ende des § 69 gegeben, die an sich für ihr Verständnis ausreicht, doch für das Bedürfnis, zahlenmäßig ausdrückbare Zusammenhänge zu besitzen, unzureichend ist.

Bei der Behandlung der langsamen Koagulation ist auf die Rolle einer potentiellen Hemmung der Partikelzusammenstöße hingewiesen worden, die die Bedeutung einer reaktionskinetischen Aktivierungsenergie besitzt. Hier ist genauer nachzuweisen, daß diese Hemmung, deren Existenz, absolute Größe und besonderes Verhalten die eigentliche Ursache der Stabilität der Dispersionskolloide ist, durch das Zusammenspiel von elektrischer Doppelschicht und Attraktionskräften entsteht.

Wir wollen daher im folgenden die Theorie der Wechselwirkungen zwischen ungeschützten elektrisch geladenen kolloiden Partikeln im wässerigen Dispersionsmittel skizzieren, die auf die Vorstellungen und

---

[1] Eine Übersicht findet sich bei J. TH. G. OVERBEEK in KRUYT: Colloid Science. Vol. I. Amsterdam 1952. S. 302ff.

[2] Es sind auch Theorien vorgeschlagen worden, die die Anziehung ebenfalls als eine Eigenschaft der Doppelschicht betrachteten. Z. B. I. LANGMUIR: J. chem. Physics **6**, 873 (1938) und S. LEVINE: Trans. Faraday Soc. **42** B, 102 (1946).

Überlegungen von HAMAKER, VERWEY und OVERBEEK, LANGMUIR, DERJAGUIN und BERGMANN, LÖW-BEER und ZOCHER zurückgeht[1].

Das Problem der Wechselwirkung zwischen kolloiden Partikeln stellt sich nach HAMAKER als Summe von Abstoßungs- und Anziehungskräften dar. Die Abstoßung rührt von der elektrischen Ladung, die Anziehung von VAN DER WAALS-LONDONschen Attraktionen her. Auf die Berechnung der letzteren haben wir bereits auf S. 481 hingewiesen, wir können wegen ihres Umfangs nur das Ergebnis mitteilen.

Zur Berechnung der elektrischen Abstoßung zweier Partikeln kann entweder die Energie oder die Kraft als Funktion ihres gegenseitigen Abstands ermittelt werden. Die Schwierigkeit besteht darin, daß ein Teil der den Partikeln anhaftenden Doppelschicht diffus ist. Bei ihrer Annäherung werden sich die Potentiale in den diffusen Teilen überlagern, so wie es etwa Abb. 70.1 schematisch darstellt.

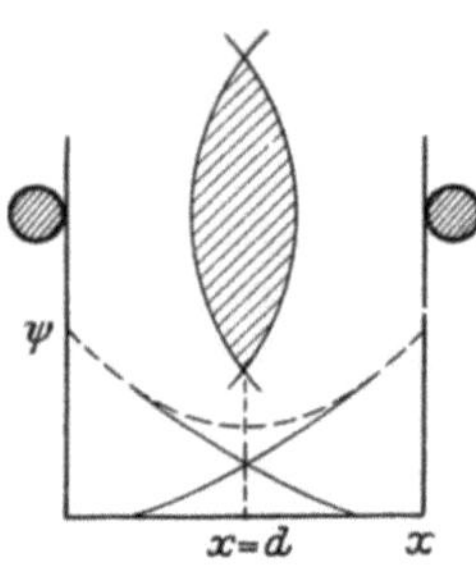

Abb. 70.1. Siehe Text

Da der entgegengesetzt geladene diffuse Teil die Abstoßung der gleichgeladenen Partikeln abschirmt — bei großer Entfernung wird die Partikelladung völlig durch die diffuse Belegung neutralisiert —, können sich die Partikeln erst dann anziehen, wenn sie im Bereich ihrer diffusen GOUY-CHAPMAN-Doppelschicht kommen. Da die freie Enthalpie einer oder mehrerer Doppelschichten durch die Gleichung

$$G = - \int_0^{\psi_0} Q \, d\psi \qquad (70.1)$$

gegeben ist (andere Möglichkeiten zur Berechnung siehe OVERBEEK, loc. cit.), kommt es darauf an, eine integrierbare Beziehung zwischen Ladung Q, Potential ψ und gegenseitigem Abstand x herzustellen. Das gelingt ähnlich wie in § 59 bei der Theorie *einer* Doppelschicht durch zweimalige Integration der POISSONschen Gleichung (59.11) angewandt auf *zwei* im Abstand x befindlicher Doppelschichten. Zunächst ist dabei vorauszusetzen, daß die Doppelschicht zwei ausgedehnten planen Scheiben angehört, deren Randeffekte vernachlässigbar sind. Dann kann wieder für den LAPLACE-Operator geschrieben werden $\Delta\psi = \partial^2\psi/\partial x^2$. Ebenso ist unmittelbar Gl. (59.8), (59.9) und (59.11) anzuwenden, also zu schreiben

$$\frac{\partial^2\psi}{\partial x^2} = \frac{4\,\pi\,e}{\varepsilon}\left(n_-\,z_-\,e^{z_-\,e_0\psi/kT} - n_+\,z_+\,e^{z_+\,e_0\psi/kT}\right) \qquad (70.2)$$

(die Symbole haben die gleiche Bedeutung wie in § 59), nur ist zu beachten, daß bei der Integration

$$\psi = \psi_0 \quad \text{für} \quad x = 0$$

$$\psi = \psi_d \quad \text{für} \quad x = d \quad (= \text{halber Abstand zwischen den Platten) und}$$

$$\frac{d\psi}{dx} = 0 \quad \text{für} \quad x = d$$

sein muß. Die erste Integration der Gl. (2) ist einfach, nicht aber die zweite. Man muß sich daher auf vereinfachte Fälle beschränken, entweder nur kleine Potentialwerte oder gleiche Wertigkeit positiver und negativer Gegen- und Nebenionen

---

[1] Siehe dazu E. J. W. VERWEY u. J. TH. G. OVERBEEK: Theory of stability of lyophobic Colloids. Amsterdam 1948, wie auch J. TH. G. OVERBEEK: loc. cit. S. 497; HAMAKER: loc. cit. S. 481; LANGMUIR, I.: J. chem. Physics **6**, 873 (1938); BERGMANN, P., P. LÖW-BEER, u. H. ZOCHER: Z. physik. Chem. (A) **181**, 301 (1938); DERJAGUIN, B.: Trans. Faraday Soc. **36**, 203 (1940).

zulassen. Dann können die negativen Exponenten von e vernachlässigt werden[1]. Mit diesen Vereinfachungen lautet die *erste* Integration von Gl. (1)

$$\frac{d\psi}{dx} = -\left(\frac{8\,\pi\,n\,kT}{\varepsilon}\right)^{\frac{1}{2}} (2\,\mathfrak{Cof}\,(z\,e_0\,\psi/kT) - 2\,\mathfrak{Cof}\,(z\,e_0\,\psi_d/kT))^{\frac{1}{2}} \qquad (70.3)$$

wird hierin

$$\frac{z\,e_0\,\psi}{kT} = Y, \quad \frac{z\,e_0\,\psi_0}{kT} = Z, \quad \frac{z\,e_0\,\psi_d}{kT} = U \quad \text{und} \quad \varkappa\,d = \xi$$

gesetzt, erhält man für (3)

$$\frac{dY}{d\xi} = -(2\,\mathfrak{Cof}\,Y - 2\,\mathfrak{Cof}\,Y\,U)^{\frac{1}{2}} . \qquad (70.4)$$

Die Integration liefert eine Beziehung, die sich durch elliptische Integrale ausdrücken läßt, nämlich

$$\varkappa\,d = 2\,e^{-U/2}\,[F\,(e^{-U},\,\pi/2) - F\,(e^{-U},\,\text{arc sin}\,e^{(-Z-U)/2})] \qquad (70.5)$$

$$\text{mit} \quad F\,(k,\,\varphi) = \int\limits_0^{\varphi} \frac{d\alpha}{\sqrt{1-k^2\sin^2\alpha}}$$

Die Funktion (5) wurde von VERWEY und OVERBEEK tabelliert[2]. ($d = $ Plattenabstand) $\varkappa$ ist durch Gl. (59.16a) gegeben $[= (8\pi\,n\,z^2\,e_0^2/\varepsilon\,kT)^{1/2}]$.

Mit Hilfe von Gl. (5) läßt sich die freie Enthalpie zweier Platten für den Abstand d nach Gl. (1) oder anderen Beziehungen für die freie Enthalpie berechnen, ebenso ist sie für den Abstand $d = \infty$ angebbar. Die Energie der Abstoßung oder das Abstoßungspotential $V(d)$ ist dann die Differenz der Enthalpie in unendlicher Entfernung und in d, also für beide Platten

$$V(d) = (G - G_\infty) \qquad (70.6)$$

Dies ergibt eine komplizierte Funktion von Wertigkeit, Dicke der Doppelschicht, Potential und Ladung, sie läßt sich in der Form

$$f(U, Z) = z^2\,V(d)/\varkappa \qquad (70.7)$$

(U und Z haben die Bedeutung von oben) darstellen und ist ebenfalls von VERWEY und OVERBEEK tabelliert und in Abb. 70.2 dargestellt.

Die beigegebene Legende läßt zweierlei erkennen, je größer die Doppelschichtdicke, um so größer ist bei *gleichem* Abstand die Abstoßung und je höher die Wertigkeit der gleichzeitig anwesenden Elektrolyte, je geringer die Abstoßung bei gleichem Abstand und gleicher Schichtdicke. In

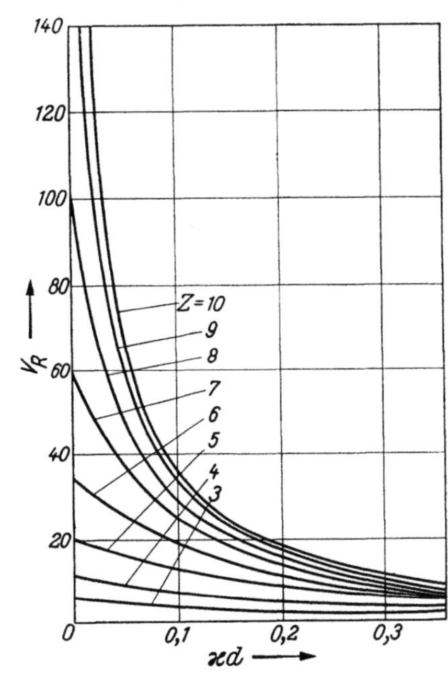

Abb. 70.2. Abstoßungspotential in Abhängigkeit von $\varkappa\,d$ entspr. Gl. (70.7). (Bedeutung von $V_R = V(d)$ und Z s. Text.) (Nach VERWEY und OVERBEEK: Theory of Stability of lyophobic Colloids, Amsterdam 1948)

---

[1] Dies ist insofern berechtigt, als die negativen Exponenten diejenigen Ionen betreffen, die die gleiche Ladung wie das Kolloid besitzen, diese spielen aber für die Koagulation praktisch kaum eine Rolle.

[2] VERWEY, E. J. W. und J. TH. G. OVERBEEK: loc. cit. S. 498.

Z steckt die Ladung der Platte, sie übt den wesentlichen Einfluß aus. In 0,001 n Lösungen 1—1-wertiger Elektrolyte ist das Abstoßungspotential bei mittleren Werten von $\varkappa\, d$ etwa 1 erg/cm², was bedeutet, daß eine Fläche von etwa 20 Å² bereits eine Wechselwirkungsenergie von $1\,kT$ ($4\cdot10^{-14}$ erg bei 20°) besitzt!

Einfacher ist die Berechnung der *Kraft* zwischen zwei geladenen Platten mit Doppelschicht. Der Druck, der die abstoßende Kraft zwischen den Platten gerade aufhebt, ist

$$P = 2n\,kT\,(\mathfrak{Cof}\,(z\,e_0\,\psi_0/kT) - 1).\tag{70.8}$$

Hiermit ist insofern noch nicht viel gewonnen als sie keine Beziehung zwischen ψ und dem Abstand d liefert, denn es ist

$$V(d) = -2\int_{\infty}^{d} P\,\partial d.\tag{70.9}$$

OVERBEEK verwendet zur Integration eine Näherung, die sich aus Gl. (5) für relativ große Werte von $\varkappa\,d$ — also für große Entfernungen und schwache Abstoßung beider Platten — errechnet, nämlich

$$\frac{z\,e_0\,\psi_d}{kT} = 8\gamma\,e^{-\varkappa d}\tag{70.10}$$

mit

$$\gamma = \frac{\exp\,(z\,e_0\,\psi_0/kT) - 1}{\exp\,(z\,e_0\,\psi_0/kT) + 1}\tag{70.10a}$$

Man erhält dann

$$V(d) = \frac{64\,n\,kT}{\varkappa}\,e^{-2\varkappa d}.\tag{70.11}$$

Eine bessere Näherung geben VERWEY und OVERBEEK an mit

$$V(d) = \frac{32\,n\,kT}{\varkappa}\,(1 - \mathfrak{Tang}\,\varkappa\,d).\tag{70.12}$$

Gl. (11) oder (12) ist für das Verständnis der Stabilität der ungeschützten Dispersionskolloide sowie der Flockungsregeln von SCHULZE und HARDY völlig ausreichend.

Da nun aber die meisten kolloiden Partikeln der hier betrachteten Klasse keine Platten, sondern eher Kugeln sind, muß noch das Abstoßungspotential der Kugeln angegeben werden. Eine Methode hierfür stammt von DERJAGUIN (loc. cit. S. 498). Er teilte die Oberfläche zweier sich gegenüber stehender Kugeln in Ringe auf, berechnete für jeden der Ringe die für die Fläche gültige Abstoßung und gewann die Gesamtabstoßung der Kugeln durch Integration aller Ringe. DERJAGUIN erhielt unter Verwendung von Gl. (12) (schwache Wechselwirkung)

$$V(d) = (\varepsilon\,a\,\psi_0^2/2)\ln\,(1 + e^{-\varkappa H_0})\tag{70.13}$$

(a = Radius der Kugel, H_0 = gegenseitiger Abstand der beiden Kugeloberflächen). VERWEY und OVERBEEK erhielten unter Verwendung von Gl. (7) eine Beziehung

$$V(d) = (a/z^2)\,L\,(Z, \varkappa, H_0),\tag{70.14}$$

die sie ebenfalls tabelliert haben. Welche Funktion nun für numerische Berechnungen am zweckmäßigsten ist, hängt von den jeweiligen Parametern ab.

Was die *Anziehung* zwischen den kolloiden Partikeln betrifft, kommt es nun — wie HAMAKER zeigte — darauf an, das LONDONsche Anziehungspotential

$$V_A = 3\alpha^2\,h\,v_0/4r^6\tag{70.15}$$

(π = Polarisierbarkeit, v_0 = Grenzfrequenz des Atoms, r = gegenseitiger Abstand) zwischen zwei Atomen auf zwei ausgedehnte materielle Objekte anzuwenden, was durch Integration über alle im Objektiv vorhandenen Atome möglich ist. Für zwei Platten im Abstand d erhält man

$$V_A = -A/48\pi\,d^2,\tag{70.16}$$

wenn $A = \frac{3}{4}\pi^2 q^2 \pi^2 \alpha^2 h\, v_0$ ist (q = Zahl der Atome je cm³) und die Dicke der Platten groß gegenüber dem Abstand d ist. Nach CASIMIR und POLDER[1] (1948) muß dieses Potential noch um einen Faktor korrigiert werden, wenn der Abstand von der Größenordnung c/v_0 (c = Lichtgeschwindigkeit) wird, was V_A unter Umständen bis auf mehr als 10% des Wertes von Gl. (16) herabmindern kann. Die Korrektur ist $1,01 - 0,14\,p$ für $0 < p < 3$ und $(2,45 - 2,04/p)/p$ für $3 < p < \infty$, wobei $p = 2\pi v_0\, d/c$ ist.

Wesentlich ist, daß bei der Attraktion zweier Objekte im materiellen Medium einer Flüssigkeit die Anziehung zwischen jenem und der Flüssigkeit berücksichtigt werden muß. Es ist dann die Differenz $\frac{1}{2}(A_{11} + A_{22}) - A_{12}$ maßgebend. (Vgl. dazu auch § 21. A_{11}, A_{22} sind Attraktionen zwischen jeweils Objekten (1) und Flüssigkeit (2) unter sich, A_{12} sind Attraktionen zwischen Objekt und Flüssigkeit.)

Für die Anziehung zweier Kugeln erhält man einen komplizierten Ausdruck, den ebenfalls HAMAKER[2] abgeleitet hat. Er lautet

$$V_A = -\frac{A}{6}\left[\frac{2a^2}{R^2 - 4a^2} + \frac{2a^2}{R^2} + \ln\frac{R^2 - 4a^2}{R^2}\right] \tag{70.17}$$

(R = Abstand der Kugelmittelpunkte, a = Kugelradius). Für kleine Abstände der Kugeloberflächen ($= R - 2a$) wird (17)

$$V_A = -\frac{A\,a}{12\,(R - 2a)}\,, \tag{70.18}$$

für große Abstände ($R \gg 2a$) ist

$$V_A = -\frac{2a^2\,A}{3\,R^2}\,, \tag{70.19}$$

nimmt also ebenfalls nur mit R^2 ab.

Auch hier sind unter Umständen wieder die Korrektionsfaktoren nach CASIMIR und POLDER vor allem bei Abständen $> 100\,\text{m}\mu$ anzuwenden, ehe genaue Rechnungen angestellt werden.

DERJAGUIN und Mitarbeiter[3] versuchten, die VAN DER WAALSschen Attraktionen mit einer sehr empfindlichen elektronischen Waage an Seifenblasen zu bestimmen und fanden im Gegensatz zu OVERBEEK[4] und SPARNAAY, die das gleiche mit Hilfe von Quarzplatten zu erreichen versuchten, Werte für die Attraktionen, die um 1···2 Größenordnungen kleiner als erwartet waren. Diese Diskrepanzen beruhen wahrscheinlich auf dem Effekt nach CASIMIR und POLDER, der die Verhältnisse nicht einfach übersehen läßt.

Nachdem wir nun die beiden verantwortlichen Energiegrößen bzw. Kräfte für die Wechselwirkungen zwischen Platten oder Kugeln kennen, ist das resultierende Wirkungspotential V leicht durch Addition von $V(d)$ und V_a zu bilden, die nach einem der angegebenen Verfahren nun berechnet werden können (vgl. auch Abb. 68.4). Es ist

$$V^* = V(d) + V_A\,. \tag{70.20}$$

Für ebene Scheiben läßt sich dies am genauesten ausrechnen, die dabei gewonnenen Potential-Abstands-Kurven geben auch im Prinzip die Verhältnisse ebenso wieder wie die schwieriger zu berechnenden Funktionen für kugelförmige Partikeln. Abb. 70.3 zeigt eine von VERWEY und OVERBEEK berechnete Kurvenschar, die die Abhängigkeit von

---

[1] CASIMIR, H. B. G. u. D. POLDER: Physic. Rev. (2) **73**, 360 (1948).

[2] HAMAKER, loc. cit., vgl. dazu auch EUCKEN, Lehrbuch der chemischen Physik. Bd. II, 2, S. 1138ff.

[3] DERJAGUIN, B. V., A. S. TITIEVSKAYA, I. I. ABRIKOSOVA u. A. D. MALKINA: Discuss. Faraday Soc. 18, 24 (1954).

[4] OVERBEEK, J. Th. G. u. M. J. SPARNAAY, ibid. **18**, 12 (1954).

$V(d) + V_a$ vom halben Abstand der Platten zeigt. Als Parameter ist $Z = \psi_0/25{,}6$ mV gewählt. Bei großem Z (bzw. ψ_0) bildet sich das höchste Maximum aus, das mit abnehmendem Z völlig verschwinden kann. Die Lage des Maximums ist hauptsächlich von der Konstanten A (Gl. 16) und der von der Elektrolytkonzentration abhängigen Doppelschichtdicke $1/\varkappa$ bestimmt.

Die für Kugeln gültigen Potentialfunktionen zeigen Abb. 70.4 und Abb. 70.5 ebenfalls nach VERWEY und OVERBEEK. In beiden Fällen sind die Ordinatenmaßstäbe Einheiten von kT, um zu demonstrieren, bei

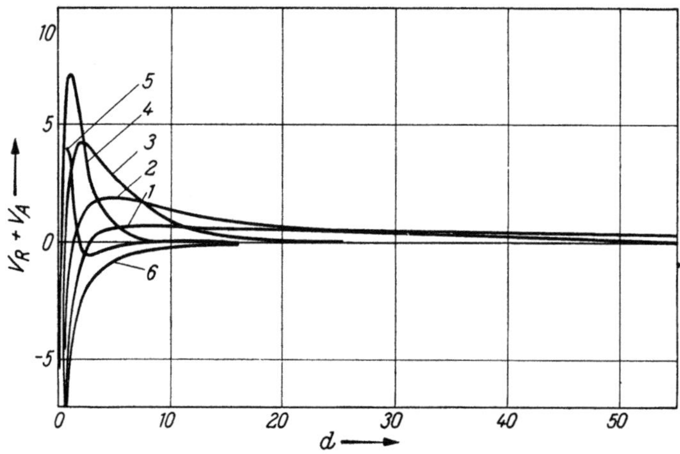

Abb. 70.3. Einfluß der Elektrolytkonzentration ($\varkappa$) auf die totale Wechselwirkungsenergie $V_R + V_A$ zwischen zwei Platten. d = halber Abstand zwischen den Platten. Bei $A = 10^{-12}$ erg ist Ordinatenmaßstab 0,1 erg, Abszissenmaßstab 10^{-7} cm. ($V_R = V(d)$) $\varkappa$ hat die folgenden Werte: 1 : 10^{-5}, 2 : $10^{5{,}5}$, 3 : 10^6, 4 : $10^{6{,}5}$, 5 : 10^7, 6 : $10^{7{,}5}$ (nach OVERBEEK, in KRUYT: Colloid Science, Vol. I. Amsterdam 1952, S. 272)

welchen Werten für ψ_0 (4) und $\varkappa$ (5) das resultierende Potential die mittlere kinetische Energie der Partikeln übersteigt. Es ist deutlich erkennbar, daß zur Aufrechterhaltung einer die Aggregation hindernden Barriere bei gegebenen äußeren Bedingungen (A, $\varkappa$ und a) ein Mindestpotential vorhanden sein muß, andernfalls können die Partikeln sich infolge ihrer kinetischen Energie soweit nähern, daß sie durch die Wirkung ihrer Attraktionskräfte zusammenkleben. Aus dem gleichen Grunde muß bei gegebenen A, ψ_0 und a die Größe $\varkappa$ und damit auch die Ionenstärke einen Höchstwert aufweisen, denn bei $\varkappa = 0$ ist das Maximum der Abstoßung am größten; steigende Ionenstärke setzt es bis zu verschwindenden Werten herab.

Diese Vorstellungen sind nun eine äußerst wertvolle Hilfe für das Verständnis der Stabilität der Flockungsschwellenwerte und der langsamen Koagulation der ungeschützten Hydrosole.

Stabil können solche Systeme dann sein, wenn der zu überwindende Energie-„Berg" — grob gesprochen — größer als die kinetische Energie der Partikeln ist. Sie werden durch die Abstoßung daran gehindert, einander soweit zu nähern, daß die anziehenden Dispersionskräfte wirksam werden und zur Koagulation führen. Die Stabilitätsbedingungen können somit festgelegt werden, wenn A, ψ_0, a und $\varkappa$ bekannt sind. Damit schnelle Koagulation möglich ist, dürfen sich die beiden Partikeln nicht mehr abstoßen, die Potentialkurve müßte dann etwa einen Verlauf nehmen, wie er in Abb. 70.3 (Kurve 6) gezeichnet ist. Man kann das nach VERWEY und OVERBEEK analytisch so ausdrücken, daß man die Forderung $V^* = 0$ und $dV^*/dd = 0$ aufgestellt. Hierfür lassen sich nun ohne weiteres Funktionen zwischen ψ_0 und der Elektrolytkonzentration aus den tabellierten oder angenäherten Funktionen für V^* berechnen,

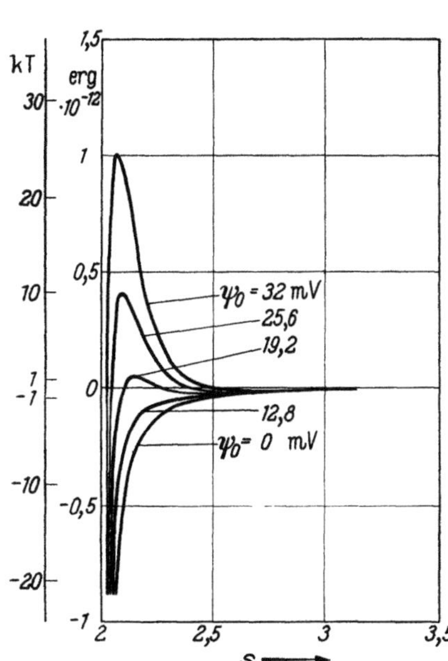

Abb. 70.4. Einfluß des Potentials auf die totale Wechselwirkungsenergie zweier kugelförmiger Partikeln. ($a = 10^{-5}$ cm, $A = 10^{-12}$ erg, $\varkappa = 10^6$ cm^{-1}) (nach VERWEY und OVERBEEK: loc. cit.)

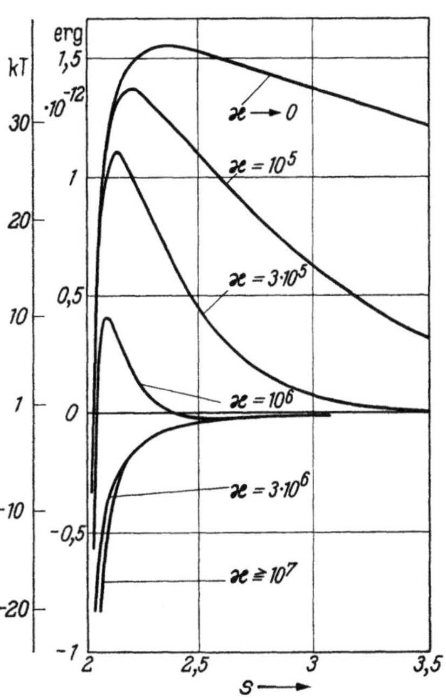

Abb. 70.5. Einfluß der Elektrolytkonzentration ($\varkappa$) auf die totale Wechselwirkungsenergie zweier kugelförmiger Partikeln. ($a = 10^{-5}$ cm, $A = 10^{-12}$ erg, $\psi_0 = 25,6$ mV) (nach VERWEY und OVERBEEK: loc. cit.)

die die Konzentrations- und Wertigkeitsabhängigkeit der Stelle des verschwindenden Potentials V_0 demonstrieren und damit die Erklärung der SCHULZE-HARDYschen Regel geben können. VERWEY und OVERBEEK fanden für $\psi_0 = 100$ mV den Wert $A = 2 \cdot 10^{-12}$ ein Verhältnis der V_2^*-Werte für 1-, 2- und 3-wertige Ionen von 50:2:0,2 m Mol/L, das ist ein Verdünnungsverhältnis von 1:25:250!

Die SCHULZE-HARDYsche Regel selbst, die doch für die verschiedensten Partikelgrößen und -formen, ψ_0-Potentiale und Beobachtungsmethoden (!) einigermaßen gilt (vgl. Tab. 68.II) ist verständlich, wenn man die V^*-Kurven für Platten, größere und kleinere Kugeln usw. betrachtet, die in Abb. 70.6 dargestellt sind. Hier ist nicht $V^* = 0$ gesetzt, sondern ein Wert für V^* gewählt, der den Verzögerungsfaktor der langsamen Koagulation W (vgl. Gl. 69.52) auf den Wert 10 bringt. Weder die Kugel noch die Plattenform oder die Größe der Teilchenradien ändern den Charakter der Kurven wesentlich. Für jede Wertigkeit der ausfällenden Elektrolyte erhält man ein ziemlich dicht beieinander liegendes Bündel von Linien, in welchem nur die Werte für kleine ψ_0 und a herausfallen. Abgesehen von diesen Bereichen ändert sich auch nichts, wenn V^* einen Wert annimmt, der W auf 10^5 bringt. Das bedeutet, daß es ziemlich gleichgültig ist, ob man die Flockungsschwellenwerte für die sofortige Koagulation oder für eine nach einiger Zeit (5 Minuten

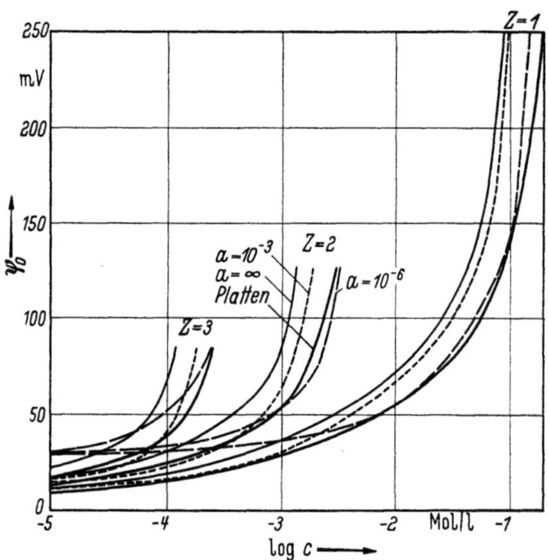

Abb. 70.6. Grenzen der Stabilität (Flockungsschwellenwerte) als Funktion des Potentials und der Elektrolytkonzentration (Abszisse) für eine VAN DER WAALS-Konstante $A = 10^{-12}$ und ein V^* das W nach Gl. (69.51) auf den Wert 10 bringt. Stabilität herrscht in den Bereichen links oben, Instabilität rechts unten von den Kurvenscharen. a = Kugelradius, Z = Wertigkeit der Nebenionen. Nach VERWEY und OVERBEEK: loc. cit.

oder 24 Stunden) einsetzende bestimmt; die SCHULZE-HARDYsche Regel wird kaum davon berührt.

Das ermutigte die näherungsweise für kleine Abstoßungspotentiale von Platten gültige Gl. (11) und Gl. (16) für V^* zu verwenden, also zu schreiben

$$V^* = \frac{64\,n_i\,kT}{\varkappa}\,\gamma^2\,e^{-2\varkappa d} - \frac{A}{48\,\pi\,d^2} \tag{70.21}$$

und die Gleichung für $V^* = 0$ und $dV^*/dd = 0$ zu lösen. Es ergibt sich für die Flockungskonzentration des fällenden Ions n_{i0}

$$n_{i0} = \frac{2^{11}\,3^2\,\varepsilon^3\,(kT)^5\,\gamma^4}{e_0^6\,\pi\,\exp(4)} \cdot \frac{1}{A^2\,z^6} \tag{70.22}$$

für Wasser ($\varepsilon = 78{,}55$ und $T = 25\ ^\circ$C) ist in m Mol/L

$$c_{i0} = 8 \cdot 10^{-22}\,\frac{\gamma^4}{A^2\,z^6}\,. \tag{70.23}$$

Bei hinreichend *hohen* ψ_0 ist $\gamma \sim 1$ und von der Wertigkeit unabhängig. Die Flockungskonzentrationen von 1-, 2- und 3-wertigen Ionen sollten sich also verhalten wie $1 : (1/2)^6 : (1/3)^6$ oder wie $100 : 1{,}6 : 0{,}13$!

Bei *niedrigen* ψ_0-Werten hingegen [vgl. Gl. (10a) für γ!]

$$c_{i0} = \frac{8 \cdot 10^{-22}}{A^2 \, z^6} \left(\frac{z \, e_0 \, \psi_0}{kT} \right)^4 = \frac{8 \cdot 10^{-22} \, (e_0 \, \psi_0)^4}{A^2 \, (kT)^4} \cdot \frac{1}{z^2} , \qquad (70.24)$$

so daß das Verhältnis $1 : (1/2)^2 : (1/3)^2 = 100 : 25 : 11{,}11$ gültig sein sollte.

Zwischen diesen beiden Extremen sollten die experimentell gefundenen Werte liegen, meist liegen sie wesentlich näher der „6. Potenz-Regel", wie sich durch Vergleich mit Tab. 68.II leicht feststellen läßt. Das „zweite Potenz-Verhältnis" kommt vielleicht nur dann ins Spiel, wenn die in der Theorie nicht berücksichtigte Ionenadsorption, d. h. also die Ausbildung von STERNschen Doppelschichten (vgl. § 59) eine Erniedrigung des Oberflächenpotentials herbeiführt.

Von Bedeutung ist nun die Möglichkeit der numerischen Berechnung des Verzögerungsfaktors W der langsamen Koagulation nach Gl. (69.51) mit Hilfe der Gl. (7) und (16) für Platten bzw. (14) und (17) für Kugeln. Man erhält damit die Abhängigkeit der Größe W

$$W = 2 \int\limits_{2}^{\infty} e^{V^*/kT} \, ds/s^2 \qquad (70.25)$$

(mit $s = r/a$) von der Elektrolytkonzentration bei gegebenen äußeren Bedingungen, wie bereits in Abb. 69.3 gezeigt worden ist. Für viele Betrachtungen genügt aber die einfachere Näherung nach REERINK[1] (69.53), worin $V_{\max}$ das Maximum der Funktion $[\exp (V^*/kT)]/s^2$ ist. V^* kann z. B. für kleine gegenseitige Abstände $d = a \, (s - 2)/2$ durch die Gln. (11) und (18) als Funktion von s dargestellt und daraus $V_{\max}$ nach den Regeln der Differentialrechnung ermittelt werden[2].

· Die aus Gl. (69.53) abzuleitende zumindest angenäherte Linearität zwischen $\log \cdot W$ und $\log \cdot c$ ($c = $ Elektrolytkonzentration) ist experimentell bereits von PAINE[3] festgestellt worden. OVERBEEK[4] zeigte in einer Übersicht, daß die Beziehung für eine Reihe von Solen über Konzentrationsbereiche von zwei oder drei Zehnerpotenzen gültig ist, wenn sich auch noch gewisse Unstimmigkeiten zwischen der experimentell gefundenen Neigung der $\log \cdot W - \log \cdot c$ Geraden und der Wertigkeit bzw. der Oberflächenladung ergeben, die möglicherweise auf der Nichtberücksichtigung der Bildung STERNscher Doppelschichten (spezifische Ionenadsorption) beruhen.

Auch ist bei der gesamten Theorie die Rolle der Hydratation nicht berücksichtigt worden, die vor allem in großer Nähe der Partikeln eine wahrscheinlich nicht zu vernachlässigende Viskositätsänderung — und damit eine Änderung von D_1 — verursacht.

---

[1] REERINK, H.: loc. cit. S. 492.

[2] Gl. (69.53) ist insofern heuristisch bedeutsam, als sie einen Zusammenhang zwischen der reaktionskinetischen Formulierung der Geschwindigkeitskonstanten und der Hemmungstheorie der Doppelschicht herstellt. Es ist nämlich nach § 69:

$$k_D = 4\pi \, D_1 \, 2\varkappa \, a \exp \left(- V_{\max}/kT \right) .$$

In der Terminologie der Reaktionskinetik hat somit $V_{\max}$ die Bedeutung einer Aktivierungsenergie und $8\pi \, D_1 \varkappa \, a$ die einer Aktionskonstante. Sowohl $V_{\max}$ als auch $\varkappa$ sind von der Elektrolytkonzentration und -wertigkeit abhängig. Es handelt sich also um einen Fall, wo eine Änderung der Aktivierungsenergie zwangsläufig mit einer Änderung der Aktionskonstanten bzw. der Aktivierungsentropie einhergeht!

[3] PAINE, H. H.: Kolloid-Beih. 4, 24 (1912).

[4] OVERBEEK, in KRUYT: Colloid Science, loc. cit. S. 497.

Geschützte Dispersionskolloide

Wir betrachteten die Anwesenheit von Elektrolyten im Dispersionsmittel bei den ungeschützten Solen nicht als stabilisierenden Faktor, sondern im Gegenteil als Störung, die mit zunehmender Stärke ihre Stabilität herabsetzt. Das ist nicht unbedingt richtig; wenn die Anwesenheit von Ionen notwendig ist, um den kolloiden Partikeln überhaupt erst eine Ladung zu erteilen, so sind sie auch als stabilisierender Faktor anzusehen, wie es z. B. bei den Peptisatoren der Fall ist. Andererseits verhalten sich solche Sole, einmal peptisiert, wie ungeschützte Dispersionen. Der Grund liegt darin, daß die Peptisation immer durch eine spezifische Adsorption zwischen peptisierendem Ion und Partikel zustande kommt, durch das die Partikeln ihre Ladung erhalten, während ein weiterer Elektrolytzusatz nur auf den Aufbau der *äußeren* diffusen Doppelschicht wirkt.

Es ist aber möglich, die *Stabilität* von ungeschützten Solen durch Zusatz bestimmter Substanzen zu *erhöhen*[1], die *spezifisch* an den Solpartikeln gebunden werden. Beispielsweise flockt ein Goldsol erst bei erheblich größeren Elektrolytkonzentrationen aus, wenn es einen Zusatz von Gelatine oder anderen schützenden Substanzen enthält.

Über die räumliche Struktur der schützenden Anordnungen ist bereits in § 66 das Wesentliche gesagt worden. Die Begriffe „Umhüllungs"-Schutz und „Haft"-Schutz (nach THIESSEN) charakterisieren die morphologischen Momente. Durch welche Faktoren die Schutzwirkung molekularphysikalisch zustande kommt, ist allerdings noch nicht zu übersehen. Voraussetzung für die Anlagerung von schützender Substanz an die Partikel (oder umgekehrt) ist das Vorhandensein einer ausreichenden Affinität zueinander, etwa wie sie auch für die Adsorption verschiedenartiger Substanzen an makroskopischen Grenzflächen notwendig ist (vgl. § 54 und § 55). Doch genügt das allein nicht; die Substanz muß auch noch eine größere Affinität zum Dispersionsmittel haben als zu sich selbst, mit anderen Worten gut löslich oder dispergierbar sein, denn sonst würde sie beim Zusammentreffen zweier umhüllter Partikeln diese nur miteinander verkleben. Das bringt es mit sich, daß die Schutzhülle reich an fixiertem Dispersionsmittel sein muß; sie muß stark solvatisiert oder hydratisiert sein, indem sie eine größere Zahl von Dispersionsmittelmolekülen im oder am äußeren Rand der Hülle festhält. Die Wirkung dieser Hydrathülle kann dadurch weit in ihre Umgebung reichen, daß sie dort die Viskosität stark erhöht. Elektrolyte wirken nun nicht mehr im Sinne einer „Entladung", denn auch elektrisch neutrale Substanzen (Gelatine am isoelektrischen Punkt!) besitzen Schutzwirkungen; Elektrolyte wirken nur noch dehydratisierend, indem sie — selbst stark affin gegenüber Wasser — der Schutzsubstanz das Hydratwasser entreißen. Eine Voraussage über die Schutzwirkung einer bestimmten Substanz gegenüber einem bestimmten Dispersionskolloid ist zur Zeit noch nicht

---

[1] Auch den Zusatz solcher Substanzen beim Entstehungsprozeß von Dispersionskolloiden sollte man dazu rechnen, obwohl sich ihre Wirkung dabei im einzelnen vielfach nicht übersehen läßt.

möglich, doch mag die Forderung nach gleichzeitiger Affinität zum Dispersionsmittel und zum Kolloid, das geschützt werden soll, eine vorläufige Richtschnur sein.

Die Schutzwirkung verschiedener Substanzen gegenüber einem bestimmten Kolloid läßt sich nach ZSIGMONDY durch Feststellung der Flockungskonzentration ermitteln[1]. Obwohl an sich diese Werte für jedes Kolloid gesondert bestimmt werden müssen, führte er zur Vereinfachung und Charakterisierung der schützenden Substanz die Messung der durch sie bewirkten Heraufsetzung der Flockungskonzentration von Goldsolen ein. Das ist hier besonders bequem, da sich die Koagulation des roten Goldsols leicht durch den dabei auftretenden Umschlag nach blau oder violett feststellen läßt.

ZSIGMONDY definiert eine *Goldzahl*[2] als diejenige Konzentration der schützenden Substanz in mg pro 10 cm³ Lösung, die den Umschlag eines hochroten Goldsols nach violett durch 1 cm³ 10proz. Kochsalzlösung verhindert. Man gibt zu steigenden Mengen Schutzsubstanz je 10 cm³ des roten Sols (mit 0,05···0,06 g Au/L) schnell zu und nach drei Minuten 1 cm³ der NaCl-Lösung.

In ähnlicher Weise wurde eine Rubinzahl von Wo. OSTWALD[3], von anderen Autoren Silber-, Kohle-, Schwefel-, Preußisch Blau-, As_2S_3- und Eisenoxydzahlen[4] definiert, die alle die Aufgabe haben, die „Güte" der schützenden Substanzen zu kennzeichnen. Wie die Tab. 70.I ausweist, laufen bei einigen Substanzen die Schutzzahlen symbat, bei anderen wieder nicht. Verwunderlich ist dies nicht, da zwischen den jeweiligen Substanzpaaren verschiedene Affinitäten auftreten sollten.

Um sich über die Schutzwirkung einer Substanz gegenüber einem bestimmten ins Auge gefaßten Sols zu vergewissern, ist es immer empfehlenswert, diese experimentell gesondert zu bestimmen[5].

Tabelle 70.I. Schutzzahlen[4]

Hydrophiles Kolloid	Gold-zahl	Silber-zahl	Kohle-zahl	Fe_2O_3-zahl	Berliner-blau-zahl	Schwefel-zahl	As_2S_3-zahl
Gelatine	0,002	0,007	0,03	1	0,01	0,000025	15
Gummiarabicum	0,1	0,25	0,3	5	1	0,005	4
Eieralbumin	0,5	0,3	0,1	3	5	0,005	20
Dextrin	4	20	4	4	50	0,025	20
Seife	1	1	∞	25	0,4	0,006	25
Na-stearat	2	3	∞	23	0,25	0,005	∞
Saponin	23	7	∞	23	0,5	0,003	2
Na-cholat	25	8	7	∞	20	0,5	10

Im allgemeinen wurde die Substanz, die die Schutzwirkung ausübt, als *Schutzkolloid* bezeichnet. Wenn auch viele, vor allem makromolekulare Substanzen gute Schutzwirkung besitzen, halten wir die Verknüpfung der Schutzwirkung mit der kolloiden Natur der Schutzsubstanz nicht für das Entscheidende, besitzen doch die relativ kleinen Moleküle (Molekulargewicht < 1000) der sog. Lysalbin- und Protalbin-

<hr>

[1] ZSIGMONDY, R.: Z. analyt. Chem. **40**, 697 (1901).
[2] ZSIGMONDY, R. u. P. A. THIESSEN: Das kolloide Gold. Leipzig 1925. S. 173ff.
[3] OSTWALD, WO.: Kolloid-Beih. **10**, 179 (1919), auch S. 234ff.
[4] FREUNDLICH, H.: Kapillarchemie II. Leipzig 1932. S. 449.
[5] Eine Zusammenstellung von Schutzkolloiden findet sich bei J. REITSTÖTTER in A. KUHN: Kolloidchemisches Taschenb. 4. Aufl. Leipzig 1953. S. 47ff.

säure (nach C. PAAL[1]) eine ausgezeichnete Schutzwirkung. Ebenso ist die Schutzwirkung der Seifen nicht durch ihre kolloide Natur bestimmt, sondern durch ihre Grenzflächenaktivität gegenüber den zu schützenden Partikeln; sie werden nämlich als Einzelmoleküle oder -Ionen adsorbiert, und zwar aus Lösungen, worin sie selbst noch keine kolloiden Assoziate bilden. Hohe Partikelmolgewichte können eher ungünstig sein, fand doch B. JIRGENSONS[2], daß die Schutzwirkung von Polyvinylpyrrolidon niederen Molgewichts besser war als die der gleichen Substanz mit höherem Molgewicht.

Versucht man die schützenden Substanzen zu ordnen, so findet man etwa die beste Schutzwirkung (kleinste Goldzahlen etwa $1 \cdot 10^{-4}$ bis $1 \cdot 10^{-3}$) für Proteine und deren Abbauprodukte (Gelatine, Leim, Natriumcaseinat, Lysalbin-, Protalbinsaures Na, Albumin, Hämoglobin usw.) dann eine mittlere Wirksamkeit (Goldzahl 0,01 — 0,001) bei natürlich vorkommenden Polysacchariden (Pflanzengummi, Gummiarabicum, Tragant) mit dissoziierbaren COOH-Gruppen, zu der sich aber auch Seifen und andere Detergentien, sowie synthetische Polymere, wie Polyvinylpyrrolidon gesellen, schließlich eine Gruppe (Goldzahl 0,1 — 0,01), zu welcher Stärke, Dextrin, Saponin, Gallensaure Salze usw. gehören. Es ist freilich auffallend, daß die meisten der schützenden Substanzen Kolloide sind; das mag aber daran liegen, daß die Eigenschaft, im gleichen Molekül sowohl Affinitäten zur schützenden Partikel als auch zum Dispersionsmittel zu entwickeln, außer bei den seifenähnlichen Substanzen nur bei relativ großen Molekülen möglich ist.

Die Vorstellungen über den Umhüllungschutz werden gestützt durch elektrophoretische Untersuchungen. Auch entspricht ihr Verhalten gegenüber der fällenden Wirkung von Elektrolyten ziemlich genau dem Verhalten der schützenden Substanz. Ein durch Eialbumin geschütztes Goldsol wird durch die gleiche Elektrolytkonzentration gefällt wie eine — allerdings denaturierte — Eialbuminlösung gleicher Konzentration. FREUNDLICH und ABRAMSON fanden, daß die Wanderungsgeschwindigkeit der Partikeln in Gegenwart der schützenden Substanz vollständig deren Charakter annimmt (vgl. § 60).

Eine weitere Stütze ist der Befund von WILLIAMS und CHANG[3], wonach Schutzwirkung einer Substanz erst dann einsetzt, wenn ihre Menge zur Ausbildung mindestens einer monomolekularen Schicht auf dem Dispersionskolloid ausreicht.

Der Haftschutz von kolloidem Gold an kolloider Zinnsäure nach THIESSEN[4], der die Stabilität des klassischen „CASSIUSschen Goldpurpurs" erklärt, ist wohl ein Fall, der nur bei Schutz*kolloiden* vorkommt — hier ist der Name berechtigt —, da hierzu notwendigerweise stabilisierte oder stabile kolloide Partikeln vorhanden sein müssen, die größer als das zu schützende Sol sind. THIESSEN beobachtete den Effekt außer bei Gold und Zinnsäure auch bei Gold und β-Glutin sowie Gold und

[1] PAAL, C.: Ber. dtsch. chem. Ges. **35**, 2195 (1902).
[2] JIRGENSONS, B.: Makromolekulare Chem. **6**, 30 (1951).
[3] WILLIAMS, H. B. u. L. T. CHANG: J. physic. Chem. **55**, 719 (1951).
[4] THIESSEN, P. A.: Z. Elektrochem. **48**, 675 (1942); Kolloid-Z. **101**, 241 (1942).

Tabakmosaikvirus. (Nicht bekannt ist, ob dieser Mechanismus auch für die Schutzwirkung von Kieselsäure- und Thoriumhydroxydsolen zutrifft.)

Schutzwirkung kennt man bei Aerosolen nicht, wohl aber bei Organosolen. Hier ist es zwar noch schwieriger, Voraussagen über die Wirkungsweise zu machen, doch ist zum mindesten soviel zu erkennen, daß auch wieder Affinitäten zur dispergierten Substanz und zum Dispersionsmittel notwendig sind. Dies ist bei dem Verhalten von Zink-, Magnesium- und Aluminiumseifen am deutlichsten, die in der Lage sind, polare Substanzen in organischen ölartigen Flüssigkeiten in dispergiertem Zustand zu halten; hierbei werden die Seifen mit ihren $Me(OOC)_2$-Gruppen an der polaren Grenzfläche adsorbiert, während ihre Paraffinketten im Dispersionsmittel stecken. Um diese Eigenschaft überhaupt zu entfalten, müssen die Paraffinketten der betreffenden Seifen eine Mindestlänge haben, woraus hervorgeht, daß auch eine Mindestaffinität zum Dispersionsmittel vorhanden sein muß.

Sehr wichtig ist, daß die schützende Umhüllung der Partikeln unter Umständen auch ihre Alterung hemmen kann. Bei Filmen ausreichender Dichte ist der Durchtritt einzelner Moleküle oder Ionen von und zum Dispersionsmittel stark behindert. Beispielsweise kann das relativ gut lösliche $BaSO_4$-Sol durch Casein, vor allem aber Silberhalogenid-Sole durch viele niedermolekulare organische Substanzen, besonders Farbstoffe, vor einer schnellen Alterung geschützt werden.

KOLTHOFF und BOWERS[1] fanden eine Verhinderung der Alterung von AgBr-Solen durch Wollviolett. In vier Wochen wurden die geschützten Partikeln nicht größer, während sie *ohne* Schutz auf den etwa dreifachen Durchmesser ($\sim$27faches Volumen!) anwuchsen. Außerordentlich instruktiv sind die dabei gemachten Beobachtungen über den Austausch von radioaktiven Br^--Ionen zwischen Partikeln und Lösung. Dieser geht sehr rasch (einige Sekunden), durchdringt frisch hergestellte kleine Partikeln infolge reichlich vorhandenen Gitterfehlstellen vollständig, große durch Alterung entstandene Partikeln aber nur in den ersten 20···30 Gitterebenen. Bei Gegenwart von Wollviolett findet ein Austausch aber nur in der Grenzfläche der Partikeln statt, d. h. durch die Wollviolettadsorption wird nicht der Übergang zwischen Grenzfläche und Dispersionsmittel, sondern der zwischen Grenzfläche und Teilcheninnerem behindert.

Die bekannte Hemmung der katalytischen Wirksamkeit von Pt-Solen durch schützende Substanzen wie Gelatine gegenüber dem H_2O_2-Zerfall ist ebenfalls ein Beweis für eine Behinderung des Durchtritts durch die Grenzschicht[2].

§ 71. Emulsionen

Im Sprachgebrauch der Technik versteht man unter Emulsionen Zerteilungen einer Flüssigkeit in einer anderen, die nicht oder nur wenig ineinander löslich sind und äußerlich als milchig getrübte Flüssigkeiten unterschiedlicher Zähigkeit erscheinen. Mit dem Begriff „Emulsion" sind also bereits ganz bestimmte Merkmale und Vorstellungen verknüpft, die, wenn sie genauer betrachtet werden, nur für einen Teil der Systeme

---

[1] KOLTHOFF, I. M. u. R. C. BOWERS: J. Amer. chem. Soc. **76**, 1503 (1954).

[2] Vgl. dazu etwa FREUNDLICH: Kapillarchemie, 4. Aufl. Bd. 2. Leipzig 1932. S. 233, 454, 466 ff.

zutreffen, die man *allgemein* als Emulsionen ansieht. Darunter werden
nämlich irgendwelche Zerteilungen einer Flüssigkeit in einer anderen
verstanden.

Um keine Unklarheiten aufkommen zu lassen, sollen die derart
charakterisierten Systeme als „technische Emulsionen" bezeichnet werden, die zwar den uns hier interessierenden *kolloiden* Emulsionen (Emul-
sionskolloiden, Emulsoiden) verwandt sind, sich aber von ihnen durch
erheblich größere Partikeldimensionen ($\leq 1\mu$) unterscheiden, und eigentlich nicht mehr in das Gebiet der Kolloide gehören (vgl. S. 24).

Ein einfaches, wenn auch grobes Unterscheidungsmerkmal zwischen
beiden ist ihr optisches Verhalten; kolloide Emulsionen sind auch in
größerer Schichtdicke durchsichtig, technische Emulsionen nicht. Ihre
molare Grenzflächenenergie ($\mu_\omega - \mu_0$) ist eine neben μ_0 noch zu vernachlässigende Größe.

Wenn im folgenden von Emulsionen gesprochen wird, so bezieht sich
das immer auf Emulsionen *aller* Partikelgrößen, wenn sie nicht ausdrücklich als „kolloide" oder „technische" bezeichnet werden[1].

Um Emulsionen zu typisieren, hat sich von der technischen Anwendung her der Brauch gebildet, von „Öl in Wasser" — O/W — und von
„Wasser in Öl" — W/O — Emulsionen zu sprechen, da die meisten mit
Wasser *nicht* mischbaren Flüssigkeiten organischen Ursprungs wegen
ihres stark überwiegenden Gehalts an Kohlenwasserstoffen ölartigen
Charakter haben und mit den eigentlichen Ölen (Mineralölen, fetten
Ölen) mischbar sind. Mit dieser Einteilung lassen sich fast alle Emulsionen beschreiben. Ausnahmen sind nur solche aus stark ineinander löslichen Flüssigkeitspaaren — wie etwa Butanol-Wasser in Wasser-Buta-
nol —, die aber sowieso Sonderfälle darstellen.

Reine Emulsionen aus zwei ineinander unlöslichen Komponenten
sind, wie in § 62 theoretisch bewiesen werden konnte, thermodynamisch
instabil; ihre freie Energie pro Mengeneinheit ist gegenüber der makroskopisch ausgedehnten Phase durch ihre Grenzflächenenergie pro Mengeneinheit erhöht, die nur bei sehr kleinen (kolloiden!) Tröpfchen infolge
ihrer freien Beweglichkeit durch eine Verdünnungsarbeit verringert wird.
Zu ihrer Herstellung ist immer Arbeitsaufwand nötig, der aber wegen der
sehr viel kleineren Grenzflächenenergie der Flüssigkeiten im Vergleich
zum Aufwand der Dispergierung fester Stoffe erheblich geringer ist
($\gamma_{fl.fl}$ von Flüssigkeiten ist maximal etwa 50 erg/cm^2, $\gamma_{f,fl}$ von festen
Stoffen 500$\cdots$3000 erg/cm^2). Emulsionen haben dessenungeachtet die
Tendenz, sich als makroskopische Phasen auszuscheiden.

Technische Emulsionen können in bezug auf ihre eigenen Veränderungen als
Zweiphasensysteme mit erhöhter Grenzflächenenergie, in bezug auf Gleichgewichte
mit anderen Zustandsformen ihrer Moleküle als Zweiphasensysteme schlechthin
angesehen werden, da der Beitrag der molaren Grenzflächenenergie z. B. zur Löslichkeit (vgl. § 62 und § 63), zur spezifischen Wärme usw. vernachlässigbar klein ist.

Entstehungs- und Zerstörungsmöglichkeiten sind bei den Emulsionen
theoretisch dieselben wie bei den Dispersionen, in Wirklichkeit wird aber

---

[1] Da technische Emulsionen meist polydispers sind, enthalten sie auch kleine
Partikeln, diese bestimmen jedoch nicht den Charakter der Emulsion.

eine Koagulation und Peptisation niemals beobachtet, da ungehindert sich berührende Tröpfchen sofort zusammenfließen und, wie es heißt, koaleszieren (vgl. Abb. 64.1). Derartige Zusammenstöße führen zur fortlaufenden Vergrößerung der Tröpfchen und schließlich zur Abscheidung.

Zur Herstellung von Emulsionen bedient man sich sowohl der Dispersions- als auch der Kondensationsmethoden; technische Emulsionen werden praktisch ausschließlich durch mechanische Zerteilungen, kolloide hingegen durch Kondensation erzeugt.

Spontane Emulgierung — d. h. die Bildung einer Emulsion ohne äußeres Zutun — tritt bei mischbaren Flüssigkeitspaaren nach LEPKOWSKI[1] in der Nähe der kritischen Entmischungstemperatur auf, wo die Grenzflächenenergie so klein wird, daß in thermodynamischer Sicht der osmotische Arbeitsgewinn — oder statistisch betrachtet: die Schwankungen der Molekülverteilung — zur Tröpfchenbildung ausreichen. Solche Systeme sind aber nur in engen Temperatur- und Konzentrationsgrenzen existenzfähig. Das gleiche, was für zwei mischbare Flüssigkeiten gilt, gilt natürlich auch für eine Flüssigkeit in der Nähe der kritischen Temperatur[2]. Thermodynamisch stabile

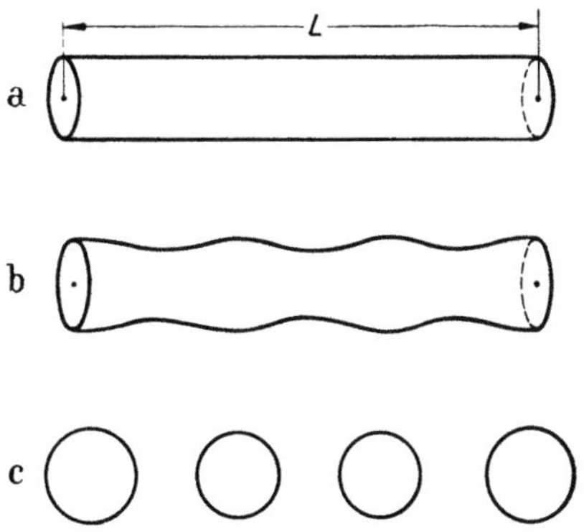

Abb. 71.1. Zerfall eines Flüssigkeitsstrahls, bei dem gelegentliche Einschnürungen zu Tröpfchen führen. Wenn $L \gg r$, ist ihr Volumen $4{,}5\,\pi\,r^3$. Nach W. KUHN (loc. cit.)

Emulsionen sind ein besonderer Fall, der mit den Assoziationskolloiden eng verwandt ist, und dort behandelt werden wird.

Ungeschützte (technische) Emulsionen — also solche mit größeren Teilchen — in ausreichender Konzentration herzustellen, gelingt nur über kürzere Zeit, sie koaleszieren so rasch, daß sie nur als Übergangszustand anzusehen sind. Kolloide Emulsionen ohne besonderen Schutz gleichen etwa ungeschützten Dispersionen fester Substanz, wegen ihrer meist noch geringeren elektrischen Grenzflächenladung ist auch ihre Stabilität geringer als bei diesen.

Zur Herstellung beständiger Emulsionen ist die Hilfeleistung einer Schutzsubstanz, die die Koaleszenz verhindert, so gut wie unerläßlich. Diese sog. *Emulgatoren* werden bei der Zerteilung der Flüssigkeiten fast immer von vornherein zugesetzt. Bei technischen Emulsionen wird die Flüssigkeit[3] meist durch Reibungskräfte zerkleinert. Mit geeigneten

[1] LEPKOWSKI, W. v.: Z. physik. Chem. **75**, 608 (1910).
[2] Vgl. dazu M. VOLMER: Z. physik. Chem. **206**, 181 (1957); **207**, 307 (1957).
[3] Vgl. hierzu C. G. SUMNER: Clayton's Theory of Emulsions. 5. Aufl. London 1954; MANEGOLD, E.: Emulsionen, Heidelberg 1952; als Übersicht: STAUFF, J.: „Emulsionen", in ULLMANNS Enzyklopädie der techn. Chemie. 3. Aufl. 6. Bd. München und Berlin 1955. S. 500ff.; daselbst auch weitere Literatur.

Vorrichtungen erzeugt man möglichst starke Scherkräfte an den Grenzflächen der beiden Flüssigkeiten, und zwar durch

1. Schütteln, Schlagen, Rühren, turbulentes Mischen;

2. Einspritzen einer Flüssigkeit in einer andere;

3. Erzeugen von Vibrationen in der Mischung (Ultraschall).

Zur Erzeugung hoher Reibungskräfte müssen die relativen Fließgeschwindigkeiten so groß sein, daß turbulente Strömung herrscht, d. h. die REYNOLDSsche Zahl ($ud\varrho/\eta$, mit u = Fließgeschwindigkeit, d = effektiver Durchmesser des Rohrs oder Tröpfchens, ϱ = Dichte, η = Viskosität) muß möglichst hohe Werte erreichen[1] Dabei spiel die Viskosität der zu emulgierenden Flüssigkeit eine wichtige Rolle. G. J. TAYLOR[2] setzte einen Flüssigkeitstropfen Scherkräften aus, die durch Reibung mit einer anderen Flüssigkeit durch zwei parallele in entgegengesetzter Richtung laufende Bänder erzeugt wurden. Bei kleiner Viskosität des Tropfens gegenüber der umgebenden Flüssigkeit wird er bei hohen Scherkräften nur zu einem zigarrenförmigen Gebilde mit zwei scharfen Spitzen (im Querschnitt) an beiden Enden deformiert ohne zu zerfallen; werden Viskosität des Tropfens und des Dispersionsmittels von vergleichbarer Größenordnung, so versprüht er in kleinere Tröpfchen, wobei die aufzuwendende Scherkraft um so geringer wird, je größer das Verhältnis der Viskositäten von Tropfen und Dispersionsmittel ist. Am merkwürdigsten ist, daß plötzliches Ausschalten der Scherkräfte den Zerfall der deformierten Tropfen in mehrere kleine hervorruft. Dieser Effekt wird von W. KUHN auf Schwankungserscheinungen zurückgeführt[3].

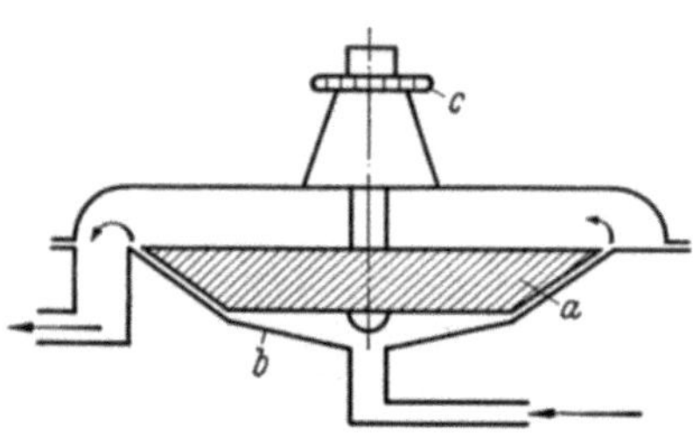

Abb. 71.2. Emulgiermaschine. (Premiermühle)

Emulgiermaschinen durchmischen die Flüssigkeiten möglichst turbulent, sie sind meistens nichts anderes als hochtourige Rührmaschinen, Mixgeräte der modernen Küche, aber auch Spezialgeräte (vgl. dazu SUMNER-CLAYTON, loc. cit.). Beim Einspritzverfahren nach HATSCHEK (1911), das in neuerer Zeit von RICHARDSON[4] eingehender untersucht wurde, wird die zu emulgierende Flüssigkeit aus einer feinen Düse in das Emulsionsmedium eingesaugt oder unter Druck eingespritzt, wobei Zusammenhänge zwischen REYNOLDSscher Zahl des Strahls und der mittleren Tröpfchengröße beobachtbar waren (Abb. 71.1).

Das Durchtreiben bereits hergestellter Emulsionen durch feine Düsen hat den Zweck, die stark untereinander differierenden Tröpfchengrößen auf einen möglichst einheitlichen kleinen Wert zu bringen, sie werden in der Technik als Homogenisatoren[5] häufig benutzt. Ihre Wirkung beruht auch auf der Erzeugung turbulenter Strömungen in der Nähe grober Tröpfchen, welche dadurch zerreißen (Abb. 71.3).

Sehr wirksam sind mechanische Vibratoren, die niederfrequente aber hinreichend stark beschleunigte Flüssigkeitsbewegungen hervorrufen. Auch hier ist es die heftige Turbulenz der Strömung, die die notwendigen Reibungskräfte erzeugt. Bei der Ultraschalleinwirkung wird die Emulgierung hauptsächlich auf die in der Flüssigkeit erzeugten Kavitationen zurückgeführt. Ähnlich wirkt auch die „Dampf-

[1] RICHARDSON, E. G. in Flow Properties of Disperse Systems (Herausgeber J. J. HERMANS) Amsterdam 1953. S. 39ff.
[2] TAYLOR, G. I.: Proc. Roy. Soc. [London], Abt. A **146**, 501 (1934).
[3] KUHN, W.: Kolloid-Z. **132**, 84 (1953); KUHN, W., H. MAJER u. F. BURKHARDT: Z. Elektrochem. **63**, 70 (1959).
[4] RICHARDSON, E. G.: J. Colloid Sci. **5**, 404 (1950).
[5] Vgl. dazu ULLMANNS Enzyklopädie der techn. Chemie. 3. Aufl. 1. Bd. S. 720ff. und desgleichen S. 717ff.

hammer-Methode", bei welcher durch Einleiten von Wasserdampf[1] in gekühltes Wasser kurzperiodische Implosionen der Dampfblasen (Knattereffekt) ähnlich wie durch Ultraschall-Kavitationen starke Schwerkräfte hervorrufen, die ebenfalls emulgierend wirken. Eine Emulgierungswirkung des Ultraschalls ohne Mitwirkung von Kavitationen tritt nach WOOD und LOOMIS[2] nur bei Quecksilber-Wasser-

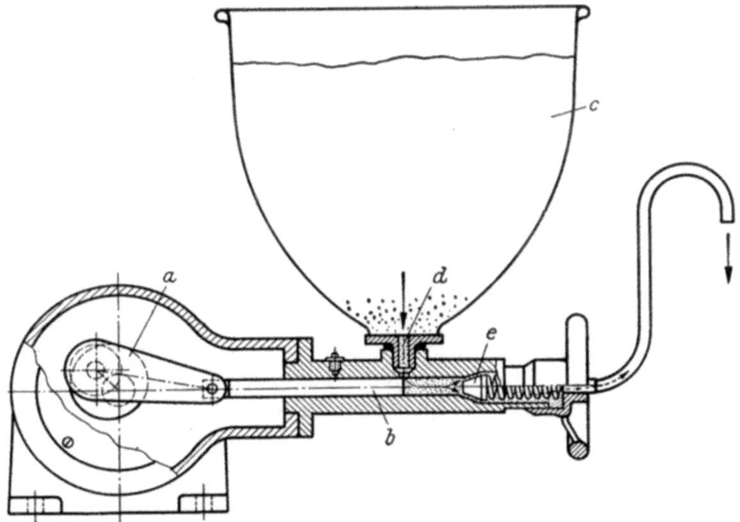

Abb. 71.3. Homogenisiermaschine. (e = Konus, durch den die Emulsion gepreßt wird.) Entn. aus Ullmanns Enzyklopädie d. Techn. Chemie, Bd. 1, S. 723. München 1951, 3. Aufl.

Emulsionen auf. Die Kavitationswirkung erkennt man daran, daß bei einer Entgasung der Flüssigkeiten oder Arbeiten im Vakuum bzw. bei hohen Drucken keine Emulsionen gebildet werden.

Eine Vereinigung der Wirkung von Strömung und Kavitation ist die Ultraschallpfeife von JANOWSKI und POHLMAN[3]. Ein Strahl der zu emulgierenden Flüssigkeit wird in das Emulsionsmittel eingespritzt und trifft dort auf eine Schneide, die er zu Ultraschallschwingungen erregt, wobei eine kräftige Emulgierwirkung auftritt (Abb. 71.4).

Ob beim Verfahren des „unterbrochenen Schüttelns" nach BRIGGS[4] die An- oder Abwesenheit von gelöstem Gas eine Rolle spielt, ist noch ungeklärt. Auf jeden Fall ist es eindrucksvoll, daß eine Emulgierung weitaus besser gelingt, wenn man beim Schütteln im Reagensglas Pausen einlegt.

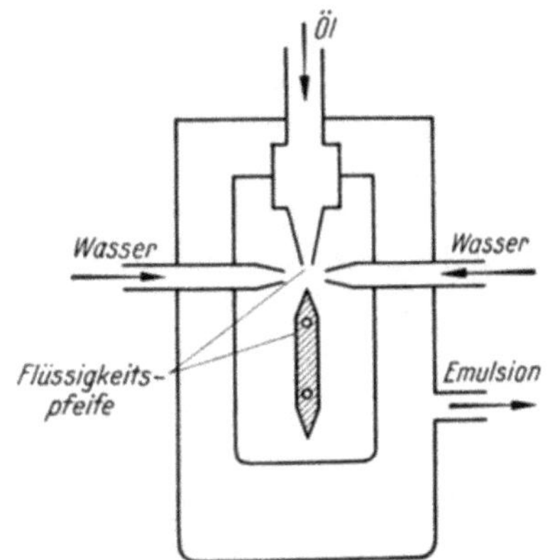

Abb. 71.4. Ultraschallpfeife zur Herstellung von O/W-Emulsionen nach JANOWSKI und POHLMAN (loc. cit.)

[1] URASOWSKIJ, S. S., S. M. KIROWA: Trudy Charkow Khim. Technol. Inst. Nr. 4 10/16 (1944) [Chem. Abstr. 42, 1095 (1948)].

[2] WOOD, R. W. u. A. L. LOOMIS: loc. cit. S. 446.

[3] JANOVSKY, W. u. R. POHLMAN: Z. angew. Phys. 1, 222 (1948).

[4] BRIGGS, T. R.: J. physic. Chem. 24, 120 (1920).

33 Stauff, Kolloidchemie

Wie bei der Dispergierung fester Substanzen ist auch bei der Herstellung von Emulsionen durch Zerkleinerung die Ausbeute an *kolloiden* Partikeln sehr klein, wenn auch vielleicht etwas größer als bei ersteren. Die Verfahren sind wohl zur Herstellung technischer Emulsionen geeignet, zur Gewinnung kolloider Emulsionen muß man entweder den kolloiden Anteil herausfraktionieren oder besser *Kondensations*methoden anwenden.

Für die Kondensation kommen hier nur die Verdünnungs- bzw. Löslichkeitserniedrigungsmethoden in Betracht; chemische Umsetzungen sind ungewöhnlich, da es sich praktisch immer um Emulsionen organischer Flüssigkeiten komplizierter chemischer Struktur — um Öle im weitesten Sinne — und Wasser handelt. Über das Wesen der Methode ist bereits in § 66 alles gesagt worden. Für die Praxis kommt es nur darauf an, Lösungsmittel zu finden, in denen das Öl ausreichend löslich ist, die sich aber gleichzeitig mit Wasser vermischen lassen (oder umgekehrt). Beispielsweise ergibt Paraffinöl in Alkohol gelöst nach Eingießen in Wasser eine O/W-Emulsion. Das Lösungsmittel kann nach Vermischung durch Verdampfen oder Dialyse entfernt werden. Da für das Gelingen der Herstellung aller Emulsionen wie für ihre Beständigkeit die Mitwirkung geeigneter Emulgatoren weitaus wichtiger sind als alle technischen Kniffe der Zerkleinerung und Kondensation ist die Auswahl, Wirkung und Beständigkeit des Emulgators von zentraler Bedeutung.

Wegen der technischen Bedeutung der Emulsionen sind die bekannten Emulgatoren kaum noch zu zählen[1]. Wir müssen uns daher mit der Aufführung einiger Haupttypen begnügen, von denen Tab. 71.I einen Überblick gibt[2].

Die Emulgatoren entscheiden auch — von einigen Ausnahmen der Herstellungsverfahren abgesehen — über den Emulsionstyp. Niedermolekulare Emulgatoren entsprechen in ihrem Aufbau meist der molekularen Konstitution der Seife (vgl. dazu § 74). Besitzen sie vorwiegend hydrophile Eigenschaften, begünstigen sie die Bildung von O/W-Typen, bei vorwiegend lipophilen Eigenschaften die von W/O-Typen (Regel von BANCROFT)[3]. Dagegen gibt es einige mit weniger ausgeprägter Tendenz. Wasserlösliche makromolekulare Emulgatoren bevorzugen O/W-Emulsionsbildung, von öllöslichen Makromolekülen ist allerdings nur wenig im Hinblick auf ihre Emulgatorwirkung bekannt.

Was nun die Rolle des Emulgators anbetrifft, so muß sich dieser, um überhaupt wirksam werden zu können, in der Grenzfläche der beiden Flüssigkeiten anreichern. Durch den Anreicherungsvorgang wird aber schon die Grenzflächenspannung erniedrigt und dadurch ein wesentlicher Teil der mechanischen Emulgierungsarbeit (pro cm^2 gebildeter

---

[1] Vgl. z. B. die Patentzusammenstellung in SUMNER-CLAYTON, loc. cit.

[2] Entnommen aus J. STAUFF: Emulsionen, loc. cit.

[3] A. AUDOUIN und G. LEVASSEUR (Centre des Rech. Scient. industr. et maritimes, zit. nach BERGMANN: Ultraschall, loc. cit.) fanden, daß der entstehende Emulsionstyp bei der Emulgierung durch Ultraschall von der Schallfrequenz abhängt. Bei 187, 240 und 320 kHz bekamen sie O/W- bei 960 kHz W/O-Typen. Bei dazwischenliegenden Frequenzen sollen die W/O-Emulsionen gebrochen werden, nicht aber die O/W-Emulsionen.

Tabelle 71.I[1]

A. *Niedermolekulare Emulgatoren mit überwiegend hydrophilen Eigenschaften*
   Bevorzugter Emulsionstyp O/W
   1. Anionaktive Substanzen
   Seifen (Na, K, NH_4, Morpholin, Triäthanolamin, Na-Laurylsulfat, Na-Cetyl-
   sulfat, Na-Mersolat, Na-2-Äthylhexylsulfat, Na-Xylolsulfonat, Na-Naphthalin-
   sulfonat, Na-Alkylnaphthalinsulfonat, Na-Sulfosuccinat, $R \cdot COOC_2H_4SO_3 \cdot Na$,
   $R \cdot CONHC_2H_4SO_3 \cdot Na$ ($R = C_{17}H_{33}$), Oleyl-lysalbinsaures Na, Oleylprotalbin-
   saures Na, Türkischrotöl, natürliche sulfonierte Öle, Na-Salz von Sulfobern-
   steinsäure-dialkylester, gallensaure Salze, Harzseifen.
   2. Kationaktive Substanzen
   Laurylpyridiniumchlorid, Lauryltrimethylammoniumchlorid, Lauryl-col-
   amin-formyl-methyl-pyridiniumchlorid.
   3. Nichtionische Substanzen
   Polyoxyäthylen-Fettalkoholäther, Polyoxyäthylen-Fettsäureester.
B. *Niedermolekulare Emulgatoren mit vorwiegend lipophilen Eigenschaften*
   Bevorzugter Emulsionstyp W/O
   Mg-Stearat, Mg-Oleat, Al-Stearat, Ca-Oleat, Ca-Stearat, Li-Stearat, Di-, Tri-
   usw. -Ester von Fettsäuren mit mehrwertigen Alkoholen, Cholesterin, Lanolin,
   oxydierte Fette und Öle.
C. *Niedermolekulare Emulgatoren mit weniger ausgeprägter Tendenz*
   Fettsäureester von mehrwertigen Alkoholen und Polyoxyäthylen, Polyoxypro-
   pylen-Fettalkoholäther, Polyoxypropylen-Fettsäureester, Lecithin, Monoester
   von Fettsäuren und mehrwertigen Alkoholen, Triäthylcetylammonium-cetyl-
   sulfat, Laurylpyridiniumlaurat, Chlornitroparaffine.
D. *Hochmolekulare Emulgatoren*
   Albumine, Casein, Gelatine, Eiweißabbauprodukte (Leim), Gummi arabic., Tragant, Agar, Isländ. Moos, Carraghen, Gummigutt, Saponin, Celluloseäther und
   -ester, Polyvinylalkohol, Polyvinylacetat, Polyvinylpyrrolidon.

Fläche gerechnet) vorweggenommen. Diese Voraussetzung ist für eine
Emulgatorwirkung zwar notwendig aber nicht hinreichend[2], auch nicht
die mit der Grenzflächenaktivität eng verknüpfte und hinlänglich
bekannte Doppelaffinität dieser Substanzen, nämlich zugleich lipophil
und hydrophil zu sein (G. S. HARTLEY nannte sie „Amphipathie",
WINSOR „Amphiphilie"). Zwar ermöglicht ihnen diese Eigenschaft, mit
einem Molekülteil in Öl und mit dem anderen in Wasser zu stecken, und
damit einen energetisch günstigen Zustand einzunehmen. Sie sind gegen
Herauslösung aus der Grenzschicht äußerst widerstandsfähig. Doch
sind die *mechanischen* Eigenschaften der von ihnen gebildeten Grenzflächenfilme oder Schutzschichten zumindest ebenso wichtig.

Tröpfchen sind nämlich im Gegensatz zu festen Partikeln deformierbar; würden sie bei einem Zusammenstoß momentan verändert werden,
so könnten dadurch Teile des Schutzfilms verschoben oder zerstört werden und unbedeckte Stellen entstehen, die eine Vereinigung der Tröpfchen ermöglichen. Es ist also notwendig, daß die grenzflächenaktiven
Emulgatoren möglichst zähe und elastische Filme bilden, die mechanischen Veränderungen ausreichenden Widerstand entgegensetzen.

Die Bedeutung der Filmeigenschaften für die Schutzwirkung von Na-Oleat-
Filmen an O/W-Emulsionen wurde von FISCHER und HARKINS[3] nachgewiesen;

---

[1] Aus ULLMANNS Enzyklopädie der techn. Chemie. 3. Aufl. 6. Bd., S. 505.
[2] Man kennt eine Reihe ausgezeichneter sog. Netzmittel, die sich stark in der
Grenzfläche O/W anreichern, aber schlechte Emulgatoren sind.
[3] FISCHER, E. K. u. W. D. HARKINS: J. physic. Chem. **36**, 98 (1932).

Tröpfchen mit kondensierten Filmen waren erheblich stabiler als solche mit „gasförmigen". Daß die Festigkeit der Filme nicht nur in der Filmebene (also tangential zur Tröpfchenoberfläche), sondern senkrecht dazu und dabei die vom Film festgehaltene Hydrathülle von Bedeutung ist, fanden SCHULMAN und COCKBAIN[1]. Die Filme müssen auch in dieser Richtung eine ausreichende Zähigkeit besitzen, um als Schutz zu wirken. Die Zähigkeit normal zur Filmebene läßt sich in der Grenzfläche Wasser—Luft als Filmdruck, bei dem sich ein Konstituent des Films herausquetschen läßt, messen. Trivial ausgedrückt, je leichter der Film eingedrückt werden kann, um so geringer ist seine Schutzwirkung.

Die Praxis benutzt aus Erfahrung meist nicht nur einen einzigen Emulgator, sondern Gemische mehrerer, da sich aus diesen leichter zähelastische Filme bilden.

Durch die Kenntnis des Verhaltens grenzflächenaktiver Substanzen in fl/fl-Grenzflächen und den Eigenschaften ihrer adsorbierten Filme (vgl. § 49) ist man in der Lage, die Anreicherung der Emulgatoren in der Grenzschicht der Tröpfchen als sicheres Faktum anzusehen. Das geht außerdem aus vielen physikalischen Eigenschaften der Emulsionen hervor, z. B. wird ihre elektrophoretische Wanderungsgeschwindigkeit völlig durch die Natur des Emulgators bestimmt; Dodecylsulfat ladet Paraffinöltröpfchen negativ, Dodecyltrimethylammoniumsalz positiv auf, bei Gelatine ist der Ladungssinn vom p_H abhängig, bei ihrem isoelektrischen Punkt ist er Null. Proteine reichern sich in der Tröpfchengrenzschicht an, sie werden dort denaturiert und können durch Abzentrifugieren abgeschieden werden[2].

Analyse der Emulsionen

Durch den Augenschein läßt sich der Typ konzentrierter technischer Emulsionen meist nicht bestimmen, durch einfache Maßnahmen ist es aber leicht möglich. Die Emulsion läßt sich beispielsweise nur mit dem Dispersionsmittel verdünnen. Ein Tropfen einer O/W-Emulsion fließt, mit Wasser in Berührung gebracht, mit diesem zusammen, mit Öl bildet er eine scharfe Begrenzung und umgekehrt. Bei Anfärbung mit öllöslichen Indikatoren (z. B. Sudan III) oder wasserlöslichen (Malachitgrün) lassen sich die Tröpfchen sichtbar machen und im Mikroskop beobachten. Da nur Wasser als Dispersionsmittel stromleitend ist, braucht man nur eine Glimmlampe in Reihe mit zwei Elektroden zu schalten, die man in die fragliche Emulsion taucht; leuchtet sie beim Spannungsanlegen auf, handelt es sich um eine O/W-Emulsion.

Das wichtigste Kennzeichen der Emulsion ist wie bei allen dispersen Systemen, Partikelzahl und -größe. Bei technischen sind diese leicht im Mikroskop oder auf Mikroaufnahmen wie in Abb. 60.6 auszuzählen und auszumessen, ebenso lassen sich Größenverteilungskurven aufstellen. Aus solchen Auswertungen sind auch Veränderungen der Emulsion wie auch ihre Beständigkeit leicht feststellbar, wie das Beispiel der Abb. 71.5 zeigt. Kolloide, optisch durchsichtige Emulsionen, die auch im Ultramikroskop nicht mehr auflösbar sind, können durch die meisten der in Abschn. III aufgeführten Verfahren analysiert werden[3].

---

[1] SCHULMAN, J. H. u. E. G. COCKBAIN: Trans. Faraday Soc. **36**, 651 (1940).

[2] Besonders elegant wurden von H. DEVAUX (C. R. hebd. Séances Acad. Sci. **202**, 1957 (1936)) die Proteinschichten auf Emulsionströpfchen sichtbar gemacht und sogar deren Dicke gemessen. Von ihm wurde bestimmt, daß Albumin auf Benzol $0,9 - 2,2 \cdot 10^{-7}$ cm dicke Filme bildet.

[3] Besonders geeignet ist die Methode der Lichtstreuung. Da in diesen Fällen der Brechungsindex der dispergierten Substanz direkt gemessen werden kann, ist die Anwendung der RAYLEIGHschen Theorie möglich. Messungen an größeren Partikeln müssen nach der MIEschen Theorie ausgewertet werden.

Die Eigenart der Emulsion, aus zwei Komponenten nicht miteinander mischbarer Flüssigkeiten zu bestehen, führt dazu, daß die dispergierte (emulgierte) Substanz und das Dispersions(Emulsions)mittel je nach der Konzentration ihre Rollen vertauschen können. Benzol läßt sich z. B. mit Natriumstearat bis zu 50% als O/W-Emulsion herstellen, bei 75···95% Benzolgehalt entstehen aber W/O-Typen[1]. Diese Erscheinung wird als *Phasenumkehr* bezeichnet. Sie wird weitgehend durch die Eigenart des Emulgators gesteuert. Im angeführten Beispiel lassen sich

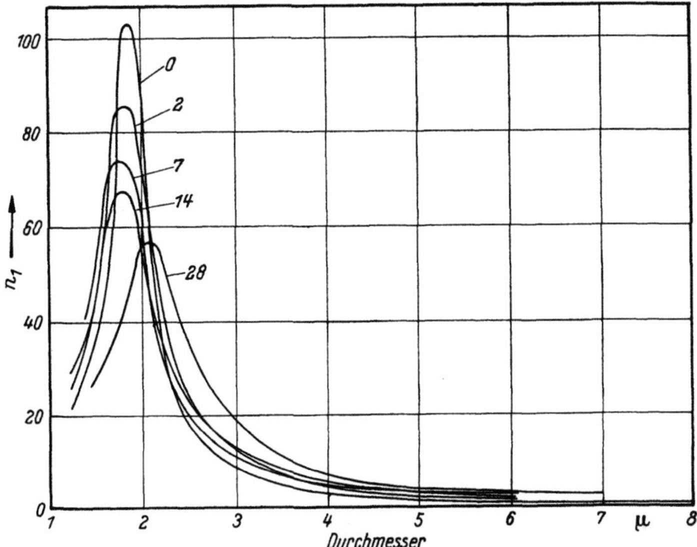

Abb. 71.5. Größenverteilung einer stabilisierten Emulsion nach verschiedenen Zeiten. (Angeschriebene Zahlen bedeuten Tage) n_1 = Anteil der Tröpfchen mit einem Durchmesser kleiner als der entsprechende Abszissenwert. Nach JELLINEK und ANSON: J. Soc. Chem. Ind. (London) 69, 229 (1950)

durch Erhöhung der Na-Stearatkonzentration auch noch bis 75% O/W-Emulsionen herstellen. Eindrucksvoller ist die Phasenumkehr, die bei durch Alkaliseifen stabilisierten O/W-Emulsionen einsetzt, wenn man Mg^{2+}- oder Ca^{2+}-Ionen zugibt; der Umschlag setzt dabei bei einem bestimmten Me^{2+}/Me^{+}-Verhältnis ein. Die hydrophile Alkaliseife begünstigt den O/W-Typ, die hydrophobe — praktisch unlösliche und nicht ionisierte — Erdalkali-Seife den W/O-Typ.

Obwohl die Stabilität kolloider Emulsionen fast ausschließlich eine Frage der Hemmung ihrer Koaleszenz ist, muß bei technischen Emulsionen auch noch das *Aufrahmen* berücksichtigt werden, das sich als Folge der großen Tröpfchendurchmesser nicht vermeiden läßt. Wegen der meist geringeren Dichte des „Öls" steigen die Tröpfchen nach oben, daher enthalten viele technische Emulsionen Zusätze, wie Agar, Pflanzengummi, Stärke usw., die das Aufrahmen einfach durch Erhöhung der Viskosität des Emulsionsmittels abbremsen sollen.

---

[1] WELLMAN, V. E. u. H. V. TARTAR: J. physic. Chem. **34**, 379 (1930).

Solange eine aufgerahmte oder abgesetzte Emulsion durch einfaches Umschütteln oder Rühren wieder in ihren alten Zustand überführt werden kann, geht es noch an, die höhere Tröpfchenzahl je Volumeneinheit im Rahm führt aber häufig zu verstärkter Koaleszenz und damit zu einer Veränderung der Größenverteilung der Tröpfchen[1].

In der Technik treten auch unerwünschte Emulsionen auf, die man beseitigen möchte, was als „Brechen" bezeichnet wird. Solche Emulsionen, wie die des Erdöls, des Kondenswassers von Dampfmaschinen, der Kautschuklatex, des Milchrahms oder des Bitumens sind von Natur aus hervorragend durch dritte Substanzen stabilisiert. Bei ihnen kommt es darauf an, die Stabilisierung zu zerstören. Manchmal genügen mechanische Einwirkung, wie das Schütteln und Schlagen bei der Butterherstellung, dabei werden die stabilisierenden Proteinfilme zerrissen, eine ähnliche Wirkung hat auch Ultraschall. COTTRELL[2] wandte starke elektrische Felder zur Zerstörung der W/O-Emulsionen des Petroleums an, über dessen Wirkungsweise — Bildung von Perlschnüren — bereits auf S. 479 berichtet wurde. In der Technik wird eine Unzahl von Maßnahmen vorgeschlagen, um Emulsionen jeden Typs durch Zusätze zu zerstören. Diesen Verfahren liegt meistens der Gedanke zugrunde, solche Substanzen in der Grenzschicht der Tröpfchen zu adsorbieren, die entweder den Emulgator daraus verdrängen und selbst nicht als Emulgator wirken, oder den Emulgator zu neutralisieren. Wenn beispielsweise ein den O/W-Typ begünstigenden Emulgator vorliegt, kann man die Emulsion dadurch brechen, daß man einen den W/O-Typ begünstigenden Emulgator zusetzt[3]. Herstellung und Zerstörung von Emulsionen sind beides Gebiete von erheblicher Bedeutung für die technische Praxis.

Es seien kurz aufgezählt: Milch und Milchprodukte, Margarine, Kautschuklatex, Schmälzemulsionen der Textilindustrie, Schmierfette, Harzemulsionen, Bitumenemulsionen, Reinigungs- und Poliermittel, Salben, Kosmetika, Nahrungs- und Genußmittel.

Von biologischer Bedeutung sind die Emulgierungsvorgänge von Fetten im Verdauungstrakt durch Gallenbestandteile (gallensaure Salze usw.) und der Transport lipoider Substanzen im Blutkreislauf, die beim Nichtfunktionieren zu gefürchteten Kreislaufstörungen führen können.

Wenn man die experimentell festgestellten Größenverteilungskurven der verschiedenen O/W-Emulsionen vergleicht, findet man, daß sie immer vom gleichen Typ wie die in Abb. 71.6 dargestellten Kurven sind. Es war daher zu vermuten, daß diese Verteilung als Art stationärer Zustand anzusehen ist, der sich bei der Herstellung einstellt, ähnlich wie es auch für den Mahlvorgang fester Stoffe von ROSIN und RAMMLER [vgl. § 65, Gl. (65.1)] gefunden wurde. Von BEZEMER und SCHWARZ[4] wurde auf statistischem Wege eine Verteilungsfunktion abgeleitet, die die Verteilung sowohl für O/W- als auch für W/O-Typen recht gut wiedergibt und in Abb. 71.6 dargestellt ist. Es soll gelten:

$$v_x = V\, e^{(a/X) - (a/x)} \qquad (71.1)$$

---

[1] Unter Umständen — wie z. B. bei der Konzentrierung von Kautschuk-Latex — ist auch ein besseres und schnelleres Aufrahmen erwünscht, dann können Zusätze hydrophiler, hochmolekularer Substanzen diese unter Umständen beschleunigen. VAN GILS, G. E. u. G. M. KRAAY: Advanc. Colloid Sci. Vol. I. New York 1942.

[2] COTTRELL, F. G.: Trans. Amer. Inst. Mining metallurg. Engr. **65**, 456 (1921).

[3] Übersicht über weitere Methoden bei CLAYTON: loc. cit.; STAUFF: loc. cit.

[4] BEZEMER, C. u. N. SCHWARZ: Kolloid-Z. **146**, 145 (1956).

(v_x = Volumenanteil der Partikeln bis zum Durchmesser x, V = Gesamt-volumen, X = größter beobachteter Partikeldurchmesser der Emulsion, x = Durchmesser, a = charakteristischer Durchmesser).

Auffallend ist der steile Abfall der Tröpfchenradien zu kleineren Werten, was die Erfahrung zum Ausdruck bringt, daß die Gewinnung wirklich *kolloider* Emulsionen schwierig ist, zum mindesten solange es sich um solche handelt, die nicht besonders geschützt sind. Zum Teil mag die Kurvenform auch dadurch bedingt sein, daß die kleinen Tröpfchen mikroskopisch nicht mehr sichtbar sind, ultramikroskopische oder

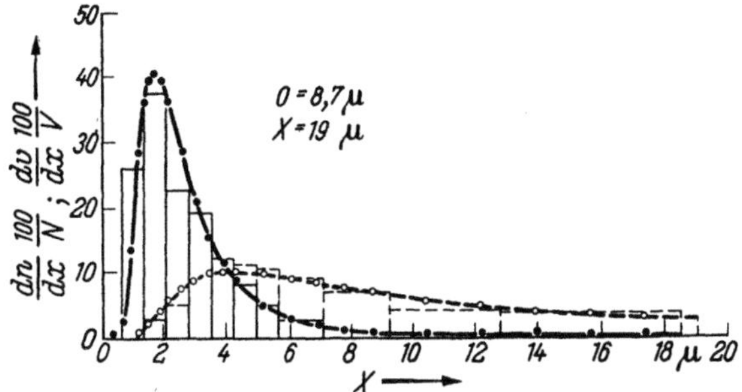

Abb. 71.6. Nach Gl. (71.1) berechnete (Kurven) und gefundene (Kästchen) Häufigkeitsverteilung der Tröpfchengrößen einer Emulsion (nach BEZEMER und SCHWARZ: loc. cit.)

andere Bestimmungen aber nicht vorgenommen werden. Wenn auch die Kurven durch statistische Gesetzmäßigkeiten beschrieben werden können, ist damit noch nichts über die eigentlichen physikalischen Ursachen des Auftretens gerade solcher Verteilungen ausgesagt.

§ 72. Gasdispersionen und Schäume

Von wirklichen kolloiden Gasdispersionen mit Partikeln $< 300\ \mathrm{m}\mu$ Durchmesser ist nur sehr wenig bekannt, da ihre Untersuchung gewisse Schwierigkeiten bereitet und ihnen allgemeineres Interesse kaum entgegengebracht worden ist[1].

Bei Gasdispersionen ist als Besonderheit zu beachten, daß wegen Gl. (47.18) in den Bläschen bei normalen Grenzflächenspannungen erhebliche Drucke auftreten können. Da $\varDelta p = 2\gamma/r$ ist, erhält man mit $\gamma = 70\ (\mathrm{H_2O})$ folgende Werte:

Wenn in kolloiden Gasbläschen derartige Drucke auftreten, ist das Gas auch nicht mehr angenähert als ideal anzusehen, da dann möglicherweise andere

r	p
$1\ \mu$	1,38 Atm.
$100\ \mathrm{m}\mu$	13,8 ,,
$10\ ,,$	138 ,,

Grenzflächenspannungen auftreten, werden die Verhältnisse schwer übersehbar. Auch die wirksamsten grenzflächenaktiven Substanzen setzen bei Wasser die Werte für γ höchstens auf $7 \cdots 10$ dyn/cm herab,

---

[1] Vgl. R. AUERBACH in Kolloidchem. Tb. (Hrsgb. A. KUHN) 4. Aufl. Leipzig 1953. S. 397ff.; dortselbst auch weitere Literatur.

so daß immer noch mit dem zehnten Teil der Tabellenwerte zu rechnen ist.

Die Instabilität solcher Gasdispersionen dürfte weniger auf einer Vereinigung der Gasblasen zurückgeführt werden; diese ließe sich durch geeignete evtl. geladene Schutzfilme in der Grenzfläche ebenso gut verhindern wie bei Emulsionen. Sie verschwinden vielmehr sehr schnell durch Alterung, da die Löslichkeit inerter Gase in Flüssigkeiten — die auch normalerweise nicht gar so klein ist — durch den erhöhten Druck in den Bläschen ganz erheblich gesteigert wird, und zwar proportional

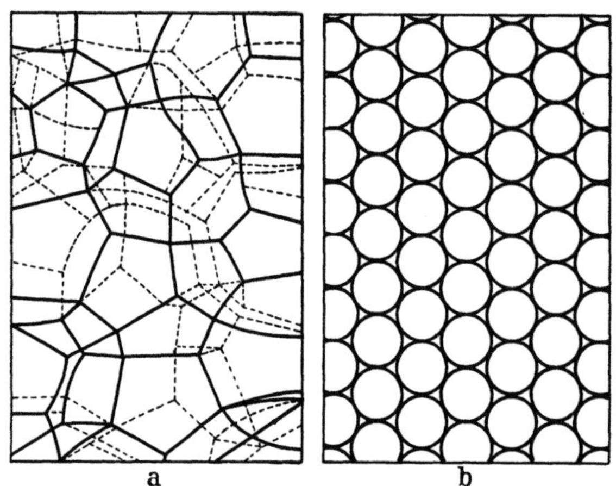

Abb. 72.1. Schaumtypen nach MANEGOLD (loc. cit.) a) Polyederschaum, b) Kugelschaum (dichteste Kugelpackung)

Δp, also umgekehrt proportional zu r. Bei polydispersen Systemen — und um solche kann es sich wohl überhaupt nur handeln — wird deswegen der auf S. 468 eingehend beschriebene Mechanismus der Diffusion von kleineren zu größeren Partikeln einsetzen, die dann bald so groß werden, daß das System zerstört wird. Einige Zeit beständige Systeme lassen sich aber durch grenzflächenaktive Zusätze herstellen.

Gasdispersionen mit Bläschen, die größer sind als kolloide Partikeln, sind natürlich weit verbreitet, sie besitzen eine gewisse Verwandtschaft mit den Emulsionen und werden als „Schaum" bezeichnet. MANEGOLD[1] unterscheidet Kugelschaum und Polyederschaum. Der erstere besteht aus kugelförmigen Bläschen, die durch das Dispersionsmittel voneinander getrennt sind, bei letzterem — oberhalb der Grenze der dichtesten Kugelpackung von 74% des Volumenanteils der Kugeln — grenzen die Blasen so dicht aneinander, daß sie deformiert werden. Das Kontinuum der Flüssigkeit zieht sich zu Lamellen zusammen und es entstehen mehr oder weniger wabenähnliche Gebilde, die man als den eigentlichen Schaum bezeichnet (vgl. dazu Abb. 72.1a und b). Dieser Schaum ist in den meisten Fällen wenig beständig, die in ihm enthaltene Flüssigkeit hat die Tendenz, ihre Oberfläche zu verkleinern und

---

[1] MANEGOLD, E.: Schaum. Heidelberg 1953.

das System zu zerstören, Erhöhung der Beständigkeit des Schaums kann nur durch Hemmung seiner Selbstzerstörung erreicht werden.

Die Erzeugung von Schaum durch Einblasen von Luft, gegebenenfalls durch feine Düsen, Fritten oder durch Schlagen, Rühren und Vibrationen gelingt nicht in reinen Flüssigkeiten, sondern nur bei Anwesenheit bestimmter grenzflächenaktiver Substanzen. Günstig ist die Bildung möglichst kondensierter Filme an der Grenzfläche g/fl, wofür viele Paraffinkettensalze, Proteine, aber auch Saponine geeignet sind.

Die Schaumlamellen des Seifenschaums bestehen aus der bekannten „Bütterbrot"-Anordnung, in denen die lipophilen Kohlenwasserstoffreste zur Luftseite und die hydrophilen Reste zur Wasserseite gerichtet sind, wobei mehrfache solcher Doppelschichten entstehen können. PERRIN[1] beobachtete im Mikroskop Schichtenstrukturen in Seifenschaumlamellen, die aus multimolekularen Seifenfilmen bestehen.

Die Existenz des „Polyederschaums" hängt — über lange Zeit gesehen — davon ab, wie fest er seine Flüssigkeit halten kann. Der Flüssigkeitsverlust nimmt mit der Zeit nach einem Exponentialgesetz zu. Die Lamellen werden dabei immer dünner und zeigen Interferenzfarben, wenn sie eine Dicke von $200 \cdots 600$ mμ erreicht haben, die dünnsten von PERRIN gemessenen Lamellen sind 44 Å dick, was etwa der doppelten Kettenlänge der verwendeten Seifenmoleküle entspricht.

Nach GIBBS[2] verhalten sich Schaumlamellen wie elastische Membranen, wenn sie kurzzeitigen Beanspruchungen ausgesetzt werden. Bei einer plötzlichen Vergrößerung der Lamellenoberfläche sinkt die Konzentration der adsorbierten Substanz in der Grenzfläche; da hierdurch die Grenzflächenspannung steigt, wird diese die Vergrößerung rückgängig zu machen versuchen. Bei einer Verkleinerung steigt die Grenzflächenkonzentration an und die Grenzflächenspannung sinkt. Die Begrenzungen der Lamelle besitzen aber noch ihre ursprüngliche Spannung und haben das Bestreben, diese in ihre ursprüngliche Form zurückzuziehen. Dieser Mechanismus ist nur dann möglich, wenn die Deformationen schnell ablaufen, bei denen die gelöste grenzflächenaktive Substanz keine Zeit hat, in die vergrößerte Lamellengrenzfläche hinein oder aus der verkleinerten heraus zu diffundieren. Bei langsamen Veränderungen — vor allem bei Gleichgewichtszuständen —, wo keine Änderungen der Grenzflächenspannung durch Vergrößerung der Grenzfläche auftreten können, ist der Mechanismus natürlich nicht gültig. Da aber die Diffusion in die Grenzfläche langsam verläuft[3], ist der Effekt doch merklich. Die Elastizität hängt nach DERVICHIAN von einem Quotienten ab, der im Zähler die Diffusionsgeschwindigkeit der Substanz in die Grenzfläche und im Nenner die Änderung der Grenzflächenspannung mit der Grenzfläche (bei plötzlicher Änderung) enthält.

Bei Bildung zähelastischer Filme in der Grenzfläche, wie sie denaturierte Proteine oder Saponine erzeugen, gelten andere Mechanismen, hier ist die Festigkeit und Viskosität des Films für die Beständigkeit des Schaums ausschlaggebend.

---

[1] PERRIN, J.: Kolloid-Z. **51**, 3 (1930).
[2] GIBBS, J. W.: Collected Works. Bd. 1. Yale Univ. Press 1928.
[3] Vgl. D. G. DERVICHIAN: Z. Elektrochem. **57**, 290 (1955).

§ 73. Stabilität von Schaum und Emulsionen

Die zentrale Frage bei der Beschreibung der physikalisch-chemischen Eigenschaften von gasförmigen und flüssigen Zerteilungen in Flüssigkeiten ist die nach ihrer Stabilität.

Wenn auch die Stabilität der ungeschützten Systeme in gleicher Weise auf der Hemmung durch elektrische Doppelschichten wie bei festen Dispersionen beruhen kann, tritt eine gewisse Modifikation ein, wenn sich innerhalb des Tröpfchens ebenfalls eine diffuse Doppelschicht etwa durch die hinreichende Löslichkeit des Elektrolyten in der O-Phase ausbilden kann. Der Fall ist von VERWEY[1] behandelt worden. Er besitzt möglicherweise Bedeutung bei Flüssigkeitspaaren, die zum großen Teil ineinander löslich sind wie beispielsweise Butanol—Wasser.

Im Mittelpunkt des Interesses stehen aber hier nicht die ungeschützten, sondern die geschützten Systeme, weshalb wir uns hauptsächlich mit dem Schutzmechanismus beschäftigen wollen. Die relativ frühzeitige Kenntnis von dessen Bedeutung hat es mit sich gebracht, daß hierüber unvergleichlich mehr Untersuchungen und Überlegungen angestellt worden sind als bei festen Dispersionen. Das meiste hiervon betrifft wieder die niedermolekularen stark grenzflächenaktiven Substanzen, die in ihrer Eigenschaft als Emulgatoren auch von technischem Interesse sind. Aus heuristischen Gründen möge aber die Stabilisation durch fein- oder grobdisperse *feste* Stoffe zuerst erörtert werden.

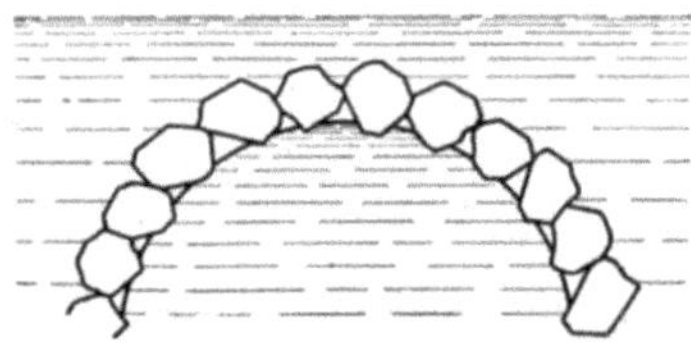

Abb. 73.1. Schutz eines Tröpfchens durch feste Partikeln, die am weitesten in diejenige Flüssigkeit hineinragen, die am besten benetzt. Nach K. L. WOLF: Physik u. Chemie d. Grenzflächen, Bd. I, S. 233. Berlin 1957.

Wenn die Anreicherung fester unlöslicher Partikeln in der Grenzschicht eines im Vergleich damit größeren Bläschens oder Tröpfchens wie in Abb. 73.1 gelingt, ist damit ein Schutzwall hergestellt, dessen Wirkungsweise sich von selbst versteht. Die Vereinigung zweier solcher Gebilde ist einfach durch die gegenseitige mechanische Behinderung der festen Partikeln nicht möglich.

Ob sich feste Partikeln in der Grenzfläche g/fl oder fl/fl aufhalten können, ist eine Frage ihrer Benetzbarkeit. Bei g/fl-Systemen muß der Randwinkel Θ der Benetzung der Bedingung $\pi/4 > \Theta > 0$ genügen, während bei fl/fl-Systemen $\pi/2 > \Theta > 0$ ausreichend ist. In allen diesen Fällen ist der Aufenthalt in der Grenzschicht energetisch günstiger als im Phaseninnern. Dadurch ist die Festpartikel gegen ein etwaiges Herausholen aus der Grenzschicht gesichert. Deformationen der Bläschen oder Tröpfchen sind kaum geeignet, eine Instabilität hervorzurufen, wenn sich die Schutzpartikeln auch etwas verschieben können.

RAMSDEN[2] wies darauf hin, daß der Randwinkel bei dieser Art Stabilisation den Emulsionstyp bestimmen kann. Die festen Partikeln ragen immer weiter in diejenige Flüssigkeit, durch die sie am besten

---

[1] VERWEY, E. J. W.: Trans. Faraday Soc. **36**, 192 (1940).

[2] RAMSDEN, W., in W. CLAYTON: The Theory of Emulsions and Their Technical Treatment. 3. u. 4. Aufl. London 1935—1943.

benetzt werden, dadurch entsteht eine Krümmung konvex zu ihr, wie es Abb. 73.1 darstellt. Die besser benetzende „Phase" ist immer das Dispersionsmittel.

In ähnlicher Weise kann man sich auch die Schutzwirkung der niedermolekularen Emulgatoren vom Seifentyp vorstellen. Die starke Grenzflächenaktivität dieser Substanzen beruht auf ihrem besonderen Molekülbau, durch den eine Anreicherung in der Grenzschicht und eine Ausbildung von Bürstenstrukturen ermöglicht wird[1]. Diese Anordnung besitzt insofern Ähnlichkeit mit den festen Schutzpartikeln, als die Emulgatormoleküle sowohl in die W-Phase als auch die O-Phase (bzw. Gas-Phase) hineinragen. Im Gleichgewicht ist auch ihr Aufenthalt in der Grenzschicht energetisch begünstigt, ein Versuch, sie dort herauszuholen, würde Arbeitsaufwand erfordern [quantitativ beschreibt dies Gl. (58.11)]. Ihre Grenzflächenkonzentration ist entsprechend der GIBBS-LANGMUIRschen Gleichung oder einer analogen Beziehung von der Konzentration der gelösten Substanz abhängig und kann auch wegen der Eigenart der Seifensubstanzen (Bildung von Assoziaten) bestimmte Grenzwerte nicht überschreiten, was in § 74 und § 75 näher dargelegt werden wird. Substanzen mit längerer Paraffinkette (etwa $> C_8$) bilden an der Grenzfläche g/f kondensierte Filme von ziemlich dichter Packung, was jedoch an der Grenzfläche fl/fl fraglich ist. Zur Koaleszenz zweier derartig mit Widerborsten ausgestatteten Bläschen oder Tröpfchen müßte bei beiden eine blanke, „borstenfreie" Stelle entstehen, an welcher sich die Bläschen berühren und gegebenenfalls ineinander fließen könnten.

Die Entstehung „blanker" Stellen kommt sicherlich nicht durch Zusammenstöße zweier Tröpfchen zustande, deren relative Bewegungen auf der Verbindungslinie ihrer Kugelmittelpunkte liegt. Obwohl schwachgeladene Teilchen sich weitgehend nähern könnten, könnte der Schutzfilm höchstens eingedrückt werden, was bei flexiblen Filmen wenig wahrscheinlich, höchstens bei starren festen Filmen möglich sein sollte. Wenn sich die stoßenden Tröpfchen aber nur mehr oder weniger streifen oder beide Tröpfchen relativ zueinander (im gleichen Sinne) rotieren, können die Filme in der Grenzfläche zusammengeschoben oder sogar regelrecht abgeschürft werden. Bei den großen Tröpfchen technischer Emulsionen ist die BROWNsche Translationsbewegung nur sehr klein, nicht so sehr dagegen die Rotation. Gegenseitige Filmverschiebungen können hier vielleicht hauptsächlich durch Rotationen hervorgerufen werden. Ein weiterer von ROBINSON[2] vorgeschlagener Mechanismus besteht darin, daß sich gleichgeladenen Filmionen nicht kondensierter Filme bei der Annäherung zweier Tröpfchen auf der Seite, die ihrem Berührungspunkt entgegengesetzt ist, zusammendrängen. Es entsteht bereits vor der Berührung eine „blanke" Stelle, an der die Tröpfchen koaleszieren könnten. Dies kann erklären, warum filmbildende Moleküle möglichst ineinander verfilzt und verhakt sein sollten.

Die Erzeugung blanker Stellen erfordert in jedem Falle Arbeitsaufwand. Wird der Film beiseite geschoben, muß gegen den Filmdruck die Arbeit $(\gamma_0 - \gamma) \, \Delta\Omega$ geleistet werden.

Ob Deformationen bei der Koaleszenz eine Rolle spielen, ist nicht geklärt, es ist denkbar, daß bei einer Grenzflächenvergrößerung die Filmdichte kleiner wird und

---

[1] Obwohl die experimentellen Daten über einen einwandfreien Nachweis der Existenz monomolekularer Filme in der Grenzfläche O/W nur spärlich sind, [vgl. HUTCHINSON (Monomolecular Layers, Am. Ass. Advancem. Sci. Washington D. C. 1951)] muß ihr Aufbau wegen des analogen Verhaltens monomolekularer Filme an der Grenzfläche G/W diesem ähnlich sein.

[2] ROBINSON, C.: Trans. Faraday Soc. **32**, 1424 (1936).

dadurch „blanke" Stellen entstehen könnten. Bei jeder Deformation kugeliger Gebilde wird die Gesamtgrenzfläche vergrößert, die hierfür aufzuwendende Arbeit ist, wenn die Vergrößerung $\Delta\Omega$ beträgt: $\int \gamma_j \, d\Omega$. Da aber mit zunehmender Grenzfläche die Grenzflächenkonzentration kleiner wird, muß γ entsprechend Gl. (48.12) größer werden. Bei *schneller* Vergrößerung der Grenzflächen erwirbt γ die Eigenschaft einer elastischen rücktreibenden Kraft[1], aber nicht im Gleichgewicht bei unendlich langsamer Deformation. Bläschen und Tröpfchen setzen daher schnellen Deformationen einen elastischen Widerstand entgegen, wenn in ihrer Grenzschicht gelöste Substanzen angereichert sind (vgl. auch § 72).

Dieses Bild macht verständlich, weshalb starre feste Filme weniger als Schutz geeignet sind als flüssige, da sie zerbrochen und schollenartig übereinander geschoben werden können[2].

Behält man das Bild des für die Entstehung blanker Stellen maßgeblichen streifenden Zusammenstoßes bei, wird auch verständlich, warum für die Emulgatorwirkung die Filmviskosität von Bedeutung ist.

Versucht man einmal einen Film niedriger Viskosität und ein anderes Mal einen hoher Viskosität aber gleichen Filmdrucks zu komprimieren, so setzen beide Filme der Kompression den gleichen Widerstand entgegen, wenn sie äußerst langsam vonstatten geht. Bei plötzlicher schneller Kompression hingegen leistet der höherviskose einen unter Umständen erheblich größeren Widerstand als der niedrigviskose, da dabei Reibungskräfte zu überwinden sind, die der jeweiligen Fließgeschwindigkeit (hier der Kompressionsgeschwindigkeit) proportional sind. Streifende Zusammenstöße der Tröpfchen sind aber nichts anderes als schnelle Kompressionen des Films, es leuchtet unmittelbar ein, daß er sich um so schwieriger beiseite schieben läßt, je größer seine Viskosität ist. Nach alledem sollten somit Filme hohen Filmdrucks und hoher Viskosität die beste Schutzwirkung ausüben.

Wie steht es aber mit der Ladung der Tröpfchen? Bei geschützten Emulsionen wird zwar die Stabilität durch höhere Ladungen erhöht, durch geringe aber nicht aufgehoben[3]. Nach SCHULMAN und COCKBAIN[4] spielt die Ladung die Hauptrolle bei der Bestimmung des Emulsionstyps; geladene Filme (mit der Ladung in der wässerigen Phase) sollen O/W-Typen, ungeladene jedoch W/O-Typen verursachen, wobei der Filmtyp von flüssig zu fest wechseln soll.

Dies führt sofort zur Frage, welcher Mechanismus einen *bestimmten* Emulsionstyp stabilisiert. Wir haben bereits erörtert, daß es ähnlich gebaute niedermolekulare Substanzen gibt, die einmal O/W-, ein anderes Mal W/O-Typen erzeugen. Bis jetzt existiert keine allen Beobach-

---

[1] Vgl. GIBBS: loc. cit. S. 521.

[2] Vgl. W. D. HARKINS: Physical Chemistry of Surface Films. New York 1952.

[3] Obwohl das ζ-Potential von durch geladene grenzflächenaktive Substanzen — wie Na-Dodecylsulfat — stabilisierten Emulsionen bei Elektrolytzusatz erheblich erniedrigt wird, ändert sich die Stabilität wie A. KING und G. W. WRZESZINSKI [Trans. Faraday Soc. **35**, 741 (1939)] nachweisen konnten, solcher Emulsionen kaum. Das gleiche gilt für solche, die mit Dodecylpolyglycoläther — also einer nichtionisierten Substanz — stabilisiert sind. Diese sind zwar sehr schwach aufgeladen, doch läßt sich das ζ-Potential durch p_H-Änderung auf den Wert Null bringen. Die Stabilität der Emulsion wird dadurch nicht im geringsten beeinflußt (Beobachtungen des Verfassers). Änderungen der Stabilität durch höherwertige Ionen sind ausschließlich durch chemische Reaktionen bedingt.

[4] SCHULMAN, J. H. u. E. G. COCKBAIN: Trans. Faraday Soc. **36**, 651, 661 (1940).

tungen gerecht werdende in sich widerspruchsfreie Theorie dieser Erscheinungen, wohl aus dem Grunde, daß der Vorgang sehr komplex ist und nicht alle bestimmenden Faktoren erfaßt und berücksichtigt werden konnten. Es mögen eine Rolle spielen:

1. Strukturelle Verhältnisse. Ähnlich wie bei den Emulgatorwirkungen fester Partikeln wird eine Flächenkrümmung durch keilförmige Gestalt der filmbildenden Moleküle hervorgerufen. Durch die Hydratation des hydrophilen Teils — der ionisierten Gruppe — des Moleküls ist dieser dicker als der lipophile Teil, nebeneinander angeordnete derartiger Keile krümmen die Grenzfläche konvex zur O-Phase.

2. Energetische Verhältnisse. Die Affinität des hydrophilen und des lipophilen Teils zu dem entsprechende O- und W-Molekülen ist verschieden. Diejenige Anordnung ist bevorzugt, bei der sich der Molekülteil mit der stärksten Affinität mit den meisten Molekülen umgeben kann. Hierdurch wird dieser Teil möglichst weit in die entsprechende Phase hineingezogen, es bildet sich die größtmögliche Fläche aus, die natürlich konkav gegen diese gekrümmt sein muß. Anders ausgedrückt, die am stärksten solvatisierte Seite des Films ist konkav gekrümmt.

3. Filmstruktur. SCHULMAN und COCKBAIN (loc. cit.) glauben, daß die Bildung fester Filme den W/O-Typ verursacht, während flüssige Filme O/W-Typen bevorzugen. Filme aus verschiedenen Molekülen, die miteinander Komplexe bilden, sind Sonderfälle.

4. Ladung. Geladene Filme bilden konkave Flächen zu der Phase, wo sich die entgegengesetzte Ladung befindet (SCHULMAN und COCKBAIN, KING und WRZESZINSKI).

5. Eigenschaften der beteiligten Phasen. Ein und derselbe Emulgator kann verschiedene Typen hervorbringen, wenn verschiedene „Öle" emulgiert werden (wofür in der Praxis vielfach geringfügige Verunreinigungen verantwortlich sein können)[1].

Thermodynamisch gesehen muß sich diejenige Anordnung ausbilden, die die kleinste Energie besitzt, da das in realen Fällen jedoch schwer festzustellen ist, wird damit nicht viel gewonnen. Da die Energien der verschiedenen Typen vielfach nur geringfügig voneinander abweichen, kann die eine Form leicht in die andere umklappen, was durch Konzentrations- oder Temperaturänderungen, Zusätze usw. möglich ist.

Nach allem, was über die notwendigen Eigenschaften schützender Schichten aus filmbildenden niedermolekularen Substanzen gesagt worden ist, fällt es nicht schwer, die Schutzwirkung makromolekularer Substanzen zu verstehen. Erinnern wir uns daran, daß kugelförmige Makromoleküle, wie Proteine in der Grenzfläche auseinander gezogen werden und die dabei freiwerdenden Molekülteile Gelegenheit bekommen, sich gegenseitig zu verhaken und verfilzen. Sie können dadurch sehr widerstandsfähige und zähe Filme aufbauen, die bei Proteinen die Dicke mehrerer Molekülllagen erreichen können; durch irreversible Denaturierungen (H-Brückenbildung oder SH-SS-Reaktionen) können dabei neue Bindungen zwischen mehreren Molekülen entstehen, wobei eine äußerst

---

[1] Vgl. z. B. W. SEIFRIZ: J. physic. Chem. **29**, 587 (1925); LOTTERMOSER, A. u. N. CALANTAR: Kolloid-Z. 48, 362 (1929).

stabile Schicht in sich vernetzter Moleküle aufgebaut wird. Diese Moleküle besitzen ebenfalls hydrophile und hydrophobe bzw. lipophile Teile, die sich beim Entstehen des Films in Lagen geringster potentieller Energie begeben, sich also einerseits in der wässerigen, andererseits in der Ölphase verankern können. Die beiden Phasen Öl und Wasser stehen dann überhaupt nicht mehr miteinander in Berührung.

Daß die Filmbildung von Proteinen, aber auch von Polysacchariden an der Grenzfläche O/W, obwohl spontan ausgelöst, formell nicht nach dem GIBBSschen Adsorptionsgesetz verläuft, ist wohl dadurch begründet, daß die in der Grenzfläche angereicherten Moleküle miteinander reagieren können. Hauptsächlich sind es Ionenbindungen (z. B. zwischen COO^-- und NH_3^+-Gruppen) und Wasserstoffbrückenbindungen, die zwischen den angereicherten Molekülen, aber auch zwischen diesen und den in der Lösung befindlichen gebildet werden. Solche Verknüpfungen entstehen durch hindernde sterische Effekte relativ langsam, führen aber zu einer gelartigen Schicht aus mehreren Moleküllagen, die sich mit der Zeit immer mehr verfestigt, was durch Messungen der Filmzähigkeit verfolgt werden kann[1]. Bei Proteinen sind auch noch Neubildungen von intermolekularen SS-Brücken möglich. Die Dicke von Proteinfilmen konnte DEVEAUX[2] bestimmen, sie beträgt $0,5 \cdots 3$ mμ. Er beobachtete auch, daß sich die Filme bei einer Kompression nicht zusammenziehen, sondern Falten bilden, was für ihre erhebliche Festigkeit spricht.

Besonders stabile Filme entstehen durch Verwendung eines geeigneten niedermolekularen Emulgators vom Paraffinkettentyp und einem hochmolekularen. Die zwischen beiden Partnern wirksamen Affinitäten führen dabei häufig zur Komplex- oder Verbindungsbildung.

Auch hier scheint die BANCROFTsche Regel zu gelten, die wasserlöslichen Makromoleküle stabilisieren O/W-Typen; öllösliche — wie z.B. Harze — stabilisieren hingegen W/O-Typen. Die durch Makromoleküle geschützten Emulsionen sind sehr stabil, sie lassen sich meist nur durch chemische Zerstörung des Schutzfilms brechen. (Beispielsweise werden Emulsionen aus natürlicher Kautschuklatex nur durch enzymatische Hydrolyse der schützenden Proteinfilme zerstört.)

Von ganz anderer Art als die Stabilisierung durch Hemmung der Koaleszenz der emulgierten Tröpfchen ist die Stabilität der Emulsionen, die sich beim Zusammengeben zweier Flüssigkeiten spontan bilden. Zwei der bekanntesten Beispiele sind die Emulsionen von HARKINS und ZOLLMAN[3], welche Olivenöl in Gegenwart von 0,001 mol/L Ölsäure und den gleichen Mengen NaOH und NaCl zur Selbstemulgierung brachten. HARTLEY[4] benutzte als Emulgator eine Substanz, die bereits auf S. 364 wegen ihrer außerordentlich hohen Grenzflächenaktivität bei gleichzeitiger hoher *echter* Löslichkeit in Wasser erwähnt wurde, -Dioktyl-m-dioxyphenylsulfosaures-K. Paraffinöl wurde spontan emulgiert, wenn

<hr>

[1] Vgl. J. A. SERRALLACH, G. JONES u. R. J. OWEN: Ind. Engng. Chem. **25**, 816 (1933).
[2] DEVAUX, H.: C. R. hebd. Séances Acad. Sci. **202**, 1957 (1936).
[3] HARKINS, W. D. u. H. ZOLLMAN: J. Amer. chem. Soc. **48**, 69 (1926).
[4] HARTLEY, G. S.: loc. cit.

es mit solchen wässerigen Lösungen in Berührung gebracht wurde. Die bereits erwähnten Versuche von SCHULMAN und COCKBAIN, wo in der Ölphase Cholesterin, in der Wasserphase Dodecylsulfat oder Dodecyltrimethylammoniumchlorid (negativ oder positiv geladenes Paraffinkettensalz) gelöst sind, bilden beim Zusammengeben beider Phasen ebenfalls von selbst Emulsionen.

In allen drei Fällen sind Grenzflächenspannungen $<0{,}1$ dyn/cm beobachtet worden, die sich allerdings schon nicht mehr exakt bestimmen lassen, da das System zu schnell emulgiert (vgl. HARKINS und ZOLLMAN).

Wie bei den sich ohne Hemmung bildenden Emulsionen in der Nähe des Entmischungspunktes führen hier ebenfalls thermodynamische Gründe zur spontanen Emulgierung. In § 63 wurden die Bedingungen, welche zwei Flüssigkeiten zur Bildung disperser Zustände veranlassen, theoretisch behandelt; bei sehr kleinen Grenzflächenspannungen waren Gleichgewichtszustände möglich, in denen sich bestimmte Mengen von Partikeln bestimmter Größe im Gleichgewicht mit benachbarten Zuständen (z. B. der makroskopischen Phase) befinden können und unter Umständen ihnen gegenüber auch bei höchsten Konzentrationen energetisch bevorzugt sind. Da die Einstellung solcher Zustände nicht gehemmt ist, müssen zwei Phasen, in deren Grenzfläche eine sehr kleine Grenzflächenspannung aufrechterhalten wird (was hier durch die grenzflächenaktive Substanz geschieht!), in disperse Zustände übergehen.

Die quantitative Behandlung dieses Prozesses gelingt mit den Beziehungen des § 63 natürlich nicht ohne weiteres, da diese nur für zwei reine Stoffe abgeleitet worden sind. Hier ist aber zum mindesten noch eine dritte Substanz anwesend, oder es tritt wie im Cholesterin-Dodecylsulfat-Beispiel ein zusätzlicher Prozeß auf, der formell als chemische Reaktion anzusehen ist.

Da eine quantitative Ableitung bislang noch nicht vorliegt, wollen wir wenigstens eine qualitative Beschreibung versuchen, um die Rolle der grenzflächenaktiven Substanz zu verstehen, um die es sich im wesentlichen handelt. Primär wird Emulgator in solcher Menge in der Grenzfläche angereichert, daß die Grenzflächenspannung auf sehr kleine Werte sinkt. Wenn sich nun durch die Wärmebewegung eine Anzahl Tröpfchen bildet, wird die gesamte Grenzfläche vergrößert, dadurch wird die Grenzflächenkonzentration des Emulgators vermindert, was nach der GIBBS-LANGMUIR-Isotherme eine Erhöhung der Grenzflächenspannung zur Folge haben müßte. Wenn aber die Konzentration des Emulgators in der Lösung ausreichend hoch ist, wird Emulgator in die Grenzschicht nachgeliefert und dadurch die Grenzflächenspannung wieder erniedrigt[1], so daß der Bildung weiterer Tropfen aus der makroskopischen Phase nichts im Wege steht. Schließlich wird aber — wenn die Menge der makroskopischen Phase groß genug ist — der Emulgator in der Lösung aufgebraucht werden, dann wird jede weitere Bildung von Tröpfchen nur auf Kosten einer Erhöhung der Grenzflächenspannung *aller* Tröpfchen möglich sein, was aber ohne Energiezufuhr nicht möglich ist. Es bildet sich also ein Gleichgewichtszustand aus, der einerseits von der Menge der zu dispergierenden (emulgierenden) Substanz, andererseits von der Menge des gelösten Emulgators abhängt[2].

---

[1] Natürlich nicht auf den gleichen Wert wie zu Beginn, da ja die Emulgatorkonzentration in der Lösung etwas abgenommen hat!

[2] Dieser Mechanismus gleicht formell auch der Bildung einer Dispersion oder Emulsion, bei dem zur Hemmung eine bestimmte Menge schützender Substanz in der Grenzfläche angereichert werden muß und das ohne diese Substanz nicht existenzfähig ist. Bei Peptisationen z. B. beobachtet man dann Abhängigkeiten der peptisierten Substanz von „Bodenkörpermenge" und „Peptisatormenge", die je nach den vorliegenden Verhältnissen konstante Quotienten oder von der pepti-

(Fortsetzung der Fußnote auf S. 528)

Das Bild ändert sich auch im Prinzip nicht, wenn — wie beim Cholesterin-Dodecylsulfat — in der Grenzschicht besondere Reaktionen möglich sind; thermodynamisch bedeutet es nichts anderes, als daß sich bei der Anreicherung *beider* Substanzen dort besondere Zustände geringer freier Enthalpie einstellen.

Wird das Verhältnis der Menge zu emulgierender Substanz zur Emulgatormenge kleiner und kleiner und ändert sich die Struktur der Grenzschicht dabei nicht wesentlich, so sollte die Tröpfchenstruktur in einer Weise verändert werden, wie es Abb. 73.2 schematisch darstellt. Wenn also die Affinität der grenzflächenaktiven Substanz zur Grenzschicht so

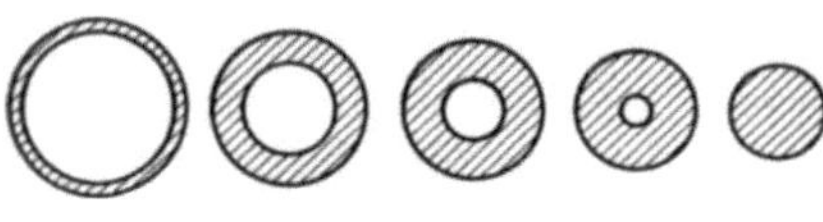

Abb. 73.2.

groß ist, daß sie dabei noch die Dispersionsarbeit aufwiegt, sollten auch Grenzschichtzustände möglich sein, wo überhaupt keine zu emulgierende Substanz mehr vorhanden ist, wie etwa der letzte Zustand in Abb. 73.2 der Reihe. Das trifft auch in Wirklichkeit zu; die bei der spontanen Emulgierung wirksamen grenzflächenaktiven Substanzen bilden Assoziate von der Größenordnung kolloider Partikeln, die einen ungehemmten thermodynamischen Gleichgewichtszustand darstellen; sie sind der Prototyp der Assoziationskolloide, die in Kap. VIII besprochen werden.

Wenn die Vorstellung der Abb. 73.2 qualitativ auch richtig sein mag, solange sie auf Substanzen beschränkt wird, die eine spontane Emulgierung verursachen, so bedarf sie doch der Modifizierung, wenn man versuchen wollte, sie auf *alle* grenzflächenaktiven Assoziate bildenden Substanzen anzuwenden. In den nächsten Paragraphen werden wir die Erscheinung der sog. Solubilisation kennenlernen[1]. Hierunter versteht man eine Umkehrung des in Abb. 73.2 dargestellten Schemas; in Wasser an sich unlösliche Substanzen werden im Inneren der Assoziate von Paraffinkettensalzen aufgelöst. Der Übergang zur Emulsion ist nur nicht kontinuierlich, da die Menge der solubilisierten Substanz pro Assoziationskolloid nicht beliebig vergrößert werden kann und von deren äußeren Parametern abhängt (vgl. Kap. VIII).

§ 74. Aerosole

In Aerosolen sind die dispergierten Substanzen in einem gasförmigen Dispersionsmittel zerteilt. Dadurch treten bei ihnen gewisse Besonderheiten auf, die ganz eindeutig durch das Dispersionsmittel bedingt sind, vor allem durch seine geringe Dichte und Viskosität.

(Fortsetzung der Fußnote 2 von S. 527)

sierten Menge abhängige Quotienten charakterisiert werden [OSTWALD-VON BUZÁGHsche Bodenkörperregel, vgl. Wo. OSTWALD: Kolloid-Z. **41**, 163 (1927); v. BUZÁGH, A.: Kolloidik, Dresden 1936]. Grundsätzlich bestehen jedoch wesentliche Unterschiede, da es sich in einem Fall (spontane Emulgierung) um die Ausbildung eines ungehemmten Gleichgewichts, im anderen nur um die Herstellung eines gehemmten Zustands handelt. Der Unterschied ist leicht zu merken, im erstgenannten Fall bildet sich das disperse System von selbst, im zweiten muß das disperse System entweder vorgebildet sein oder gleichzeitig durch besondere Maßnahmen erzeugt werden.

[1] McBAIN, J. W. u. M. E. L. McBAIN: J. Amer. chem. Soc. **58**, 2610 (1936).

Feste Aerosole sind dem Rauch, flüssige dem Nebel verwandt; im allgemeinen wird kein Unterschied zwischen wirklich kolloiden und gröber dispersen Systemen gemacht. Die Situation ist hier ähnlich wie bei den Emulsionen, wo die praktisch bedeutsamen Systeme gerade an die oberste Grenze der eigentlichen kolloiden Systeme stoßen. Die meisten Aerosole von Bedeutung und einiger Stabilität bestehen aus Partikeln, die im Durchschnitt größer als 0,2 mμ sind, doch enthalten sie wie die Emulsionen unter Umständen mehr oder weniger große Anteile kolloider Partikeln. Nur aus diesem Grunde seien sie und einige ihrer Eigenschaften an dieser Stelle kurz gestreift, wobei im Auge behalten werden soll, daß es sich bei ihnen um ein Grenzgebiet kolloider Zustände handelt.

Ihre Besonderheiten zeigen sich bereits in ihrem Stabilitätsverhalten. Die Konzentration der Aerosole ist meist ziemlich gering, ihre Partikeln können wegen der geringen Viskosität des Dispersionsmittels ($1,8 \cdot 10^{-4}$ Poise gegenüber Wasser $1 \cdot 10^{-2}$ Poise bei 20°) eine äußerst lebhafte BROWNsche Bewegung ausführen, die viele Zusammenstöße ermöglicht. Da die Aerosole im ungeladenen Zustand praktisch durch nichts an einer Zusammenlagerung gehindert werden, dürfte auch jeder Zusammenstoß zu einer Koagulation führen. Der ausschlaggebende Faktor, der für ihre Existenz verantwortlich ist, ist daher in ihrer Koagulationsgeschwindigkeit zu suchen, die man etwa durch eine Halbwertszeit entsprechend Gl. (69.46) ausdrücken kann.

Für die Diffusionskonstante der Aerosole gilt nicht das ideale STOKEsche Gesetz, sondern die durch den CUNNINGHAMschen Faktor [Gl. (13.20)] erweiterte Gl. (13.17). Schreiben wir Gl. (69.45) in der Form

$$\frac{1}{\sum\limits_{k} Z_k} - \frac{1}{Z_0} = 4\pi \, D_1 \, R \, t, \qquad (74.1)$$

erhalten wir für Aerosole

$$\frac{1}{\sum\limits_{k} Z_k} - \frac{1}{Z_0} = q \, (1 + A \, l/r) \, t \qquad (74.2)$$

($A \sim 0,9$, $l =$ mittlere freie Weglänge der Partikeln, $r =$ Partikelradius)[1] mit

$$q = 4 RT / 3 N_L \, \eta.$$

Der Faktor von t hat in einem Stearinsäure-Aerosol mit $r \sim 0,125$ die Größe von $0,51 \cdot 10^{-9}$ cm³/sek, während der Durchschnitt einer größeren Zahl von Experimenten die Zahl $0,523 \cdot 10^{-9}$ cm³/sek ergab[2]. Derartige Aerosole koagulieren außerordentlich rasch. Trägt man $1/\sum\limits_{k} Z_k$ als Funktion von t auf, erhält man gerade Linien, wie sie Abb. 74.1 zeigt.

CAWOOD und WHYTLAW-GRAY[3] konnten nachweisen, daß kleine Partikeln erheblich rascher als große koagulieren, wie die Theorie es auch verlangt. Ein Aerosol, einige Zeit sich selbst überlassen, dürfte daher nur

<hr>

[1] PATTERSON, H. S.: Philos. Mag. (7) **13**, 523 (1932).
[2] GREEN, H. L. u. W. R. LANE: Particulate Clouds—Dusts, Smokes and Mists. London 1957.
[3] CAWOOD, W. u. R. WHYTLAW-GRAY: Trans. Faraday Soc. **32**, 1059 (1936).

noch wenige *kolloide* Partikeln enthalten. Das, was man noch nach einiger Zeit beobachtet, ist ein grobdisperses System, das nur deswegen einige Zeit existenzfähig ist, weil es sehr langsam koaguliert. Diese Systeme rufen die sichtbaren optischen Trübungen hervor, die man als Rauch oder Nebel wahrnimmt.

Bei 10^6 Partikeln/cm^3, deren Radius $10\ m\mu$ beträgt, sind in 3,5 Minuten die Hälfte koaguliert (Halbwertszeit), während bei der gleichen Zahl mit einem Radius von $1\ \mu$ die Hälfte in 50 Minuten koagulieren.

Die Herstellung der Aerosole kann wie die aller dispersen Systeme durch Dispersion oder Kondensation vorgenommen werden. Zum Teil entstehen sie auf diese Weise von selbst und sind als Wolken naturgebundene Bestandteile der Erdatmosphäre, oder als Rauch, Staub und Nebel unangenehme und lästige Begleiterscheinungen der menschlichen Zivilisation[1].

Die Kondensation läßt sich auch hier wieder physikalisch am besten übersehen. Wie in § 64 bereits erörtert worden ist, ist zur Erzeugung eines Tröpfchens oder Kriställchens eine Übersättigung des Dampfes notwendig. Der Dampfdruck des gebildeten Tröpfchens ist durch die THOMSONsche Gleichung (47.24) gegeben[2].

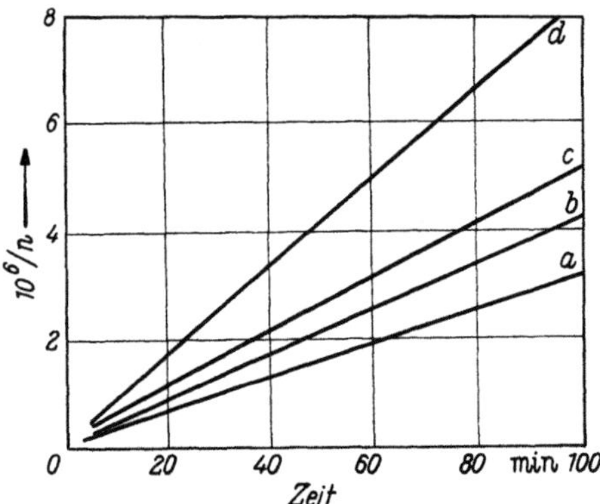

Abb. 74.1. Experimentelle Prüfung von Gl. (74.2). $n = \Sigma\, Z_k$. *a* Stearinsäure, *b* NH$_4$Cl, *c* CdO, *d* Benzo-azo-ß-naphtol. Nach GREEN u. LANE: loc. cit.

Auf physikalische Weise wird die Übersättigung meist durch Unterkühlung erzeugt, wozu im Laboratorium adiabatische Dilatationen eines bestimmten Dampfvolumens, in der Technik Vermischen von heißem Dampf mit kalten Gasen (Luft) dienen kann. (Es genügt z. B. einen kalten Luftstrom über eine erhitzte organische Flüssigkeit wie geschmolzenes Stearinsäure, Öl usw. zu leiten, um ein Aerosol zu erzeugen.)

Auch chemische Reaktionen werden benutzt, wobei der zu dispergierende Stoff in statu nascendi als Dampf auftritt. Beispiele dafür sind die Reaktionen

$$NH_3 + HCl \rightarrow NH_4Cl$$
$$Mg\ \ + O_2\ \ \rightarrow MgO.$$

---

[1] Vgl. R. MÜGGE: Meteorologie und Physik der freien Atmosphäre. FIAT Rev. of German Sci. Bd. 19, 1948.

[2] Über die kinetischen Phänomene der Tröpfchenbildung, über die Bildung von wachstumsfähigen Keimen in Abhängigkeit von Übersättigung, Grenzflächenarbeit und anderen Parametern, siehe M. VOLMER und H. FLOOD: Z. physik. Chem. A **170**, 273 (1934); VOLMER, M.: Kinetik der Phasenbildung. Dresden, Leipzig 1939; BECKER, R. u. W. DÖRING: Ann. Physik (5) **24**, 719 (1935); GREEN und LANE: loc. cit.; EUCKEN, A.: Lb. chem. Physik II, 2, Leipzig 1944, S. 1384ff. Die Keimbildungsgeschwindigkeit ist eine Funktion der Übersättigung $\ln p/p_0$, bzw. der damit nach Gl. (47.24) zusammenhängenden Parameter.

Hierher gehören auch alle Arten von Verbrennungen — vor allem unvollständige —, die erheblichen Qualm erzeugen und elektrische Entladungen, vornehmlich bei Metallen. Die Photolyse lichtempfindlicher Substanzen, wie Eisenpentacarbonyl, ist ein weiteres Beispiel.

Bei allen Kondensationserscheinungen spielt eine große Rolle, ob im System sog. Kondensationskeime vorhanden sind oder nicht. Die Kondensation geht leichter vonstatten, wenn der Dampf an einer vorhandenen Grenzfläche adsorbiert werden kann; dort „wächst" er regelrecht auf seiner Adsorptionsschicht auf. Besonders gut wirken, wie aus den Adsorptionserscheinungen an festen Körpern bekannt ist, Unregelmäßigkeiten (Rauhigkeiten) der Grenzfläche, deren Adsorptionsfähigkeit besser ist als die der glatten Fläche. Solche Keime sind für die Bildung von Aerosolen von hervorragender Bedeutung. Die atmosphärischen Aerosole des Wassers und des Eises werden ausschließlich an Keimen gebildet, die in geringster Menge in der Atmosphäre vorkommen und aus Gemischen von Feststoffen und löslichen Salzen — über den Meeren ausschließlich aus Salzen — bestehen. Auf diese Weise ist die Bildung eines Aerosols an das natürliche Vorkommen eines anderen gebunden, welches als Keim-Aerosol wirkt[1].

Das Keimverfahren in Übertragung des Verfahrens von ZSIGMONDY für Goldsole in Wasser wurde von LA MER und Mitarbeitern[2] zur Herstellung monodisperser Aerosole ausgearbeitet.

Als Keime dienten NaCl-Partikeln, die durch Verdampfen von NaCl auf einem erhitzten Draht, durch einen Hochspannungsfunken oder durch Entwässern eines Aerosols einer NaCl-Lösung erhalten wurden. Viele flüssige und feste Substanzen, die im Bereich von $300\cdots500°$ unverändert verdampfen, wie n-Dibutylphthalat, Trikresylphosphat, Stearinsäure, Schwefel, Menthol und andere lassen sich auf solchen Keimen kondensieren und bilden monodisperse Aerosole, deren Partikeldurchmesser um $\pm\,10\%$ schwanken.

Die Kondensation von Flüssigkeiten wird auch durch Substanzen erleichtert, die sich in der Flüssigkeit lösen, da sie den Dampfdruck und damit auch die Übersättigung beträchtlich erniedrigen. Für Wasser sind alle hygroskopischen Substanzen geeignet (Phosphorpentoxyd, Schwefelsäure usw.).

Eine Erleichterung der Kondensation durch Erniedrigung der Oberflächenspannung wird auch durch die elektrische Ladung verursacht, was direkt aus Gl. (59.1) hervorgeht. Der elektrisch geladene Tropfen hat einen niedrigeren Dampfdruck als der ungeladene und braucht zu seiner Bildung eine geringere Übersättigung. Wird daher ein übersättigter Dampf, in dem keine Kondensationskeime vorhanden sind, ionisiert, so wirken die Ionen als Keime und lösen eine Tropfenbildung aus. Dies ist das Prinzip der WILSONschen Nebelkammer, in welcher die Bahnen ionisierender Strahlen dadurch sichtbar gemacht werden können.

Sehr viele Verfahren zur Herstellung von Aerosolen bedienen sich der Dispersionsmethode. Von der Parfümspritze, mit der die Flüssigkeit durch einen starken Luftstrom zerstäubt wird, bis zum Hochdruck-„Atomizer",

---

[1] Vgl. dazu Ch. JUNGE: Ann. d. Meteorologie, 1952 Beiheft.
[2] SINCLAIR, D. u. V. K. LA MER: Chem. Reviews **44**, 245 (1949).

welche Aerosole mit kolloiden Partikeln erzeugt, sind eine Vielzahl von Varianten bekannt.[1]

Im Alltag haben sich Zerstäuber für alle möglichen Substanzen wie Insektizide usw. bewährt, die sie als Lösung in einem niedrig siedenden und leicht verdampfbaren Halogenkohlenwasserstoff enthalten, der durch Ausblasen in die Luft plötzlich entspannt wird, dabei schnell verdampft und die gelöste Substanz als Aerosol zurückläßt. Das Modell eines „Atomizers", der einen durch komprimierte Luft angetriebenen Rotor verwendet und der darauf getropfte Flüssigkeit durch Abschleudern mit hoher Gewalt zerstäubt, zeigt Abb. 74.2.

Wie wir bereits gesehen haben, sind Aerosole sehr unbeständig. Eine Stabilisation wie bei flüssigen Dispersionskolloiden ist nicht in gleicher Weise möglich. Stabilisierende Wirkungen sollten höchstens elektrische Ladungen ausüben, insbesondere, da die Partikeln von keiner die Ladung neutralisierenden Ionenatmosphäre umgeben sind. Nun werden zwar Aerosole je nach ihrer Herstellungsmethode mehr oder weniger elektrisch aufgeladen, doch ist die Ladung ihrer Partikeln nicht durchweg gleichsinnig, sondern es finden sich meist ebensoviel negative wie positiv geladene Partikeln, wobei die Zahl der Ladungen einer symmetrischen Verteilungskurve gehorcht[2, 3]. Das heißt aber, daß die entgegengesetzten Ladungen die Koagulation des Sols nur noch beschleunigen, anstatt sie zu bremsen.

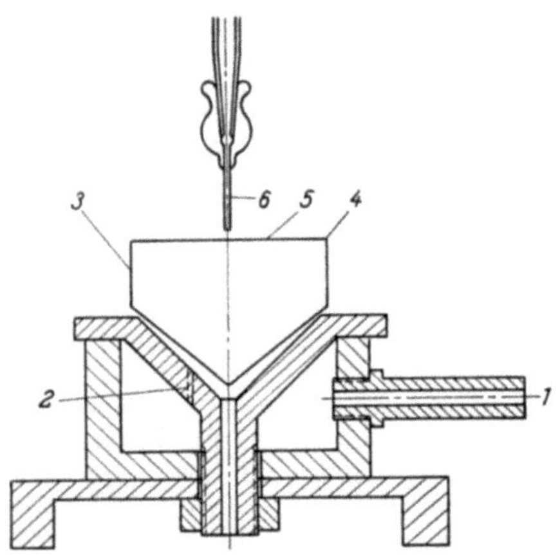

Abb. 74.2. „Atomizer" zur Herstellung von Aerosolen. Der Konus *3* läuft auf einem Luftpolster und wird durch eine (nicht gezeichnete) Düse tangential angeblasen und in schnelle Rotationen versetzt. Aus *6* wird Flüssigkeit auf den Rotor gegeben. Entnommen aus GREEN u. LANE: Particulate Clouds, Dusts, Smokes and Mists, London 1957, S. 126

Durch Einfangen von Ionen oder Abdissoziation gelöster gasförmiger Ionen können sich — vor allem atmosphärische — Aerosole auch gleichsinnig aufladen, was durch Diffusion ionisierter Gase in das Aerosol auch experimentell verifiziert werden kann. Als stabilisierender Faktor spielt aber die Ladung nicht die gleiche Rolle wie bei den kolloiden Systemen mit flüssigem Dispersionsmittel.

Für die Stabilität ist weiterhin die Alterung des Aerosols von Bedeutung, da die kleinen Tröpfchen durch Verdampfen in größere übergehen können. Die Verdampfungs*geschwindigkeit* der kleinen Tropfen ist proportional der Änderung der Größe der Grenzfläche des verdampfenden Tropfens und unabhängig von deren Größe (MAXWELL 1890, LANGMUIR

---

[1] Vgl. GREEN und LANE: loc. cit.

[2] Vgl. z. B. die Untersuchungen von W. B. KUNKEL: J. appl. Physics **19**, 1056 (1948); ibid. **21**, 820, 833 (1950).

[3] GUNN, R.: J. Colloid Sci. **10**, 107 (1955).

1918). Da aber die spezifische Grenzfläche kleiner Tropfen sehr viel größer ist als die der großen, müssen sie natürlich schneller verdampfen. Zusammen mit dem in § 70 Gesagten bedeutet dies, daß sich die großen Tropfen sehr schnell auf Kosten der kleinen vergrößern. Nach LANG-MUIR[1] sind aus diesem Grunde Wasseraerosole kolloider Dimension in gesättigtem Wasserdampf auch bei −20 °C nur einige *Sekunden* beständig.

Für die Bestimmung der Partikelgröße von Aerosolen kann das Ultramikroskop dienen, wenn eine dafür geeignete Küvette benutzt wird[2]. Direkte Auszählung oder photographische Registrierung und Gewichtsbestimmung liefert Zahlenmittelwerte nach § 30. Bei geeigneten Substanzen lassen sich die Aerosole als Kondensationskeime benutzen, auf die ein zweiter Stoff so lange kondensiert wird, bis die Partikeln so groß geworden sind, daß sie im Mikroskop photographiert werden können.

Die Sedimentation (mikroskopisch oder ultramikroskopisch verfolgt, vgl. § 30) kann ebenfalls zur Partikelgewichtsbestimmung herangezogen werden, wenn Gl. (14.6) angewandt wird. Bei polydispersen Systemen treten jedoch häufig dadurch Störungen auf, daß schneller sedimentierende Partikeln langsamer fallende „mitreißen".

Ideal für die Bestimmung fester Aerosole ist das Elektronenmikroskop. Doch müssen die Partikeln zunächst auf dessen Objektträger aufgebracht werden, was nicht ohne besondere Kunstgriffe möglich ist. Methoden, die einen Temperaturgradienten[3] oder ein elektrisches Feld zur Abscheidung benutzen konnte, hatten jedoch beachtliche Erfolge (vgl. GREEN und LANE, loc. cit.).

Große Bedeutung in der Praxis haben die sog. Konimeter, Apparate, bei denen ein Strom des Aerosols durch eine Düse gesaugt oder gepumpt wird, der eine Platte gegenübergestellt ist, die evtl. eine klebrige Substanz enthalten kann, an der die auffallenden Partikeln haften bleiben. Hintereinanderschalten mehrerer solcher Düsen und Platten können das Aerosol praktisch vollkommen abscheiden. Die auf der abgeschiedenen Platte gesammelte Probe kann nach einer geeigneten Methode weiter untersucht werden.

Eine Reihe von Methoden benutzt die durch die Aerosolpartikeln hervorgerufenen Lichtstreuungseffekte, wegen ihrer Größe ist die Auswertung nicht ganz einfach, da die MIEsche Theorie benutzt werden muß (vgl. § 25). Die optischen Effekte sind in Aerosolen unter Umständen deswegen überraschend, da die Trübungen vielfach lebhaft gefärbt sind[4]. Diese Farbigkeit tritt infolge MIEscher Interferenzerscheinungen an Partikeln auf, die größer als die Wellenlänge des benutzten Lichts sind. Sie wurden von LA MER und SINCLAIR untersucht. Solche „TYNDALL-Spektren höherer Ordnung" verdanken ihre Entstehung der verschiedenen Abhängigkeit des Streulichts verschiedener Wellenlänge vom Beobachtungswinkel.

Für viele praktische Zwecke ist die Zerstörung und Abscheidung der Aerosole das wichtigste Problem. So wenig stabil sie einerseits sind, so schwierig ist aber ihre Zerstörung, wenn sie augenblicklich stattfinden soll. Jede direkte Filtration ist wegen der meist großen Strömungsgeschwindigkeiten durch das Filter wenig wirksam, man versucht daher,

---

[1] LANGMUIR, I.: G. E. C. Report. Suspended water droplets in rising currents of cold saturated air. 1944.

[2] WINKEL, A. u. H. WITZMANN: Z. Elektrochem. **46**, 181 (1940).

[3] In einem Temperaturgefälle bewegen sich die Aerosolpartikeln von wärmeren zu kälteren Bereichen und erreichen dabei erhebliche Geschwindigkeiten (Radiometereffekt). Das gleiche geschieht bei intensiver Bestrahlung. Sie schlagen daher leicht auf einem kalten Objektträger nieder, der sich in einiger Entfernung von einer heißen Wand befindet.

[4] LA MER, V. K. u. D. SINCLAIR: O. S. R. D. Report, Nr. 1857 (Washington D. C., Office of Technical Services), zit. nach GREEN und LANE: loc. cit., S. 124ff.

das Aerosol vor der Abscheidung möglichst weitgehend zu koagulieren und das Koagulat zu entfernen.

Sehr wirksam ist der Abscheider nach COTTRELL (1911), wo das Aerosol zunächst ein Drahtsystem passiert, das sich auf hohem elektrischen Potential (12000 bis 15000 V) befindet, und das in erheblichem Maße ionisierend wirkt. Hier wird das Aerosol aufgeladen; danach strömt es in eine Kammer mit vielen abwechselnd auf 2000···5000 V geladenen und geerdeten Platten, wo es infolge seiner Ladung abgeschieden wird.

Andere Methoden benutzen elektrische Wechselfelder oder Ultraschall[1], wobei heftige Bewegungen der Partikeln und damit eine schnellere Koagulation hervorgerufen werden. Auch die Zentrifugalbeschleunigung wird in den sog. Zyklonen[2] dazu benutzt.

VIII. Assoziationskolloide

§ 75. Assoziationskolloide, Allgemeines

Die Assoziationskolloide — auch als Kolloidelektrolyte oder Mizellkolloide bezeichnet — sind Substanzen, die, obwohl in reinem Zustand aus kleinen Molekülen bestehend, in Lösung von selbst kolloide Partikeln bilden. Ihr bekanntester Vertreter ist die *Seife*, die die Entwicklung der menschlichen Zivilisation seit vielen Jahrhunderten begleitet. Von ihrem molekularen Bauprinzip leitet sich eine Reihe direkter Abkömmlinge ab, denen die Fähigkeit zur Bildung von Assoziaten gemeinsam ist, und zu denen daher die meisten der hier unter dem Namen Assoziationskolloide zusammengefaßten Substanzen gehören. Es gibt aber auch noch eine Anzahl von Stoffen, die nicht auf den ersten Blick ihre Zugehörigkeit zu dieser Gruppe erkennen lassen. Die Tab. 77.I führt einige von ihnen auf. Alle bisher bekannten Beispiele sind organische Substanzen; inwieweit einige anorganische Systeme auch dazu zu rechnen sind, ist noch nicht geklärt.

Da Seifen zum Waschen verwendet werden, und alle in den letzten Jahrzehnten synthetisch hergestellten Waschmittel das gleiche molekulare Bauprinzip und auch ähnliche physikalische chemische Eigenschaften besitzen, wird die Gruppe in den angelsächsischen Ländern unter dem Namen *Detergents* (∼ Waschmittel) zusammengefaßt[3].

Da diese Stoffe fast immer gleichzeitig eine erhebliche Grenzflächenaktivität in wässeriger Lösung entwickeln, kann man sie berechtigterweise auch als grenzflächenaktive Substanzen schlechthin bezeichnen. In den USA bürgert sich deswegen der Name „Surfactant" (*surface active agent*) in[4].

---

[1] Vgl. BERGMANN: Der Ultraschall, loc. cit.

[2] Siehe ULLMANNS Enzyklopädie der technischen Chemie. 3. Aufl., Bd. 1. München 1951, S. 386 ff.

[3] In den Vereinigten Staaten versteht man allerdings unter Detergents nur die *synthetisch* hergestellten Waschmittel, wofür man aber auch das Wort „Syndets" von *syn*thetic *det*ergents findet.

[4] Beide Begriffe überschneiden sich, doch werden nach A. M. SCHWARZ, J. W. PERRY u. J. BERCH (Surface active agents and detergents Vol. II, New York u. London 1958, S. 3 ff.) hier bereits Unterschiede gemacht, da eine Reihe grenzflächenaktiver Stoffe keine Waschwirkung besitzen.

Andere zusammenfassende Begriffsbildungen sind *Paraffinkettensalze* (HARTLEY[1]), die sinngemäß nur auf ionisierende Verbindungen angewendet werden können und nicht die ganze Klasse umfassen, *Kolloidelektrolyte* (MCBAIN[2]), die mehr als die Assoziationskolloide — nämlich auch Proteine und andere Polyelektrolyte — und *Mizellkolloide* (STAUDINGER[3]), die aber auf alle Aggregationen, also auch auf Dispersionskolloide anwendbar wären.

Wir wollen unter Assoziationskolloide solche Substanzen verstehen, die in ein flüssiges Medium gebracht, von selbst — d. h. aus thermodynamischen Gründen — Assoziate bilden, die in einem ungehemmten Gleichgewicht mit ihren Einzelmolekülen bzw. Einzelbausteinen stehen.

Die bisherige Erfahrung hat gezeigt — und wir wollen dies im folgenden verständlich machen —, daß diese substantielle Fähigkeit auf dem Bauprinzip der betreffenden organischen Moleküle beruht. Und zwar scheint notwendig zu sein, daß im Molekül wie in Abb. 75.1 schematisch dargestellt ist, zwei räumlich getrennte in sich einheitliche Bereiche auftreten: ein *hydrophiler* (*h*) und ein *lipophiler* oder *hydrophober* Bereich (*l*). Der lipophile Bereich besteht aus nicht polaren bzw. schwach polarisierbaren Atomgruppen wie Kohlenwasserstoffgruppen oder Kohlenstoff-Fluor-Gruppen, der hydrophile aus ionisierbaren oder polaren bzw. polarisierbaren und zur Bildung von Wasserstoffbrücken geeigneten Atomgruppen, die in der Lage sind, Wassermoleküle zu binden (vgl. Tab. 75.I, S. 536).

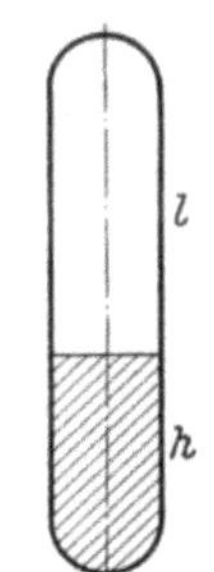

Abb. 75.1. Modell eines Seifenmoleküls *l* = lipophiler Molekülteil, *h* = hydrophiler Molekülteil

Besteht der lipophile Teil aus einem langkettigen Alkylrest (Hexyl- bis Octadecyl- oder auch Alkenyl-, wie bei der Ölsäure) und der hydrophile aus einer *ionisierbaren* Carboxyl-Gruppe (—COO⁻ ionisiert nur in alkalischem Bereich, daher formell COONa, COOK usw.), so haben wir den Prototyp dieser Gruppe; die klassische *Seife*. Da sich gerade das Prinzip „Paraffinkette — hydrophile Gruppe" durch synthetische Kombinationen außerordentlich stark variieren läßt, gibt es eine große Mannigfaltigkeit solcher Substanzen, von denen Tab. 75.I eine kleine Auswahl aufführt[4]. Es treten als hydrophile Gruppen auf: Negative ionisierbare Gruppen — die Anionseifen —, positiv ionisierbare Gruppen — die Kationseifen — und neutrale Gruppen — die Nichtionseifen. Es ist also wohl unmißverständlich, wenn wir diese ganze Gruppe als „Seifen" schlechthin bezeichnen. Für diejenigen Assoziationskolloide, die keine CH_2- (oder CF_2-) Kette als lipophilen Bereich, sondern ringförmige Strukturen — wie Gallensäuren — besitzen, oder heterogene organische Substanzen — wie Farbstoffe — oder Polymere sind, existieren

---

[1] HARTLEY, G. S.: Aqueous Solutions of Paraffin-Chain-Salts. Paris 1936.
[2] MCBAIN, J. W.: Colloid Science. New York 1950.
[3] STAUDINGER, H.: Organische Kolloidchemie. 4. Aufl. Braunschweig 1953.
[4] Ausführliche Zusammenstellungen findet man bei SCHWARZ, PERRY und BERCH: loc. cit.

Tabelle 75.I. *Assoziationskolloide, Seifen*

l-Gruppe	h-Gruppe
Normaler oder verzweigter Alkylrest (Paraffinkette) $CH_3(CH_2)_x$ — desgl. mit einer oder mehreren Doppelbindungen. Fluorierte Kohlenwasserstoffreste $CF_3(CF_2)_x$ — Alkylreste mit Benzol, Naphtholringen, Alkylresten und „Zwischen"-Reste, die zur besseren Verbindungen mit den h-Gruppen dienen (Ester- und Äther-Bindungen)	*Anionseifen* $-COO^-$ $-OSO_3^-$ $-SO_3^-$ $-PO_4^{2-}$ $-PO_4^-$ *Kationseifen* $-NH_3^+$ $-N(CH_3)_3^+$ $-N(CH_2CH_2OH)_2$ subst. Guanamine, Chinoline *Ampholytseifen* $-N-R \cdot COOH$ $\quad H$ $-N-CH_2 \cdot COOH$ $\quad C_2H_4$ $-N-CH_2 \cdot COOH$ $-N-C_2H_4SO_3H$ $\quad CH_3$ *Nichtionseifen* $-(O-C_2H_4)_x-OH$ subst. Sorbit, Mannit subst. Glucosid, Oxypropylglucosid

keine Gruppenbegriffe; ihre chemischen Bezeichnungen werden am besten beibehalten.

Obwohl die kolloide Natur der Seifenlösungen bereits im 19. Jahrhundert vermutet wurde, ist als eigentlicher Entdecker der Existenz kolloider Aggregate in optisch klaren Seifenlösungen J. W. McBain[1] anzusehen. Er beobachtete, daß die Leitfähigkeit von Alkaliseifen bei 90° einen abnormen Verlauf nahm, aber weitaus größer war, als man nach ihrem osmotischen Druck, den man durch Messungen des Taupunkts des über der Lösung stehenden Dampfes[2] erhalten hatte, hätte erwarten sollen, wenn die Leitfähigkeit ausschließlich den einzelnen Alkali- und Seifenionen zuzuschreiben gewesen wäre. Ein solches Verhalten war nur verständlich, wenn Partikeln kolloider Dimensionen angenommen wurden, die eine elektrische Ladung tragen und eine hohe Beweglichkeit (pro Ladung gerechnet) besitzen, also zur Leitfähigkeit der Lösung aber nicht zum osmotischen Druck wesentlich beitragen. Unbefriedigend war nur, daß die Beweglichkeit der Ionenmizellen — „ionic micelle" nach McBain — dann als so hoch angenommen werden mußte, daß sie in

---

[1] McBain, J. W.: Trans. Faraday Soc. **9**, 99 (1913); Kolloid-Z. **12**, 256 (1913); 3. Colloid Report of the Brit. Association (1920).

[2] McBain, J. W. u. C. S. Salmon: J. chem. Soc. [London] **119**, 1374 (1921); J. Amer. chem. Soc. **42**, 426 (1920).

Widerspruch zu den modernen Anschauungen von Partikeln mit einer
großen Zahl von Ladungen kam. (Doch war die DEBYE-HÜCKEL-
Theorie zu dieser Zeit noch unbekannt!) Daß McBains Ergebnisse die
wesentlichen Punkte nicht herausarbeiten konnten, lag daran, daß sie an
fettsauren Salzen gewonnen worden waren, die in großer Verdünnung zu
undissoziierter Fettsäure und OH^--Ionen hydrolysieren, und dadurch
eine genaue Interpretation erschweren.

Eine entscheidende Aufklärung erbrachten die experimentellen
Nachweise des Auftretens einer „kritischen Konzentration der Mizellbildung" (critical concentration for micelles), die von BURY und Mit-

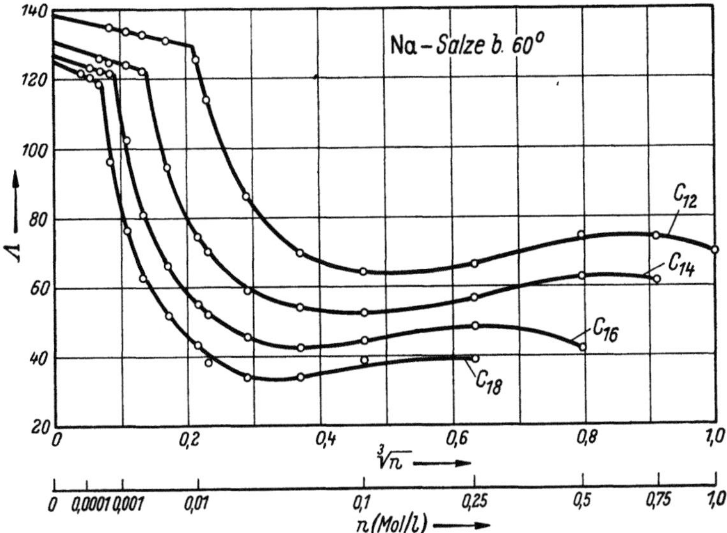

Abb. 75.2. Leitfähigkeit von alkylschwefelsauren Na-Salzen verschiedener Paraffinkettenlänge in
Abhängigkeit von der 3. Wurzel der Konzentration. Die „kritischen Konzentrationen" sind als
Kurvenknicke erkennbar. Nach LOTTERMOSER u. PÜSCHEL: loc. cit.

arbeitern[1] aus dem Massenwirkungsgesetz vorausgesagt und von
EKWALL[2] auf Grund seiner Beobachtungen bei der Hydrolyse der Seifen
vermutet worden war. Sie wurde von LOTTERMOSER und PÜSCHEL[3] an
Silberdodecylsulfat-Lösungen zuerst beobachtet und von MURRAY und
HARTLEY[4] in richtiger Weise interpretiert. Nicht hydrolysierende Seifen
verhalten sich nämlich bei sehr kleiner Konzentration wie normale
1-1-wertige Elektrolyte und ihre *Äquivalent*leitfähigkeit nimmt linear
mit $\sqrt{c}$ ab, wie es Abb. 75.2 darstellt Bei einer Stelle c_k sinkt diese
aber plötzlich ab und durchläuft später ein Minimum. HARTLEY
konnte in einer Reihe von Arbeiten nachweisen, daß das Absinken

---

[1] JONES, E. R. u. CH. R. BURY: Philos. Mag. (7) 4, 841 (1927); GRINDLEY, J. u.
CH. R. BURY: J. chem. Soc. [London] **1929**, 679; DAVIES, D. G. u. CH. R. BURY:
ibid. **1930**, 2263.
[2] EKWALL, P.: Acta Abo Math. Phys. **6**, 1 (1927), Kolloid-Z. **45** 291 (1928).
[3] LOTTERMOSER, A. u. F. PÜSCHEL: Kolloid-Z. **63**, 175 (1933).
[4] MURRAY, R. C. u. G. S. HARTLEY: Trans. Faraday Soc. **31**, 183 (1935).

auf der Bildung kolloider Assoziate beruhen muß, die zwar geladen sind, aber infolge ihrer elektrostatischen Anziehung einen großen Teil der Gegenionen binden[1]. Die Knicke der Kurven nennt man die „kritische Konzentration der Mizellbildung" (englisch CMC) oder kurz „kritische Konzentration" (c_k). Die „Mizellen" besitzen eine *geringere* Beweglichkeit als die Einzelionen und erniedrigen die Äquivalentleitfähigkeit erheblich. Ihre Bildung konnte später durch die verschiedensten Methoden einwandfrei nachgewiesen werden[2]. HARTLEY schrieb diesen Assoziaten kugelförmige Gestalt zu mit einem Radius von etwa der Länge des Seifenmoleküls. Wegen dieser geringen Dimensionen ($4\cdots5\,m\mu$) und ihrer Empfindlichkeit gegenüber Konzentrationsänderungen in der Nähe der kritischen Konzentration können sie nicht durch die gebräuchlichen Methoden der Kolloidchemie nachgewiesen und gemessen werden, weswegen die genauere Festlegung ihrer Größe, Gestalt und Struktur gewisse Schwierigkeiten bereitet, die auch im Augenblick noch nicht überwunden sind. Eine einfache Nachweismöglichkeit besteht in der von HARTLEY[3] auf Grund älterer Beobachtungen[4] entdeckten Änderung der Lichtabsorption von meist als p_H-Indikatoren dienenden Farbstoffen, wenn sie in Berührung mit Seifenassoziaten kommen. Sie werden von diesen teils im Inneren, teils in der Grenzfläche gebunden (vgl. w. u. unter Solubilisation), und erleiden dabei eine Veränderung ihrer Elektronenstruktur, die sich in einer Verschiebung ihres Absorptionsmaximums bemerkbar macht[5].

Fügt man daher gepufferte Farbstofflösungen zu einer mäßig konzentrierten Seifenlösung, so beobachtet man einen Farbumschlag, der das Vorhandensein von Assoziaten anzeigt, sehr verdünnte Seifenlösungen ergeben keine Farbänderung. Es ist nun relativ leicht, den gebundenen Anteil des Farbstoffs spektralphotometrisch zu bestimmen[6], und auf diese Weise die Konzentration der Assoziate zu ermitteln. Dadurch

---

[1] HARTLEY, G. S., B. COLLIE u. C. S. SAMIS: Trans. Faraday Soc. **32**, 795 (1936); MALSCH, J. u. G. S. HARTLEY: Z. physik. Chem. A **170**, 321 (1934).

[2] Zusammenfassende Darstellungen finden sich bei G. S. HARTLEY: Aqueous Solutions of Paraffin-chain-salts. Paris 1936; KLEVENS, H. B.: Solubilization. Chem. Reviews **47**, 1 (1950); McBAIN, M. E. L. u. E. HUTCHINSON: Solubilization. New York 1955; WINSOR, P. A.: Solvent Properties of Amphiphilic Compounds. London 1954.

[3] HARTLEY, G. S.: Trans. Faraday Soc. **30**, 444 (1934).

[4] HAHNE, A.: Z. dtsch. Öl- u. Fettind. **45**, 245 (1925); LESTER SMITH, E.: J. physic. Chem. **36**, 1672 (1932).

[5] Inzwischen ist eine große Zahl von Farbstoffen gefunden worden, deren Absorptionsspektrum sich durch Aufnahme in die Seifenassoziate ändert. Sie können zur Analyse von Seifenlösungen und vor allem zur bequemen Bestimmung der kritischen Konzentration dienen. Die bekanntesten sind für Anionseifen: Pinacyanol, Rhodanin 6 G. Für Kationseifen: Skye Blue FF, Eosin und Fluorescein (SCHWARTZ, PERRY u. BERCH: loc. cit.); TACHIBA A, T. u. T. OFUKA: J. chem. Soc. Japan, Pure Chem. Sect. **72**, 586 (1951); COLICHMAN, E. L.: J. Amer. chem. Soc. **73**, 3385 (1951).

[6] Dies geschieht in ähnlicher Weise, wie man in einer Indikatorfarbstofflösung, die bei einer p_H-Änderung etwa von blau nach gelb umschlägt, den Anteil der blauen Form bestimmt. Wenn man nämlich die Extinktion bei derjenigen Wellenlänge mißt, bei der die blaue, nicht aber die gelbe Form absorbiert, ist der gemessene Wert der blauen Form proportional.

gelang es STAUFF[1], die Abhängigkeit der stöchiometrischen Assoziatkonzentration von der Gesamtkonzentration der Seife zu bestimmen. Abb. 75.3 läßt erkennen, wie die Entstehung von Assoziaten besonders bei Seifen mit längeren Paraffinketten fast plötzlich einsetzt, nachdem bei kleineren Konzentrationen kaum welche gebildet worden sind. Bei kürzeren Paraffinketten setzt die Bildung nicht so abrupt ein. Die kritische Konzentration selbst ist, wie ebenfalls aus Abb. 75.3 hervorgeht, von der Paraffinkettenlänge und von der Ionenstärke (vgl. Kurve 9) abhängig.

Das Auftreten einer „kritischen Konzentration" ist nun nicht etwa eine Besonderheit der nichthydrolysierenden Seifen, obwohl von

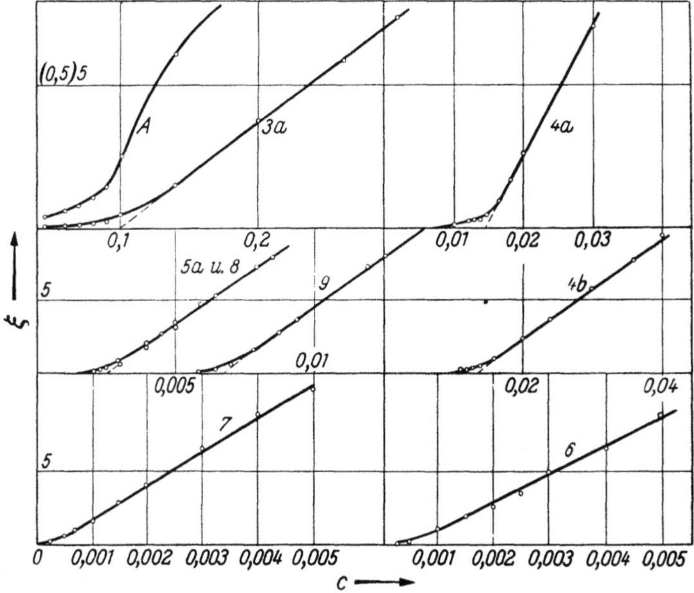

Abb. 75.3. Relative Konzentrationen ξ der Assoziate von alkylschwefelsauren Na-Salzen in Abhängigkeit von der Gesamtkonzentration, bestimmt durch die von ihnen gebundene Menge Neutralrot in Gegenwart von m/15 Phosphatpuffer p_H 7,92. $3a$ C_8, $4a$ C_{10}, $4b$ C_{10} mit Bromphenolblau, p_H 4,62, $5a$, 8 und 9 C_{12}, 6 C_{14}. 7 C_{16}. Nach STAUFF: Z. physik. Chem. A, **191**, 91 (1941)

MCBAIN und Mitarbeitern ein entsprechender Effekt bei fettsauren Salzen zunächst nicht beobachtet wurde. EKWALL[2], STAUFF[3] konnten in Lösungen der klassischen Seifen ebenfalls sprunghafte Änderungen nachweisen, wenn man ihre Hydrolyse berücksichtigt; vor allem ist es das Hydrolyseverhalten selbst (OH⁻-Ionenaktivität), das sich bei der kritischen Konzentration abrupt ändert.

Auch bei allen anderen Seifentypen lassen sich „kritische Konzentrationen" durch die verschiedensten Methoden (z. B. Lichtstreuung, Dichteänderungen, Brechungsindex usw.) beobachten[4].

[1] STAUFF, J.: Z. physik. Chem. (A) **191**, 69 (1942/43).
[2] EKWALL, P.: Kolloid-Z. **77**, 320 (1936); **80**, 77 (1937); **85**, 16 (1938).
[3] STAUFF, J.: Z. physik. Chem. (A) **183**, 55 (1938/39); **185**, 45 (1939/40).
[4] Vgl. dazu M. E. L. MCBAIN u. E. HUTCHINSON: loc. cit.

Sämtliche physikalischen Meßgrößen (Leitfähigkeit, osmotischer Koeffizient, stöchiometrische Assoziatmenge, Partikelgröße usw.) wässeriger Seifenlösungen aller Art sind unabhängig von der Vorgeschichte des Systems, was darauf hinweist, daß hier ein echtes thermodynamisches Gleichgewicht vorliegt.

Das soll heißen — was durchaus nicht selbstverständlich ist —, daß gleichgültig von welcher Seite der endgültige zu untersuchende Zustand erreicht wird, ob durch Verdünnungen einer konzentrierten, Einengen einer verdünnten, Erwärmen einer kalten bzw. Abkühlen einer warmen

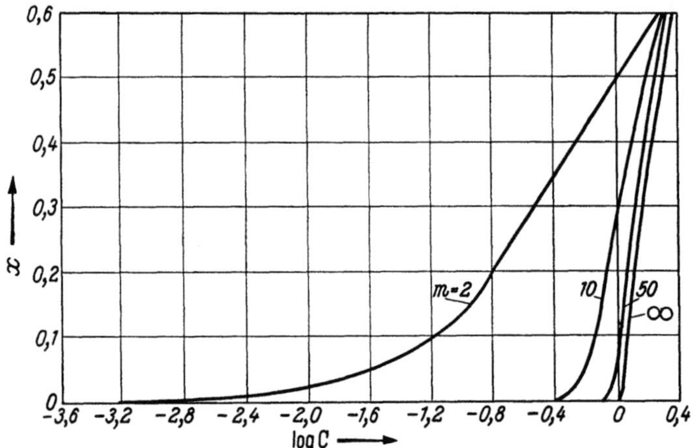

Abb. 75.4. Abhängigkeit der stöchiometrischen Konz. (x) der assoziierten Substanz (A_j) vom Logarithmus der Gesamtkonzentration für verschiedene Exponenten ($m = j$) und $K_j = 1$ der Gl. (75.1). Nach MURRAY u. HARTLEY: loc. cit.

Lösung, durch chemische Umsetzung oder andere Maßnahmen *immer* die gleiche Meßgröße erhalten wird. Bei kolloiden Systemen, die durch Hemmungen stabilisiert werden, ist ein solches Verhalten nicht denkbar; hier hängt der Zustand des Systems vom Weg ab, auf dem es hergestellt wird[1].

Gleichgewichtspartner sind die Assoziate einerseits und die Einzelmoleküle oder -ionen andererseits; sind A_1 die Einzelmoleküle und A_j die Assoziate, so läßt sich wie bei einem chemischen Gleichgewicht formulieren

$$j A_1 \rightleftharpoons A_j$$

Wendet man nach BURY (loc. cit.) das Massenwirkungsgesetz darauf an, erhält man:

$$\frac{[A_j]}{[A_1]^j} = K_j \tag{75.1}$$

Es ist nun interessant, den Verlauf von $[A_j]/j$, was der *stöchiometrischen* Konzentration der Assoziate (= Stoffmenge/Volumeneinheit, die in Form von Assoziaten vorliegt) entspricht, aus dieser Gleichung zu berechnen. Das Ergebnis mit dem willkürlichen Wert für $K_j = 1$ nach MURRAY und HARTLEY zeigt Abb. 75.4. Die Kurve mit größer werden-

---

[1] Vgl. hierzu J. W. McBAIN: loc. cit. S. 536.

dem j setzt immer schärfer ein, bei $j = \infty$ tritt auch mathematisch eine Unstetigkeit, d. h. ein scharfer Knick auf, der dem Fall des heterogenen Gleichgewichts entspricht (gelöster Stoff $\rightleftharpoons$ Bodenkörper). Die Ähnlichkeit dieser Kurven mit denen der Abb. 75.3 ist nicht zu verkennen, obwohl ein direkter quantitativer Vergleich nicht ohne weiteres möglich ist, da in unserem Ansatz (1) die Ionisation nicht berücksichtigt worden ist[1]. Qualitativ ist dadurch aber die Erscheinung der „kritischen Konzentration" als Folge der Form des Massenwirkungsgesetzes mit hohem Exponenten j ohne weiteres erklärt. Eine Zusammenstellung der nach verschiedenen Methoden gemessenen kritischen Konzentrationen findet sich in Tab. 75.II.

Um kolloide Partikeln der Seifen und allen anderen Substanzen dieser Klasse herzustellen, ist keine andere Operation notwendig, als die Stoffe in das Lösungsmittel einzubringen. Allerdings ist es dabei vom Lösungsmittel abhängig, ob Assoziate entstehen oder nicht.

Tabelle 75.II. *Kritische Konzentration in Mol/L*

a) Fettsaure K-Salze (25 °C)

Zahl der C-Atome des Alkylrests	c_k	c_k
7	0,4 (1)	0,78 (2)
8		0,39 (2)
9		0,20 (2)
10	0,105 (1)	0,098 (2)
12	0,0234 (1)	0,0255 (2)
14		0,0066 (2)
16		0,0018 (2)

Methode (1) Pinacyanol (HARTFIELD, S. H.: J. physic. Chem. **56**, 953, 959 (1952).
Methode (2) Brechungsindex (KLEVENS, H. B.: J. physic. Chem. **52**, 130 (1948).

b) Na-Alkylsulfonate

C-Atome	c_k	c_k	c_k	c_k
8	$1{,}5 \cdot 10^{-1}$ (1)			
10	$2{,}7 \cdots 3{,}9 \cdot 10^{-2}$ (1)	$4{,}1 \cdots 4{,}3 \cdot 10^{-2}$ (2)	$4{,}3 \cdot 10^{-2}$ (3)	$4 \cdot 10^{-2}$ (4)
12	$0{,}88 \cdots 0{,}95 \cdot 10^{-2}$ (1)	$1{,}0 \cdots 1{,}1 \cdot 10^{-2}$ (2)	$1{,}2 \cdot 10^{-2}$ (3)	$0{,}98 \cdot 10^{-3}$ (4)
14	$1{,}35 \cdots 2{,}6 \cdot 10^{-3}$ (1)	$2{,}9 \cdots 3{,}2 \cdot 10^{-3}$ (2)	$3{,}3 \cdot 10^{-3}$ (3)	$2{,}7 \cdot 10^{-3}$ (4)
16	$0{,}75 \cdots 0{,}85 \cdot 10^{-3}$ (1)	$1{,}1 \cdots 1{,}2 \cdot 10^{-3}$ (2)		$1{,}05 \cdot 10^{-3}$ (4)
18				$7{,}3 \cdot 10^{-4}$ (4)

(1) Pinacyanol (s. o.) [$C_8 \cdots C_{10}$: 25°, C_{12}: 33,5°, C_{14}: 42,5°, C_{16}: 50°].
(2) Brechungsindex (s. o.) [$C_8 \cdots C_{10}$: 25°, C_{12}: 35°, C_{14}: 45°, C_{16}: 52°].
(3) Leitfähigkeit, WRIGHT, K. A. u. H. V. TARTAR: J. Amer. chem. Soc. **61**, 544 (1939).
(Sämtlich bei 60° gemessen)
(4) aus der Löslichkeit (T_m) (WRIGHT u. TARTAR: loc. cit.)
[C_{10}: 22,5°, C_{12}: 31,5°, C_{14}: 39,5°, C_{16}: 47,5°, C_{18}: 56,9°].

---

[1] Kurven in der Art von Abb. 75.3 lassen sich auch mit Nichtionseifen gewinnen, doch wiesen MURRAY und HARTLEY (loc. cit.) nach, daß die Ionisation den „Einsatz des Anstiegs" noch eher verschärft!

c) *Na-Alkylsulfate (Schwefelsäureester)*

C-Atome	c_k	c_k	c_k
12	0,0072 (1)	0,0095 (2)	0,0082 (3)
14			$2,2 \cdot 10^{-3}$ (3)
16			$6,6 \cdot 10^{-4}$ (3)
18			$2,6 \cdot 10^{-4}$ (3)

(1) Farbstoffmethode (MIURA, M. u. T. MATSUMOTO: J. Sci. Hiroshima Univ. **21**, 51 (1957). 25°.
(2) Brechungsindex (25°) (KLEVENS: loc. cit.).
(3) Leitfähigkeit [LOTTERMOSER, A. u. F. PÜSCHEL: Kolloid-Z. **63**, 175 (1933)]. (60°).

d) *Alkylamin-HCl*

C-Atome	Temperatur	c_k	
10	25 °C	0,04	(1)
12	25 °C	$0,0124 \cdots 0,0136$	(1) (2)
14	40 °C	$3,1 \cdots 10^{-3}$	(1)
16	50 °C	$8 \cdot 10^{-4}$	(1)
18	60 °C	$2,5 \cdot 10^{-4}$	(1)

(1) Brechungsindex (KLEVENS: loc. cit.).
(2) Farbstoff [CORRIN, M. L. u. W. D. HARKINS: J. Amer. chem. Soc. **52**, 130 (1948)].

e) *Nichtionseifen*

$$C_{12}(OC_2H_4)_xOH \qquad 8,2 \cdot 10^{-5}$$
$$x = 5,\ 9,5 \text{ und } 12$$

Methode: Grenzflächenspannung [STAUFF, J. u. J. RASPER: Kolloid-Z. **151**, 148 (1957)]. (25°).

Isomere Na-Alkylsulfate [1]

Seife	$C_k \cdot 10^3$ Mol/L (Pinacyanol-Methode)	$C_k \cdot 10^3$ Mol/L (Leitfähigkeit) 60°	40°
Na-Tetradecan-1-sulfat	$1,62 \cdots 1,69$	2,80	2,4
Na-Tetradecan-2-sulfat	$3,12 \cdots 3,40$	3,75	3,3
Na-Tetradecan-3-sulfat	$4,43 \cdots 4,62$	4,85	4,3
Na-Tetradecan-4-sulfat	$5,63 \cdots 5,89$	6,10	5,2
Na-Tetradecan-5-sulfat	$7,79 \cdots 8,1$	7,95	6,9
Na-Tetradecan-6-sulfat	$11,9 \cdots 12,7$	9,80	—
Na-Tetradecan-7-sulfat	$15,1 \cdots 16,5$	11,50	9,7
Di-n-hexyläthyl-Natrium-sulfat	$8,30 \cdots 8,45$		

In Alkoholen sind die meisten Seifen ohne Bildung von Assoziaten löslich, ebenso in Aceton, Dioxan und vielen anderen organischen Lösungsmitteln mit polaren Gruppen. In Wasser werden Assoziate gebildet, doch auch in unpolaren organischen Lösungsmitteln, soweit die Seifen darin überhaupt löslich sind, was unter Umständen erst bei hoher Temperatur der Fall ist. Mehrwertige wasserunlösliche Seifen von 2- und 3-wertigen Metallen lösen sich oft in Kohlenwasserstoffen.

---

[1] Nach P. A. WINSOR, P. W. O. WIJGA u. H. C. EVANS; zit. nach P. A. WINSOR: Solvent Properties of Amphiphilic Compounds. London 1954. S. 42ff.

Die *Gesamtlöslichkeit* der Seifen ist jedoch in einer Art und Weise
von der Temperatur abhängig, die sehr ungewöhnlich ist und bei „normalen" Substanzen nicht beobachtet wird. Am eindrucksvollsten zeigt
sich dies bei den klassischen Seifen, den fettsauren Salzen. Wie KRAFFT[1]
feststellen konnte, scheidet sich die Seife beim langsamen Abkühlen einer
in der Wärme hergestellten konzentrierten klaren Lösung bei einer
bestimmten Temperatur fast schlagartig aus, ebenso plötzlich wird sie
beim Erwärmen aufgelöst, so daß der Eindruck des Schmelzens erweckt
wird, besonders da sich die fettsauren Salze als sehr feine fadenförmige
und einem Gel ähnliche Gebilde ausscheiden und die Flüssigkeit zu einer

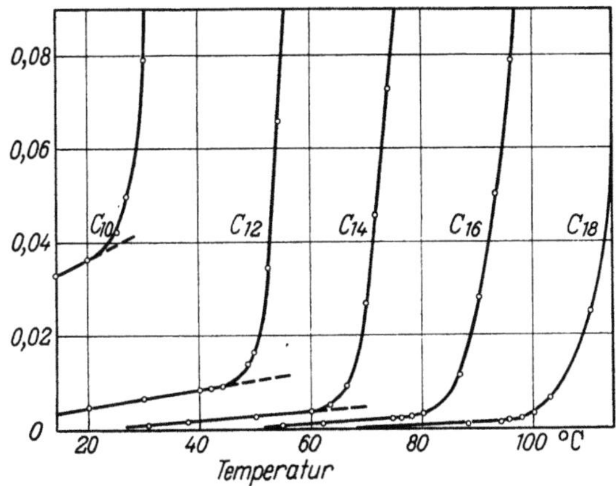

Abb. 75.5. Temperaturabhängigkeit der Löslichkeit (in Mol/1000 g) von Na-Alkylsulfonaten verschiedener Kettenlänge. Die krit. Konzentrationen sind als Beginn des steilen Anstiegs erkennbar.
Nach H. V. TARTAR u. K. A. WRIGHT: J. Amer. chem. Soc. **61**, 539 (1939)

Masse erstarrt, die den Eindruck einer halbfesten Substanz macht. Entsprechendes findet man auch bei den nicht hydrolysierenden Seifen, nur
scheiden sich hier meist makroskopisch erkennbare Kristalle aus.
KRAFFT wies nun nach, daß der „Schmelzpunkt der Seifengele", wie
diese Erscheinung seinerzeit benannt wurde, in ähnlicher Weise ansteigt
wie der Schmelzpunkt der Fettsäure, aus dem das Salz gebildet worden
war. Man nennt daher diese Schmelztemperaturen in der Fachliteratur
auch KRAFFT-Punkte[2].

Dieses eigenartige Verhalten läßt sich aber ohne Schwierigkeit nach
MURRAY und HARTLEY aus dem Auftreten einer kritischen Konzentration erklären. Betrachtet man die gesamte Löslichkeitskurve am
besten einer nicht hydrolysierenden Seife, so steigt die Löslichkeit, wie
Abb. 75.5 zeigt, bei niedrigen Temperaturen nur relativ wenig an und
unterscheidet sich darin nur wenig von anderen normalen organischen

---

[1] KRAFFT, F. u. H. WIGLOW: Ber. dtsch. chem. Ges. **28**, 2566 (1895); KRAFFT,
F.: ibid. **32**, 1596 (1899).

[2] Man glaubte vielfach, daß die KRAFFT-Punkte in ähnlicher Weise von dem
Zusammenwirken der Gitterkräfte und der Temperaturbewegung in der kristalli-
sierten Seife abhängen wie der Schmelzpunkt kristallisierter Fettsäuren [vgl. dazu
P. A. THIESSEN und E. EHRLICH: Z. physik. Chem. A **165**, 453 (1933)].

Salzen (z. B. Natrium-Benzoat, -Salizylat usw.). Allerdings nimmt sie dann in einem ziemlich engen Temperaturbereich sehr stark zu und erreicht schließlich sehr hohe Werte. Der Anstieg setzt dort ein, wo sich auch die Assoziate bilden, also bei der kritischen Konzentration. Das liegt daran, daß das chemische Potential der Lösung fast ausschließlich durch die Konzentration der Einzelionen (bzw. Einzelmoleküle) bestimmt wird, die aber nach Erreichen der kritischen Konzentration wegen der besonderen Form des MWG nur noch sehr wenig mit der Gesamtkonzentration anwächst (vgl. Abb. 80.2). Wenn nun durch Temperaturerhöhung — wie es normalerweise auch der Fall ist — immer mehr Einzelmoleküle oder -ionen mit dem Bodenkörper ins Gleichgewicht kommen können, müssen entsprechend Gl. (1) sehr große Mengen Kolloid gebildet werden, um dem Löslichkeitsgleichgewichtswert der Einzelmolekülkonzentration zu erreichen (m. a. W. um eine geringe Erhöhung des *mittleren* chemischen Potentials der Seifen zu erreichen, muß sehr viel Substanz in Lösung gehen). Dadurch steigt die Gesamtlöslichkeit (Einzelmoleküle + Assoziationskolloide) sehr stark an (vgl. MURRAY und HARTLEY).

Die Beobachtungen von KRAFFT sind nun leicht zu verstehen, denn bei mäßiger bis hoher Konzentration muß die Auflösungs- bzw. Abscheidungstemperatur wegen der Steilheit der Löslichkeitskurve, wie es Abb. 75.5 zeigt, relativ unabhängig von der Konzentration sein. Man gewinnt den Eindruck des Schmelzens, da die Hauptmenge sich in einem geringen Temperaturintervall auflöst. Die Abhängigkeit von der Kettenlänge des Alkylrestes ist damit erklärt, daß auch die „kritische Konzentration" wie aus Tab. 75.II hervorgeht, von der Kettenlänge abhängt[1].

Da alle Seifen in kristallisiertem festen Zustand beim Erwärmen eine Reihe von Umwandlungen erleiden, besteht die Möglichkeit, daß die Löslichkeitskurve auch hierdurch beeinflußt wird. Bei sehr hohen Seifenkonzentrationen ist dies durch die Untersuchungen von McBAIN und Mitarbeitern sehr wahrscheinlich gemacht. Diese Zustände haben den Charakter von kristallinen Flüssigkeiten.

Viele Mißverständnisse über das Wesen der Seifenzerteilungen sind dadurch entstanden, daß die *instabilen* Dispersionen von Seifenkriställchen, insbesondere der hydrolysierenden Seifen, als charakteristisch für die Klasse dieser Systeme angesehen wurden. Einige bilden für kurze Zeit existenzfähige Dispersionen mit blättchenförmigen Kristallen kolloider Dimensionen, die im Ultramikroskop sichtbar sind, Strömungsdoppelbrechung zeigen und auch sonst wegen ihrer Elektrolytempfindlichkeit den Dispersionskolloiden entsprechen. Diese Systeme haben Zusammensetzungen, die im Gebiet oberhalb der Löslichkeitskurve (Abb. 75.5) liegen. (McBAIN bezeichnet die sich abscheidenden fettsauren Salze als „curd" = Quark, Gerinnsel); Ergebnisse solcher Systeme können nicht mit denen verglichen werden, die im Konzentrationsgebiet unterhalb der Löslichkeitskurve beobachtet wurden, wo Lösungen existieren, in denen nur empfindlichste Methoden der Streulichtmessungen

---

[1] Löslichkeitskurven von fettsauren Salzen, wie auch die Temperaturabhängigkeit ihrer kritischen Konzentration sind von J. STAUFF [Z. physik. Chem. A **185**, 45 (1939)] mitgeteilt worden. Sie sind im Prinzip denen der nichthydrolysierenden Seifen gleich, werden aber etwas durch die Hydrolyse modifiziert.

geringe Trübungen entdecken lassen und die keinerlei ultramikroskopisch sichtbare Teilchen enthalten. Nur dieses ist das Gebiet, wo Assoziate im thermodynamischem Gleichgewicht auftreten.

Ein abweichendes Verhalten zeigt die Löslichkeit der nichtionisierenden Seifen. Diese sind in reinem Zustand fest oder flüssig, je nachdem wie lang die Paraffinkette und wie groß die Zahl der hydrophilen Atomgruppen ist. Sehr verdünnte Mischungen der Polyäthylenoxydverbindungen mit Wasser ($<0,2\cdots0,5\%$) sind bis zum Siedepunkt der Flüssigkeit homogen, konzentriertere scheiden sich beim Überschreiten einer ziemlich gut festzustellenden Temperatur, dem sog. „cloud-point", in zwei Phasen, von denen eine viel Seife und wenig Wasser, die andere wenig Seife in viel Wasser enthält. Es tritt also eine Entmischung auf, die im Gegensatz zu den normalen Fällen bei Temperatur*erhöhung* ausgelöst wird[1].

§ 76. Größe, Gestalt und Struktur der Seifenassoziate

a) Bereich der „kritischen Konzentration". Wenn auch die Anwendung des Massenwirkungsgesetzes auf den Assoziationsvorgang nach BURY das Auftreten der sonst nirgendwo beobachteten „kritischen Konzentration" in befriedigender Weise zu deuten vermag, darf doch nicht vergessen werden, daß damit ein Verhalten vorausgesetzt wird, was bei kolloiden Systemen zum mindesten ungewöhnlich ist. In der Formulierung der Gl. (75.1) ist nämlich angenommen, daß bei der Assoziation nur Partikeln einer einzigen Größe entstehen, obwohl so etwas aus einer groben Abschätzung der dabei wirkenden unspezifischen Kräfte nicht zu folgern ist. Experimentelle Bestimmungen der Partikelgröße, insbesondere der Mono- oder Polydispersität, sind daher von größter Bedeutung, wenn das Verhalten dieser Systeme verstanden werden soll.

Der Bestimmung der Größe, Gestalt und Struktur der Assoziate stehen aber erheblich größere Schwierigkeiten im Wege, als man es von den Dispersionskolloiden und Makromolekülen kennt, da jene als Teilnehmer eines Gleichgewichts gegen äußere Einflüsse empfindlich sind. Hinzu kommt, daß die chemisch am besten definierten und im reinen Zustand erhältlichen Vertreter der Klasse Salze sind, die in Wasser stark ionisieren und dadurch die Verhältnisse noch mehr komplizieren.

Bei Bestimmungen der Größe kann versucht werden, die geometrischen Abmessungen oder die Zahl der pro Partikel enthaltenen Einzelmoleküle zu ermitteln. Die zu wählende Methode darf dabei das System nicht verändern und nicht auf die gleichzeitig vorhandenen Einzelionen oder -moleküle der Seife, sowie auf ihre Gegenionen ansprechen. Eine solche Idealmethode gibt es aber nicht, weshalb nicht weiter erstaunlich ist, daß kaum *direkte* Bestimmungen der Partikelgröße von Seifenassoziaten vorliegen.

---

[1] Das vollständige Zustandsgebiet der Mischungslücke ließ sich bei dem einfachsten chemischen Vertreter dieser Reihe, dem Monobutylglykoläther ermitteln, bei Substanzen mit längerer Paraffin- und Polyglykolkette nur im unteren Temperaturbereich. (Siehe dazu P. LAMBERT und N. CHAKOWSKY: 1. Congrès mondial de la détergence. Sect. 1, 27. Paris 1956.)

Die meisten Versuche zur Größenbestimmung sind an ionisierenden Seifen gemacht worden. Die älteren an fettsauren Salzen ausgeführten haben mit der zusätzlichen Komplikation der Hydrolyse zu kämpfen[1]. Bei nichthydrolysierenden bereiten die Effekte der Ladung der Partikeln wie die Anwesenheit der Gegenionen unter Umständen unüberwindliche Schwierigkeiten. Bei den Versuchen von Hartley und Runnicles[2] und von Vetter[3], welche die Größe durch Diffusionsmessungen zu ermitteln versuchten, mußten mit erheblichem Zusatz von Fremdelektrolyten gearbeitet werden, um den Ladungseffekt der Assoziate zu unterdrücken. Die Auswertung von Versuchen ohne Salzzusatz gelang Hartley[4] zwar ebenfalls, wegen dazu notwendiger gewisser theoretischer vereinfachender Annahmen ist die Sicherheit dieser Ergebnisse jedoch etwas beeinträchtigt.

Ähnliches gilt für die Versuche von Debye und Anacker[5], Hutchinson[6] und Granath[7], von denen die beiden ersteren die Lichtstreuung, die letztere die Sedimentation und Diffusion anwandten. Auch hier kann die Partikelgröße nur dann einwandfrei aus den Meßergebnissen hergeleitet werden, wenn — worauf besonders Hutchinson[8] hinwies — ein Überschuß von Elektrolyt vorhanden ist, da sowohl Lichtstreuung als auch Sedimentation durch Ladung und Gegenionen beeinflußt werden. Abb. 76.1 zeigt den Verlauf von $H\,c/\tau$ (vgl. dazu § 25) einer Dodecylaminhydrochloridlösung in reinem Wasser und bei Gegenwart von 0,046 mol/L NaCl. Der Anstieg der Kurve in Wasser beruht nicht etwa auf einer Änderung des Partikelgewichts, sondern auf dem zweiten Virialkoeffizienten, der von der Ladung und der Gegenionenzahl abhängig ist (s. w. u.). Unterdrückt man diesen Effekt durch Elektrolytzusatz, wird der Virialkoeffizient $\simeq 0$ und die Änderung des Partikelgewichts mit der zunehmenden Konzentration unmerklich[8].

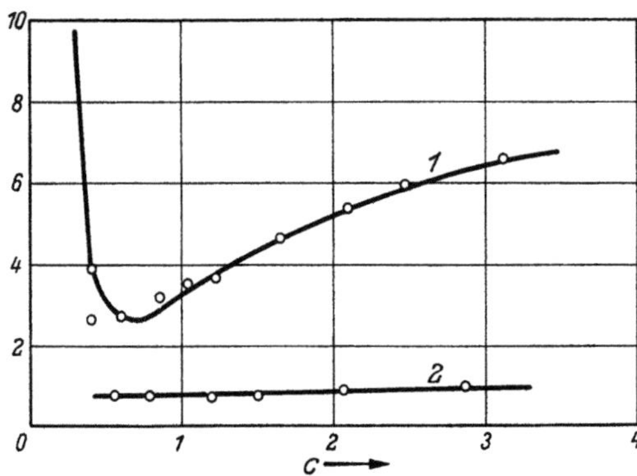

Abb. 76.1. Lichtstreuungsfunktion $H\,c/\tau$ von Na-Dodecylsulfat in Abhängigkeit von der Konz. (Kurve *1*). Dieselbe bei Zusatz von 0.046 mol NaCl (Kurve *2*). Nach Hutchinson, loc. cit.

<hr>

[1] McBain, J. W.: loc. cit. S. 536.

[2] Hartley, G. S. u. D. F. Runnicles: Proc. Roy. Soc. [London] Abt. A **168**, 420 (1938).

[3] Vetter, R. J.: J. physic. Chem. **51**, 262 (1947).

[4] Hartley, G. S.: Trans. Faraday Soc. **35**, 1109 (1939).

[5] Debye, P. u. E. W. Anacker: J. physic. Chem. **55**, 644 (1951).

[6] Hutchinson, E.: J. Colloid Sci. **9**, 191 (1954).

[7] Granath, K.: Acta chem. Scand. **7**, 297 (1953).

[8] Die Zunahme von $H\,c/\tau$ könnte auf eine Abnahme der mittleren Partikelgröße hinweisen; da aber wegen der Abnahme des Einzelionenanteils eher das Umgekehrte zu erwarten wäre, könnte der geringe Anstieg nur noch auf einem geringen Wert von B^* beruhen (vgl. § 77).

Diese Ergebnisse, wie auch die älteren Messungen von HARTLEY und RUNNICLES deuten fast als einzige mit einiger Sicherheit darauf hin, daß sich die Partikelgröße oberhalb der „kritischen Konzentration" mit zunehmender Konzentration nur wenig verändert.

Die von DEBYE und ANACKER sowie von GRANATH gefundene Änderung der Partikelgröße mit steigender Konzentration und Salzzusatz können nicht als Gegenbeweis angeführt werden. Wie weiter unten gezeigt werden wird, erniedrigt ein Elektrolytzusatz nicht nur die kritische Konzentration, sondern auch die Löslichkeit der Seifen. Die von den erwähnten Autoren gemachten (sicherlich völlig zutreffenden) Beobachtungen beziehen sich auf Substanzen bei Temperaturen in der Nähe von 30° (Cetyltrimethylammoniumbromid); der „KRAFFT-Punkt" der untersuchten Seifen liegt aber bei etwa $28 \cdots 29°$, also dicht bei der Untersuchungstemperatur. Zusatz von Elektrolyten muß nach dem MWG die Löslichkeit der Seifen erniedrigen, so daß die hieraus abzuleitenden Folgerungen unsicher sind.

Bei *Nichtionseifen* konnte die Partikelgröße aus Lichtstreuungsmessungen von STAUFF und RASPER[1] besser bestimmt werden, da hier die komplizierenden Einflüsse der Ladungen fortfielen. Konstanz der Partikelgröße mit zunehmender Konzentration ist sehr wahrscheinlich, da der 2. Virialkoeffizient einen positiven Wert besitzt, der sich mit der Konzentration praktisch nicht verändert.

Indirekt kann die Partikelgröße aus physikalisch-chemischen Daten ermittelt werden, wobei aber meist mehr oder weniger plausible Modellvorstellungen zu Hilfe genommen werden müssen. PHILIPPOFF[2] hat aus osmotischen Daten (Gefrierpunkts- und Taupunktsmethode) für niedrige Konzentrationen eine Reihe von Werten berechnet. Diesen sind Daten der Röntgenanalyse gegenübergestellt und in Tab. 76.I aufgeführt. Osmotische Messungen, Diffusion und Lichtstreuung stimmen (wenn die Richtigstellungen von HUTCHINSON beachtet werden) am besten überein, die Röntgenmessungen weniger gut, was aber wegen der größeren Ungenauigkeit im letzteren Fall nicht weiter verwunderlich ist.

Tabelle 76.I. *Zahl der Moleküle je Assoziat:* (j) *und Anteil der Gegenionen:* $\left(\dfrac{j-k}{j}\right)$. *Ladungsanteil je Molekül im Assoziat:* $\varkappa$

	j (Philippoff)	j nach Röntgenmethode	Diffusion	Lichtstreuung	$\dfrac{j-k}{j}$ (Philippoff)
K-Laurat	70	39, 50	73, 92	—	0,257
Na-Dodecylsulfat	82	57	70, 43	—	0,183
Dodecylamin-HCl	170	127, 148	157	56—142	0,135
Hexadecylpyridiniumchlorid	81	79	70	93	0,198
Tetradecyltrimethylammoniumchlorid	64	—	—	75 (Bromid)	0,219
K-Oleat	90	103 (Na-Salz)	—	—	0,167
Na-Di-iso-hexylsulfosuccinat	46	—	24	4	0,269
Na-Desoxycholat	14	—	—	—	0,50
Alkyl-phenylpolyglycoläther	10	—	—	—	—

---

[1] STAUFF, J. u. J. RASPER: Kolloid-Z. **151**, 148 (1957).
[2] PHILIPPOFF, W.: Discuss. Faraday Soc. **11**, 96 (1951).

Von HARKINS und Mitarbeitern[1, 2] konnten bei der Durchstrahlung von K-Laurat-(C_{12})-Lösungen mit Röntgenlicht bereits dicht oberhalb der kritischen Konzentration Interferenzen entdeckt werden, die einen sehr kleinen Streuwinkel besaßen und einem nach BRAGGS [Gl. (43.2)] berechneten Abstand der Streuzentren von 35,3 Å entsprachen. Bei anderen Seifen (vgl. Tab. 76.II) von C_8 bis C_{16} und Na-Dodecylsulfat wurden ähnliche Abstände gemessen. Unabhängig davon, welchem Modell der Partikeln man den Vorzug geben will, unterliegt wohl die Zuordnung dieser Interferenzen zu einer Lineardimension der Assoziate keinem Zweifel, denn der Abstand ist, wie Tab. 76.II zeigt, auch bei Änderungen der Konzentration um den vielfachen Betrag kaum veränderlich. Die Werte bis zu Laurat und Dodecylsulfat sind sicher einwandfrei, beim Myristat und Palmitat hingegen weniger zu verstehen, da diese bei 25° Bodenkörper ausscheiden sollten. Vom Standpunkt der Theorie der Streuung der Röntgenstrahlen ist die Entstehung solcher Interferenzen sowohl mit der kugelförmigen als auch der orthogonalen Form vereinbar (vgl. w. u.).

Es ist alles in allem sicherlich richtig — zum mindesten ist bis jetzt noch kein stichhaltiger Gegenbeweis bekannt geworden —, daß die gebildeten Assoziate in einem weiten Konzentrationsbereich bei Abwesenheit von Fremdelektrolyt etwa als *monodispers* anzusehen sind. Die Schärfe der Monodispersität, m. a. W., ob die Assoziate wirklich nur immer genau die gleiche Zahl von Einzelmolekülen oder -ionen enthalten, oder ob diese Zahl in gewissen Grenzen schwankt, läßt sich wegen der bislang noch nicht sehr großen Genauigkeit der Größenbestimmung nicht feststellen. Es hat aber den Anschein, daß das bei den ionisierten Seifen weniger gut zutrifft als bei den Nichtionseifen.

Obwohl direkte experimentelle Bestimmungen der Partikelgröße bei hydrolysierenden Seifen, wie auch bei Lipoiden bis jetzt nicht vorliegen, läßt doch das Auftreten „kritischer Konzentrationen" auch diesen Fällen eine entsprechende Monodispersität der Assoziate vermuten (was aber nicht heißen soll, daß dieses Verhalten zu einer solchen Annahme zwingt).

Keine direkte Information besitzen wir über die Gestalt und Struktur der Assoziate im Bereich kleiner Konzentration. Das liegt hauptsächlich daran, daß alle physikalischen Methoden dort wegen zu geringer Effekte versagen (vgl. Tab. 76.I).

Die im folgenden zu skizzierenden Modelle der Assoziate entspringen reinen Deduktionen, die die aus röntgenographischen Messungen der Kristallstruktur bekannten Molekülabmessungen mit der Zahl der im Assoziat enthaltenen Moleküle und den hinlänglich bekannten Eigenschaften des Wassers in Beziehung setzen.

Die ältesten Vorschläge stammen von McBAIN (seine „ionic micelle" zeigt Abb. 76.2a). HARTLEY entwickelte dann[3] aus seinen Befunden

---

[1] CORRIN u. HARKINS: loc. cit.
[2] MATTOON, R. W., R. S. STEARN u. W. D. HARKINS: J. chem. Physics **16**, 644 (1948). — [3] HARTLEY, G. S.: Aqueous Solutions of Paraffin-chain-salts. Paris 1936 und loc. cit.

(Messung der elektrischen Überführung) das Modell einer kugelförmigen
Partikel, deren Gestalt und Struktur Abb. 76.2b zeigt, und die dadurch
zustande kommt, daß sich die lipophilen Paraffinketten der Seifen
zusammenlagern und die hydrophilen ionisierten „Köpfe" igelförmig
nach allen Richtungen weisen. Die entgegengesetzt geladenen Ionen
können dabei einesteils den diffusen Teil einer (GOUYschen) Doppelschicht, andernteils den fixierten Teil einer (STERNschen) Doppelschicht

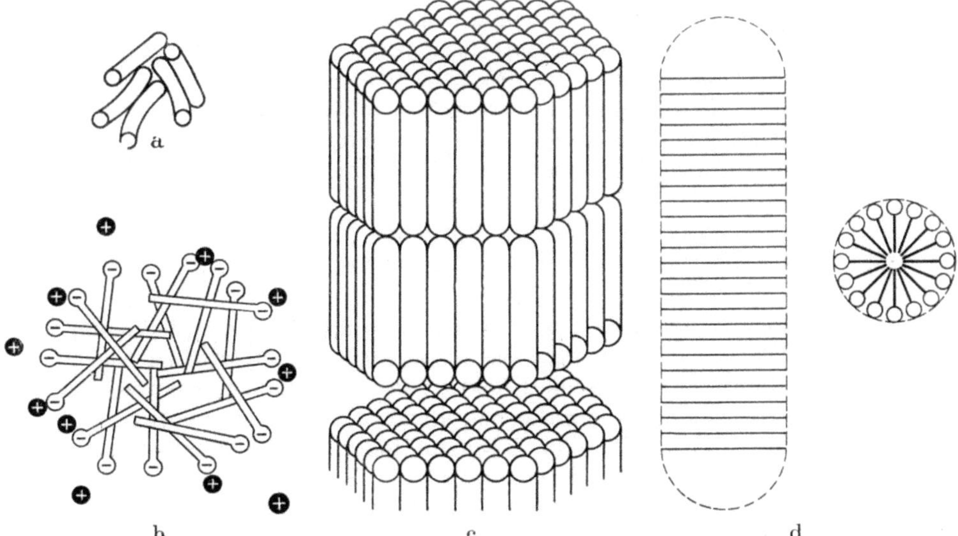

Abb. 76.2. Modelle von Seifenassoziaten (Mizellen). a) Ionenmizelle (Ionic micelle) nach MC BAIN,
b) Kugelassoziat nach G. S. HARTLEY, c) Isometrisches Assoziat nach PHILIPOFF, d) Stäbchenför-
miges Assoziat nach DEBYE u. ANACKER

bilden. Dieses Modell erklärt vor allem die elektrischen Eigenschaften
der Assoziate befriedigend. Es stimmt aber auch, was Rauminhalt, Zahl
der darin unterzubringenden Einzelmoleküle und Durchmesser anbetrifft, bemerkenswert gut mit den bisher bekannten experimentellen
Ergebnissen überein.

PHILIPPOFF[1] schlug dagegen eine Anordnung vor, die Abb. 76.2 c
zeigt und die als Extrapolation von Strukturvorstellungen, die bei
höheren Konzentrationen gültig zu sein scheinen, anzusehen ist. (Wie
später gezeigt werden wird, sind bei höheren Konzentrationen wahrscheinlich größere blättchenförmige Aggregate vorhanden.) Diese, als
eine Art juveniler Form der bei größerer Konzentration erwachsen werdenden Assoziate, besitzen außer den Vorzügen des Entgegenkommens
an das Vorstellungsvermögen den Vorteil, daß bestimmte Theorien über
das Zustandekommen der Monodispersität der Assoziate[2,3,4] leicht auf

[1] PHILIPPOFF, W.: Kolloid-Z. **96**, 255 (1941).
[2] DEBYE, P.: Ann. N. Y. Acad. Sci. **51**, 575 (1949).
[3] OOSHIKA, Y.: J. Colloid Sci. **9**, 254 (1954).
[4] v. STACKELBERG, M.: Z. Elektrochem. **59**, 254 (1955).

sie anwendbar sind, ebenso daß sich das Solubilisationsvermögen in Gegenwart von Elektrolyten[1] besser verstehen läßt als bei anderen Modellen.

Von DEBYE[2] wurde schließlich noch ein Stäbchenmodell mit der in Abb. 76.2d dargestellten Struktur zur Diskussion gestellt, das im wesentlichen die Ergebnisse der von ihnen beobachteten Dissymmetrie der Lichtstreuung berücksichtigen soll.

Ehe keine einwandfreien experimentellen Methoden eindeutige Meßergebnisse an eindeutig als Seifenlösungen definierten Systemen in einem Temperaturgebiet, weit genug vom KRAFFT-Punkt entfernt, *ohne* Fremdzusätze, Hydrolyseprodukte usw. liefern, ist eine Entscheidung über die wirkliche Struktur der Assoziate nicht möglich. Für die Wahrscheinlichkeit des Vorliegens des einen oder anderen Modells lassen sich im Augenblick nur theoretische Gründe anführen, die aber niemals den direkten experimentellen Beweis ersetzen können. Doch stimmen alle Autoren, ungeachtet der Diskrepanzen über die eigentliche Struktur darin überein, daß in der Nähe der kritischen Konzentration annähernd isometrische Partikeln von einem Durchmesser etwa der zweifachen Länge der Paraffinkette gebildet werden.

b) Größe, Gestalt und Struktur der Assoziate bei höherer Konzentration. Alle Experimente, die die Ermittlung von materiellen Eigenschaften durch physikalische Effekte zum Ziele haben, werden den meisten Erfolg haben, wenn der betreffende Effekt groß, deutlich und gut zu beobachten ist. Um die Eigenschaften dispergierter Substanz zu untersuchen, wird man z. B. möglichst hohe Konzentrationen verwenden, besonders wenn sich herausstellt, daß sich bei kleinen nichts beobachten läßt. Seifenlösungen in der Nähe der kritischen Konzentration zeigen weder Viskositätsänderungen, Strömungsdoppelbrechung, Röntgeninterferenzen usw. Nun kann das entweder daran liegen, daß die Gestalt und Struktur der vermuteten Assoziate überhaupt zu keinen derartigen Effekten Veranlassung gibt (siehe oben) oder die Effekte in diesem Konzentrationsgebiet ($1 \cdot 10^{-6}$ bis $1 \cdot 10^{-2}$ mol/L) einfach zu klein sind, um wahrgenommen werden zu können. Geht man nun unter strenger Berücksichtigung der Temperaturgrenzen zu höheren Konzentrationen über ($10 \cdots 20$ Gewichtsprozent), lassen sich die fraglichen Effekte in der Tat einwandfrei beobachten. Die Viskosität steigt erheblich an, und zeigt nicht-NEWTONsches Verhalten[3], es treten Röntgeninterferenzen auf[4, 5]. Strömungsdoppelbrechung[6] und Leitfähigkeitsanisotropie[7] lassen in charakteristischer Weise auf *anisometrische* Parti-

---

[1] CORRIN, M. L. u. W. D. HARKINS: J. Amer. chem. Soc. **69**, 683 (1947).

[2] DEBYE, P. u. E. W. ANACKER: loc. cit.

[3] PHILIPPOFF, W.: loc. cit.

[4] HESS, K., H. KIESSIG u. W. PHILIPPOFF: Kolloid-Z. **88**, 40 (1939); Fette und Seifen **48**, 377 (1941).

[5] STAUFF, J.: Naturwiss. **27**, 213 (1939); Kolloid-Z. **89**, 224 (1939).

[6] BOOIJ, H. L. u. H. G. BUNGENBERG DE JONG: Biocolloids and their interactions. Wien 1956.

[7] HECKMANN, K.: Z. physik. Chem., N. F. **9**, 318 (1956); HECKMANN, K. u. K. G. GÖTZ: Z. Elektrochem. **62**, 281 (1958).

keln schließen. EKWALL[1] konnte deutlich machen, daß konzentriertere Lösungen eine Reihe von Eigenschaften besitzen, die bei niederen Konzentrationen nicht vorhanden sind.

Aus diesen Ergebnissen geht in eindrucksvoller Weise hervor, daß hier größere anisometrische Partikeln entstehen, die (nach HECKMANN[2]) mit großer Wahrscheinlichkeit blättchenförmige Gestalt besitzen. Wir wollen sie unter Vorwegnahme der aus den Ergebnissen abzuleitenden Schlußfolgerungen als Partikel II bezeichnen.

McBAIN[3] nahm bereits zur Deutung seiner Leitfähigkeitsergebnisse und osmotischen Messungen das Vorhandensein einer zweiten Art von Partikeln neben seinen „Ionenmizellen" an, die er Neutralmizellen (neutral micelle) nannte. Diese sollten erheblich größer, aber nur wenig geladen sein.

Von STAUFF[4], der erstmalig das Vorhandensein einer solchen zweiten Partikelsorte durch Röntgenaufnahmen nachweisen konnte, wurde die Bezeichnung „Großmizelle" vorgeschlagen, da ihr Charakteristikum nicht in einer sehr geringen Ladung, sondern in ihrer Größe besteht. Einwandfreie Bestimmungen der Größe bzw. der geometrischen Abmessungen dieser Partikeln sind bis jetzt noch nicht bekannt geworden, obwohl sie die einzige Möglichkeit böten, die noch bestehenden Unklarheiten über Identität oder Nichtidentität mit den Partikeln des „kritischen Konzentrations"-Gebiets zu beseitigen.

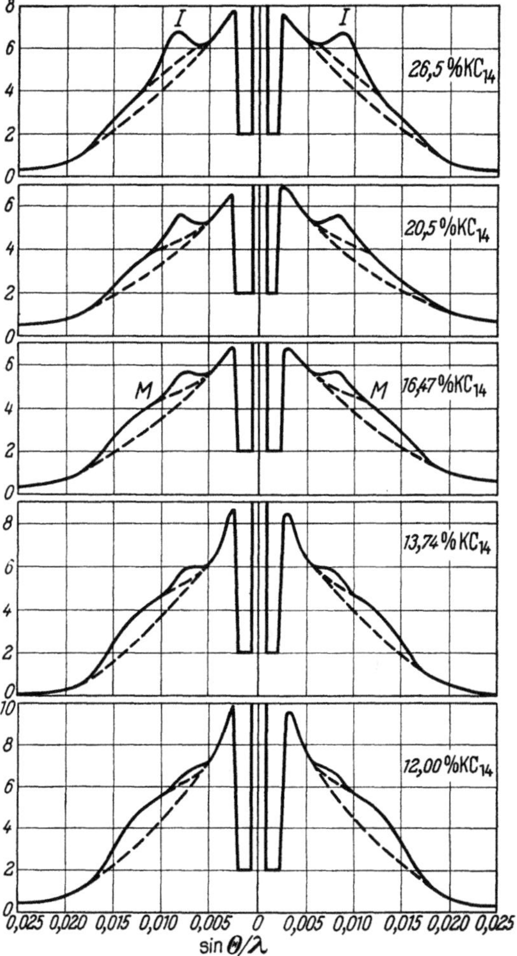

Abb. 76.3. Mikrophotometerkurven von Röntgenaufnahmen der großen Netzebenenabstände I und M (vgl. Abb. 76.4) von K-Myristat-Lösungen verschiedener Konzentration bei 25° C. Nach MATTOON, STEARNS und HARKINS: J. chem. Physics **16**, 644 (1948)

<hr>

[1] EKWALL, P.: Kolloid-Z. **136**, 37 (1954).
[2] s. S. 550, Anm. [7].
[3] McBAIN, J. W.: Colloid Science. New York 1950. — [4] STAUFF, J.: loc. cit.

Nicht einmal Aussagen über die „Dicke" der Partikeln II sind möglich, obwohl in dieser Raumrichtung Röntgeninterferenzen auftreten. Versuche, aus der Linienverbreiterung noch etwas über die Dicke aussagen zu wollen, stießen auf theoretische Schwierigkeiten, da Lösungsmittel und Ladungseinfluß bei den Röntgenstreueffekten in solchen Systemen nicht zu vernachlässigen sind[1]. Ein ungestörtes Kristallgitter kann ebenfalls kaum vorausgesetzt werden.

Die Struktur der Partikeln II geht in bestimmten Details aus Röntgenaufnahmen hervor. Abb. 76.3 zeigt eine typische Röntgenstreukurve. Es treten zwei, manchmal drei charakteristische Interferenzbanden auf, die durch die Kleinheit der Streuobjekte und ihre relativ geringe Konzentration im Dispersionsmedium nur ziemlich verwaschen erscheinen. Zudem werden diese von sehr diffusen Streuungen des Wassers überdeckt, doch gelingt es mit einer ausgefeilten Aufnahmetechnik die Wasserstreuung bei der Auswertung zu subtrahieren. *Ein* Streumaximum entspricht Gitterabständen von $4\cdots5$ Å, sie sind den seitlichen Abständen der parallel gepackten Paraffinketten zuzuschreiben und von der gleichen Größenordnung wie die entsprechenden Abstände in kristallinen festen Seifen bzw. in geschmolzenen Paraffinen oder Fettsäuren. Parallellagerung der Paraffinketten ist also gewiß. Von der Möglichkeit senkrechter oder paralleler Anordnung zur Blättchenebene scheidet die letztere aus. Hess und Gundermann fanden nämlich, daß sich bei höher konzentrierten Kaliumoleatlösungen ein Interferenzring beobachten läßt, der dem sehr großen Abstand von ~ 25 Å entspricht. Dieser spaltet sich in Sicheln auf, wenn die Oleatlösung bei der Röntgenaufnahme in einer Kapillare strömt, woraus sich einerseits die Anisotropie der streuenden Objekte, andererseits die *Lage* der Netzebenen ergibt, die diese Streuung bei kleinen Winkeln hervorruft. Da sich die Röntgenreflexe auf einer Ebene senkrecht zur Strömungsrichtung befinden, müssen die Netzebenen parallel dazu liegen, was nur möglich ist, wenn die Paraffinketten senkrecht zur Blättchenebene stehen, wie in Abb. 76.4 schematisch dargestellt ist.

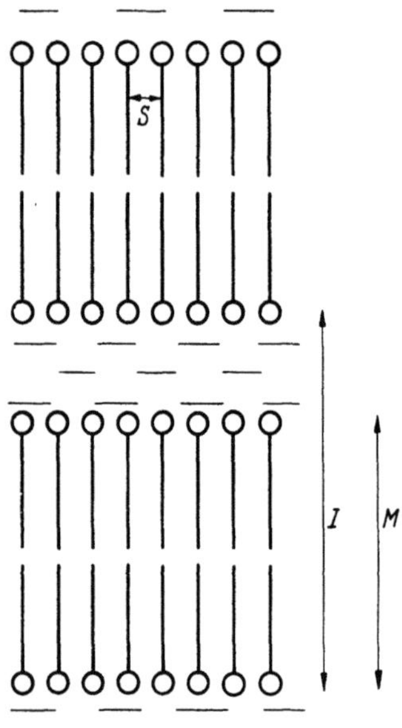

Abb. 76.4. Durch Röntgenaufnahmen festgestellte Abstände in konz. Seifenlösungen. (In der Partikel *II* liegen die Ketten senkrecht zur Blättchenebene. Das Blättchen besitzt seine größte Ausdehnung in Richtung des Abstands *S*. Zwischen den hydrophilen Köpfen kann sich Wasser befinden)

Dieses Modell wird nicht nur durch die w. u. zu erörternden Änderungen, die bei Konzentrationsänderungen oder Zusatz von organischen Flüssigkeiten auftreten, bestätigt, sondern auch durch die erwähnten Ergebnisse der Strömungsdoppelbrechung[2] und der Leitfähigkeitsaniso-

---

[1] Vgl. dazu G. Fournet: Disc. Faraday Soc. **11**, 121 (1951).
[2] Vgl. dazu Booij und Bungenberg de Jong: loc. cit.

tropie[1]. Bei der Strömungsdoppelbrechung ist die Lage des Brechungsindexellipsoids (vgl. § 28) eindeutig so orientiert, daß nur die Struktur der Abb. 76.4 in Frage kommt. Leitfähigkeitsanisotropie ist nur möglich, wenn die Ladungsdichte auf der Blättchenebene von ausreichender Größe ist. Damit ist im Prinzip die Anordnung der Abb. 76.4 gesichert.

Die von HESS und GUNDERMANN gefundenen kleinen Streuwinkel entsprechen bei festen Seifenkristallen den Netzebenen, in denen sich die polaren Gruppen (COOH-, COONa-Gruppen) befinden, da diese gegenüber den CH_2-Gruppen der Kette stärkere Streuintensitäten (Atomfaktor vgl. § 45) besitzen. Sie können *hier* nur den in der Abb. 76.4 mit I bezeichneten Abständen zugeordnet werden, denn sie sind von der Konzentration abhängig[2, 3]. Mit zunehmender Konzentration der Seifenlösung nimmt I linear ab, was nur möglich ist, wenn sich zwischen den polaren Gruppen der Partikeln II Wasser befindet. (Die gleiche Abstandsvergrößerung wird zwar auch erreicht, wenn Benzol in die Partikeln eindringt, doch ist das kein Beweis für die Zuordnung der Interferenzen zum Abstand I (vgl. HESS und Mitarbeiter[2]).)

Grundsätzlich gleichartige Röntgenaufnahmen lassen sich an den verschiedensten Seifensubstanzen auch bei höheren Temperaturen gewinnen, so daß an der Allgemeinheit des Auftretens derartig strukturierter Partikeln in höher konzentrierten Seifenlösungen kaum zu zweifeln sein dürfte.

Als sehr wahrscheinlich gilt also bei höherer Konzentration:

1. Das Auftreten anisometrischer, möglicherweise blättchenförmiger Partikeln II, die sich von denen in niedrig konzentrierten Lösungen unterscheiden.

2. Die Paraffinketten in diesen Blättchen sind parallel zueinander und senkrecht zur möglichen Blättchenebene angeordnet (SANDWICH-Struktur).

3. Mehrere Schichten formen ein Gebilde, bei dem sich Wasser zwischen den polaren Gruppen befindet, dessen Menge von der Seifenkonzentration abhängt.

Unbekannt oder unbestimmt sind: Die geometrischen Abmessungen der Partikeln II und die genaue Gestalt. Da sich die Zustände bei höheren Konzentrationen ebenso wie die bei niedrigen von selbst und reproduzierbar einstellen, muß es sich auch um echte Gleichgewichte handeln. Die Bildung einer zweiten Partikelsorte muß ebenfalls auf einem Zusammenspiel molekularer Kraftwirkungen beruhen.

Wir müssen nun die Frage beantworten, ob die Partikeln II mit denen der Sorte I — also denen, die bei der kritischen Konzentration entstehen — identisch sind oder nicht, ob II nur deshalb bei höherer Konzentration besondere Eigenschaften entwickeln, weil diese bei niederer zu klein sind, oder ob II von I völlig verschieden sind.

---

[1] HECKMANN: loc. cit.
[2] HESS, PHILIPPOFF u. KIESSIG: loc. cit. S. 550.
[3] STAUFF: loc. cit. S. 550.

Zur Beantwortung wurde von STAUFF[1] die Abhängigkeit der Intensitäten der gegenseitigen Abstände der Paraffinketten (S-Band, in Abb. 76.4) von der Konzentration einmal in der Seifenlösung (Natriumtetradecylsulfat und Na-Laurat) bei 75° und ein andermal als kristallisiertes Gel bei 20° gemessen. Aus Abb. 76.5 ist zu erkennen, daß die Intensität des kristallinen heterogenen Gemisches praktisch vom Nullpunkt — wegen der geringen Löslichkeit — linear bis zu der der reinen festen Seifenkristalle ansteigt. Die Intensität in der Lösung hingegen wird erst bei Konzentrationen von etwa 4···6 Gewichtsprozent meßbar[2], steigt dann aber ebenfalls linear an und endet bei der Intensität einer

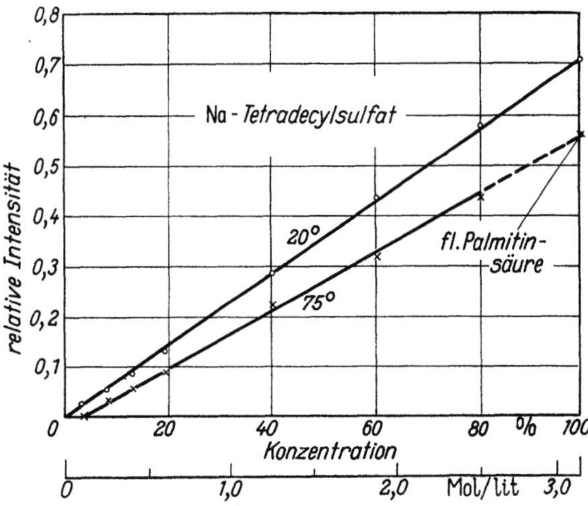

Abb. 76.5. Relative Intensität des S-Bands von Na-Tetradecylsulfat in Abhängigkeit von der Konz. bei 20° u. 75° (vgl. Text). Nach STAUFF: loc. cit.

analog gebauten Verbindung, die bei dieser Temperatur flüssig ist, nämlich der Palmitinsäure. Wären die die S-Interferenzen verursachenden Objekte abwärts bis zur kritischen Konzentration vorhanden, müßten sie, da diese bei ~ 0,001 Gewichtsprozent liegt, linear bis etwa zum Nullpunkt abfallen, wie die Kurve bei 20°. Daraus war der Schluß zu ziehen, daß die bei der kritischen Konzentration entstehenden Assoziate (I) nicht die Ursache des S-Bandes sind, sondern eine davon verschiedene Sorte II (von STAUFF seinerzeit als Großmizellen bezeichnet), die erst bei erheblich höherer Konzentration als der „kritischen" entsteht.

Wenn nun von HARKINS und Mitarbeitern, MATTOON (loc. cit.) das Vorhandensein eines M-Bandes nachgewiesen wurde, das tatsächlich in der Nähe der „kritischen Konzentration" entsteht (vgl. Tab. 76.II), ist es durchaus möglich, daß dieses durch die Assoziate I (HARTLEY-Mizellen) verursacht wird. Von ihnen wurde auch beobachtet, daß das sog. I-Band (Abb. 76.4) — das auch bereits von HESS und Mitarbeitern,

---

[1] STAUFF, J.: loc. cit. S. 550.
[2] Bei Dodecylsalfat nach HESS, PHILIPPOFF u. KIESSIG (loc. cit.) erst bei 15···20%!

Tabelle 76.II. *Große Abstände (M-Band) der Röntgen-Diagramme wässeriger Seifenlösungen bei 25°*[1]

Seife	Gewichts-% Seife	(Bragg) M-Band $\pm$ 1 Å
K-Caprylat (KC$_8$)	6,05	kein Band
	17,36	29,5 (schwach)
	25,00	30,3
	29,6	30,0
	34,4	29,6
	39,9	30,7
	43,8	28,2
		Mittel 29,7
K-Caprat (KC$_{10}$)	7,97	30,3
	9,65	32,8
	10,51	31,2
	11,93	32,5
		Mittel 31,7
K-Laurat (KC$_{12}$)	4,80	35,5
	8,22	34,8
	9,10	35,0
	12,10	34,5
	12,20	35,0
	13,20	35,6
	15,00	35,2
	16,70	36,0
	19,90	35,7
		Mittel 35,3
K-Myristat (KC$_{14}$)	2,27	40,8
	4,47	41,5
	7,16	40,7
	9,82	40,2
	12,00	39,5
	13,74	39,6
	16,47	40,2
		Mittel 40,3
K-Palmitat (KC$_{16}$)	1,28	44,9
	3,44	49,1
	5,01	47,9
		Mittel 47,3
Na-Dodecylsulfat	8,6	37,3
	15,0	37,1
	20,0	36,7
	25,0	38,2
		Mittel 37,3

STAUFF usw. gefunden wurde — erst in einem Konzentrationsgebiet nachweisbar wird, das erheblich oberhalb der „kritischen Konzentration" liegt und in dem auch das S-Band zuerst auftritt. Die Befunde ordnen sich also, wenn man das M-Band den Assoziaten I und das S- und I-Band

---

[1] Nach R. W. MATTOON, R. S. STEARNS u. W. D. HARKINS: J. chem. Physics **16**, 644 (1948).

den Assoziaten II zuschreibt, wobei M-Interferenzen möglicherweise auch noch zusätzlich durch II hervorgerufen werden können[1].

Außer den Befunden der Röntgenanalyse an Seifenlösungen ist noch eine Reihe anderer Eigenschaften beobachtet worden, die sich deutlich — nach Überschreiten einer Konzentrationsgrenze — ändern (vgl. EKWALL). HECKMANN konnte die Übergangsgebiete ziemlich genau, vor allem in Abhängigkeit von der Temperatur, festlegen, wenn Cetyltrimethylammoniumbromid-Seifen (CTAB) benutzt wurden.

Gegen die Vorstellung einer zweiten Art von Assoziaten ist eine Reihe von Einwänden erhoben, die, solange nicht einwandfrei direkte Vermessungen der fraglichen Partikeln möglich sind, beachtet werden müssen, insbesondere, da ihnen auch nur durch theoretische Argumente zu begegnen ist.

Von PHILIPPOFF[2] wird z. B. die Ansicht vertreten, daß die I- und S-Bänder durch Assoziate von der Form der Abb. 76.2c herrühren sollen, die durch statistische Schwankungen in eine entsprechende gegenseitige Entfernung und Lage gebracht worden sind, ohne daß besondere Kräfte zwischen ihnen wirksam werden. (Letzteres würde ja die Bildung eines „Über-Assoziats" bedeuten.) Derselben Ansicht ist auch WINSOR[3]. Daß das nicht möglich ist, läßt sich einfach einsehen, wenn Gl. (63.29) herangezogen wird, die die Zahl beliebiger Aggregate *ohne* gegenseitige Wechselwirkungen angibt, die sich aus statistischen Gründen bilden können. Auch nur die Zusammenlagerung von zehn Partikeln ist so unwahrscheinlich, daß sie nicht für die Röntgeninterferenzeffekte verantwortlich gemacht werden kann. Eine rein statistische Schwarmbildung steht auch mit den Ergebnissen von ·BUNGENBERG DE JONG und Mitarbeitern sowie HECKMANN (loc. cit.) im Widerspruch, die deutlich eine *Vergrößerung* der blättchenförmigen Partikeln mit zunehmender Konzentration feststellen konnten, die sogar so groß wurde, daß eine gegenseitige Rotationsbehinderung einsetzte. Etwas Derartiges ist nur mit relativ steifen formbeständigen Partikeln, nicht aber mit statistischen Schwärmen möglich. Als Gegenargument wurde von STAUFF[4] darauf verwiesen, daß ohne Annahme von Wechselwirkungsenergien zwischen den Assoziaten eine Änderung des I-Abstandes proportional der 3. Wurzel der Konzentration beobachtet werden müßte, was aber in Wirklichkeit nicht zutrifft[5].

Gegen die Vorstellung wurde auch angeführt, daß bei der Aufnahme von organischen Flüssigkeiten (vgl. S. 567) in den Assoziaten, die sich in der von HESS, PHILIPPOFF und KIESSIG angegebenen Weise (vgl. Abb. 79.2) einlagern sollen, die Abstände der I-Bänder *langsamer* zunehmen als sich aus der eingelagerten Substanz errechnet. Bessere Übereinstimmung wird mit kugelförmigen Assoziaten erhalten.

---

[1] HARKINS deutete ursprünglich seine Ergebnisse so, daß er I den „*intramizellaren*", also innerhalb der Mizelle liegenden Abständen wie auf Abb. 76.4 zuordnete. Später (W. D. HARKINS: The physical chemistry of surface films. New York 1952) zweifelte er wegen des Widerspruchs der Ergebnisse bei Zusatz bei Kohlenwasserstoffen an dieser Vorstellung und schloß sich der Meinung von G. S. HARTLEY [Nature, London **163**, 767 (1949)] an, daß die I-Abstände den gegenseitigen mittleren Abständen — also den *inter*mizellaren Abständen — der Assoziate in der Lösung entsprächen.

Die „Mizelle" sollte aus einer PHILIPPOFFschen Lamelle bestehen, deren Dicke durch das M-Band und deren mittlerer Abstand in der Lösung durch das I-Band gegeben ist. Das S-Band ist der Abstand der parallelen Paraffinketten. Doch steht diese Auffassung im Widerspruch zu w. u. zu erörternden experimentellen Befunden.

[2] PHILIPPOFF, W.: loc. cit. S. 549. — [3] WINSOR, P. A.: loc. cit.

[4] STAUFF, J.: Kolloid-Z. **96**, 244 (1941).

[5] Von W. D. HARKINS, R. W. MATTOON und M. L. CORRIN [J. Amer. chem. Soc. **68**, 220 (1946)] konnte die Abhängigkeit durch die Gleichung $d_I = b - a\,c$ oder $d_I = K_1 - K_2 \log c$ dargestellt werden, K_2 hat Werte von $4,7 \cdots 64,8$!

Allerdings läßt sich der Einfluß von Elektrolytzusätzen dann schlecht verstehen, die den Wassergehalt (angezeigt durch den Abstand I) zuerst herab-, dann wieder heraufsetzen (HARKINS, MATTOON und CORRIN[1]). Das Lamellenmodell Abb. 76.2c läßt hingegen eine Beeinflussung des Wassergehalts durch Elektrolyte verstehen, da ähnliche Effekte auch bei bekannten lamellenförmigen Partikeln, wie beispielsweise Tonsuspensionen auftreten.

Alle Unstimmigkeiten lassen sich jedoch — worauf WINSOR[2] wohl zuerst mit Nachdruck und ausführlicher Begründung hinwies — relativ einfach beseitigen, wenn man die bereits von STAUFF[3] erhobene Forderung der Beachtung des Gleichgewichts zwischen *allen* beteiligten Partikelarten berücksichtigt. Genau wie bei und nach der Bildung der Assoziate I bei der „kritischen Konzentration" noch Einzelmoleküle vorhanden sind, verschwinden auch die Assoziate I nicht unmittelbar bei und nach der Bildung der Assoziate II, sondern sind in Mengen, die durch spezielle Gleichgewichtsbedingungen gegeben sind, *neben* diesen anwesend. Es ergibt sich daraus, daß die Intensität

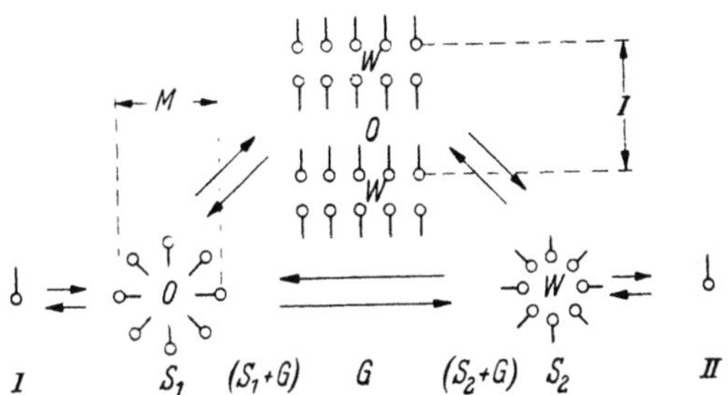

Abb. 76.6. Schema der Strukturänderung von Seifenassoziaten beim Übergang vom wäßrigem zu lipoidem Dispersionsmittel. Vgl. Text u. Abb. 79.3. Nach WINSOR: loc. cit.

des *M*-Bands (HARTLEY-Mizellen) nach dem Auftreten des *I*-Bands abnehmen, letztere aber dauernd zunehmen sollte. Die Diskrepanz zwischen gefundenem *I*-Abstand und aus der von der Partikel II aufgenommenen Menge lipoider Substanz berechneten *I*-Abstand erklärt sich dann zwanglos, da die Partikeln I bei solcher Rechnungsart unberücksichtigt geblieben sind, obwohl sie natürlich auch lipoide Substanz aufnehmen[4].

Obwohl die quantitative Nachprüfung, die dieser Theorie größeren Nachdruck verleihen könnte, noch aussteht und eine völlige Sicherheit erst bei direkter experimenteller Ausmessung der Konzentration der Partikelarten und ihrer wechselseitigen Abhängigkeit auch von äußeren Parametern erreicht werden könnte, könnte sie alle widersprechenden Ergebnisse am besten in Einklang bringen. Das Schema ist noch einmal in Abb. 76.6 dargestellt, das keiner weiteren Erläuterung bedarf. Von WINSOR wird dieses Bild noch nach der Seite der lipoiden Lösungsmittel fortgesetzt. Danach sollen in Öl ebenfalls Assoziate entstehen, die wir bereits auf S. 542 erörtert haben und die ihre hydrophilen Gruppen nach innen und die lipophilen nach außen richten. Diese stehen mit Einzelmolekülen im Gleichgewicht, können sich aber auch zu „solubilisierten Lamellen" (Sorte II) zusammenlagern, wenn Wasser vorhanden ist, so daß ein lückenloser Übergang von hydrophilen zu lipophilen Assoziaten besteht. Doch haben sich diese Übergänge bis jetzt nur an relativ wenigen Beispielen (einigen Nichtionseifen, Hexanolamin-Oleat) verifizieren lassen. Dort stimmen die gefundenen Verhältnisse mit den Vorstellungen gut überein.

Ionseifen und Fremddioneneinfluß

Die meisten Seifen bestehen aus positiv oder negativ geladenen Ionen, die mit einem einwertigen Anion oder Kation Salze bilden. Unter

---

[1] Siehe S. 556, Anm.[5].
[2] WINSOR: loc. cit. — [3] STAUFF, J.: Kolloid-Z. **96** (1941) S. 251ff.
[4] Für weitere Einzelheiten vgl. WINSOR: loc. cit.

ihnen gibt es schwache und starke Elektrolyte. Die schwachen Elektrolyte — wie die fettsauren Salze — hydrolysieren in wässeriger Lösung nach dem Schema

$$RCOO^- + HOH \rightleftarrows RCOOH + OH^- .$$

Die Hydrolyse der fettsauren Salze[1] beruht in erster Linie auf der geringen Dissoziationskonstante der Fettsäuren, wird aber bei den höheren Gliedern ausschlaggebend durch ihre sehr geringe Wasserlöslichkeit beeinflußt. In verdünnten Lösungen fettsaurer Salze treten saure Salze auf, bei der Bildung von Assoziaten wird die Fettsäure z. T. darin eingebaut. Der Hydrolysegrad erreicht bei der kritischen Konzentration ein Maximum und fällt zu höherer Konzentration ab. Die Hydrolyse (bzw. OH^--Ionenaktivität) kann zur Bestimmung der „kritischen Konzentration" fettsaurer Salze benutzt werden.

Schwache wie starke Ionenseifen besitzen charakteristische Leitfähigkeitskurven, die bei den starken, besonders gut ausgeprägten Knickpunkte bei c_k besitzen (vgl. Abb. 75.2). Wie bereits erwähnt, kommt der Abfall durch die Bildung von Assoziaten zustande, die infolge ihrer hohen Ladung die entgegengesetzt geladenen Ionen in einer diffusen, dem STERNschen Modell entsprechenden Doppelschicht fixieren, wie es die Abb. 59.4 und 60.4 schematisch zeigen. Die Gegenionen bremsen die Beweglichkeit der Assoziate ab. Die Richtigkeit dieser Vorstellungen wird durch die Ergebnisse der Leitfähigkeitsmessungen bei großer Feldstärke (WIEN-Effekt[2]) und bei hohen Frequenzen (DEBYE-FALKENHAGEN-Effekt)[3] gestützt. In beiden Fällen nimmt die Beweglichkeit oberhalb der „krit. Konz." zu, es müssen also hochgeladene Partikeln entstanden sein, deren Beweglichkeit groß ist, wenn sich die bremsende Wirkung der Gegenionen nicht bemerkbar machen kann[4].

Von KRAUS und Mitarbeitern[5] wurden Leitfähigkeitsanomalien gefunden, die statt in einem Abfall bei der kritischen Konzentration in einem *Anstieg* und der Ausbildung eines Maximums bestehen. Interessanterweise treten diese am stärksten bei solchen Seifen auf, die einen „dicken Kopf" haben, also bei Triamyl-ammonium-Typen, während Seifen mit „kleinem Kopf" einen Abfall zeigen.

McBAIN[6] deutete diese Befunde im Sinne seiner Theorie der Neutral- und Ionenmizelle. Wegen der auf ganz andere Weise gewonnenen Erkenntnisse über das Verhalten von Ionen gegenüber geladenen Grenzschichten befriedigt diese Deutung

---

[1] Vgl. hierzu P. EKWALL: Kolloid-Z. **45**, 291 (1928); **77**, 320 (1936); **80**, 77 (1937); **85**, 16 (1938); STAUFF, J.: Z. physik. Chem. A **185**, 45 (1938).

[2] MALSCH, J. u. G. S. HARTLEY: Z. physik. Chem. A **170**, 321 (1934).

[3] SCHMID, G. u. A. V. ERKKILA: Z. Elektrochem. **42**, 737 (1936); SCHMID, G. u. E. C. LARSEN: ibid. **44**, 651 (1938).

[4] Bei hohen Feldstärken wird die anziehende Wirkung der entgegengesetzt geladenen Ionenwolke relativ klein, bei hohen Frequenzen kann sich keine Ionenwolke aufbauen, weil die Zeit zu kurz ist. Näheres über diese Effekte bei G. KORTÜM, Lehrbuch der Elektrochemie, 2. Aufl. Weinheim/Bergstr. 1957.

[5] McDOWELL, M. J. u. C. A. KRAUS: J. Amer. chem. Soc. **73**, 2173 (1951).

[6] McBAIN, J. W., in J. ALEXANDER: Colloid Chemistry. Vol. V. New York 1944. S. 102ff.

aber nicht. RALSTON und Mitarbeiter[1] nehmen daher als Erklärung die durch die „dicken Köpfe" herabgesetzte Ladungsdichte der Partikeln an, wodurch naturgemäß nur weniger Gegenionen in dem STERNschen oder GOUYschen Teil der Doppelschicht gebunden werden; die Partikel muß dann selbst eine hohe Eigenbeweglichkeit besitzen, da sie weniger Einzelionen je Assoziat enthält als eine mit „kleinen Köpfen" (vgl. Abb. 76.7).

Wenn man sich die Deutung des elektrolytischen Verhaltens durch die Doppelschichttheorie zu eigen macht, ist der Einfluß der Gegenionen auf die Assoziation selbst nicht ganz so einfach zu verstehen. Zum Glück ist aber der experimentell gefundene Zusammenhang zwischen gut zu bestimmenden Merkmalen wie dem der „krit. Konz." und der Konzentration der Fremdelektrolyte relativ einfach und durchsichtig. c_k hängt entscheidend von der Aktivität der Gegenionen (z. B. Na^+-

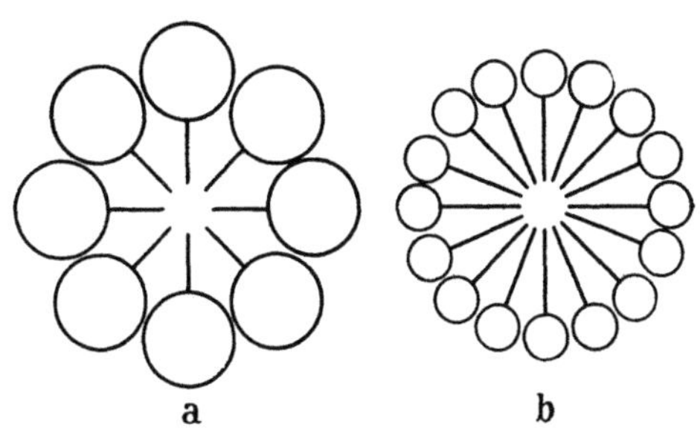

Abb. 76.7. Struktur von Kugelassoziaten mit großen (a) und kleinen (b) hydrophilen Köpfen. Vgl. Text

Ionen bei Na-Alkylsulfaten, Br-Ionen bei Alkylaminen usw.) der betreffenden Ionseife ab, wobei eine Gesetzmäßigkeit der Form[2]

$$c_k = a\, c_g^{-m}$$

oder in logarithmischer Form

$$\log c_k = \log a - m \log c_g$$

(c_k = krit.-Konz., c_g = Gegenionenkonzentration) gefunden wurde. Der Exponent ist immer kleiner als 1 und von einer bemerkenswerten Konstanz auch über größere Konzentrationsbereiche.

H. LANGE[3] setzte diese Größe m in Beziehung zu der Zahl der vom Assoziat gebundenen Gegenionen, woraus sich ergäbe, daß diese in der Nähe der „krit. Konz." von ihrer in der Lösung herrschenden Aktivität unabhängig wären[4]. Das würde bedeuten, daß für diesen Vorgang das MWG angesetzt werden könnte. Entsprechend der Reaktion

$$j\, A^\ominus + k\, B^\oplus \rightleftarrows (A_j\, B_k)^{(j-k)\,\ominus}$$

müßte gelten (in logarithmischer Form):

$$\log [A^\ominus] + (k/j) \log [B^\oplus] = (1/j) \log k_{jk} + (1/j) \log [A_j\, B_k^{(j-k)\,\ominus}].$$

Da bei ausreichend großen Assoziaten ($j > 30$) das letzte Glied rechts sehr klein wird und $\log A^\ominus$ etwa $\log c_k$ entspricht (vgl. § 75), erhält man

$$\log c_k = (1/j) \log k_{jk} - (k/j) \log [B^\oplus].$$

[1] RALSTON, A. W., D. N. EGGENBERGER u. P. L. DU BROW: J. Amer. chem. Soc. **70**, 977 (1948).
[2] CORRIN, M. L. u. W. D. HARKINS: J. Amer. chem. Soc. **69**, 683 (1947).
[3] LANGE, H.: Kolloid-Z. **117**, 48 (1950); **121**, 66 (1951).
[4] Eine Berechnungsmethode für die Zahl der gebundenen Gegenionen aus diesen Ergebnissen findet sich auch bei M. E. HOBBS: J. physic. Chem. **55**, 675 (1951).

Es wäre also $m = k/j$ das Verhältnis von „gebundenen" Gegenionen je Assoziat k zu der Zahl der darin enthaltenen assoziierten Ionen j. Mit Hilfe dieser Annahme gemachte Berechnungen von $1 - k/j$ finden sich in Tab. 76.I. (Das ist die Zahl der „freien" Gegenionen pro Assoziat, da k/j gleich der Zahl der gebundenen Gegenionen ist!)

Nicht nur bei Erhöhung der Gegenionenkonzentration, sondern auch bei Erhöhung der Seifenkonzentration ohne Elektrolytzusatz scheinen die pro Assoziat gebundenen Gegenionen k konstant zu bleiben, wofür die Ergebnisse der osmotischen Messungen an Paraffinkettensalzlösungen[1] sprechen. Sogar innerhalb einer homologen Reihe — z. B. von Alkylsulfaten, Alkylsulfosuccinaten usw. — soll sich k nicht ändern, was man auch als Regel von McBain und Brady bezeichnet. Vergleicht man jedoch die aus der Abhängigkeit von c_k von der Salzkonzentration gewonnenen Werte für $1 - k/j$ mit denen aus osmotischen Messung gewonnenen in den beiden letzten Kolonnen der Tab. 76.I, ergeben sich erhebliche Unterschiede, deren Ursache noch nicht geklärt ist. Möglicherweise beruht sie auf der Unstimmigkeit der nicht

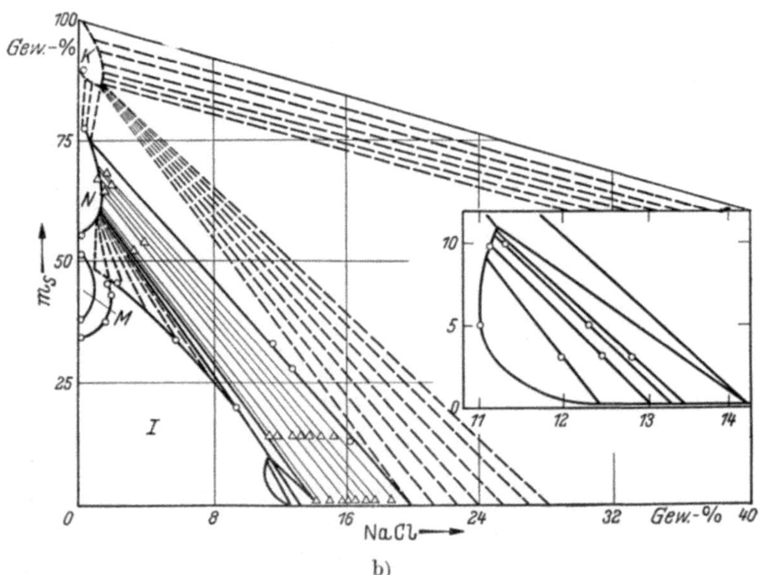

Abb. 76.8. Zustandsdiagramme von Na-Laurat. a) ohne, b) mit Zusatz von NaCl. Isotrope Lösung: bei a) Gebiet $ACDJ$, bei b) Gebiet I; Mittel-Seife (middle-soap): bei a) Gebiet BGH, bei b) Gebiet M; Neat-soap: bei a) Gebiet EFA, bei b) Gebiet N; Hydratis. Kristalle: bei a) Gebiet links unten, bei b) Gebiet K

---

[1] Vold, M.: J. Colloid Sci. 5, 506 (1950); McBain, J. W. u. A. P. Brady: J. Amer. chem. Soc. 65, 2072 (1943).

bekannten Aktivitätskoeffizienten der freien Gegenionen in Seifenlösungen mit zugesetztem Salz. Aus diesem Grunde scheinen die aus den osmotischen Daten berechneten Werte wahrscheinlicher zu sein.

Als Gleichgewichtsteilnehmer beeinflussen Salzzusätze natürlich auch die Löslichkeit der Ionseifen. Wegen der großen praktischen Bedeutung für das „Aussalzen" der Seife bei der Seifensiederei sind allerdings Zustandsdiagramme nur für die Systeme fettsaures Salz, Wasser und Salz näher untersucht worden (vgl. dazu McBain und Mitarbeiter[1]) und auch das meist nur für hohe Temperaturen (90°), um den Bedingungen der Praxis möglichst nahe zu kommen.

Ein Beispiel eines solchen Diagramms zeigt Abb. 76.8. Bereits ohne Salz bilden sich bei Erhöhung der Seifenkonzentration mehrere Zustandsgebiete aus (neat soap, middle soap, curd), die durch Salzzusatz entsprechend begrenzt werden. Höhere Salzkonzentrationen erniedrigen die Löslichkeit der isotropen Lösung in der linken Ecke beträchtlich.

Die Phasenbeziehungen zwischen den eigentlichen wässerigen Lösungen und anderen Phasen werden erheblich durch den Umstand kompliziert, daß die Seifen aller Art (wie es bis jetzt scheint!) mit Wasser eine Reihe von definierten kristallinen flüssigen Phasen bilden kann, die sich durch ihre Struktur deutlich unterscheiden lassen. Das in Abbildung 76.8 dargestellte Zustandsdiagramm des Natriumlaurats läßt außer der isotropen Lösung drei weitere Zustandsgebiete erkennen; die als „middlesoap" und „neat-

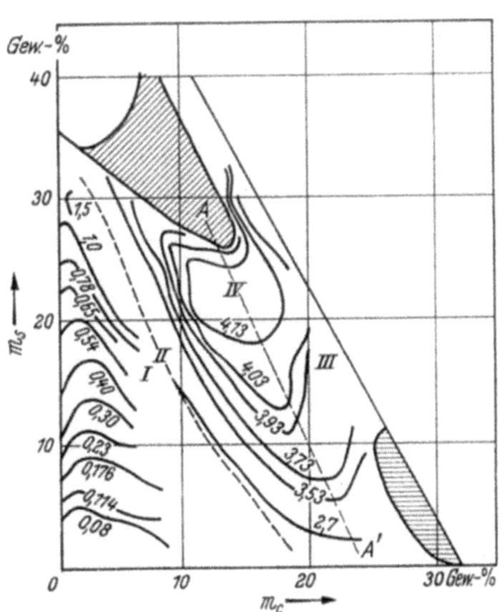

Abb. 76.9. Zustandsgebiete gleicher Eigenschaften des Systems K-Laurat (m_S)-K-Carbonat (m_C)-Wasser. Nach Dervichian, Joly u. Titchen: loc. cit.

soap" bezeichneten Gebiete sind kristallin flüssig. Daraus geht hervor, daß der steile Anstieg der Löslichkeitskurve der Seife auf Abb. 75,5, der dem Krafftschen Gesetz entspricht, nicht unbegrenzt weitergeht, sondern durch das Gebiet der „Mittelseife" beschränkt wird. Da die Kurven etwa bei den Bildungskonzentrationen dieser Phase enden (nach Angabe der Autoren bildet sich dort eine schlecht zu handhabende flüssige kristalline Phase), läßt sich auch gleich erkennen, wie sich das Zustandsgebiet zunehmender Kettenlänge zu höheren Temperaturen verschiebt. Löslichkeitskurven von anderen Seifen als fettsauren Salze in Gegenwart von Elektrolyten sind leider nicht bekannt.

Es ist aber sehr instruktiv, sich die Untersuchungen von Dervichian, Joly und Titchen[2] am System Kaliumlaurat, Kaliumcarbonat in Wasser etwas näher anzusehen. Bei einer bestimmten Temperatur ergibt sich das Zustandsdiagramm der Abb. 76.9, in welchem die schraffierten Gebiete heterogene Phasengemische bedeuten. Nun sind im Diagramm Linien eingetragen, von denen jede wie die Höhenlinie in einer geographischen Landkarte einem bestimmten Wert der Viskosität entsprechen. Wenn man sich auf einer solchen Linie bewegt, herrscht in

---

[1] McBain, J. W.: Colloid Science, loc. cit.

[2] Dervichian, D. G., M. Joly u. R. S. Titchen: Changement des Phases. Paris 1952 (Soc. chim. phys.); Kolloid-Z. **136**, 6 (1954).

dem System immer der gleiche Zustand in bezug auf Viskosität oder Strömungs-doppelbrechung[1]. Nach beiden Methoden ergeben sich Abgrenzungen für das Fließverhalten, die den Eindruck erwecken, als ob darin gleichartiges Verhalten herrscht (z. B. in I NEWTONsches Fließverhalten, im Gebiet II nicht-NEWTONsches Fließverhalten, in IV Thixotropie, in III Thixotropie und nicht-NEWTONsches Verhalten). Die Struktur der Systeme scheint in den verschiedenen Gebieten voneinander verschieden zu sein, obwohl äußerlich zunächst keine Unterschiede zu erkennen sind. Diese Ergebnisse sind von Bedeutung für die später zu erörternde Theorie der Systeme Seife—Wasser.

Zugesetzte Elektrolyte beeinflussen Größe, Gestalt und Struktur der kolloiden Assoziate.

Hierüber existieren einige Untersuchungen, die die Diffusion[2], die Lichtstreuung[3-5] und die Ultrazentrifuge[6] benutzt haben.

Da sich die Ergebnisse z. T. widersprechen, ist es notwendig zu prüfen, ob in allen Fällen die gleichen Voraussetzungen vorlagen. Bei ([2]) und ([4]) und in einem Beispiel — Natriumdodecylsulfat — bei ([5]) sind die Temperaturen so gewählt, daß die Konzentrationslösungen ziemlich weit von ihrer Sättigungskonzentration entfernt liegen[7]. Von diesen Autoren wird — unter Berücksichtigung der besonderen Verhältnisse bei den geladenen Assoziaten — in der Nähe der kritischen Konzentration keine nennenswerte Änderung der Größe der Assoziate durch Konzentrationserhöhung der Gegenionen gefunden, wobei zu berücksichtigen ist, daß eine Messung bei beiden verwendeten Methoden überhaupt erst nach Salzzusatz möglich ist (!). Bei ([3]) und ([5]) wurden für Cetyltrimethylammonium-bromid bei 30 °C und dem entsprechenden C_{14}-Salz bei Zimmertemperatur Änderungen der Partikelgröße und -gestalt durch Zusatz von KBr festgestellt[8]. Das C_{16}-Salz ändert seine Gestalt, ausgedrückt durch den Dissymmetriefaktor der Lichtstreuung, bei KBr-Zusatz zunächst überhaupt nicht und schließlich so, als ob neue Struktureinheiten wie bei der „krit.Konz." gebildet würden.

Es sind nun zwei Deutungen möglich: Entweder werden die Assoziate durch Elektrolytzusatz in steigendem Maße anisometrisch, gehen etwa von der Kugelform in Stäbchenform über, wobei *alle* Assoziate in etwa gleicher Weise verändert werden, oder es bildet sich durch Elektrolytzusatz eine besondere Partikelsorte aus, deren *Menge* durch steigende Elektrolytkonzentration zunimmt und deren Gestalt etwa von der Art ist, die in Abb. 76.2d dargestellt ist.

Die Ergebnisse sprechen — obwohl die erste nicht mit Sicherheit auszuschließen ist — für die letztere Deutung, denn die Glieder mit kürzerer Kette und besserer Löslichkeit geben den Effekt nicht oder nur schwach und die Substanzen, die den Effekt zeigen, auch nur, wenn eine bestimmte Grenze der Elektrolytkonzentration überschritten wird. Gerade dieser Befund kann so gedeutet werden, als ob durch den Salzzusatz das Zustandsgebiet einer zweiten Partikelsorte zu niedrigen Temperaturen und Konzentrationen gerückt worden ist, eine Erscheinung, die wie aus den Zustandsdiagrammen der Abb. 76.8 und 76.9 ersichtlich ist (McBAIN, DERVICHIAN, Corrin und HARKINS) bei diesen Systemen ganz allgemein zu sein scheint.

---

[1] Ein ähnliches Diagramm wurde für die Strömungsdoppelbrechung aufgestellt.

[2] HARTLEY u. RUNNICLES: loc. cit.

[3] DEBYE, P.: J. physic. Chem. **53**, 1 (1949). — [4] DEBYE u. ANACKER: loc. cit.

[5] HUTCHINSON: loc. cit.   —   [6] GRANATH: loc. cit.

[7] Bei ([5]) ist leider bei K-Laurat, -Myristat und -Oleat ein Zusatz von Kaliumcarbonat verwendet worden, was wegen der dadurch hervorgerufenen Bildung saurer Seifen (vgl. EKWALL, loc. cit.; STAUFF, loc. cit.) kein einwandfreies Bild ergeben kann.

[8] Von DEBYE und ANACKER wird dieses Salz gewählt, weil bei den Salzen niederer Kettenlänge, die nach ([2]) gefundene Molgewichtszunahme durch Salzzusatz klein sind. Diese wären aber bessere Versuchobjektes gewesen, da ihre Löslichkeit bei der Untersuchungstemperatur gegenüber den Substanzen mit längerer Kette ausreichend ist. Z. B. zeigt C_{14}-Salz keine Änderung des Dissymmetriefaktors der Lichtstreuung bei KBr-Zusatz.

§ 77. Assoziationskolloide (außer Seifen)

Über die Eigenschaften der meisten Assoziationskolloide, die keinen
Seifencharakter besitzen, wissen wir erheblich weniger als über die Seifen.
Die Feststellung des Auftretens von Assoziaten, die sich in einem Gleich-
gewichtszustand befinden, ist häufig das einzige, was bekannt ist.

Tabelle 77.I. *Assoziationskolloide (andere als Seifen)*

Farbstoffe	andere Verbindungen
Benzopurpurin 4 B	Gallensaure Salze
Methylenblau	Harzsaure Salze
Orange II	Lecithin
Kongorot	Novocain und andere
Kongorubin	Lokalanaesthetica
Pinacyanol	Phenohtiazine
Pinakryptolgrün	
Pinaverdol	

In der Tab. 77.I sind einige der wichtigsten Vertreter aufgeführt. Grundsätzlich treten die charakteristischen Eigenschaften der Seifen — starke
Grenzflächenaktivität, Auftreten mehrerer Partikelarten und Zustandsformen bei höheren Konzentrationen — immer weiter zurück, je mehr sich die
Konstitution des betreffenden zur Assoziation fähigen Moleküls vom
Aufbauprinzip des Seifenmoleküls entfernt. Man findet aber auch vielfach
das Hervortreten *einer* besonderen Eigenschaft unter gleichzeitigem
Schwächerwerden einer anderen. Beispielsweise starke Grenzflächenaktivität gepaart mit schwacher Tendenz zu Assoziatbildung, wie etwa beim
Tetradecyl-7-Sulfonat. Irgendwelche der Seifeneigenschaften sind aber
meist vorhanden.

Wie im theoretischen Teil dargelegt werden wird, ist die wesentliche
Ursache für die Assoziationstendenz das Zusammenwirken von hydro-
philen und hydrophoben Wechselwirkungen, doch scheinen sich die
Mechanismen, die bei manchen Farbstoffen in wässeriger Lösung zur
Assoziation führen, davon zu unterscheiden.

Die Assoziation von Farbstoffen läßt sich durch die gebräuchlichen
osmotischen Methoden oder am einfachsten mit Hilfe der elektrischen
Leitfähigkeit feststellen[1], da es sich meist um Salze handelt. In einigen
Fällen werden auch die optischen Eigenschaften verändert, beispielsweise ändert sich das Absorptionsspektrum der einzelnen Farbstoffionen
oder -moleküle bei der Assoziation[2]. Weitere Möglichkeiten sind Messungen der Grenzflächenspannung, der Solubilisation und des Diffusions-
vermögens.

Sehr eindrucksvoll sind die Begleiterscheinungen der Assoziation, die
bei einer Reihe von Polymethinfarbstoffen (Pinacyanol, Pseudo-iso-
cyanin usw.) vorkommen. Bei diesen verschieben sich die Extinktions-

---

[1] ROBINSON, C.: Trans. Faraday Soc. **31**, 245 (1935).
[2] SCHEIBE, G., L. KANDLER u. H. ECKER: Naturwiss. **25**, 75 (1937); SCHEIBE,
G.: Kolloid-Z. **82**, 1 (1938).

koeffizienten der Absorptionsbanden durch die Assoziation, wie in Abb. 77.1 dargestellt ist. Scheibe und Mitarbeiter[1] konnten in einer Reihe von Untersuchungen die Erscheinung dahingehend aufklären, daß sich die flachen Molekülscheiben Blatt für Blatt — wie in einem Kartenspiel — aneinander lagern, was auch durch Viskositätserhöhung, die sich bis zu Gelbildung steigern kann, nachweisbar ist. Dabei können die Elektronensysteme des Moleküls gegenseitig beeinflußt werden und sogar Elektronenübergänge von Molekül zu Molekül innerhalb des Assoziats auftreten. Einige Vertreter dieser Klasse (Pseudoisocyanine)

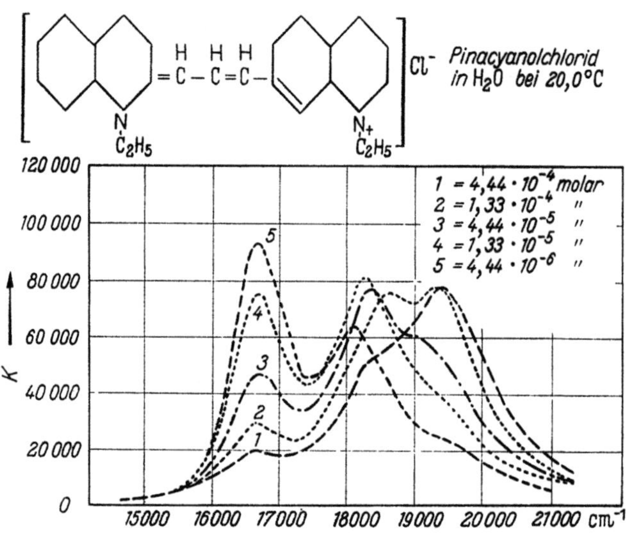

Abb. 77.1. Änderung der Absorptionsspektren von Pinacyanolchlorid mit der Konzentration. Nach Scheibe, Kandler u. Ecker: loc. cit.

fluoreszieren bei der Assoziation; die Fluoreszenz wird gelöscht, wenn fremde Moleküle in das Assoziat mit eingebaut oder angebaut werden, woraus sich der Schluß ziehen läßt, daß die Elektronen im Assoziat wandern können. Im übrigen verhalten sich diese Gebilde ähnlich wie die Seifen, obwohl bei einigen das Vorliegen echter thermodynamischer Gleichgewichte noch unsicher ist, da die Substanz sich nach gewisser Zeit ausscheidet.

Bei den Farbstoffen treten oft konstitutionelle Eigenschaften stärker hervor, so daß häufig das Wirksamwerden von speziellen Bindungskräften zwischen den Molekülen, etwa von Wasserstoffbrückenbindungen, anzunehmen ist.

Ein Beispiel für die entscheidende Rolle der Wasserstoffbrücken ist das Salvarsan. Stauff und Mitarbeiter[2] fanden, daß ausschließlich das trans-Salvarsan zur Bildung von Assoziaten fähig ist, nicht aber das cis-Salvarsan, das durch Bestrahlung aus der trans-Form gewonnen werden kann. Bestrahlt man eine Lösung von Salvarsan, die Assoziate enthält, mit Licht von etwa 400 mμ, so werden diese aufgelöst. Das das assoziierte Salvarsan giftiger als das einfache ist, besteht auf

[1] s. Anm. [2] S. 563.
[2] Stauff, J., E. Koch u. E. Ühlein: Arzneimittelforschg. 4, 142 (1954).

diese Weise eine Möglichkeit der Entgiftung. Die Assoziatbildung des trans-Salvarsans kann man sich folgendermaßen vorstellen:

$$\cdots HO\!\!<\!\!\overset{H_2N}{}\!\!>As \cdots HO\!\!<\!\!\overset{H_2N}{}\!\!>As \cdots$$
$$\cdots As\!\!<\!\!>OH \cdots As\!\!<\!\!\underset{NH_2}{}\!\!>OH \cdots \quad usw.$$

Auch Proteine und gegebenenfalls sogar Viren können Assoziate bilden, deren Existenz von p_H, Elektrolytkonzentration und Temperatur abhängt. Ebenso können sich gemischte Assoziate verschiedener Proteine und solche aus Proteinen und Nucleinsäuren, schließlich aus Proteinen und Lipoiden bilden. Auch Seifen und Proteine assoziieren. (Die Proteine werden dabei jedoch meist denaturiert und fallen häufig als unlösliche Substanz aus.)

Was es für eine Bewandtnis mit den für die Ausbildung biologischer Strukturen äußerst bedeutungsvollen *Lipoiden* (Lecithin, Sphingomyelin, Kephalin) in bezug auf ihre Assoziationsfähigkeit hat, ist noch wenig geklärt. Ihre Fähigkeit zur Bildung beständiger Grenzflächenfilme sollte auf diese Möglichkeit hinweisen, ebenso ihre vielfach auftretende Vergesellschaftung mit Proteinen. Sicherlich spielen sie eine Rolle als Filmbildner bei biologischen Membranen wie auch als Emulgatoren. Letztere Eigenschaft ist auch mit der physiologischen Funktion der gallensauren Salze verknüpft, die im Verdauungstrakt die vom Organismus aufgenommenen Fette emulgieren oder solubilisieren. Sie ermöglichen dabei den Durchtritt der Fette durch die Darmwand — ein Mechanismus, der noch der Klärung bedarf[1].

§ 78. Seifen in Öl

Von LAWRENCE[2] wurde beobachtet, daß sich Seifen leicht in Paraffinöl (Nujol) lösen, wenn man sie auf höhere Temperaturen bringt. Beim Abkühlen scheiden sie sich dann oft in Form von klaren oder opaken Gelen ab. Die Vermutung lag nahe, daß sie in Öl nicht nur molekular, sondern auch kolloid gelöst sind, also wie in Wasser Assoziate bilden, was durch die schon länger bekannte Tatsache gestützt wurde, daß sich auch mehrwertige in Wasser völlig unlösliche Schwermetallseifen darin auflösen.

In Umkehrung des Modells der HARTLEYschen Kugelmizelle sollte man annehmen, daß sich wie in Abb. 78.1, die „polaren" Gruppen zusammendrängen und die lipophilen Paraffinketten igelförmig

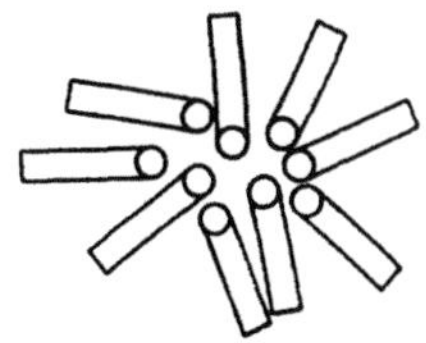

Abb. 78.1. Seifenassoziat in lipoiden Dispersionsmitteln (schematisch)

---

[1] Bezeichnend ist, daß Farbstoffe in Gegenwart von Seifen erheblich leichter durch Cellophanmembranen dialysieren können als in Abwesenheit, vgl. R. B. DEAN und J. R. VINOGRAD: J. physik. Chem. **46**, 1091 (1942). über die Eigenschaften gallensaurer und harzsaurer Salze vgl. P. EKWALL: Svensk Kemisk Tidskrift **63**, 277 (1951); dortselbst auch weitere Literatur.

[2] LAWRENCE, A. S. C.: Trans. Faraday Soc. **31**, 189 (1935).

nach außen strecken, um möglichst Kontakt mit dem umgebenden Kohlenwasserstoff zu suchen. Ganz richtig scheint dieses Bild insofern nicht zu sein, als Messungen des osmotischen Drucks in streng wasserfreien Lösungen [1-3] nur eine geringfügige Assoziation auf höchstens das Drei- bis Fünffache nachweisen konnten, obwohl andererseits Sedimentation, Viskosität und Strömungsdoppelbrechung auf anisometrische Partikeln hinzuweisen schienen. Eine Untersuchung von HONIG und SINGLETERRY [4] erwies aber sehr eindrucksvoll die Rolle etwa vorhandenen Wassers, obschon diese qualitativ bereits früher bekannt war. In wasserfreien Lösungen von Na-Phenylstearat in Benzol ist die relative Viskosität äußerst hoch, gleichzeitig tritt Strömungsdoppelbrechung mit enorm großen Relaxationszeiten auf (über deren Bedeutung vgl. § 29). Die Autoren glauben daher, daß sich blättchenförmige Gebilde von lockerer Struktur wie bei hochpolymeren Molekülen ausbilden, die durch die *elektrostatischen* Kräfte der Na^+- und COO^--Gruppen zusammengehalten werden. Zusätze geringer Mengen von Wasser (wie auch von Äthylenglycol, Äthanol usw.) zerstören das Gebilde und lassen die Viskosität um fast den tausendfachen Betrag abfallen. Weiterer Zusatz läßt sie wieder ansteigen, doch sind die relativen Viskositäten jetzt stark vom Druck abhängig, während sie es ohne Wasser nicht waren. Dieses merkwürdige Verhalten ist nur zu verstehen, wenn man annimmt, daß das Wasser die Struktur der elektrostatisch zusammengehaltenen Ketten zerstört und Assoziate der Form der Abb. 78.1 bildet, die dann nur geringe Viskositätserhöhungen verursachen können. Das steht durchaus im Einklang mit den Befunden der osmotischen Messungen, die ebenfalls eine erhebliche Erhöhung der Assoziation bei Wasserzusatz fanden. Erst die teilweise hydratisierten Seifenmoleküle scheinen eine Tendenz zur Assoziation in lipoiden Lösungsmitteln zu besitzen. Das gleiche gilt auch für die höherwertigen Seifen, bei denen man auch eine erhebliche Erhöhung der Assoziationszahl bei Zusatz von Wasser beobachtet.

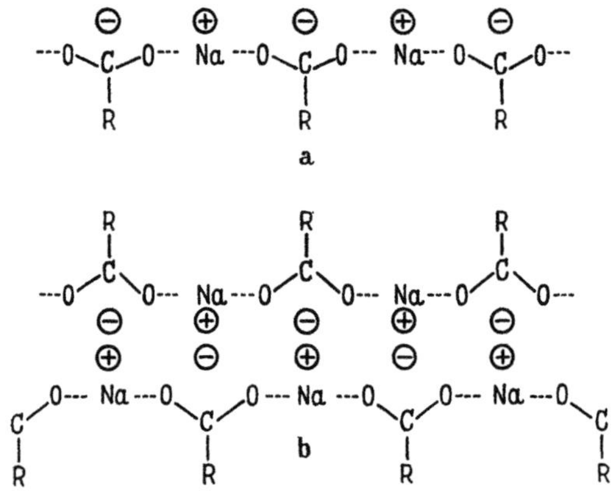

Abb. 78.2. Struktur der Assoziate von Na-Seifen in lipoiden Flüssigkeiten bei völliger Abwesenheit von Wasser nach HONIG u. SINGLETERRY: loc. cit.

Bei sehr hohem Wassergehalten bilden sich wahrscheinlich wieder lamellen- oder blättchenförmige Strukturen aus, die die Viskosität wieder

[1] GONICK, E.: J. Colloid Sci. 1, 393 (1946).
[2] PALIT, S. R.: Proc. Roy. Soc. [London], Ser. A 208, 542 (1951).
[3] Siehe auch WINSOR: loc. cit. S. 538; S. McBAIN u. HUTCHINSON: loc. cit.
[4] HONIG, J. G. u. C. R. SINGLETERRY: J. physic. Chem. 58, 201 (1954).

stark erhöhen[1] und deren Strömungsdoppelbrechung noch wesentlich höhere Relaxationszeiten (von der Größenordnung von Minuten!) erkennen lassen.

Eine kritische Konzentration läßt sich bei Ca-Seifen in Benzol durch eine Farbstoffmethode feststellen[2], ebenso bei Zn-Seifen eine Art KRAFFT-Punkt, letzterer ist aber eindeutig durch das Auftreten einer allotropen Umwandlung der *festen* Seifen (Zn-Stearat usw.) bedingt[3].

Dies wirft wieder die Frage auf, ob nicht die Temperaturen, bei denen die kritischen Konzentrationen erreicht werden, etwas mit einer Umwandlung zu tun hat, wie sie von THIESSEN und Mitarbeitern (loc. cit. S. 543) vermutet worden ist.

§ 79. Solubilisation durch Seifen

Unter Solubilisation versteht man nach McBAIN[4] die Fähigkeit der Lösungen von Assoziationskolloiden, insbesondere der von Seifen, Substanzen, die in dem benutzten Lösungsmittel unlöslich sind, in Lösung zu bringen. So gelingt es etwa, Kohlenwasserstoffe in wässerigen Seifenlösungen und Wasser in benzolischen Seifenlösungen in beträchtlichen Mengen aufzulösen. Der Vorgang hängt, wie nach dem oben Dargelegten nicht unschwer zu vermuten ist, mit der Bildung der Assoziate selbst zusammen, die in der Lage sind, in ihrem Inneren solche Substanzen aufzunehmen, die mit ihnen infolge ihrer chemischen Konstitution verwandt sind.

Gase (Dämpfe) werden ebenso aufgenommen wie Flüssigkeiten und Festkörper[5].

Von den Flüssigkeiten sind es vornehmlich Kohlenwasserstoffe, wie Benzol, Petroleumfraktionen, aber auch vegetabilische Öle, wasserunlösliche Alkohole, Ester und Äther, deren Solubilisationsprozeß eingehend untersucht worden ist.

Als Feststoffe sind hauptsächlich wasserunlösliche (lipoidlösliche) Farbstoffe verwendet worden, da bei ihnen die Untersuchungsmethodik infolge der Anfärbung der „Lösung" besonders einfach ist.

Das wichtigste Merkmal des Solubilisationsprozesses bei niedrigen Seifenkonzentrationen ist die scharfe Begrenzung der von der Seife aufgenommenen Menge des Fremdstoffs, wodurch er sich von einer reinen Emulgierung unterscheidet. Verfolgt man z. B. die Trübung einer Seifenlösung bei steigenden Zusätzen von Fremdstoff, so bleibt diese zunächst von der Größenordnung der Trübung reiner Seifenlösungen ($\tau \sim 10^{-6}$ bis 10^{-5}); von der Stelle, wo die Lösung an Fremdstoff gesättigt wird, steigt die Trübung schlagartig an und erreicht Werte, wie sie von Emulsionen her bekannt sind ($\tau \sim 10^{-2}$ bis 10^{-1}). Nach HARKINS und Mitarbeitern[6] läßt sich auch die Dichteänderung beim Sättigungswert gut zu

---

[1] Vgl. hierzu P. A. WINSOR: loc. cit.

[2] ARHEN, L. u. C. R. SINGLETERRY: J. Amer. chem. Soc. **70**, 3965 (1948).

[3] MARTIN, E. P. u. R. C. PINK: J. chem. Soc. [London] **1948**, 1750.

[4] McBAIN, J. W.: loc. cit. S. 551.

[5] Vgl. die Monographie von M. E. L. McBAIN und E. HUTCHINSON: Solubilization and Related Phenomena. New York 1955.

[6] HARKINS, W. D., R. W. MATTOON u. M. L. CORRIN: J. Colloid Sci. **1**, 105 (1946).

seiner Bestimmung benutzen. Zur Untersuchung der Solubilisation fester Farbstoffe braucht man das System nur mit diesen zu schütteln; nach Absitzen oder vorsichtigem Zentrifugieren läßt sich die aufgenommene Menge Farbstoff durch dessen Absorption einfach ermitteln.

In allen Fällen stellt sich ein Sättigungswert der aufgenommenen Substanz ein, der nur von der Art der Seife, deren Konzentration, dem Dispersionsmittel (wässerige oder elektrolythaltige Lösung) und der Temperatur abhängig ist und ebenfalls einem Gleichgewicht zu entsprechen scheint. Drückt man den Sättigungswert durch das Verhältnis der Menge solubilisierter Substanz zur Menge der Seife in einem geeigneten Mengenmaß (Mol, Gramm, Volumen) aus und stellt diese Quotienten als

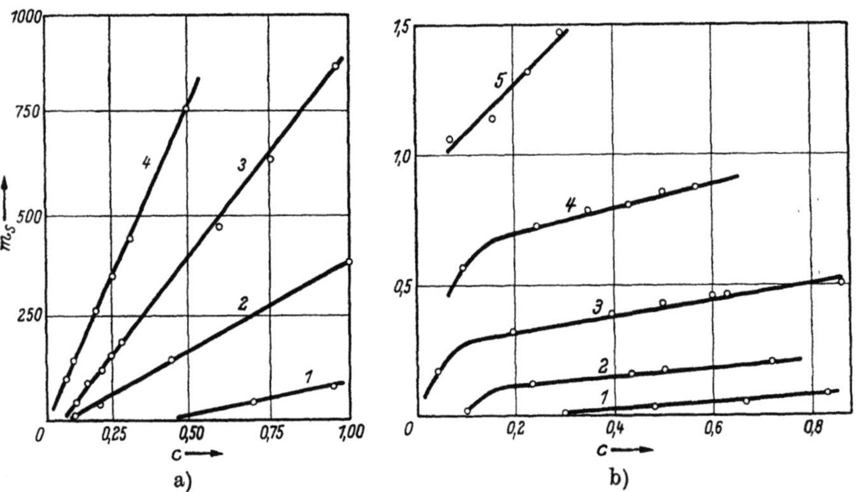

Abb. 79.1. Solubilisation wasserunlöslicher Substanzen in wäßrigen Lösungen fettsaurer K-Salze. a) Sättigungswerte (m_s) von Orange T als Funktion der Seifenkonz. (Die Linearität deutet auf Konstanz des Quotienten Farbstoff/Seife hin); b) Sättigungsquotient (vgl. Text) von Äthylbenzol als Funktion der Seifenkonz. Kurven 1: C_8, 2: C_{10}, 3: C_{12}, 4: C_{14}, 5: C_{16}

Funktion der Seifenkonzentration dar, erhält man die in Abb. 79.1a u. b dargestellten Kurvenzüge. Bei Orange T steigt der Quotient zunächst an und wird dann — etwa bei der „krit.-Konz." — konstant. Danach tritt bereits unterhalb von c_k Solubilisation auf, ob durch die auch dort bereits in geringer Zahl vorhandenen Assoziate oder durch eine vom Farbstoff induzierte besondere Assoziatbildung läßt sich zunächst nicht entscheiden. Oberhalb c_k scheint jedoch in einem weiten Konzentrationsbereich pro Assoziat die gleiche Menge Farbstoff gelöst zu sein. In Abb. 79.1b ist der Quotient gelöstes Äthylbenzol/Seife nicht mehr konstant. Obwohl die „krit.-Konz." zu erkennen ist, steigt der Quotient mit zunehmender Seifenkonzentration weiter an. Die absolute Menge ist in beiden Fällen verschieden (K-Laurat 0,6 mol/L: bei Orange OT Quotient ~1, bei Äthylbenzol = 0,5). Der Grund für dieses Verhalten ist die Verschiedenartigkeit der beiden solubilisierten Substanzen; der Farbstoff ist kein reiner Kohlenwasserstoff, durch seine polaren Gruppen wird er nicht vollständig in das lipophile Innere des Assoziats aufgenommen, sondern verbleibt mit seinem polaren Teilen an dessen hydrophilem „äußeren" Rand. (Hierüber wird noch bei der Besprechung der Röntgenergebnisse etwas zu sagen sein, vgl. S. 570.)

In beiden Fällen nimmt jedoch die solubilisierte Menge mit steigender Paraffinkettenlänge der Seife zu[1].

Temperaturerhöhung läßt in den meisten Fällen auch die solubilisierte Menge zunehmen, manchmal — wie bei Orange T in Dodecylamin — HCl^- auch abnehmen.

Die Natur der hydrophilen Gruppe der Seife ist von großem Einfluß auf das Ausmaß der Solubilisation, ebenso wie bei komplizierter gebauten Seifen (z. B. Aerosol OT) die besondere Molekülkonstitution (vgl. Tab. 75.I). Das mag im allgemeinen mit der verschiedenen Zahl der Seifenmoleküle bzw. -ionen pro Assoziat (= Assoziationszahl j) zusammenhängen, die ja entscheidend von Hydrophilie, Lipophilie und Konstitution abhängt. Hinzu kommen die speziellen Wechselwirkungen der hydrophilen Gruppen der Seife und der aufgenommenen solubilisierten Substanz.

Im Prinzip scheint der physikalisch-chemische Mechanismus, wie McBain und Hutchinson hervorheben, einem Verteilungsgleichgewicht zwischen zwei nicht miteinander mischbaren Phasen zu entsprechen, wie es etwa im Gemisch Benzin—Wasser vorliegt und wo die Verhältnisse durch Gl. (18.55) beschrieben werden.

Wie wir bereits in § 63 gesehen haben, verhalten sich Partikeln mit nicht zu kleinem j thermodynamisch wie eine makroskopische Phase, da der Anteil der freien Verdünnungsenthalpie vergleichsweise sehr klein wird und bei nicht allzu großer Meßgenauigkeit überhaupt nicht wahrgenommen werden kann.

Die Verteilung zwischen zwei Phasen ist aber von ihrem Volumen und ihren chemischen Potentialen abhängig. Wenn die Gesamtheit aller Assoziate die zweite Phase darstellt, reichert sich der zu solubilisierende Stoff solange darin an, bis sein chemisches Potential dem seiner gesättigten wässerigen Lösung gleichkommt. Die Schwierigkeit beginnt aber dort, wo durch die Solubilisation auch das chemische Potential der Assoziate geändert wird, was mit einer Volumenänderung und evtl. sogar Strukturänderung verknüpft sein dürfte, die ihrerseits wieder auf den Solubilisationsvorgang selbst zurückwirken. Die Solubilisation ist somit insgesamt ein Vorgang, der qualitativ durchaus verständlich ist, dessen quantitative thermodynamische Beziehungen aber noch einiger Aufklärungsarbeit bedürfen. Es ist sicher zur Zeit das beste, ihn als Analogie zum Verteilungsgleichgewicht zu betrachten.

Eine gewisse Aufklärung über den strukturellen Mechanismus der Solubilisation liefern Röntgenuntersuchungen. Leider sind diese wegen der größeren Deutlichkeit der Interferenzeffekte ausschließlich bei *höherer* Konzentration gewonnen worden, wo sich bereits die zweite Sorte der Assoziate in größerer Menge bemerkbar machen kann. Die Befunde sind daher nicht unmittelbar und nur mit Vorbehalt auf die Lösungen in der Nähe der „krit.-Konz." zu übertragen.

---

[1] Berechnungen, die solubilisierte Menge allein auf das Volumen der Assoziate zurückzuführen, die unabhängig vom Molgewicht der Seife die gleiche Zahl Moleküle pro Assoziat enthalten und Kugelform besitzen, können die relative Änderung der solubilisierten Menge mit der Kettenlänge (= Radius der Kugel) nur sehr angenähert richtig wiedergeben (vgl. dazu McBain und Hutchinson: loc. cit. S. 567).

Wenn wir wie oben annehmen, daß der M-Abstand (vgl. § 76) der Ausdehnung zweier Paraffinketten hintereinander entspricht, der sowohl in einer kugeligen Anordnung als auch in einer Lamellenstruktur (vgl. Abb. 76.2b und c) auftritt, sollte die folgende Beobachtung von Wert sein:

Der M-Abstand ändert sich im Sinne einer Vergrößerung, wenn Kohlenwasserstoff im Assoziat gelöst ist — festgestellt an K-Laurat und K-Myristat bei Konzentrationen >7 bzw. 4 Gew.-%[1]. Er verkleinert sich aber bei Zugabe von Alkylalkoholen — festgestellt an Na-Dodecylsulfat (bei Konz. $> 8,65$ Gew.-%)[2]. Kohlenwasserstoffe müssen sich, demnach zwischen die „Fußenden" der Paraffinketten, Alkohole dagegen zwischen die Paraffinketten selbst drängen, indem sie sich parallel dazu legen. Die OH-Gruppen bleiben dabei in der hydrophilen Schicht (vgl. Abb. 76.4)[3]. Dieses Bild wird auch durch die Änderung der I-Abstände bestätigt. Solubilisation von Alkoholen ändern sie bei mittleren Konzentrationen nicht, bei höheren hingegen werden sie durch solche mit kurzer Kette verringert und durch solche mit langer Kette vergrößert (HARKINS und MITTELMANN). Kohlenwasserstoffe vergrößern sie jedoch immer, es ist in diesem Gebiet sicherlich berechtigt, Vorstellungen, wie sie Abbildung 79.2 wiedergibt, als wahrscheinliche Struktur der fraglichen Gebilde anzusehen.

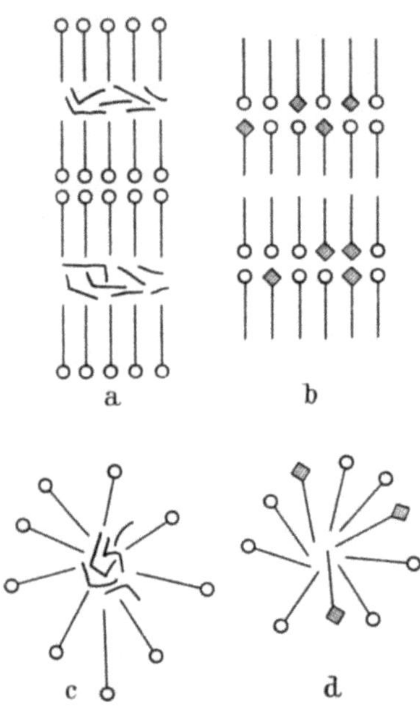

Abb. 79.2. Strukturänderung bei der Solubilisation von Benzol in Blättchenassoziaten a; Kugelassoziaten c. Dasselbe von langkettigen Alkylalkoholen (quadrat. Kopf) in Blättchenassoziaten b; in Kugelassoziaten d

Daß die Solubilisation und die damit verbundenen Strukturänderungen der Assoziate durch wasserlösliche Zusätze wie Elektrolyte usw. beeinflußt werden, ist nicht weiter überraschend, da der Zustand der Assoziate — im thermodynamischen Sinne — natürlich vom Zustand des Dispersionsmittels abhängen muß.

Bei Lösungen von Seifen in organischen Flüssigkeiten beobachtet man den umgekehrten Effekt, wenn beispielsweise Wasser als zu solu-

---

[1] MATTOON, R. W., R. S. STEARNS u. W. D. HARKINS: J. chem. Physics 16, 644 (1948).

[2] HARKINS, W. D. u. R. MITTELMANN: J. Colloid Sci. 4, 367 (1949).

[3] Die Abnahme der Abstände kann auf zunehmende Bildung von Lamellenassoziaten mit höherer Konzentration gedeutet werden. In diesen wird der *mittlere* Abstand der streuenden Netzebenen (gleich polaren Gruppen wie in Abb. 76.4) bei Zumischung kurzer Ketten *kleiner*, wie HESS und KIESSIG [Ber. dtsch. chem. Ges. 81, 327 (1948)] feststellen konnten.

bilisierender Fremdstoff zugesetzt wird[1]. Es lassen sich auf diese Weise in der gleichen Art wie oben erhebliche Mengen in Lösung bringen, die von der Art, Konzentration usw. der Seife abhängen. Auch hier rufen die Zusätze Änderungen der Röntgeninterferenzen hervor[2].

Mit Hilfe der Seifen und verwandter Substanzen läßt sich eine Klasse von Systemen herstellen, die vom Standpunkt der Thermodynamik wie auch der Strukturlehre und Systematik kolloider Systeme von außerordentlich großem Interesse ist. Das sind die sog. *stabilen* Emulsionen (wie wir sie bezeichnen wollen)[3].

Obwohl eine klassische Seifenlösung als stabile kolloide Emulsion im weiteren Sinne anzusehen wäre, betrachtet man sie doch zweckmäßigerweise als Sonderklasse. Weniger gerechtfertigt ist das schon bei den solubilisierten Substanzen. Sehen wir uns noch einmal Abb. 73.2 an. Dort haben wir bereits zum Ausdruck gebracht, daß strukturell gesehen von der (HARTLEYschen) Kugel-„Mizelle" ein lückenloser Übergang bis zum Emulsionströpfchen besteht, das Seife als Emulgator enthält. Eine erste Stufe dieses Übergangs würden die solubilisierten Systeme bilden, die wegen ihrer thermodynamischen Stabilität den Assoziationskolloiden eng verwandt sind. Über stabile Emulsionen, bei der die dispergierte Flüssigkeit im Überschuß über den Emulgator vorhanden ist, ist unser Wissen noch sehr lückenhaft. Da das Gebiet aber in lebhafter Entwicklung ist, ist bald mehr darüber zu erwarten. Bekannt ist, daß es zur spontanen Bildung von kolloiden Systemen zweier nicht mischbarer Flüssigkeiten (z. B. Paraffinkohlenwasserstoff—Wasser) kommen kann, wenn bestimmte seifenartige Emulgatoren vorhanden sind, zu denen sich in einigen Fällen noch weitere Substanzen gesellen müssen.

HARKINS und ZOLLMAN[4] fanden eine spontane Selbstemulgierung, wenn Paraffinöl und Olivenöl in Kontakt mit Wasser gebracht wurde, das 0,001 mol/L Ölsäure und die gleichen Mengen NaOH und NaCl enthielten. Sie konnten dabei noch Grenzflächenspannungen von weniger als 0,01 dyn/cm messen.

Das gleiche beobachtete HARTLEY[5] bei dem bereits erwähnten Dioctyl-resorcin sulfosauren Na (vgl. S. 364), wo ebenfalls Grenzflächenspannungen kleiner als 0,1 dyn/cm und Bildung stabiler Emulsionen auftrat.

Mit Cholesterin in der Ölphase und Dodecylsulfat oder Dodecyltrimethylammoniumbromid in der wässerigen Phase konnten SCHULMAN und COCKBAIN[6] kolloide Emulsionen spontan herstellen. WINSOR[7] gelang dies durch Zugabe von Alkylalkoholen (C-Atomzahl > 6) zu hochprozentigen Lösungen ($\sim 20\%$) von Undecyl-3-sulfat, welche das gleiche Volumen (!) an Kohlenwasserstoff zu emulgieren vermochten und dabei klare isotropische Flüssigkeiten ergaben. Ähnliches

---

[1] Um den Ausdruck Solubilisation ausschließlich für die Auflösung vom Fremdstoffen in Mizellen wässeriger Lösungen zu reservieren, benutzt man im angelsächsischen Schrifttum hierfür die Bezeichnung „blending", was allenfalls mit „Verschneiden" (wie bei Spirituosen) übersetzt werden könnte; vgl. dazu McBAIN und HUTCHINSON, loc. cit.

[2] PHILIPPOFF, W.: J. Colloid Sci. **5**, 169 (1950).

[3] Ob der Name gerechtfertigt ist, muß zunächst dahingestellt bleiben, weil auch Zustände auftreten, die bestimmt nicht als Emulsionen anzusehen sind.

[4] HARKINS, W. D. u. H. ZOLLMAN: J. Amer. chem. Soc. **48**, 69 (1926).

[5] HARTLEY, G. S.: Trans. Faraday Soc. **37**, 130 (1941).

[6] SCHULMAN, J. u. COCKBAIN: loc. cit. S. 524.

[7] WINSOR, P. A.: Trans. Faraday Soc. **44**, 376, 451 (1948); **46**, 762 (1950); Solvent Properties of Amphiphilic compounds. London 1954. S. 57ff.

ist auch seit längerer Zeit mit einer Reihe anderer Zusätze bekannt[1]. In allen diesen Systemen sind Seifen die Emulgatoren, in jedem Fall wird die Grenzflächenarbeit der zu emulgierenden Phase auf sehr kleine Werte herabgedrückt. Das sind aber thermodynamisch nach dem in § 63 Gesagten bereits die Voraussetzung für das Auftreten *stabiler* kolloider Zustände. Da die Herabsetzung der Grenzflächenarbeit jedoch durch die Grenzflächenaktivität der zugesetzten Substanz geleistet wird, bestimmt diese bzw. ihre Menge das Ausmaß der Emulgierung und die Zahl und Größe der gebildeten Partikeln. Das soll heißen, daß nur begrenzte Mengen Öl von einer bestimmten Menge Seife von selbst emulgiert werden kann — wie es auch bei der Solubilisation der Fall ist. Wie groß diese Menge ist, hängt von den chemischen

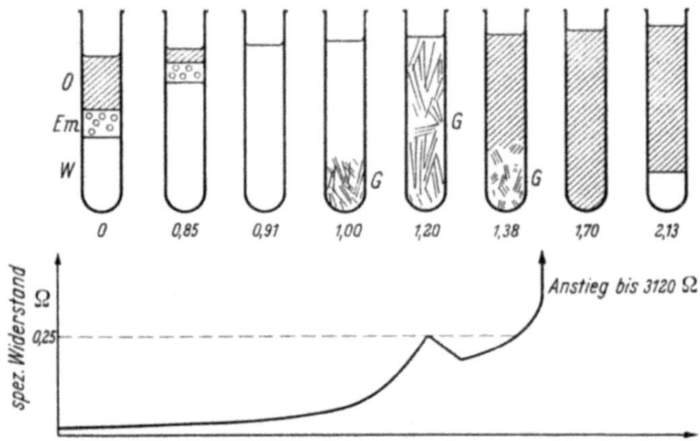

Abb. 79.3. Schematische Darstellung der Umwandlung eines Gemisches einer wäßrigen Seifenlösung (Undecan-3-sulfat) und einem Paraffinöl bei Zusatz von n-Octanol (angeschriebene Zahlen) (Vgl. Abb. 76.6). G = Krist.-fl. System. Der Anstieg des spez. Widerstandes bei 1,38 weist auf die Kohärenz des Öls als Dispersionsmittel hin (Vgl. a. Text). Nach WINSOR, loc. cit.

Potentialen der Emulgatorgrenzschicht — also des Films —, des Öls und des Dispersionsmittels ab, ist also wegen des unbekannten und nicht ohne weiteres meßbaren chemischen Potentials der Grenzschicht nicht angebbar. Doch ist das nichts anderes, als was auch bei der Solubilisation beobachtet wird, wo sich ein konstantes Verhältnis von Solubilisat und Seife für eine bestimmte Konzentration (!) einstellt. Solubilisation und Selbstemulgierung sind daher wesensgleich, nur hat man es bei letzterer mit Vorgängen zu tun, an denen außer Seife oder Emulgator noch weitere Substanzen beteiligt sind.

Wählt man die Seifenkonzentration hoch genug, gelingt es, in der Flüssigkeit beträchtliche Mengen Öl aufzulösen. Die schematische Zeichnung nach WINSOR in der Abb. 79.3 zeigt, wie sich die Verhältnisse bei steigendem Zusatz von Octanol-I zu Kohlenwasserstoff-Seifenlösung (Undecan-3-sulfat) ändern. Ohne Octanol wird eine geringe Menge KW (= Kohlenwasserstoff) in der Seifenlösung solubilisiert, die aber durch geringen Octanolzusatz um Größenordnungen (!) gesteigert wird. Ob es sich hier um Bildung kolloider Partikeln handelt, ist experimentell noch nicht geklärt. Die auf Abb. 79.3 mitgezeichnete Kurve des elektrischen spezifischen Widerstands (= 1/Leitfähigkeit) deutet jedenfalls an, daß

---

[1] Dies gelingt auch mit anderen Seifen, sofern sie nur ausreichend löslich sind. Über die Nomenklatur dieser Effekte, die teils als Co-Löslichkeit (Co-Solvency) und Hydrotropie — nach NEUBERG — bezeichnet werden, vgl. MCBAIN und HUTCHINSON loc. cit.

in diesem Gebiet wegen des geringen Widerstands Wasser als kohärente Phase auftreten muß.

Erhöhung der Octanolmenge führt zu einem Gebiet, wo sich eine anisotrope Flüssigkeit bildet (G-Phase nach WINSOR). In der Leitfähigkeit prägt sich das deutlich aus, denn in einigen Seifenlösungen steigt hier der Widerstand stark an, in anderen bildet sich nur eine Spitze aus.

Noch weitere Octanolzusatz führt wieder zu einem klaren isotropen System; bei dessen Bildung sich der Widerstand beträchtlich erhöht; hier ist mit Sicherheit der Kohlenwasserstoff die kohärente Phase.

Bei der größten Octanolmenge schließlich scheidet sich eine wässerige Lösung ab, die nur noch wenig gelöste Seifen und Octanol enthält.

Ähnliche Übergänge lassen sich mit dem System Hexanolamin-Oleat/Wasser herstellen[1], wenn die Mengenverhältnisse graduell geändert werden. Nur bildet sich hier eine anisotrope Flüssigkeit zwischen 40 und 85% Hexanolamin-Oleat aus. (Weitere Systeme, die sich ähnlich verhalten, führt WINSOR an.)

Bei allen diesen Erscheinungen handelt es sich offensichtlich um einen Wechsel von einem O/W- in ein W/O-System, zwischen denen ein besonderes, im einzelnen noch nicht aufgeklärtes, Gebiet (G = Phase nach WINSOR) auftritt[2].

Den Wechsel vom O/W- zum W/O-Typ in stabilen Emulsionen nach SCHULMAN läßt sich durch Neutralisation der Emulgatoren bewerkstelligen, doch wird bei steigender Neutralisierung ein Gebiet instabiler Zustände durchlaufen, was jedoch von den gewählten Konzentrationen abhängig sein soll. (Diese Befunde veranlaßten SCHULMAN zur Aufstellung der Hypothese des Ladungseinflusses auf den Emulsionstyp, vgl. dazu § 73.)

WINSOR erklärte das Verhalten seiner Systeme durch Annahme von „HARTLEY-Mizellen" (S_1) mit polarer Gruppe nach außen in wässerigem Milieu und mit Kugelmizellen mit polaren Gruppen nach innen (S_2) im Ölmilieu. Diese sollen im Gleichgewicht mit lamellaren Gebilden stehen, die in der Phase (G) ausschließlich vorhanden sind, und den „kristallinen" Charakter der Flüssigkeit bedingen. So bestechend einfach dieses Schema ist, so scheint es doch noch nicht genügend erkundet, um alles erklären, zu können was damit zusammenhängt[3].

Koazervation[4]

In gewissem Sinne eine Umkehrung der Vermischung normalerweise nicht mischbarer Flüssigkeiten durch besondere Zusätze ist die Trennung

---

[1] ROSS, S. u. J. W. McBAIN: J. Amer. chem. Soc. **68**, 296 (1946).

[2] WINSOR (loc. cit.) konnte auch durch Zusatz von Na_2SO_4 Systeme aus drei Schichten herstellen, in denen eine mittlere Schicht die Hauptmenge der Seife enthielt, die obere aus fast reinem KW und die untere aus wässeriger Lösung von Na_2SO_4 bestand. Er vertritt die Meinung, daß die seifenhaltige Flüssigkeit weder eine W/O- noch ein O/W-Emulsion ist. Experimentelle Untersuchungen hierüber sind nicht bekannt.

[3] Z. B. ist die Annahme, daß in wässerigen Mischungen von 20% Seife, gleich welcher Art, mit Wasser, jene in überwiegendem Maß in Form von kugelförmigen Assoziaten vorliegt, sicher nicht zutreffend, was durch die physikalischen Eigenschaften solcher Systeme (Strömungsdoppelbrechung usw.) erwiesen ist.

[4] Ausführliche Darstellung der gesamten Erscheinungen der Koazervation bei H. G. BUNGENBERG DE JONG in KRUYTS Colloid Science. Vol. II, New York/Amsterdam/London/Brussels 1994. S. 232ff.; BOOIJ, H. L., H. G. BUNGENBERG DE JONG: Biocolloids and their Interactions. Wien 1956 (Protoplasmatologia I,2).

einer homogenen Flüssigkeitsmischung in zwei oder mehr Phasen durch Variation der Bedingungen (p_H, Zugabe einer dritten Substanz, Temperaturänderung usw.). Bei gewissen kolloiden Systemen, die durchaus nicht zu den Assoziationskolloiden, sondern auch zu den Makromolekülen gehören können, scheidet sich hierbei vielfach eine kolloidreiche und eine kolloidarme Phase aus, wobei die letztere sogar Gelstruktur besitzen kann. Die Ausscheidung kann zu einem neuen kolloiden System führen — wo die dispergierte Substanz etwa die kolloidreiche „Phase" ist —, es können aber auch mikroskopisch sichtbare Tröpfchen oder sogar makroskopische zusammenhängende Phasen auftreten. Obwohl die außerordentlich große Zahl von Untersuchungen über diese Erscheinungen von BUNGENBERG DE JONG und seinen Mitarbeitern hauptsächlich Makromoleküle betreffen, sind auch Seifen von ihnen ausgiebig untersucht worden.

So sind beispielsweise die bei einer höheren Temperatur durch Salzzusatz gebildeten neuen Phasen als Koazervate anzusehen (vgl. die Abb. 76.8 und 76.9), die durch eine Art sekundärer Assoziation der „Mizellen" entstehen und die mit zunehmender Salz- und/oder Seifenkonzentration zunehmen. Sie sind kristallin-flüssig und von langen ausgedehnten Blättchen durchzogen. Im Grunde genommen ist dieser Vorgang mit der Bildung der Assoziate II (vgl. S. 553) verwandt, nur verbleiben diese aus noch nicht ganz durchschaubaren Gründen im kolloiden Zustand. Ihre Bildung wird unter dem Gesichtspunkt der Koazervation verständlich, da dies eine allgemeine Erscheinung ist, die sich nicht auf die Assoziationskolloide beschränkt, sondern auf bestimmte Verhältnisse der Wechselwirkungen der Mischungspartner zurückgeht und in allen Mischungen grundsätzlich auftreten kann (vgl. dazu Entmischung, § 19 und § 22[1]).

Die Beschreibung der meisten sehr komplizierten Verhältnisse der Koazervation, die von vielen äußeren Variablen abhängen, würde den Rahmen unseres Buches sprengen. Wir müssen uns daher auf die allerdings sehr wichtige Feststellung beschränken, daß auch hier komplizierte kolloide Systeme auftreten können, die sich in einem echten Gleichgewichtszustand befinden und von selbst in diesen Zustand übergehen.

Das besondere Verdienst von BUNGENBERG DE JONG ist, den Zusammenhang hergestellt zu haben, den diese Systeme mit der Ausbildung biologischer Strukturen in der lebenden Zelle besitzen. Die Struktur des Protoplasmas und der Zellmembranen, insbesondere die sich aus Lipoiden und Proteinen ausbildenden komplizierten Systeme, sind für die Biologie von erheblicher Bedeutung.

§ 80. Theorie der Assoziationskolloide
(insbesondere der Seifen)

Wann in einer binären Mischung Solvatation und wann Assoziation eintritt, haben wir bereits in § 21 und § 22 durch statistisch-thermodynamische Betrachtungsweisen zu verstehen versucht. Wir haben dort

---

[1] Vgl. auch H. L. BOOIJ, in KRUYTS Colloid Science, Vol. II. loc. cit. S. 681ff.

gefunden, daß bei Solvatation gilt

$$w_{12} > \frac{1}{2}(w_{11} + w_{22})$$

und bei Assoziation

$$w_{12} < \frac{1}{2}(w_{11} + w_{22})$$

(w_{11} und w_{22} Wechselenergie zwischen Paaren von gleichem Molekülen der Sorte 1 bzw. 2, w_{12} Wechselwirkungsenergien zwischen ungleichen Paaren von 1 und 2, z. B. Wasser—Wasser, Alkohol—Alkohol, Wasser—Alkohol).

Wenn wir uns wieder auf die Seife als Prototyp der Assoziationskolloide beschränken, so haben wir bereits bei der Erörterung der Grenzflächenaktivität gesehen, daß man nicht mit einer einzigen Wechselwirkungsenergie auskommt. Was für ein Lösungsmittel auch vorliegt, die vom lipophilen Teil des Seifenmoleküls darauf wirkenden Kräften in andere als die, die vom hydrophilen Teil ausgehen[1].

Nimmt man zwei Arten von Wechselwirkungsenergien an, w_{l12} vom lipophilen und w_{h12} vom hydrophilen Molekülteil, so werden sich im lipophilen Teil jeweils l und im hydrophilen h-Paare zwischen Lösungsmittelmolekül und einer Atom- bzw. Ionengruppe der Seifen bilden, zumindest als eine Einheit der Betrachtung angesehen werden können. Beim Einbringen eines (gasförmig bei $T = 0$ gedachten) Seifenmoleküls in Wasser wird also die Wechselwirkungsenergie

$$\Delta w = -l\,w_{l12} - h\,w_{h12} + (l/2)\,w_{11} - (h/2)\,w_{11}. \tag{80.1}$$

Es müssen $l + h$ Paare von H_2O-Molekülen auseinandergebracht werden, die dann mit den l und h Teilen der Seife in Berührung kommen. w_{11} und w_{h12} werden von vergleichbarer Größenordnung sein (Hydratation). w_{11} ist bei Wasser sicher größer als w_{l12}, da sich hier die Dipolkräfte des Wassers bemerkbar machen dürften, während w_{l12} nur von van der Waals-Londonschen Kräften herrührt. Die Besonderheit der Seifenmoleküle wird nun am besten bei Betrachtung ihrer Anreicherung in der Grenzfläche deutlich, wie es bereits auf S. 315 angedeutet worden war. Der lipophile Teil ragt — soweit das anzunehmen ist — aus der Grenzschicht in den Gasraum, während der hydrophile unverändert in der Lösung bleibt. Es besitzt also nur die Wechselwirkungsenergie vom gasförmigen Zustand an gerechnet

$$h\,w_{h12} - (h/2)\,w_{11}.$$

Übertritt von Lösung in die Grenzschicht bringt die Änderung

$$\begin{aligned}\Delta w_\omega &= -l\,w_{l12} - h\,w_{h12} + \frac{1}{2}(l+h)\,w_{11} + h\,w_{h12} - (h/2)\,w_{11}\\ &= -l\,w_{l12} + (l/2)\,w_{11}.\end{aligned} \tag{80.2}$$

hervor.

Wie wir bereits in § 47 gesehen haben, ist es irrig, die treibende Kraft der Anreicherung in der Grenzfläche in den van der Waals-Londonschen Dispersionskräften zwischen den Paraffinketten zu suchen, wie man es vielfach tut. Diese unspezifischen Kräfte treten ebenso zwischen H_2O- und CH_2-Gruppen untereinander auf, eine Differenz zwischen beiden Arten von Paaren mag sicher vorhanden sein. Ein Vergleich von Benetzungsarbeiten der Paraffine durch Wasser und lipoide Flüssigkeiten, die hierzu meist herangezogen werden, sind solange nicht stichhaltig, als sie nicht im Vakuum — evtl. nach der Methode von Bangham (loc. cit. S. 340) — gemessen wurden. Die meisten aus der Literatur bekannten hiermit

---

[1] Anderes soll ja der Name „hydrophil" und „lipophil" auch nicht ausdrücken; — „phile" bedeutet immer starke bindende Kräfte, bei hydro- zum Wasser und bei lipo- zu ölartigen Flüssigkeiten.

rechnenden Theorien behandeln die Assoziation so, als ob das Dispersionsmittel ein indifferentes Gas wäre, das als Kontinuum anzusehen ist (vgl. dazu auch § 47).

Nun ist aber nicht die Wechselwirkungsenergie allein für diesen Übergang verantwortlich, hinzu kommen noch die Entropieänderungen, die sowohl die freiwerdenden Wassermoleküle als auch die lipophilen Molekülteile der Seifen dabei erfahren. Wegen Mangels an exakten thermodynamischen Meßdaten kann nur vermutet werden, daß diese Entropieänderungen erheblich sein müssen, sie rühren einmal von der Zunahme der Anordnungsmöglichkeiten der im l-Teil des Seifenmoleküls gebundenen Wassermoleküle ($\sim N_1!/(l\,N_2)!$), zum anderen von der Änderung der Konfigurationszahl des Seifeneinzelmoleküls in Wasser beim Übergang in die Grenzschicht her. Ist dieses in Wasser durch Knäuelung auf einen kleinen Raum gedrängt, muß es sich beim Übergang in die Grenzschicht ausstrecken können und mehr Anordnungsmöglichkeiten besitzen als dort, da es in der Grenzschicht in die „Gasphase" hineinragt. Alles in allem werden sowohl die energetischen Wechselwirkungen der Wassermoleküle als auch die Entropieeffekte die Einzelmoleküle oder -ionen der Seife aus der Lösung *herausdrängen*.

Dieser Mechanismus wurde von HARTLEY[1] bereits als maßgebend für die Bildung der Seifen*assoziate* in wässeriger Lösung erkannt und lieferte

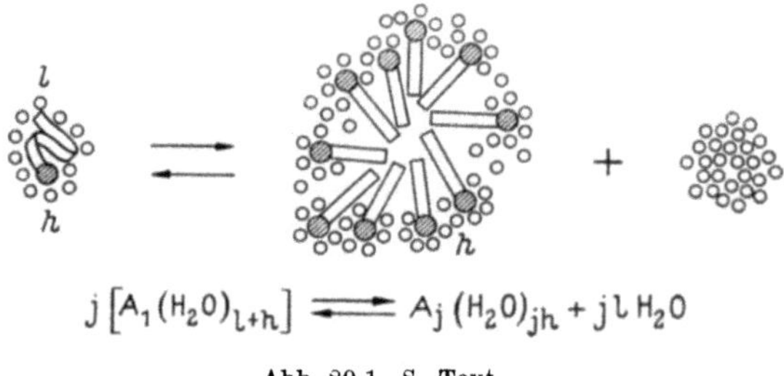

$$j\left[A_1(H_2O)_{l+h}\right] \rightleftharpoons A_j(H_2O)_{jh} + j\,l\,H_2O$$

Abb. 80.1. S. Text

z. B. die Deutung der bei der Assoziation von BURY[2] beobachteten Dichteänderungen. Die Assoziate verdanken ihre Existenz ebenfalls dem Umstand, daß die lipophilen Molekülteile beim Zusammenlagern von den Wassermolekülen befreit werden, die vorher mit ihnen in Berührung standen, während sich am Zustand der Wechselwirkung zwischen dem hydrophilen Teil und dem Wasser kaum etwas ändert (vgl. dazu Abb. 80.1). Will man den Vorgang mit dem Symbolismus der Chemie kennzeichnen, wäre eine Reaktionsgleichung folgender Form aufzustellen:

$$j\,A_1\,(H_2O)_{(l+h)} \rightleftharpoons A_j\,(H_2O)_{jh} + l_j\,H_2O.$$

Das gleiche nur umgekehrte Bild läßt sich für die Assoziation in lipoiden organischen Lösungsmitteln entwerfen. Daß hier die Assoziatbildung nicht so ausgeprägt ist, liegt einerseits an der sehr viel kleineren Wechselwirkungsenergie der organischen Lösungsmittelmoleküle untereinander, andererseits an der sehr viel geringeren Möglichkeit der Zunahme von Anordnungsmöglichkeiten des hydrophilen Teils als auch der Lösungsmittelmoleküle. Die Reaktionsgleichung lautet in analoger Weise (**Lip** steht für ein öliges Lösungsmittel):

$$j\,A_1\,(Lip)_{(l+h)} \rightleftharpoons A_j\,(Lip)_{jl} + h_j\,(Lip).$$

[1] HARTLEY, G. S.: Aqueous Solutions of Paraffin-Chain-Salts. Paris 1936.
[2] BURY u. Mitarb.: loc. cit. S. 537.

Das System hat das Bestreben, in jedem Fall in den Zustand geringster freier Energie überzugehen, was dadurch möglich ist, daß eine möglichst große Zahl von lipoiden Molekülteilchen von ihren Wassermolekülen befreit wird und sich möglichst viele Wasserpaare und lipoide Paare bilden. Es muß nur eine Bedingung dabei eingehalten werden: Der Zustand der hydratisierten Molekülteile darf nicht verändert werden, da das freie Energie kosten würde. Wie weit sich ein solcher Zustand einstellen kann, hängt natürlich vom speziellen Bau der Moleküle ab, ebenso wie die Gestalt und Struktur des entstehenden Assoziats dadurch bestimmt wird.

Welches die „treibenden Kräfte" der Assoziation sind, läßt sich besser erkennen als bei der Grenzflächenanreicherung, da hier Meßdaten vorliegen. Weiter unten wird gezeigt, wie $\Delta\mu_j$ die freie Enthalpie der Assoziation ermittelt werden kann. Für sie gilt eine Beziehung

$$\Delta\mu_j = \Delta H_j - T\,\Delta S_j. \tag{80.3}$$

Nun ist für Na-Dodecylsulfat $\Delta\mu_j$ etwa $-10{,}6$ Kcal/Mol[1]. MATIJEVIĆ und PETHICA[2] bestimmen für den gleichen Stoff ΔH_j zu $-0{,}4$ Kcal/Mol, so daß $T\,\Delta S_j \sim +10$ Kcal/Mol betrüge. Der überwiegende Anteil der freien Assoziationsenthalpie ist somit durch die *Entropiezunahme* bedingt, die damit verbunden ist!

Ob diese Entropieänderung durch das „Freiwerden" der Wassermoleküle oder durch Konfigurationsänderungen der hydrophoben Paraffinkettenteile bei der Assoziation (vom geknäuelten zusammengepreßten Zustand des Einzelions zum gestreckten und beweglicheren des Assoziats) dafür verantwortlich sind, ist noch nicht zu entscheiden, ebenso wie weit die Zustandsänderung der Gegenionen und elektrische Arbeitsbeträge daran beteiligt sind. Durch welche Einzelheiten das Bild auch modifiziert werden möge, eines scheint jedenfalls sicher zu sein: Die Vorstellung, daß die Assoziationen durch *Attraktionskräfte* der lipophilen Molekülketten hervorgerufen wird, kann nicht richtig sein!

Unter diesen Bedingungen sollte — wie dies HARTLEY auch am deutlichsten ausgesprochen hat — bei Paraffinkettensalzen ein kugelförmiges Assoziat die denkbar kleinste freie Energie besitzen. In dieser Form allein können sämtliche l Wassermoleküle pro Paraffinkette frei werden und sich vereinigen, sämtliche — oder annähernd sämtliche — h Wassermoleküle pro hydrophile Gruppe bleiben aber unverändert als Hydratwasser erhalten, falls das Innere des kugelförmigen Gebildes als flüssig angesehen wird, sollten auch maximale Entropieänderungen der Paraffinketten möglich sein.

Determinierend für die Gestalt kann aber noch folgendes sein: Erinnern wir uns an das, was auf S. 525 über die Rolle der Emulgatoren bei der Bestimmung des Typs einer Emulsion gesagt worden ist; stark solvatisierte Teile des Emulgatormoleküls halten die Solvatmoleküle fest — sie besitzen im wahrsten Sinne des Wortes einen „Wasserkopf" — und geben sie auch bei gegenseitiger Näherung nur ungern ab. Bei Zusammenlagerung verhalten sie sich wie Keile, die aneinandergereiht ein gekrümmte Schale (Orangenschale) bilden. Dabei können sich die

---

[1] STAUFF, J.: Z. Elektrochem. **59**, 245 (1955).
[2] MATIJEVIĆ, E. u. B. A. PETHICA: Trans. Faraday Soc. **54**, 587 (1958).

l-Teile stärker nähern (Dispersionskräfte $\sim 1/r^6$!) bei geladenen hydrophilen Köpfen werden außerdem durch Abstoßung auch die elektrostatische Energie kleiner als bei Parallellagerung. Gestalt, Hydratation und gegebenenfalls Ladung — die übrigens auch bei Nichtionseifen in geringem Maß vorhanden ist — der Seifenmoleküle bzw. -ionen weisen darauf hin, daß die Anordnung *hydratisierter* Moleküle zu einer gekrümmten Schale energetisch und geometrisch günstiger sein sollte. Die Gestalt mit der stärksten möglichen Krümmung bei allseitigem Gleichgewicht wäre aber eine Kugel.

Falls diese Anschauungen richtig sind, sollte die Aggregationszahl j für ein bestimmtes Molekül nur wenig um einen bestimmten Betrag schwanken, denn sie würde sich danach richten, wieviel Moleküle in einer Kugel unterzubringen sind, und zwar so, daß alle lipophilen Teile innen und hydrophilen Teile außen sind.

(Das umgekehrte Bild läßt sich auch für das lipoide Lösungsmittel entwerfen: Alle hydrophilen Teile innen und möglichst viele lipophile Teile mit dem organischen Lösungsmittel in Berührung.)

Thermodynamisch würde die Forderung einer Konstanz von j bedeuten, daß die freie Enthalpie des *Systems* (nicht des Assoziats!) bei konstanter Molekülzahl der beteiligten Stoffe ein Minimum besitzt.

Versuche von DEBYE[1], der allerdings die mathematische Minumumbildung bei nichtkonstanter Molekülzahl vornahm, von OOSHIKA[2], der dies in richtiger Weise berücksichtigte, führte zu einem Minimum bei Verwendung der PHILIPPOFF-„Mizelle" und elektrischer Abstoßung[3].

Zu einem Minimum kommt man auch, wenn man sich eine Kugel nach Art der Abb. 76.2b gebildet denkt und bei völliger Raumerfüllung durch lipophile Molekülteile in das Innere ein hydratisiertes Molekül einzubringen versucht. Solange die Kugelschale noch nicht ausgefüllt ist, nimmt die potentielle Energie je Assoziat ab, da noch nicht alle lipophilen Teile von Wassermolekülen befreit sind. Ist einmal die geometrisch mögliche Auffüllung erreicht, könnten weitere lipophile Molekülteile nur in das Assoziat eindringen, wenn die Kugel deformiert wird und daraus allmählich ein Ellipsoid, ein Zylinder mit Kugelkappen oder eine Scheibe entsteht[4]. Dazu müßte die Krümmung der Assoziatbegrenzung verringert werden, was aber, wie wir oben darzulegen versucht haben, mit Energieaufwand verbunden sein sollte. Es ist zumindest *verständlich*, daß die Größe der Assoziate, wenn auch nicht vollkommen einheitlich sein, so doch innerhalb einer ziemlich engen Größenverteilung schwanken sollte[5].

---

[1] DEBYE, P.: loc. cit. S. 549. — [2] OOSHIKA: loc. cit. S. 549.

[3] Es ergab sich

$$\Delta w_{\min} = w_\omega / w_e$$

(w_0 = Attraktionsenergie der Paraffinkette, w_ω = potentielle Energie der Seitenfläche der als Zylinder gedachten PHILIPPOFFschen „Mizelle", w_e = elektrische Energie der „Stirnflächen" dieser Mizelle). Dann wird angesetzt

$$\Delta w = j^{\frac{2}{3}}\, w_e - j\, w_0 + j^{\frac{1}{2}}\, w_\omega$$

vgl. dazu Y. OOSHIKA: loc. cit.

[4] Derartige Vorgänge der Auffüllung bestimmter geometrischer Anordnungen findet man in vielen Bereichen der chemischen Verbindungslehre, z. B. bei Komplexen, bei intermetallischen Verbindungen, bei hydratwasserhaltigen Kristallen usw.

[5] Zu einer hiermit nicht übereinstimmenden Ansicht gelangen C. A. J. HOEVE u. G. C. BENSON: J. physic. Chem. **61**, 1149 (1957), die jedoch die Assoziation so behandeln, als ob sie in einem Kontinuum statt in Gegenwart diskreter Lösungsmittelmoleküle vor sich ginge.

Nehmen wir einheitliche Assoziatgröße als weitgehende und berechtigte Annäherung an, lassen sie sich als Verbindung mit stöchiometrisch bestimmter Zahl von Bestandteilen — etwa als Komplex — ansehen. Wir können, wie bereits erwähnt, nach dem Verfahren von BURY und Mitarbeitern das MWG für eine Assoziationsreaktion ansetzen

$$j\, A_1 \rightleftharpoons A_j,$$

wenn es sich um ungeladene Moleküle handelt und die Wassermoleküle vernachlässigt werden. Es ergibt sich dann

$$a_j/a_2^j = K_j = e^{-\Delta G_{0j}/RT}, \tag{80.4}$$

wenn a_2 und a_j die Aktivitäten der Einzelmoleküle und Assoziate sind. Verwendet man nun Gl. (I.16) so ist

$$-\Delta G_{0j} = \mu_j^\circ - j\,\mu_{20}, \tag{80.5}$$

da Gleichgewicht herrscht. Schreibt man Gln. (4) und (5) in logarithmischer Form, so wird daraus

$$RT \ln a_2 - (RT/j) \ln a_j = -\mu_{20} + \mu_i^\circ/j = -\mu_{20} + \bar{\mu}_{0j}, \tag{80.6}$$

wenn wir uns nach § 63 erinnern, daß das chemische Potential μ_j° einer kolloiden Partikel dividiert durch j definitionsgemäß das mittlere chemische Potential des Moleküls in der Partikel ist. Bei verdünnten Lösungen kann wieder statt der Aktivität die Konzentration eingesetzt werden, für die Gesamtkonzentration in Molenbrüchen erhält man dann

$$x = x_2 + j\,x_j. * \tag{80.7}$$

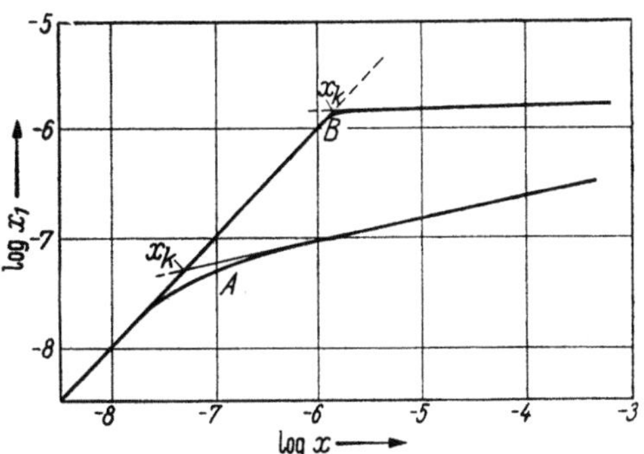

Abb. 80.2. log x_1 in Abhängigkeit von log x, berechnet n. Gl. (80.8); x_1 = Molenbruch d. Einzelmoleküle; x_k = krit. Konz.

Mit $x_j = (x - x_2)/j$ und $\bar{\mu}_{0j} - \mu_1 = \Delta\mu_j$ folgt für Gl. (6)

$$\log x_2 = (1/j) \log (x - x_2) - (1/j) \log j + \Delta\mu_j/2{,}3\,RT. \tag{80.8}$$

Diese Funktion läßt sich nicht nach x_2 explizit auflösen, ihren Verlauf zeigt Abb. 80.2, in welcher für das gleiche $\Delta\mu_j$ ($-7{,}8$ Kcal) die Abhängigkeit der Größe x_2 von x_g einmal für $j = 5$ (A) und ein andermal für $j = 30$ (B) dargestellt ist. Die Funktion ist bei kleinem x praktisch eine Gerade mit der Neigung 1, um dann mehr oder weniger scharf umzubiegen und sich asymptotisch einer anderen Geraden mit der Neigung $1/j$ zu nähern. Der Punkt oder Bereich des Umbiegens ist die „kritische Konzentration".

---

* Bei den sehr kleinen Konzentrationen, die für diese Rechnungen praktisch nur in Betracht kommen, kann $x = c/55{,}56$ mit c in Mol/L gesetzt werden.

37*

Von Phillips[1] wird die kritische Konzentration als diejenige definiert, bei der $d^3f(c)/dc^3 = 0$ ist. Meistens erscheint sie aber als Schnittpunkt zweier Funktionen, die weiter ab von der kritischen Konzentration monoton verlaufen. Für uns sollte es genügen, ein einfaches Verfahren festzulegen, durch das die kritische Konzentration ermittelt und eine Beziehung zur Gleichgewichtskonstante K (Gl. 5) gefunden werden kann.

Mit sehr guter Annäherung gilt vor allem für große Werte von j unterhalb x_k (krit.-Konz.) die Gleichung

$$x_2 = x; \quad (x \ll x_k).$$

Oberhalb von x_k $(x \gg x_k)$ kann geschrieben werden:

$$\log x_2 = (1/j) \log x - (1/j) \log j + \Delta\mu_j/2{,}3\,RT. \tag{80.9}$$

Die Geraden, die durch diese beiden Gleichungen dargestellt werden, schneiden sich in einem Punkt, den wir auf diese Weise als x_k definieren. Es gilt also

$$(1 - 1/j) \log x_k + (1/j) \log j = \Delta\mu_j/2{,}3\,RT. \tag{80.10}$$

Diese Beziehung ist um so genauer erfüllt, je größer j und je weiter der Konzentrationsbereich ist, der zur Konstruktion der beiden Geraden benutzt werden kann.

Hieraus ist die Bedeutung der „krit.-Konz." auf einfachste Weise zu verstehen, sie hängt im wesentlichen von der Standard-Bildungsenthalpie der Assoziate und deren Assoziationszahl j ab und kann zur Bestimmung letzterer dienen. Wenn j groß genug ist, wird

$$\log x_k \cong \Delta\mu_j/2{,}3\,RT. \tag{80.11}$$

Handelt es sich bei den Seifen um Elektrolyte, so kann man formal in gleicher Weise vorgehen, z. B. gilt

$$j\,[A_1^-] + k\,[C^+] \rightleftharpoons [A_j\,C_k^{(j-k)-}].$$

Daraus erhält man in Molenbrüchen wieder (x_g = Gegenionen, x_a = assoziierendes Ion, x_{jg} = Assoziat)

$$x_{jg}/x_a^j\,x_g^k = e^{-\,j\,\Delta\mu_{jg}/RT} \tag{80.12}$$

und in Analogie zu Gl. (8)

$$\log x_a = (1/j) \log (x - x_a) - (1/j) \log j - (k/j) \log x_g + \Delta\mu_{jg}/2{,}3\,RT \,* \tag{80.13}$$

Auch diese Gleichung ist explizit nicht lösbar. Charakteristisch ist, daß die Konzentration x_a ein Maximum in der Nähe von x_k durchläuft. Das Maximum liegt bei

$$x_a = x\,[1 - j/k\,(j + 1 + k)]. \tag{80.14}$$

Ist j hinreichend groß, können die ersten beiden Summanden der rechten Seite von Gl. (13) vernachlässigt werden, x_a ist dann wieder gleich der „krit.-Konz." x_k

$$\log x_k = \Delta\mu_{jg}/2{,}3\,RT - (k/j) \log x_g, \tag{80.15}$$

---

[1] Phillips, J. N.: Trans. Faraday Soc. **51**, 561 (1955).
* Vgl auch die genaue Interpretation bei M. E. Hobbs: J. phys. Chem. **55**, 675 (1951).

eine Beziehung, die experimentell sehr gut bestätigt worden ist (siehe Abb. 80.3). Wie leicht zu erkennen ist, entspricht k/j der konstanten Neigung der $\log c$, $\log c_k$-Kurve. Diese in der Tat erstaunlich gute Konstanz ist zunächst im Lichte der Theorie der starken Elektrolyte verblüffend, besonders bei Berücksichtigung der Ergebnisse von PHILIPPOFF (loc. cit. S. 547), der dasselbe bei der Auswertung osmotischer Messungen über einen größeren Konzentrationsbereich fand.

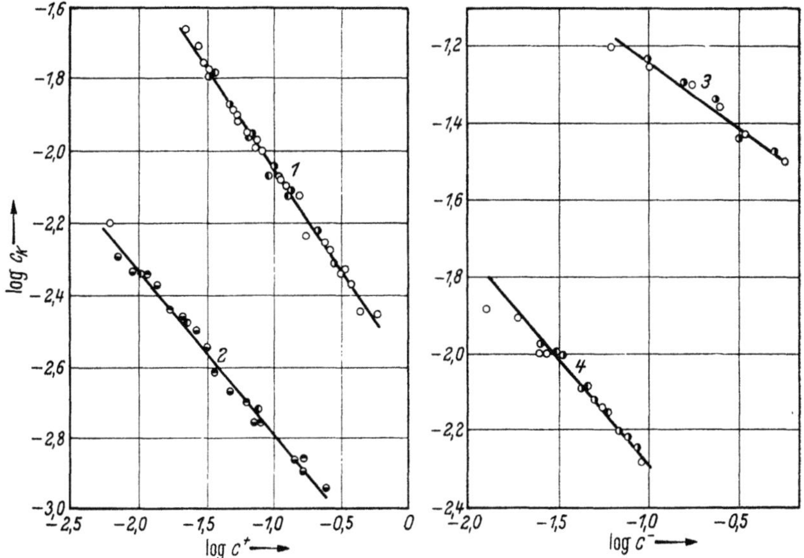

Abb. 80.3. Wirkung von Salzzusätzen auf die krit. Konz. Kurven *1*: K-Laurat; *2*: Na-Dodecylsulfat; *3*: Decyltrimethylammoniumbromid; *4*: Dedocylammoniumchlorid. Links: Kationeneinfluß ○ KCl, ◒ NaCl, ◓ K₂SO₄, ◒ Na₂SO₄. Rechts: Anioneneinfluß: ○ NaCl, ◓ BaCl₂, ◓ LaCl₃. Nach CORRIN u. HARKINS: J. Amer. chem. Soc. **69**, 683 (1947)

Die Erklärung mag in der in diesen Konzentrationen relativ großen Entfernung der geladenen Assoziate voneinander gesucht werden, deren Ionenatmosphären sich nicht berühren (gegenseitiger Abstand $\gg 1/\varkappa$). Bei Erhöhung der Gesamtkonzentration erhöhen sich aber die Einzelionenkonzentrationen nur so unwesentlich — Gl. (14) —, daß sich die Zusammensetzung der Ionenatmosphäre praktisch nicht ändert.

Bei Erhöhung der Gegenionenkonzentration durch Fremdelektrolytzusatz scheint es energetisch günstiger zu sein, neue Assoziate unter gleicher Zusammensetzung der Ionenatmosphäre zu bilden als bei gleicher Assoziatkonzentration die Konzentration der Gegenionenatmosphäre und damit auch die Menge der in der Stern-Schicht adsorbierten Gegenionen zu erhöhen. Warum dies so ist, ist bis auf weiteres noch nicht zu übersehen, hängt aber sicher damit zusammen, daß $\Delta\mu_{jg}$ stark von k/j abhängt.

Eine Berechnung des wirklichen Verhältnisses k/j aus experimentellen Daten hat die Aktivitätskoeffizienten der beteiligten Ionen zu berücksichtigen, worauf H. LANGE[1] hinwies. Daß wider aller Erwartung k/j

---

[1] LANGE, H.: Kolloid-Z. **121**, 66 (1951).

konstant ist, liegt daran, daß bei Einsetzen der Aktivitätskoeffizienten in Gl. (15) der Ausdruck

$$\log x_k = \text{const} - (k/j) \log x_g - (k/j) \log f_g - \log f_a$$

(f_a, f_g Aktivitätskoeffizienten des Anions und Kations — letzteres als Gegenion —) resultiert und die beiden letzten Summanden der rechten Seite etwa mit dem Logarithmus der Ionenstärke ($\sim \log x_g$) abfallen, wie sich aus Modellrechnungen ergab.

Gegen diese sehr einfache theoretische Behandlung wäre an sich einzuwenden, daß sie auf einer Voraussetzung beruht, die ziemlich vage ist, nämlich der Annahme eines konstanten j. Doch konnte M. Vold[1] zeigen, daß auch ein nichtkonstantes j grundsätzlich keine anderen Beziehungen ergibt, daß eine krit.-Konz. existiert, ebenso daß bei Ionenassoziaten ein Maximum von x_a zu erwarten ist und auch die konstante Neigung der osmotischen wie x_a-x_k-Kurven davon nicht berührt wird.

Setzt man den osmotischen Koeffizienten g (Definition s. § 19) für eine Lösung auf folgende Weise an[2]:

$$g = \sum_{jk} (c_{jk}/2)/c \tag{80.16}$$

(c = Gesamtkonzentration in mol/L, c_{jk} = Konzentration der Assoziate in Mol Assoziate/L), so hat das Experiment erwiesen, daß

$$2\,d\,(g\,c)/dc = \text{const} \tag{80.17}$$

ist. Vold erklärt das folgendermaßen: Wegen der Erhaltung der Materie muß gelten

$$\sum_{jk}{}^* j\,c_{jk} = \sum_{jk} k\,c_{jk} = c. \tag{80.18}$$

(Die Summation $\sum_{jk}^*$ geht über alle Werte von j und k bis zu N unter der Voraussetzung, daß $k \le j$ ist.) Nun ist

$$2\frac{d\,(g\,c)}{dc} = \frac{dc_{10}}{dc} + \frac{dc_{01}}{dc} + \sum_{jk} \frac{dc_{jk}}{dc} \tag{80.19}$$

$$\text{(außer 10 und 01)}$$

und entsprechend (18)

$$\frac{dc_{10}}{dc} + \sum_{jk}{}^* j\,\frac{dc_{jk}}{dc} = 1 \tag{80.20}$$

$$\text{(außer 10)}$$

sowie

$$\frac{dc_{01}}{dc} + \sum_{jk}{}^* k\,\frac{dc_{jk}}{dc} = 1. \tag{80.21}$$

$$\text{(außer 01)}$$

Wenn man nun fordert, daß $k/j = r$ (r = const) und $dc_{10}/dc = 0$ (letzteres ist aus dem besonderen Verlauf von c nach dem MWG annähernd der Fall), errechnet sich aus (19), (20) und (21)

$$\frac{d(g\,c)}{dc} = \frac{1}{2}\left[(1-r) + \sum_{jk}{}^* \frac{dc_{jk}}{dc}\right] \simeq \text{const}, \tag{80.22}$$

$$\text{(außer 10 und 01)}$$

---

[1] Vold, M.: J. Colloid Sci. **5**, 506 (1950).

[2] Er bedeutet hier das Verhältnis von Zahl der insgesamt osmotisch wirksamen Partikeln zur stöchiometrischen Gesamtkonzentration, er ist bei idealen Lösungen gleich 1, bei nichtidealen $\neq 1$, bei einer idealen Lösung, die vollständig aus Assoziaten mit j-Molekülen besteht = $1/j$, bei in 2 Ionen dissoziierenden Substanzen = 2 usw.

da der zweite Ausdruck der Klammer praktisch sehr klein ist — er entspricht $1/j$ —, wobei j die mittlere Assoziationszahl ist. Die osmotischen Befunde, wie die Abhängigkeit der „krit.-Konz." von der Gegenionenkonzentration sind also auch dann zu verstehen, wenn *keine* einheitliche Assoziatgröße, sondern eine Verteilung vorliegt, wenn man nur ein konstantes k/j vorgibt.

ANACKER[1] konnte nun nachweisen, daß bei Cetylpyridiniumbromid k/j bis zu Konzentrationen von 0,06 mol/L NaCl konstant bleibt, j hingegen ansteigt und oberhalb 0,4 mol/L NaCl konstant wird. Dort ist k/j wieder nicht mehr konstant. Die VOLDsche Theorie kann somit nur für kleine Ionenstärken gelten.

Doch ist mit diesen Betrachtungen insofern nicht allzuviel gewonnen, als das Verhältnis k/j von den speziellen strukturellen Gegebenheiten, wie auch von Gestalt und Größe der Partikeln abhängen muß, da die elektrische Potentialverteilung in der Nähe des geladenen Assoziats in entscheidender Weise davon beeinflußt wird (ψ muß z. B. vom Durchmesser der Partikeln abhängen). Konstantes k/j deutet also letzten Endes doch wieder auf gleichartige Größe, Gestalt und Struktur aller vorhandenen Assoziate hin, was ja auch mit den experimentellen Befunden in gewissen Grenzen übereinzustimmen scheint.

Eine bereits lange bekannte Gesetzmäßigkeit ist die sog. TRAUBEsche Regel (vgl. § 47), die seinerzeit bei der Grenzflächenspannung von Fettsäuren verschiedener Paraffinkettenlänge von TRAUBE (1891) gefunden wurde. Die gleiche Gesetzmäßigkeit findet sich nicht nur bei der Änderung der Grenzflächenspannung von Seifen mit der Paraffinkettenlänge, sondern auch bei ihren kritischen Konzentrationen. In Analogie zur TRAUBEschen Regel kann nach STAUFF[2] die „krit.-Konz." c_k fettsaurer Salze durch eine Gleichung der Form

$$\log c_k = n\,A + B \tag{80.23}$$

beschrieben werden. Darin bedeuten n die Zahl der CH_2-Gruppen der Paraffinkette und A und B Konstanten. Der Grund für dieses Verhalten ist wie bei der Grenzflächenspannung leicht einzusehen, wenn auch nicht ohne weiteres in eine einwandfreie Gesetzmäßigkeit zu formen. Die Größe $\Delta\mu_j$ (bzw. $\Delta\mu_{jk}$), welche die freie Standard-Enthalpie-Änderung bei der Assoziation beschreibt, hängt bei einer Paraffinkette von ihrer Länge ab, da l Terme des hydrophoben Teils sowohl als Wechselwirkungsenergie als auch als Entropieänderung der Wassermoleküle wie der Paraffinkette auftreten, wobei der Anteil der Änderung des Konfigurationsintegrals besonders der Paraffinkette bei der Assoziation noch nicht ohne weiteres zu übersehen ist. Doch kann angenähert gelten

$$\log c_k \sim l\,\Delta\mu_j \sim l\,\Delta G_{(CH_2)}.$$

Jede Zunahme der Kettenlänge l ändert die freie Enthalpie der Assoziation um den gleichen Betrag. Nach KLEVENS[3] lautet die numerische Gleichung für verschiedene Paraffinkettensalze in Abhängigkeit von der Länge der Kette (n_l = Kettenlänge in Å)

$$\log c_k = -\,0{,}23\,n_l + 2{,}26 \tag{80.24}$$

[1] ANACKER, E. W.: J. physic. Chem. **62**, 41 (1958).
[2] STAUFF, J.: Z. physik. Chem. A **183**, 55 (1938/39).
[3] KLEVENS: loc. cit. S. 541.

nach STAUFF[1] für Na-Alkylsulfate bei 60 °C in Abhängigkeit von der Zahl der CH_2-Gruppe (n_C = Zahl der CH_2-Gruppen)

$$\log c_k = -0,275 n_c + 1,26. \tag{80.25}$$

Für diesen Fall läßt sich auch $\Delta\mu_j$ in ähnlicher Form darstellen zu

$$\Delta\mu_j = -0,77 n_c - 1,37 \quad \text{(Kcal/Mol)}, \tag{80.26}$$

wenn man Gl. (15) verwendet und $k/j = 0,82$ annimmt. Nach STAUFF läßt sich auch die Änderung der freien Standardenthalpie für die Anreicherung in der Grenzfläche entsprechend Gl. (23) in ähnlicher Weise zu

$$\Delta\mu_\omega = -0,77 n_c - 1,23 \tag{80.27}$$

bestimmen. Das weist auf die Ähnlichkeit der beiden Vorgänge von Assoziation und Filmbildung in der Grenzfläche hin, wie es auch bereits beim Vergleich der Gln. (2) und (3) deutlich wird.

Diese Regelmäßigkeiten gelten nur für normale unverzweigte Paraffinketten[2].

Der Charakter der treibenden Kräfte bei der Assoziation macht nun die verhältnismäßig unspezifische Art und Weise, auf welche verschiedenartigste organische Moleküle assoziieren, verständlich; in ihnen müssen möglichst große Bereiche mit geringer Affinität zum Wasser vorhanden sein, wobei eine gewisse Flexibilität dieser Molekülteile sich günstig auswirken dürfte. Änderungen der Konstitution wie z. B. Verzweigung der Paraffinketten, Stellung der hydrophilen Gruppe, mehrere hydrophile Gruppen usw. können quantitativ beträchtliches ausmachen.

Die Assoziationszahl j scheint sich nach den experimentellen Befunden innerhalb einer homologen Reihe nicht zu ändern (wenn man etwa Glieder von C_8 bis C_{18} betrachtet), ebenso wie das Verhältnis der Gegenionen bzw. der gebundenen Ionen zu assoziierten Ionen konstant zu bleiben scheinen, wie MCBAIN und BRADY gefunden haben[3]. (Das ist aber eigentlich auch nur verständlich, wenn j konstant ist!)

Danach sieht es so aus, als ob j und k praktisch ausschließlich durch die Art und Anordnung der *hydrophilen* Gruppen bestimmt ist[4], obwohl gegenwrätig noch nicht übersehbar ist, in welcher Weise, da vergleichende experimentelle Untersuchungen und entsprechende Deutungsversuche fehlen, wenn auch andererseits die Einflüsse der hydrophilen Gruppen auf die Assoziationszahl — z. B. in Tab. 76.I — erkennbar ist. $\Delta\mu_j$ und damit die „krit.-Konz." ist im wesentlichen durch den *lipophilen* Teil des Moleküls gegeben, wenn man davon absieht, daß der „Knick" in den beobachteten Funktionen auch durch j beeinflußt wird.

Wichtig für den Zustand der Seifenlösungen scheint aber Art und Konzentration der Gegenionen zu sein, in hervorragender Weise bei den

---

[1] STAUFF, J.: Z. Elektrochem. **59**, 245 (1955).

[2] Es ist bemerkenswert, daß die kritische Konzentration von Alkyl $(OCH_2)_x$ OSO_3Na-Seifen nicht etwa in der Nähe der betreffenden „krit.-Konz." des Alkylrestes, sondern eher in der Nähe eines Paraffinkettensalzes liegt, dessen Länge dem Alkyl- und $(OCH_2)_x$-Rest zusammengenommen entspricht.

[3] MCBAIN, J. W. u. A. P. BRADY: J. Amer. chem. Soc. **65**, 2072 (1943).

[4] Einen, wenn auch nur schwachen Anhaltspunkt gibt der Befund (STAUFF und RASPER: loc. cit.) über das Verhalten von j und c_k von Dodecylpolyglykoläthern mit verschiedenen Längen der CH_2—CH_2O-Gruppen. c_k änderte sich nicht mit der Länge der hydrophilen Kette, wohl aber j.

ionisierten, in geringerer Weise bei den nichtionisierten Seifen. Hierüber geben die Untersuchungen von SAMIS und HARTLEY[1] Aufschluß, wonach verschiedene Gegenionen nicht nur verschieden stark in der (STERN-schen) Schicht der Assoziate angereichert werden, sondern auch ihre Größe verändern, und zwar nehmen für Kationseifen beide Effekte in folgender Reihe ab:

$$J^- > Br^- > Cl^- > Acetat^- > SO_4^-.$$

Das Gegenion bestimmt die Anordnung der hydrophilen — hier der ionisierten — Gruppen und ihren Hydratationsgrad, damit aber wahrscheinlich auch die Krümmung der Grenzschicht — wenn dieser Ausdruck der Anschaulichkeit halber einmal ausnahmsweise verwendet werden soll — und folglich auch die Assoziatgröße.

Eine weitere Schwierigkeit ist die Eigenart der Seifen der verschiedensten Art, im reinen festen Zustand und auch in Gegenwart von wenig Wasser bei höheren Temperaturen eine Reihe von Zuständen auszubilden, die thermodynamisch jeweils durch ein anderes $\Delta\mu_0$ gekennzeichnet werden müßten, das sich also mit der Temperatur nicht monoton, sondern möglicherweise unstetig ändert, so daß der äußeren Erscheinung nach und je nach dem Temperaturgebiet verschiedenartige Mischungszustände als Gleichgewichtspartner auftreten, die aus reiner oder auch hydratisierter Seife bestehen können.

Der Einfluß der Gegenionen auf den Zustand des Systems ist aber durch den Ansatz für das Gleichgewicht zwischen Einzelionen, Assoziat und Gegenionen in der Form des Gleichgewichts auf S. 580 nicht hinreichend gekennzeichnet. Ebenso wie der bewegende Mechanismus der Assoziation nicht ohne Berücksichtigung der beteiligten Solvatmoleküle verständlich ist, kann auch die Wirkung der Gegenionen ohne ihren Einfluß auf den Solvatationszustand nicht verstanden werden. Unsere Kenntnisse über die Solvatation gelöster Substanzen sind nicht nur in unserem speziellen Fall, sondern ganz allgemein noch sehr lückenhaft, sei es, weil keine geeigneten Methoden zur Untersuchung existieren, sei es, weil für die Auswertung der vorhandenen Beobachtungen keine geeignete Theorie entwickelt worden ist. Jedenfalls gibt es von Seifenlösungen keine Messungen der Hydratation der Assoziate, ihre Abhängigkeit von Konzentration, Temperatur und Zusätzen usw., aus denen weiteres zu schließen wäre.

Wenn wir nun im folgenden ein *hypothetisches* Bild über die Rolle der Solvatation und vor allen Dingen über die Rolle des Dispersionsmittels, das an dem Zustand der Seifen in ihren Lösungen mit verantwortlich ist, entwerfen und versuchen, damit eine Reihe experimentell festgestellter aber schwer verständlicher Erscheinungen verständlicher zu machen, so wollen wir uns darüber klar sein, daß das mangels eines besseren und wegen des Unbehagens geschieht, derart viele Fragen des Verhaltens dieser Systeme völlig unbeantwortet zu lassen. Dieser Versuch möge als solcher und nicht als mehr verstanden werden:

Wir haben bereits festgestellt, daß in wässerigen Lösungen der lipophile Teil der Seifenmoleküle das Ausmaß der energetischen Umsätze und der hydrophile Teil die Größe und evtl. sogar die Gestalt der Assoziate zu bestimmen scheint. Wenn sich

---

[1] SAMIS, C. S. u. G. S. HARTLEY: Trans. Faraday Soc. **34**, 1288 (1938).

nun am strukturellen Aufbau der Umgebung der hydrophilen Molekülteile etwas ändert, sollte man meinen, daß das — vorausgesetzt wir haben die Funktion der hydrophilen Gruppen richtig interpretiert — auch die Struktur und auch die thermodynamischen Größen des gesamten Assoziats verändert. Würde etwa der Aufbau der Hydrathülle der Partikeln durch Abnahme der Zahl der gebundenen Wassermoleküle gestört werden, müßten Wirkungen geometrischer und energetischer Art ausgelöst werden. Wenn sich wie in Abb. 80.1 die hydrophilen „Köpfe" der Paraffinkettenverbindungen mit einer möglichst großen Zahl Wassermolekülen umgeben, würden diese bei der Bildung kugeliger Assoziate nicht verdrängt, sondern mit eingebaut werden, sie bilden nicht nur die äußerste Hülle, sondern dringen, soweit der bindende Einfluß der hydrophilen Gruppen reicht, in Räume zwischen die Atomgruppen des äußeren Randes. Energetisch sind sie wegen einer schwächeren elektrostatischen Feldwirkung weniger begünstigt als ihre Genossen im äußeren Teil der Hydrathülle. Wird nun durch einen besonderen Einfluß ein Teil der Hydratmoleküle entfernt, werden wahrscheinlich die energetisch ungünstigsten zuerst entfernt werden oder an günstigere Plätze wandern, sobald diese frei werden. Sicherlich kommen sie aus den „Zwischenräumen" zuerst heraus, wenn die Zahl der hydratisierten Moleküle pro Assoziat insgesamt vermindert wird. Das würde aber den hydrophilen „Köpfen" aus geometrischen Gründen erlauben, näher zusammenzurücken, die Molekülachsen, die vielleicht in einem Winkel zueinander standen, könnten sich mehr und mehr parallel ausrichten und so die Bildung einer Lamellenstruktur ermöglichen (Abb. 76.4). Es soll damit nichts anderes gesagt werden, als daß es Gründe für den Übergang von einer Anordnung mit *gekrümmter* Begrenzung des Assoziats zu einer mit *ebener* Anordnung gibt, wenn man die Hydratmoleküle in die Betrachtung mit einbezieht.

Durch welche Einwirkungen werden aber Dehydratationen hervorgerufen?! Zunächst durch Temperaturerhöhung, doch sollte diese nur schwach gebundene Wassermoleküle abspalten können. In der Tat beobachtet man bei den Alkylpolyglykoläthern oder -estern, daß ihre verdünnten Lösungen sich bei Temperaturerhöhung reversibel in zwei Phasen trennen (cloud-point), die aus einer verdünnten und einer konzentrierten Seife-Wasser-Mischung bestehen. Bei ionisierten Seifen wird so etwas hingegen nicht beobachtet.

Dehydratation sollte einfach durch Erhöhung der Seifenkonzentration infolge der „Massenwirkung", ferner durch Zusätze von Elektrolyten, Stoffen wie Harnstoff usw. möglich sein. Dabei spielen Ionen eine zweifache Rolle, einmal indem sie durch ihre eigene Hydratation die Aktivität des Wassers als Lösungsmittel verändern und zum andern, indem sie als Gegenionen des Assoziats durch ihre elektrostatischen Kräfte die dort gebundenen Wassermoleküle *direkt* beeinflussen.

Die Solubilisation von lipophilen Substanzen mit polaren Gruppen, wie z. B. langkettigen Alkylalkoholen oder Cholesterin, deren polare Gruppe in die hydrophile Schicht der Assoziate eingebaut werden, dürfte ebenfalls von dort eine Anzahl Wassermoleküle verdrängen.

Alle genannten Maßnahmen oder Substanzen haben (außer Harnstoff, von dem keine experimentellen Ergebnisse vorliegen) nachgewiesenermaßen einen Einfluß auf die Struktur der Seifenlösungen. Konzentrationserhöhungen verursachen das Auftreten einer zweiten Partikelsorte mit wahrscheinlich Lamellenstruktur. Elektrolytzusatz begünstigt dies, kann aber auch noch besondere Strukturänderungen verursachen, wie vor allem aus Viskositätsmessungen hervorgeht. Alkylalkohole steigern, wie WINSOR zeigen konnte, das Solubilisationsvermögen in außerordentlichem Maße, obwohl dies noch nicht unbedingt mit einer Dehydratation zusammenhängen muß.

Die Röntgenuntersuchungen an Seifenlösungen widersprechen diesem Bild nicht, wenn die M-Interferenz der Partikelsorte I und die I- und S-Interferenzen der Partikelsorte II zugesprochen werden, denn wie MATTOON, STEARNS und HARKINS[1]) zeigen konnten, nimmt die Intensität von M mit steigender Konzentration ab und die von I zu, während die von S erst bei der zweiten „krit.-Konz." auftritt und von dort ab zunimmt (vgl. auch oben). Natürlich muß damit gerechnet

---

[1] MATTOON, R. W., R. S. STEARNS u. W. D. HARKINS: J. chem. Physics **16**, 644 (1948).

werden, daß beide Partikelarten gebietsweise in merklichen Konzentrationen nebeneinander auftreten; Solubilisationseffekte können durch solche Mischungen unter Umständen unübersichtlich sein und erst dann gedeutet werden, wenn die Mengenanteile beider Partikelsorten bekannt sind. Das gilt in besonderem Maße für die Änderungen der I-Interferenzen mit der Seifenkonzentration bei Zusatz von Elektrolyten und bei solubilisierten Substanzen. Hierüber einzelne Vergleiche anzustellen, würde die hier entworfene Skizze wohl überfordern, da sie nur dazu gedacht ist, *eine* von verschiedenen möglichen Deutungen aufzuzeigen, die — wie es scheint — am wenigsten mit den Erfahrungen im Widerspruch steht.

Thermodynamisch können die Erklärungen für dieses Verhalten dem entnommen werden, was in § 22 über die Entmischung irregulärer Lösungen gesagt worden war. Die Beschreibung der Verhältnisse partiell mischbarer Systeme gelingt durch die HUGGINSsche Wechselwirkungskonstante χ, die der Ausdruck für das Gegeneinanderspiel der verschiedenen Mischungspartner ist. Wenn χ bestimmte minimale Werte überschreitet, kann die Aktivität des Lösungsmittels (bzw. die Mischungsenthalpie $\Delta\mu_1$) einen Verlauf nehmen, der nach dem in § 19 Gesagten zur Entmischung führen muß. Wir haben bereits mehrfach darauf hingewiesen, daß die Entmischung mit der Erscheinung der Koazervation wesensgleich ist. Wenn nun wie bei den Seifen die Partikeln II auftreten, die nicht aus reiner Seife, sondern ein Gemisch aus Seife und Wasser sind, dessen Mengenverhältnis von der Menge der insgesamt im System vorhandenen Seife abhängt, so ist dies ein typischer Fall, der einer Entmischung in zwei Phasen entspricht, wo auch die Zusammensetzung beider Phasen noch vom Verhältnis der am System beteiligten Stoffe abhängt (vgl. dazu etwa Abb. 22.3). Daß die entmischte „Phase" nicht makroskopisch abgeschieden wird, ist ein Sonderfall, dessen Erklärung sich möglicherweise dadurch ergibt, daß die HUGGINSsche Konstante ihren kritischen Wert nur sehr wenig überschreitet und in dessen Nähe verbleibt. Dadurch herrschen Verhältnisse wie in allen kritischen Entmischungsgebieten, wo — wie bereits in § 62 erwähnt — keine makroskopischen Phasen ausgeschieden werden, sondern wegen des geringen Unterschieds der chemischen Potentiale beider Zustände kolloide Systeme entstehen.

IX. Makromoleküle

§ 81. Makromoleküle, Allgemeines

Wenn wir uns in diesem Abschnitt den Makromolekülen zuwenden, so wollen wir von vornherein betonen, daß es nicht unsere Absicht sein soll und kann, das Gebiet, was in den letzten Jahrzehnten als „Makromolekulare Chemie" oder „Chemie und Physik der Hochpolymeren" (Polymer Science) außerordentlich umfangreich geworden ist, auch nur annähernd vollständig zu behandeln. Die Darstellung der riesigen Menge theoretischen und praktischen Wissens, die sich hierüber inzwischen angesammelt hat, muß besonderen Werken[1] vorbehalten bleiben. Der Grund für die Ausdehnung der makromolekularen Chemie liegt in der erstaunlichen Bereitwilligkeit und Leichtigkeit, mit der die Zivilisation die von der chemischen Industrie in einer großen Zahl von Varianten hergestellten aus Hochpolymeren bestehenden Kunststoffe in die unentbehrlichen Dinge ihres täglichen Bedarfs eingereiht hat.

---

[1] Z. B. H. A. STUART: Die Physik der Hochpolymeren. Bd. 1—4. Berlin/Göttingen/Heidelberg 1953—56; SCHILDKNECHT, C. E.: High Polymers. Bd. I—X. (Interscience Publ.) New York 1950—56; FLORY, P. J.: Principles of Polymer Chemistry. (Cornell Univ. Press) Ithaka N. Y. 1953.

Wenn wir nun versuchen, im folgenden eine Übersicht über einige besondere Eigenschaften der Makromoleküle zu geben, so sollen uns nur diejenigen Zustände interessieren, in denen Makromoleküle Bestandteile kolloider Systeme sind, denn nur sie gehören in den Rahmen unserer Erörterungen. Damit sind die Grenzen gesteckt; kolloide Systeme bestehen nach unserer Anschauung immer aus dispersen Systemen. Gegenstand unserer Erörterungen können in diesem Zusammenhang nur in einem Dispersionsmittel zerteilte Makromoleküle bzw. Gele in mehr oder weniger gequollenem Zustand sein. Nicht berücksichtigt werden also die festen Zustände mit makromolekularer Struktur, die eigentlichen Kunststoffe, Fasern und ähnliche Gebilde[1].

Es sind also die Lösungen der Makromoleküle und die makromolekularen Gele, die uns beschäftigen sollen und nur soweit, als es sich um ihr Verhalten als Kolloide handelt.

Wir glauben auch hier eine Auswahl treffen zu sollen, um nicht das, was in anderen Lehrbüchern ausreichend und im Detail behandelt worden ist, zu wiederholen. Aus diesem Grunde können wir uns bei allen nicht elektrisch geladenen Makromolekülen sehr kurz fassen, während wir etwas näher auf die geladenen Makromoleküle eingehen wollen.

Wir glauben, auch auf eine ausführlichere Besprechung der organischen synthetischen Methoden der präparativen Darstellung von Hochpolymeren wie auch auf die speziellen Darstellungsverfahren der Biochemie zur Gewinnung von Naturstoffen verzichten zu können, welche ebenfalls ihre Würdigung in der speziellen Literatur finden.

Was ist nun das Kennzeichen eines Makromoleküls? Wie läßt sich erkennen, ob eine irgendwie dispergierte Atomansammlung eine Struktur besitzt, auf die der Begriff des Moleküls im Sinne der Chemie anwendbar ist? Da der chemische und physikalische Molekularbegriff nur in einem Falle zusammenfällt, ist die Frage nicht schwer zu beantworten: Alle Atome der Ansammlung müssen durch covalente Bindungen miteinander verknüpft sein, da nur diese Art der chemischen Bindung eine Abspaltung oder Absprengung einzelner Teile der Atomansammlung durch geringfügige äußere Einflüsse wie Temperaturbewegung, Lösungsmitteleffekte und elektrostatische Einwirkungen verhindert.

STAUDINGER[2] empfiehlt zur Prüfung der makromolekularen Struktur eines fraglichen Kolloids folgende Methoden:

1. Untersuchung des Partikelmolgewichts der Substanz in verschiedenen Lösungsmitteln;

2. chemische Umsetzungen mit der Substanz und nachfolgende Prüfung wie weit das Partikelmolgewicht dadurch verändert worden ist.

Sind die einzelnen Atome und Atomgruppen durch Covalenz miteinander verknüpft, sollte im ersten Falle keine Änderung des Partikelmolgewichtes eintreten, dieses also mit dem wirklichen Molgewicht identisch sein und im zweiten Falle nur eine solche Änderung des Partikelmolgewichtes beobachtet werden, die der entsprechenden chemischen Umsetzung zuzurechnen ist.

---

[1] Wenn auch vielfach die Ansicht besteht, die bei den *festen* Zuständen von fadenförmigen Makromolekülen auftretenden *geordneten* Bereiche, die sich wie in eine amorphe flüssigkeitsähnliche Masse eingebettete Kriställchen verhalten, als kolloide Systeme anzusehen, ist wohl die molekularphysikalische Betrachtungsweise hier von größerem Nutzen, denn ihre Eigenschaften sind unmittelbare Funktionen der Moleküleigenschaften. Vgl. dazu R. HOUWINK: Elastomers and Plastomers. New York 1950.

[2] STAUDINGER, H.: Organische Kolloidchemie. 3. Aufl. Braunschweig 1950.

Zu 1.: Beispielsweise ist das Partikelmolgewicht der Acetyl-Zellulose vom Lösungsmittel unabhängig, während Assoziationskolloide wie Seifen und dergleichen sich in Alkohol als kleine Moleküle lösen, in Wasser jedoch Assoziate mit größerem Partikelmolgewicht bilden.

Dispersionskolloide lassen sich überhaupt nicht ohne weiteres von einem Dispersionsmittel in ein anderes überführen, ohne daß ihr Zustand geändert wird.

Zu 2.: Die von STAUDINGER als polymer-analoge Umsetzungen bezeichneten Reaktionen sind für eine größere Reihe von Beispielen bekannt[1].

Es sei die von STAUDINGER und WARTH[2] untersuchte Acetylierung von Polyvinylalkohol angeführt, in welcher die OH-Gruppen des Polyvinylalkohols:

$$-CH-CH_2-CH-CH_2-$$
$$\quad OH \qquad\quad OH$$

mit Essigsäure verestert werden zu:

$$-CH-CH_2-CH-CH_2$$
$$\quad OCOCH_3 \quad OCOCH_3$$

Das Partikel- bzw. Molgewicht muß bei der Veresterung entsprechend der aufgenommenen Acetylgruppen zunehmen, nicht aber die Zahl der *monomeren* Einheiten, aus denen sich das *polymere* Molekül aufbaut (Polymerisationsgrad) (vgl. dazu § 62). Die Tab. 81.I läßt dies ohne weiteres erkennen; sie demonstriert darüber hinaus die Unabhängigkeit des Polymerisationsgrades vom Lösungsmittel.

Tabelle 81.I[3]

PVA−Acetat in Aceton		PVA in Wasser	
M_j	P	M_j	P
75000	870	40000	910
126000	1450	64000	1450
152000	1770	77000	1750

$(P = \text{Polymerisationsgrad} = M_j/M_0)$

Wichtige Hinweise auf die Bindungsstruktur geben natürlich die Methoden der Entstehung der fraglichen Substanzen wie auch der Aufwand und die Art der Methode, welche für ihre Zerstörung notwendig sind. Bei Naturstoffen ist es im allgemeinen nicht möglich, etwas über ihre Entstehungsgeschichte auszusagen, wohl aber bei synthetisch hergestellten hochpolymeren Substanzen. Polymerisationen, Additionen wie auch Polykondensationen sind eindeutig chemische Reaktionen, bei denen covalente Bindungen geknüpft werden.

Für Naturstoffe, wie auch für die synthetischen Hochpolymeren ist die zu ihrer Zerstörung notwendige hohe Aktivierungsenergie in gleicher Weise kennzeichnend. Nur chemische Eingriffe können die Partikeln abbauen[4] oder zerstören.

Welche Kennzeichen besitzen nun kolloide Systeme mit Makromolekülen als dispergierter Substanz?

1. In unserer Systematik müssen wir sie als dispersions*in*variable Systeme bezeichnen. Trotz ihrer thermodynamischen Instabilität gegenüber ihren Grenzzuständen (vgl. S. 424) brauchen wir nicht mit der Ver-

---

[1] Vgl. dazu STAUDINGER (loc. cit.).

[2] STAUDINGER, H. u. H. WARTH: J. prakt. Chem. **155**, 261 (1940).

[3] Nach STAUDINGER u. WARTH: loc. cit.

[4] Wenn man von den Einwirkungen des Ultraschalls absieht, die aber nach G. SCHMID, G. PARET u. H. PFLEIDERER: Kolloid-Z. **124**, 150 (1951) auch einer Aktivierung chemischer Bindungen gleichkommen.

änderlichkeit ihrer Partikelgewichte usw. zu rechnen, da die covalenten Bindungen starke (innere) Hemmungen darstellen, die einen Ab- oder Aufbau verhindern.

Bei der thermodynamischen Behandlung brauchen Änderungen der Partikelgröße nicht berücksichtigt zu werden; die Dispersionen von Makromolekülen sind als Lösungen — allerdings besonderer Art — anzusehen. Aus Makromolekülen gebildete Gele stellen einen besonderen, einfachen Grenzfall dieser Klasse dar.

2. Als Atomansammlungen, deren Architektur mit Hilfe chemischer Reaktionen zustande kommt, sind Makromoleküle Individuen, die eine bestimmte Konstitution im Sinne der Chemie besitzen. Da es sich meist um organische Verbindungen handelt und bei diesen wieder hauptsächlich um solche mit einem Gerüst aus Kohlenstoffketten, obwohl teilweise durch Sauerstoff- oder Stickstoffatome unterbrochen, ist ihr prinzipieller Aufbau relativ einfach. (Silicium-organische Verbindungen, die „Silikone", polymere Phosphorverbindungen usw. sind von gleicher Art.)

Wir unterscheiden Polymere, die durch Aneinanderknüpfung eines charakteristischen Bausteins, des Monomeren, entstehen und Makromoleküle nicht polymeren Aufbaus.

Die Polymeren bilden entweder einfache lineare Ketten von der Form

$$A—A—A—A \cdots A—A$$

oder Verzweigungen

$$
\begin{array}{ccccccccc}
A&—A&—A&—A&—A&—A&—A&—A&—A \cdots\\
& & | & & & | & & & |\\
& & A & & & A & & & A\\
& & | & & & & & &\\
& & A & & & & & &
\end{array}
$$

Es gelingt auch, gemischte Polymerisate herzustellen, in dem nicht nur ein, sondern zwei oder noch mehr reaktionsfähige Monomere durch sog. Co-Polymerisation miteinander verknüpft sind; es lassen sich weiterhin Ketten in folgender Form darstellen

$$A—A—A—A—B—B—B—B—B—A—A \cdots$$

In diesen Blockpolymerisaten wechselt immer eine größere Zahl von A-Monomeren mit einer anderen größeren Zahl von B-Monomeren ab. Auch lassen sich auf lineare Ketten eines bestimmten A-Polymeren andere B-Monomere auf„pfropfen"; sog. Pfropf-Polymere („Graft"-Polymere), deren Konstitution aus dem nachstehenden Schema hervorgeht

$$
\begin{array}{ccccccccccc}
A&—A&—A&—A&—A&—A&—A&—A&—A&—A&—A \cdots\\
& & | & & & | & & & & | &\\
& & B & & & B & & & & B &\\
& & | & & & | & & & & &\\
& & B & & & B & & & & &\\
& & | & & & | & & & & &\\
& & B & & & B & & & & &\\
& & & & & | & & & & &\\
& & & & & B & & & & &
\end{array}
$$

Außer unregelmäßigen Ringbildungen der flächenhaften oder räumlichen Netze sind auch regelmäßige Ringbildungen möglich.

Von den Naturstoffen bestehen die makromolekularen Kohlehydrate im großen und ganzen aus Polymeren. Zellulose und Stärke sind Polyglucoside, ebenso das Glycogen, die Dextrane und die Polyuronsäuren. Doch leitet sich von diesen polymeren Strukturen eine Reihe von Sonderverbindungen ab, in denen einzelne Bausteine des polymeren Moleküls chemisch modifiziert oder auch unterbrochen worden sind.

Am kompliziertesten ist die Konstitution der Nucleinsäuren, der Proteine und der sich davon ableitenden Körper. Während die Nucleinsäuren noch am ehesten einem linearen Polymeren (s. Abb. 88.1) ähnlich sind, besitzen die Proteine eine individuelle chemische Konstitution, die von Protein zu Protein wechselt und deren räumlicher Aufbau bis jetzt noch nicht in allen Einzelheiten übersehbar ist. Sie bestehen aus Aminosäuren, die in unregelmäßiger Reihenfolge zu Peptidketten (vgl. § 84) zusammengesetzt sind. Doch ergibt erst ihre räumliche Anordnung das individuelle Gebilde, das sich uns als ein bestimmtes Protein darstellt.

Die Größe der Makromoleküle variiert in weiten Grenzen. Die Individuen unter ihnen (Proteine) sind monodispers — so weit es sich heute feststellen läßt. Die natürlichen und synthetischen Hochpolymeren hingegen, so wie sie aus der Synthese oder aus ihrer natürlichen Umgebung kommen, sind polydispers. Sie lassen sich nur durch besondere Maßnahmen in Fraktionen mehr oder weniger breiter Molekulargewichtsbereiche zerlegen.

4. Die Gestalt der Makromoleküle hängt weitgehend von ihrer Konstitution ab, doch nicht von ihr allein. Lange Fäden können in völlig gestreckter Form auftreten; sie können aber auch nicht gestreckte Formen bilden. Die denkbaren Mannigfaltigkeiten der Anordnung sind außerordentlich groß, die Phantasie dürfte kaum ausreichen, sie alle zu konstruieren. Soweit mit unseren experimentellen Mitteln überhaupt Formen festzustellen sind, beschränken sie sich auf den gestreckten Faden, das „statistische" Knäuel in mehr oder weniger lockerer Form, die Spirale und vielleicht höhere Ordnungsformen der Spirale. Derartige Anordnungen können in unscharfer und ungenauer Betrachtung wie Kugeln, Ellipsoide, Stäbchen oder ähnliches erscheinen. Bei allen Fadenmolekülen sind die Wechselwirkungen mit dem Lösungsmittel ausschlaggebend für die Entstehung der einen oder anderen Form, bei anderen spielt das keine so große Rolle. Sog. gute Lösungsmittel werden möglichst gestreckte oder nur schwach geknäuelte Fadengebilde zulassen, während der Faden bei schlechten Lösungsmitteln wenig Berührung mit diesen haben und sich daher eng zusammenlagern oder -knäueln wird. Bei geladenen Fadenmolekülen ist der Ladungszustand entscheidend, große Aufladung treibt die Fäden in die gestreckte Form.

Werden die Fäden durch Querverbindungen vernetzt, so können entweder Gebilde entstehen, die überhaupt nicht mehr in Lösung gehen, sondern nur noch quellen (vgl. § 91 Gele) oder durch ganz spezielle Vernetzungen kurzer Brücken zu Korpuskeln vom Prototyp der Proteine herangebildet werden. Starke Verzweigungen ohne Vernetzung, wie beim Glycogen oder der Stärke, führen ebenfalls zu korpuskularen Partikeln (vgl. Abb. 82.2).

5. Völlig unlösliche makromolekulare Substanzen, wie man sie gerade bei den technisch bedeutungsvollen Kunststoffen kennt, fallen außerhalb des Rahmens unserer Betrachtungen, wenn sie nicht gerade zu Gelen aufquellen können. Quellbarkeit ohne Löslichkeit findet man nur bei vernetzten Makromolekülen, während nicht vernetzte auch quellen, aber schließlich doch in Lösung gehen (vgl. Kap. X).

6. Es gibt eine große Gruppe von Makromolekülen, die im wahren Sinne des Wortes neutrale Moleküle sind, während andere zu den Elektrolyten gerechnet werden müssen, da sie in Wasser in Ionen dissoziieren; man bezeichnet sie daher auch als Polyelektrolyte und die geladenen Gebilde als Makro-Ionen. Dieses Unterscheidungsmerkmal ist von Bedeutung und wir wollen es als Einteilungsprinzip verwenden.

Wegen der nahen Verwandtschaft zur Kunststoffchemie hat sich die Chemie und Physik besonders der neutralen Makromoleküle zu einem außerordentlich großen und umfangreichen selbständigen Gebiet entwickelt — der makromolekularen Chemie. Wegen der großen Zahl detaillierter Erscheinungen, Verhaltensweisen, Methoden und Theorien ist diese nur noch für denjenigen überschaubar, der sich mehr oder weniger ausschließlich damit beschäftigen kann. Obwohl sich die makromolekulare Chemie aus der Kolloidchemie entwickelt hat, ist jene durchaus nicht ein Teilgebiet dieser, da sie sehr viele Fragestellungen umfaßt, die dieser an sich fremd sind. Die makromolekulare Chemie ist aus der Kolloidchemie herausgewachsen, wodurch beide Gebiete aber ebensowenig getrennt worden sind, wie die Äste eines Baumes. Sie besitzen noch einen gemeinsamen Bereich, der dasjenige umfaßt, was uns im Rahmen dieses Buches interessiert.

Wenn wir nun im folgenden zunächst die neutralen und dann ionisationsfähigen Makromoleküle besprechen, so treffen wir diese Einteilung nicht nur im Hinblick auf die physikalischen Wesensunterschiede, sondern auch darauf, daß wir glauben, uns bei den neutralen Makromolekülen mit einer kürzeren Übersicht begnügen zu können, da sie als Objekte der makromolekularen Chemie, insbesondere im Zusammenhang mit den Kunststoffen, häufig und ausführlich beschrieben worden sind.

§ 82. Neutrale Makromoleküle

Unverzweigte Fadenmoleküle

Die statistisch-thermodynamische Theorie der Lösungen von Fadenmolekülen ist bereits im Abschn. II ausführlich behandelt worden, da sie als ein Sonderfall dispersionsinvariabler kolloider Systeme anzusehen sind.

Die Existenz sehr langer fadenförmiger Moleküle wurde erstmalig von STAUDINGER nachgewiesen, obwohl man sie schon längere Zeit vorher vermutet hatte. Die große spezifische Viskosität z. B. der Lösungen von Zellulose und ihrer Derivate konnte nur durch die Annahme sehr langer gestreckter Stäbchen verstanden werden, da andere offensichtlich korpuskulare Gebilde von vergleichbarem Molekulargewicht bei weitem nicht so viskos waren und der EINSTEINschen Viskositätsgleichung gehorchten.

Eine Zusammenstellung der wichtigsten natürlich vorkommenden Fadenmoleküle (nach STAUDINGER auch Linear-Polymere genannt) zeigt Tab. 82.Ia. Wir finden darin neben Kohlenwasserstoffen den natürlichen Kautschuk, das Guttapercha, vor allem die Kohlehydrate als Gerüstsubstanzen pflanzlicher Strukturen, die Zellulose und ihre Abkömmlinge. Im Gegensatz zu diesen echten Hochpolymeren finden wir aber Substanzen mit einer ähnlichen Aufgabe im tierischen Organismus, die faserförmigen oder fibrillären Proteine, die Keratine, die Seide, das Epidermin-Kollagen und die Gelatine. Sie sind zum Unterschied zur Zellulose u. dgl. aus verschiedenen monomeren Einheiten aufgebaut und in ihrer Konstitution nicht aufgeklärt.

Sehr viel reichhaltiger ist die Sammlung fadenförmiger Makromoleküle, die von der organischen Chemie synthetisiert worden ist. Fast ausnahmlos sind sie durch Aneinanderreihen immer des gleichen Monomeren zu einer Kette entstanden. Eine Übersicht über die hauptsächlichsten Typen gibt Tab. 82.Ib, die keiner weiteren Erläuterungen bedarf.

Tabelle 82.I

a) Natürliche unverzweigte Fadenmoleküle

Naturkautschuk
Zellulose, Chitin, Amylose
Pektin, Agar, Alginsäure, Hyaluronsäure
Heparin, Chondroitinschwefelsäure
Kollagen, Myosin, Epidermin, Fibrinogen, Seidenfibroin (Gelatine)
Nucleinsäuren

b) Synthetische unverzweigte Fadenmoleküle

Polyisobutylen, Polystyrol, Synthet. Kautschuk (Polybutadien)
Polytetrafluoräthylen, Polychlortrifluoräthylen
Polyvinylchlorid, Polyvinylalkohol, Polyvinylacetat
Polyacrylsäure, Polymethacrylsäure, Polyacrylnitril, Polyvinylpyrrolidon
Polyester, Polyamide, Polyaminosäuren, Polyaminosäurederivate

Die wichtigsten Herstellungsverfahren sind die *Polymerisation* (Polyaddition), eine Reaktion, die über einen Radikalkettenmechanismus nach folgendem Schema

$$CH_2 = CHX + R^{\cdot} \rightarrow R \cdot CH_2 - \dot{C}HX$$

$$RCH_2 - \dot{C}HX + CH_2 = CHX \rightarrow RCH_2 - CH(X) - CH_2 - \dot{C}HX \text{ usw.}$$

verläuft und die *Polykondensation*, die entsprechend dem Beispiel:

$$OH(CH_2)_2OH + HO(CH_2)_2OH \rightarrow HO(CH_2)_2O \cdot (CH_2)_2OH \text{ usw.}$$

unter Austritt von Wasser nach einem Ionenmechanismus vonstatten geht. Bei beiden Reaktionen entstehen polydisperse Systeme, deren Häufigkeitsverteilungsfunktion sich vielfach statistisch aus dem Mechanismus der speziellen Polymerisations- oder Polykondensations-Reaktion errechnen läßt[1] (vgl. S. 596).

Man unterscheidet in der Technik verschiedene Arten von Polymerisationsverfahren: Die Blockpolymerisation läßt die Reaktion in einem größeren Volumen ungestört ablaufen. Bei der Emulsions-Polymerisation wird die monomere Substanz zunächst mit Hilfe eines Emulgators

---

[1] Vgl. dazu L. Küchler: Polymerisationskinetik. Berlin 1951.

— meist einer Seife — in einer wässerigen Pufferlösung emulgiert[1]. Andere Verfahren sind Polymerisationen in Lösungsmitteln oder in Suspension.

Die Emulsionspolymerisation ist ein lehrreiches Beispiel für den Ablauf einer Reaktion im kolloiden Zustand. Sie sei deswegen hier kurz besprochen:

Man stellt eine Emulsion aus etwa 100 Teilen Monomeren, 160 Teilen Wasser, $2\cdots5$ Teilen Seife und $0{,}1\cdots0{,}5$ Teilen Kaliumpersulfat und Kaliumbisulfat her. Durch entsprechendes Rühren entsteht eine Emulsion des Monomeren in Wasser mit Seife als Emulgator. Gleichzeitig wird das Monomere in den in der wässerigen Phase vorhandenen Seifenassoziaten (Mizellen) solubilisiert (vgl. dazu § 79).

Das Persulfat kann nun (besonders in Gegenwart von Bisulfit-Ionen und Spuren von Eisen) in folgender Weise reagieren:

$$S_2O_8^{2-} + \text{Red} \rightarrow SO_4^{2-} + SO_4^- + R^+,$$

die dabei gebildeten (SO_4^-)-Radikale können nun ihr einsames Elektron auf ein Monomeres übertragen; dies beginnt sofort durch Anlagerung weiterer Monomerer zu polymerisieren. Merkwürdigerweise reagieren die in der wässerigen Lösung gebildeten Radikale nur mit den in den Seifenassoziaten solubilisierten Monomeren, *nicht* aber mit den großen Emulsionströpfchen. Nebenher geht noch eine langsamere Reaktion des echt in Wasser gelösten Monomeren, die aber für den Gesamtablauf ohne Bedeutung zu sein scheint. Wenn die solubilisierten Monomeren durchpolymerisiert sind, „wachsen" sie durch Herandiffusion im Wasser echt gelöster Monomeren-Moleküle weiter, und zwar so lange, bis die als Vorratsbehälter fungierenden Emulsionströpfchen aufgebraucht sind. (Diese koaleszieren wenn man in dieser Phase der Reaktion mit dem Rühren aufhört!)

Die Polymerisationsgeschwindigkeit wird durch folgende Gleichung dargestellt

$$v_p = k_p\,[M]\,Z/2,$$

worin M die Konzentration des Monomeren in der wässerigen Phase und Z die Zahl der solubierenden Seifenmizellen darstellt; da M als konstant angesehen werden kann, ist die Geschwindigkeit nur von Z abhängig. Mit anderen Worten, je höher die Seifenkonzentration, um so größer die Geschwindigkeit.

Diese Verfahrensweise bringt insofern Vorteile, als damit bei niedrigen Temperaturen Produkte relativ hohen Molekulargewichts erhalten werden.

Größe, Gestalt und Struktur der Fadenmoleküle in Lösung

Bei Lösungen von Fadenmolekülen sind Größe, Gestalt, Struktur und Wechselwirkungen der Partikeln mit dem Dispersionsmittel gegenseitig voneinander abhängig.

Wenn die Konstitution und die sich daraus ergebende Länge eines Fadenmoleküls etwa durch chemische Methoden vollständig aufgeklärt werden kann, ist daraus nicht ohne weiteres vorauszusagen, in welcher Gestalt, Struktur und Größe das betreffende Molekül in einem bestimmten Dispersionsmittel auftreten wird. Wir haben auf Abb. 82.1 darzustellen versucht, welche naheliegenden Möglichkeiten *denkbar* sind; ob sie *realisierbar* sind, hängt von verschiedenen Faktoren ab. Zunächst sind die Eigenschaften des Moleküls selbst, seine Starrheit oder Beweglichkeit, die sich aus dem chemischen Aufbau ergeben, maßgebend.

Normalerweise können um die —C—C-Bindung freie Rotationen stattfinden, da die Valenzrichtung im Kohlenstoffatom jedoch in die Ecken eines Tetraeders zeigen, treten bei der Rotation der einzelnen

---

[1] Vgl. dazu F. A. BOVEY, I. M. KOLTHOFF, A. I. MEDALIA u. E. J. MEEHAN: Emulsion Polymerization. New York 1955.

Segmente in einer Kohlenstoffkette gewisse Behinderungen auf, die von
der Länge der beweglichen Segmente und dem Winkel, den sie untereinander bilden, abhängig sind und die durch besondere Liganden der
C-Atome beeinflußt werden. Außer diesen sterischen Behinderungen,
die ein beliebiges Zurechtbiegen und Verschlingen des Fadenmoleküls
einschränken, sind die zwischen den einzelnen Teilen des Fadenmoleküls
auftretenden stärkeren oder schwächeren Bindungskräfte bedeutsam.
Schwächere physikalische Bindungskräfte wie Wasserstoffbrückenbindungen, VAN DER WAALS-LONDONsche Dispersionskräfte und Dipolat-
traktionen sind noch durch Wärmebewegungen der Molekülteile über-
windbar, Veränderungen in der Anordnung des Fadens wären zwar

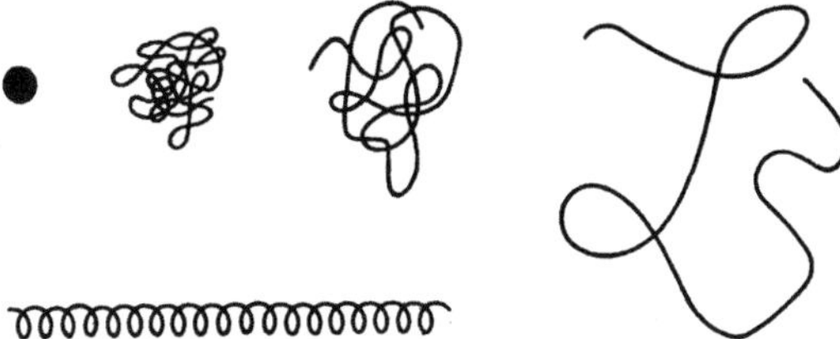

Abb. 82.1. Verschiedene denkbare Anordnungsmöglichkeiten von Fadenmolekülen

stark erschwert, aber noch möglich, ohne den Charakter des Fadenmoleküls zu zerstören. Stärkere Kräfte, etwa H-Brücken, wie z. B.
zwischen den CO- und NH-Gruppen einer Polypeptidkette, hinterlassen
nach ihrer Zerstörung (Denaturierung) häufig abgewandelte Produkte
des Moleküls.

Wenn keine Wechselwirkungen zwischen den Fadenmolekülen untereinander bzw. zwischen ihnen und dem Lösungsmittel auftreten, hat das
Molekül die Form eines statistischen Knäuels, in dem die Fadenenden-
abstände durch Gl. (20.32) gegeben sind. Ihre Ableitung in § 20 vermittelt ein Bild ihres besonderen Verhaltens, das aber gegebenenfalls
durch Einführung von Faktoren, die die sterische Behinderung berücksichtigen, verbessert werden muß.

Bei Vorhandensein von Wechselwirkungen ist dieses Bild noch weiter zu modifizieren. Sind die Kräfte zwischen Fadenmolekül und Lösungsmittelmolekülen
größer als die zwischen Fadenmolekülen und Lösungsmittelmolekülen jeweils untereinander, so ist die freie Energie des Systems am geringsten, wenn sich möglichst
viele Lösungsmittelmoleküle an die Fadenmoleküle anlagern. Letzteres wird das
Bestreben haben, ersteren möglichst viel Angriffspunkte zu bieten, was natürlich in
ausgestrecktem Zustand am ehesten möglich ist. Solche guten Lösungsmittel
lockern die Knäuel mehr oder weniger auf und können sogar (wie etwa bei der
Nitrozellulose in Aceton) den Faden als ziemlich starres Stäbchen erscheinen lassen[1].

Sind dagegen die Wechselwirkungen zwischen den Fadenmolekülen
einerseits und den Lösungsmittelmolekülen andererseits größer als die
zwischen beiden untereinander, ist derjenige energetische Zustand bevorzugt, bei dem Fadenmolekül und Lösungsmittelmolekül möglichst wenig
gemeinsame Berührungspunkte haben. Hier wird sich das Fadenmolekül

---

[1] Nach § 22 sind bei guten Lösungsmitteln die HUGGINSschen Konstanten χ_h
klein und bei schlechten Lösungsmitteln groß.

weitgehend zusammenknäueln und dabei von den Lösungsmittelmolekülen, die es aus der Lösung herauszudrängen versuchen, unterstützt werden. Das hat sowohl Folgen für das thermodynamische wie auch für das Fließverhalten (vgl. § 16 und § 22).

Zur Bestimmung der Partikelparameter von Fadenmolekülen ist neben den Methoden der Sedimentation, des osmotischen Druckes, der Lichtstreuung und der Strömungsdoppelbrechung die Bestimmung der Viskosität die bequemste, obwohl sie theoretisch nicht so durchsichtig ist wie die anderen. Grund dafür ist, daß sich Viskositäten im Laboratorium leicht messen lassen (vgl. § 16 und § 37).

Das thermodynamische Verhalten der Lösungen von Fadenmolekülen wird bestimmt durch die Tatsache, daß es sich um *irreguläre* Lösungen handelt, deren charakteristische Eigenschaften wir bereits in § 22 kennengelernt haben. Für solche Systeme bereitet eine exakte statistisch-thermodynamische theoretische Behandlung noch außerordentliche Schwierigkeiten, obwohl für einige Fälle, besonders für verdünnte Lösungen, Näherungen berechnet worden sind, die trotz ihrer Kompliziertheit Erhebliches leisten. Am meisten scheint die erwähnte *halbempirische* Methode von FLORY und HUGGINS, loc. cit. angewendet zu werden, bei der es allerdings notwendig ist, die halbempirischen Konstanten χ_h für jedes Lösungsmittel gesondert zu ermitteln, was aber ohne besondere Schwierigkeiten aus experimentellen Daten (Lichtstreuung) möglich ist.

Sämtliche Systeme unverzweigter Fadenmoleküle sind herkunftsmäßig polydispers. Zu ihrer vollständigen Charakterisierung müssen also ihre Größenverteilungsfunktionen angegeben werden.

Vielfach läßt sich aus dem Entstehungsmechanismus entweder statistisch oder kinetisch eine Verteilungsfunktion für den Polymerisationsgrad ableiten[1].

Bei allen Polykondensationen ist es besonders einfach zu übersehen. Ist z. B. p das Ausmaß der Kondensationsreaktion (= Anteil bereits umgesetzter Substanz im Verhältnis zur Ausgangsmenge), so ist der Molenbruch x_n der polymeren Moleküle mit n-Segmenten

$$x_n = p^{n-1} (1-p)^2$$

und die Gewichtsfraktion

$$y_n = n\, p^{n-1} (1-p)^2,$$

woraus sich die Verteilungsfunktion berechnen läßt, wenn p experimentell bestimmt werden kann. Auf einfache Weise erhält man für den Zahlenmittelwert des Partikelmolgewichts durch Verwendung von Gl. (7.2)

$$\overline{M}_N = M_1/(1-p)$$

und für den Gewichtsmittelwert [(Gl. 7.6)]

$$\overline{M}_w = M_1 (1+p)/(1-p).$$

Ähnliche Angaben lassen sich (vgl. KÜCHLER[1]) auch für die durch Polyaddition entstandenen Polymeren machen, wenn der Reaktionsmechanismus bekannt ist.

---

[1] Vgl. dazu L. KÜCHLER: Polymerisationskinetik. Berlin 1951; FLORY: loc. cit. S. 587.

Meistens wird man jedoch gezwungen sein, die Verteilungsfunktion
des polydispersen Systems experimentell zu ermitteln. Da dies umständlich und zeitraubend ist, begnügt man sich vielfach mit der Angabe des
Gewichts- und des Zahlenmittelwertes, welche beide auch durch Lichtstreuung — bzw. osmotische Messungen — bestimmbar sind (vgl. § 35,
§ 36 und § 38). Man erhält aus der Übereinstimmung oder Nichtübereinstimmung bzw. aus den Verhältnissen beider Werte Anhaltspunkte
für die „Breite" der Verteilungskurve, da die beiden Mittelwerte in weit
auseinandergezogenen Verteilungen über einen großen Bereich von Mol-

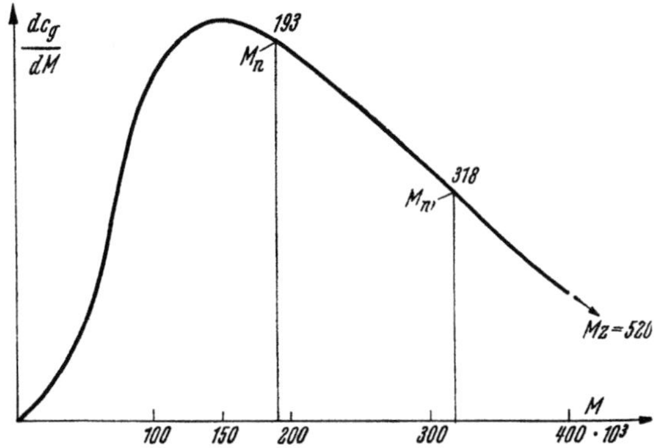

Abb. 82.2. Lage der Werte von $\overline{M}_N$, $\overline{M}_W$ u. $\overline{M}_Z$ auf einer Häufigkeitsverteilungskurve des Molekulargewichts. Nach SINGER: J. Polymer. Sci. **1**, 6 (1946)

gewichten weit auseinander liegen. Doch ist dies Verfahren nicht absolut
sicher. Ein Beispiel stellt die Kurve der Abb. 82.2 dar, in denen
aus den eingezeichneten Punkten für Zahlen- und Gewichtsmittelwert
die Verhältnisse ohne weitere Erläuterung hervorgehen.

Zur Ermittlung der Verteilungsfunktion können zwar die in § 38
erwähnten Methoden benutzt werden, doch ist das Verfahren noch weit
davon entfernt, einfach zu sein und sichere Resultate zu liefern. Die
Verteilung durch präparative Herstellung möglichst enger Fraktionen
des polydispersen Gemisches und deren gesonderte Bestimmung scheint
zur Zeit noch am sichersten zu sin.

Fraktionierungsmethoden von Fadenmolekülen beruhen auf der
Eigenschaft ihrer Lösungen, sich entweder bei Zusatz eines „schlechten"
Lösungsmittels (= Fällungsmittel) oder bei Temperaturerniedrigung in
zwei Phasen zu trennen. Wie wir in § 22 gesehen haben, können bei
bestimmten Voraussetzungen Aktivitäts-Konzentrations-Beziehungen
auftreten, die Maxima und Minima besitzen, weswegen die Mischung in
gewissen Konzentrationsbereichen als homogene Phase nicht existieren
kann, sie zerfällt in zwei Phasen, von denen bei dispergierten Partikeln
großen Volumens die eine fast aus reinen Lösungsmitteln und die andere
die dispergierte Substanz in konzentrierter Form enthält. Fadenmoleküle bilden in solcher Art konzentrierter Mischungen häufig durch gegenseitige Verfilzung und Vernetzung gelartige Strukturen aus, wobei Gel-
Tröpfchen entstehen, die unter Umständen noch wie eine Emulsion dis-

pergiert sein können. Dadurch erweckt die Trennung leicht den Eindruck einer Fällung, obwohl es an sich keine ist.

Nach FLORY[1] läßt sich der Anteil der Komponente mit dem Polymerisationsgrad j in den beiden Phasen berechnen, wenn die chemischen Potentiale in jeder der Phasen statistisch bestimmt und entsprechend den thermodynamischen Gleichgewichtsbedingungen gleichgesetzt werden. Mit Hilfe der FLORY-HUGGINSschen Gleichung (22.32) ergibt sich dann für den Anteil f_j in der verdünnten Phase

$$f_j = 1/[1 + Q \exp(\sigma j)]$$

und in der konzentrierten

$$f_j' = Q \exp(\sigma j)/[1 + Q \exp(\sigma j)],$$

worin j der Polymerisationsgrad (exakter $V_j/V_1 =$ Verhältnis der partiellen Molvolumen), Q das Verhältnis der Volumen der verdünnten zur konzentrierten Phase, V/V' und σ durch die Gleichung

$$\sigma = \varphi_2 \left(1 - (1/j)\right) - \varphi_2' \left(1 - (1/j)\right)$$
$$+ \chi (1 - \varphi_2)^2 - \chi' (1 - \varphi_2)^2$$

gegeben ist ($\varphi_2 =$ Volumenbruch des Fadenmoleküls, $\chi =$ HUGGINS Wechselwirkungskonstante, die gestrichelten Größen beziehen sich auf die konzentriertere Phase). Für sehr verdünnte Lösungen ($1/j \ll 1$, $1/Q \ll 1$, $\varphi_2 \approx 0$ und $\chi \approx \chi'$) gilt

$$\sigma \approx (2\chi - 1)\varphi_2' - \chi \varphi_2^2.$$

Die Gleichungen lassen erkennen, daß die Moleküle mit hohem Polymerisationsgrad j bevorzugt in die konzentriertere Phase gehen, während die mit niedrigen in der verdünnten verbleiben.

Diese theoretischen Beziehungen sind weniger dazu zu gebrauchen, die Anteile bestimmter Molgewichtsfraktionen im voraus zu berechnen als zur Demonstration der Schwierigkeit der Fraktionierung. Prinzipiell läßt sich durch solche Phasentrennungen niemals eine vollständige Fraktionierung in einem einzigen Gang erreichen, weil jede Molekülgröße in *jeder* Fraktion, wenn auch in wechselnden Anteilen, auftritt. Alle Fraktionen überlappen sich erheblich[2], will man engere Fraktionen haben, muß mehrfach fraktioniert werden (vgl. dazu Abbildung 82.3).

Praktisch wird die Phasentrennung meist durch Zusatz eines schlechten Lösungsmittels zuwege gebracht[3], dessen Wirkung auf einer

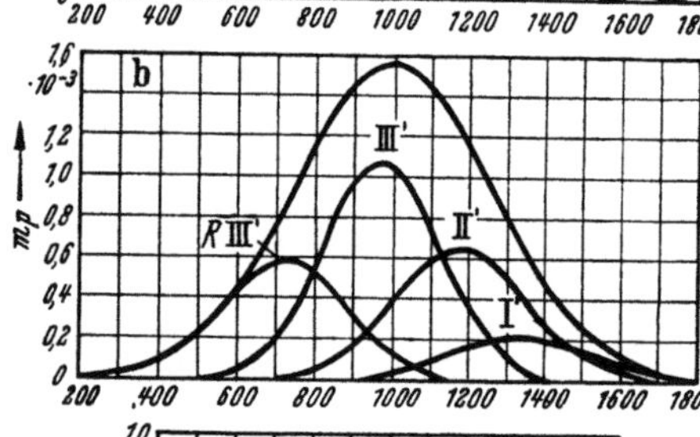
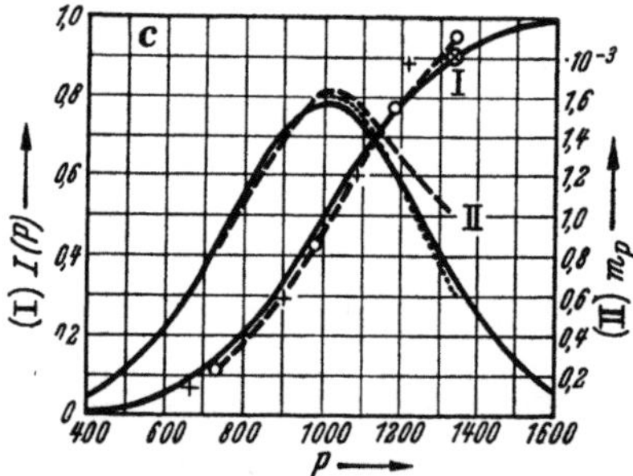

Abb. 82.3. Massenanteile m_p mit dem Polymerisationsgrad P und Integralfunktion (Summenlinie) $I(P)$ einer GAUSSschen Verteilung (unteres Bild). Im oberen Bild die Verteilungen von einmal gefällten, im mittleren Bild die von zweimal gefällten Fraktionen. Ausgezogene Linien: Berechnet n. G. V. SCHULZ: Z. phys. Chem. B **43**, 25 (1939). Konstruktionspunkte der Integralfunktion unter Verwendung der oberen beiden Darstellungen: + einmal gefällt, o zweimal gefällt

---

[1] FLORY, P. J.: Principles of Polymer Chem. Kap. XIII. loc. cit. S. 587.
[2] Vgl. dazu G. V. SCHULZ: Z. physik. Chem. (B) **46**, 137 (1940); **47**, 155 (1940) oder G. V. SCHULZ, in H. A. STUART: Das Makromolekül in Lösung. Berlin 1953.
[3] Theoretisch ist dieser Fall ebenfalls zu beschreiben, doch ist er ziemlich kompliziert, vgl. dazu H. TOMPA: Polymer Solutions. London 1956.

Erhöhung der Wechselwirkungskonstanten χ beruht, was nichts anderes bedeutet, daß eine Desolvatation des Fadenmoleküls durch anderweitiges Binden ursprünglich am Fadenmolekül gebundener Lösungsmittelmoleküle hervorgerufen wird. Man beobachtet bei successiver Zugabe schlechten Lösungsmittels zu einer möglichst verdünnten Lösung des Polymeren schließlich eine Trübung infolge der sich ausscheidenden zweiten Phase; meist erwärmt man die Lösung noch einmal und kühlt sie wieder auf die Ausfällungstemperatur ab, um die Gleichgewichtseinstellung zu verbessern. Die sich dann nach einiger Zeit abgeschiedene Phase wird abgetrennt und neues Fällungsmittel zugesetzt, bis man die gewünschte Zahl von Fraktionen erhalten hat. Je nach Bedarf wird jede der einzelnen Fraktionen weiter fraktioniert[1].

Eine andere Methode von O. Fuchs[2], die sehr schnell zum Ziel kommt, schlägt den umgekehrten Weg ein. Man präpariert auf einer Glasplatte einen in einem geigneten Lösungsmittel gequollenen Film des aufzutrennenden Substanzgemisches und behandelt diesen mit einem „guten" Lösungsmittel. Dann werden zuerst die niedermolekularen Fraktionen herausgelöst, für die höhermolekularen muß das Lösungsmittel verbessert oder die Temperatur erhöht werden.

Noch andere Methoden bestimmen den Punkt der ersten Trübung bei Zusatz von Fällungsmittel[3] oder benutzen besondere Auswertungsmethoden, um annähernde Aussagen über Lage des Maximums und Breite der Verteilungskurve zu machen.

Theoretisch wäre auch eine Fraktionierung durch die Einstellung des Lösungsgleichgewichts eines in fester (kristalliner) Form vorliegenden Polymeren denkbar; es konnte z. B. von G. V. Schulz[4], Huggins[5] gezeigt werden, daß die Löslichkeit ausgedrückt als Volumenfraktion eine Funktion der Form

$$\ln \varphi_2 = - j\, f\, (\Delta G/j,\, \Delta V/j,\, \chi,\, V_1,\, T)$$

darstellt; m. a. W. die größten Moleküle sind am schwersten löslich. Praktisch wird diese Möglichkeit jedoch nicht ausgenutzt.

Verzweigte Fadenmoleküle

Könnte man ein fadenförmiges Makromolekül durch sehr starke Vergrößerung sichtbar machen, würde es meistens nicht als völlig glatter Faden erscheinen, da etwa vorhandene Seitengruppen, wie z. B. die Benzolringe im Polystyrol, die Estergruppen bei Polyvinylacetat usw. als eine Art Auswüchse erscheinen würden. Wenn diese Seitengruppen auch das physikalische Verhalten des Makromoleküls irgendwie beeinflussen, wird sein Charakter als Fadenmolekül davon qualitativ nicht berührt.

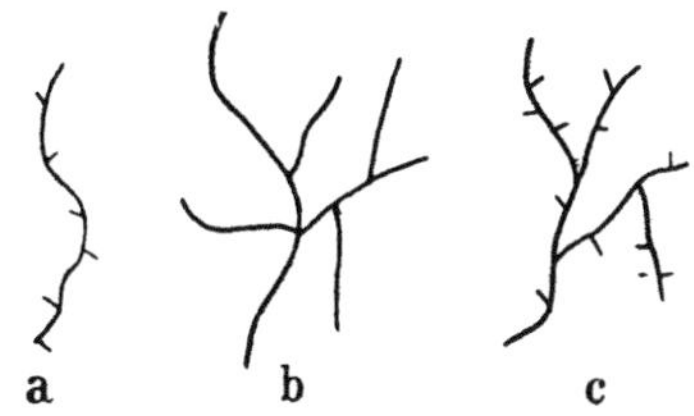

Abb. 82.4. Fadenmoleküle mit a, kurzen, b langen und c, kurzen und langen Verzweigungen (Schematisch)

Anders ist es jedoch, wenn bei der Herstellung durch eine ungewollte Nebenreaktion längere Verzweigungen entstehen. Sind sie nicht sehr häufig, unterscheidet sich das Molekül kaum von einem unverzweigten Faden, es bereitet im Gegenteil ziem-

---

[1] In wässerigen Lösungen ist Derartiges nur durch Zusatz von Lösungsmitteln niedrigerer DK und durch Elektrolyte zu erreichen, die die Aktivität des Wassers verändern.

[2] Fuchs, O.: Makromol. Chem. 5, 245 (1950); 7, 259 (1951).

[3] Harris, I. u. R. G. J. Miller: J. Polymer Sci. 7, 377 (1951).

[4] Schulz, G. V.: Z. physik. Chem. (B) 30, 379 (1935).

[5] Huggins, M. L.: Physical Chemistry of High Polymers. New York 1958.

liche Schwierigkeiten, die Verzweigungen überhaupt festzustellen. Unter Umständen sind auch „lange" und „kurze" Verzweigungen gleichzeitig möglich, wie es Abb. 82.4 schematisch darstellt.

(Diese Struktur findet man z. B. bei unter bestimmten Bedingungen hergestelltem Polyäthylen.)

Neben solchen ungewollt durch ungünstige Herstellungsbedingungen entstandenen Verzweigungen lassen sich verzweigte Fadenmoleküle mehr oder weniger planmäßig durch die bereits auf S. 590 besprochene Methode der Pfropfpolymerisation herstellen. Besonders durch Einwirkung von ionisierender Strahlung hoher Energie können sich an verschiedenen Stellen einer Molekülkette aktive Zentren bilden, die bei

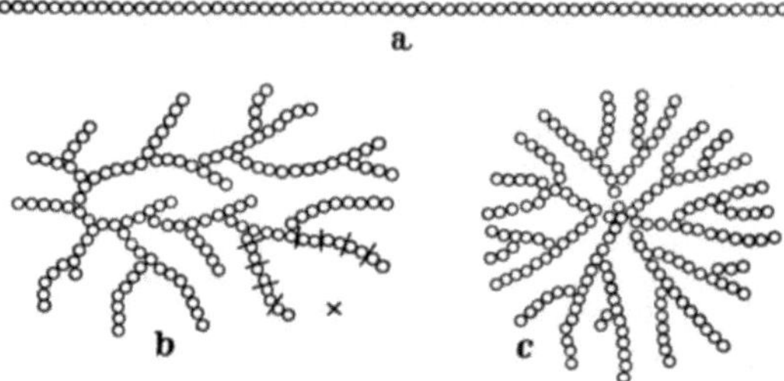

Abb. 82.5. Struktur verschiedener Stärkemoleküle; a) Amylose (gestreckte Kette); b) Amylopektin; c) Glykogen (entnommen aus JIRGENSONS: Organic Colloids, Amsterdam 1958, S. 376)

Gegenwart anderer Monomerer dann den Ausgangskeim einer neuen Kette bilden, die regelrecht an dieser Stelle aufwächst. Bei Abwesenheit von aktionsfähigen Monomeren finden Vernetzungen zwischen gleichartigen Fadenmolekülen statt[1].

Die bekanntesten natürlich vorkommenden verzweigten Makromoleküle sind die Polysaccharide Amylopektin, Glykogen und Dextran. Im Gegensatz zur Amylose, dem linearen unverzweigten makromolekularen Bestandteil der Stärke, ist das mit dieser immer zusammen auftretende Amylopektin verzweigt. Zwischen diesem und dem nah verwandten Glykogen bestehen Unterschiede, die die Abb. 82.5a u. b[2] zu demonstrieren versucht. Das Glykogen ist als kugelförmig anzusehen (vgl. dazu STAUDINGER, loc. cit.) und durch hydrolysierende Enzyme wie allgemein auch durch Chemikalien schwerer angreifbar als das Amylopektin, weswegen ihm eine sehr viel dichtere Struktur zuerkannt werden muß[3].

Einige der bekanntesten verzweigten Fadenmoleküle sind in der Tab. 82.I zusammengestellt, aus der auch ihre wesentlichen Eigenschaften zu entnehmen sind.

---

[1] Vgl. dazu z. B. T. ALFREY jr., J. H. BOHRER u. H. MARK: Copolymerization. New York/London 1952.

[2] Nach B. JIRGENSONS: Organic Colloids. Amsterdam 1958.

[3] Die kugelförmige Gestalt des Glykogens erlaubt im tierischen Organismus den leichten Transport großer Saccharidmengen im dispergierten Zustand ohne die Viskosität der Transportflüssigkeit wesentlich zu erhöhen. Da das Glykogen einer der Hauptenergielieferanten des Stoffwechsels ist, mag diese physikalische Eigenschaft von Bedeutung sein.

Tabelle 82.I. *Einige verzweigte Fadenmoleküle*

a) natürliche

    Glykogen
    Amylopectin
    Carrageen
    Dextran

b) synthetische

    Polyäthylen
    Copolymerisate mit polyfunktionellen Substanzen (z. B. Polystyrol-
        Divinylbenzol)
    Pfropfpolymerisate
    Polyester (aus mehr als bifunktionellen Alkoholen oder Säuren)
    Aminoplaste, Phenoplaste, Anilinoplaste, Alkydharze
    vulkanisierter Kautschuk

Wie bei den unverzweigten Fadenmolekülen ist auch bei den verzweigten Größe und Gestalt eng mit ihrer Struktur und den Wechselwirkungen mit ihrer Umgebung verknüpft. Eine Voraussage oder Berechnung der sich einstellenden Formen ist hier natürlich noch schwieriger als bei jenen. Ist die Zahl der Verzweigungen jedoch niedrig und handelt es sich um lange Zweige, unterscheidet sich der sich einstellende Endzustand nicht wesentlich vom unverzweigten Fadenmolekül.

Die Feststellung der Verzweigung überhaupt ist hingegen nicht ganz einfach. Bei kurzen Verzweigungen, wie es etwa das Polyäthylen besitzt, gelingt ihre Bestimmung durch ihr Ultrarot-Absorptionsspektrum.

„Lange" Zweige lassen sich durch eine genauere Interpretation ihres Viskositätsverhaltens oder der Lichtstreuung (genauer aus dem Verhalten von B^*) erkennen[1]. Voraussetzung ist allerdings, daß zum Vergleich ein unverzweigtes Fadenmolekül der gleichen Substanz herangezogen werden kann. Auf diese Weise wurde z. B. gefunden, daß Polyäthylen neben den kurzen Verzweigungen, die sich im Ultrarotspektrum bemerkbar machen, auch noch lange Verzweigungen besitzen muß.

Zur Bestimmung von Verzweigungen werden auch die elektrische Doppelbrechung und das Sedimentations- bzw. Diffusionsverhalten herangezogen.

Vernetzte Fadenmoleküle

Die Ausbildung von Netzen in zwei oder drei Dimensionen kann sich über relativ große Räume erstrecken und zu makroskopischen Gebilden führen. Es können auf diese Weise Objekte entstehen, in denen sehr viele Atome durch covalente Bindungen untereinander verknüpft sind (und die entsprechend unserer Definition als ein einziges Molekül im chemischen Sinne anzusehen wären). Neben dem bekannten Beispiel des Diamanten fällt eine große Reihe von Kunststoffen in diese Klasse materieller Strukturen.

Die makromolekularen zwei- oder dreidimensionalen Netze können von Flüssigkeiten durchzogen sein, die in das Innere der Netze eindrin-

---

[1] Zimm, B. H. u. W. H. Stockmayer: J. chem. Physics **17**, 1301 (1949); Kuhn, W. u. H. Kuhn: Helv. chim. Acta **30**, 1233 (1947); vgl. auch M. Hoffmann: Makromolekulare Chem. **24**, 222, 245 (1957).

gen und die Substanz zum Quellen bringen; zweidimensionale Netze können dabei von größeren Mengen Flüssigkeit aufgelöst werden, dreidimensionale hingegen vermögen nur zu quellen. Bei diesen Systemen, für die seit geraumer Zeit der Name *Gele* eingeführt ist, handelt es sich um einen dispersen Zustand, der durch besondere Eigenart der verteilten Materie — nämlich ihre Kohärenz — bedingt ist. Näheres über diese Systeme wird in Kap. X mitgeteilt werden.

Wenn in einem geknäuelten Fadenmolekül atomare Brücken zwischen einzelnen Teilen des Fadens auftreten, die diese in ihrer Lage fixieren, können individuelle Korpuskeln entstehen, die selbst räumliche Netze darstellen. Ein solches Gebilde wäre nur sehr schwer hinsichtlich seiner Größe, Gestalt und Struktur zu verändern. Dieses Prinzip liegt dem Bau der Proteine zugrunde.

§ 83. Polyelektrolyte

Der Ausdruck Polyelektrolyte, den wir zur Überschrift dieses Kapitels gewählt haben, ist an sich nicht eindeutig. Da aber die Bezeichnung „in polarem Lösungsmittel ionisierbare Makromoleküle" umständlich und „Makroionen" nicht ganz exakt ist, wollen wir ihn zunächst beibehalten. Nur müssen wir uns immer vor Augen führen, daß es sich um Elektrolyte handelt, auf die unsere Definition des Makromoleküls zutrifft. Die Gleichung

$$A_i\,Y_i \rightleftharpoons A^{i+} + i\,Y^-$$

einer Ionisierungsreaktion bezieht sich also auf ein makromolekulares Gebilde A, welches in ein polares Lösungsmittel gebracht, in Makroionen und „Gegenionen" Y zerfallen kann.

Wie bei normalen Ionen hängt es von den Umständen ab, ob die Ionisation vollständig (wie bei starken Elektrolyten) oder unvollständig (wie bei schwachen Elektrolyten) vonstatten geht. Ebenso — und dieser Fall hat hier größere Bedeutung als bei kleinen Ionen — können amphotere Elektrolyte auftreten. Von den vielen Möglichkeiten der anorganischen Ionisationsreaktionen findet man im makromolekularen Bereich nur wenige; in weitaus überwiegendem Maße handelt es sich hier um die Aufnahme oder Abgabe von Wasserstoffionen. Sie stellen gleichzeitig den wichtigsten Typ der Gegenionen dar. Zuweilen kommen Alkali- und Erdalkali-Ionen, etwas häufiger die Anionen der Halogenwasserstoffsäuren und evtl. der Phosphorsäure — vor allem im physiologischen Bereich — als Gegenionen in Frage.

Bei allen organischen Polyelektrolyten können wir uns im großen und ganzen auf folgende drei Typen beschränken:

1. Protonendonatoren, Säuren, als ionisierbare Gruppen besitzt das Makromolekül

$$-COOH$$
$$-SO_3H$$
$$-PO_4H \text{ -Gruppen}$$

2. Protonenacceptoren, Basen, die ionisierbaren Gruppen des Makromoleküls bestehen aus

$$-NH_2 \qquad -N \diagdown \qquad >N$$

$$-N(CH_3)_2 \qquad -C \diagdown \begin{matrix} NH_2 \\ NH \end{matrix} \text{ -Gruppen}$$

$$>NH$$

3. Ampholyte (amphotere Elektrolyte), Makromoleküle, welche sowohl basische als auch saure Gruppen enthalten.

Außer den organischen Polyelektrolyten kennt man eine Reihe von anorganischen Polyelektrolyten, wie Polyphosphorsäuren, Molybdän-, Vanadin-, Kieselsäuren, hochmolekulare Säuren mit gemischten Elementen, sog. Hetero-Polysäuren[1].

Polyelektrolyte sind am leichtesten zu erkennen, wenn man ihre Lösungen einem Elektrophoreseversuch unterwirft. Man kann dabei eine der in § 61 genauer erläuterten Methoden benutzen, zur qualitativen Analyse genügt meist die Papierelektrophorese. Aus der Wanderungsrichtung läßt sich leicht bestimmen, ob das Makroion ein Anion oder Kation ist; Ampholyte erkennt man daran, daß sie in saurer Lösung als Kation, in basischer als Anion wandern. Da sich die Eigenschaften der Polyelektrolyte in bezug auf ihre elektrophoretische Wanderung nicht von denen geladener kolloider Partikeln nichtmakromolekular Struktur unterscheiden, können wir uns eine Erörterung der Elektrophorese ersparen und auf § 60 und § 61 verweisen. (Es sei nur kurz daran erinnert, daß sich aus der Bestimmung der Wanderungsgeschwindigkeit im elektrischen Feld die Zahl der pro Ion vorhandenen Ladungen ermitteln läßt, wenn bestimmte Voraussetzungen erfüllt sind.)

Was ihr osmotisches Verhalten und die durch die Ladungen hervorgerufenen Besonderheiten anbetrifft, die sich vor allem bei ihrer Lichtstreuung bemerkbar machen, so ist zu ihrem Verständnis etwas weiter auszuholen.

Osmotischer Druck von Makroionen

Der osmotische Druck Π von ,,geladenen Makromolekülen'' läßt sich nach einer Theorie von SCATCHARD[2] beschreiben. Ist m_2 die Molarität des Makroions, läßt sich Π formell als TAYLORsche Reihe

$$\Pi = (\partial\Pi/\partial m_2)\, m_2 + \frac{1}{2}\, (\partial^2\Pi/\partial m_2^2)\, m_2^2 + \cdots \tag{83.1}$$

darstellen, die natürlich Gl. (19.18) entspricht. Ohne auf die Ableitung im einzelnen eingehen zu können, sei das Ergebnis mitgeteilt. Es gilt für eine Lösung, die außer Makroionen 2 einen diffusiblen Elektrolyten 3 enthält:

$$\frac{\Pi}{c_{g2}} = \frac{RT}{V_m}\left[\frac{1}{M_2} + \frac{1}{2M_2^2}\left(\frac{Z_2^2}{2m_3^0} + \beta_{22} - \frac{\beta_{23}^{02}\, m_3^0}{2 + \beta_{33}^{0}\, m_3^c}\right) c_{g2}\right] \tag{83.2}$$

---

[1] Vgl. hierzu G. JANDER: Z. physik. Chem. A **187**, 149 (1940); E. THILO: Angew. Chem. **67**, 141 (1955); Chem. Techn. (Berlin) **8**, 251 (1956); Naturwiss. **46**, 367 (1959).

[2] G. SCATCHARD [J. Amer. chem. Soc. **68**, 2315 (1946)] entwickelte sie ursprünglich für Proteine, sie gilt aber auch für fadenförmige Polyelektrolyte, da es sich um rein thermodynamische Deduktionen handelt.

($M_2 =$ Molgewicht des Makroions, $Z =$ dessen Wertigkeit, $V_m =$ Volumen der Lösung, die 1 kg Lösungsmittel enthält, $m_3^0 =$ Molarität des diffusiblen Elektrolyten bei verschwindender Konzentration des Makroions 2, β_2, β_3 sind für die Ausdrücke $\ln f_2$ und $\sum_i z_{3i} \ln f_3$ (f_2, $f_3 =$ Aktivitätskoeffizienten von Makroion und Elektrolyt), gesetzt. Es ist weiterhin

$$\beta_{22} = \frac{\partial \ln f_2}{\partial m_2}; \qquad \beta_{33} = \sum_i z_{3i} \frac{\partial \ln f_3}{\partial m_3}; \qquad \beta_{23} = \frac{\partial \ln f_2}{\partial m_3}$$

(das Superskript o meint den Grenzwert der Makroionenkonzentration 0).

Diese Beziehung läßt erkennen, daß für $c_{g2} \to 0$ das VAN'T HOFFsche Gesetz herauskommt. Der zweite Term der eckigen Klammer entspricht wieder dem zweiten Virialkoeffizienten B^*. Wesentlich ist, daß dieser, der auch die Neigung der $\Pi/c_g - c_g$-Kurve wiedergibt, stark von der Wertigkeit des Makroions abhängt und auch bei verschwindenden β_{22}, das die Wechselwirkung zwischen den Makroionen beschreibt und auch wegen β_{23} negativ werden kann, wenn z. B. der Elektrolyt durch das Makroion gebunden wird. Durch Überschuß des Fremdelektrolyten 3 werden die Einflüsse des ersten und dritten Gliedes in der runden Klammer so stark vermindert, daß nur noch β_{22} wirksam ist, d. h. das Makroion verhält sich so, als ob es sich allein in der Lösung befände. β_{23} läßt sich nach SCATCHARD aus der Verteilung der Konzentrationen m_3'/m_3'' berechnen, die sich beim DONNAN-Gleichgewicht (vgl. § 58) einstellen ($m_3'' =$ Molarität von 3 auf der Seite der Makroionen (Innenflüssigkeit), m_3' auf der Seite der Außenflüssigkeit). Es gilt

$$\lim \left[\frac{\ln (m_3'/m_3'')}{c_{g2}} \right]_{c_{g2} \to 0} = \frac{1}{M_2} \frac{(Z_2/m_3^0) + \beta_{23}^0}{2 + \beta_{33}^0 m_3^0} \tag{83.4}$$

β_{33}^0, das bei Abwesenheit von Makroionen gilt, kann durch kryoskopische, ebullioskopische oder Dampfdruckmessungen ermittelt werden[1].

Lichtstreuung von Makroionen

Wie der osmotische Druck der Makroionen wird auch die Lichtstreuung durch Ladung und Anwesenheit der Gegenionen eines Dreistoffsystems mitbestimmt. Ausgangspunkt für die theoretische Behandlung muß daher Gl. (25.40) sein, die für ein Mehrstoffsystem gilt. Nehmen wir der Einfachheit halber an, daß ein Fremdelektrolyt 3 zugegen ist, so vereinfacht sich diese zu

$$R_{90} = K' \, (\psi_2^2 \, a_{33} - 2\psi_2 \, \psi_3 \, a_{23} + \psi_3^2 \, a_{22})/(a_{22} \, a_{33} - a_{23}^2). \tag{83.5}$$

Nun kann $\psi_2 \, \psi_3$ und ψ_3^2 bei größeren Makroionen vernachlässigt werden[2]. Es ist also

$$\psi_2^2 \, K'/R_{90} = a_{22} - a_{23}^2/a_{33}; \tag{83.6}$$

mit $a_{22} = d \ln a_2/dm_2$ und $a_{23} = d \ln a_2/dm_3$ erhält man in ähnlicher Weise wie bei der Berechnung des osmotischen Drucks nach SCATCHARD

$$\frac{K' \, c_{g2} \, (\partial n/\partial c_{g2})^2}{1000 \, R_{g0}} = \frac{H \, c_{g2}}{\tau} = \frac{1}{M_2} + \frac{1000}{M_2^2} \left(\frac{Z_2^2}{2m_3} + \beta_{22} - \frac{\beta_{.3}^{02} \, m_3}{2 + \beta_{33}^0 m_3} \right) c_{g2}. \tag{83.7}$$

---

[1] Vgl. G. SCATCHARD, A. C. BATCHELDER u. A. BROWN: J. Amer. chem. Soc. **68**, 2320 (1946).

[2] ψ_2 für Serumalbumin ist $\sim$12,9, ψ_3 für NaCl $9{,}5 \cdots 10^{-3}$, $\psi_2^2 = 166$; $2\psi_2 \, \psi_3 = 0{,}244$, $\psi_3^2 \simeq 10^{-6}$. ψ_2^2 ist 680 mal größer als das nächstfolgende Glied, vgl. dazu J. T. EDSALL, H. EDELHOCH, R. LONTIE, P. R. MORRISON: J. Amer. chem. Soc. **72**, 4641 (1950).

Dieser Ausdruck ist Gl. (2) völlig analog, wie sich leicht erkennen läßt. Auch hier läßt eine ausreichende Menge von Fremdelektrolyten nur noch den Einfluß des Gliedes β_{22}, das natürlich trotzdem eine Funktion der Wertigkeit des Makroions und der zugesetzten Fremdelektrolyte ist,

erkennen, da β_2, d. h. der Aktivitätskoeffizient f_2 von allen diesen Faktoren abhängt.

Die Verhältnisse werden am besten aus der Abb. 83.1 erkennbar, in denen BM_2^2, also der Klammerausdruck von Gl. (7) in Abhängigkeit von Z und der Ionenstärke nach EDSALL (loc. cit.) dargestellt ist. Bei kleinen Ionenstärken ist die Änderung außerordentlich groß, aber auch bei hohen noch merklich.

Kleine Ionenstärken (bzw. kleines m_3) führt zu einem überwiegenden Einfluß des Gliedes $Z_2^2/2m_3$, was nichts anderes bedeutet, als daß ihre gegenseitigen Wechselwirkungen durch die Ladung der Partikeln beherrscht wird. Dies führt noch zu einem weiteren bedeutungsvollen Effekt. Wenn wir uns noch einmal Abb. 59.3 betrachten, die die Höhe des von einer geladenen Partikel im Abstand r auftretenden elektrischen Potentials angibt, so erkennen wir, daß eine Abstoßung gleichgeladener Partikeln in um so größerer Entfernung auftritt, je kleiner die Ionenstärke (bzw. die Wertigkeit z ist) ist. Bei Abwesenheit von Fremdionen wirken die Gegenionen so wenig dämpfend, daß sich die Makroionen stark abstoßen. Wenn

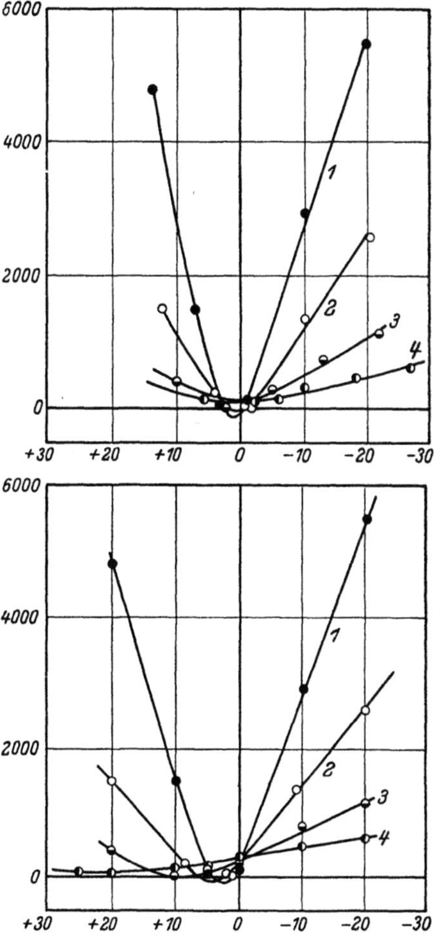

Abb. 83.1. $B\,M_2^2$ für Rinderserumalbumin in NaCl-Lösungen als Funktion der Netto-Ladung Z_2 (unten) und der Netto-Ladung abzüglich der Zahl gebundener Cl^--Ionen (oben). Die Ionenstärke beträgt für: *1* 0,003, *2* 0,01, *3* 0,033, *4* 0,183. Nach DOTY u. EDSALL: Advanc. Protein Chem. VI (1951) S. 69ff.

wir ihre BROWNsche Bewegung ins Auge fassen, so werden sie durch die abstoßenden Kräfte erheblich behindert und können sich nicht mehr ohne weiteres einander nähern, sondern werden bereits in erheblichen Abständen zurückgestoßen und zur Umkehr gezwungen. Sie verhalten sich etwa so, als ob sich ihr Durchmesser auf einen weit höheren Wert α' ausgedehnt hätte, den sie bei gegenseitiger Näherung nicht mehr überschreiten können. Schwankungen der Partikeln sind nun in um so geringerem Maße möglich, je größer dieser effektive Abstoßungsdurchmesser ist. Das führt nun dazu, daß die von den einzelnen Partikeln ausgehenden Streulichtwellen eher miteinander interferieren können als bei völlig ungehinderter Beweglichkeit. Das System nähert sich somit dem Zustand eines Kristalls (vgl. § 25). Je weniger beweglich die Partikeln werden, um so größer ist auch die Wahrscheinlichkeit der Interferenz und um so stärker die Schwächung des Streulichts.

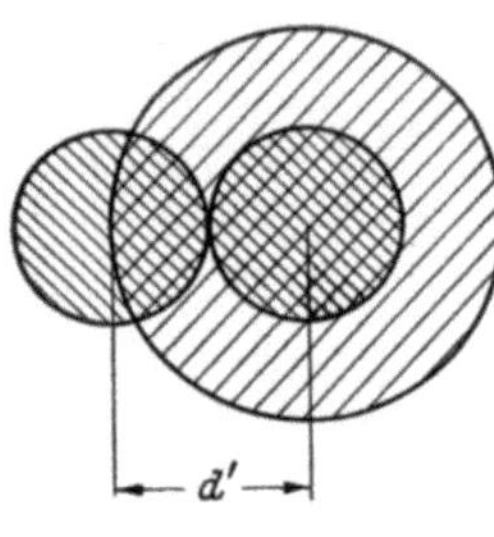
Abb. 83.2. S. Text

Ausgehend von einer diese Verhältnisse beschreibenden Theorie von ZERNIKE und PRINS[1] haben OSTER[2] sowie DOTY und STEINER[3] dieses „harte-Kugeln-Modell" nach der DEBYEschen Interferenztheorie (1927) auf die Lichtstreuung von Makroionen angewandt. Sie verwenden dabei Vorstellung des „Ausschlußvolumens" (excluded volume) (vgl. § 22), denn wie leicht aus Abb. 83.2 ersichtlich ist, kann eine Partikel nicht in eine Sphäre eindringen, die das Volumen $4\pi\, d'^3/3 = 8 \cdot 4\pi\, r^3/3$ besitzt. Für die Streuung erhielten sie den Ausdruck

$$R_\vartheta = K\, M_2\, c_g\, P(\vartheta)\left[1 - \frac{4}{3}\,\pi\, d'^3\,(N_L/M_2)\, c_g\, \Phi\,(x)\right], \qquad (83.8)$$

worin $\Phi(x)$ durch Gl. (25.34) mit $x = (4\pi\, d'/\lambda)\sin(\vartheta/2)$ gegeben ist. Je größer also d', um so mehr macht sich der zweite Term der Klammer bemerkbar.

Das Wesentliche dieses Effektes ist, daß die Streulichtintensität nun durch „äußere Interferenzen" vom Beobachtungswinkel ϑ abhängig wird, da ϑ in $\Phi(x)$ eingeht. OSTER, DOTY und ZIMM[4] konnten dies durch die Messung von z ($= R_{135}/R_{45}$) an Tabakmosaikvirus bestätigen, der in reinem Wasser einen stark von der Konzentration abhängigen Dissymmetriekoeffizienten besitzt, nicht aber in Pufferlösungen ausreichender Ionenstärke. Auch die Größe B^* kann durch Gl. (8) ermittelt werden, denn es ist nach § 25

$$R_\vartheta = 3\, K\, c_g\, M_2\,[(1 - 2B^*\, M_2\, c_g)/(1 + 2B^*\, M_2\, c_g)] \qquad (83.9)$$

(mit $K = 3H/8\pi$). Bei $\vartheta = 0°$ ist $P(\vartheta)$ und $\Phi(x) = 1$, wenn $2BM_2\, c_g \ll 1$ ist, daher muß sein

$$B^* = 2\pi\, d'^3\, N_L/3 M_2^2. \qquad (83.10)$$

Wenn d' ermittelt werden kann, ist damit eine (von der in § 25 beschriebenen) unabhängige Methode zur Bestimmung von B^* in Lösungen von Makroionen gegeben.

[1] ZERNIKE, F. u. J. A. PRINS: Z. Physik 41, 184 (1927).
[2] OSTER, G.: Recueil Trav. chim. Pays-Bas 68, 1123 (1949).
[3] DOTY, P. u. R. F. STEINER: J. chem. Physics 17, 743 (1949).
[4] OSTER, G., P. DOTY u. B. H. ZIMM: J. Amer. chem. Soc. 69, 1193 (1947).

Was für einen Einfluß dieser Effekt auf Kc/R_{90} oder z hat, zeigt Abb. 83.3, die die von Doty und Steiner bei Rinderserumalbumin bei p_H 3,2 (hohe Ladung) und p_H 5,1 ($\sim$ I. P.) gefundenen Kurven darstellt. Das Protein mit der niedrigen Ladung verhält sich wie eine normales Kolloid, das mit der hohen zeigt eine starke c_g-Abhängigkeit der Streulichtintensität. Nur den Beginn der Kurve vermag Gl. (8) zu deuten, das Absinken der Neigung der Kurve a und das Minimum der Kurve b rührt von einem B^* (bzw. d') her, das sich mit der Konzentration ändert.

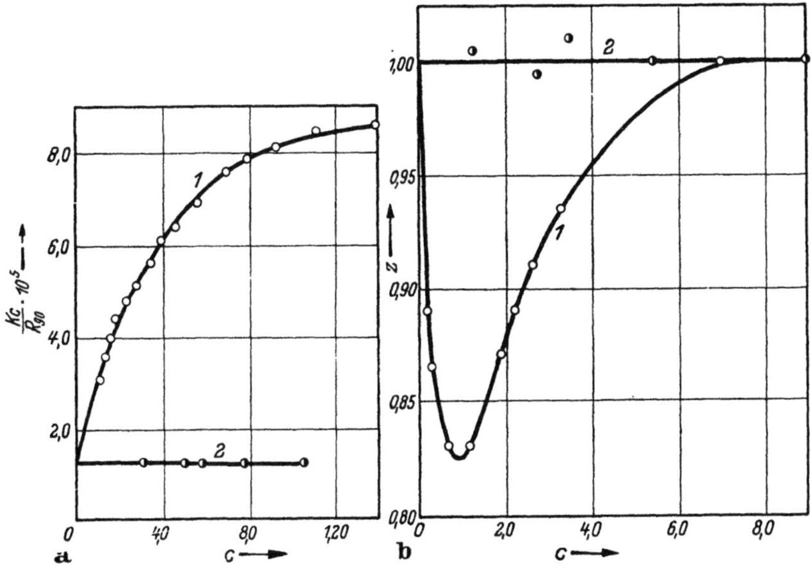

Abb. 83.3. a) Lichtstreuungsfunktion $K\,c/R_{90}$ und b) Dissymmetriefaktor der Lichtstreuung z in Abhängigkeit von der Konz. des Rinderserumalbumins bei hoher Ladung (Kurven *1*) und beim I. P. (Kurven *2*). Nach Doty u. Steiner, loc. cit.

Weitere Eigenschaften von Polyelektrolyten

Neben dieser Reihe von Eigenschaften, die die Polyelektrolyte mit allen geladenen Partikeln gemeinsam haben, gibt es einige, die ausschließlich bei ihnen auftreten und darunter wieder solche, die nur bei fadenförmigen und nicht bei korpuskularen beobachtet werden und umgekehrt.

Von diesen ist zunächst die Löslichkeit zu nennen. Bei Dispersionskolloiden ist ein solcher Begriff wie Löslichkeit überhaupt nicht anwendbar, da es sich bei ihnen nicht um Gleichgewichte zwischen dispergierter und reiner Substanz handelt. Bei Makromolekülen ist er wohl anwendbar; die Löslichkeit von ionisierbaren Partikeln muß z. B. in solchen Lösungsmitteln groß sein, die Dipolcharakter besitzen — also allen polaren Lösungsmitteln, deren hauptsächlichste, das Wasser auch gleichzeitig das charakteristischste ist. Nichtionisierte Makromoleküle sind nur in sehr wenigen Fällen wasserlöslich, einige Beispiele sind Polyvinylalkohol, Dextran, aufgeschlossene Stärke und Glykogen[1].

---

[1] Die Wasserlöslichkeit der Polyelektrolyte wurde benutzt, um der Gruppe der lyophilen Kolloide ihren Namen zu geben, da die hydrophilen am meisten ins Auge fielen.

Der Ionisationszustand makromolekularer Säuren, Basen und Ampholyte ist meist deutlich von der Wasserstoffionenaktivität abhängig. Sie benehmen sich wie schwache Säuren oder Basen, obwohl ihre Leitfähigkeit eher der eines starken Elektrolyten in einem Lösungsmittel niedriger DK entspricht. Mißt man etwa die Äquivalentleitfähigkeit eines Polyelektrolyten in Gemischen eines polaren und eines unpolaren Lösungsmittels[1], so wird sie deutlich mit abnehmender DK kleiner, was nur mit einer zunehmenden Assoziation der Gegenionen erklärbar ist. Auf eine beträchtliche Menge assoziierter Gegenionen weisen auch Messungen des WIEN-Effektes hin[2]; mit zunehmender Feldstärke wird die Leitfähigkeit größer, da dann auch die assoziierten Ionen an der Stromleitung teilnehmen. Thermodynamisch gesehen benehmen sich schwache Elektrolyte oder solche mit starken Assoziationseffekten bei der Ionisierung gleichartig. Es besteht immer ein Gleichgewicht zwischen den dissoziierten und assoziierten Formen. Die Gleichgewichtskonstante einer solchen Reaktion liefert immer die freie Enthalpieänderung der Ionisation, die die gleiche Bedeutung wie die Arbeit der Aufladung hat.

Wir können das folgendermaßen ausdrücken

$$- \partial G/\partial y = kT \ln a_{\mathrm{H}^+} + \mu_{op}/N_L. \tag{83.11}$$

Wenn y die Zahl der ionisierbaren Gruppen, μ_{op} das chemische Potential der Wasserstoffionen im Grundzustand und a_{H^+} die Wasserionenaktivität bedeuten[3]. Nimmt man nun wie KATCHALSKY und GILLIS[4] an, daß für jede ionisierbare Gruppe eines Makroions die gleiche Energie aufzuwenden wäre — was gleichbedeutend mit der Annahme ist, daß das elektrostatische Potential über das ganze Molekül konstant ist —, erhält man für die freie Enthalpie des Makroions

$$G = G_0 + y \left(\Delta\mu_{0(-)}\right) + F(y) + kT \left[y \ln \left(y/(x+y)\right) + x \ln \left(x/(x+y)\right)\right]. \tag{83.12}$$

In dieser Gleichung enthält G_0 alle Beiträge zur freien Enthalpie, die nichts mit der Ionisation zu tun haben, das zweite Glied ist die freie Standard-Enthalpie, die zur Ionisation einer einzigen Gruppe notwendig ist, der dritte Summand ein Ausdruck für die sog. elektrostatische Feldenergie (vgl. w. u.) und das letzte Glied die freie Enthalpie der Mischung y ionisierter und x nichtionisierter — aber ionisierbarer — Gruppen, deren Summe $x + y$ ist. Nun ist

$$\Delta\mu_{0(-)} + \mu_{op} = \mu_0(\text{diss.}) - \mu_0(\text{undiss.}) + \mu_{op} - RT \ln K_0. \tag{83.13}$$
$$(K_0 = \text{Gleichgewichtskonstante der H}^+\text{-Ionendissoziation})$$

Differenziert man Gl. (12) nach y und setzt in (13) unter Verwendung von (11) ein, erhält man

$$kT \ln a_{\mathrm{H}+} = kT \left[\ln K_0 + \ln \left(x/(x+y)\right)\right] - \partial F(y)/\partial y. \tag{83.14}$$

Da weiterhin y/x der Ionisationsgrad α ist, erhält man unter Verwendung der entsprechenden Definitionen für das p_{H} und die Größe p_{K} (vgl. Anhang I) die Gleichung

$$p_{\mathrm{H}} = p_{\mathrm{K}} - \ln \left[(1-\alpha)/\alpha\right] + (1/kT) \, \partial F(y)/dy. \tag{83.15}$$

Ähnliche Beziehungen sind experimentell vor der Aufstellung dieser Theorie gefunden worden. Aus Gl. (15) läßt sich die Größe $\partial F(y)/dy$ experimentell bestim-

---

[1] Polyvinylbutylpyridiniumbromid in Nitromethan- Dioxan-Mischungen im Bereich von $\varepsilon = 16$ bis $\varepsilon = 39$ siehe G. I. CATHERS u. R. M. FUOSS: J. Polymer Sci. **4**, 121 (1949)

[2] BAILEY, F. E., A. PATTERSON jr., u. R. M. FUOSS: J. Amer. chem. Soc. **74**, 1845 (1952).

[3] Die Größe $\partial G/\partial y$ ist so zu verstehen, als ob sie das chemische Potential der Wasserstoffionen im Makromolekül selbst darstellen würde, wobei das Makromolekül eine besondere „Phase" ist; daß dieses Verfahren annähernd richtig ist, geht aus § 64 hervor.

[4] KATCHALSKY, E. u. J. GILLIS: Recueil Trav. chim. Pays-Bas **68**, 879 (1949).

men, was für fadenförmige Polyelektrolyte von besonderer Bedeutung ist, da sie mit Hilfe einer noch zu erörternden einfachen Theorie berechenbar ist.

Die Dissoziationsverhältnisse werden am besten durch Aufnahme einer Titrationskurve überprüft, die den Zusammenhang zwischen Zahl der titrierbaren Gruppen und dem p_H herstellt. Hierzu ist es nur notwendig, ein Salz oder eine Säure der Substanz mit Säure oder Lauge portionsweise zu versetzen und nach jeder Zugabe den p_H-Wert — am besten mit einer Glaselektrode — zu bestimmen. Das Verhältnis von zugegebener Menge Säure oder Base zur Gesamtmenge der zu titrierenden Substanz wird dann gegen den p_H-Wert aufgetragen, eine solche Titrationskurve ist in Abb. 84.6 dargestellt. Da die Annahme berechtigt ist, daß etwa das Natriumsalz einer Säure vollständig dissoziiert sind, nicht aber die Säure selbst (oder das Entsprechende bei einer Base) wird der Neutralisationsgrad durch das Verhältnis zugesetzter Base (bzw. Säure) zur Gesamtsubstanz ausgedrückt. Dieses Verhältnis ist dem Ionisationsgrad α identisch.

Im Gegensatz zur Titrationskurve niedermolekularer Substanzen erkennt bei man denen der Makrosäuren oder -basen (Polysäuren) keine einzelnen Wendepunkte mehr an den Stellen, wo $p_H = p_K$ ist. Obwohl in der Theorie angenommen wurde, daß alle ionisierbaren Gruppen die *gleiche* freie Ionisierungsenthalpie besitzen, werden sie jedoch in Wirklichkeit *nacheinander* neutralisiert. Wenn solche Gruppen im ionisierten Zustand vorliegen, erzeugen sie nämlich zusammen ein elektrostatisches Feld, das natürlich die Ionisationsenergie der einzelnen Gruppen beeinflussen muß; bei hoher Feldstärke — d. h. wenn alle Gruppen ionisiert sind — wird die Anlagerung eines Gegenions am schwersten vonstatten gehen, bzw. umgekehrt die Abspaltung am leichtesten. Mit zunehmender Neutralisation nimmt die Zahl der ionisierten Gruppen ab und damit auch die Feldstärke. Doch je kleiner die Feldstärke wird, desto leichter wird eine weitere Anlagerung der Gegenionen stattfinden können. Sind die Unterschiede zwischen den jeweiligen Änderungen der elektrostatischen Feldenergie bei Anlagerung eines einzigen Ions nicht groß, werden sich die einzelnen Stufen der Anlagerung verwischen, besonders wenn die Zahl der ionisierbaren Gruppen groß genug ist.

Rein analytisch zwischen Makroionen und anderen geladenen Kolloiden zu unterscheiden, dürfte nicht schwer sein, jedoch wäre es unzweckmäßig, ein physikalisches Unterscheidungsmerkmal dafür heranzuziehen. Die covalente Bindung der Makroionen ist chemisch am besten nachzuweisen. (Ein einfaches Mittel sind Auflösungsversuche in verschiedenen Lösungsmitteln.)

Wie bei den nicht geladenen Makromolekülen ist bei den Makroionen je nach der Konstitution wieder mit drei strukturellen Möglichkeiten zu rechnen: Fäden, zweidimensionale oder dreidimensionale Netze und Korpuskeln — wobei letztere ein Spezialfall der dreidimensionalen Netze sind. Die Netzstrukturen gehören — abgesehen von den Proteinen — auch hier wieder zu den Gelen und sollen dort behandelt werden (vgl. Kap. IX).

Fadenförmige Polyelektrolyte

Zu den fadenförmigen Polyelektrolyten gehören sowohl synthetische als auch natürlich vorkommende Substanzen, von denen einige in der Tab. 83.I aufgeführt sind. Hierzu gehören die Substanzen, die mit

Tabelle 83.I. *Einige fadenförmige Polyelektrolyte*

Polyacrylsäure, Polymethacrylsäure
Polyamine, Polyvinylpyridin
Alginsäure, Hyaluronsäure, Heparin, Chondroitinschwefelsäure
Polyaminosäure (Polylysin, Polyglutaminsäure, Polyasparaginsäure, Polyprolin, Polyserin [Polyalanin])
Polyphosphate [Polykieselsäuren] Polyvanadate

Recht Polyelektrolyte bezeichnet werden. Sie lassen sich relativ einfach erkennen und von geladenen Korpuskeln unterscheiden: Ihre Viskositätskurve nimmt, wie Abb. 83.4 zeigt, einen Verlauf, der ausschließlich bei ihnen beobachtet wird. Bei ungeladenen Fadenmolekülen nimmt die spezifische Viskosität monoton mit der Konzentration zu, ähnlich ist es bei korpuskularen geladenen oder ungeladenen Partikeln. Bei geladenen Fadenmolekülen ist es hingegen gerade umgekehrt, die spezifische Viskosität nimmt mit abnehmender Konzentration zu. Ursache dieses eigenartigen Verhaltens ist die Veränderung ihrer Gestalt, die in höherer Konzentration als Knäuel vorliegt, bei niederer durch Abgabe ihrer Gegenionen aufgeladen wird und sich dabei ausstreckt. Das Knäuel hat aber eine geringere Eigenviskosität als der Faden.

Hierin äußerst sich der enge Zusammenhang zwischen Größe, Gestalt und Struktur der Fadenionen und ihrem elektrischen Ladungszustand. Letzterer hängt aber davon ab, ob die dem Polyion entgegengesetzt geladenen Ionen diesem unmittelbar assoziiert sind, oder sich in geringerer oder größerer Entfernung von ihm

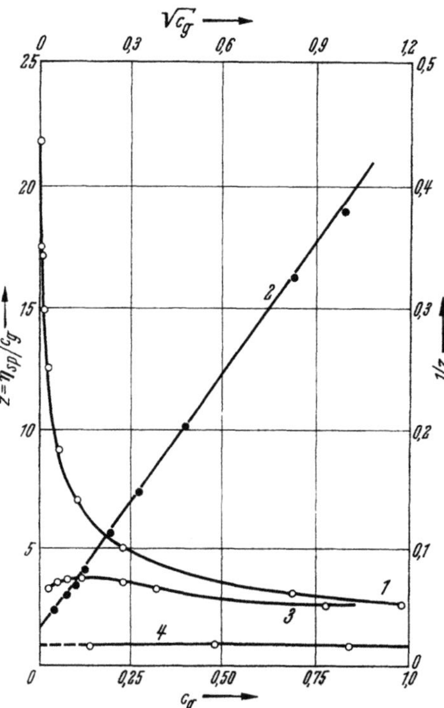

Abb. 83.4. Reduzierte spez. Viskosität v. Polyvinylbutylpyridiniumbromidlösungen. Lösungsmittel sind bei *1*, Wasser, bei *3*, 0,001 *m* KBr, bei *4*, 0,0335 *m* KBr. (Koordinaten links u. unten) Kurve *2*, $1/(\eta_{sp}/c)$ als Funktion von $\sqrt{c}$ (Koordinaten rechts u. oben). Nach STRAUSS u. FUOSS in STUART: Physik d. Hochpolymeren Bd. I, Berlin 1953, S. 695

befinden. Das wieder muß eine Funktion der Konzentration des Polyelektrolyten, seiner Fadenlänge, der Zahl seiner ionisationsfähigen Gruppen und schließlich der Gesamtkonzentration der außer ihm in der Lösung vorhandenen Elektrolyten sein.

Die Gestalt eines ungeladenen Fadenmoleküls, bzw. dessen äußere Erscheinungsform — Knäuelungsgrad oder wie man es sonst bezeichnen mag — ist in erster Näherung durch den mittleren Fadenabstand $\sqrt{\overline{h^2}}$ zu beschreiben. Wollte man bei geladenen Fäden dieselbe Kenngröße zur Charakterisierung heranziehen, wäre es notwendig, $\sqrt{\overline{h^2}}$ in gleicher Weise wie in § 22 statistisch zu berechnen, doch müßte berücksichtigt werden, daß zwischen den einzelnen Fadensegmenten nun noch elektrische Kräfte wirksam werden, die von ihrer Ladung abhängig sind. Bei der Berechnung der Wahrscheinlichkeit des Fadenendenabstands nach Gl. (20.29) wäre noch eine potentielle (elektrische) Energie $F(h, y)$ zu berücksichtigen. In der Sprache der Statistik ausgedrückt: Es wäre ein neues Konfigurationsintegral zu lösen (vgl. § 20).

Qualitativ kann man sich das Verhalten fadenförmiger Ionen folgendermaßen vorstellen: In polaren Lösungsmitteln dissoziieren die Gegenionen des Polyelektrolyten allmählich ab und versuchen in das Innere des Dispersionsmittels zu diffundieren. Sie lassen dabei nicht kompensierte Ladungen längs des Fadens zurück. Diese Ladungen versuchen einerseits, sich gegenseitig abzustoßen — was ihnen indes nur soweit gelingt, als es die Bindungen zwischen den ionisierbaren Gruppen des Fadens zulassen —, andererseits versuchen sie die entgegengesetzt geladenen Gegenionen zurückzuhalten und ihre Diffusion in das Lösungsinnere zu verhindern. Wenn wir annehmen, daß das undissoziierte Fadenion zunächst als „statistisches Knäuel" vorliegt, so wird es sich durch die allmähliche elektrische Aufladung und Abstoßung der einzelnen Fadensegmente immer mehr expandieren, entknäueln und die Form eines gestreckten Stäbchens annehmen. Dabei wird nun wieder ein Teil der Gegenionen im Inneren des Fadenknäuels durch elektrostatische Kräfte festgehalten, und zwar um so stärker, je mehr Ladungen (pro Volumeneinheit gerechnet) im Fadenknäuel entstehen. Das hat aber eine Rückwirkung auf die Entknäuelungstendenz des Fadens, denn die im Knäuel befindlichen Gegenionen schirmen die Abstoßung der Fadensegmente ab. Schließlich stellt sich ein Gleichgewichtszustand ein, bei dem sich abstoßende und anziehende Kräfte die Waage halten, der aber von der Verteilung der Gegenionen im Knäuel und in dessen unmittelbarer Umgebung abhängt. Dies Bild läßt sofort erkennen, daß der Gleichgewichtszustand von der Polyelektrolytkonzentration abhängen muß; bei sehr großer Verdünnung sollten praktisch alle Gegenionen abdissoziieren und der Faden eine gestreckte Form annehmen. Bei höherer Konzentration kommen immer mehr Gegenionen in die Nähe des Fadens, der sich dann knäueln und Gegenionen in sein Inneres aufnehmen kann. Die Gegenwart anderer Elektrolyte muß störend sein, da sie die Verteilung der Gegenionen um das Makroion stark beeinflussen. Damit wird auch das Verhalten bei hoher Konzentration oder hohem Elektrolytzusatz erklärt; kann das Fadenion sehr viele Gegenionen an sich binden, werden zwischen den Fadensegmenten keine abstoßenden, sondern eher anziehende Kräfte auftreten, so daß es sich *stärker* zusammenknäuelt als wenn es ungeladen wäre.

Die theoretische Behandlung des Problems zielt auf die Berechnung des mittleren Fadenendenabstands oder des Radius eines als kugelförmig anzusehenden Fadenknäuels in Abhängigkeit vom Polymerisationsgrad, von der Ladung und der

39*

Fadensegmentlänge, sowie die Änderung von h bzw. R durch die Ionenstärke der Lösung.

Zur Lösung sind zwei verschiedene Wege beschritten worden, deren Gedankengänge wir nur kurz skizzieren können: Von einer Autorengruppe — HERMANS und OVERBEEK[1], KIMBALL und Mitarbeitern[2], KAGAWA und Mitarbeitern[3] sowie WALL und BERKOWITZ[4] — wird das Makroion als eine Kugel angesehen, in derem Inneren ein Teil der Ladung fixiert ist und die anderen durch die Kugeloberfläche hindurch frei in die Umgebung diffundieren können. Das entspricht dem Bild eines DONNANschen Membrangleichgewichts, wo auch eine Ionensorte — dort allerdings durch das Vorhandensein einer Membran — an der Diffusion verhindert ist, während die anderen frei austauschbar sind. Aus der Gl. (58.21) für das Membrangleichgewicht erhält man

$$n_c^{(P)} \left[(\varrho_0/e_0) + n_c^{(P)} \right] = n_c^2 \tag{83.16}$$

mit

$$\varrho_0 = 3 Z\, e_0/4\,\pi\, R^3$$

(n_c = Elektrolytkonzentration = Gegenionenkonzentration im Lösungsmittel, $n_c^{(P)}$ = das gleiche innerhalb der Makroionenkugel, ϱ_0 = Ladungsdichte, R = Kugelradius, Z = Zahl der Ladungen des Makroions, e_0 = Elementarladung).

Hieraus läßt sich sofort nach Gl. (58.13) das DONNAN-Potential E_D berechnen, wobei darauf zu achten ist, daß der Potentialabfall unmittelbar an der „Grenzfläche" der Kugel stattfindet. Wie in § 59 beschrieben worden ist, kann die Potentialverteilung um das Makroion nach der GOUY-CHAPMANschen Theorie berechnet werden, wenn für die dort auftretenden Potentiale das aus Gl. (58.13) berechnete eingesetzt wird. Es lassen sich dann Potentialkurven sowohl für die Verteilung der Ladung innerhalb als auch außerhalb der Kugel angeben, wobei berücksichtigt werden muß, daß erstere die letztere beeinflußt. Ist einmal die Potentialverteilung als explizierter Ausdruck gegeben, läßt sich die freie Enthalpie des Systems als Funktion des Kugelradius R und der Doppelschichtdicke $1/\varkappa$ (vgl. § 59) berechnen. Man erhält

$$\Delta\psi_D = - (kT/e_0) \ln \left(n_c/n_c^{(P)} \right) = - (kT/e_0) \ln \left[\left((\varrho_0/e_0) - n_c^{(P)} \right)/n_c \right]. \tag{83.17}$$

Nun muß im Gleichgewicht der Aufwand an elektrischer Energie bei Vergrößerung der Kugel um dR der Entropieänderung, die die Kugel dabei erleidet, gleich sein; letzteres muß sich aber auch aus der statistischen Berechnung[5] ergeben, da ja die Kugel aus einem statistischen Knäuel des Fadenions bestehen soll. Diese Entropieänderung bei Vergrößerung des Radius um dR ist von HERMANS und OVERBEEK (loc. cit.) berechnet worden, sie ist

$$- dS/dR = kT \left[3 \Big/ \left(R^2 - \frac{5}{56}\, j\, A_m^2 \right) - 108/5\, j\, A_m^2 \right] R \tag{83.18}$$

(A_m = Länge des statistischen Fadensegments, j = Polymerisationsgrad). Wenn nun $dF_{(\text{elektr.})}/dR = - T\, dS/dR$ ist[6], kann die Größe R aus Gl. (17) durch Differentiation nach R berechnet werden, wobei zur numerischen Auswertung graphische Methoden hinzugezogen werden müssen.

Die Übereinstimmung der experimentell ermittelten Werte (Viskositätsmessung) von R in Abhängigkeit von der Ionenstärke ist jedoch wie NAGASAWA und KAGAWA

---

[1] HERMANS, J. J. u. J. TH. G. OVERBEEK: Recueil Trav. chim. Pays-Bas **67**, 761 (1948).

[2] KIMBALL, G. E., M. CUTLER u. H. SAMELSON: J. physic. Chem. **56**, 57 (1952).

[3] OSAWA, F., N. IMAI u. I. KAGAWA: J. Polymer Sci. **13**, 93 (1954).

[4] WALL, F. T. u. J. BERKOWITZ: J. chem. Physics **26**, 114 (1957).

[5] Nach KUHN, vgl. § 20.

[6] $F_{(\text{elektr.})} = \dfrac{1}{2}\, \varepsilon\, [(\varkappa\, R)^2/2\,\varkappa]\, E_D^2 \displaystyle\int_0^{\varkappa R} f(x)\, dx,$

$$f(x) = [(3 + 6x + 5x^2 + 2x^3)\, e^{-2x} + x^2 - 3]/x^3$$

vgl. M. NAGASAWA u. I. KAGAWA: Bull. Chem. Soc. Japan **30**, 961 (1957).

nachweisen konnten, auch bei Verwendung der Ansätze verschiedener Autoren ausgesprochen schlecht, obwohl die Änderung dem Sinn nach richtig wiedergegeben wird.

2. Eine andere Methode zur Lösung des Problems, die von KATCHALSKY, KÜNZLE und KUHN[1] entwickelt wurde, versucht den mittleren Fadenabstand dadurch zu berechnen, daß in die Gleichung für die Wahrscheinlichkeit $W(h)$ ein Term für die potentielle Energie eingeführt wird, der von elektrischen Aufladungen herrührt. Man erhält also statt Gl. (20.29)

$$W(h)\, dh = \text{const } h^2\, e^{-\,[\beta^2\, h^2\, -\, F(v,\, h)]/k\, T}\, dh. \tag{83.19}$$

Zur Berechnung ist es notwendig, einen integrierbaren Ausdruck für $F(v, h)$ zu finden. Wenn jedes Segment des Fadens eine Ladung $v\, e_0/j$ trägt, ist die elektrostatische Energie zwischen zwei Segmenten

$$\frac{1}{2}\, \frac{v^2\, e_0^2}{j^2\, \varepsilon_0^2\, r}$$

($\varepsilon =$ Dielektrizitätskonstante, $r =$ Entfernung zwischen zwei Segmenten).

Da die Abstoßung durch die Anwesenheit der Gegenionen innerhalb des Knäuels herabgemindert wird, wird einfach der Ausdruck $e^{-\varkappa r}$ der DEBYE-HÜCKELschen Theorie als Abschirmungsfaktor eingeführt. Summation bzw. Integration über alle Segmente des Fadens gibt schließlich die elektrostatische Gesamtenergie, die sich jedoch nicht in geschlossener Form darstellen läßt. Näherungen für unendliche Verdünnungen sind

$$F(v, h) = (v^2\, e_0^2/\varepsilon\, h)\, \big(1 + \ln\, (h^2/h_0^2)\big) \tag{83.20}$$

und für mittlere Ionenstärke

$$F(v, h) = (v^2\, e_0^2/\varepsilon\, h)\, \ln\, \big(1 + (4h/\varkappa\, h_0^2)\big) \tag{83.21}$$

($h_0 =$ Fadenendenabstand des ungeladenen Polyelektrolyten).

Die letzteren Ausdrücke lassen sich experimentell leicht überprüfen, da es möglich ist, den Differentialquotienten $\partial F(v, h)/\partial v$ aus Titrationskurven zu berechnen, wie bereits auf S. 609 erwähnt wurde.

Eine Kritik aller Theorien durch KAGAWA[2] kommt jedoch zu dem Schluß, daß wegen der Diskrepanzen zwischen berechneten und experimentell bestimmtem Volumen der Fadenionen in der Theorie noch grundsätzliche Fehler vorhanden sein müssen; vermutlich ist es die Nichtberücksichtigung der am Fadenion assoziierten Gegenionen und der Tatsache, daß die Aktivitätskoeffizienten der im Knäuel befindlichen Gegenionen möglicherweise sehr niedrig sind.

Diese Meinung wird wesentlich durch die Befunde von WALL und Mitarbeitern[3] gestützt, die durch Messung der Austauschgeschwindigkeit der Gegenionen von Polyacrylationen mit Hilfe radioaktiv indizierter Substanzen deutlich zwei verschiedene Mechanismen unterscheiden konnten. Ein schneller Austausch findet zwischen den Gegenionen der „Ionenwolke" statt, während die im Gewirr des Fadenknäuels gefangenen Ionen nur langsam ausgetauscht werden.

Warum die Partikelgestalt fadenförmiger Makroionen von ihrer eigenen Konzentration bzw. der Ionenstärke im Dispersionsmittel abhängt, ist jetzt zu verstehen; der mittlere Fadenendenabstand als gestaltsbestimmender Parameter hängt von der Potentialverteilung in unmittelbarer Umgebung des Makroions ab. Durch einen Vorgang, der

[1] KATCHALSKY, A., O. KÜNZLE u. W. KUHN: J. Polymer Sci. 5, 283 (1950); KATCHALSKY, A.: J. Polymer Sci. 7, 393 (1951).

[2] NAGASAWA, M. u. I. KAGAWA: loc. cit.

[3] WALL, F. T. u. P. F. GRIEGER: J. chem. Physics 20, 1200 (1952); WALL, F.T. u. P. F. GRIEGER, J. R. HUIZENGA und H. DOREMUS: J. chem. Physics 20, 1206 (1952).

einem DONNAN-Gleichgewicht analog ist, entsteht ein Potentialabfall in der Nähe der (statistischen) Begrenzung des Fadenknäuels, hierdurch entsteht eine äußere Ionenwolke, deren Dicke wie bei der GOUY-CHAPMANschen Doppelschicht (§ 59) von der Ionenstärke und dem gegenseitigen Partikelabstand abhängt.

Je nach Konzentrations- und Ionenstärke treten bei fadenförmigen Makroionen Übergänge von annähernd kugelförmigen Fadenknäueln über ellipsoidförmige bis zu starren Stäbchen auf. Natürlich muß sich das bei allen Eigenschaften, die durch eine Anisometrie der Partikeln beeinflußt werden, bemerkbar machen. (Diffusion, Sedimentation, Viskosität, Strömungsdoppelbrechung usw.)

Die Viskosität ist die am einfachsten zu überblickende physikalische Eigenschaft, die auf eine Partikel-Anisometrie anspricht.

Nach FUOSS[1] läßt sich der Verlauf der Viskositäts-Konzentrations-Kurve durch folgende empirische Gleichung

$$\eta_{sp}/c_g = A/(1 + B\sqrt{c_g}) \qquad (83.22)$$

beschreiben, worin die Konstante A der aus § 14 bekannten Grenzviskosität $[\eta]$ entspricht; für sie läßt sich die korrigierte STAUDINGERsche Gleichung (16.29) einsetzen. Der Exponent hat für das nichtionisierte Molekül etwa den Wert 1, wächst mit steigender Ionisation allmählich auf den Wert von $1,8\cdots2$, was nach der Theorie (§ 14) bedeutet, daß der Faden im nichtionisierten Zustand ein statistisches Knäuel, im ionisierten

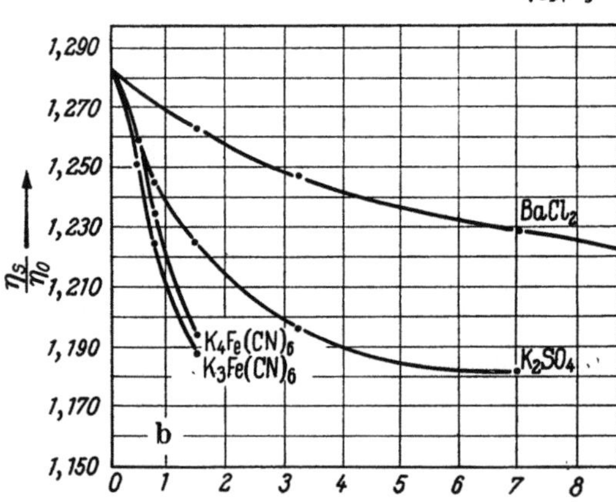

Abb. 83.5. Einfluß von Elektrolyten verschiedener Wertigkeit auf die spez. bzw. relative Viskosität einer (a) positiv und (b) negativ geladenen Casein-Lösung bei 50°. Nach KRUYT u. LIER: Kolloidchem. Beih. **28**, 407 (1929)

Zustand dagegen ein gestrecktes Stäbchen sein muß. Die Konstante B beschreibt die abschirmende Wirkung der Gegenionen innerhalb des Knäuels.

---

[1] FUOSS, R. M.: J. Polymer Sci. **3**, 603 (1948); **4**, 96 (1949).

Wird der Polyelektrolytlösung ein einfacher Elektrolyt in steigenden Mengen zugesetzt, nähert sich die Form der Viskosität-Konzentrations-Kurve der eines nicht geladenen Fadenmoleküls. Auf Abb. 83.4 ist zu erkennen, daß dazu nicht unerhebliche Mengen zugesetzt werden müssen, geringe Zusätze können nicht alle Einflüsse der eigenen Ladung beseitigen. Den Einfluß verschiedener Ionen läßt Abb. 83.5a u. b erkennen.

Grundsätzlich beeinflussen zugesetzte Elektrolyte alle physikalischen Effekte, die auf der Ladung der Makroionen beruhen, in gleicher Weise; ausreichende Ionenstärke im Dispersionsmittel setzt die Potentiale in der Umgebung des Makroions so weit herab, daß ihre Wirkung vernachlässigbar klein wird und das Makroion sich schließlich verhält wie ein Makromolekül in Lösung. (Dies ist wichtig für alle Molekulargewichtsbestimmungen geladener Makromoleküle, nur die sind einigermaßen verläßlich, die in Gegenwart ausreichender Menge Fremdelektrolyt vorgenommen worden sind.)

Leitfähigkeitsanisotropie

Lösungen anisometrischer Partikeln, die sich in einem Strömungsgefälle befinden, zeigen eine Anisotropie ihrer Leitfähigkeit, d. h. ihre Leitfähigkeit ist in verschiedenen Richtungen relativ zur Strömungsrichtung verschieden. Dieser von HECKMANN[1], SCHINDEWOLF[2] und JACOBSEN[3] gefundene Effekt läßt sich deutlich bei fadenförmigen Makroionen (Polyphosphat), Seifenlösungen höherer Konzentration (Cetyltrimethylammoniumbromid) und Natrium-Thymonucleat-Lösungen beobachten. Durch entsprechende Anbringung der Meßelektroden in einer COUETTE-Apparatur lassen sich Leitfähigkeiten in verschiedenen Richtungen relativ zur Strömungsrichtung bestimmen, wie in Abb. 83.4 schematisch dargestellt ist.

Die Änderung der Leitfähigkeit ist natürlich vom Ausmaß der Ausrichtung abhängig, da die Beweglichkeit der Teilchen davon abhängt, wie sie relativ zu ihrer anisometrischen Achse bewegt werden (z. B. läßt sich ein Scheibchen leichter in Richtung der Scheibchenebene bewegen als senkrecht dazu). Ein stäbchenförmigeer Polyelektrolyt hat eine höhere Beweglichkeit in der Längsachse als in den beiden anderen Achsen. Im Strömungsgefälle wird daher die Leitfähigkeit in der Strömungsrichtung größer sein als in den beiden Richtungen senkrecht dazu (vgl. Abb. 83.6). Blättchen dagegen haben nur in Richtung der Strömungsgradienten eine geringe Beweglichkeit und daher auch Leitfähigkeit, während sie in Strömungsrichtung in der Richtung senkrecht zur Ebene zwischen Strömungsrichtung und Strömungsgradient eine höhere besitzen müssen. Von HECKMANN und GÖTZ[4] wurden diese Überlegungen zu einer Bestimmungsmethode der Partikelgestalt geladener Teilchen entwickelt; sie konnten durch Messungen an Graphitsäuresolen und

---

[1] HECKMANN, K.: Naturwiss. **40**, 478 (1953); Z. physik. Chem., N. F. **9**, 318 (1956).
[2] SCHINDEWOLF, U.: Naturwiss. **40**, 435 (1953).
[3] JACOBSON, B.: Rev. sci. Instruments **24**, 949 (1953).
[4] HECKMANN, K. u. K. G. GÖTZ: Z. Elektrochem. **62**, 281 (1958).

Polyphosphaten — also einer Scheibe und einem Stäbchen — die theoretischen Erwartungen bestätigen.

Bei geladenen in elektrolytarmen Dispersionsmitteln existenzfähigen Kolloidsystemen ist damit eine allgemein anwendbare Methode geschaffen, die sowohl eine Feststellung der Anisometrie der Partikeln als auch eine Unterscheidung zu machen gestattet, ob Stäbchen oder Blättchen vorliegen.

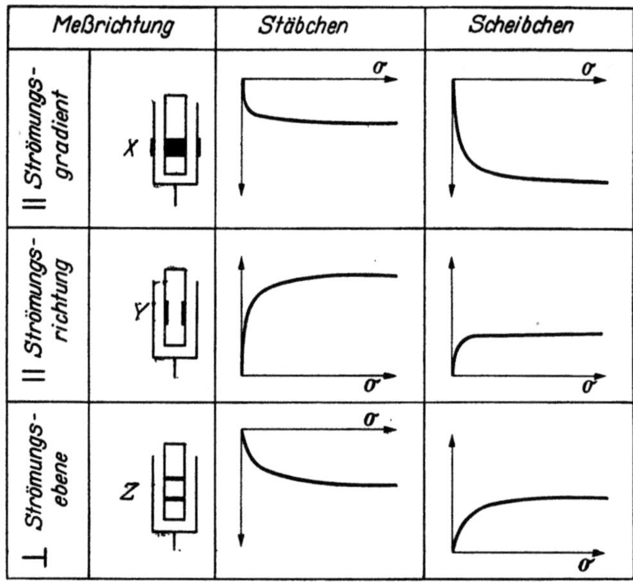

Abb. 83.6. Leitfähigkeitsanisotropie bei verschiedener Anordnung der Elektroden (Meßrichtung) zur Strömungsrichtung (σ = Verhältnis von Strömungsgradient zu Rotationsdiffusionskonstante). Nach HECKMANN u. GÖTZ, loc. cit.

§ 84. Amphotere Polyelektrolyte

Allgemeines

Diese Gruppe umfaßt Makromoleküle aller Formen, Größen und Strukturen, die als Besonderheit positiv und negativ ionisierbare Gruppen am gleichen Molekül besitzen. Der niedermolekulare Prototyp aller amphoteren Elektrolyte ist die Aminosäure der allgemeinen Formel

$$H_3N^+\text{—}CHR\text{—}COO^-$$

(R = Rest in 24facher Variation). Es gibt nun makromolekulare fadenförmige Partikeln, Netze und Korpuskeln, die ebenso Zwitterionen sind wie die einfachen Aminosäuren[1] (vgl. Abb. 84.1). Die bekanntesten Substanzen dieser Art sind die Proteine, die in jedem lebenden Organismus

---

[1] Die Aminosäuren befinden sich in Wasser zu 99,92% im Zustand der Zwitterionen, was sich aus den Gleichgewichtskonstanten berechnen läßt. Auch die hohe Dielektrizitätskonstante ihrer wässerigen Lösungen weist auf diese Struktur hin (vgl. dazu etwa ALBERTY in The Proteins. Herausgb. K. BAILEY u. H. NEURATH. Vol. I A. New York, 1954).

vorkommen. Sie bestehen aus Aminosäureresten, die durch Peptidbindungen (E. Fischer) nach folgendem Schema miteinander verknüpft sind

$$H_3N^+CHR_1COO^- + H_3NCHR_2COO^- \rightarrow$$

$$H_3N^+CHR_1\boxed{CONH}CHR_2COO^- + H_2O\,.$$

Die linearen hieraus entstehenden Polymeren heißen *Polypeptide* oder — wenn immer die gleiche Aminosäure polymerisiert wird — *Polyaminosäuren*. Obwohl der lebende Organismus in der Lage ist, Proteine in großer Menge zu bilden, konnten sie bisher noch nicht synthetisch hergestellt werden, da ihr Bildungsmechanismus noch nicht restlos aufgeklärt ist. Proteine sind die „Materie", deren sich der lebende Organismus nicht nur zum Aufbau seiner Organe bedient, sondern die er auch als funktionelle Elemente benutzt, die ihm bei der Um-

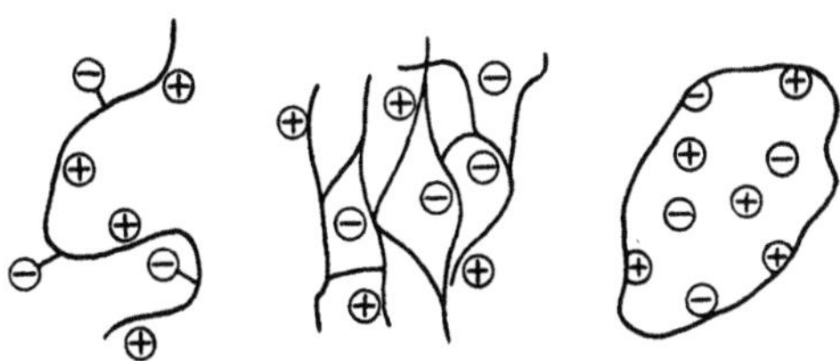

Abb. 84.1. Amphoteres Fadenmolekül, Netzwerk u. kompakte amphotere Partikel (schematisch)

wandlung von chemischer in mechanische Energie, zur Steuerung chemischer Reaktionen durch enzymatische Katalyse, zur Energiefortleitung usw. behilflich sind[1].

Die Zahl der Anordnungsmöglichkeiten der Aminosäuren in einem Polypeptid (Aminosäurefolge) ist bei Verwendung von 20 Aminosäuren bereits außerordentlich groß, vor allem, wenn es sich um höher molekulare Peptide mit mehr als 500 Aminosäuren handelt. Die hauptsächlichsten der natürlich vorkommenden Aminosäuren sind in Tab. 84.I aufgeführt. Das Polypeptid als solches ist zunächst als *primäres* Bauelement des Proteins anzusehen. Es ist eine Kette ähnlich einem fadenförmigen Hochpolymeren nur mit individuell wechselnder Reihenfolge der verschiedenen Monomeren. Dieses Element kann sich zu den verschiedensten Gebilden, Knäueln, Rosten, Spiralen usw. formen, wie es Abb. 84.1 nahezubringen versucht, somit stehen ihnen *sekundär* viele besondere Anordnungsmöglichkeiten offen. Da sich diese Spiralen, Knäuel, Roste usw. durch weitere Faltung und Zusammenlagerung zu neuen räumlichen Gebilden anordnen können, entstehen dadurch noch weitere — *tertiäre* — Mannigfaltigkeiten. Man spricht daher von Primär-, Sekundär- und Tertiärstruktur eines Proteins. Wegen dieser überaus großen Variationsmöglichkeiten in der Ausbildung bestimmter Strukturen aus relativ wenigen Bauelementen ist es der Natur möglich, sehr viele individuell voneinander verschiedene Proteine mit besonderen Eigenschaften entstehen zu lassen.

Anders als bei den Dispersionskolloiden, Assoziationskolloiden und hochpolymeren Makromolekülen, die immer das Vielfache eines *einzigen*

---

[1] Vgl. z. B. E. Lehnartz: Einf. i. d. Chemische Physiologie. 6. Aufl. Berlin 1948.

Tabelle 84.I. *Die wichtigsten Aminosäuren der Proteine*

Neutrale Aminosäuren:

Glycin	$CH_2(NH_2)COOH$
Alanin	$CH_3CH(NH_2)COOH$
Valin	$(CH_3)_2CHCH(NH_2)COOH$
Leucin	$(CH_3)_2CHCH_2CH(NH_2)COOH$
Iso-Leucin	$CH_3CH_2CH(CH_3)CH(NH_2)COOH$
Serin	$HO—CH_2CH(NH_2)COOH$
Threonin	$CH_3CH(OH)CH(NH_2)COOH$
Cystein	$HS—CH_2CH(NH_2)COOH$
Cystin	$HOOC—CH(NH_2)CH_2S—SCH_2CH(NH_2)COOH$
Methionin	$CH_3—S—CH_2CH_2CH(NH_2)COOH$

Phenylalanin $\langle\bigcirc\rangle—CH_2CH(NH_2)COOH$

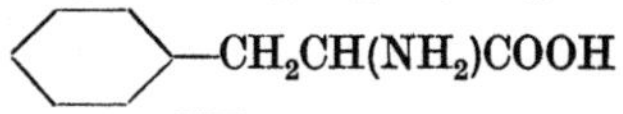

Tyrosin $HO—\langle\bigcirc\rangle—CH_2CH(NH_2)COOH$

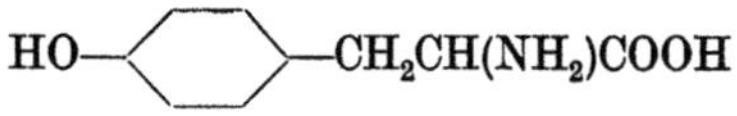

„Saure" Aminosäuren:

Asparaginsäure	$HOOC—CH_2CH(NH_2)COOH$
Glutaminsäure	$HOOC—CH_2CH_2CH(NH_2)COOH$

„Basische" Aminosäuren:

Lysin	$H_2N—CH_2CH_2CH_2CH_2CH(NH_2)COOH$
Arginin	$HN{=}C—NH—CH_2CH_2CH_2CH(NH_2)COOH$

$$\underset{\displaystyle NH_2}{\overset{}{|}}$$

Histidin

$$N—C—CH_2CH(NH_2)COOH$$
$$\parallel\quad\parallel$$
$$CH\ \ CH$$
$$\diagdown\diagup$$
$$NH$$

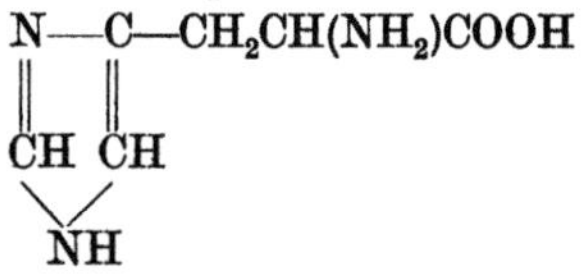

Neutrale heterocyclische Aminosäuren:

Tryptophan

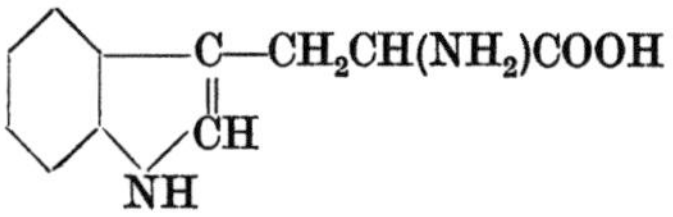

$$\bigcirc\!\!-\!\!\begin{array}{c}—C—CH_2CH(NH_2)COOH\\ \parallel\\ CH\\ |\\ NH\end{array}$$

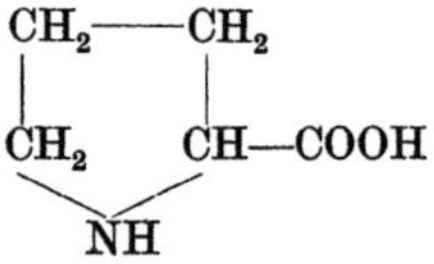

Prolin

$$CH_2——CH_2$$
$$|\qquad\quad|$$
$$CH_2\qquad CH—COOH$$
$$\diagdown\qquad\diagup$$
$$NH$$

Oxyprolin

$$HO—CH——CH_2$$
$$|\qquad\quad|$$
$$CH_2\qquad CH—COOH$$
$$\diagdown\qquad\diagup$$
$$NH$$

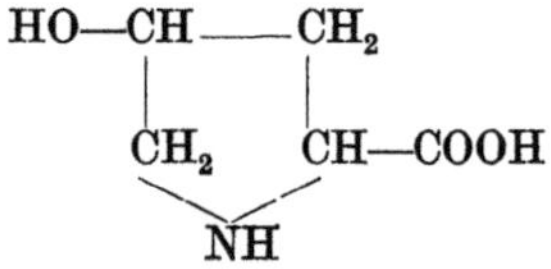

Bausteins darstellen, sind Proteine Makromoleküle individuellen Charakters genau wie irgendeine andere organische chemische Verbindung komplizierten Aufbaus, die auch physikalisch als Molekül anzusehen ist (z. B. komplizierte Farbstoffe, Steroide usw.).

Die in lebenden Organismen vorkommenden Nucleinsäuren, die ebenfalls amphotere Makroionen bilden, besitzen einen von den Proteinen verschiedenen Aufbau. Sie stellen ebenfalls außerordentlich bedeutungsvolle Bestandteile der lebenden Zelle dar, gemeinsam mit den Proteinen bilden sie die Gene der Chromosonen, die für die Vererbung verantwortlich sind, auch vermutet man in ihnen die steuernden Faktoren der Proteinsynthese, die sich auch im Zellplasma finden. Ihre Baueinheit wird als Nucleotid bezeichnet und besitzt folgende Formel

$$(\text{Base-Ribose-Phosphorsäure})_j$$

oder

$$(\text{Base-Deoxyribose-Phosphorsäure})_j .$$

Die Variationsbreite ist hier geringer als bei den Peptiden, es kommen zwar als verbindendes Glied zwischen Phosphorsäure und einer heterocyklischen Base die beiden Zucker Ribose und Deoxyribose mit folgender Struktur

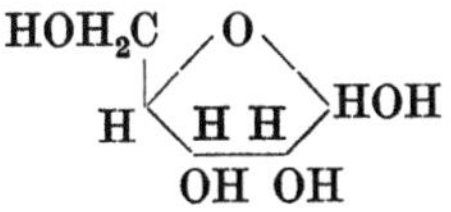

(Ribose) 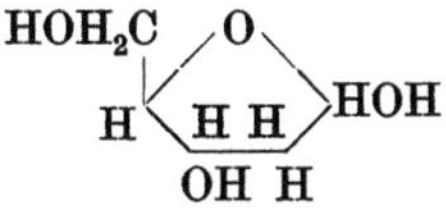   (2-Deoxyribose)

in Frage, als Basen kennt man nur die in der Tab. 84.II aufgeführten Purine und Pyrimidine.

Tabelle 84.II

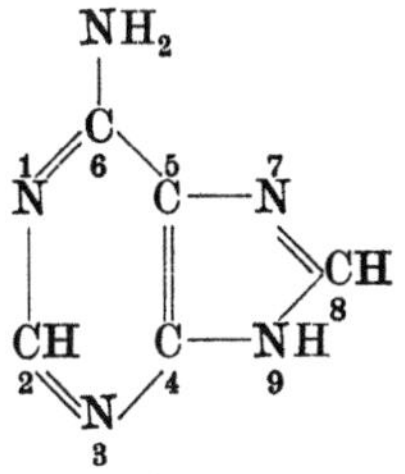

Adenin 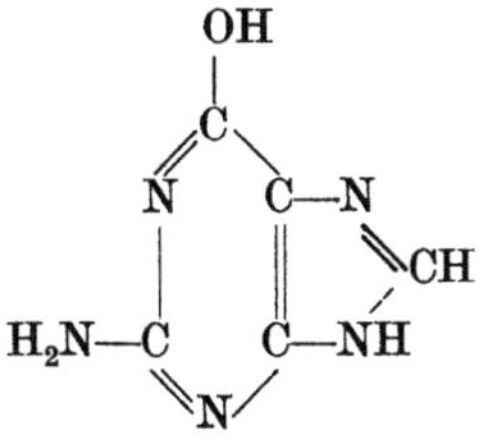   Guanin

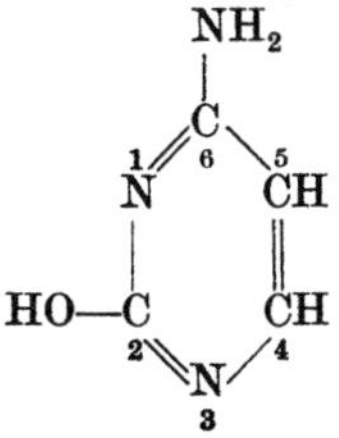

Cytosin 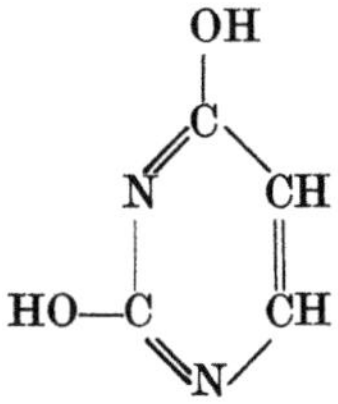   Uracil 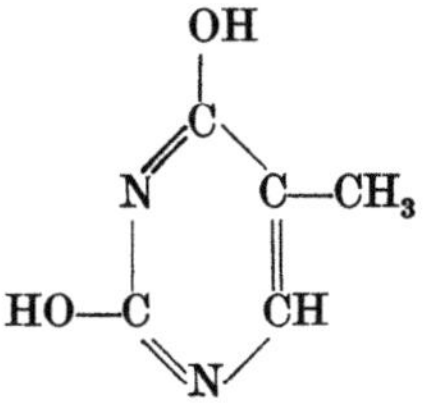   Thymin 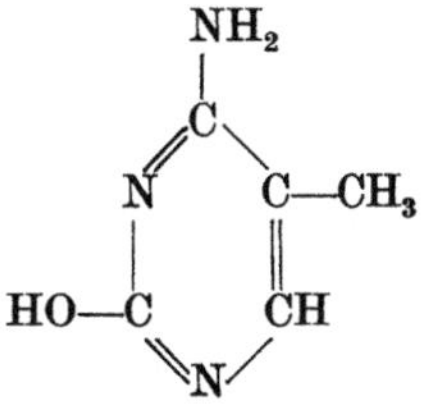   5-Methylcytosin

Die Nucleotide sind weniger ausgeprägte Ampholyte als die Aminosäuren, da die Protonenaffinität ihrer basischen Gruppen relativ gering ist, die substituierte Phosphorsäure aber ziemlich stark dissoziiert. Meist dürften sie in der Form

$$(\text{Base-Ribose-Phosphorsäure})_j^{(-)},$$

also als Anion vorliegen.

Die Verknüpfung der Nucleotide zu Nucleinsäuren erfolgt über die Phosphorsäure in folgender Weise:

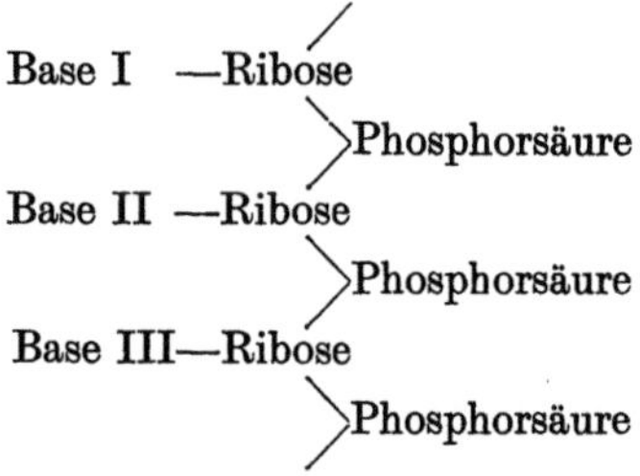

Weitere Angehörige der Klasse der amphoteren Makroionen sind synthetisch dargestellte Polymere aus verschiedenen Aminosäuren und aus anderen Verbindungen. Es gelingt z. B. Copolymerisate aus einer sauren und basischen Aminosäure nach den auf S. 593 besprochenen Methoden herzustellen, wenn die Säure- und Basengruppe bei der Polymerisation chemisch blockiert und danach wieder freigemacht wird[1]. Die basischen und sauren Gruppen sind dann statistisch unregelmäßig längs der Polyaminosäurekette verteilt.

Ebenso gelingt die Darstellung von Copolymerisaten von Acrylsäure und Vinylpyridin[2] bzw. von Methacrylsäure und Diäthylaminomethacrylat[3], die für das Studium fadenförmiger amphoterer Makroionen sehr geeignet sind.

Gemeinsame kolloidchemische Eigenschaften von amphoteren Makroionen

Alle amphoteren Makroionen sind — wenn überhaupt — in Wasser oder wässerigen Elektrolytlösungen löslich. Einige von ihnen lösen sich auch in Alkoholen, Dimethylformamid, wässerigem Phenol und anderen polaren Lösungsmitteln. Die Löslichkeit einer bestimmten Substanz ist vollständig durch die Zusammensetzung des Lösungsmittels und der Temperatur bestimmt, unterscheidet sich darin also nicht von reinen Substanzen geringen Molgewichts.

Dies bietet eine Möglichkeit zu entscheiden, ob einheitliche Substanzen vorliegen oder nicht. Bestimmt man durch eine analytische Methode[4] die Menge der in Lösung befindlichen Substanz in einer Reihe von Proben, welche steigende Mengen Substanz pro Volumeneinheit enthalten, so muß die gelöste Menge linear mit der zugesetzten Menge ansteigen und bei der Sättigungskonzentration konstant werden. Steigt sie nach Erreichen einer Stufe noch weiter an, muß ein Gemisch vorliegen, wie sich leicht an Hand der GIBBSschen Phasenregel [Gl. (I.37)] einsehen läßt. Wenn man ganz sicher gehen will, genügt es im allgemeinen nicht, ein einziges Kriterium zur Prüfung auf Reinheit heranzuziehen!

[1] Vgl. hierzu C. H. BAMFORD, A. ELLIOTT u. W. E. HANBY: Synthetic Polypeptides. New York 1956.

[2] ALFREY, T., H. MORAWETZ, E. B. FITZGERALD u. R. M. FUOSS: J. Amer. chem. Soc. **72**, 1864 (1950).

[3] ALFREY, T., R. M. FUOSS, H. MORAWETZ u. H. PINNER: J. Amer. chem. Soc. **74**, 438 (1952).

[4] Als Methoden dienen für Proteine und Nucleinsäure der Stickstoffgehalt der Lösung, die Extinktion im UV (278 mμ bei Proteinen, 270 mμ bei Nucleinsäuren) oder die Biuretreaktion. Vgl. dazu HOPPE-SEYLER-THIERFELDER: Handbuch der physiol. u. pathol.-chem. Analyse. 10. Aufl. Bd. 3. Berlin.

Die Löslichkeit unserer Substanzen ist aber, molekularphysikalisch gesehen, das Ergebnis eines komplizierten Zusammenspiels verschiedener Faktoren (vgl. z. B. die Diskussion über die Assoziation der Seifenmoleküle auf S. 575), bei denen Wechselwirkungen zwischen hydrophilen Gruppen und Wasser darüber entscheiden, ob sich die Substanz auflöst oder nicht. Als hydrophile Gruppen fungieren hier neben einigen OH-Gruppen die ionisierbaren Gruppen; ihre elektrostatische Wirkung auf die Wasserdipole und Bildung von H-Brücken mit diesen liefern den Hauptteil der für die Auflösung notwendigen Energie. Deswegen ist der jeweilige Zustand der ionisierbaren Gruppen entscheidend für die Auflösung, wenn auch der Zustand der Wassermoleküle in Betracht gezogen werden muß, die sich z. B. in Gegenwart zugesetzter Elektrolyte, wie NaCl, Mg_2SO_4 usw. nicht im gleichen Zustand befinden wie bei deren Abwesenheit, denn Ionen binden nicht nur einen Teil des Wassers durch Hydratation, sondern verändern auch wesentlich dessen Struktur. Den wichtigsten Einfluß üben sie jedoch auf die Umgebung der ionisierten Gruppe des Makroions aus; durch Beeinflussung von deren Potentialverteilung wird auch Menge und Struktur des gebundenen Hydratwassers bestimmt.

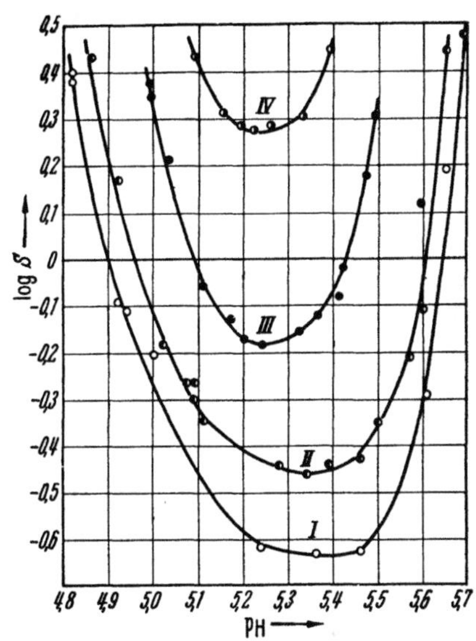

Abb. 84.2. Löslichkeit von β-Lactoglobulin in Abhängigkeit von p_H u. Ionenstärke.
I: J = 0,001; II: 0,005; III: 0.01; IV: 0,02. Nach GRÖNWALL, loc. cit.

Betrachtet man experimentell bestimmte Löslichkeiten eines Proteins, z. B. des β-Lactoglobulins in Abhängigkeit vom p_H und der Ionenstärke, ergeben sich Kurven, wie sie in Abb. 84.2[1] dargestellt sind. In der Nähe des Neutralpunkts hat das Protein die geringste, im sauren und alkalischen Gebiet die höchste Löslichkeit. Dort ist aber auch die Ladung des Proteins am höchsten. Die Löslichkeit nimmt mit steigender Ionenstärke erheblich ab, daneben verschiebt sich ihr Minimum zu höheren p_H-Werten. Bei konstantem p_H ist es tatsächlich die Aktivität des Wassers, die für die Löslichkeit der Proteine maßgebend ist, genau so wie es etwa bei der Löslichkeit inerter Gase der Fall ist.

Da sich der Logarithmus des Aktivitätskoeffizienten bei nicht zu hoher Konzentration linear mit der Ionenstärke J ändert, ändert sich auch die Löslichkeit in dieser Weise. Es gilt z. B. nach COHN[2]

$$\log \cdot S = \beta - K_s J \qquad (84.1)$$

(S = Löslichkeit, β und K_s = Konstanten)

---

[1] Nach A. GRÖNWALL: C. r. Trav. Lab. Carlsberg **24**, Nr. 8—11 (1942).
[2] COHN, E. J.: Physiol. Reviews **5**, 349 (1925).

eine Beziehung, die bei nicht zu kleiner Ionenstärke die Verhältnisse
erstaunlich gut beschreibt, wie es für eine Reihe von Proteinen aus
Abb. 84.3 hervorgeht. Dieses Verhalten bezeichnet man als Aussalzeffekt und die Größe K_s als Aussalzkonstante, da die Löslichkeit mit
steigendem J abnimmt.

Bei kleinen Ionenstärken beobachtet man häufig den umgekehrten
Effekt, nämlich ein Ansteigen der Löslichkeit mit der Ionenstärke. Auf
Abb. 84.3 ist zunächst ein Anstieg und dann ein Abfall zu erkennen, für
den dann Gl. (1) gilt. Ähnliches wird auch bei Zugabe von Aminosäuren
beobachtet. Hier handelt es sich um Wechselwirkung der Ladung des
amphoteren Ions mit den entgegengesetzt geladenen hydratisierten
Ionen des zugesetzten Elektrolyten, also um eine Art Ionenadsorption, wobei das Makroion gleichzeitig eine Hydrathülle erhält. Dieser sog. Einsalzeffekt ist nicht so einfach zu deuten wie das Aussalzen[1].

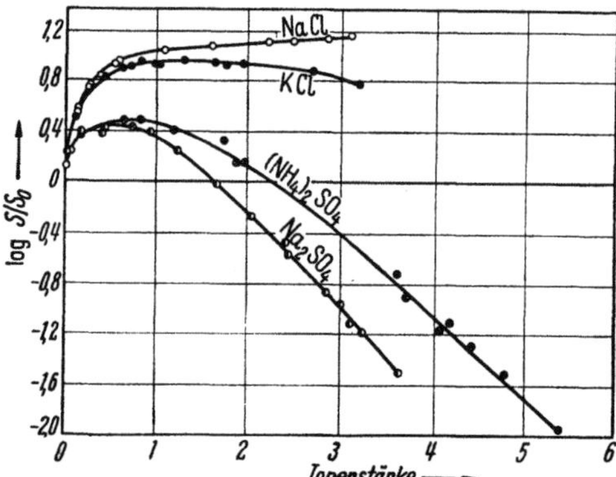

Abb. 84.3. Löslichkeit von Pferde-Carboxyhämoglobin
(log S/S_0) in Abhängigkeit von der Ionenstärke verschiedener Elektrolyte. Nach A. A. GREEN: J. Amer. chem.
Soc. 55, 2331 (1933)

Bei der Einsalzwirkung ist auffällig, daß kleine Kationen wie Li⁺ den größten Effekt, Anionen geringen oder keinen Effekt ausüben, während es bezüglich der Aussalzwirkung gerade umgekehrt ist. Die Reihenfolge der Aussalzwirkung der Ionen findet ihren Ausdruck in der HOFMEISTERschen
Reihe, die bereits in § 53 erörtert worden ist. Beispielsweise ist SO_4^{2-}
ein stark, und SCN^- ein schwach aussalzendes Ion, während Th^{4+} stark
und Li^+ schwach ist. Für die Einsalzwirkung gilt das Umgekehrte.
Li^+ zeigt den stärksten und Th^{4+} praktisch überhaupt keinen Effekt.
Dies wird auch darauf zurückgeführt, daß die Wassermoleküle der
Hydrathülle bei Anionen und Kationen in folgender Weise

angeordnet sind; die Bindung der Kationen an negative Gruppen müßte
demnach leichter vonstatten gehen, da hierbei noch Wasserstoffbrücken
zwischen den H-Atomen des Hydratwassers entstehen könnten, was bei

---

[1] Eine Theorie, die mit einem vereinfachten Modell rechnet, ist von KIRKWOOD
(in COHN-EDSALL: Proteins, Amino Acids and Peptides. New York 1943, Kap. 12)
entwickelt worden.

Anionen nicht möglich wäre. Wie weit dieses Bild zutrifft, ist noch umstritten. Jedenfalls könnte es die stark einsalzende Wirkung des LiBr deuten, welches viele in Wasser völlig unlösliche Proteine in Lösung zu bringen vermag[1].

In ähnlicher Weise findet man eine Abhängigkeit der Löslichkeit besonders von Proteinen, von Zusätzen wie Alkohol, Dioxan, Aceton und ähnlichen Lösungsmitteln, die die DK des Dispersionsmittels erniedrigen und dehydratisierend wirken. Diese Einflüsse werden in der präparativen Proteinchemie weitgehend ausgenutzt, um Proteine aus Gemischen anderer Substanzen, insbesondere aus tierischem oder pflanzlichem Material zu isolieren und zu reinigen. Fraktionierte Fällungen durch steigende Zugabe von Salzen, p_H-, Temperatur- und Lösungsmitteländerungen sind die klassischen Möglichkeiten, um Gemische mehrerer Proteine aufzutrennen, da jedes von ihnen eine charakteristische Löslichkeit besitzt. Wiederholung derartiger Fällungs- und Auflösungsreaktionen kann zur Gewinnung sehr reiner Substanzen führen, die auch in der Lage sind, zu kristallisieren[2]. Solche kristallisierten Proteine — die manchmal allerdings nur Reinheit vortäuschen — haben wesentlich zur Aufklärung ihrer eigentlichen Natur als Makromoleküle beigetragen, insbesondere haben sie Röntgenanalysen und Strukturbestimmungen ermöglicht.

Proteine treten in dispergiertem Zustand als molekulare Individuen auf, sie sollten aus diesem Grunde gleiche Größe und Gestalt besitzen und von ihrer Umgebung nur wenig beeinflußt werden. Allerdings trifft diese Vorstellung nur für Proteine mit kompakter Partikelgestalt zu. Fadenförmige Proteine unterliegen in Lösung bezüglich ihrer Gestalt den gleichen Einflüssen, wie wir sie bereits bei den gleichsinnig geladenen fadenförmigen Makroionen (§ 83) kennengelernt haben. Das gleiche gilt auch für die fadenförmigen Nucleinsäuren. Da die fadenförmigen Systeme sehr häufig polydispers sind, ähneln sie den synthetischen Polyelektrolyten weit mehr als die eigentlichen korpuskularen Proteine, die geradezu eine Klasse für sich darstellen. Um ihre Eigenschaften kennenzulernen, bleibt letzten Endes nichts anderes übrig, als jedes Protein einzeln vorzunehmen — eine Methode, von der wir nur sehr beschränkt Gebrauch machen können. Eine Auswahl der Daten einiger Proteine zeigt Tab. 84.III (S. 624).

Die Methoden der Bestimmung von Größe und Gestalt bzw. des Molekulargewichts von Proteinen sind die gleichen wie sie in Kap. III beschrieben worden sind, wenn sie auch vielfach durch die Hydratation erschwert werden. Frei von dieser Einschränkung sind nun die Methoden der Lichtstreuung sowohl des Röntgenlichts als auch des sichtbaren Lichts. Erstere besitzt in bezug auf die Auswertung gewisse Vorteile, da nicht mit Gestaltsmodellen gearbeitet werden muß, was bei letzteren notwendig ist, dafür ist diese wieder experimentell einfacher zu hand-

---

[1] Vgl. dazu § 53 und die dort zitierte Arbeit von A. VOET: Chem. Reviews **20**, 169 (1937).

[2] Vgl. hierzu COHN-EDSALL: loc. cit. S. 622; C. L. A. SCHMIDT: The Chemistry of Amino Acids and Proteins. (C. C. THOMAS) Springfield Ill. 1930; BAILEY-NEURATH: The Proteins. Vol. I, A. New York 1954.

Tabelle 84.III

	$S_{20} \cdot 10^{13}$	$D_{20} \cdot 10^7$	M_j	f/f_0	V_{sj}
Lactalbumin	1,9	10,6	17400	1,16	(0,751)
Lactoglobulin	3,12	7,3	41500	1,26	0,751
Ovalbumin	3,55	7,8	44000	1,16	0,749
Serumalbumin (Pferd)	4,46	6,1	70000	1,27	0,748
Serumalbumin (Mensch)	7,12	4,0	153000	1,51	0,718
Edestin	12,8	3,18	381000	1,39	0,744
Urease	18,6	3,46	480000	1,19	0,73
Thyreoglobulin (Schwein)	19,2	2,65	630000	1,43	0,72
Erythrocruosin (Planorbis)	33,7	1,96	1630000	1,30	0,751
Haemocyanin (Helix pomatia)	103,0	1,07	8900000	1,45	0,738
Bushy-stunt Virus	132	0,175	10650000	1,27	0,739

haben, auch ist sie auf relativ große Partikeln beschränkt. Als besondere Methode kommt noch eine dazu, die nur hier anwendbar ist, nämlich die der quantitativen chemischen Analyse.

Proteine lassen sich durch verschiedene Methoden vollständig zu Aminosäuren abbauen; letztere können mit Hilfe der in der Biochemie zu großer Leistungsfähigkeit entwickelten chromatographischen Methoden isoliert und quantitativ bestimmt werden, sei es durch Säulenchromatographie an bestimmten Adsorbentien (Stärke, Cellulose usw.) oder Ionenaustauschern, sei es durch Papierchromatographie[1]. Andere Möglichkeiten bestehen in der Ionophorese der Aminosäuren auf Papier unter Anwendung von Hochspannung[2], oder in der Kombination beider Verfahren.

Aus dem Prozentgehalt der verschiedenen Aminosäuren lassen sich besonders mit Hilfe der nur in geringer Menge vorhandenen bestimmte Molekulargewichte wahrscheinlich machen.

Weitere Aufschlüsse ergeben die sog. Endgruppenbestimmungen, d. h. die Bestimmung derjenigen Aminosäuren, die eine freie α-NH$_2$- bzw. α-COOH-Gruppe besitzen.

Da jeweils eine Amino- und eine Carboxylgruppe für die Peptidbindung verbraucht wird, müssen die ionisierbaren Gruppen des Proteins von den sauren und basischen Aminosäuren herrühren. Die Menge der sauren und basischen Aminosäure muß gleichzeitig auch die Zahl der ionisierbaren Gruppen liefern. Besteht das Protein aus einer einzigen Peptidkette, so sollte nur jeweils eine α-Aminogruppe und eine α-Carboxylgruppe zu finden sein. Vorausgesetzt, daß dies mit Sicherheit anzunehmen ist, ergibt sich daraus das Molgewicht, denn es gilt: % Aminosäure/ 100 = Molgewicht Endaminosäure/Molgewicht Protein.

Zur Ermittlung der Gestalt aus Sedimentations-, Diffusions-, Viskositäts- usw. Daten, in denen hydrodynamische Reibungsfaktoren benutzt werden, ist die Kenntnis der *Hydratation* des Makroions unerläßlich, was aus der Diskussion der genannten Methoden in Kap. III hervorgeht, vor allem bei Berücksichtigung der Achsenverhältnis-Hydratations-Diagramme von ONCLEY (Abb. 40.1). Da die Bestimmung des vom Makroion gebundenen Wassers zur Zeit noch unsicher ist, muß eine Reihe *verschiedener* Methoden zur Festlegung der Anisometrie angewandt werden. Man beschränkt sich meistens auf die Angabe des Achsenver-

---

[1] Vgl. dazu F. TURBA: Chromatographische Methoden in der Proteinchemie. Berlin 1954; C. R. TRISTRAM in The Proteins. Vol. I A (loc. cit.) S. 181.

[2] WESTPHAL, O.: loc. cit. S. 415; WIELAND, TH.: loc. cit. S. 415.

hältnisses eines umschreibenden Rotationsellipsoides. Die wahrscheinlichsten Werte werden dann durch Vergleich, wie in dem auf Abb. 84.4 dargestellten Beispiel erhalten. (Die Aussage, die von einer bestimmten Methode gemacht wird, ist in jeweils verschiedener Schraffierung gezeichnet.) Auf einem ziemlich engen Gebiet häufen sich schließlich die wahrscheinlichsten Werte. Da die geometrische Figur des Rotationsellipsoids nur eine mathematische Vereinfachung ist, muß man sich nur mit undeutlichen Umrissen der wirklichen Partikelgestalt begnügen, welche — wie EDSALL es ausdrückt — unscharfen und verwackelten Photographien der Schatten der Objekte gleichen.

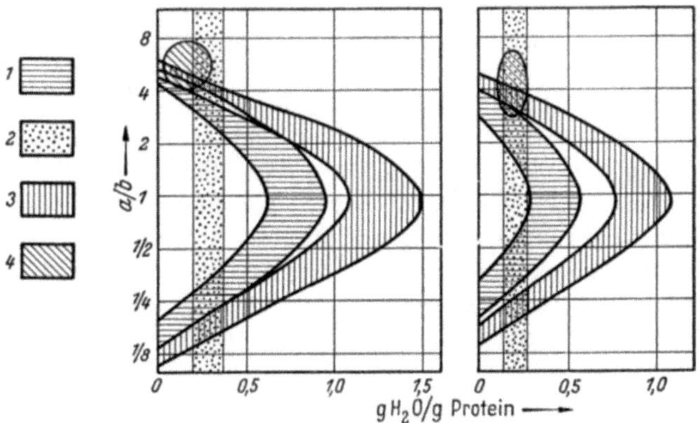

Abb. 84.4. Asymmetrie u. Hydratation von Serumalbumin (links) u. Eialbumin (rechts). Die Schraffierungen entsprechen Messungen *1* des Reibungsverhältnisses (4% Fehler), *2* der Kristalldichte (25% Fehler), *3* der Viskosität (10% Fehler) u. *4* der dielektrischen Dispersion m.2 Relaxationszeiten. Nach ONCLEY: Ann. N. Y. Acad. Sci. Art. 2 **41**

Es ist zu hoffen, daß durch Anwendung der Methode der Röntgenkleinwinkelstreuung auf breiterer Basis in Zukunft exaktere Daten zur Verfügung stehen werden. Wenn das einmal der Fall sein wird, kann auch die Frage der Hydratation der Proteine quantitativ beantwortet werden. Hervorragende Ergebnisse sind von KRATKY und Mitarbeitern[1] für einige Proteine erhalten worden. Die Menge des gebundenen Wassers ist im Augenblick noch nicht sicher zu bestimmen, da hierfür keine allgemein anwendbaren Methoden existieren. Durch besondere Umstände begünstigt, sind nur für das eine oder andere Protein ungefähre Angaben über die Hydratation möglich[2].

BRAGGS und PERUTZ[3] bestimmen durch Röntgenanalyse feuchter Hämoglobinkristalle deren Molekülvolumen im hydratisierten Zustand. Es hat den Wert von 116000 Å^3. Da das Volumen des wasserfreien Hämoglobinmoleküls entsprechend seinem Molgewicht und spezifischen Volumen nur 83000 Å^3 beträgt, sollten etwa 0,3 g Wasser pro Gramm Protein gebunden werden. Das sich daraus errechnete Reibungsverhältnis von 1,13 wurde auf andere Weise bestätigt.

Bei einigen Virusarten, die sehr große Nucleoproteinpartikeln besitzen, konnte die Hydratation durch Bestimmung der Sedimentation in Lösungen verschiedener Konzentrationen und verschiedener Dichte des Dispersionsmittels vorgenommen

---

[1] KRATKY, O., G. POROD u. A. SEKORA: Mh. Chem. **78**, 295 (1948); KREUTZ, W. u. O. KRATKY: ibid. **89**, 169 (1958) (CO-Haemoglobin).

[2] Vgl. D. P. RILEY u. D. HERBERT: Biochim. Biophys. Acta **4**, 374 (1950).

[3] BRAGGS, W. L. u. M. F. PERUTZ: Acta Crystallogr. **5**, 277 (1952).

werden[1]. ONCLEY, SCATCHARD und BROWN[2] geben nach einer von ihnen entwickelten Methode Werte von 0,2···0,6 g Wasser pro Gramm Protein an.

Elektrolyteigenschaften amphoterer Makroionen

Die Eigenschaften geladener amphoterer Makromoleküle sind im
großen und ganzen denen gleichsinnig geladener Makromoleküle ähnlich. Das Auftreten sowohl positiv wie negativ geladener Gruppen am
gleichen Molekül führt jedoch zu gewissen Besonderheiten, die sich
bereits bei den „niedermolekularen" amphoteren Elektrolyten finden.
Wie bei diesen ist auch das Verhalten der Proteine in Lösung weitgehend
durch ihre Ampholytnatur bestimmt.

Charakteristisch für alle amphoteren Elektrolyte ist die Abhängigkeit
ihrer elektrischen Aufladung von den im Dispersionsmittel herrschenden
Bedingungen, insbesondere dem p_H und der Ionenstärke. Bei hoher
Wasserstoffionen-Aktivität sind sie positiv, bei niederer negativ geladen;
ist die Zahl der positiven und negativen Ladungen gleich, erscheinen sie
als ungeladen. Den p_H-Wert, bei dem diese Ladungsgleichheit eintritt,
nennt man nach der Definition auf S. 627 Ladungsnullpunkt. Er ist
identisch mit dem isoelektrischen Punkt bei Abwesenheit anderer Elektrolyte in unendlicher Verdünnung[3]. Bei Aminosäuren sind beide Größen
identisch, da sie durch Fremdionen nicht beeinflußt werden. Es ist
daher bei ihnen möglich, den isoelektrischen Punkt (I. P.) theoretisch
aus den Gleichgewichtskonstanten der Wasserstoffionenaufnahme und
-abgabe abzuleiten. Die Aminosäuren liegen in Lösung (zu mehr als
99%) in Form von Zwitterionen vor. Zwischen diesen und Wasserstoffionen einer wässerigen Lösung können folgende Gleichgewichte auftreten

$$H^+ + {}^+NH_3CHRCOO^- \rightleftharpoons {}^+NH_3CHRCOOH$$

$$H^+ + NH_2CHRCOO^- \rightleftharpoons {}^+NH_3CHRCOO^-,$$

wofür das MWG lautet:

$$\frac{[H^+]\,[{}^+A^-]\,f_H \cdot f_\pm}{[{}^+A]\,f_+} = K_1; \qquad \frac{[H^+]\,[A^-]\,f_H\,f_-}{[{}^+A^-]\,f_\pm} = K_2. \tag{84.2}$$

Diese Gleichungen in logarithmischer Form mit

$$- \log a_H = p_H$$

$$- \log K_1 = p_{K1}$$

schreiben sich:

$$p_{K1} = p_H + \log \frac{[{}^+A]\,f_+}{[{}^+A^-]\,f_\pm}\,; \qquad p_{K2} = p_H - \log \frac{[A^-]\,f_-}{[{}^+A^-]\,f_\pm}$$

---

[1] SMADEL, J. E., E. G. PICKELS u. T. SHEDLOVSKY: J. Exper. Med. **68**, 607
(1938). Vgl. dazu die Diskussion bei J. T. EDSALL: The Proteins Vol. I, B (loc. cit.
S. 656ff.).

[2] ONCLEY, J. L., G. SCATCHARD u. A. BROWN: J. physic. Colloid Chem. **51**,
184 (1947). Eine Übersicht findet sich bei T. L. McMEEKIN u. R. C. WARNER:
Ann. Rev. Biochem. **15**, 119 (1946).

[3] Vgl. dazu R. A. ALBERTY, in The Proteins (Herausgb. K. BAILEY und
H. NEURATH) Bd. I, 1. New York 1954. S. 477ff.

und mit $[^+A] = c\,\alpha_1$, $[A^-] = c\,\alpha_2$ und $[^+A^-] = c\,(1 - \alpha)$; $(\alpha = $ Dissoziationsgrad$)$

$$pK_1 = p_H + \log \frac{\alpha_1\, f_+}{(1 - \alpha_1)\, f_\pm}\;;\qquad pK_2 = p_H - \log \frac{\alpha_2\, f^-}{(1 - \alpha_2)\, f_\pm}\,.\qquad (84.3)$$

Für $\alpha_1 = \alpha_2$ und $f^+ \simeq f^-$ ist die Menge der Kationen gleich der der Anionen. Ersetzt man α_2 durch α_1 und addiert beide Gleichungen, ergibt sich:

$$p_{H(\alpha_1 = \alpha_2)} = \frac{1}{2}\,(pK_1 + pK_2) \equiv p_I.\qquad (84.4)$$

Den p_H-Wert, für den diese Definition zutrifft, bezeichnet man bei Aminosäuren als isoelektrischen Punkt.

Abb. 84.5 zeigt den Zusammenhang von α, $(1 - \alpha)$ und p_H-Wert. Der Wendepunkt der Kurve entspricht p_H, das Minimum dem p_I. Derartige Kurven erhält man bei der Titration einfacher Zwitterionen wie Aminosäuren mit starken Säuren oder Basen[1].

Bei *makro*molekularen Ampholyten fallen isoelektrischer Punkt und Ladungsnullpunkt nicht mehr ohne weiteres zusammen, ebenso ist es nicht möglich, eine Definitionsgleichung von der Form der Gl. (4) aufzustellen. Der I. P. ist hier der durch Wanderungsgeschwindigkeit Null im elektrischen Feld definierte negative Logarithmus der Konzentration des Potential-bestimmenden Ions. Beim Ladungsnullpunkt ist die Summe der tatsächlichen Ladungen der Partikel (= Netto-Ladung) Null. Es gibt nun weiterhin den sog.

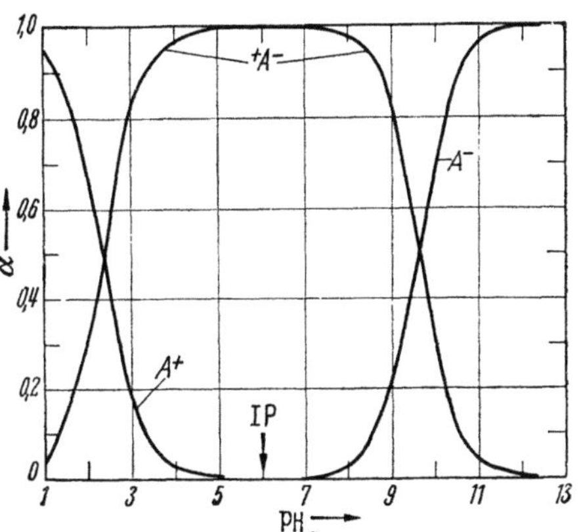

Abb. 84.5. Verlauf von a ($= A^+$ bzw. A^-) u. $1 - a$ ($= {}^+A^-$) in Abhängigkeit vom p_H entsprechend Gl. (84.3)

isoionischen Punkt, dem man ursprünglich eine Gl. (4) entsprechende Definition geben wollte. Aus Zweckmäßigkeitsgründen sollte man aber nach einem Vorschlag von SCATCHARD[2] keine rein theoretische Definition aufstellen, die nicht eine Anweisung zur experimentellen Nachprüfung enthält. Er schlug daher einer Anregung von SØRENSEN und Mitarbeitern[3] folgend den isoionischen Punkt als „den p_H-Wert einer Lösung des isoionischen Materials in Wasser oder in einer Lösung eines anderen gelösten Stoffes, der allein in Wasser gelöst, keine Wasserstoff- oder Hydroxylionen bildet" anzusehen. Nach dieser Auffassung ist es leicht, den isoionischen Punkt kolloider Ampholyte experimentell z. B. durch erschöpfende Dialyse seiner Lösung gegen Wasser oder Neutralsalzlösungen zu bestimmen (bei rein wässerigen Lösungen führt auch Elektrodialyse oder Ausfällung mit anderen neutralen Lösungsmitteln zum Ziel).

In Gegenwart von Neutralsalzen kann der isoionische Punkt andere Werte annehmen als bei deren Abwesenheit; man beobachtet bei den meisten Proteinen

---

[1] Die Aufklärung dieser Verhältnisse verdanken wir L. MICHAELIS, vgl. dazu L. MICHAELIS: Die Wasserstoffkonzentration. 2. Aufl. Berlin 1922.

[2] SCATCHARD, G. u. E. SACKMANN-BLACK: J. physic. Colloid Chem. **53**, 88 (1949).

[3] SØRENSEN, S. P. L., K. L. LINDERSTRØM-LANG u. E. LUND: J. Gen. Physiol. **8**, 543 (1927).

mit steigender Salzkonzentration eine Verschiebung zu höheren p_H-Werten, die bis zu 1 p_H betragen kann. Die Verschiebung muß direkt der vom Protein gebundenen Menge Anionen entsprechen (vgl. dazu w. u.).

Um Einzelheiten des elektrolytischen Verhaltens amphoterer Makroionen kennenzulernen, stehen außer der Dialyse die Methoden der Elektrophorese und — mit Einschränkung — der potentiometrischen Titration zur Verfügung.

Die Elektrophorese liefert die Beweglichkeit des Makroions im elektrischen Feld: Sie ist nach § 60 der Ladung der Partikel proportional. Wie dort bereits erwähnt, hängt die Ladung der Makroionen in erster Linie von der Zahl der insgesamt ionisierbaren Gruppen ab, in zweiter Linie davon, wieviel von ihnen sich im ionisierten Zustand befinden. Können sie in Lösung Protonen aufnehmen oder abgeben (z. B. NH_2- bzw. COOH-Gruppen), so ist die Zahl der aufgeladenen Gruppen vom p_H der Lösung abhängig, in entsprechender Weise muß sich auch die elektrophoretische Beweglichkeit ändern. Auf eine Umkehrung des Ladungssinnes deutet die etwaige Änderung der Bewegungsrichtung der Partikel bei einem bestimmten p_H-Wert hin, was naturgemäß nur bei Ampholyten möglich ist (gleichsinnig geladene Ionen nehmen im ganzen p_H-Bereich entweder nur Wasserstoffionen auf oder geben sie ab!). Bewegen sich die Partikeln im elektrischen Feld überhaupt nicht, so entspricht der dazugehörige p_H-Wert dem isoelektrischen Punkt. Trotzdem läßt sich sich noch nichts darüber aussagen, ob jetzt nun auch die Zahl der positiven und negativen ionisierten Gruppen der Partikel gleich sind (Nettoladung = Null), es könnte z. B. ein Überschuß positiver Ladungen vorhanden sein, der durch Bindung negativer Ionen aus der Lösung gerade zu Null kompensiert wird. Ebenso besitzt z. B. Rohrzucker, obwohl als Nichtelektrolyt elektrisch neutral, eine Beweglichkeit im elektrischen Feld in Gegenwart von Salzlösungen[1], wahrscheinlich durch Adsorption von Ionen. In beiden Fällen könnte man erst durch Messung bei verschiedenen Konzentrationen und Extrapolation auf den Elektrolytgehalt Null den Ladungsnullpunkt erhalten. Nach ALBERTY (loc. cit.) führt eine Extrapolation von elektrophoretisch bestimmten I. P. auf die Ionenstärke Null nicht zu den gleichen p_H-Werten, wie sie sich bei derselben Substanz durch ausgiebige Dialyse einstellt, mit Ausnahme des Falls, daß beide Punkte zufällig einen p_H-Wert in der Nähe von 7 besitzen. Das bedeutet, daß isoionischer und isoelektrischer Punkt auch nach Extrapolation auf Null nicht zusammenzufallen brauchen.

Um nochmals klarzustellen: Der isoionische Punkt bezieht sich auf die Elektroneutralität der *Verbindung* (= Partikel + Gegenionen); ist der isoionische Punkt z. B. p_H 4, so muß eine entsprechende Menge H-Ionen die Ladung des Makroions kompensieren, damit diese Forderung erfüllt ist. Der isoelektrische Punkt bezieht sich auf die Elektroneutralität der *Partikeln* in einer bestimmten Lösung, Extrapolation auf $J = 0$ ergibt dann den Ladungsnullpunkt.

Besonders bei höheren Fremdsalzzusätzen können diese Unterschiede erheblich sein. ALBERTY gibt z. B. an, daß für Rinderserumalbumin der

---

[1] LONGSWORTH, L. G.: J. Amer. chem. Soc. **69**, 1288 (1947).

isoionische Punkt in 0,15 m NaCl-Lösung bei p_H 5,37 und der isoelektrische Punkt bei der gleichen NaCl-Konzentration bei 4,40 liegt. Bei Abwesenheit von Salz ist der isoionische Punkt 4,90 und der isoelektrische Punkt in 0,01 m NaCl bei 4,80; beide nähern sich also beträchtlich. Die Unterschiede zwischen den drei Werten, isoionischer, isoelektrischer und Ladungsnullpunkt werden um so kleiner, je geringer die Konzentration des Ampholyten und der Fremdionen und je näher die p_H-Werte beim Neutralitätspunkt (p_H 7) liegen.

Die Verfahren der Elektrophorese und der potentiometrischen Titration bieten die Möglichkeit, die Zahl der effektiven Ladung pro Partikel in der betreffenden Lösung zu bestimmen. Bei der Elektrophorese geht man von der Gleichung für die Beweglichkeit (60.5) aus, was bereits in § 60 erläutert worden ist. Diese Aussage wird bei fadenförmigen Polyampholyten dem physikalischen Bild nicht ganz gerecht, da wir annehmen müssen, daß ein Teil der Gegenionen im Fadenknäuel gefangen ist, ohne durch bestimmte ionisierte Gruppen im eigentlichen Sinne gebunden zu sein. Aus diesem Grunde erhält man die Zahl der ionisierbaren Gruppen pro Ion erst nach Extrapolation der Beweglichkeiten auf die Konzentration Null (vgl. w. u.).

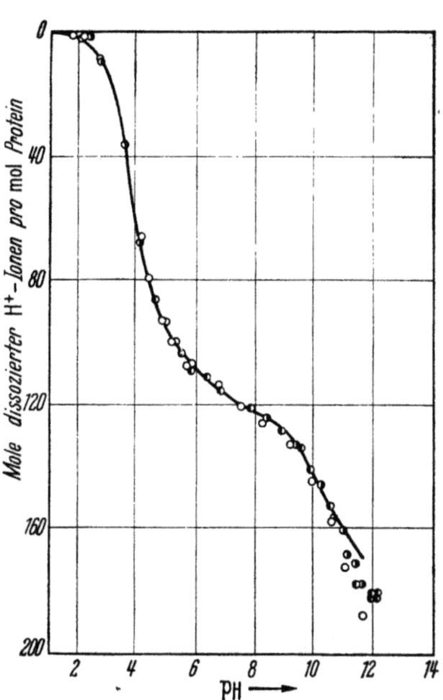

Abb. 84.6. Beispiel der Titrationskurve eines Proteins (menschl. Serumalbumin). Nach TANFORD: J. Amer. chem. Soc. **72**, 441 (1950)

Bei der potentiometrischen Titration wird der p_H-Wert in Abhängigkeit von einer der Polyelektrolyt-Lösung zugesetzten Säure- oder Basenmenge bestimmt. Während sich bei amphoteren Elektrolyten mit nur wenigen ionisierbaren Gruppen die jeweiligen Dissoziationskonstanten durch einen Wendepunkt in der Titrationskurve anzeigen (vgl. Abb.84.5), tritt bei Polyampholyten nur ein durchgehender Kurvenzug auf (Abb. 84.6). Es ist also aus der Kurvenform nicht ohne weiteres auf die Zahl der ionisierbaren Gruppen zu schließen. Sie läßt sich jedoch bestimmen, wenn der isoionische Punkt bekannt ist. Die bis zu diesem verbrauchte äquivalente Säure oder Base pro Mol Polyampholyt sind dann gleich der Zahl der geladenen Gruppen, abzüglich (oder zuzüglich) der beim isoionischen Punkt vorhandenen. (Letztere sind in der Nähe des Neutralpunktes zu vernachkässigen, sonst aus dem isoionischen Punkt und der Äquivalentkonzentration des Ampholyten zu berechnen.)

Bei der Titration geht man von einem Zustand aus, wo alle negativ ionisierbaren Gruppen undissoziiert und alle positiven Gruppen geladen sind ($p_H \sim 2$). Zugabe einer Base erzeugt dann in steigendem Maße durch Bindung von H⁺-Ionen negativ geladene Gruppen. Beim isoionischen Punkt sind dann alle negativen Gruppen dissoziiert. Titriert man weiter, so geben nun die positiv geladenen Gruppen Wasserstoffionen ab, bis bei den höchsten p_H-Werten (~ 12) keine positiven, sondern nur noch negativ geladene Gruppen vorliegen. Die Gesamtmenge der verbrauchten äquivalenten Base geben die Gesamtzahl ionisierbarer Gruppen an. Bei der praktischen Durchführung treten durch die großen Mengen von Base (bzw. Säure), die im Verlauf der Titration zugegeben werden müssen, Schwierigkeiten auf. Wegen der Erhöhung der Ionenstärke können die Aktivitätskoeffizienten nicht mehr vernachlässigt werden, so daß die Berechnung der Wasserstoffionen*konzentration* aus dem elektrometrisch gemessenem p_H (das ja die Aktivität angibt) unsicher wird. Hinzu kommt, daß native Proteine bei sehr niedrigen oder sehr hohen p_H-Werten leicht denaturieren.

Wegen der Störungen ist es notwendig, die Titrationsergebnisse auf $J = 0$ und $c = 0$ zu extrapolieren. Dann ergeben sich gute Übereinstimmungen mit Werten für die Netto-Ladung, die aus elektrophoretischen Messungen und ebenfalls entsprechender Extrapolation erhalten worden sind, vor allem, wenn die Ladungsnullpunkte in der Nähe des Neutralpunktes liegen.

Das im Vorangehenden beschriebene, bei allen natürlichen sowohl fadenförmigen als auch korpuskularen amphoteren Makroionen beobachtete Verhalten wird auch bei synthetisch hergestellten Copolymerisaten aus einem sauren und einem basischen Monomeren wiedergefunden. Copolymerisate aus Vinylpyridin und Acrylsäure können somit als synthetische Analoga zu den komplizierten natürlichen Proteinen betrachtet werden[1].

Unverzweigte fadenförmige amphotere Makroionen

Finden sich nun bei fadenförmigen Polyampholyten die gleichen Einflüsse der Ladung auf Größe und Gestalt wie bei den gleichsinnig geladenen Polyelektrolyten? — Wenn man die besonderen, vom p_H der Lösung abhängigen Ladungsverhältnisse berücksichtigt, sind sie vorhanden. Beispielsweise ändert sich die Viskosität von Gelatinelösungen — wie auf Abb. 84.7 dargestellt — stark mit dem p_H der Lösung. Sie ist am niedrigsten in der Umgebung des isoelektrischen Punktes und steigt erheblich zum sauren wie auch zum alkalischen Bereich an. Durch unsere bei der Erörterung des Verhaltens gleichsinnig geladener Fadenionen gewonnenen Kenntnisse (vgl. S. 610) können wir schließen, daß dies auf der Zunahme der Ladungen des Makroions durch Wasserstoffionenaufnahme oder -abgabe beruht.

Beim I.P. sind die Ladungen ausgeglichen, die Fadenionen sind geknäuelt, nicht zuletzt durch die Attraktion ihrer entgegengesetzt geladenen Gruppen. Wasserstoffionenaufnahme durch COO^--Gruppen erzeugt Überschuß positiver Ladungen der NH_3^+-Gruppen, die dadurch entstehenden inneren Abstoßungen strecken das Ion soweit wie möglich aus. Das gleiche geschieht bei Wasserstoffionenabgabe aus den NH_3^+-Gruppen, wo COO^--Gruppen übrig bleiben. Die bei hohen und niedrigen p_H-Werten außerdem zu beobachtenden Maxima beruhen darauf, daß sich bei den hohen Säure- und Laugekonzentrationen, die zur p_H-Einstellung

---

[1] ALFREY, MORAWETZ, FITZGERALD u. FUOSS: loc. cit. S. 620.

benutzt wurden, allmählich der Einfluß der wachsenden Ionenstärke bemerkbar macht. Durch Ansammlung von Fremdionen wird die ausstreckende Wirkung der inneren Ladungen allmählich zunichte[1]. Ähnliche Gestaltsveränderungen durch positive oder negative Aufladungen wurden bei fast allen anderen fadenförmigen Polyampholyten beobachtet[2].

Die amphoteren Fadenionen besitzen in noch stärkerem Maße als die gleichsinnig geladenen die Fähigkeit, wässerige Gele zu bilden. Die Gelatine als Namensgeber der „Gele" ist die in dieser Hinsicht bekannteste und wohl auch leistungsfähigste Substanz.

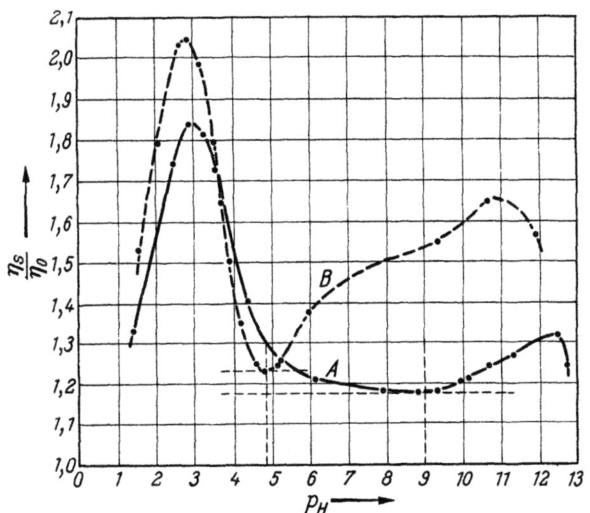

Abb. 84.7. Viskosität von wäßrigen Lösungen des Ichthyokolls (37° C, Kurve *A*) und der Gelatine (42° C, Kurve *B*) in Abhängigkeit vom p_H. Nach BUNGENBERG DE JONG u. DE VRIES, Rec. Trav. chim. Pays-Bas **50**, 238 (1931)

Bestimmte Fadenionen können im Gelzustand eine Funktion ausüben, die einzigartig ist; sie sind in der Lage, chemische in mechanische Energie umzuwandeln. Aus ihnen bauen sich die für die Muskelbewegung verantwortlichen Elemente auf.

Wässerige Lösungen *verzweigter* amphoterer Fadenmoleküle sind bisher nicht eingehend untersucht worden.

Wechselwirkungen von amphoteren Makroionen mit anderen (niedermolekularen) Substanzen

Amphotere Makroionen können in wässeriger Lösung eine Anzahl anderer Substanzen mehr oder weniger stark binden. Ionen werden naturgemäß durch die ihnen entgegengesetzt geladenen Gruppen des Makroions gebunden, ebenso Dipole oder polarisierbare Substanzen. Bei

---

[1] Wären die Messungen bei gleichbleibender Ionenstärke ausgeführt worden, dürften keine Maxima auftreten.

[2] Siehe Fußnote 1, S. 630.

der Bindung von Schwermetallen spielen sicher Bindungskräfte eine
Rolle, die auch für die Bildung organischer Schwermetallkomplexe verantwortlich sind (also hauptsächlich $NH<$ und NH_2-Gruppen, wie z. B.
bei den Cu-en-Komplexen). Bei der Bindung bestimmter organischer
Substanzen ist aber auch mit der Ausbildung von H-Brücken zu rechnen.

Außerordentlich wichtig sind die Bindungsfähigkeiten bestimmter
Proteine, die Katalysatoreigenschaften entwickeln und die als Enzyme
oder Fermente bekannt sind. Bemerkenswert hierbei ist nicht so sehr,
daß Enzyme überhaupt eine Bindungstendenz zu anderen (meist organischen) Substanzen entwickeln, sondern daß sie ganz spezifisch auf *bestimmte* Substanzen oder Atomanordnungen gerichtet ist. Diese Substanzen — Substrate genannt — werden durch die Bindung so beeinflußt, daß
spezifische chemische Reaktionen, an denen sie beteiligt sind, schneller
ablaufen können, — ein Vorgang, den die Reaktionskinetik als Katalyse
bezeichnet. Derartige Effekte sind für die gesamte Biologie von außerordentlicher Bedeutung.

Die Bestimmung der Mengen gebundener Substanz ist relativ einfach,
wenn es sich um Ionen handelt. Z. B. kann die Bestimmung der je
Gramm makromolekularer Substanz gebundenen Menge Ionen aus der
von ihnen verursachten Verschiebung des isoelektrischen oder isoionischen Punktes ermittelt werden[1]. Einfach ist auch die Methode der
Gleichgewichtsdialyse[2], die bereits in § 56 beschrieben worden ist. Da
hier geladene große Partikeln vorhanden sind, können DONNAN-Effekte
das Gleichgewicht beeinflussen, vor allem, wenn die Konzentration der
zu bindenden Ionen nicht sehr groß ist; die Konzentrationsverteilungen
sind in solchen Fällen entweder rechnerisch zu korrigieren oder ausreichende Mengen eines zweiten indifferenten Elektrolyten, der nicht
gebunden werden darf(!), zuzusetzen. Letzteres ist nicht in allen Fällen
möglich.

Weitere Methoden sind Ultrafiltration — wofür allerdings die gleichen
Einschränkungen gelten wie bei der Gleichgewichtsdialyse — und die
Ultrazentrifugierung, der eine Analyse der abgetrennten Makroionen
und der überstehenden Flüssigkeit folgen muß. Zur leichteren Indikation
benutzt man in allen solchen Fällen gern radioaktiv gekennzeichnete
Atome[3].

Wenn die Bindung der Substanz am Protein Änderungen besonderer
physikalischer Eigenschaften hervorruft (z. B. Änderung des Absorptionsspektrums, Änderung der elektrophoretischen Wanderungsgeschwindigkeit usw.)[4], läßt diese sich einfach als Maß für die gebundene
Menge benutzen.

---

[1] Vgl. dazu ALBERTY: loc. cit.

[2] OSBORNE, W. A.: J. Physiol. **34**, 84 (1906).

[3] Vgl. dazu Hoppe-Seyler-Thierfelder 10. Aufl. Bd. 2, Berlin-Göttingen-
Heidelberg: Springer 1955.

[4] Eine erschöpfende Zusammenstellung der Methoden und der Theorie findet
sich bei I. M. KLOTZ: The Proteins (Hrsgb. K. BAILEY u. H. NEURATH). Bd. I, B.
New York 1953. S. 727ff. MORAWETZ, H.: Specific Ion Binding by Polyelectrolytes.
Fortschr. Hochpolymer. Forsch. Bd. 1, Heft 1 (1958).

Die theoretische Problematik der Bindung kleiner Moleküle oder Ionen an Makroionen liegt in der Ermittlung von Affinitäten (Gleichgewichtskonstanten bzw. ΔG_0), m. a. W. der Bindungsfestigkeit zwischen beiden Teilnehmern, woraus sich vielfach qualitative Aussagen über die Art der Bindungen machen lassen. Das Ziel ist aber nicht leicht erreichbar, da die großen Moleküle viele Bindungsstellen besitzen, die sich mit einer entsprechenden Zahl kleinerer Moleküle kombinieren können. Dadurch wird der Vorgang einer Adsorption ähnlich. Eine theoretische Behandlung als Adsorption muß jedoch unzweckmäßig sein, da die Aktivität der Makroionen noch viel zu weit von der der reinen Phase abweicht (letztere müßte ja = 1 sein!).

Viel Verwirrung hat der Umstand gestiftet, daß die Menge Komplex im Verhältnis zum Makroion ([PA)/[P]), nach dem MWG berechnet, zu einem Ausdruck folgender Fom führt:

$$[PA]/[P] = k\,[A]/(1 + \text{const}\,[A]), \tag{84.5}$$

($A =$ zu bindende Substanz, $P =$ Protein, $PA =$ Protein-Substrat-Komplex) der formell der LANGMUIR-Isotherme entspricht. Übereinstimmung der experimentellen Befunde mit einem derartigen Gesetz sagt nichts darüber aus, ob es sich um eine Adsorption handelt oder nicht[1].

Um die Bindungsaffinitäten mehrerer solcher Stellen zu berechnen, wird angenommen, daß das MWG gültig ist und die Gleichgewichtskonstanten der einzelnen bindenden Gruppen aus statistischen Gründen mit zunehmender Besetzung der Stellen kleiner wird[2].

Im allgemeinen werden Anionen von Proteinen stärker gebunden als Kationen. Von jenen sind es wieder die organischen, die um so mehr bevorzugt werden, je größer ihre lipophilen Bereiche sind. Beispielsweise ist die freie Enthalpie der Bindung des Dodecylsulfats fast viermal so groß wie die des Acetations. Aber auch Chloridionen werden durch die meisten Proteine in erheblichem Ausmaß gebunden.

Bindungseffekte zwischen Proteinen und neutralen Molekülen sind meist nicht so ausgeprägt wie die zwischen Ionen, die oft spezifisch für das betreffende Protein sein können. Doch besitzt Serumalbumin eine ausgeprägte Fähigkeit zur Bindung von allen möglichen Substanzen; es spielt möglicherweise die Rolle eines Transportmittels im Blut. Untersucht worden sind die Bindung von Harnstoff, Guanidin, Urethan, von höheren Alkoholen, von Glucosiden, Steroiden, vielen Farbstoffen, Polysacchariden und den bekannten Lipoiden[3]. Sogar cancerogene

---

[1] Vgl. hierzu K. LINDERSTRØM-LANG: C. R. Trav. lab. Carlsberg (Ser. chim.) **15**, Nr. 7 (1924).

[2] Es ist das gleiche Problem, wie die Berechnung der Dissoziationskonstanten mehrbasischer Säuren (WEGSCHEIDER); die zwei Konstanten einer dibasischen Säure müssen sich wie 4:1, die 3 einer 3-basischen wie 9:3:1 verhalten, vorausgesetzt, daß zwischen den ionischen Gruppen keine Wechselwirkungen auftreten. Treten sie doch auf, müssen sie besonders berücksichtigt werden (vgl. dazu KLOTZ: loc. cit.).

[3] BENNHOLD, H.: Kolloid-Z. **85**, 171 (1938); BENNHOLD, H., H. OTT u. M. WIECH: Dtsch. Med. Wochenschr. **75**, 11 (1950).

Kohlenwasserstoffe wie 3,4-Benzpyren werden — wenn auch in geringem
Maße — gebunden.

Nucleinsäuren zeigen im großen und ganzen das gleiche Verhalten
gegenüber kleinen Ionen wie Proteine. Doch auch neutrale Moleküle,
wie Harnstoff, werden von Nucleinsäuren aufgenommen. Ihre Assoziationsfähigkeit mit Proteinen zu den sog. Nucleoproteiden scheint jedoch
elektrostatischer Natur zu sein.

Dielektrisches Verhalten von Proteinen

Die Ladungen der amphoteren Makroionen sind häufig nicht ganz
gleichmäßig über die Korpuskel verteilt, auf ihrer einen Seite kann
dadurch ein Überschuß der einen Ladungsart über die andere und somit
ein beträchtliches Dipolmoment entstehen. Bei Proteinlösungen äußert

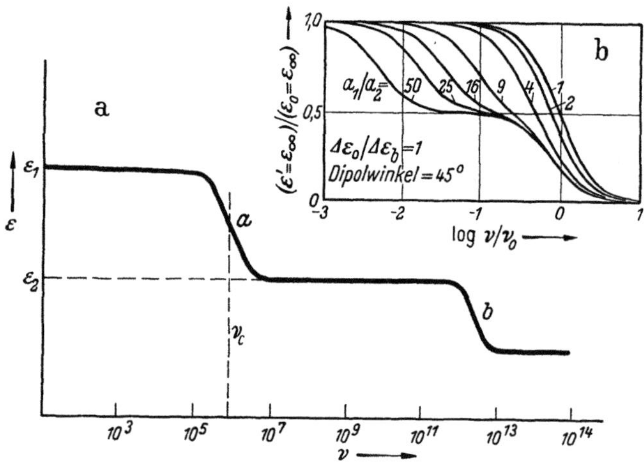

Abb. 84.8. a) Schemat. Darstellung d. Dispersion d. DK in Proteinlösungen ε_1, Niederfrequenzwert,
bei *a* Abfall durch gelöstes Protein (Frequenz ν_c) *b*, Abfall durch Wasser.
b) Abhängigkeit des Dispersionsquotienten von der Frequenz bei verschiedenen Achsenverhältnissen
a_1/a_2 eines gestreckten Rotationsellipsoids. Nach ONCLEY (loc. cit.). Entn. aus STUART: Die Physik
d. Hochpolymeren, Bd. 2. Berlin 1953, S. 629.
(Statt $(\varepsilon' = \varepsilon_\infty)/(\varepsilon_0 = \varepsilon_\infty)$, ν_0 und $\Delta\varepsilon_0/\Delta\varepsilon_b$ muß es $(\varepsilon - \varepsilon_2)/(\varepsilon_1 - \varepsilon_2)$, ν_c und $\Delta\varepsilon_{a1}/\Delta\varepsilon_{a2}$ heißen)

sich dies in einem bemerkenswerten Effekt bei der Messung der Dielek-
trizitätskonstante ε. Wird sie in einem elektrischen Wechselfeld in
Abhängigkeit von der Frequenz ν bestimmt, erhält man Kurven, wie sie
Abb. 84.8 zeigt.

Bei niederen Frequenzen von $\nu = 10^3 \cdots 10^5$ Hz folgen die großen
Proteindipole wie auch die Wasserdipole noch den Wechseln des elektrischen Feldes, indem sie Schwankungen um 180° ausführen. Beide
Molekülarten tragen zur DK bei, die sich auch in diesem Frequenzbereich
nicht ändert. Bei Frequenzen oberhalb 10^5 Hz beginnen nun die großen
Korpuskeln in ihrer Folgsamkeit nachzulassen, da die Reibungswiderstände gegenüber der Partikeldrehung mit zunehmender Rotationsgeschwindigkeit größer und größer werden, m. a. W. die Zeiten, in denen
eine Drehung um 180° stattfinden soll, von der Größenordnung der
Relaxationszeiten der Rotation werden (vgl. § 15). Bei weiterer Erhö-

hung der Frequenz folgen die Partikeldipole den Wechseln des Feldes überhaupt nicht mehr. Das Ganze führt zunächst zu einem Abfall der DK im Gebiet von $1/\tau$ (τ = Relaxationszeit) und schließlich zu einem Konstantwerden bei noch höheren Frequenzen. Wenn die Frequenzen das Gebiet von etwa 10^{11} erreichen, verursacht die Relaxationszeit der H_2O-Moleküle einen weiteren Abfall, der aber in diesem Zusammenhang nicht weiter interessiert.

Nach der Theorie von Debye[1] besteht folgende Beziehung zwischen der Frequenz $v_c = (\varepsilon_1 + \varepsilon_2)/2$ — dessen Bedeutung aus der Abb. 84.8 ohne weitere Erläuterung hervorgeht — und der gemessenen ε und eingestelltem v:

$$\varepsilon = \varepsilon_2 + \frac{\varepsilon_1 - \varepsilon_2}{1 + (v/v_c)^2} \cdot \tag{84.6}$$

Zwischen v_c und der Relaxationszeit von Partikeln mit nur einer einzigen dielektrischen Rotationsmöglichkeit (vgl. § 15) besteht die Beziehung

$$\tau = 1/2\pi\, v_c = 1/2\, \Theta \tag{84.7}$$

(Θ = Rotationsdiffusionskonstante). Dies bietet eine sehr elegante Möglichkeit, τ bzw. Θ aus dielektrischen Messungen zu ermitteln, die jedoch bei wässerigen Proteinlösungen wegen der störenden Leitfähigkeit nicht ganz einfach auszuführen sind[2].

Oncley erweiterte den Debyeschen Ausdruck auf Fälle, wo mehrere Rotationsdiffusionskoeffizienten bzw. Relaxationszeiten vorhanden sind, also auf gestreckte bzw. abgeplattete Rotationsellipsoide. Hier müssen zwei „Dispersionsfrequenzen", d. h. Gebiete des Absinkens von ε im Verlauf der Frequenzerhöhung auftreten, vorausgesetzt, daß die Achse des Dipols nicht mit einer der Hauptachsen des Rotationsellipsoids zusammenfällt. Aus den beiden Relaxationszeiten τ_a und τ_b lassen sich mit Hilfe der Perrinschen Gln. (15.7 bis 15.10) die Achsenverhältnisse a/b der Rotationsellipsoide errechnen. Oncley fand auf diese Weise Werte der Achsenverhältnisse, die nicht nur sehr gut mit den auf andere Weise (Diffusion, Strömungsdoppelbrechung, Viskosität) bestimmten übereinstimmten, sondern vor allem eine Entscheidung darüber erlaubten, ob das von der Idealität abweichende Verhalten auf Hydratation oder Anisometrie der Partikeln beruht[3]. Der aus dem dielektrischen Verhalten bestimmte Wert ist bei Vorliegen mehrerer Relaxationszeiten eindeutig und hilft eine Entscheidung über den Einfluß der Hydratation zu treffen. Diese Entscheidung gelingt nicht, wenn das Dipolmoment, wie bereits erwähnt, mit einer der Hauptachsen des Ellipsoids zusammenfällt.

Wegen des Zusammenhangs von τ mit Θ und dem Partikelvolumen [Gl. (15.6) und (15.7)] ist auch dessen Bestimmung möglich. Bei nur

---

[1] Debye, P.: Polare Molekeln. Leipzig 1929, vgl. auch F. H. Müller: Ergeb. exakt. Naturwiss. **17**, 164 (1938).

[2] Vgl. dazu J. L. Oncley, in „Proteins, Amino Acids and Peptides" (Hrsgb. E. J. Cohn u. J. T. Edsall). New York 1943. Kap. 5.

[3] Das auf Abb. 40.1 gezeigte Diagramm von Oncley ist, wie dort ausführlich erörtert, nicht eindeutig in bezug auf die Zuordnung von f/f_0 dem Reibungsverhältnis anisometrischer Partikeln.

einem einzigen τ ist auch das die einzig bestimmbare Größe, doch können Kombinationen mit anderen Messungen (Viskosität usw.) weitere Aufschlüsse ergeben[1].

Durch Bestimmung der DK ist auch das Dipolmoment des Proteins zugänglich, aus dessen absolutem Betrag auf gleichmäßige oder ungleichmäßige Ladungsverteilung über die Partikel-„Oberfläche" geschlossen werden kann. J. Wyman jr.[2] bestimmte Dipolmomente von Pferde-(CO)-Hämoglobin zu 480 Debye, Pferdeserumalbumin zu 380 D, Edestin zu 1400 D. Dieser außerordentlich großen Werte (Glycin $\sim$ 20 D) können aber nur durch die Größe des Moleküls selbst zustande kommen. Nimmt man nämlich an, daß sämtliche positiven Ladungen dieser Proteine auf der einen Hälfte der Partikeln, sämtliche negativen auf der anderen verteilt sind, läßt sich das maximale Dipolmoment berechnen. Es ergibt sich dann, daß es etwa 50 mal größer sein müßte als das tatsächlich gemessene; m. a. W. die Ladungen sind relativ gleichmäßig über die Partikeln verteilt.

§ 85. Struktur der Proteine

Die Eigenschaften und das Verhalten der Proteine werden erst völlig verstanden werden können, wenn ihre Struktur und Konfiguration vollständig aufgeklärt sein wird. Da wir von diesem Zustand noch ziemlich weit entfernt sind, geben sie uns noch manche Rätsel auf. Die Struktur der Proteine mit korpuskularem Charakter im dispergierten Zustand ist kaum direkt zu bestimmen, da die Röntgenmethode auf sie nicht ohne weiteres anzuwenden ist. Wenn ihre Struktur auch vielfach in reinem kristallinen Zustand bestimmt werden kann, muß sie nicht zwangsläufig der der gelösten Partikeln entsprechen. Daß sich der prinzipielle Aufbau eines Protein-Makromoleküls bei der Auskristallisation und der Auflösung verändert, ist bis jetzt nicht erwiesen, aber nicht als sehr wahrscheinlich anzusehen. Kristallisation wie Auflösung beeinflussen keine ihrer Eigenschaften, die sonst gegen geringfügigste Veränderungen äußerst empfindlich sind (wie beispielsweise die Aktivität von Enzymen). Durch die sehr große Zahl von Atomen je Elementarzelle des Kristallgitters ist auch die Strukturbestimmung der Proteine im reinen kristallinen Zustand äußerst schwierig. Die bis jetzt genaueste Bestimmung am Pferde-Methämoglobin von Perutz[3] gelangte zwar zu äußerst wertvollen Einblicken, aber trotz außerordentlich intensiver mehrjähriger Rechenarbeit nicht zur Festlegung der einzelnen Atomlagen[4]. Um etwas über die Anordnung der Atomgruppen aussagen zu können, müssen auch dort die Ergebnisse der Röntgenanalyse fibrillärer Proteine zu Hilfe genommen werden, wenn diese selbst auch nur Strukturen liefern, die nicht unbedingt und unabänderlich richtig zu sein brauchen, sondern Modellvorstellungen darstellen, die mit den zur Zeit bekannten experimentellen Daten am besten übereinstimmen und dadurch einen hohen Wahrscheinlichkeitsgehalt besitzen. Diese Strukturmodelle bilden aber die Brücke zum Verständnis des Aufbaus der Proteinmoleküle.

---

[1] Vgl. dazu auch H. A. Stuart u. J. Juilfs in „Das Makromolekül in Lösung" (Hrsgb. H. A. Stuart). Berlin 1953, S. 618ff.

[2] Wyman jr., J.: Chem. Reviews **19**, 213 (1936).

[3] Perutz, M. F.: Trans Faraday Soc. **42 B**, 187 (1946) und folgende Zusammenstellung bei Springall: loc. cit. S. 639.   —   [4] vgl. Fußnote [2] S. 646.

Die Schwierigkeiten der Strukturbestimmung von Proteinen beginnen damit, daß die genaue chemische Konstitution des zu untersuchenden Moleküls nicht bekannt ist. Sie wird nur durch einige allgemeine Aussagen erleichtert. Am Vorhandensein der Aminosäuren und ihrer Verknüpfung durch Peptidbindungen ist zwar nicht mehr zu zweifeln. Die prozentuale Zusammensetzung der einzelnen Aminosäuren ist durch die modernen analytischen Trennverfahren ebenfalls gut bekannt. Die Bestimmung ihrer Reihenfolge ist auf alle Fälle mühevoll und schwierig; in einzelnen günstigen Beispielen — wie beim Insulin — ist die von SANGER[1] gelungene Bestimmung eine einmalige und hervorragende wissenschaftliche Leistung, die nicht bei jedem Protein ohne weiteres wiederholbar ist. Im allgemeinen muß man sich damit begnügen, die prozentuale Zusammensetzung der Aminosäuren festzustellen und die Zahl der Peptidketten aus einer Endgruppenbestimmung zu ermitteln. Eine weitere Hilfe ist die Feststellung, daß die Peptidketten nicht verzweigt sind und daß als covalente Bindungen außer den Peptidbindungen nur noch Disulfid-Bindungen auftreten können.

Die einfachste Anordnung, nämlich die Zusammenlagerung von Peptidketten zu einem Bündel, findet sich bei den fibrillären oder Faserproteinen, was auf eindeutige Weise im Röntgenbild zu erkennen ist. Sämtliche Angehörige dieser Gruppe liefern ein

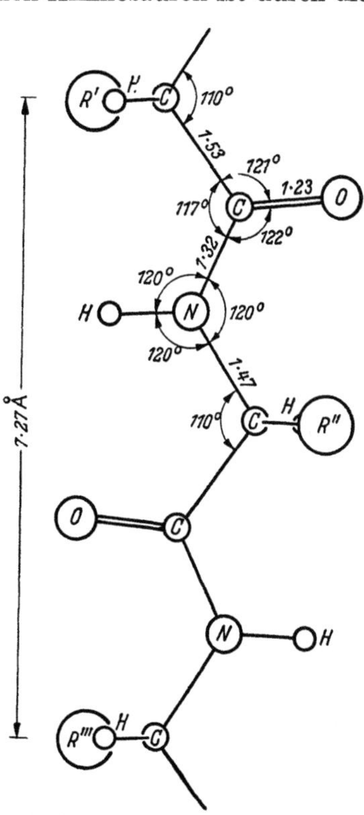

Abb. 85.1. Abmessungen einer Peptidkette. Nach COREY u. DONOHUE: loc. cit.

Faserdiagramm, dessen Zustandekommen bereits in § 43 beschrieben worden ist. Das einfachste Faserdiagramm ist das des Seidenfibroins, es zeigt eine gut ausgeprägte Schichtlinienbildung, aus denen sich ein Abstand von 7,27 Å in der Faserachse errechnen läßt. Er wird dem Abstand zweier Aminosäureseitengruppen zugeschrieben, wenn die Peptidkette eine trans-Konfiguration in völlig ausgestrecktem Zustand besitzt, wie es Abb. 85.1 nach COREY und DONOHUE[2] zeigt.

Wie ASTBURY und Mitarbeiter[3] in ausgedehnten Untersuchungen feststellten, besitzt eine Gruppe von Proteinen untereinander Ähnlichkeiten, sowohl in der Struktur als auch im mechanischen Verhalten. Zu

---

[1] SANGER, F. u. H. TUPPY: Biochem. J. **49**, 463, 481 (1951); **53**, 366 (1953).
[2] COREY, R. B. u. J. DONOHUE: J. Amer. chem. Soc. **72**, 2899 (1950).
[3] ASTBURY, W. T.: Fundamentales of Fibre Structure. Oxford 1933; Advances Enzym. **3**, 63 (1943).

ihr gehören das Keratin der Wolle, der Haare und des Horns, das Myosin des Muskels, das Epidermin der Haut und das Fibrinogen des Blutplasmas (sie wird abgekürzt auch als k-m-e-f-Gruppe bezeichnet). Prototyp dieser Gruppe ist das Keratin. Es kommt in mehreren Formen vor; das native oder α-Keratin hat wie alle anderen Mitglieder dieser Gruppe ein Diagramm, was in Abb. 85.2 dargestellt ist. Die Faserperiode ist längst

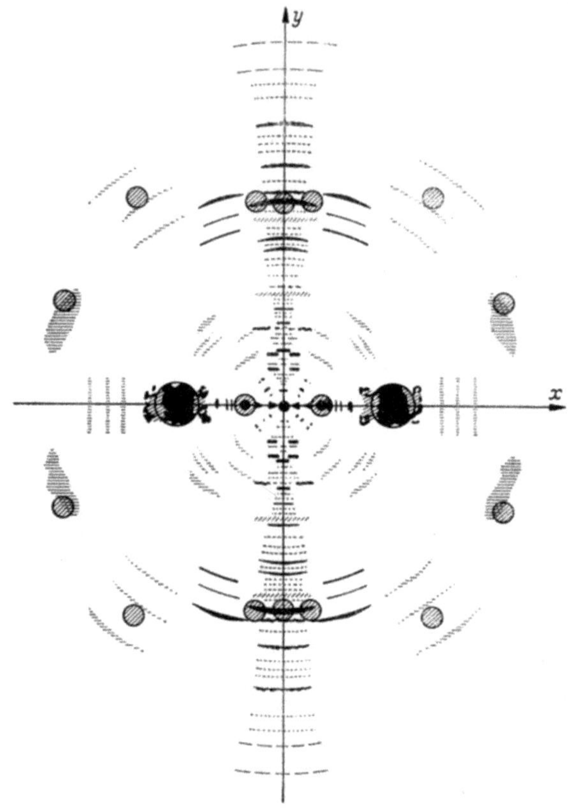

Abb. 85.2. Röntgendiagramm des α-Keratins (mit Kleinwinkelinterferenzen). Schemat. Darst. nach ASTBURY: J. Chem. Soc. (London) **1942**, 337

nicht so ausgeprägt wie beim Seidenfibroin, sie entspricht einem Abstand von 5,15 Å längs der Faserachse. Die Äquatorialreflexe entsprechen seitlichen Abständen von 9,8 Å[1].

Wenn man ein Haar, das zunächst das α-Keratin-Diagramm ergibt, ausreckt, so tritt bei etwa 30proz. Verlängerung ein neues Diagramm neben dem alten auf. Vollständig wird es ersetzt, wenn das Haar 50···70% ausgereckt ist, wie es das Schema der Abb. 85.3 zeigt. Es unterscheidet sich vom α-Diagramm vor allem durch die größere Zahl von

---

[1] Der 9,8 Å-Reflex ist nach I. MCARTHUR [Nature (London) **152**, 38 (1943)] eine Superposition zweier starker Komponenten von 9,2 und 10,5 Å!, vgl. dazu w.u.

Äquatorreflexen. Längs der Faserachse erscheinen Abstände von 3,32 Å, senkrecht dazu solche von 9,8, 4,65 und 3,75 Å. Diese Modifikation wird β-Keratin genannt. Die Ähnlichkeit der Abstände der langen Achse (in Wirklichkeit ist der Abstand nicht 3,32, sondern beträgt das doppelte, also etwa 6,64 Å) ließ vermuten, daß das β-Keratin dem Seidenfibroin ähnlich sei, daß also hier ebenfalls ausgestreckte Peptidketten in trans-Konfiguration auftreten, deren Abstand allerdings 7,2 Å sein müßte! Genaue Vergleiche mit verschiedenen Modellen konnten diese Vermutung in der Tat erhärten[1]. Wenn nun die Struktur des ausgereckten Haares, also das β-Keratin, auf völlig gestreckte Peptidketten hinweist, so müssen diese logischerweise im α-Keratin in irgendeiner gefalteten oder aufgerollten Form bereits vorhanden gewesen sein. Wenn aber in der α-Form die Fäden gerollt oder geknäuelt sind, so ist damit noch nicht gesagt, daß die Ausstreckung der gesamten Faser ausschließlich eine Ausstreckung der aufgerollten Ketten ist, denn es ist möglich, daß sie auch noch aneinander vorbeigleiten. Durch besondere Behandlung — etwa mit heißem Wasser oder Dampf

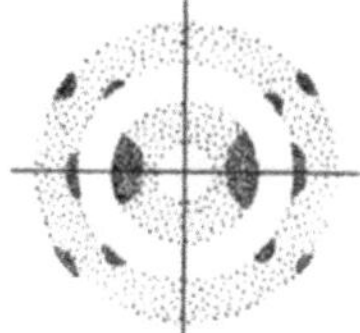

Abb. 85.3. Schema des Röntgendiagramms des β-Keratins

— lassen sich die sonst reversiblen Verstreckungen stabilisieren, wobei die Zeit der Stabilisierung vielfach von der Dauer der Behandlung abhängt.

Eine andere Form der Umwandlung ist die sog. Superkontraktion, wo das α-Keratin sich nach Einwirkung von Alkali noch weiter zusammenzieht und ein neues Röntgendiagramm liefert. Noch andere Formen von Superkontraktion werden durch Behandlung des β-Keratins erhalten.

Aus diesen Ergebnissen ließ sich ein Modell für das β-Keratin relativ einfach entwerfen, nicht dagegen für das α-Keratin, für welches erst in allerletzter Zeit ein Bild wahrscheinlich gemacht werden konnte. Das Prinzip der β-Keratinstruktur, bereits von ASTBURY erkannt, besteht in einer Anordnung der Peptidketten parallel zur Faserachse, wie sie Abb. 85.4a zeigt. Von PAULING und COREY[2] wurde diese Anordnung deswegen gefordert, da von ihnen überzeugend nachgewiesen werden konnte, daß die CONH-Bindung im Peptid so angeordnet sein muß, daß alle Atome in einer Ebene liegen (Mesomerie zwischen den Formen —NH—CO— und —N⁺H=C⁻O—). Berücksichtigt man dies, kommt man zu einer Form, in der die parallel gelagerten Peptidketten ein gefaltetes („plissiertes") Band bilden. Mehrere solcher Peptidketten ordnen sich zu Folien an, wie sie auf Abb. 85.4b dargestellt sind. Bei diesem Modell ergeben sich keine Schwierigkeiten bei der Unterbringung der Seitenketten, was bei früher vorgeschlagenen Modellen nicht der Fall war. Eine Zusammenlagerung derart plissierter Ketten kann nämlich auf zwei Weisen erfolgen:

---

[1] Vgl. H. D. SPRINGALL: The Structural Chemistry of Proteins. London 1954; Low, B. W., in The Proteins (Hrsgb. K. BAILEY u. H. NEURATH]. Vol. I A. New York 1953.

[2] PAULING, L. u. R. B. COREY: Proc. nat. Acad. Sci. U. S. **37**, 235—72 (1951).

1. Benachbarte Polypeptidketten sind gegenläufig orientiert; die Folge —N—C$_\alpha$—CO— ist in zwei benachbarten Ketten entgegengesetzt gerichtet; antiparallele Orientierung (Abb. 85.4b).

2. Benachbarte Ketten sind gleichsinnig orientiert; die Folge —N—C$_\alpha$—CO— hat in den beiden Ketten die gleiche Richtung; parallele Orientierung.

Die mit erheblich größeren Schwierigkeiten verbundene Aufklärung der Struktur des α-Keratins und aller damit verwandter Proteinstrukturen spiegelt sich schon in der größeren Zahl von Modellen, die dafür

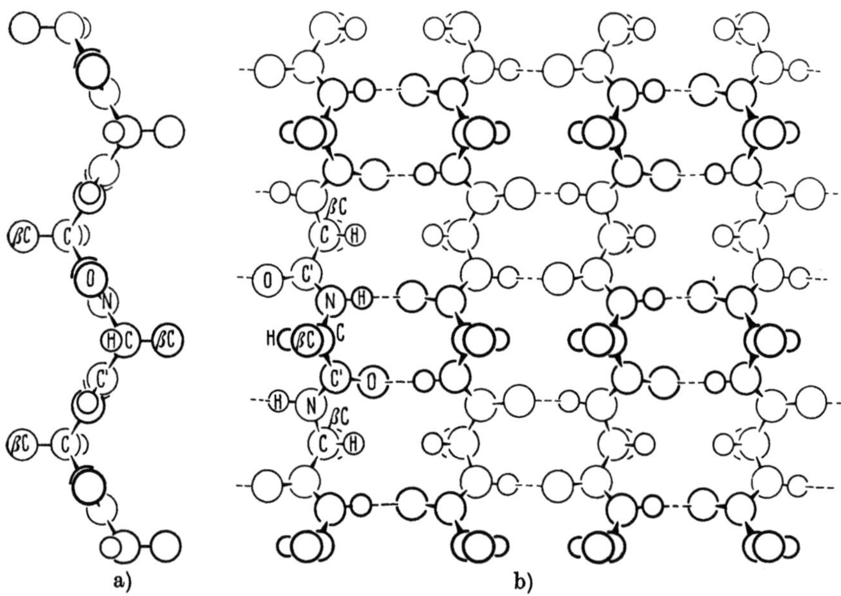

Abb. 85.4. β-Keratin-Struktur nach PAULING u. COREY (loc. cit.), antiparallele Anordnung der Ketten. a) Einzelne Peptidkette v. d. Seite gesehen, b) Anordnung zum „pleeted sheet" v. oben gesehen. (Entn. aus H. STUART: Physik der Hochpolymeren, Bd. III., loc. cit., S. 143)

vorgeschlagen worden sind. Ohne auf ihre Einzelheiten und ihre Entwicklung eingehen zu können, sei hier nur dasjenige kurz beschrieben, dem man zur Zeit die größte Wahrscheinlichkeit zumißt. Es ist die sog. α-Helix von PAULING, COREY und BRANSON[1]. In diesem Modell ist die Peptidkette zu einer Spirale aufgerollt, so wie es Abb. 85.5 zeigt. Jede Spiralwindung enthält 3,7 Aminosäurereste, die Steigung der Spirale sollte dabei genau 1,5 Å betragen. Das ganze System ist energetisch dadurch begünstigt, daß sich zwischen den einzelnen CO- und NH-Gruppen der Spiralwindungen Wasserstoffbrücken ausbilden können, wie es in der Abbildung durch gestrichelte Linien angedeutet ist[2].

---

[1] PAULING, L., R. B. COREY u. H. R. BRANSON: Proc. nat. Acad. Sci. U. S. **37**, 205 (1951).

[2] Eine andere spiralige Anordnung, bei der jeweils 5,1 Aminosäurereste auf eine Spiralwindung kommen, wurde von PAULING und COREY ebenfalls vorgeschlagen, doch später zurückgezogen. Dieses Modell für die Superkontraktion des Keratins anzuwenden, hat sich auch nicht als zutreffend herausgestellt.

Für die α-Helix-Struktur gilt ebenfalls die Forderung einer coplanaren Atomgruppierung in der Peptidgruppe. Die Indizierung der Röntgeninterferenzen ist möglich, wenn eine zusätzliche Annahme gemacht wird: Die Anordnung der Spirale in der Weise, daß sie selbst noch eine Superspirale mit sehr großem Windungsabstand bildet. Alle Reflexe lassen sich dann befriedigend deuten. Nur eine kleine Korrektur der Zahl der Aminosäurereste pro Windung (der kleinen Spirale) ist nötig; setzt man diese Zahl zu 3,6 statt zu 3,7 an, kommt man in allen Punkten zu guter Übereinstimmung. Der von ASTBURY beobachtete Reflex von 27 Å auf dem Äquator kann durch die Bildung eines Kabels gedeutet werden. Ein Kabel mit einer „Seele" und 6 „Kabelschnüren" besitzt einen Durchmesser von etwa 30 Å, was mit den beobachteten 27 Å ausreichend gut übereinstimmt.

PERUTZ[1] lieferte eine sehr gewichtige Unterstützung für die Richtigkeit des Spiralmodells durch die Beobachtung eines Reflexes, der einem Abstand von 1,5 Å entspricht. Dieser äußerst kurze Abstand ist nur durch Anwendung einer besonderen neuen Technik sichtbar zu machen gewesen; PERUTZ ließ die Faser mit ihrer Längsachse um eine horizontale Achse normal zur Richtung des Röntgenstrahls oscillieren. Nur das Modell der α-Helix kann das Auftreten des Abstands von 1,5 Å erklären, wo es dem Abstand zweier Spiralwindungen entspricht.

Der Struktur des α-Keratins kommt insofern eine erhebliche Bedeutung zu, als sie nicht nur bei fibrillären Proteinen der k-m-e-f-Gruppe auf röntgenographischem Wege gefunden worden ist, sondern auch Anhaltspunkte dafür vorliegen, daß sie bei globulären Proteinen in Lösung wie auch bei synthetischen Polyaminosäuren in festem Zustand *und* in Lösung auftritt. Einerseits folgt dies aus den Ergebnissen der Dispersion der optischen Drehung ihrer Lösungen, andererseits aus dem Auftreten des Ultrarotdichroismus — die Schwingungsbanden der NH- und CO-Gruppen betreffend — ihrer reinen kristallisierten Formen, worauf in § 29 bereits hingewiesen wurde.

Die Absorption der Energie einer elektromagnetischen Welle durch eine schwingende Atomgruppe ist dann am stärksten, wenn die Schwingungsrichtung des elektrischen Vektors der Welle parallel zur Schwingungsrichtung der Gruppe ist. Verwendet man polarisiertes Ultrarotlicht zur Untersuchung der Absorption einer Faser und dreht die Faser normal zur Richtung des Primärstrahls, so wird ein Maximum der Absorption beobachtet, wenn bei der jeweiligen Wellenlänge absorbierende Gruppen parallel zur Schwingungsrichtung des Strahls liegen. Auf diese Weise lassen sich die Richtung relativ zur Faserachse festlegen. AMBROSE, ELLIOTT und Mitarbeiter[2] konnten durch

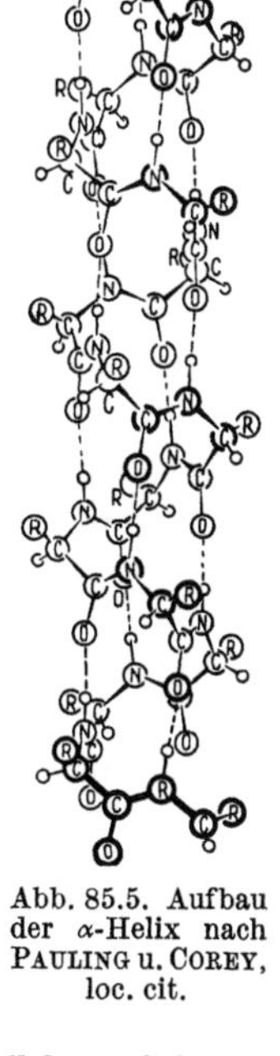

Abb. 85.5. Aufbau der α-Helix nach PAULING u. COREY, loc. cit.

---

[1] PERUTZ, M. F.: Nature (London) **167**, 1053 (1951).

[2] ELLIOTT, A., E. J. AMBROSE u. R. B. TEMPLE: J. Opt. Soc. America **38**, 212 (1948); AMBROSE, E. J. u. W. E. HANBY: Nature (London) **163**, 483 (1949).

Untersuchungen vornehmlich an synthetischen Polyaminosäuren feststellen, daß die Richtungen der Streckschwingungen, sowohl der CO- als auch der NH-Gruppen bei α-Formen immer parallel zur Faserachse, bei β-Formen immer senkrecht dazu liegen. Diese Untersuchungen konnten ebenfalls das Auftreten von Wasserstoffbrückenbindungen direkt durch die Verschiebung der Streckschwingungs-Frequenzen der NH-Gruppen zu niederen Frequenzen nachweisen. Die beobachteten Richtungen der Schwingungen einer NHCO-Bindung stimmen bei der α-Helix-Struktur wie auch bei der β-Keratinstruktur mit den vorgeschlagenen Modellen gut überein.

Die Rotationsdispersion, welche bei den in organischen Lösungsmitteln löslichen synthetischen Polyaminosäuren in übersichtlicher Weise darauf zurückgeführt werden kann, daß sie in Form von Spiralen vorliegen, wird auch bei korpuskularen Proteinen in wässeriger Lösung beobachtet.

Nach YANG und DOTY[1] deuten die Ergebnisse zwar auf das Vorhandensein spiraliger Anordnungen der Peptidketten im Protein hin, bringen jedoch Zweifel darüber auf, daß korpuskulare Proteine *vollständig* aus α-Spiralen aufgebaut sind.

Das Strukturmodell der α-Helix nach PAULING und COREY scheint trotz der Einwände, die man noch erheben könnte, die fruchtbarste Theorie der Proteinstruktur zu sein, vor allem, da derartige Anordnungen bei den verschiedenartigsten Proteinen aufzutreten scheinen. (Myosin, Epidermin und Fibrinogen sind strukturell gesehen dem α-Keratin verwandt, bei ihnen werden die gleichen Erscheinungen wie dort beobachtet.)

Kollagen-Gruppe

Das Röntgendiagramm der Kollagen-Fasern und der hierzu gehörenden Gruppen von Proteinen (Gelatine, Ichthiokoll, Elastoidin usw. vgl. Low, loc. cit.) unterscheidet sich deutlich von denen der k-m-e-f-Gruppe. Zwei starke Äquatorreflexe entsprechend den Abständen von 10 Å und 4,6 Å treten auf; sie sind denen der anderen Faserproteine ähnlich und rühren von den Seitenketten und „Rückgrat"-Abständen her — wie auch beim β-Keratin –– doch weisen sie einen starken Meridianreflex von 2,86 Å auf, der bei den anderen Faserproteinen fehlt. Die Äquatorialreflexe ändern ihre Lage bei der Aufnahme von Wasser; Kollagenfasern nehmen bei der Quellung Wasser zwischen den Ketten auf, was zwar ihre Dicke, nicht aber ihre Länge ändert!

Kollagen ist ein in Wasser unlösliches Faserprotein, aus dem erst durch rigorose Eingriffe, wie längeres Erhitzen in Gegenwart von Wasser, unregelmäßige Bruchstücke herausgespalten werden können. Diese Spaltstücke, die mit dem Namen *Gelatine* bezeichnet werden, sind wasserlöslich, haben den Charakter von Fadenmolekülen, bilden leicht Gele, aber keine irgendwie orientierten kristallartigen Abscheidungen. Sie zeichnen sich durch einen besonders hohen Prolin- bzw. Oxyprolingehalt aus, der von keinem anderen Protein erreicht wird. Der hohe Gehalt von Prolinen scheint sowohl die fadenförmige Gestalt der Gelatinemoleküle als auch die besondere Struktur des Kollagens zu verursachen. Im

---

[1] YANG, J. T. u. P. DOTY: J. Amer. chem. Soc. **79**, 761 (1957).

Gegensatz zu den normalen Peptidbindungen soll nach PAULING und COREY[1] die Bindung zwischen einer Carbonylgruppe und dem Iminostickstoff des Histidinringes freie Drehbarkeit besitzen, wodurch die Peptidkette ihre Richtung ändern kann. Ebenso sind Umkehrungen der Konfiguration der Peptidkette möglich — Wechsel von trans- zur cis-Konfiguration —, wie es das folgende Schema

$$
\begin{array}{c}
\mathrm{CH_2{-\!-}CH_2} \\
\mid \qquad \mid \\
\mathrm{-\,-\,-\,NH \quad CH \quad CH} \\
\diagdown \diagup \quad \diagup \\
\mathrm{CO \quad N} \\
\mid \\
\mathrm{NH \quad CO} \\
\diagdown \diagup \quad \diagup \\
\mathrm{-\,-\,-\,CO \quad CHR}
\end{array}
$$

darstellt. Diese freie Drehbarkeit soll nun die Ausbildung von α-Helix-Strukturen verhindern, da bei jedem Prolinrest die Weiterbildung der Spirale unmöglich gemacht wird. Von PAULING und COREY wird ein Strukturmodell des Kollagens vorgeschlagen, das aus drei sich umeinander windenden Spiralen gebildet wird, so wie es Abb. 85.6 darstellt. Jede der Spiralen besteht aus einer Peptidkette, die aus Tripeptid-Untereinheiten mit der Konfiguration cis-cis-trans entsprechend unserem Schema gebildet werden. Wasserstoffbrücken können sich nun nicht zwischen den Imino-Stickstoff-Atomen ausbilden, da sie keine Wasserstoffatome besitzen. Die Festigkeit der Anordnung sollte daher geringer sein als bei den Keratinen, was mit ihrer leichten Quellbarkeit übereinstimmt. Obwohl Strukturmodelle[2] auch auf anderer Basis vorgeschlagen worden sind — z. B. entsprechend der β-Keratinstruktur mit einem spitzeren Winkel der Falten (vgl. Abb. 85.4) —, scheint auch hier wieder die Spiralstruktur diejenige zu sein, die am besten mit den experimentellen Ergebnissen übereinstimmt.

In jedem Fall ist das Kollagen ein Faserprotein, in welchem zwar auch lange Peptidketten auftreten, die aber im reinen Zustand keine intermolekularen Wasserstoffbrücken ausbilden (wie beim α-Keratin), sondern nur Verknüpfungen zwischen einzelnen Peptidketten, und auch da in geringerem Maße als beim β-Keratin, was unter anderem durch Messungen des Ultrarotdichroismus nachgewiesen werden konnte.

Das Kollagen und auch das Myosin (als einziges der k-m-e-f-Gruppe) weisen eigenartige sog. Langperioden in ihrer Faserstruktur auf. Bei etwa 600$\cdots$700 Å-Einheiten treten periodische Änderungen auf, wahrscheinlich durch besondere Zusammensetzung der Aminosäuren, die sich sowohl röntgenographisch als auch im Elektronenmikroskop beobachten lassen. Bei der Verstreckung des Kollagens ändern sich die Röntgenabstände und gleichzeitig die im Elektronenmikroskop sichtbare Streifung, sie können daher nicht als Bereiche besonderer — etwa amorpher —

---

[1] PAULING, L. u. R. B. COREY: Proc. Nat. Acad. Sci. U. S. **37**, 272 (1951).
[2] Vgl. die Zusammenfassungen bei B. Low: loc. cit.; H. D. SPRINGALL: loc. cit. S. 639.

41*

Struktur angesehen werden, da diese bei einer solchen Behandlung verschwinden müßte[1].

Strukturbestimmungen kristallisierter globulärer Proteine

Da eine Reihe von globulären Proteinen gut kristallisiert, sind mehrfach Versuche unternommen worden, Strukturbestimmungen durch

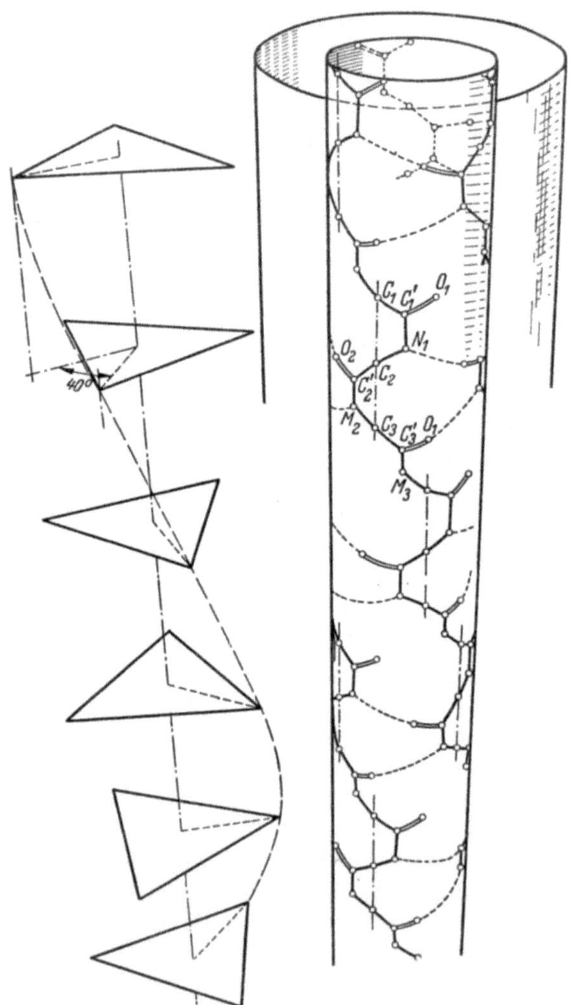

Abb. 85.6. Struktur des Kollagens nach PAULING u. COREY (loc. cit.).
Links: Schema der Spiralwindung

---

[1] ASTBURY, W.: Proc. Roy. Soc. [London], Abt. B **135**, 303 (1947). Daß hierbei möglicherweise Mucoproteine (Polysaccharid-Protein-Komplexe) beteiligt sein könnten, wurde von J. H. HIGHBERGER, J. GROSS u. F. O. SCHMITT: Proc. nat. Acad. Sci. Wash. **37**, 286 (1951) vermutet.

Auswertung der von ihnen gelieferten Röntgendiagramme zu machen. Wegen der Kompliziertheit der Diagramme (wie auch der zu vermutenden Struktur) konnte diese Aufgabe nie bis zur Bestimmung der Lagen der einzelnen Atome oder auch nur der Atomgruppen bewältigt werden. Das am besten untersuchte Beispiel ist das Pferde-Methämoglobin, was von PERUTZ und Mitarbeitern[1]
in jahrelanger mühevoller Arbeit bis zu dem Punkt gebracht wurde, den wir im folgenden kurz beschreiben wollen.

Das Pferde-Methämoglobin kristallisiert in monoklinen Kristallen, die in feuchtem Zustand bis zu 50% Wasser enthalten können. In diesem ist etwa ein Drittel fest an das Protein

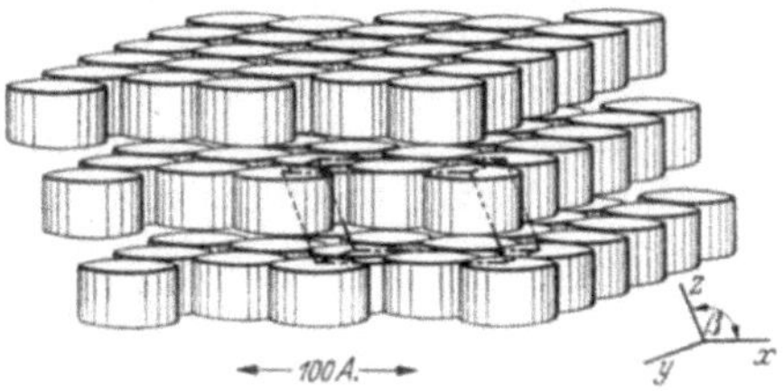

Abb. 85.7. Aufbau und Elementarzelle des kristallisierten Pferdemethämoglobin nach PERUTZ, loc. cit.

gebunden, während der Rest frei beweglich zu sein scheint. Aus der Änderung des Röntgendiagrammes beim Trocknen und durch die „Sichtbarmachung" des freien Lösungsmittels in den feuchten Kristallen durch Metallionen ließ sich etwas über die Gestalt, Größe und die

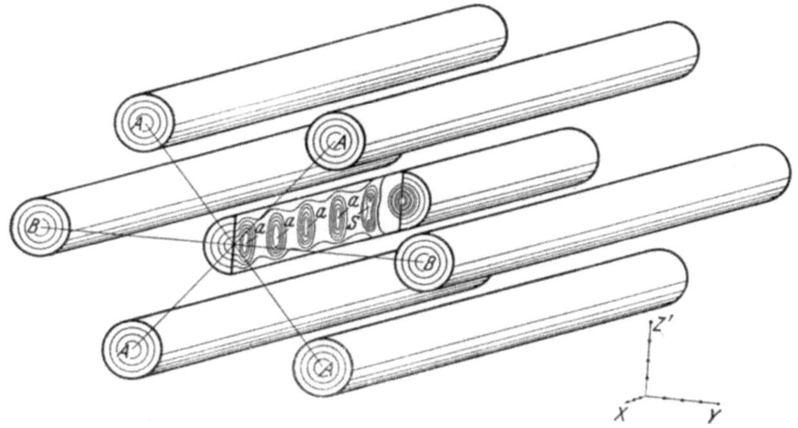

Abb. 85.8. Feinstruktur der Pferdemethämoglobinkristalle nach PERUTZ

Packungsart der Moleküle im Kristall aussagen. Danach scheinen Untereinheiten, die hier idealisiert als zylinderförmig dargestellt sind, in Schichten vorhanden zu sein, so wie es Abb. 85.7 wiedergibt. Die Elementarzelle des Kristalls ist im Vordergrund mit eingezeichnet. Eine weitere Auflösung der Struktur gelingt mit Hilfe der PATTERSON-Analyse (vgl. § 44). Wegen der außerordentlich großen Zahl von Atomen in der Elementarzelle resultiert aus einer PATTERSON-Analyse ein sehr kompliziertes Bild von „Vektorspitzen", deren Entzifferung

---

[1] PERUTZ, M. F.: Ann. Rep. Progr. Chem. 48, 362 (1952); daselbst auch Zusammenfassung der Literatur.

nicht ohne weiteres möglich ist. BRAGG, KENDREW und PERUTZ[1] versuchten diese in eine Relation zu bringen unter der Annahme, daß im Kristall regelmäßige Polypeptidketten vorkommen, die in gerader Form und parallel zueinander ausgerichtet sind. Dann ist es möglich, diese Ketten als besondere Struktureinheiten zu betrachten und ihre Lage — wegen ihrer größeren Dichte — in der Elementarzelle so zu bestimmen, wie man es üblicherweise mit Atomen bei einfacheren Strukturen tut.

In idealisierter Form ergibt dies dann ein Bild wie es Abb. 85.8 zeigt, welches röhrenförmige Struktureinheiten erkennen läßt, deren Elektronendichte-Verteilungen in der aufgeschnittenen mittleren Röhre zu sehen sind. PERUTZ entwarf ein Modell der Anordnung dieser Röhren in dem idealen Zylinder (der Abb. 85.7), wie es Abb. 85.9 darstellt. Durch entsprechende Faltung läßt sich eine einzige als Röhre gedachte Peptidkette so unterbringen, daß sie in den Zylinder paßt. Der Abstand der einzelnen Ketten beträgt bemerkenswerterweise 10 Å, was mit dem Durchmesser der α-Helix übereinstimmt und die Möglichkeit zuläßt, daß Röhre und Spirale einander entsprechen.

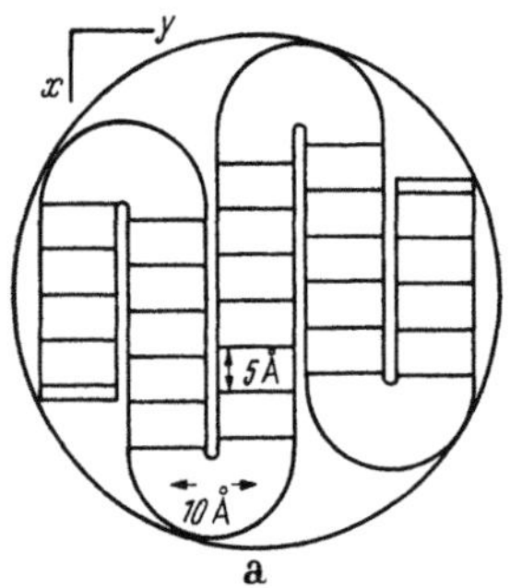

Abb. 85.9. Mögliche Anordnung der strukturanalytisch festgestellten Röhren in den Zylindern der Abb. 85.8 (Grundriß) nach PERUTZ

Interessanterweise ändert sich das PATTERSON-Diagramm bei der Wasseraufnahme oder -abgabe nicht, was bedeuten würde, daß die Molekülstruktur als solche dabei erhalten bleibt und die Moleküle nur relativ zueinander verschoben würden.

Diese Untersuchungen konnten erstmalig und eindeutig nachweisen, daß obwohl Bausteine von annähernd isometrischem Charakter (Zylinder bzw. wenig exzentrische Rotationsellipsoide) von einer Größe der Moleküle oder Partikeln in gelöstem Zustand auftreten, ihre *Feinstruktur* das Vorhandensein parallelgelagerter Polypeptidketten erkennen läßt[2].

Die wahrscheinliche Struktur globulärer Proteine

Außer den eben erörterten röntgenographischen Befunden gibt es noch weitere Anhaltspunkte für die wahrscheinliche Struktur der globulären Proteine.

Das Myosin und das Fibrinogen lassen sich als globuläre Proteine durch Extraktion des Muskels bzw. Abtrennung vom Blutplasma darstellen. Daraus gewonnene trockene Präparate zeigen im Röntgenbild

---

[1] BRAGG, L., J. C. KENDREW u. M. F. PERUTZ: Proc. Roy. Soc. [London], Ser. A **203**, 321 (1950).

[2] Anm. b. d. Korrektur: J. C. KENDREW u. Mitarb. (Proc. 4th Internat. Congress of Biochem., Vol IX, London 1958, S. 1ff.) konnten mit Hilfe der PERUTZschen Methode der isomorphen Einfügung schwerer Metallatome eine 3-dimensionale FOURIER-Analyse des Myoglobins bis zu einer Auflösung von 6 Å durchführen, wobei ihnen elektronische Rechenmaschinen zur Verfügung standen. Hierbei konnte die räumliche Anordnung der Peptidketten ermittelt werden. Sie sind hier nicht parallel ausgerichtet, sondern bilden einen kompliziert verschlungenen Knäuel starrer Struktur.

die typischen Diagramme der α-Keratin-Struktur. Beide Proteine lassen sich aber sehr einfach in die fibrilläre Form überführen. Normalerweise sind sie nur in mäßig konzentrierten Salzlösungen löslich. Verdünnt man diese mit einem Überschuß von Wasser, so fallen sie als faserförmige Produkte aus, die das normale α-Diagramm der Abb. 85.2 ergeben und auch Langperioden-Interferenzen zeigen. Auch das globuläre Fibrinogen, das die Blutgerinnung verursacht und dabei in faserförmiges Fibrin übergeht, behält bei diesem Übergang seine α-Struktur bei.

Ein weiteres Beispiel für die Umwandlung eines globulären in ein fibrilläres Protein ist die „Polymerisation" des von BAILEY[1] dargestellten Tropomyosins, das in Salzlösung ein definiertes Protein — dessen Partikelgewicht allerdings vom p_H und der Ionenstärke abhängt — ist und in Form stark wasserhaltigen Kristalle darstellbar ist[2]. In Abwesenheit von Elektrolyten bildet sich aus Lösungen von globulärem Tropomyosin eine hochviskose Lösung von Fadenmolekülen, deren Länge im Elektronenmikroskop zu $3000 \cdots 6000$ Å und deren Dicke zu $200 \cdots 300$ Å bestimmt werden konnte. Diese Fäden zeigen ein ausgeprägtes α-Diagramm und können wie alle anderen Proteine der k-m-e-f-Gruppe durch Verstreckung in die β-Form überführt werden. Es scheint hier nach BAILEY eine Aggregation der Enden des Proteinmoleküls zu langen Fasern zu erfolgen. Da das Röntgendiagramm bei der Umwandlung im Prinzip nicht verändert wird, sollte die innere Struktur dabei erhalten bleiben.

Außer diesen Umwandlungen eines globulären in ein fibrilläres Protein kennt man ähnliche Erscheinungen beim Aktin[3] und beim Insulin[4]. Bei allen diesen Umwandlungen ist auffallend, daß die Bildung von Fasern aus globulären Partikeln mit *keiner* Veränderung des Röntgendiagramms einhergeht; die α-Struktur bleibt immer erhalten.

Auch die Untersuchungen des Ultrarot-Dichroismus an feuchten Pferdemethämoglobin-Kristallen von AMBROSE, ELLIOT und Mitarbeitern[5] erbrachten, daß sie ebenfalls eine α-Struktur besitzen müssen, vor allem, wenn man die Peptidkettenfaltung nach dem Vorschlag von PERUTZ (vgl. Abb. 85.9) annimmt. Sogar in verdünnter wässeriger Lösung ließ sich das für die α-Struktur charakteristische CO-Band (4600 cm^{-1}) nachweisen.

Schließlich sind noch die Untersuchungen von RILEY und ARNDT[6] zu erwähnen, die die Röntgendiagramme einer größeren Zahl trockener gepulverter Proteine auswerteten und sie mit den Radialverteilungsfunktionen verglichen, die man bei Annahme einer α-Helix-Struktur nach PAULING und COREY erhält. Strukturen globulärer Proteine, in

[1] BAILEY, K.: Biochem. J. **43**, 271 (1948).

[2] Ein vorsichtig luftgetrocknetes Präparat soll nach W. T. ASTBURY, R. REED und L. C. SPARK: Biochem. J. **43**, 282 (1948) ein schlecht orientiertes α-Diagramm ergeben.

[3] WEBER, H. H. u. H. PORTZEHL: Advanc. Protein Chem. **7**, 162 (1952).

[4] WAUGH, D. F.: J. Amer. chem. Soc. **68**, 247 (1946).

[5] AMBROSE, E. J., A. Elliot: Proc. Roy. Soc. [London], Ser. A **208**, 75 (1951).

[6] RILEY, D. P. u. U. W. ARNDT: Proc. Roy. Soc. [London], Ser. B **141**, 93 (1953).

denen die Peptidketten wesentlich anders als in einer α-Helix angeordnet sind, sind danach sehr unwahrscheinlich.

Die bereits erwähnten Untersuchungen von YANG und DOTY über die Dispersion der optischen Rotation lassen sich vor allem durch Vergleich mit den Ergebnissen, die an synthetischen Polyaminosäuren erhalten worden sind, nur so deuten, daß die α-Helix auch in globulären Proteinen als maßgebliche Struktureinheit angenommen werden muß, wenn auch noch nicht sicher ist, daß *alle* Proteine nach dem Modell von PERUTZ aufgebaut sind. Möglicherweise treten neben der Anordnung zu Spiralen ungeordnete oder anders geordnete Bereiche im gleichem Molekül auf; doch läßt sich im Augenblick nicht sagen, wie diese in Einzelheiten aussehen.

Bevor wir nun ein dem heutigen Stand entsprechendes Bild der Struktur der als Einzelpartikel in Lösung auftretenden Proteine entwerfen können, ist es notwendig, sich mit den möglichen Strukturänderungen, die sie durch äußere Einflüsse erleiden, etwas näher zu beschäftigen.

§ 86. Denaturierung der Proteine

Alle Proteine werden mehr oder weniger leicht durch äußere Einflüsse verändert, eine Erscheinung, die man unter dem Sammelbegriff der *Denaturierung* zusammenfaßt[1]. Verstehen wir unter Denaturierung alle Veränderungen des nativen Proteins *außer* der Spaltung der Peptidbindungen zwischen den Aminosäureresten (Hydrolyse) bleibt das, was darunter zu verstehen ist, immer noch mannigfaltig genug. Es muß daher immer gesagt werden, um welche Art von Veränderung es sich bei dem speziell zu betrachtenden Prozeß handeln soll; man kann z. B. eine Gestaltsänderung, die durch irgendwelche Einflüsse hervorgerufen wird, nicht ohne weiteres mit einer Veränderung in der Anordnung der Peptidketten durch einen völlig anderen Einfluß vergleichen, wenn auch zwischen beiden Zusammenhänge bestehen mögen.

Denaturierung wird durch verschiedene physikalische und chemische Einflüsse hervorgerufen. Man kennt Veränderungen durch einfaches Schütteln oder Rühren, durch Erwärmen und Einwirkung von Ultraschall, Adsorption an Grenzflächen (Schaum), Einwirkung von Lösungsmitteln, wie Alkohol, Aceton, Entwässerung und Trocknen isolierter Proteinpräparate usw. In Lösung wirkt eine Reihe chemischer Reagentien, die bekanntesten sind Harnstoff, Guanidinchlorhydrat und Seifen aller Art; die Veränderungen können reversibel oder irreversibel sein.

Zunächst müssen wir eine Abgrenzung des Begriffs vornehmen und sagen, worauf sich die Veränderung des Proteinmoleküls beziehen soll.

---

[1] Ob dieser Brauch zweckmäßig ist, muß dahingestellt bleiben, da der Begriff die verschiedenartigsten Änderungen umfaßt; viele Mißverständnisse sind entstanden und entstehen weiterhin durch die verschiedene Auffassung dessen, was unter Denaturierung verstanden wird.

Die Denaturierung bezieht sich nicht auf die Bindung der Aminosäuren selbst. Spaltungen von Peptidbindungen sind chemische Vorgänge, die nur bei Einwirkung starker Säuren und Basen und von besonderen spezifischen Fermenten (Proteolyse) wie Pepsin, Trypsin, Papain usw. vor sich geht. Die molekulare Primärstruktur bleibt also unverändert. Veränderungen der Anordnung der Peptidketten können allerdings als Denaturierung verstanden werden. Hier muß unterschieden werden, ob sich die Veränderungen auf Strukturelemente, wie etwa die Aufrollung der Ketten zu Spiralen oder auf die gegenseitige räumliche Ordnung dieser Spiralen selbst bezieht. Wenn wir die α-Helixstruktur als Sekundärstruktur bezeichnen und die Anordnung mehrerer Spiralen zu bestimmten individuell verschiedenen Packungen als Tertiärstruktur, so kann die Denaturierung entweder Veränderungen der einen oder der anderen oder beider zugleich betreffen[1]. Aus dieser und aus den zur Zeit noch oberflächlichen Kenntnissen der Struktur der Proteinmoleküle abgeleiteten Einteilung geht bereits hervor, daß der Begriff der Denaturierung Vorgänge umfaßt, die nicht eindeutig in ihrem Wesen zu kennzeichnen sind. Es ist also bei Anwendung des Begriffs unbedingt notwendig zum Ausdruck zu bringen, welcher äußeren Einwirkung das Protein ausgesetzt worden ist und welche seiner Eigenschaften sich dabei verändert hat[2].

Wir wollen im folgenden eine kurze Zusammenstellung dieser Änderungen anführen:

I. Änderungen des physikalischen Verhaltens

1. *Löslichkeit* — am besten im isoelektrischen Gebiet und bei bestimmter Ionenstärke bestimmt — ist bei denaturierten Proteinen meist geringer als bei nativen.

2. *Kristallisationsfähigkeit* wird durch Denaturierung stark beeinflußt; um Vergleiche anstellen zu können, müssen die nativen Formen natürlich überhaupt zur Kristallisation zu bringen sein.

3. *Molekulargewicht.* Sowohl Abnahme als auch Zunahme des Molekulargewichts wird beobachtet, doch brauchen Änderungen nicht unbedingt einzutreten. Sie sind weitgehend vom speziellen Protein und der Denaturierungsmethode abhängig, ebenso spielen äußere Parameter, wie p_H, Ionenstärke und Zeitdauer der Denaturierung eine Rolle.

4. *Gestaltsänderungen.* Die meisten Methoden, die auf eine Änderung der Gestalt der dispergierten Partikeln ansprechen, wie Viskosität, Strömungsdoppelbrechung, Reibungskoeffizient usw. (vgl. Kap. III) zeigen Gestaltsänderungen durch Denaturierung an. Es ist dabei jedoch genau

---

[1] Da die Tertiärstruktur unter Umständen durch covalente Bindungen wie Disulfidbrücken zusammengehalten wird, können sich Strukturänderungen hier auch auf die Sprengung solcher Bindungen beziehen. Das ist an sich inkonsequent, wenn man das Bild des Moleküls streng beibehalten will; doch hat sich der Begriff der Denaturierung eben eingebürgert, lange bevor man von der Molekülnatur und von der Art der Änderungen etwas Näheres wußte.

[2] Eine ausführliche Übersicht über das Gebiet der Denaturierung findet man bei F. Putnam in The Proteins (Hrsgb. K. Bailey u. H. Neurath). Bd. I. A. New York 1953. Kauzmann, W.: Advances in Protein Chem. im Druck (1959).

zu prüfen, ob das Molekulargewicht des Proteins unverändert geblieben ist oder nicht, denn Gestaltsänderungen können durch Aggregationen vorgetäuscht werden.

5. *Hydratation.* Die augenfälligste Folge der Änderung der Hydratation ist die Änderung der Löslichkeit (vgl. Punkt 1), die auch eine Änderung des Hydratationszustandes ist. Sie scheint jede Denaturierung zu begleiten.

6. *Optische Eigenschaften.* Die Lichtabsorption im Ultravioletten nimmt vielfach bei Denaturierungen stark zu, entweder durch „Befreiung" von Phenolgruppen (Zunahme der Extinktion bei 270 mμ) oder der Peptidgruppen (bei 205 mμ). Sehr charakteristisch ist die Änderung der optischen *Drehung*, die durch fast alle denaturierenden Einwirkungen verändert wird.

7. Die Änderungen der *elektrischen Ladung* sind meist nicht sehr groß. Es werden zwar Verschiebungen des isoelektrischen Punktes und der Titrationskurve beobachtet, doch sind diese meist geringfügig. Andererseits lassen sich denaturiertes und natives Protein durch ihre elektrophoretische Wanderungsgeschwindigkeit unterscheiden.

II. Änderung von chemischen Eigenschaften

1. *SH-Gruppen.* Die Zahl der titrierbaren SH-Gruppen nimmt bei der Denaturierung zu. Dabei kann sie je nach dem verwendeten Reagenz verschieden sein.

2. *SS-Gruppen.* Diese werden zum größten Teil überhaupt erst nach Denaturierung für chemische Agentien zugänglich.

3. Phenol-, Indol-, Carboxy-, Histidyl-, Guanidyl-Gruppen, soweit sie durch chemische Reagentien feststellbar sind, nehmen nach der Denaturierung ebenfalls an Zahl zu.

Es ist nun nicht so, daß jeder der zu Beginn des Paragraphen erwähnten Einflüsse alle aufgezählten Veränderungen der Proteinmoleküle gleichzeitig hervorruft, z. B. braucht eine Spaltung des Moleküls in kleinere Bruchstücke nicht ohne weiteres mit einer Vermehrung der Zahl der reduzierbaren Disulfidgruppen einherzugehen oder die Änderung der Viskosität auch die Kristallisationsfähigkeit beeinflussen. Jede äußere Einwirkung scheint spezifisch zu sein; obwohl mehr oder weniger große Überschneidungen der Wirksamkeit vorkommen. Es gelingt die Befreiung von SH-Gruppen beispielsweise in gleicher Weise durch Erhitzen wie durch Zugabe von Harnstoff oder von Seifen.

Wichtig ist die Beobachtung, daß eine Reihe von Veränderungen der Proteinmoleküle reversibel ist, man spricht dann von reversibeln Denaturierungen. Da diese bis jetzt jedoch nur bei einer relativ kleinen Zahl von Proteinen bestätigt werden konnten, ist es noch ungewiß, ob solche reversiblen Veränderungen bei allen Proteinen vorkommen. Die meisten der beschriebenen Beobachtungen beziehen sich auf irreversible Veränderungen. Es ist zwar möglich, daß reversible Denaturierungen Vorstufen der irreversiblen darstellen, ob aber in jedem Fall, ist noch nicht erwiesen. Allgemein lassen sich diese Beziehungen durch folgendes Schema

$$P_{\text{nativ}} \rightleftharpoons P_{\text{rev. den.}}$$
$$\searrow P_{\text{irrev. den.}}^{\nearrow}$$

charakterisieren, das jedoch nicht für jeden Denaturierungsprozeß maßgebend zu sein braucht, besonders da verschiedene Fälle bekannt geworden sind, wo das Erreichen eines irreversiblen Endzustands in Stufen vor sich geht[1].

Aus den Aufzählungen I und II läßt sich ohne weitere Erläuterungen herauslesen, daß die Struktur der nativen Proteine bei der Denaturierung weitgehend verändert werden sollte. Da die Veränderungen oft nur durch geringfügige äußere Anlässe ausgelöst werden, ist zumindest der Schluß berechtigt, daß der räumliche Aufbau des Moleküls nicht durch sehr starke Bindungskräfte aufrechterhalten wird. Covalente Bindungen werden im allgemeinen durch Erhitzen in wässeriger Lösung nicht zerstört. Andererseits sind die Bindungskräfte aber nicht so schwach, daß eine Verdünnung bereits zu ihrer Überwindung genügt (wie es z. B. bei der Umkehrung der Assoziation der Seifen der Fall ist). Den Schlüssel für das Verständnis liefert das Verhalten gegen Harnstoff und Guanidin; beides Substanzen, deren Vermögen, Wasserstoffbrücken zu lösen, bekannt ist. Die Wasserstoffbrücken zwischen den CO- und NH-Gruppen, die die Energie zur Bildung der α-Spirale fibrillärer Proteine und der synthetischen Polyaminosäure liefern, tragen auch wesentlich zur Aufrechterhaltung der Tertiärstruktur des nativen Moleküls bei. Sie teilen sich diese Aufgabe mit den Disulfidbrücken (vgl. w. u.), von denen allerdings im Vergleich zu ihnen nur wenige vorhanden sind. Die in einer bestimmten räumlichen Konfiguration angeordneten Polypeptidketten werden an vielen Stellen miteinander verklebt und fixiert. Da die Bindungsenergie von Wasserstoffbrücken nur etwa $4 \cdots 6$ Kcal/Mol beträgt, genügt unter Umständen eine nicht sehr große Temperaturerhöhung um sie zu zerstören. Ähnliches gelingt durch mechanische Einwirkungen und wasserstoffbrückenzerstörende Chemikalien wie Harnstoff usw. Um beim Bild der Klebstellen zu bleiben, hängt der Verlauf einer Einwirkung und der sich einstellende Endzustand davon ab, ob einige oder viele der Klebstellen aufgeweicht werden, ob es solche sind, die an wichtigen Stützpunkten des räumlichen Gerüstes liegen und — was wesentlich ist — davon, wieweit das Strukturgerüst des Moleküls noch „von allein" hält, also von dessen individuellen Eigenschaften. Die außerordentlich zahlreichen Untersuchungen über die Proteindenaturierung sind vielfach nicht auf einen Nenner zu bringen und widersprechen einander, weil Ausgangs- und Endzustände nicht genügend definiert sind.

Über den sich endlich einstellenden Zustand bei langdauernder Einwirkung stärker denaturierender Einflüsse, z. B. durch längeres Erhitzen von Proteinlösungen auf Siedetemperatur sind indessen kaum mehr

---

[1] Vgl. J. STAUFF u. E. ÜHLEIN: Kolloid-Z. **143**, 1 (1955); NAKANISHI, S., T. KAMINAGA u. S. ARAYA: Biochem. J. (Japan) **41**, 371 (1954).

Zweifel möglich. ASTBURY und Mitarbeiter[1] fanden, daß die Röntgendiagramme solcher denaturierter Proteine vom β-Keratin-Typ waren, zu den gleichen Ergebnisse kamen AMBROSE und ELLIOTT durch Untersuchungen des Ultrarot-Dichroismus[2]. RILEY und ARNDT[3] konnten durch direkte Röntgenaufnahmen konzentrierter Proteinlösungen Reflexe erhalten, die für die α-Helixstruktur charakteristisch waren. Nach Denaturierung des Proteins in gleichem Zustand wurden Diagramme erhalten, die dem β-Typ angehörten. Damit ist die Zerstörung der Ordnung des nativen Proteins bewiesen; α-Spiralen, soweit vorhanden, müssen sich irgendwie aufdrehen, dabei ihre Lage verändern, bis sie sich endlich als Peptidketten mehr oder weniger parallel zueinander anordnen können. Das Protein hat dann trotz Erhaltung seiner chemischen Konstitution — soweit sie durch die Aminosäurefolge der Peptidkette gegeben ist — seine individuellen Eigenschaften und Fähigkeiten völlig verloren.

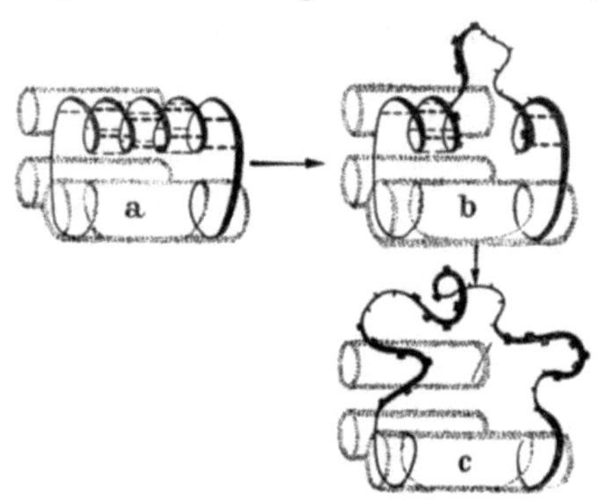

Abb. 86.1. Proteindenaturierung. Aufrollung einer Peptidspirale nach KAUZMANN (loc. cit.). (Entn. aus B. JIRGENSONS: Organic Colloids, Amsterdam 1958, S. 465)

Noch nicht bekannt ist jedoch der Mechanismus des Übergangs vom nativen zum denaturierten Protein. Einen Vorschlag von KAUZMANN[4] zeigt Abb. 86.1. Zunächst werden irgendwo Wasserstoffbrücken zerstört, dadurch löst sich eine Schlinge aus der Helix los, die infolge ihrer BROWNschen Bewegung schließlich alle Spiralen aufrollt, soweit sie nicht durch Disulfidbrücken daran gehindert werden. Da der Energiebedarf für einzelne Schritte möglicherweise sehr unterschiedlich ist, würde dieser Mechanismus erklären, warum manchmal die Denaturierung in Stufen verläuft.

Bei der Denaturierung von Rinder-γ-Globulin mit Guanidinchlorhydrat bei 25° erreicht die optische Drehung nach einigen Stunden einen Endwert und somit eine Art stabilen Zustand. Erwärmt man eine solche Lösung auf 50°, steigt die Drehung in kurzer Zeit weiter an, um dann wieder konstant zu werden[5]. Ein weiteres Beispiel ist das von STAUFF und ÜHLEIN beobachtete stufenweise Aggregieren beim Erhitzen des β-Lactoglobulins[6]. Das Schema der Abb. 86.1 veranschaulicht nur einen Teil der Vorgänge, da berücksichtigt werden muß, daß

[1] ASTBURY, W. T., S. DICKINSON u. K. BAILEY: Biochem. J. **29**, 2351 (1935). Weitere Literatur bei B. Low: loc. cit.

[2] AMBROSE u. ELLIOTT: loc. cit. S. 647.

[3] RILEY, D. P. u. U. W. ARNDT: Proc. Roy. Soc. [London], Ser. B **141**, 93 (1953).

[4] KAUZMANN, W.: The Mechanism of Enzyme Action (Hrsgb. W. D. McELROY u. B. GLASS). Baltimore 1954; KAUZMANN, W.: Protein Denaturation. Advances Protein Chem. im Druck (1959).   —   [5] JIRGENSONS, B.: Arch. Biochim. Biophys. **41**, 333 (1952).   —   [6] STAUFF u. ÜHLEIN: loc. cit.

1. außer den angegebenen Mechanismen die Tertiärstruktur der Proteine unter Erhaltung der Sekundärstruktur verändert werden kann, wobei α-Spiralen erhalten bleiben und sich nur ihre relative Anordnung zueinander ändert (Änderung der Faltung).

2. Immer dann, wenn die dichte Packung der Peptidketten bis zu einem gewissen Grade aufgelockert wird, setzen chemische Reaktionen ein, wobei etwa die dadurch freiwerdenden Disulfidgruppen nicht nur mit Sulfhydrilgruppen des gleichen Moleküls, sondern auch mit solchen anderer Moleküle nach dem Schema

$$\text{HSP}\!\!<^{\text{S}}_{\text{S}}\; +\; \text{HSP}\!\!<^{\text{S}}_{\text{S}}\; \rightarrow\; (\text{HS})_2\text{PSSP}\!\!<^{\text{S}}_{\text{S}}$$

reagieren können[1]. Damit läßt sich auch die bei fast allen Denaturierungsprozessen gleichzeitig auftretende Aggregation und schließliche Ausfällung der Proteinmoleküle erklären[2]. Aus diesem Grunde ist es bisher noch nicht einwandfrei gelungen, den Endzustand, der in der Abb. 86.1 c charakterisiert ist, zu fassen, auch dann nicht, wenn etwa die Disulfidgruppen nach Beendigung der Denaturierung gespalten werden.

Diese Vorstellung kommt jedoch den wahren Verhältnissen sicherlich sehr viel näher als die ältere Hypothese von Wu[3], nach der die Denaturierung einfach in einer Entfaltung der im nativen Zustand gefalteten Peptidketten bestehen soll. Die Vorstellung der Entfaltung trifft sicher zu, nur entstehen keine gestreckten (oder statistisch geknäuelten) Fadenmoleküle, da sie durch die eingebauten Disulfidgruppen daran gehindert werden. Die letztlich bei der Denaturierung entstehende β-Keratinstruktur verdankt ihre Existenz den intermolekularen und intramolekularen Reaktionen zwischen Disulfid, Sulfhydril-Gruppen. (Die Nichtbeachtung dieser Folgereaktionen der eigentlichen Denaturierung hat sehr viel zu Mißverständnissen über ihr Wesen beigetragen. Besonders was die experimentellen Versuche zum Beweis der Wuschen Entfaltungshypothese betrifft.)

Aus dem Denaturierungsverhalten ergibt sich für die Struktur der Proteine zunächst eine Bestätigung der Vorstellung, wonach α-Spiralen auf engem Raum zusammengefaltet und in ihrer Lage durch Wasserstoffbrücken und Disulfidbindungen gehalten werden. Sie wäre somit als grundsätzliches Aufbauprinzip globulärer Proteine anzuerkennen, die auch die Empfindlichkeit, Modifikationsfähigkeit und Individualität dieser Klasse kolloider Partikeln erklärt.

Viele Untersuchungen beschäftigen sich mit der Kinetik der Proteindenaturierung, die reaktionskinetisch insofern interessant ist, als in ihr außerordentlich große Temperaturkoeffizienten der Reaktionsgeschwindigkeit auftreten. Trotz der verschiedenartigsten Hypothesen mit mehr oder minderem Wahrscheinlichkeits-

---

[1] Vgl. dazu V. D. Hospelhorn, B. Cross u. E. V. Jensen: J. Amer. chem. Soc. **76**, 2827 (1954).

[2] Obwohl dieser Mechanismus noch nicht völlig aufgeklärt ist, kann er qualitativ als sichergestellt gelten, da die Reaktionen durch SH-blockierende Reagentien gehemmt werden können. Komplizierend wirken die Ladungen der Proteine, die wie bei lyophoben Kolloiden als Hemmungen (= Aktivierungsenergien) wirken.

[3] Wu, H.: Chin. J. Physiol. **5**, 321 (1931).

gehalt scheinen die daraus gezogenen Schlußfolgerungen genau überprüft werden zu müssen, da in den meisten Fällen Bruttoeffekte untersucht wurden, in denen die eigentlichen auf der Veränderung der Proteinstruktur beruhenden Vorgänge versteckt sind; Hypothesen, die sich auf Vergleichen solcher Art gewonnener Aktivierungsenergien aufbauen, haben reaktionskinetisch den gleichen Aussagewert wie scheinbare Aktivierungsenergien von Bruttoreaktionen, deren Teilschritte unbekannt sind.

Ein Punkt ist bei der Diskussion der Proteinstruktur nicht zu vernachlässigen, nämlich der Einfluß des Wassers. Er wird darin offenbar, daß sich die in wässeriger Lösung kompakten Partikeln auseinanderspreiten, sobald sie in den Bereich einer Grenzfläche, sei es g/fl, sei es fl/fl oder fl/f gelangen. Die dabei entstehenden Filme sind auseinandergezogene Proteinmoleküle, die eine weit größere Fläche bedecken als ihren korpuskularen Ausdehnungen in der Lösung entspricht. Sie haben hier eine Dicke von $9 \cdots 10$ Å ($\sim$ Peptidkettendicke!). Die Filme lassen sich nach der Technik von BLODGETT[1] auf feste Plättchen aufbringen, die Proteine liegen dabei in β-Keratinstruktur vor. Die Filmbildung ist insofern bedeutungsvoll, als hierauf auch ihre Schutzwirkung gegenüber Dispersionskolloiden beruht.

Die Grenzflächendenaturierung ist insofern merkwürdig, als das „Auseinandergezogenwerden" des Moleküls doch nur dann möglich sein sollte, wenn die Kräfte, die für seinen inneren Zusammenhalt verantwortlich sind, nicht allzu groß sind. Sie wäre aber zu verstehen, wenn die kompakte Form der Partikeln in der Lösung durch einen zusätzlichen, von allen Seiten einwirkenden Druck des Wassers mitbestimmt würde.

Die Drucke, die entsprechend der Formel $\Delta p = 2\gamma/r$ unter Beibehaltung der Hilfsvorstellung einer Grenzflächenspannung zwischen Proteinmolekül und Wasser auftreten, wären bei der geringen Größe von r auch dann noch beträchtlich, wenn γ klein wäre. Bei $\gamma \approx 1$ dyn/cm und $r = 2 \cdot 10^{-7}$ cm ergeben sich etwa 10^7 dyn/cm² ≈ 10 kg/cm² (die wegen der Extrapolation von ebenen zu gekrümmten Grenzschichten eher zu klein als zu groß sind).

In der Grenzfläche würde die Proteinpartikel vom allseitigen Druck befreit und in Bereiche minderen Drucks herausgequetscht werden. Sie könnte sich dort ausbreiten, dabei möglichst viele hydrophile (ionisierte) Gruppen in der wässerigen Phase belassen und ihre hydrophoben Gruppen vom Wasser befreien und herausstrecken.

Grenzflächenaktive Substanzen wirken stark denaturierend, was als Verminderung des allseitigen Wasserdrucks verstanden werden kann. Möglicherweise beruht die Gestalt der globulären Proteine zum Teil auf einer Wirkung des Wassers im Sinne eines Zusammendrückens auf möglichst kleinen Raum, vor allem, wenn es reich an lipophilen Gruppen ist. Andernteils sind Wasserstoffbrücken und Disulfidbindungen für den speziellen inneren Aufbau der Proteinmoleküle notwendig und verantwortlich. Die schützende Wirkung, die Ionseifen manchmal gegen die Denaturierung ausüben, beruht auf einer spezifischen Ionenadsorption, denn sie tritt nur auf, wenn nur einige Moleküle Seife pro Proteinmolekül gebunden werden.

Aus allen Ergebnissen, Erwägungen und Irrtümern läßt sich nun über die Struktur der Proteine, soweit sie kolloide Systeme bilden, zur Zeit das folgende Bild entwerfen:

Ein Teil von ihnen tritt in Form von Fadenmolekülen auf, wie Gelatine, Myosin, Fibrinogen usw. Die Fäden können dabei zufällige Formen — Stäbchen, Knäuel usw. — besitzen, wie andere fadenförmige Ampholyte synthetischer Herkunft. Es gibt aber Beispiele (Myosin), wo die Fäden aus aufgerollten Spiralen (α-Helices) bestehen und ähnlich wie die synthetischen Polyaminosäurederivate in bestimmten organischen Lösungsmitteln, ebenfalls in der Lage sind, auch globuläre Formen aus-

---

[1] BLODGETT, K. B.: J. Amer. chem. Soc. **56**, 495 (1934); **57**, 1007 (1935); vgl. auch H. J. TRURNIT: Molekulare Filme an Wassergrenzflächen und Schichtfilme. Fortschritte Chem. organ. Naturstoffe **4**, 347 (1945).

zubilden. Bemerkenswert ist bei *löslichen* fadenförmigen Proteinen ein hoher Gehalt an speziellen Aminosäuren, wie Prolin und Oxyprolin bei der Gelatine und saure wie basische Aminosäuren bei der Myosingruppe.

Die meisten löslichen Proteine — Albumine und Globuline[1] — bestehen wahrscheinlich aus Peptidketten, die zu α-Spiralen zusammengerollt sind, die Spiralen ihrerseits sind gefaltet oder geknickt oder durch Bereiche geringerer Ordnung unterbrochen und zu einer kompakten Form zusammengedrängt. Lipophile Atomgruppen befinden sich weitgehend im Inneren der Korpuskel, ionisierbare Gruppen an der Oberfläche[2]. Für den Zusammenhalt verantwortlich sind einzelne Disulfidbrücken, die die Faltung im groben stützen, Wasserstoffbrücken, die die Strukturelemente in speziellen Einzelteilen miteinander verkleben und eine zusätzlich vom Lösungsmittel herrührende Wirkung, die das ganze auf möglichst engem Raum zusammendrängt. Die Zahl der Anordnungsmöglichkeiten der Aminosäurebausteine ist unwahrscheinlich groß, auch wenn völlig gleiche Aminosäurenzusammensetzungen vorliegen! Sie sind des vielgestaltigen Proteus wahrste Abkömmlinge.

§ 87. Proteinwechselwirkungen

Proteine als kolloide Systeme sind von großer Bedeutung für alle biologischen Vorgänge. Nicht nur als Bausteine lebender Organismen, sondern als Bestandteile, die entscheidende Funktionen bei Lebensvorgängen ausüben. Eine große Reihe von ihnen besitzt nämlich die Eigenschaft, bestimmte chemische Reaktionen zu katalysieren, man nennt sie Fermente oder Enzyme. Sie ermöglichen und lenken den Stoffwechsel und den Aufbau der lebenden Substanz. Sie sind organische Katalysatoren von einer eigenen Individualität. Obwohl von erheblicher katalytischer Wirksamkeit ist die bemerkenswerteste ihrer Katalysatoreigenschaften ihre außerordentlich subtile Spezifität[3]. Das Substrat, dessen Zerfall oder Synthese beschleunigt werden soll, muß — wie WILLSTÄTTER es ausdrückte — zum Enzym passen wie ein Schlüssel zum Schloß. Nach P. EHRLICH muß zwischen beiden eine Komplementarität der räumlichen Struktur bestehen. Auswüchse des einen müssen Vertiefungen des anderen entsprechen, genauer gesagt, sie verhalten sich zueinander wie Gußstück und Gießform.

Das Schema der von ihnen katalysierten Reaktionen läßt sich meist in folgender Form schreiben: (A = Substrat, P = Protein, B, C = Reaktionsprodukte)

$$A + P \rightarrow PA$$

$$PA \rightarrow P + B + C.$$

---

[1] Die Unterscheidung beruht auf der besseten Löslichkeit der Albumine in reinem Wasser und der Globuline in mäßig konzentrierten Salzlösungen.

[2] Neuerdings wurde durch N. DAVIDSON u. R. GOLD [Biochim. Biophys. Acta **26**, 370 (1957)] mit Hilfe von Kernresonanzmessungen festgestellt, daß das Fe-Atom im Ferrihaemoglobin nicht unmittelbar am Rand des Moleküls sondern sich in einer Grube, etwa 5 Å unterhalb der „Oberfläche" befindet.

[3] Vgl. dazu E. A. MOELWYN-HUGHES in F. F. NORD u. R. WEIDENHAGEN: Hdbch. der Enzymologie. Bd. I. Leipzig 1940, S. 220ff.; Allgemeines über Enzyme s. auch J. B. SUMNER u. K. MYRBÄCK: The Enzymes. New York 1950/1.

Enzyme sind häufig Verbindungen von Proteinen mit einer anderen Substanz, von der die eigentliche katalytische Wirksamkeit ausgeht. Beispielsweise besteht das Hämoglobin aus dem Protein Globin und einem Porphyrinderivat, dem Hämin. Man nennt in solchen Fällen den Nichtproteinteil das Coferment und das Trägerprotein Apoferment. Die Cofermente sind zwar auch für sich allein katalytisch wirksam, doch nicht in der Stärke wie nach ihrer Verknüpfung mit dem Protein. Dieser die katalytische Wirkung verstärkende Einfluß ist noch nicht in allen Zügen verständlich, obwohl er sicherlich zum Teil darauf beruht, daß das zu aktivierende Substratmolekül vom Protein in die „richtige Lage" zur Coferment-Gruppierung gebracht wird, welches dann seine Wirksamkeit ausüben kann. Auch spielen rein physikalische Einflüsse wie Ladung des Proteins, die natürlich vom p_H abhängt, sowie eine noch nicht durchschaubare Erleichterung der Energieübertragung eine Rolle.

Es sind auch viele Enzyme bekannt, die keine besonderen chemisch abtrennbaren und nachweisbaren Cofermente besitzen, also reine Proteine sind, wie z. B. Pepsin, Trypsin, Chymotrypsin usw. Bei ihnen ist die wirksame Gruppe eingebauter Molekülbestandteil des Proteins. Ebenso gibt es physiologisch wirksame Substanzen — d. h. solche, die besondere Reaktionen im lebenden Organismus hervorrufen — die reine Proteine sind und keine Wirkgruppe erkennen lassen, wie z. B. das Insulin, welches den Zuckergehalt des Blutes beeinflußt und dessen Konstitution bis in alle Einzelheiten als reines Polypeptid aufgeklärt werden konnte (SANGER). Ihr Wirkungsmechanismus ist noch unbekannt, wenn auch neuerdings festgestellt werden konnte, daß bestimmte Teile des Proteins nicht zerstört sein dürfen, wenn eine katalytische Wirksamkeit entfaltet werden soll.

Bei allen Enzymen muß der eigentlichen Aktivierung des zur Reaktion kommenden Moleküls eine Bindung an das Protein vorausgehen. Wenn dies auch Bindungen elektrostatischer Natur sein können, neigt man mehr und mehr zur Ansicht, daß Sulfhydrilgruppen des Proteins daran beteiligt sind, denn eine Blockierung aller oder bestimmter SH-Gruppen gehen mit einem völligen oder partiellen Verlust der Wirksamkeit einher.

Allgemein läßt sich die Bindungsstärke der Substrate an das Protein durch eine Gleichgewichtskonstante ausdrücken, die als MICHAELIS-Konstante[1] bezeichnet wird und die Beschreibung der Kinetik der Enzymreaktionen erleichtert (vgl. dazu MOELWYN-HUGHES, loc. cit.).

Protein-Protein-Wechselwirkungen

Nicht nur mit kleinen Molekülen, auch mit ihresgleichen, treten Proteine in Wechselwirkung. Wenn man von ihrem unnatürlichen Verhalten im Verlauf ihrer Denaturierung absieht, wo Assoziationen durch covalente Verknüpfungen, SS-Brücken und auch durch Neubildung von Wasserstoffbrücken unter Ausrichtung zur β-Struktur auftreten, kennt man eine Reihe von Protein-Protein-Reaktionen, die nicht als Denaturierungen angesehen werden können.

---

[1] MICHAELIS, L. u. M. MENTEN: Biochem. Z. **49**, 333 (1913).

Viele Proteine können größere Assoziate bilden, andere dissoziieren zu kleineren Bruchstücken, beide Vorgänge sind reversibel und entsprechen echten Gleichgewichtszuständen.

Das Insulin kann je nach der Konzentration, Temperatur und p_H der Lösung in verschieden großen Assoziaten auftreten[1], die reversibel ineinander umwandelbar sind. Andere Beispiele sind die Hämozyanine (Blutfarbstoffe) von Schnecken[2], die durch p_H-Änderung reversibel gespalten und assoziiert werden[3]. Ähnliches wird auch bei Chymotrypsin, Chymotrypsinogen, Arachin, Serumalbumin u. a. beobachtet[4]. Alles dies sind Vorgänge, die zwar bei einzelnen Proteinen infolge ihrer besonderen Struktur auftreten, aber wohl nicht für alle Substanzen dieser Klasse zutreffen. Allgemeinere und zwingende Anlässe für die Assoziation und Dissoziation gleichartiger Proteine dürften kaum existieren. Für ungleichartige gibt es sie insofern, als positiv und negativ geladene Proteine aufeinander elektrostatische Kräfte ausüben können wie es die stark basischen nicht sehr hochmolekularen Clupeine und Salmine[5] auf saure Proteine, wie Serumalbumin usw. tun können; hier fällen sich die Proteine gegenseitig wie entgegengesetzt geladene Kolloide aus.

Ein weites und besonders für Biologie und Medizin bedeutendes Feld der Proteinwechselwirkungen sind die immunologischen Reaktionen.

Warmblüter bilden gegen von außen eingedrungene Proteine (aber auch gegen Polysaccharide, Bakterien, Viren, Phagen usw.) allgemeiner gegen Kolloide und größere Partikeln räumlich starrer Konfiguration sog. *Antikörper* aus, die selbst Proteincharakter besitzen. Die erzeugenden Substanzen nennt man *Antigene*[6]. Antigen und Antikörper sind in der Lage, sich miteinander zu verbinden und dadurch verschiedenartigste biologische Wirkungen hervorzurufen.

Wenn man einem Meerschweinchen nichttoxisches Protein einspritzt, passiert zunächst nichts. Spritzt man dasselbe Protein nach einer Zeit nochmals ein, kann es zum Tode des Tieres führen. Man nennt dies den anaphylaktischen Schock. Eingedrungene Gifte, Bakterien und deren Stoffwechselprodukte können von den Antikörpern, die sie selbst erzeugen, neutralisiert und unschädlich gemacht werden. Verstärkte Bildung von Antikörpern will die Impfung mit unschädlichen, etwa durch

---

[1] SANGER, F.: Anm. Rep. Progr. Chem. **45**, 283 (1949).

[2] ERIKSON-QUENSEL, I. B. u. TH. SVEDBERG: Biol. Bull. **71**, 498 (1936); BROHULT, S.: J. Phys. Chem. **51**, 206 (1947).

[3] Denaturierende Agentien vermögen in nicht zu großer Konzentration ebenfalls Proteine zu spalten. Beispiel für die Spaltung ist die Einwirkung von Harnstoff auf Hämoglobin und für die Assoziation die Einwirkung des Guanidinchlorhydrats auf Pferdeserumglobulin.

[4] KLOTZ, I. M., in The Proteins (K. BAILEY u. H. NEURATH). Bd. I, B. New York 1953.

[5] FELIX, K.: The Chemical Structure of Proteins (CIBA Symp.). Boston 1953. S. 151ff.

[6] LANDSTEINER, K.: The Specifity of Serological Reactions. Cambridge (Mass.) 1944); BURNET, F. M.: The Production of Antibodies. Melbourne 1941; BOYD, W. C.: The Proteins of Immune Reaktions in The Proteins (K. BAILEY u. H. NEURATH). Bd. II. B. New York 1954. S. 755ff.

Erhitzen abgetöteten Bakterien hervorrufen. Ein Angriff schädlicher Bakterien wird dann durch die bereits gebildeten Antikörper schneller neutralisiert. Ein „Immunwerden" gegen schädigende Einflüsse hängt also mit der Bildung von Antikörpern dagegen zusammen.

Die Immunreaktionen liefern der Kolloidchemie das beste Beispiel spezifischer Reaktionen zwischen zwei kolloiden Substanzen. Antikörper sind Globuline, die völlig spezifisch auf das Antigen abgestimmt sind, ein Serumalbumin vom Pferd bildet im Kaninchen einen anderen Antikörper als ein Serumalbumin vom Rind[1]. Bringt man nun Antigen und passenden Antikörper zusammen, reagieren beide miteinander unter Bildung von Aggregaten, die meist makroskopisch als unlösliche Substanz ausfallen, zumindest eine leicht wahrnehmbare Trübung hervorrufen. Reaktionen zwischen *nicht* passenden Paaren finden nicht statt.

Die Spezifität läßt sich, wie LANDSTEINER[2] zeigen konnte, durch Verwendung modifizierter Proteine prüfen. Er konnte durch Kupplung von

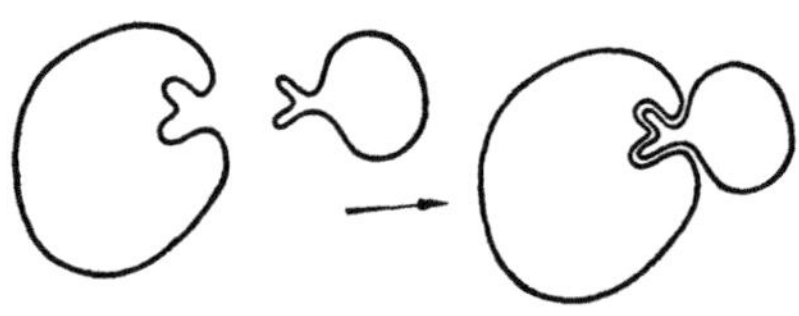

NH$_2$-Gruppen mit Diazoverbindungen verschiedenste Gruppen in das Protein einführen. Das so modifizierte Protein ruft dann jeweils einen spezifischen Antikörper hervor, der ausschließlich mit ihm reagiert. Die Spezifität geht so weit, daß ein Antigen, das mit

Abb. 87.1. Mögliches Schema f. d. Zusammenpassen von Antigen und Antikörper

einer rechtsdrehenden Verbindung gekuppelt ist, einen Antikörper hervorbringt, der nur mit diesem, nicht aber mit der entsprechenden linksdrehenden Verbindung reagiert.

Wie beim Enzym-Substrat-Komplex müssen Antigen und Antikörper ebenfalls so aufeinander abgestimmt sein, wie Gußkörper und Gießform (Patrix und Matrix), was natürlich die Vermutung nahelegt, daß das Antigen bei der Synthese des Antikörpers als Muster oder Matrize mitwirkt[3] (vgl. Abb. 87.1).

Trotz dieser auffallenden Kennzeichen ist das Wesen der eigentlichen Antigen-Antikörper-Reaktion (in ihrer Endform auch Agglutination genannt) noch nicht genau bekannt, vor allem, was die wechselseitig miteinander reagierenden Gruppen anbetrifft. Wahrscheinlich sind nur wenige ionisierte Gruppen dafür verantwortlich, denn die formgebende Matrix ist selbst nicht reaktionsfähig.

Verfolgt man die Reaktion der Aggregation etwa durch Lichtstreuungsmessungen[4, 5], so zeigt sich, daß beim man Verhältnis beider Kom-

[1] Dies bietet die Möglichkeit zu sehr spezifischer Identifizierung von Proteinen und deren Gemischen, auch in kleinster Menge. Vgl. dazu Ö. OUCHTERLONY: Acta Pathol. Microbiol. Scand. **26**, 507 (1946); Arkiv Kemi 1, 55 (1950); SCHULTZE, H.E.: Z. Elektrochem. **60**, 262 (1956).

[2] LANDSTEINER, K.: loc. cit.

[3] Vgl. dazu F. HAUROWITZ: Chemistry and Biology of Proteins. New York 1950.

[4] SINGER, S. J., L. EGGMAN u. D. H. CAMPBELL: J. Amer. chem. Soc. **77**, 4855 (1955).

[5] GOLDBERG, R. J. u. D. H. CAMPBELL: J. Immunol. **66**, 79 (1951).

ponenten von 1:1 ein Maximum der Trübung erhält, ist die eine oder andere im Überschuß, ist die Trübung wesentlich kleiner, was darauf hindeutet, daß jede überschüssige Komponente als „Schutzsubstanz" gegen weitere Ausflockung wirkt (vgl. Abb. 66.1). Sehr eindrucksvoll ist die theoretische Deutung der Reaktionskinetik dieses Vorgangs, die von Goldberg[1] nach der statistischen Theorie der Bildung von verzweigten Polymeren von Stockmayer[2] entwickeln konnte. Es kommt dabei darauf an, ob ein Antigen 2, 3 oder mehr Antikörper gleichzeitig binden kann. Jede Möglichkeit führt zu einem bestimmten reaktionskinetischen Ablauf, aus dessen Charakter auf die Wertigkeit der teilnehmenden Proteine geschlossen werden kann.

Wichtig ist, daß viele gut kristallisierenden Proteine, die auch in den Löslichkeitseigenschaften als einheitlich erscheinen, durch ihre Antikörperreaktionen als Gemische erkannt werden konnten. Denaturierte Proteine — allerdings je nach dem Grad ihrer Zerstörung — wirken nicht als Antigen, eine Eigenschaft, die unter den Proteinen sonst nur die Gelatine besitzt. Für die Erzeugung von Antikörper im Organismus scheint also eine starre Konfiguration Voraussetzung zu sein, nichtstarre Gebilde, wie Fadenmoleküle, erzeugen anscheinend keine oder nur wenige Antikörper.

Die vielen Erscheinungsformen der Proteine, in denen sie nur Bestandteil größerer Einheiten sind wie in den Verbindungen mit Nucleinsäuren, Polysacchariden, Lipoiden usw. sollen nur erwähnt werden; ihre Besonderheiten lassen allgemeinere Erörterungen nicht zu, sie sind und bleiben wohl am besten auch weiterhin Gegenstand der Biochemie.

Dasselbe gilt für die Nucleoproteine, die in lebenden Zellen vermehrungsfähig sind, die *Viren*; auch sie mögen hier erwähnt werden, da sie sich ungeachtet ihrer biologischen Eigenschaften, wie außerordentlich große Makromoleküle (Molgewicht $\sim 10^6$) verhalten (vgl. Abb. 31.6). Schramm[3] konnte sie z. B. in physikalisch aber nicht biologisch reversibler Weise in Untereinheiten dissoziieren und wieder zusammenfügen. Doch setzen sie sich bereits aus so speziell differenzierten Strukturen von Nucleinsäuren und Proteinen zusammen, daß der Behandlung ihrer Eigenschaft trotz ihrer noch „passenden" Dimension nicht mehr in den Rahmen einer allgemeinen Kolloidchemie paßt. Trotzdem ist eine große Reihe von physikalischen Untersuchungen, besonders am Tabakmosaikvirus, vorgenommen worden, weil dieser ein Musterbeispiel einer sehr großen stäbchenförmigen Partikel ist. (Sie hat ein Molgewicht von etwa $4 \cdot 10^7$, ein Achsenverhältnis von 20:1 und eine Länge von etwa 260 mμ. Schramm[3] konnte elektronenmikroskopisch nachweisen, daß es aus einer Nucleinsäure-„Seele" besteht, also einem Stäbchen, auf dem ringförmige Proteine wie Kringel aufgereiht sind.)

---

[1] Goldberg, R. J.: J. Amer. chem. Soc. **74**, 5715 (1952).
[2] Stockmayer, W. H.: J. chem. Physics **11**, 45 (1943).
[3] Schramm, G., G. Schumacher u. W. Zillig: Z. Naturforsch. **10**b, 481 (1955); Schramm, G. u. W. Zillig: ibid. **10**b, 493 (1955).

§ 88. Struktur der Nucleinsäuren[1]

Die Nucleinsäuren als biologisch bedeutsame Klasse makromolekularer Ampholyte scheinen eine kompliziertere „Struktur" zu besitzen als die Proteine, obwohl ihre chemische Konstitution relativ einfach ist. Vieles in ihrem Verhalten ist wegen der Schwierigkeit ihrer Reindarstellung und ihrer Empfindlichkeit noch widerspruchsvoll und nicht endgültig aufgeklärt. Ihre chemische Konstitution, die im Prinzip bereits auf S. 619 beschrieben worden ist, läßt an sich weniger Variationsmöglichkeiten zu als die der Proteine. Die beiden Haupttypen, Ribonucleinsäure (RNS) mit Ribose und Deoxyribonucleinsäure (DNS) mit Deoxyribose als glykosidischen Bestandteil unterscheiden sich im Verhalten schon durch die erheblich größere Empfindlichkeit der erstgenannten gegenüber Einflüssen der Umgebung. Während von DNS-Präparationen mit Partikelmolgewichten von $6 - 8 \cdot 10^6$ (M_w) und $2 - 3 \cdot 10^6$ (M_N)[2] — mit einiger Übereinstimmung — hergestellt werden konnten, schwanken die Partikelmolgewichte der RNS zwischen $1,3 \cdot 10^4$ und $8 \cdot 10^4$, wobei nicht sicher ist, ob es sich auch bei den höheren Werten um bereits veränderte abgebaute Produkte handelt. Beide Nucleinsäurearten scheinen nur in polydispersen Präparaten darstellbar zu sein (SHOOTER)[2]. Ihre Gestalt ist als fadenförmig anzunehmen, was aus den verschiedensten Methoden, wie Lichtstreuung, Viskosität, Strömungsdoppelbrechung, Reibungsverhältnis usw. hervorgeht und durch direkte Abbildung im Elektronenmikroskop[3] bestätigt werden konnte. DNS bildet lange Fäden von $6000 \cdots 8000$ Å Länge und $10 \cdots 20$ Å Dicke (genaue Angaben sind umstritten). RNS hat entsprechend ihrem physikalischen Verhalten wahrscheinlich die gleiche Gestalt.

In Lösung sollte man ein ähnliches Verhalten wie bei synthetischen Polyelektrolyten (vgl. § 53) erwarten, d. h. bei elektrischer Aufladung sollten sich linear ausgestreckte Stäbchen, bei Entladung und hoher Elektrolytkonzentration Knäuel bilden. In gewissem Grade scheint dies auch der Fall zu sein, da sich z. B. die Viskosität durch Elektrolytzusatz nach dem in § 83 geschilderten Mechanismus ändert, doch erreicht die Zusammenziehung längst nicht das Ausmaß wie bei gewöhnlichen fadenförmigen Polyelektrolyten, wie etwa Gelatine, was bedeutet, daß die ausgestreckten Fäden sehr viel weniger flexibel sind als diese.

Verständlich ist das Verhalten auch erst bei Berücksichtigung der besonderen Struktur und ihrer Veränderungen durch äußere Einflüsse. Soweit diese bekannt sind, werden sie ebenfalls als Denaturierung angesehen.

---

[1] Zusammenfassende Übersichten und Sammelwerke: SHOOTER, K. V.: The physical chemistry of Nucleic Acids. Progress in Biophysics (Hrsgb. J. A. V. BUTLER u. B. KATZ) Bd. 8. London 1957. S. 309ff. CHARGAFF, E. u. J. N. DAVIDSON: The Nucleic Acids. Bd. I u. II. Acad. Press, New York 1955; insbesondere der Beitrag von D. O. JORDAN, Bd. I. S. 447ff.

[2] REICHMANN, M. E., S. A. RICE, C. A. THOMAS u. P. DOTY: J. Amer. chem. Soc. **76**, 3047 (1954).

[3] BAYLEY, S. T.: Nature (London) **168**, 470 (1951).

Am meisten kommt das Modell von WATSON und CRICK[1], das in Abb. 88.1 dargestellt ist, den Ergebnissen sowohl der Röntgenanalyse als auch den der allgemeinen physikalisch-chemischen Untersuchungen entgegen. Zwei Stränge von Nucleotiden — ähnlich wie bei den Proteinen die Peptidketten — bilden eine Zwillingsspirale, in welcher die Phosphorsäuregruppen sämtlich nach außen weisen und die Purin- und Pyrimidingruppen nach innen zeigen. Adenin mit Thymin und Guanin mit Cytosin bilden jeweils ein Paar, deren OH- und NH_2-Gruppen sich durch H-Brücken binden können, d. h. wenn in der einen Kette Adenin auftritt, muß ihm in der anderen Thymin gegenüber stehen. Die Purin- und Pyrimidinringe liegen so, daß ihre Molekülebene senkrecht zur Spiralachse stehen.

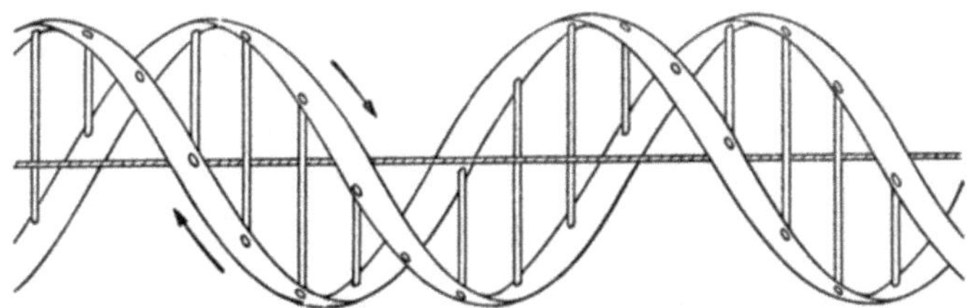

Abb. 88.1. Modell der Nucleinsäurestruktur nach WATSON und CRICK (loc. cit.). 2 gegenläufige Spiralen werden durch H-Brücken zwischen den Purin- und Pyrimidingruppen zusammengehalten

Diese Vorstellung wird durch vielerlei experimentelle Befunde gestützt, so ist z. B. von DOTY und Mitarbeitern[2] nachgewiesen worden, daß der um etwa 40% geringere Extinktionskoeffizient der Absorptionsbande bei 260 mμ von DNS gegenüber ihren Nucleotidbruchstücken (wie sie etwa durch Hydrolyse erhalten werden) durch Annahme einer Verknüpfung eines Purin- und Pyrimidinrings durch H-Brücken und coplanare Anordnung erklärbar ist. Von den gleichen Autoren wurde beobachtet, daß die Starrheit der DNS-Moleküle zusammenbricht, wenn man sie sehr vorsichtig durch Dialyse auf p_H 2,6 bringt[3], was sich in der Viskosität und Lichtstreuung bemerkbar macht. Vor allem steigt dabei der Extinktionskoeffizient bei 260 mμ auf höhere Werte an. Das DNS-Molekül ähnelt dann stark einem gewöhnlichen fadenförmigen Polyelektrolyten. Noch eindrucksvoller ist die Einwirkung von Harnstoff auf DNS, der nach ALEXANDER und STACEY[4] in gewissen Fällen (Heringssperma-DNS) eine Aufteilung der Moleküle in zwei Partikeln des halben Molgewichts bewirkt, in anderen Fällen aber (Kalbsthymus-DNS) das gleich nur nach vorheriger Behandlung mit Äthylendiamintetraessigsäure fertig bringt. Es liegt nahe, hier eine Auftrennung der Spiralenzwillinge zu denken.

---

[1] WATSON, J. D. u. F. H. C. CRICK: Nature (London) **171**, 737 (1951); Proc. Roy. Soc. [London, Ser. A **223**, 80 (1954).

[2] REICHMANN, RICE, THOMAS u. DOTY: loc. cit.

[3] Direktes Ansäuern ruft wahrscheinlich Denaturierung hervor, wodurch sich widersprechende Ergebnisse anderer Autoren erklären!

[4] ALEXANDER, P. u. K. A. STACEY: Experientia **13**, 307 (1957).

Das Modell von WATSON und CRICK ist sicherlich ein äußerst wertvolles Leitbild, ähnlich der α-Helix von PAULING und COREY bei Proteinen, das das Verständnis des Verhaltens der Nucleinsäuren erleichtert. Ihre Eigenart als Polyelektrolyt mit fadenförmiger Struktur, jedoch von größerer Steifheit als die synthetischen Fadenionen, wird dadurch verständlich.

Ebenso wie die Proteine treten Nucleinsäuren mit anderen Substanzen in Wechselwirkung bzw. gehen Bindungen mit diesen ein. Sowohl anorganische als auch organische Kationen werden von der Phosphorsäure gebunden, ebenso Histone und andere basische in den Zellkernen vorkommenden Proteine. Nucleoproteide in diesem Sinne sind auch die Viren, worauf oben bereits hingewiesen wurde. Bei den erwähnten Trennungen von Virusnucleinsäure und Protein wurde bedeutsamerweise gefunden, daß die Nucleinsäuren allein bereits vermehrungsfähig sind. D. h. wenn die Virusnucleinsäuren in die Wirtszelle (der Tabakpflanze) eingebracht wird, ist sie in der Lage, ihre eigenen Proteine aufzubauen und sich zu einem vollständigen Virus zu ergänzen[1].

Die Nucleinsäuren sind für die Biologie als Träger der vererbungsfähigen Anlagen in den Chromosomen von außerordentlicher Bedeutung. Sehr viele ihrer Eigenschaften sind noch unbekannt, doch befindet sich ihre Erforschung in einer schnellen Entwicklung.

§ 89. Ungeladene Polyaminosäurederivate

Polyaminosäuren sind für die Kolloidchemie interessant, da sie aus dem gleichen Baumaterial wie die eigentlichen Proteine bestehen und diesen eng verwandt sind. Der Aufbau echter Polypeptide, die den natürlichen Proteinen entsprechen, bereitet bis jetzt noch erhebliche Schwierigkeiten, sobald es darauf ankommt, eine größere Zahl völlig verschiedener Aminosäuren miteinander zu verketten. Die Synthese eines wirklichen makromolekularen Polypeptids mit unregelmäßiger Aminosäurefolge ist bis jetzt noch nicht gelungen[2]. Geringere Schwierigkeiten bereitet die Herstellung von polymeren Aminosäuren durch Aneinanderreihung immer der gleichen Aminosäure, wenn auch ihre Darstellung durchaus nicht als einfach angesehen werden kann und nicht alle der bekannten natürlichen Aminosäuren dafür geeignet sind. Da die Kondensation von Aminosäuren nur unter Zuführung freier Enthalpie gelingt, ist es notwendig, von einem energiereicheren Monomeren auszugehen, dessen Überführung in das polymere Molekül die

---

[1] SCHRAMM, G.: Angew. Chem. **71**, 53 (1959); FRAENKEL-CONRAT, H.: J. Amer. chem. Soc. **78**, 882 (1956).

[2] Peptide mit 6, 10 und 12 Aminosäuren, sogar solche, die durch Disulfidgruppen zu Ringen angeordnet sind, konnten bereits synthetisiert werden. Vgl. V. DU VIGNEAUD, CH. RESSLER, J. M. SWAN, C. W. ROBERTS u. P. G. KATSOYANNIS: J. Amer. chem. Soc. **76**, 3115 (1954). Ihre Synthese ist insofern eindrucksvoll, als sie in ihrem physiologischen Verhalten völlig den Polypeptiden, die Hormonfunktionen besitzen, entsprechen.

entsprechende Energie liefert[1]. Die allgemeine Formel der Polyaminosäuren lautet:

$$H\,[HNCH\,(R)\,CO]_j\,OH.$$

Nicht die freien Aminosäuren, oder besser ihre Anhydride, sind zur Polymerisation am besten geeignet, sondern ihre Derivate, z. B. Ester, Carbobenzoxy-Verbindungen usw. (vgl. dazu BAMFORD). Von ihnen sind Polymerisate höheren Molgewichts zu erhalten als von freien Aminosäuren. Unter den Aminosäuren gibt es außer den neutralen solche, die entweder eine zweite Carboxyl- oder eine zweite basische Gruppe besitzen, es sind dies die Glutamin- und Asparaginsäure und das Lysin, das Arginin und Histidin. Polymerisate der neutralen Aminosäuren, z. B. des Alanins, haben bei größerer Moleküllänge nur je eine Carboxyl- und Aminogruppe. Da die Affinitäten der Atomgruppen dieses Moleküls zu Wasser nicht sehr groß sind, ist es hydrophob und wasserunlöslich, aber löslich in organischen Lösungsmitteln. Dieser lipophile Charakter tritt um so stärker hervor, je größer und ausgeprägter der lipophile Charakter der Seitenketten ist, z. B. beim Valin, Leucin oder Phenylalanin. Hingegen enthalten Polymerisate der sauren oder basischen Aminogruppen noch eine größere Zahl hydrophiler, saurer oder basischer Gruppen, wie die Polyglutaminsäure oder das Polylysin.

$$(R_{PGS}\text{ (in der obigen Formel)} = -CH_2CH_2COOH,\ R_{PL} = -((CH_2)_4NH_2).$$

Diese Substanzen sind wasserlöslich und gehören zu den fadenförmigen Polyelektrolyten (s. § 83). Eigenartigerweise lassen sich saure oder basische Aminosäuren, insbesondere die Glutaminsäure und das Lysin, deren Carboxyl- bzw. NH_2-Gruppen verestert oder substituiert sind, besonders gut zu hohen Graden polymerisieren. Diese Produkte, z. B. das Polybenzylglutamat

$$(R = -(CH_2)_2COOCH_2C_6H_5)$$

oder das Carbobenzoxylysin

$$(R = -(CH_2)_4NHCOOCH_2C_6H_5)$$

sind dann natürlich wasserunlöslich, da sie keine ionisierbaren Gruppen besitzen. Doch in verschiedenen organischen Lösungsmitteln polarer und unpolarer Natur sind sie leicht löslich und lassen sich darin untersuchen.

Solche wasserunlösliche nichtgeladene Polyaminosäurederivate zeigen nun einige Besonderheiten, die mit ihrer chemischen Konstitution zusammenhängen. Ursache ist die Peptidbindung, welche in der Lage ist, auf folgende Weise

$$>CO\cdots HN<$$

wechselseitig Wasserstoffbrückenbindungen auszubilden. Das kann dazu führen, zwei oder mehrere verschiedene Moleküle untereinander zu verketten oder besondere räumliche Anordnungen durch Reaktionen von Peptidgruppen des gleichen Moleküls auszubilden. Diese in Abb. 89.1

---

[1] Vgl. dazu C. H. BAMFORD, A. ELLIOTT u. W. E. HANBY: Synthetic Polypeptides. New York 1956.

gezeigte Möglichkeit besteht an sich auch in jedem anderen Fadenmolekül, nur ist die Bindungsfestigkeit nicht so groß, wie bei den Wasserstoffbrücken der Peptidbindung. Wir hätten an sich nichts dem in § 82 Gesagten hinzuzufügen, wenn nicht die Polyaminosäurederivate die eigenartige Tendenz besäßen, sich zu regelmäßigen Spiralen aufzurollen, wie Abb. 89.1b zeigt. Diese an sich merkwürdige Erscheinung ist aber von großer Bedeutung, da sie eine Parallele zur Anordnung der natürlichen Polypeptidketten in kristallisierten Proteinen darstellt (vgl. dazu Abb. 85.5). Eine solche Spiralstruktur ermöglicht allen vorhandenen Peptidgruppen mit sich selbst Wasserstoffbindungen einzugehen und stellt den Zustand niedrigster Energie dar.

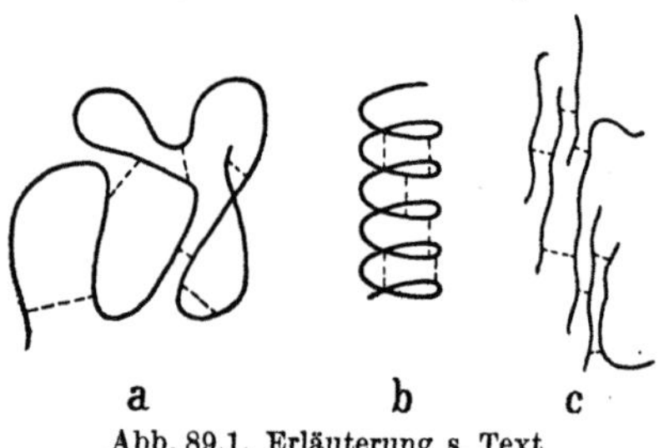

Abb. 89.1. Erläuterung s. Text

Welcher von den in den Abbildung 89.1a bis c skizzierten Zuständen sich bei Dispersionen der Polyaminosäurederivate einstellt, hängt von der Art des Lösungsmittels und der Temperatur ab. Durch Viskositäts- und Lichtstreuungsmessungen konnten DOTY und Mitarbeiter[1] feststellen, daß bei Lösungen in Dichloressigsäure statistisch geknäuelte Fäden vorliegen, wie wir sie allgemein bei Fadenmolekülen kennen (Abb. 89.1a). In Dichloräthylen hingegen rollt sich das Molekül zu Spiralen zusammen (Abb. 89.1b), während in Chloroform oder Dioxan auch Assoziationen auftreten (Abb. 89.1c). Bemerkenswert ist die partielle Änderung des Anteils der spiraligen Anordnung durch wechselnde Zusammensetzung des Lösungsmittels und der Temperatur. In Gemischen von Dichloräthylen und Dichloressigsäure mit weniger als 75% des letzteren benimmt sich Polybenzylglutamat so, als ob es vollständig zu Spiralen aufgerollt wäre und dabei lange Stäbchen bildete. Übersteigt die Dichloressigsäurekonzentration 76%, ändern sich die Eigenschaften der Lösungen fast sprunghaft. Die optische Drehung, die vorher eine spezifische Linksdrehung von annähernd 15° hatte, ändert sich plötzlich in eine Rechtsdrehung[2]. Da die Rechtsdrehung nur der spiraligen Anordnung zukommen kann[3], ist eine Deutung dieser Ergebnisse nur durch die Annahme möglich, daß in der Dichloressigsäure ungeordnete statistische Knäuel vorliegen, während im Dichloräthylen Spiralen gebildet werden. In Lösungsmittelgemischen, in denen bei normaler Temperatur ungeordnete statistische Knäuel vorhanden sind, bilden sich Spiralstrukturen, sobald man sie auf über 35° erwärmt.

DOTY sieht die treibende Kraft bei diesen Veränderungen in den Entropieänderungen, die das Lösungsmittel in den starken Wechsel-

---

[1] DOTY, P., J. H. BRADBURY u. A. M. HOLTZER: J. Amer. chem. Soc. 78, 947 (1956); DOTY, P. u. J. T. YANG: ibid. 78, 498 (1956).

[2] BLOUT, E. R., P. DOTY u. J. T. YANG: J. Amer. chem. Soc. 79, 749 (1957).

[3] Vgl. dazu die interessanten Versuche der Deutung dieses Verhaltens mit Modellen von Kupferspiralen im Zentimeterwellengebiet von TINOCO und FREEMAN: loc. cit. S. 193.

wirkungen zum Makromolekül bei der Entfernung vom Molekül erfährt. Die Energie der Wasserstoffbrücken zwischen Peptidgruppen untereinander und Peptidgruppen und Dichloressigsäure andererseits sind etwa gleich, so daß Unterschiede zwischen ihnen nicht zu einer Reaktion in dieser oder jener Richtung Veranlassung geben können. Anlagerung von Dichloressigsäuremolekülen an die Peptidgruppen hingegen bedeutet für das Gesamtsystem eine erhebliche Entropieabnahme, da hierbei ein großer Teil der sonst unregelmäßig zerteilten Lösungsmittelmoleküle in geordnete Zustände übergeführt werden. Bekommen diese orientierten Moleküle bei der Verdünnung mit einem anderen Lösungsmittel (Dichloräthylen) die Möglichkeit, sich zu desorientieren, wird dabei eine erhebliche Entropiezunahme auftreten müssen, die die Entropieabnahme, welche bei der Bildung der Spirale benötigt wird, weitaus überkompensiert. (Dieser Mechanismus besitzt eine gewisse Ähnlichkeit mit dem, der bei der Assoziation von Seifen auftritt, vgl. dazu § 80.)

X. Gele

§ 90. Gele. Allgemeines

Eine Reihe kolloider Lösungen, wie die von Gelatine, Stärke, Seife, Eisenoxydhydrat in Wasser oder Naturkautschuk in Benzol können in Zuständen auftreten, die nicht mehr Flüssigkeiten, sondern Festkörpern ähnlich sind. Die Überführung der genannten Systeme in diesen Zustand geht meist „von selbst", am einfachsten, wenn ihre Lösungen in der Wärme hergestellt und danach einige Zeit auf niederer Temperatur gehalten werden. Die Flüssigkeiten erstarren zu einer Masse; der flüssig von der Hausfrau in eine Form gegossene Pudding (= Stärkelösung) läßt sich nach Erkalten „stürzen", d. h. die Masse behält ihre Form und hat somit Merkmale eines Festkörpers. Bei näherem Zusehen stellt sich dann allerdings heraus, daß die Form relativ leicht veränderlich ist; die Masse ist weich, aber auch elastisch.

Wir haben es hier mit dem Zustand zu tun, für den von GRAHAM der Begriff „Gel" geprägt worden ist, der als besonderer Aggregatzustand kolloider Systeme im Gegensatz zu den flüssigen „Solen" angesehen wurde. (Der Name Gel wurde von Gelatine abgeleitet.) Die Definition des Begriffs Gel bereitete erhebliche Schwierigkeiten und führte zu den verschiedensten Auffassungen, was darunter zu verstehen sei, nicht zuletzt wegen der Unklarheit[1], die bis vor kurzem noch über ihre Struktur herrschte. Doch läßt sich auch jetzt eine gewisse Willkür bei der Auswahl einer geeigneten Definition des Gelzustandes nicht vermeiden, da sich die Grenzen nicht scharf ziehen lassen und auch noch darüber keine Einigkeit herrscht, was am zweckmäßigsten sei. Auch das ist wieder durch das Wesen des kolloiden Zustands bedingt.

---

[1] Vgl. dazu H. FREUNDLICH: Kapillarchemie. Bd. II. Leipzig 1932 oder P. H. HERMANS in „Struktur kolloider Systeme" (Hrsgb. Wo. OSTWALD). Kolloid-Z. **96**, 301—312 (1941).

Wir wollen als Definition des Gels die *Kohärenz* der dispergierten Substanz in den Vordergrund stellen. Wenn diese in einem dispersen System so angeordnet ist, daß sie ein zusammenhängendes Ganzes bildet, sprechen wir von einem Gel. Das wird am einfachsten am Beispiel eines räumlichen Netzes klar, wie es Abb. 90.1 zeigt. Das Netz wird aus der dispersen Substanz gebildet, das Dispersionsmittel befindet sich zwischen seinen Maschen. Das Kennzeichen des Zusammenhängens — also der Kohärenz — liegt darin, daß man von einem beliebigen Punkt des Netzes zu irgendeinem anderen beliebigen Punkt gelangen kann, ohne das Netz zu verlassen, ohne also durch das Dispersionsmittel hindurch zu müssen. In unserem Beispiel besteht aber auch Kohärenz für das Dispersionsmittel, was man sich leicht klarmacht.

Abb. 90.1. Schema eines räumlichen Netzwerks

Bildet man das Raumnetz so aus, daß es nicht aus Fäden, sondern aus miteinander verbundenen Flächen besteht, kommt man zu einem Gebilde, in dem die dispergierte Substanz ebenfalls zusammenhängt, *nicht* aber das Dispersionsmittel. Dieses wäre in den nun gebildeten Zellen oder Waben gefangen; solche Zustände wollen wir nicht als Gel, sondern als „*Schaum*"[1] ansehen, wenn beide Zustände morphologisch auch eng verwandt sind.

Sinnvollerweise beschränkt man sich mit dem Begriff der Gele auf Systeme, bei denen das Dispersionsmittel gasförmig oder flüssig ist. Systeme, bei denen feste Dispersionsmittel von einem Netz andersartiger Substanzen durchzogen werden, lassen sich zwar in einer Systematik als Gel auffassen, da sie aber die Eigenschaften eines regelrechten Festkörpers besitzen, der nur strukturell einen gelartigen Aufbau erkennen läßt und der sich auf dem Wege zu seiner endgültigen Bildung einmal im Gelzustand befunden haben mag, wollen wir ihn nicht zu den Gelen rechnen[2].

Der Zustand der dispergierten netzartigen Substanz hingegen läßt sich nicht von vornherein im Sinne der Phasenlehre festlegen. Hier handelt es sich um typisch kolloide Gebilde, welche teilweise Ausdehnungen von der Größenordnung atomarer Dimensionen bis zur Auflösungsgrenze des Lichtmikroskops $(100 \cdots 200 \, \text{m}\mu)$ besitzen und aus Makromolekülen wie auch aus Ionen- oder Molekülkristallen bestehen können.

Zusammenfassend können wir somit Gele als kolloide Systeme aus mindestens zwei Komponenten definieren, in denen

1. die dispergierte Substanz *und* das Dispersionsmittel beide einander durchdringende zusammenhängende (kohärente) Systeme bilden,

2. das gesamte System *nicht* den Charakter einer Flüssigkeit hat[2] und

3. die Bedingungen des § 63 $- 1 < V_2/V_1 < \infty, \triangle S_1 > 0 -$ gelten.

---

[1] Genauer „Polyeder"-Schaum (oder „Waben"-schaum), vgl. MANEGOLD: Schaum, loc. cit. aber auch Kolloid-Z. **96**, 186 (1941).

[2] Im Gegensatz zu J. J. HERMANS: Flow properties of Disperse Systems. Amsterdam 1953, S. 61ff. erscheint *uns* dieser Zusammenhang von makromolekularen Festkörpern zu den Gelen zu sehr konstruiert, als daß wir uns der Auffassung anschließen könnten, sie als Gele anzusehen, wenn auch in mancher Hinsicht Ähnlichkeiten bestehen mögen.

Werden die so gegebenen Definitionen *streng* angewandt[1], lassen sich die Eigenschaften der Gele verhältnismäßig leicht von einem dadurch gegebenen Gesichtspunkt aus beschreiben und verstehen. Leider ist das jedoch nicht immer möglich.

Uneinheitlicher und durchaus nicht immer verständlicher wird auch die Behandlung des Gelzustandes, wenn man etwa die als Xerogel bezeichneten Systeme mit einbezieht.

Der Name Xerogel (von $\xi\eta\varrho\delta\varsigma$ = trocken) soll Gele mit ursprünglich flüssigem Dispersionsmittel bezeichnen, die auf irgendeine Weise ihre Flüssigkeit — durch Verdampfen, Abpressen oder Absaugen — verloren haben. Bleibt das Gelgerüst dabei erhalten, so sollte logischerweise aus einem Flüssigkeitsgel — das auch als *Lyogel* bezeichnet wird — ein Aerogel werden, wie etwa beim Austrocknen eines Kieselsäuregels. Die räumliche Anordnung des Netzes der Abb. 90.1 wird dabei unverändert beibehalten. Unter Xerogelen wird aber nicht dieser Zustand, sondern etwa die Substanz, die beim Eintrocknen von Gelatineleim oder einer Lösung von Polystyrol oder Kautschuk übrigbleibt. Bezeichnenderweise handelt es sich bei solchen Zuständen fast ausschließlich um Makromoleküle, die in reinem festen Zustand harte oder glasartige amorphe bzw. kryptokristalline Massen bilden. Betrachten wir Abb. 92.5, die den Quellungs- oder Entquellungsvorgang veranschaulicht, so entspricht das Xerogel nicht nur einem flüssigkeitsfreien Zustand, in dem die Gelstruktur noch erhalten ist, sondern einem Zustand, in dem die Abstände zwischen den einzelnen Strukturelementen des Gels Dimensionen von Atomabständen angenommen haben. Solche Zustände bezeichnet man aber üblicherweise als Festkörper, denn es ist nicht besonders zweckmäßig, das absolute Vakuum als Dispersionsmittel einzuführen, nur damit derartige Festkörper noch als disperse Systeme behandelt werden können. Ein solches Vorgehen scheint hier ebenso wenig sinnvoll zu sein, wie etwa die Betrachtung eines Molekülgitterkristalls — etwa eines Paraffinkristalls — als disperses System, in welchem makromolekulare fadenförmige Ketten in hoher Konzentration im Vakuum dispergiert sind.

Andererseits darf nicht vergessen werden, daß besonders das makromolekulare Xerogel ein Grenzzustand ist, der zum eigentlichen dispersen Gelzustand im gleichen Verhältnis steht, wie eine homogene reine Phase zu einer Dispersion inkohärenter Partikeln der gleichen Substanz. Es dürfte daher zweckmäßig sein, die Xerogele in gleicher Weise als Grenzzustände zu betrachten wie die homogenen makroskopischen Phasen. Wenn sie auf diese Weise kein Gegenstand der Kolloidchemie selbst sind, kann die Kenntnis besonders ihrer Strukturen das Verständnis der eigentlichen Gele erleichtern. Das kann aber nicht soweit gehen, alle derartigen Grenzzustände in die Kolloidchemie mit einzubeziehen, die Festkörperphysik ist dafür eher zuständig, ebenso wie für die Struktur oder das Verhalten von Metallen, Gläsern, festen Kunststoffen usw.

Entsprechend unserer Definition disperser Systeme braucht das System nicht unbedingt aus zwei stofflich verschiedenen Komponenten zu bestehen, sondern kann auch aus einer einzigen aufgebaut sein, nur müssen dann dispergierte Substanz und Dispersionsmittel in verschiedenen Aggregatzuständen vorkommen. Theoretisch ist Derartiges auch bei Gelen möglich, in Wirklichkeit aber nur als instabile Übergangszustände beobachtbar. Etwa sehr Ähnliches, wenn auch nicht vollkommen

---

[1] Es gibt von dieser Regel einige Ausnahmen, wo der Zusammenhalt eines räumlichen Gerüstes der dispersen Substanz möglicherweise durch „weitreichende Kräfte" aufrechterhalten wird, also keine wirkliche Kohärenz vorliegt, während die mechanischen Eigenschaften den Gelen mit Netzstruktur entsprechen. (Völlig sicher scheinen jedoch auch diese Vorstellungen noch nicht zu sein.) Andererseits ist die unter 2 angegebene Kennzeichnung nicht scharf zu begrenzen, da das rheologische Verhalten der Flüssigkeiten Übergänge zeigt, in denen es schwierig ist, das System als Flüssigkeit oder als Festkörper zu bezeichnen.

dieser Vorstellung Entsprechendes, findet man in Systemen, in denen makromolekulare fadenförmige räumliche Netze entstehen, die mit entsprechendem Monomeren als Dispersionsmittel gefüllt sind; Wo. Ostwald nannte solche Systeme Isogele. Natürlich sind monomere und polymere Substanzen nicht als verschiedene Aggregatzustände der gleichen Substanz anzusehen, sondern sowohl physikalisch als auch chemisch voneinander verschieden und sollten nicht zu den eigentlichen dispersen Einstoffsystemen — wie es etwa in Wasser fein dispergiertes Eis darstellt — gerechnet werden.

Die gegenseitige Durchdringung und das vollständige Zusammenhängen — die Kohärenz — von dispergierter Substanz einerseits und Dispersionsmittel andererseits, wollen wir hier als definitionsgemäß festzulegendes Merkmal der Gele betrachten und nur solche Systeme als Gele ansehen. Wir wollen (und können auch) darauf verzichten, einen ausführlichen Beweis dafür anzutreten, daß das, was im landläufigen Sinne als Gel oder Gallerte bezeichnet wird, in den meisten Fällen auch tatsächlich eine solche Struktur besitzt, da über die prinzipiellen Merkmale der Gelstruktur heute kaum mehr Zweifel herrschen dürften, ähnlich wie auch an der Struktur der Makromoleküle keiner mehr zweifelt[1].

Demonstrativ für die Kohärenz des Gelgerüsts ist das Verhalten des Graphitgels. Ein Graphitsol, bestehend aus blättchenförmigen Partikeln in Mineralöl, leitet den elektrischen Strom nicht. Im Moment, wo sich das System zu einem Gel verfestigt, beginnt es auch den Strom zu leiten, da sich dann eine große Zahl der Graphitblättchen berühren kann.

Die Kohärenz des Dispersionsmediums geht daraus hervor, daß die Diffusion kleiner Moleküle im Gel mit praktisch der gleichen Geschwindigkeit vor sich gehen kann, wie in der reinen Flüssigkeit, nur kolloide Partikeln werden behindert, wenn die Maschenweite des Gelgerüstes so klein wird, daß sie nicht mehr darin eindringen können.

Man findet auch oft Systeme als Gele bezeichnet, die aus parallel gelagerten Fäden in einem Dispersionsmittel bestehen, die aber kein Netz durch häufige Berührung miteinander bilden. Hier fehlt das Merkmal der Kohärenz der dispergierten Substanz, solche Systeme verhalten sich auch in vielem anders als die wirklichen Gele mit vernetzter Struktur.

Die gegebene Definition bringt aber auch Schwierigkeiten mit sich. Es fällt nämlich manchmal schwer, zwischen Dispersionsmittel und dispergierter Substanz zu unterscheiden, vor allem, wenn die Konzentrationen beider Komponenten einander von vergleichbarer Größe werden, praktisch fällt das jedoch nicht ins Gewicht, da die gerüstbildenden Substanzen meistens fest sind.

Fragen wir nun nach der thermodynamischen Abgrenzung der kolloiden Systeme der Gele zum homogenen (Einphasen-) und heterogenen (Zweiphasen-) System, so ist die Antwort leicht zu geben, da die als Gelgerüst auftretende Substanz keine gegenüber seinem Volumen vernachlässigbar kleine Grenzfläche besitzt, *und* in der freien Enthalpie des Systems auch ein Anteil der Mischungsentropie, der von der Mischung beider Komponenten herrührt, enthalten ist; sie können daher nicht als heterogene Systeme im idealen Sinne angesehen werden. Dem homogenen System gegenüber ist die Wahl der Grenze — wie immer bei dieser Grenzziehung —

---

[1] Eine Erörterung unter diesem Gesichtspunkt der zweifelhaften Struktur findet sich noch bei A. E. Alexander und P. Johnson: Colloid Science. Vol. II. Oxford 1949, wo schließlich die räumliche Vernetzung auch als wahrscheinlich zutreffend angesehen wird.

mehr oder weniger Auffassungssache; während die Mischungsentropien der „Lösungen" sich von Verhaltensweisen ableiten, die etwa im Gittermodell von der Vertauschbarkeit mit jedem „Gitterplatz" herrühren, besteht für Gele diese Möglichkeit nicht mehr so ohne weiteres. Eine Vertauschung der Plätze für die dispergierte Substanz ist nur sehr beschränkt möglich (Quellung), zur vollständigen Vertauschbarkeit wäre aber eine vorherige Auflösung des Gelgerüsts — also die Bildung eines inkohärenten Systems — notwenig (vgl. § 63).

Die thermodynamischen Zustandsfunktionen der Gele (U, F, G, S) sind wie bei Festkörpern abhängig von Dehnungs- und Spannungszuständen, eine Eigenschaft, die Flüssigkeiten nicht besitzen. Andererseits sind die Gele in der Lage, unter der Einwirkung äußerer Kräfte zu fließen, was wieder Festkörpern nicht ohne weiteres möglich ist. In dieser Hinsicht stellen sie wieder einen Zwischenzustand zwischen Festkörpern und Flüssigkeiten dar[1]. Wollte man statistisch thermodynamische Beziehungen gewinnen, müßten außer der Größe, Gestalt und Feinstruktur seiner Bauelemente und ihrer Wechselwirkung mit dem Dispersionsmittel jetzt noch die Strukturfestigkeit und Veränderlichkeit des gelbildenden Gerüstes berücksichtigt werden.

In der gleichen Weise wie bei den inkohärenten Systemen wollen wir zunächst nach den Eigenschaften der Gele fragen, die ohne Änderung ihrer Gesamtstruktur vor sich gehen und danach erst ihre Verwandlungsmöglichkeiten — Entstehung, Zerstörung, Veränderung — behandeln.

Struktur der Gele

Für den Aufbau eines zusammenhängenden Gerüstes mit dem Charakter eines räumlichen Netzwerks aus Bauelementen molekularer oder kolloider Dimensionen gibt es nicht sehr viele Möglichkeiten. Das soll nicht heißen, daß eine reich gegliederte morphologische Systematik *theoretisch* nicht möglich wäre, vielmehr daß einige wenige Typen zur Beschreibung völlig ausreichen, aus denen sich etwaige Varianten leicht ableiten lassen. Das Gelgerüst können wir uns aus *Bauelementen* zusammengesetzt denken, die an verschiedenen Punkten aneinander haften, und daher *Haftpunkte* genannt werden. Das brauchen keine punktförmigen Verbindungen zu sein, sondern können *Haftstellen* oder Haftbereiche größerer Ausdehnung sein.

Betrachten wir zunächst die Bauelemente, so können wir uns damit begnügen, zwischen *starren* und *beweglichen* Bauelementen zu unterscheiden. Die starren Bauelemente sind meist Atomansammlungen kolloider Natur, Gebilde, die auch als selbständige kolloide Partikeln auftreten und sich häufig dank ihrer besonderen Eigenschaften zu Gelen zusammenschließen können. Meist handelt es sich um mehr oder weniger anisometrische Teilchen, doch lassen sich auch, wie MANEGOLD[2] zeigte, Kugeln in der verschiedensten Weise zu kohärenten Gerüsten anordnen, von denen Abb. 90.2a ein Beispiel wiedergibt. Kugelpackungen verschiedener Koordinationszahl (3···12) besitzen die Besonderheit, daß ihr Volumenanteil am System einen Mindestwert besitzen muß, um noch kohärent sein zu können. (Bei der Koordinationszahl 3 beträgt, wie in Abb. 90.2a, der Anteil nur 5,6% des Gesamtvolumens, was ein erstaunlich niedriger Wert ist.) Dünne Blättchen oder Scheibchen können ein Kartenhaus aufbauen (Abb. 90.2b). Ähnlich sind die Gebilde starrer Stäbchen (Abb. 90.2c). Bewegliche Bauelemente bestehen zu-

---

[1] Vgl. dazu HERMANS: loc. cit.
[2] MANEGOLD, E.: Kolloid-Z. **96**, 186 (1941).

meist aus Fäden oder Bändern, wozu natürlich lineare Makromoleküle mit covalenten Bindungen hervorragend geeignet sind. Bänder werden von makromolekularen Sonderstrukturen gebildet.

Ob nun die Bauelemente des Gels punktförmig oder über größere Haftbereiche miteinander verknüpft sind, hängt zwar auch von ihren geometrischen Formen ab, wird jedoch weitgehend von der Art der energetischen Wechselwirkungen bestimmt, die für das Aneinanderhaften verantwortlich sind. Alle Arten von Nebenvalenz- wie auch

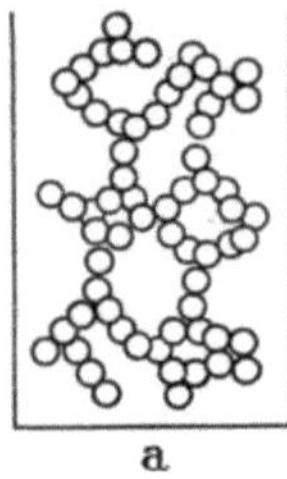
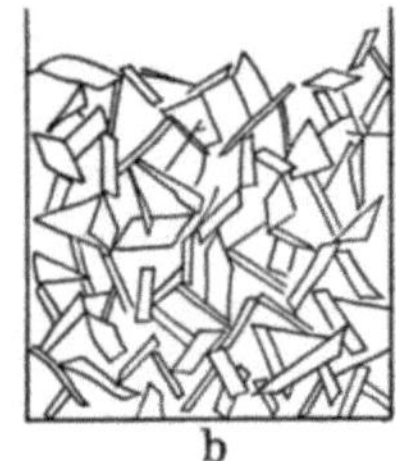

Abb. 90.2. Schema der Struktur eines Gels aus a) kugelförmigen (entspr. d. Kugelnetz v. HEESCH u. LAVES: Z. Kristallograph. A85, 443 (1933) m. d. Koord.-Z. 3), b) blättchenförmigen und c) stäbchenförmigen Bauelementen

Hauptvalenzbindungen können auftreten. Als Nebenvalenzen kommen Dipol-Dipol-Wechselwirkungen permanenter oder induzierbarer Art, Wasserstoffbrücken-Bindungen und auch Dispersionskräfte in Frage. Sie wirken in gleicher Weise wie bei der physikalischen Adsorption, der Assoziation oder auch der Adhäsion bzw. Kristallbildung, doch nehmen sie erst dann merkliche Ausmaße an, wenn eine größere Zahl von Atomgruppen daran beteiligt sein kann; sie werden daher kaum zu punktförmigen Haftstellen führen, sondern zu Haftbereichen, in denen sich die Bauelemente, unterstützt durch Orientierungsmöglichkeiten, zu kristallitartigen Aggregationsbereichen formieren können, etwa wie es Abb. 90.3a veranschaulicht. Solche Strukturen sind typisch für Zellulosegele, wahrscheinlich auch für Gelatinegele.

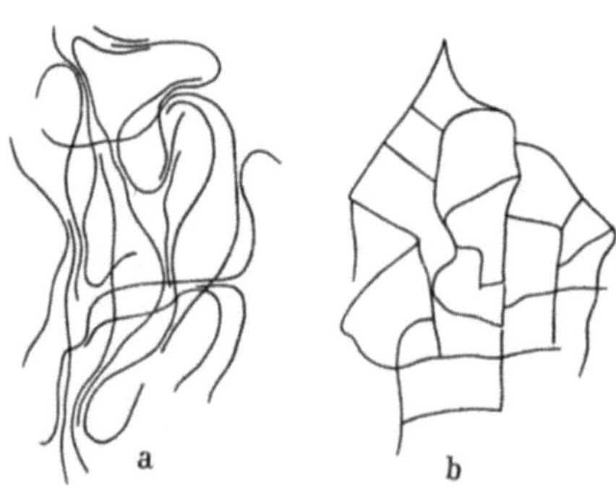

Abb. 90.3. Nebenvalenzgel (a), Hauptvalenzgel (b) (schematisch)

Bei Verknüpfungen durch Hauptvalenzen können elektrovalente Bindungen durch Wechselwirkung zweier polar ionisierbarer Gruppen wie bei der Bildung unlöslicher Salze entstehen, bei amphoteren Makroionen wie Gelatine, welche gleichzeitig COO^-- und NH^+-Gruppen enthalten, wird das angenommen, eindeutig erwiesen ist es jedoch nicht. Räumliche Netzmoleküle, durch (chemische) Polymerisation und Verzweigung in allen drei Raumrichtungen entstanden, sind uns bereits in

§ 82 begegnet; die Kettenverzweigungen sind hier Haftstellen mit *covalenter* Bindung (Abb. 90.3b). Das Gelgerüst kann dann als ein einziges riesiges Molekül mit einer Unzahl von Verzweigungen angesehen werden.

Die Entstehungsweise, Veränderlichkeit und Verhaltensweise makromolekularer Gele unterscheidet sich trotz aller Verwandtschaft von den anderen Mitgliedern dieser Familie. Es ist daher zweckmäßig, wenn wir auch hier wie bei den inkohärenten Systemen eine Einteilung vornehmen und Nebenvalenzgele von den Hauptvalenzgelen unterscheiden.

Die Wahl des Namens Nebenvalenzgele soll verdeutlichen, daß die Bauelemente an ihren Haftstellen durch Nebenvalenzen zusammengehalten werden, ungeachtet der Struktur der Bauelemente selbst, die ihrerseits aus Makromolekülen, Ionen- oder Molekülkristallen, Aggregaten usw. bestehen können, denn *bestimmend* für ihr Verhalten als Gel ist die Natur der Haftstelle. Das gleiche gilt an sich für die Bezeichnung Hauptvalenzgele, doch ist die Ausbildung hauptvalenzartiger Verknüpfungen sowohl elektrovalenter als covalenter Natur praktisch an makromolekulare Bauelemente gebunden.

Bei gelbildenden Substanzen ist häufig die Tendenz zur Ausbildung von Haftstellen verschiedenartigen Charakters vorhanden. Beispielsweise können neben Wasserstoffbrücken noch VAN DER WAALS-LONDONsche Dispersionskräfte wirken, oder sogar sämtlich bekannten Bindungstypen nebeneinander auftreten (wie beim Kollagen angenommen wird). Solche Haftstellen verschiedener Bindungsenergie bzw. verschiedener Festigkeit können dann dem Gel Eigenschaften verleihen, die nicht leicht zu durchschauen sind. Ebenso können Haftbereiche gleichartigen Bindungstyps verschiedene Ausdehnungen annehmen, was im Endeffekt auf dasselbe herauskommt, wie wenn verschiedene Bindungs*arten* wirken würden. Kleinere, mittlere und größere Bereiche entsprächen verschieden großen Bindungsfestigkeiten[1], die alle in ein und demselben Gel auftreten könnten.

Neben- und Hauptvalenzgele unterscheiden sich wesentlich durch die Art ihrer Entstehung. Erstere sind praktisch immer die Ausscheidungsform eines irgendwie übersättigten Zustands in Richtung auf die Ausbildung reiner makroskopischer Phasen, sie sind also weitgehend einem (behinderten) Kristallisationsvorgang (oder in der Terminologie der Dispersionskolloide einem Kondensationsvorgang) ähnlich. Nebenvalenzgele werden häufig durch direkte Ausscheidung (Auskristallisation) des Gelgerüsts aus Lösungen kleiner Moleküle oder Ionen erhalten. Beispiele hierfür sind das $BaSO_4$-Gel von VON WEIMARN[2], das durch doppelte Umsetzung von $BaSCN + MnSO_4$ in konzentrierter Lösung entsteht, die ein langsames Kristallwachstum fördert. Azomethin[3] bildet beim Umkristallisieren leicht Gele, Dibenzoylcystin[4] beim Vermischen seiner

---

[1] HERMANS, P. H., in H. R. KRUYT (Hsgb.): Colloid Science. Vol. II. Amsterdam 1949. S. 483, spricht daher von einem Haftpunktspektrum.
[2] v. WEIMARN: loc. cit. S. 13.
[3] HARDY, W. B.: Proc. Roy. Soc. [London] **87**, 29 (1912).
[4] GORTNER, R. A. u. W. F. HOFFMAN: J. Amer. chem. Soc. **43**, 2199 (1921).

alkoholischen Lösung mit Wasser. Hier ist die Kristalltracht maßgeblich, lange Nadeln mit Tendenz zu Ausbildung von Zwillingen, Dendryten usw. können beim Auskristallisieren in feinverfilzte Gerüste übergehen. Meist sind sie ziemlich unbeständig und bilden allmählich gröbere Kristalle als thermodynamisch stabilsten Zustand. Ihre Kristallnatur konnte röntgenographisch nachgewiesen werden[1], obwohl in den ersten Stadien der Ausscheidung die Dicke der Kristallnadeln zu klein ist, um eine für die Röntgenstreuung ausreichende Zahl von Gitterebenen zu besitzen und daher vielfach keine Interferenzen liefert. Kristallisationstendenzen sind wohl auch für die Bildung der Gele von Alkaliseifen in Wasser und der höherwertigen Metallseifen in organischen Lösungsmitteln verantwortlich.

Gele bilden sich natürlich auch aus kolloiden Lösungen; diese Fähigkeit wurde früher als typisch für den kolloiden Zustand angesehen und als Sol-Gel-Umwandlung bezeichnet. Eine Substanz, die ein Gel bilden kann, sollte umgekehrt bei Verflüssigung des Gels automatisch als Sol vorliegen. Eine Reihe von Gelen entsteht durch Koagulation der Sole von Dispersionskolloiden unter besonderen Verhältnissen; statt eines Koagulats ungeordneter amorpher Zufallsaggregate entstehen Strukturen eines Gelgerüstes meist vom Typ der Abb. 90.2b oder c. Die Bedingungen sind dabei die einer sehr langsamen Koagulation. Konzentrierte Sole (besonders der Metall-Hydroxyde), die der Alterung überlassen werden, bilden leicht Gele, wahrscheinlich weil sich die Anisometrie ihrer Teilchen durch allmähliches Wachstum solange vergrößert, bis sie sich im Wege sind und sich in vielen Haftstellen, ähnlich wie bei einem Kartenhaus berühren. Wie weit dies eine echte Alterung oder nur eine Partikelzusammenlagerung Kopf an Kopf ist, ist noch nicht geklärt. Das Gelbildungsvermögen von Dispersionskolloiden, sei es durch spezielle Koagulation, sei es durch die Alterung, ist erfahrungsgemäß mit der Ausbildung stärker anisometrischer Partikeln verbunden. Die Beständigkeit solcher Gele ist oft so gering, daß sie durch mechanische Einflüsse, wie Rühren oder Schütteln zerstört werden. FREUNDLICH bezeichnete dies als isotherme Sol-Gel-Umwandlung und führte dafür den Namen *Thixotropie* ein.

Die auffälligsten Gelbildner sind fadenförmige Makromoleküle, sowohl in wässeriger als auch in nichtwässeriger Lösung. Wässerige Gelbildner enthalten fast immer ionisierbare Gruppen, meist sind es natürlich vorkommende Substanzen oder ihre chemisch leicht modifizierten Abkömmlinge. Die bekanntesten Beispiele sind Gelatine, Agar, Pectin, Alginsäure, Hyaluronsäure usw. Ihre Gele entstehen durch Herstellung ihrer Lösung in der Wärme und Abkühlung unter bestimmte Temperaturen (Sol-Gel-Umwandlung). Nichtwässerige Gele von Fadenmolekülen entstehen leicht durch Entmischung — ebenfalls infolge Abkühlung oder Zumischung von „schlechtem" Lösungsmittel — in der konzentrierten Phase (vgl. S. 114). Ihre Tendenz zur Gelbildung hängt mit der Länge

---

[1] Aus festen Mineralien können sich auf umgekehrtem Wege durch Wasseraufnahme Gele bilden, vgl. dazu FREUNDLICH: Kapillarchemie, 2. Bd., loc. cit.

ihrer fadenförmigen Bauelemente zusammen, die sich gegenseitg durchdringen und verfilzen können und der Wirkung ihrer assoziativen Kräfte, die leicht zu kristallitähnlichen, zumindest orientierten Haftbereichen, entsprechend Abb. 90.3a führen. Solche Bauelemente sind auch häufig in der Lage, wechselseitig Wasserstoffbrücken auszubilden.

Hauptvalenzgele können durch doppelte Umsetzung und Salzbildung aus allen fadenförmigen Makromolekülen mit ionisierbaren Gruppen entstehen, meist sind es zwei- oder mehrwertige Kationen (Ca, Mg, Al, usw.) die bei Anwesenheit negativer ionisierter Gruppen mehrere von ihnen ver-
knüpfen und auf diese Weise Haftpunkte zwischen den einzelnen Fäden
schaffen. Bei Bauelementen nicht-
makromolekularer Natur sind derartige
Effekte noch nicht beobachtet worden.

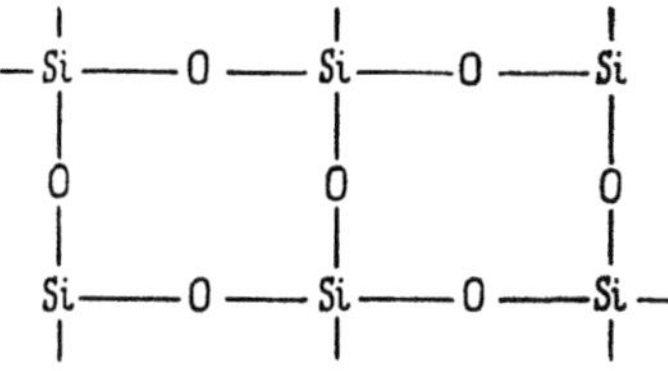

Abb. 90.4. Aufbauschema eines
SiO_2-Gelgerüsts

Die durch Umsetzung von Na-Silikatlösungen mit Säure gewonnenen
SiO_2-Gele, die Silica- oder Kieselgele, sind als makromolekulare Gele am längsten bekannt. Die Verzweigung der SiO-Ketten kann hier sehr häufig auftreten (vgl. dazu Abb. 90.4), die „Poren" oder „Maschen" des Gelnetzes können dabei sehr eng sein.

Makromolekulare Netze schließlich sind Produkte chemischer Umsetzungen, die auch direkt in Gegenwart des Dispersionsmittels entstehen können, so etwa durch Polykondensation von Monomeren mit mehr als zwei reaktionsfähigen Stellen, oder — auf ganz andere Weise — durch Salzbildung infolge doppelter Umsetzung. (Alginsäure kann man durch Zusatz von Calciumchlorid in Calciumalginatgel verwandeln.) Ein noch anderer Weg führt über den reinen Zustand — das Xerogel — mit nachfolgender Quellung. (In Wirklichkeit ist dies keine echte Herstellungsmethode, sondern nur eine Wiederherstellung, denn das Xerogel ist ja durch Fortnahme von Dispersionsmittel eines bereits schon einmal gebildeten Gels entstanden!) Eine Reihe praktisch bedeutender makromolekularer Netze (z. B. vulkanisierter Kautschuk) werden in reinem Zustand hergestellt oder kommen als wenig gequollene Gele in der Natur vor, wie das Keratin. Bringt man derartige Systeme mit geeigneten Flüssigkeiten in Berührung, so quellen sie unter Bildung eines Gels auf.

§ 91. Physikalische Eigenschaften der Gele unter Bewahrung ihrer Struktur

Mechanische Eigenschaften

Gele besitzen allem Anschein nach die Eigenschaften von Festkörpern; eine zu einem Gel erstarrte Gelatinelösung läßt sich nicht mehr von einem Gefäß in ein anderes gießen. Vorsichtiges Ablösen von den Gefäßwänden — Stürzen — bringt einen formbeständigen Körper zutage. Dieser ist zwar deformierbar aber elastisch, d. h. er geht nach Aufhören der deformierenden Kraft in den Ausgangszustand zurück, eine Erscheinung, die alltäglich ist. Zwischen der Elastizität, der Spannung des Körpers und der Dehnung, die er dabei erfährt, gilt im Idealfall das Hookesche Gesetz, welches lautet:

$$\text{Spannung} = \text{Elastizitätsmodul} \cdot \text{Dehnung},$$

wovon es in *realen* Fällen viele Abweichungen gibt.

Die Messung des Elastizitätsmoduls kann bei Gelen quaderförmiger Gestalt durch Anhängen verschiedener Gewichte und Bestimmung der dadurch hervorgerufenen Verlängerung vorgenommen werden. Auch ein Couette-Apparat (vgl. Abb. 91.1) ist dafür geeignet. Das zu messende Gel wird in flüssigem, meist warmem Zustand in diesen eingefüllt und darin zur Erstarrung gebracht. Wird auf einen der Zylinder eine Torsionskraft ausgeübt und seine dadurch hervorgerufene Drehung gemessen, ist es möglich, die Elastizität zu bestimmen[1].

Die Elastizität bzw. der Elastizitätsmodul von Gelen ist zunächst vom Charakter der gelbildenden Substanz und von ihrer Konzentration im System abhängig. Die Gele von Agar in Wasser sind bei gleicher Konzentration sehr viel steifer als Gelatinegele, m. a. W. bei Agar genügen sehr viel kleinere Mengen als bei Gelatine, um ein Gel gleicher Elastizität bzw. Steifheit zu erzeugen. Die Elastizität nimmt annähernd mit dem Quadrat der Konzentration der gelbildenden Substanz zu, sie wird bei Gelatine durch Zusätze der verschiedensten Substanzen verändert. Eine Abnahme bewirken Cl^--, J^-- und NO_3^--Ionen, eine Zunahme, SO_4^{2-}-Ionen und Rohrzucker. Sicherlich werden hierbei Haftstellen des Gels beeinflußt, deren Zahl und Bindungsfestigkeit gerade bei Nebenvalenzgelen von den im Dispersionsmittel vorhandenen Molekülen und Ionen abhängig ist. Die Elastizität hängt weitgehend von der Zahl der vorhandenen Haftstellen ab, je größer ihre Zahl, um so höher die Elastizität.

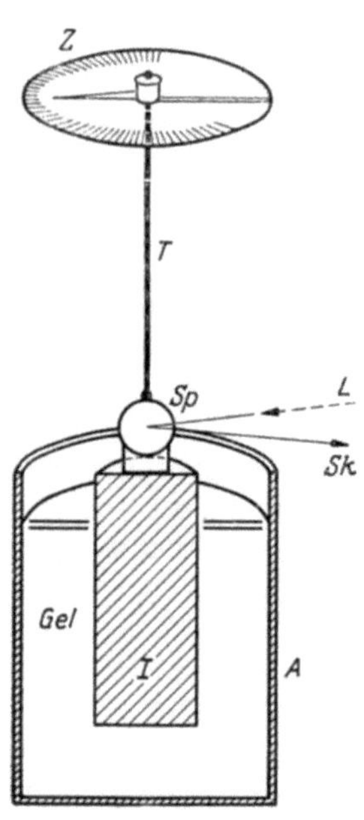

Abb. 91.1. Bestimmung der Elastizität von Gelen. Auf den Zylinder *I* wird durch Drehung des Torsionsdrahts *T* eine bei *Z* ablesbare Kraft ausgeübt. Die Drehung von *I* wird mit Lichtzeiger (*L, Sk*) über den Spiegel *Sp* abgelesen

Unter längerer Einwirkung deformierender Spannungen verändert sich die dadurch hervorgerufene Dehnung, und das Gel erleidet permanente Deformationen. Grund dafür ist die Zerstörung von Haftstellen, wobei sich die Eigenschaften des Gels graduell von denen eines Festkörpers zu denen einer Flüssigkeit ändern können. Manchmal geht

---

[1] Eine Zusammenstellung solcher Methoden findet man bei A. E. Alexander und P. Johnson: Colloid Science. Bd. I. Oxford 1949. S. 474ff.

es auch unter der Einwirkung der verformenden Kräfte erst nach gewisser Zeit in seinen (in diesem Falle) reversiblen Endzustand über, in anderen Fällen braucht es längere Zeit, um wieder in seinen Ausgangszustand zurückzukehren, für beide Übergänge treten also Relaxationseffekte auf. Diese Erscheinungen, mit denen sich die *Rheologie* (= Fließkunde)[1] im allgemeinen befaßt, dienen dazu, aus dem Elastizitäts- und Fließverhalten Aufklärung über die Struktur der betreffenden Körper zu erhalten und umgekehrt aus dem Auftreten bestimmter Strukturen das Fließverhalten vorauszusagen.

Gelatine besitzt nach KRAEMER[2] ein scharfes Minimum des Elastizitätsmoduls beim isoelektrischen Punkt, wenn sie im COUETTE-Apparat gemessen wird. Beim I.P. ist die Haftstellenzahl offensichtlich am größten.

Die mechanischen Spannungen eines Gels bei der Deformation lassen sich nach HATSCHEK[3] durch künstlich darin erzeugte Gasblasen erkennen. Sind die Drucke oder Spannungen in verschiedenen Raumrichtungen verschieden, so plattet sich die Blase zu einer Linse ab. Die Linsenflächen sind dann normal zur Richtung geringsten Drucks ausgerichtet; beim reversiblen Zusammendrücken des Gels stellen sie sich parallel zur Kompressionsrichtung, beim Auseinanderziehen senkrecht zur Zugrichtung; der geringste Druck herrscht also senkrecht zur Kompressions- und parallel zur Zugrichtung. Bei irreversiblen Kompressionen und Dilatationen kehren sich die Verhältnisse gerade um. Das Verhalten ist, wie man sich leicht an Hand der schematischen Darstellung in Abb. 91.2 und Abb. 91.3 klarmacht, durch die Struktur des Fadennetzes der Gelatine bedingt[4]. Die Elastizität der Gele kann in weiten Grenzen variieren, es gibt starre Gele, wie Silicagel und Kunststoff-Ionenaustauscher und hochelastische Gele, wie Agar, Gelatine usw., schließlich auch solche, deren Elastizität ohne feinere Hilfsmittel überhaupt nicht zu erkennen ist (vgl. w. u.).

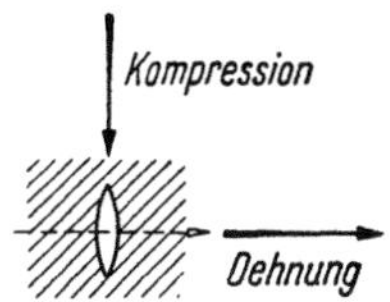

Abb. 91.2. Linsenbildung in Gelen bei Kompression und Dehnung nach HATSCHEK (vgl. Text)

Optische Eigenschaften

Normalerweise sind im Laboratorium hergestellte Gele optisch isotrop, doch finden sich in der Natur viele anisotrope Gele; ihre Herstellung ist nur durch besondere Maßnahmen möglich.

Durch mechanische Beanspruchung werden isotrope Gele doppelbrechend, was sich leicht durch Betrachtung zwischen gekreuzten Nicols oder Polarisationsfiltern feststellen läßt. Dabei treten Erscheinungen auf, die auch bei Gläsern beobachtet werden[5], obgleich die bei Gelen

---

[1] Vgl. dazu Deformation und Flow (Hrsgb. J. M. BURGERS u. J. J. HERMANS u. G. W. SCOTT BLAIR). Amsterdam 1953; ALFREY, T.: Mechanical Behavior of High Polymers. New York 1948.

[2] KRAEMER, E. O.: Colloid Symp. Monograph. 4, 102 (1926).

[3] HATSCHEK, E.: J. physik. Chem. 36, 2994 (1932); s. a. FREUNDLICH: Kapillarchemie. Bd. 2, loc. cit. S. 665.

[4] Vgl. dazu auch H. J. POOLE: Trans. Faraday Soc. 29, 1305 (1933).

[5] Vgl. dazu M. M. FROCHT: Photo Elasticity. New York 1941.

anzuwendenden Druck- oder Zugkräfte um Größenordnungen kleiner
sind. Wie solche Spannungsbereiche aussehen, demonstriert Abb. 91.3,
wo ein Gelatinegel an einer Stelle belastet wurde. Physikalisch gesehen
handelt es sich bei der mechanisch hervorgerufenen Anisotropie um den
gleichen Effekt wie bei der Strömungsdoppelbrechung. Die völlig regellos nach allen Richtungen weisenden anisometrischen Bauelemente des
Gels werden durch eine Verformung stellenweise ausgerichtet, wobei dann
die Effekte der Eigendoppelbrechung orientierter (anisotroper) Kristallite und der Doppelbrechung orientierter (anisometrischer) Bauelemente,
die von einem Medium abweichenden Brechungsindex umgeben sind.

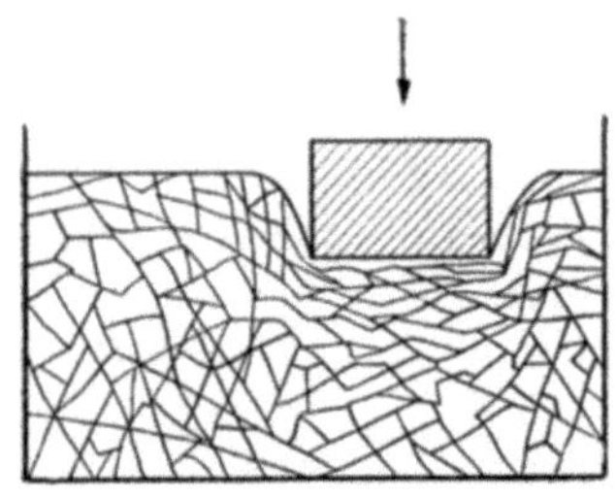

Abb. 91.3. Deformation eines räumlichen Netzes dur h eine Belastung
(schematisch)

ins Spiel kommen. Der Unterschied zur
Ausrichtung etwa durch Strömung besteht
nur darin, daß hier grobe von außen
wirkende mechanische Kräfte für die Ausrichtung genügen, während dort in mikroskopischen Bereichen wirkende Reibungskräfte notwendig sind. Das ist nur möglich, weil das Gel eine kohärente Netzstruktur besitzt, welches an einem Punkte
des Systems von außen angreifende Kräfte
über größere Entfernungen „weiterleiten"
kann. Hinzu kommt bei Gelen allerdings
noch die Besonderheit, daß durch Kompressionen und Dilatationen
Dichteänderungen erzeugt werden, wie sie sonst nur bei Festkörpern
auftreten.

Wie die mechanischen werden auch die optischen Eigenschaften
durch die Struktur des Gelgerüstes, d.h. durch die Möglichkeit der
Ausrichtung seiner Bauelemente bestimmt. Diese Beeinflussung sub-
mikroskopischer Strukturbereiche durch Einwirkung makroskopisch
äußerer Kräfte ist typisch für den Gelzustand, und wenn man das
Xerogel als seinen Grenzzustand mitbetrachtet. bei keinen anderen
materiellen Systemen zu finden.

Die Messung der Doppelbrechung von Gelen ist von praktischer
Bedeutung, z. B. wird Kunstseide aus Lösungen von Celluloseverbindun-
gen als Gel ausgefällt. Durch mechanische Nachbehandlung — Strek-
kung —, werden die fadenförmigen Cellulosemoleküle orientiert und teilweise auskristallisiert. Der Orientierungszustand solcher Gele läßt sich
dann leicht durch Messung ihrer Doppelbrechung bestimmen[1]. Etwas
Ähnliches gilt für Cellulosefolien, bei denen die Makromoleküle in der
Folienebene regellos verteilt sind, aber doch in *einer* Ebene liegen (wie
Streichhölzer auf einem Tisch), was sich ebenfalls aus ihrer Doppelbrechung ablesen läßt. Bedeutsam sind solche Messungen besonders
dann, wenn es sich darum handelt, etwaige Veränderungen des strukturellen Aufbaus festzustellen oder bestimmte Anordnungen der Haftstellen zu ermitteln. Durch Austausch des Dispersionsmittels kann auch
zwischen Eigendoppelbrechung und WIENERscher Stäbchen- bzw.

---

[1] Vgl. dazu P. H. HERMANS: loc. cit. S. 665.

Lamellen-Doppelbrechung unterschieden werden. In nichtwässerigen Gelen besteht nach VERMAAS[1] die Möglichkeit, daß adsorptiv gebundene Dispersionsmittelmoleküle durch Ausrichtung der adsorbierenden Gelfäden ebenfalls orientiert werden und zur Doppelbrechung beitragen.

Wo Doppelbrechung auftritt, wird auch meistens Dichroismus (vgl. § 29) zu finden sein; FREY-WYSSLING[2] beschreibt eine Reihe solcher schon AMBRONN (1888) im Prinzip bekannter dichroitischer Gele. Hier orientieren sich Farbstoffe durch Adsorption am Gelgerüst, welches selbst natürlich ebenfalls ausgerichtet sein muß. Das ist eine Analogie zur Orientierung der Dispersionsmittelmoleküle nach VERMAAS.

Gele streuen eingestrahltes Licht wie alle dispersen Systeme, doch ist der Effekt — abgesehen von der Messung des Polarisationszustandes des Streulichts — bislang nicht theoretisch und experimentell eingehend untersucht worden. Änderungen der Streuintensität bei der Gelbildung durch Abkühlen von Gelatinelösungen sind deutlich beobachtbar. Ihr Ausmaß hängt vom p_H ab, was wahrscheinlich auf der Beeinflussung der Haftstellenzahl und -struktur durch den p_H-Wert beruht[3].

Der Vollständigkeit halber sei erwähnt, daß Gelatine unterhalb 35° ihr optisches Drehvermögen ändert; hier liegen aber bereits Aggregate von Peptidfäden in geringer Konzentration vor, die sich gegenseitig beeinflussen.

Wenig ist über die elektrischen Eigenschaften der Gele zu sagen, zumindest was ihren Unterschied gegenüber gleichartigen dispergierten Substanzen in Form diskreter Partikeln ausmacht. Makroionen, die im inkohärenten Zustand (Lösung) eine bestimmte Leitfähigkeit besitzen, ändern diese nur sehr wenig, wenn sie sich zu Gelen zusammenschließen. Bei Natriumoleatgelen geringer Konzentration wird nicht die geringste Änderung der Leitfähigkeit gegenüber der Lösung festgestellt (McBAIN und LAING). „Mikro"-Ionen werden durch das Gelgerüst nicht in ihrer Beweglichkeit gehindert, sie finden genügend Platz, um durch die Maschen zu schlüpfen.

Gele zeigen aber in Umkehrung der Elektrophorese einen elektrokinetischen Effekt. Beim Anlegen einer elektrischen Spannung an ein Gelstück wandert das Dispersionsmittel aus dem Gel heraus, aus seiner Wanderungsgeschwindigkeit, der Feldstärke und der DK des Dispersionsmittels läßt sich nach Gl. (60.5a) sein ζ-Potential bestimmen.

Die Nettoladung des Gelgerüsts läßt sich nicht in allen Fällen bestimmen; relativ leicht nur bei formbeständigen Gelen (z. B. Silicagel, Ionenaustauscher aus synthetischen Makromolekülen usw.), die in Form kleiner fester korngroßer Stücke vorliegen. Das Verfahren entspricht dem einer potentiometrischen Titration, wie sie bei Polyelektrolyten üblich ist. Man untersucht durch elektrometrische Bestimmung des p_H-Werts, wieviel von einer bekannten Menge von Wasserstoffionen

<hr>

[1] VERMAAS, D.: Z. physik. Chem. B **52**, 131 (1942); KRUYT, H. R., D. VERMAAS u. P. H. HERMANS: Kolloid-Z. **100**, 111 (1942).

[2] FREY-WYSSLING, A.: Protoplasma **27**, 372, 563 (1937); J. Polymer Sci. **1**, 266 (1946).

[3] Vgl. hierzu E. HEYMANN: The Sol-Gel-Transformation. Paris 1936.

nach Reaktion mit dem Gel übrig bleibt, indem man ihre Aktivität in einer das Gel berührenden Lösung bestimmt. Das gleiche läßt sich auch mit anderen Ionen machen. Zum Unterschied zur normalen Titration muß eine Zeitlang gewartet werden, bis sich der Gleichgewichtszustand eingestellt hat, da die Ionen in die Gelkörner hineindiffundieren müssen. Von Griessbach[1] werden solche Titrationskurven angegeben[2]. Das Schwergewicht solcher Messungen liegt hier aber weniger auf der Bestimmung der Ladung, sondern auf der Bestimmung von Gleichgewichtskonstanten und anderen thermodynamischen Größen der Ionenbindung. Andererseits ist die Ladung wässeriger Gele maßgebend für die Bindung von Hydratwasser an seine Bauelemente und damit auch für ihr Gesamtverhalten. Bei Ionenaustauschergelen wird nicht von Ladungen des Gels, sondern von Kapazität für die Bindung einwertiger Ionen gesprochen, die in etwa der Zahl der ionisierbaren Gruppen — ausgedrückt in Ionenäquivalent/Gramm trockener Austauschersubstanz — entspricht.

Eigenartig ist die von Freundlich und Abramson[3] beobachtete Erscheinung, daß mikroskopisch sichtbare Partikeln, die in einem Gelatinegel erstarrt sind, beim Anlegen eines elektrischen Feldes genau so schnell wandern wie in einer flüssigen Gelatinelösung. Freundlich erklärt dies mit einem Thixotropieeffekt. Die sichtbaren Teilchen sind mit einer Schicht von Gelatine umhüllt und mit den anderen Teilen des Gelgerüstes durch Haftstellen verankert. Beim Anlegen des Feldes werden die Haftstellen nach kurzer Zeit zerrissen und das Teilchen bewegt sich wie in einer Lösung.

§ 92. Physikalisch-chemische Eigenschaften der Gele unter Bewahrung ihrer Struktur

Gehen wir von der Auffassung aus, Gele seien Festkörper, die sich durch Bildung von Poren und Aufnahme von Dispersionsmittel auf dem Wege zur molekularen Auflösung befinden, aber daran gehindert sind, so fällt uns zunächst als Unterschied zum (idealen) Festkörper die Ausbildung sehr großer Grenzflächen auf. Sind die „Poren" oder „Maschen" des Gelgerüstes hinreichend groß, gewähren sie den Molekülen des Dispersionsmittels und darin gelösten Molekülen oder Ionen freien Durchtritt, so daß diese leicht an alle Stellen des Gerüstes gelangen und den Umständen nach mit ihnen in Wechselwirkung treten können. Von einer Adsorption bei dieser Wechselwirkung kann gesprochen werden, wenn die Bauelemente des Gels die Anwendung des Begriffs der „Grenzfläche" gestatten, wenn sie z. B. aus Kriställchen bestehen. Sehr oft sind aber die Bauelemente aus Molekülketten mit covalenten Bindungen aufgebaut, eine Bindung an solche Makromoleküle entspräche einer

---

[1] Griessbach, R.: Austauschadsorption in Theorie und Praxis. Berlin 1957.
[2] Genauer betrachtet ist nicht nur die Diffusion in die Gelkörner dafür verantwortlich. sondern auch die durch die Solvatschicht ihrer Strukturelemente.
[3] Freundlich, H. u. H. A. Abramson: Z. physik. Chem. 133, 51 (1928).

Assoziation oder Komplexbildung. McBain[1] schlug daher wegen der Schwierigkeit der sauberen Definition der Bindungsvorgänge in Gelen vor, diese einfach und allgemein als *Sorption* zu bezeichnen. Das ist um so mehr berechtigt, als es weder phänomenologisch noch formell thermodynamisch einen Unterschied zwischen diesen Vorgängen gibt. Die Sorption läßt sich wohl formell durch die Theorie der Adsorption beschreiben und behandeln. Voraussetzung dafür ist nur, daß sich die „Grenzfläche" des Gels nicht ändert. Solche Eigenschaften besitzen meist nur starre Gele, die auch als Aerogele auftreten können, wenn ihr Dispersionsmittel entfernt wird. Das klassische Beispiel hierfür ist das Silicagel, bei dem sich die Eigenarten der Phänomene in einer solchen Verzwicktheit darbieten, daß es kaum von anderen Beispielen zu übertreffen ist.

Silicagel entsteht als wässerige Gallerte bei der Neutralisation von Na-Silikatlösungen, es kann als Aerogel dargestellt werden, wozu es zunächst luftgetrocknet und dann bei höherer Temperatur entwässert wird. Dabei verändert es sich so, daß Wiederzufügen von Wasser nicht mehr zum Zustand des wässerigen Gels zurückführt, es ist irreversibel in einen besonderen Zustand übergegangen. Doch ist es schwierig, die letzten Reste Wasser durch Erhitzen auch im höchsten Vakuum auszutreiben. Im Vakuum über konzentrierter Schwefelsäure getrocknetes Gel enthält noch bis zu 5% Wasser, ist aber trotzdem ein ausgezeichnetes Mittel, um verschiedene Dämpfe, auch Wasserdampf, Alkohol, Benzol usw. zu sorbieren[2]. Da die sorbierten Substanzen sich leicht durch Erwärmen wieder austreiben lassen, findet Silicagel als Trockenmittel weitgehende Anwendung. Eine quantitative Bestimmung der „Sorptions"-Isotherme führt zu einer Beziehung, die von den normalen Adsorptionsisothermen erheblich abweicht, wenn sie auch der Adsorptionsisotherme von Wasser an Aktivkohle ähnelt[3] (vgl. Abb. 51.1).

Die Isothermen sehen aus wie ein stehendes S und streben zu einem Sättigungswert der adsorbierten Menge hin, wie van Bemmelen zuerst fand[4]. Diese Form ist an sich ungewöhnlich, nach der B.E.T.-Theorie (vgl. § 51) kennt man zwar ebenfalls S-förmige Kurven, diese haben jedoch die Form eines liegenden S. Die Adsorptionskurven der Silicagele weisen aber noch weitere Merkwürdigkeiten auf. Bei näherem Hinsehen entdeckt man im Gebiet kleiner Drucke einen weiteren Wendepunkt und schließlich als wichtigstes Ergebnis einen anderen Kurvenzug bei ansteigendem Dampfdruck (Beladung des Gels) als bei fallendem (Entladung). Diese *Hysteresis* ist charakteristisch für Silicagel und Sorbentien mit verwandter Struktur.

Für verschiedene Dämpfe werden gleichartige Isothermen erhalten, sie sind nur — wie Abb. 92.1 erkennen läßt — gegeneinander verschoben. Am besten lassen sich auf der Kurve für Benzol drei Stellen festlegen; die beiden Verzweigungspunkte der Hysteresisschleifen O_1 und O_2 und ein etwas willkürlicher Endpunkt O_3. Zwischen

[1] McBain, J. W.: Philos. Mag. (6) 18, 916 (1909); Z. physik. Chem. 68, 471 (1909).

[2] Ausführliches hierüber vgl. E. Hückel: Adsorption und Kapillarkondensation. Leipzig 1928.

[3] Coolidge, A. S.: J. Amer. chem. Soc. 46, 596 (1924).

[4] van Bemmelen, J. M.: Die Adsorption. Dresden 1910.

O_0 und O_1 sowie O_2 und O_3 sind die Isothermen reversibel, man erhält gleiche Werte für Sorption und Desorption.

Bei der Beladung von der Strecke O_0 bis zu O_1 zeigt sich ein besonderer optischer Effekt. Das ursprünglich glasklare Gel wird bei O_1 milchig getrübt, doch bei O_2 wieder klar, und zwar unabhängig von der Art des sorbierten Dampfes.

Bemerkenswert ist weiter, daß für alle drei Dämpfe die Stellen O_1, O_2 und O_3 bei gleichen Volumen (!) sorbierter Substanz liegen.

Die erste Erklärung des Phänomens gab ZSIGMONDY[1]. Er erkannte, daß das Silicagel von kapillaren Hohlräumen durchzogen sein muß; wenn nun die Bindung von Molekülen bei kleinen Dampfdrucken beginnt, werden zunächst die Wände der Kapillaren durch eine regelrechte Adsorption belegt (Strecke O_0 bis O_1). Nun kann bei ausreichender Belegung ein Tropfen in der Kapillare entstehen, der entsprechend dem Kapillarenradius und seiner Oberflächenspannung einen stark gekrümmten konkaven Flüssigkeitsmeniskus ausbildet. Der Dampfdruck der Flüssigkeit mit solchen Menisken ist aber einfach durch Gl. (47.24) gegeben[2]; hierdurch wird die Sorption des Kurvenstücks $O_1 - O_2$ bestimmt. Die Kapillaren füllen sich mit Flüssigkeit und das dadurch entstehende disperse System von

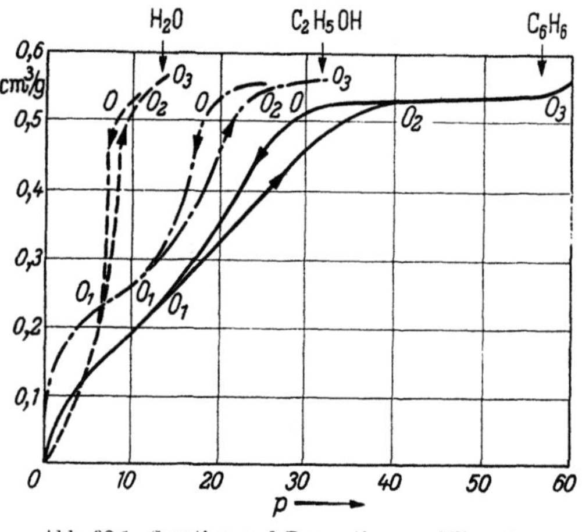

Abb. 92.1. Sorption und Desorption an Silicagel. Vgl. Text. Nach ANDERSON: Z. phys. Chem. 88, 91 (1914)

Flüssigkeitströpfchen im Aerogel ruft eine optische Trübung hervor, wie etwa ein dicker Nebel nicht zu kleiner Tröpfchen[3]. Sind die Kapillaren gefüllt und das restliche Gas aus den Hohlräumen verdrängt, wird bei O_3 das Gel wieder klar und nimmt nun nur noch unbedeutende Mengen Dampf durch Adsorption an äußeren Flächen auf. Die Hysteresis erklärte ZSIGMONDY durch verschiedene Benetzbarkeit beim Sorbieren und Desorbieren, da bei der reinen Benetzung fester makroskopischer Grenzflächen ähnliche Hysteresiseffekte auftreten. Nun weiß man aber, daß diese Benetzungseffekte von adsorbierten Gasresten herrühren, die durch mehrmalige Wiederholung des Vorgangs zum Verschwinden gebracht oder zumindest verkleinert werden können. Die Hysteresis der Silicagele hingegen ist aber präzis reproduzierbar. Außerdem wurden Silicagel-Präparate dargestellt, die keine Hysteresis aufwiesen und solche, die nicht den gleichen Verlauf für verschiedene Flüssigkeiten besaßen[4].

Von COELINGH[5] konnte nachgewiesen werden, daß die Vorgeschichte der Gele (Herstellung, Alterung, Aktivierung usw.) für ihr Verhalten maßgebend war, da ihr Porenradius bzw. ihre Maschenweite sich als entscheidend herausstellen sollte. *Kleine* Porenradien — $r \sim 1\,m\mu$ — aktivierter erhitzter Silicagele zeigten mit größeren Molekülen wie Alkohol, Benzol *keine* Hysteresiseffekte, wohl aber mit

[1] ZSIGMONDY, R.: Z. anorg. Chem. 71, 356 (1911); vgl. auch HÜCKEL, loc. cit.

[2] Da der Krümmungsradius r der Grenzfläche, der bei 47.24 dem Tröpfchenradius entspricht, hier durch einen Kapillarenmeniskus entsteht, ist r negativ. Dadurch wird $\ln (p_j/p_0) < 0$ und $p_j < p_0$, der Dampfdruck in der Kapillare ist kleiner als in der ebenen Flüssigkeit!

[3] BÜTSCHLI beobachtete, daß beim Einbringen von opaken Silicagelen in Wasser Luft entwich! (O. BÜTSCHLI: Untersuchungen über Strukturen. Leipzig 1898.)

[4] Das Mineral Chabasit hat außerordentlich kleine Poren (0,36 $m\mu$ Durchmesser) und zeigt bei der Sorption und Desorption auch mit Wasser keine Hysteresis!

[5] COELINGH, M. B.: Kolloid-Z. 87, 251 (1939).

Wasser. Mittlere Porenradien — $r \sim 2 \cdots 13$ mμ —, die bei frisch hergestellten Gelen auftraten, zeigten für *alle* Substanzen die bekannten Hysteresiserscheinungen, während der Effekt bei sehr großen Radien — $r \sim 40$ mμ — der gealterten Gele bei *keiner* Substanz auftrat. Die entscheidende Rolle der Kapillarenweite ist damit drastisch klargestellt. COELINGH schlug als Erklärung der Hysteresis vor, daran zu denken, daß der Querschnitt der Kapillaren nicht kreisförmig ist. Dann beginnt eine Kondensation an den Stellen der stärksten Krümmung — sozusagen in den Ecken, wie es Abb. 92.2a darstellt —, die dem kleinsten Dampfdruck entsprechen. Durch Weiterkondensation nimmt der Krümmungsradius der Flüssigkeitsmenisken laufend ab und der Dampfdruck zu, bis eine zusammenhängende Flüssigkeitsschicht entstanden ist, die den ganzen Querschnitt der Kapillare erfüllt (Abb. 92.2b bis c). Bei O_2 (Abbildung 92.1) sind die Kapillaren wieder voll. Bei der Sorption „wächst" die Kapillare sozusagen in ihrer ganzen Länge gleichzeitig zu. Bei der Desorption dagegen entleert sie sich zunächst von ihren Enden her; dieser Vorgang muß natürlich anders ablaufen als die Auffüllung[1].

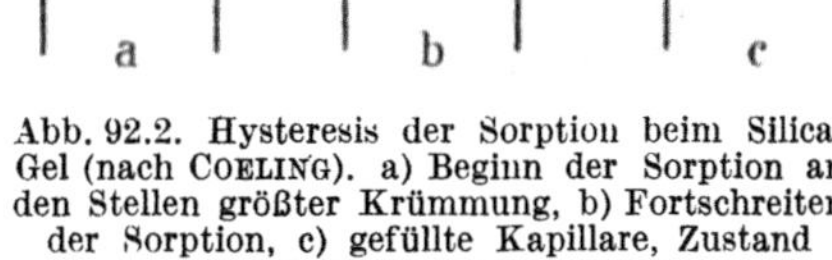

Abb. 92.2. Hysteresis der Sorption beim Silica-Gel (nach COELING). a) Beginn der Sorption an den Stellen größter Krümmung, b) Fortschreiten der Sorption, c) gefüllte Kapillare, Zustand beim Beginn der Desorption

Bemerkenswert ist schließlich noch die Beobachtung von VAN BEMMELEN (loc. cit.), daß bei der Entwässerung eines frisch dargestellten Gels die Entwässerungskurve nicht den Punkt O_2 trifft, sondern die Stelle, wo die Desorptionskurve scharf nach unten biegt. Dieser Entwässerungszweig der Kurve ist irreversibel, das Gel schrumpft, bis die eigentliche Desorptionsisotherme erreicht ist. Alterung des Gels über Jahre läßt immer größere Poren entstehen, die keine Hysteresiskurven mehr zeigen.

Was aus dem Verhalten des Silicagels zu lernen ist, ist dies: Nicht die direkte zwischenmolekulare Bindung des Dispersionsmittels an die ionisierten oder polarisierten Stellen des Gels allein ist für die Immobilisierung von Flüssigkeit im Gel verantwortlich, sondern auch die Behinderung der Flüssigkeit, ebene Oberflächen auszubilden, ohne die sie sich aus dem Gel weder durch Ausfließen noch durch Verdampfen entfernen kann. Die Flüssigkeit im Gel befindet sich, wenn sie eine Unzahl kleiner stark gekrümmter Oberflächen gegenüber dem Dampfraum ausbildet, immer auf einem energetisch *tieferen* Niveau als die Flüssigkeit mit ebener Oberfläche; aus dem gleichen Grund saugt das Gel Flüssigkeit wie eine Kapillare auf. Ein starres Aerogel — sofern es benetzbar ist — wird über sein reines Adsorptionsvermögen hinaus[2] immer die Tendenz haben, Flüssigkeit aus dem Dampfraum aufzunehmen oder sie bei Berührung in sich aufzusaugen.

Als Beispiel der Sorption in begrenzt quellbaren Gelen in der Flüssigkeitsphase seien die in den praktisch bedeutsamen Ionenaustauschern erwähnt, die sowohl natürlichen mineralischen oder modifiziert natürlichen Ursprungs (Zeolithe, Permutite) sein können als auch synthetisch durch Vernetzung von organischen Polymeren hergestellt werden können[3].

---

[1] Eine noch andere Deutung gibt J. W. McBAIN: J. Amer. chem. Soc. **57**, 699 (1935).

[2] Darunter ist die Bedeckung seiner „inneren" Oberfläche mit *einigen* Moleküllagen zu verstehen.

[3] Vgl. GRIESSBACH: loc. cit. S. 678.

Wir haben ihr Verhalten bereits in § 53 kennengelernt, da es sich um Erscheinungen handelt, die sich nicht von denen der eigentlichen Adsorption unterscheiden. Es ist nur dabei nicht zu vergessen und deshalb sei es hier nochmals erwähnt, daß es sich bei den Kunstharz-Ionenaustauschern um *Gele* handelt. Besondere Eigenschaften der Gele, wie z. B. ihre „Maschenweite", können daher auch zu besonderen Effekten führen, wie die Reaktionsfähigkeit der ionischen Gruppen mit solchen Ionen, die die Maschen passieren können, woraus sich besondere praktisch interessante Trenneffekte ergeben wie die für die präparative Kolloidchemie bedeutungsvolle Abtrennung kleiner Ionen aus Gemischen mit kolloiden Partikeln (Molekülsiebe).

Quellung

Wenn das Wasser eines *nichtstarren* elastischen Gels, etwa eines Agaroder Gelatinegels oder das Benzol eines mit Divinylbenzol vernetzten Polystyrolgels verdampft wird, schrumpft das Gel in dem Ausmaß wie die Flüssigkeit verschwindet und bildet schließlich eine feste Masse, die aus der reinen — evtl. solvatisierten — Substanz besteht und die als „Xerogel" bezeichnet wird. Bringt man die reine Substanz wieder in Berührung mit der Flüssigkeit, so wird diese allmählich unter Quellung wieder aufgenommen, wobei sich das Volumen der Gelmasse mehr und mehr vergrößert. Nun sind zwei Fälle zu unterscheiden; das Agaroder Gelatinegel geht schließlich, wenn der Versuch etwa bei Temperaturen

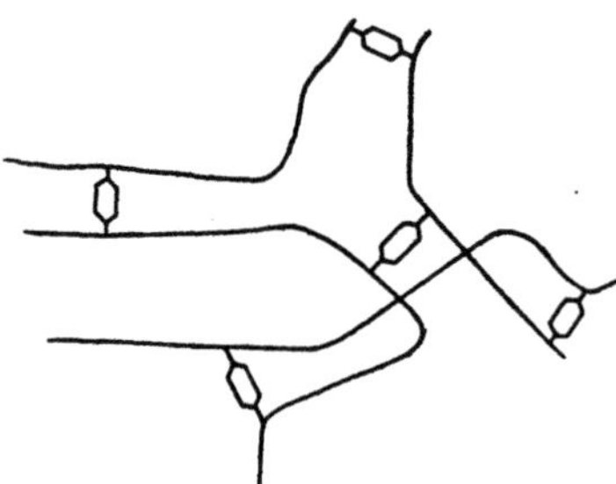

Abb. 92.3. Hauptvalenzgel aus Fadenmolekülen von Vinylpolymeren, vernetzt durch Divinylbenzol

oberhalb 40···50° vorgenommen wurde, nach ausreichender Quellung in Lösung über. Bei niederer Temperatur hingegen bleibt die Quellung stehen, das gleiche gilt für das vernetzte Polystyrol, welches durch Benzol zwar ungeheuer aufquillt[1], aber sich auch bei erhöhter Temperatur nicht auflöst. Man spricht im ersten Fall von unbegrenzter Quellung — die in Lösung übergeht —, im zweiten von begrenzter Quellung. Bei den Agar- und Gelatinegelen sind beide Fälle möglich, was darauf zurückzuführen ist, daß ihre Haftstellen durch Nebenvalenzkräfte entstanden sind, die in der Kälte erhalten bleiben und in der Wärme zerstört werden. Die Haftstellen des durch Divinylbenzol vernetzten Polystyrols sind aber covalente Bindungen (vgl. Abb. 92.3), die nicht durch Temperaturerhöhung zerstört werden und daher keine Auflösung gestatten. Solche Hauptvalenzgele sind in bezug auf Quellung und Entquellung fast immer reversibel, nicht dagegen die Nebenvalenzgele, da auch bei begrenzter Quellung einige der Haftstellen gelöst und andere neu gebildet werden können.

---

[1] Vgl. H. Staudinger: Organische Kolloidchemie. 3. Aufl. Braunschweig 1950. S. 263ff.

Bringt man solche gelbildenden Substanzen in die Atmosphäre des Dampfes einer Flüssigkeit, in der sie quellen, so nehmen sie wie die Aerogele Moleküle aus dem Dampfraum unter *gleichzeitiger* Quellung auf. Auch hier lassen sich Sorptionsisothermen aufnehmen, ein Beispiel zeigt Abb. 92.4. Besonders gut in dieser Hinsicht untersucht sind die Systeme Cellulose–Wasser (HERMANS[1]) und Nitrocellulose–Aceton (MATHIEU[2], G. V. SCHULZ[3]).

Der Mechanismus der Flüssigkeitsaufnahme bei der Quellung sieht nach HERMANS etwas anders aus als bei starren Gelen. In der ersten Phase der Sorption werden die Flüssigkeitsmoleküle durch die mehr oder weniger starken zwischenatomaren oder -molekularen Nebenvalenzkräfte gebunden, was sich durch Freiwerden von Wärme bemerkbar macht. Dabei können gelbildende Substanz und Flüssigkeit regelrechte Additionsverbindungen miteinander eingehen. Dies entspricht dem Bild einer Adsorption im herkömmlichen Sinne, was nur modifiziert wird, wenn sich dabei Haftstellen verändern. In der zweiten Phase der Flüssigkeitsaufnahme ist das Verdünnungsbestreben — thermodynamisch: die positive Mischungsentropie — der beweglichen Bauelemente des Gels maßgebend, hier kann auch Wärme aufgenommen werden. Dieser Mechanismus liefert uns den Zugang zum Verständnis der Quellung.

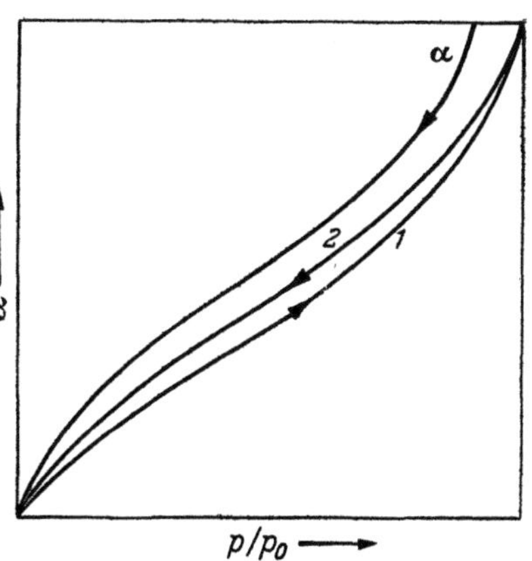

Abb. 92.4. Sorptionsisotherme eines quellbaren Gels. α Desorption des ursprünglichen Gels, *1* Sorption, *2* Desorption nach einmaliger Trocknung. (Im Gegensatz zu Silicagel treten keine 0-Punkte auf!) Nach P. H. HERMANS in KRUYTS Colloid Science, Bd. 2, Amsterdam 1949, S. 546

Für das Auftreten von Wechselwirkungen zwischen Gerüstsubstanz und Quellungsmittel spricht die Beobachtung, daß das sich endgültig einstellende Volumen des gequollenen Gels nicht gleich der Summe beider Ausgangsvolumen ist; die freien Quellungsmittelmoleküle sind dabei in den Zustand von „Solvatmolekülen" übergegangen.

Die Theorie der Quellung ist zunächst nur für die übersichtlicheren makromolekularen Gele mit Bauelementen aus Fadenmolekülen entwickelt worden. Kugelförmige Makromoleküle, wie kristallisierte Proteine, aber auch Glykogen, quellen nur in sehr geringem Maße und gehen dann sofort in Lösung.

Wenn nichtvernetzte ungeladene fadenförmige Makromoleküle mit einem Lösungsmittel zusammengebracht werden, quellen sie zunächst auf, ehe sie vollständig in Lösung gehen. Umgekehrt können Gele auch

[1] HERMANS, P. H.: Contribution to the Physics of Cellulose Fibers. Amsterdam 1946.
[2] MATHIEU, M.: La gélatination des nitrocelluloses. Paris 1936.
[3] SCHULZ, G. V.: Z. physik. Chem. (A) **184**, 1 (1936).

durch Entmischung ihrer Lösung entstehen (vgl. § 22). Bei sehr langen Fadenmolekülen hat man nämlich beobachtet, daß die Substanz in der konzentrierten Phase im Zustand eines Gels vorliegt, während in der verdünnten überhaupt keine gelöste Substanz mehr nachweisbar war, was an sich nur für unendlich lange Fäden eintreten sollte. Thermodynamisch würde das bedeuten, daß die verdünnte Phase keinen osmotischen Druck mehr ausübt und für das chemische Potential gilt

$$\mu_1^{I} = \mu_1^{II} \quad \text{bzw.} \quad \Delta^{I,\,II}\mu_1 = 0, \tag{92.1}$$

wenn I das Quellungsmittel außerhalb, II innerhalb des Gels bedeutet. Verwendet man eine der Gleichungen für die kennzeichnenden Größen der Entmischung solcher Lösungen (z. B. Gl. 22.34), läßt sich mit ihrer Hilfe der Quellungsgrad der konzentrierten als Gel vorliegenden Mischung angeben (MÜNSTER)[1].

Sind die Fadenmoleküle untereinander covalent vernetzt, haben wir es mit einem begrenzt quellbaren Gel zu tun, für das Gl. (1) auf jeden Fall gelten muß, denn irgendwelche Auflösung ist nicht möglich. Hier ist der Quellungsvorgang insofern leicht übersehbar als die Aufnahme von Flüssigkeit nur auf einer Entropiezunahme des Systems beruht. Die die Haftstellen verbindenden Molekülfäden sind in konzentrierteren Gelen mehr oder weniger stark verknäuelt, bei zunehmender Verdünnung können sie sich jedoch ausstrecken, wodurch, statistisch gesehen, neue Anordnungsmöglichkeiten der Bauelemente entstehen und die Entropie zunimmt.

Statistische Berechnungen der Quellungen konnten zu mathematischen Formulierungen führen, die zwar nicht die beobachteten Ergebnisse quantitativ wiederzugeben vermochten, doch annähernd richtig zu sein scheinen und vor allem das Verständnis der Vorgänge erleichtern. Wir führen im folgenden nur das Ergebnis einer Berechnung von FLORY und REHNER[2] an, welche lautet

$$\Delta^{I,\,II}\mu_1 = RT\,[\ln(1-\varphi_2) + \varphi_2(1-2\varrho_2/f) + \varrho_2\,V_1/M_c + \varphi_2(1-2/p_c\,f)$$
$$+ \varphi_2^{\frac{1}{3}}\,p_c + \chi_1\,\varphi_2^{2}], \tag{92.2}$$

hier bedeuten M_c das Molekulargewicht eines Fadenelementes zwischen zwei Verknüpfungsstellen des Gels, während f die Zahl der Kettenenden ist, die verknüpft werden. Die anderen Symbole haben dieselbe Bedeutung wie in § 23. $p_c = M_c/\varrho_2 V_1$ (M_c = Molgewicht eines Bauelements) ist ein Maß für die Vernetzungsdichte[3]. Aus Gl. (2) kann vor allem der maximale Quellungsgrad berechnet werden. Im Gleichgewichtszustand muß nämlich das Gel neben reinem Lösungsmittel existieren können, wobei dann die Bedingung (1) gilt. Definiert man einen Quellungsgrad durch $Q_m = \varphi_1/\varphi_2$, so erhält man, wenn Gl. (2) = 0 gesetzt wird,

$$\ln(1 + 1/Q_m) - 1/(Q_m - 1) - \chi_1/(Q_m + 1)^2 = 1/p_c\,(Q_m + 1)^{\frac{1}{3}}. \tag{92.3}$$

Diese Beziehung läßt erkennen, daß der maximale Quellungsgrad Q_m abgesehen von p_c eine Funktion der Größe χ_1, also der HUGGINSschen Konstanten ist.

---

[1] MÜNSTER, A., in STUART: Das Makromolekül in Lösung. Berlin 1953; dgl. J. Polymer Sci. **5**, 333 (1950).

[2] FLORY, P. J. u. J. REHNER: J. chem. Physics **11**, 512, 521 (1943); FLORY, P. J.: ibid. **18**, 108 (1950).

[3] FLORY berechnete daraus auch das Verhältnis der ursprünglichen im trockenen Zustand auftretenden Kettenlängen der Fadenmoleküle gegenüber den im gequollenen Zustand auftretenden Längen.

Von GEE und TRELOAR [1] wurde diese Beziehung mit Erfolg benutzt, um die Eigentümlichkeiten der Quellung von vulkanisiertem Kautschuk in verschiedenen Flüssigkeiten zu erklären. Drückt man nämlich die HUGGINSsche Konstante, wie bereits auf S. 143 erwähnt, durch die Kohäsionsenergiedichte nach HILDEBRAND und SCATCHARD aus [Gl. (22.27)], so ist leicht zu erkennen, daß dasjenige Lösungsmittel eine maximale Quellung hervorrufen wird, dessen Kohäsionsenergiedichte gleich der der gelbildenden Substanz ist, für die also gilt: $e_1 = e_2$. Stellt man Quellungsversuche mit ein und derselben Substanz in verschiedenen Lösungsmitteln bekannter $\sqrt{e_1}$-Werte an und bestimmt dasjenige Lösungsmittel oder Lösungsmittelgemisch, in dem der Quellungsgrad der Substanz am größten ist, so hat man eine Möglichkeit die Größe $\sqrt{e_2}$ zu messen, da $\sqrt{e_1}$ aus anderen physikalisch-chemischen Daten zugänglich ist. Von GEE und TRELOAR wurde so $\sqrt{e_2}$ für verschiedene Kautschukarten bestimmt. Der Mechanismus des Vorgangs bringt es mit sich, daß das Quellungsmaximum leicht durch Lösungsmittelzusätze herabgesetzt wird, und zwar in gleicher Weise durch solche, die die $\sqrt{e_1}$-Werte erniedrigen wie erhöhen (quadratischer Zusammenhang mit $\sqrt{e_1}$).

Die Anwendung dieser theoretischen Beziehungen auf andere Systeme ist nicht ohne weiteres möglich; von MÜNSTER (loc. cit.) wird auch nachdrücklich darauf hingewiesen, daß die exakte physikalische Bedeutung der Kohäsionsenergiedichte noch nicht geklärt ist und man daher die Ergebnisse nicht überschützen darf, wohl aber als zweckmäßiges Hilfsmittel für die Kennzeichnung vernetzter quellbarer Hochpolymerer benutzen kann, die qualitativ wertvolle Hinweise für ihr Verhalten geben.

Quellungsdruck

Aus dem Vorangegangenen geht hervor, daß für ein Gel, welches in Berührung mit seinem Quellungsmittel steht, nur dann die Gleichgewichtsbedingung (1) gilt, wenn es sich im Zustand maximaler Quellung befindet. Ist das Gel nicht maximal gequollen, muß $Q < Q_m$ sein. m. a. W., um einen Gleichgewichtszustand mit dem Quellungsmittel herzustellen, muß auf das Gel ein äußerer Druck ausgeübt werden, andernfalls würde es versuchen, den Quellungsgrad Q_m zu erreichen. Dieser Druck wird als Quellungsdruck bezeichnet, er ist logischerweise identisch mit dem osmotischen Druck einer Lösung, mit dem einzigen Unterschied, daß das Gel — selbst im theoretischen Sinne — die halbdurchlässige „Membran" selbst bildet, denn obwohl seine Bauelemente sich mit dem Lösungsmittel in verschiedenen Verhältnissen mischen können, ist ihnen keine Ausbreitung über den ganzen Raum, sondern nur über eine begrenztes Volumen möglich. Es gilt genau wie beim osmotischen Druck die Beziehung

$$\Delta^{\mathrm{I,\,II}}\,\mu_1 = -\,\pi_Q\,V_1. \tag{92.4}$$

wenn π_Q den Quellungsdruck und V_1 das partielle Molvolumen des Quellungsmittels (Lösungsmittels) bedeuten.

Der Quellungsdruck wurde zum ersten Male von POSNJAK [2] gemessen. Das Gel wurde durch eine Filterplatte mit dem Lösungsmittel in Berührung gebracht, und das Gefäß, in dem sich das Gel befindet, mit Quecksilber aufgefüllt, welches selbst wieder mit einem Manometer kommunizierte. Eine von POSNJAK gefundene empirische Beziehung zwischen

---

[1] GEE, G. u. L. R. G. TRELOAR: Trans. Faraday Soc. **38**, 147 (1942); GEE, G.: ibid. **38**, 418 (1942).
[2] POSNJAK, E.: Kolloid-Beih. **3**, 417 (1911/12).

Quellungsdruck und Konzentration der Form $\pi_Q = k\,c^n$ hat nur noch historische Bedeutung. Diese Methode ist zu ungenau, um als Grundlage für quantitative Bestimmungen dienen zu können; eine von BOYER[1] angegebene Methode besteht darin, daß man das Quellungsmittel, was sich in Berührung mit dem Gel befindet, solange durch Zugabe einer kolloiden Substanz, die nicht in das Gelnetzwerk eindringen kann, verändert, bis die Aktivität des freien Quellungsmittels gleich der im Gel ist. Durch Dampfdruckmessungen oder andere Methoden der Aktivitätsbestimmungen kann dann die Aktivität des Quellungsmittels im Gleichgewichtszustand ermittelt werden[2]. Das Auftreten eines Quellungsdrucks hatte im Altertum eine große technische Bedeutung, da man zum Sprengen von Felsen trockene Holzkeile in Felsspalten trieb, diese mit Wasser quellen ließ und dadurch den Fels absprengte.

Die Quellungseigenschaften von Gelen, deren Bauelemente ionisierbare Gruppen enthalten, sind etwa in gleichem Maße komplizierter als es der osmotische Druck geladener Kolloide, Polyelektrolyte und amphoterer Makroionen gegenüber ungeladenen Kolloiden ist. Während wir es bei Gelen mit nichtgeladenen Bauelementen nur mit einem einzigen Energieeffekt — Wechselwirkung mit dem Lösungsmittel — und einem Entropieeffekt — Verdünnungsbestreben — zu tun hatten, kommen jetzt hinzu: Die Ladung der Bauelemente, die Wechselwirkung der geladenen Gruppen mit entgegengesetzt geladenen Ionen und die elektrostatische Wechselwirkung mit dem Lösungsmittel.

Wie bei geladenen Kolloiden, die an der freien Diffusion über den ganzen Lösungsraum durch eine semipermeable Membran gehindert werden, während ihre Gegenionen diffundieren können, muß sich natürlich bei geladenen Gelen ebenfalls ein DONNAN-Effekt einstellen. Ob die geladenen Partikeln durch die Membran oder durch die Fixierung im Gelnetz an der Diffusion gehindert werden, bleibt für ihre Verteilung letzten Endes dasselbe; Gl. (58.18) bzw. (58.19) können somit für die Ionenverteilung innerhalb und außerhalb des Gels in gleicher Weise angewendet werden (J. LOEB)[3]. Experimentell konnte dies durch Vergleich der Abhängigkeit des osmotischen Drucks von Proteinlösungen vom p_H einerseits mit dem Quellungsgrad von Gelatine — ebenfalls in Abhängigkeit vom p_H — andererseits bestätigt werden.

Die Theorie der Quellung von Gelatine von PROCTER[4], der bereits frühzeitig das Wesentliche der Gelstruktur erkannt hatte, fußt auf der Annahme, daß die Quellung des Gels *ausschließlich* durch den osmotischen Druck der im Dispersionsmittel gelösten kleinen Ionen hervorgerufen wird. (Genauer gesagt durch die Unterschiede des osmotischen Drucks der gelösten Ionen innerhalb und außerhalb des Gels.) Da sich die Ionenkonzentrationsverteilung mit Hilfe des DONNAN-Gleichgewichts

---

[1] BOYER, R. F.: J. chem. Physics **13**, 363 (1945).

[2] Prüfungen der FLORY-HUGGINSschen Theorie von J. W. BREITENBACH und H. P. FRANK: Mh. Chem. **79**, 531 (1948), konnten sie nur zum Teil bestätigen.

[3] LOEB, J.: J. gen. Physiol **3**, 85, 667 (1921).

[4] PROCTER, H. R.: J. chem. Soc. [London] **105**, 313 (1914); PROCTER, H. R. u. J. A. WILSON: ibid. **109**, 307 (1916).

berechnen läßt, ließ sich diese Anschauung leicht überprüfen; in der Tat wurde eine verhältnismäßig gute Übereinstimmung mit dem Experiment, soweit es die Verteilung der Wasserstoffionen betrifft, gefunden.

Da, wie auf S. 380 dargelegt wurde, bei DONNAN-Gleichgewichten gleichzeitig auch Potentialunterschiede erzeugt werden, sollte sich die Theorie auch noch durch Messung von Potentialdifferenzen zwischen dem Gelinneren und -äußeren prüfen lassen. Messungen von R.F. LOEB[1] konnten auch dies bestätigen.

Gelatine zeigt nämlich ein Maximum der Quellung bei ihrem isoelektrischen Punkt; berechnet man die osmotische Druckdifferenz aus der Ionenverteilung und den gemessenen Potentialdifferenzen nach der DONNANschen Theorie, so ergibt sich ein Maximum des osmotischen Druckunterschieds beim gleichen p_H-Wert. Diese Ergebnisse sind jedoch für das Verständnis der Vorgänge etwas irreführend, da sowohl die Ladung — ausgedrückt durch das p_H der Lösung — als auch die Ionenstärke geändert wurde, denn das p_H wurde einfach durch Zugabe von Säure oder Lauge eingestellt. So konnte zwar erwiesen werden, daß DONNAN-Gleichgewichte bei der Quellung wesentlich sind, jedoch kein exakter Zusammenhang zwischen maximalem Quellungsgrad, Ionenkonzentration und Ladung hergestellt werden.

Wenn wir nun wieder an die Gedankengänge anschließen, die wir bei der theoretischen Behandlung nicht geladener Gele verfolgt haben, so werden wir versuchen müssen, den Zustand des Gels thermodynamisch durch eine Differenz chemischer Potentiale zu kennzeichnen. Wenn auch hier in der das Gel berührenden Flüssigkeit keine „Gel"-Substanz gelöst ist (Index 2) und eine Berechnung von μ_2 nicht möglich ist, läßt sich grundsätzlich die Differenz $\Delta^{I,\,II}\,\mu_1$ berechnen; darüber hinaus besteht die Möglichkeit, die Größe $\Delta^{I,\,II}\,\mu_3$ zu benutzen, falls noch ein Elektrolyt 3 — der etwa aus kleinen Ionen besteht, die in das Gel diffundieren können — vorhanden ist. Ist das Gel begrenzt quellbar, so stellt der Zustand maximaler Quellung wieder das Gleichgewicht dar, in welchem gilt $\Delta^{I,\,II}\,\mu_1 = 0$ ($\Delta^{I,\,II}\,\mu_3 = 0$). Um einen mathematischen Ausdruck hierfür zu erhalten, wäre es notwendig, Gl. (2) zu verwenden und um Glieder zu erweitern, die den Einfluß der Ladung des Gels, der Konzentration etwa noch vorhandener Elektrolyte, die Wechselwirkung zwischen den Bauelementen des Gels und die zwischen den Bauelementen und dem gelösten Elektrolyten berücksichtigt. Von KATCHALSKI, LIFSON und EISENBERG[2] ist eine derartige Theorie entwickelt und an covalent vernetzten Polyelektrolytgelen (Polyvinylalkoholphosphorsäureester) geprüft werden.

Verzichtet man auf den Einfluß der Mischungsentropieglieder der FLORYschen Gleichung (2), sollte man die maximale Quellung auch aus der Gleichung für den osmotischen Druck geladener Kolloide nach SCATCHARD anwenden können, wie bereits in § 84 erörtert wurde. Man erhält in Analogie zu Gl. (83.2)

$$\Delta^{I,\,II}\,\mu_1 = RT\,c_2\left(\frac{1}{M_c} + \frac{c_g}{2\,M_c^2}\left(\frac{Z_2^2}{2\,m_3^0} + \beta_{22} + \frac{\beta_{23}^{02}\,m_3^0}{2 + \beta_{33}^0\,m_3^0}\right)\right)\,. \qquad (92.5)$$

[Die Symbole bedeuten hier c_2 = Gewichtsmenge Gel in 1 Liter, c_g = Gewichtsmenge Gel in 1 kg Lösungsmittel, M_c = Molgewicht eines Bauelements von Haft-

---

[1] LOEB, R. F.: J. gen. Physiol. 4, 351 (1921/22).
[2] KATCHALSKI, A., S. LIFSON u. H. EISENBERG: J. Polymer Sci. 7, 571 (1951).

stelle zu Haftstelle, die übrigen Symbole haben die gleiche Bedeutung wie in Gl. (83.2).] Einführung von Volumenbrüchen und Definition des Quellungsgrads nach Gl. (2) läßt den maximalen Quellungsgrad berechnen, man erhält dann

$$Q_m = \frac{M_0}{2 M_c} \left(\frac{Z_2^2}{z\, m_3^0} + \beta_{22} - \frac{\beta_2^0\, m_3^0}{2 + \beta_{33}^0\, m_3^0} \right) - 1. \tag{92.6}$$

Hier ist

$$\varphi_2 = \frac{V_1}{M_0}\, \frac{c_g\, M_1\, 1000}{1000 + c_g}$$

gesetzt worden, was für kleine Konzentrationen in $\varphi_2 = c_g/M_0$ übergeht. Da nun wieder $p_c = M_0/M_c$ gesetzt werden kann, ist zu ersehen, daß die Quellung bei $p_c \to \infty$ am größten sein muß, vor allem aber, daß die Ladung und die Konzentration der zugesetzten Elektrolyte ausschlaggebend ist. Die Ladung geht mit dem Quadrat in die Beziehung ein, ihr Anwachsen sollte eine außerordentliche Zunahme der Quellung hervorrufen, umgekehrt bewirkt ein Zusatz von Elektrolyt eine Quellungsabnahme.

Die exaktere Gleichung von KATCHALSKI und Mitarbeitern ist natürlich auch auf Gele mit amphoteren Bauelementen wie etwa Gelatine anwendbar. Es ist nur notwendig, den Ladungsnullpunkt (vgl. dazu S. 627) als Ausgangspunkt für die Berechnung der Nettoladung Z_2 zu nehmen, die sowohl durch H^+ und OH^--Ionen erhöht werden kann.

Nach alledem sollte die Gelatine beim isoelektrischen Punkt die geringste und im sauren und alkalischen Gebiet die größte maximale Quellbarkeit besitzen, vorausgesetzt, daß die Elektrolytmenge in allen Fällen gleich ist. (Bei den oben angeführten Versuchen von LOEB war das nicht der Fall, denn das niedere bzw. hohe p_H wurde durch Zugabe von Säure bzw. Alkali eingestellt, wodurch natürlich die Ionenkonzentration verändert wurde.) Eine experimentelle quantitative Überprüfung der neueren Theorie der Polyelektrolytgele von KATCHALSKI an Poly*ampholyt*gelen ist noch nicht bekannt geworden.

Wie aus Gl. (6) hervorgeht, spielen beim osmotischen Druck geladener Kolloide die Wechselwirkungen zwischen zugesetztem Elektrolyt und den ionisierten Gruppen (ausgedrückt durch β_{23}) eine erhebliche Rolle, m. a. W. wenn irgendeine der Ionenarten, die in das Gel diffundieren kann, von dessen ionisierbaren Gruppen gebunden wird — wie es für Chlorionen oder SO_4-Ionen durch Gelatine der Fall ist —, dann sollten besondere Einflüsse auf die Quellung erwartet werden.

Was in dieser vereinfachten Theorie nicht zum Ausdruck kommt, aber erfahrungsgemäß wesentlich ist, ist die Beeinflussung der Bindung von Wassermolekülen an den ionisierten Gruppen des Gels. Wie bereits bei Abwesenheit von Ladungen oder Fremdionen die Wechselwirkung zwischen der gelbildenden Substanz und dem Lösungsmittel (ausgedrückt durch die HUGGINSsche Konstante) für die Bildung des Gels selbst ausschlaggebend sein kann und natürlich auch das Ausmaß der Quellung bestimmt, muß irgendwelche Beeinflussung dieser Wechselwirkungen schwerwiegende Folgen haben. Seit langer Zeit kennt man die Einwirkung verschiedener Ionen auf den Quellungsgrad von Gelatine. Wie überall, wo eine Hydratation für den Zustand des Systems bedeutsam ist, äußert sich die Verschiedenartigkeit der Ioneneinflüsse auch hier in einer HOFMEISTERschen Reihe (vgl. S. 344). Wenn wir im Auge behalten, daß jede Begünstigung der Hydratation — also Bindung von Wassermolekülen — die Quellung vorantreibt, und jede Verminderung der Hydratation sie herabmindert, so läßt sich nach Berücksichtigung des in § 52 Gesagten sofort ableiten, welchen Einfluß die stark oder schwach hydratisierend wirkenden Ionen der HOFMEISTERschen Reihe auf die Quellung haben müssen. Entquellende Wirkung werden wir also bei den höher wertigen selbst stark hydratisierten Ionen wie SO_4^{2-}, Mg^{2+} usw. finden, geringe unter Umständen sogar die Quellung unterstützende Wirkungen beim Rhodanid, Jodid und Lithium. Quantitative Voraussagen lassen sich natürlich schwer machen, da die Fremdionen nicht nur die Hydratation, sondern auch das DONNAN-Gleichgewicht beeinflussen. Eine möglichst weitgehend differenzierte Theorie und exakte quantitative Prüfung wären insofern wünschenswert als die Gele mit Ampholytcharakter einen integrierenden Bestandteil der meisten Organismen, sowohl tierischen als auch pflanzlichen Ursprungs, darstellen.

Wie hervorragend Polyelektrolytgele geeignet sind als Demonstrationsobjekt lebenden Geschehens zu wirken, zeigt das eigenartige Verhalten der Gele von vernetzter Polyacrylsäure oder Polyvinylalkoholphosphorsäureester, die von KUHN[1], KATCHALSKI und Mitarbeitern[2] untersucht worden sind. Derartige Gele quellen stark auf, wenn ihre sauren Gruppen durch Zusatz von Alkali zur Dissoziation gebracht werden. Bei Neutralisation mit Mineralsäuren kontrahieren sie sich sofort auf einen Bruchteil dieses Wertes, dehnen sich bei Alkalizusatz aufs neue aus und zeigen dieses Spiel verschiedene Male, bis die Elektrolytkonzentration ausreichend groß geworden ist. Das System wirkt wie eine Maschine, die chemische Energie direkt in mechanische umsetzen kann, denn der Prozeß läßt sich so durchführen, daß an das Gel ein Gewicht gehängt wird, welches bei der Kontraktion gehoben wird und bei der Dilatation wieder absinkt. Die Energie dieser Maschine wird durch die Neutralisation von Base und Säure geliefert.

Wenn auch die Versuchung groß ist, die unter physiologischen Bedingungen verlaufende Kontraktion des Muskels als einen ähnlichen Vorgang anzusehen, so ist das doch nicht ohne weiteres gerechtfertigt, da durch die Untersuchungen von WEBER[3] und SZENT-GYÖRGY[4] dieser Prozeß ziemlich eindeutig als eine reversible Kontraktion und Dilatation von Actomyosinfäden gedeutet werden konnte, bei dem der energieliefernde Prozeß der Zerfall von Adenosintriphosphorsäure in Adenosindiphosphorsäure darstellt. Doch ist der eigentliche molekularmechanische Vorgang selbst noch nicht bekannt[5].

---

[1] KUHN, W. u. B. HARGITAY: Z. Elektrochem. **55**, 490 (1951); KUHN, W., A. RAMEL u. D. H. WALTERS in Physical Chemistry of High Polymers of Biological Interest (Hrgb. O. KRATKY) London 1959, S. 174ff.

[2] KATCHALSKI, LIFSON u. EISENBERG: loc. cit. S. 687.

[3] WEBER, H. H. u. H. PORTZEHL: Advanc. Protein Chem. **7**, 161 (1952).

[4] SZENT-GYÖRGY, A.: Chemistry of Muscular Contraction. 2. Ed. New York 1951.

[5] Vgl. dazu die Übersicht in K. BAILEY in The Proteins, Bd. II. B (Hrsgb. BAILEY und NEURATH). New York 1954. S. 951.

Synäresis

Bei den mannigfaltigen Herstellungsverfahren der Gele gelingt es durchaus nicht von vornherein, den Gleichgewichtszustand zu treffen, bei dem das Gel thermodynamisch stabil ist. Eine Reihe von ihnen kann überhaupt nicht in thermodynamisch stabilem Zustand gewonnen werden, sie ähneln in dieser Beziehung den Dispersionskolloiden und verdanken ihre Existenz nur der Langsamkeit der Vorgänge, die zu ihrer Zerstörung — etwa durch Aggregation oder Auskristallisieren — führen. Besonders Gele anorganischer Substanzen, wie Silicagele, die Metalloxydhydratgele usw. schrumpfen nach einer gewissen Zeit zusammen und scheiden dabei Flüssigkeit aus, die keine gelbildende Substanz enthält, ein Vorgang, der als *Synäresis* bezeichnet wird. Er ist in Abb. 92.5

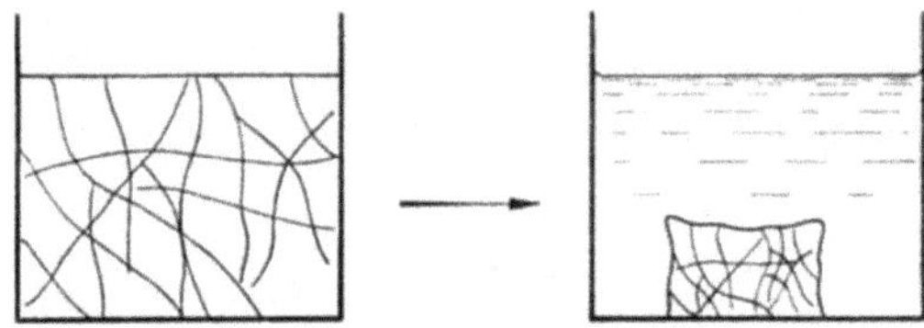

Abb. 92.5. Synärese (Schema)

schematisch dargestellt, woraus sich auch von selbst ergibt, was darunter zu verstehen ist. In allen solchen Fällen, wo sich ein Gleichgewichtszustand aus einem Ungleichgewichtszustand einzustellen versucht, ist es unmöglich, vorauszusagen, bis zu welchem Grade eine Schrumpfung des ursprünglichen Gels eintreten wird. Es kann sich ähnlich wie bei Zerstörung von Dispersionskolloiden um einen Koagulationseffekt, d. h. um eine Zusammenlagerung der Bauelemente des Gels und Entstehung neuer Haftstellen usw. handeln, wie auch um eine Alterungserscheinung, wo kristalline Bauelemente allmählich in ihrer Dicke wachsen und größere Kristallite bilden. Verständlich ist hier wie dort, daß Substanzen, die die Stabilität von Dispersionskolloiden erhöhen, also eine Schutzwirkung besitzen, auch die Synäresis in gewissem Grade verhindern können, wenn auch eine völlige Parallelität zwischen beiden Effekten nicht zu erwarten ist.

Synäresis wird aber auch in makromolekularen Netzwerken beobachtet, doch handelt es sich dann um die Einstellung eines Endzustandes, der dem thermodynamischen Gleichgewicht entspricht, sei es, daß bei der Herstellung Bedingungen geherrscht haben, wo das chemische Potential des Lösungs- bzw. des Quellungsmittels außerhalb und innerhalb des Gels verschieden waren, sei es, daß das Gelgerüst im Laufe der Zeit verändert worden ist.

Obschon die thermodynamischen Beziehungen uns etwas über den Zustand des Dispersionsmittels im Gel aussagen — insbesondere über seine aus dem Quellungsverhalten abzulesende Aktivität — wäre es wünschenswert, über seinen Zustand als Flüssigkeit noch Näheres zu erfahren. Gewisse Aufschlüsse ergeben sich aus dem Diffusionsverhalten gelöster Stoffe in verdünnten Gelen. Seit den Untersuchungen von

LODGE (1844) ist bekannt, daß z. B. Diffusion von Wasserstoffionen (genauer H_3O^+-Ionen) im Gel genau so schnell geht wie in reiner wässeriger Lösung, Ähnliches gilt für alle verdünnten geladenen und ungeladenen Gele beliebiger Konzentration, wenn die diffundierende Substanz nicht ionisiert ist. Abweichungen treten erst bei höherwertigen Ionen auf, deren Bewegung durch die entgegengesetzten Ladungen eines Gels abgebremst werden.

Bei hohen Gelkonzentrationen kommt man schließlich in ein Gebiet, wo die Diffusion auch ungeladener Moleküle stark abgebremst, ja sogar völlig verhindert werden kann. Berechtigterweise muß man annehmen, daß hier die Maschenweite des Gelgerüstes von gleicher Größenordnung, wenn auch nicht *genau* gleicher Größe wie die Dimensionen der diffundierenden Partikeln wird. Doch nur in den wenigsten Fällen wird es sich hier um rein geometrische Siebwirkung handeln, meist werden es Kraftwirkungen · des Gelgerüstes auf die diffundierende Substanz sein, die einen freien Durchtritt bereits verhindern, ehe die Maschenweite zu klein wird. Bei diffundierenden Partikeln von erheblicher Größe, wie z. B. bei Kolloiden aller Art wird die Diffusion völlig verhindert. Das ist die gleiche Wirkung, wie sie bei Membranen und Ultrafiltern zur Abtrennung von Kolloiden benutzt wird, jene sind an sich nichts anderes als Gele von der Form dünner Blätter oder Folien.

Die Diffusionsfähigkeit gelöster Stoffe darf jedoch nicht darüber hinwegtäuschen, daß das Dispersionsmittel nicht im gleichen Zustand ist als bei Abwesenheit eines Gelgerüstes. Die mit einer Wärmeentwicklung verbundene Aufnahme von Flüssigkeit bei der Quellung deutet darauf hin, daß die Flüssigkeit irgendwie an die Strukturelemente des Gels gebunden wird. Damit besteht eine Ähnlichkeit zu einem Auflösungsvorgang, der durch Absättigung von „Nebenvalenz"-Kräften — d. h. Freiwerden von Solvatationsenergie — ermöglicht wird. Insbesondere bei wässerigen Gelatinegelen konnte nachgewiesen werden, daß die Menge des gebundenen Wassers von der gleichen Größenordnung wie allgemein bei Proteinen ist, also etwa $0{,}3 \cdots 0{,}5$ g H_2O pro Gramm Protein[1].

Die Flüssigkeit im Gel läßt sich oft gegen eine andere vertauschen, vor allem, wenn beide Flüssigkeiten miteinander mischbar sind. Doch lassen sich Mischungsreihen ausdenken (z. B. Wasser — Alkohol — Benzol), wo die eine Flüssigkeit die andere graduell verdrängt und dann durch die dritte ersetzt wird, so daß praktisch jede Flüssigkeit eingebracht werden kann[2]. Solche Gele mit organischen Lösungsmitteln aus wässerigen Gelen gewonnen, halten jenes oft sehr fest. Von HERMANS[3]

---

[1] Wegen der verschiedenen Meßmethodik, die angewandt wurde, konnten diese Messungen nicht zu gleichen Ergebnissen führen. Vgl. dazu HEYMANN: loc. cit. S. 677.

[2] Dies hat eine praktische Bedeutung bei der Mikroskopiertechnik, da biologische Objekte meist aus solchen wässerigen Gelen bestehen, die möglichst ohne Veränderung ihrer inneren Struktur in Organogele umgewandelt werden sollen, nicht nur um sie zu fixieren, sondern auch, um sie durch bestimmte in organischen Lösungsmitteln gelöste Farbstoffe anfärben zu können.

[3] HERMANS, P. H. u. A. J. LEEUW: Kolloid-Z. **82**, 58 (1938).

wurden Cellulosegele beschrieben, die gebundenen Aethyläther bei 105 °C noch nicht abgaben.

Andere technisch interessante Anwendungsmöglichkeiten sind die Herstellung sehr hoch poröser Silicagele, welche man erhält, wenn das wässerige Silicagel zunächst in eine organische Flüssigkeiten enthaltendes Gel umgewandelt wird, die, wenn sie einen relativ niedrigen Siedepunkt besitzt, leicht durch Erwärmen vertrieben werden kann.

Was nun das eigentliche Gelgerüst betrifft, so läßt es sich in bestimmten günstig gelagerten Fällen direkt durch das Elektronenmikroskop sichtbar machen. Doch auch dann besteht noch eine gewisse Unsicherheit, da das Gel zur Aufnahme in die Hochvakuumkammer des Elektronenmikroskops eingetrocknet werden muß und Veränderungen nicht vollständig auszuschließen sind. Solche Aufnahmen konnten z. B. nachweisen, daß das V_2O_5-Gel tatsächlich aus langen miteinander verwirrten und verhaspelten Fäden besteht. In diesen waren keine besonderen Haftstellen zu erkennen — was jedoch nicht heißt, daß es sie nicht gibt —, doch scheinen die Fäden selbst ziemlich steif zu sein, so daß die Starrheit des Gels mechanisch etwa der eines verdrillten Drahtknäuels oder Maschendrahts entspricht.

Untersuchungen von Gelen durch Röntgenmethoden, die in großem Umfang vorgenommen wurden, können ebenfalls nur bedingt Aufklärung bringen. Bei allen Gelen aus fadenförmig vernetzten Makromolekülen, die den Raum gleichmäßig erfüllen, sind keinerlei Streueffekte der Röntgenstrahlen zu erwarten und auch nicht gefunden worden. Sie sind als amorph anzusehen. Eine Reihe von Gelen erzeugen jedoch deutliche Röntgeninterferenzen und deuten damit das Vorhandensein kristallitartiger orientierter Bereiche im Gelgerüst an. Vornehmlich in Nebenvalenzgelen, wie Gelatine, den Cellulosederivaten, beim Kollagen, Myosin und anderen meistens natürlich vorkommenden Gelen werden Röntgeninterferenzen beobachtet. Obwohl die Auswertung solcher Röntgendiagramme in bezug auf die in der Volumeneinheit des Gels vorhandene Menge der Kristallite und ihrer Größe theoretisch möglich sein sollte, ist man mit definitiven Feststellungen in dieser Hinsicht sehr vorsichtig gewesen, vor allem, wenn es sich um höher gequollene Gele handelt.

Die in § 45 erörterte Methode der Röntgenkleinwinkelstreuung ist von KRATKY und Mitarbeitern[1] zur Aufklärung der Struktur von Cellulosegelen benutzt worden. In diesen bestehen die Haftstellen aus relativ großen Bereichen, in denen die Celluloseketten parallel orientiert sind und ein kristallitähnliches Gebilde formen[2]. Wenn das Cellulosegel quillt, bleiben diese Haftstellen erhalten, was besonders gut demonstriert werden kann, wenn Quellungsmittel verschiedener Elektronendichte — wie etwa Wasser gegenüber Aethyljodid — verwendet wird. Die Kleinwinkelinterferenzen auf der Äquatorialebene des Röntgendiagramms werden zurückgedrängt, wenn das Cellulosegel senkrecht zu dieser Ebene deformiert wird. Das bedeutet, daß die Kristallite bei der Deformation in dieser Richtung orientiert werden. Bei Quellungsvorgängen, wo die Kleinwinkelinterferenzen nur schwach sind und durch Änderung der Elektronendichte des Quellungsmittels nicht beein-

---

[1] KRATKY, O., A. SEKORA und R. TREER: Z. Elektrochem. **48**, 587 (1942).
[2] Diese Kristallite werden in der Cellulosechemie auch mit Mizellen bezeichnet.

flußt werden, ist anzunehmen, daß hier die kristallinen Bereiche durch Eindringen von Flüssigkeit desorientiert und zerstört werden.

Auch die normalen Röntgeninterferenzen von Gelen mit kristallinen Haftstellen werden in charakteristischer Weise verändert, wenn das Gel deformiert wird, wenn Quellungen oder Entquellungen vorgenommen werden, oder dem Dispersionsmittel dritte Substanzen, die die Eigenschaften des Gels beeinflussen, zugesetzt werden. Man kann dann erkennen, ob die Kristallite ausgerichtet werden, ob sie bei der Quellung zerstört werden oder nicht, oder ob die zugesetzten Substanzen die Kristallitbildung begünstigen oder verhindern. Praktische Bedeutung besitzen solche Untersuchungen für die Herstellung von Cellulosederivaten (Kunstseide, Folien). Bei der Entstehung einer künstlichen Cellulosefaser ist es interessant zu beobachten, wie die Struktur des Gels, aus dem die Faser gewonnen wird, in der Faser selbst wiederzufinden ist, wenn dem Gel die Flüssigkeit entzogen wird. Die Koexistenz von amorphen Bereichen — in denen die makromolekularen Cellulosefäden regellos verteilt und von Flüssigkeit erfüllt sind — und kristallinen geordneten Bereichen findet sich auch in der Cellulosefaser selbst wieder, wenn diese durch Verstrecken des Gels in einer Richtung und Entfernen des Dispersionsmittels entstanden ist.

Es möge erwähnt werden, daß manche Seifen dank ihrer doppelten Affinität zu polaren und apolaren Lösungsmitteln Gele sowohl mit wässerigen als auch mit organischen Dispersionsmitteln bilden. Die Strukturelemente sind kristalliner oder kristallähnlicher Natur im Sinne des flüssig-kristallinen Zustandes.

Man kann in wässerigen Seifengelen röntgenographisch nachweisen, daß die Paraffinketten etwa senkrecht zu den Fadenachsen stehen[1]. Daß sie keine Kristalle größerer Dichte bilden, sondern in „Fadenzustand" verharren, liegt an der Hydration ihrer hydrophilen Gruppen, die ein Dickenwachstum verhindern. Nicht alle Seifen sind Gelbildner im Wasser, ebenso findet man nur einige von ihnen zur Gelbildung in organischen Flüssigkeiten geeignet. Die besten Gelbildner sind die klassischen fettsauren Salze, sowohl im wässerigen als auch im organischen Medium.

§ 93. Veränderungen der Gelstruktur

Während wir bisher vorausgesetzt haben, daß die Zahl der Haftstellen im Gel unverändert bleibt, müssen wir uns nun mit den Eigenschaften und Veränderungen befassen, bei denen Haftstellen aufgelöst oder neu gebildet werden. Während bisher das Netzwerk in einer oder mehreren Richtungen nur durch mechanische Einflüsse oder molekulare Kraftwirkungen mehr oder weniger gedehnt wurde, soll jetzt das Zerreißen des Netzwerks oder seine Neubildung ins Auge gefaßt werden, um die dabei auftretenden Ursachen und Wirkungen zu verstehen. Zweckmäßigerweise werden wir Nebenvalenzgele von Hauptvalenzgelen unterscheiden. Der am meisten auffallende Unterschied zwischen beiden ist

---

[1] THIESSEN, P. A. u. E. EHRLICH: Z. physik. Chem. (A) **165**, 453 (1933).

die Fähigkeit der ersteren, auch in einem anderen dispersen Zustand als
nur als Gel existieren zu können. Sie können durch noch zu erörternde
äußere Einwirkungen vom Gelzustand in den einer Lösung oder einer
kolloiden Zerteilung überführt werden; Hauptvalenzgele sind als disperses System nur im Gelzustand existenzfähig, es sei denn, sie würden
durch *chemische* Angriffe zerstört.

Da früher für jede Art kolloider Dispersion das Wort Sol verwandt wurde, sprach FREUNDLICH bei einer Auflösung von Gelen von
einer Sol-Gel-Umwandlung. Bei den meisten solcher Umwandlungen
handelt es sich aber, wie wir heute wissen, um disperse Systeme, die eher
als „Lösung" anzusehen sind, insbesondere, wenn es sich um Makromoleküle handelt. Es wäre daher wünschenswert, wenn diese Bezeichnung fallen gelassen werden könnte. Andererseits wäre es ebenso unrich-
tig, von einer „Auflösung" der Gele zu sprechen, denn wie wir sehen werden, entstehen in vielen Fällen keine Moleküle im hier gebrauchten
Sinne.

Nebenvalenzgele sind *oft* so empfindlich, daß bereits mechanische
Einflüsse genügen, um sie zu zerstören. Bestimmte Eisenoxydhydrat-
gele, Gele aus V_2O_5, aus Bentoniten usw.[1] können durch einfaches
Schütteln verflüssigt werden. Läßt man sie eine Zeitlang ruhig stehen,
so verfestigen sie sich wieder zum Gel. Man bezeichnete diesen Vorgang, der sich beliebig oft wiederholen läßt, als *Thixotropie*. Da der
Effekt nicht bei allen Gelen zu beobachten ist, müssen offensichtlich
besondere Voraussetzungen erfüllt werden. Diese scheinen darin zu
bestehen, daß die Attraktionsenergien der Haftstellen des Gels relativ
schwach sind und geringe Scherkräfte sie bereits zu zerstören vermögen.
Es scheint aber auch wichtig zu sein, daß die Haftstellen etwa alle von
gleicher Art sind und sich energetisch nur wenig voneinander unterscheiden. Im Gegensatz zu den thixotropen Gelen lassen sich Gelatinegele, die
nicht thixotrop sind, durch heftiges Rühren ebenfalls zerstören, dabei
entstehen aber Gelklumpen als Bruchstücke, die sich beim Stehenlassen
nicht wieder zum Gel vereinigen. Hier ist sicherlich eine Reihe verschieden starker Haftstellen vorhanden, beim Rühren werden nur die
schwachen Stellen zerstört und die stärkeren bleiben erhalten, so daß das
Gel nur zerstückelt, nicht aber völlig zerstört wird[2].

Eine weitere Voraussetzung für das Auftreten der Thixotropie
scheint im Wesen der Bauelemente des Gels zu liegen. Man findet die
Erscheinung vornehmlich bei solchen, die sich aus kolloiden Zerteilungen
bilden, welche starre anisometrische Partikeln enthalten. Derartige Sole
können oft unter den Bedingungen der langsamen Koagulation zu Formen aggregieren, wo sich die Stäbchen Kopf an Kopf aneinander lagern
und sehr lange Nadeln bilden. Derartig lange Nadeln oder auch dünne
Blättchen können auch, ohne daß stärkere Attraktionskräfte von ihnen
ausgehen, allein durch ihre Sperrigkeit Strukturen ausbilden, wie sie

---

[1] FREUNDLICH, H.: Thixotropy. Paris 1936.
[2] Vgl. dazu H. G. BUNGENBERG DE JONG u. W. A. L. DEKKER: Biochem. Z.
251, 105 (1932).

Abb. 90.2b oder c zeigen, bei sehr großen Blättchen kann es bereits bei der Sedimentation zu Zuständen kommen, wo sie sich gegenseitig behindern und eine Art Kartenhaus aufbauen (vgl. U. HOFMANN, loc. cit.). Solche Strukturen scheinen nach den bisherigen Erfahrungen am empfindlichsten gegen schwächere mechanische Einwirkungen von außen zu sein. Es ist klar, daß sich die Wechselwirkungen der Haftstellen hier nur wenig voneinander unterscheiden.

Das „verflüssigte" Gel erstarrt beim Stehenlassen normalerweise nicht sofort, sondern braucht dazu eine gewisse Zeit, die vom Charakter der gelbildenden Partikeln, von ihrer Konzentration und der Temperatur abhängt. Bezeichnend ist, daß Wiedererstarren bei höherer Temperatur schneller vonstatten geht als bei niederer; dies gibt einen wichtigen Hinweis. Bei der Zerstörung des Gels durch die mechanischen Scherungskräfte werden die anisometrischen Partikeln mehr oder weniger parallel zueinander orientiert, was durch Auftreten eines Doppelbrechungseffektes nachgewiesen werden kann. Um sich wieder zu verfilzen, müssen sie Rotationsbewegungen ausführen, wobei ihre Orientierung verloren geht. Die Geschwindigkeit der Rotation hängt aber von ihrer Rotationsdiffusionskonstante und der Temperatur ab. Große dünne Blättchen haben eine niedrige Diffusionskonstante, brauchen somit eine beträchtliche Zeit, um sich wieder zu desorientieren.

Man kennt auch das umgekehrte Phänomen — die sog. Rheopexie —, bei der sich das Gel oder eine niedrig viskose Flüssigkeit durch Anwendung milder Scherungskräfte verfestigt. Möglicherweise wird in diesem Falle die Desorientierung durch die Scherung begünstigt.

Neben dieser deutlichen, durch den bloßen Augenschein wahrnehmbaren Thixotropie der Gele, wird der Ausdruck Thixotropie auch in der Rheologie benutzt, um das Fließverhalten von Systemen zu kennzeichnen, die bei geringen Scherungskräften eine höhere Viskosität besitzen als bei großen, wo also ebenfalls irgendwelche Strukturen durch mechanische Einwirkungen zerstört worden sind. Da diese Bezeichnung oft Verwirrung stiftet, sei hier darauf verwiesen, daß die rheologische Thixotropie auch Systeme betrifft, die man gemeinhin nicht als Gele ansieht[1]. (Es sei denn, man erhebt die rheologische Eigenschaft zum Kennzeichen des Gels!) Als besonderer Fall seien die thixotropen Eigenschaften von Bentonitsolen bzw. -gelen nach U. HOFMANN[2] erwähnt, die bereits in sehr geringer Konzentration wegen ihrer blättchenförmigen Gestalt Kartenhausstrukturen aufbauen (vgl. Abb. 90.2b). Daß Thixotropie sogar in makromolekularen Gelen auftreten kann, wurde von F. H. MÜLLER[3] nachgewiesen. Eine andere wichtige Eigenschaft der Nebenvalenzgele findet man bei der Untersuchung ihres Fließverhaltens. Es gibt für alle diese Gele eine sog. *Fließgrenze* (engl. yield-value). Setzt

---

[1] Neuerdings werden Anstrichfarben als thixotrope „Gele" hergestellt; ein leichtes Umrühren mit dem Malerpinsel genügt, um die Farbe zu verflüssigen und sie streichfähig zu machen, beim Stehenbleiben festigt sich die Masse zu einem „Gel", das beim etwaigen Umwerfen des Topfes nicht ausfließen kann.

[2] HOFMANN, U.: Kolloid-Z. **125**, 86 (1952).

[3] MÜLLER, F. H.: Kolloid-Z. **112**, 1 (1949).

man nämlich ein Gel einer immer stärker werdenden Scherung — etwa in einem COUETTE-Apparat, wie auf Abb. 91.1 — aus, so verhält es sich zunächst elastisch (d. h. es kehrt nach Aufhören der Scherung in seinen Ausgangszustand zurück), erreicht dann aber einen Punkt, wo es zu fließen beginnt und sich wie eine mehr oder weniger hochviskose Flüssigkeit verhält. An dieser Stelle müssen viele Haftstellen zerreißen und die Bewegung einzelner Teile des Gelgerüstes in der Flüssigkeit in Gang kommen. Das Auftreten einer Fließgrenze ist natürlich umgekehrt als Zeichen dafür angesehen worden, ob sich in einem System Gelstrukturen ausgebildet haben oder nicht, auch wenn davon äußerlich noch nichts zu erkennen ist. Versucht man nämlich, solche Flüssigkeiten durch eine Kapillare fließen zu lassen, so wird sie möglicherweise bei geringem Überdruck nicht hindurchfließen, sondern erst wenn der Überdruck gesteigert wird und einen ausreichenden Wert erreicht hat.

Diese Fließgrenze ist von der Konzentration der gelbildenden Substanz abhängig, bei Agar nimmt sie nach MICHAUD[1] in einem Konzentrationsbereich von $5 \cdot 10^{-2}$ bis $0,4$ g/L um 5 Zehnerpotenzen zu.

Während eine Zerstörung der Nebenvalenzgele durch mechanische Kräfte nicht immer möglich ist, gelingt ihre Auflösung meist durch Temperaturerhöhung. Die bekanntesten makromolekularen Nebenvalenzgele, wie Gelatine, Agar, Pektin usw. werden durch Abkühlen eines in der Wärme aufgelösten vorgequollenen Gels hergestellt. Beim Unterschreiten einer bestimmten Gelierungstemperatur erstarrt das Gel zu einer festen Masse. Die Erstarrung geht dabei in so engem Temperaturbereich vor sich, daß sie einem Kristallisationsvorgang ähnelt. Dieser Gelpunkt ist für die Praxis ein bedeutsamer Kennwert, der zur Beurteilung der Qualität der gelbildenden Substanz dienen kann. Außer von den besonderen individuellen Eigenschaften der gelbildenden Substanz — z. B. vom mittleren Molgewicht bei fadenförmigen Makronolekülen — ist der durch den Augenschein bestimmte Gelpunkt stark von ihrer Konzentration abhängig.

Von P. H. HERMANS (loc. cit.) mitgeteilte Ergebnisse einiger Untersuchungen von OUWELTJES[2] lassen folgendes vermuten: Die niedrigen Schmelzpunkte der Gele bei geringeren Konzentrationen beruhen darauf, daß hier schwächere Haftstellen gelöst werden, stärkere aber noch erhalten bleiben, denn die Viskosität dieser niedrig schmelzenden Gele niedriger Konzentration ist kurz oberhalb des Schmelzpunkts außerordentlich groß. Mit höherer Konzentration steigt der Schmelzpunkt, die Viskosität oberhalb des Schmelzpunkts fällt aber fast auf den zehnten Teil des Wertes eines Gels niedriger Konzentration, was bedeuten würde, daß bei höherer Temperatur stärkere Haftstellen gelöst werden, die den Gelatinemolekülen nicht mehr viel Aggregationsmöglichkeiten lassen. Es sollten sich — anders ausgedrückt- in verdünnten Gelen, die niedrig schmelzen, auch Gelklümpchen bilden, während in den konzentrierteren, die höher schmelzen, kleine Aggregate oder sogar Makromoleküle selbst entstehen, da jetzt fast alle Haftstellen gelöst sind.

Die Bildung von Gelen aus polydispersen Substanzen wie Gelatine wird erheblich durch die Verteilung der verschiedenen Molekulargrößen beeinflußt. Die beste Gelbildungstendenz, aber auch die größte Insta-

---

[1] MICHAUD, F.: Ann. physique (9) **19**, 63 (1923).
[2] OUWELTJES, J. L.: Proefschrift, Amsterdam 1942.

bilität, scheinen enge Größenfraktionen zu besitzen. Gegenwart größerer Mengen kleiner Moleküle im Gemisch kann unter Umständen dazu führen, daß überhaupt kein Gel gebildet wird, sondern regelrechte „Sole" entstehen, in welchen Assoziate großer Moleküle durch kleine stabilisiert werden. Das liegt daran, daß die pro Gewichtseinheit gerechnete Menge Substanz zusammen mehr ionisierte Gruppen besitzt als die großen Moleküle!

Weniger übersichtlich sind die *irreversiblen* Veränderungen, welche Nebenvalenzgele bei der Quellung und Entquellung sowie bei der Deformation erleiden. Ursache solcher Veränderungen mag das Lösen und Neuknüpfen von Haftstellen sein.

Während die Bildung von Nebenvalenzgelen eine Eigenschaft bestimmter disperser Systeme ist, die durch äußeres Zutun zwar modifiziert werden kann, aber sonst weitgehend von selbst abläuft, ist die Bildung von Hauptvalenzgelen, insbesondere solcher mit covalenten Haftstellen, eine Aufgabe der präparativen organischen Chemie. Eine Reihe von Reaktionen, um fadenförmige Hochpolymere miteinander zu vernetzen, ist bekannt. Eine der bekanntesten ist die Vernetzung des Polystyrols mit Divinylbenzol. Technisch wichtig ist die Vulkanisation des Kautschuks, eine Vernetzung von

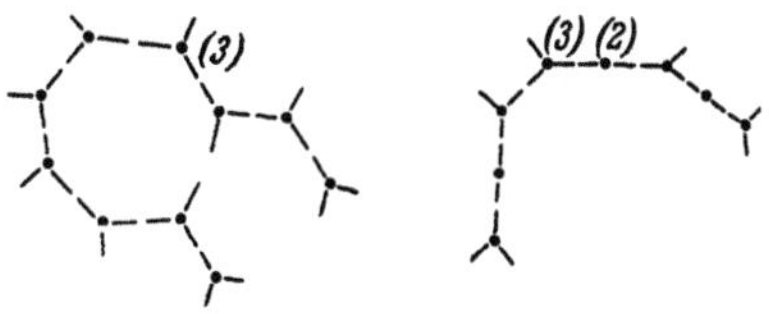

Abb. 93.1. Bildung von Netzen bei der Polymerisation eines trifunktionellen (*3*) und eines Gemisches von tri- und bifunktionellen (*2*) Monomeren

ungesättigten Kohlenwasserstoffketten durch Disulfidbrücken. Doch nicht nur nachträgliche Vernetzung bereits gebildeter fadenförmiger Hochpolymerer — z. B. durch ionisierende Strahlung —, sondern auch die direkte Bildung verzweigter Fadenmoleküle ist möglich.

Hier ist von besonderem theoretischen Interesse, daß sich bei Polykondensationen von Substanzen mit mehr als zwei reaktionsfähigen Gruppen, die keine linearen, sondern grundsätzlich verzweigte Moleküle bilden müssen, vorausberechnen läßt, bei welchem Umsatzverhältnis des Monomeren zum Polymeren eine vollständige durchgehende Gelbildung einsetzen muß (Gelpunkt). Wenn an verschiedenen Stellen von Anfang an laufend Zweige gebildet werden, muß schließlich ein Zustand erreicht werden, wo sich sämtliche Zweige berühren und ein kohärentes System entsteht, wie es Abb. 93.1 schematisch darstellt. Die Wahrscheinlichkeit des Eintretens dieses Zustands läßt sich statistisch berechnen[1].

Alle Gele mit Hauptvalenzhaftstellen sind natürlich nur begrenzt quellbar, können also auch nicht durch Erwärmen oder mechanische Einwirkung zerstört werden. Heftigere Wirkungen, wie etwa die des Ultraschalls, können diese Gele zwar zerreißen, doch zerreißen sie auch Makromoleküle, die sich nicht im Gelzustand befinden.

---

[1] Vgl. dazu P. J. FLORY: Principles of Polymer Chemistry, New York 1953. Weitere Fälle, in denen sich trifunktionelle und ein oder mehrere bifunktionelle Monomere vereinigen, sind ebenfalls theoretisch behandelt worden [FLORY, P. J.: Chem. Reviews **39**, 137 (1946)].

Liesegangsche Ringe

Eine der eigenartigsten Erscheinungen, die in wenn auch losem Zusammenhang mit den Gelen steht, ist das Auftreten von rhythmischen Fällungen, die von LIESEGANG im Jahre 1896 entdeckt wurden[1]. Diese unter dem Namen LIESEGANGsche Ringe oder LIESEGANGsche Schichten bei vielen Fällungsreaktionen auftretenden Phänomene lassen sich am einfachsten am Beispiel der Fällung von Silberchromat demonstrieren.

Bereitet man ein Gelatinegel ,das etwa 0,05% Kaliumchromat enthält und füllt es in ein Reagenzglas oder gießt es in eine Petrischale, bedeckt nach dem Erstarren des Gels das Reagenzglas oder den Mittelpunkt der Schale mit einigen Silbernitrat-

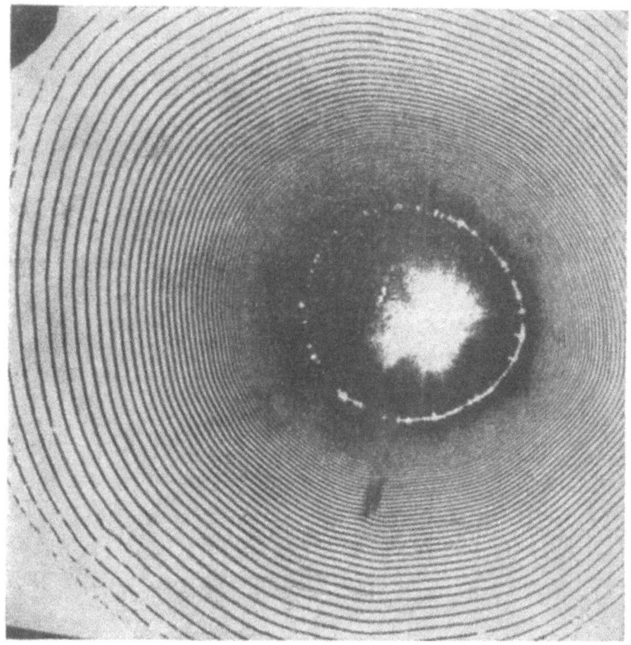

Abb. 93.2. LIESEGANGsche Ringe. Entn. aus FREUNDLICH: Kapillarchemie, 2. Bd.
2. Aufl. Leipzig 1932

kristallen (oder einigen Tropfen hochkonzentrierter Silbernitratlösung), so entstehen im Fall des Reagenzglases schichtartige, im Fall der Schale ringförmig angeordnete Fällungen von Silberchromat, wie es Abb. 93.2 schematisch darstellt. Das Eigenartige ist zunächst das Auftreten von Schichtfällungen überhaupt, weiterhin aber die Gesetzmäßigkeit, nach der sich der Abstand zwischen den einzelnen Fällungen ändert. Der Abstand des $(n-1)$-ten vom n-ten Band ist proportional ihrem Abstand vom Ausgangspunkt; ebenso wurde gefunden, daß der Abstand eines gebildeten Bandes der Wurzel aus der Zeit, die dazu benötigt wurde, proportional ist. Letzteres deutet eindeutig auf einen Diffusionseffekt hin. Das Auftreten LIESEGANGscher Ringe ist an sich nichts als die Folge einer Fällungsreaktion, bei dem die Diffusion der Partner ungestört vor sich gehen kann, was durch die Fixierung der Flüssigkeit durch die Strukturelemente des Gels erreicht wird. Die Gegenwart eines Gels ist keine unabdingbare Voraussetzung, sondern nur ein bequemes experimentelles Hilfs-

---

[1] LIESEGANG, R.: Naturwiss. Wochenschrift **11**, 353 (1896); LIESEGANG, R.: Chemische Reaktionen in Gallerten. Düsseldorf 1898. 2. Aufl. Dresden u. Leipzig 1924.

mittel zu ihrer Demonstration, denn sie treten auch in dünnen Kapillaren bei Abwesenheit eines Gels auf. Solche rhythmischen Fällungen treten auch in natürlich vorkommenden mineralischen Gelen auf; die Entstehung des Achats soll darauf beruhen. Wegen der unterschiedlichen Ansichten bezüglich der Erklärung des Phänomens muß auf die Literatur verwiesen werden[1].

Ionotrope Gele

Eine Formierung geordneter Strukturen, die das Gelgerüst selbst betrifft, wird von dem von THIELE[2] entdeckten und von ihm als Ionotropie bezeichneten Effekt verursacht. Läßt man z. B. in ein Nebenvalenzgel von Alginsäure, welches ionisierbare COOH-Gruppen besitzt, zweiwertige Kationen eindiffundieren, so werden die makromolekularen Gerüstfäden senkrecht zur Diffusionsrichtung mehr oder weniger ausgerichtet. Es bilden sich dabei durch Vermittlung des zweiwertigen Kations Haftstellen zwischen zwei COO-Gruppen zweier Alginsäurefäden. Längs der makromolekularen Kette sind die COOH-Gruppen nicht allzu selten, daher werden sie sich bei einer Verbindung zwangsläufig soweit als möglich parallel lagern. Man erkennt die Ausrichtung der Bauelemente am Auftreten einer Doppelbrechung, die bei der Diffusion in *einer* Dimension einheitlich ist, bei einer Diffusion in *mehreren* Richtungen (z. B. bei radialer Diffusion) zwei- oder dreidimensionale sphärolithische Wachstumsformen ausbildet[3]. Die „Gelfäden" solcher Formen verlaufen rund um den Ausgangspunkt der Diffusion, bilden also Kugelschalen wie eine Perle. Diese Strukturformen und der Mechanismus ihrer Entstehung ist von erheblicher Bedeutung für das Verständnis der Ausbildung biologischer Strukturen. (Membranen, Knochenstrukturen usw. vgl. THIELE, loc. cit.) —

Gele aus sehr langen fadenförmigen Makromolekülen, covalent aber auch nebenvalent miteinander verknüpft, sind von großem technischen Interesse, da ihre hochkonzentrierten oder flüssigkeitsfreien Zustände (m. a. W. die ihnen entsprechenden Xerogele), die Erscheinungsformen des Gummis, der Cellulosefasern und -filme und eine Reihe von synthetischen Fasern darstellen. Wenn nun das primäre Interesse der Technik auch dem Anwendungszustand gelten muß, sind doch die verwandten durch Quellung mit geeigneten Flüssigkeiten erhaltenen Zustände der eigentlichen Gele häufig hervorragend geeignet, um Näheres über ihre Struktur, ihr Verhalten bei der Deformation usw. zu erfahren. So sind besonders die Untersuchungen der Gele von Cellulosederivaten und natürlichem und vulkanisiertem Kautschuk richtungsweisend gewesen[4].

---

[1] Neuere Zusammenstellung bei VAN HOOK, in J. ALEXANDER: Colloid Chemistry. Bd. V. New York 1944. S. 513

[2] THIELE, H.: Naturwiss. **34**, 123 (1947); Z. Naturforsch. **3b**, 7 (1948); THIELE, H. u. H. MICKE: Kolloid-Z. **111**, 73 (1948).

[3] Ein Sphärolit entsteht beispielsweise, wenn bei der Kristallisation von einem Kristallkeim aus in alle Raumrichtungen Nadeln oder Spieße hineinwachsen, die, nachdem sie bereits einen Stern gebildet haben, sich durch Dickenwachstum jeder einzelnen Nadel zu einer Kugel zusammenschließen.

[4] Vgl. dazu P. H. HERMANS: loc. cit. S. 671; TRELOAR, L. R. G.: Physics of Rubber Elasticity. Oxford 1949.

Die hochmolekularen Gele besitzen einige erwähnenswerte und bedeutungsvolle Besonderheiten, die am besten am Beispiel des Viskosegels nach HERMANS[1] erläutert werden. Läßt man Cellulosexanthogenat (Viskose) aus einer Kapillare in Ammonsulfat einfließen, bildet sich wie bei einem Spinnvorgang[2] ein dünner Faden eines hochgequollenen isotropen, aber formfesten Viskosegels. Wird ein solcher Faden gedehnt, zeigt er bemerkenswert elastische Eigenschaften. Die Dehnung ist nach kurzer Beanspruchung praktisch reversibel wie bei Kautschuk. Bei längerer Beanspruchung verliert er Flüssigkeit, obwohl sein Volumen dabei beträchtlich abnimmt, verbleibt er im gedehnten Zustand. Die in diesem Zustand aufgenommenen Röntgendiagramme zeigen eine Orientierung der bereits vorher vorhandenen, die Haftstellen bildenden Kristallite an, ebenso tritt jetzt Doppelbrechung auf.

Die Erklärung ist sicherlich darin zu suchen, daß die Bauelemente und Haftstellen durch die äußere Deformation ausgerichtet werden. Gleichzeitig werden aber die makromolekularen Fäden des Gelgerüstes, die im isotropen Zustand nicht nur ungeordnet, sondern wahrscheinlich auch in gewissem Grade verknäuelt sind, auseinandergezogen und so orientiert, daß sich bei längerem Verbleib in dieser Lage neue Haftstellen durch Kristallisation bilden können.

Läßt man den gedehnten Faden in Berührung mit Wasser, so geht seine Dehnung unter Quellung, wenn auch nicht auf den Ausgangswert, so doch weitgehend zurück. Die nicht vollständige Reversibilität mag an der Zerstörung „alter" und Permanenz „neuer" Haftstellen liegen. Doch ist das Gel nicht durchkristallisiert, in den amorphen Bereichen sind die Makromoleküle zwar orientiert, aber nicht so streng wie in den kristallinen. Beide Bereiche wechseln einander ab und bilden ein disperses System von besser orientierten und schlechter orientierten Bereichen. Die Dehnungsstruktur bleibt bei völliger Entwässerung praktisch erhalten und gleicht in ihren wesentlichen Zügen — Röntgeninterferenzen, Quellungsverhalten usw. — der Struktur der eigentlichen Cellulosefaser. Ohne näher darauf eingehen zu können, muß nun hier erwähnt werden, daß das beim HERMANSschen Viskosegel geschilderte Verhalten dem gleichen Mechanismus entspricht, den man für das elastische Verhalten des Kautschuks als maßgeblich ansieht[3], nur daß bei diesen *keine* Flüssigkeit zugegen ist.

Es gibt also Systeme *reiner* Substanzen, auf die an sich das Kriterium des dispersen Systems anwendbar wäre (inhomogen von kristallinen und amorphen Bereichen abwechselnd durchzogen), in denen aber die *Abgrenzung* der verschiedenen Bereiche voneinander größere Schwierigkeiten bereitet, denn jeder Bereich kann und wird auch häufig von ein und demselben Makromolekül durchzogen werden, wie es etwa Abb. 96.1 schematisch darstellt.

Die Gesichtspunkte, unter denen eine Beschreibung solcher Systeme vorgenommen wird, sind dann nicht mehr die gleichen, die bei kolloiden Systemen sinnvoll sind. Trotz des Vorhandenseins des Merkmals disperser Zustände ist wohl eine Betrachtungsweise, in welcher vom Makromolekül ausgegangen wird, vernünftiger. Makromoleküle und dispergierte Substanz sind hier nicht mehr ein und dasselbe. Natürlich bleibt die Verwandtschaft zu kolloiden Systemen erkennbar, Quellung unter

---

[1] HERMANS, P. H. u. A. J. DE LEEUW: Kolloid-Z. **81**, 300 (1937); Cellulosechemie **19**, 117 (1941).

[2] Viskose wird aus äußerst feinen Düsen (von $\sim$50 mμ Durchmesser) in saure Fällungsbäder gepreßt und die dabei entstehenden Fäden mechanisch herausgezogen.

[3] Die rücktreibende Kraft beim Kautschuk wie beim kurzgedehnten Viskosegel ist die Entropiezunahme, die bei dem Übergang der Fadenmoleküle vom gestreckten (höherer Ordnungsgrad) in den geknäuelten Zustand (niederer Ordnungsgrad) auftritt (vgl. dazu TRELOAR: loc. cit.).

Aufnahme von Flüssigkeit führt zum Gel, in dem die amorphen Bereiche das Gelgerüst und die kristallisierten die Haftstellen bilden. Wo nun wieder die Grenze liegt, wo der einmal mit bestimmten Vorstellungen verbundene Begriff des *Gels* sinnvoll anwendbar wird, ist wieder nicht genau festzulegen, wir müssen uns damit begnügen, einen allmählichen Übergang festzustellen und auf die Grenzen hinzuweisen. Doch ist auch in diesem Bild deutlich erkennbar, daß das Makromolekül den bestimmenden Einfluß ausübt, der durch die Bildung von besonderen Strukturen, die formell kolloiden Systemen entsprechen, mehr oder weniger modifiziert wird.

§ 94. Membranen

Wie man durch geeignete Deformation (Dehnung) und Entquellen von Gelen zu Fasern gelangt, kann man Filme und Folien durch Kompression — etwa durch Auswalzen — herstellen. In der Praxis werden gelartige Filme jedoch meistens durch Gießen (Gießwalzen) hergestellt, wo das Gel vielfach erst im Augenblick des Gießens entsteht, wie etwa beim Vermischen von Alkalicelluloselösungen mit Säure und Ammonsulfat. Als Lösung in organischem Lösungsmittel (Kollodium) kann es als Schicht vergossen werden; nach dem Verdampfen des Lösungsmittels wird es in der Flüssigkeit gequollen, in der es angewendet werden soll, wie es bei Ultrafiltern (§ 29) geschieht. Derartige Gele, die als Dialysiermembranen, Ultrafilter usw. Verwendung finden, aber auch in der Natur in Form hautartiger Gele vorkommen, besitzen meist erheblich Formfestigkeit und Elastizität; Eigenschaften, die man automatisch mit dem Begriff der Membran verbindet. In ihnen ist die gelbildende Substanz in relativ hoher Konzentration vorhanden. Ihre Festigkeit verdanken sie der drahtartigen Steifheit ihrer Bauelemente, die z. B. bei Nitrocellulosemembranen keine besonders ausgeprägten Haftstellen besitzen. Daneben sind natürliche, aber auch künstliche Filme anderer Struktur aus Ölen oder lipoidartigen Substanzen bekannt, die keine Gelstruktur besitzen, sondern eher den LANGMUIR-Filmen (vgl. § 49) gleichen. Mischformen beider Typen sind ebenfalls möglich.

Material für künstliche praktisch verwendbare Membranen sind fast ausschließlich Cellulosederivate; Nitro-Cellulose, Acetyl-Cellulose, aber auch umgefällte Cellulose selbst.

Die Bedeutung der gelartigen Membranen liegt in ihrer Filterwirkung; je nach ihrer Poren- oder Maschenweite lassen sie die Diffusion kleiner Moleküle zu, hindern jedoch große Partikeln am Durchtritt. Diese Semipermeabilität macht sie zur Verwendung als Ultrafilter, osmotische Membranen usw. geeignet.

Ein Filter soll im Prinzip nicht nur zwischen verschieden großen Partikeln unterscheiden, indem es die größeren zurückhält und die kleineren durchläßt, es soll es auch möglichst *schnell* tun. Selektivität und ausreichende Permeabilität wird also verlangt, was natürlich im einzelnen von der Natur der gelbildenden Substanz abhängt, aus der das Filter besteht.

Früher faßte man Membranen als homogene diskontinuierlich von Poren durchzogene Blätter auf (Siebplattenmodell). Nach MANEGOLD[1] ist das aber eine zu sehr vereinfachende Vorstellung; die realen Membranen dürften sehr viel kompliziertere Porensysteme besitzen. Seit elektronenmikroskopische Bilder die faserige Struktur erkennen ließen, ist eine quantitative Behandlung der Membranen als Porensysteme nur als Näherung anzusehen.

Filme, die durch Eintrocknen von Lösungen organischer Hochpolymerer in organischen Lösungsmitteln, durch Verwalzen in der Wärme usw. entstehen, bilden äußerst dichte, für viele Flüssigkeiten undurchlässige und für Gase nur wenig durchlässige Membranen. Beispiele hierfür sind Filme aus Polyäthylen, Polyvinylchlorid, Polystyrol, Terylen usw. Prüfung auf Gasdurchtritt ergab, daß die Gasmoleküle auf der einen Seite der Membran echt gelöst werden und auf der anderen wieder verdampften[2]. Der Vorgang selbst scheint sich als aktivierte Diffusion beschreiben zu lassen, der aber vom besonderen Zustand der Makromoleküle in der Membran abhängt. Diffusion von Flüssigkeiten kann auch vielfach nicht nur durch die Poren und Maschen der Membran, sondern auch durch selektives Auflösen vor sich gehen wie bei den Gasen. Dieses Phänomen wird von BRINTZINGER[3] als Diasolyse bezeichnet. Mit ihrer Hilfe können bei Flüssigkeitsgemischen Trennungen vorgenommen werden, die auf verschiedenen Permeabilitäten der „gelösten" Flüssigkeit beruhen.

Bedeutsam ist — vor allem wegen der Rolle, die Membranen in der Biologie als Begrenzung der Zellen usw. spielen — die Selektivität und Permeabilität von Membranen in wässerigen Lösungen[4]. Abgesehen vom reinen Siebeffekt — der natürlich auch gegenüber größeren Partikeln in organischen Lösungsmitteln auftritt — werden die Diffusionsvorgänge durch derartige Membranen durch Wirkungen gesteuert, die von den chemischen Eigenschaften der Gerüstsubstanzen abhängt. Dazu muß die einfache Vorstellung der Siebung verlassen werden. Komplizierend bei der Vorstellung der Siebung ist, daß auch die Gestalt des durch die Membran diffundierenden Moleküls von Bedeutung ist. Beispielsweise werden bewegliche Fäden nicht durch sehr viel weitere Maschen schlüpfen, wenn das Netz etwas „verworren" ist, die Einstellung der dazu notwendigen Fadenformen ist zu unwahrscheinlich, m. a. W. der Faden wird nicht durch das Gelgerüst hindurchgelassen, obwohl die Maschen an sich groß genug dazu wären.

Naturgemäß müssen die Verhältnisse kompliziert werden, wenn es sich um den Durchtritt von Ionen handelt und die Membran selbst geladen ist. Gleichartige Ladungen beider kann den Durchtritt bremsen und unter Umständen völlig verhindern, verschiedenartige Ladung braucht kein Hindernis zu bedeuten. Cellulose und Pergamentmembranen sind meist negativ geladen, durch sie diffundieren Kationen leichter als Anionen. Adsorption von sauren oder basischen Substanzen — z. B. von geeigneten Farbstoffen — am Membrangerüst lädt es negativ

---

[1] MANEGOLD, E.: Kapillarsysteme. I. Bd. Heidelberg 1955.

[2] BARRER, R. M.: Diffusion in and through Solids. Cambridge 1941; DOTY, P., W. H. AIKEN u. H. MARK: Ind. Engng. Chem. Analyt. Ed. 16, 686 (1944); DOTY P.: J. chem. Physics 14, 244 (1946).

[3] BRINTZINGER, H. u. H. BEIER: Kolloid-Z. 79, 324 (1937).

[4] Vgl. dazu H. NETTER: Theoretische Biochemie, Berlin-Göttingen-Heidelberg 1959.

oder positiv auf, wodurch eine Selektivität gegenüber der Diffusion der entgegengesetzt geladenen Ionen erzeugt werden kann. Am eindrucksvollsten ist der Effekt bei gelartigen Ionenaustauschermembranen auf Kunstharzbasis[1]. Die stark sauren oder basischen Gruppen der makromolekularen Gelfäden können so stark selektiv wirken, daß in geeigneten Fällen ausschließlich nur die eine oder andere Art durchgelassen wird.

Noch schwieriger ist das Verhalten der biologischen Membranen lebender Organismen zu verstehen, die in der Lage sind, Transportphänomene hervorzurufen, die etwa gegen ein Konzentrationsgefälle verlaufen. Z. B. können Alkaliionen von einem Raum niederer Konzentration durch die Membran in einen solchen höherer transportiert werden. Andere Fälle betreffen die Selektivität zwischen einzelnen chemisch nahe verwandten Ionen, wie Kalium und Natriumionen, von denen das eine durchgelassen wird, das andere aber nicht[2].

§ 95. Kapillarsysteme

Wenn die Konzentration einer kolloiden Dispersion mehr und mehr erhöht wird, bis alle Partikeln so eng wie möglich gepackt sind, kommen wir zu einem Zustand, den wir als *Paste* bezeichnet haben. Vom verdünnten Gel ausgehend können wir das gleiche machen, bis bei engster Berührung der festen Strukturelemente ein *Porenkörper* entsteht. Beide der so entstandenen Gebilde sind entsprechend dem Vorschlag von MANEGOLD[3] als Kapillarsysteme anzusehen, sie sind jedoch als Spezialfall disperser Systeme zu betrachten, wo dispergierte Substanz- und Dispersionsmittel „kolloide Dimensionen" besitzen. Zwischen dispergierter Substanz und Dispersionsmittel kann nicht mehr unterschieden werden. Unter Kapillarsystemen im eigentlichen Sinn werden allgemeiner solche Systeme verstanden, in denen sich zwischen makroskopischen festen Strukturelementen Hohlräume etwa kolloider Dimensionen befinden, die von Gasen oder Flüssigkeit erfüllt oder auch völlig leer — d. h. evakuiert — sein können. Die Kapillarräume sollen jeweils untereinander kohärent sein; sind die festen Strukturelemente nicht zusammenhängend, also inkohärent — wie in Abb. 5.1c schematisch dargestellt ist —, wollen wir von Pasten und Schüttungen, sind sie zusammenhängend, also kohärent wie in Abb. 5.1d, wollen wir von Porenkörpern sprechen. Pasten sind Systeme, die flüssigkeitsähnlich sind, sie sind nicht formbeständig oder formfest. Beispiele hierfür sind: Sand, Tonaufschlämmungen, Mörtel, Teige, Zahnpasta, Bitumen usw. Porenkörper sind Festkörper, die von Kanälen und Hohlräumen durchzogen sind, wie Bimsstein, bestimmte Schwämme usw.

---

[1] GREGOR, H. P. u. K. SOLLNER: J. physic. Chem. **50**, 53 (1946).

[2] Vgl. hierzu Membran Phenomena, Disc. Faraday Soc. **21** (1956); SOLLNER, K., S. DRAY, E. GRIM u. R. NEIHOF: Ion Transport across Membranes. New York 1954; KIRKWOOD, J. G.: Ion Transport across Membranes. New York 1954; TEORELL, T.: Progress of Biophysics. Bd. **3**, 305 (London 1953).

[3] MANEGOLD, E.: Kapillarsysteme. Bd. I. Heidelberg 1955.

Als Kennzeichen für beide Systeme kann man die von Materie entleerten oder besser entleerbaren Räume zwischen den festen Elementen, die Poren- oder Kapillarräume ansehen. Es läßt sich, wie Manegold[1] zeigte, eine vollständige Struktursystematik solcher Hohlräume aufbauen und Beziehungen zwischen ihrer Struktur und der der festen Strukturelemente herleiten. Meistens genügt es den Anteil der Poren am Gesamtvolumen, den Porenradius oder bei polydispersen Porensystemen die Größenverteilung der Poren oder auch nur den mittleren Porenradius zu kennen.

Bei Kapillarsystemen, die im trockenen Zustand existenzfähig sind, also etwa bei porösen Festkörpern oder festen Pulvern, ist das Porenvolumen grundsätzlich der Bestimmung zugänglich. Am einfachsten ist es, wenn die Dichte des Festkörpers bekannt ist. Aus der Raumerfüllung des gesamten Systems, die durch geometrische Vermessung, oder bei Pulvern, durch Bestimmung des Schüttvolumens vorgenommen werden kann, ist das Porenvolumen einfach zu ermitteln. Da das Gesamtvolumen die Summe von Poren- und Festvolumen ist, muß das Porenvolumen gleich Gesamtvolumen minus Gewicht/Dichte des reinen nichtporösen Festkörpers sein. Andere Methoden bestimmen das Gewicht, einmal des trockenen und ein anderes Mal des mit Wasser vollgesogenen Materials. Wenn eine Gasadsorption nicht stört, kann man die Methode des Volumenometers vermittels der Gasgesetze anwenden, oder die Menge des vom Körper verdrängten Flüssigkeitsvolumens bestimmen[2].

Der Porenradius ist absolut genommen meist nicht ohne weiteres bestimmbar, es sei denn, daß von den Systemen oder Körpern mikroskopische bzw. elektronenmikroskopische Aufnahmen ihrer Oberfläche oder ihrer Querschnitte möglich sind. In solchen Fällen ist es durch direkte Ausmessung relativ einfach, sowohl die mittleren Porenquerschnitte oder sogar deren statistische Verteilung zu ermitteln.

Bei Systemen, die sich von Flüssigkeiten durchströmen lassen, kann die Durchströmbarkeit, d. h. die mittlere Strömungsgeschwindigkeit entsprechend dem Hagen-Poiseuilleschen Gesetz als Kennzahl herangezogen werden. Allgemein gilt

$$dv/dt = \xi \, \frac{q \, \Delta p}{l \, \eta}$$

(Δp = Druckgefälle, l = Länge der Strömungsstrecke, η = Viskosität der Flüssigkeit, q = Querschnitt der Kapillare). ξ ist ein von der Form des kapillaren Querschnitts abhängiger geometrischer Faktor, bei kreisförmigen Querschnitten ist $\xi = 1/8\pi$, bei quadratischen, $\xi = 0{,}0351$, bei dreieckigen, $\xi = 0{,}02887$. Der mittlere Querschnitt mag dabei für viele Fälle als Kennzahl genügen. (Vielfach wird auch die „innere Oberfläche" auf diese Weise ermittelt[3].)

Eine Porenstatistik läßt sich bei Filtern — besonders bei Ultrafiltern — durch Bestimmung des Blasendrucks aufnehmen, bei dem gerade eine bestimmte beobachtbare Zahl von Blasen durch das Filter tritt[4]. Der Blasendruck, aus dem sich

---

[1] Vgl. Manegold: Kapillarsysteme, loc. cit.

[2] Vgl. dazu J. Boussinesq: C. R. hebd. Séances Acad. Sci. **159**, 390 (1914).

[3] Genaueres bei R. R. Sullivan u. K. L. Hertel in Advanc. Colloid Sci. Bd. I, New York 1942.

[4] Vgl. dazu G. Jander u. J. Zakowski: Membranfilter, Cella- und Ultrafeinfilter. Leipzig 1929.

nach Gl. (47.18) bzw. (50.4) der Radius der Pore berechnen läßt, wird mit einem Manometer gemessen. Zunächst treten nur an der größten Pore oder nur an einigen wenigen Bläschen auf, bei einer Druckerhöhung kommen jeweils einige hinzu, bis schließlich eine größere Zahl von Blasen austritt. Ihre Registrierung erfolgt zweckmäßigerweise auf photographischem Wege. Zahl der Blasen und gemessener Druck kann zueinander in Beziehung gesetzt werden, und da jedem Druck eine bestimmte Porengröße entspricht, daraus eine Porenstatistik aufgestellt werden.

Bei Filtern kann der Unterschied zwischen maximaler und durchschnittlicher Porengröße erheblich sein, bei den besten einheitlichen Gradocoll-Filtern soll das Verhältnis von maximaler zu durchschnittlicher Porengröße nicht mehr als 2:1 betragen.

Die kohärenten und inkohärenten durchströmbaren Systeme werden sehr häufig für Filtrationszwecke benutzt. Der Filtereffekt ist bereits bei Siebfiltern (Papier-, Fritten-, Membranfilter) noch nicht völlig aufgeklärt und wie bereits erwähnt, durchaus nicht immer eine eindeutige Funktion der Porenquerschnitte. Noch undurchsichtiger sind die Effekte bei Schichtfiltern (Sand, Kieselgurschüttungen, Schwermetalloxyde usw.). Hier spielt das Absetzen der abzufiltrierenden Substanz, die selbst eine „feinporöse“ Filterschicht in der Schüttung ausbildet, eine wesentliche Rolle. Neuerdings werden auch Strömungseffekte zur Deutung dieser Art Filter herangezogen[1].

Porenkörper besitzen dank ihrer großen „inneren“ Oberfläche ein erhebliches technisches Interesse zur Trennung und Reinigung von Gasen, als Adsorptionsmittel und als Katalysatoren für die heterogene Katalyse. Porenquerschnitte können dabei für die Kinetik der Prozesse von erheblicher Bedeutung sein[2].

Wenn inkohärente Kapillarsysteme — also pulverförmige Systeme, wie Quarzpulver, Sand oder ähnliches — mit einer Flüssigkeit durchtränkt werden, bilden sich Pasten aus, dasselbe kann man durch Konzentrierung verdünnter kolloider oder grober Dispersionen erreichen; Pasten sind somit nichts anderes als konzentrierte Dispersionen. Die Pasten sind, abgesehen von dem Interesse, das man ihnen aus technischen Gründen entgegenbringt, wegen ihrer Fließeigenschaften bedeutsam.

Das allgemeine Verhalten der Pasten läßt sich leichter verstehen, wenn wir etwas vorwegnehmen, was sich eigentlich erst aus der Analyse ihrer verschiedenen Erscheinungsformen ergibt. Es lassen sich nämlich Systeme, in welchen die Partikeln auch bei höchsten Konzentrationen selbständige von anderen abgrenzbare kinetische Einheiten bleiben, von solchen unterscheiden, in welchen sie aggregieren und zumindest kohärente „Bereiche“ bilden. Die nichtaggregierenden entsprechen den stabilen Solen oder Suspensionen — wobei nichts über die Art der Stabilisierung gesagt ist —, die aggregierenden Typen dagegen können mit den Koagulaten oder Agglomeraten größerer oder niederer Ordnung verglichen werden, oder aber auch bei entsprechender Struktur als Gele angesehen werden. Die Abgrenzung zwischen Porenkörper, Gel und Paste ist auch hier wieder nicht scharf anzugeben (vgl. dazu Abb. 5.1).

---

[1] Vgl. z. B. W. WIEDERHOLD: Gas- u. Wasser-Fach **95**, 658, 719 (1954).
[2] Vgl. dazu G. M. SCHWAB: Handbuch der Katalyse, insbesondere Bd. III und IV, Heterogene Katalyse, Wien 1943.

Der Strukturtyp „Koagulat" oder „Gel" wird natürlich durch die Anisometrie der aufbauenden Partikeln mitbestimmt.

Die Kraftwirkungen, welche für die Aggregation verantwortlich sein können, sowie die Hemmungen, die sich diesen entgegenstellen, sind gleichen Ursprungs wie die, welche bei der Stabilität von Dispersionskolloiden maßgebend sind (vgl. § 70). Für die Attraktionen zwischen den meist festen Partikeln sind VAN DER WAALSsche Kräfte verantwortlich zu machen, die aber eine sehr weitgehende Annäherung der Partikeln voraussetzen. Da die Partikeln meist auch als gleichgeladen anzusehen sind, wäre zu diskutieren, ob vor allem bei gröberen Partikeln aus Ionengittern, auch noch Dipol-Dipol-Wechselwirkungen in Frage kämen.

Tabelle 95.I. *Isometrische Partikeln (auch irregulärer Gestalt)*

	nicht aggregierende	aggregierende Part. ($< 10\,\mu$) *
Sedimentationsgeschwindigkeit	klein	groß[1]
Sedimentvolumen	klein	groß
Fließgrenze	keine Fließgrenze	Fließgrenze vorhanden
Fließverhalten	Dilatanz (in Verdünnung NEWTONsches Fließen)	Thixotropie, mit plastisch-flüssigen oder plastischen Eigenschaften[2] (in Verdünnung nicht-NEWTONsches Fließen)
Plastizität	nicht plastisch verformbar	plastisch verformbar
Struktur	dichte Kugelpackungen	Bildung von Raumnetzen Übergang zu den Gelen

* Bei dichten Aufschlämmungen genügt ein Verdünnen mit Dispersionsmittel und Absitzenlassen in Schlämmzylindern (vgl. § 33).

Als Hemmungen kommen bei wässerigen Dispersionsmedien elektrische Aufladungen und Solvatationen, bei nichtwässerigen praktisch nur die Solvatation in Frage, mitwirken können in beiden Fällen Hüllen oder Filme besonderer Schutzsubstanzen. Konzentration, Partikelgröße und -gestalt, Attraktionen zwischen ihnen und zwischen ihnen und dem Dispersionsmittel mögen schließlich die Eigenschaft des Gesamtsystems bestimmen, in welcher Weise, zeigt eine Gegenüberstellung ihrer Eigenschaften in Tab. 95.I, die allerdings nur qualitative Merkmale aufführen kann (vgl. auch Abb. 95.1).

Worauf die in der Tabelle aufgeführten Eigenschaften zurückzuführen sind, ist leicht einzusehen. Selbständige kleine Partikeln sedimentieren unter dem Einfluß der Schwere mit der ihnen eignen meist geringen

---

[1] Nach H. FREUNDLICH und A. D. JONES: J. physic. Chem. **40**, 1217 (1936), werden bei größeren Partikeln ($> 10\,\mu$) die Unterschiede im Sedimentations- und Fließverhalten immer kleiner.

[2] Terminologie nach J. H. BURGERS und G. W. SCOTT BLAIR: Report on the Principles of Rheological Nomenclature (Amsterdam 1949, S. 11, 15, 28).

Sedimentationsgeschwindigkeit, größere Aggregate und Koagulate sedimentieren erheblich rascher. Erstere können sich wie „glatte" Kugeln zu dichten Packungen absetzen, die loseren unregelmäßigen strukturierten „Flocken" beanspruchen ein größeres Sedimentvolumen[1]. Während für isometrische Partikeln noch einigermaßen Vergleichs- und Unterscheidungsmöglichkeiten bezüglich ihres Aggregationsvermögens bestehen, gilt das für anisometrische Partikeln nicht mehr. Ob es sich um starre oder flexible Partikeln handelt, ist ziemlich unwesentlich, in beiden Fällen ist die Möglichkeit der Verfilzung und Verkettung, d. h.

der Ausbildung von Netzstrukturen maßgeblich für ihr Verhalten. So bilden Systeme mit anisometrischen Partikeln bei sehr viel geringeren Konzentrationen plastische Massen als solche mit kugelförmigen; eine Eigenschaft, die sich verstehen läßt, wenn man ihre größere Fähigkeit zur Bildung von Gelen berücksichtigt (vgl. § 90 und § 91).

Bezeichnend für alle diese Systeme ist ihr Fließverhalten. Die sog. *Dilatanz* wurde von FREUNDLICH und JONES[2] am eindrucksvollsten bei Quarzsuspensionen in *reinem* Wasser demonstriert. Bei 44% Quarz erscheint das System als flüssig; geringer

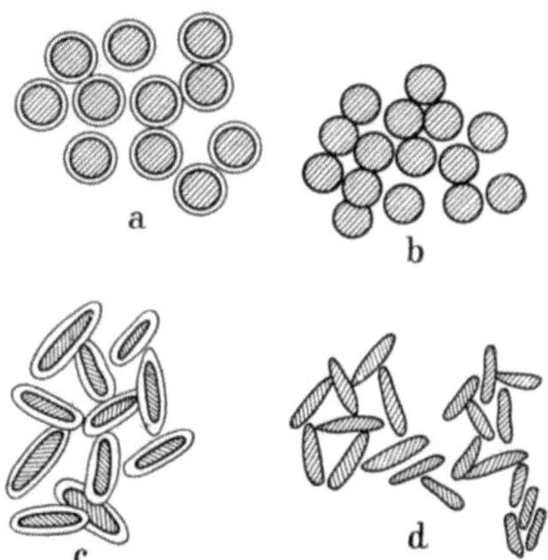

Abb. 95.1. Paste (schematisch) mit isometrischen Partikeln. (oben a) nicht aggregierend, b) aggregierend; mit anisometrischen Partikeln (unten) c) nicht aggregierend d) aggregierend

Spateldruck oder der Versuch, zu rühren, genügt, um es zu fester widerstandsfähiger Masse erstarren zu lassen (Fußstapfeneffekt in nassem flüssig erscheinendem Sand, dieser wird beim Drauftreten hart und erscheint trocken!). Dabei nimmt das Gesamtvolumen zu. Zum Fließen müßte im ersten Augenblick eine Reihe von Partikeln aus der dichten Packung heraustreten, das gegenseitige Verkeilen in der Packung hindert sie daran aber um so mehr, je größer die Scherkräfte werden. Bei kleinen Scherungen fließt die Paste normal, es gibt keine Fließgrenze, unterhalb welcher das Fließen aufhört.

Das Auftreten einer *Fließgrenze* ist typisch für Systeme mit mehr oder weniger miteinander verknüpften Partikeln, die an sich den Gelen zuzurechnen wären, doch wegen ihrer äußeren Erscheinungsform nicht als solche anzusehen sind. Wie dort müssen Haftstellen zwischen den Partikeln zerstört werden, ehe ein Fließen einsetzen kann. Die Fließgrenze ist geradezu ein Test für das Vorhandensein von Wechselwirkungen zwischen den Partikeln. Abb. 95.2 stellt schematisch dar, wie sich das bei

---

[1] Bei dichten Aufschlämmungen genügt ein Verdünnen mit Dispersionsmittel und Absitzenlassen in Schlämmzylindern (vgl. § 33), um dies festzustellen.

[2] FREUNDLICH, H. u. A. P. JONES: J. physic. Chem. **40**, 1217 (1936).

einer Messung des Fließverhaltens äußert; mit steigender äußerer Scherung — erzeugt etwa durch einen COUETTE-Apparat oder Durchflußrohr — bleibt das System zunächst in Ruhe, beim Überschreiten einer Grenze beginnt es jedoch zu fließen wie jede andere Flüssigkeit; ob sich diese Flüssigkeit dann normal verhält oder Besonderheiten zeigt, ist wieder ein Kapitel für sich (vgl. dazu die Lehrbücher der Rheologie).

Das Merkmal der Fließgrenze ist nichts anderes als der physikalisch exakte Ausdruck einer bekannten alltäglichen Erscheinung; der Formbarkeit oder Plastizität gewisser Körper durch äußere Einwirkung. Die bekannten plastischen Massen sind Töpferton, Modelliermasse, Glaserkitt, Plastilin, alle Arten von Brot- und Kuchenteig, Mörtel und Beton,

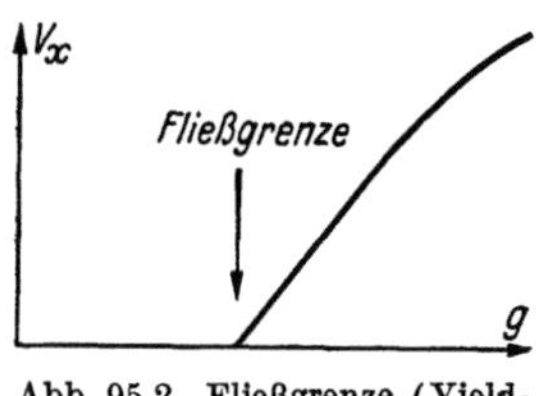

Abb. 95.2. Fließgrenze (Yieldvalue) g = Scherkraft, v_x = Fließgeschwindigkeit

sie lassen sich durch viele weitere Beispiele ergänzen. Diese Massen behalten ihre Form, wenn nur geringe Scherkräfte wirken — ein vorsichtiges „Anfassen" richtet nicht viel Schaden an —, bei stärkeren Einwirkungen geben sie allerdings unter Aufgabe der Form nach.

Auch die besonderen Eigentümlichkeiten des Fließverhaltens wie Thixotropie — sowohl mit plastisch-flüssigen als auch mit plastischen Eigenschaften, die je nach dem vorliegenden System beobachtet werden — sind nur bei Ausbildung besonderer Aggregationen denkbar, das gleiche gilt für die *Rheopexie* (vgl. § 91).

Wie ein Sol koaguliert oder ein Koagulat peptisiert werden kann, können die Pasten vielfach von der einen in die andere Form umgewandelt werden, nur ist dies nicht so augenfällig wie bei den verdünnten Systemen und erst durch ihr Fließverhalten festzustellen. Stabile, nicht aggregierende wässerige Pasten werden durch Elektrolyte „entladen" und desolvatisiert, evtl. auch durch Bildung von Verbindungen verändert (Ca-Bindung von silikatischen Pasten wie Ton, Ackerboden usw.). Sie enthalten dann koagulierte Partikeln. Umgekehrt lassen sich aggregierte Partikeln durch „Peptisation" infolge Adsorption aufladender Ionen, Dissoziation ionisierbarer Gruppen unter besonderer Schutzfilmbildung in stabile kinetische Einheiten umwandeln. In organischen apolaren Dispersionsmitteln ist beispielsweise die Schutzfilmbildung durch Seifen oder anderen grenzflächenaktiven Substanzen ein bewährtes Verfahren zur Desaggregation.

Die Eigenschaften, welche Pasten als Dispersionen annähernd isometrischer Teilchen in hoher Konzentration erlangen, werden von Systemen mit stark anisometrischen Partikeln bereits bei so niedriger Konzentration erreicht, daß dafür der unserer Definition entsprechende Begriff nicht mehr anwendbar ist. Hierfür geben die Suspensionen einiger Tonmineralien, besonders der Bentonite, das beste Beispiel. Bereits relativ kleine Konzentrationen genügen, um aus ihnen pasteuse Massen oder auch Gele[1] entstehen zu lassen.

---

[1] Vgl. dazu U. HOFMANN: loc. cit., S. 695.

Sehr eindrucksvoll ist die Umwandlung einer „nichtaggregierten" in eine „aggregierte" Paste, die KRUYT und Mitarbeiter[1] untersucht haben. Ein flüssiges System mit polaren Partikeln (Stärke) in einem nichtpolaren Dispersionsmittel (Xylol) wandelt sich in eine feste Masse um, wenn relativ geringe Mengen einer polaren Flüssigkeit (Wasser, 12%) zugegeben werden; das gleiche geschieht mit nichtpolaren Partikeln (Kohle) in einem polaren Dispersionsmittel (Wasser) bei Zugabe von wenig nichtpolarer Flüssigkeit (Xylol, 5%). Die Affinität der zugegebenen Substanz zu den jeweiligen Partikeln führt zur Ausbildung von Solvathüllen, die in der Lage sind, mehrere Partikeln miteinander zu verkleben, so daß eine steife Paste entsteht.

§ 96. Feste disperse Systeme

Die festen dispersen Systeme sind sehr verbreitet, bestehen doch genauer betrachtet die oberflächlichen Gesteinsschichten der Erde aus Materiegemischen, deren Zusammensetzung an Mannigfaltigkeit wohl kaum noch zu übertreffen ist. In ihnen sind viele grobe Diskontinuitäten erkennbar, doch ebenso viele feine vorhanden, wenn auch nicht ohne weiteres festzustellen und meist auch noch nicht beschrieben. Doch auch bei der festen Materie, die der Mensch zur Herstellung seiner Gegenstände verwendet, sind disperse Systeme häufig anzutreffen; Baumaterialien, Tonwaren, Keramiken und Gläser, viele Fasern und Kunststoffe sind die bekanntesten Beispiele dafür. Bei den als solche erkannten Gemischen fein zerteilter Materie verschiedener Zusammensetzung ist nur wenig darüber bekannt, wie weit sie auch als wirklich *kolloide* Systeme anzusehen sind. Mehr weiß man über die Struktureigentümlichkeiten, die in Systemen aus reinen Stoffen auftreten, vor allem wenn es sich um Makromoleküle handelt.

Nun kommt man an dieser Stelle bereits in gewisse Definitionsschwierigkeiten, wenn man Kriterien für feste kolloide Systeme aufstellen soll. Es bleiben zwar die klassischen Erkennungsmerkmale der *willkürlich* festgelegten Dimensionen — z. B. 1 mμ bis 200 mμ —, doch ist es zunächst überhaupt unsicher, woran ein Maßstab anzulegen ist. Partikeln im Sinne kinetischer Einheiten gibt es in festem Zustand nicht, allenfalls sind Bereiche vorhanden, die sich durch ihre *Struktur* von ihrer Umgebung unterscheiden. Ebenso fragwürdig ist der Begriff der Grenzfläche und der damit zusammenhängenden Erscheinungen, da die Begrenzung solcher Bereiche nicht scharf, sondern verwaschen sein kann. Man kommt in solchen Fällen von einem Bereich bestimmter Struktur allmählich in einen anderen einer anderen Struktur, ohne daß sich genau angeben läßt, an welcher Stelle der Strukturwechsel eigentlich stattfindet. Das einzige Kriterium für den dispersen Zustand könnte in den thermodynamischen Definitionen des § 22 u. 63 gesehen werden, die theo-

---

[1] KRUYT, H. R. u. F. G. VAN SELMS: Recueil Trav. chim. Pays-Bas **62**, 407, 416 (1943).

retisch auf *alle* Mischungen anwendbar sind. Damit ist praktisch nicht viel gewonnen, denn Äußerungen kolloider Einheiten, wie die des osmotischen Drucks oder der Quellung, ihre optischen Effekte usw. (vgl. Kap. II), die in flüssigen oder gasförmigen Dispersionsmedien analog sind, kann es in festem Zustand nicht geben. Allenfalls können Veränderungen an der Grenze des Existenzgebiets des festen Zustands — etwa beim Schmelzen — auftreten, doch überschreitet man damit bereits den Zustand, der eigentlich interessiert, außerdem dürften die dabei zu erwartenden Effekte außerordentlich klein sein und kaum festgestellt werden können.

Allein in der Feinstruktur und im mechanischen Verhalten (Festigkeit, Elastizität, Plastizität usw.) derartiger Festkörper sind Zusammenhänge mit der dispersen, insbesondere kolloider Natur, zu erkennen und auch annähernd quantitativ zu fassen.

Dies wird am besten am bereits erwähnten Beispiel der Zellulosefasern klar. Diese bilden Bündel von makromolekularen Fäden verschiedener Länge. Abb. 96.1 gibt ein Beispiel dafür, mit welchen Möglichkeiten ihrer Struktur gerechnet werden kann (Erklärung bei der Bildunterschrift). Eine Auffassung geht dahin, wie in Abb. 91.1b, sie so anzusehen, als ob sie im ausgereckten Zustand teils zu kristallinen, teils zu mindergeord-

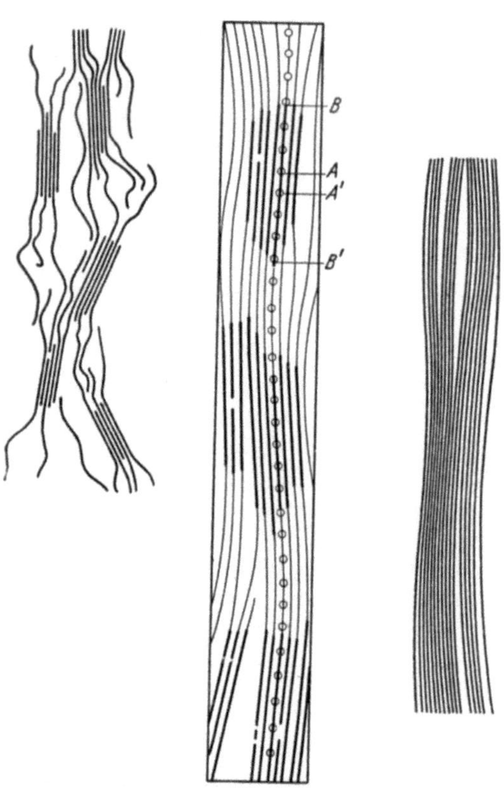

Abb. 96.1. Darstellung der Modelle einer gequollenen Faser (links) mit nicht durchgehenden Fadenmolekülen und einer reinen Faser, beide mit kristallinen Bereichen (*A A'* Identitätsperiode, *B B'* Ausdehnung des Bereichs). Rechts Faser mit durchgehenden Fasermolekülen wechselnder seitlicher Ordnung. Entn. aus STUART: Die Physik d. Hochpolymeren, Bd. III. Berlin 1957, S. 193

neten Bereichen zusammengefaßt sind, wobei jeder der Bereiche als Gebiet besonderer Struktur angesehen werden kann, die zusammen ein kolloides System bilden. Die Bereiche besitzen aber keine Eigenständigkeit, das dominierende Element ist der makroskopische Faden, der *beide* durchzieht und Grobstruktur und andere physikalische Eigenschaften bestimmt, er ist verantwortlich dafür, daß überhaupt eine Faser entsteht. Die kristallinen Bereiche allerdings, wo zwischen den einzelnen Makromolekülen eine besonders feste Bindung vorhanden sein sollte, bestimmen die Festigkeit des Fadens gegen Beanspruchung durch Zerreißen. Nun kann zwar ein disperses System konstruiert werden, in welchem die kristallinen Bereiche durch ihre Zahl, jeder der Bereiche durch Zahl der Nebenvalenzbindungen und eine Größe des Bereichs angegeben werden kann, wie es Abb. 96.1a u. b zeigt. Ebenso kann das System aber durch eine Ordnungs-Unordnungs-Relation beschrieben werden, die wie in Abb. 96.1c auf individuelle „Bereiche" verzichtet, besonders wenn man die Möglichkeit einer Parakristallinität („verwackelter" Gitter) berücksichtigt[1].

Zur Zeit neigt man wohl berechtigterweise dazu, der Theorie der kristallinen (oder quasikristallinen) Bereiche den Vorzug zu geben[2]. Wenn auch vernünftige Zahlen für die Größe solcher Bereiche angegeben werden können (für Zellulose etwa $3 \cdots 5 \; m\mu$), scheinen die Grenzen hier noch verwaschener zu sein als sie im allgemeinen im Bereich der Kolloidchemie zu sein pflegen.

Die Individualität der dispersen Einheiten bezieht sich nämlich hier auf einen dispersen Zustand — nämlich die Kristallinität der Bereiche —, ohne daß die Grenze der Individualität mit einer materiellen Begrenzung selbst zusammenfällt. Der makromolekulare Faden zieht sich durch die verschiedenen Zustände hindurch, ohne daß seine intramolekularen Bindungen dadurch beeinflußt werden. Bei der Ausbildung der eigentlichen Struktur durchdringen sich Molekül und Ordnung des Moleküls in komplizierter Weise; man kann sogar davon sprechen, daß sich hier die Begriffe durchdringen.

Wesentlich ist, daß die Ausbildung solcher „übermolekularen Strukturen" oder „Überstrukturen", wie sie genannt werden, ganz überwiegend bei Makromolekülen auftreten und aus diesem Grund ein Gegenstand der Erforschung der makromolekularen Festkörper ist[3]. Bestimmung der Überstrukturen erfolgt meist mit Hilfe von Röntgenmethoden, doch ist auch versucht worden, die nichtkristallinen Bereiche auf andere Weise zu kennzeichnen; durch ihre geringere Dichte sind sie für chemische Reagentien zugänglicher als die kristallinen Bereiche. Aus der Menge solcher darin eingelagerter Substanzen lassen sich Rückschlüsse auf Menge, Größe usw. des nichtkristallinen Bereichs ziehen. Die bei fadenförmigen Makromolekülen noch relativ einfach zu erkennende Überstruktur ist um so schwieriger erkennbar, je komplizierter und unübersichtlicher die Struktur des Festkörpers selbst wird. Bei Netzstrukturen, wie sie in Gläsern, festen Kunststoffen usw. auftreten, wird man sie u. U. nur in besonderen Fällen, z. B. bei Einwirkung äußerer Kräfte, die eine partielle Orientierung hervorrufen können, feststellen und deuten können.

Es gibt eigentlich nur einen wirklich einfachen und eindeutigen Fall fester kolloider Systeme; das sind die sog. *Vitreosole*, in denen in einem optischen durchlässigen festen Dispersionsmittel Partikeln oder „Strukturbereiche" einer zweiten Substanz eingebettet sind. Klassisches Beispiel hierfür ist das altbekannte Rubinglas, welches kolloide Goldpartikeln enthält. Es ist ein erstarrtes Sol, welches durch die außerordentlich große Viskosität seines Dispersionsmittels, das keine Partikelbewegungen zuläßt, stabil sein muß. Von diesem Vorbild lassen sich beliebige Vari-

---

[1] Vgl. HOSEMANN: loc. cit., S. 282; KRATKY, O. u. G. POROD, in H. A. STUART: Ordnungszustände und Umwandlungserscheinungen in festen hochpolymeren Stoffen. Berlin 1955. S. 192ff.

[2] Vgl. dazu Marburger Diskussionstagung „Fester Zustand hochpolymer Körper", Kolloid-Z. **120**, 1 (1951) und folgende.

[3] Vgl. dazu H. A. STUART: Ordnungszustände und Umwandlungserscheinungen in festen hochpolymeren Stoffen. Berlin 1955.

ationen herstellen. Im Moment, wo dieses Vorbild verlassen wird und Systeme mit undurchsichtigen Einbettungsmitteln Gegenstand der Untersuchung sind, komplizieren sich die Verhältnisse erheblich. Hier helfen nur röntgenographische oder andere spezielle Methoden weiter, deren Auswertung in keinem Falle einfach ist[1].

Hier beginnen sich darum wieder die Grenzen zu verwischen, vor allem taucht die Frage nach der Zweckmäßigkeit einer Betrachtungsweise nach den Gesichtpunkten der Kolloidchemie in aller Dringlichkeit auf. Da bei den festen Systemen noch ein weites Feld vorhanden ist, das noch einiger Aufklärung bedarf, wozu die speziellen theoretischen und experimentellen Methoden weniger der physikalischen Chemie — und damit auch der Kolloidchemie — als der Festkörperphysik notwendig sind, scheint es richtig zu sein, an dieser Stelle die Grenze zu ziehen. Die Festkörperphysik möge in Zukunft zeigen, ob diese Entscheidung richtig war oder nicht.

---

[1] Vgl. STUART: loc. cit., S. 711.

Anhang

I. Thermodynamik

Definitionen und thermodynamische Funktionen

Die speziellen thermodynamischen Gesetze werden auf zwei Grundprinzipien, die zwei Hauptsätze der Thermodynamik, zurückgeführt. Sie sind Erfahrungssätze und als solche nicht beweisbar.

1. Hauptsatz: Ist die einem abgeschlossenen System zugeführte Wärme Q und zugeführte Arbeit A, so ist die Änderung der inneren Energie ΔU unabhängig vom Wege, auf dem A und Q zugeführt und gleich der Summe beider Größen.

$$\Delta U = A + Q. \tag{I.1}$$

Dem System zugeführte Wärme und Arbeit werden *positiv*, vom System abgegebene Wärme und geleistete Arbeit *negativ* gerechnet. Arbeit und Wärme sind ineinander umwandelbar, die numerischen Maße von Arbeit und Wärme sind verschieden, zur Umrechnung dienen Umrechnungsfaktoren. Für infinitesimale Änderungen gilt

$$dU = \delta A + \delta Q. \tag{I.1a}$$

2. Hauptsatz: Natürliche Prozesse laufen nur in Richtung auf einen Gleichgewichtszustand ab. Ein „von selbst" ablaufender Vorgang ist immer irreversibel. Reversible Vorgänge sind nur bei währendem Gleichgewicht (infinitesimale Änderungen) möglich, doch treten sie in der Natur nicht auf. Wird als Maß der Irreversibilität die Entropie S des Systems eingeführt, so ist die Änderung der Entropie ΔS eines reversiblen Prozesses Null, wenn die Umgebung des Systems mit berücksichtigt wird. Die Änderung der Entropie im System selbst ist beim reversiblen Prozeß

$$dS_{\mathrm{rev.}} \equiv \delta Q_{\mathrm{rev.}}/T. \tag{I.2}$$

Bei natürlichen Vorgängen ist immer $\Delta S > 0$ und im System $dS_{\mathrm{irr.}} > \delta Q_{\mathrm{irr.}}/T$. Natürliche Vorgänge verlaufen immer in Richtung einer Entropiezunahme[1].

Reversible isotherme Prozesse

Für reversible isotherme Prozesse gilt unter Zusammenfassung der Gln. (1a) und (2) für infinitesimale Änderungen

$$dU = T\,dS + \delta A \tag{I.3}$$

und für endliche Änderungen

$$\Delta U = T\,\Delta S + \Delta A. \tag{I.3a}$$

Zustandsfunktionen und Zustandsvariabeln

Die Änderung der dem System zugeführten Arbeit kann sehr verschiedener Art sein, z. B. Druck — Volumen —, Arbeit, elektrische Arbeit, chemische Arbeit,

---

[1] Von GUGGENHEIM (Thermodynamics, loc. cit.) wird als Nulltes Prinzip der Thermodynamik folgender Satz formuliert: Sind zwei Systeme in thermisch leitendem Kontakt und mit einem dritten im thermischen Gleichgewicht, sind sie auch untereinander im thermischen Gleichgewicht.

Grenzflächenarbeit. Will man dU als totales Differential von der Form

$$dU = \left(\frac{\partial U}{\partial x}\right)_{y,z} dx + \left(\frac{\partial U}{\partial y}\right)_{x,z} dy + \left(\frac{\partial U}{\partial z}\right)_{x,y} dz + \cdots \qquad (\text{I.4})$$

darstellen, so sind für die Koeffizienten $(\partial U/\partial x)$ Koordinaten zu finden, die eine entsprechende physikalische Bedeutung haben. Aus Gl. (3) ergibt sich $(\partial U/\partial S) = T$, so daß nur noch δA in bestimmte Arbeitsbeträge aufzuteilen bleibt. Für eine Volumenänderung bei konstanter Temperatur gilt:

$$\left(\frac{\partial U}{\partial V}\right)_T = -p. \qquad (\text{I.5})$$

Für ein System, das nur Druck - Volumen - Arbeit zuläßt, gilt daher

$$dU = T\,dS - p\,dV. \qquad (\text{I.6})$$

Kann sich die stoffliche Zusammensetzung bei einem Prozeß ändern, so definiert man

$$\left(\frac{\partial U}{\partial n_i}\right)_{S,V,n_i} \equiv \mu_i \qquad (\text{I.7})$$

nach GIBBS als chemisches Potential, wenn n_i die Molzahl (= Gewicht/Molekulargewicht) der i-ten Substanz bedeutet. Es gilt daher für Systeme mit i Substanzen

$$dU = T\,dS - p\,dV + \sum_i \mu_i\,dn_i. \qquad (\text{I.8})$$

Intensive Eigenschaften nennt man solche, die sich mit der Masse eines Stoffs nicht ändern, wie z. B. Dichte, Druck, Temperatur, chemisches Potential usw. Extensive Eigenschaften sind mit der Masse veränderlich, wie Volumen, Entropie, Molzahl, Energie. Die unabhängigen Variablen des Systems können sowohl intensive als auch extensive Größen sein. Phasen siehe Definition S. 21.

Die innere Energie U ist als thermodynamische Funktion nicht die zweckmäßigste, es werden daher noch folgende Funktionen verwendet:

1. Enthalpie (Heat Function):

$$H \equiv U + p\,V. \qquad (\text{I.9})$$

2. Freie Energie nach HELMHOLTZ:

$$F \equiv U - TS. \qquad (\text{I.10})$$

3. Freie Energie nach GIBBS = Freie Enthalpie (GIBBS Function)

$$G \equiv U - TS + p\,V = F + p\,V = H - TS. \qquad (\text{I.11})$$

Differentiation und Ersatz von dU nach Gl. (8) ergibt

$$dF = -S\,dT - p\,dV + \sum_i \mu_i\,dn_i \qquad (\text{I.12})$$

$$dH = T\,dS + V\,dp + \sum_i \mu_i\,dn_i \qquad (\text{I.13})$$

$$dG = -S\,dT + V\,dp + \sum_i \mu_i\,dn_i. \qquad (\text{I.14})$$

(Die Funktionen U, F, H und G heißen thermodynamische Potentiale).

Von diesen Funktionen bietet G für die Behandlung von Prozessen, die bei konstantem Druck ablaufen (isobare Prozesse) die größten Vorteile. Bei isobaren Vorgängen ist $dp = 0$ und

$$dG = -S\,dT + \sum_i \mu_i\,dn_i \qquad (\text{I.15})$$

bei isobaren, isothermen Prozessen

$$dG = \sum_i \mu_i\,dn_i. \qquad (\text{I.16})$$

Sämtliche Größen lassen sich bei der Wahl der Funktion $G\,(T,\,P,\,n_i)$ durch G und $T,\,P$ und n_i ausdrücken, es gilt:

$$S = -\frac{\partial G}{\partial T}\,; \quad H = G - T\,\frac{\partial G}{\partial T}\,; \quad V = \frac{\partial G}{\partial p}\,; \quad F = G - p\,\frac{\partial G}{\partial p}\,;$$

$$U = G - T\,\frac{\partial G}{\partial T} - p\,\frac{\partial G}{\partial p}\,; \quad \mu_i = \frac{\partial G_i}{\partial n_i}\,. \tag{I.17}$$

Jede der Gln. (6), (9), (10), (11) läßt sich integrieren, am wichtigsten ist die Integration nach dn_i. Ist T und p konstant und variiert n_i mit einer n_i selbst proportionalen Änderung $d\xi$, so ist $dT = 0$; $dP = 0$; $dn_i = n_i\,d\xi$. Die Stoffmenge n_i hat sich dann im Verhältnis $(1 + d\xi)/1$ geändert, ohne daß μ_i wie auch alle anderen intensiven Eigenschaften verändert worden sind. Die extensiven Eigenschaften haben um $d\xi$ zugenommen, es gilt also

$$d\mu_i = 0\,; \quad dS = S\,d\xi\,; \quad dV = V\,d\xi,$$

daher ist nach Gl. (6)

$$U\,d\xi = \left(TS - PV + \sum_i \mu_i\,n_i\right) d\xi\,. \tag{I.18}$$

Integration von Null bis 1 ergibt

$$U = TS - PV + \sum_i \mu_i\,n_i \tag{I.19}$$

oder mit Gl. (14)

$$G = \sum_i \mu_i\,n_i\,. \tag{I.20}$$

Gibbs-Duhem-Gleichung

Wird Gl. (20) differenziert, erhält man

$$dG = \sum_i \mu_i\,dn_i + \sum_i n_i\,d\mu_i, \tag{I.21}$$

wird von dieser Gleichung Gl. (14) subtrahiert, ergibt sich

$$dG = S\,dT - V\,dP + \sum_i n_i\,d\mu_i = 0, \tag{I.22}$$

die für konstanten Druck und Temperatur lautet

$$\sum_i n_i\,d\mu_i = 0\,.$$

Zusammensetzung einer Phase

Die Zusammensetzung einer Phase kann durch Angabe der Molzahlen n_i bestimmt werden, die n_i sind extensive Größen. Man kann aber auch die intensive Größe des Molenbruchs x_i verwenden, wobei gilt

$$x_1 = \frac{n_1}{n_1 + n_2 + \cdots}\,; \quad x_2 = \frac{n_2}{n_1 + n_2 + \cdots}\,; \quad x_i = \frac{n_i}{\sum_i n_i} \tag{I.24}$$

Gleichgewichtsbedingungen

Jede infinitesimale Änderung eines Systems, die reversibel sein soll, kann nur im Gleichgewichtszustand vor sich gehen. Verliefe sie nicht beim Gleichgewicht, so wäre die Änderung in Richtung vom Gleichgewicht weg erzwungen, die umgekehrte Änderung auf das Gleichgewicht zu verliefe jedoch freiwillig, mithin kann die rücklaufende Änderung nicht die genaue Umkehrung der hinlaufenden sein und ist daher auch nicht reversibel. Es gilt daher immer Gl. (2). Aus den Gln. (8), (12), (13) und (14) kämen daher folgende Gleichgewichtsbestimmungen zustande: Für Systeme ohne Wärmeaustausch — die adiabatischen Systeme — ist bei konstantem Volumen

$$dU = 0\,; \quad dV = 0\,; \quad dS = 0, \tag{I.25}$$

bei konstantem Druck

$$dH = 0, \quad dP_\alpha = 0; \quad dS = 0. \ast \qquad (I.26)$$

Für Systeme mit Wärmeaustausch — isotherme Systeme — ist bei konstantem Volumen und konstanter Temperatur

$$dF = 0; \quad dV = 0; \quad dT = 0, \qquad (I.27)$$

bei konstantem Druck

$$dG = 0; \quad dP_\alpha = 0; \quad dT = 0. \qquad (I.28)$$

Für Mischphasen gilt entsprechend Gl. (28) unter Berücksichtigung von (16) die Gleichgewichtsbedingung

$$\sum_i \mu_i \, dn_i = 0. \qquad (I.28a)$$

Da spontane Änderungen immer in Richtung auf das Gleichgewicht verlaufen, muß unter Berücksichtigung von Gl. (2a) und (3) gelten, daß bei konstantem U und V oder H und P im Gleichgewicht

$$F \ \text{ein } \textit{Maximum}$$

sein muß, wie bei konstantem P und V

$$F \ \text{ein } \textit{Minimum}$$

und bei konstantem T und P

$$G \ \text{ein } \textit{Minimum}$$

sein muß.

Allgemeine Gasgleichung

Der Zusammenhang zwischen Druck, Volumen und Temperatur eines Gases kann durch ein Polynom folgender Form dargestellt werden:

$$V = \frac{n\,RT}{P} + B + CP, \qquad (I.29)$$

worin R die Gaskonstante $= P_0 V_0 / T_0 = 8{,}3144 \cdot 10^7$ erg/Grad/Mol ($= 1{,}9872$ cal/Grad/Mol $= 0{,}082054$ Liter Atmosph./Grad/Mol) bedeutet. Das Glied CP ist bei niedrigen Drucken meist vernachlässigbar klein. B ist temperaturabhängig und hat die Dimension eines Volumens. B heißt der zweite C, der dritte Virialkoeffizient.

Für ideale Gase — die in Wirklichkeit nicht existieren — ist $B = 0$ und

$$VP = n\,RT. \qquad (I.30)$$

Wird als Standardzustand willkürlich ein Druck P_0 gewählt, so kann die freie molare Enthalpie für den Druck P nach Gl. (7) angegeben werden, es ist:

$$V = \frac{\partial G}{\partial P} = \frac{n\,RT}{P} + B.$$

Wird zwischen den Grenzen P und P_0 integriert, ergibt sich

$$\Delta G = G - G_0 = n\,RT \ln (P/P_0) + B\,(P - P_0).$$

Wird G/n als $\mu\ast\ast$ und G_0/n als μ_0 bezeichnet, wird daraus

$$\mu = \mu_0 + RT \ln (P/P_0) + B\,(P - P_0) \qquad (I.31)$$

und für ein ideales Gas

$$\mu = \mu_0 + RT \ln (P/P_0). \qquad (I.32)$$

In gleicher Weise erhält man für die molare Entropie (s. S. 100)

$$S_m = S/n = \partial S/\partial n = \partial^2 G/\partial T\,\partial n = \partial \mu/\partial T = -\,\partial \mu_0/\partial T + RT \ln (P/P_0). \qquad (I.32a)$$

---

* P_α ist der Druck einer Phase α in einem Mehrphasensystem.

** Bei einem reinen Stoff ist $\partial G/\partial n = G/n$, da sich die Zusammensetzung bei Zugabe von n nicht ändert.

Absolute Aktivität

Für Gleichgewichte aller Art wird von Fowler und Guggenheim[1] eine Größe definiert, die als absolute Aktivität bezeichnet wird, sie hängt mit dem chemischen Potential auf folgende Weise zusammen

$$\mu \equiv RT \ln \lambda. \tag{I.33}$$

Das hat z. B. den äußerst wichtigen Vorteil, daß man für jedes beliebige nicht ideale Gas zu einem Ausdruck der Gl. (32) kommt. Definiert man eine Größe

$$P_i^* = \text{const } \lambda_i,$$

so ist

$$\mu_i = RT \ln \lambda_i = RT \ln P_i^* - RT \ln \text{const},$$

aber auch

$$\mu_{0i} = RT \ln \lambda_{0i} = RT \ln P_{0i} - RT \ln \text{const},$$

daraus folgt

$$\mu_i = \mu_{0i} + RT \ln (P_i^* / P_{0i}) \tag{I.34}$$

die Größe P_i^* heißt Fugazität des Gases und ist für kleine Drucke gleich dem Gasdruck (genauer: $P_i^*/P \to 1$ für $P \to 0$).

Aus der Thermodynamik mehrphasiger Systeme mit einer Komponente

Ein reiner Stoff kann in mehreren festen Modifikationen als Flüssigkeit und als Dampf vorkommen. Jeder Erscheinungszustand ist eine Phase und in jeder Phase gelten die für Einphasensysteme hergeleiteten Beziehungen. Eine thermodynamische Zustandsfunktion eines Mehrphasensystems ist gleich der Summe der Zustandsfunktionen der einzelnen Phasen. Z. B. ist für die Phasen $1 - k$

$$dG = - \sum_k S_k \, dT_k + \sum_k V_k \, dP_k + \sum_k \sum_i \mu_{ki} \, dn_{ki} \tag{I.35}$$

wobei sich der Index k auf jede einzelne Phase bezieht. Sind die Phasen miteinander im Gleichgewicht, so gilt wegen Gl. (28) bei konstantem Druck und Temperatur

$$\sum_k \sum_i \mu_{ki} \, dn_{ki} = 0. \tag{I.36}$$

Hieraus ergibt sich sofort, daß zwischen der Zahl k der Phasen, der Zahl i der Komponenten und der frei verfügbaren Zahl f der Variablen dn_{ki} eine Beziehung besteht: die Gibbssche Phasenregel. Sie lautet:

$$k + i = f + 2. \tag{I.37}$$

Die Zahl 2 ist hinzuzufügen, wenn sich das System nicht bei konstanten Temperaturen und Drucken befindet. In Systemen mit einer Komponente ist ($pT = \text{konst}$)

$$\sum_k \mu_k \, dn_k = 0.$$

Ist die Gesamtmenge der Komponenten konstant, also $\sum_k dn_k = 0$ so ist $\mu_1 = \mu_2 = \cdots \mu_k$. Die chemischen Potentiale des Stoffes in den einzelnen Phasen sind gleich. Für das Gleichgewicht Flüssigkeit-Dampf folgt daraus $\mu_{fl} = \mu_D$. Da für eine reine Phase die molaren Größen entsprechend Gl. (18.21) verwendet werden können, ist $\mu_{fl} = \overline{G}_{fl}$ und $\mu_D = \overline{G}_D$; aus diesem Grunde gilt auch mit $\overline{G} = H - T\overline{S}$:

$$\overline{H}_{fl} - T\overline{S}_{fl} = \overline{H}_D - T\overline{S}_D \tag{I.38}$$

und

$$T(\overline{S}_{fl} - S) = \overline{H}_{fl} - \overline{H}_D. \tag{I.39}$$

Wird Gl. (38) nach T und P differenziert, so ist

$$\frac{\partial \mu_{fl}}{\partial T} \, dT + \frac{\partial \mu_{fl}}{\partial P} \, dP = \frac{\partial \mu_D}{\partial T} \, dT + \frac{\partial \mu_D}{\partial P} \, dP,$$

---

[1] Fowler, R. H. u. E. A. Guggenheim: Statistical Thermodynamics. London 1939.

woraus folgt

$$(\overline{V}_{fl} - \overline{V}_{D})\, dP = (\overline{S}_{fl} - \overline{S}_{D})\, dT.$$

(I.40)

Unter Einsatz von Gl. (38) ergibt sich dann

$$\frac{dP}{dT} = \frac{\overline{H}_{fl} - \overline{H}_{D}}{T\,(\overline{V}_{fl} - \overline{V}_{D})},$$

(I.41)

welche als CLAUSIUS-CLAPEYRONsche Gleichung bekannt ist. Ersetzt man $\overline{V}_{D} - \overline{V}_{fl}$ unter Vernachlässigung von V_{fl} neben V_{D} durch $V_{D} = RT/P$ (2. Virialkoeffizient der Gasgleichung ~ 0) wird aus Gl. (41)

$$\frac{1}{P}\frac{dP}{dT} = \frac{d\ln P}{dT} = \frac{\Delta H_{v}}{RT^{2}}.$$

(I.42)

$\Delta H_{v} = \overline{H}_{fl} - \overline{H}_{D}$ heißt Verdampfungsenthalpie.

II. Statistische Mechanik und Thermodynamik

Die Beschreibung des mechanischen Verhaltens einer Partikel kann in der Mechanik durch Zuordnung von sog. generalisierten Koordinaten $q_1, q_2 \ldots q_f$ und Impulse $p_1 \ldots p_f$ vorgenommen werden, wobei z. B. ein Molekül im Raum drei Koordinaten und drei Impulse besitzt. Man wählt als Bezugssystem (Koordinatensystem) einen hypothetischen Raum, der $2f$-Dimensionen besitzt, dieser wird Phasenraum genannt. Besitzt eine Partikel f Freiheitsgrade (z. B. 3 der Translation) so kann es durch $2f$ Koordinaten und Impulse (z. B. 3 Raumkoordinaten 3 Impulse) identifiziert werden. Die Impulse heißen zu den Koordinaten konjugiert, wenn sie den HAMILTONschen Gleichungen genügen

$$\frac{\partial H}{\partial p_i} = \frac{\partial q_i}{\partial t}\,;\quad \frac{\partial H}{\partial q_i} = -\frac{\partial p_i}{\partial t}.$$

(II.1)

Die HAMILTON-Funktion H kennzeichnet eine Zustandsgröße, die der Gesamtenergie eines Systems entspricht.

Ein Punkt im $2f$-dimensionalen Phasenraum legt alle generalisierten Koordinaten der Partikel fest. Wählt man einen $2Nf$-dimensionalen Phasenraum, so repräsentiert ein Punkt in diesem alle Koordinaten und Impulse von N Partikeln. Der Phasenraum kann in Volumenelemente eingeteilt werden, doch existiert für die Größe der Elemente eine untere Grenze. Kleinere Volumenelemente haben keine physikalische Bedeutung mehr, da bei Festlegung einer Koordinatendifferenz die Impulsdifferenz unbestimmt wird und umgekehrt. Die Grenze ist durch die HEISENBERGsche Unbestimmtheitsrelation gegeben, sie lautet

$$\Delta q\, \Delta p \simeq h/2\pi$$

(II.2)

($h = $ PLANCKsche Konstante). Der kleinste physikalisch bestimmbare Phasenraum mit $2f$-Koordinaten und Impulsen hat daher das Volumen h^3. Wird die Bewegung eines Punktes im Phasenraum verfolgt, so ergibt sich aus der Anwendung von Gl. (1) das LIOUVILLEsche Theorem, welches besagt, daß sich die Dichte der Punkte im Phasenraum in der Umgebung des betrachteten Punktes mit der Zeit nicht ändert.

Die statistische Mechanik postuliert, ohne es anders als durch Übereinstimmung ihrer Rechnung mit der Erfahrung beweisen zu können, daß für verschiedene Regionen oder Zonen des Phasenraumes die gleiche a priori-Wahrscheinlichkeit vorhanden ist. Das soll heißen, die Wahrscheinlichkeit, einen sich über lange Zeit im Phasenraum bewegenden Punkt zu finden, ist in jedem Augenblick für einen Teil des Phasenraums genau so groß wie für einen beliebigen anderen Teil. Hieraus folgt, daß der zeitliche Durchschnittswert (Zeit-Mittelwert) einer Eigenschaft, die durch die Bewegung durch den Phasenraum charakterisiert werden kann, durch den räumlichen Durchschnittswert (Volumen-Mittelwert) ersetzt werden kann.

Mittelwertsbildung

Ein System, bestehend aus N unabhängigen Einheiten[1] besitze ein bestimmtes konstantes Volumen und eine Energie, die Werte zwischen U und $U + \Delta U$ annehmen kann. Wir können das System durch einen Punkt im Phasenraum darstellen. Wenn die Energiewerte zwischen U und ΔU liegen, muß eine Region im Phasenraum existieren, deren Punkte alle Energien zwischen U und $U + \Delta U$ besitzen. Diese Region kann in Elemente $dq_1 \ldots dp_{Nf}$ eingeteilt werden, denen sämtlich die gleiche a priori-Wahrscheinlichkeit zukommt. D. h. ein Punkt hat die gleiche Chance zu irgendeinem Zeitpunkt in irgendeinem dieser Volumenelemente aufgefunden zu werden. Das gilt auch für eine große Zahl von Punkten, von denen jede eine unabhängige Einheit oder System repräsentiert. Die Wahrscheinlichkeit der mikroskopischen Elemente, in denen sich die Punkte befinden, wird dem Gesamtvolumen aller dieser Elemente proportional sein müssen. Wird das Phasenvolumen durch ein mehrfaches Integral ($2Nf$-fach) ausgedrückt, so ist

$$W = \int_{U}^{U+\Delta U} \underbrace{\ldots \int}_{2Nf} dp_1 \ldots dp_{Nf}, dq_1 \ldots dq_{Nf}, \tag{II.3}$$

für welches die Energie zwischen U und $U + \Delta U$ liegt.

Ist ϱ die Dichte der Punkte im Phasenraum in der Nähe der betrachteten, die Einheiten repräsentierenden Punkte, so wird sie allgemein eine Funktion der Koordinaten, Impulse und der Zeit sein und durch $\varrho\,(p, q, t)$ dargestellt werden können[2]. Das Integral über das Produkt aus Dichte und dem gesamten Phasenraum muß gleich der Zahl der betrachteten Einheiten N sein, also gelten

$$N = \int_{-\infty}^{+\infty} \ldots \int \varrho\,(p, q, t)\, dp_1 \ldots dp_{Nf}, dq_1 \ldots dq_{Nf}. \tag{II.4}$$

Ist $\varphi\,(p, q)$ irgendeine Eigenschaft einer Einheit (eines Systems), die von den Koordinaten und Impulsen abhängig ist, so ist die Eigenschaft in einem Phasenvolumenelement $\varphi\,(p, q)\, \varrho\,(p, q, t)\, dp_1 \ldots dp_{Nf}, dq_1 \ldots dq_{Nf}$ und der Mittelwert dieser Eigenschaft der N-te Teil der Summe aller einzelnen Eigenschaften, also

$$\overline{\varphi\,(p, q)} = \frac{1}{N} \int \ldots \int \varphi\,(p, q)\, \varrho\,(p, q, t)\, dp_1 \ldots dp_{Nf}, dq_1 \ldots dq_{Nf}, \tag{II.5}$$

woraus sich nach Einsetzen von Gl. (4) ergibt,

$$\overline{\varphi\,(p, q)} = \frac{\int \ldots \int \varphi\,(p, q)\, \varrho\,(p, q, t)\, dp_1 \ldots dp_{Nf}, dq_1 \ldots dq_{Nf}}{\int \ldots \int \varrho\,(p, q, t)\, dp_1 \ldots dp_{Nf}, dq_1 \ldots dq_{Nf}}. \tag{II.6}$$

Diese Gleichung kann unter Berücksichtigung von Gl. (3) in der Form

$$\overline{\varphi\,(p, q)} = \frac{\int \varphi\,(p, q)\, \varrho\, dW}{\int \varrho\, dW} \tag{II.6a}$$

geschrieben werden. Die Gewinnung von Mittelwerten erfordert zunächst die Berechnung der Wahrscheinlichkeiten von speziellen Verteilungen der Punkte im Phasenraum, was die wesentliche Aufgabe der statistischen Mechanik ist. Gelingt es dann die Verteilung mit der größten Wahrscheinlichkeit, der allein ein physikalischer Sinn zukommt, zu ermitteln, kann daraus der Mittelwert nach Gl. (6) berechnet werden.

---

[1] Die Einheit kann eine Partikel sein, es ändert sich aber nichts an der Betrachtung, wenn als Einheit wieder ein System vom Einheiten, etwa ein Gas bestimmten Volumens und Temperatur angenommen wird. Das eigentliche System besteht dann aus einer großen Zahl solcher Gasvolumen in einem großen Thermostaten. (Mikroskopische — makroskopische Gesamtheiten).

[2] Nach dem LIOUVILLEschen Theorem ist $d\varrho/dt = 0$, aber auch $dW/dt = 0$.

Mathematische Wahrscheinlichkeit

Zahl der *günstigen* (eingetretenen) Ereignisse m dividiert durch die Zahl der *möglichen* Ereignisse, d. h. die mathematische Wahrscheinlichkeit. Für sie gilt

$$W = \frac{m}{n} \, . \tag{II.7}$$

$W = 1$: Gewißheit; $1 - W$: Wahrscheinlichkeit, daß das Ereignis *nicht* eintritt.

Eintreten mehrerer (unter n möglichen) Einzelereignissen der Einzelwahrscheinlichkeiten $W_1, W_2 \ldots$ hat die Gesamtwahrscheinlichkeit

$$W = W_1 + W_2 \ldots \tag{II.8}$$

Die Wahrscheinlichkeit, daß das Ereignis 1 mit der Wahrscheinlichkeit W_1 und das Ereignis 2 mit der Wahrscheinlichkeit W_2 *gleichzeitig* eintritt, ist

$$W = W_1 \cdot W_2 \tag{II.9}$$

Zahl der Permutationen (Anordnungsmöglichkeiten) einer Zahl von n Objekten ist $n!$ $(1 \cdot 2 \cdot 3 \ldots n)$.

Zahl der Permutationen, unter denen sich $n_1, n_2 \ldots n_i$ gleichwertige Anordnungen befinden

$$\frac{n!}{n_1! \, n_2! \ldots n_i!} = \frac{n!}{\prod\limits_i n_i!} \, . \tag{II.10}$$

Zahl der Kombinationen

Soll aus einer Gruppe von n Objekten eine Anzahl m herausgegriffen werden, so ist die Zahl der Möglichkeiten, auf welche Weise die Zahl n herausgegriffen werden kann

$$\binom{n}{m} = \frac{n!}{m! \, (n - m)!} \, . \tag{II.11}$$

Ist a die Wahrscheinlichkeit eines Erfolges, b die eines Mißerfolges, so ist $a + b = 1$, denn es ist gewiß, daß der Versuch entweder ein Erfolg oder Mißerfolg ist. Bei n mal wiederholten Versuchen ist die Wahrscheinlichkeit, daß alle Versuche Erfolge sind, nach Gl. (9) a^n, sowie daß alle Versuche Mißerfolge sind b^n. Es ergibt sich

$$a^n = (1 - b)^n \, . \tag{II.12}$$

Die Wahrscheinlichkeit dafür, daß bei n Versuchen m Erfolge und $n - m$ Mißerfolge auftreten, ist

$$W = \frac{n!}{m! \, (n - m)!} \, a^m \, b^{n-m} \, . \tag{II.13}$$

$a^m \, b^{n-m}$ ist die Wahrscheinlichkeit der Verwirklichung des Erfolgs in einer einzigen Weise, während der Faktor $n!/(n - m)! \, m!$ die Zahl der Möglichkeiten, die zu einem Erfolg führen können, berücksichtigt.

Ist das Eintreten verschiedener Ereignisse von vornherein nicht gleich wahrscheinlich, werden diesen verschiedene Gewichte g zugeordnet (a priori-Wahrscheinlichkeit)[1].

Die allgemeinste Gleichung für das Eintreten eine Reihe von Ereignissen n, die aus r Teilen bestehen und von denen jede die a priori-Wahrscheinlichkeit ω hat, wird durch Gl. (14) beschrieben.

$$W = \frac{n!}{\prod\limits_{s=1}^{r} n_s!} \, \prod\limits_{s=1}^{r} \omega_s^{\,n_s} \tag{II.14}$$

---

[1] Ist z. B. ein Holzwürfel an einer Fläche mit einer Metallplatte beschwert, so ist durch dies Gewicht die Wahrscheinlichkeit, daß diese Fläche bei einem Wurf unten liegt, größer als die jeder anderen Fläche.

Bei sehr großen n kann $n!$ durch die STIRLINGsche Formel ersetzt werden

$$\ln n! = n \ln n - n. \tag{II.15}$$

Bedingungen für die größte Wahrscheinlichkeit eines Zustands

Werden n unterscheidbare Partikeln auf r verschiedene Zustände (z. B. der Energie) so verteilt, daß sich n_0 Partikeln im Zustand Null, n_1 im Zustand eins usw. bis zum Zustand r befinden, ist nach Gl. (14)

$$W_{n_0 n_1 \ldots n_r} = n! \prod_{s=0}^{r} \frac{\omega_s^{n_s}}{n_s!}. \tag{II.16}$$

Wird die a priori-Wahrscheinlichkeit

$$\omega_s = \frac{g_s}{b} \tag{II.17}$$

gesetzt ($g_s =$ statistisches Gewicht), so ist

$$W_{n_0 n_1 \ldots n_r} = \frac{n!}{b^n} \prod_{s=0}^{r} \frac{g_s^{n_s}}{n_s!}. \tag{II.18}$$

Dies ist *eine* Möglichkeit der Verteilung, es können nun alle möglichen Verteilungen vorgenommen werden, bei denen $n_0, n_1 \ldots n_r$ jeweils andere Werte haben. Die Summe aller möglichen Verteilungen muß aber $= 1$ sein, es gilt also

$$\sum_{n_0}^{n_r} W_{n_0 n_1 \ldots n_r} = \frac{n!}{b^n} \sum_{n_0}^{n_r} \prod_{s=0}^{r} \frac{g_s^{n_s}}{n_s!} = 1 \tag{II.19}$$

(hieraus läßt sich z. B. b berechnen). Es sind nun die Bedingungen zu errechnen, unter denen $W_{n_0 n_1 \ldots n_r}$ ein Maximum ist, mit anderen Worten, diejenige Verteilung zu bestimmen, die die größte Wahrscheinlichkeit besitzt. Hierzu wird die STIRLINGsche Formel (15) auf Gl. (18) angewandt und diese in logarithmischer Form geschrieben

$$\ln W_{n_0 n_1 \ldots n_r} = n \ln n - n \ln b + \sum_{0}^{r} n_s \ln g_s - \sum_{0}^{r} n_s \ln n_s - n + \sum_{0}^{r} n_s. \tag{II.20}$$

Die letzten beiden Summanden heben sich heraus, da die Summe über alle n_s Moleküle gleich der der Gesamtzahl sein muß.

Im Maximum muß die Variation von $\ln W = 0$ sein, wobei nur zu beachten ist, daß $n =$ konst, also $\sum \delta n_s = 0$ ist, es ergibt sich daher

$$\delta \ln W = \sum_{0}^{r} \ln g_s \, \delta n_s - \sum_{0}^{r} \ln n_s \, \delta n_s = 0 \tag{II.21}$$

oder

$$\sum_{0}^{r} \ln \frac{n_s}{g_s} \, \delta n_s = 0. \tag{II.22}$$

Diejenige Anordnung der n Moleküle in den verschiedenen Zuständen von 0 bis r hat die größte Wahrscheinlichkeit, die diese Bedingung erfüllt.

Boltzmanns Verteilungsgesetz, Zustandssumme, Verteilungsfunktion

Wird die Energie, welche die Partikeln $n_0, n_1 \ldots n_r$ in den Zuständen $0, 1, \ldots r_s$ besitzen, mit ε_s bezeichnet, so gilt bei konstanter Zahl der Partikeln außer

$$\sum_{0}^{r} \delta n_s = 0 \tag{II.23}$$

auch die Bedingung

$$\sum_{0}^{r} \varepsilon_s \, \delta n_s = 0, \tag{II.24}$$

46 a   Stauff, Kolloidchemie

da auch die Gesamtenergie konstant sein muß. Um den Zustand der größten Wahrscheinlichkeit zu ermitteln, ist Gl. (22) unter Berücksichtigung dieser Nebenbedingungen zu lösen, was mit Hilfe der LAGRANGESchen Multiplikationsmethode leicht möglich ist[1]. Multipliziert man (23) mit α und (24) mit β, die beide unabhängig von δn_s sein sollen, erhält man

$$\sum_0^r \alpha \, \delta n_s = 0 \quad \text{und} \quad \sum_0^r \beta \, \varepsilon_s \, \delta n_s = 0.$$

Diese beiden Gleichungen können zu (22) addiert werden, es gilt dann

$$\sum_0^r [\ln (n_s/g_s) + \alpha + \beta \, \varepsilon_s] \, \delta n_s = 0, \tag{II.25}$$

wenn α und β nun so gewählt werden, daß

$$\ln (n_0/g_0) + \alpha + \beta \, \varepsilon_s = 0 \tag{II.26}$$

$$\ln (n_1/g_1) + \alpha + \beta \, \varepsilon_s = 0 \tag{II.27}$$

können δn_0 und δn_1 jeden beliebigen Wert annehmen, ohne daß Gl. (25) ungültig wird; das gilt aber auch für alle übrigen Werte $\delta n_2 \ldots \delta n_r$, da wegen (23) die Summe immer gleich Null sein muß. Daher ist allgemein

$$n_s = g_s \, e^{-\alpha} \, e^{-\beta \, \varepsilon_s}. \tag{II.28}$$

Wird von (28) die Summe über alle r Zustände gebildet, erhält man

$$\sum_0^r n_s = n = e^{-\alpha} \sum_0^r g_s \, e^{-\beta \, \varepsilon_s}, \tag{II.29}$$

da α für alle r Zustände konstant ist. Wird $e^{-\alpha}$ in (28) durch (29) ersetzt, ergibt sich

$$n_s = n \, \frac{g_s \, e^{-\beta \, \varepsilon_s}}{\sum\limits_0^r g_s \, e^{-\beta \, \varepsilon_s}} \tag{II.30}$$

Dies ist das berühmte BOLTZMANNSche Verteilungsgesetz. Dem Nenner dieser Gleichung kommt für die statistische Thermodynamik eine besondere Bedeutung zu. Er wird als *Zustandssumme* oder *Verteilungsfunktion* des Systems bezeichnet ist und definiert durch

$$Q = \sum_0^r g_s \, e^{-\beta \, \varepsilon_s}. \tag{II.31}$$

Für β ergibt sich aus dem Vergleich des Mittelwerts der Translationsenergie eines Gases, gewonnen durch Gl. (34) (vgl. weiter unten) und dem Wert, den die kinetische Theorie der Gase liefert

$$\beta = \frac{1}{k\,T},$$

wobei k die BOLTZMANNSche Konstante ($= 1{,}3804 \cdot 10^{-16}$ erg Grad^{-1}) ist. Gl. (30) lautet daher in anderer Form

$$n_s = \frac{n}{Q} \, g_s \, e^{-\frac{\varepsilon_s}{k\,T}}. \tag{II.32}$$

---

[1] vgl. etwa G. Joos und Th. KALUZA: Höhere Mathematik für den Praktiker. 4. Aufl. Leipzig, 1942.

Zur Gewinnung von Mittelwerten kann statt der Gl. (6) eine Summenformel angewendet werden. Die mittlere Energie einer Partikel $\overline{\varepsilon_s}$ kann folgendermaßen bestimmt werden: Es ist

$$\overline{\varepsilon_s} = \frac{\varepsilon}{n} = \frac{\sum\limits_0^r \varepsilon_s \, n_s}{\sum\limits_0^r n_s} . \qquad (\text{II.33})$$

Nach Gl. (23) ist aber

$$\sum_0^r n_s = \frac{n}{Q} \sum_0^r g_s \, e^{-\beta \varepsilon_s} \quad \text{und} \quad \sum_0^r \varepsilon_s \, n_s = \frac{n}{Q} \sum_0^r \varepsilon_s \, g_s \, e^{-\beta \varepsilon_s} ,$$

so daß erhalten wird

$$\overline{\varepsilon_s} = \sum_0^r \varepsilon_s \, g_s \, e^{-\beta \varepsilon_s} \Big/ \sum_0^r g_s \, e^{-\beta \varepsilon_s} = \frac{1}{Q} \sum_0^r \varepsilon_s \, g_s \, e^{-\beta \varepsilon_s} . \qquad (\text{II.34})$$

Nun ist, wie man sich leicht überzeugt

$$\frac{\partial \left(\sum g_s \, e^{-\beta \varepsilon_s} \right)}{\partial \beta} = - \sum g_s \, \varepsilon_s \, e^{-\beta \varepsilon_s} = \frac{\partial Q}{\partial \beta} , \qquad (\text{II.35})$$

so daß gilt

$$\overline{\varepsilon_s} = - \frac{1}{Q} \left(\frac{\partial Q}{\partial \beta} \right)_V = - \left(\frac{\partial \ln Q}{\partial \beta} \right)_V = k \, T^2 \left(\frac{\partial \ln Q}{\partial T} \right)_V , \qquad (\text{II.36})$$

wobei die Differentiation bei konstantem Volumen vorgenommen werden muß. Diese Gleichung ist eine der Grundlagen aller Beziehungen der statistischen Thermodynamik, sie verknüpft einen Energiewert mit der Verteilungsfunktion Q.

$\overline{\varepsilon_s}$ ist aber nur der Mittelwert für *ein einziges* Molekül. In der statistischen Thermodynamik interessieren aber Systeme, die aus einer großen Zahl, etwa N Molekülen bestehen. Ganz allgemein läßt sich eine Statistik konstruieren, bei der eine Vielzahl von Systemen betrachtet wird und jedes System durch einen Punkt in einem besonderen Phasenraum — Γ-Raum — dargestellt wird, wobei jeder dieser Punkte $2fN$-Koordinaten besitzt. Dadurch gehen die Ergebnisse der Überlegungen bei Verwendung eines nur $2f$-dimensionalen Phasenraums — des μ-Raums — nicht verloren, denn es läßt sich allgemein zeigen, daß hier einfache Beziehungen zu wichtigen Größen der Partikel-Statistik existieren.

Beispielsweise gilt für die Verteilungsfunktion Q^* eines Systems mit N *nicht* unterscheidbaren Molekülen

$$Q^* = Q^N/N! \qquad (\text{II.37})$$

Die klassische Statistik, der wir hier folgen, macht aber ihre *Unterscheidbarkeit* zur Grundlage der Anwendung von Gl. (18). Offensichtlich muß hier ein Fehler entstehen, doch kann er nachträglich dadurch behoben werden, daß die Unterscheidbarkeit der Partikeln wieder rückgängig gemacht wird und die Größe Q durch die Zahl der Permutationen $N!$ dividiert wird, die in (18) zuviel gezählt worden waren[1]. Die Ableitung von Q ist weiterhin nicht auf eine Art von Energie beschränkt; grundsätzlich läßt sich für jede Energiart der Partikeln eine Gleichung für Q hinschreiben, so für Translation, Rotation, Schwingung, elektrische Energie usw. Da die Gesamtenergie die Summe aller Energien sein muß, muß eine Gesamtverteilungsfunktion wegen Gl. (30a) das Produkt der Einzelfunktionen sein, so daß gilt

$$Q = \frac{Q_{\text{trans}}}{N!} \cdot Q_{\text{Rot}} \, Q_{\text{Schwing.}} \cdots , \qquad (\text{II.38})$$

wobei bei der Funktion der Translation wegen der Nichtunterscheidbarkeit der Partikeln bei gleichen Energiezuständen durch $N!$ dividiert werden muß. Diese sog. Separierbarkeit der einzelnen Verteilungsfunktionen ist ein wichtiges Hilfs-

---

[1] Vgl. hierzu E. Schrödinger: Statistical Thermodynamics. 2. Aufl. London 1952. S. 60.

mittel für die Berechnung von Q. Z. B. ist die Energie eines Systems mit N Partikeln

$$E = k\,N\,T^2 \left(\frac{\partial \ln Q}{\partial T}\right)_V. \tag{II.39}$$

Entropie und Wahrscheinlichkeit

Der fundamentale Zusammenhang zwischen der Entropie und der Wahrscheinlichkeit wird durch die BOLTZMANNsche Gleichung

$$S = k \ln W \tag{II.40}$$

hergestellt[1].

Die thermodynamische Wahrscheinlichkeit hat eine anschauliche physikalische Bedeutung; sie stellt die Zahl der Anordnungsmöglichkeiten des betrachteten Systems, etwa die Zahl der Vertauschungen von Molekülen in einem Gas bestimmten Volumens und bestimmter Temperatur dar. Diese auch als Komplexionen bezeichneten Anordnungsmöglichkeiten sind gleichzeitig ein Maß für den Ordnungszustand des Systems. Eine hohe Ordnung ist mit einer geringen Möglichkeit (im Grenzfall einer einzigen Möglichkeit) der Anordnung mehrerer Objekte gleichbedeutend. Je größer die Zahl der Komplexionen um so geringer ist der Ordnungszustand[2].

Nun stellt das BOLTZMANNsche Gesetz an sich eine Analogie zwischen dem Verhalten der Entropie und der thermodynamischen Wahrscheinlich dar. Es müßte in der Form geschrieben werden

$$S = k \ln W + \text{const},$$

wobei die Konstante von vornherein nicht bestimmbar ist. Nach PLANCK wäre sie gleich Null zu setzen. Man kann aber diese Schwierigkeit umgehen, indem man eine Beziehung definiert,

$$S = k \ln \Omega, \tag{II.40a}$$

die streng gültig ist und bei welcher der Zusammenhang zwischen Ω und W noch offen wäre. Ω ist nach MAYER und MAYER (loc. cit.) die Zahl der Anordnungsmöglichkeiten linear unabhängiger Eigenfunktionen (Eigenzustände), die im Phasenraum eine Energie zwischen E und $E + \Delta E$ besitzen. Diese strengere Definition ist durch die Berücksichtigung der Energiezustände des Atoms, die entartet sein können, notwendig geworden. Brauchen solche Zustände nicht berücksichtigt zu werden, haben Ω und W dieselbe Bedeutung: Das ist bei der Behandlung kolloider Systeme immer der Fall.

---

[1] Eine allgemeinere neuere von J. E. MAYER und M. G. MAYER (Statistical Mechanics, New York, 1940) angegebene Ableitung setzt $S = k \cdot \ln \Omega$, worin Ω die Zahl der Anordnungsmöglichkeiten linearer unabhängiger Eigenfunktionen, die im Phasenraum eine Energie zwischen E und $E + \Delta E$ besitzen, wobei das Volumen in Zellen der Größe h_f eingeteilt wird.

[2] In einer mit Streichhölzern gefüllten Streichholzschachtel herrscht eine gute Ordnung; die Streichhölzer liegen parallel zueinander und füllen das Volumen der Schachtel vollständig aus. Eine Vertauschung der Streichhölzer in der Schachtel untereinander bringt praktisch keine neue Anordnung und damit auch keinen neuen Ordnungszustand hervor, wenn wir die Hölzer als nicht voneinander unterscheidbar ansehen. (Anders wäre es, wenn jedes der Hölzer eine andere Farbe hätte, dann würde bei Vertauschung von einem roten gegen ein grünes Hölzchen ein neuer Zustand entstehen, was dem in der Quantenstatistik vorkommendem Fall der Entartung entspräche.) Schütten wir die Streichhölzer in eine Zigarrenkiste, so werden sie regellos verteilt und nicht mehr parallel gerichtet darin herumliegen. Wir können eine sehr große Zahl von Anordnungsmöglichkeiten nicht nur hinsichtlich des Orts der Hölzchen in der Kiste, sondern auch noch hinsichtlich der Richtung ihrer Längsachse verwirklichen. Die Ordnung ist hier gering, die Zahl der Komplexionen groß. In jedem Fall, in dem es gelingt, diese Zahl zu bestimmen, ist auch die thermodynamische Wahrscheinlichkeit und damit die Entropie des Systems bestimmt. Dies ist eine wesentliche Aufgabe der statistischen Thermodynamik.

Durch den Zusammenhang zwischen Ω und S kann letztere jetzt durch Gl. (18) und (40a) berechnet werden. Die Verwendung von Ω statt W bedeutet, daß die unbekannte Größe b in den Gln. (17) bis (20) gleich 1 zu setzen wäre (s. oben). Wir erhalten daher statt (20)

$$\ln \Omega = N \ln N + \sum N_s \ln g_s - \sum N_s \ln N_s .$$

Für das Gleichgewicht als Zustand größter Wahrscheinlichkeit ist entsprechend Gl. (30)

$$g_s = \frac{N_s}{N} Q \, e^{\beta \, \varepsilon_s} .$$

Soll g_s als Funktion von Q ausgedrückt werden, so ist zu beachten, daß wegen des Auftretens von Translationsfreiheitsgraden im Nenner der rechten Seite durch $N!$ dividiert werden muß. Man erhält, wenn für $N!$ die STIRLINGsche Formel angewendet wird, unter Berücksichtigung von $N = \sum N_s$

$$\ln \Omega = \sum N_s \left(1 + \ln \frac{Q}{N} + \beta \, \varepsilon_s \right).$$

Nun ist $\sum N_s \, \varepsilon_s = E$, der Gesamtenergie des Systems und $\beta = 1/kT$. Es ist also

$$S = k \ln \Omega = k \left(N + N \ln (Q/N) + E/kT \right) \tag{II.41}$$

oder unter Berücksichtigung von Gl. (39)

$$S = k N \left(1 + \ln (Q/N) - \beta \, (\partial \ln Q/\partial \beta)_\Gamma \right) \tag{II.42}$$

unter Verwendung von (37) und (31)

$$S = k \ln Q^* + kT \, (\partial \ln Q^*/\partial T)_V . \tag{II.43}$$

Da nun je eine Beziehung für $U \, (= E)$ und S bekannt sind, können hieraus leicht die anderen thermodynamischen Funktionen durch Q oder Q^* ausgedrückt werden. So gilt z. B. für die freie Energie bei konstantem Volumen (HELMHOLTZ-Freie Energie) nach Gl. (39)

$$F = U - TS = - k NT \left(\ln (Q/N) + 1 \right). \tag{II.44}$$

Wird die Verteilungsfunktion Q^* verwendet, ergibt sich unter Benutzung der STIRLINGschen Formel für $N!$ und (37)

$$F = - kT \ln Q^* . \tag{II.45}$$

Weiterhin ist

$$- P = (\partial F/\partial V)_T = kT \, (\partial \ln Q^*/\partial V)_T . \tag{II.46}$$

Hierdurch werden die Funktionen für konstanten Druck erhalten. Somit ist

$$H = U + p V = k NT \left[T \, (\partial \ln Q/\partial T)_\Gamma + V \, (\partial \ln Q/\partial V)_T \right] \tag{II.47}$$

und

$$G = H - TS = k NT \left[\ln (Q/N) + 1 - V \, (\partial \ln Q/\partial V)_T \right] \tag{II.48}$$

$$= - kT \ln Q^* + k NTV \, (\partial \ln Q/\partial V)_T . \tag{II.49}$$

Alle thermodynamischen Funktionen lassen sich durch die Verteilungsfunktion Q ausdrücken[1]. Der gegenüber der reinen Thermodynamik gewonnene Vorteil besteht darin, daß Q häufig aus molekularphysikalischen Modellbetrachtungen

---

[1] Es werden auch noch andere Verteilungsfunktionen verwendet, z. B. die sog. große Verteilungsfunktion (grand partition function), die bei bestimmten Fragestellungen vorteilhafter sein kann. Die „große Verteilungsfunktion" ist definiert durch

$$\Xi = \sum_{N_1} \cdots \sum_{N_i} e^{(\mu_1^* N_1 + \ldots \mu_i^* N_i)/k T} \, Q^*$$

worin $\mu^* = \mu_i/N_L$ das chemische Potential auf das *einzelne* Molekül bezogen bedeutet, was für die Behandlung von Mischungen besonders wertvoll sein kann. Vgl. dazu A. MÜNSTER: Statistische Thermodynamik, loc. cit.

unter Berücksichtigung ihrer notwendigen Koordinaten und Impulse beschrieben werden kann. Die Begrenzung durch die HEISENBERGsche Ungenauigkeitsrelation braucht bei kolloiden Systemen mit ihren relativ großen Partikeln nicht in Betracht gezogen zu werden.

III. Lichtstreuung einzelner Moleküle

Ein einzelnes Molekül werde von einer Lichtwelle getroffen, deren elektrischer Vektor $\mathfrak{E}$ in der Ebene $x\,z$ schwingt (Abb. III.1) und deren Wellenlänge groß gegenüber der räumlichen Ausdehnung des Moleküls ist. Ist $\mathfrak{E}_0$ die Amplitude des elektrischen Vektors der Lichtwelle, so ist:

$$\mathfrak{E} = \mathfrak{E}_0 \cos \omega\, t$$

($\omega = 2\pi\,\nu = 2\pi\,c/\lambda_0$; $\nu =$ Frequenz, $c =$ Lichtgeschwindigkeit, $\lambda_0 =$ Wellenlänge im Vakuum.)

Wenn auch das Molekül nicht absorbiert, die „Eigenfrequenz" seines Elektronensystems also nicht gleich der des erregenden Lichts ist, wird das elektrische Feld der Lichtwelle doch eine Verschiebung seiner Elektronen verursachen. Diese

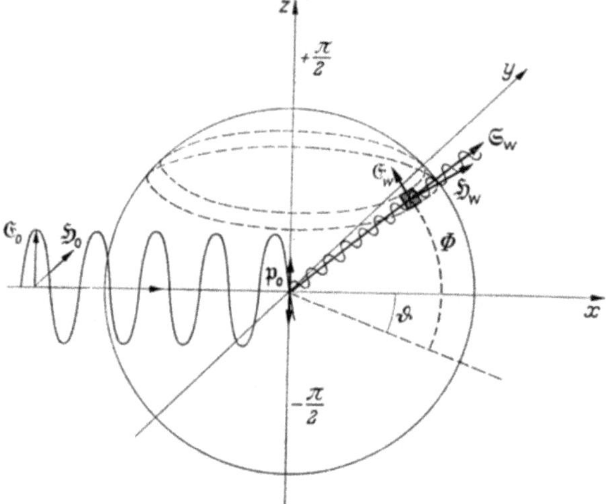

Abb. III.1. Siehe Text

Verschiebung muß im Takt der Veränderung des erregenden elektrischen Feldes wechseln. Auf diese Weise entsteht ein schwingender elektrischer Dipol, der selbst als Sender einer neuen elektromagnetischen Welle wirkt, die die gleiche Wellenlänge wie die Erregungswelle besitzt. Das Ausmaß der Verschiebung und damit die Amplitude der ausgesendeten Streulichtwelle hängt von der Polarisierbarkeit α des Elektronensystem des Moleküls ab (vgl. § 24)[1]. Am Ort des Moleküls entsteht, wie Abb. III.1 zeigt, ein elektrischer Vektor, der die Richtung $\pm\, z$ hat, und der der Gleichung

$$\mathfrak{p} = \alpha\,\mathfrak{E} = \alpha\,\mathfrak{E}_0 \cos \omega\, t \qquad\qquad (\text{III.1})$$

gehorcht. Da $\mathfrak{p}$ und $\mathfrak{E}$ der Messung nicht direkt zugänglich sind, kommt es nun darauf an, eine Beziehung zwischen der Intensität I_0 des eingestrahlten Lichts und der Intensität i_0 des abgestrahlten — gestreuten — Lichts oder des durch die Streuung eingetretenen Intensitätsverlustes des Primärlichts zu finden. (Die Intensitäten des eingestrahlten Primärlichts werden im folgenden mit großem I, die des Streulichtes mit kleinem i bezeichnet.)

---

[1] Bei der Frequenz des sichtbaren Lichts können nur die Elektronen im Wechsel des elektrischen Feldes folgen!

Die Beziehung wird von der elektromagnetischen Theorie des Lichts von MAXWELL geliefert, vor allem von der Lösung der MAXWELLschen Gleichungen von HEINRICH HERTZ[1], welche für die Ausbreitung von elektromagnetischen Kugelwellen gelten, die von einem schwingenden Dipol ausgehen. Von LORD RAYLEIGH auf die Lichtstreuung angewendet, führt sie unmittelbar zu einer Beziehung zwischen I_0 und i (vgl. w. u.).

Wir wollen kurz versuchen, den Gedankengang zu skizzieren, wie man zu dieser Beziehung kommt[2]. Bei elektromagnetischen Wellen wird der Energiestrom, der durch den Einheitsquerschnitt fließt (Energiestromdichte = Energie pro cm^2 pro sek), durch eine vektorielle Größe, den sog. POYNTINGschen Vektor $\mathfrak{S}$ dargestellt, der Richtung und Betrag der Energiestromdichte angibt. Dieser Vektor steht in Beziehung zum elektrischen und magnetischen Vektor $\mathfrak{E}$ und $\mathfrak{H}$ durch die POYNTINGsche Gleichung

$$\mathfrak{S} = \frac{c}{4\pi} [\mathfrak{E}\,\mathfrak{H}] \quad {}^3 \tag{III.2}$$

(c = Lichtgeschwindigkeit), wobei Vakuum vorausgesetzt wird. Zu beachten ist, daß $\mathfrak{S}$ der *Momentanwert* der Energiestromdichte ist[1]. Nun ist eine Beziehung zwischen I_0 und $\mathfrak{E}_0$ leicht zu finden, denn die Intensität I_0 ist ebenfalls eine Energiestromdichte, und zwar gibt sie den Energiestrom an, der im zeitlichen Mittel durch den Einheitsquerschnitt fließt. I_0 wäre somit dem Zeitmittelwert des Betrages von $\mathfrak{S}$ gleichzusetzen:

$$|\overline{\mathfrak{S}}| = I_0. \tag{III.3}$$

Nun ist im Vakuum $|\mathfrak{E}| = |\mathfrak{H}|$ und daher

$$|\overline{\mathfrak{S}}| = \frac{c}{4\pi} |\overline{\mathfrak{E}}|^2. \tag{III.4}$$

Da $|\mathfrak{E}| = |\mathfrak{E}_0| \cos \omega\, t$ sein soll, ist

$$|\overline{\mathfrak{E}}|^2 = |\mathfrak{E}_0|^2 \frac{\int_0^{\omega t = \pi} \cos^2 \omega\, t\, d\,(\omega\, t)}{\int_0^{\omega t = \pi} d\,(\omega\, t)} = \frac{1}{2} |\mathfrak{E}_0|^2. \tag{III.5}$$

Gl. (3), (4) und (5) ergeben

$$I_0 = \frac{c}{8\pi} |\mathfrak{E}_0|^2. \tag{III.6}$$

I_0 ist also dem Quadrat der Amplitude des elektrischen Vektors proportional[4].

Um eine Beziehung zwischen i und I zu erhalten, muß die Energie berechnet werden, die in der Zeiteinheit vom schwingenden Dipol abgestrahlt wird. Hierzu kann ebenfalls die POYNTINGsche Gleichung dienen. Ist $\mathfrak{S}_\Phi$ der Vektor, der die Energiestromdichte des schwingenden Dipols in der Richtung $\mathfrak{S}_w$ der Abb. III.1 darstellt. so ist dessen Momentanwert im Vakuum

$$\mathfrak{S}_\Phi = \frac{c}{4\pi} \mathfrak{E}_\Phi\, \mathfrak{H}_\Phi. \tag{III.7}$$

Die Richtung von $\mathfrak{S}$ bildet mit der x, y-Ebene dabei den Winkel Φ. Wenn es gelingt $|\mathfrak{E}_\Phi|$ und $|\mathfrak{H}_\Phi|$ an einer beliebigen Stelle einer um den Dipol befindlichen Kugel mit dem Radius r zu berechnen, hat man damit auch $|\mathfrak{S}_\Phi|$ und kann aus

---

[1] HERTZ, H.: Ann. Physik (3) **36**, 1 (1889).
[2] Exakte Ableitungen findet man bei J. R. PARTINGTON: An Advanced Treatise on Physical Chemistry. Vol. 4. London 1953. S. 365—367ff.; JOOS, G.: Lehrbuch der theor. Physik. 3. Aufl. Leipzig 1939. S. 302ff.
[3] = Vektorprodukt von $\mathfrak{E} \cdot \mathfrak{H}$ vgl. dazu JOOS: Theor. Phys., loc. cit.
[4] Eine elementare Ableitung von (6) findet sich bei A. EUCKEN: Grundriß der physikalischen Chemie. 4. Aufl. Leipzig 1934. S. 444ff.

dessen Zeitmittelwert wie oben i_0 berechnen. Es gilt also

$$i_{v,\Phi} = i_\Phi = \left|\,\overline{\mathfrak{S}_\Phi}\,\right| \tag{III.8}$$

(da i wie auch I_0 in der x, z-Ebene polarisiert sind, wollen wir diesen Größen den den Index v = vertikal zufügen).

Die Berechnung von $\mathfrak{E}_\Phi$ und $\mathfrak{H}_\Phi$ ist mit Hilfe der HERTZschen Lösung der MAXWELLschen Gleichungen möglich, die aber hier nicht wiedergegeben werden kann (vgl. die zitierten Lehrbücher). Die Lösung lautet unter Berücksichtigung von Gl. (2)

$$\left|\,\mathfrak{E}_\Phi\,\right| = \frac{\omega^2}{c^2\,r}\,\alpha\,\left|\,\mathfrak{E}_0\,\right|\cos\Phi\cos\omega\,t = \left|\,\mathfrak{H}_\Phi\,\right|\,, \tag{III.9}$$

da auch hier Vakuum herrschen soll. Einsetzen in (7) ergibt

$$\left|\,\mathfrak{S}_\Phi\,\right| = \frac{c}{4\pi}\,\frac{\omega^4}{c^4\,r^2}\,\alpha^2\,\left|\,\mathfrak{E}_0\,\right|^2\cos^2\Phi\cos^2\omega\,t. \tag{III.10}$$

Für den Zeitmittelwert erhält man, da $\overline{\cos^2\omega\,t}$, wie oben gezeigt wurde, $= 1/2$ ist,

$$\left|\,\overline{\mathfrak{S}_\Phi}\,\right| = i_{v,\Phi} = \frac{I_{v,0}}{r^2}\left(\frac{2\pi}{\lambda_0}\right)^4\alpha^2\cos^2\Phi\,, \tag{III.11}$$

wenn Gl. (6) sowie die Beziehung $\omega/c = 2\pi\,\lambda_0$ berücksichtigt wird[1]. Ist $\Phi = 0$, erhält man

$$i_{v,0} = \frac{I_0}{r^2}\left(\frac{2\pi}{\lambda_0}\right)^4\alpha^2\,, \tag{III.12}$$

für $\Phi = \pi/2$ ist $i = 0$. Damit ist eine Beziehung zwischen i_v und $I_{v,0}$ hergestellt.

Der gesamte Energiestrom (= Lichtstrom), der vom Dipol in den umgebenden Raum hinausfließt, wird folgendermaßen erhalten: Durch das Flächenelement df_Φ der Kugel des Radius r tritt im zeitlichen Mittel ein Energiestrom

$$\left|\,\overline{\mathfrak{S}_\Phi}\,\right|df_\Phi = i_{v,\Phi}\,df_\Phi\,.$$

Der gesamte Strom ist also das Flächenintegral

$$\overline{S} = \oint\left|\,\overline{\mathfrak{S}_\Phi}\,\right|df_\Phi\,. \tag{III.13}$$

Setzen wir für $df_\Phi = 2\pi\,r\cos\Phi\,r\,d\Phi$ als einen Ring auf der Kugeloberfläche des Radius r (vgl. Abb. III.1), so ist unter Verwendung von (11)

$$\overline{S} = 2\pi\,I_0\left(\frac{2\pi}{\lambda_0}\right)^4\alpha^2\int\limits_{-\pi/2}^{+\pi/2}\cos^3\Phi\,d\Phi. \tag{III.14}$$

Das Integral hat den Wert 4/3, so daß man erhält

$$\overline{S} = \frac{8}{3}\,\pi\,I_0\,(2\pi/\lambda_0)^4\,\alpha^2. \tag{III.15}$$

$\overline{S}$ ist — um es noch einmal anders auszudrücken — die vom Dipol in der Sekunde insgesamt abgestrahlte Lichtenergie. (Dimension von $\overline{S}$:erg/sek, beachte die von $\left|\,\overline{\mathfrak{S}}\,\right|$:erg/sek · cm².)

Die Beziehung zwischen i und I_0 haben wir in Gl. (11) gefunden, eine entsprechende für den durch die Streuung verursachten Intensitätsverlust liefert uns Gl. (15).

Diese von LORD RAYLEIGH abgeleiteten Gleichungen sind die Grundlage der Theorie der Lichtstreuung. Bei der Berechnung der abgestrahlten Leistung einer größeren Zahl von Partikeln ist als Voraussetzung die Unabhängigkeit der Partikeln voneinander zu fordern. Wenn sie sich wie in einem idealverdünnten Gase stati-

---

[1] $\mathfrak{p} = \alpha\left|\,\mathfrak{E}_0\,\right|$ ist die Amplitude des Dipols in der z-Richtung, Abb. III.1. Blickt man von einem beliebigen Winkel Ψ auf den Dipol, so „sieht" man nur $\alpha\,\left|\mathfrak{E}_0\right|\cos\Phi$.

tistisch über den Raum verteilen, können sich die von ihnen ausgehenden Streulichtwellen nur sehr selten durch Interferenz gegenseitig auslöschen. Die von N-Partikeln abgestrahlte Leistung müßte also N proportional sein, so daß man an Stelle von (15) erhält

$$\overline{S} = \frac{8}{3} \pi N I_0 (2\pi/\lambda_0)^4 \alpha^2. \qquad \text{(III.16)}$$

Aus Gl. (6) oder (15) erhält man die von einer Partikel abgestrahlte Leistung, die als solche nicht meßbar ist. Es gibt nun zwei Möglichkeiten die Leistung durch meßbare Größen auszudrücken; die eine berechnet den Intensitätsverlust des Primärstrahls durch die Lichtstreuung, die zweite die Intensität des gestreuten Lichts.

Fällt ein Lichtstrahl der Intensität I_0 und dem Querschnitt q durch ein Medium mit N_0 Molekülen pro cm^3, ist der eintretende Lichtstrom von der Größe $q I_0$. Durchsetzt der Lichtstrahl ein kleines Volumen ΔV des Mediums, so wird durch Streuung ein Lichtstrom der Größe $N_0 \Delta V \overline{S}$ in den Raum abgestrahlt und die Intensität des austretenden Lichtstrahls beträgt nach Durchgang durch das Medium nur noch $q \cdot I$. Die Bilanz lautet daher

$$q I_0 = N_0 \Delta V \overline{S} + q I. \qquad \text{(III.17)}$$

Setzt man $I - I_0 = \Delta I$ und bedenkt, daß $\Delta V/q$ eine Länge Δx ist, so erhält man

$$-\Delta I = N_0 \overline{S} \Delta x. \qquad \text{(III.18)}$$

Ist Δx sehr klein, so kann man zu differentiellen Größen übergehen

$$-dI = N_0 \overline{S} dx.$$

Ersetzen wir S durch (15) und dividieren durch I, erhalten wir

$$-\frac{dI}{I} = \frac{8}{3} \pi (2\pi/\lambda_0)^4 \alpha^2 N_0 dx. \qquad \text{(III.19)}$$

Ein Ausdruck, der der Gleichung für die konsumptive Lichtabsorption (vgl. § 26) entspricht

$$(-dI/I = \varepsilon dx).$$

Die Analogie wird noch deutlicher, wenn

$$\tau = \frac{8}{3} \pi (2\pi/\lambda_0)^4 \alpha^2 \qquad \text{(III.20)}$$

gesetzt wird, es ist dann

$$-dI/I = \tau dx \qquad \text{(III.21)}$$

oder integriert

$$\ln (I_0/I) = \tau x.$$

Eine Messung des Verhältnisses I/I_0 führt zu einer ähnlichen Auskunft wie die Messung von i oder i_0 nach Gl. (11).

Da I/I_0 bei geringen Trübungen wegen des geringen Unterschieds von I und I_0 nur sehr schlecht gemessen werden kann, bei starken Trübungen andererseits eine Störung durch Vielfachstreuung, nämlich durch Streuung des gestreuten Lichts an weiteren Partikeln eintritt, ist es zweckmäßig, nicht I/I_0, sondern i/I_0 zu messen. Zur Auswertung solcher Messungen ist es allerdings notwendig, die Abhängigkeit von i von der Beobachtungsrichtung und von der Art der Polarisation des Primärlichts genau zu diskutieren. Hierzu dient am besten Abb. III.2. Ist der erregende Lichtstrahl vertikal polarisiert, so schwingt sein elektrischer Vektor in der x, z-Ebene. Die erregte Partikel sendet ebenfalls vertikal polarisiertes Licht aus, dessen Intensität wir mit $i_{V, \Phi, \vartheta}$ bezeichnen. Betrachtet man den in der z-Achse schwingenden Dipol in der x, y-Ebene, so „sieht" man ihn in allen Richtungen — d. h. unabhängig vom Winkel ϑ der Abb. III.2a — in voller Ausdehnung, seine Amplitude hat den Wert $|\mathfrak{p}_0|$. Es ist also $i_{V, 0, \vartheta} = i_{V, 0, 0}$ (der Index 0 soll bedeuten, daß der betreffende Winkel gleich 0 ist). Betrachtet man ihn jedoch unter einem

Winkel Φ wie in Abb. III.2b, so sieht man ihn perspektivisch verkürzt; der Betrag der Amplitude erscheint dann nur noch in der Ausdehnung $|\mathfrak{p}_0|\cos\Phi$. Da $|\mathfrak{p}_0| = \alpha\,|\mathfrak{E}_0|$ ist, muß wegen der Gln. (8) bis (11)

$$i_{V,\Phi,\vartheta} = i_{V,0,\vartheta}\cos^2\Phi \tag{III.22}$$

sein. Bei vertikal polarisiertem Primärlicht ist somit die Intensität des Streulichts nur von Φ abhängig (z. B. ist $i_{V,\pi/2,\vartheta} = 0$).

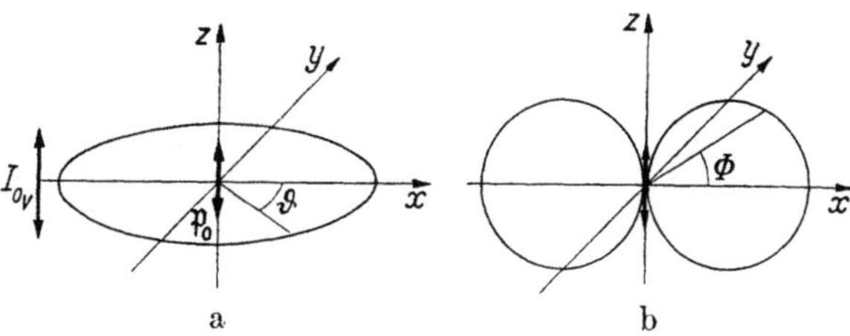

a   b

Abb. III. 2 Siehe Text

Nun ist ohne weiteres zu erkennen, daß sich die Rollen von Φ und ϑ vertauschen, wenn der Primärstrahl horizontal polarisiert ist. Abb. III.3 läßt dies deutlich erkennen. Ist die Intensität des Streulichts allgemein $i_{H,\Phi,\vartheta}$, so ist

$$i_{H,\Phi,\vartheta} = i_{H,0,\vartheta} \tag{III.23}$$

und

$$i_{H,\Phi,\vartheta} = i_{H,\Phi,0}\cos^2\vartheta \tag{III.24}$$

(hier ist $i_{H,\Phi,\pi/2} = 0$).

Unpolarisiertes oder teilweise polarisiertes Licht kann man sich aus einer Horizontal- und einer Vertikalkomponente zusammengesetzt denken. Es ist

$$I_{0U} = I_{0V} + I_{0H}\,. \tag{III.25}$$

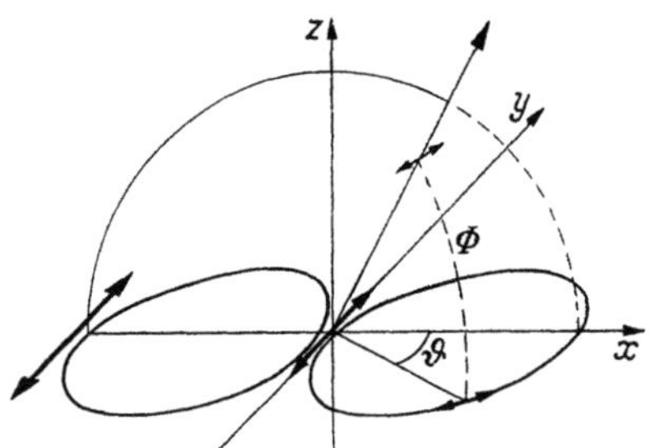

Abb. III.3. Intensität des Streulichts bei horizontal (x, y-Ebene) polarisiertem Primärlicht bei Beobachtung aus der Richtung des Pfeils (rechts oben)

Jede der Komponenten induziert eine Streulichtkomponente i_V und i_H, wobei

$$i_{U,\Phi,\vartheta} = i_{V,\Phi,\vartheta} + i_{H,\Phi,\vartheta} \tag{III.26}$$

ist. Unter Verwendung von (22) und (24) ist dann

$$i_{U,\Phi,\vartheta} = i_{V,0,\vartheta}\cos^2\Phi + i_{H,\Phi,0}\cos^2\vartheta\,. \tag{III.27}$$

Beschränken wir uns auf eine Betrachtung in der x, y-Ebene[1], wo $\Phi = 0$ ist, erhalten wir unter Berücksichtigung von (23)

$$i_{U,0,\vartheta} = i_{V,0,0} + i_{H,0,0}\cos^2\vartheta\,. \tag{III.28}$$

(Hieraus sieht man: Bei $\vartheta = 90°$ wird auch bei unpolarisiertem Primärstrahl nur vertikal polarisiertes Licht emittiert! Das geht auch aus den Abb. III.2 und III.3 hervor.) Bei unpolarisiertem Licht ist

$$i_{V,0,0} = i_{H,0,0} = i_{U,0,0}/2 \tag{III.29}$$

und daher:

$$i_{U,0,\vartheta} = i_{U,0,0}(1 + \cos^2\vartheta)/2\,. \tag{III.30}$$

Den Verlauf dieser Funktion in Abhängigkeit vom Winkel zeigt Abb. III.4. Bei $\vartheta = 0°$ ist $i_{U,0,\vartheta} = i_{U,0,0}$ bei $\vartheta = \pi/2$ ist $i_{U,0,\pi/2} = i_{U,0,0}/2$.

---

[1] Messungen der Lichtstreuung werden praktisch nur in der x, y-Ebene vorgenommen.

Nun können wir die Streuintensität für horizontal und für unpolarisiertes Licht ebenfalls sofort hinschreiben. (Wir lassen im folgenden den sich auf den Winkel Φ beziehenden Index fort, da $\Phi = 0$ sein soll, in der Größe $i_{V,\vartheta}$ geben die Indices nur die Polarisationsrichtung und den Winkel ϑ an.) Für horizontal polarisiertes Licht ist wegen $i_{H,\vartheta} = i_{H,0} \cos^2 \vartheta$ und $i_{H,0} = i_{V,0}$:

$$i_{H,\vartheta} = i_{V,0} \cos^2 \vartheta = (I_{\mathrm{r},0}/r^2)\, N_0\, (2\pi/\lambda_0)^4\, \alpha^2 \cos^2 \vartheta \tag{III.31}$$

und

$$i_{U,\vartheta} = i_{V,0}\,(1 + \cos^2 \vartheta) = (I_{U,0}/r^2)\, N_0\, (2\pi/\lambda_0)^4\, \alpha^2\,(1 + \cos^2 \vartheta), \tag{III.32}$$

wenn (12), (28) und (29) berücksichtigt werden.

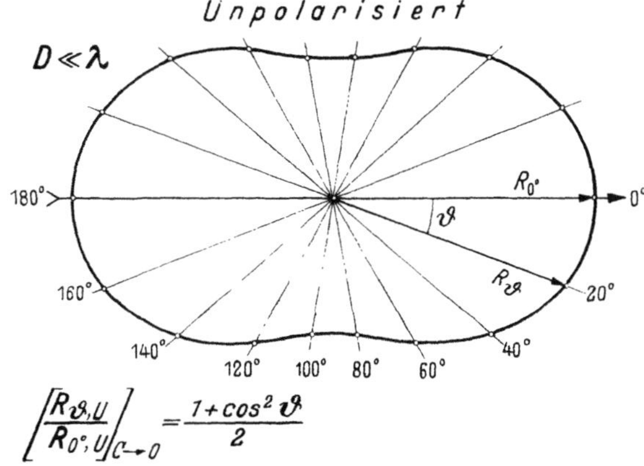

Abb. III.4. Abhängigkeit der Streuintensität bei Einstrahlung unpolarisierten Primärlichts von der Beobachtungsrichtung ϑ im RAYLEIGH-Bereich

IV. Optische Methoden zur Bestimmung von Konzentrationsgrenzen[1]

Bei verschiedenen Methoden, wie der Diffusion, der Sedimentation und der Elektrophorese tritt das Problem auf, die Veränderung einer „Konzentrationsgrenze" zu verfolgen. Eine kolloide oder niedermolekulare Lösung (im folgenden immer als Lösung bezeichnet) grenzt dabei in einem meist rechteckigen Gefäß an sein reines Lösungsmittel, was man etwa dadurch erreicht, daß man die Lösung mit reinem Lösungsmittel überschichtet. An dieser Grenze ändert·sich die Konzentration der Lösung nicht sprunghaft auf den Wert Null, da dort immer ein Diffusionsgefälle vorhanden ist, das die Grenze zu verwischen strebt.

Am einfachsten ist die Konzentrationsgrenze sichtbar zu machen, wenn die dispergierte Substanz gefärbt ist, dann braucht das Gefäß, das sie enthält, nur mehr oder weniger vergrößert photographiert zu werden. Wenn die Substanz im ultravioletten Spektralbereich absorbiert, gelingt dies auch durch Verwendung einer Quarzoptik, was z. B. bei Proteinen und Nucleinsäuren, die bei $260 \cdots 280\ \mathrm{m}\mu$ absorbieren, möglich ist. Diese Methode wurde von SVEDBERG[2] bei der Sedimentation von Proteinlösungen in der Ultrazentrifuge angewandt, eine dabei erhaltene Aufnahme ist in Abb. IV.1 dargestellt. Der quantitative Verlauf, d. h. die an jeder Stelle x herrschende Konzentration c kann dort durch nachträgliche Photometrierung der photographischen Aufnahme bestimmt werden. Man erhält auf diese Weise eine c-x-Kurve.

Allgemeiner anwendbar sind diejenigen Methoden, die darauf beruhen, daß die Lösung einen anderen Brechungsindex besitzt als das Lösungsmittel. In einer

---

[1] Die Abbildungen entstammen sämtlich dem Artikel von E. WIEDEMANN, in HOPPE-SEYLER-THIERFELDER: Hdbch. der physiologisch- und pathologisch-chemischen Analyse. Bd. I. Berlin 1953. S. 54.

[2] SCOTT, N. D. u. TH. SVEDBERG: J. Amer. chem. Soc. **46**, 2700 (1924).

Konzentrationsgrenze ändert sich der Brechungsindex allmählich vom Wert der Lösung zu dem des Lösungsmittels in gleicher Weise, wie sich auch die Konzentration ändert. Dabei muß der Brechungsindexgradient dn/dx dem Konzentrationsgradienten dc/dx proportional sein, wenn der Brechungsindexunterschied zwischen Lösung und Lösungsmittel Δn der Konzentration c proportional ist, was bei verdünnten Lösungen immer angenähert der Fall ist.

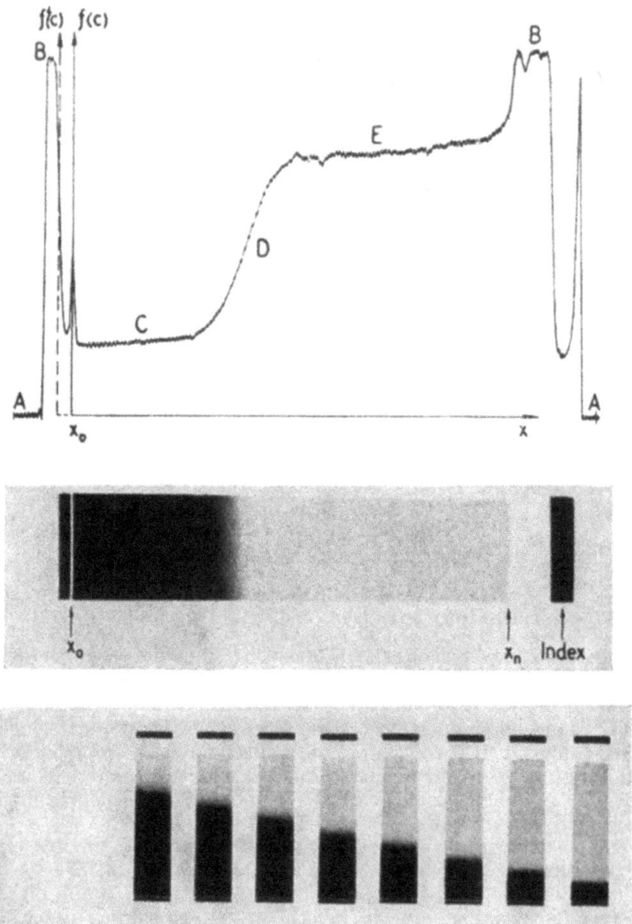

Abb .IV.1. Beobachtung eines Sedimentationsversuchs durch die Lichtabsorption der sedimentierenden Substanz im UV. Unten und Mitte: Photogramme der Zelle während des Laufs, oben Photometerkurve der mittleren Aufnahme

Wenn ein Gefäß, in dem sich eine solche Konzentrationsgrenze ausgebildet hat, von Lichtstrahlen so getroffen wird, daß sie parallel zur Grenze verlaufen, werden sie an denjenigen Stellen x, wo dn/dx einen endlichen Wert hat, um den Winkel δ abgelenkt[1]. Es gilt für kleine Ablenkungen

$$\delta = a \cdot dn/dx.$$

____

[1] Diese Beobachtung geht auf FOUCAULT (1859) zurück und wurde von WIENER (1893), später von LAMM (1937) theoretisch behandelt.

An den Stellen, wo $dn/dx = 0$ ist, also oberhalb und unterhalb der Grenze, wird kein Licht abgelenkt.

Auf dieser Grundlage entwickelte TOEPLER[1] seine bekannte Schlierenmethode, die sozusagen Brechungsindexgradienten sichtbar macht. Abb. IV.2, auf der sie

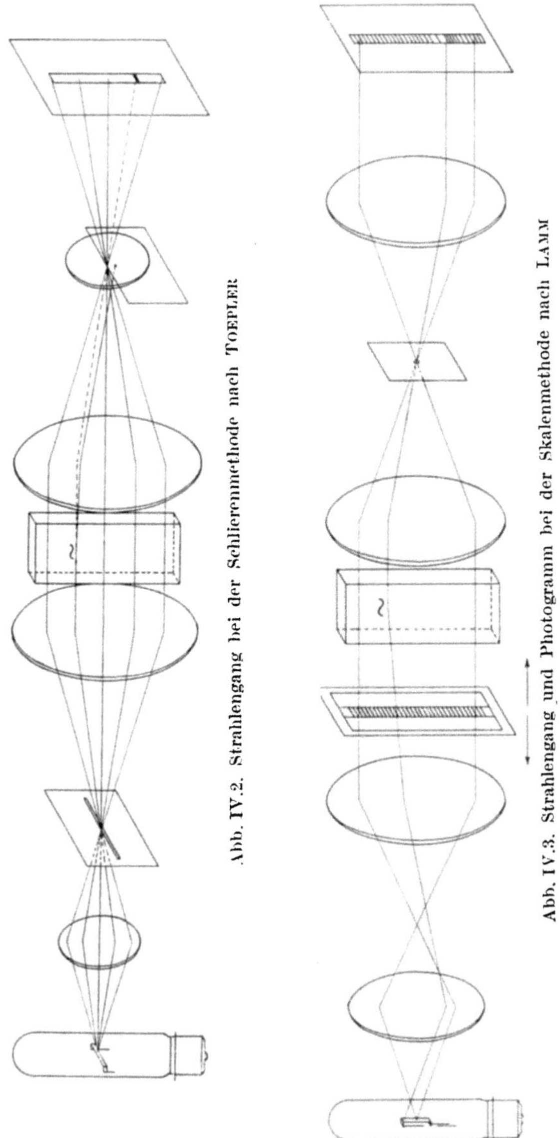

Abb. IV.2. Strahlengang bei der Schlierenmethode nach TOEPLER

Abb. IV.3. Strahlengang und Photogramm bei der Skalenmethode nach LAMM

dargestellt ist, läßt erkennen, worauf es ankommt. Ein Spalt SP_1 befindet sich im Brennpunkt der Linse SK_1, die das Licht parallel macht; SK_2 — beide heißen

[1] TOEPLER, A.: Beobachtungen nach einer neuen optischen Methode. Bonn 1864.

„Schlierenlinsen" (man kann an ihrer Stelle auch Hohlspiegel verwenden) — bildet den Spalt wieder an der Stelle 0 ab. Bei $\sim$ befindet sich die Konzentrationsgrenze mit endlichen dn/dx. Dort wird das Licht abgelenkt und trifft nicht mehr die gleiche Stelle bei 0 wie das nicht abgelenkte Licht, sondern liegt um eine Strecke unterhalb des Strahlenschnittpunkts. Bringt man an diese Stelle eine Blende S_2, wird es abgefangen. Eine Abbildung auf M läßt dann gerade diese Stelle der Konzentrationsgrenze *dunkel* erscheinen. Damit ist zwar der Ort der Grenze bestimmt, nicht aber der feinere Verlauf von n oder dn/dx.

Dies gelingt mit der sog. Skalenmethode nach LAMM[1], in der, wie Abb. IV.3 zeigt, eine Strichskala vor der Küvette mit abgebildet wird. Durch den Konzentrationsgradienten entstehen Verschiebungen der einzelnen Skalenstriche, und zwar sind diese gerade dem Wert des Gradienten proportional, der an der Stelle ihrer Verschiebung auftritt. Das Schema ist leicht aus Abb. IV.4 zu erkennen. Durch

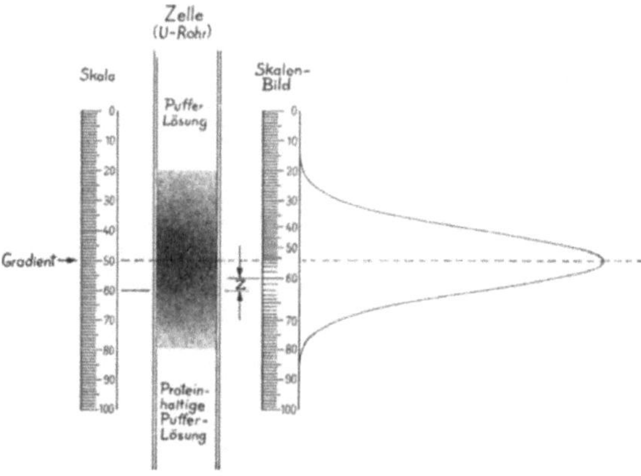

Abb. IV.4. Entstehung der Streifenverschiebung bei der Skalenmethode (schematisch)

Messung der Abweichung jedes einzelnen Strichs erhält man auf diese Weise Werte, die dn/dx proportional sind und aus denen eine dc/dx-x-Kurve konstruiert werden kann, vorausgesetzt, daß der Proportionalitätsfaktor zur Konzentration bekannt ist.

Es gilt: Abweichung $= G\,a\,b\,dn/dx = q\,G\,a\,b\,dc/dx$; $G =$ Vertikalvergrößerung des Systems, $a =$ Schichtdicke der Küvette, $b =$ optisch wirksame Länge, $\sim$ Brennweite der Linse SK_2. Mit einer Beziehung $n = q\,c$ ($q =$ Proportionalitätsfaktor entsprechend § 24) ist damit auch die Konstruktion von dc/dx möglich. Man erhält also hiernach eine dc/dx-x-Kurve. Diese Methode ist außerordentlich genau.

Auf bequemere Weise sind dn/dx-x-Kurven nach den Methoden zu erhalten, die zunächst von LONGSWORTH[2], der eine bewegliche Schneide (Abb. IV.5), und von PHILPOT[3] und SVENSSON[4], die eine feste schräge Schneide (2) bzw. einen festen schrägen Spalt (3) verwandten.

Abb. IV.5 zeigt das Prinzip mit festem Schrägspalt, heute allgemein als PHILPOT-SVENSSON-Methode bekannt. Der abgelenkte Strahl von der Breite des Spalts SP_1 trifft eine Stelle vertikal unterhalb des Durchstoßpunktes des normalen Strahlenbündels, wird aber wegen des Schrägspalts nur an einer Stelle durchgelassen, die auch *horizontal* gegenüber dem Durchstoßpunkt verschoben ist. Eine Zylinderlinse Zy, die das Bild in vertikaler Richtung nicht, sondern nur in horizontaler Richtung beeinflußt, verursacht nun an der Stelle x, wo dn/dx einen endlichen Wert besitzt, eine *horizontale* Ablenkung des Lichtstrahls an der Stelle M, wie Abb. IV.5 erkennen

[1] LAMM, O.: Nova Acta R. Soc. Sci. Upsal. **10**, Nr. 6 (1937).
[2] LONGSWORTH, L. G.: Ann. New York Acad. Sci. **34**, 187 (1939).
[3] PHILPOT, J. ST. L.: Nature **141**, 283 (1938).
[4] SVENSSON, H.: Kolloid-Z. **87**, 181 (1939); **90**, 141 (1940).

läßt. Die Zylinderlinse ist dabei so gewählt, daß sie den Schrägspalt SP_2 an der Stelle M in seiner horizontalen Ausdehnung abbildet, nicht aber in seiner Vertikalen, in welcher das Bild der Küvette entsteht. Auf diese Weise erhält man direkt eine

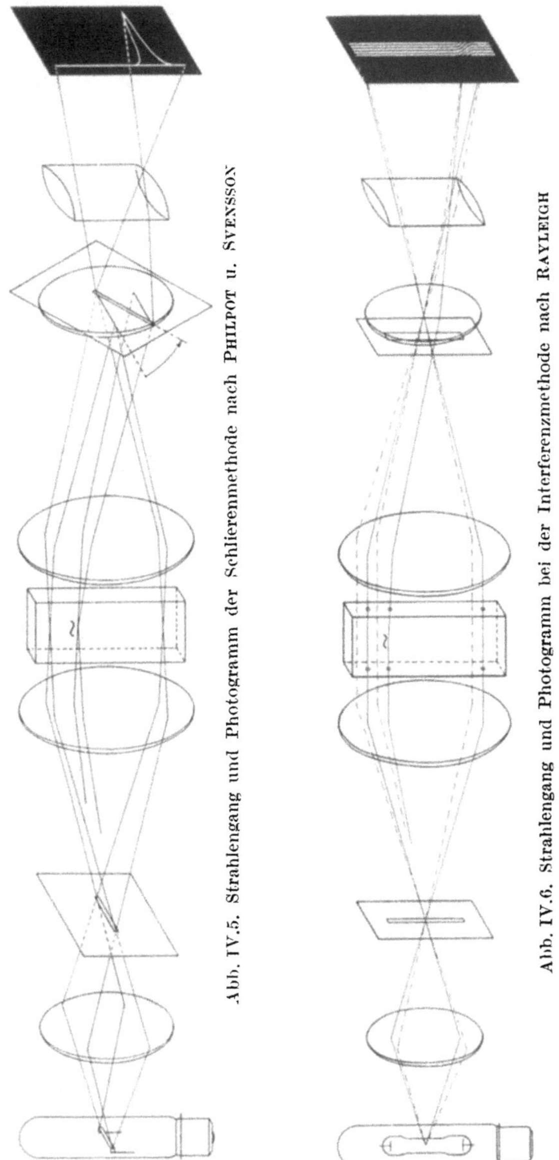

Abb. IV.5. Strahlengang und Photogramm der Schlierenmethode nach PHILPOT u. SVENSSON

Abb. IV.6. Strahlengang und Photogramm bei der Interferenzmethode nach RAYLEIGH

dn/dx-x-Kurve und nach Multiplikation mit $1/q$ die dc/dx-x-Kurve. Diese Methode ist außerordentlich bequem und leistungsfähig und wird in den meisten Fällen angewandt, sie ist aber nicht so genau wie die Skalenmethode nach LAMM.

Als Methode, um direkt c-x-Kurven zu erhalten, sei noch auf die Interferenzmethode nach Rayleigh verwiesen, die Abb. IV.6 darstellt[1].

Hier entstehen gut beobachtbare Interferenzstreifen, wenn ein langer Spalt durch ein Linsensystem großer Brennweite abgebildet wird, besonders wenn diese durch Verwendung einer Zylinderlinse, wie in Abb. IV.6 auseinandergezogen werden. Der gegenseitige Abstand zweier Interferenzstreifen entspricht der Wellenlänge des verwendeten Lichts. Befinden sich im Strahlengang zwei Medien — etwa zwei überschichtete Flüssigkeiten, zwischen denen die Brechungsindexdifferenz Δn herrscht —, so durchläuft die Lichtwelle diese Gebiete mit verschiedener Geschwindigkeit und Wellenlänge. Beim Austritt — also an der Seite der Küvette, die der

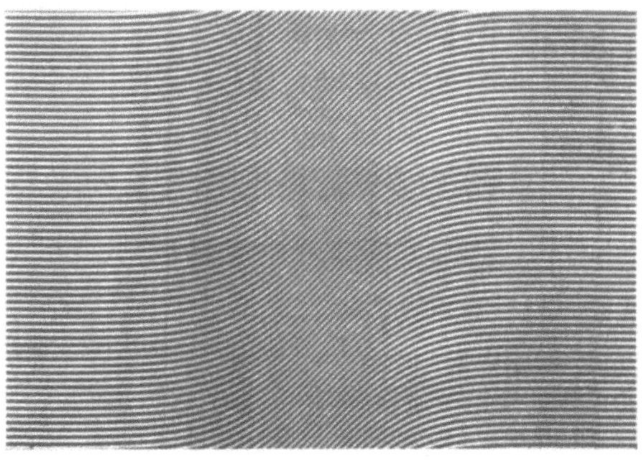

Abb. IV.7. Aufnahme einer Diffusionsstrecke (c-x-Kurve) mit der Interferenzmethode nach Rayleigh

Lichtquelle abgewandt ist — haben beide Wellen dann nicht mehr die gleiche Phase, sondern eine ist gegegnüber der anderen verschoben, und zwar in einem Maße, das von der optischen Weglänge (Küvettenschichtdicke und Δn) abhängt. Die Wellenzüge jeder der beiden Wellen werden nun an verschiedenen Stellen interferieren müssen; das äußert sich darin, daß das Streifensystem des einen Wellenzugs gegenüber dem des anderen verschoben ist, und zwar ist diese Verschiebung genau dem Unterschied der beiden Brechungsindices Δn proportional. An einer Konzentrationsgrenze, wo n und auch Δn allmählich geändert wird, verschieben sich die Streifen ebenfalls allmählich und zeichnen eine Schar paralleler Kurven auf, deren Abweichung an jeder Stelle x von ursprünglichen Streifensystem Δn proportional ist. Man erhält also eine direkte Abhängigkeit der Größe Δn von wegen $\Delta n \sim c$ eine c-x-Kurve.

Besonders deutlich ist dies auf Abb. IV.7 zu erkennen, die die Rayleigh-Interferenz eines Diffusionsvorgangs darstellt, aus der sich bei Kenntnis des Proportionalitätsfaktors q direkt die Diffusionskurve konstruieren läßt. Die Aufnahme wurde durch einen Kunstgriff gegenüber den beschriebenen Anordnungen wesentlich dadurch verbessert, daß statt eines Spalts ein Strichgitter verwendet wurde.

---

[1] Modifikation nach J. St. L. Philpot und G. H. Cook: Research 1, 234 (1947); und H. Svensson: Acta chem. scand. 4, 399 (1950).

Sachverzeichnis

Abstoßungspotential elektrisch geladener Partikeln 498
Adsorption 296, 326
— aus flüssigen Mischungen, Theorie 332
— aus Flüssigkeiten 329
— negative scheinbare 336
— scheinbare 331
Adsorptions-energien verschiedener Grenzflächen 354
— -isotherme 327
— -kräfte, Theorie 350
— -messungen 367
— -waage 369
— -wärme 350
Aerosole 528
—, Alterung 532
—, Analyse 533
—, Bildungsweise 530
—, elektr. Ladung 532
—, Koagulation 529
—, monodisperse 531
—, Stabilität 529
—, Zerstörung 533
Aggregat, Def. 25
Aktivierungsenergie bei der Koagulation 493
Aktivitäten, absolute 103, 717
Aktivitätskoeffizienten 104
Alterung 467
—, Rolle d. Löslichkeit 468
—, Schutz vor 509
Aminosäuren, Dissoziationsgleichgewichte 626
—, Formeln 618
Ampholyte, kolloide, allgem. 616
—, —, Löslichkeit 621
Ampholytseifen 536
Amylopektin 600
Amylose 600
Anionseifen 536
Anisometrie 27
Anisotropie, optische 181
Antigen 657
Antikörper 657
ANTONOWsche Regel 319
Anziehungskräfte kolloider Partikeln 498, 500

Apolare Grenzflächen, Adsorption an 354
ARCHIBALD-Verfahren 67, 229
Assoziat, Def. 25
Assoziation, Theorie der 575
— von Ionseifen, Einfluß der Hydratation 585
— — —, Gegenioneneinfluß 585
Assoziationsenthalpie, freie, von Seifen 579
Assoziationskolloide, allgem. 19, 25, 534
— außer Seifen 563
— (Seifen) Theorie 574
Atomizer 532
Aufbaufilme n. BLODGETT-LANGMUIR 322
Auffüllmethode n. FLORY-HUGGINS 139
Aufrahmen 517
Auslöschwinkel 187
Aussalzeffekt bei Proteinen 622
Aussalzen von Seife 561
Austauschadsorption 345

BANCROFTS Regel 514
Bauelemente der Gele 670
Bausteinanalyse 263
Benetzung 338
Benetzungsenthalpie, freie 339
Benetzungswärme 340
Blasendruckmethode 325
Blockpolymerisate 590
BOEDERS Theorie 83
BOLTZMANNS Entropiegesetz 724
BOLTZMANNscher e-Satz 122, 721
BRAGGS Reflexionsgesetz 269
BRAVAIS-Gitter 267
Brechen (von Emulsionen) 518
Brechungsindex 151
Brechungsinkrement 154
BROWNsche Bewegung 11, 44

CABANNES-Faktor 163
Chemische Potentiale dispergierter Substanzen 426
Chemosorption 352
Cellulosestruktur 710
CLAUSIUS-CLAPEYRONsche Gl. 718
COTTRELL-Abscheider 534
COUETTE-Viskosimeter 245

Dampfdruck kleiner Tröpfchen 303, 434
Debye-Scherrer-Methode 269
Denaturierung von Proteinen 649
Depolarisation 162
Detergents 534
Diamantgitter 275
Dialyse 8, 194, 461
Diasolyse 702
Dichroismus 192
Dielektrisches Verhalten von Proteinen 634
Difforme Systeme 23
Diffusion anisometrischer Partikeln 58
— in Aerosolen 56
— in Gelen 691
— von geladenen Partikeln 60
—, translator. 49
—, Solvatationseinfluß 59
Diffusionskonstante 48, 50, 51, 55
—, Konz.-Abhängigkeit 59
Diffusionsmessungen 209
Dilatanz 707
Dimension kolloider Partikeln 12
Dispergierte Substanz, Def. 23
Disperses System, Def. 23
— —, Theorie 29
Dispersion durch Kathodenzerstäubung 455
— — Lichtbogen 454
Dispersionskolloide, Def. 26
—, allgemeines 441
—, Eigenschaften 465
—, Entstehung und Zerstörung 444
—, in der thermodynamischen Systematik 435
—, geschützte, Stabilität 506
—, Herstellungsmethoden 445
—, ungeschützte, Stabilität 497
—, Vernichtung 466
Dispersionsmethoden 445
Dispersionsmittel, Def. 23
—, Zusammensetzung in Solen 465
Dispersionsvariable Systeme, allgemeines 418
— —, (einfache) statistisch-thermodynamische Behandlung 429
— —, Thermodynamik 425
Dispersionsvariabilität, Def. 43
Dispersitätsgrad 23
Dispersoide 28
Dissolution 444
Dissymmetriekoeffizient 168
Donnan-Potential 379
Donnansches Membrangleichgewicht, Theorie 379
Doppelbrechung, optische 180
Doppelschicht, elektrische, allgem. 383
—, —, Dicke und Koagulation 481
—, —, diffuse, Differentialkapazität 391

Doppelschicht, elektrische, diffuse, n. Gouy-Chapman, Theorie 387
—, —, —, spezif. u. unspezif. Ionenbildung nach Grahame 392
—, —, — n. Stern, Theorie 390
—, —, Polarisation durch elektrische und mechanisch-akustische Verschiebung 405
—, —, Struktur der 387
Drahtbügelmethode 324
Drehkristallmethode 270
Dunkelfeldbeobachtung 198
Duplex-Filme 315

Einsalzwirkung bei Proteinen 622
Einsteins Verschiebungsgleichung 46
Einstoffsysteme, Def. 21
Einteilung kolloider Systeme und Aggregatzustände 26
— nach der Gestalt 27
Elektrische Eigenschaften kolloider Systeme, allgemeines 371
— Doppelschicht 383
Elektrodekantation 417, 463
Elektroden, unpolarisierbare 373
—, vollständig polarisierbare 374
Elektro-dialyse als Reinigungsmethode 462
— -kapillarität 384
— -kapillarkurve 385
— -kinetische Erscheinungen 394
— -kinetisches Potential 395
Elektrolyt-koagulation 472
— -lösungen 105
Elektronenmikroskop 179, 102
Elektroosmose 395
Elektrophorese 14, 395, 396
—, allgem. Theorie 398
—, Einfluß der Ionenatmosphäre 400, 401
—, Meßmethoden 406
— und Partikelgestalt 403
— Theorie von Henry 400
— und potentialbestimmende Ionen 415
— von Makroionen 628
Elektrophoretische Analyse 412
Elektrophoretischer Effekt 401
Emulgatoren 511, 515
Emulgatorwirkung 515, 522, 525
Emulgiermaschinen 512
Emulgierung, spontane 526, 571
Emulsionen 509
—, Analyse 517
—, Entstehung und Zerstörung 442
—, Größenverteilung der Tröpfchen 518
—, Herstellung 511
—, Phasenumkehr 517
—, stabile 571
—, Stabilität, (allgem.) 522

Emulsionspolymerisation 594
Emulsionstypen 510
Energie, mittlere (statist.) 723
Enthalpie, freie, Def. 714
Entmischung in kolloiden Systemen 147
—, Thermodynamik 114
Entmischungskonzentration, kritische 147
Entropie 724

Fadenendenabstand, mittlerer 125
Fadenmoleküle, neutrale, allgem. Verhalten 592
—, —, Fraktionierung 598
—, —, Größenverteilungsfunktion 596
—, —, Röntgenkleinwinkelstreuung 288
—, —, statistische Knäuelung 124, 594
—, —, vernetzte 601
—, —, verzweigte 599
—, —, Viskosität 87
Faserstrukturen 276
Feinstruktur, allgem. v. Festkörpern 41
—, kolloider Partikeln 262
Fermente 656
Festkörper, disperse Systeme im 709
FICKsche Gesetze 50
Filmdruck 313
Filmwaage 320
Filterwirkung 701, 705
Fließgrenze 696
—, bei Pasten 708
Fließverhalten 77, 610, 614
—, bei höheren Strömungsgradienten 93
Flockungsschwellenwert, Messung 473
—, Theorie 481, 503
FLORY-HUGGINSsche Gleichung f. irreguläre Mischungen 145
Flotation 342
Formdoppelbrechung 183
FOURIER-Analyse von Röntgendiagrammen 272
Fraktionierung polydisperser Systeme 253

Galvani-Potential 376
Gasdispersionen 519
Gasgleichung, allgem. 716
—, ideale 127
Gehemmte Systeme 423
Gele, allgemeines 665
—, ampholytische, Quellungsverhalten 687
—, Definition 664
—, Doppelbrechung in orientierten 676
—, Elastizität 696
—, elektrische Eigenschaften 677
—, Fließgrenze 696
—, Gerüststruktur 692
—, Ionenbindungsvermögen 677

Gele, ionotrope 699
—, kontraktile 689
—, mechan. Eigensch. 673
—, opt. Eigensch. 675
—, Quellung 682
—, Sorption in 678
—, Spannungen in 675
—, Struktur 669
—, Strukturänderungen 693
Gelatine 642
—, Gele 688
Gelierungstemperatur 696
Gestaltsbestimmung 254
Gestaltstypen kolloider Partikeln 32
Gewichtsmittelwert, Def. 38
Gewichtsbruch, Gewichtsfraktion 100
GIBBS-DUHEMsche Gleichung 101, 715
Gitter-modell (statist.-mech.) 129
— -fraktion 140
— -störungen 280
Glaselektrode, Potential der 378
Gleichgewichtsdialyse 370
Gleichgewichtsbedingungen, allgemeine 715
Glykogen 600
GOUY-CHAPMANsche Doppelschicht 387
Grenzbewegungsmethode (moving-boundary, Elektrophor.) 409
Grenzen kolloider Systeme 439
Grenzfläche, Def. 21
—, Bestimmung der Größe 292
—, fl/fl, Adsorption kolloider Partikeln an der 365
—, fl/f, Adsorption kolloider Partikeln an der 366
—, von kolloiden Partikeln 13
—, spezifische 14, 40
—, —, Bestimmung 369
—, Thermodynamik 297
Grenzflächenaktivität 306, 308, 315
—, in kolloiden Lösungen 363
Grenzflächenenergie 295
Grenzflächenenthalpie, freie 299
Grenzflächenfilme, allgemeines 312
— als Umhüllungsschutz von Emulsionen 515
—, lösliche 314
—, unlösliche 318
—, —, Zustandsdiagramme 321
Grenzflächenpotential 375
Grenzflächenspannung 293
— von Flüssigkeiten 295
— — Festkörpern 295
— gekrümmter Grenzflächen 300
—, Meßmethoden 322
—, Temperaturabhängigkeit 302
— organischer Flüssigkeiten gegen Wasser 326
Grenzflächenspannungserniedrigung (v. SZYSZKOWSKIsche Gleichung) 311

Grenzflächenstruktur 291
Grenzschicht 22, 300
Grenzkanten, Grenzecken 297
Größe kolloider Partikeln 32
Größenverteilungsfunktion 36
GUINIERsche Näherung der RKS 286

Haftpunkte in Gelen 669
Haftschutz 508
Hauptvalenzgele 671, 673, 697
—, Gelpunkt 697
HAMAKERS Theorie 497
Häufigkeitsverteilung der Größe 36
Häufigkeitsverteilungsfunktionen 249
—, modellmäßige 251
α-Helix von Proteinen 641
HELMHOLTZ-LIPPMANNsche Gleichung
   385
Hemmung, reaktionskinetische 421
Hochpolymere, allgemeines 589
—, Bauprinzipien 590
—, konvention. Def. 25
HOFMEISTERsche Ionenreihe 344
— — bei der Koagulation 476
Homogene, heterogene Systeme, Def. 21
Homogenisatoren 512
HUGGINSsche Konstante 144
Hydrophile und hydrophobe Kolloide 14
Hysteresis bei der Sorption 679

Immunreaktion 657
Inkohärenz 29
Interferenzeffekt, innerer 165
Interferenzmethode nach RAYLEIGH 736
Intermizellare Flüssigkeit 465
Ionen, potentialbestimmende 377
Ionenadsorption 342
—, unspezifische 360
—, spezifische 360
Ionenaustausch 347
Ionengitter 275
Ionotrope Gele 699
Ionseifen 558
—, Gestalts- und Strukturänderungen
   bei Fremdionenzusatz 562
—, Leitfähigkeitsanomalien 558
Irreversible und reversible Kolloide,
   Einteilung in 28
Isoelektrischer Punkt 416, 627
Isoionischer Punkt 627
Isometrische Partikeln 27
Isotherme reversible Prozesse 713

Kapillarsysteme 31, 703
Kapillarviskosimeter 244
Kataphorese 395
Kationseifen 536
Keimgoldsol n. ZSIGMONDY 453
α-Keratin, (α-Helix) 641
—, Struktur 638

β-Keratin, Struktur 639
Kinetische Erscheinungen in kolloiden
   Systemen 43
k-m-e-f-Gruppe 638
Knäuel, durchspülter 89
—, undurchspülter 91
Koagulation, allgemeines 444, 470
— d. Elektrolyte 472
—, gegenseitige von Kolloiden 478
—, Halbwertszeit der 489
—, irreguläre Reihe 477
—, Kinetik der langsamen 492, 505
—, — der schnellen 483
—, durch mechanische und akustische
   Einflüsse 479
—, qualitative Theorie 480
—, orthokinetische 495
—, polydisperser Systeme 494
Koagulations-geschwindigkeit, Theorie
   der 482
— -gesetz von v. SMOLUCHOWSKI 488
— -messung 473
Koazervation 148
—, bei Seifenlösungen 573
Kohärenz 29
Kollagen-Gruppe, Struktur 642
Kolloid-Mühlen 446
Kolloide (kolloider Zustand, koll. Syst.)
   konvention. Def. 24
—, Adsorption an makroskopischen
   Grenzflächen 362
—, Adsorption fremder Substanzen an
   359
— Substanz, konvent. Def. 25
— Systeme, Analyse der Feinstruktur
   278
— —, Definition der Grenzen 439
— —, Einteilung 20
— —, inkohärente, Def. 42
— —, untere Begrenzung 146
Kombinatorik 720
Kondensationsmethoden 448
—, bei Emulsionen 514
Konfigurationsintegral 128
Kontinuumsbegriff 5
Konzentrationsgrenzen 52, 64
—, optische Methoden z. Bestimmung
   731
Konzentrationsschwankungen 161
KRAFFT-Punkt (bei Seifenlösungen) 543
Kristall-gitter, Röntgenstreuung 268
— -gittertypen 274
Kristalline Bereiche, Größe d. 280
Kristallkeimbildung 450
Kristalloide 9
Kristallwachstum 450
Kritische Konzentration in Seifenlösun-
   gen 538
— — — —, Abhängigkeit v. d.
   Fremdionenkonzentration 581

Kritische Konzentration in Seifenlösungen, Abhängigkeit v. d. Paraffinkettenlänge 583
— — — —, Theorie 579
— — — —, Fremdioneneinfluß 559
Krümmungsradius von Tropfen 323
KUNDTS Apparatur (Strömungsdoppelbrechung) 259

Ladung, elektr., v. Phasengrenzflächen 373
— —, Ursprung bei Kolloiden 374
Ladungsnullpunkt 627
Laminarkolloide 27
LANGMUIRsche Adsorptionsisotherme 310
LAPLACEsche Gleichung 302
LAUEsche Interferenzbedingung 268
Leitfähigkeit kolloider Systeme 417
Leitfähigkeitsanisotropie 615
Lichtabsorption 174
Lichtstreuung, Allgem. Theorie (Einzelpartikel) 726
—, Apparaturen z. Messung 236
—, Auswertung d. Messungen 238
—, großer Partikeln 163
—, in kolloiden Systemen 154
—, leitender Partikeln 169
—, von Makroionen 604
—, in Mehrkomponentensystemen 172
—, Partikelmolgewichtsbestimmung m. d. 235
—, Schwankungstheorie der 157
LIESEGANGsche Ringe 698
Linearkolloide 27
Linienverbreiterung von Röntgendiagrammen 279
Löslichkeit kleiner Kriställchen 305
—, Rolle bei der Keimbildung 451
—, Thermodynamik der 106
Löslichkeitserniedrigung 453
Lyophile u. lyophobe Kolloide 14, 28

Mahlung 446, 447
Makroionen, amphotere 616, 626, 628
—, fadenförmige unverzweigte 630
—, Lichtstreuung 604
—, osmotischer Druck 603
—, 2. Virialkoeffizient 605
Makromoleküle, Allgemeines 587
—, konvent. Def. 25
—, Gestalt 591
—, neutrale 592
—, Kennzeichen 588
—, Struktur 18
MAXWELLsche Konstante 187
McBAIN u. BRADY, Regel von 584
Mehrstoffsysteme 21
Membranen 701
Membranhydrolyse 382

Membranpotential 379
Metallgitter 275
Metallische Grenzflächen, Adsorption an
Mikroelektrophorese 407   [356
Mikroskopie kolloider Systeme 179
MILLERsche Indices 267
Mischfilme 318
Mischungen 3
—, allgem. statist. Thermodynamik 126
—, allgem. Thermodynamik 98
—, athermische, Def. 104
—, —, statist. Thermodyn. 134
—, einfache (simple) n. GUGGENHEIM Def. 105
—, ideale 103
—, —, statist. Thermodyn. 130
—, irreguläre, Def. 105
—, —, statist. Thermodyn. 143
—, mehrphasige 106
—, nichtideale, Def. 104
—, reguläre, Def. 105
—, —, statist. Thermodyn. 132
—, Verhalten in Schwere- u. Zentrifugalfeldern 111
Mischungsenthalpie 103
—, in kolloiden Lösungen, Formeln 149
Mischungsentropie 104
Mischungsfunktionen, thermodyn. 102
Mittelwerte d. Molgewichts, Def. verschiedener 39
—, der Partikelmasse, Def. verschiedener 37
Mittelwertsbildung, statistische 719
Mizellarkolloide 28
Mizellartheorie von NÄGELI 17
Mizellen, Def. 17
Mizellkolloide 535
Monoform, Def. 23
Monoforme Systeme 32
Monodispers, Def. 23
Moleküle, Def. 22
—, virtuelle 137
Molekülgitter 275
Molekülkolloide 28
Molvolumen, mittleres 101
—, partielles 99
Molrefraktion 152
Muskelmodell 689

Nebenvalenzgele 671, 696
—, Gelpunkt 696
Netzmittel 341
Netzpolymere 591
Nichtionseifen 536
—, Löslichkeit 545
Nucleinsäuren, chem. Konstitution 619
—, Struktur 660

Oberfläche (allgem.) siehe Grenzfläche
— von Kristallen 41

Optische Aktivität 193
Organosole 464
Orientierungsdoppelbrechung 182
Orientierungseffekte bei Röntgendia-
    grammen 283
—, in d. Theorie d. Mischungen 134
Orientierungswinkel anisometrischer
    Partikeln 85
Orientierungszahl 187
Osmotischer Druck, experiment. Me-
    thoden 230
— —, Lösungen von Makromolekülen
    603
— —, Nichtideale Mischungen 109
— —, simpler Mischungen 110
— —, Thermodynamik 107
Osmometer 232
OSTWALD-Reifung 469
OSTWALDsche Aktivitätskoeffizienten-
    regel 476

PANETH-FAJANS-HAHNsche Regel 343
Papierelektrophorese 413
Paraffinkettensalze 535
Parakristalle 282
Partialvolumen, spezifisches 227
Partielle molare Größen (Thermodyn.) 98
— spezifische Größen 100
Partikel-Streufaktor (Lichtstreuung)
Pasten 31, 703   [166
—, Struktur 706
PATTERSON-Analyse von Röntgendia-
    grammen 273
Peptisation 445, 455
Perlschnurmodell von Fadenmolekülen
    90
Persistenzlänge von Fadenmolekülen
    288
Pferde-Methhämoglobin, Struktur 645
Pfropfpolymerisate 590
Phasen, Def. 3, 21
—, Zusammensetzung 715
Phasengrenzfläche 21, 290
Phasenregel von GIBBS 717
PHILPOT-SVENSSON-Methode 735
POCKELS-LANGMUIR-Waage 319
Polare Grenzflächen, Adsorption an 355
Polarisierbarkeit 153
Polyaddition 593
Polyaminosäuren, Knäuelung 664
—, ungeladene 662
polydispers, Def. 23
Polydisperse Systeme, Auftrennung bei
    der Sedimentation 69
— —, Fraktionierung 253
Polydispersität 32
—, analyt. Merkmale 248
—, Bestimmung 247
—, (volumenpolydisperse, monoforme
    Systeme) 35

Polyelektrolyte, allgemeines 602
—, amphotere 616
—, Bindung von kleinen Molekülen 631
—, Dissoziationszustand 608
—, fadenförmige, Fließverhalten 610,
    614
—, —, Gestalt 610
—, —, Theorie der Lösungen 611
Polyelektrolytgele 687
Polyform, Def. 23, 32
Polykondensation 593
Polymethinfarbstoffe, Assoziation der
    563
Polypeptide, Konstitution 617
Poren-körper 31, 703
— -radius, Bestimmung 704
— -volumen, Bestimmung 704
ζ-Potential 396
Potential, chemisches 99, 715
—, elektr. äußeres 375
—, —, inneres 375
—, elektrochemisches 376
—, thermodynamisches 714
Potentialfunktionen geladener Kugeln
    503
— — Platten 502
Proteine, Analyse 624
—, Aufbauprinzipien 617
—, Denaturierung 649
—, dielektrisches Verhalten 634
—, Dipolmoment 636
—, Größe, Gestalt einiger 624
—, Hydratation 625
—, krist. globuläre, Struktur 644, 646
—, Löslichkeit 621
—, Struktur 636
—, Viskosität 87
—, Wechselwirkungen mit anderen Sub-
    stanzen 655

Quellung von Gelen 682
— — —, Theorie 686
—, und Hydratation 688
Quellungs-druck 685
— -enthalpie, freie 684
— -grad, maximaler 684

Randwinkel 339
RAOULTsches Gesetz 106
RAYLEIGH-Interferenz-Methode 736
— -Quotient 155
Reibungskoeffizient 53
—, zur Gestaltsbestimmung 257
Reibungsverhältnis 57
Relaxationseffekt d. Elektrophorese 403
Relaxationszeit der Rotation 76
REYNOLDsche Zahl 78
Rheopexie 708
Rotationsdiffusion 73
— im Strömungsgefälle 82

Rotationsdiffusionskonstante 74
— von Proteinen 77
Rotationsdispersion 193
— von Proteinen 648
Rotationsreibungskoeffizient 75
Röntgenkleinwinkelstreuung (RKS) 285
Röntgenstrahlen, Streuung an Kristall-
gittern 268
Rosin-Rammlers Gleichung 448

Salvarsan, Assoziation 564
Schaum 520
—, Stabilität 522
Schaumlamellen, Elastizität 521
Schichtenstrukturen 275
Schlämmanalyse 215
Schlierenmethode 733
Schrägbedampfung 206
Schulze-Hardysche Regel 475, 503
Schutzkolloide 459, 507
Schutzsubstanzen 459
Schutzwirkung 459, 507
— fester Partikeln bei Emulsionen 522
— filmbildender Stoffe 523
Schutzzahl 507
Schwankungen, Beobachtungen im
Ultramikroskop 201
Schwankungserscheinungen 49, 117
Sedimentation 60
— in Aerosolen 62
—, Differentialgleichung 54, 67
— geladener Partikel 72
— im Schwerefeld 61
— im Zentrifugalfeld 63
Sedimentationsgeschwindigkeit 61
—, Druckabhängigkeit 70
Sedimentationsgleichgewicht 61, 64
—, Einstellgeschwindigkeit 65
—, Thermodynamik 111
Sedimentationskonstante, Definition 68
—, Konz.-Abhängigkeit 71
Sedimentationsmessungen, im Schwere-
feld 214
—, — —, monodisperse Systeme 214
—, — —, polydisperse Systeme 215
— im Zentrifugalfeld 221
— polydisperser Systeme 222
Seidenfibroinstruktur 637
Seifen, Bauprinzip 535
—, Begriffsbestimmung 535
— in Öl 565
—, kristallin-flüssige 561
Seifenassoziate, Größe 547
—, Strukturbildung 577
— I, Struktur und Gestalt 545, 549
— I und II, Gleichgewicht zwischen 557
— II, Größe, Struktur und Gestalt 550
— II, Röntgenuntersuchungen 551
Seifenlösungen, wäßrige, Bestimmung
der Assoziat-Konzentration 538

Seifenlösungen, wäßrige, freie Enthalpie
der Assoziation 579
—, —, kritische Konzentration 538,
541
—, —, Leitfähigkeit 537
—, —, Lichtstreuung 546
—, —, Löslichkeitskurven 543
—, —, Solubilisation 567
Seifen„mizellen" 549
Seife-Wasser-Salz, Zustandsdiagramme
der Systeme 560
Sekundärstruktur von Proteinen 617
Selektivitätskoeffizient d. Ionenaus-
tauschs 349
Sensibilisierung 478
Siebanalyse 195
Silica-Gel, Sorption 679
Skalenmethode nach Lamm 733
Sole, Begriffsbestimmung 441
—, Reinigung 461
—, Stabilisierung 459
Sol-Gel-Umwandlungen 672, 694
Solubilisation von aliphat. Alkoholen
570
— von Kohlenwasserstoffen 570
—, in Mehrstoffsystemen 571
— durch Seifen, Allgem. 567
Sorption 678
— in quellbaren Gelen 683
Sphärokolloide 27
Spreitung 319
Stabilisierung 445
— von Dispersionskolloiden 457
Stabilisatoren 458
Stabilität von Dispersionskolloiden 496
— kolloider Systeme, Theorie 421
Stalagmometer 325
Statistik, Allgem. 116
Statistische Mechanik, Einführung 718
Staudingers Viskositätsgesetz 90
Steighöhenmethode 324
Sternsche Doppelschicht 390
Stokes-Einsteinsche Gleichung 54
Streulicht, Polarisation 730
Strömungsdoppelbrechung 15, 185
—, Bestimmung 259
Strömungs-gefälle 78
— -gradient 78
— -potential, elektr. 395
Struktur von Emulsionen 265
— von Gasdispersionen 265
— von Kristallen 266
— — —, Bestimmung 271
Summenlinie 36
Surfactant 534
Synäresis 690
Systematik n. Volumen u. Gestalt 33

Taktosole 191
Tensiometer 325

Tertiärstruktur von Proteinen 617
Thermodynamik, dispersionsinvariabler
    Systeme 97
—, dispersionsvariabler Systeme 425
Thixotropie 672, 694
THOMSONsche Gleichung 303
— —, korrigierte 434
TISELIUS-Apparatur 409
Titrationskurve von Polybasen und
    -säuren 609
— von Proteinen 629
TOEPLERsche Schlierenmethode 733
Trägheitsradius 126, 241
Tröpfchen, chem. Potential 433
—, geladene, chem. Potential 385
—, Gleichgewicht mit ungesättigter
    homogener Zerteilung 437
—, Gleichgewicht m. reiner Phase 436
Trübungsgleichung, allgemeines 729
— f. Gase 156
— f. Flüssigkeiten 160
Trübungskoeffizient 155
TYNDALL-Effekt 9

Übersättigungszustände 449
Ultra-filtration 194
— -mikroskop 10, 180, 197
— -schall, Dispergierung durch 447
— -schallpfeife 513
Ultrazentrifuge 18, 224
—, Auswertung der Messungen 226
Unterschichtungszelle 230
Umhüllungsschutz 508
Ungehemmte Systeme 422

Variabilität der Partikelgrößen als
    Kennzeichen kolloider Systeme 420
Verschiebung von kinetischen Einheiten
    46
Verteilungsfunktion 722, 723
Verteilungsgleichgewicht 107
VERWEY-OVERBEEKsche Theorie 498
Verzweigung von Fadenmolekülen 599
Viren 659
Virialkoeffizient 142
—, zweiter, Formeln 150
Viskosegele, Dehnung und Quellung 700

Viskosimeter 244
Viskosität kolloider Systeme 77
— anisometrischer Partikeln 82
— von Fadenmolekülen 87
—, Konzentrationsabhängigkeit 80, 95
—, kugelförmiger Partikeln 79, 81
—, Einfluß elektrischer Ladungen 96
—, Temperaturabhängigkeit 96
Viskositätsgesetz v. EINSTEIN 79
— — FLORY u. FOX 92
— — NEWTON 78
— — PETERLIN 93
— — STAUDINGER 90
Viskositäts-messungen 242
— -theorie von Rotationsellipsoiden 85
— -zahl, Definition 80
Vitreosole 711
Volta-Potential 376
Volumen, mittleres spezifisches 101
—, partielles spezifisches 62, 100, 227
Volumen-bruch, Volumenfraktion 101,
    141
— -monodisperität 32
— -polydispersität 32

Wahrscheinlichkeit, mathem. 720
—, maximale 721
Wechselstromelektrophorese 404
v. WEIMARNsche Regel 453
Wertigkeit von Kolloidionen, scheinba-
    re, Bestimmung 383
WILHELMYsche Methode 324
Winkelverteilungsfunktion n. BOEDER
    84

Xerogel 667

Zahlenmittelwert, Def. 37
Zerkleinerung, mechanische 446
ZIMM-Diagramm 240
Z-Mittelwert 38, 229
Zustandsfunktionen, thermodyn. 713
—, thermodynamisch-statistische Be-
    rechnung 725
Zustandssumme 722
Zustandsvariabeln 714